W0269529

HANDBUCH DER MIKROSKOPISCHEN ANATOMIE DES MENSCHEN

BEARBEITET VON

A. BENNINGHOFF · M. BIELSCHOWSKY · S. T. BOK · J. BRODERSEN · H. v. EGGELING
R. GREVING · G. HAEGGQVIST · V. v. HALLER · A. HARTMANN · R. HEISS
T. HELLMAN · G. HERTWIG · H. HOEPKE · A. JAKOB · W. KOLMER · J. LEHNER
A. MAXIMOW · G. MINGAZZINI · W. v. MÖLLENDORFF · V. PATZELT · H. PETERSEN
W. PFUHL · B. ROMEIS · J. SCHAFFER · R. SCHRÖDER · S. SCHUMACHER · E. SEIFERT
H. SPATZ · H. STIEVE · PH. STÖHR · F. K. STUDNIČKA · A. v. SZILY · E. TSCHOPP
C. VOGT · O. VOGT · F. WASSERMANN · F. WEIDENREICH · K. W. ZIMMERMANN

HERAUSGEGEBEN VON

WILHELM v. MÖLLENDORFF
KIEL

FÜNFTER BAND
VERDAUUNGSAPPARAT

ERSTER TEIL

MUNDHÖHLE · SPEICHELDRÜSEN · TONSILLEN
RACHEN · SPEISERÖHRE · SEROSA

BERLIN
VERLAG VON JULIUS SPRINGER
1927

VERDAUUNGSAPPARAT

ERSTER TEIL

MUNDHÖHLE · SPEICHELDRÜSEN · TONSILLEN
RACHEN · SPEISERÖHRE · SEROSA

BEARBEITET VON

T. HELLMAN-LUND · S. SCHUMACHER-INNSBRUCK
E. SEIFERT-WÜRZBURG · K. W. ZIMMERMANN-BERN

MIT 276 ZUM TEIL FARBIGEN
ABBILDUNGEN

BERLIN
VERLAG VON JULIUS SPRINGER
1927

ISBN 978-3-642-51217-9   ISBN 978-3-642-51336-7 (eBook)
DOI 10.1007/978-3-642-51336-7

Inhaltsverzeichnis.

D. Der lymphatische Rachenring. (Der WALDEYERsche Schlundring. Die Tonsillen. Der lymphoepitheliale Schlundring). Von Professor Dr. T. HELLMAN, Lund.

A. Die Mundhöhle[1]).

Von

S. SCHUMACHER
Innsbruck.

Mit 15 Abbildungen.

I. Allgemeines.

Die ganze Mundhöhle, und zwar sowohl das Vestibulum wie auch das eigentliche Cavum oris, wird von einer im allgemeinen ziemlich dicken Schleimhaut ausgekleidet, die aus geschichtetem Pflasterepithel und der bindegewebigen Lamina propria besteht. Eine Lamina muscularis mucosae fehlt allenthalben, so daß eine scharfe Abgrenzung der eigentlichen Schleimhaut von dem darunter liegenden Bindegewebe, der Tela submucosa, unmöglich wird. Letztere ist nur an jenen Stellen deutlich ausgebildet, wo die Schleimhaut gegen die Unterlage leicht verschiebbar ist wie am Boden der Mundhöhle, an den Wangen und am Gaumensegel. Die Schleimhaut erscheint infolge der reichlichen Gefäßversorgung rot und zeichnet sich durch bedeutende Festigkeit aus, ist dabei aber auch beträchtlich dehnbar.

Die Schleimhaut, welche die Mundhöhle sowie den Pharynx und Oesophagus auskleidet, gehört zur Gruppe der kutanen Schleimhäute. Diese sind nach ELLENBERGER (1911) ausgezeichnet durch ein aus vielschichtigem Pflasterepithel bestehendes starkes Oberhäutchen, das stellenweise Verhornungserscheinungen zeigen kann, weiterhin durch die derbe, feste Beschaffenheit der aus dichtverflochtenem fibrillären Bindegewebe aufgebauten Lamina propria und durch das Vorkommen eines Papillarkörpers an der letzteren. Im Gegensatz zu den kutanen Schleimhäuten sind die echten Schleimhäute von einem weichen Zylinderepithel, das Flimmerhaare tragen kann, bekleidet; ihre Lamina propria ist zart, besitzt keine Papillen und besteht aus mehr retikulärem Bindegewebe, das vielfach lympho-retikulären Charakter annimmt.

An die Schleimhaut, bzw. Submucosa schließt sich je nach den verschiedenen Örtlichkeiten Knochen oder quergestreifte Muskulatur an; glatte Muskulatur kommt als wandbildender Bestandteil für die Mundhöhle nicht in Betracht.

Das **Epithel** zeigt die typische Anordnung des geschichteten Pflasterepithels mit seinen verschiedenen, sich allmählich gegen die Oberfläche hin mehr und mehr abplattenden Zellformen und unterscheidet sich von der Epidermis vor allem dadurch, daß, wenigstens beim Menschen, im allgemeinen keine Verhornung der oberflächlichen Zellschichten eintritt, so daß also auch die obersten platten Zellagen kernhaltig sind. Im Bereiche der ganzen Mundhöhle erfolgt eine sehr lebhafte Abstoßung der oberflächlichen Zellen, insbesondere

---

[1]) Abgeschlossen am 22. März 1926.

an jenen Stellen, die mechanisch (beim Kauen und Sprechen) stark in Anspruch genommen sind, so daß demgemäß auch für einen reichlichen Nachschub von Zellen in den tieferen Schichten des Epithels gesorgt werden muß. Die abgestoßenen Zellplatten sind stets in verschieden großer Menge im Mundhöhlenspeichel zu finden (Abb. 1). Im Gegensatz zur Epidermis ist das Epithel der Mundhöhle viel leichter für Flüssigkeiten durchgängig, was vor allem durch das Fehlen der verhornten Schichten erklärlich erscheint.

Die Dicke des Mundhöhlenepithels schwankt entsprechend der verschiedenen Zahl der Zellschichten, die sich an seinem Aufbau in den verschiedenen Gegenden beteiligen, innerhalb beträchtlicher Grenzen; im Mittel bildet es nach v. Ebner ein 220—450 μ dickes, durchscheinendes, weißliches Häutchen von bedeutender Biegsamkeit, aber geringer Festigkeit. Am dünnsten ist das Epithel am Boden der Mundhöhle und an den Schleimhautduplikaturen (Toldt). Die Zellen des Stratum cylindricum sind 13—20 μ hoch, ohne deutliche Intercellularbrücken. Über ihnen folgen mehrere Lagen 9—11 μ großer, polyedrischer Flügelzellen mit gut ausgebildeten Intercellularbrücken und unter stets zunehmender Abplattung gehen diese in die 45—80 μ Durchmesser zeigenden oberflächlichen Zellplättchen über. Es ist jedoch zu bemerken, daß die oberflächlichen Zellen nicht überall den gleich hohen Grad der Abplattung erreichen, indem sie manchmal etwas aufgetrieben, verquollen erscheinen. Die Größe der Kerne beträgt nach Kölliker in den kleinsten Zellen 4,5—6,7 μ, in den polyedrischen Zellen 9—13 μ, in den Plättchen der Oberfläche 9—11 μ in der Länge, 3,3—4,5 μ in der Breite bei starker Abplattung, während die Kerne der mittleren Schichten sich mehr der Kugelform nähern. An fixierten und gefärbten Präparaten zeigen die Kerne der tieferen Schichten Chromatingerüste und Nucleolen, die Kerne der oberflächlichsten Schichten erscheinen in der Flächenansicht oft wie leere, von einer Kernmembran umgebene Räume, in der Seitenansicht wie gleichmäßig dunkel gefärbte Streifen (v. Ebner).

Der Zellkörper zeigt in den Zellen der tieferen Schichten undeutlich fädige Struktur und enthält feine Körnchen und in den oberflächlichen Zellagen an manchen Stellen (Lippe und Papillae filiformes) größere von fettartigem Glanze, welche aus Keratohyalin bestehen und nach H. Rabl (1896) und Cutore (1916) wahrscheinlich aus den Zellkernen hervorgehen. Namentlich die abgeplatteten, oberflächlichen Zellen lassen eine deutliche, sich dunkler färbende Außenschicht erkennen, die eine Zellmembran vortäuschen kann, aber nicht als solche aufgefaßt werden darf, da sie nicht als eine Haut isolierbar ist; sie stellt vielmehr eine dichtere Exoplasmaschicht dar, welche ohne scharfe Grenze in das wasserreichere Endoplasma übergeht. Die Zellen der mittleren und oberflächlichen Lagen sind sehr glykogenreich. In den Epithelzellen der Zunge wurden Centrosomen neben den Kernen von Zimmermann (1898) nachgewiesen.

Die Lamina propria der Schleimhaut trägt allenthalben zahlreiche Papillen, die in bezug auf Form und Zahl in den einzelnen Gegenden Verschiedenheiten zeigen. Im allgemeinen ist die Höhe der Papillen proportional der Dicke des Epithels, so daß die höchsten Papillen an jenen Stellen sich finden, die mit dem dicksten Epithel bekleidet sind. Sehr klein, mitunter ganz rudimentär sind sie nach Toldt an den Duplikaturen der Schleimhaut (Frenulum linguae, Plicae glossoepiglotticae, Arcus palatoglossus). Diese bindegewebigen Papillen bedingen keine entsprechenden Vorragungen an der freien Oberfläche des Epithels und werden, da sie nur mikroskopisch sichtbar sind, als mikroskopische (sekundäre) Papillen bezeichnet, zum Unterschiede von den nur im Bereiche des Zungenrückens und der Zungenspitze (beim Neugeborenen außerdem auch an den Lippen und der Wangenschleimhaut) vorkommenden makroskopischen

Papillen, die nicht nur bedeutend größer sind, sondern Vorragungen der ganzen Schleimhaut — sowohl des Bindegewebes als auch des Epithels — bilden und daher bei Betrachtung der Schleimhautoberfläche schon mit freiem Auge als verschieden geformte Erhebungen sichtbar sind. Die mikroskopischen Papillen sind kegel- bis fadenförmig, meist einfach, mitunter auch zweigeteilt, besitzen nach v. Ebner eine Länge von 220—400 μ und eine Breite von 45—90 μ (in den Extremen 54—630 μ Länge und 22—112 μ Breite) und stehen ohne weitere Regelmäßigkeit so dicht beisammen, daß ihre Grundflächen sich fast berühren und selten weiter abstehen als ihre eigene Breite beträgt. Eine eigentliche Basalmembran als Grenzschicht zwischen Epithel und Bindegewebe, wie sie im Respirationstrakt vorkommt und namentlich in der R. respiratoria der Nasenhöhle zu mächtiger Ausbildung gelangen kann, fehlt im Bereiche der Mundhöhle wie an allen kutanen Schleimhäuten.

Wie in den meisten Schleimhäuten, so ist auch hier die Lamina propria dadurch gekennzeichnet, daß die Dicke der Fibrillenbündel von der Oberfläche gegen die Tiefe hin zunimmt, während umgekehrt der Zellreichtum abnimmt; so daß also die oberflächlichen Schichten der Schleimhaut durch außerordentlich feine Fibrillenbündel ausgezeichnet sind. In den Papillen ordnen sich die Fibrillen im allgemeinen überhaupt nicht mehr zu Bündeln, sondern bilden ein dichtes Filzwerk von einzelnen Fibrillen, deren Hauptrichtung mit der Längsachse der Papillen zusammenfällt. An jenen Stellen der Mundhöhle, wo sich Knochen als Unterlage findet, stehen die tiefen Schichten der Schleimhaut mit dem Periost in direktem und festem Zusammenhang, so daß infolgedessen die Schleimhaut unverschieblich erscheint. Überall wo die Schleimhaut eine größere Verschiebbarkeit aufweist, verdankt sie dieselbe dem Vorhandensein einer locker gefügten **Tela submucosa.** In letzterer findet sich neben den Bindegewebsbündeln stets auch Fettgewebe, das in der Lamina propria der Schleimhaut fehlt. Dort, wo Drüsen vorkommen, liegen dieselben zum größten Teil in der Submucosa und verleihen derselben stets einen höheren Grad von Festigkeit.

Elastische Fasern sind nach v. Ebner im allgemeinen sehr zahlreich. Im submukösen Gewebe bilden sie netzartige Umhüllungen um Gruppen von Bindegewebsbündeln sowie um die dort verlaufenden größeren Gefäße. Gegen die eigentliche Schleimhaut werden sie dünner und zarter und bilden häufig eine dichter gewebte, netzartige Lage unter dem Epithel, die auch noch in die Papillen eindringt.

Von Zellen finden sich in der Schleimhaut zunächst **Bindegewebszellen** (Fibrocyten), die namentlich in den Papillen und der oberflächlichen Lage der Schleimhaut in reichlicher Menge vorhanden sind; ferner kommen vorzugsweise längs der Blutgefäße **basophile Körnerzellen (Mastzellen)** vor, während **weiße Blutkörperchen** im vorderen Abschnitte der Mundhöhle fast nur in den oberflächlichsten Schichten der Schleimhaut zu finden sind und auch hier nur in verhältnismäßig spärlicher Menge und mehr vereinzelt. Erst gegen die Rachenenge hin treten Lymphocyten in außerordentlich großer Menge auf und bilden vielfach Gruppen von miteinander verschmolzenen Lymphknötchen — die **Zungenbälge und Mandeln.**

Überall dort, wo das lymphoide Gewebe bis an das geschichtete Pflasterepithel heranreicht, findet eine **lebhafte Durchwanderung von weißen Blutzellen** durch letzteres statt. Die im Mundhöhlenspeichel neben abgestoßenen oberflächlichen Epithelzellen stets, aber in verschiedener Menge, vorhandenen sogenannten **Speichelkörperchen** (Abb. 1) müssen mindestens in der überwiegenden Mehrzahl ehemalige (mononucleäre) Lymphocyten sein, da die lymphoretikulären Organe der Mund- und Rachenhöhle fast nur Lymphocyten enthalten und man diese auch allenthalben in das Epithel eindringen sieht. Erst im weiteren Verlaufe der Durchwanderung ändern sie ihre Beschaffenheit, indem sie allmählich immer mehr die Eigenschaften von polymorphkernigen Leukocyten annehmen, so daß die Speichelkörperchen kaum von letzteren zu unterscheiden sind. Zwängen sich die Lymphocyten durch die engen Intercellularspalten des geschichteten Pflasterepithels, so muß ihr ursprünglich kugeliger Kern hochgradig deformiert und wohl auch fragmentiert werden. Besitzt der Kern eine

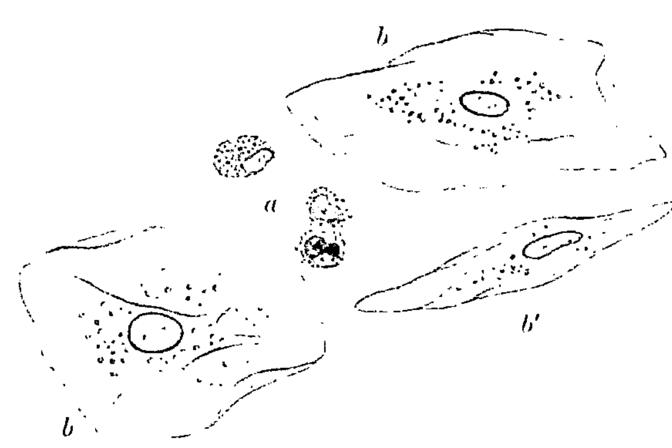

Abb. 1. Körperliche Elemente des Mundhöhlenspeichels.
a Speichelkörperchen. *b* abgestoßene Epithelzellen von der Fläche,
b' von der Seite gesehen. Vergr. 560fach.

geringere Plastizität als das Cytoplasma, so nimmt er auch nach beendeter Durchwanderung nicht mehr seine ursprüngliche Kugelform an, sondern bleibt gelappt oder fragmentiert. Weidenreich (1908) faßt auch die Speichelkörperchen als echte polymorphkernige, neutrophile Leukocyten auf, die sich durch Umwandlung der Lymphocyten während der Wanderung durch das Epithel gebildet haben. Nach Gött (1907) besteht die Veränderung der durchgewanderten Lymphocyten darin, daß, sobald sie mit dem Speichel in Berührung kommen, ihr Cytoplasma aufzuquellen beginnt und sich mit kleinen Körnern anfüllt, welche denen der neutrophilen Leukocyten zu entsprechen scheinen und stets lebhafte Molekularbewegung zeigen. Ihr bisher einfacher Kern zerfällt in zwei oder mehrere kugelförmige Kerne, so daß schließlich eine Zellform entsteht, welche einem gewöhnlichen polymorphkernigen Leukocyten sehr ähnelt.

Die **Drüsen** der Mundhöhle (und zwar sowohl Wand- wie Anhangsdrüsen) gehören, mit Ausnahme der in der Übergangszone der äußeren Haut in die Schleimhaut noch vorkommenden Talgdrüsen, dem Typus der Speicheldrüsen im weiteren Sinne des Wortes an. Einzellige Drüsen in Form von Becherzellen, wie sie in großer Menge in dem mit mehrreihigem Flimmerepithel ausgekleideten Teil des Respirationstraktes vorkommen, fehlen wie überall im Bereiche des geschichteten Pflasterepithels so auch in der Mundhöhle vollkommen. Eine gewisse Gesetzmäßigkeit in der Gruppierung der verschiedenen Arten von Speicheldrüsen läßt sich insofern feststellen, als die gemischten Drüsen im Vestibulum oris und in der Zungenspitze vorkommen (Gland. labiales, Gland. buccales und Gland. lingualis anterior), die serösen Drüsen in der Geschmacksgegend der Zunge und die reinen Schleimdrüsen im hinteren Abschnitt der Mundhöhle (Gland. palatinae, Drüsen der Gaumenbögen) und am Zungengrunde.

Die **Blutgefäße** der Mundhöhlenschleimhaut, Arterien sowohl wie Venen, ordnen sich zu zwei räumlich getrennten, flächenartig ausgebreiteten, übereinander liegenden Netzen. Das tiefere, in der Submucosa gelegene, enthält die reichlich untereinander anastomosierenden Verästigungen der zu- und abführenden Gefäße. Von ihm aus dringen zahlreiche feinere Gefäßchen in die Lamina propria ein, aus denen sich durch reichliche, dichotomische Teilungen und gegenseitige Anastomosen das oberflächlichere, feinere und engmaschigere

Gefäßnetz entwickelt. In beiden Netzwerken laufen venöse und arterielle Zweigchen einander ziemlich parallel. Aus dem oberflächlichen Gefäßnetze treten feinste Zweigchen in die Papillen ein, wo sie, je nach der Größe derselben, entweder förmliche Kapillarnetze oder einfache Schlingen formen (TOLDT).

Auch die **Lymphgefäße** bilden weite, der Submucosa angehörige und engmaschige, in der Lamina propria gelegene Netze, deren einzelne Gefäßchen sich mit denen der Blutgefäßnetze überkreuzen (TOLDT). Blind endigende Lymphgefäße dringen bis in die Papillen ein (v. EBNER).

II. Entwicklungsgeschichtliches.

Entwicklungsgeschichtlich betrachtet geht die Mundhöhle zum größeren Teile aus der embryonalen (oder primitiven) Mundbucht hervor. Mundhöhle und Mundbucht fallen nicht genau zusammen. Die Mundhöhle umfaßt einerseits nicht die ganze Mundbucht, da letztere auch einen Teil der Nasenhöhle liefert, und andererseits wird die bleibende Mundhöhle (namentlich der Mundboden mit der Zunge) durch einen Teil des Vorderdarmes (des Kiemen- oder Schlunddarmes) ergänzt. Die Mundbucht bildet eine grubenförmige Vertiefung im Bereiche des embryonalen Gesichtes. Der ursprünglich sehr geräumige Eingang der Mundbucht (Abb. 2a) wird oben vom Stirnwulst (Stirnfortsatz) des Vorderkopfes, seitlich jederseits vom Oberkieferfortsatz und unten jederseits vom Unterkieferfortsatz des ersten Kiemenbogens (Mandibularbogens) begrenzt. Der Grund der Mundbucht wird durch die Rachenhaut (Membrana buccopharyngea) gebildet, an die von der entgegengesetzten (aboralen) Seite das blinde Ende des Vorderdarmes heranreicht. Es bildet somit die Rachenhaut eine Scheidewand zwischen Mundbucht und Vorderende des Vorderdarmes. Die Mundbucht ist mit Ektoderm, der Vorderdarm mit Entoderm ausgekleidet. Im Bereiche der Rachenhaut stößt das Ektoderm unmittelbar auf das Entoderm. Die Rachenmembran ist demnach ein rein epitheliales Häutchen, das nur aus zwei Blättern besteht: einem ektodermalen Blatt gegen die Mundbucht zu und einem entodermalen Blatt gegen den Vorderdarm.

Schon in der 3. Embryonalwoche (bei 2,5 mm langen Embryonen) reißt die Rachenhaut durch, und erst dadurch wird die Verbindung des Vorderdarmes mit der Außenwelt hergestellt. Infolge des frühzeitigen und spurlosen Verschwindens der Rachenhaut ist man nicht in der Lage, auf späteren Entwicklungsstufen die Grenze zu ziehen zwischen den Teilen der Mundhöhle, die mit Ektoderm und jenen, die mit Entoderm ausgekleidet sind; dies um so weniger, als sich sowohl aus dem Ektoderm wie aus dem Entoderm dasselbe geschichtete Pflasterepithel mit denselben Drüsen usw. ausbildet, das durch keinerlei Merkmal seine Herkunft verrät, und außerdem sekundäre Verschiebungen zwischen ektodermalem und entodermalem Epithel nicht auszuschließen sind. So konnte z. B. GREIL (1905) bei *Triton* ein Vor-

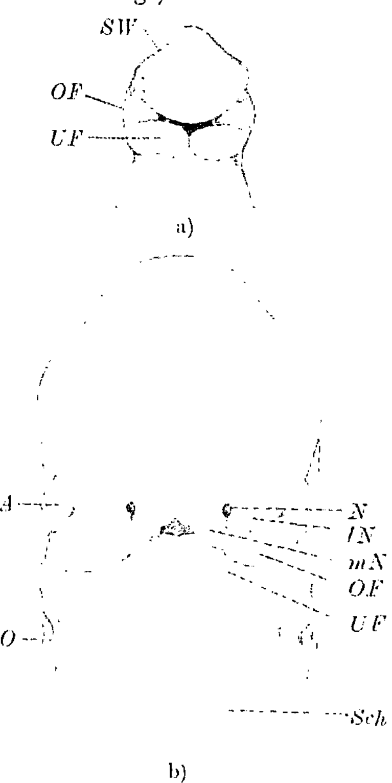

Abb. 2. a) Kopf eines etwa 2,5 mm langen menschlichen Embryo von vorn. b) Kopf eines etwa 11,3 mm langen menschlichen Embryo von vorn. (Nach C. RABL.) *SW* Stirnwulst. *OF* Oberkieferfortsatz. *UF* Unterkieferfortsatz. *lN* lateraler, *mN* medialer Nasenfortsatz. *N* Nasenöffnung. *A* Auge. *O* Ohranlage. *Sch* Schnittfläche.

dringen von ektodermalen Zellen in den Bereich des entodermalen, durch seinen Dotterreichtum gekennzeichneten Epithels nachweisen. Auch die Auffassung, daß die Geschmacksknospen, in Übereinstimmung mit den übrigen Sinnesorganen, ektodermaler Abkunft wären, ist unhaltbar, da einerseits Geschmacksknospen an Stellen (Hypopharynx, Kehlkopfeingang) gefunden werden, die sicher mit Entoderm ausgekleidet sind, und da andererseits Johnston (1910), wenigstens für *Amblystoma*, den Nachweis erbrachte, daß alle Geschmacksknospen vom Entoderm geliefert werden. Es läßt sich wohl nur so viel sagen, daß der vordere Mundhöhlenabschnitt mit der Zungenspitze eine Bekleidung ektodermaler und daß der hintere Teil des Mundhöhlenbodens mit dem hinteren Abschnitt der Zunge eine Bekleidung entodermaler Herkunft besitzt (siehe auch S. 52).

Die primäre Mundöffnung, d. i. der Eingang in die Mundbucht, wandelt sich folgendermaßen in die bleibende Mundöffnung um (Abb. 2b). Die beiden Unterkieferfortsätze verschmelzen miteinander. Vom Stirnwulst wachsen jederseits zwei Nasenfortsätze, ein medialer und ein lateraler, gegen die primäre Mundöffnung vor. Die medialen Nasenfortsätze wachsen stärker als die lateralen, kommen dadurch in Berührung mit den Oberkieferfortsätzen und verschmelzen schließlich mit ihnen. Dadurch werden die lateralen Nasenfortsätze von der Berührung mit der Mundöffnung ausgeschlossen. Indem weiterhin die medialen Nasenfortsätze in der Mittellinie miteinander vollkommen verwachsen, entsteht eine spaltförmige Mundöffnung, die oben von den miteinander verschmolzenen medialen Nasen- und Oberkieferfortsätzen, unten von den verschmolzenen Unterkieferfortsätzen begrenzt wird. Die freien Ränder aller dieser Fortsätze differenzieren sich zu den Lippen. Zunächst ist die Mundspalte noch unverhältnismäßig breit; sie reicht bis in die Ohrgegend. Allmählich wird die Mundspalte verschmälert, indem die Mundwinkel durch Verwachsung der Oberlippen- mit den Unterlippenanlagen weiter nach vorne rücken. Je nachdem dieser Verwachsungsvorgang früher oder später Halt macht, was nicht nur nach der Art, sondern — beim Menschen wenigstens — auch individuell variiert, entsteht eine breite oder schmale bleibende Mundöffnung.

Inzwischen gehen auch wichtige Veränderungen im Inneren der Mundhöhle vor sich. Am Boden derselben erhebt sich die Zungenanlage. Durch die Bildung des Gaumens wird die Mundbucht in zwei übereinanderliegende Räume geteilt, von denen der obere der Nasenhöhle zugeschlagen, der untere zur eigentlichen Mundhöhle wird. Die Ausbildung der Lippen und Wangen und der Alveolarfortsätze führt zur Abgrenzung des Vestibulum vom Cavum oris. Über diese Vorgänge wird noch später ausführlicher die Rede sein.

III. Vergleichendes.

Die Mundhöhle aller *Säugetiere* ist wie die des Menschen von einer kutanen Schleimhaut ausgekleidet, der eine Muscularis mucosae durchwegs fehlt. Das Epithel ist ein typisches mehr oder weniger stark verhorntes, geschichtetes Pflasterepithel, das stellenweise pigmentiert sein kann. Es ist an jenen Stellen am dicksten und mit der stärksten Hornschicht versehen, die groben mechanischen Einwirkungen am meisten ausgesetzt sind, z. B. an den Zahnplatten der *Wiederkäuer*, am Zungenrücken, harten Gaumen, an den Lippen und an allen papillären Vorsprüngen, am schwächsten an den mehr geschützten Stellen, z. B. an den Seitenflächen und der Bodenfläche der Zunge, am Zungenbändchen, der Zungenwurzel, dem Mundhöhlenboden, dem Gaumensegel usw. (Ellenberger).

Die Lamina propria trägt fast ausnahmslos gut ausgebildete Papillen, die an den Stellen mit dickem Epithel beträchtliche Höhe erreichen. Im übrigen lassen sich bezüglich der Festigkeit oder Lockerheit des Gewebes, der stärkeren oder schwächeren Gefäßversorgung, der Möglichkeit der Abgrenzung einer Submucosa, der Beimengung von elastischem Gewebe keine allgemein gültigen Regeln aufstellen, da diese Verhältnisse nicht nur nach den verschiedenen Arten, sondern auch nach den verschiedenen Örtlichkeiten der Mundhöhle außerordentlich wechseln. Gegenüber der Schleimhaut des übrigen Verdauungsschlauches muß die Mundhöhlenschleimhaut nach Ellenberger als relativ arm an elastischem Gewebe bezeichnet werden. An stark pigmentierten Stellen finden sich außer dem pigmentierten Epithel auch Pigmentzellen in der Lamina propria (*Hund, Schaf, Katze* usw.). Abgesehen von den Zungenbälgen und Mandeln sind Lymphknötchen im allgemeinen selten; beim *Schweine* findet man sie hingegen reichlich und auch an vielen Stellen diffuses lymphoretikuläres Gewebe.

Auch die Mundrachenhöhle der *Vögel* ist mit einer kutanen Schleimhaut ausgekleidet, trägt demnach ausnahmslos ein geschichtetes Pflasterepithel. Die Verhornung der oberflächlichen Epithelschichten kann stellenweise einen sehr hohen Grad erreichen (Hornschnabel). Ein Stratum corneum findet sich beim *Huhn* nicht nur am Dache der Mundhöhle und an der Zungenrückenfläche, sondern auch am gesamten Pharynxdache und am Kehlkopfeingang bis zum Speiseröhrenanfang (Heidrich 1907). In der Lamina propria kommen teils mehr diffuse lymphoide Einlagerungen, teils Lymphknötchen vor. Eine Muscularis mucosae fehlt in der Mundrachenhöhle; erst gegen den

Speiseröhreneingang hat HEIDRICH glatte Muskelfasern nachgewiesen, die sich in die Muscularis mucosae des Oesophagus fortsetzen.

Bei den *Reptilien* zeigt die epitheliale Auskleidung der Mund-Schlundkopfhöhle außer Artverschiedenheiten auch außerordentlich große regionäre Verschiedenheiten. Bei ein und derselben Art kann neben geschichtetem Pflasterepithel flimmerndes Zylinderepithel mit mehr oder weniger zahlreichen Becherzellen, oder neben ersterem einfaches, flimmerloses Zylinderepithel vorkommen.

Die *Amphibien* besitzen in der Mundrachenhöhle vorwiegend ein geschichtetes flimmerndes Zylinderepithel mit Becherzellen. Bei *Proteus* und *Necturus* findet sich ein geschichtetes, nicht flimmerndes Epithel mit Cuticularsaum und Becherzellen, bei *Siredon* ein geschichtetes Epithel, dessen oberflächliche Zellage fast ausschließlich aus Becherzellen besteht. Den Blutgefäßen in der Mundhöhlenschleimhaut der *Amphibien* wird eine Bedeutung für die Atmung (Mundhöhlenatmung) zugesprochen. Es sind hier Einrichtungen getroffen, um den Blutlauf zu verlangsamen und vor allem, um eine breitere Berührung zwischen Capillaren und Oberflächenepithel herzustellen. Sämtliche Capillaren sind mit divertikelartigen Ausbuchtungen (BEALE-LANGERsche Divertikel) versehen, welche sich zwischen die Zellen des Flimmerepithels vorbuchten (Literatur bei OPPEL 1900).

Bei den *Fischen* ähnelt das Mundrachenepithel der Epidermis: eine Art geschichteten Pflasterepithels mit schwach abgeplatteten Zellen in den oberflächlichen Schichten, mit Cuticularsaum und mit eingestreuten Becherzellen (Schleimzellen) in den verschiedenen Schichten. STUDNIČKA (1902) fand im hohen, geschichteten Epithel der Mundhöhlenschleimhaut von *Chiamaera monstrosa* Kanäle, welche er als Lymphbahnen deutet. Dieselben beginnen zwischen den basalen Epithelzellen, indem sich die Intercellularlücken erweitern und Lacunen bilden, die untereinander in Verbindung stehen. Von den Lacunen gehen stellenweise Kanäle oder „Kamine" ab, welche senkrecht aufsteigend frei an der Epitheloberfläche ausmünden.

Bezüglich der Drüsen der Mundrachenhöhle (der Speicheldrüsen im weitesten Sinne des Wortes) sei hier nur erwähnt, daß sie den *Fischen* im allgemeinen fehlen; sie werden hier ersetzt durch die Becherzellen (einzellige Drüsen). Bei den *Amphibien* treten Schleimdrüsen auf. Die Mundrachendrüsen der *Reptilien* sind nicht nur zahlreicher und mannigfaltiger in ihrer Gestalt, sondern sie machen auch insofern einen Fortschritt und nähern sich denjenigen der Säugetiere, als es zur Bildung funktionell verschiedener Drüsenarten kommt. Die Mundrachendrüsen der *Vögel* zeigen zwar regionäre Formverschiedenheiten, sind aber, wenigstens beim *Huhn*, ausschließlich Schleimdrüsen (HEIDRICH).

IV. Die Lippen.

Im Bereiche des Lippenrotes erfolgt der Übergang der äußeren Haut in die Schleimhaut des Vestibulum oris. Dieser Übergang ist kein unmittelbarer, sondern es schiebt sich, so wie an anderen Übergangsstellen zwischen äußerer Haut und Schleimhaut, ein Übergangsgebiet ein, das teils Eigenschaften der äußeren Haut, teils solche der Schleimhaut zeigt. Demnach kann man an den Lippen einen Oberhautteil, einen Übergangsteil (KLEIN 1863) oder den „Lippensaum" (NEUSTÄTTER 1894) und einen Schleimhautteil unterscheiden (Abb. 4). Der Lippensaum beginnt außen mit dem Aufhören der Haarbälge, geht innen ohne scharfe Grenze in den Schleimhautteil über und nimmt beim Erwachsenen den bei leicht geschlossenem Munde sichtbaren roten Abschnitt der Lippe ein. Es fällt somit der Lippensaum annähernd mit dem „Lippenrot" zusammen. Da bei Negern auch der Lippensaum dunkel pigmentiert erscheint und da weiterhin den Tierlippen ein Lippenrot fehlt, ist die Bezeichnung Lippensaum vorzuziehen. Während beim Erwachsenen die ganze Fläche des Lippensaumes, oberflächlich betrachtet, ein einheitliches Aussehen darbietet, ist beim Neugeborenen eine scharfe Trennung desselben in eine äußere und innere Zone schon äußerlich dadurch gegeben, daß letztere das Niveau der ersteren überragt = Lippenwulst, Lippentorus, so daß man hier auch von einem doppelten Lippensaum sprechen kann (Abb. 3, 4). Die äußere Zone zeigt beim Neugeborenen etwa die Beschaffenheit wie später der ganze Lippensaum, die innere nähert sich in ihrem Aussehen schon ganz dem der Schleimhaut. Außen- und Innenzone des Lippensaumes verhalten sich beim Neugeborenen etwa wie 2 : 3.

Außerdem ist die Oberlippe des Neugeborenen ausgezeichnet durch eine mediane, hügelartige, oft scharf abgegrenzte Erhebung der Innenzone, das sogenannte Tuberculum labii superioris, dem an der Unterlippe eine Einsenkung entspricht (Abb. 3). Das 6—7 mm breite und etwa 4 mm hohe Tuberculum gehört jenem Teil der Oberlippe an, der aus den medialen Nasenfortsätzen hervorgegangen ist und hängt mit dem Frenulum labii superioris zusammen. Schon in den ersten Wochen nach der Geburt verschwindet das Tuberculum; doch werden Andeutungen desselben häufig auch noch beim Erwachsenen gefunden.

An den Lippen des Neugeborenen ist vor allem das Verhalten der Papillen am Lippensaum bemerkenswert. Nach Neustätter wird das niedere Epithel der behaarten Epidermis mit dem Beginn der Außenzone des Lippensaumes etwas dicker, ebenso werden die Papillen höher und reichen etwa bis zur Mitte der Epitheldicke. Mit dem Beginn der Innenzone erhebt sich plötzlich das Epithel

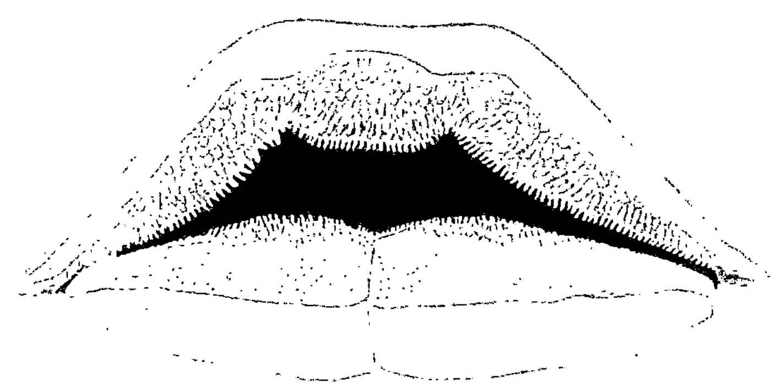

Abb. 3. Gesamtansicht der Lippen eines Neugeborenen von vorne. Die glatte Pars glabra ist scharf von der mit Zotten und Höckern versehenen Pars villosa geschieden. Das Tuberculum lab. sup. tritt deutlich als Teil der Pars villosa hervor. Die dunklen Pünktchen in der Mitte der Höcker und Zotten sind durch das Epithel durchscheinende Blutgefäße. Vergr. 4 fach. (Nach M. Ramm.)

hügelartig auf etwa die vierfache Höhe und gleichzeitig treten mächtige, schlanke, spitz zulaufende Papillen auf, die mit ihren Enden nach vorn gewöhnlich umgebogen erscheinen und bis in die obersten Schichten des Epithels eindringen. Gegen die Mundhöhle zu werden die Papillenspitzen wieder gerader gerichtet, die Höhe der Papillen nimmt allmählich ab (Abb. 4).

Häufig bedingen die hohen Papillen der Innenzone des Lippensaumes beim Neugeborenen entsprechende Vorragungen an der Oberfläche, so daß es zur Ausbildung makroskopischer Papillen kommt, die mit einfachen kleinen, fadenförmigen Papillen der Zunge verglichen werden könnten (Abb. 3—5) und die unter der Bezeichnung Lippenzotten bekannt sind. Letztere hat zuerst Luschka (1863) beobachtet und jenen Teil der Lippe, der diese Papillen trägt, als Pars villosa vom äußeren, stets glatten Teil, der Pars glabra, unterschieden. Demnach würde die Außenzone des Lippensaumes (Neustätter) der Pars glabra (Luschka) und die Innenzone der Pars villosa entsprechen. Weiterhin erwähnen Klein (1868) und Stieda (1900) die makroskopischen Papillen, wobei letzterer bemerkt, daß die Villositäten der Ober- und Unterlippe im 4. Fetalmonat ausnahmsweise, im 5. bei 50 vH., im 6. bei 75 vH. und vom 7. Monat an stets vorhanden sind und wahrscheinlich schon in der ersten Lebenswoche nach der Geburt verschwinden. Am eingehendsten hat sich mit den Lippenzotten MALKA RAMM (1905) beschäftigt und namentlich auch deren Anordnung und Ausbreitung genauer verfolgt. An der Oberlippe besitzt die Pars villosa ihre größte Ausdehnung im Bereiche des Tuberculum labii superioris. Hier kann sie sich entlang dem Frenulum bis dicht an die Übergangsstelle der Lippenschleimhaut in das Zahnfleisch erstrecken. Außerdem kann sich von den Mundwinkeln aus der zottenbesetzte Teil in Form eines horizontalen Streifens auf die Wangenschleimhaut fortsetzen, ja sogar bis gegen den Kieferast reichen (Abb. 7).

Jedenfalls geht aus den Beschreibungen und auch aus meinen eigenen Beobachtungen hervor, daß die Ausbildung der „Lippenzotten" des Neugeborenen sehr großen individuellen Schwankungen unterworfen ist. Mitunter ist von Vorragungen an der Oberfläche überhaupt nichts zu sehen. Auch NEUSTÄTTER erwähnt von Schleimhautvorragungen nur als inkonstanten Befund das Vorkommen von zahllosen kleinsten punktförmigen Wärzchen an der Schleimhaut in der Mundwinkelgegend. Bei sehr stark an der Oberfläche vorspringenden Zotten ist daran zu denken, daß die oberflächlichen, zwischen den Zotten gelegenen Epithelzellen durch Mazeration verloren gegangen sind und nur deshalb die Papillen stark vorragen, eine Möglichkeit, die auch RAMM zugibt, aber nicht für wahrscheinlich hält.

Mit doppeltem Lippensaum ist im allgemeinen nur die Lippe des menschlichen Säuglings ausgestattet. Die Doppellippe stellt ein dem Sauggeschäft angepaßtes Organ dar, indem der Lippenwulst (Pars villosa) mit seinen mächtigen Papillen als Greifapparat dient. Es erklärt sich daraus auch die Rückbildung dieser Verhältnisse nach der Geburt (NEUSTÄTTER).

Gelegentlich bleibt die Pars villosa als eine rauhe, vorgebuchtete Zone des Lippenrotes auch noch beim Erwachsenen kenntlich, die von der Pars glabra durch eine deutliche Furche geschieden ist, so daß man in derartigen Fällen auch beim Erwachsenen von einer Doppellippe sprechen kann.

Bezüglich des feineren Baues des Lippensaumes beim Neugeborenen ist zu erwähnen, daß die Pars glabra noch mit einem typischen Stratum corneum versehen ist und sich von der Epidermis nur durch das Fehlen der Haare, die etwas größere Dicke des Epithels und die höheren und reichlicheren Papillen unterscheidet (Abb. 4). Mit dem Beginn der Pars villosa ändert sich das Verhalten des Epithels ziemlich plötzlich. Es erfolgt nicht nur, wie bereits erwähnt, mit dem Auftreten der mächtigen Papillen eine beträchtliche Verdickung des Epithels, sondern letzteres nimmt schon den Charakter des Schleimhautepithels an. Nach v. EBNER (1902) erfolgt der Übergang des Epithels der Pars glabra in das der Pars villosa in der Weise, daß die kernlose Hornschicht in eine Schicht platter, kernhaltiger, teilweise noch verhornter Zellen übergeht, während die tiefen Epithelschichten sich unverändert fortsetzen. Zugleich tritt eine rasch an Dicke zunehmende Lage von Zellen auf, die im Epithel der Pars glabra nicht vorhanden ist, und die sich zwischen die Fortsetzung der Hornschicht einerseits und jene der MALPIGHIschen Schicht andererseits einschiebt. Die Zellen dieser Schicht erscheinen an gefärbten Präparaten wie Hohlgebilde und erinnern in ihrer Gesamtheit bei oberflächlicher Betrachtung fast an Knorpelgewebe, da die Hohlräume der Zellen umschlossen von den aneinandergedrängten, stark färbbaren Exoplasmaschichten wie von Grundsubstanz umgebene Knorpelhöhlen erscheinen (Abb. 5). Diese eingeschobene knorpelähnliche Schicht ist es auch, welche die Verdickung des Epithels im Bereiche der Pars villosa, den Lippenwulst, bedingt. Besonders auffallend kennzeichnet sich die Grenze zwischen den beiden Anteilen des Lippensaumes an Schnitten, die mit Bestschem Karmin auf Glykogen gefärbt sind. Hier erscheint die ganze knorpelähnliche Schicht und auch die oberflächliche, aus dem Strat. corneum hervorgehende Zellage infolge ihres außerordentlich großen Glykogengehaltes rot gefärbt, während die tiefen Epithellagen der Pars villosa ebenso wie das ganze Epithel der Pars glabra nahezu glykogenfrei sind. Gegen den Schleimhautteil der Lippe wird die knorpelähnliche Schicht schmäler und undeutlicher.

Beim Erwachsenen ist, entsprechend dem Fehlen eines Lippenwulstes, die knorpelähnliche Schicht nur mehr schwach entwickelt, immerhin aber noch als eine besondere Bildung angedeutet. Weiterhin behält beim Erwachsenen nur

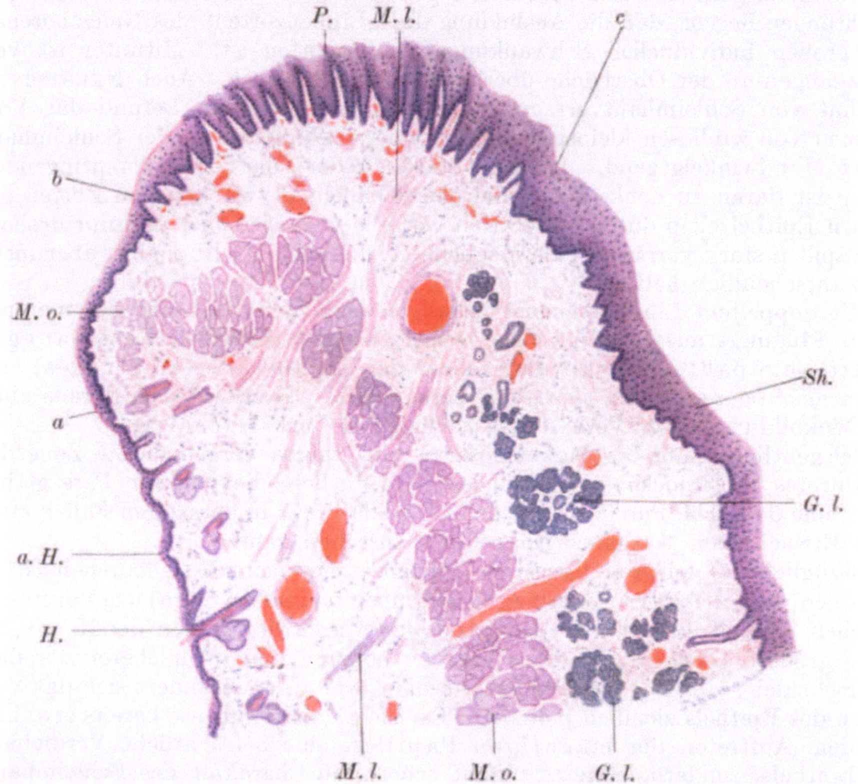

Abb. 4. Unterlippe vom Neugeborenen im Querschnitt. Formol; Hämatox., Eosin. Vergr. 17 fach. *a. H.* äußere Haut. *a—c* Lippensaum. *a—b* Pars glabra. *b—c* Pars villosa desselben. *Sh.* Schleimhaut. *H.* Haare. *P.* hohe Papillen (Lippenzotten). *G. l.* Glandulae labiales. *M. o.* M. orbicularis oris. *M. l.* M. labii proprius.

jener Teil der Innenzone des Lippensaumes, der innerhalb der Schlußlinie der Lippen gelegen ist, die hohen, beim Neugeborenen für die ganze Innenzone charakteristischen Papillen bei, die aber hier niemals mehr Vorragungen an der freien Oberfläche bedingen.

Für das Zustandekommen der Rotfärbung des Lippensaumes wird allgemein als die nächste Ursache die bedeutende Vermehrung der Blutgefäße in dieser Gegend angenommen. Neustätter führt die rote Farbe auf das Zusammenwirken folgender Ursachen zurück: 1. Die außerordentlich reichliche Anhäufung von Blutgefäßen, die nicht nur durch die Vermehrung (und bedeutendere Größe) in den einzelnen Papillen, sondern auch durch das nahe Zusammenrücken der letzteren eine so beträchtliche wird; 2. das nähere Heranrücken der Papillen-

spitzen an die Oberfläche, namentlich beim Kinde; 3. eine gewisse Durchsichtigkeit des Epithels, welche möglicherweise auf Einlagerung von Eleidin in die
Hornschicht beruht (wie beim Nagel). Verhornungserscheinungen lassen sich
am Lippenepithel schon auf verhältnismäßig frühen Entwicklungsstufen nachweisen (BOLK 1911).

Die Lederhaut setzt sich unmittelbar in die Lamina propria der Schleimhaut
fort; doch sind im eigentlichen Schleimhautteil der Lippe die elastischen Fasern
sehr spärlich und fehlen in den Papillen fast ganz, im Gegensatz zum Hautteil
der Lippe, wo sie bis in die Papillen hinein sehr deutlich zu verfolgen sind
(V. EBNER).

Eine Submucosa läßt sich von der Schleimhaut nicht deutlich abgrenzen.
In den tieferen Schichten tritt beim Erwachsenen allerdings ziemlich reichliches
Fettgewebe auf, so daß man diese Teile als Submucosa ansprechen darf. Die
Bindegewebsbündel derselben stehen allenthalben in unmittelbarem Zusammenhang mit dem intramuskulären Bindegewebe.

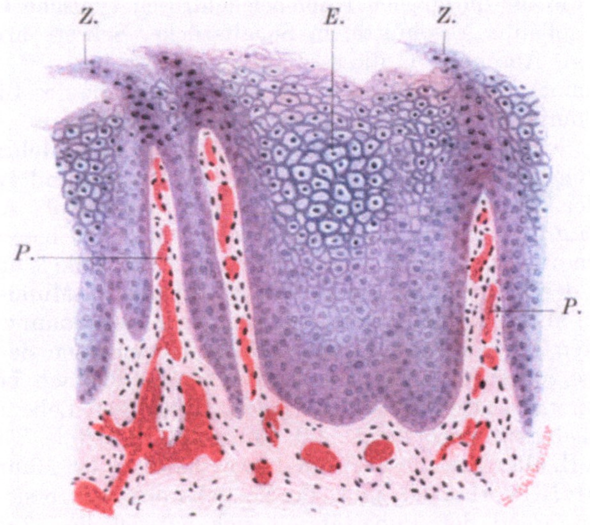

Abb. 5. Aus der Pars villosa der Unterlippe des Neugeborenen. (Formol; Hämatox., Eosin.) Vergr. 100 fach.
P. hohe Papillen mit Capillaren, die zottenförmige Erhebungen *Z.* an der Oberfläche bedingen. *E.* Epithel,
das an Knorpelgewebe erinnert.

Die Grundlage der Lippen, oder die Mittelschicht, wird von quergestreifter Muskulatur, die hauptsächlich dem M. orbicularis oris angehört, eingenommen. Dieser Muskel erscheint nicht als kompakter Körper, sondern durchsetzt in Form von einzelnen Bündeln das Bindegewebe. An Querdurchschnitten
durch die Lippe (Abb. 4) erscheinen die Muskelbündel des M. orbicularis quergetroffen. Sie liegen im allgemeinen der Schleimhautseite der Lippe etwas
näher als deren Außenseite. Im Bereiche des Lippensaumes biegt sich der M.
orbicularis hakenförmig nach außen um, so daß die Muskelbündelquerschnitte
an der Grenze zwischen äußerer Haut und Lippensaum bis nahe an das Epithel
heranreichen. Ein zweites kleineres System von quergestreiften Muskelbündeln
erscheint am Lippenquerschnitt längsgetroffen (Abb. 4 *M. l.*). Es sind dies die
Bündel des M. compressor labii (KLEIN), M. rectus labii (AEBY), M. cutaneo-mucosus (BOVERO), M. labii proprius oder Saugmuskel der Lippe
(W. KRAUSE). Die Faserzüge dieses Muskels verlaufen in der Unterlippe von
der äußeren Haut schräg nach hinten aufsteigend gegen die Pars villosa des

Lippensaumes — in der Oberlippe entsprechend absteigend. Nach W. Krause (1876) ist dieser Muskel beim Neugeborenen relativ stärker ausgebildet; er bleibt wahrscheinlich später im Wachstum zurück. Mit einzelnen Fasern dringt der Muskel in die Basis der Zotten der Pars villosa ein und vermag die Zotten beim Umfassen der Brustwarze während des Saugens stärker an diese zu drücken, weshalb die Bezeichnung „Saugmuskel" gerechtfertigt erscheint (Krause, Stieda 1900).

Von den Drüsen der Lippe sind zunächst die eigentlichen Glandulae labiales zu erwähnen, die in jedem Falle, und zwar in größerer Menge in der Unter- als in der Oberlippe vorhanden sind (Abb. 4). Sie beginnen erst hinter der höchsten Konvexität der Lippe, dort wo die hohen Papillen aufhören; die größeren von ihnen ragen in die Submucosa hinein. Es handelt sich um hirsekorn- bis erbsengroße, tubulo-alveoläre (Peiser 1902), gemischte Speicheldrüsen (Nadler u. a.) mit rein mukösen, rein serösen und gemischten Endstücken. Nach Nadler (1897) zeigt das Ausführungssystem dieser Drüsen wenigstens andeutungsweise die für die großen Kopfspeicheldrüsen typische Gliederung in drei verschieden gebaute Abschnitte, in Schaltstücke, Sekretröhren und Ausführungsgänge (vgl. Abschnitt C dieses Bandes).

Außerdem kommen in den Lippen, und zwar im Bereiche des Lippensaumes, wenn auch nicht konstant, so doch häufig freie Talgdrüsen vor. Sie sind nach Kölliker (1862), der sie zuerst beobachtete, bei der großen Mehrzahl von Erwachsenen, allerdings in sehr wechselnder Menge, vorhanden, und zwar liegen sie vorzugsweise in der Oberlippe und in der Nähe der Mundwinkel. An der Unterlippe fehlen sie häufig ganz; wenn sie sich finden, nehmen sie hier nie die Mitte der Lippe, sondern nur eine Strecke in der Nähe des Mundwinkels ein. Sie sitzen nur in dem Teil der Lippen, der bei leicht geschlossenem Munde von außen sichtbar ist, fehlen aber gewöhnlich auch in einem schmalen Saum zwischen dem behaarten und roten Teil der Lippe. Beim Lebenden erscheinen sie als weißliche Pünktchen. Diese Angaben Köllikers wurden später vielfach bestätigt; insbesondere hat Liepmann (1900) an einer großen Anzahl von Lebenden das Vorkommen von Talgdrüsen untersucht und gefunden, daß freie Talgdrüsen im Lippenrot bei 50 vH. aller Erwachsenen, und zwar häufiger bei Männern (63 vH.) als bei Weibern (40 vH.) vorhanden sind. Bei Neugeborenen sollen sie vollkommen fehlen und erst während der Pubertätszeit sich entwickeln. Zander (1901) kommt zu einem etwas kleineren Prozentsatz, konnte Talgdrüsen im Gegensatz zu Liepmann und Stieda (1902) aber auch schon beim Neugeborenen nachweisen. Stieda bemerkt, daß am Lebenden die Talgdrüsen deutlicher sichtbar werden, wenn man die Haut mittels des Fingers anspannt und daß dieselben bei Leichen infolge der Blutleere der Lippen mit unbewaffnetem Auge nicht zu sehen sind. Nach v. Ebner rücken die Talgdrüsen oft dem Schleimhautrande sehr nahe und stellen einfache rundliche oder birnförmige Säckchen von etwa 0,1—0,4 mm Durchmesser dar, während die Talgdrüsen des behaarten Lippenteiles größere, mit zahlreichen Endbläschen versehene Drüsen sind.

Im Bereiche der Lippenbändchen (Frenulum labii superioris et inferioris) ist das Epithel dünner, die Papillen sind kleiner und nicht häufig; die Lamina propria ist unansehnlich, mit relativ zahlreichen Gefäßen und reichlichen feinen, unregelmäßig verlaufenden elastischen Fasern (Klein).

Von den Blutgefäßen der Lippen verlaufen die großen Arterienäste (A. coronaria labii superioris et inferioris) an der Schleimhautseite nahe dem Lippensaum zwischen Muskel- und Drüsenschicht (Abb. 4). Die Arterien liegen freier im lockeren Bindegewebe, während die Venenwände fester mit der Umgebung verwachsen sind.

Die Lymphgefäße der Lippen verlaufen teils subkutan, teils submukös. Zwischen Subcutis und Submucosa sind keine stärkeren Lymphgefäße vorhanden. Die subkutanen Lymphgefäße der Unterlippe zeigen vielfach einen gekreuzten Verlauf (DORENDORF 1900).

Entwicklungsgeschichtliches. Nachdem die Begrenzung der bleibenden Mundöffnung durch die Verwachsung der Oberkiefer- mit den medialen Nasenfortsätzen einerseits und der beiden Unterkieferfortsätze andererseits gebildet ist (vgl. S. 6), differenzieren sich an diesen Begrenzungsrändern die Lippen. Es tritt etwas nach einwärts von der Mundspalte an der oberen und unteren Begrenzung derselben eine seichte Furche, die (primäre) Lippen- oder Vorhofsfurche, Sulcus labialis s. vestibularis, auf, in deren Bereich das Epithel leistenförmig in das darunterliegende Mesenchymgewebe eingewuchert ist. Durch Spaltbildung (BOLK 1911) im Bereiche dieser Lippenleisten (labiogingivale Leisten nach BOLK) werden die primären Lippenfurchen vertieft und wandeln sich dadurch in die sekundären Lippen- oder Vorhofsfurchen um, welche die Lippen von den Alveolarfortsätzen trennen und somit die Anlage des Vestibulum oris darstellen.

Das Frenulum labii superioris ist der vordere Abschnitt eines Bändchens, des Frenulum tectolabiale (BOLK), das bei Embryonen die Oberlippe mit der Gaumenpapille verbindet. Dieses Bändchen entsteht dadurch, daß die Anlage der vestibularen Furche wie die der Zahnleiste in der Mittellinie eine Unterbrechung erleidet, die Anlage des Vestibulum also eine paarige ist. Es wird somit bei der beiderseitigen Bildung des Vestibulum das Frenulum tectolabiale (bzw. das Frenulum labii superioris und ebenso wohl auch das Frenulum labii inferioris) gewissermaßen als mediane Brücke ausgespart, so daß auf einer bestimmten Entwicklungsstufe die Oberlippe deutlich in eine rechte und linke Lippe getrennt erscheint, ein Zustand, der bei niederen *Primaten* zeitlebens bestehen kann (BOLK). Gelegentlich wurde beim Erwachsenen ein verbreitertes Frenulum labii superioris beobachtet. In derartigen Fällen dürfte es sich nicht, wie gewöhnlich angenommen wird, um eine Hypertrophie des Frenulum, sondern vielmehr um eine Entwicklungshemmung handeln, indem die Verschmelzung der beiden Anlagen des Vestibulum zu einem einheitlichen Raum in weniger vollkommener Weise erfolgt ist als gewöhnlich.

Bei *Marsupialiern* erfolgt während der Entwicklung ein zeitlicher, teilweiser Verschluß der Mundspalte durch Epithelmassen. Einen ähnlichen Vorgang konnte KEIBEL (1899) bei *Reh-* und *Schafembryonen* nachweisen, wo der größte Teil der Mundspalte auf einer gewissen Entwicklungsstufe durch Epithel verwächst, um sich später in durchaus gleicher Weise wieder zu öffnen. BOLK (1911) fand bei *Hundeembryonen* eine epitheliale Verschlußmembran, welche den freien Rand der Oberlippe mit dem der Unterlippe verbindet und den hinteren Teil der Mundhöhle seitlich vollkommen abschließt. Als phylogenetischen Rest dieser temporären Verschlußmembran deutet BOLK epitheliale Leisten, die bei menschlichen Feten (aus dem 4. Monat) vom freien Rande der Ober- wie der Unterlippe ausgehen, hier aber nicht mehr zur Bildung einer Verschlußmembran miteinander verschmelzen; daher bezeichnet BOLK diese Leisten als „Verschlußleisten".

Vergleichendes. Eigentliche, d. h. mit Muskulatur versehene, Lippen finden sich erst bei den *Säugern*. Die „Lippen" bei *Fischen* dürfen nicht mit den muskulösen Lippen der Säugetiere homologisiert werden; sie stellen nur Hautfalten mit senkrecht sich überkreuzenden Bindegewebszügen dar (OPPEL). Die fleischigen Lippen der Säugetiere, in Gemeinschaft mit den Backen sowie mit der beweglichen, muskulösen Zunge, ermöglichen das Saugen und stehen auch in wichtiger Beziehung zur artikulierten Sprache des Menschen. Den *Monotremen* fehlen Lippenbildungen; die Kieferränder sind hier, ähnlich wie bei den *Vögeln* und *Cheloniern,* mit einer Hornscheide bekleidet.

Bei den *Säugetieren* zeigen die Lippen grundsätzlich denselben Bau wie beim Menschen: eine (quergestreifte) muskulöse Grundlage oder Mittelschicht, die außen von äußerer Haut, dem Integumentum labiale, innen von Mundhöhlenschleimhaut überzogen wird. Die Mittelschicht besteht vorwiegend aus den in der Richtung der Mundspalte verlaufenden Bündeln des M. orbicularis oris. Das zweite beim Menschen vorkommende System von quergestreifter Muskulatur, der M. cutaneomucosus (M. labii proprius), dessen Bündel in mehr querer oder schräger Richtung die Lippen durchsetzen, findet sich nach BOVERO (1902) auch bei der Mehrzahl der Säugetiere, wenngleich in schwächerer Ausbildung als beim Menschen und den *Anthropoiden.* Bei den *Ungulaten* ist dieser Muskel sehr schwach entwickelt, bei *Fledermäusen* und *Insektenfressern* ganz reduziert. Die Lippenschleimhaut trägt ein häufig pigmentiertes, geschichtetes Pflasterepithel, in das zahlreiche und hohe Papillen hineinragen. Eine Submucosa läßt sich von der Lamina propria nicht scharf abgrenzen, ist aber durch ihr mehr lockeres Gefüge immerhin zu erkennen. Zumeist liegen in der Submucosa Drüsen, die Gland. labiales, die auch in das von der Submucosa nicht scharf zu trennende intramuskuläre Bindegewebe hineinragen können, und die ausnahmslos in das Vestibulum oris ausmünden. Im einzelnen bestehen aber bezüglich der Verbreitung, Zahl und Art der Drüsen weitgehende Verschiedenheiten. So besitzen z. B. *Hund, Katze* und *Igel* nur an der Unterlippe Drüsen. Die Lippendrüsen vom *Rind, Schwein, Pferd* und *Esel* sind gemischte Speicheldrüsen, die vom *Affen, Schaf, Ziege, Hund* und *Katze* reine Schleimdrüsen (Hartig 1907); auch beim *Igel* und *Kaninchen* fand ich reine Schleimdrüsen (Schumacher 1924). Das Integumentum labiale der Säugetiere zeigt zwar im allgemeinen den Bau der äußeren Haut, jedoch mit gewissen Abänderungen. Es ist meist ärmer an Haaren und reicher an Nerven und Nervenendapparaten. Bei vielen Tieren kommen an ihm Tast- oder Sinushaare vor.

Der Übergang von der äußeren Haut in die Schleimhaut muß nicht, wie beim Menschen, im Bereiche des freien Lippenrandes, d. h. im Bereiche des Lippensaumes, erfolgen. Bei manchen Tieren, z. B. bei vielen *Nagetieren*, trägt auch noch der Lippensaum Haare und zeigt auch alle übrigen Eigenschaften der äußeren Haut. Das eigentliche Übergangsgebiet zwischen äußerer Haut und Schleimhaut ist also hier weiter nach innen verlegt. Andererseits kann aber das Umgekehrte der Fall sein. Es kann nämlich das haarfreie Übergangsgebiet weiter nach außen übergreifen, wodurch die den Mund und die Nasenlöcher umgebende Haut mehr den Eindruck einer Schleimhaut macht. Dadurch kommen die Formationes parorales et paranaricae zustande. Als solche treten uns das Flotzmaul, Planum nasolabiale, des *Rindes*, der Nasenspiegel, Planum nasale, von *Schaf, Ziege, Hund* und *Katze* und die Rüsselscheibe, Planum rostrale, des *Schweines* entgegen. An der Unterlippe der *Wiederkäuer* befindet sich ein medianer, unbehaarter, dem Flotzmaul im wesentlichen gleicher Abschnitt. Die erwähnten Übergangsgebiete ähneln insofern der äußeren Haut, als sie ein stark entwickeltes Stratum corneum zeigen und auch ihr bindegewebiger Anteil dem der äußeren Haut entspricht. Sie entbehren im allgemeinen aber der Haare — nur die Rüsselscheibe des *Schweines* trägt spärliche, kurze Sinushaare — und außerdem fehlen ihnen typische Schweiß- und Talgdrüsen. Beim *Rind, Schaf, Ziege* und *Schwein* kommen in diesem Gebiete (subkutan gelegene) Drüsen vor, nicht aber bei *Hund* und *Katze*. Die Rüsselscheibendrüsen (Gland. planorostrales) des *Schweines* ähneln noch den Schweißdrüsen; sie besitzen aber keine glatte Muskulatur. Die Flotzmauldrüsen (Gland. nasolabiales) des *Rindes* und die Nasenspiegeldrüsen (Gland. planonasales) von *Schaf* und *Ziege* haben schon fast ganz die Eigenschaften von serösen Speicheldrüsen angenommen. Alle diese Drüsen haben die Aufgabe, die betreffenden Gebiete feucht zu erhalten (Kormann 1905).

V. Die Backen.

Sowie die Lippen den vorderen Abschnitt des Vestibulum oris nach außen hin abgrenzen, bilden die Backen (Buccae) oder Wangen die äußere Wand des Vestibulum in seinem hinteren (seitlichen) Abschnitt. Die Lippen setzen sich demnach unmittelbar in die Wangen fort und auch entwicklungsgeschichtlich betrachtet sind, im wesentlichen wenigstens, die Wangen als die miteinander zur Verschmelzung gelangten hinteren Abschnitte der Ober- und Unterlippe zu betrachten. Daher ist es auch begreiflich, daß die Wangen grundsätzlich denselben Bau wie die Lippen zeigen (Abb. 6). Die Grundlage oder Mittelschicht der Backen wird, wie die der Lippen, von quergestreifter Muskulatur, dem M. buccinator, gebildet, dessen Faserbündel annähernd horizontal verlaufen, so daß an senkrechten Durchschnitten durch die Backe, wie bei den Lippen, die Muskelfasern im Querschnitte erscheinen. Außen werden die Backen von äußerer Haut, innen von Schleimhaut bekleidet. Letztere steht durch eine gut ausgebildete Submucosa mit dem M. buccinator in Verbindung. Ein wesentlicher Unterschied im Bau zwischen Wangen und Lippen besteht nur in bezug auf die Ausbildung des elastischen Gewebes, das in den Wangen, entsprechend ihrer Funktion, eine außergewöhnliche Entwicklung erreicht, wodurch ihre große Dehnbarkeit erklärlich wird.

Die äußere Haut der Wangen und ihrer unmittelbaren Nachbarschaft unterscheidet sich nach Schiefferdecker (1913 und 1921) von der Haut aller anderen Körperstellen durch die Einlagerung einer mächtigen elastischen Schicht, die von der Epidermis nur durch eine dünne Bindegewebslage getrennt wird und durch die durchtretenden Haare in einzelne Abschnitte zerlegt erscheint, die SCHIEFFERDECKER wegen ihrer Ähnlichkeit mit Roßhaarkissen als elastische Kissen bezeichnet. Die Ähnlichkeit ist dadurch bedingt, daß die sehr groben elastischen Fasern sich in der mannigfachsten Art durcheinander knäueln. Diese bisher sonst nirgends gefundene Art des elastischen Gewebes wird von SCHIEFFER-DECKER „geknäueltes elastisches Gewebe" benannt und ihm verdankt die Wangenhaut ihren hohen Grad von Dehnbarkeit. Der Durchtritt der mit dickwandigen Bindegewebsscheiden umgebenen Schweißdrüsenausführungsgänge und Blutgefäße durch die elastische Schicht dürfte für die Fortbewegung der

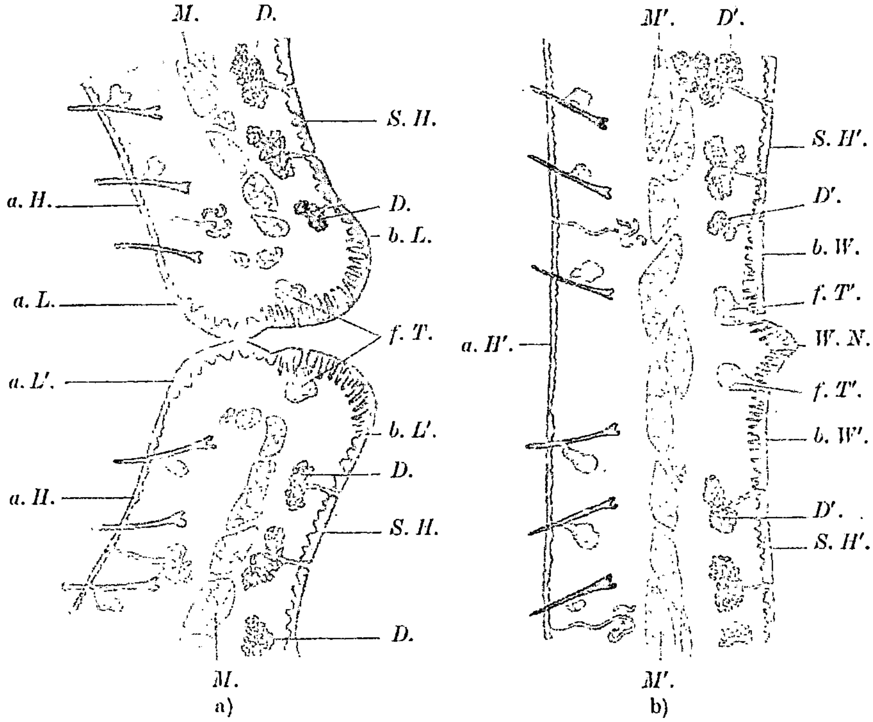

Abb. 6. a) Schematische Darstellung des Lippen-, b) des Wangenbaues. *a. H.* äußere Haut von Ober- und Unterlippe mit Haaren und Schweißdrüsen. *a. H'.* äußere Haut der Wange. Zwischen *a. L.* und *b. L.* und zwischen *a. L'.* und *b. L'.* der Ober- und Unterlippensaum, deren innere Anteile bei der Verwachsung der Lippen zur Wange zur Saumregion der Wange (zwischen *b. W.* und *b. W'.*) werden. In der Mitte der letzteren erhebt sich die Wangennaht *W. N. S. H.* Schleimhaut der Lippen. *S. H'.* Schleimhaut der Wangen. *M.* M. orbicularis oris. *M'.* M. buccinator. *D.* Gland. labiales. *D'.* Gland. buccales. *f. T.* freie Talgdrüsen des Lippensaumes. *f. T'.* freie Talgdrüsen der Saumregion der Wange.

Flüssigkeit besonders günstig sein, was vielleicht eine der Ursachen für das so leicht und deutlich eintretende Erröten der Wangen ist. Die größere Dünnheit der Epidermis beim Weibe wird dazu beitragen, das Erröten stärker hervortreten zu lassen. Außerdem dürfte die elastische Schicht, die in ihrer Ausbildung auffallende Rassenverschiedenheiten aufweist, auch einen regulatorischen Einfluß auf die mimischen Bewegungen ausüben, weshalb sie SCHIEFFER-DECKER als „Elastica mimica" bezeichnet.

An der Innenbekleidung der Wange sind grundsätzlich zwei verschiedene Anteile auseinanderzuhalten: 1. eine obere, maxillare, und untere, mandibulare Zone, welche die unmittelbare Fortsetzung der Schleimhautbekleidung der Ober- bzw. Unterlippe bildet und 2. ein mittlerer streifenförmiger, beiläufig den Zahnreihen entsprechender Bezirk, der sich zwischen diese beiden Zonen einschiebt und in die Fortsetzung des Lippensaumes fällt. Diese mittlere Zone darf, streng genommen, ebensowenig wie der Lippensaum als eigentliche Schleimhaut bezeichnet werden, sondern sie zeigt in ihrem Bau die Eigenschaften eines Übergangsgebietes zwischen äußerer Haut und Schleimhaut. Deshalb habe ich für diese mittlere Zone die Bezeichnung „Saum-region der Wangenschleimhaut" vorgeschlagen (SCHUMACHER 1924). Die Entstehung der Saumgegend im Bereiche der Backe hat man sich entwicklungsgeschichtlich so vorzustellen, daß jene Teile der Lippenanlagen, die durch ihre Verwachsung die Wange bilden, die „Wangenlippen", so miteinander verschmelzen, daß die Verwachsung nicht im ganzen Bereiche des Lippensaumes erfolgt, sondern nur in dessen Außenzone, während die Innenzone desselben in die Innenbekleidung der Wange einbezogen wird und hier als Saum-gegend der Wange bestehen bleibt, wie dies auf Abb. 6 in schematischer Weise dargestellt ist. Hierzu ist zu bemerken, daß es sich bei der Wangenbildung natürlich nicht um die Verschmelzung voll ausgebildeter Lippenteile handelt, sondern nur um deren Anlagen, denen aber dieselben Entwicklungsmöglichkeiten zukommen wie den Anlagen der nicht miteinander verschmelzenden Mundlippen.

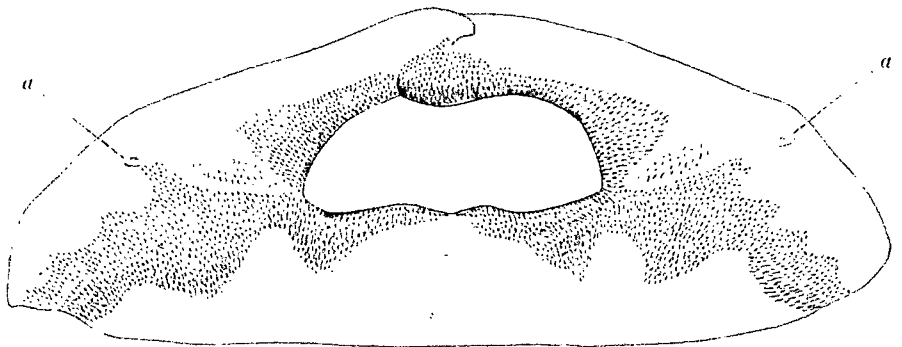

Abb. 7. Gesamter Zottenbesatz des Vestibulum oris des Neugeborenen. Bei *a* Mündung des Ductus parotideus. (Nach M. RAMM.)

Tatsächlich zeigt auch im ausgebildeten Zustande das maxillare und mandibulare Schleimhautgebiet der Backe die Eigenschaften des Schleimhautteiles der Ober- bzw. Unterlippe und die Saumregion der Backe die Eigenschaften der Pars villosa des Lippensaumes.

Nachdem schon STIEDA (1902) erwähnte, daß die an die Pars villosa der Lippen angrenzende Partie der Mundschleimhaut beim Neugeborenen gleichfalls mit Zotten versehen ist, hat MALKA RAMM (1905) den Nachweis erbracht, daß beim Neugeborenen von den Mundwinkeln ausgehend die Pars villosa als „Torus villosus" sich in gleicher Ausbildung auf die Wangenschleimhaut fortsetzt und in Form eines mit zackigen Rändern versehenen, bis zu 13 mm breiten Streifens bis gegen den Kieferast zu verfolgen ist (Abb. 7). Dieser Streifen markiert sich schon makroskopisch als ziemlich scharf begrenzter, über die übrige Schleimhaut deutlich vorragender, flacher Wulst, nimmt beiläufig den mittleren Teil der Wange ein und entspricht in seiner Ausdehnung dem von mir als Saumregion der Wange bezeichneten Abschnitt. An der Verdickung dieser Partie ist sowohl das Epithel wie auch das Bindegewebe der Schleimhaut beteiligt; ersteres erreicht hier die 5fache, letzteres die 3fache Dicke des zottenfreien Abschnittes. Während im Bereiche des Torus villosus die Papillen ziemlich dicht stehen und genau so wie an der Pars villosa der Lippen schmal und dabei so hoch sind, daß sie bis zu 0,5 mm freie Vorragungen bilden können, finden sich im zottenfreien Abschnitt breite Papillen, die höchstens bis zur Mitte des Epithels reichen, stellenweise auch nur ganz unscheinbare Höckerchen der Lamina propria bilden (Abb. 8). Auch die Anordnung der elastischen Fasern zeigt nach RAMM Verschiedenheiten in den beiden Zonen und namentlich der vollständige Mangel von elastischen Fasern in den hohen Papillen entspricht dem Verhalten an der Lippe.

Ebenso wie sich die Zotten der Lippe nach dem Säuglingsalter zurückbilden und gleichzeitig auch der Lippenwulst verschwindet, bildet sich der Torus villosus der Wangen zurück. Gelegentlich können sich allerdings in der Saumgegend der Wange einzelne Zotten längere Zeit erhalten, wie ich das bei einem 9jährigen Mädchen gefunden habe. Andererseits bildet sich auch die Vorwölbung, der Torus, recht häufig nicht vollständig zurück, sondern es bleibt der mittlere Teil desselben in Form einer vorspringenden Leiste auch noch beim Erwachsenen erhalten (Abb. 6b); einer Leiste, die der ursprünglichen Verschmelzungslinie der beiden Wangenlippen entsprechen dürfte, und die ich deshalb als „Wangennaht", „Raphe buccalis", bezeichnet habe (SCHUMACHER 1924). Die Wangennaht verläuft längs der Schlußlinie der Zahnreihen etwa in der Mitte der Saumgegend und erstreckt sich wie diese vom Mundwinkel bis zum aboralen Ende der Backe. Besteht eine Wangen-

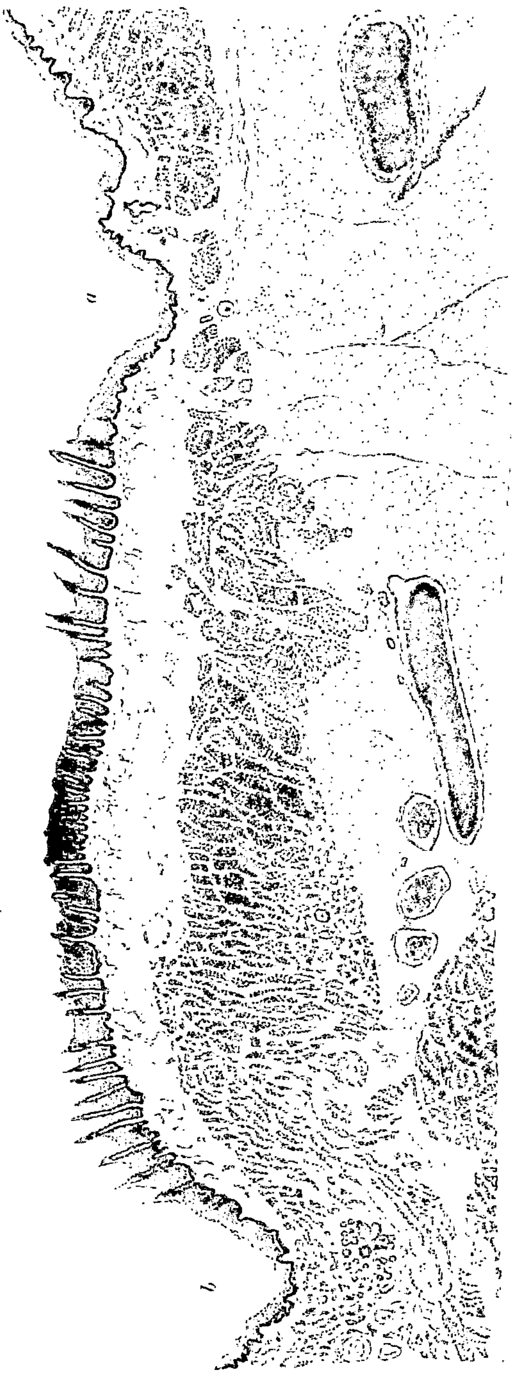

Abb. 8. Frontalschnitt durch die Wangenschleimhaut eines Neugeborenen. Der Torus villosus (zwischen *a* und *b*) mit seinen Zotten, mit seinem höheren Epithel und seiner dickeren Lumina propria ist deutlich gegenüber dem maxillaren (oben) uud mandibularen (unten) Schleimhautgebiet abgesetzt. Der Torus villosus selbst ist drüsenfrei. Bei *b* eine Gland. buccalis; bei *a* ist der Duct. parotideus getroffen. Vergr. 14,5fach. (Nach M. RAMM.)

naht, so ist sie leicht beim Betasten der Wangenschleimhaut mit der eigenen Zungenspitze als resistentes, strangartig vorspringendes Gebilde zu spüren.

Nach Watt (1911) läßt sich die Pars villosa der Lippen und Wangen schon beim menschlichen Fetus, ehe irgendwelche Zotten auftreten, an dem Verhalten ihres Epithels und der Papillen von der übrigen Schleimhaut unterscheiden und weiterhin bleibt diese Region beim Kinde und Erwachsenen auch nach dem Schwunde der Zotten durch die Dicke des Epithels und durch die Größe, den Gefäßreichtum und die Unregelmäßigkeit der Papillen kenntlich.

Zeigt somit schon in bezug auf die Papillen, bzw. Zotten, die Saumregion der Wange eine weitgehende Übereinstimmung mit dem Lippensaum, so kommt noch eine weitere Tatsache hinzu, die diese Übereinstimmung noch auffallender macht. Es finden sich nämlich, genau so wie am Lippensaum, auch im Bereiche der Wangenschleimhaut, wenn auch nicht konstant, so doch häufig Talgdrüsen, die vorzugsweise in der Saumregion gelegen sind. Die Talgdrüsen sind hier wie an den Lippen beim Lebenden als gelbliche oder graugelbliche Pünktchen zu sehen, welche entsprechend den beiden Zahnreihen in Reihen angeordnet sind oder auch zu einer Reihe verschmelzen (Stieda 1902).

Zuerst wurden diese „miliumähnlichen" Körperchen von Fordyce (1896) gesehen, aber erst von Montgomery und Hay (1899) als freie Talgdrüsen erkannt. Seither wurden diese Befunde wiederholt bestätigt und erweitert (Audry 1899, Delbanco 1899, Suchannek 1900, Bettmann 1900, Heuss, Krakow 1901, Rozières 1901, Zander 1901, Stieda 1902, Colombini 1902, Sperino 1904, Bovero 1904, Stengel 1921, Lindner 1922). Aus den vorliegenden Angaben geht zusammenfassend hervor, daß die Talgdrüsen der Wangenschleimhaut in bezug auf Vorkommen und Ausbildung eine weitgehende Übereinstimmung mit denen des Lippensaumes zeigen. Sie finden sich bei etwa 30 vH. aller Erwachsenen, etwas häufiger bei Männern als bei Frauen, gewöhnlich dann, wenn auch gleichzeitig Talgdrüsen an den Lippen vorhanden sind. Bei Kindern kommen sie nur ausnahmsweise vor; sie scheinen sich ebenso wie die Talgdrüsen an den Lippen hauptsächlich erst in der Pubertätszeit zu entwickeln. Wie bei den Lippentalgdrüsen handelt es sich auch hier um kleine, zum Teil rudimentäre Drüsen, die gewöhnlich nur aus einem Alveolus bestehen. Merkwürdigerweise hat mit Ausnahme von Bolk (1911) niemand daran gedacht, das Vorkommen von Talgdrüsen in der Wangenschleimhaut aus dem Verschmelzungsvorgang der Lippen zur Wange in einfachster Weise zu erklären, sondern es wird, wenn überhaupt ein Erklärungsversuch gemacht wird, gewöhnlich von „versprengten Keimen" gesprochen. Hält man daran fest, daß die Saumregion der Wange (ebenso wie der Lippensaum) ursprünglich ein Übergangsgebiet zwischen äußerer Haut und Schleimhaut war, so ist das Vorkommen von freien Talgdrüsen in derselben nichts auffallendes; es ist dieses Vorkommen vielmehr zu erwarten, da ja auch in allen anderen Übergangsgebieten freie Talgdrüsen gefunden werden (Stieda 1902). Wenn ausnahmsweise einmal Talgdrüsen auch außerhalb der Saumregion gefunden werden, so spricht dies nicht gegen die vorgebrachte Auffassung, da ja auch in anderen Übergangsgebieten Verschiebungen durch Übergreifen des einen Gebietes in das andere vorkommen können.

Sowie den Lippen außer den inkonstanten Talgdrüsen des Lippensaumes als zweite Drüsenart gemischte Speicheldrüsen regelmäßig zukommen, die sich in ihrem Vorkommen aber ausschließlich auf den Schleimhautteil beschränken, finden wir in den Wangen gleichfalls gemischte Speicheldrüsen, die Gland. buccales, die auch hier ausschließlich im (maxillaren und mandibularen) Schleimhautgebiet gelegen sind und in der Saumgegend vollständig fehlen (Abb. 9). Es ist demnach eine maxillare und eine mandibulare Reihe von Backendrüsen zu unterscheiden, von denen die erstere die unmittelbare Fortsetzung der Oberlippen-, die letztere die der Unterlippendrüsen bildet (Abb. 9). Im allgemeinen sind die Backendrüsen weniger zahlreich als die Lippendrüsen. Am reichlichsten finden sie sich in der Nähe des Mundwinkels. Im mittleren Teil der Wange sind sie spärlich (namentlich im mandibularen Gebiet) und klein und treten erst wieder im hintersten Abschnitt der Wange als sogenannte Gland. molares in größerer Menge auf. Letztere gehören hauptsächlich den maxillaren Backendrüsen an und sind durch beträchtliche Größe ausgezeichnet. Die vorderen Drüsen liegen submukös wie die Lippendrüsen; weiter nach hinten rücken sie immer mehr in die Tiefe (NICOLA und RICA-BARBERIS 1900), so daß die mittleren Drüsen zum großen Teil schon intramuskulär und die hintersten, die Gland. molares, außen auf dem M. buccinator zu liegen kommen.

Ebenso wie die Haut der Wange finde ich auch die übrigen Teile derselben durch einen außergewöhnlichen Reichtum an elastischem Gewebe

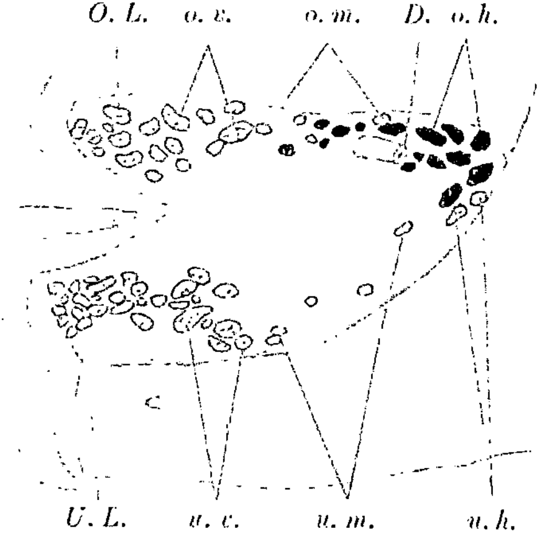

Abb. 9. Lippen- und Backendrüsen des Menschen von außen her (durch Abtragung sämtlicher Schichten mit Ausnahme der Schleimhaut) dargestellt. *O. L.* und *U. L.* Gland. labiales. *o. v.*, *o. m.*, *o. h.* obere (maxillare) vordere, mittlere und hintere Gland. buccales. *u. v.*, *u. m.*, *u. h.* untere (mandibulare) vordere, mittlere und hintere Gland. buccales. *o. h.* + *u. h.* Gland. molares. *D.* Ductus parotideus. Die außen auf dem M. buccinator gelegenen Drüsen sind schwarz dargestellt.

ausgezeichnet, das auch diesen Teilen einen hohen Grad von Dehnbarkeit verleiht. So durchsetzen mächtige Züge von groben elastischen Fasern den M. buccinator, und zwar derart, daß zwischen die Muskelfaserbündel elastische Faserlagen eingeschaltet sind, deren Fasern dicht aneinandergedrängt vom subkutanen Fettgewebe aus in welligem Verlaufe transversal den Muskel durchsetzen, in der Submucosa sich auffasern und hier ein tangential ausgebreitetes, grobfaseriges Netzwerk bilden (Abb. 10). Von letzterem setzen sich zartere elastische Fasern bis in die oberflächlichen Lagen der Schleimhaut fort und treten auch in die Papillen ein, die sie der Länge nach bis zu ihren Spitzen durchsetzen. Vielfach kommt es zu einer förmlichen Umspinnung einzelner Muskelfaserbündel, ebenso der Drüsen und Ausführungsgänge durch ein elastisches Fasernetz. In der Schleimhaut kommen stellenweise vom M. buccinator abgesprengte kleine Muskelfaserbündel vor, die in elastische Sehnen überzugehen scheinen; zum mindesten in so inniger Beziehung zum elastischen Gewebe stehen, daß ihre Kontraktion von Einfluß auf die Spannung des elastischen Fasernetzes sein dürfte. Die transversalen Stränge elastischer Fasern, welche das mehr tangential aus-

gebreitete kutane und submuköse elastische Netz der Wange miteinander verbinden, sind besonders stark im mittleren Anteil der Wange entwickelt und
dürften bei stärkerem Fettansatz eine Einziehung der äußeren Haut das „Wan-
gengrübchen" bedingen (Schumacher 1924).

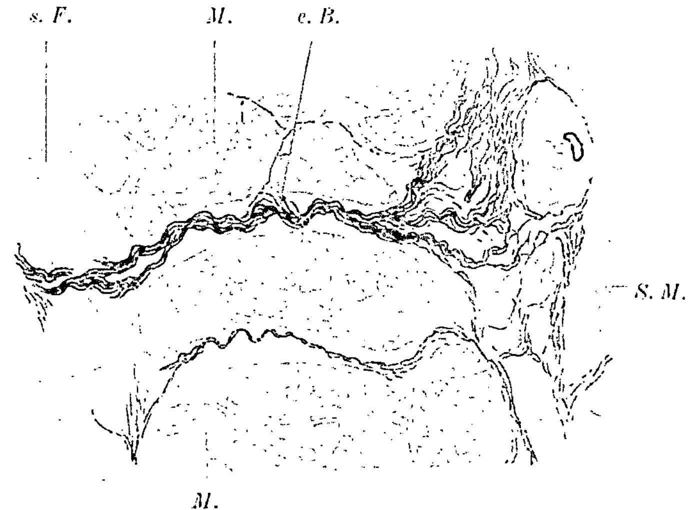

Abb. 10. Aus einem Frontalschnitt durch den mittleren Teil der Wange eines 9jährigen Mädchens. Formol;
Resorcin-Fuchsin. Vergr. 60fach.   s. F. subkutanes Fettgewebe.   M. M. buccinator.   S. M. Submucosa.
c. B. elastische Faserbündel, die in transversaler Richtung die Subcutis und den M. buccinator durchsetzen
und sich in der Submucosa in ein mehr tangentiales Netzwerk auffasern.

Entwicklungsgeschichtliches. Schon oben (S. 6) wurde bemerkt, daß ursprünglich
die Mundwinkel weit hinten gelegen sind, daß somit die Mundspalte unverhältnismäßig
breit erscheint. Durch die von hinten nach vorn allmählich fortschreitende Verwachsung der Lippenanlagen wird der Mundwinkel schrittweise weiter nach
vorn verlegt, die Mundspalte verschmälert und damit gleichzeitig die Wange
gebildet. Man kann diese zur Verwachsung gelangenden Teile der Lippen somit als
Wangenlippen bezeichnen zum Unterschiede von den frei bleibenden Mundlippen. Es erscheint höchstens fraglich, ob die ganze Backe auf diese Weise entsteht oder vielleicht nur
deren vorderer Abschnitt. Für ersteres spricht die Tatsache, daß sich der Torus villosus
(die Saumregion) längs der ganzen Wangenbreite erstreckt, daß sich dementsprechend auch
beim Erwachsenen die gelegentlich vorkommenden Talgdrüsen manchmal bis in den
hintersten Abschnitt der Wangen verfolgen lassen und außerdem entwicklungsgeschichtliche
und vergleichend-anatomische Tatsachen. Der Verwachsungsvorgang der Wangenlippen beginnt (bei menschlichen Embryonen) stets im Bereiche der Außenzone des
Lippensaumes und schreitet von der ersten Verwachsungsstelle aus auch stets rascher
nach außen hin fort als gegen die Schleimhautseite. Als Folge hiervon sieht man bei
Embryonen verschiedenen Alters vom jeweiligen Mundwinkel ausgehend an der Schleimhautseite eine Spalte, die „Verwachsungsspalte" (Schumacher 1924), „Concres-
cenzfurche" (Bolk 1911), „Sulcus buccalis" (Hammar 1901), sich eine Strecke weit
nach hinten hin fortsetzen (Abb. 11), die erst dann verschwindet, wenn die Lippenränder
vollkommen miteinander verschmolzen sind. An der Außenseite der embryonalen Wange
läßt sich in der Verlängerung der Mundspalte nur auf eine kurze Strecke eine ganz seichte
Furche nachweisen, die als äußere Verwachsungsfurche der inneren, stets viel deutlicher
ausgeprägten Verwachsungsfurche oder Verwachsungsspalte gegenübergestellt werden
kann. Der Bezirk an der Innenseite der Wangen, in dessen Bereich die Verwachsung
erfolgt ist, erscheint bei Embryonen wulstförmig vorgewölbt. Dieser „Verwachsungswulst" entspricht dem späteren Torus villosus und bildet die unmittelbare Fortsetzung
des Ober- und Unterlippenwulstes; so daß also der innere Teil des Lippensaumes in die
Innenbekleidung der Backe einbezogen erscheint.
    Anhangsweise sei hier noch über ein rudimentäres, in der Wangenschleimhaut mensch-
licher und auch tierischer Embryonen gelegenes epitheliales Gebilde, das unter der Bezeichnung „Chievitzsches Organ (Broman 1916)", „Orbitalinklusion" (v. Schulte

1913), „Ramus mandibularis ductus parotidei" (Rob. Meyer, Elisab. Weishaupt 1911) bekannt ist, kurz berichtet. Es handelt sich beim menschlichen Embryo um einen mit Epithel ausgekleideten Gang oder einen soliden Epithelstrang (Strandberg 1918), der zuerst von Chievitz beschrieben wurde, in der Nähe der Mündung des Ductus parotideus gelegen ist, nur ausnahmsweise mit letzterem in Verbindung steht und auch den ursprünglichen Zusammenhang mit dem Mundhöhlenepithel sehr bald verliert. Weishaupt fand diesen Gang erst bei menschlichen Embryonen von 25 mm Länge aufwärts, dann aber konstant und fast immer auf beiden Seiten. In der Nähe des Ductus parotideus beginnend, steigt er zunächst steil aufwärts, biegt dann medialwärts um, rückt über die Mandibula ventral hinüber und endet mit kolbiger Verdickung. Die Rückbildung des Ganges tritt schon nach kurzem Bestande desselben ein. Nach Broman dürfte es sich bei diesem Organ um das Rudiment einer Parotis primitiva handeln, die der großen Mundwinkeldrüse, wie sie bei Vögeln vorkommt, entsprechen würde. Zu einer ganz anderen Auffassung über die Bedeutung dieser Epithelgebilde kommt Bollea (1924). Hiernach hat das Chievitzsche Organ durchaus nichts mit der Anlage einer Speicheldrüse zu tun, sondern stellt bei tierischen Embryonen einen Rest der Bekleidung der zur Verwachsung gelangten Lippenanlagen vor, der beim Verwachsungsvorgang in das Mesenchym der Backe eingeschlossen wurde und hier noch einige Zeit bestehen bleibt. Beim menschlichen Embryo würde der epitheliale Strang allerdings erst kurze Zeit nach der Verschmelzung der beiden Wangenlippen von der Nahtstelle derselben aus in das lockere Mesenchym einwachsen. Nach Bollea wäre das Chievitzsche Organ anderen epithelialen Resten, den sogenannten Epithelperlen im harten Gaumen, an die Seite zu stellen. Nach meiner Ansicht dürften unter der Bezeichnung Chievitzsches Organ verschiedenwertige Bildungen zusammengefaßt worden sein. Ich halte die Auffassung Bolleas für manche bei tierischen Embryonen unter dieser Bezeichnung beschriebene Bildungen zutreffend, namentlich dann, wenn es sich um mehr leistenförmige Epithelmassen handelt, die ursprünglich mit der Nahtstelle der Backen in Verbindung stehen. Hingegen scheint mir diese Auffassung für das menschliche Chievitzsche Organ, das häufig einen Hohlstrang bildet, der erst nach der Verschmelzung der Lippenanlagen zur Wange in letztere einwächst, nicht haltbar. Hier dürfte es sich wohl eher, der ursprünglichen Auffassung gemäß, um das Rudiment einer Speicheldrüsenanlage handeln.

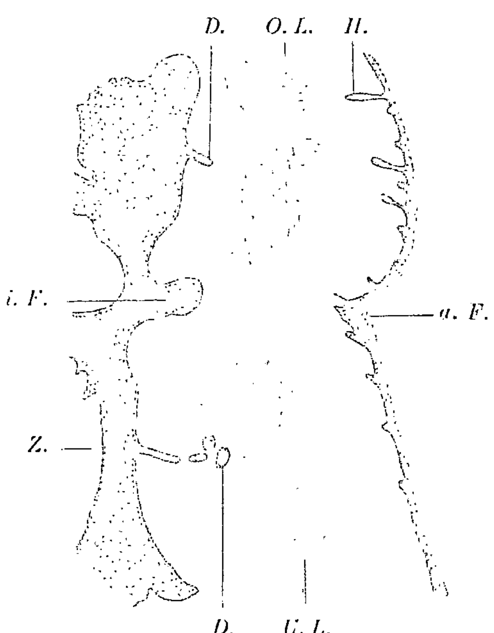

Abb. 11. Frontaldurchschnitt durch die Wange eines 80 mm langen menschlichen Embryo. Vergr. 22fach. *O. L.* Wangenoberlippe. *U. L.* Wangenunterlippe. *i. F.* innere Verwachsungsfurche. *a. F.* äußere Verwachsungsrinne. *D.* Anlagen der Gland. buccales. *H.* Haaranlage. *Z.* Zunge.

Vergleichendes. Bei den *Säugetieren* kann, je nach der Art, die Verschmelzung der Lippenanlagen zur Backe sehr verschiedene Grade erreichen. Je weiter die Verschmelzung der Ober- mit der Unterlippe erfolgt, um so schmäler wird die Mundöffnung und um so breiter die Wange, so daß also die Breite der Mundspalte im umgekehrten Verhältnis zur Backenbreite steht. Es gibt einerseits Säugerarten mit sehr breiter Mundspalte, wo also der Verwachsungsvorgang der Lippen nahezu vollständig unterblieben und dementsprechend eine Backe kaum zur Ausbildung gelangt ist (*Fledermaus*) und andererseits Arten, bei denen die Verschmelzung in sehr ausgiebiger Weise vor sich gegangen ist, wodurch die Mundspalte beträchtlich eingeengt und die Backen dementsprechend verbreitert erscheinen (*Myrmecophaga*). Grundsätzlich muß an der Innenbekleidung der Backen auch bei den Säugetieren das eigentliche (maxillare und mandibulare) Schleimhautgebiet von der Saumgegend unterschieden werden. Im Bereiche der Saumgegend kann dauernd (wie beim Menschen während der Entwicklung) als Zeichen der Verschmelzung der beiden Backenlippen eine Verwachsungsspalte bestehen bleiben, die vom Mundwinkel ausgehend sich verschieden weit nach rückwärts erstrecken, ja sogar bis an das aborale Ende der Backe reichen kann (*Myotis, Cavia*); ein Beweis dafür, daß die ganze Backe aus der Verschmelzung von Backenlippen hervorgegangen ist. Durch örtliche Vertiefung und Erweiterung der Verwachsungsspalte kommt es bei manchen Arten, wie z. B. bei der *Maus*, zur Bildung einer Verwachsungsgrube. Weitet sich die Verwachsungsgrube sackartig aus, so haben wir eine Backentasche vor uns. Andererseits kann aber die Verschmelzung der Lippen zur Backe eine vollkommene sein (*Igel*), dann verschwindet die Verwachsungsspalte und es tritt an ihre Stelle häufig ein Verwachsungswulst, der dem Torus villosus des neugeborenen Menschen entspricht. Auch Kombinationen von Verwachsungsspalte und Verwachsungswulst kommen vor, derart, daß in der Verlängerung des Mundwinkels zunächst eine Spalte erscheint, die sich weiter nach rückwärts in einen Wulst fortsetzt (*Eichhörnchen, Hase*). So stellen Verwachsungsspalte, Verwachsungsgrube (Backentasche) und Verwachsungswulst verwandte Bildungen dar, die alle zum Verwachsungsvorgang der Lippen zur Backe in Beziehung stehen und die Gegend andeuten, in der die Verschmelzung erfolgt ist. Naturgemäß müssen alle diese Bildungen im Bereich der Saumgegend der Backe liegen.

Zeigt der Lippensaum Behaarung und auch die übrigen Eigenschaften der äußeren Haut, was bei vielen Tieren der Fall ist, so wird es verständlich, daß auch in der Saumgegend der Backe dieser Tiere, aber auch nur in dieser, Haare auftreten können und die Saumgegend als ein in die Backenschleimhaut einbezogener Streifen äußerer Haut erscheint. Das Vorkommen von Haaren an der Innenseite der Backe bei manchen Tieren ist schon lange bekannt. So erwähnt Leydig „eine teilweise Behaarung der Mundhöhle" außer bei einer ganzen Reihe von *Nagetieren* auch beim *Schuppentier (Manis)* und beim *Ameisenbären (Myrmecophaga)*. Reichlich behaart ist die Verwachsungsspalte bei den *Leporiden*, und es läßt sich hier ohne weiteres erkennen, daß die beiden Haarreihen im Bereiche der Backe die unmittelbare Fortsetzung der Haare des Ober- und Unterlippensaumes bilden. Auch die Auskleidung der Backentaschen mit äußerer Haut wird dadurch verständlich. Den behaarten Hautinseln der Backe bei den *Hasen* und anderen *Nagern* dürfte, ebenso wie einer in der Nähe des Mundwinkels gelegenen harten Platte des *Eichhörnchens* („Colliculus admaxillaris" F. E. Schulze 1916, „Lippenplatte" Schumacher 1924) eine Bedeutung für die Weiterbeförderung der Nahrung zukommen. Beide Bildungen liegen im Bereiche des Diastems und beide besitzen eine Eigenmuskulatur, vermöge welcher sie nach verschiedenen Richtungen verschiebbar sind (Broman 1920, Schumacher 1924).

Die Strukturverhältnisse der Lippen sehen wir im allgemeinen auch an den Backen. So setzen sich die makroskopisch sichtbaren leisten-, warzen- und zottenförmigen Bildungen der Lippenschleimhaut ununterbrochen auf die Backenschleimhaut fort, wie auch aus den Untersuchungen von F. E. Schulze (1912—16) hervorgeht. So bilden z. B. bei *Wiederkäuern* die konischen, zugespitzten, apical verhornten, makroskopischen Papillen, die den größten Teil der Backenschleimhaut einnehmen („Stachelfeld" nach Schulze), die unmittelbare Fortsetzung der entsprechenden Papillen an Ober- und Unterlippe. Bei Tieren mit pigmentierten Lippensäumen kann sich die Pigmentierung gleichfalls auf die Saumgegend der Backe erstrecken.

Wie zu erwarten, zeigen auch die Backendrüsen — so wie beim Menschen — in bezug auf Verteilung und Bau eine auffallende Übereinstimmung mit den Lippendrüsen. Im allgemeinen kann man auch bei den Säugetieren maxillare und mandibulare Backendrüsen unterscheiden; erstere bilden die unmittelbare Fortsetzung der Oberlippen-, letztere die der Unterlippendrüsen (Reichel 1883, Hartig 1907 u. a.). Die Backendrüsen vom *Schwein, Pferd* und *Esel* sind, wie die Lippendrüsen, gemischte Speicheldrüsen; die Backendrüsen vom *Affen, Igel, Hund* und *Katze* sind, wie die Lippendrüsen, reine Schleimdrüsen. Entsprechend dem Fehlen von Oberlippendrüsen bei *Hund, Katze* und *Igel*, finden sich bei diesen Tieren auch keine maxillaren, sondern nur mandibulare Backendrüsen. Im allgemeinen bleibt auch bei den Säugern die Saumgegend der Backe frei von Speicheldrüsen. Eine Ausnahme hiervon scheinen nur die *Wiederkäuer* zu machen, indem hier außer der mandibularen und maxillaren Drüsengruppe noch eine mittlere, in der Saumgegend der Backe gelegene Speicheldrüsengruppe vorkommt. Vielleicht findet dieses Vorkommen darin seine Erklärung, daß bei *Wiederkäuern* in dem als Übergangsgebiet aufzufassenden Flotzmaul Drüsen auftreten, die von typischen Speicheldrüsen kaum zu unterscheiden sind. Es erscheint dann nicht auffallend, wenn bei diesen Tieren auch im Übergangsgebiet der Backe, d. i. in der Saumgegend, Speicheldrüsen gefunden werden. In der Saumgegend können bei jenen Tieren, deren Lippensäume mit äußerer Haut bekleidet sind, Hautdrüsen vorkommen. So finden sich Talgdrüsen als Haarbalgdrüsen bei Tieren mit behaarter Saumgegend der Backe und außerdem liegen z. B. beim *Hasen* im Bereiche der Verwachsungsspalte auch Knäueldrüsen.

VI. Der Gaumen.

1. Der harte Gaumen.

An der Schleimhaut des harten Gaumens, Palatum durum, erkennt man eine mediane Raphe palati, an deren vorderem Ende sich die Papilla palatina (incisiva) befindet. In der vorderen Hälfte des harten Gaumens sind bei Jugendlichen 3—4 paarige, quergestellte, bogenförmige Schleimhautleisten, Gaumenstaffeln (RETZIUS), Plicae (Rugae) palatinae transversae, bemerkbar, die in ihrer Ausbildung außerordentlich variieren, wie aus den Abbildungen von RETZIUS (1906) hervorgeht. Die Staffeln erscheinen schon bei Feten und sind hier viel regelmäßiger angeordnet und besser entwickelt als später. Beim Neugeborenen sind sie stets noch gut ausgebildet; dann beginnt bald ihre Rückbildung, so daß sie beim Erwachsenen mitunter vollständig fehlen. Ihre Reste sind manchmal aber auch noch im höheren Alter nachzuweisen. Die Schleimhaut ist nicht verschiebbar, was durch das stellenweise vollständige Fehlen einer Submucosa erklärlich wird. Die Schleimhaut ist am schwächsten in der Medianlinie des vorderen Drittels; an den lateralen Teilen ist sie im allgemeinen überall stärker als in den mittleren und nimmt außerdem nach hinten an Mächtigkeit zu (KLEIN 1869). Ebenso nimmt auch das geschichtete Pflasterepithel nach hinten an Dicke zu, dementsprechend auch die Papillen in bezug auf Zahl und Höhe, während sie vorn, besonders in der Mittellinie in der Umgebung des Foramen incisivum, nur in Form von seltenen, schwachen Vorbuchtungen der Lamina propria angedeutet sind. Die Faserbündel der Schleimhaut verlaufen im allgemeinen so, als ob sie von dem bogenförmig gekrümmten Alveolarfortsatz des Oberkiefers gegen die Medianlinie des harten Gaumens ausstrahlen würden (KLEIN).

Nach LUND (1924) fehlt eine Submucosa in der Übergangszone zwischen Zahnfleisch und hartem Gaumen und ebenso im Bereiche der Raphe. Hier wie dort besteht eine derbe fibröse Verbindung zwischen Schleimhaut und Periost. In dem Gebiete, das annähernd der Ausbreitung der Gaumenstaffeln entspricht, kommt es aber zur Ausbildung einer 1—2 mm dicken Fettgewebslage zwischen Lamina propria und Periost, die als echte Submucosa anzusprechen ist. Im hinteren Abschnitt des harten Gaumens treten an Stelle des submukösen Fettgewebes die Gaumendrüsen. LUND unterscheidet demnach vier Gebiete am harten Gaumen: die „fibröse Randzone", die „fibröse Medianzone", die „Fettgewebszone" und die „Drüsenzone".

Die Gaumenstaffeln des Menschen sind (im Gegensatz zu verschiedenen Tieren) nach LUND (1924) nicht einfache Schleimhauterhebungen, sondern sie tragen als Grundlage in ihrem Inneren einen bindegewebigen Kern besonderer Struktur, den „Rugakern" (besser wäre die Bezeichnung „Staffelkern"), der durch lockeres Gefüge, Zartheit der Faserbündel, Zell- und Saftreichtum ausgezeichnet ist, somit mehr die Eigenschaften des embryonalen Bindegewebes zeigt. Das Verstreichen der Staffeln im Alter ist weniger auf Schrumpfung ihrer „Kerne" als auf den Schwund des submukösen Fettpolsters zurückzuführen. Ebenso kommt in der Papilla palatina ein ganz entsprechend gebauter „Papillenkern" vor, in dem inkonstant eine Knorpeleinlagerung (MERKELscher Papillenknorpel) sich findet. Mitunter liegen auch einzelne Knorpelzellen isoliert im Bindegewebe der Papille (LUND).

Ähnlich wie im Bereiche des Zahnfleisches Reste fetaler, epithelialer Einsenkungen als „Epithelperlen" einige Zeit bestehen bleiben können, kommen auch im harten Gaumen an verschiedenen Stellen epitheliale Reste vor. Während diese Gebilde ursprünglich für Drüsen angesehen wurden, hat sie zuerst Epstein (1880) als fetale Epithelreste richtig gedeutet und Epithelperlen genannt. Im allgemeinen handelt es sich dabei aber nicht um isolierte Epithelknötchen, sondern vielmehr um strangartige Massen, weshalb für sie besser die Bezeichnung „Epithelstränge" (Bergengrün 1909) paßt. Zunächst finden sich Epithelstränge (Abb. 12) im Bereiche des ganzen hinteren Abschnittes der Raphe. Dabei

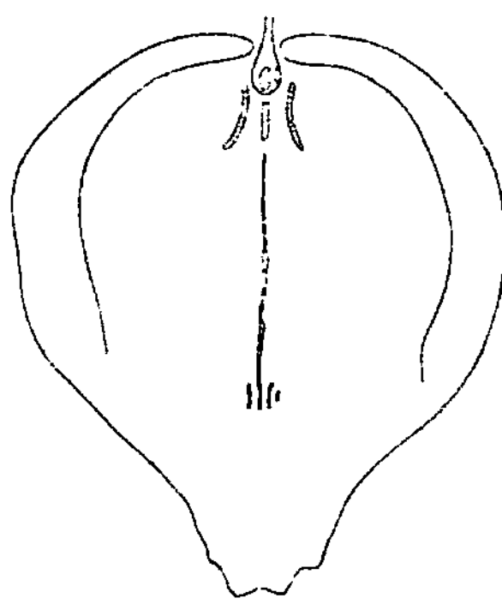

Abb. 12. Schema der Epitheleinschlüsse im menschlichen Gaumen. Schwarz die Epithelstränge im Hintergaumen; weiß medianer Zellzug im Vordergaumen; punktiert Epithelkörper im hinteren Teil der Papille; gestrichelt die Tractus nasopalatini. (Nach Peter.)

handelt es sich im allgemeinen um einen Hauptstrang, dem an der Hintergrenze des harten Gaumens gewöhnlich mehrere kurze Nebenstränge anliegen (Peter 1924). Im Vorderteil des harten Gaumens ist ebenfalls regelmäßig ein medianer Epithelstab vorhanden, der hinter der Papille beginnt und zwischen den Nasengaumensträngen eine Strecke weit nach hinten und oben zieht. Außerdem liegen im hinteren Teil der Papille selbst häufig Epithelkörper in Form von Epithelstäben oder dicken, die ganze Gewebsmasse erfüllenden Ballen (Rawengel 1923, Peter). Im weichen Gaumen kommen (abgesehen vom Grenzgebiet zwischen diesem und dem harten Gaumen) ähnliche Epitheleinlagerungen niemals vor.

Am harten Gaumen des Neugeborenen sind die Epithelreste im Bereiche der Raphe zum Teil schon bei äußerlicher Betrachtung als rundliche oder längliche, bis stecknadelkopfgroße, weißliche Knötchen wahrzunehmen. Bergengrün (1909) hat den Nachweis erbracht, daß es sich dabei um keine isolierten Gebilde handelt, sondern um Teilstücke eines langen Epithelstranges, die durch das Gaumenepithel durchschimmern. Der Epithelstrang im Bereiche der Raphe ist in seinen einzelnen Abschnitten sehr verschieden gestaltet, zeigt Verdickungen und Einschnürungen, kann Nebenstränge aussenden, oder sich teilen und steht stellenweise mit dem Oberflächenepithel des Gaumens in Verbindung (Abb. 13). Stets ist der Epithelstrang an das lockere,

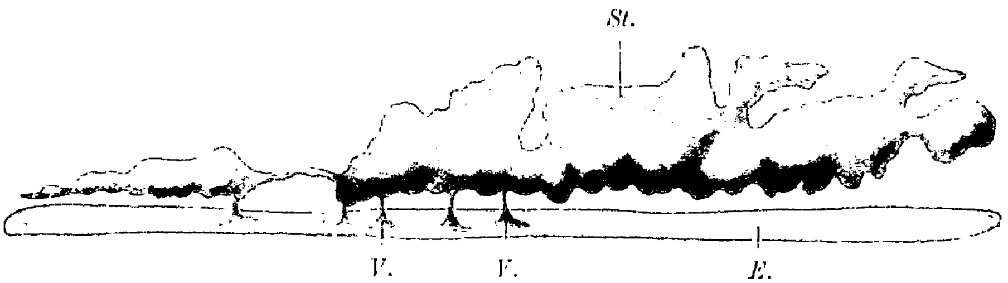

Abb. 13. Plattenmodell des Epithelstranges in der Raphe des harten Gaumens eines 5 monatl. menschlichen Fetus. E. Oberflächenepithel des harten Gaumens. V. Verbindungen desselben mit dem Epithelstrang St. (Nach Bergengrün.)

embryonale Bindegewebe der Raphe gebunden, das er nirgends überschreitet. An Frontaldurchschnitten durch den Gaumen erscheint der Epithelstrang in Form von rundlichen Zellgruppen, die wie Epithelperlen aussehen, d. h. eine deutliche konzentrische Schichtung zeigen, wobei namentlich die mittleren und inneren Schichten sehr stark abgeplattet sind und letztere auch Verhornung zeigen (Abb. 14). Das den Epithelstrang unmittelbar umgebende Bindegewebe bildet eine Art Kapsel.

Die Epithelstränge haben nach PETER (1924) eine doppelte Herkunft: zum größten Teil entstammen sie dem Epithelbelag, der beim Gaumenschluß in das Innere des Gaumens gelangt (Zellstränge in der Raphe), zum Teil sind sie aber auch auf Wucherungen zurückzuführen, die das Epithel in das Bindegewebe hineinschickt (Stränge an der Grenze zwischen hartem und weichem Gaumen, Epithelmassen im hinteren Teil der Papilla palatina). Die Epithelmassen nehmen nach ihrem Einschluß in das Bindegewebe während des Fetallebens noch ganz bedeutend an Größe zu, was auch daraus hervorgeht, daß an Stellen, wo Verdickungen des Epithelstranges die Gaumenoberfläche vorwölben, das Gaumenepithel verdünnt und papillenlos, somit gedehnt erscheint (Abb. 14).

Die Rückbildung der Epithelstränge setzt einige Zeit vor der Geburt ein und schreitet nach der Geburt rasch weiter fort. Spätestens im Laufe des dritten Lebensjahres verschwinden die Stränge vollständig. Während der Rückbildung werden Abschnürungen von Zellgruppen immer häufiger und es tritt einfache (Inaktivitäts-) Atrophie der lebenden Zellen ein. Die verhornten, abgestorbenen Epi-

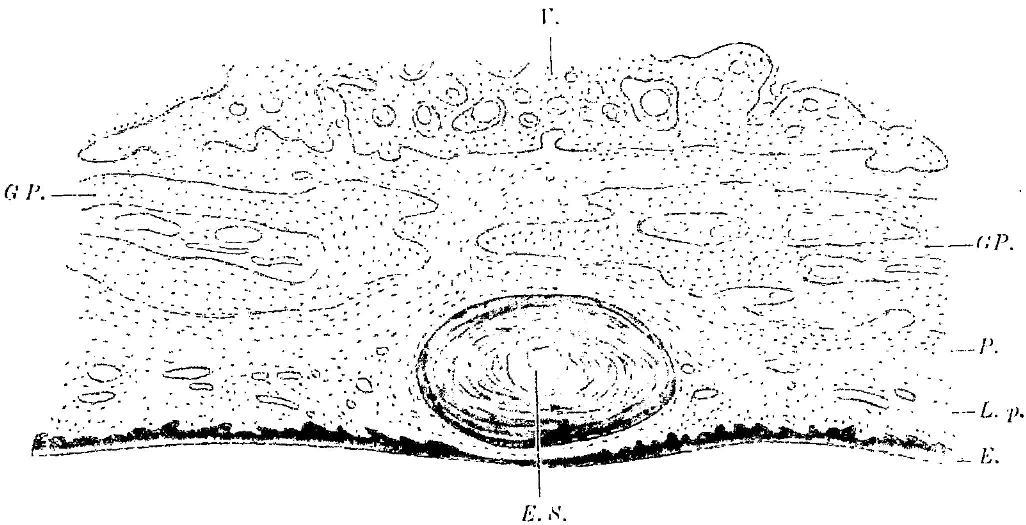

Abb. 14. Aus einem Frontalschnitt durch den harten Gaumen eines Neugeborenen. MÜLLERS Fl.-Formol; Hämatox., Eosin. Vergr. 40fach. *E. S.* Querschnitt des Epithelstranges im Bereiche der Raphe. *E.* Gaumenepithel. *L. p.* Lam. propria. *P.* Periost. *G.P.* Gaumenplatten. *V.* Vomer.

thelmassen werden wenigstens zum Teil durch Leukocyten und Riesenzellen resorbiert (BERGENGRÜN). Als letzte Reste dieser Bildungen sind wohl Anhäufungen von Lymphzellen zu betrachten, wie sie MANNU (1909) in der Medianebene des harten Gaumens bei Erwachsenen fand (PETER).

Da die Epithelstränge in bezug auf Verteilung, Entstehung und Bau ein ganz scharf charakterisiertes Verhalten zeigen und da sie weiterhin noch nach dem Einschluß in das Bindegewebe zu beträchtlicher Größe heranwachsen, hält sie PETER nicht für funktionslose Gebilde. Es finden sich Epithelstränge an allen schwachen Stellen des Gaumens; sie fehlen aber durchaus an anderen nicht befestigungsbedürftigen Orten, an denen die ursprünglich vorhandenen Epithelmassen restlos schwinden. Dies spricht für ihre Funktion als **Befestigungsmittel schwacher Stellen**. Hierzu erscheinen sie vermöge ihrer Härte — sie sind knorpelhart — wohl geeignet. Später, wenn die Knochen enger aneinander rücken, haben die Epithelzüge ihre Rolle ausgespielt und gehen restlos zugrunde. Sie sind also der Typus eines fetalen und kindlichen Organes (PETER).

Während der vordere Teil des harten Gaumens vollständig drüsenlos ist, treten im mittleren Teile desselben Drüsen, die Glandulae palatinae, auf, die anfangs vereinzelt stehen, weiter nach hinten aber sich zu Längsreihen ordnen (Klein). Die Drüsen liegen in den tiefsten Schichten der Schleimhaut bzw. in der Submucosa. Szontagh (1856) zählte in einem Falle 250 Drüsen am harten Gaumen. Die Glandulae palatinae sind reine Schleimdrüsen, wie sie für den rückwärtigen Abschnitt der Mundhöhle charakteristisch sind.

Am Übergang vom harten zum weichen Gaumen findet sich häufig zu beiden Seiten der Raphe je eine kleine schlitzförmige oder rundliche Vertiefung, die „Foveola palatina", die schon lange bekannt ist und auf die Stieda (1902) neuerdings aufmerksam gemacht hat. Nach B. Fischer (1902) kommen diese Gaumengrübchen bei mehr als 50 vH. Kindern und bei etwa 70 vH. Erwachsenen vor. In jedes Gaumengrübchen münden mehrere Ausführungsgänge von Schleimdrüsen.

Ponzo (1907) fand beim Fetus im hinteren Abschnitt des harten Gaumens gelegentlich im Epithel vereinzelte Geschmacksknospen, die den Kuppen von Papillen aufsitzen.

2. Der weiche Gaumen und das Zäpfchen.

Der weiche Gaumen, Palatum molle, Velum palatinum, mit dem Zäpfchen, Uvula, besteht aus einer sehnig-muskulösen Grundplatte, die an der oralen wie an der nasalen Seite von Schleimhaut überzogen wird. Die von benachbarten Skeletteilen entspringende Muskulatur besteht ausschließlich aus quergestreiften Fasern. Die sehnige Platte, auch Aponeurosis palatina (Blakeway 1914) genannt, ist im wesentlichen nichts anderes als die Sehnenausstrahlung des beiderseitigen M. tensor veli palatini, dessen Sehnenbündel sich fächerförmig ausbreitend den vorderen sich unmittelbar an den harten Gaumen anschließenden Teil der Grundlamelle bilden, so daß letztere in ihrem vorderen Abschnitte mehr fibröser Natur ist und sich nach hinten als vorzugsweise muskulöse Platte fortsetzt. An ihrem Aufbau sind beteiligt: Der M. levator veli palatini, M. pharyngopalatinus, M. glossopalatinus und M. uvulae. Die Faserbündel dieser Muskeln durchflechten sich gegenseitig. Die Fasern des M. levator veli palatini zeigen einen mehr transversalen, die der anderen genannten Muskeln einen mehr longitudinalen Verlauf. Im Bindegewebe zwischen den Muskelfasern findet sich stets ziemlich reichliches Fettgewebe.

Naturgemäß zeigt die Schleimhaut der oralen gegenüber der der nasalen Fläche gesetzmäßige Verschiedenheiten. An der oralen Fläche findet sich stets typische Mundhöhlenschleimhaut, während die nasale Fläche — allerdings nicht in ihrer ganzen Ausdehnung — mit typischer Nasenhöhlenschleimhaut bekleidet erscheint. Im Laufe der Entwicklung nimmt nämlich allmählich das Epithel der dorsalen Seite der Uvula und auch der angrenzenden Teile des Gaumensegels den Charakter des Mundhöhlenepithels an, so daß letzteres beim Erwachsenen mehr oder weniger weit auf die nasale Fläche des weichen Gaumens übergreift.

Eine erschöpfende Darstellung der Schleimhaut des weichen Gaumens verdanken wir Schaffer (1897), dessen Ausführungen ich im wesentlichen folge.

Die orale Fläche des weichen Gaumens wird, wie erwähnt, stets von geschichtetem Pflasterepithel bedeckt, in das zahlreiche sehr hohe und schlanke Papillen hineinragen, die bis nahe an die freie Epitheloberfläche reichen und an den Enden leicht kolbig verdickt erscheinen (Abb. 15). Die höchsten Papillen finde ich in der Mittellinie. Schrägschnitte durch deren Enden können bei flüchtiger Betrachtung den Eindruck von im Epithel eingeschlossenen Geschmacksknospen hervorrufen. Dies scheint SCHAFFER auch die Erklärung für die Angaben HOFFMANNS (1875) zu sein, nach welchen viele der großen Gaumenpapillen Geschmacksknospen tragen sollen. v. EBNER und SCHAFFER erwähnen ausdrücklich trotz daraufhin gerichteter Durchmusterung zahlreicher Reihenschnitte niemals Geschmacksknospen am weichen Gaumen gefunden zu haben. PONZO (1925) erwähnt das gelegentliche Vorkommen von Geschmacksknospen bei älteren Feten und Neugeborenen.

Die Lamina propria der Schleimhaut ist verhältnismäßig dünn, enthält verstreute lymphoide Zellen und ziemlich zarte elastische Fasern, die auch in die Papillen emporsteigen. Eine zusammenhängende Lage dicker, vorwiegend sagittal verlaufender elastischer Fasern bildet eine förmliche Grenzschicht — „supraglanduläres Lager" — zwischen eigentlicher Schleimhaut und Submucosa (Abb. 15, sg.).

Die Submucosa ist, abgesehen von den gröberen Bindegewebsbündeln, ausgezeichnet durch ihren ziemlich reichlichen Gehalt an Fettgewebe. In die Submucosa ragen stärkere Züge elastischer Fasern von der Schleimhautseite und in der Tiefe Muskelfaserbündel hinein; außerdem steht sie im kontinuierlichen Zusammenhange mit dem Perimysium, so daß daher eine scharfe Abgrenzung derselben gegenüber der Grundplatte des weichen Gaumens nicht möglich ist.

Die Submucosa enthält ein mächtiges, vielfach geschlossenes Lager von Schleimdrüsen (Abb. 15, Sd.), welche teilweise der Muskulatur nur aufsitzen, teilweise aber auch in dieselbe eingegraben erscheinen (v. SZONTAGH 1856,

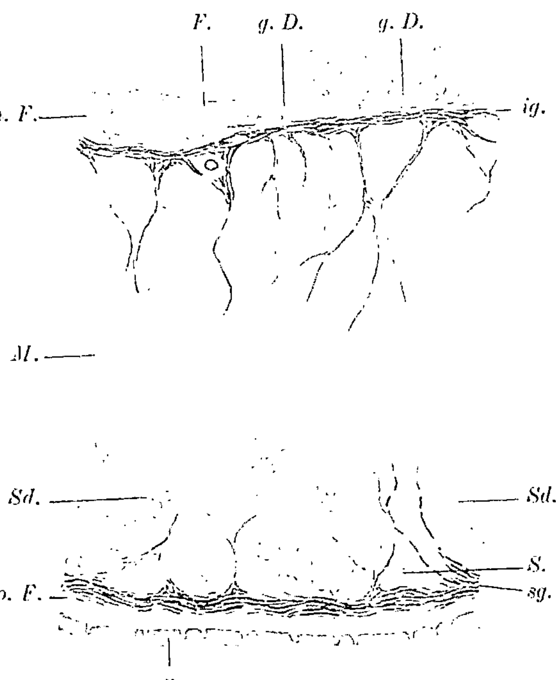

Abb. 15. Aus einem Sagittalschnitt durch den weichen Gaumen eines 9jährigen Mädchens. Formol; Färbung des elastischen Gewebes mit Resorcin-Fuchsin. Vergr. 12fach. n. F. nasale Fläche. F. Flimmerepithel mit Becherzellen. g. D. gemischte Drüsen. ig. infraglanduläres Lager elastischer Fasern. M. Muskulatur. o. F. orale Fläche P. geschichtetes Pflasterepithel mit Papillen. sg. supraglanduläres Lager elastischer Fasern. Sd. Schleimdrüsen. S. Submucosa.

KLEIN 1868, RÜDINGER 1879, NIEMAND 1897 u. a.). Das Drüsenlager erreicht nach SCHAFFER eine Dicke von 3—4 mm, wird gegen die Uvula hin schmäler und besteht aus rein mukösen Drüsen vom selben Typus wie die Drüsen des Zungengrundes oder die Drüsen des harten Gaumens, deren unmittelbare Fortsetzung sie ja bilden und von denen sie sich nur durch ihre im allgemeinen beträchtlichere Größe unterscheiden. Ihre gewundenen Schläuche bestehen auf große Strecken hin nur aus bauchigen, prall mit Schleim gefüllten Zellen; schleimleere, enge Schlauchabschnitte, welche von kubischen, protoplasmareichen Zellen mit runden Kernen ausgekleidet sind, werden nur spärlich gefunden. Die Ausführungsgänge sind schräg gegen die Spitze der Uvula gerichtet, durchsetzen die elastische

Längsfaserschichte, erhalten dabei eine ziemlich starke Umhüllung aus elastischen Fasern, der das Epithel stellenweise unmittelbar aufsitzt und münden zwischen den Papillen. Sie besitzen zunächst ein einschichtiges, weiterhin ein zweireihiges Zylinderepithel. An der Mündung senkt sich das geschichtete Pflasterepithel oft ziemlich tief in die Schleimhaut ein und gehen die Zylinderzellen als oberflächliche Schicht auf das Pflasterepithel über, so daß die Ausführungsgänge nahe ihrer Mündung von geschichtetem Zylinderepithel ausgekleidet erscheinen.

Die **nasale Fläche** des weichen Gaumens ist beim Erwachsenen in dem an den harten Gaumen anschließenden Abschnitt von typischer **Respirations-schleimhaut** bekleidet, die alle kennzeichnenden Merkmale der Schleimhaut der Regio respiratoria der Nasenhöhle aufweist; demnach zunächst eine **Beklei-dung mit mehrreihigem, flimmerndem Zylinderepithel trägt**, in das **Becherzellen** eingestreut sind. Wie an anderen Stellen der R. respiratoria nasi kommen auch hier Einsenkungen im Epithel vor, die von Schleimzellen (mit eingestreuten Flimmerzellen) ausgekleidet werden und an **endoepitheliale Drüsen** erinnern.

Das Epithel sitzt, wie in der ganzen R. respiratoria der Nasenhöhle, einer individuell verschieden stark entwickelten **Basalmembran** auf. Hierauf folgt die **lymphoide Schicht**, die nach Schaffer eine zusammenhängende 20—80 μ breite, von lymphoiden Zellen durchsetzte Lage bildet und sich nicht immer scharf gegen die Tiefe abgrenzt. Sie besteht vorwiegend aus protoplasmareichen Zellformen mit großem rundem Kern, der ein deutliches Chromatingerüst zeigt, so daß die ganze Zelle nicht selten einen epithelialen Eindruck macht; daneben finden sich echte polymorphkernige Wanderzellen, Lymphocyten und eosinophile Leukocyten in geringer Anzahl. Die **Lamina propria** ist dicht gewebt, fettlos und gegen die Muskulatur durch eine dichte **elastische Längsfaser-lage** — „infraglanduläres Lager" — abgegrenzt (Abb. 15, *ig.*), so daß eine eigentliche Submucosa fehlt.

Schließlich ist die Schleimhaut der nasalen Seite Sitz der für den Respirationstrakt charakteristischen **gemischten Speicheldrüsen**. Dieselben sind kleiner und nicht so reichlich wie die mukösen Drüsen an der oralen Fläche und liegen in der Schleimhaut selbst. Nach Anton (1913) bleibt ein dreieckiges Feld drüsenfrei, dessen Basis gegen die Nasenhöhle gerichtet ist.

Als **Übergangszone** zwischen Mundhöhlenschleimhaut und Nasenhöhlenschleimhaut kann beim Erwachsenen die **dorsale Fläche der Uvula** und der sich unmittelbar daran anschließende Abschnitt der nasalen Fläche des weichen Gaumens betrachtet werden, indem dieses Gebiet zwar auch mit **geschichtetem Pflasterepithel** bekleidet ist, aber schon die für die Nasenschleimhaut charakteristischen **gemischten Drüsen** enthält. Das geschichtete Pflasterepithel unterscheidet sich hier von dem der oralen Fläche durch die **geringere Dicke**, **schwächere Ausbildung der Papillen**, die streckenweise ganz fehlen können (Schaffer, Kano 1910, Anton) und durch den reichlichen Gehalt an durchwandernden Leukocyten (Kano).

Auch im Verhalten der übrigen Bestandteile der Schleimhaut gibt sich die Uvula als Übergangsgebiet zu erkennen. So erstreckt sich das supraglanduläre Lager elastischer Fasern der oralen Seite bis an die Basis der Uvula, um sich dann aufzulösen und in unregelmäßig die Spitze der Uvula durchsetzende Faserzüge überzugehen. Dasselbe ist mit dem infraglandulären elastischen Faserlager der nasalen Fläche der Fall. Auch dieses reicht als geschlossene Schicht bis an die Basis der Uvula und verliert sich in dem ungeordneten elastischen Gewebe der Uvulaspitze. Die oft auf größeren Strecken drüsenfreie Spitze des Zäpfchens enthält auffallend reichliche Blutgefäße. „Zahlreiche Durchschnitte kleinerer Arterien und weiter Venen verleihen dem Gewebe das Aussehen eines Schwellgewebes, dem nur die glatten Muskelfasern fehlen. Außerdem sind aber auch weitere und engere Lymphgefäße bis an die Spitze zu verfolgen, so daß die oft rasch auftretenden Ödeme der Uvula leicht verständlich sind" (Schaffer).

Das Verhalten der Drüsen im Zäpfchen ist zwar im einzelnen ein ziemlich wechselndes; doch findet man, daß im allgemeinen die Schleimdrüsen an der oralen, die gemischten Drüsen an der dorsalen Fläche der Uvula ausmünden, wenngleich die Schleimdrüsenkörper mehr auf die dorsale Seite der Uvula übergreifen können. Auch die Unterschiede der beiden Drüsenarten können im Bereiche der Uvula sich mehr verwischen. Die oft stark erweiterten Ausführungsgänge an der nasalen Fläche des Zäpfchens und weichen Gaumens enthalten häufig Schleimzellen (Kano) oder können ganz von Schleimzellen ausgekleidet sein (Schaffer), so wie dies auch häufig an den Glandulae nasales vorkommt. Außerdem findet man gelegentlich in den nasalwärts gerichteten Ausführungsgängen Flimmerepithel (Klein, Schaffer, Clara 1922), was wohl dadurch zu erklären ist, daß diese Drüsen sich in einer Gegend entwickelt haben, die ursprünglich mit Flimmerepithel bekleidet war, an dessen Stelle erst im Laufe der Entwicklung Pflasterepithel getreten ist. Tatsächlich reicht beim Neugeborenen das flimmernde Zylinderepithel noch viel weiter gegen die Spitze der Uvula (Klein u. a.), ja erreicht nach Kano sogar dieselbe und erst später tritt an dessen Stelle geschichtetes Pflasterepithel, so daß man auch hier, ähnlich wie an anderen Übergangsstellen zwischen Flimmerepithel und Pflasterepithel (Kehldeckel, Nasenhöhle), während der postfetalen Entwicklung eine Ausbreitung des letzteren auf Kosten des ersteren nachweisen kann. Den Übergang zwischen beiden Epithelarten vermittelt ein geschichtetes Zylinderepithel. Nach Klein und Kano findet man schon beim Neugeborenen an der Hinterfläche des weichen Gaumens und der Uvula vereinzelte Stellen mit gut ausgebildetem geschichtetem Pflasterepithel, sowie mit Übergangsformen zwischen diesem und Zylinderepithel. Auch Anton (1913) etwähnt beim Fetus und Kinde das regelmäßige Vorkommen eines medianen Streifens an der nasalen Fläche des weichen Gaumens, in dessen Bereiche geschichtetes Pflasterepithel vorhanden ist. Auch dann, wenn die nasale Gaumenfläche schon ganz oder fast ganz von geschichtetem Pflasterepithel bekleidet erscheint, kennzeichnet sich der mediane Epithelstreifen als Verwachsungszone der paarigen Gaumenhälften durch stärkere Entfaltung der Papillen und ansehnlichere Epitheldicke. Im Bereiche des namentlich bei Feten und Kindern deutlich ausgebildeten Faltensystems des weichen Gaumens, das mit den Falten des Sulcus nasalis posterior zusammenhängt, erhält sich das Flimmerepithel länger am Grunde der Falten als auf deren Kuppen (Anton).

Reichlichere Ansammlungen von Lymphocyten findet man gelegentlich um die Ausführungsgänge der Drüsen (Schaffer, Anton). Follikelähnliche Anhäufungen, welche die Oberfläche vorwölben, konnte Schaffer im Gegensatz zu Bickel (1884) und Anton am Gaumensegel nicht finden.

Entwicklungsgeschichtliches. Wir haben gesehen (vgl. S. 5), daß die Mundbucht einen gemeinsamen Raum für die spätere Mundhöhle und einen Teil der Nasenhöhle bildet und daß sich an der Bildung dieses gemeinsamen Raumes nach dem Schwunde der Rachenhaut auch noch das Vorderende des Vorderdarmes beteiligt. Die endgültige Abgrenzung der Mund- von der Nasenhöhle erfolgt durch die Bildung einer horizontalen Scheidewand, durch die Bildung des Gaumens (die diesbezügliche Literatur bei Peter 1924). An der Innenseite der Oberkieferfortsätze wulsten sich (bei 15 mm langen Embryonen) die Anlagen der Gaumenfortsätze (Gaumenplatten), Processus palatini, vor, die zu Platten auswachsen, welche zunächst senkrecht zu beiden Seiten der Zunge absteigen. Auf späteren Entwicklungsstufen stehen die Gaumenfortsätze nicht mehr sagittal zu beiden Seiten der Zunge, sondern horizontal über der Zunge. Wie diese Veränderung zustande kommt, ist eine, namentlich in letzter

Zeit, viel umstrittene Frage. Es stehen sich diesbezüglich zwei Hypothesen schroff gegenüber: die ältere und wohl zutreffende Aufrichtungshypothese und die Umgestaltungshypothese. Nach der Aufrichtungshypothese würden die Gaumenplatten sich aus der senkrechten in die wagerechte Stellung aufrichten, so daß die plötzliche Änderung des Bildes durch eine Lageveränderung der Gaumenfortsätze zustande käme. Nach der Umgestaltungshypothese würde eine Aufrichtung der Gaumenplatten in die horizontale Stellung überhaupt nicht stattfinden, sondern die ursprünglich senkrecht stehenden Fortsätze würden sich durch Formänderung in die horizontalen Gaumenplatten umwandeln. Namentlich in letzter Zeit wurden wiederholt Embryonen mit einseitigem Hochstand des Gaumenfortsatzes gefunden; wo also der Fortsatz der einen Seite schon horizontal über der Zunge, der der anderen Seite noch sagittal seitlich von der Zunge stand. Derartige Embryonen liefern nach Peter einen willkommenen Beweis für das Zutreffen der Aufrichtungshypothese.

Nach der Horizontalstellung der Gaumenplatten ist der Gaumen noch nicht geschlossen, sondern zeigt in der Mittellinie die „physiologische Gaumenspalte". Indem die Gaumenplatten weiterhin medianwärts vorwachsen, kommen sie zur gegenseitigen Berührung und verwachsen miteinander und ebenso auch mit der Nasenscheidewand. Dieser Verschmelzungsprozeß, der Gaumenschluß, erreicht nach hinten hin sein Ende mit der Bildung der Uvula; doch kann sich die Bildung eines einheitlichen Zäpfchens sehr lange hinausziehen. Körner (1899) fand bei Kindern bis zu 5 Jahren bei einem Drittel eine schwache Einkerbung an der Spitze des Zäpfchens, bei Erwachsenen von 20—30 Jahren noch bei über 3 vH. Die Gaumenfortsätze hören nicht mit dem weichen Gaumen auf, sondern setzen sich an der seitlichen Schlundkopfwand bis etwa auf das Gebiet des 3. Kiemenbogens fort. Diese Fortsetzung jederseits ist der hintere Gaumenbogen, Arcus pharyngopalatinus, der also gewissermaßen eine nicht zur Durchführung gekommene Scheidung des Schlundkopfes andeutet. Durch den Schluß der Gaumenplatten wird der größte (hintere) Teil des Gaumens, der „Hintergaumen", gebildet.

Erst nach diesem Gaumenschluß bilden sich auch in der Regio incisiva, im Anschlusse an die Gaumenplatten des Hintergaumens, Gaumenfortsätze, um sich miteinander zum „Vordergaumen" zu vereinigen. Nur im Gebiet der Papilla incisiva verschmelzen die beiderseitigen Gaumenfortsätze nicht miteinander, sondern es schiebt sich hier zwischen dieselben die Papilla palatina als wulstförmiger Vorsprung des primitiven Munddaches ein. Durch Verschmelzung der Gaumenfortsätze mit der Papille erfährt die Gaumenbildung ihren Abschluß. Während bei den meisten Säugetieren bei diesem Verwachsungsvorgang die Ductus nasopalatini oder incisivi (Stensonsche Gänge) als offene Verbindungskanäle zwischen Nasen- und Mundhöhle ausgespart werden, bleiben beim Menschen an ihrer Stelle zunächst solide, in ihrer Ausbildung außerordentlich variable Epithelstränge, Tractus nasopalatini, erhalten, die später teilweise oder vollständig kanalisiert werden können. Diese Nasengaumenstränge unterliegen zum Teil ähnlichen Veränderungen wie die übrigen epithelialen Einschlüsse des harten Gaumens (Fragmentation, epithelperlenartige Beschaffenheit usw.). Beim Erwachsenen können sich die Ductus nasopalatini vollständig oder, was häufiger der Fall ist, in Resten, als Blindsäcke, die sich in die Nasen- oder Mundhöhle öffnen, erhalten. Den Ductus nasopalatini der Erwachsenen oder deren Resten kommt nur eine Bedeutung für die Ableitung des Sekretes der in ihre Lichtung einmündenden Drüsen zu (Rawengel 1923). Im Gegensatz zu vielen Tieren bestehen beim Menschen auf keiner Entwicklungsstufe irgendwelche Beziehungen der Ductus nasopalatini zum Jacobsonschen Organ.

Vergleichendes. Am harten Gaumen der *Säugetiere* lassen sich grundsätzlich dieselben gröberen Einzelheiten erkennen wie an dem des Menschen: die mediane Raphe, an deren vorderem Ende die Papilla palatina mit den Stensonschen Kanälen und die Gaumenstaffeln. Im allgemeinen sind letztere bei den Säugetieren sowohl in bezug auf Zahl wie Differenzierung besser ausgebildet als beim Menschen, so daß die menschlichen Gaumenstaffeln als rudimentäre, funktionslos gewordene Organe zu betrachten sind. Für die phylogenetische Rückbildung der Gaumenstaffeln beim Menschen spricht auch ihre schwankende Form und Anordnung. Bei vielen Säugetieren können sie sowohl zum Festhalten der Brustwarzen beim Saugakt, als auch ganz besonders zum Festhalten der Nahrung dienen. Eine hohe Ausbildung erlangen die Staffeln bei den *Ungulaten* und insbesondere in Form der Barten bei den *Waltieren*. Bei ersteren spielen sie sicher eine Rolle beim Abbeißen des Grases und Festhalten des Futters, bei letzteren dienen sie bekanntlich zum Filtrieren des Wassers (Retzius 1906). Die Gaumenstaffeln von Arten gänzlich verschiedener Familien können sehr ähnlich, der Glieder einer und derselben Familie dagegen sehr unähnlich sein. Für ihre Ausbildung ist weniger die Verwandtschaft als die Art der Nahrung maßgebend (Linton 1905). Rehs (1914) unterscheidet am harten Gaumen vergleichend: 1. Reihen von bogenförmig angeordneten Hornzähnen oder Papillae operariae, 2. Gaumenleisten, die durch eine vollkommene oder teilweise Verwachsung dieser

Papillen entstehen und 3. die echten Gaumenleisten. Der Verlauf der elastischen Fasern gibt vielfach Anhaltspunkte über die Entstehungsart dieser Leisten. Die Staffeln sind keine einfachen Schleimhautfalten. Regelmäßig ist in ihrem Bereiche die Submucosa verdickt; außerdem können, je nach Tierart und Region, alle oder nur einzelne Schleimhautschichten verdickt erscheinen (JAENICKE 1908). Bei manchen Säugetieren ist elastisches Gewebe, das im allgemeinen in der Gaumenschleimhaut reichlich vorkommt, sehr wesentlich an der Bildung der Staffeln beteiligt, so z. B. bei der Wanderratte (KOHLMEYER 1906).

Das geschichtete Pflasterepithel des harten Gumens zeigt bei den meisten Säugetieren Verhornung. Die Hornschicht ist besonders stark bei den Pflanzenfressern entwickelt und erreicht in den Zahnplatten der *Wiederkäuer* ihre größte Dicke. Bei manchen Tieren kommt auch ein Stratum lucidum vor. Der *Hund* besitzt kein echtes Stratum corneum; auch die oberflächlichen, verhornten Zellagen tragen noch Kerne. In der Hornschicht von *Ziege, Schaf* und *Pferd* kommen in der Verlängerung der hohen, bis in die Nähe des Stratum corneum reichenden Papillen unverhornte Zellen („Reihenzellen" LOBENHOFFER 1907) vor, die, eine über die andere gelagert, Zellsäulen bilden, welche in senkrechter Richtung das ganze Stratum corneum durchsetzen. Die Verhornung in diesen Zellen dürfte deshalb ausgeblieben sein, weil sie der gefäßreichen Papille naheliegen (JAENICKE). Das Stratum cylindricum und spinosum des Gaumenepithels zeigt bei manchen Tieren (*Rind, Schaf, Ziege, Hund*) Pigmentierung.

Submukös gelegene Drüsen kommen bei den meisten Säugetieren im hinteren Abschnitte des harten Gaumens und zwar stets in zunehmender Menge gegen den weichen Gaumen hin vor. Nach JAENICKE handelt es sich (bei den Haussäugetieren) ausnahmslos um reine Schleimdrüsen. ELLENBERGER bemerkt, in diesen Drüsen ganz vereinzelte Halbmonde gefunden zu haben. Außerdem liegen Schleimdrüsen bei vielen Tieren (*Wiederkäuer, Fleischfresser, Schwein*) neben der Papilla palatina, die gewöhnlich in das Mündungsstück des Ductus nasopalatinus einmünden. Beim *Schwein* finden sich im Bereiche des harten Gaumens nur die letzteren Drüsen. Bei den *Einhufern* fehlen Drüsen am harten Gaumen vollständig (JAENICKE).

In der im allgemeinen gut entwickelten Submucosa, die beim *Schwein* z. B. ein mächtiges Fettpolster bilden kann, findet sich (bei den Haussäugetieren) ein klappenloses, schneidezahnseitig sehr mächtiges Venengeflecht, eine Art venöser Schwellkörper (ELLENBERGER). Im vordersten Abschnitt des harten Gaumens der *Nagetiere* konnte BROMAN (1920) quergestreifte, von der Oberlippe ausgehende Muskulatur nachweisen, die außer für gewisse Schnauzenbewegungen auch für den Abschluß der Ductus nasopalatini in Betracht kommt. In der Dentalplatte der *Wiederkäuer* (namentlich deutlich bei der Ziege) hat JAENICKE gleichfalls Skelettmuskulatur gefunden.

Dem weichen Gaumen fehlt bei der Mehrzahl der Säugetiere ein Zäpfchen. Letzteres ist vorhanden bei den *Affen* und *Hasen* und in rudimentärer Ausbildung bei einigen *Wiederkäuern* und beim *Schwein.* Wie beim Menschen sind auch am Gaumensegel der Säugetiere drei Schichten auseinanderzuhalten: eine sehnig-muskulöse Grundplatte oder Mittelschicht, eine mundseitige und eine rachenseitige Schleimhaut. Der Übergang der Mund- in die Rachenschleimhaut erfolgt (so wie beim Menschen) nicht am freien Rande des weichen Gaumens, sondern an der pharyngealen Seite desselben (JAENICKE). GROSSER (1900) fand im weichen Gaumen der *Vespertilioniden* nahe dem hinteren Rande einen paarigen Knorpel eingelagert, mit dem die Gaumenmuskulatur in Verbindung steht.

An der mundseitigen Schleimhaut findet sich stets geschichtetes Pflasterepithel, das verschiedene Grade der Verhornung zeigen kann. Ein echtes, kernfreies Stratum corneum kommt (von den Haussäugetieren) nur beim *Pferde* vor. Im mundseitigen Epithel des *Schweines* liegen zwischen den Papillen vereinzelt oder in Gruppen helle, schwach färbbare Zellen, die größer als die umgebenden Zellen sind (JAENICKE). In der Submucosa findet sich ein nach der Tierart verschieden mächtiges, gegen den freien Rand des Gaumensegels schwächer werdendes Lager von Schleimdrüsen; nur bei der *Katze* finden sich nach FRÖBISCH (1912) neben den mukösen auch rein seröse Endstücke. Bei vielen Säugetieren ist die mundseitige Schleimhaut reich an lymphoreticulärem Gewebe. Dieses kommt teils diffus, teils in Form von einzelnen Lymphknötchen bei *Pferd, Rind* und *Schwein* sehr reichlich vor, spärlicher bei *Hund* und *Katze* und ganz spärlich bei *Schaf* und *Ziege.* Gaumenbälge, d. h. Gruppen von miteinander verschmolzenen Lymphknötchen, finden sich beim *Rind, Pferd* und *Esel.* Bei den zwei letzteren häufen sich die Bälge in der Mittellinie am Übergang des harten in den weichen Gaumen zu einer Tonsilla media s. impar an (ILLING 1910).

An der rachenseitigen Schleimhaut verhält sich das Epithel ähnlich wie beim Menschen. Im Anfangsabschnitt des weichen Gaumens ist es ein mehrreihiges Flimmerepithel, das früher oder später unter Vermittlung eines flimmerlosen, geschichteten Zylinderepithels in geschichtetes Pflasterepithel übergeht, in das, noch weiter gegen den

.freien Rand hin, Papillen hineinragen. Im Epithel des freien Randes kommen bei der *Katze* Geschmacksknospen vor (FRÖBISCH). Die Drüsen liegen zum Teil in der Mucosa, zum Teil submukös und sind, wie beim Menschen, gemischte Drüsen (FRÖBISCH).

Das Gaumensegel (der Haussäugetiere) wird in seiner ganzen Dicke von zusammenhängenden elastischen Netzen durchzogen, die zwischen Schleimhaut und Submucosa auf beiden Seiten dichte elastische Lager bilden (FRÖBISCH).

Literatur.

ANTON, W.: Über ein transitorisches Faltensystem im Sulcus nasalis posterior und im rückwärtigen Teil des Nasenbodens nebst Beiträgen zur Histologie des weichen Gaumens. Arch. f. Laryngol. u. Rhinol. Bd. 28. 1913. — AUDRY, CH.: Über eine Veränderung der Lippen- und Mundschleimhaut, bestehend in der Entwicklung atrophischer Talgdrüsen. Monatsh. f. prakt. Dermatol. Bd. 29, S. 101—104. 1899. — BERGENGRÜN, PAUL: „Epithelperlen" und Epithelstränge in der Raphe des harten Gaumens. Arch. f. Entwicklungsmech. d. Organismen. Bd. 28, S. 277—326. 1909. — BETTMANN: Über das Vorkommen von Talgdrüsen in der Mundschleimhaut. 7. Versamml. d. Ver. süddtsch. Laryngol. Heidelberg 1900. — BICKEL: Über die Ausdehnung und den Zusammenhang des lymphatischen Gewebes in der Rachengegend. Virchows Arch. f. pathol. Anat. u. Physiol. Bd. 97, S. 340—359. 1884. — BLAKEWAY, H.: Investigations in the anatomy of the palate. Journ. of anat. a. physiol. Bd. 48, S. 409—417. 1914. — BOLK, L.: a) Zur Entwicklungsgeschichte der menschlichen Lippe. Anat. Hefte Bd. 44, S. 227—272. 1911. — b) Über die Gaumenentwicklung und die Bedeutung der oberen Zahnleiste beim Menschen. Zeitschr. f. Morphol. u. Anthropol. Bd. 14, S. 241—304. 1912. — BOLLEA, MARIO: Sull' organo di CHIEVITZ dell' uomo e di alcuni mammiferi. Arch. ital. di anat. e di embriol. Bd. 21, S. 464—486. 1924. — BOVERO, ALFONSO: a) Ricerche morfologiche sul musculus cutaneomucosus labii. Mem. dell' accad. Reale delle scienze di Torino. S. 1—60. 1902. — b) Ghiandole sebacee libere. Nota di morfologia comparata. Arch. per le scienze med. Bd. 28, S. 541—556. 1904. — BRACHET, A.: Sur le tractus bucco-pharyngien, organe de CHIEVITZ, Orbital inclusion. Cpt. rend. des séances de la soc. de biol. Bd. 82. 1919. — BROMAN, IVAR: a) Über CHIEVITZ' Organ („Ramus mandibularis ductus parotidei" oder „Orbitalinklusion") und dessen Bedeutung nebst Bemerkungen über die Phylogenese der Glandula parotis. Anat. Hefte, 2. Abt. Ergebnisse Bd. 22, S. 602—622. 1916. — b) Über bisher unbekannte quergestreifte Muskeln im harten Gaumen der Nagetiere. Anat. Anz. Bd. 52, S. 1—15. 1920. — CHIEVITZ, J. H.: Beiträge zur Entwicklungsgeschichte der Speicheldrüsen. Virchows Arch. f. pathol. Anat. u. Physiol. S. 401—436. 1885. — CLARA, MAX: Kleine histologische Mitteilungen. Anat. Anz. Bd. 55, S. 399—410. 1922. — COLOMBINI: Über einige fettsezernierende Drüsen der Mundschleimhaut des Menschen. Monatsh. f. prakt. Dermatol. Bd. 34, S. 423—437. 1902. — DELBANCO, ERNST: Über die Entwicklung von Talgdrüsen in der Schleimhaut des Mundes. Ebenda Bd. 29, S. 104—105. 1899. — DORENDORF: Über Lymphgefäße und Lymphdrüsen der Lippe mit Beziehung auf die Verbreitung des Unterlippencarcinoms. Internat. Monatsschr. f. Anat. u. Physiol. Bd. 17, S. 203—243. 1900. — v. EBNER, V.: KÖLLIKERS Handb. d. Gewebelehre Bd. 3. 1902. — ELLENBERGER, W.: Der Verdauungsapparat. ELLENBERGERS Handb. d. vergl. mikroskop. Anat. d. Haustiere. Bd. 3. 1911. — EPSTEIN, ALOIS: Über Epithelperlen in der Mundhöhle neugeborener Kinder. Zeitschr. f. Heilk. Bd. 1, S. 59—94. Prag 1880. — FISCHER, BRUNO: Über die Gaumengrübchen (Foveae palatinae). Inaug.-Diss. Königsberg. 29 S. 1902. — FORDYCE: A peculiar affection of the mucous membran of the lips and oral cavity. Journ. of cut. diseases 1896. — FRÖBISCH, A.: Beiträge zur vergleichenden Histologie des Gaumensegels der Haussäugetiere. Inaug.-Diss. 79 S. Leipzig 1912. — GOETT, THEODOR: Die Speichelkörperchen. Internat. Monatsschr. f. Anat. u. Physiol. Bd. 23, S. 378—396. 1907. — GREIL, A.: Über die Genese der Mundhöhlenschleimhaut der Urodelen. Verhandl. d. anat. Ges., 19. Vers. S. 621—656. 1905. — GROSSER, OTTO: Zur Anatomie der Nasenhöhle und des Rachens der einheimischen Chiropteren. Morphol. Jahrb. Bd. 29, S. 1—77. 1900. — HAMMAR, J. A.: Notiz über die Entwicklung der Zunge und der Mundspeicheldrüsen beim Menschen. Anat. Anz. Bd. 19, S. 570—575. 1901. — HARTIG, ROLF: Vergleichende Untersuchungen über die Lippen- und Backendrüsen der Haussäugetiere und des Affen. Inaug.-Diss. 79 S. 1907. — HEIDRICH, KURT: Die Mund-Schlundkopfhöhle der Vögel und ihre Drüsen. Morphol. Jahrb. Bd. 37, S. 10—69. 1907. — HEUSS: Über postembryonale Entwicklung von Talgdrüsen in der Schleimhaut der menschlichen Mundhöhle. Monatsschr. f. prakt. Dermatol. Bd. 31. — HOFFMANN, ARTHUR: Über die Verbreitung der Geschmacksknospen beim Menschen. Virchows Arch. f. pathol. Anat. u. Physiol. Bd. 62, S. 516—530. 1875. — ILLING, GEORG: a) Über die Mandeln und das Gaumensegel des Schweines. Arch. f. wiss. u. prakt. Tierheilk. Bd. 29,

S. 411—426. 1903. — b) Über Vorkommen und Formation des cytoblastischen Gewebes im Verdauungstractus der Haussäugetiere. 1. Die Mundhöhle. Morphol. Jahrb. Bd. 40, S. 621—656. 1910. — IMMISCH, K. B.: Untersuchungen über die mechanisch wirkenden Papillen der Mundhöhle der Haussäugetiere. Anat. Hefte Bd. 35, S. 759—859. 1908. — JAENICKE, HANS: Vergleichende anatomische und histologische Untersuchungen über den Gaumen der Haussäugetiere. Diss. Zürich. 78 S. 1908. — JOHNSTON, J. B.: The limit between Ectoderm und Entoderm in the mouth and the origin of taste buds. 1. Amphibians. Americ. journ. of anat. Bd. 10, S. 41—67. 1910. — KANO, SAKUTARO: Über das Epithel des weichen Gaumens, zugleich ein Beitrag zur Lehre von den intraepithelialen Drüsen. Arch. f. Laryngol. u. Rhinol. Bd. 23, S. 197—205. 1910. — KEIBEL: Zur Entwicklungsgeschichte des Rehes. Verhandl. d. anat. Ges. S. 64—65. 1899. — KLEIN, E.: a) Zur Kenntnis des Baues der Mundlippen des neugeborenen Kindes. Sitzungsber. d. Akad. Wien, Mathem.-naturw. Kl. I, Bd. 58. 1868. — b) Mundhöhle. STRICKERS Handb. d. Lehre von den Geweben 1871. — KOELLIKER, A.: Über das Vorkommen von freien Talgdrüsen am roten Lippenrande des Menschen. Zeitschr. f. wiss. Zool. Bd. 11. 1862. — KÖRNER, O.: Zur Kenntnis der Uvula bifida. Zeitschr. f. Ohrenheilk. Bd. 35. 1899. — KOHLMEYER, O.: Topographie des elastischen Gewebes in der Gaumenschleimhaut der Wanderratte, *Mus decumanus*. Zeitschr. f. wiss. Zool. Bd. 81, S. 145—190. 1906. — KORMANN, BODO: Über den Bau des Integuments der Regio narium und der Wand des Nasenvorhofs der Haussäugetiere mit besonderer Berücksichtigung der daselbst vorkommenden Drüsen. Diss. Gießen. 89 S.. 1905. — KRAKOW, O.: Die Talgdrüsen der Wangenschleimhaut. Diss. Königsberg. 32 S. 1901. — KRAUSE, W.: Handbuch der menschlichen Anatomie. 1876. — LEBOUQ: Note sur les perles épithéliales de la voûte palatine. Arch. de biol. Bd. 2, S. 399—401. 1881. — LEYDIG: Lehrbuch der Histologie 1858. — LIEPMANN: Über das Vorkommen der Talgdrüsen im Lippenrot des Menschen. Diss. Königsberg. 36 S. 1900. — LINDNER, WERNER: Vorkommen von Talgdrüsen in der Wangenschleimhaut. Diss. Breslau 1922. — LINTON, R. G.: On the morphology of the mammalian palatine rugae. Veterin. journ. S. 220—255. 1905. — LOBENHOFFER, W.: Über eigentümliche Zellen in der Gaumenschleimhaut des Schafes. Arch. f. mikroskop. Anat. Bd. 70, S. 238—244. 1907. — LUND, OVE: Histologische Beiträge zur Anatomie des Munddaches und Paradentiums. Vierteljahrsschr. f. Zahnheilk. Jg. 40, S. 1—21. 1924. — LUSCHKA, H.: Die Leichenveränderung der Mundlippen bei neugeborenen Kindern. Zeitschr. f. ration. Med., 3. Reihe, Bd. 18. 1863. — MANNU, A.: Intorno ad alcune particolarità anatomiche del palato nell' uomo. Ric. lab. anat. norm. univ. Roma Bd. 14. 1909. — MONTGOMERY, D. W. u. HAY, W. G.: Talgdrüsen in der Schleimhaut des Mundes. Dermatol. Zeitschr. Bd. 6, S. 716—719. 1899. — NADLER, J.: Zur Histologie der menschlichen Lippendrüsen. Arch. f. mikroskop. Anat. Bd. 50, S. 419—437. 1897. — NEUSTÄTTER, OTTO: Über den Lippensaum beim Menschen, seinen Bau, seine Entwicklung und seine Bedeutung. Jenaische Zeitschr. f. Naturwiss. Bd. 29. 1894 und Diss. München. 46 S. 1894. — NICOLA u. RICA-BARBERIS: Intorno alle glandulae buccales et molares. Giorn. accad. med. Torino. Anno 63, S. 712—731. 1900. — NIEMAND: Ein Beitrag zur Anatomie des weichen Gaumens. Dtsch. Monatsschr. f. Zahnheilk. Jg. 15, S. 241—247. 1897. — OPPEL, ALBERT: Lehrbuch der vergleichenden mikroskopischen Anatomie der Wirbeltiere. Bd. 3. 1900. — PEISER, A.: Über die Form der Drüsen des menschlichen Verdauungsapparates. Arch. f. mikroskop. Anat. Bd. 61, S. 391—403. 1902. — PETER, KARL: a) Die Entwicklung der Papilla palatina beim Menschen. Anat. Anz. Bd. 46. S. 33—50. 1914. — b) Über die funktionelle Bedeutung der sog. „Epithelperlen" am harten Gaumen von Feten und Kindern. Dtsch. med. Wochenschr. 1914. — c) Die Entwicklung des Säugetiergaumens. Zeitschr. f. d. ges. Anat., Abt. 3: Ergebn. d. Anat. u. Entwicklungsgesch. Bd. 25, S. 448—565. 1924. — PONZO, MARIO: Sulla presenza di organi del gusto nella parte laringea della faringe, nel tratto cervicale del esofago e nell palato duro del feto umano. Anat. Anz. Bd. 31, S. 570—575. 1907. — RABL, HANS: Untersuchungen über die menschliche Oberhaut und ihre Anhangsgebilde mit besonderer Rücksicht auf die Verhornung. Arch. f. mikroskop. Anat. Bd. 48, S. 430—495. 1896. — RAMM, MALKA: Über die Zotten der Mundlippen und die Wangenschleimhaut beim Neugeborenen. Anat. Hefte Bd. 29, S. 55—96. 1905 und Diss. Bern 1905. — RAWENGEL, G.: Die Nasengaumengänge und andere epitheliale Gebilde im vorderen Teil des Gaumens bei Neugeborenen und Erwachsenen. Arch. f. mikroskop. Anat. Bd. 97, S. 507—522. 1923. — REHS, JAKOB: Beiträge zur Kenntnis der makroskopischen und mikroskopischen Anatomie, insbesondere der Topographie des elastischen Gewebes des Palatum durum der Mammalia. Zeitschr. f. wiss. Zool. Bd. 109, S. 1—127. 1914. — REICHEL, P.: Beiträge zur Morphologie der Mundhöhlendrüsen der Wirbeltiere. Morphol. Jahrb. Bd. 8, S. 1—72. 1883. — RETZIUS, GUSTAV: Die Gaumenleisten des Menschen und der Tiere. Biol. Unters. N. F. Bd. 13, S. 117—168. Stockholm 1906. — ROZIÈRES, RAYMOND: De l'état ponctué et des glandes sebacées de la muqueuse labiobuccale. Diss. Toulouse 1901. —

RÜDINGER, N.: Beiträge zur Morphologie des Gaumensegels und des Verdauungsapparates. 49 S. Stuttgart 1879. — SCHAFFER, J.: Beiträge zur Histologie menschlicher Organe. IV. Zunge, V. Mundhöhle, Schlundkopf, VI. Oesophagus, VII. Cardia. Sitzungsber. d. Akad. Wien, Mathem.-naturw. Kl. III, Bd. 106, 103 S. 1897. — SCHIEFFERDECKER, P.: a) Der histologische und mikroskopisch-topographische Bau der Wangenhaut des Menschen. Arch. f. Anat. u. (Physiol.) S. 191—222. 1913. — b) Über das Auftreten der elastischen Fasern in der Tierreihe, über das Verhalten derselben in der Wangenhaut bei verschiedenen Menschenrassen und über Bindegewebe und Sprache. Arch. f. mikroskop. Anat., Abt. 1, Bd. 95, S. 134—185. 1921. — v. SCHULTE, H. W.: The development of the salivary glands in man. Studies in cancer etc. Bd. 4, S. 25—72. New York 1913. — b) The development of the salivary glands in the domestic cat. Ebenda. S. 191—313. — SCHULZE, FRANZ EILHARD: Die Erhebungen auf der Lippen- und Wangenschleimhaut der Säugetiere. Sitzungsber. d. preuß. Akad. d. Wiss. Jg. 1912—16. — SCHUMACHER, SIEGMUND: Der Bau der Wangen (insbesondere deren Innenbekleidung) verglichen mit dem der Lippen. Zeitschr. f. d. ges. Anat., Abt. 1: Zeitschr. f. Anat. u. Entwicklungsgesch. Bd. 73, S. 247—276. 1924. — b) 'Eine „Lippenplatte" beim Eichhörnchen (Sciurus vulgaris L.). Anat. Anz. Bd. 58, S. 268—271. 1924. — c) Histologie der Luftwege und der Mundhöhle. Handb. d. Hals-, Nasen-, Ohrenheilk. von DENKER u. KAHLER 1925. — SPERINO, GIUSEPPE: Ghiandole sebacee della mucosa labiale e della mucosa delle guancie. Atti d. soc. roman. di antropol. Bd. 10, S. 279—288. Rom 1904. — STENGEL, RUDOLF: Über die Talgdrüsen der Mundschleimhaut beim Menschen. Anat. Anz. Bd. 54, S. 268—271. 1921. — STIEDA, A.: a) Über das Tuberculum labii superioris und die Zotten der Lippenschleimhaut des Neugeborenen. Anat. Hefte Bd. 13, S. 69—93. 1900. — b) Über Talgdrüsen. Verhandl. d. Ges. dtsch. Naturf. u. Ärzte, 73. Vers. Hamburg, S. 527—529. 1901. — c) Das Vorkommen freier Talgdrüsen am menschlichen Körper. Zeitschr. f. Morphol. u. Anthropol. Bd. 4, S. 443—462. 1902. — d) Über die Foveolae palatinae (Gaumengrübchen). Verhandl. d. Anat. Ges. Halle. S. 130—131. 1902. — STRANDBERG, ARNE: Beitrag zur Kenntnis des CHIEVITZschen Organes. Anat. Anz. Bd. 51, S. 177—195. 1918. — STUDNIČKA, F. K.: Über das Epithel der Mundhöhle von Chimaera monstrosa. Mit besonderer Berücksichtigung der Lymphbahnen desselben. Bibliogr. anat. Bd. 11, S. 217—233. 1902. — SUCHANNEK: Über gehäuftes Vorkommen von Talgdrüsen in der menschlichen Mundschleimhaut. Münch. med. Wochenschr. S. 575—576. 1900. — v. SZONTAGH, A.: Beiträge zur feineren Anatomie des menschlichen Gaumens. Sitzungsber. d. Akad. Wien, Mathem.-naturw. Kl. Bd. 20, S. 3—9. 1856. — TOLDT, C.: Lehrbuch der Gewebelehre. 3. Aufl. 1888. — WATT, JAMES CRAWFORD: The buccal mucous membrane. Anat. record Bd. 5, S. 447—455. 1911. — WEIDENREICH, FR.: Über Speichelkörperchen. Ein Übergang von Lymphocyten in neutrophile Leukocyten. Folia haematol. Bd. 5, S. 1—7. 1908. — WEISHAUPT, ELISABETH: Ein rudimentärer Seitengang des Ductus parotideus (Ramus mandibularis ductus parotidei). Beiträge zur vergleichenden Entwicklungsgeschichte der Mundspeicheldrüsen. Arch. f. Anat. (u. Physiol.). S. 11—34. 1911. — WETZEL, G.: Anatomie und Entwicklungsgeschichte der Mundhöhle und des Rachens. Handb. d. Hals-, Nasen-, Ohrenheilk. von DENKER u. KAHLER. 1925. — ZANDER, PAUL: Über Talgdrüsen in der Mund- und Lippenschleimhaut. Monatsh. f. prakt. Dermatol. Bd. 33, S. 104—118. 1901. — ZIMMERMANN, K. W.: Beiträge zur Kenntnis einiger Drüsen und Epithelien. Arch. f. mikr. Anat. Bd. 52, S. 552—706. 1898.

B. Die Zunge[1]).

Von

S. Schumacher
Innsbruck.

Mit 10 Abbildungen.

I. Der Muskelkörper.

Die Grundlage der Zunge bildet ein aus quergestreiften Fasern bestehender **Muskelkörper** Corpus linguae, der von Mundhöhlenschleimhaut überzogen wird. Eine Submucosa fehlt im allgemeinen, und deshalb ist die Schleimhaut auch nicht wesentlich auf der Muskulatur verschieblich. Die ziemlich derbe, festgefügte Lamina propria der Schleimhaut geht unmittelbar in das Perimysium der Zungenmuskulatur über. Der mit dem letzteren verschmolzene tiefere Anteil der Lamina propria, der besonders stark an der Zungenspitze und am Zungenrücken ausgebildet ist, wird auch als Fascia (Aponeurosis, Corium) linguae bezeichnet. Diese Bezeichnung ist nicht glücklich gewählt; denn die Fascia linguae läßt sich, zum Unterschiede von anderen Fascien, nicht als gesonderte Membran darstellen. Von manchen wird die Fascia linguae als Submucosa aufgefaßt, aber wohl mit Unrecht, da sie nicht die Eigenschaften des submukösen Gewebes zeigt. Eine fettgewebshaltige Submucosa ist nur stellenweise an der Unterfläche der Zunge ausgebildet. Außer den allenthalben in die Fascia linguae ausstrahlenden, quergestreiften Muskelfasern können in ihr nach Schaffer gelegentlich auch ganz vereinzelte Bündel glatter Muskelfasern beobachtet werden.

Die das Corpus linguae zusammensetzenden Muskeln entspringen teils an den benachbarten Skeletteilen, teils handelt es sich um Faserzüge, die in ihrem ganzen Verlaufe innerhalb der Zunge selbst liegen, Eigenmuskeln der Zunge. Der Muskelkörper der Zunge wird durch eine mediane, bindegewebige Scheidewand, das Septum linguae, unvollständig in zwei symmetrische Hälften geteilt.

Innerhalb der Zunge lassen sich die einzelnen Muskeln im allgemeinen nicht als gesonderte Massen auseinanderhalten, sondern erscheinen in Faserbündel aufgelöst, die sich ziemlich regelmäßig untereinander nach den drei Raumrichtungen durchflechten, so daß man an Durchschnitten durch die Zunge transversale, longitudinale und senkrecht aufsteigende Bündel unterscheiden kann (Abb. 2). Namentlich letztere ragen weit in die Schleimhaut hinein, so daß sie stellenweise bis an die Basis der Schleimhautpapillen heranreichen können. Diese verschieden gerichteten Faserbündel werden unter der Bezeichnung M. transversus, M. longitudinalis (superior und inferior) und M. verticalis linguae zusam-

---

[1]) Abgeschlossen am 19. März 1926.

mengefaßt. Die Eigenmuskulatur der Zunge bildet vor allem der M. transversus, der am Septum linguae seinen Ursprung hat und ein Teil des M. longitudinalis (M. lingualis). Von den an Skeletteilen entspringenden Muskeln liefert der M. genioglossus und M. hyoglossus senkrecht aufsteigende Fasern; die Bündel des ersteren breiten sich nahe am Septum in sagittaler Richtung fächerförmig aus, die des letzteren liegen weiter seitlich. Der M. styloglossus und M. chondroglossus beteiligen sich an der Bildung der Längsfaserbündel.

Die einzelnen Muskelfasern der Zunge sind nach v. Ebner-Kölliker 20 bis 51 μ dick, also ziemlich dünn, wie es nach Art ihrer Leistung zu erwarten ist, da ja bekanntlich ein Muskel um so dünnere Fasern besitzt, je genauer und spezialisierter er arbeitet, während Muskeln, die nur grobmotorische Arbeit zu leisten haben, die dicksten Fasern (bis zu 100 μ) besitzen. Die Muskelfasern sind im allgemeinen sarkoplasmareich, so daß man an ihren Querschnitten gewöhnlich eine deutliche Cohnheimsche Felderung erkennen kann. Nicht selten finden sich in ihnen außer den oberflächlich gelegenen, besonders gegen das Sehnenende hin, auch zentral gelegene Kerne (Sobotta 1924). Die Enden der in die Fascia linguae ausstrahlenden Muskelfasern können verschieden gestaltet sein. Gelegentlich kommen Teilungen, dendritische Verzweigungen oder Auffransungen (allerdings nicht so ausgeprägt wie etwa in der Froschzunge) der Muskelfaserenden vor; andererseits können die Fasern zugespitzt, leicht abgeschrägt oder sogar kolbenartig verdickt enden. Immer setzt sich das Muskelfaserende in ein Bindegewebsbündel (Sehnenbündel) fort, das sich bald in der Gewebsmasse der Fascia linguae verliert. An diesen Muskelfaserenden konnte Sobotta den direkten Übergang der Myofibrillen in Bindegewebsfibrillen (Sehnenfibrillen) nachweisen, wie ihn zuerst O. Schultze an anderen Stellen beobachtet hat. Die Myofibrillen verlieren noch innerhalb des Sarkolemmschlauches ihre Querstreifung und werden weiterhin unter Verdünnung zu kollagenen Fibrillen des in der Fortsetzung der betreffenden Muskelfaser gelegenen Sehnenbündels. Außerdem besteht aber auch ein direkter Zusammenhang der bindegewebigen Schichten des Sarkolemms mit dem Bindegewebe der Sehne.

Zwischen den Muskelfaserbündeln finden sich vielfach Gruppen von Fettzellen; größere Ansammlungen von Fettgewebe namentlich zwischen den Mm. genioglossi am Septum und an der Zungenwurzel.

Das **Septum linguae** steht in Beziehung zum Stützorgan der Zunge, zur sog. Lyssa (Tollwurm), das bei Säugetieren in sehr verschiedener Ausbildung in Erscheinung tritt. Unter der Bezeichnung Lyssa wurden früher vielfach verschiedenartige, morphologisch ungleichwertige Gebilde zusammengefaßt; erst durch die Untersuchungen von Nussbaum und Markowski (1896, 97), Oppel und Tokarski (1904) wurde eine gewisse Klarheit geschaffen. Nussbaum und Markowski teilen die Stützorgane der Zunge bei den Säugetieren folgendermaßen ein: 1. Stützorgane, die nur lokal differenzierte Teile der Schleimhaut des Zungenrückens sind, z. B. der Rückenknorpel in der Zunge des *Pferdes*; 2. Stützorgane, die nur differenzierte Teile des Septum linguae sind, z. B. der obere Nebenstrang in der Zunge vom *Maulwurf*; 3. Stützorgane, die als Rest des Zungenknorpelstabes und der dazugehörigen Muskulatur der Reptilien betrachtet werden müssen. Hierher gehört die Lyssa des *Hundes*, der *Katze*, der *Insectivoren*.

In der Lyssa kommt Knorpelgewebe, Fettgewebe und ein System von Muskelfasern vor. Schaffer erwähnt ferner das Vorkommen von blasigem Stützgewebe von chondroidem Typus.

Nach Nussbaum und Markowski ist das Septum linguae aus der bindegewebigen Hülle der Lyssa hervorgegangen und hat sich mit der phylogenetisch fortschreitenden Differenzierung des transversalen Muskelfasersystems der Zunge ausgebildet. Bei Säugetieren, die keinen M. transversus linguae besitzen, fehlt auch ein Septum linguae. Für diese Auffassung sprechen außer vergleichend-anatomischen Tatsachen namentlich auch die Befunde bei menschlichen Feten und Neugeborenen. Hier erscheint das Septum nämlich als ein kapselförmiges Gebilde, dessen äußere Wand aus derbem Bindegewebe besteht, die einen lockeren, feinfaserigen, sehr fett- und gefäßreichen Inhalt umschließt, der später vollständig von der dicker werdenden Kapsel verdrängt wird. Außerdem fanden NUSSBAUM und MARKOWSKI bei älteren Feten und Neugeborenen unterhalb des Septum linguae, mehr oder weniger in direktem Zusammenhange mit diesem, öfters Knorpelinseln und namentlich im hinteren Abschnitte des Septums häufig ein kleines Knorpelchen, welches die Verbindung des Septums mit dem Zungenbeinkörper vermittelt. Demnach ist es begreiflich, wenn gelegentlich, wie es scheint allerdings recht selten, auch beim erwachsenen Menschen sich Knorpeleinlagerungen im Septum finden, wie dies HARTMANN erwähnt.

II. Regionäre Verschiedenheiten.

Da die ganze Zunge mit typischer Mundhöhlenschleimhaut bekleidet ist, findet sich auch an ihrer ganzen Oberfläche geschichtetes Pflasterepithel. Im Epithel des Zungenrückens kommen feinste Tröpfchen von Neutral-

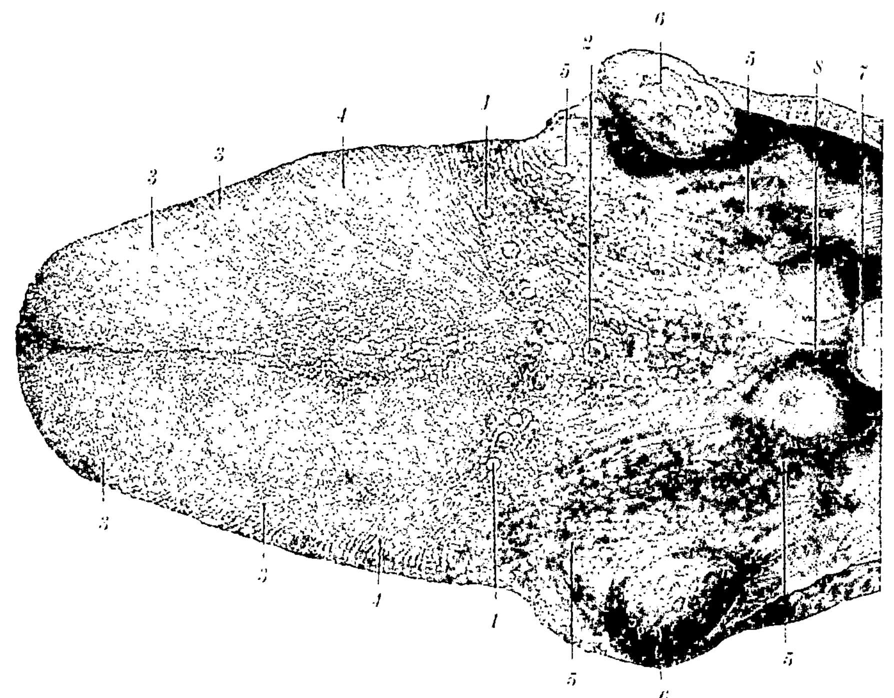

Abb. 1. Die Oberfläche der menschlichen Zunge. *1* und *2* Pap. vallatae. *3* Pap. fungiformes. *4* Pap. filiformes in Reihen angeordnet. *5* Zungenbälge. *6* Tonsillae palatinae. *7* Epiglottis. *8* Plica glosso-epiglottica mediana. (Nach SAPPEY.)

fett vor. In den basalen Schichten finden sich nur ganz vereinzelte Tröpfchen; gegen die Oberfläche nehmen sie mehr und mehr an Menge zu, so daß die oberflächlichsten, platten Zellen bei spezifischer Fettfärbung dicht gekörnt erscheinen

(Cutore 1916). Es ist daher begreiflich, daß man auch in den abgestoßenen
Epithelzellen im Mundhöhlenspeichel Fetttröpfchen findet (Abb. Mundhöhle 1).

In das Epithel entsendet die darunterliegende Lamina propria allenthalben
Papillen. Diese mikroskopischen Papillen bedingen hier ebensowenig wie
an anderen Stellen Erhebungen an der Epitheloberfläche, so daß sie also bei
Betrachtung der Zungenoberfläche nicht zu sehen sind. Hingegen zeigt aber
die Dorsalfläche der Zunge schon bei äußerlicher Betrachtung Schleimhauterhebungen, die ihr ein rauhes Aussehen verleihen und die als makroskopische
Papillen oder Zungenpapillen schlechtweg und als Zungenbälge bezeichnet werden (Abb. 1). An der Unterfläche der Zunge fehlen (im allgemeinen)
die Schleimhauterhebungen, daher erscheint sie glatt (Abb. 2). Der Übergang
des rauhen in den glatten Teil erfolgt im Bereiche der Zungenspitze und der Seiten-

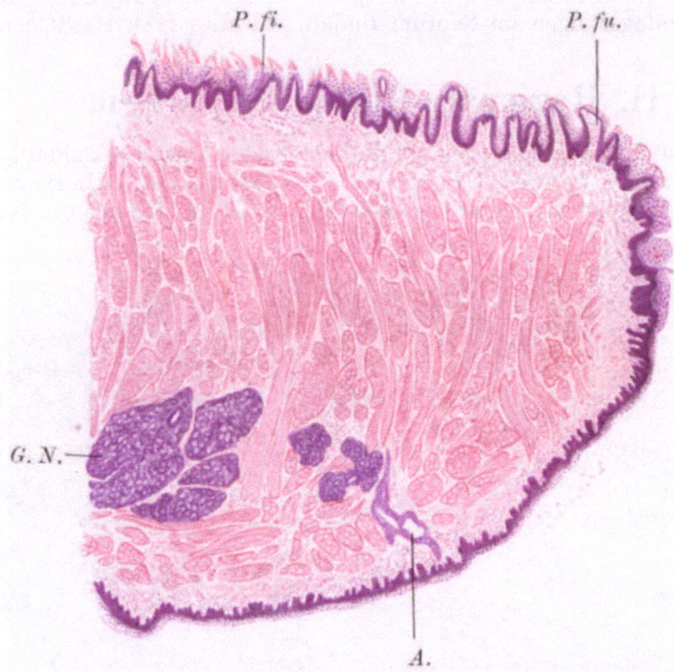

Abb. 2. Zungenspitze im Sagittaldurchschnitt (etwas seitlich von der Medianebene) vom Menschen. Formol;
Hämatox., Eosin. Vergr. 7fach. Die Dorsalseite mit Pap. filiformes *P. fi.* und Pap. fungiformes *P. fu.* be-
setzt, die Unterseite ohne makroskopische Papillen. *G. N.* Nuhnsche Drüse (Gland. lingualis anterior).
A. Ausführungsgang derselben.

ränder der Zunge. An der Dorsalfläche der Zunge sind sowohl in bezug
auf die Oberflächenbeschaffenheit als auch auf den Bau der Schleimhaut drei
Regionen auseinanderzuhalten: 1. der Zungenrücken (einschließlich der
Zungenspitze), 2. der Zungengrund und 3. die Geschmacksgegend.
(Häufig wird die Zunge auch so eingeteilt, daß man von Zungenrücken nebst
der Zungenspitze, Corpus und Apex linguae, und der Zungenwurzel, Radix
linguae, spricht und die gemeinsame Dorsalfläche dieser Teile als Zungenrücken
bezeichnet.)

Die (entwicklungsgeschichtliche) Grenze zwischen Zungenrücken und Zungengrund wird durch eine seichte, oft kaum angedeutete Furche, den Sulcus terminalis, gegeben, die unmittelbar hinter dem von den Wallpapillen gebildeten
Winkel und parallel zu diesem verläuft.

Der **Zungenrücken** und die Zungenspitze sind gekennzeichnet durch dichtstehende makroskopische Papillen, die je nach ihrer Form als Papillae filiformes oder fungiformes bezeichnet werden und dieser Gegend ein samtartiges Aussehen verleihen (Abb. 1). In der Schleimhaut fehlen Drüsen und lymphoides Gewebe.

Die einzige Drüse, die im vorderen Zungenabschnitt vorkommt, ist die Glandula lingualis anterior oder NUHNsche Drüse (Abb. 2). Sie liegt zu beiden Seiten des Septum linguae im Bereiche der Zungenspitze tief in den Muskelkörper vergraben und mehr der Unterfläche der Zunge genähert. Eigentlich handelt es sich um eine Gruppe von Einzeldrüsen, die aber nicht dem dorsalen Schleimhautgebiet angehören, da ihre Ausführungsgänge an der Unterfläche der Zungenspitze vor dem Frenulum linguae in der Gegend der medianen Furche ausmünden. An den 9—14 Mündungsstellen dieser Drüsen finden sich warzen-

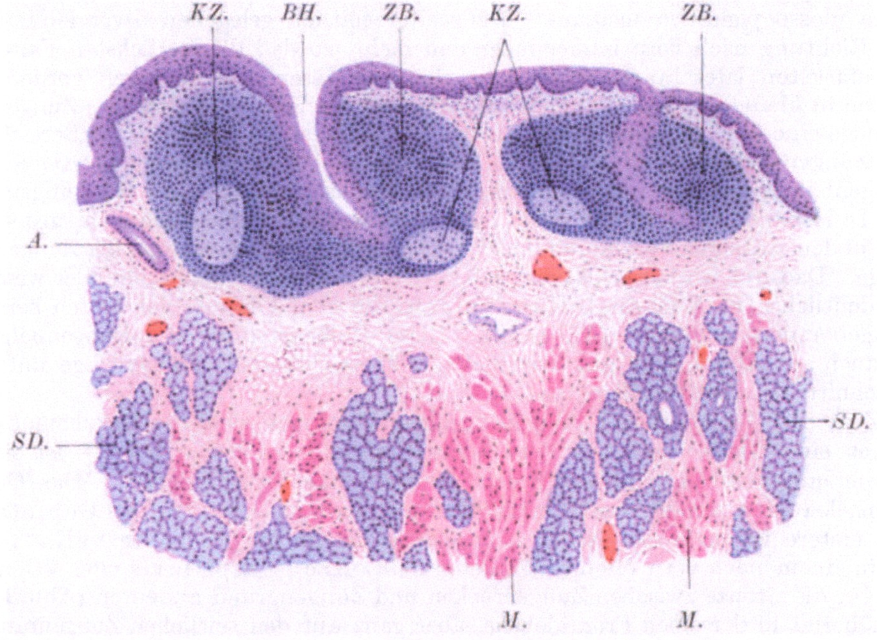

Abb. 3. Zungengrund vom Erwachsenen. Pikrins.-Sublimat; Hämatox., Eosin. Vergr. 20 fach. *ZB.* Zungenbälge. *BH.* Balghöhle. *KZ.* Keimzentrum. *SD.* Schleimdrüsen. *A.* Drüsenausführungsgang. *M.* Muskulatur.

artige Erhebungen der Schleimhaut. Da diese Mündungspapillen von einem Graben und Wall umgeben sein können, so erinnern sie in ihrer Form und auch Größe lebhaft an die Wallpapillen der Geschmacksgegend, natürlich mit dem Unterschiede, daß hier auf der Papille selbst (seltener im Graben) der Ausführungsgang sich öffnet (CUTORE 1925). Die Gland. lingualis anterior gehört, wie alle im vorderen Abschnitte der Mundhöhle gelegenen Drüsen, zu den gemischten Speicheldrüsen. (Näheres hierüber sowie über alle anderen Zungendrüsen unter Abschnitt C „Die Speicheldrüsen und das Pankreas".)

Am **Zungengrund** (Abb. 3) fehlen (im allgemeinen) makroskopische Papillen. Er ist außerdem gekennzeichnet durch reichliche Einlagerung von lymphoidem Gewebe und zahlreichen Drüsen, die wie alle Drüsen des hinteren Mundhöhlenabschnittes reine Schleimdrüsen sind und sich in ihrem Vorkommen nicht nur auf die tieferen Schichten der Zungenschleimhaut beschränken, sondern stellenweise tief in das intermuskuläre Bindegewebe des Zungenkörpers eindringen. Das lymphoreticuläre Gewebe kommt in Form von gruppenweise miteinander verschmolzenen Lymphknötchen vor, die als Zungenbälge, Folliculi linguales, bezeichnet werden. In jeden Zungenbalg ragt eine mit Oberflächenepithel ausgekleidete, kraterartige Vertiefung, die Balghöhle, hinein, in die, wenigstens häufig, der Ausführungsgang einer Schleimdrüse einmündet. Jeder Zungenbalg bedingt an der Zungenoberfläche eine Vorwölbung, so daß die Schleimhautoberfläche, makroskopisch betrachtet, nicht samtartig wie der Zungenrücken sondern höckerig aussieht (Abb. 1); auch die kraterförmigen Einsenkungen in der Mitte eines jeden Höckers, die Balghöhlen, sind schon makroskopisch sichtbar. Aagaard (1913) macht auf das Vorkommen von jederseits 6—8 Längsfalten im Bereiche des Zungengrundes beim Neugeborenen aufmerksam. Die mittleren dieser Falten verlaufen, in der Gegend des Foramen caecum beginnend, einander parallel entlang dem Sulcus medianus gegen die Plica glossoepiglottica mediana. Die weiter seitlich gelegenen divergieren in der Richtung nach vorn immer mehr und mehr, so daß die seitlichsten Falten am stärksten lateralwärts abweichen. Letztere lösen sich an ihren vorderen Enden in kleine, niedrige Papillen auf. Demnach zeigen die Falten des Zungengrundes eine ähnliche Anordnung wie die Papillenleisten (vgl. S. 42) im Bereiche des Zungenrückens. Beim Neugeborenen finden sich noch keine abgegrenzten Zungenbälge, sondern nur eine lymphoide Infiltration um den Mündungsteil der Drüsenausführungsgänge. Die Drüsenmündungen finden sich zum großen Teil in den stärkeren Falten und um sie erfolgt später die Ausbildung der Zungenbälge. Dadurch wird es erklärlich, daß auch die Zungenbälge mehr oder weniger deutlich eine Reihenstellung zeigen, die dem Verlaufe der Falten beim Neugeborenen entspricht (Aagaard). Diese Reihenstellung der Zungenbälge ist auch auf Abb. 1 ganz gut kenntlich. (Näheres über die Zungenbälge unter Abschnitt E „Die Tonsillen".)

Zwischen Zungenrücken und Zungengrund schiebt sich die **Geschmacksregion** ein. Da sie noch vor dem Sulcus terminalis zu liegen kommt, ist sie, entwicklungsgeschichtlich, noch dem Zungenrücken zuzurechnen. Die Geschmacksregion zerfällt in ein mittleres und zwei randständige Gebiete. Das erstere ist makroskopisch gekennzeichnet durch die Papillae vallatae, die in einem nach vorn offenen Winkel gestellt, Arcus papillaris oder V linguale, die Grenze zwischen Zungenrücken und Zungengrund andeuten (Abb. 1). Annähernd in derselben Frontalebene, aber ganz auf den seitlichen Zungenrand verschoben, findet sich jederseits das randständige Geschmacksgebiet, das äußerlich durch das Auftreten einer Gruppe von annähernd senkrecht gestellten Falten, die Papilla foliata, kenntlich wird. Beide Papillenarten des Geschmacksgebietes sind die Hauptträger der Geschmackssinnesorgane, der Geschmacksknospen. An die Geschmacksgegend ist ferner das Vorkommen von serösen Speicheldrüsen, Geschmacksdrüsen oder v. Ebnersche Drüsen, geknüpft, die ebenso wie die Schleimdrüsen des Zungengrundes tief in den Muskelkörper der Zunge eindringen können (Abb. 8).

Unmittelbar hinter dem Scheitel des von den Wallpapillen gebildeten Winkels findet sich nicht selten ein Loch, das **Foramen caecum linguae,** in das gelegentlich auch eine Wallpapille hineinragen kann. Häufig führt das Foramen caecum in einen 5—10 mm langen, in den Muskelkörper der Zunge eindringenden Gang, den Ductus lingualis. Dieser Gang wird (seit His) gewöhnlich als erhalten gebliebener Mündungsteil des Ductus thyreoglossus, des Ausführungsganges der medianen Schilddrüsenanlage aufgefaßt. Gagzow (1893) vermißte das For. caecum in der Hälfte, Kanthack (1891) in der Mehrzahl der Fälle; bei

Tieren fehlt es stets. Nach Sobotta (1915) bleibt das For. caecum und ein kurzer Ductus lingualis meist dauernd erhalten. Nicht selten hat er eine größere Länge, führt Schleimdrüsen in seiner Wand, steigt im Septum linguae tief hinab und kann suprahyoideale Nebenschilddrüsen miteinander verbinden. Der Ductus lingualis ist mit geschichtetem Pflasterepithel ausgekleidet, enthält mitunter aber auch Flimmerepithel, ebenso wie die gelegentlich zahlreichen in ihn einmündenden Drüsenausführungsgänge und die nicht selten vorkommenden Anhänge und Ausbuchtungen des Ganges (Bochdalek jun. 1866, M. Schmidt 1896, Faure und Tourneux 1912), die manchmal zur Bildung von Flimmercysten im Bereiche der Zungenwurzel führen. E. Neumann (1876) konnte bei menschlichen Embryonen einen medianen Streifen an der Zungenwurzel zwischen Foramen caecum und Kehldeckel nachweisen, der mit Flimmerepithel bedeckt ist, wodurch auch das gelegentliche Vorkommen von Flimmerepithel im Ductus lingualis und in Drüsenausführungsgängen dieser Gegend erklärlich wird.

In der Regel bildet sich der Ductus thyreoglossus schon verhältnismäßig früh zurück. Bei Embryonen von 5 mm hat er seine Lichtung bereits verloren und bildet einen soliden Epithelstrang, der bei Embryonen von 6—7 mm Unterbrechungen erleidet und bei 16 mm langen Embryonen nur mehr in Resten vorhanden ist (Grosser 1911). Daß sich aber gelegentlich der im Bereiche des Zungenfleisches gelegene Abschnitt des Ductus thyreoglossus auch bis ins hohe Alter in guter Ausbildung erhalten kann, geht aus einer Beobachtung Patzelts (1923) hervor, wo bei einer 75jährigen Frau im Anschluß an die Verzweigungen des Ductus lingualis typische, mit Colloid erfüllte Schilddrüsenfollikel vorhanden waren. Das gelegentlich im Zungengrunde vorkommende Schilddrüsengewebe kann zur Bildung einer Zungenstruma führen (Rosstäuscher 1923).

III. Die Zungenpapillen.

Die makroskopischen Zungenpapillen bilden verschieden geformte, größere Erhebungen der Schleimhaut, an denen sich nicht nur das Epithel, sondern auch die Lamina propria beteiligt, so daß an jeder Papille ein bindegewebiger und ein epithelialer Anteil zu unterscheiden ist. Der bindegewebige Anteil entsendet in das Epithel mikroskopische oder Sekundärpapillen. Die makroskopischen Papillen nehmen vor allem, wie schon oben erwähnt, den Zungenrücken mit der Zungenspitze und die Geschmacksgegend ein. Funktionell werden die Zungenpapillen in Geschmackspapillen und Tastpapillen (W. Krause), bei Tieren in Geschmackspapillen und mechanisch wirkende Papillen eingeteilt (Oppel). Ihrer Form nach werden gewöhnlich folgende Haupttypen unterschieden: Papillae filiformes = fadenförmige, fungiformes = pilzförmige, vallatae = umwallte und foliatae = blattförmige Papillen. In die anatomische Nomenklatur sind außerdem noch die Bezeichnungen Papillae lenticulares und conicae aufgenommen worden. Die beiden letzteren Arten sind aber eigentlich den Pap. fungiformes zuzurechnen.

1. Die Papillae filiformes.

Die Pap. filiformes haben in letzter Zeit, sowohl in bezug auf ihre Anordnung als auch ihren Bau durch Neuffer (1925) eine eingehende Bearbeitung erfahren, die den folgenden Ausführungen im wesentlichen zugrundegelegt ist. Die fadenförmigen Papillen sind dadurch ausgezeichnet, daß sie an ihrer Basis breiter sind als an der Spitze. Der Zahl nach sind sie weitaus am reichlichsten vertreten.

In dichter Stellung über den ganzen Zungenrücken verbreitet, verleihen sie diesem das samtartige Aussehen. Nach v. Ebner stehen sie ohne Ausnahme am dichtesten in dem von den Pap. vallatae gebildeten Winkel in der Mittellinie des Zungenrückens. Gelegentlich stehen sie hier so dicht, und ihre Fortsätze sind so stark entwickelt, daß sie in der Mitte des Zungenrückens zur Bildung eines „normalen Belages" in Form eines mehr oder weniger umschriebenen, gewöhnlich ovalen, etwas vorragenden, weißen Fleckes Veranlassung geben (Abb. 1). Nach den Rändern und nach der Zungenspitze hin werden diese Papillen kürzer, zum Teil auch spärlicher und gehen teilweise in blattartige Bildungen über. Die Unterseite bleibt, wie schon erwähnt, in der Regel frei von Papillen; doch können auch hier gelegentlich fadenförmige Papillen auftreten (Münch 1896, Neuffer).

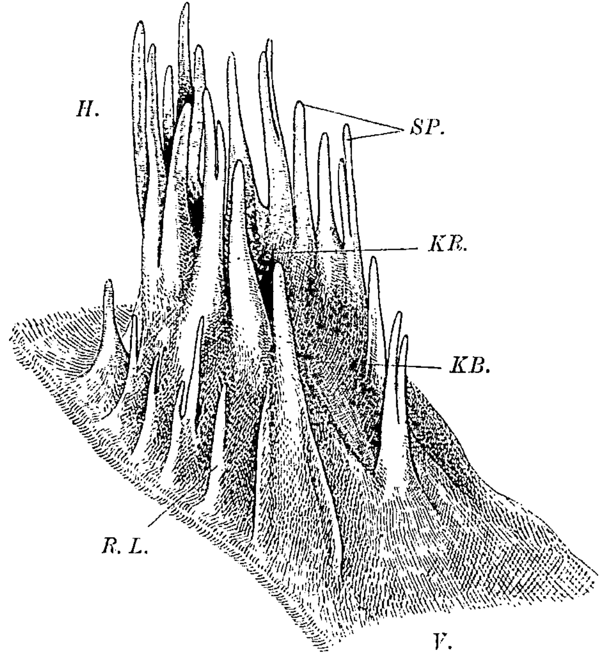

Abb. 4. Handmodell des bindegewebigen Anteiles einer Pap. filiformis darstellend den Grundstock samt den Sekundärpapillen. *H.* hinten. *V.* vorn. *R. L.* radiale Leisten. *KR.* Kraterrand. *KB.* Kraterboden. *SP.* Sekundärpapillen. (Nach Neuffer.)

Nach hinten erstrecken sich die Pap. filiformes noch auf die Geschmacksregion; während nur ausnahmsweise auch noch im vorderen Anteile des Zungengrundes zwischen den Zungenbälgen kleinere Papillengruppen vorkommen. Am Zungenrücken läßt sich gewöhnlich eine Reihenstellung der fadenförmigen Papillen nachweisen (Abb. 1). Die Papillenreihen (Strömungen nach Münch) ziehen beiderseits der Medianlinie von hinten medial nach vorn lateral (Münch, Neuffer). Weiter gegen die Zungenspitze hin wird im allgemeinen der Winkel, den die Papillenreihen mit der Medianlinie einschließen, immer kleiner, so daß die vordersten Reihen im Bereiche der Zungenspitze (wenn hier überhaupt noch eine Reihenstellung zu beobachten ist) dem Sulcus medianus annähernd parallel verlaufen. Im allgemeinen verdanken die Papillen ihre Reihenstellung Schleimhautleisten, die in entsprechender Richtung ziehen, und in denen sich die Papillen von Stelle zu Stelle erheben. Diese Papillenleisten sind durch bald flachere, bald tiefere Furchen voneinander getrennt.

An jeder Pap. filiformis ist, wie an allen Zungenpapillen, ein epithelialer Anteil, die Epithelpapille, und ein bindegewebiger Anteil, die Bindegewebspapille, auseinanderzuhalten. In den groben Umrissen entspricht die Epithelpapille der Bindegewebspapille. An letzterer ist der Grundstock, die Primärpapille, und die von diesem ausgehenden Sekundärpapillen (mikroskopische Papillen) zu unterscheiden. Die Grundstöcke erheben sich von Stelle zu Stelle aus den in bezug auf Höhe und Breite schwankenden Grundleisten, welche die früher erwähnten Papillenleisten bedingen. Jeder Grundstock (Abb. 4) trägt in der Mitte eine muldenförmige Vertiefung (Kraterboden), deren aufgewulsteter Rand (Kraterrand) wie zerschlissen aussieht, indem er in die Sekundärpapillen, die sich weiterhin noch gabeln können, übergeht. Demnach zeigen die Sekundärpapillen Kreisstellung. Dieser Papillenkreis ist in vielen Fällen vorn offen (Abb. 4 und 5), so daß eine hufeisenförmige Anordnung der Sekun-

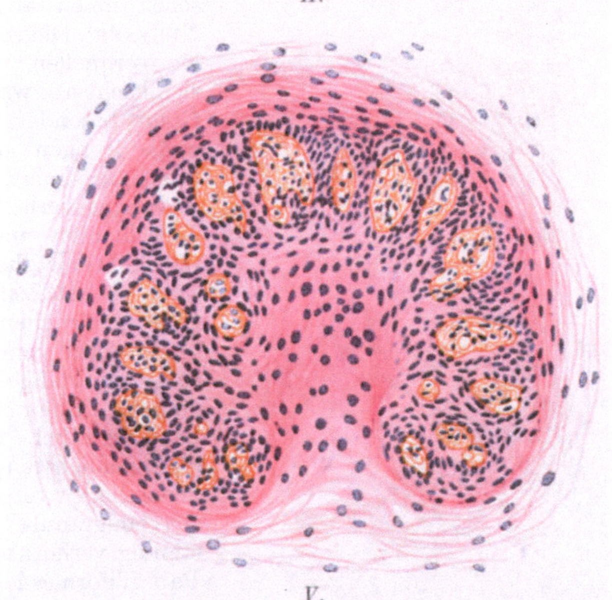

Abb. 5. Querschnitt durch eine Pap. filiformis auf der Höhe der bindegewebigen Sekundärpapillen. Diese stehen, wie häufig, zu einem Hufeisen geordnet, welches in der Richtung nach vorn offen ist. Vergr. 177 fach. *H.* hinten. *V.* vorn. (Nach NEUFFER.)

därpapillen entsteht. Der Grundstock ist von hinten nach vorn stark abschüssig, d. h. er ist vorn niedrig, hinten hoch und dementsprechend ist auch der Kraterrand wie der Kraterboden von hinten nach vorn geneigt. Außerdem erscheint der Grundstock an seiner Basis ringsum von radiär gestellten Blättern oder Leistchen besetzt, die da und dort kleinste Sekundärpapillen entsenden (Abb. 4, *R. L.*). Die Zahl der Sekundärpapillen entspricht im allgemeinen der Größe des Grundstockes; sie schwankt zwischen 5 und 30 (NEUFFER).

Am epithelialen Anteil sind das den Grundstock bedeckende Epithel und die frei vorragenden, spitz zulaufenden und gewöhnlich nach hinten geneigten, fadenförmigen Fortsätze zu unterscheiden. Letztere sitzen den bindegewebigen Sekundärpapillen unmittelbar auf und bilden gewissermaßen ihre Fortsetzung (Abb. 6). Die auf die Keimschicht folgenden Epithellagen zeigen die Tendenz, sich zu Lamellen zu ordnen, und zwar erscheint nicht nur jede sekundäre

Papille von einem epithelialen Lamellensystem, sondern auch der Grundstock basal von mehrfachen konzentrischen Lamellen umzogen (Abb. 5). Die frei vorragenden fadenförmigen Fortsätze (Abb. 6) kann man sich aus trichterförmigen, ineinandergesteckten, größtenteils „verhornten" Epithelplatten aufgebaut vorstellen, deren axiale Teile zu einem festgefügten Hornfaden verschmelzen, während ihre peripheren Teile sich voneinander abheben. Dadurch entsteht an Durchschnitten ein Bild, das an einen Tannenbaum mit abstehenden Ästen erinnert. Stehen zwei Fortsätze nahe nebeneinander, so spannen sich die Zellen in blätterförmigen Lagen, die nach unten konvexe Bögen bilden, zwischen ihnen aus (Schaffer, Neuffer). Die verhornten Zellen verquellen und schilfern sich leicht ab, was in höherem Grade besonders bei Verdauungsstörungen der Fall ist („belegte Zunge"). Zwischen den nicht verhornten basalen Zellschichten und den oberflächlichen, verhornten Lagen schieben sich Zellen mit Keratohyalinkörnchen ein. Zum Unterschied vom Papillenepithel, wo völlige Verhornung eintritt, finden sich im Interpapillarepithel nur in den oberflächlichsten, verquollenen Zellagen vereinzelte Keratohyalingranula. Auch die vollständig verhornten Zellen der Pap. filiformes lassen gewöhnlich noch Kernreste erkennen, und der ganze Verhornungsvorgang unterscheidet sich nach Neuffer von dem an der Epidermis; nach Schaffer handelt es sich hierbei überhaupt nicht um die Bildung echter Hornsubstanz.

Im Vergleiche zu den widerstandsfähigen, stachelartigen Pap. operariae vieler Säugetiere stellen die menschlichen

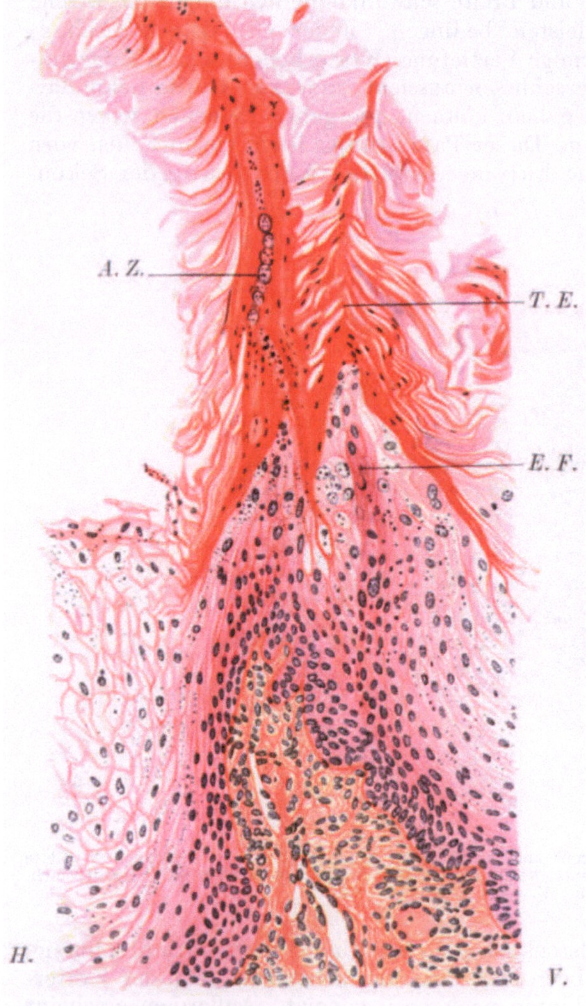

Abb. 6. Sagittaler Durchschnitt durch eine Pap. filiformis. Unten sieht man den bindegewebigen Grundstock mit einer Sekundärpapille, oben gewahrt man zwei Epithelpapillen, die eine bei *A. Z.* im axialen Längsschnitt, die andere bei *T. E.* im tangentialen Schnitte. Bei *E. F.* der intraepitheliale Achsenfaden der darüber befindlichen Epithelpapille. *V.* vorn. *H.* hinten. Vergr. 177 fach. (Nach Neuffer.)

Pap. filiformes in mechanischer Hinsicht nur wenig leistungsfähige Gebilde dar, da sie verhältnismäßig weich und an ihrer Oberfläche in ständiger Auflösung begriffen sind. Es sind daher nach Neuffer die fadenförmigen Papillen des Menschen in phylogenetischer Beziehung als der Rückbildung unterliegende, in Verfall begriffene Organe anzusehen.

Von den Abweichungen, die die Pap. filiformes zeigen können, gibt v. Ebner als die wichtigsten folgende an: 1. Die Pap. filiformes sind alle lang (3—4,5 mm) und mit sehr beträchtlichen Epithelfortsätzen versehen (Lingua hirsuta oder villosa). 2. Die Pap. filiformes haben sehr kleine oder gar keine Epithelfortsätze und sind von kleinen Pap. fungiformes kaum zu unterscheiden. 3. Die Pap. filiformes sind nicht als besondere Hervorragungen vorhanden, sondern in einer gemeinsamen Epithelialhülle des Zungenrückens vergraben. Es gibt, namentlich bei alten Leuten, Zungen, die ohne einen Belag zu haben, an einzelnen Stellen oder über größere Flächen keine einzige Papille zeigen, sondern entweder eine ganz glatte Oberfläche oder nur einzelne linienartige Fortsätze, entsprechend den sonstigen Papillenzügen, darbieten. 4. Die Epithelialfortsätze der fadenförmigen Papillen sind von Fadenpilzen (*Leptothrix buccalis*) durchsetzt.

2. Die Papillae fungiformes.

Die Pap. fungiformes (Pap. clavatae) oder pilzförmigen Papillen sind gegenüber den fadenförmigen Papillen dadurch gekennzeichnet, daß sie an ihrer Basis schmäler sind als am freien Ende (Abb. 7). Sie sind bedeutend spärlicher als die Pap. filiformes, finden sich besonders in der vorderen Hälfte des Zungenrückens, wo sie in ziemlich regelmäßigen Abständen von 0,5—2 mm und mehr über die ganze Oberfläche zerstreut stehen und namentlich an der Zungenspitze häufig so zusammengedrängt sind, daß sie sich berühren (Abb. 1 und 2), fehlen jedoch auch in den hinteren Abschnitten des Zungenrückens bis zu den Pap. vallatae heran nicht (v. Ebner-Kölliker). Die Pap. fungiformes erheben sich aus den Strömungen (= Papillenleisten) der Pap. filiformes (Münch 1896). Individuell schwankt die Zahl und Anordnung dieser Papillen so beträchtlich, daß sie in ihrer Verteilung ein für jeden Menschen typisches Bild ergeben, das nach Rudberg (1922) zur Identifizierung einer Person verwertbar ist. So können sie z. B. in einem Gebiete verschiedener Ausdehnung zwischen Zugenspitze und Wallpapillen vollkommen fehlen. Nach Münch (1896) reichen sie gewöhnlich nicht bis an die Pap. vallatae heran. Auch bei ein und derselben Person sind die

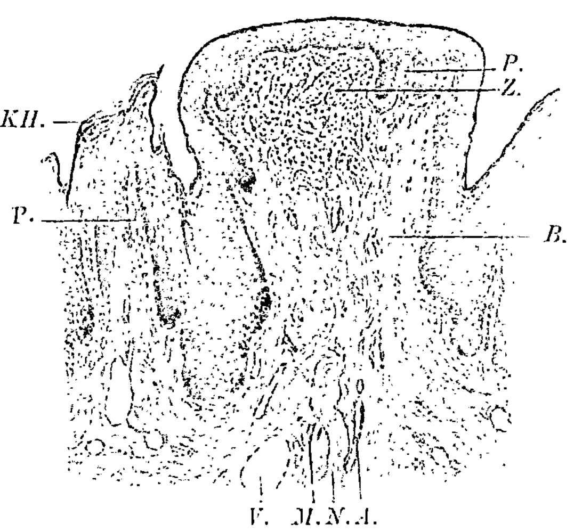

Abb. 7. Senkrechter Durchschnitt durch eine Pap. fili- und fungiformis von der Zunge eines Hingerichteten. Zenkers Fl. Vergr. 46 fach. *A.* Arterie. *B.* Bindegewebsstroma der Pap. fungiformis. *KH.* Keratohyalinkörner in den oberflächlichen Zellen der Pap. filiformis. *M.* quergestreifte Muskelfasern. *N.* Nerv. *P.* sekundäre Papillen. *V.* Vene. *Z.* zellreiches Stroma mit Blutgefäßen und Lymphspalten. (Nach Schaffer.)

Pap. fungiformes nach v. Skramlik (1925) an symmetrischen Stellen des Zungenrückens in ungleicher Zahl vertreten; in der Regel weist die linke Zungenhälfte mehr Papillen auf als die rechte (in einem extremen Fall 139 gegenüber 99). Beim Neugeborenen sind diese Papillen zahlreicher und viel regelmäßiger verteilt. Es erfolgt im postfetalen Leben eine ausgiebige Rückbildung derselben in bezug auf Zahl, Größe und Wert für die Geschmacksfunktion (Hoffmann 1875, Stahr 1901, v. Skramlik).

Die Pap. fungiformes (Abb. 7) sind 0,7—1,8 mm hoch und 0,4—1 mm breit. Ihr Bindegewebskörper trägt stets, und zwar hauptsächlich an der gegen die Zungenoberfläche gerichteten Seite, eine größere Anzahl von mikroskopischen Papillen, die keine Vorragungen des Epithels bedingen, so daß sie also zum Unterschiede von den Pap. filiformes keine epithelialen, fadenförmigen Fortsätze tragen, sondern stets von glatter Oberfläche sind. Sie erscheinen am Lebenden im Gegensatz zu den weißlichen Pap. filiformes mehr rötlich infolge ihres Gehaltes von verhältnismäßig weiten Gefäßen und wohl auch infolge der geringeren Epitheldicke und der im allgemeinen fehlenden Verhornung der oberflächlichen Epithelschichten. Die Mittelformen zwischen typischen pilzförmigen und fadenförmigen Papillen, die durch ihre mehr zugespitzte Gestalt den fadenförmigen, im übrigen aber den pilzförmigen Papillen ähneln, werden als Pap. conicae (W. Krause) und die an den Seitenrändern der Zunge sich oft stark abflachenden Pap. fungiformes als Pap. lenticulares (W. Krause) bezeichnet. Nach Stahr (1901) sind die Pap. conicae große, verhornte Pap. fungiformes. In den Pap. fungiformes kommen spärliche Geschmacksknospen an der freien Oberfläche vor (von Lovén 1868 zuerst nachgewiesen), wo sie den Spitzen der mikroskopischen Papillen aufsitzen. Viele dieser Papillen (namentlich die im mittleren Abschnitt des Zungenrückens gelegenen) entbehren aber der Geschmacksknospen vollkommen, womit auch die experimentellen Ergebnisse im Einklang stehen, daß keineswegs alle pilzförmigen Papillen geschmacksempfindlich sind. Nach Kallius (1905) kommen 3—4, selten 6—8 Geschmacksknospen in einer Papille vor, eine Zahl, die für die meisten dieser Papillen wohl zu hoch gegriffen sein dürfte. Bei Feten ist die Zahl der Geschmacksknospen größer als beim Erwachsenen (Stahr). Nach Hellman (1921) besitzt beim Embryo jede Pap. fungiformis je eine Geschmacksknospe.

3. Die Papillae vallatae.

Die Wallpapillen, Pap. vallatae (circumvallatae) bilden, wie schon oben erwähnt, den an der hinteren Grenze des Zungenrückens gelegenen Arcus papillaris, das V linguae (Abb. 1). Nach Münch (1896) stehen die Wallpapillen zum Unterschiede von den Pap. fungiformes, die in den Strömungen (Papillenleisten) der Pap. filiformes liegen, in den Furchen zwischen diesen. Die Schenkel des von den Wallpapillen eingeschlossenen Winkels sind meist leicht medial konvex gekrümmt. Dabei stehen die seitlichen Papillen selten in einer Reihe, oft in mehreren oder ganz ordnungslos. Keineswegs sind die beiden Seiten symmetrisch mit Wallpapillen besetzt. Der Stellung nach können eine Pap. centralis und Pap. laterales (dextrae und sinistrae) unterschieden werden. Die Pap. centralis fehlt etwa in der Hälfte der Fälle. Außerdem kommt häufig (nach Münch in $^2/_3$ der Fälle) eine (oder mehrere) hinter, viel seltener eine (oder zwei) vor der zentralen gelegene Papille vor, eine Pap. mediana posterior und anterior. Im ersteren Falle sind die Wallpapillen nicht V- sondern Y-förmig gestellt. Nach Grabert (1910) findet sich bei Europäern V- und Y-Stellung gleich häufig. Die Zahl sämtlicher Pap. vallatae einer Zunge schwankt zwischen 6 und 16; am häufigsten finden sich 9. Links beobachtete Münch am öftesten 3, am seltensten 1 oder gar keine Papille; rechts am häufigsten 4, und nie weniger als 2. Die Größe des Winkels, den die Wallpapillen einschließen ist ebenfalls schwankend. Im Durchschnitt wird er für die Europäerzunge mit 110° (Grabert) angegeben. Es kann aber dieser Winkel so groß werden, daß man eher von einer geraden Linie sprechen kann, oder beim Vorhandensein einer oder mehrerer medianer hinterer Papillen von einer T-Stellung.

Rassenunterschiede in bezug auf die Stellung (und Form) der Pap. vallatae, vielleicht auch anderer Zungenpapillen, scheinen vorzukommen (GIACOMINI 1884, GRABERT 1910, HOPF und EDZARD 1910, KUNITOMO 1912, ZUCKERMANN 1913); doch sind die diesbezüglichen Untersuchungen noch zu wenig zahlreich, um ein abschließendes Urteil zu gestatten. Die Zahl der Wallpapillen dürfte rassenanatomisch keine Rolle spielen. Hingegen scheint bei „farbigen Rassen" der Winkel, den die Wallpapillen einschließen, größer zu sein als bei der weißen Rasse, was als primitives Merkmal angesehen wird. So spricht schon GIACOMINI von einer T-Stellung der Wallpapillen beim Neger. Nach GRABERT beträgt dieser Winkel bei Hottentotten und Hereros durchschnittlich 135—140°, nach ZUCKERMANN bei Melanesiern 130—150°, nach KUNITOMO bei Japanern 115°. Bei Hottentotten und Hereros scheint außerdem eine Tendenz zur Vermehrung der medianen auf Kosten der lateralen Papillen zu bestehen (GRABERT); auch bei Japanern kommt die Y-Stellung doppelt so häufig vor als die V-Stellung (KUNITOMO). HOPF und EDZARD finden an Zungen von Melanesiern die Wälle der Wallpapillen auffallend stark entwickelt.

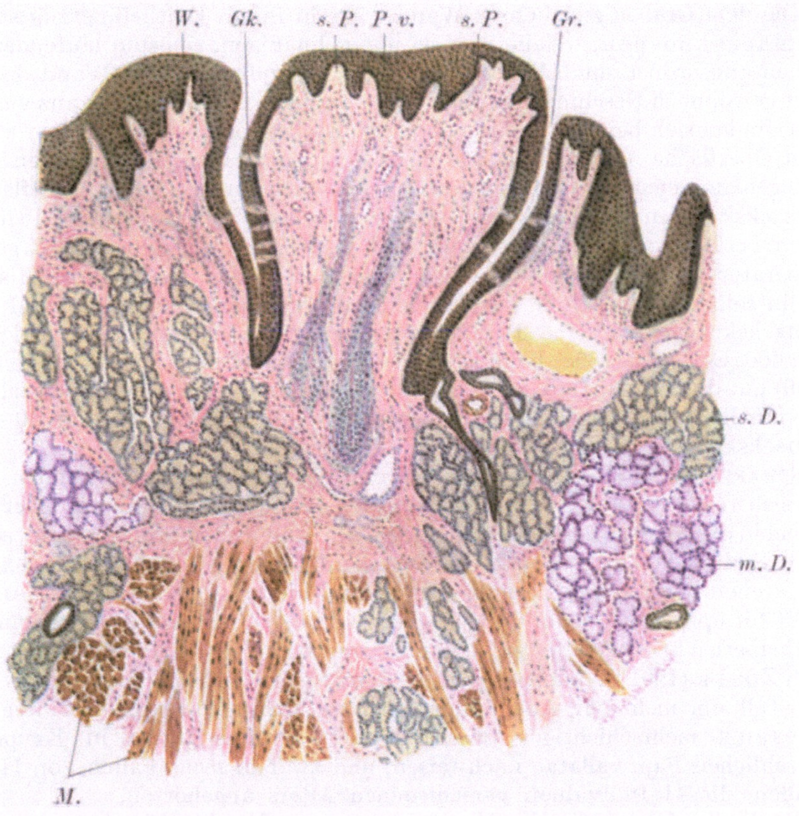

Abb. 8. Papilla vallata vom Menschen. Formol. Färbung nach VAN GIESON. Vergr. 30fach. *P. v.* Pap. vallata. *Gr.* Graben in den der Ausführungsgang einer serösen Drüse einmündet. *W.* Wall. *s. P.* sekundäre (mikroskopische) Papillen. *Gk.* Geschmacksknospen. *s. D.* seröse Drüsen. *m. D.* muköse Drüsen. *M.* quergestreifte Muskulatur.

Die Pap. vallatae sind breiter, 1—3 mm im Durchmesser, als die pilzförmigen Papillen, dabei aber nicht sehr hoch (0,5—1,5 mm). Sie werden ringsum von einer spaltartigen Einsenkung, dem Graben, umgeben, der seinerseits von einer etwas erhöhten Schleimhautpartie, dem Walle, begrenzt wird und erscheinen demnach in die Schleimhaut eingesenkt, so daß sie nur wenig die übrige Schleimhautoberfläche überragen (Abb. 8). Ihre Form ist verkehrt kegelförmig, d. h. sie hängen mit einer schmäleren Basis, ähnlich wie die Pap. fungiformes, mit der Schleimhaut zusammen und verbreitern sich gegen die freie Oberfläche, wo sie abgeflacht enden. Letztere, also die Basis des Kegels, trägt stets reichlich sekundäre Papillen, über die das Epithel glatt wegzieht, während solche an den dem Graben zugewendeten Flächen stets fehlen. Hier ist auch der Epithelüberzug stets dünner als an der freien Oberfläche. Die Form der Wallpapillen ist beim Menschen nicht so regelmäßig wie bei den meisten Tieren; so kann stellenweise der Graben unterbrochen sein, oder die Papille erscheint durch Gräben und Furchen wie gelappt, mitunter werden zwei Papillen von einem gemeinsamen Wall umgeben, Doppelpapillen. Auch die Größe und Form der einzelnen Papillen ein und derselben Zunge ist eine verschiedene. So überwiegt nach Oppel bei der hinteren, unpaaren Papille die Höhe über die Breite, bei der vordersten paarigen die Breite über die Höhe, so daß dadurch eine verschiedene Gestalt bedingt wird.

Die dem Graben zugekehrte Wand trägt in ihrem Epithelüberzug stets Geschmacksknospen, welche in ganz unregelmäßigen, ringsum laufenden (2—9) Reihen angeordnet sind (Abb. 8). Auch die gegenüberliegende Wand des Walles führt gewöhnlich Geschmacksknospen in geringerer Anzahl. Nur ganz ausnahmsweise finden sich beim Erwachsenen Geschmacksknospen an der freien abgeplatteten Oberfläche und im obersten Teile der den Graben begrenzenden Wände; hingegen kommen an embryonalen Zungen auch an der freien Oberfläche Geschmacksknospen vor, die später wieder verschwinden (Hoffmann 1875 u. a.). Schon bei schwacher Vergrößerung sind die Geschmacksknospen an gefärbten Präparaten als hellere Zylinderzellgruppen, welche das geschichtete Pflasterepithel in seiner ganzen Höhe durchsetzen, zu erkennen. Die Gesamtzahl der Geschmacksknospen für eine Papille mittlerer Größe schätzt v. Wyss (1870) auf etwa 400, Grâberg (1898) beim Erwachsenen auf höchstens 100—150, Heiderich (1906) auf durchschnittlich 240—270; übrigens kommen diesbezüglich sehr große individuelle Schwankungen vor; ja es soll Papillen geben, die nur 40—50 Geschmacksknospen tragen.

Schaffer (1897) macht auf das gelegentliche Vorkommen von soliden, manchmal sich reich verzweigenden Epithelzapfen aufmerksam, die vom Oberflächenepithel in das bindegewebige Stroma der Wallpapillen eingewuchert sind, an denen es zur Bildung von typischen konzentrischen Körpern, ähnlich den Hassallschen Körperchen der Thymus, kommen kann und die möglicherweise den Ausgangspunkt für epitheliale Neubildungen geben können. Das häufige Vorkommen von Epithelperlen in den Wallpapillen konnte von Stahr (1903) u. a. bestätigt werden. Nach Zieler (1901) handelt es sich bei derartigen Epitheleinsenkungen vielleicht zum Teil um nicht zur Ausbildung gelangte Drüsenanlagen. Mitunter konnte Heiderich mehrschichtiges (mehrreihiges?) Flimmerepithel in Krypten der menschlichen Pap. vallatae nachweisen, und zwar in sechs Fällen von 111 Wallpapillen, die 41 Individuen verschiedenen Alters angehörten.

In die Tiefe des Grabens münden stets die Ausführungsgänge der serösen v. Ebnerschen Drüsen ein. Eine Mündung von serösen Drüsen an der Oberfläche der Papille oder gar außerhalb der Papille an der freien Oberfläche der Zunge wurde gelegentlich beobachtet (Zieler), ist aber jedenfalls abnorm. An Durchschnitten aus der Gegend der Wallpapillen sieht man neben den serösen Drüsen stets auch muköse Drüsen (des Zungengrundes) getroffen (Abb. 8), die aber niemals in den Graben der Wallpapillen einmünden. Als inkonstanten Befund erwähnt Schaffer das Vorkommen von Bündeln glatter Muskelfasern sowohl im Körper der Papillen selbst als auch im Walle. Letztere verlaufen zirkulär und ihre Kontraktion kann unter Umständen, wenn es sich z. B. darum handelt, das Eindringen von Flüssigkeiten in den Graben zu verhindern oder bereits eingedrungene Flüssigkeiten in die Grübchen der Geschmacksknospen zu pressen, für die Geschmacksempfindung von Bedeutung sein. Lymphknötchen kommen zwar bei Tieren in den Papillen vor, fehlen hier beim Menschen, jedoch findet man solche, oft mit einem Keimzentrum ausgestattet, gelegentlich in der Wallwandung. Diffuse Leukocytenansammlungen umlagern regelmäßig die Ausführungsgänge der v. EBNERschen Drüsen (SCHAFFER). Einzelne oder kleine Gruppen von Ganglienzellen sind stets im Bindegewebskörper der Wallpapillen zu finden (SCHAFFER, ZIELER).

4. Die Papillae foliatae.

Die Pap. foliatae, auch Randorgane (bei Tieren auch MAYERsche Organe) der Zunge genannt, kommen stets nur in der Zweizahl (auf jeder Seite eine) vor. Die menschliche Pap. foliata ist ein in Rückbildung begriffenes Organ. In gut ausgebildeter Form, wie wir dies bei vielen Tieren (*Kaninchen*) sehen,

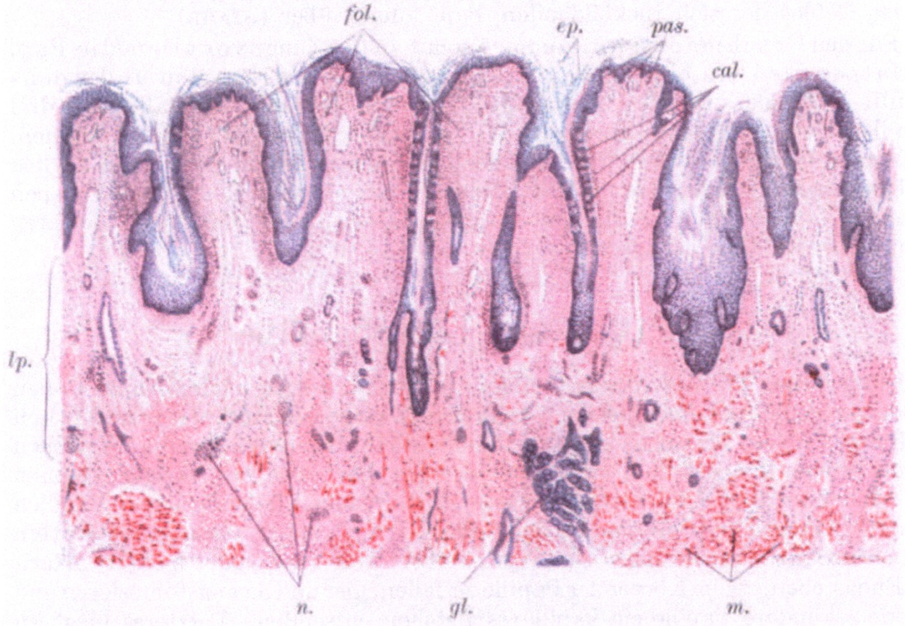

Abb. 9. Längsschnitt durch die Pap. foliata des Menschen. ZENKERS Fl.; Hämatox., Eosin. Vergr. 20fach. *fol.* Blätter der Pap. foliata. *pas.* Sekundärpapillen. *cal.* Geschmacksknospen. *ep.* abgestoßene Epithelmassen. *gl.* seröse Drüsen. *m.* Muskulatur. *n.* Nerven. *lp.* Lamina propria. (Nach SOBOTTA.)

besteht die Pap. foliata (Abb. 9) aus einer Reihe von quer zum Seitenrande der Zunge gestellten Blättern, zwischen die tiefe Gräben (Geschmacksfurchen) eingreifen. Die den Gräben zugewendeten Flächen der Blätter tragen in ihrem Epithel Geschmacksknospen. Denkt man sich die menschliche Pap. foliata durch zwei horizontale, einander parallele Ebenen in drei gleich breite Zonen zerlegt, so ist es namentlich die mittlere, in der die Geschmacksknospen am häufigsten sind und zwar erstrecken sie sich hier an manchen Gräben von der freien Öffnung bis zum Grunde. In anderen nehmen sie nur einen kleinen mittleren Teil ein; manchmal sind sie nur an der einen, häufig aber auch an beiden Wänden gleichmäßig zahlreich. Regelmäßig fehlen sie dort, wo ein Lymphknötchen bis an die Oberfläche heranreicht. Ihre Zahl ist demgemäß auf senkrechten Durchschnitten der Gräben sehr verschieden; mitunter sieht man nur wenige, 3—4, in den Grenzfällen nach der anderen Seite bis 16 oder 20 übereinander (KALLIUS 1905). In den Grund der Furchen münden ebenso wie in den Graben der Pap. vallatae seröse, v. Ebnersche Drüsen. Beim Menschen tritt die Pap. foliata in vielen Abweichungen von dieser Grundform auf, die noch manchmal bei Säuglingen, viel seltener bei Erwachsenen angetroffen wird (Stahr 1910). Wenn gut ausgebildet, besteht die Pap. foliata des Kindes aus 4—8 Blättern. Andererseits findet man zerschlissene und mehr kleinpapilläre Formen, so daß der ursprüngliche Typus (Grabentypus) mehr oder weniger verwischt erscheint, ja beim Erwachsenen eine Pap. foliata überhaupt makroskopisch oft kaum auffindbar wird. Am vordersten Ende der Geschmacksknospen tragenden Pap. foliata finden sich gewöhnlich noch knospen- und drüsenfreie seichtere Furchen, die v. Ebner nicht mehr der Pap. foliata zurechnet, wohl aber Stahr, der dieses Gebiet als rückgebildeten Teil der Pap. foliata betrachtet. Bei der Rückbildung verschwinden nicht nur die Knospen, sondern auch die Eiweißdrüsen, an deren Stelle Fettgewebe tritt; auch lymphoides Gewebe (Zungenbälge), das ursprünglich dieser Gegend fremd ist, greift in das Gebiet der sich rückbildenden Pap. foliata über (Stahr).

Für den Geschmackssinn kommen somit an der Zunge vor allem die Pap. vallatae, dann die beiden Pap. foliatae und in geringerem und wechselndem Grade auch die Pap. fungiformes in Betracht, so daß diese drei Papillenarten als Geschmackspapillen zusammengefaßt werden können. Außerdem hat Ponzo (1907), wenigstens bei Feten, auch im Bereiche der Plica fimbriata (und gelegentlich in den beiden Gaumenbögen) Geschmacksknospen gefunden. (Näheres über die Geschmacksknospen, namentlich deren feineren Bau, siehe Bd. III, C Geschmacksorgan.)

IV. Blut- und Lymphgefäße.

Blutgefäße. Die Äste der Art. lingualis dringen schräg nach vorn und oben in den Zungenkörper ein, entsenden zahlreiche Zweige zur Muskulatur und treten nach wiederholten Teilungen in die Schleimhaut ein. Hier zerfallen die Zweigchen in zahlreiche Endausläufer, welche nun einen flächenhaften Verlauf nehmen und schließlich in die Papillen einbiegen. Die einfachen fadenförmigen Papillen kleinster Art erhalten nur eine einzige Gefäßschlinge; in alle zusammengesetzten und ebenso in die pilzförmigen und Wallpapillen treten zwei oder mehrere arterielle Endästchen, die im Körper der Papille zerfallen, hier und da anastomosieren und in jede sekundäre Papille ein kapillares Ästchen entsenden. Letzteres biegt an der Spitze der sekundären Papille schlingenartig um, kehrt in den Körper der Papille zurück, wo es sich mit den entsprechenden anderen zu einem venösen Stämmchen sammelt. Größere Papillen enthalten auch zwei oder mehr venöse Stämmchen. Die größeren und kleineren Papillen derselben Art, sowie die verschiedenen Formen der Zungenpapillen unterscheiden sich keineswegs in der Anordnung der Blutgefäße, sondern lediglich durch stärkere oder schwächere Entwicklung des Gefäßnetzes und durch die Zahl der aus demselben hervortretenden Schlingen, entsprechend der Zahl der sekundären Papillen.

Die venösen Stämmchen der Papillen, welche in den Wallpapillen eine bedeutende Stärke erreichen, laufen senkrecht nach der Tiefe und bilden zwischen der arteriellen Endausbreitung und der Fascia linguae durch Vereinigung mit benachbarten und durch häufige Anastomosen ein ansehnliches venöses Netz. Im vorderen Zungenabschnitt sind die Maschen dieses Netzes meist rundlich; die aus ihnen hervorgehenden stärkeren Stämmchen durchbohren die Fascia linguae und gelangen, den Arterienästen zur Seite, zahlreiche Muskelvenen aufnehmend, in die Tiefe, wo sie zu größeren Venen zusammenfließen. Im hinteren Zungenabschnitt sammeln sich aus dem erwähnten venösen Netz zahlreiche, starke Venenstämmchen, die noch über der Faszie eine Strecke nach rückwärts verlaufen, um erst am Zungengrunde zu den Vv. dorsales linguae sich zu vereinigen. Allenthalben steht das arterielle wie das venöse System der Schleimhaut der rechten und linken Zungenhälfte in der Mittellinie in Verbindung (TOLDT 1871).

Die **Lymphgefäße** bilden in den tieferen Schleimhautschichten ein dichtes Netzwerk gröberer Gefäße und ein oberflächlicheres, feineres, welches zu den Zungenpapillen Beziehungen erhält. In den Pap. filiformes findet sich häufig ein einfaches Lymphgefäß, in den fungiformes und vallatae mehr oder weniger verzweigte Netze von Lymphkapillaren. Letztere sind besonders reich in der Nähe der Zungenbälge entwickelt und bilden die einzelnen Noduli umspinnende Netze (TOLDT). Auffallend zahlreiche Lymphgefäße finden sich in der medianen Gegend der Zunge im Bereiche der Pap. vallatae — die großen Stämme verlaufen hier nahezu parallel — und außerdem in den lateralen Teilen des Zungengrundes. Hier sieht man außer längsverlaufenden Stämmen ein dichtes Netz oft sehr weiter Gefäße, ab und zu reine „Ampullen". Auch um die Drüsenmündungen zieht ein Netz dichtgedrängter Lymphkapillaren. Die Hauptrichtung der Lymphgefäße der Zungenwurzel geht im vorderen Teile derselben von vorn nach hinten, im hinteren Teile wenden sich die größeren Stämme bogenförmig lateralwärts (JURISCH 1912). Es steht nicht nur das Lymphgefäßnetz der einen Zungenhälfte mit dem der anderen allenthalben in Verbindung, sondern auch das des Zungengrundes mit dem des Zungenrückens, der Gaumenbögen, der Gaumenmandel, des Gaumens und Schlundkopfes; so daß man vom Zungengrunde aus die Netze aller benachbarten Schleimhautgebiete injizieren kann und umgekehrt. Im Bereiche des Zungengrundes entspricht die Struktur und Anordnung des Lymphgefäßnetzes ganz derjenigen der Schleimhaut. Nach vorn, wo die Schleimhaut am festesten gefügt ist, erscheint das Kapillarnetz am spärlichsten entwickelt; weiter nach hinten und nach den Seiten hin, wo die Schleimhaut locker ist, sind die Kapillarnetze zahlreicher, haben dichtere Maschen und gröbere Verbindungszweige. Die stärksten Netzmaschen finden sich (am Zungengrunde des Neugeborenen) auf der Höhe der Falten; an ihrem Grunde verlaufen, der Faltenrichtung folgend, die meisten größeren, klappenhaltigen Sammelgefäße (AAGAARD 1913).

AAGAARD gelang der Nachweis von inter muskulären Lymphgefäßge - flechten, die allenthalben mit dem Schleimhautgeflecht der Zunge in Zusammenhang stehen. Die ausgedehnten und klappenreichen Geflechte im Muskelkörper finden sich um die Art. lingualis und ihre sämtlichen Äste. Sie anastomosieren untereinander durch ziemlich große Lymphgefäße, deren Verlaufsrichtung von derjenigen der Muskelbündel abhängig ist und nehmen die spezifischen Lymphgefäße der Muskulatur in sich auf.

Die Abflußbahnen des Lymphgefäßnetzes der Zungenschleimhaut teilt AAGAARD in apicale, marginale, centrale und basale. Die am wenigsten konstanten apicalen Bahnen bestehen aus einem oder zwei Stämmchen, die neben dem Frenulum linguae abwärts ziehen, den M. mylohyoideus durchbohren und in die Gland. submentalis superior einmünden. Die 8—12 marginalen Abflüsse ziehen zum kleineren Teil lateral, zum größeren Teil medial von der Unterzungenspeicheldrüse und durchbohren den M. mylohyoideus. Die ersteren treten zu den Unterkieferlymphdrüsen, die letzteren zu den Gland. cervicales profundae, und zwar großenteils zu der im Winkel zwischen V. jugularis interna und V. facialis befindlichen Lymphdrüse. Diese Drüse, die auch den Hauptteil der centralen und basalen Abflüsse aufnimmt, wird demgemäß als Hauptlymphdrüse der Zunge (POIRIER, KÜTTNER 1898) bezeichnet. Die 5—6 centralen Abflußbahnen des medianen Gebietes des Zungenrückens durchbohren in der Medianlinie senkrecht den Zungenkörper und ziehen zwischen den Mm. genioglossi und geniohyoidei teils zur Hauptdrüse, teils zu weiter nach abwärts gelegenen Gland. cervicales prof. Die basalen Bahnen sammeln sich aus medialen und lateralen Stämmen unterhalb der Gaumenmandel, durchbrechen in Begleitung der Venae dorsales linguae die Schlundkopfwand und münden vorzugsweise in die Hauptdrüse. Außer den erwähnten „regionären Lymphdrüsen" finden sich hier und da in den Lymphgefäßstämmen ganz kleine Drüsen eingeschaltet.

V. Entwicklungsgeschichtliches.

Die Zunge entwickelt sich vom Boden der Mundhöhle aus; und zwar beteiligen sich an ihrer Bildung vor allem der 1. und 2. Kiemenbogen (Mandibular- und Hyoidbogen) und nur in ganz geringem Umfange auch noch der 3. Sie ist somit, was ihren Schleimhautteil betrifft, ein Kiemenbogenderivat. Die Zungenmuskulatur ist anderer Herkunft; sie stammt, ihrer Innervation durch den N. hypoglossus entsprechend, von den Occipitalmyotomen ab und wächst in die aus den Kiemenbogen hervorgehende Anlage ein.

Als erste Anlage der Zunge erscheint (bei etwa 5 mm langen Embryonen) in der Mittellinie am Hinterrande des 1. Kiemenbogens ein sich in die Mundhöhle vorwölbender Höcker, das Tuberculum impar (His) oder Tuberculum linguale medium. Diese Vorwölbung entsteht aus einem Gebiete, das hinter der Rachenmembran liegt, ist somit entodermaler Herkunft. Unmittelbar hinter dem Tuberculum impar, an der Grenze zwischen 1. und 2. Kiemenbogen, entsteht die mediane Schilddrüsenanlage, gleichfalls zunächst in Form eines kleinen Höckers, Tuberculum thyreoideum, von dem aus später der Ductus thyreoglossus in die Tiefe wächst. Dieser Punkt bleibt auch später durch das Foramen caecum markiert. Weiterhin bildet sich jederseits von der Medianlinie auf dem 1. Kiemenbogen, im unmittelbaren Anschluß an das Tuberculum impar ein „seitlicher Zungenwulst" (Kallius). Die beiden seitlichen Zungenwülste entstehen aus einem Gebiete, das vor der Rachenmembran gelegen ist, sind somit ektodermalen Ursprunges. Indem diese drei Anlagen sich vergrößern und miteinander verschmelzen, entsteht der vor dem Foramen caecum gelegene, freie Teil der Zunge (Zungenrücken mit der Zungenspitze). Die Verschmelzungslinie der beiden seitlichen Anlagen bleibt durch den Sulcus medianus linguae angedeutet. Naturgemäß macht es Schwierigkeiten, genau jenen Teil des Zungenrückens abzugrenzen, der aus dem Tuberculum impar hervorgegangen ist. Jedenfalls ist nach neueren Untersuchungen dieser Anteil nicht so groß wie His angenommen hat, der dem Tuberculum impar die Hauptrolle bei der Zungenbildung zuschrieb. Die Hauptmasse des freien Teiles der Zunge wird sicher von den seitlichen Zungenwülsten geliefert, und ein verhältnismäßig nur kleiner Bezirk, der etwa der höchsten Erhebung des Zungenrückens entspricht, die Gegend der Wallpapillen und einen vor diesen gelegenen mittleren Anteil des Zungenrückens umfaßt, geht aus dem Tuberculum impar hervor. Nachdem letzteres entodermaler Abkunft ist, werden somit auch die Geschmacksknospen der Wallpapillen entodermale Gebilde sein.

Der Zungengrund entwickelt sich hauptsächlich aus dem 2. Kiemenbogen; an der Bildung des hintersten Teiles desselben ist vielleicht in ganz geringem Grade auch noch der 3. Kiemenbogen beteiligt. Die entwicklungsgeschichtliche Grenze zwischen Zungenrücken und Zungengrund bleibt außer durch das Foramen caecum durch den oft kaum angedeuteten Sulcus terminalis kenntlich, der unmittelbar hinter dem Arcus papillaris und parallel zu diesem verläuft.

Die ersten Anlagen der Zungenpapillen treten für die verschiedenen Papillenarten zu etwas verschiedenen Zeiten in Erscheinung, und zwar entwickeln sich die Geschmackspapillen früher als die Pap. filiformes (Hellman 1921). Bei der Entwicklung der Pap. vallatae und fungiformes scheinen die Nerven eine große Rolle zu spielen. Nach Gråberg (1898) sollen als erste Anlage der Wallpapillen zwei Epithelleisten auftreten, die V-förmig zusammentreten und dem späteren Arcus papillaris entsprechen. Demnach würde die erste Anlage der Wallpapillen eine kontinuierliche sein. Nach Hellman hingegen besteht eine derartige primäre Firstbildung mit sekundärer Aufteilung in einzelne Papillen nicht, sondern die Wallpapillen treten schon von Anfang an — und zwar früher, als bisher angenommen wurde, nämlich bei Embryonen von 20—30 mm Länge — als örtliche Vorbuchtungen des Epithels in Erscheinung. Diese Einzelvorwölbungen entstehen dadurch, daß je ein Zweig des N. glossopharyngeus mit keulenförmig verdicktem Ende an das Epithel herantritt und es vorbuchtet, so daß zunächst die ganze Ausbuchtung von Nervengewebe erfüllt erscheint. Im vorgebuchteten Epithel treten stets mehrere Geschmacksknospen auf, die also ursprünglich ausnahmslos auf der freien Oberfläche der Papille gelegen sind, da ja der Graben zu dieser Zeit noch nicht entwickelt ist (Hellman). Die Bildung des Grabens geht nach Gråberg in der Weise vor sich, daß

am Rande der ursprünglichen Erhebung vom Oberflächenepithel eine ringförmige Leiste
in das darunterliegende Bindegewebe einwuchert, so daß die eigentliche Papille zunächst
von einer soliden Epithelwand seitlich abgegrenzt erscheint (Abb. 10). In letzterer treten
im 4. Embryonalmonat Spalten als erste Anlagen des Grabens auf und gleichzeitig entwickeln sich von den tiefsten Punkten der Epithelwand seitliche Sprossen als Anlagen der
v. EBNERschen Drüsen. Später nehmen die Spalten im Grabenepithel an Größe zu und
öffnen sich schließlich an der freien Oberfläche.

Während HINTZE (1890) an den Anlagen der Pap. fungiformes Geschmacksknospen
erst zu einer Zeit auftreten sieht, wo diese Papillen schon ihre pilzförmige Gestalt erkennen
lassen, ist nach HELLMAN (bei Embryonen von weniger als 20 mm Länge) das erste sichtbare Zeichen, daß eine Pap. fungiformis zur Ausbildung kommt, das Auftreten einer
Geschmacksknospe im Oberflächenepithel der Zunge. Mit großer Wahrschein-
lichkeit geht die Entwicklung der pilzförmigen Papillen in der Weise vor sich, daß zuerst
ein Nerv bis zum Epithel vordringt, worauf sich an dieser Stelle eine Geschmacksknospe
ausbildet. Durch weiteres Vorwachsen des Nerven wird die Geschmacksknospenanlage
mit den benachbarten Epithelzellen über die allgemeine Oberfläche vorgepreßt. Der
Unterschied in der Entwicklung der Pap. vallatae und fungiformes würde
hauptsächlich darin liegen, daß bei den ersteren der Nerv, der die erste Vorwölbung
bedingt, keulenförmig verdickt ist, so daß er ursprünglich die ganze Vorwölbung
erfüllt, und daß stets mehrere Geschmacksknospen in der Papillenanlage auftreten;
während bei den letzteren der vordringende Nerv an seinem Ende nicht
verdickt ist, in der vorgewölbten Anlage sich neben dem Nerven stets auch Bindegewebe findet, und in jeder Papillenanlage nur eine Geschmacksknospe auftritt (HELLMAN).

Die erste Anlage der Pap. foliata ist bezüglich des Zeitpunktes ihres Auftretens
ziemlich schwankend (Embryonen von 30—70 mm Länge). Sie besteht in der Ausbildung

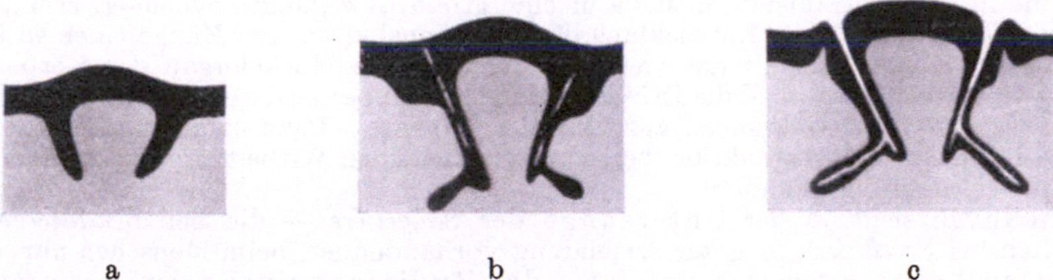

a   b   c

Abb. 10a—c. Schemata der Entwicklung des Grabens der Pap. vallata. (Nach GRÅBERG.)

von leistenförmigen Epitheleinsenkungen in das Bindegewebe, in deren Bereich später
die Furchen auftreten (STAHR 1910, HELLMAN). Der ganze Entwicklungsgang würde für
den rudimentären Charakter dieser Papillen sprechen (HELLMAN).

Die Pap. filiformes werden durch das Einwachsen kleiner Bindegewebspapillen
in das Epithel bei Embryonen von etwa 45 mm Länge angelegt. Erst bei ungefähr 70 mm
langen Embryonen verursachen diese Papillen kleine Vorbuchtungen der Eipthelober-
fläche. Die Papillen wachsen dann immer mehr in die Länge, sind aber noch beim Neugeborenen im Vergleich mit den Pap. fungiformes verhältnismäßig kurz (HINTZE 1890,
HELLMAN).

Die Frage, ob ontogenetisch oder phylogenetisch eine Papillenart in eine
andere übergehen kann, womit die Frage vom Vorkommen von Zwischenformen
zwischen den verschiedenen Arten zusammenhängt, ist verschieden beantwortet worden.
Da die verschiedenen Papillen (beim Menschen), vom histogenetischen Standpunkte aus betrachtet, als vollkommen verschiedene Gebilde anzusehen sind,
dürfte ein Übergang der einen Papillenart in eine andere während der
(menschlichen) Ontogenese nicht stattfinden (HELLMAN), womit natürlich nicht
gesagt ist, ob nicht phylogenetisch ein derartiger Übergang erfolgen kann. (Näheres
hierüber unter „Vergleichendes".)

Nach HELLMAN ist bei Embryonen von 16—30 mm Länge das Epithel des Zungenrückens und der Zungenspitze schon ein mehrschichtiges Pflasterepithel; während es am
Zungengrunde nur zweischichtig ist und aus einer basalen Schicht höherer und einer oberflächlichen Schicht ganz platter Zellen besteht. In diesem Epithel des Zungengrundes
kommt es an vielen Stellen zu eigentümlichen Differenzierungen, indem die basalen Zellen
sich gruppenweise verlängern und mehr Birnform annehmen. Diese Zellgruppen haben
im ganzen eine konische Form, die Spitze gegen die Basalmembran gerichtet, und erheben

sich etwas über die allgemeine Epitheloberfläche. An axialen Durchschnitten zeigen sie Fächerform. Auf späteren Entwicklungsstufen, wenn auch das Epithel des Zungengrundes mehrschichtig und kompakter geworden ist, sind diese Zellgruppen wieder verschwunden. Hellman vermutet, daß es sich dabei um abortive Geschmacksknospenanlagen handelt. Auch sie dürften, ebenso wie die bleibenden Geschmacksknospen, unter dem Einfluß von zum Epithel vordringenden Nervenästen entstehen. Ihre atypische Ausbildung ist wahrscheinlich durch die besondere Beschaffenheit des Epithels im Bereiche des Zungengrundes bedingt.

Von den Zungendrüsen erscheinen am frühesten (bei Feten von 65 mm Länge, zwischen 2. und 3. Monat) die Anlagen von jenen Drüsen, die an der Unterfläche der Zunge ausmünden; bald darauf (Feten von 90 mm Länge) die der Schleimdrüsen des Zungengrundes und zuletzt (bei Feten von 120 mm Länge) die Anlagen der serösen Drüsen der Geschmacksgegend. In den einzelnen Drüsengruppen entwickeln sich die weiter vorn gelegenen Drüsen rascher als die weiter hinten gelegenen. Erst im letzten Fetalmonat lassen sich die verschiedenen (serösen, mukösen und gemischten) Endstücke unterscheiden (Cutore 1925).

VI. Vergleichendes.

Bei den verschiedenen Wirbeltieren ist die Zunge nicht nur in ihrer äußeren Form sehr wechselnd, sondern auch ihr feinerer Bau ist bei den einzelnen Gruppen so verschieden, daß Gegenbaur (1884 und 1894) sich zur (allerdings irrigen) Annahme verleiten ließ, daß die Zunge der Säugetiere gar nicht der Zunge niederer Wirbeltiere entspräche, sondern als eine Neuerwerbung anzusehen sei. So stellt die Zunge bei den *Fischen* lediglich einen Schleimhautüberzug des Zungenbeines dar, und es kommt ihr dementsprechend auch nur eine sehr einfache Funktion (Ingestionsorgan) zu. In anderen Fällen, z. B. bei manchen *Amphibien*, ist die Zunge ein hochentwickelter Drüsenapparat, der durch eine in ihn einstrahlende Muskulatur eine große Bewegungsmöglichkeit erhält. Bei den *Säugetieren* erreicht die Entwicklung der Eigenmuskulatur der Zunge einen so hohen Grad, daß die Zunge hier als das vielseitigst entwickelte Muskelorgan des Körpers bezeichnet werden muß, während die Drüsenbildungen sich spezialisieren und die in der Zunge selbst gelegenen Skelettbildungen zurücktreten (Oppel). Dazu kommt noch, daß der Zunge für die Geschmacksfunktion bei den verschiedenen Wirbeltiergruppen eine recht wechselnde Bedeutung zukommt.

Gegenbaur sieht in der Unterzunge der *Säugetiere* — die bei *Beuteltieren* und namentlich bei *Prosimiern* in guter Ausbildung vorhanden ist, beim Menschen nur durch die Plicae fimbriatae angedeutet erscheint — das Rudiment einer primitiven Zunge. Die Muskelzunge der Säugetiere soll sich aus dem hintersten Teile der sich allmählich rückbildenden Unterzunge entwickelt haben.

Oppel hingegen ist der Ansicht, daß die eigentliche Säugetierzunge nicht aus dem hinteren Teile, sondern aus der ganzen Zunge niederer Wirbeltiere ihre Entstehung genommen hat, daß sie also einer solchen direkt homologisierbar und nicht als Neuerwerbung aufzufassen ist, daß hingegen die Unterzunge bis zu einem gewissen Grad eine neue Erwerbung darstellt, die wahrscheinlich aus dem unteren Teil der Muskelzunge sich entwickelt hat.

Nach Oppel würde die Wirbeltierzunge phylogenetisch zwei Hauptzustände durchlaufen: 1. Die Zunge wird passiv bewegt durch die Muskulatur ihres Skelettes (Binnenskelet). Sie enthält keine Drüsen und keine Binnenmuskulatur (*Fische,* niedere *Amphibien*). 2. Die Zunge wird aktiv bewegt durch ihre Binnenmuskulatur. Sie ist entstanden als drüsiges Organ; das Binnenskelett wird aus der Zunge ausgeschaltet (höhere *Amphibien, Reptilien* und *Säugetiere.*

Durch die Untersuchungen von Kallius, durch die eine grundsätzliche Übereinstimmung in der Entwicklung der Reptilien- und Säugetierzunge erwiesen wurde, ist die Gegenbaursche Hypothese von der Phylogenie der Säugetierzunge vollständig unhaltbar geworden.

Das Zungenepithel entspricht im allgemeinen dem Mundhöhlenepithel, zeigt somit wie dieses wechselnden Bau in der Wirbeltierreihe. Eine für alle Wirbeltiere gültige Gesetzmäßigkeit besteht nur insofern, als das Epithel der Zungenoberfläche ausnahmslos dicker erscheint als das der Zungenunterfläche (Ludw. Ferd. von Bayern 1884). Zungenpapillen kommen in allen Wirbeltierklassen vor, doch finden sich Pap. vallatae und foliatae ausschließlich bei den Säugetieren (Münch 1896). Namentlich bei den höheren Wirbeltieren kann es im Bereiche der Papillen zu starker Verhornung kommen.

Bei den **Säugetieren** ist das Zungenepithel ausnahmslos ein geschichtetes Pflasterepithel und zeigt bei der Mehrzahl ein deutlich ausgebildetes Strat. corneum.

Im Zungenepithel vom *Meerschweinchen* kommt nach Ditlevsen (1913) amitotische Kernteilung so häufig vor, daß man an vielen Stellen, abgesehen vom Strat. cylindricum, kaum
einkernige Zellen findet. Auch bei der *Ratte*, seltener beim Menschen, finden sich im
Epithel des Zungengrundes zweikernige Zellen (Stahr 1903). Außerdem beschreibt
Ditlevsen als weitere Eigentümlichkeit des Zungenepithels des *Meerschweinchens* das
(allerdings nicht konstante) Vorkommen von spindelförmigen Zellen, namentlich im
Bereiche der Zungenwurzel, die gewöhnlich zu mehr tangentialen Zügen geordnet, in
allen Schichten mit Ausnahme der tiefsten sich finden. Diese mit Kernfarbstoffen sich
stark färbenden Zellen sind epithelialer Herkunft und beteiligen sich an der Keratohyalin-
bildung.

An der oberen Zungenfläche lassen sich auch bei den Säugetieren ähnliche regionäre
Verschiedenheiten erkennen wie beim Menschen: der papillentragende Zungenrücken
(mit der Zungenspitze) und der (wenigstens häufig) papillenfreie Zungengrund. Oft finden
wir auch hier die V-förmige (entwicklungsgeschichtlich begründete) Abgrenzung des
papillentragenden Zungenrückens gegenüber dem Zungengrund. Im hinteren Abschnitt
des Zungenrückens liegen die Wallpapillen und am seitlichen Zungenrande die Pap. foliatae.
Bei vielen Arten erstrecken sich aber die Papillen auch noch auf den Zungengrund, wenngleich sie hier im allgemeinen spärlicher und oft auch von anderer Beschaffenheit (häufig
mehr zottenartig) sind, als am Zungenrücken.

Bei den Säugetieren werden gewöhnlich dieselben vier Arten von Papillen
unterschieden wie beim Menschen; doch besteht eine außerordentlich große Mannig-
faltigkeit in bezug auf Ausbildung, Verteilung und Zahl bei den verschiedenen Arten.
Hingegen erscheint Anordnung und Zahl der verschiedenen Papillen bei ein und derselben
Art, wenn auch schwankend, im allgemeinen doch konstanter als beim Menschen; so daß
das Verhalten der Zungenpapillen zum Teil als systematisches Merkmal verwertbar wird. Es würde zu weit führen, auf alle diese Verschiedenheiten hier im einzelnen
einzugehen, und es sei diesbezüglich auf das Handbuch von Oppel, ferner auf Münch
(1896), Ellenberger (1911), Kunze (1915) und insbesondere auf die alle Säugetier-
ordnungen umfassenden Untersuchungen Sonntags (1921—26) hingewiesen.

Die Pap. filiformes werden bei den Säugetieren gewöhnlich als Pap. mechanicae
(Pap. operariae nach Immisch 1908) bezeichnet, da sie infolge vollständiger Verhornung
ihrer Fortsätze eine beträchtliche Festigkeit erlangen, ja zu stachelartigen Gebilden
werden können, denen für die Weiterbeförderung der Nahrung sicher eine Bedeutung
zukommt. Dieser Funktion entsprechend erscheinen auch die Hornfortsätze meistens
schlundwärts gerichtet. Die Pap. filiformes zeigen vielfach eine ähnliche Reihenstellung wie beim Menschen; d. b. die Papillenreihen verlaufen parallel den beiden
Schenkeln des V. linguale. Oft ist aber diese Reihenstellung nur schwer zu erkennen. Am
ehesten verschwindet die Regelmäßigkeit der Anordnung gegen die Zungenspitze hin
(Münch 1896).

In ihrer einfachsten Form bestehen die Pap. filiformes aus einer einzigen mikroskopischen bindegewebigen Papille, in deren Verlängerung sich ein faden- oder stachelför-
miger, verhornter Fortsatz über die allgemeine Epitheloberfläche erhebt (z. B. *Monotremen, Einhufer*); oder aber die Papillen sind höher entwickelt (zusammengesetzt) und
bestehen dann, wie beim Menschen, aus einem bindegewebigen Grundstock, dem (entweder nur an der Oberfläche oder auch seitlich) mehrere mikroskopische (bindegewebige)
Papillen aufsitzen. Dabei kann sich entweder nur eine epitheliale, verhornte Papille
über den gemeinsamen Grundsotck erheben, oder es können mehrere Hornfäden frei vorragen. Weiterhin kann der bindegewebige Grundstock die interpapilläre Epitheloberfläche überragen (*Carnivoren*) oder nicht. Die als Pap. coronatae beschriebenen, hauptsächlich den *Beuteltieren* zukommenden mechanischen Papillen sind Gruppen von ringförmig angeordneten, einfachen Pap. filiformes. Auch die „Hornzähne" der Zunge
von *Hystrix cristata* sind als im Sinne bestimmter mechanischer Inanspruchnahme ausgebildete Papillen oder Papillengruppen aufzufassen (Brian 1907).

Pap. fungiformes finden sich von den *Beuteltieren* aufwärts und sind als Geschmackspapillen aufzufassen, da sie Geschmacksknospen tragen. Letztere sind allerdings stets spärlicher als an den Wallpapillen, und haben ihren Sitz an der freien Oberfläche der Papille, während sie in den Wallpapillen an den Seitenflächen liegen. Gewöhnlich zeigt die Oberfläche der Pilzpapillen ein gut ausgebildetes Strat. corneum.

Nach Münch ist im allgemeinen nicht der ganze Zungenrücken gleichmäßig mit Pap.
fungiformes bedeckt, sondern es treten hauptsächlich zwei Verteilungsarten auf: es sind
die Papillen in der Mitte zusammengedrängt, so daß Ränder und Spitze fast vollständig
frei bleiben; oder umgekehrt, die Mitte bleibt frei, und die Papillen häufen sich an den
Rändern und an der Spitze. Oft stehen Pilzpapillen auf der Höhe der Blätter der Pap.
foliata, so daß sie eine oder mehrere Reihen bilden, die sich über das vordere Ende der
Pap. foliata hinaus fortsetzen können. Zu den Reihen (Strömungen) der Pap. filiformes

zeigen sie gesetzmäßige Beziehungen, insofern als eine Pap. fungiformis entweder die Stelle einer filiformis vertritt oder an der Teilungsstelle einer Reihe steht.

Die Pap. vallatae finden sich bei allen Säugetieren, mit Ausnahme von *Hyrax* und den *Bartenwalen*. Auch bei *Hippopotamus* dürften nach Paschkis (1918) Wallpapillen vollständig fehlen. Ihre Zahl und Stellung schwankt aber bei den verschiedenen Arten außerordentlich, so daß gerade das Verhalten dieser Papillen vielfach als systematisches Merkmal verwertet wird. So besitzen z. B. die *Muridae* nur 1 Wallpapille, die *Ungulatae* die größte Zahl dieser Papillen, so wurden beim *Schaf* und bei der *Giraffe* bis zu 50, bei *Rupicapra americana* sogar 72 Wallpapillen gezählt. In der Mehrzahl der Fälle läßt sich die Stellung der Pap. vallatae auf die V-Form oder Y-Form (*Prosimier, Primaten*) zurückführen, sie können aber auch zu beiden Seiten der Mittellinie ein länglichdreieckiges Feld einnehmen (*Cervidae* und *Bovidae*). Zum Unterschiede von den Pap. fungiformes stehen nach Münch die Wallpapillen zwischen den Reihen der Pap. filiformes.

Ausnahmslos sind die Wallpapillen gekennzeichnet durch die in den Graben einmündenden serösen Drüsen und durch das Vorkommen von Geschmacksknospen an ihrer Grabenwand. Das Vorkommen von Knospen an der gegenüberliegenden Wand des Grabens findet sich außer beim Menschen nur noch bei wenigen höheren Säugetieren. Am Oberflächenepithel der Wallpapillen von *Katze* und *Hund* kommt es (nach Musterle 1903) gelegentlich zu Wucherungen in Form von tief reichenden Zapfen und auch zu Abschnürungen von Epithelzellen. Ellenberger hat (wie Schaffer beim Menschen) nicht selten glatte Muskelfasern in den Wallpapillen von Haussäugetieren gefunden. Bei den *Monotremen* und *Platyrrhinen* erscheinen die Wallpapillen in die Tiefe versenkt. Sie erheben sich vom Boden je einer Grube, die nur durch einen engen Kanal mit der Zungenoberfläche in Verbindung steht und tragen Geschmacksknospen auch an ihrer oberen Fläche. Am Zungenrücken der *Zahnwale* kommen im Winkel gestellte, Geschmacksknospen tragende Spalten vor, in deren Tiefe seröse und muköse Drüsen münden. Nach Wolf (1911) handelt es sich dabei um eigentümlich umgewandelte Wallpapillen. Da somit die Wallpapillen nicht immer in typischer Gestalt auftreten müssen, so schlägt Wolf für die Summe der Wallpapillen oder der ihnen entsprechenden Knospen führenden und mit serösen Drüsen versehenen Gebilde die Bezeichnung „Rückenorgan", zum Unterschied vom „Randorgan" der Zunge, worunter die Pap. foliata verstanden wird, vor.

Die Frage, ob verwandtschaftliche Beziehungen zwischen Pap. vallatae und fungiformes bestehen, und die damit zusammenhängende Frage, ob es Übergangsformen zwischen beiden Papillenarten gibt, ist oft gestellt und verschieden beantwortet worden. Gmelin (1892), Münch (1896) und Stahr (1901) nehmen diesbezüglich einen ablehnenden Standpunkt ein. Oppel (1900) betrachtet die Pap. vallatae als weitergebildete Pap. fungiformes, glaubt aber, daß bei den jetzt lebenden Arten wohl kaum mehr Übergänge zwischen den beiden zu finden sein dürften. Becker (1908), Haller (1910) und Kunze (1915) sind der Ansicht, daß die Wallpapillen sich aus Pilzpapillen nach dem Erwerb von Geschmacksdrüsen entwickelt haben und beschreiben bei verschiedenen Arten „echte" Übergangsformen zwischen beiden. Für die nahen verwandtschaftlichen Beziehungen spricht auch der Umstand, daß in der Reihe der Wallpapillen, an Stelle einer solchen, eine Pilzpapille stehen kann, wie dies besonders von Kunze bei verschiedenen Affenarten nachgewiesen wurde. Nach Kunze sind die echten Übergangsformen gekennzeichnet durch das Vorhandensein von frühesten Entwicklungsstufen oder geringsten Mengen von serösen Drüsen und weiterhin dadurch, daß sie in den Papillenreihen angeordnet sind, an deren einem Ende Pap. vallatae, an dem anderen Ende Pap. fungiformes stehen. In den einseitig entwickelten Wallpapillen (beim *Rind* und *Affen* gefunden), bei denen ein Graben nur auf einer Seite vorhanden ist, sieht Becker die überzeugendsten Übergangsformen; Kunze hält sie für Zwitterbildungen zwischen Pap. vallatae und fungiformes.

Die Pap. foliata, das Randorgan oder Mayersche Organ der Zunge findet sich nicht so konstant wie die Pap. vallatae. Es sind immerhin mehrere Arten bekannt geworden, bei denen von einem Randorgan nichts nachzuweisen ist. Im allgemeinen liegt die Pap. foliata, wie beim Menschen, jederseits am seitlichen Zungenrande vor dem Abgange des Arcus glossopalatinus und ist bei der Mehrzahl der Säugetiere, wo sie überhaupt vorkommt, besser entwickelt als beim Menschen. So wie die Pap. vallatae ist auch das Randorgan vor allem gekennzeichnet durch das Vorhandensein von Geschmacksknospen und serösen Drüsen (Geschmacksdrüsen).

Am häufigsten und eingehendsten wurde das gut ausgebildete Randorgan des *Kaninchens* untersucht. Hier bildet es ein ziemlich scharf abgegrenztes, annähernd eiförmiges Organ, dessen längere Achse mit der Längsachse der Zunge zusammenfällt. Es wird von etwa 12—16 annähernd frontal gestellten Blättern, den Geschmacksleisten, gebildet, zwischen denen sich die Geschmacksfurchen einsenken. Häufig kommen an den Leisten

Gabelungen vor. Im Querschnitt zeigt jede Leiste einen dreigeteilten bindegewebigen Grundstock, über den das Epithel mit geglätteter Oberfläche wegzieht. Die Geschmacksknospen sitzen in mehreren (2—4) Reihen in den Furchenwänden so dicht übereinander, daß sie sich stellenweise berühren. Nahe der freien Oberfläche und an dieser selbst fehlen Geschmacksknospen. Die serösen Drüsen münden in der Tiefe der Geschmacksfurchen. Zu den Leisten (Strömungen) der Pap. filiformes zeigt nach Münch die Pap. foliata insofern eine gesetzmäßige Beziehung, als die einzelnen Blätter fast immer in die Fortsetzung dieser Leisten fallen; und zwar entspricht ein Blatt gewöhnlich zwei Papillenleisten.

Phylogenetisch leitet HALLER (1910) das Randorgan aus serial angeordneten Wallpapillen ab. Tatsächlich finden sich bei den *Monotremen* die Randorgane vertreten durch Papillen, die sich von typischen Wallpapillen eigentlich nur durch ihre weiter seitlich gelegene Stellung unterscheiden (OPPEL).

Lymphoides Gewebe kommt, wie beim Menschen, auch bei den Säugetieren hauptsächlich in der Schleimhaut des Zungengrundes (zum Teil auch am Zungenrande) vor, und zwar in diffuser Form, als Einzelknötchen und als Zungenbälge. Während manche Tiere (z. B. *Schaf, Ziege*) des lymphoiden Gewebes im Bereich des Zungengrundes fast vollständig entbehren, besitzen andere (z. B. *Hund, Katze*) nur Einzelknötchen oder es kommt zur Ausbildung typischer Zungenbälge (z. B. *Pferd, Rind*). Ausnahmsweise hat ELLENBERGER in den Balghöhlen Flimmerepithel gefunden. Diffuses lymphoides Gewebe findet sich neben zahlreichen Einzelknötchen am Zungengrunde des *Schweines*. Hier tritt es auch in den Muskelkörper der Zunge ein. Die konischen Papillen im Bereiche des Zungengrundes des Schweines besitzen einen Grundstock, der zum großen Teil (oft nahezu ganz) aus miteinander verschmolzenen Lymphknötchen gebildet wird. ILLING (1910) schlägt für diese Papillen die Bezeichnung „Pap. tonsillares" vor. Bei der *Ziege* fand HAMECHER (1906) Zungenbälge in der Nähe des Frenulum linguae, im Anschluß an eine Gland. parafrenularis, die er als „Zungenbodentonsille" bezeichnet.

Die Zunge der **Vögel** besteht aus einem Grundstock und dem Schleimhautüberzug. Der Grundstock enthält das Os entoglossum, das gegen die Zungenspitze hin knorpelig wird und hinten mit dem Os hyoideum verbunden ist. Außerdem beteiligen sich an der Bildung des Grundstockes quergestreifte Muskulatur und Drüsen; doch ist die Vogelzunge im Vergleich zur Säugerzunge sehr muskelarm. Eine Eigenmuskulatur der Zunge kann vollständig fehlen. So ist z. B. beim *Huhn* das Spitzendrittel ganz muskelfrei; in das zweite und dritte Drittel strahlen von außen kommende Muskelfasern ein. Andere Vögel (*Psittaci, Coturnix*) besitzen verhältnismäßig reichliche Binnenmuskulatur. Bei jenen Vögeln, welche eine stark entwickelte, weiche Zunge besitzen (*Gans, Ente*), strahlen vom Zungenknochen elastische Lamellen in verschiedenen Richtungen gegen die Oberfläche und verbinden sich mit dem submukösen Gewebe. Die so gebildeten Fächer werden von Fettgewebe, kavernösen Körpern und Drüsen ausgefüllt.

Die Schleimhaut trägt am Zungenrücken ein ungewöhnlich dickes, geschichtetes Pflasterepithel mit sehr starker Verhornung. Gegen den sogenannten Zungengrund hin wird das Epithel allmählich niedriger. Eine plötzliche Abnahme der Schichten erfolgt an den Seitenrändern, so daß an der Unterfläche der Zunge das Epithel etwa auf den vierten Teil seiner Dicke abschwillt. Starke Verhornung zeigt außer dem Zungenrücken vor allem auch die Unterfläche der Zungenspitze, wo es zur Bildung des sogenannten Hornblättchens kommt. Die Lamina propria sendet in das Epithel sehr hohe (mikroskopische) Papillen, die aber keine Vorragungen der Epitheloberfläche bedingen. Makroskopische Zungenpapillen, die den Zungenpapillen der Säugetiere vergleichbar wären, fehlen der Vogelzunge. Es kommen wohl große, zugespitzte Schleimhauterhebungen vor, die den Erhebungen am Dache der Mund-Schlundkopfhöhle gleichen, aber kaum als Pap. filiformes zu bezeichnen sind. Geschmacksknospen finden sich in der Vogelzunge im allgemeinen nur in sehr spärlicher Menge, so daß ihr Vorkommen lange Zeit überhaupt in Abrede gestellt wurde. Sie liegen im hinteren Abschnitt der Zunge, vor allem in der Nähe der Mündungsstellen von Drüsen (BOTEZAT 1910, GRESCHIK 1917).

Die Zunge der **Reptilien** zeigt so weitgehende Formverschiedenheiten, daß diese bei den *Sauriern* z. B. als Einteilungsgrund verwendet wurden (*Vermilinguia, Crassilinguia, Brevilinguia, Fissilinguia*). Der verschiedenen Form entspricht, zum Teil wenigstens, ein recht verschiedener Bau, so daß kaum eine allgemein gültige Charakteristik der Reptilienzunge gegeben werden kann. (Bezüglich zahlreicher Einzelbeschreibungen siehe LUDWIG FERD. VON BAYERN 1884). Das Os entoglossum reicht bei Reptilien nicht mehr in den freien Teil der Zunge hinein. Die Zungenmuskulatur ist sehr verschieden entwickelt, womit die verschiedene Beweglichkeit der Zunge zusammenhängt. Die geringste Beweglichkeit besitzt die Schildkröten- und Krokodilierzunge. Auch der Gehalt an Drüsen schwankt außerordentlich. Bei manchen Arten besteht die Zunge zum großen Teil aus

Drüsen (*Schildkröten, Gecko*); bei *Bronchocela* wird die Zungenspitze fast nur von Drüsen gebildet. Auch die Zunge der *Krokodilier* ist drüsenreich.

Die Schleimhaut trägt bei den meisten Reptilien verschieden geformte Papillen, die z. B. bei *Anguis fragilis* und *Pseudopus apus* mehr an blattförmige Zotten erinnern. Das Epithel ist entweder ausschließlich ein geschichtetes Pflasterepithel (*Ophidier*), an dem auch Verhornung auftreten kann; oder es kommt neben diesem ein einfaches, Schleim absonderndes Zylinderepithel vor. So findet sich bei *Anguis, Pseudopus* und *Lacerta* im Bereiche der Zotten geschichtetes Pflasterepithel nur an deren Spitzen, während im übrigen die Zotten von becherzellenähnlichen Schleimzellen bekleidet werden (v. SEILLER 1891). Geschmacksknospen kommen an der Zunge vor, sind aber nicht an bestimmte Papillenarten gebunden.

Die Zunge der **Amphibien** ist muskulös-drüsig, die tubulösen Drüsen sind im allgemeinen über die ganze Zungenoberfläche verbreitet und bilden häufig eine geschlossene Drüsenschicht, in der die Schläuche so dicht stehen, daß von dem dazwischenliegenden Gewebe kaum etwas zu sehen ist (*Salamandra maculosa*). Von der Schleimhautoberfläche erheben sich ziemlich allgemein Papillen, die gewöhnlich als Pap. filiformes und fungiformes bezeichnet werden. An letzteren sind Sinnesknospen nachgewiesen worden, von denen es fraglich erscheint, ob es sich um Geschmacksknospen handelt. Das Zungenepithel ist zum größten Teil ein mehrreihiges, flimmerndes Zylinderepithel mit Becherzellen, kann aber stellenweise auch einfaches, nicht flimmerndes Zylinderepithel sein. *Proteus anguineus* besitzt ein aus drei bis vier Lagen bestehendes geschichtetes Pflasterepithel mit eingestreuten Becherzellen.

Die Zunge der **Fische**, die, soweit sie überhaupt vorhanden ist, nur einen Schleimhautüberzug des Zungenbeines darstellt, trägt im allgemeinen ein aus wenigen Schichten bestehendes Epithel mit Becherzellen, ähnlich wie bei *Proteus*. Auch an der Zunge der Fische sind, wie an anderen Stellen der Mundhöhle, Sinnesknospen beschrieben worden.

Literatur.

AAGAARD, OTTO C.: Über die Lymphgefäße der Zunge, des quergestreiften Muskelgewebes und der Speicheldrüsen des Menschen. Anat. Hefte Bd. 47, S. 495—648. 1913. — BAYERN, LUDWIG FERDINAND PRINZ VON: Zur Anatomie der Zunge. Eine vergleichend-anatomische Studie. 108 S. München 1884. — BECKER, J.: Über Zungenpapillen. Ein Beitrag zur phylogenetischen Entwicklung der Geschmacksorgane. Jenaische Zeitschr. f. Naturwiss. Bd. 43. S. 537—618. 1908. — BOCHDALCK jun., VICTOR: Über das Foramen coecum der Zunge. Österr. Zeitschr. f. prakt. Heilk. Jg. 12. 1866. — BOTEZAT, E.: Morphologie, Physiologie und phylogenetische Bedeutung der Geschmacksorgane der Vögel. Anat. Anz. Bd. 36, S. 428—461. 1910. — BRIAN, OTTO: Zur Kenntnis der Hornzähne auf der Zunge von *Hystrix cristata*. Gegenbaurs morphol. Jahrb. Bd. 37, S. 155—158. 1907. — CUTORE, GAETANO: a) Granuli intracellulari di grassi neutri e di cheratojalina dell' epithelio di rivestimento della lingua. Monit. zool. ital. Anno 27. 12 S. 1916. — b) Lo sviluppo delle ghiandole della lingua nell' uomo. Arch. ital. di anat. e di embriol. Bd. 22. S. 208—246. 1925. — DITLEVSEN, CHRISTIAN: Über einige eigentümliche Zellformen in dem Zungenepithel des Meerschweinchens. Anat. Anz. Bd. 43, S. 481—500. 1913. — v. EBNER, V.: KOELLIKERS Handb. d. Gewebelehre Bd. 3. Leipzig 1902. — ELLENBERGER, W.: Der Verdauungsapparat. ELLENBERGERS Handb. d. vergl. mikroskop. Anat. d. Haustiere Bd. 3. Berlin 1911. — FAURE, C.: Sur le développement structural de la langue et sur le tractus thyréo-glosse chez l'homme. 73 S. Thèse, Toulouse 1912. — FAURE et TOURNEUX: Sur les thyréoides accessoires et le canal thyréoglosse. Cpt. rend. de l'assoc. anat. S. 153—159. 1912. — GAGZOW. RICHARD: Über das Foramen caecum der Zunge. 19 S. Diss. Kiel 1893. — GEGENBAUR, C.: a) Die Unterzunge des Menschen und der Säugetiere. Gegenbaurs morphol. Jahrb. Bd. 9, S. 428—456. 1884. — b) Zur Phylogenese der Zunge. Ebenda Bd. 21, S. 1—18. 1894. — GIACOMINI: Anotations sur l'anatomie du nègre. Arch. ital. de biol. Bd. 6, S. 249—258. 1884. — GMELIN: Zur Morphologie der Papilla vallata und foliata. Arch. f. mikroskop. Anat. Bd. 40, S. 1—28. 1892. — GRÅBERG, J.: Beiträge zur Genese des Geschmacksorganes des Menschen. Morphol. Arbeiten Bd. 8, S. 117—134. 1898. — GRABERT, WERNER: Vergleichende Untersuchungen an Herero- und Hottentottenzungen. Arch. f. Anat. S. 45—64. Jg. 1910. — GRESCHIK, EUGEN: Geschmacksknospen auf der Zunge des Amazonenpapageis. Anat. Anz. Bd. 50, S. 257—270. 1917. — GROSSER, O.: Die Entwicklung des Kiemendarmes und des Respirationsapparates. Handb. d. Entwicklungsgesch. d. Menschen von KEIBEL und MALL. Leipzig 1911. — HALLER, B.: Die phyletische Entfaltung der Sinnesorgane der Säugetierzunge. Arch. f. mikrosk. Anat. Bd. 74, S. 368—467. 1910. — HAMECHER jun., HANS: Ein Beitrag zur Frage des Vorkommens einiger Mundhöhlendrüsen (der Gl. parafrenularis, paracaruncularis sublingualis und der Gl. marginalis linguae) und eigenartiger Epithelnester im Epithel der Ausführungsgänge von Mundhöhlendrüsen. Anat. Anz. Bd. 28, S. 405—409. 1906. — Heiderich, F.: a) Die Zahl und die Dimensionen der Geschmacksknospen der Papilla vallata des Menschen in den verschiedenen Lebensaltern. Nachr. v. d. Kgl. Ges. d. Wiss., Göttingen, Math.-physik. Klasse 1905. — b) Über das Vorkommen von Flimmerepithel an menschlichen Papillae vallatae. Anat. Anz. Bd. 28, S. 315—316. 1906. — Hellman son, Torsten J.: Die Genese der Zungenpapillen beim Menschen. Upsala läkareförenings förhandl. Ny följd Bd. 26. Festschr. f. Hammar 1921. — Hintze, Kurt: Über die Entwicklung der Zungenpapillen beim Menschen. 19 S. Diss. Straßburg 1890. — Hoffmann, A.: Über die Verbreitung der Geschmacksknospen beim Menschen. Virchows Arch. f. pathol. Anat. u. Physiol. Bd. 62, S. 516—530. 1875. — Hopf, K. u. Edzard, D.: Beobachtungen über die Verteilung der Zungenpapillen bei verschiedenen Menschenrassen. Zeitschr. f. Morphol. u. Anthropol. Bd. 12, S. 545—558. 1910. — Illing, G.: Über Vorkommen und Formation des cytoblastischen Gewebes im Verdauungstractus der Haussäugetiere. I. Die Mundhöhle. Gegenbaurs morphol. Jahrb. Bd. 40, S. 621—656. 1910. — Immisch, Kurt Benno: Untersuchungen über die mechanisch wirkenden Papillen der Mundhöhle der Haussäugetiere. Anat. Hefte Bd. 35, S. 758—859. 1908. — Jurisch, August: Über die Morphologie der Zungenwurzel und die Entwicklung des adenoiden Gewebes der Tonsillen und der Zungenbälge beim Menschen und einigen Tieren. Ebenda Bd. 47, S. 35—248. 1912. — Kallius, E.: a) Geschmacksorgan. Bardelebens Handb. d. Anat. d. Menschen. Jena 1905. — b) Beiträge zur Entwicklung der Zunge. Anat. Hefte Bd. 16. 1901; Bd. 28. 1905; Bd. 31. 1906; Bd. 41. 1910. — Kanthack, A. A.: The thyreoglossal duct. Journ. of anat. a. physiol. Bd. 25, S. 155—165. 1891. — Krause, Gregor: Über die Papillae filiformes des Menschen. 35 S. Diss. Königsberg 1908. — Küttner, H.: Über die Lymphgefäße und Lymphdrüsen der Zunge. Bruns' Beitr. z. klin. Chirurg. Bd. 21, S. 732—786. 1898. — Kunitomo, Kanaé: Über die Zungenpapillen der Japaner. Zeitschr. f. Morphol. u. Anthropol. Bd. 14, S. 339—366. 1911. — Kunze, Gustav: Die Zungenpapillen der Primaten. Gegenbaurs morphol. Jahrb. Bd. 49, S. 569—681. 1915. — Münch, Francis: Die Topographie der Papillen der Zunge des Menschen und der Säugetiere. Morphol. Arbeiten Bd. 6, S. 605—690. 1896. — Musterle, F.: Zur Anatomie der umwallten Zungenpapillen der Katze und des Hundes. Arch. f. wiss. u. prakt. Tierheilk. Bd. 30, S. 141—161. 1903. — Neuffer, Eduard: Der Bau der Papillae filiformes der menschlichen Zunge. Zeitschr. f. d. ges. Anat., Abt. 1: Zeitschr. f. Anat. u. Entwicklungsgesch. Bd. 75, S. 319—360. 1925. — Neumann, E.: Flimmerepithel im Oesophagus menschlicher Embryonen. Arch. f. mikroskop. Anat. Bd. 12, S. 570—574. 1876. — Nussbaum, J. u. Markowski, Z.: a) Zur vergleichenden Anatomie der Stützorgane in der Zunge der Säugetiere. Anat. Anz. Bd. 12, S. 551—561. 1896. — b) Weitere Studien über die vergleichende Anatomie und Phylogenie der Zungenstützorgane der Säugetiere, zugleich ein Beitrag zur Morphologie der Stützgebilde in der menschlichen Zunge. Ebenda Bd. 13, S. 345—358. 1897. — Oppel, Albert: a) Über die Zunge der Monotremen, einiger Marsupialier und von *Manis javanica*. Jenaische Denkschr. Bd. 7, 66 S. (Semons Zool. Forschungsreisen Bd. 4). 1899. — b) Lehrbuch der vergleichenden mikroskopischen Anatomie der Wirbeltiere. III. Teil. Jena 1900. — Paschkis, Karl: Über das Fehlen von Papillae vallatae in der Zunge von *Hippopotamus amphibius*. Anat. Anz. Bd. 51, S. 446—454. 1918. — Patzelt, V.: Über Anomalien des Ductus thryreoglossus und Schilddrüsenanlagen in der Zunge des Menschen. Verhandl. d. anat. Ges. S. 220—232. 1923. — Ponzo, Mario: Intorno alla presenza di organi gustativi sulla faccia inferiore della lingua del feto umano. Anat. Anz. Bd. 30, S. 529—532. 1907. — Rosstäuscher, Max: Zur Kenntnis der Schilddrüse am Zungengrund. Dtsch. Zeitschr. f. Chirurg. Bd. 182, S. 217—228. 1923. — Rudberg, Herman: Die Papillenzeichnung des Zungenbildes als typisches Merkmal. cf. Bertillon. 36 S. Diss. Königsberg 1922. — Schaffer, J.: a) Beiträge zur Histologie menschlicher Organe. 4. Zunge. 5. Mundhöhle, Schlundkopf. 6. Oesophagus. 7. Cardia. Sitzungsber. d. Akad. Wien, Mathem.-naturw. Kl. III, Bd. 106, 103 S. 1897. — b) Lehrbuch der Histologie und Histogenese. 2. Aufl. Leipzig 1922. — Schmidt, M. B.: Über die Flimmercysten der Zungenwurzel und die drüsigen Anhänge des Ductus thyreoglossus. S. 89—148. Festschr. f. Benno Schmidt. Jena 1896. — Schumacher, S.: Histologie der Luftwege und der Mundhöhle. Handb. d. Hals-, Nasen-, Ohrenheilk. von Denker u. Kahler. 148 S. Berlin 1925. — Seiller, Frhr. v.: Über die Zungendrüsen von *Anguis*, *Pseudopus* und *Lacerta*. Arch. f. mikroskop. Anat. Bd. 38, S. 177—264. 1891. — v. Skramlik, Emil: Physiologie der Mundhöhle und des Rachens. Handb. d. Hals-, Nasen-, Ohrenheilk. von Denker und Kahler. Berlin 1925. — Sobotta, J.: a) Anatomie der Schilddrüse. v. Bardelebens Handb. d. Anat. d. Menschen Bd. 6. Jena 1915. — b) Über den Zusammenhang von Muskel und Sehne. Zeitschr. f. mikroskop.-anat. Forsch. Bd. 1, S. 229 bis 244. 1924. — Sonntag, Charles F.: The comparative anatomy of the tongues of the Mammalia. Proc. of the zool. soc. of London 1921, 1922, 1923, 1924. — Stahr,

HERMANN: a) Über die Papillae fungiformes der Kinderzunge und ihre Bedeutung als Geschmacksorgan. Zeitschr. f. Morphol. u. Anthropol. Bd. 4, S. 199—260. 1901. — b) Zur Ätiologie epithelialer Geschwülste. 1. Epithelperlen in den Zungenpapillen des Menschen. 2. Eine experimentell erzeugte Geschwulst der Rattenvallata. Zentralbl. f. allg. Pathol. u. pathol. Anat. Bd. 14, S. 1—6. 1903. — c) Demonstration. Verhandl. d. anat. Ges., Heidelberg 1903. — d) Über gewebliche Umwandlungen an der Zunge des Menschen im Bereiche der Papilla foliata. Arch. f. mikroskop. Anat. Bd. 75. S. 375—413. 1910. — TOKARSKI, JULIAN: Neue Tatsachen zur vergleichenden Anatomie der Zungenstützorgane der Säugetiere. Anat. Anz. Bd. 25, S. 121—131. 1904. — TOLDT, C.: Blutgefäße des Darmkanals. STRICKERS Handb. der Lehre von den Geweben des Menschen und der Tiere. Leipzig 1871. — WOLF, EMIL ALFRED: Über die Zungenpapillen der Wale. 59 S. Diss. Berlin 1911. — v. WYSS, H.: Die becherförmigen Organe der Zunge. Arch. f. mikroskop. Anat. Bd. 6, S. 237—260. 1870. — ZIELER, KARL: Zur Anatomie der umwallten Zungenpapillen des Menschen. Anat. Hefte Bd. 16, S. 761—782. 1901. — ZUCKERMANN, N.: Beobachtungen über den Ventriculus laryngis und die Zungenpapillen einiger Melanesier. Zeitschr. f. Morphol. Anthropol. Bd. 15, S. 207—212. 1913.

C. Die Speicheldrüsen der Mundhöhle und die Bauchspeicheldrüse[1].

Von

K. W. ZIMMERMANN
Bern.

Mit 186 Abbildungen.

Allgemeines.

Unter Speicheldrüsen, Glandulae salivales, im engeren Sinne verstehen wir alle Organe, deren Absonderungen zusammen den Mundspeichel, Saliva, bilden, d. h. ein Sekret, dessen Hauptbestandteile außer Wasser das Ferment Ptyalin und Schleim sind. Sie münden teils in den Vorhof teils in den Hauptraum der Mundhöhle und gehören daher zu den offenen oder exokrinen Drüsen. Ihr Ausbreitungsgebiet erstreckt sich demnach von den Lippen und Wangen bis zum Isthmus faucium.

I. Einteilung der Speicheldrüsen.

Man kann sie sowohl nach der Lage ihrer Mündungen, d. h. Stellen, von wo aus sie sich entwickelt haben, als auch nach ihrem histo-physiologischen Verhalten einteilen, wobei man eine etwas verschiedene Gruppierung erhält. Berücksichtigt man zunächst die erstere, so ergibt sich folgende Zusammenstellung:

I. Drüsen des Vorhofs, Gl. vestibulares oris:
- A. Drüsen der Lippen, Gl. labiales,
  - 1. Drüsen der Oberlippe, Gl. lab. superiores,
  - 2. Drüsen der Unterlippe, Gl. lab. inferiores.
- B. Drüsen der Wangen, Gl. buccales,
  - 1. Kleine Wangendrüsen, Gl. bucc. minores,
  - 2. Ohrspeicheldrüse, Gl. parotis.

II. Drüsen der Mundhöhle im engeren Sinne:
- A. Drüsen am Boden der Mundhöhle,
  - a) Drüsen zwischen Zunge und Unterkiefer, Gl. glossomandibulares,
    - α) selbständig mündende:
      - 1. Kleinere Unterzungendrüsen, Gl. sublinguales minores (es gibt viele obere mit kürzeren und wenige untere mit längeren Ausführgängen),
      - 2. Drüsen am Arcus glossopalatinus, Isthmusdrüsen, Gl. glossopalatinae,
    - β) unselbständige, d. h. vermittelst eines gemeinschaftlichen Sammelganges (Ductus mandibularis) auf der Caruncula sublingualis mündende:

---

[1] Abgeschlossen am 15. Mai 1926.

1. Unterkieferdrüse, Gl. mandibularis,
2. Zusammengesetzte Mundbodendrüsen, Gl. glossomandibulares compositae,
3. Große Unterzungendrüse, Gl. sublingualis maior,

b) Drüsen der Zunge, Gl. linguales:
1. Vordere Zungendrüsen, Gl. linguales anteriores,
2. Hintere Zungendrüsen, Gl. linguales posteriores:
α) Drüsen der Geschmackspapillen, Gl. gustatoriae,
β) Schleimdrüsen, des Zungengrundes und Zungenrandes.

B. Drüsen am Dach der Mundhöhle:
Untere Gaumendrüsen, Gl. palatinae inferiores.

Man könnte die Drüsen auch der Größe nach einteilen:

a) große: Ohrspeicheldrüse und Unterkieferdrüse,

b) mittlere: zusammengesetzte Mundbodendrüse und große Unterzungendrüse,

c) kleine: Unterzungendrüsen[1]), Lippen,- Wangen-, Zungen-, Gaumen-, Isthmus-drüsen. Da jedoch ihre Bedeutung in der Absonderung der den Speichel zu-sammensetzenden Stoffe liegt und in dieser Beziehung große Unterschiede be-stehen, welche auch in histologischer Hinsicht in den Vordergrund treten, so ist eine Einteilung auch von diesem Standpunkt aus wohl berechtigt.

Gewöhnlich pflegt man dabei von serösen oder Eiweißdrüsen, von mukösen und von gemischten Drüsen zu sprechen, es wird also „serös" und „mukös" ein-ander gegenübergestellt. Dies sind jedoch keine Gegensätze, wie aus der Wort-ableitung hervorgeht:

Serös (sĕrosus) kommt vom nicht klassischen sĕrum, die Molke, der wässerige Teil der geronnenen Milch. Der Stamm ser (fließen, eilen) scheint sehr alt zu sein, ist er doch verwandt mit dem Sanskritwort sárati (eilt, fließt). Griechisch ὀρός (σορός), die Molke, Blutflüssigkeit, verwandt mit ὁρμή (ὄρνυμι, ich erwecke, bewege), Marsch, Andrang, Trieb.

Mukös (mucosus) stammt vom nachklassischen mücŭs, i, der Nasenschleim von (e-) mungo, ausschneuzen; Sanskrit muñcáti er läßt los. Griechisch μῦκος, ὁ, der Schleim von μύσσω, μύττω (fut. μύξω) schneuzen; μυκτήρ, die Nüster.

Serös bedeutet also ursprünglich nichts anderes als wässerig, dünnflüssig im Gegensatz zu viscös (von Viscum, die Mistel, der Vogelleim) zähflüssig, während der Bezeichnung mukös besser albuminös gegenüberzustellen wäre. Es lehrt ja auch die Physiologie, daß je nachdem eine Drüse durch den Parasympathicus oder den Sympathicus gereizt wird, sie ein dünnflüssiges, also seröses, oder ein zähflüssiges, also viscöses Sekret liefert. Anton Heidenhain (1870), der den Ausdruck „serös" wohl zuerst für Drüsen eingeführt hat, gebrauchte ihn allerdings im Gegensatz zu mukös, indem er von den Drüsen der Nasen-schleimhaut sagt, „daß diese Drüsen keinen Schleim, sondern ein klares, wässeriges Sekret liefern". Sein Bruder R. Heidenhain (1878) sagt nun ausdrücklich, daß er infolge der Erkenntnis, daß das Sekret der „serösen Drüsen unter Umständen Mengen von Albuminaten enthalten, dem Ausdruck „seröse Drüsen" die Bezeichnung „Eiweißdrüsen" vorziehe. Auch V. v. Ebner, W. v. Möllendorff (Ph. Stöhr), J. Schaffer u. a. gebrauchen denselben in ihren Lehrbüchern, indem sie von „Eiweißdrüsen" bzw. „Eiweißzellen" sprechen. Eiweiß heißt aber Albumen und nicht Serum, weshalb man nach dem Vorgang von E. Klein (bzw. A. Kollmann 1886) für Eiweißzellen konsequenterweise „albuminöse" und nicht seröse Zellen sagen muß. Übrigens hat schon G. Asp (1873) die Zellen der Endkomplexe „Albu-minzellen" genannt, und Langley (1886) spricht von „albuminous cells", Nicolas (1892) von „glandes albumineuses".

Wenn wir nun die sämtlichen Speicheldrüsen so anordnen, daß die relativ reinen Eiweißdrüsen an der Spitze stehen und dann die übrigen nach dem abneh-

---

[1]) Allgemein werden in der deskriptiven Anatomie die große und die kleinen Unter-zungendrüsen als eine einzige Gl. sublingualis zusammengefaßt und zu den großen ge-rechnet. Wir werden die Gründe, welche für eine Trennung sprechen, weiter unten an-geben. Immerhin kann man sie unter der Bezeichnung „Sublinguale Drüsengruppe" zu-sammenfassen. Der Ausdruck „Gl. sublingualis polystomatica" ist abzulehnen, da, wenn aus einer Drüsenmasse mehrere Ausführgänge hervorkommen, eine Gruppe von „Gl. monostomaticae" vorliegt, wie bei den Tränen-, Milch-, Prostatadrüsen.

menden Gehalt an Eiweißzellen und dem zunehmenden an Schleimzellen folgen, bis am Ende nur reine Schleimdrüsen stehen, so ergibt sich folgende Gruppierung:

I. In der Regel reine Eiweißdrüsen:
Die Ohrspeicheldrüse des Erwachsenen.

II. Drüsen mit sehr geringer, häufig ganz fehlender Beimengung von Schleimzellen: Die Drüsen der Geschmackspapillen.

III. Drüsen mit regelmäßigem Gehalt an Schleimzellen:
    a) Die Schleimzellen sind gegenüber den Eiweißzellen in der Minderheit:
        1. Die Ohrspeicheldrüse des Neugeborenen,
        2. Die Unterkieferdrüse,
        3. Die zusammengesetzten Mundbodendrüsen,
        4. Gelegentlich die große Unterzungendrüse.
    b) Sie sind in der Überzahl:
        1. Die Lippendrüsen,
        2. Die kleinen Wangendrüsen,
        3. Die vorderen Zungendrüsen,
        4. Die meisten kleineren Unterzungendrüsen,
        5. In der Regel die große Unterzungendrüse.

IV. Schleimdrüsen, denen nur ganz ausnahmsweise Eiweißzellen beigemischt sind:
Einzelne Schläuche der hinteren Zungenschleimdrüsen.

V. Reine Schleimdrüsen:
    1. Einige kleine Unterzungendrüsen oder Teile von solchen bei manchen Individuen.
    2. In der Regel alle Schleimdrüsen des Zungengrundes und -randes.
    3. Die Isthmusdrüsen.

Die Bauchspeicheldrüse nimmt eine Sonderstellung ein, indem ihr in großen Mengen „Inseln" mit „interner" oder „endokriner" Sekretion beigemengt sind, und an den gröberen Ausführgängen regelmäßig kleine sogenannte Schleimdrüsen[1]) sitzen; sie ist also in ihrer Gesamtheit in doppeltem Sinne als gemischt zu bezeichnen.

II. Die Form der Speicheldrüsen.

Alle Speicheldrüsen, die größten wie die kleinsten, bilden ein reich verzweigtes Röhrensystem, an dem man, äußerlich betrachtet, meist dickere und dünnere Abschnitte unterscheiden kann. Von der äußeren Form darf man jedoch nicht ohne weiteres auf die Weite des Hohlraumes sowie auf die Dicke der Wand und den Zellcharakter schließen.

Gehen wir bei der Beschreibung des Geästes vom blinden Ende aus und zwar bei einer besonders reich gegliederten Drüse, wie z. B. der Unterkieferdrüse, so finden wir zuerst den die wichtigsten Bestandteile des Sekrets liefernden Teil und nennen ihn daher „Hauptstück, Pars principalis". Er wird vielfach auch Endstück genannt. Der folgende Abschnitt ist bei sehr wechselnder Länge der dünnste Teil des ganzen Schlauchsystems und wird daher passend als „Halsstück" oder „Isthmus" bezeichnet[2]). Es ist das „Schaltstück" der Autoren, auch wird es von M.

---

[1]) Wenigstens zeigen sie bei Färbung mit Mucikarmin Rotfärbung (Mukoidreaktion), womit jedoch ihre muköse Natur noch keineswegs sicher bewiesen ist. Genaueres siehe unter „Bauchspeicheldrüse".

[2]) Über die Bedeutung des Wortes „Isthmus" lesen wir in H. TRIEPELS „Die anatomischen Namen, ihre Ableitung und Aussprache", 2. Aufl. (Wiesbaden 1908): „Isthmus, — i, m. eine schmale Verbindung. ὁ ἰσθμός, ursprünglich die Landenge, später auch für die enge Verbindung zweier Hohlräume gebraucht (schon bei den Alten für Rachen-

Heidenhain (1921) und A. Pischinger (1924) „präterminaler Tubulus" genannt. Auf diesen Teil folgt ein erheblich dickerer, dessen Hauptmerkmal eine zur Zellachse parallele Streifung des basalen Abschnittes der hohen Zellen bildet. Ich nenne ihn daher „Streifenstück", Pars striata. Es ist das Pflügersche „Speichelrohr", eine Bezeichnung, welche nichts besagt, da alle Teile des ganzen Drüsenbaumes Bestandteile des Speichels enthalten, also Speichelrohre sind. Auf die Streifenstücke folgen die ungestreiften Ausführungsgänge, Ductus excretorii, im engeren Sinne, da man Halsstücke, Streifenstücke und alles folgende als Ausführungsgangsystem im allgemeinen betrachten kann.

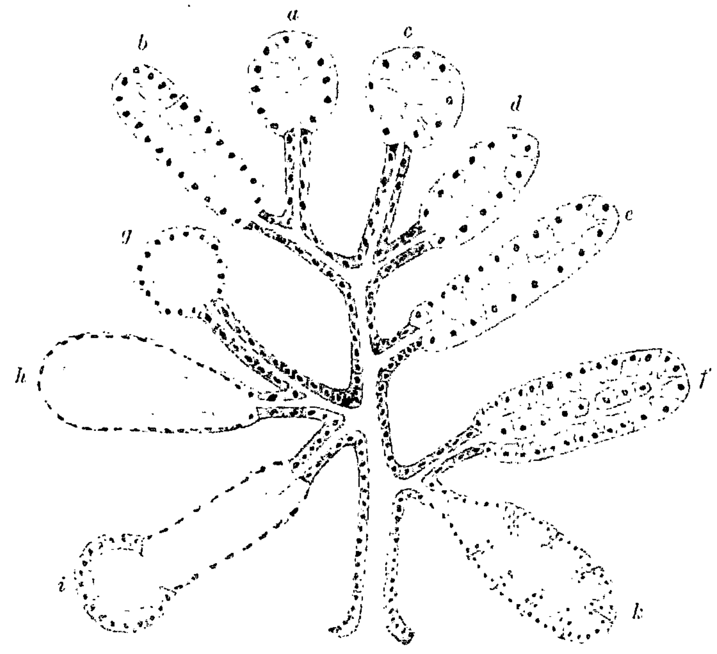

Abb. 1. Schema eines zusammengesetzten Drüsenbäumchens mit äußerlich unverzweigten Hauptstücken, aber verzweigtem Ausführungsgangsystem. *a, c* und *g* zum Teil auch *i* besitzen, äußerlich betrachtet, Beerenformen, alle übrigen sind mehr oder weniger in die Länge gestreckt. *a, b*, zum Teil auch *i* zeigen als Lumen einen einfachen axialen Kanal, *c, d, e, f* ein verzweigtes Kanalsystem, in *f* mit Anastomosen. *g, h, k* und zum Teil *i* besitzen ein weites kammerartiges Lumen, *k* mit nach innen vorragenden Zapfen oder Leisten. *g* ist ein einfacher Alveolus, *h* und *k* sind in die Länge gestreckte Alveoli, also Tubulo-Alveoli. *i* ist ein Tubulus mit Endkammer, also ein Alveo(lo)-Tubulus. In den Speicheldrüsen kommen allgemein vor: *c, d, e* als rein albuminöse Hauptstücke, *b, h* und *i* in den Unterzungendrüsen; *f* (Fundusdrüsen des Magens) und *k* (Prostata) sind nur zum Vergleich beigefügt. Zellstrukturen und etwaige Schichtung oder Höhenabstufung des Epithels wurden nicht berücksichtigt.

Ist das Ausführungsgangsystem im weitesten Sinne des Wortes verzweigt, so ist nach dem Vorschlag von W. Flemming (1888) die ganze Drüse als eine zusammengesetzte zu bezeichnen, ist jedoch nur ein einziger Ausführungsgang vorhanden, in welchen unvermittelt sämtliche Hauptstücke übergehen, so liegt eine einfache Drüse vor. Die Begriffe „verzweigt" oder „unverzweigt" beziehen sich dann nur auf die Hauptstücke. Von drei im großen ganzen gleich reich verästelten Drüsen kann demnach die eine unverzweigt und zusammengesetzt, die andere verzweigt und zusammengesetzt, die dritte verzweigt und einfach sein (s. Abb. 1,

eingang)". Ich gebrauche das Wort also in dem ursprünglichen Sinne. Ich bemerke dies, um dem Einwand zu begegnen, das Wort sei nur auf das Drüsenlumen und nicht auf die äußere Form anwendbar. Unter „Isthmus von Korinth" versteht ja auch niemand einen Kanal!

Abb. 2. Schema eines zusammengesetzten Drüsenbäumchens mit verzweigten Hauptstücken und verzweigtem Ausführungsgangsystem. *a*, *b*, *c* und zum Teil auch *e* zeigen als Lumen einen axialen Kanal, der in *b* und *c* und am Ende des mittleren Astes von *a* noch Seitengänge zeigt; in *c* anastomosieren die Schläuche miteinander. *a*, *b* und *c*, zum Teil auch *e* sind also verzweigte Tubuli. *d* und *f* sind verzweigte Tubulo-Alveoli, *d* teils mit (oben) teils ohne (unten) anders geartetem Endkomplex. *f* zeigt innere Oberflächenvergrößerung in Form von Leisten und Zapfen. *e* ist ein verzweigter Alveo(lo)-Tubulus; das untere Endbläschen ist durch Stauchnng invaginiert. *a* kommt vor in reinen Schleimdrüsen (ohne den Endkomplex des Mittelastes) und in gemischten Drüsen, in der Unterkieferdrüse nur der mittlere Ast, da hier immer noch albuminöse Endkomplexe vorhanden sind. *b* ist der gewöhnliche Befund in allen Eiweißdrüsen und rein albuminösen Abschnitten gemischter Drüsen. *b* und *c* in den albuminösen, hinteren Zungendrüsen und in den Fundusdrüsen des Magens. *d* und *e* finden sich in den Unterzungendrüsen, *f* in den Postatadrüsen.

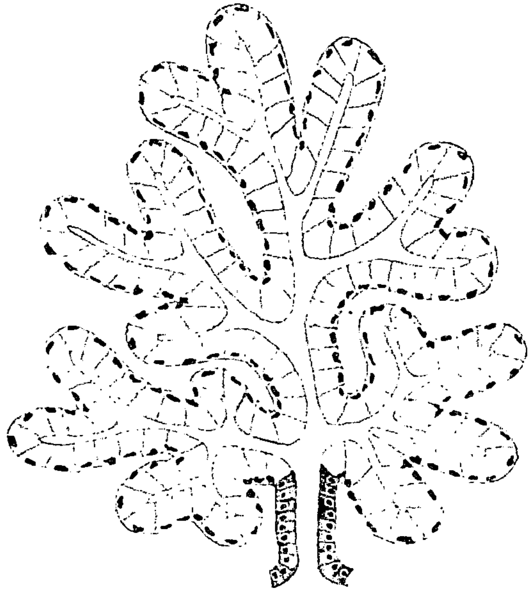

Abb. 3. Schema eines einfachen Drüsenbäumchens mit reich verzweigtem Hauptstück und einem unverzweigten Ausführungsgang, also eine einfache, verzweigte, tubulöse Drüse ohne Nebenkanälchen und Alveolen.

2 und 3). Es hängt dies eben davon ab, wie weit sich die Hauptstücke von den äußersten Astenden gegen den Hauptausführungsgang hin erstrecken. Unverzweigte einfache Drüsen, wie solche im Darmrohr so reichlich vorhanden sind, kommen unter den Speicheldrüsen im allgemeinen nicht vor (s. jedoch Abb. 185).

Die Betrachtungsweise hat jedoch nur für solche Fälle einen Wert, wenn die Hauptstücke allein das Sekret liefern. Nun werden aber immer mehr Stimmen laut, welche wenigstens einem Teil des sogenannten Ausführungsgangsystems die Absonderung eines Teils des Sekrets zuschreiben, so daß es rätlich erscheint, den Begriff der Verzweigung einer Drüse nicht nur auf die Hauptstücke sondern auf alle Teile zu beziehen. Auch sollte man die Bezeichnung „zusammengesetzt" für solche Drüsen verwenden, die aus mehreren unter sich histo-physiologisch verschiedenen Schlauchgruppen oder Läppchen bestehen, wie wir es bei den „zusammengesetzten Mundbodendrüsen, Gl. glossomandibulares compositae", die aus einem Mosaik von Läppchen mandibularen und sublingualen Charakters bestehen, finden werden.

A. Die Hauptstücke.

Dieselben sind äußerlich nur dann gut abzugrenzen, wenn sie durch einen Hals, Isthmus, vom Streifenstück oder einem ungestreiften Ausführgangabschnitt abgetrennt sind. Innerlich macht die Abgrenzung in der Regel keine Schwierigkeiten.

Jedes Hauptstück kann kurz oder lang unverzweigt oder verzweigt sein.

Hierbei kann man im Zweifel sein, ob als verzweigt auch ein Hauptstück zu gelten hat, das bei einfacher äußerer Gestalt im Inneren ein mehr oder weniger verzweigtes Kanalsystem, die sogenannten Sekretcapillaren enthält, die nichts anderes sind als die äußersten Endteile des allgemeinen Kanalsystems der Drüse. Es erscheint jedoch zweckmäßig, nur die äußere Form gelten zu lassen, da die Sekretcapillaren meist so fein sind, daß sie nur mit besonderen Methoden erkennbar gemacht werden können, und sogar gewiegte Untersucher zur irrigen Meinung kommen konnten, daß sie teilweise oder ganz in den Zellen lägen und somit gar nicht zum allgemeinen, von Zellen umschlossenen Kanalsystem gehörten.

In den Bezeichnungen für die Gestalt der Hauptstücke herrscht nun große Verwirrung und Inkonsequenz. Wir finden die Ausdrücke Acinus, Alveolus, Endkammer in gleichem Sinne in Gebrauch, obschon sie verschiedene Dinge bedeuten. Der Vergleich eines gestielten, rundlichen, unverzweigten Hauptstücks mit einer Weinbeere, Acinus, liegt sehr nahe, und wurde auch in diesem Sinne von vielen Autoren gebraucht, doch verstanden ursprünglich die alten Autoren darunter ein kleines Läppchen, also eine Gruppe von Hauptstücken. Nun drückt aber diese Bezeichnung nur die äußere Form aus und sagt über das Innere des Lumen nichts aus. Es besteht also ein gewisses Bedürfnis, dem Wort noch einen die Form des Lumens ausdrückenden Zusatz anzufügen. Um die Verhältnisse klar zu machen, füge ich einige Schemata bei (s. Abb. 1). Abb. 1a stellt einen Acinus mit unverzweigtem axialem kanalartigem Lumen dar. Abb. 1c zeigt bei einfacher äußerer Form im Innern ein verzweigtes Kanalsystem, es handelt sich also um einen Canaliculo-acinus mit verzweigtem Lumen (zwischenzelligen Secretkapillaren). Diese Form ist sehr verbreitet und findet sich z. B. in der Parotis, den rein albuminösen Abschnitten der Unterkieferdrüse und im Pankreas. Fände sich jedoch ein einziger rundlicher, weiter Hohlraum im Innern wie in Abb. 1g (vgl. die Lungenalveolen), so würde für diesen das Wort Alveus oder Alveolus gebraucht werden können, indem Alveus Höhlung, Bauch, Wanne, bedeutet. Die betreffenden Hauptstücke wären also Alveoacini oder einfach Alveoli. Fälschlicherweise wird der letztere Ausdruck häufig statt Canaliculoacinus gebraucht und behauptet, daß z. B. die Parotis eine alveoläre Drüse sei, was sie jedoch niemals ist; alveolär sind nur die sezernierenden Milchdrüsen und die Prostatadrüsen, in gewissem Sinne auch die Talgdrüsen. Ich weiche aus diesen Gründen von der sonst in diesem Handbuch angewandten Namengebung ab, die mit SCHAFFER und vielen älteren Autoren für alle Hauptstücke, die gegenüber dem Isthmus (Schaltstück, präterminalen Tubulus) verdickt sind, unabhängig von der Lumengestaltung den Namen „alveolär" benutzt.

Wie inkonsequent zuweilen verfahren wird, sieht man z. B. aus den Darstellungen von S. MAZIARSKI (1900). Er gibt als Übersetzung des Wortes „Alveolus": „ein verengtes Flußbett, ein kleiner Futtertrog, eine Mulde, eine Schüssel". VÉSAL bezeichnete mit demselben Namen die Zahnhöhlen in der Kinnlade; ROSIGNOL brauchte den Namen „alvéoles" für die Lungenbläschen. Es wird also ausdrücklich konstatiert, daß ein mit weitem Hohlraum im Inneren versehener Gegenstand damit gemeint wird. Er betont ferner in betreff der kugeligen Hauptstücke der Eiweißspeicheldrüsen, daß ihr Lumen keineswegs größer, eher verschmälert sei, infolge der Größe der sezernierenden Elemente im Vergleich mit dem niedrigen Epithel der Schaltstücke. Man sollte nun meinen, daß er aus den von ihm selbst angegebenen Gründen den Ausdruck „Alveolus" als auf die Speicheldrüsen nicht anwendbar erklären würde, statt dessen lesen wir: „Der Name Alveolus, obwohl er in seiner Bedeutung eine Erweiterung des Lumens birgt, entspricht am meisten den sezernierenden, kugeligen Endbläschen der serösen Speicheldrüsen, wenn wir ihre äußere Gestalt im Auge haben." Die gleiche Unstimmigkeit finden wir auch in gewissen Lehrbüchern. A. MAXIMOW (1900) macht den umgekehrten Fehler, indem er als charakteristisches Merkmal einer acinösen Drüse „eine konstante, nicht bloß etwa durch zeitweilige Sekretstauung bedingte Erweiterung des Lumens im Hauptstück im Vergleich mit dem Lumen des Ausführungsganges" fordert.

Auch der Ausdruck „Endbläschen" sowie der z. B. von FR. KOPSCH (RAUBERS Lehrbuch) benutzte „Endkammer", welche beide Übersetzungen von Alveolus sind, also ebenfalls ein weites Lumen voraussetzen, sind als den wirklichen Verhältnissen nicht entsprechend abzulehnen. Allerdings findet man, wie wir noch sehen werden, in den gemischten schlauchförmigen Hauptstücken der Unterzungendrüsen im Bereich der Endkomplexe zuweilen eine mehr oder weniger starke Erweiterung des Lumens (s. Abb. 1c und 2e), man könnte daher von einem mit einer Endkammer versehenen Drüsenschlauch oder einem Alveotubulus sprechen (s. die Abb. 8—13). Da es also, wie schon angegeben, bei den Speicheldrüsen keine Alveoacini, sondern nur Canaliculoacini gibt, genügt es, wenn man nur von Acini spricht, selbst für den Fall, daß die Hauptstücke statt kugelrund etwas verlängert wären, denn es gibt ja auch längliche Weinbeeren (s. Abb. 1d).

So gestalteten Hauptstücken (also nicht Alveolen!) begegnet man in der Parotis, im „exokrinen" (d. h. das Sekret in den Darm sendenden) Teil des Pankreas. Auch ein Teil der Hauptstücke in der Unterkieferdrüse, den zusammengesetzten Mundbodendrüsen und den großen Unterzungendrüsen hat Weinbeerform.

Nun entsteht aber eine Schwierigkeit in bezug auf die gemischten, d. h. aus Eiweiß- und Schleimzellen zusammengesetzten Hauptstücke zahlreicher Drüsen. Wie wir sehen werden, können sich in den gemischten Drüsen die albuminösen Hauptstücke dadurch vergrößern, daß die sich anschließenden indifferenten Zellen der Isthmen, wie sich M. HEIDENHAIN (1921) ausdrückt, „verschleimen" d. h. sich in Schleimzellen verwandeln, und zwar in sehr verschiedener Ausdehnung, bis schließlich reich verzweigte größtenteils aus Schleimzellen bestehende Tubuli entstehen, auf die die Ausdrücke Acini oder gar Alveoli nicht mehr passen; aber wo liegt da die Grenze, d. h., wann darf man noch von einem gemischten Acinus und, wann muß man schon von einem gemischten Tubulus sprechen? Dazu kommt noch, daß wie Isolationspräparate und Rekonstruktionen von rein albuminösen Hauptstücken sowie die sorgfältige Untersuchung nicht zu dünner Schnitte lehren, die meisten der vermeintlichen Acini Schräg- und Querschnitte mehr oder weniger verzweigter Hauptstücke darstellen (siehe Abb. 2b, 127, 163c). Es wäre demnach unrichtig, die genannten Drüsen einfach als „acinös" zu bezeichnen. Man könnte, da Tubuli und Acini vorhanden sind, sie tubulo-acinös (nicht tubulo-alveolär!) nennen, doch geht man allen Schwierigkeiten am besten dadurch aus dem Weg, daß man die Ausdrücke „Acini" und „acinös" überhaupt nicht zur Charakterisierung ganzer Drüsen anwendet, sondern nur der Anschaulichkeit wegen bei der Beschreibung entsprechender Hauptstückformen, oder indem man sie ganz fallen läßt. Jedenfalls werde ich weiterhin nur den Ausdruck „Hauptstück" gebrauchen, wenn nötig mit den Zusätzen: rundlich, beerenförmig, kurz, lang, einfach, verzweigt usw. Überhaupt empfiehlt es sich, möglichst wenig Spezialausdrücke zu gebrauchen, besonders wenn es sich um Einrichtungen handelt, die dem Wechsel unterworfen sind.

1. Endkomplexe gemischter Schläuche („Halbmonde").

Wir sprachen bisher hauptsächlich von den Hauptstücken der Eiweißdrüsen, sagten aber auch, daß dieselben durch „Verschleimen" der anschließenden Isthmuszellen sich auf Kosten des Isthmus vergrößern können, wodurch sogar lange, mehr oder weniger verzweigte gemischte Tubuli entstehen können. Beschränkt sich die Verschleimung auf nur ganz wenige Zellen, so kann das gemischte Hauptstück immer noch die ursprüngliche Form bewahren, geht aber die Schleimzellenentwicklung der Zahl und Größe nach immer weiter, so verändert sich die Gestalt der Eiweißzellengruppe (also gegebenenfalls der ursprünglichen Weinbeerform) immer mehr und nimmt schließlich meist Napfform an, in dessen Höhlung das Ende des verschleimten Kanalstücks steckt (s. Abb. 2a).

Man kann sich leicht ein Modell von der Zellgruppe machen, wenn man an das blinde untere Ende eines Reagenzglases ein Plastilinklümpchen so fest andrückt, daß die Oberfläche gleichmäßig gerundet und glatt erscheint, der Rand aber dünn am Glase ausläuft und gleichmäßig kreisförmig begrenzt wird; das Glas entspricht dann dem aus Schleimzellen bestehenden Tubulusabschnitt, während die Plastilinkappe die Form des Eiweißzellenkomplexes wiedergibt. Würde man nun das Ganze durch einen axialen Längsschnitt in zwei Teile zerlegen, so würde die Plastilinkappe bzw. der Eiweißzellenkomplex auf dem Schnitt das Bild eines Halbmondes gewähren. Da das ganze Ende des Reagenzglases bzw. Schlauches eine Halbkugel darstellt, würden die meisten Schnitte, die durch das Krümmungscentrum derselben gehen, an der Endkappe ein solches halbmondförmiges Schnittbild entstehen lassen. Würde jedoch der Kappenrand weit genug über den Glasgrund bzw. das Schleimschlauchende herumgreifen und hätte man quer zur Achse desselben geschnitten, so könnte im Schnittbild der Kappenrand als Ring das Schleimzellenrohr umgreifen. Begreiflicherweise findet man in Drüsenschnitten solche Ringbilder viel weniger häufig als ganze Scheiben (bei quer zur Achse gerichteten Paratangentialschnitten, bei denen die Schleimzellen nicht mehr getroffen sind) oder gar Halbmonde (Lunulae). Wegen der Häufigkeit der letzteren hat G. GIANNUZZI (1865) dem ganzen Komplex diesen Namen gegeben. Wir finden statt dessen noch andere Bezeichnungen, wie „Wandkomplexe" (ILLING 1904). Dieser Ausdruck bedeutet doch an sich nichts anderes als eine Gruppe von Zellen, welche der Wand angehören, es sind aber alle Drüsenzellen vom blinden Ende bis zur Mündung an der Bildung der Wand beteiligt und bilden somit einen einzigen Wandkomplex. Dann findet man die Bezeichnungen „Randzellenkomplexe" und „Randzellen". Diese sind ebenfalls nur Schnittbezeichnungen und werden der Ausdehnung im Raum nicht gerecht, denn der halbkugelförmige Boden eines Reagenzglases, um mich noch einmal dieses Vergleiches zu bedienen, besitzt doch keinen Rand, sondern eine Oberfläche.

Solche albuminösen Endkappen oder, noch allgemeiner gesprochen, End - komplexe kommen in allen gemischten Schläuchen vor, doch werden wir sehen, daß diejenigen der Unterkieferdrüse von anderen Zellen zusammengesetzt werden als diejenigen der Unterzungendrüsen. Auch kommt es bei der Unterkieferdrüse, vor, daß einzelne Eiweißzellen vom Kappenrand getrennt sind, oder daß sogar an Stelle eines zusammenhängenden Komplexes einzelne, pilzförmige Zellen an den Schlauchenden zwischen den Schleimzellen stecken (s. Abb. 4).

Da sich die Endkappen fest um das Ende des schleimzellenhaltigen Schlauchabschnittes herumlegen und ein Spalt zwischen beiden Zellmassen in der Regel nicht zu sehen ist, könnte es den Anschein erwecken, als ob die Schleimzellen die anderen vom Lumen abgedrängt hätten, also Zweischichtung vorläge. Dies ist aber sicher nicht der Fall, da vom Ende des Schleimrohrkanals feine, verzweigte Sekretkanälchen, sogenannte Sekretcapillaren zwischen die Zellen der Endkappen dringen und deren Sekret aufnehmen und zum Schleimrohrkanal leiten.

Seitdem die Endkomplexe der gemischten Drüsen bekannt sind, wurden über ihre Bedeutung verschiedene Meinungen geäußert. PFLÜGER (1866) hielt sie für

Abb. 4. Unterkieferdrüse, Mensch. Blinde Enden von gemischten Hauptstücken mit sehr ungleich ausgebildeten Endkomplexen, zum Teil liegen die albuminösen Zellen vereinzelt zwischen den Schleimzellen.

Kunstprodukte. Eine Gruppe von Untersuchern brachte sie in Beziehung zu den Schleimzellen, und zwar wurden zwei Theorien aufgestellt, die Ersatzzellentheorie und die Phasentheorie.

a) Die Ersatzzellentheorie.

Sie stammt von R. HEIDENHAIN (1869). Nach ihm sollen die Zellen der Endkomplexe selbst nicht sezernieren, sondern den Ersatz für Schleimzellen liefern, unter der Annahme, daß die fertig ausgebildeten Schleimzellen nur

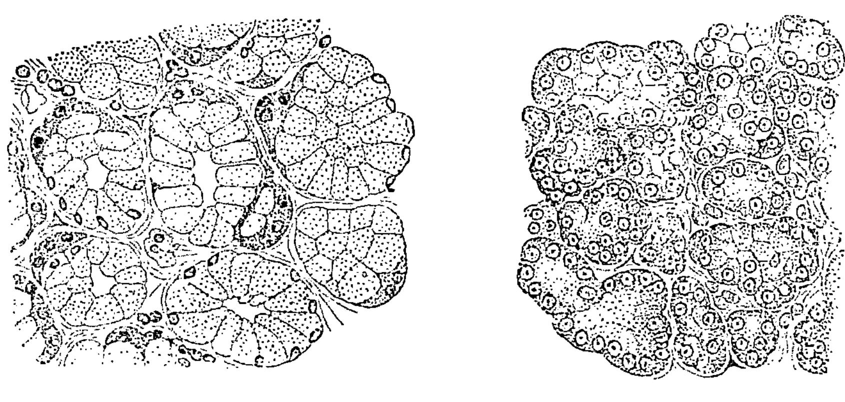

Abb. 5.   Abb. 6.

Abb. 5 und 6. Orbitaldrüse des Hundes nach LAWDOWSKY. Aus R. HEIDENHAIN, Physiologie der Absonderungsvorgänge, 1880. Abb. 5 im Ruhezustande. Abb. 6 nach längerer Tätigkeit. Die dunkel gezeichneten Endkomplexe in Abb. 5 sollen die bei der Absonderung zugrunde gehenden, hell gezeichneten Schleimzellen ersetzen. In Abb. 6 soll dieser „Ersatz" erfolgt sein.

einmal funktionieren und dann zugrunde gehen, wenn sie ihr Sekret ausgestoßen haben, etwa wie die verfetteten Epithelzellen der Talgdrüsen (s. Abb. 5 u. 6).

Die Lehre wurde unterstützt durch FRANZ BOLL (1869), ANTON HEIDENHAIN (1870), LAWDOWSKY (1877), LEWANDOWSKY (1878), BERMANN (1878), BEYER (1879), SCHIEFFERDECKER (1884 b), A. A. BÖHM und M. v. DAVIDOFF (1898). Es wurde jedoch von verschiedenen Seiten der Nachweis erbracht, daß die Schleimzellen gar nicht zugrunde gehen und, besonders

durch V. v. EBNER (1872b), daß es (zunächst in der Unterkieferdrüse des Meerschweinchens) zweierlei dauernde Arten von Sekretionszellen gäbe, die an der gereizten Drüse
einander äußerlich ähnlich würden.   A. v. SMIRNOW (1903) glaubte die Theorie dadurch
stützen zu können, daß er in den Endkomplexzellen, nicht aber in den Schleimzellen
Kernteilungsfiguren auffand. Doch auch dieser Beweisversuch ist hinfällig geworden,
indem ich kürzlich bei einem 43jährigen Menschen in den Schleimzellen der Unterzungendrüsen typische Mitosen beobachtete. R. HEIDENHAIN selbst hat die Theorie
nie aufgegeben. Doch gibt es jetzt wohl keine Vertreter derselben mehr.

Eine neue Ersatzzellentheorie stellt A. PISCHINGER (1924) auf. Genaueres darüber s.
unter „Pyknocyten" weiter unten.

<h3 style="text-align:center">b) Die Phasentheorie.</h3>

Schon A. EWALD (1870), der ein Gegner der Ersatztheorie war, hat die Meinung
geäußert, daß in den gemischten Drüsen die Zellen der Endkomplexe mit den
Schleimzellen gleichwertig seien, „daß zentrale und Randzellen nur durch den
Mangel an Schleim unterschieden sind, daß wir es nicht mit zwei verschiedenen
Arten, sondern nur mit verschiedenen Zuständen derselben Zellen zu tun haben".
Darauf gründeten O. HEBOLD (1879) und ganz besonders PH. STÖHR (1880) die
„Phasentheorie", wonach die Zellen der Endkomplexe nur sekretleere, die übrigen
Zellen aber sekretvolle Schleimzellen seien; während die leeren Zellen sich all-
mählich füllen, entleeren sich die vollen Zellen und werden vom Lumen durch die
anderen abgedrängt, so daß nunmehr das Aussehen der Zellen vollständig ver-
tauscht ist.

Diese Anschauung wurde unterstützt durch P. REICHEL (1882), M. SEIDENMANN
(1893), RAWITZ (1894).

Obschon STÖHR in der 9. Auflage seines Lehrbuchs (1901) die Theorie endgültig aufgegeben hatte, glaubten ALFR. NOLL (1902) und R. METZNER (1906—1907) immer noch
an ihre Gültigkeit, doch wollen sie ihre Befunde, und zwar ersterer an der Gl. mandibularis
und retrolingualis des Hundes, letzterer an den gleichen Drüsen der Katze nicht verall-
gemeinern. NOLL bildet von der Unterkieferdrüse eines Hundes, der 11 Tage gehungert
hatte, den Schnitt durch ein frisches Hauptstück ab, wie er sich in 0,6proz. Kochsalzlösung
darbietet, er bezeichnet zwei Zellen als Halbmonde, die sich sofort durch ihre bedeutend
kleineren Sekretgranula von den Schleimzellen unterscheiden lassen. Nach so langem
Hunger müßten doch alle Zellen der Drüsen als sekretvoll betrachtet werden. NOLL gibt
aber für diesen auffallenden Unterschied die Erklärung, „daß die prall gefüllten Alveolen
eine weitere Ausdehnung der Zellen nicht zuließen, daß es also der entwickelten Drüse
nie möglich wurde, lauter sekretvolle Schleimzellen nebeneinander zu besitzen". Man
könnte da fragen, warum es immer die Halbmondzellen sein müssen, die von den anderen
Zellen unterdrückt werden, und nicht zur vollen Entfaltung ihrer Tätigkeit kommen,
spräche das nicht gerade dafür, daß diese Zellen nicht mit den Schleimzellen identisch
sind?! ARIMA (1918) fand, daß die Granula der Endkomplexzellen sich wie die Muzigen-
körner der Schleimzellen färben, und schließt daraus, daß sie zu diesen gehören.

Zur Widerlegung sowohl der Ersatzzellen- als auch der Phasentheorie muß bemerkt
werden, daß schon 1872 (b) V. v. EBNER und fast zu gleicher Zeit G. ASP (1873) aufs be-
stimmteste die Eigenart der Endkomplexzellen gegenüber den Schleimzellen betont
haben, und daß sie seither bis in die neueste Zeit von einer großen Zahl von Forschern
darin unterstützt wurden und noch werden. Als Gründe, welche speziell gegen die Phasentheorie sprechen, ist verschiedenes anzuführen. Der einfachste ist der, daß wenn ein
Wechsel in den Funktionszuständen zwischen den Endkomplexzellen und den übrigen
Zellen der Schläuche wirklich stattfände, doch einmal Schläuche gefunden werden müßten,
in welchem die Zellen der Endkomplexe wie sekretvolle Schleimzellen, die übrigen in den
gleichen Schläuchen oft in ganz bedeutender Mehrzahl vorhandenen Zellen aber schleimleer, also wie man die Endkomplexzellen in der Regel zu finden pflegt, aussehen müßten.
Dergleichen wurde aber bisher nur bei der Manguste durch R. KRAUSE (1897) beschrieben,
kommt aber beim Menschen nirgends vor.

Auch muß eingewendet werden, daß es z. B. auf der Unterseite des weichen Gaumens
Schleimdrüsen gibt, bei der wohl rudimentäre Schläuche, aber keine Endkomplexe vorkommen. STÖHR erklärte sich dieses Fehlen aus der starr gewordenen Form der Elemente,
welche trotz der verschiedenen Sekretionsstadien der benachbarten Zellen ein Abdrängen
der sekretleeren Zellen vom Lumen nicht gestatten. Danach sollten also starre, nicht nachgiebige und weiche, nachgiebige, aber in beiden Fällen sekretvolle Schleimzellen existieren,
was sehr unwahrscheinlich ist, indem, wie R. KRAUSE (1897) hervorhebt, und ich bestä-

tigen kann, nichts dafür spricht, daß die Zellen reiner Schleimdrüsen „in starrere Form geprägt" aussehen oder wirklich sind als diejenigen der mit Endkomplexen versehenen.

Ferner sagt B. SOLGER (1896), daß in frisch untersuchten menschlichen Unterkieferdrüsen die Zellen der Endkomplexe genau wie diejenigen der rein albuminösen Hauptstücke stärker lichtbrechende, die Schleimzellen aber matte Sekretgranula enthalten. E. MÜLLER (1898) sagt das gleiche, fügt aber hinzu, daß die Granula der Endkomplexzellen sich mit Eisenhämatoxylin färben und, wie NOLL angab, kleiner sind als diejenigen der Schleimzellen, die den Farbstoff nicht annehmen.

Auf einen wichtigen Unterschied zwischen den Endkomplexzellen und den übrigen albuminösen Zellen der menschlichen Unterkieferdrüse und den Schleimzellen derselben hat ebenfalls SOLGER (1896) aufmerksam gemacht, indem er feststellte, daß bei den ersteren „Basalfilamente" vorhanden sind, bei den Schleimzellen aber nicht, was ich durchaus bestätigen kann (Genaueres darüber weiter unten).

Gegen die Phasentheorie spricht besonders auch der Umstand, daß in den schleimproduzierenden Schlauchabschnitten ein einziges Hauptlumen besteht, daß von dessen Ende aber, wie zuerst S. RAMÓN Y CAJAL (1889), dann G. RETZIUS (1892), S. LASERSTEIN (1894) und andere durch die schnelle GOLGISCHE Chromsilbermethode, F. GROT (1876) durch Injektion vom Ausführgang aus, R. KRAUSE (1895), E. MÜLLER (1895, 1896), A. KÜCHENMEISTER (1895), K. W. ZIMMERMANN (1898) vermittelst der Eisenhämatoxylinmethode festgestellt haben, eine oft büschelartige Gruppe von feinen Sekretcapillaren in die Endkomplexe eindringen (ob nur zwischen die Zellen oder auch in die Zellen, wird weiter unten erörtert). PH. STÖHR (1896) hat zwar behauptet, an GOLGI-Präparaten auch zwischen den sekretvollen Schleimzellen solche gesehen zu haben, bildete sie auch ab, doch zeigt seine Abb. 8 bei 1100facher Vergrößerung ein Netz von feinsten Linien, viel feiner als Gallencapillaren der Leber, das eine Flächenansicht von Sekretcapillaren sein soll. Es handelt sich aber hier augenscheinlich um Imprägnation von Intercellularsubstanz, zumal die gleiche Abbildung das Imprägnationsbild sowohl im Quer- wie auch im Längsschnitt zeigt. Würde es sich aber hier wirklich um ein Sekretcapillarnetz handeln, so hätten wir es mit einem ganz anderen Capillartypus zu tun als mit demjenigen der Endkomplexe, wo STÖHR nirgends ein Netz zeichnet. Ferner ist folgendes zu bedenken: Wenn die Zellen infolge stärkerer Sekretaufstapelung im Innern immer größer werden, müssen auch die Oberflächen sich dehnen, folglich auch diejenigen, welche die Sekretcapillaren bilden, die Capillaren müssen also viel weiter werden, zumal ja die Zellen ihr Sekret in dieselben entleeren müssen; die sekretleeren Zellen sind erheblich kleiner, ebenso ihre Oberflächen, also auch ihre capillarbildenden, die Sekretcapillaren müssen daher hier viel enger sein, zumal die sekretleeren Zellen nichts mehr nach außen abzugeben haben, statt dessen sind die bei 1100facher Vergrößerung gezeichneten Sekretcapillaren der Schleimzellen feiner als die bei 420facher Vergrößerung gezeichneten der Endkomplexe, also zwei von STÖHR selbst gelieferten Beweisgründe gegen seine eigene Theorie. Allerdings hat R. KRAUSE (1897) bei der Manguste, bei der er gerade die umgekehrte Anordnung der beiden Zellarten, d. h. muköse Endkomplexe an im übrigen aus albuminösen Zellen zusammengesetzten Schläuchen gefunden hat, in den ersteren also zwischen (er meint zum Teil in) den Mucinzellen Sekretcapillaren beobachtet. Dies ist eine eigenartige Ausnahme von der Regel, beweist aber ebenfalls, daß hier die Endkomplexe und die übrigen sezernierenden Schlauchabschnitte aus verschiedenen Zellen bestehen, und die Sekretwege sich in beiden verschieden verhalten.

Von den verschiedenen weiteren Gründen gegen die Phasentheorie und für die spezifische Natur der Endkomplexe seien noch erwähnt: Ausscheiden von indigschwefelsaurem Natron, das in die Blutbahn injiziert wurde, durch die Endkomplexe (und Zellen der Streifenkanälchen), nicht aber durch die Schleimzellen, TH. ZERNER (1886) und R. KRAUSE (1897).

Ich möchte noch anführen, daß ich in axialen Längsschnitten von gemischten Schläuchen der Epiglottisdrüsen des Menschen (siehe meine Arbeit von 1898, die Endkomplexe waren mit Eosin rosa, die Schleimzellen mit DELAFIELDschem Hämatoxylin blau in verschiedenen Abstufungen gefärbt) im Schlauchlumen zwei verschiedene Sekretmassen sah: von den Endkomplexen ausgehend eine rosafarbige axiale Masse und, diese mantelartig umgebend, eine blaue Masse; erstere konnte nichts anderes sein als das albuminöse Sekret der Endkomplexzellen, die blaue Masse, die sich unmittelbar an die Schleimzellen anschloß, mußte von diesen stammen. Es läßt sich also schon auf diese Weise allein feststellen, daß beide Zellarten verschiedene Sekrete liefern.

Es gibt Autoren, welche eine vermittelnde Stellung einnehmen, wie z. B. E. KLEIN (1882), der beim Menschen zwei Arten von Endkomplexen unterscheidet, aus besonderen Zellen bestehende in der Unterkieferdrüse und aus sekretleeren Schleimzellen in den Unterzungendrüsen. Hierher gehört auch V. v. EBNER (1902), indem er in den Unterzungendrüsen des Menschen drei Arten von Endkomplexen unterscheidet: 1. die bei der Entwicklung der Drüsenschläuche noch vorsprossenden Enden, nachdem beim Hohlwerden der ursprünglich soliden Anlagen die Umwandlung der protoplasmatischen Zellen in Schleimzellen eingesetzt hat. 2. Die echten „Giannuzzischen Halbmonde", wie sie sich in der Unterkieferdrüse finden, die also keine sekretleeren oder jungen Schleimzellen sind. 3. „Pflüger-Hebold-Stöhrsche Halbmonde", deren Zellen sekretleere Schleimzellen sein sollen.

Wir werden bei der Besprechung der Unterzungendrüsen sehen, daß ihre Endkomplexe tatsächlich von denjenigen der Unterkieferdrüse verschieden, wenn auch keine gewöhnlichen Schleimzellen sind, daß es aber auch Drüsenabschnitte gibt, die läppchenweise Mandibularis- oder Sublingualischarakter besitzen, sowohl in den Endkomplexen, als auch in den schleimzellenfreien Hauptstücken. Wie überhaupt auch nicht alle Zellen, die in den verschiedenen Drüsen als „serös" bezeichnet zu werden pflegen, die gleichen sind (siehe weiter unten den Abschnitt über die albuminösen Zellen).

Auch nach R. Rösemann (L. Landois' Lehrbuch der Physiologie 1919) soll zwar die Hauptzahl der Endkomplexe aus Eiweißzellen bestehen, während „für manche der als Halbmonde beschriebenen Zellkomplexe" die Stöhrsche Auffassung vielleicht zutreffe.

Es ist hier noch anzuführen, daß möglicherweise echte Endkomplexe durch halbmondförmige Schnittbilder anderer Art vorgetäuscht werden können. So könnte, wenn sich an ein Streifenkanälchen (Speichelröhrchen) oder einen nicht gestreiften Ausführungsgang direkt ein Schleimschlauch anschließt und die Übergangsstelle schräg geschnitten ist, ein halbmondförmig zugeschnittenes Endstückchen des Ausführungsganges als Endkomplex angesehen werden.

Ph. Stöhr (1887a) bezeichnet als „Pflügersche Halbmonde" die peripherischen „protoplasmatischen" Abschnitte noch nicht vollkommen schleimgefüllter Drüsenzellen. Sie sollen besonders schön an den Zungenschleimdrüsen der Katze zu finden sein. Ferner sollen halbmondförmige Durchschnitte verdickter Stellen der Membrana propria zu Verwechselungen Veranlassung geben können.

Nach J. Schaffer (1920) sollen sogar die sogenannten Korbzellen allein (siehe weiter unten) allerdings nur flache Halbmondbildungen („Korbzellenhalbmonde") vortäuschen. Ferner sollen in Schleimschläuchen kleinere und größere Gruppen von Schleimzellen durch Erschöpfung zu protoplasmatischen, albuminösen Zellen gleichenden Gebilden werden, und von ihnen beim Schneiden halbmondförmige, dem Schleimschlauch ansitzende Teile abgetrennt werden können („Erschöpfungshalbmonde").

In mit Hämalaun und Mucicarmin gefärbten Präparaten von der Unterkieferdrüse können in einem ohne Mucinfärbung als aus typischen mit Basalfilamenten versehenen albuminösen Zellen zusammengesetzt erscheinenden Hauptstück eine Zellgruppe blauen, eine andere mehr roten Farbton angenommen haben, so daß ein Ungeübter die erstere als Endkomplex, die letztere als Ende eines Schleimschlauches ansehen könnte, besonders wenn keine typischen Schleimzellen im Gesichtsfeld liegen und somit der Vergleich fehlt.

Ferner kann bei Färbung mit basischen Anilinfarben an einem Schleimschlauch, dessen Endkomplex gar nicht getroffen ist, oder der wie in den mucösen Drüsen des Zungengrundes und der Unterseite des Gaumensegels überhaupt keinen besitzt, an einem Ende eine Zellengruppe ganz dunkel gefärbt, alle übrigen aber ungefärbt geblieben sein (siehe weiter unten bei der Beschreibung der mukösen Zellen). Auch hier liegt eine Verwechslung im Bereiche der Möglichkeit.

c) Die M. Heidenhainsche Adenomerentheorie.

Zu den Anhängern der Lehre von der Eigenart der Endzellenkomplexe gehört auch M. Heidenhain (1921), indem er nicht nur die Endkomplexe gemischter Schläuche mit den rein albuminösen Hauptstücken gleichstellt, sondern auch die Schleimzellen derselben durch „Verschleimung" der Isthmuszellen entstehen läßt, welche am Übergang des Isthmus in das Hauptstück beginnend denselben mehr oder weniger weit in ein Schleimrohr verwandelt, so daß schließlich alle Isthmuszellen verbraucht sein können. Auf Grund meiner eigenen Erfahrungen muß ich dieser Auffassung durchaus zustimmen. Besonders die kleinen Unterzungendrüsen zeigen alle erdenklichen Grade und Formen dieses Vorganges, doch ist es schwer zu entscheiden, ob es sich um fortschreitende, durch den Tod unterbrochene Entwicklungsvorgänge oder um Dauerzustände handelt, die mehr oder weniger rhythmisch funktionellem Wechsel unterworfen sind oder gar schon im fetalen Leben ihren Abschluß gefunden haben. Wir werden bei Besprechung der Unterzungendrüsen auf diese Verhältnisse zurückkommen.

Wir haben weiter oben gesagt, daß die albuminösen Hauptstücke nicht immer einfache Weinbeerform besitzen, daß sie auch verzweigt sein können. Dies gilt auch für die albuminösen Endkomplexe gemischter Schläuche. Sie können, ab-

Abb. 7. Synthetisches Schema einer traubenförmigen Drüse. Links ein Zweig mit der primitiven Dichotomie, rechts ein solcher sympodialer Anordnung. *1—3* Teilungsstadien der Adenomeren; *4* blumenkohlähnliche Gestaltung, hervorgegangen aus der vielfachen Teilung einer Scheitelknospe; *5* Trimere; *6* Dimere mit beginnender Vorschiebung der Trennungsfalte; *7* laterale Knospe; *8* beginnende Verschleimung der Gangzellen nächst der Basis der Adenomeren; *9* Polymer mit halber Verwachsung; *10* Verschleimung des präterminalen Ganges mit Übergang der Adenomeren in die Halbmondform; *11* Polymer mit ganzer Verwachsung; *12* Dimer mit Auftreten mehrfacher Trennungszellen; *13* laterale Knospe; *14* Vierlingsende mit Trennungzellen; *15* Dimer mit verschleimten Trennungszellen, zusammengesetzter Halbmond; *16* zwei rudimentäre Endästchen mit halber Verwachsung und Verschleimung der Trennungszellen; *17* großer Halbmond mit Randfalte; *18* Kammerung der größeren Gänge; *19* Schaltstücke. Aus M. HEIDENHAIN (1921) ohne Veränderung der Nomenklatur.

gesehen von Abplattungen infolge von Seitendruck, durch Nachbarhauptstücke verursacht, einfach oder mehrfach, mehr oder weniger tief eingekerbt sein. Ja es können so komplizierte Bildungen auftreten, daß man unwillkürlich an Maulbeeren oder bei mehr platten Formen an kleine Blumenkohlstückchen erinnert wird. M. HEIDENHAIN (1921) ist nun diesen Bildungen und ihrer Entstehung nachgegangen und ist zur Überzeugung gekommen, „daß den Mehrlingsbildungen teilbare gewebliche Systeme besonderer Art, hier also besondere vermehrungsfähige Drüseneinheiten oder Adenomeren zugrunde liegen". Während also die „Acini" bisher meist vom Standpunkt der Funktion untersucht wurden, betrachtet er sie jetzt als Gegenstände der Entwicklung „als teilungsfähige Organe, welche in der Form spezifischer Scheitelknospen das gesamte Geäst der wachsenden Drüse bedecken und bei unvollständiger Teilung jene beobachteten Mehrlingsbildungen liefern. Letztere können zugleich als Hemmungsbildungen bezeichnet werden, indem sie nämlich im allgemeinen den fixierten Teilungszuständen der Scheidelknospen entsprechen". Seine Darstellungen sind für uns von besonderem Werte, da er als Untersuchungsobjekte die Unterkieferdrüse und die Unterzungendrüsen des Menschen benutzte (s. Abb. 7).

Der Prozeß beginnt mit der Tendenz der „Acini" sich in seitlicher Richtung zu verbreitern. Bei den größeren Bildungen dieser Art furchen sie sich in der Symmetrieebene ein und erweisen sich so als Zwillingsbildungen („Dimeren"). Neben diesen in normalen Drüsen in größerer Zahl vorkommenden Erscheinungen, welche nichts anderes sind als fixierte Stadien der ausgehenden Entwicklung, finden sich auch „Drillinge und Vierlinge vor, ferner die durch mehrfache unvollständige Teilung entstandenen Polymeren oder Homologen der höheren Ordnung". In die Furchen dringen dann Bindegewebszellen, die zum Teil geradezu interepithelial liegen sollen, und die er als „Schaltzellen" bezeichnet. Diese liegen in seinen Abbildungen (2. B. 17) deutlich innerhalb der Basalmembran, häufig von dieser ganz getrennt, so daß mir die Deutung als Bindegewebszellen sehr fraglich erscheint, zumal er sie als „in gleicher Lagerung befindlich wie die Korbzellen der Autoren" bezeichnet, und diese halte ich entschieden für Epithelzellen. Indem nun auch die Basalmembran in die Teilungsfurchen eindringt, wird die Teilung immer deutlicher. Dabei wuchern die sezernierenden Zellmassen transversal zur Achse des „präterminalen Drüsenzweiges" (so nennt er den Isthmus) und lagern sich diesem von außen auf. Dadurch werden einige Zellen des Isthmus „in den ‚Acinus' aufgenommen und erscheinen nun als ‚centroacinäre' Zellen". Das Vorschieben der wuchernden Acinuszellen geschieht zwischen Basalmembran und Isthmuszellen. Besonders in der Sublingualis findet er hochkomplizierte, polymere Endkolben, bei welchen man doch nicht mehr von „Acini" sprechen kann.

In betreff der gemischten Schläuche erklärt er: „Halbmonde und Acini sind nach unseren Auseinandersetzungen lediglich zwei verschiedene Spielarten der Adenomeren", d. h. die „Scheitelknospen der Drüsenzweiglein". Trotz der Verschleimung der Isthmen können die Adenomeren gelegentlich die primitive Beerenform bewahren. Da aber die Isthmen bei der Verschleimung meistens bedeutend an Dicke zunehmen, so wird die Beerenform der Acini verändert; „die Adenomere wird in diesem Falle an ihrer Basis gewissermaßen aufgehoben und bildet nunmehr lediglich den blinden kuppelartigen Abschluß am Ende des Schleimrohres". Tritt Zellvermehrung ein, so verbreitern sich auch hier die Zellenkomplexe, nicht in der Achsenrichtung, sondern transversal zur Achse des Schleimrohres und können sogar das Ende desselben umgreifen, wobei auch das Lumen dieses Abschnittes verbreitert wird. „Von der Seite des Schleimrohres aus betrachtet nimmt es sich so aus, als sei dasselbe in den Acinus hineingestülpt worden." Hierbei ist sowohl das eigene Wachstumsbestreben der Endkomplexe, als ganz besonders auch das durch bedeutende Vergrößerung der sich in Schleimzellen verwandelnden Isthmuszellen bedingte Längenwachstum der Isthmen maßgebend. M. Heidenhain hält letzteren Punkt für weniger wichtig. Doch ist zu bedenken, daß, wenn unter ursprünglich annähernd gleich langen Tubuli (albuminöse Hauptstücke nebst zugehörigen Isthmen), welche zu dem gleichen Läppchen gehörend an die bindegewebige Hülle desselben anstoßen, der Isthmus eines einzigen oder einiger wenigen in ausgedehnter Weise verschleimt und damit sich verlängert, so wird das Hauptstück gegen die Läppchenhülle angestemmt und durch dasselbe am weiteren Vordringen gehindert, so daß es sich pilzhutartig verbreitern und so die bekannte Kappenform der Endkomplexe annehmen muß, wenn seine ursprüngliche Form eine beerenartige war. War sie jedoch mehr oder weniger verzweigt, so können sehr breite, vielfach eingekerbte oder zerklüftete „polymere" Gebilde entstehen, wie ich solche in den Unterzungendrüsen des Menschen massenhaft gefunden habe.

Geht die Verschleimung jedoch an der Mehrzahl der Isthmen zu gleicher Zeit vor sich, so können auch die nicht verschleimten Halsstücke in die Länge gedehnt werden, indem die dazugehörigen Hauptstücke durch die anderen mit vorgeschoben werden. Dafür spricht der Umstand, daß es dicke und kurze, aber auch dünne und lange Halsstücke gibt, ohne daß die Zahl der Zellen in den letzteren größer zu sein braucht. In solchen Fällen kann eine Stauchung der albuminösen Endkomplexe unterbleiben, und diese können sogar länger als breit erscheinen. Dergleichen habe ich häufig an der Oberfläche der Läppchen in den Unterzungendrüsen des Menschen beobachtet. Kommt dann noch eine selbständige Vermehrung der Endkomplexzellen hinzu, so können daraus die schon erwähnten wirklichen Endkammern entstehen (siehe Abb. 8—13). M. HEIDENHAIN erwähnt solche Bildungen nicht, auch enthält sein Schema (siehe Abb. 7) nichts davon.

Man könnte bei der Betrachtung der Abb. 8—13 auf den Gedanken kommen, daß es sich hier um Stauungsformen handle wie z. B. bei den als „Ovula Naboti" bekannten Erweiterungen der Uterindrüsen. Dagegen spricht jedoch der Um-

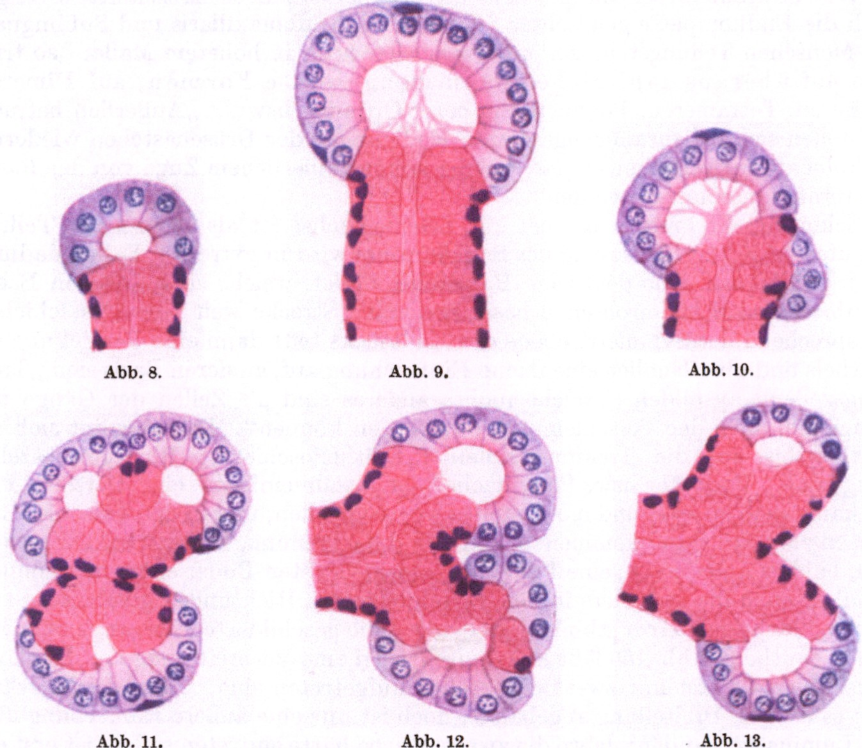

Abb. 8.   Abb. 9.   Abb. 10.

Abb. 11.   Abb. 12.   Abb. 13.

Abb. 8—13. Kleine Unterzungendrüse, Mensch. Gemischte Hauptstücke mit wirklichen, verschieden großen Endkammern, welche jedoch aus schwache Mukoidreaktion zeigenden Endkomplexen gebildet werden. In Abb. 9 und 10 schwach muzinhaltiges Exkret im Lumen. Verschiedene Grade der Teilung in Abb. 11—13. Daß es sich nicht um Stauungszysten handelt, geht aus der schmalen, hohen Form der Zellen hervor. Färbung wie in Abb. 14 Muzin rot.

stand, daß gerade bei der größten abgebildeten Endkammer (Abb. 9) die Zellen am höchsten sind und zwar bis dreimal so hoch als breit; in keiner aber breiter als hoch, was man doch erwarten sollte, falls Dehnung durch Stauung vorliegen würde.

Bei der „Intubation" braucht das Bild nicht immer symmstrisch zu sein, auch können die durch dieselbe erzeugten Bildungen in Form und Größe sehr verschieden sein; so bildet M. HEIDENHAIN einen „außergewöhnlich großen Riesenmond mit Überwallung des Schleimrohrs" ab und zwar aus der Sublingualis. Ich fand in den Sublinguales minores häufig noch größere Endkomplexe z. B. einen von 126 μ Breite. Auch nur einseitige Einstülpungen kommen vor (s. auch meine Abb. 155 aus einer kleinen Unterzungendrüse).

Nach Ansicht M. HEIDENHAINS sei es möglich, daß die Basalmembran bei Entstehung der „Halbmonde" „in mechanischer Hinsicht eine gewisse Rolle spielt, indem sie auf die wuchernde Masse der serösen Zellen einen Gegendruck ausübt und sie zwingt, sich über das Schleimrohr hinwegzuschieben". Die eben angeführten in der Achsenrichtung ausgedehnten und die blasenförmigen Endkomplexformen sind zwar nicht geeignet diese Ansicht zu unterstützen, doch könnte es sein, daß die Basalmembranen an den verschiedenen Schläuchen bzw. Endkomplexen sehr ungleich fest oder dehnbar wären, und daß auch noch individuelle Schwankungen in dieser Hinsicht bestehen, zumal Endkammern in der Minderzahl der untersuchten Fälle und dann nicht an allen Schläuchen zu beobachten waren.

Wie die albuminösen Hauptstücke unverschleimter Drüsenabschnitte so zeigen auch die Endkomplexe gemischter Schläuche der Submaxillaris und Sublingualis des Menschen Teilungstendenz, und zwar eher noch in höherem Maße; „so trifft man auf überaus zahlreiche zusammengesetzte Formen, auf Dimeren, Trimeren, Tetrameren, Polymeren höherer Ordnung usw.". „Äußerlich betrachtet stellen sich die zusammengesetzten Endigungen der Drüsenästchen wiederum als kolbenförmige Bildungen dar, welche in kontinuierlichem Zuge von der Basalmembran umschlossen werden".

Schon die Verbreiterung quer zur Schlauchachse ist als Beginn der Teilung aufzufassen. „Die Umfassung des Schleimrohrs wird in extremen Fällen dadurch bewirkt, daß sich eine deutliche ‚Randfalte‘ bildet, welche sich zwischen Basalmembran und Schleimrohrende basalwärts eine Strecke weit vorwärts schiebt". Entsprechend der Symmetrieebene des Endstücks tritt dann eine Verdickung des Epithels und oberflächlich eine flache Einfurchung auf, an deren Basis sich „Trennungszellen" ausbilden, „welche nichts anderes sind als Zellen der Gänge und demgemäß auch der Verschleimung unterliegen können". Dann spaltet sich das Epithel bis auf die Trennungszellen („Epithelioschise"); Bindegewebszellen dringen als „Vorläufer bzw. Platzmacher der Basalmembran" ein. Derselbe Prozeß kann auch an zwei und mehr Stellen vor sich gehen, und in den verschiedenen Phasen zum Stillstand kommen, so daß, da die „Trennungszellen" bald verschleimen, bald es unterlassen, eine Fülle der verschiedensten Bilder entstehen können, zumal ja auch die Polymere in den verschiedensten Richtungen geschnitten sein können. Mehrere meiner Abbildungen zeigen die geschilderten Vorgänge bzw. Zustände deutlich: Abb. 156 läßt links unten bei *a* eine Verbreiterung des Endkomplexes oder, da erst nur zwei Becherzellen aufgetreten sind, Hauptstücks erkennen; es ist eine Dreiteilung angebahnt, doch ist nur eine äußere Einkerbung aber drei Lumina vorhanden; da wo die zweite Kerbe hätte eintreten sollen, ist erst das Epithel etwas verdickt. In der gleichen Abbildung findet sich oben rechts bei *b* eine Dimere mit Trennungsspalt, der bis zu zwei schon als Isthmuszellen erkennbaren Trennungszellen am Grund eingesenkt ist; eine Bindegewebszelle (hier nicht Korbzelle) steckt oberflächlich im Spalt. Die Abb. 10—13 zeigen, daß auch Endblasen sich in gleicher Weise wie gewöhnliche Endkomplexe spalten können. In Abb. 11 ist bei *a* eine deutliche Einkerbung ohne tiefere Spaltung zu sehen, doch sind zwei unter der Stelle gelegene Trennungszellen schon vollständig verschleimt, was eher für Stillstand des Prozesses spricht. Doch ist die Möglichkeit, daß in solchen Fällen die Trennung doch noch hätte fortschreiten können, nicht ganz auszuschließen. Abb. 14 zeigt einen gewaltigen polymeren Endkolben jedoch ohne Verschleimung von Isthmuszellen, die überhaupt in dem betreffenden nur Polymerie aufweisenden Läppchen einer Gl. sublingualis minor nirgends eingetreten war trotz schwacher Mukoidreaktion aller sezernierenden Zellen des ganzen Endkolbens. Auf der unteren Seite ist nur weiter rechts eine Einkerbung zu bemerken mit einer den Basen der sezernierenden Zellen dicht angelagerten also zwischen ihnen und der Basalmembran steckenden Zelle, die ich wegen der Lage

nicht als Bindegewebszelle sondern als basale Epithelzelle („Korbzelle" d. A.)
auffasse. Oben sind flache Furchen und tiefere Spalten zu sehen.

Es muß zur Frage der Häufigkeit polymerer Endkolben bemerkt werden, daß wir
ja stets nur Schnitte von solchen Gebilden in unseren Präparaten vor uns haben, daß wir
also nur die in der Schnittebene sich aneinander reihenden Teilstücke erkennen und zählen
können, wir aber nicht wissen können, wie viele derselben sich oberhalb und unterhalb
des untersuchten Schnittes in den Nachbarschnitten befinden, wie weit sich überhaupt
der ganze Endkolben im Raume ausdehnt. Hier kann nur Isolation der ganzen Kolben
Klarheit bringen. J. SCHAFFER (1920) bildet S. 95 seines Lehrbuchs ein isoliertes Teilstück
der menschlichen Unterkieferdrüse ab, welche deutliche Acini (von SCHAFFER als „Anfänge
der sezernierenden Endschläuche" bezeichnet) erkennen läßt, M. HEIDENHAIN ein isoliertes Drüsenläppchen von der Ohrspeicheldrüse des Hundes, an dem Form und Größe
der Drüsenbeeren, welche zum Teil als Mehrlingsbildungen auftreten, sehr ungleich sind.
Er hat jedoch auch von menschlichem Drüsenmaterial, das in geeigneter Weise maceriert

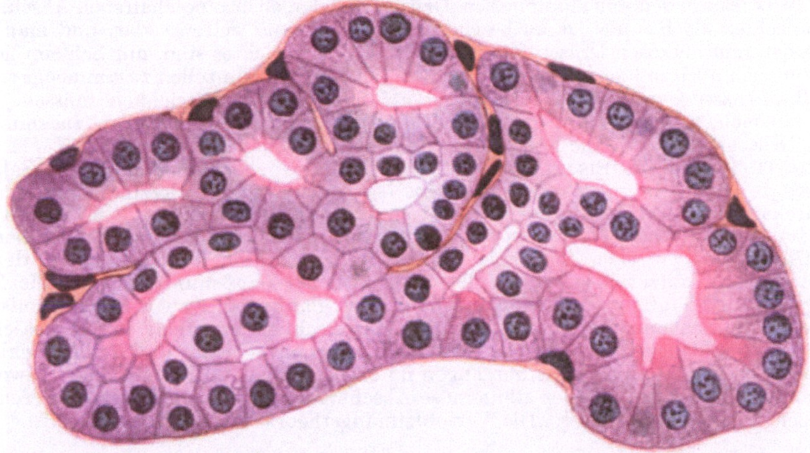

Abb. 14. Kleine Unterzungendrüse, Mensch. Großer polymerer Endkolben mit nur teilweiser Trennung der
einzelnen Adenomeren. Ein kleines Läppchen bestand nur aus solchen zum Teil noch größeren Bildungen. Alle
Zellen derselben zeigten am Lumen deutliche Mukoidreaktion, liefern also wohl ein dünnflüssiges, schwach
schleimhaltiges Sekret. Hämalaun, Muzikarmin, Aurantia.

und dann vollkommen zertrümmert wurde, träubchenförmige Aggregate in jeder Größe
erhalten bis herab zur Isolation einzelner Acini. Doch kann bei solchen Methoden die
Zertrümmerung auch zu weit gehen, so daß von größeren Polymeren Teilstücke abgerissen
werden, die kleiner erscheinen als sie in Wirklichkeit sind.

Es tritt nun die Frage an uns heran, ob die beim Erwachsenen gefundenen
so mannigfachen Formen der Hauptstücke bzw. Endkomplexe ausschließlich als
in der Entwicklung entgültig erstarrt anzusehen sind, oder ob sie Momentbilder
fortschreitender Prozesse sind, zum mindesten, ob auch beim Erwachsenen Teilungen von Zellen stattfinden, welche man ja beim Weitersprossen der Endknospen voraussetzen muß. Daß mitotische Zellteilungen in den sezernierenden
albuminösen Zellen der Hauptstücke tatsächlich vorkommen, geht aus dem Um-
stande hervor, daß ich in einer Gl. sublingualis minor eines 43jährigen enthaupteten Mannes[1] in einigen Endkomplexen Kernteilungsfiguren beobachtete. Es
handelte sich dabei nicht etwa um indifferente „zentroazinäre" Zellen, da die an
die betreffenden Endkomplexe anstoßenden Isthmuszellen alle verschleimt waren.
Es waren nirgends in der Drüse Anzeigen von Entzündungen oder anderen patho-

---

[1] Das Material war von mir selbst gleich nach Fallen des Kopfes in STRASSERS Gemisch
(Sublimat 100,0 g, Pikrinsäure 20,0 g, Formol 100,0 ccm, Eisessig 20,0 ccm, Alkohol absolut 650,0 ccm, Aq. dest. ad 1000 ccm) eingelegt worden und zeigte so guten Erhaltungszustand, als man ihn von einem Fixationsmittel überhaupt erwarten kann.

logischen Zuständen zu erkennen, auch zeigten alle übrigen Organe normales Aussehen. Gegen die Ersatzzellentheorie wurde auch das Fehlen von Zellteilungserscheinungen ins Feld geführt; wenn dies nun auch, wenigstens für diesen Fall, nicht zutrifft, so gibt es doch genügend andere Gründe gegen dieselbe, so daß die Zellteilungen nur für das Wachstum der Endkomplexe verwertet werden können. Doch kann dies nur sehr geringfügig sein und praktisch als fast nicht vorhanden angesehen werden, da im Verhältnis zu den sich nicht in Teilung befindlichen Zellen die Mitosen äußerst spärlich sind, wenn sie auch in keinem Schnitt vollständig fehlten.

In der Übersicht der Speicheldrüsen haben wir gesehen, daß das Mengenverhältnis der albuminösen Abschnitte bzw. Zellen zu den mukösen ein äußerst variables ist, indem am einen Ende der Reihe rein albuminöse, am anderen rein muköse stehen. Wir haben dann die die Hauptbestandteile des Sekretes liefernden Abschnitte „Hauptstücke" genannt. Was man in den rein albuminösen Drüsen und den ebenso beschaffenen Abschnitten der gemischten als Hauptstück zu bezeichnen hat, ist ohne weiteres klar, und man wird auch in den rein mukösen Drüsen, die ja, soweit wir unterrichtet sind, nur Schleim liefern, alle wenn auch noch so langen und reich verzweigten aus Schleimzellen zusammengesetzten Teile des ganzen Gangsystems folgerichtig als Hauptstücke bezeichnen müssen. Nun sollte man meinen, daß auch in den aus albuminösen und mukösen Zellen zusammengesetzten Drüsenabschnitten die letzteren zu den Hauptstücken zu rechnen seien. M. Heidenhain (1921) und A. Pischinger (1924) betrachten jedoch hier sämtliche Schleimröhrchen, da aus den Isthmen hervorgegangen, als identisch mit den letzteren. Pischinger sagt direkt: „die präterminalen Tubuli sind identisch mit den Schleimtubuli, die als funktionelle Phase ersterer zu betrachten sind". Ich habe mich vergeblich bemüht, einen Unterschied zwischen den Schleimzellen der gemischten und denjenigen der rein mukösen Drüsen aufzufinden, aber außer gelegentlicher Größenunterschiede (die Zellen der letzteren sind häufig größer) keine gefunden. Ich glaube daher auch in den gemischten Schläuchen die Schleimzellen zu den Hauptstücken rechnen zu sollen; in den ausschließlich mukösen Schläuchen bzw. Drüsen ist eben alles ursprüngliche, indifferente Schlauchmaterial frühzeitig bis zu den Ausführgängen im engeren Sinne zu Schleimzellen geworden, es haben sich in der Regel weder albuminöse Abschnitte noch Isthmen herausdifferenziert. (S. jedoch weiter unten, unter „Die Verschleimungstheorie M. Heidenhains".)

2. Das Epithel der Hauptstücke.

Alle Drüsen, welche sich von geschichtetem Plattenepithel aus entwickeln, besitzen mit Ausnahme der Talgdrüsen in der Regel in allen ihren Abschnitten zweistufig scheinschichtiges Epithel. So nenne ich mit H. Strasser ein nicht wirklich geschichtetes aber Schichtung vortäuschendes Epithel, dessen Zellen zwei Höhenstufen zeigen, wobei alle auf der Unterlage aufsitzen, die höheren aber die niederen Basalzellen überragen und sich über ihnen zusammenschließen, so daß sie allein die freie Oberfläche bilden [1]. In den Hauptstücken sezernieren nur die höheren Zellen, während die hier sternförmigen Basalzellen (Korbzellen der Autoren) wahrscheinlich kontraktil sind. Hier soll zunächst nur von den ersteren die Rede sein. Man pflegt gewöhnlich zwei Arten zu unterscheiden: Eiweißzellen oder albuminöse (seröse) Zellen und Schleimzellen oder muköse Zellen.

a) Die Eiweißzellen.

Dieselben wurden in den verschiedenen Speicheldrüsen früher als gleichwertig angesehen, doch hat schon Kolossow (1898) ihre Verschiedenheit betont, lebhaft

---

[1] Das zweistufige Epithel wird sonst „zweireihiges" oder „zweizeiliges" genannt. Epithelzellen stehen aber mit Ausnahme desjenigen in den Furchen zwischen den Hörzähnen nie in Reihen oder Zeilen. Einstufig scheinschichtiges Epithel ist nur ein besonderer Fall von einschichtigem hohem Epithel, bei dem die Kerne in verschiedener Höhe liegen. Dreistufiges Epithel findet sich z. B. im Respirationsapparat. Alle Zellen stehen auf der Unterlage auf (also basalständig dreistufiges Epithel). Nur im Cortischen Organ und in den Maculae und Cristae staticae reichen nicht alle bis zur Basis herunter, beteiligen sich aber an der Bildung der freien Oberfläche (also oberständig zweistufiges Epithel).

unterstützt von A. OPPEL (1899). Neuerdings hebt ALF. PISCHINGER (1924) speziell für den Menschen den Unterschied zwischen den entsprechenden Zellen der Unterzungendrüsen und denjenigen der Unterkieferdrüsen hervor. Sie haben jedoch alle das Gemeinsame, daß in ihrem basalen Abschnitt das Cytoplasma zu eigenartigen Gruppen von Lamellen, den Basallamellen (SOLGERS Basalfilamente) verdichtet ist, welche, da sie nur in Drüsenzellen vorkommen, wahrscheinlich zur Sekretion in irgendeiner Beziehung stehen. Das mehr oder weniger reichliche Vorhandensein von Sekretgranula ist sowohl den Eiweiß- als auch den Schleimzellen eigentümlich. Doch unterscheiden sich die Zymogengranula der Eiweißzellen wesentlich von den Muzigengranula der Schleimzellen durch Lichtbrechung, ihr Verhalten den Fixierungsmitteln gegenüber und ihre Färbbarkeit, mit Ausnahme der Sekretgranula in den entsprechenden Zellen der Unterzungendrüsen, welche, wenigstens was die Färbbarkeit betrifft, den Mucingranula nahestehen, woraus man jedoch auf ihre chemische Beschaffenheit noch keine Schlüsse ziehen kann (genaueres darüber s. weiter unten).

Wir können in den Speicheldrüsen bis jetzt vier Hauptformen von Eiweißzellen unterscheiden: 1. Die Basallamellen sind dicht gedrängt und undeutlich getrennt, die Sekretkörnchen in den Zellen färben sich nicht mit Mucikarmin und Haemalaun, leicht mit sauren Anilinfarben: Pankreas; 2. die Basallamellen sind plump und locker angeordnet, die Sekretkörnchen zeigen ebenfalls keine Mukoidreaktion: Parotis; 3. die Basallamellen wie bei der Parotis, die Sekretkörnchen nehmen außer Haemalaun und sauren Anilinfarben mehr oder weniger Mucikarmin (bei der HEIDENHAIN-MALLORY-Färbung Anilinblau) an, d. h. sie sind amphitrop (M. HEIDENHAIN) oder amphoter (J. SCHAFFER): Gl. mandibularis, Gl. gustatoriae; 4. die Basallamellen sind ganz gewöhnlich in zwei Gruppen geteilt, eine basale und eine oberhalb des Kerns, das Sekret ist in den Zellen stets weniger reichlich, liegt dicht am Lumen und zeigt nur Mukoidreaktion: Unterzungendrüsen, eine Anzahl von Läppchen der zusammengesetzten Mundbodendrüsen, vordere Zungendrüsen, Lippen- und Wangendrüsen.

Die äußere Form aller dieser Zellen ist sehr einfach, d. h. mit ebenen Berührungsflächen versehen. Abgeplattet sind sie nur in dünnen, schalenförmigen Endkomplexen stark verschleimter Schläuche der Unterzungendrüsen. Schmal und hoch zeigen sie sich in vielen Endkammern der gleichen Drüsen (s. Abb. 8 bis 13), auch im Pankreas können sie doppelt so hoch als breit, in der Unterkieferdrüse und den Wallgrabendrüsen der Geschmackspapillen noch höher sein (s. Abb. 15, 16, 146 u. 172). Im übrigen besitzen sie die Form abgestumpfter, meist sechsseitiger Pyramiden, deren Basis auf der Basalmembran aufsitzt.

Der innere Bau der albuminösen Zellen zeigt zwar infolge der Ausbildung der Sekretkörnchen und der Ausstoßung derselben einen in ziemlich gleichmäßigem Rhythmus stattfindenden Wechsel seines Aussehens, so daß bei guter und schneller Fixation möglichst frischen und normalen Materials, die verschiedensten Tätigkeitszustände als Momentbilder nebeneinander zur Beobachtung gelangen können. Trotz dieses Wechsels sind doch in den Drüsenzellen gewisse Einrichtungen, Organellen, vorhanden, welche teils allen Zellen zukommen und daher wohl bei der allgemeinen Tätigkeit, wie z. B. dem Stoffwechsel, eine Rolle spielen, teils für die Drüsenzellen charakteristisch sind. Als Organellen werden angesehen: der Kern, das Mikrozentrum, der Apparato redicolare interno Golgis (die HOLMGRENschen Kanälchen stellen sein negatives Bild dar), die Basallamellen, die Plastosome[1]). Hierzu kommen dann noch die Sekretgranula, bei deren Entstehen die

---

[1]) Ich schreibe mit Absicht „die Plastosome" ohne n am Ende. Man sagt ja auch: die Carcinome, Sarkome, Diplome usw. ohne n.

Organellen mehr oder weniger, je nach dem Standpunkt der verschiedenen Forscher beteiligt sein sollen.

Bevor wir nun zu der Schilderung dieser Zelleinrichtungen und der Rolle, welche sie bei der Sekretion spielen, übergehen, müssen wir vorausschicken, daß bisher weitaus die meisten Beobachtungen bei Tieren gemacht wurden und werden, deren Speichelsekretion durch künstliche Mittel, wie Elektrizität und Gifte (z. B. Pilocarpin) angeregt oder (Atropin) gehemmt werden. Dabei werden zum Teil so übermäßige Reizungen vorgenommen, daß Zustände erzielt werden, wie sie bei normaler Sekretion sicher niemals vorkommen. Wir können deshalb alle, besonders durch Vergiftung gewonnenen Resultate nicht als beweiskräftig für den gewöhnlichen Verlauf der Absonderung ansehen, wenn wir auch ihren Wert von experimentalhistologischem Standpunkt aus nicht unterschätzen wollen.

Das Studium der Speichelsekretion, wie der Sekretion überhaupt begegnet speziell beim Menschen großen Schwierigkeiten. Stammt das Material von Sektionen an Krankheit Verstorbener, so können, abgesehen von postmortalen Veränderungen, die so verschiedenen Krankheitszustände, die Stoffwechselprodukte von Krankheitserregern im allgemeinen und von vielleicht weitabgelegenen erkrankten Organen im besonderen, die verschiedenen Medikamente, die dauernd oder nur kurz vor dem Tode verabreicht wurden, ja selbst ein längerer Todeskampf den normalen Verlauf der Sekretion störend beeinflussen und die entsprechenden Zellbilder verzerren. Handelt es sich um Material von Hingerichteten, so ist man ebenfalls durchaus nicht sicher absolut normale Sekretionsverhältnisse zu erhalten, da der Zustand der Psyche während der letzten Lebensstunden auch auf diese einwirken kann. Lehrt doch die Erfahrung, daß bei starker Aufregung die Speichelabsonderung vollständig aufhören, die Mundhöhle ganz trocken werden kann. Hierzu kommt noch, daß das betreffende Individuum dauernd gewisse Reizmittel, wie Alkohol, Tabak usw. gebraucht haben kann. Auch könnte Einseitigkeit der Ernährung, vererbte individuelle Eigentümlichkeit usw. usw. auf das sekretorische Zellbild einwirken. Dann kommt die lange Kette der Behandlungen (um nicht zu sagen Mißhandlungen), welche wir dem Material notgedrungen angedeihen lassen: Herausschneiden, Fixieren, Durchtränken mit verschiedenen Flüssigkeiten vor dem Einbetten, Färben usw. Man vergleiche nur einmal einen Doppelmesserschnitt von eben der Leiche entnommener Unterkieferdrüse, in Ringerlösung liegend mit einem nach den besten Methoden hergestellten Präparat in Kanadabalsam: in den frischen Schleimzellen dicht gedrängte Sekrettröpfchen, im fertig gefärbten Präparat ein farbiges Netzwerk usw. Auch die stärker lichtbrechenden und meist kleineren Sekretgranula albuminöser Zellen, die in frischen Schnitten so deutlich hervortreten, können in fertigen Präparaten ganz verschwunden sein, wenn sie auch im allgemeinen viel leichter fixiert[1]) werden können als die Mucigengranula.

Beginnen wir mit der Organelle, die allen Zellen mit Ausnahme der Erythrocyten (und der großen platten Zellen der Lungenalveolen?) zukommt und daher unmöglich der Sekretion allein dienen kann, aber je nach der Meinung der verschiedenen Autoren einen größeren oder kleineren Anteil an ihr nehmen soll, dem Kern.

α) Der Kern der Eiweißzellen.

In sekretarmen Eiweißzellen menschlicher Speicheldrüsen erscheint der Kern mehr oder weniger kugelrund und zeigt alle Bestandteile, welche er auch in anderen Zellen aufweist. Er zeigt bald ein einziges großes, bald mehrere kleinere Kernkörperchen, welche der Kernmembran innen dicht angelagert sind, wobei keine bestimmte Stelle bevorzugt wird.

In sekretvollen Zellen, besonders der Parotis, welche in bezug auf die Menge des in den Zellen aufgestapelten Sekrets an der Spitze aller Speicheldrüsen steht, liegt der Kern unmittelbar an der Basis; seine Größe hat deutlich abgenommen; seine Form ist unregelmäßig geworden, indem besonders an der der Basis

---

. [1]) Es ist sehr wichtig, daß man die Fixierungsflüssigkeit durch Injektion in die Blutgefäße gleichmäßig durch die Organe verteilt und nicht einfach Stückchen derselben in sie einlegt. Man bekommt dann eine gleichmäßige Fixation durch das ganze Organ und nicht nur in dünner Schicht an der Oberfläche der Stücke. So erhielt ich von mit einem Formolgemisch von der A. femoralis aus injizierten und für den Präpariersaal bestimmten Leichen überraschend gutes Material, das, was Gleichmäßigkeit betrifft, das von Hinrichtungen stammende wesentlich übertraf. Die Zymogengranula der Unterkieferdrüse z. B. waren überall gut erhalten, wie auch ihr amphitroper Charakter.

abgewendeten Seite durch mäßig vorragende Zacken und Kanten begrenzte Einbuchtungen zu erkennen sind. Da zugleich die Kerne sich im ganzen erheblich
dunkler färben als in sekretarmen Zellen, läßt sich von ihrer Struktur fast nichts
mehr erkennen, so daß es den Eindruck macht, als ob der Kern infolge Flüssig-
keitsverlust stark geschrumpft wäre, der Chromatingehalt aber nicht ab- sondern
eher zugenommen hätte. Färbt man nicht zu stark oder entfärbt man Hämalaun-
präparate durch salzsäurehaltigen Alkohol, so kann man das große Kernkörperchen noch gut erkennen. Seine Größe schwankt sehr wenig und beträgt z. B. in
den Eiweißzellen der menschlichen Ohrspeicheldrüse 1,27—1,44 μ, mit dem Trom-
melokularmikrometer von E. LEITZ gemessen; sind zwei Kernkörperchen vorhanden, so ist die Summe ihrer Massen (aus ihren Durchmessern berechnet) etwas
kleiner als diejenige des einfachen Körperchens, oder ungefähr gleich groß. Bei
den beiden Hingerichteten, deren Material mir zur Verfügung stand, waren alle
Parotiszellen vollständig geladen, sekretleere oder sekretarme gar nicht vorhanden,
so daß ich sekretleere Zellen an Sektionsmaterial studieren mußte. Da zeigte es
sich denn, daß in nur etwa zu einem Drittel mit Sekret gefüllten Zellen eines anderen
Individuums der Kern kugelrund war mit einem Durchmesser von 5,14—5,2 μ,
während in den sekretvollen Zellen der mehrfach eingebuchtete Kern im Mittel
4,8 μ maß, wobei die Buchten nicht berücksichtigt sind, so daß das Kernvolumen
erheblich kleiner war. Die Kernkörperchen der sekretarmen Zellen waren 1,9—2 μ
dick, also bedeutend größer als in den sekretvollen Zellen. Es geht hieraus hervor,
daß beim Menschen während der Sekretion, d. h. während der Neubildung von
Sekret beim Ersatz des aus der Zelle getretenen oder austretenden Sekrets sich
am Kern Veränderungen abspielen, wobei er sich im ganzen verkleinert, und
auch das Kernkörperchen allein an Größe erheblich abnimmt. Daß die Färbbarkeit des Kernes in seiner Gesamtheit erheblich zunimmt, könnte, wie schon
gesagt, auf stärkere Konzentration der färbbaren Substanzen infolge Wasserverlust zurückgeführt werden.

A. GURWITSCH (1913) führt die Lage und Gestaltsänderung des Kerns wenigstens zum
Teil auf den durch die anschwellenden Sekretmassen ausgeübten Druck zurück. „Es
zeugt aber anderseits diese Plastizität des Kerns von einer gewissen Turgorabnahme,
die offenbar nur bestimmten Funktionsstadien desselben entspricht."

Ich glaube wir dürfen noch weiter gehen und das abwechselnde Schrumpfen
und Quellen des Kerns in den verschiedenen Sekretionsstadien direkt auf Veränderungen des osmotischen Druckes innerhalb bzw. außerhalb der Kernmembran, welche die „tierische Membran" der Experimente und Schuldarstellung vertritt. Schrumpft der Kern, so findet sich die konzentriertere Lösung und somit
der stärkere osmotische Druck außerhalb, quillt derselbe, so ist es umgekehrt:
bei dem Eindringen der reichlichen, aus den erweiterten Blutgefäßen ausgetretenen Flüssigkeit in die Zelle halten die stark verkleinerten Basallamellen die Kol-
loide zurück, reichern sich mit ihnen an und vergrößern sich dementsprechend;
das übrigbleibende, an gelösten Stoffen arme Wasser, das größtenteils zum
Hinausspülen des Sekrets benutzt wird, umgibt aber den Kern und zwar besonders auf der oberen am meisten buchtig eingesunkenen Seite, der osmotische
Druck ist somit außerhalb des Kernes geringer als im Inneren, der Kern bläht
sich auf, um später, wenn die umspülende Flüssigkeit wieder konzentrierter wird,
wieder zu schrumpfen, Vorgänge, welche man an den Erythrocyten des frischen
Blutes willkürlich so leicht hervorrufen kann. Daß beim Schrumpfen und Quellen
des Kernes nicht nur reines Wasser die Kernmembran passieren wird ist klar; bekanntlich können tierische Membranen je nach ihrer Beschaffenheit die einen
Stoffe leicht passieren lassen, die anderen schwer oder gar nicht. Welcher Art
die ein- oder austretenden Substanzen sind, läßt sich an menschlichem Material

mit unseren gegenwärtigen Mitteln kaum feststellen. Gegen das Austreten von unverändertem Chromatin scheint mir der Umstand zu sprechen, daß ich in unmittelbarer Kernnähe außer den Basallamellen (über die von Garnier zwischen Kern bzw. Chromatin und Basallamellen angenommenen Beziehungen siehe weiter unten) nichts finden konnte, das sich in gleich intensiver Weise färben ließ wie Chromatin, und daß die geschrumpften Kerne erheblich dunkler sind, während sie doch heller sein sollten, wenn Chromatin in reichlicherem Maße ausgetreten wäre. Daß schwach färbbare Stoffe wirklich aus dem Kern austreten können, werden wir weiter unten bei der Besprechung des Epithels der Ausführungsgänge menschlicher Speicheldrüsen sehen.

Daß die Kerne in sekretvollen Zellen nicht immer geschrumpft sein müssen, kann man gelegentlich beobachten; er ist dann so hell wie in den sekretleeren Zellen und das Kernkörperchen ist gut zu erkennen (s. Abb. 82 unten, Parotis eines 19jährigen Hingerichteten).

Auch in der Unterkieferdrüse fand ich in einigen albuminösen Endkomplexen sekretvolle Zellen mit stark abgeplatteten ganz dunkel gefärbten Kernen neben anderen der gleichen Art, aber mit kugelrunden Kernen, die sich in nichts von denjenigen ganz sekretleeren Zellen unterschieden (s. Abb. 51 und 52).

In exokrinen Pankreaszellen des Menschen (s. Abb. 178—182) habe ich nie abgeplattete, wohl aber etwas kleinere und dunklere Kerne beobachtet als in an-

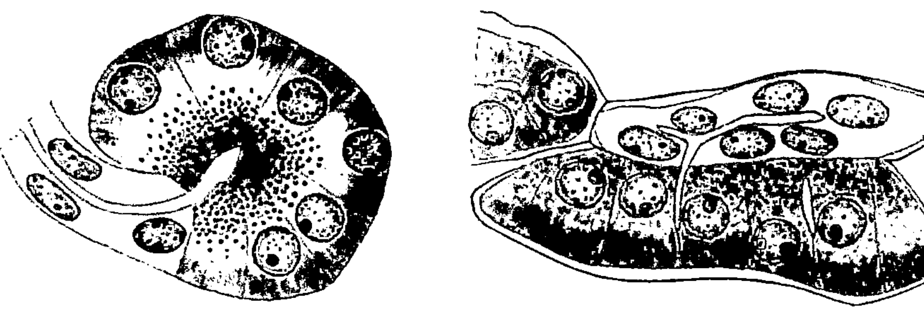

Abb. 15.Abb. 16.

Abb. 15 und 16. Pankreas eines 19jährigen Hingerichteten. Sublimatfix. Abb. 15. (Eisenchlorid-Hämat.) Übergang eines Isthmus in rundliches Hauptstück. Alle albuminösen Zellen in gleichem Funktionsstadium. Kerne verschieden hoch stehend. Basallamellen. Abb. 16. Heidenhain-Malory, längliches Hauptstück dem Isthmus seitlich angelagert. Kerne in verschiedener Höhe. Sehr dünne Basalmembran vom Epithel etwas abgehoben.

deren Zellen, welche übrigens genau das gleiche Sekretionsstadium zeigten. Sollte es sich hier wirklich um sekretorische Vorgänge im Kern handeln, so richten dieselben sich nicht immer genau nach den Vorgängen im Cytoplasma.

Während die angegebene basale Lage des Kerns bei vollkommener Sekretladung eine typische ist, finden wir bei Entleerung der Zelle den wieder aufgeblähten Kern zwar auch häufig noch nahe der Basis, doch kann er auch sich etwas von ihr entfernen. Da jedoch die ganzen Zellen in diesem Zustand deutlich kleiner, die Kerne aber größer geworden sind und daher relativ weiter in das Zellinnere hinein vorragen, kann ein Wandern leicht vorgetäuscht werden. Es kommt jedoch vor, daß z. B. in Pankreaszellen mit mäßig reichlicher Sekretansammlung der Kern, bald mitten in derselben, bald nahe der Basis zwischen den Basallamellen liegt (s. Abb. 15 und 16).

Ich möchte dies besonders hervorheben und vergleichsweise dabei anführen, daß ich im ganz normalen Magenfundus des 19jährigen Hingerichteten und eines Rhesusaffen in einzelnen oder in zu kleineren oder größeren Gruppen gescharten, sekretgefüllten Hauptzellen den Kern mehr oder weniger nahe der freien, also lumenseitigen Oberfläche liegen sah (siehe Abb. 17). Solche Befunde sind deshalb von Wichtigkeit, weil sie nicht geeignet sind, die von Garnier aufgestellte Theorie über enge Beziehungen zwischen Kern und

Basallamellen („Ergastoplasma", siehe weiter unten) zu stützen. Dagegen sind die Kerne hier geradesogut wie an der Zellbasis den Schwankungen des osmotischen Druckes ausgesetzt.

Es ist begreiflicherweise schwierig an menschlichem Drüsenmaterial die genaueren Beziehungen zwischen Kern und Cytoplasma und die Sekretionsvorgänge im allgemeinen zu ermitteln, zumal es nicht angeht, vor dem Tode die Zellen künstlich durch chemische oder physikalische Mittel zur Tätigkeit anzureizen oder dieselbe herabzusetzen. Anders verhält es sich mit Tiermaterial, mit welchem denn auch häufig experimentiert wurde.

Der erste, der meines Wissens überhaupt Beziehungen des Kerns zur Sekretbildung annahm, ist Claude Bernard (1852), indem er sagte (wörtlich übersetzt): „Der Kern zieht in seiner Umgebung an und verarbeitet die Nährstoffe, es ist ein Apparat der Synthese, das Werkzeug der Produktion."

Wirkliche Veränderungen, welche die Kernform in Drüsenzellen und die letzteren im allgemeinen bei verschiedenen Arten und Graden der Reizung erfahren, hat wohl zuerst

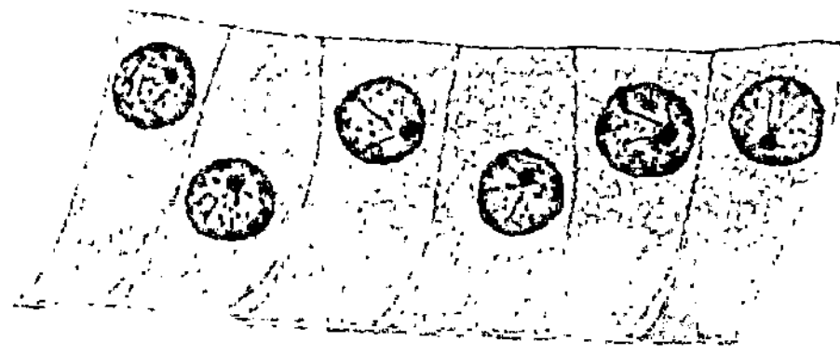

Abb. 17. Hauptzellen aus einer Fundusdrüse eines menschlichen Magens. Alle Zellen zeigen sehr verschiedene Lagebeziehungen des Kerns zu den Basallamellen; daher engere Beziehungen beider Zellorganellen zueinander unwahrscheinlich.

R. Heidenhain (1868 und 1880) gesehen und beschrieben. Ich füge hier seine beiden Abb. 16 und 17 aus der „Physiologie der Absonderungsvorgänge" (L. Herrmanns Handbuch der Physiologie) bei. 16 (unsere Abb. 18) gibt die Parotis des Kaninchens im Ruhe-

Abb. 18.

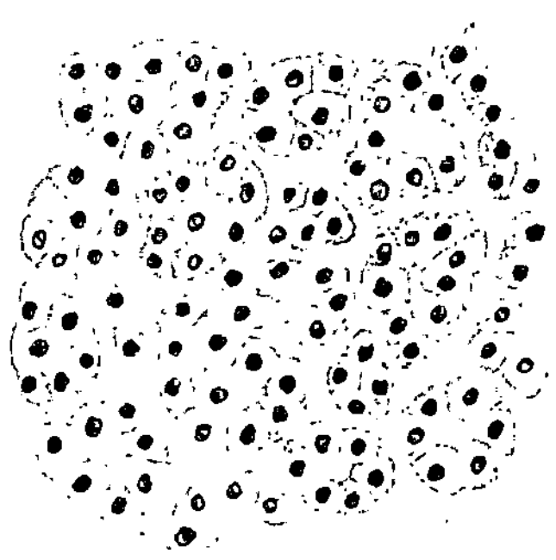

Abb. 19.

Abb. 18 und 19. Parotis des Kaninchens in verschiedenen Funktionszuständen nach der Auffassung von R. Heidenhain. Abb. 18. „Ruhezustand". Abb. 19. Bei Reizung des Sympathicus. R. Heidenhain (1880).

zustand mit großen hellen Zellen und zackigen Kernen, 17 (unsere Abb. 19) dasselbe Objekt nach Reizung des Sympathicus mit kleineren dunkleren Zellen und kugeligen Kernen wieder.

A. Oppel (1900) gibt ebenfalls die beiden Abbildungen wieder (aus R. Heidenhain 1878), vertauscht jedoch aus Versehen die Abbildungen miteinander, während die Erklärungen in der gleichen Reihenfolge wie bei R. Heidenhain gesetzt sind.

Seither sind von zahlreichen Forschern Veränderungen im Verhalten des Kerns während der Sekretion und direkte oder indirekte Beziehungen seiner Bestandteile, besonders des Chromatins und des Nucleolus zur Sekretbildung behauptet worden.

Ich nenne hier Nussbaum, Ogata, F. Hermann, Platner, Maccallum, Ver Eecke, Galleoti, Hammar, Garnier, Mathews, Vigier, A. Maximow, Launoy, Koiransky, Růžička, Goldschmidt, Laguesse, Maziarski, Dolley u. a. Ich will hier nur das Wichtigste anführen.

Nussbaum (1882) erklärt die Veränderung am Kern einfach durch mechanische Verhältnisse, indem die Kerne der ruhenden d. h. sekretvollen Drüsenzellen durch das im Zellleib angehäufte Sekretionsmaterial mechanisch komprimiert werden und in der Entleerung des Sekretes die Möglichkeit fänden, sich wieder in seine ursprüngliche Gleichgewichtslage zurückzuversetzen. Dieser Ansicht pflichtet auch später M. Heidenhain (1907, S. 392) bei.

Ogata (1883) läßt im Pankreas die Nucleolen als „Plasmosomen" aus dem Kern austreten und zum Nebenkern werden und dadurch den Grund zur „Zellerneuerung" legen. Dieses Austreten der Kernkörperchen taucht in der Literatur von Zeit zu Zeit wieder auf, wurde aber schon von Platner (1889) als Kunstprodukt erkannt. M. Heidenhain (1907) macht darauf aufmerksam (S. 180), daß die Kernkörperchen bei der Fixation steinhart werden, so daß beim Schneiden das Mikrotommesser dieselben aus dem Kern herausreißt und in den Zelleib hinein verschleppt. Ich sah das gleiche beim Schneiden von Leber des Rhesusaffen. Die sehr großen Kernkörperchen zeigten an vielen Stellen die verschiedensten Grade des Auswanderns vom einfachen Vorwölben der Kernmembran bis zum Durchwandern und Eindringen in das Cytoplasma. Es fiel mir aber rechtzeitig auf, daß überall im Präparat das Austreten genau an der gleichen Kernseite d. h. an der dem Eindringen des Messers entgegengesetzten stattfand. Man wird also stets bei solchen Befunden die Lage aller Austrittsstellen der Nucleolen im angegebenen Sinne zu prüfen haben. Aber selbst, wenn man einmal ein Kernkörperchen an einer anderen Stelle neben dem Kern gefunden haben sollte, so daß man glauben möchte, es sei unmöglich, daß es aus dem zur gleichen Zelle gehörigen Kern herausgedrückt worden sei, so könnte es ja aus einem anderen weiter abgelegenen Kerne dorthin verschoben worden sein.

F. Hermann (1888) fand in der durch Pilocarpininjektion sekretleer gemachten Unterkieferdrüse des Kaninchens im kugeligen Kern ein zartes Chromatingerüst, ein oder zwei Kernkörperchen enthaltend. Mit der Heranbildung des Sekrets im Zellinnern treten zuerst in der Peripherie des Kerns gröbere Chromatinkörner auf, die unter gleichzeitiger Größenabnahme des Kerns in dessen Inneres rücken, allmählich sich miteinander verbinden und nun ein zackiges, maulbeerförmiges Gebilde darstellen, das bei Behandlung mit Gentiana-Safranin leuchtend rot gefärbt wird. Der Kern der sekretgefüllten Drüsenzelle soll also aus „derben Chromatinbrocken" bestehen, während er in der sekretleeren Zelle von einem netzförmig angeordneten Chromatingerüst durchsetzt werde.

Ch. Garnier (1899), Schüler A. Prenants, fand bei der Maus nach Pilocarpininjektion in der tätigen Zelle (Mandibularis, Parotis, Pancreas) Kerne von unregelmäßigen Umrissen, deren Chromatin im Kernsaft aufgelöst war. Die größer gewordenen Kernkörperchen lösen sich ebenfalls auf. Zugleich gelangt Chromatin in das Cytoplasma, um sich mit den Basallamellen zu verbinden (siehe weiter unten), aber nicht unmittelbar zu Zymogenkörnchen zu werden. Er fand Kerne in amitotischer Teilung ohne nachfolgende Zellteilung. Der eine der Tochterkerne soll zu einem Nebenkern werden, der bei der Sekretbildung verbraucht wird. Nach diesen Vorgängen regeneriert sich das Kerngerüst und der ganze Kern wird wieder größer. Es handelt sich hier um Vorbereitung zu neuer sekretorischer Tätigkeit, während die Zelle ihr Sekret aufstapelt und aufgestapelt hat, also zur Zeit der sogenannten Ruhe.

Nach Mathews (1900), der sich hauptsächlich mit der Zellstruktur des Pancreas beschäftigt, liegt der Kern entweder an der Grenze zwischen der äußeren und der inneren Zone oder in der ersteren. Das Chromatin soll dicht an der Kernmembran liegen. Bei der Sekretion soll der Kern in die Mitte der Zelle rücken, sich aber nicht weiter verändern. Er bezeichnet den Kern als das Zentrum des synthetischen Metabolismus, durch den neue lebende Substanz gebildet werde. Der Einfluß, den der Kern auf seine Umgebung ausübt, sei mit der Wirkung eines Fermentes zu vergleichen. Überhaupt könne an die Möglichkeit gedacht werden, daß der Kern allein die lebende Substanz der Zelle bilde. Mathews dürfte in letzterer Hinsicht wohl wenige Anhänger finden, denn man müßte ja danach die kernlosen Erythrocyten als tote Massen betrachten.

Launoy (1903) läßt den Nucleolus bei der Sekretion verschiedene Veränderungen durchmachen. Er kann sich in zwei Hälften teilen oder in feinen Staub zerfallen oder vacuolisiert werden. Der oxyphile Vacuoleninhalt soll sich schließlich in Sekretgranula verwandeln.

Růžička (1907) erschließt die direkte Beteiligung des Kerns an der Sekretbildung aus dem Umstand, daß zahlreiche Fermente Nucleoproteide sind, und daß einzelne Sekrete Nuclein enthalten.

Hoven (1912) und Duesberg (1914) verwerfen zwar jede direkte Beziehungen zwischen dem Kern und den das Sekret liefernden Plastosomen (Mitochondria), glauben aber an eine ständige Wechselbeziehung zwischen Kern und Cytoplasma.

Goldschmidt (1904) stellt eine Hypothese auf, wonach die Protozoen- und Metazoenzellen zweierlei Kernsubstanz enthalten: das somatische und das propagative Chromatin. Zur vollständigen Trennung beider Chromatinarten soll es nur bei wenigen Arten, bei der Vermehrung der Protozoen, während der Ovo- und Spermatogenese der Metazoen kommen. Besonders deutlich soll sie hervortreten in solchen Zellen, in welchen die Chromatine eine periodische Differenzierung erfahren, wie in den Drüsen- und Eizellen. Das propagative Chromatin soll das somatische aus sich heraus bilden können. Das somatische Chromatin soll dann in Form von „Chromidien" in das Cytoplasma gelangen und dort unter Umständen dauernd als „Chromidialapparat" vorhanden sein können, wobei der Kern dann vorwiegend propagatorisch sei.

Neuerdings (1925) gibt DAVID H. DOLLEY in Anlehnung an GOLDSCHMIDT an, daß im Pancreas der weißen Ratte die Hälfte der exokrinen Drüsenzellen zwei Kerne besitze, von denen der eine, der „propagative oder idiochromatische", mehr chromophil, der andere, der „der Funktion dienende, somatische oder trophochromatische", mehr acidophil sei. Das Cytoplasma soll dem Kern Stoffe mitteilen, welche derselbe verarbeitet und als Chromidialapparat wieder in das Cytoplasma gelangen läßt. Wenn bei zunehmender Reizung durch Sekretininjektion die Zelle erschöpft wird, nimmt nur noch das Kernkörperchen Toluidinblau, das Kernnetz nur noch Erythrosin an. In zweikernigen Zellen kann dann der somatische, ausschließlich acidophil gewordene vollständig zugrunde gehen.

ZIEGLER (1926), der unter meiner Leitung arbeitete, fand in den albuminösen Zellen der Unterkieferdrüse des Rindes dem Kern unmittelbar seitlich angeschlossen scharf begrenzte Massen, die sich mit basischen Farbstoffen hell mit einzelnen eingestreuten kleinen ganz dunklen Körnchen färbten. Die Massen haben mit Basallamellen nichts zu tun. (Vgl. weiter unten meine Angaben über Sekretiosnerscheinungen in den Zellen der Ausführungsgänge des Menschen.)

Noch möchte ich hier die Meinung M. HEIDENHAINS (1907, S. 393) über die Beteiligung des Kerns an der Sekretion anführen. Er leugnet nämlich im allgemeinen die unmittelbare Beteiligung desselben an der sekretorischen Funktion und der Genese der Granula, schreibt ihm vielmehr ein regeneratives Vermögen zu, welches auf die Erhaltung und Wiederherstellung der typischen Plasmastruktur hinauslaufe, sobald diese unter der funktionellen Beanspruchung geschädigt würde, wie es wohl während einer lebhaften Sekretionsperiode der Fall sein könne. Er gibt jedoch zu, daß in vereinzelten Fällen, bei denen die spezifischen Bestandteile des Sekretes mit den typischen Kernstoffen chemisch verwandt sind, der Kern eventuell auch direkt an der sekretorischen Funktion teilnehmen könnte. Als Beispiel führt er dabei das Casein der Milch an, welches als Nucleoalbumin mit den Nucleoproteiden des Kerns den Phosphorgehalt gemein hat.

β) Das Mikrocentrum der Eiweißzellen.

Es gibt wohl außer den Pigmentzellen keine, in denen das als Diplosoma auftretende Mikrocentrum so schwer aufzufinden ist wie in den Zellen der Speicheldrüsen, da die Sekretgranula dasselbe in der Regel verdecken. Zuerst habe ich (1898) bei einem 19jährigen Enthaupteten in den albuminösen Zellen der in den Gräben der Papillae vallatae mündenden Drüsen, aber nur in den vollkommen sekretleer gewordenen, je ein unzweifelhaftes mit deutlicher Zentrodesmose versehenes Diplosoma aufgefunden. Es liegt in einem etwas helleren Hof zwischen Zellmitte und Lumen, näher dem letzteren (s. Abb. 172 bei g). Seine Achse fällt mit der Zellachse ziemlich genau zusammen. Auch GARNIER (1900) hat es in den gleichen Zellen der Menschenzunge wahrgenommen. M. HEIDENHAIN (1900) berichtet, daß er in der menschlichen Parotis und Mandibularis Zentralkörper gefunden habe. Weitere Funde sind mir in menschlichen Eiweißzellen nicht bekannt geworden. Da das Diplosoma bei der Kernteilung eine Rolle spielt, indem jedes der beiden Zentriolen an einen Spindelpol rückt, werden wir sein Vorhandensein in allen Zellen annehmen dürfen, in denen Mitosen nachweisbar sind. Ich habe solche beim Menschen gesehen in der Ohrspeicheldrüse, der Unterkieferdrüse, den Unterzungendrüsen und in der Bauchspeicheldrüse, also in allen besonderen Arten der albuminösen Zellen[1]). Die Zentriolen werden beim Verlassen ihres ursprünglichen Platzes um an die Spindelpole zu gelangen, auch durch die stärkste Ansammlung von Sekretkörnchen nicht gehindert.

Ob außer einer „Zentrodesmose", welche die beiden Zentriolen miteinander verbindet, auch noch von jedem derselben ein besonderer Faden ausgeht, wie bei den oberflächlich gelegenen „Zentralgeißeln", von denen der „Außenfaden" in das Drüsenlumen ragt, der „Innenfaden" sich in das Cytoplasma hinein erstreckt, wie z. B. in den Ausführungsgängen des Pankreas (s. Abb. 183) oder wie beim

---

[1]) Ich kann hier bemerken, daß die Hauptzellen des menschlichen Magenfundus, die ja auch zu den albuminösen Zellen gehören, keine Mitosen zeigen, wenn auch solche im oberen Teil der Drüsen reichlich vorhanden sind.

„Zentralfadenapparat", das ich in Isthmuszellen der Unterkieferdrüse und in zahlreichen anderen Zellarten beobachtet habe, und bei dem beide Fäden im Zellinnern liegen mit (z. B. Deciduazellen) oder ohne (z. B. fixe Bindegewebszellen) nachweisbarem Zusammenhang mit einer Oberfläche, ließ sich nicht ermitteln. Daß jedoch auch in den Eiweißzellen das Cytoplasma bis zu einem gewissen Grade zentriert ist, zeigt die Abb. 172, wo das Diplosoma von einem hellen Hof umgeben ist. Ob diese kugelige Stelle in einer bestimmten Entfernung vom Diplosoma durch ein Mikrosomenlager besonders begrenzt wird, wie ich es z. B. in den Sekretsammelstellen des Oberflächenepithels des menschlichen Magens deutlich gesehen und 1898 abgebildet habe, vermag ich ebenfalls nicht anzugeben.

Was die Bedeutung des Diplosomas betrifft, so habe ich 1898 aus dem Umstand, daß dasselbe in verschiedenen sezernierenden Epithelzellenarten in der Regel in der Mitte der Sekretmassen bzw. Sekretsammelstellen liegt, geschlossen, „daß, ganz allgemein gesprochen, das Mikrocentrum das motorische Centrum, also das ‚Kinocentrum‘ der Zelle sei (gegenüber dem Kern als ‚Chemocentrum‘)".

Vejdowsky (1907) schreibt (nach Duesberg 1911) den Zentriolen sogar eine „fermentative Tätigkeit" zu, deren Produkt die regressive Umformung von Centroplasmen zu allen Formelementen wie Plastosomen, Pseudochromosomen, dem inneren Netzapparat usw. sei. Allerdings beziehen sich diese Äußerungen nicht unmittelbar auf die Drüsentätigkeit. Jedenfalls sollte das Mikrocentrum der Drüsenzellen mehr beachtet werden, denn es ist nun einmal da, und es kann unmöglich nur seine Rolle sein, bei den so wenig häufigen Mitosen die Polkörperchen der Teilungsspindeln zu liefern; die Zellteilungen sind ja doch nur vorübergehende Erscheinungen und die Hauptfunktionen der betreffenden Zellen ruhen während derselben, so daß man annehmen sollte, daß es seine Haupttätigkeit auch während der Sekretion oder Exkretion entfaltet. Man wende nicht ein, daß das Diplosoma gegenüber der gesamten Zellmasse so geringfügig sei, daß man nichts Besonderes von ihm erwarten könne. Aber was bedeutet z. B. die Masse der Epithelkörperchen gegenüber der Gesamtmasse des übrigen Körpers?, und wie wichtig sind sie für das Leben: Exstirpation — Tetanie — Exitus !

γ) Die Basallamellen.
(Basalfilamente, Ergastoplasma.)

Der Bau des Cytoplasmas im allgemeinen, wurde bereits in einem früheren Abschnitt dieses Handbuchs (vgl. Bd. I) eingehend erörtert. Wir haben ihn hier nur so weit zu besprechen, als er für die Eiweißzellen der Speicheldrüsen Besonderheiten zeigt. Da sind vor allem die Basallamellen zu nennen, welche bisher nur bei Drüsenzellen beobachtet wurden.

Die ersten Angaben über diese Einrichtungen finden wir bei R. Heidenhain (1880). Er fand im basalen Abschnitt der exokrinen Drüsenzellen des Pankreas vom Kaninchen schon in ganz frischem Zustand, noch schärfer ausgeprägt nach Osmiumfixation (0,15- bis 0,2proz. Osmiumsäure) „nicht selten in der hellen Grundsubstanz der Außenzone gerade, sehr feine, hier und da mit leichten Varicositäten besetzte Linien, an dem Außenrande beginnend und nach der Innenzone hin konvergierend". An der Grenze der letzteren sollen sie sich ab und zu in Reihen feiner Körnchen fortsetzen. Er bildet auch die durch Maceration mit chromsaurem Ammoniak isolierten Fädchen ab.

Beim Menschen sind sie zuerst in der Unterkieferdrüse gesehen worden und zwar von Bernh. Solger (1894 und 96) und, wie dieser (1896) mitteilt, zu gleicher Zeit auch von W. Flemming am gleichen Objekt (Alkoholfixation, Pikrokarmin, Hämatoxylin). Solger nannte die Einrichtung „Basalfilamente". Er bildet sie sowohl in Seitenansicht als auch von der Zellbasis aus gesehen ab. Beidemale erscheinen die Gebilde als Striche, woraus hervorgeht, daß es sich um Kantenansichten von Lamellen handelt. Wären es parallele Fädchen, die regellos auf der Zellbasis senkrecht stehen, so müßten dieselben, von der Basis aus gesehen, als Pünktchen erscheinen, was aber nicht der Fall ist (ich machte hierauf schon

1898 aufmerksam), ich bezeichne daher die Einrichtung als „Basallamellen“, womit jedoch nicht gesagt sein soll, daß sie strukturlos seien.

SOLGER findet die Basallamellen nur in den Eiweißzellen, auch in denjenigen der Endkomplexe, nicht aber in den Schleimzellen, was ich bestätigen kann.

Außer in der Unterkieferdrüse habe ich (1898) die Basallamellen beim Menschen auch in den v. EBNERschen Drüsen, dem Pankreas und den Hauptzellen der Fundusdrüsen des Magens gefunden. In der Parotis des Menschen sah ich sie jedoch damals nicht (s. Abb. 82—85).

Auch E. MÜLLER (1895) bildet sie in diesem Organ nicht ab, zeichnet sie jedoch in den Eiweißzellen der Unterkieferdrüse des Meerschweinchens. Anders M. HEIDENHAIN (1900), der in der Parotis und Mandibularis eines Hingerichteten (Eisenhämatoxylin) prächtige Bilder von SOLGERS Basalfilamenten erhielt. Ich fand sie dann auch in der Parotis eines 43jährigen Hingerichteten (Fixation: STRASSERS Gemisch), die Abb. 20 und 105 zeigen sie auf das Deutlichste.

Was die Lage in der Zelle betrifft, so fand SOLGER, daß die Filamente an der Zellbasis eine einheitliche Gruppe neben dem Kern, oder zwei denselben zwischen sich fassende Gruppen bilden. Dies gelte auch für die „Halbmonde“ der Unterkieferdrüse. Auch dies kann ich bestätigen für die Unterkieferdrüse, die Parotis und die Wallgrabendrüsen der Geschmackspapillen des Menschen. Bei vollstän-

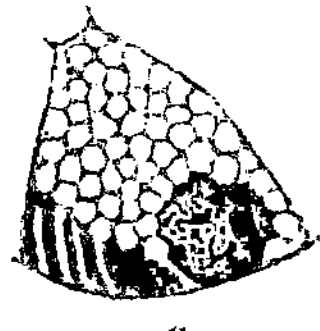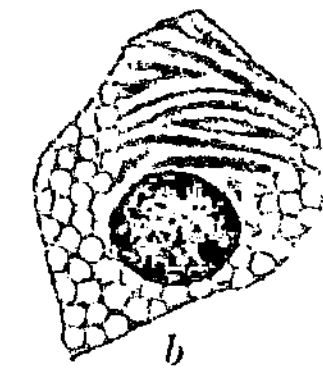

Abb. 20. Zwei Zellen aus der Parotis eines 43jährigen Hingerichteten. Formol-Alkohol. Eisenhämat. Basallamellen in *a* von der Seite, in *b* von der Zellbasis gesehen.

dig basaler Lage des Kerns überragen die unmittelbar auf der Basalfläche der Zelle senkrecht stehenden Lamellen bei voller Entwicklung den Kern in der Regel nicht. Ich muß hier betonen (es ist wichtig für die Entscheidung der Frage, ob engere Beziehungen bestehen zwischen Kern und Basallamellen), daß eine innige Berührung zwischen Kern und Basallamellen nicht in jedem Falle bestehen muß. So kann es kommen, daß bei besonders breiter Zellbasis der Kern in der einen Ecke, die Basallamellengruppe in einer anderen liegt. Diese Unabhängigkeit des Kernes von den Basallamellen in bezug auf ihre gegenseitige Lage hat auch schon SOLGER gesehen, wie z. B. aus seiner Abb. 1c hervorgeht.

In schmäleren Zellen, wie immer in den Hauptzellen des Magenfundus und häufig im Pankreas und den v. EBNERschen Drüsen der Geschmackspapillen, ist dies allerdings nicht der Fall, dort nimmt die Lamellengruppe die ganze Zellbreite ein. Auch kann, wie schon bei Besprechung des Kernes angegeben, derselbe z. B. im Pankreas mitten in der Granulazone, in den Hauptzellen des Magens sogar nahe der freien Zelloberfläche, also weit ab von den Basallamellen liegen und zwar bei gleichen Sekretionsstadien, in denen in anderen Zellen der Kern sich im Bereich der Basallamellen findet.

Eine besondere Stellung in bezug auf die Lage der Basallamelle nehmen die Eiweißzellen der Unterzungen-, Lippen- und Wangendrüsen ein. Wir werden bald sehen, daß sie sich von den Eiweißzellen der Unterkieferdrüse auch in der Sekretionsform wesentlich unterscheiden. In diesen Zellen nämlich findet sich in der Regel nicht nur an der Basis eine Lamellengruppe, sondern auch vollständig von dieser getrennt, eine solche zwischen Kern und innerer Oberfläche (s. Abb. 21 und 22). Sie ist immer kleiner als die basale und nimmt niemals die ganze Breite der Zelle ein, so daß sie häufig nicht im Schnitt liegt. Auch in der Unterkieferdrüse habe ich diese Gruppe ausnahmsweise in einzelnen Zellen gesehen, aber nur bei einem 43jährigen Mann (Fixation: STRASSERsches Gemisch); es handelte sich jedoch nicht um Zellen des sublingualen Charakters. Die supranucleä-

ren Lamellen sind nicht so hoch wie die basalen, sind aber auch parallel zur Zellachse gestellt. Sie lassen stets einen kleineren Zellabschnitt über sich frei, der

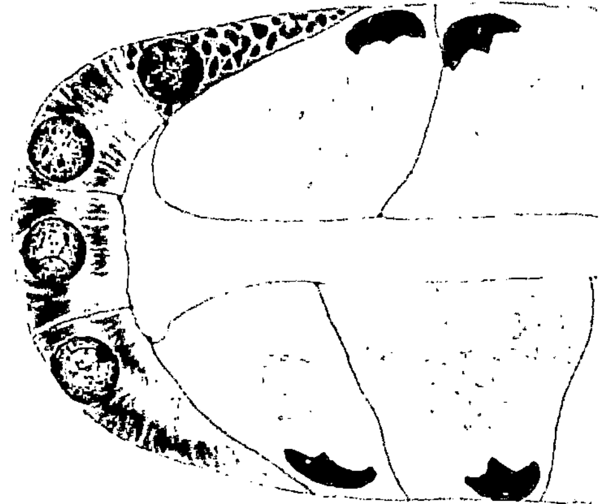 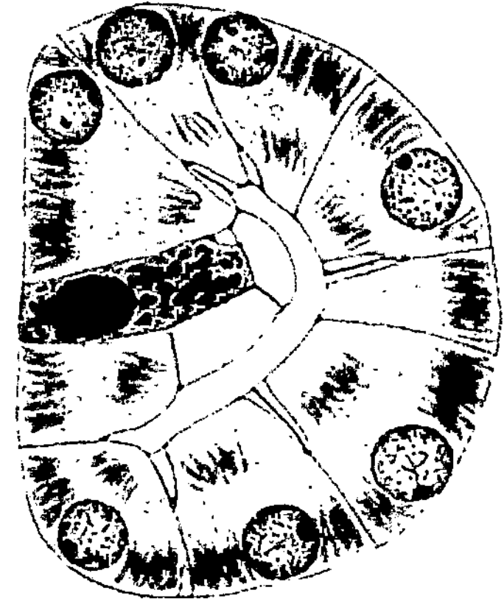

Abb. 21. Kleine Unterzungendrüse, 43 jähriger Hingerichteter. Gemischtes Hauptstück, längs. Mukoseröse Zellen des End-komplexes mit basaler und supranukleärer Lamellengruppe. Eine oxyphile Zelle mit Sekretbrocken im Endkomplex.

Abb. 22. Kleine Unterzungendrüse, 43 jähriger Hingerichteter. Mukoseröses Hauptstück oder Endkomplex mit höheren Zellen. Eine Zelle mit Sekretbrocken. Hauptlumen mit Sekret-capillaren. Basallamellen und supranukleäre Lamellen.

besonders arm an mit Hämalaun und Eosin färbbaren Bestandteilen ist und daher in so gefärbten Präparaten ganz hell erscheint, was ihn als Sekretsammelstelle verdächtig macht; es wird von dieser Stelle noch weiter unten die Rede sein.

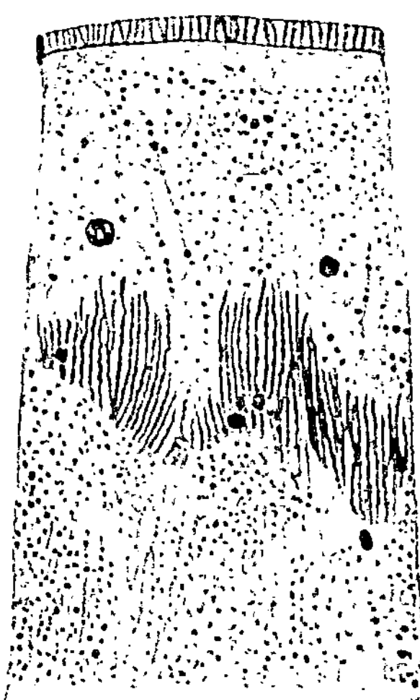

Abb. 23. Oberer Teil einer Darm-epithelzelle der Salamanderlarve mit büschelartig geordneten, etwas winklig hin und hergebogenen Fä-den, welche mit den Basalfilamen-ten der albuminösen Drüsenzellen (besonders aber mit den supranu-kleären Lamellen der mukoserösen Sublingualzellen) übereinzustim-men scheinen. Aus M. Heidenhain (1907).

M. Heidenhain (1907, S. 389) möchte gewisse im oberen Teil der Darmepithelzellen der Salamanderlarve aufgefun-dene büschelartig geordnete Fäden mit den Basalfilamen-ten der Eiweißdrüsenzellen identifizieren. Nachdem ich die Existenz auch einer supranucleären Lamellengruppe in den Zellen sublingualen Charakters festgestellt habe, gewinnt die Heidenhainsche Ansicht noch mehr an Wahrschein-lichkeit (s. Abb. 23).

Im besonderen ist noch zu bemerken, daß bei der Betrachtung des Lamellenbildes von der Zellbasis aus die ganze Gruppe in zusammenhängende kleinere Ein-zelgruppen zerfällt, in denen die Lamellen gleichge-richtet sind, während die Anordnung in den Nachbar-gruppen eine beliebig andere sein kann (s. Abb. 51c).

Eine Eigentümlichkeit der Lamellen ist, daß sie sich von den Rändern aus ganz gewöhnlich spalten, was besonders in den Mundspeicheldrüsen der Fall ist (s. Abb. 20 und 35, Parotis). An den Abbildungen erkennt man, daß die Teilblättchen mit den Nachbar-lamellen in Verbindung zu stehen pflegen, was ge-wöhnlich unter Spaltung der Randabschnitte zu-stande kommt. Das Ganze kann dann mit einem seitlich stark zusammengedrückten Wabenwerk ver-glichen werden, dessen Räume zu Spalten geworden sind.

Dies hat schon A. Kolossow (1902) ausgesprochen. Er gibt auch eine Erklärung für die Spalträume: „Die öfters beschriebenen Faden- und Netzstrukturen (‚Fibrillen‘, ‚ergastoplasmatische Fäden‘, ‚Basal-filamente‘ und sonstige derartige Bildungen) sind nichts anderes als optische Schnitte der Wandungen der mehr oder weniger stark ausgestreckten und dabei verschieden verschlungenen Wabenräume, welche am sekretfreien Protoplasma auf den fixierten und gefärbten Präparaten hervortreten, falls die darin eingelagerten Nahrungseinschlüsse, wodurch das eigentümliche und doch nicht in allen Drüsenzellen gleiche alveoläre Aussehen des Protoplasmas bedingt ist, vollkommen oder partiell im Fixator aufgelöst worden sind." Man kann jedoch auch an die Möglichkeit denken, daß bei der Fixierung und Weiterbehandlung die Lamellen der Dicke nach schrumpfen, wodurch die Spalten erst entstehen oder doch weiter als im lebenden Zustand werden. In dem Pankreas und den Hauptzellen des Magenfundus habe ich solche Spalten nicht auftreten sehen, obwohl auch hier der basale Zellabschnitt lamellösen Bau zeigt. Übrigens führen nach M. HEIDENHAIN (1911) auch REGAUD und LAGUESSE die basalen Streifen der Eiweißzellen in den Speicheldrüsen auf Lamellen zurück. Auch bei E. HOLMGREN (1904) fand ich eine entsprechende Bemerkung. M. HEIDENHAIN (1911, S. 1031) macht noch darauf aufmerksam, daß auch in den Tubuli contorti der Niere die Stäbchen im basalen Zellabschnitt „zu Blättern oder Lamellen zusammentreten, welche parallel zu den Querebenen des Kanals angeordnet sind". Ob jedoch die Basallamellen der Eiweißzellen ebenso, wie es HEIDENHAIN für die Nierenzellen angibt, durch basale Kittfäden[1]) an der Basalmembran befestigt sind, konnte ich bisher nicht entscheiden. Jedenfalls gelang es mir nicht, an Eisenhämatoxylinpräparaten dergleichen zu sehen. Denn gewisse schwarze Linien, welche hier und da zwischen den Basen der Eiweißzellen und der Basalmembran gefunden wurden, konnten als den sternförmigen Basalzellen („Korbzellen") zugehörig festgestellt werden. Ebensowenig sind dicht nebeneinandergelagerte feine Fibrillen an entsprechender Stelle in allen Schleimschläuchen der Mundhöhle als Kittfäden aufzufassen. Auch sie gehören großen platten lanzettförmigen Basalzellen an (siehe darüber weiter unten).

Was den feineren Bau der Basallamellen anbetrifft, so finden wir die ersten Angaben darüber bei R. HEIDENHAIN (1880). Er vermutete, „daß es sich um sehr feine Röhrchen handelt, welche die Grundsubstanz der Zelle durchsetzen und in denen die reihenfrömig geordneten Körnchen liegen".

C. J. EBERT und KURT MÜLLER (1892) haben im Pankreas von Salamander, Frosch und Hecht „paranucleäre" Körper gefunden, welche in zwei Gruppen zerfallen; die eine die uns hier besonders interessiert, „sind umgewandelte Protoplasmafäden, welche, indem sie mit ihren Nachbarfäden verschmelzen, zu spindelförmigen, sichelförmigen, kommaähnlichen Körpern werden, die vielleicht vorübergehend, vielleicht dauernd ihre fibrilläre Zusammensetzung noch mehr oder weniger bewahren oder dieselbe ganz verlieren und dann glänzende homogene Körper darstellen". Die andere Gruppe ist mehr rundlich. Zur Regeneration der Zellen und zur Bildung der Zymogenkörnchen sollen sie keine Beziehung haben, auch sollen sie keine Knospen des Kernes darstellen.

B. SOLGER (1896) sah in ihnen parallel zur Zellachse verlaufende Fäden.

Nach CH. GARNIER (1899) findet man in den Drüsenzellen der Mandibularis, der Parotis und des Pankreas feinere oder gröbere Fäden, die zu Bündeln (wohl unsere Lamellen) meist um den Kern und nahe der Zellbasis angeordnet sind. Sie sollen durch feine Querfädchen unter sich verbunden sein. Sie sind Differenzierungen des allgemeinen Cytoplasmas und können häufig engen Zusammenhang mit den Cytoplasmabälkchen behalten, sich aber auch von ihm trennen und selbständige Gebilde darstellen, was besonders für die gröberen Filamente gilt. Er betont ihre starke Affinität zu basischen Farbstoffen. Sie sollen innigen Zusammenhang mit dem Kern besitzen, d. h. sich an die Kernmembran anlegen und sich mit den Chromatinmassen des chromatolytischen Kerns zu verbinden scheinen. Er nennt die Summe aller dieser Filamente „Ergastoplasma".

MATHEWS (1900) findet, daß im Pankreas die Fäden der äußeren Zone, also der Basallamellen, bedeutend dicker sind und sich viel intensiver färben als die Fäden des Cytoplasmanetzes der inneren Zone. Sie sind vollkommen glatt, zeigen keinen mikrosomalen

---

[1]) HEIDENHAIN spricht von „Basalreifen" und läßt dieselben ohne Rücksicht auf Zellgrenzen um den ganzen Drüsenschlauch in geschlossenen Ringen herumgehen. Mit Herrn J. TASIĆ (Über die Beziehungen des Epithels der Harnkanälchen zur Basalmembran. Diss. Bern 1918, noch nicht im Druck erschienen) konnte ich auch beim Menschen feststellen, daß die Kittfäden nicht kontinuierlich verlaufen, sondern gruppenweise jeder Einzelzelle angehören und ihre Grenzen nicht überschreiten.

Bau und anastomisieren nicht miteinander. Sie endigen im Cytoplasma und dringen nie in den Kern ein. Gleichwohl sollen sie anscheinend aus dem Chromatin entstehen und wahrscheinlich Nucleoalbumin sein (s. Abb. 24).

MICHAELIS (1900) und LAGUESSE (1900) haben die Basallamellen im lebenden Objekt (Mundspeicheldrüsen und Pankreas) mit Janusgrün färben können.

Die Identität von Ergastoplasma und SOLGERS Basalfilamenten wird außer von GARNIER (1897, 1899, 1900) noch behauptet von LÖWENTHAL (1908), MISLAWSKY (1909), BENSLEY (1911), SAGUCHI (1920) und DOLLEY (1925).

E. HOLMGREN (1904) fand in mit Pikrin-Sublimat fixierten und Thiazinrot R-Toluidinblau gefärbten exokrinen Pankreaszellen des Igels, daß die Basallamellen aus zwei verschieden färbbaren Substanzen bestehen: die Spalten in den Basalfilamenten werden

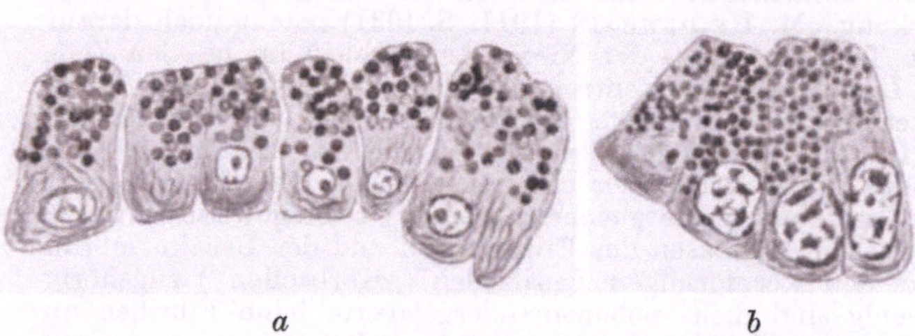
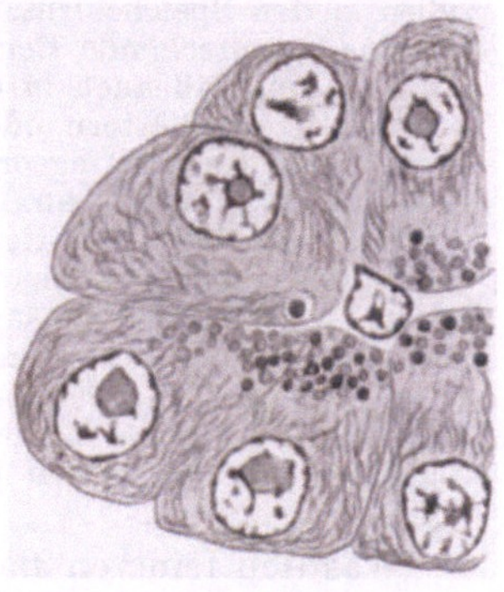

Abb. 24. Pankreaszellen von Necturus, mit deutlicher parallelfaseriger Textur im basalen Teil aller Zellen. Bei *a* ist etwa die innere Zellhälfte von Granulis erfüllt, bei *b* sind die Zellen fast durchaus granulär, bei *c* ist das granuläre Material größtenteils aufgebraucht. Nach MATHEWS aus WILSON, The Bell. Aus M. HEIDENHAIN (1907).

unmittelbar durch acidophile d. h. mit Thiazinrot gefärbte Lamellen abgegrenzt, und an diese ist eine basophile d. h. mit Toluidinblau gefärbte Masse abgelagert. Dieselben würden demnach jederseits von je einer oxyphilen Schicht begrenzt und das Innere der Basallamellen einnehmen. Er erinnert dabei an eine Angabe CAMILLO SCHNEIDERS (1902), daß als erste Anlage der Fermente in den Pankreaszellen ein zarter basophiler

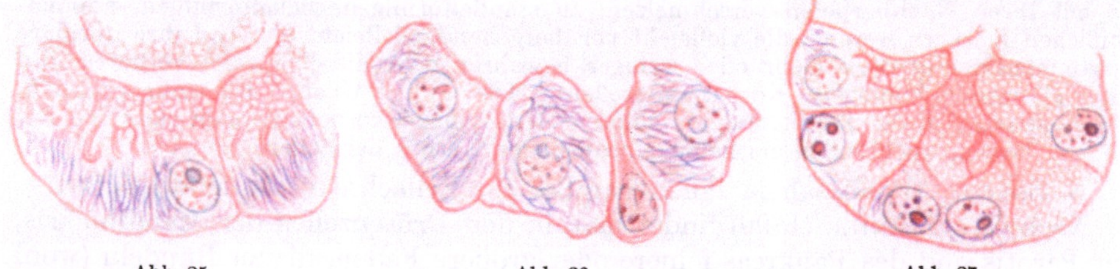

Abb. 25. Abb. 26. Abb. 27.

Abb. 25—27. Pankreas, Igel. Sublimat-Prikrinsäure. Thiazinrot R-Toluidinblau. Trophospongium, Basallamellen (blau). Abb. 26. Basalansicht. Abb. 25 und 27. Seitenansicht der Basallamellen bei verschiedenen Sekretionszuständen der Zymogenzellen. Aus E. HOLMGREN (1904).

Überzug der Gerüstfäden des basalen Plasmabezirks anzusehen ist. HOLMGREN denkt hierbei an Absorption von Stoffen von außen. Die Einrichtungen seien nur in gewissen Phasen der Zelltätigkeit vorhanden (s. Abb. 25—27).

Von allen Untersuchern, welche sich mit der Darstellung der Plastosome (Mitochondria, Chondriom) beschäftigen und ihr Vorhandensein in den Speicheldrüsen feststellen, wird angegeben, daß in den Basallamellen längsverlaufende parallele Plastosomfäden, Plastokonten, Chondriokonten vorhanden seien; ja es wurde sogar behauptet, daß sie ausschließlich aus solchen bestünden. So erklärt z. B. BOUIN (1905, nach A. OPPEL, Ergebnisse 1907) bestimmt, daß das Ergastoplasma alle morphologischen und mikrochemischen Eigenschaften der Mitochondria besitze. Die Identität wird in Abrede gestellt von MISLAWSKY (1909), ferner von REGAUD und MAWAS (1909). Die beiden letzteren untersuchten, was ich besonders hervorheben möchte, die Unterkieferdrüse des Menschen. Ergastoplasma und Mitochondria seien hier grundverschieden in Lage, Form und histochemischer Reaktion. Beide können nebeneinander vorhanden sein und lassen sich mit besonderen Methoden getrennt darstellen. Die Mitochondria hätten nichts mit dem Chromatin gemein, dagegen halten sie wie GARNIER Beziehungen zwischen Ergastoplasma und Chromatin für wahrscheinlich.

J. DUESBERG (1911) hatte sich der Ansicht von REGAUD und MAWAS zuerst angeschlossen, wurde aber durch die Präparate von HOVEN (1910, 1911) anderer Ansicht, die auch von BOUIN (1905), A. PRENANT (1910), CHAMPY (1909 und 1911) und LAGUESSE (1911) geteilt wird. Danach soll das Ergastoplasma GARNIERS bzw. die Basalfilamente SOLGERS nichts anderes darstellen, „als das Aussehen, unter dem schlecht fixierte Plastosomen erscheinen".

Ich selbst habe bei einem 5 Tage alten Kätzchen in Präparaten vom Pankreas, von dem kleine Stückchen zur Darstellung des GOLGI-NEGRIschen Binnennetzes nach der RAMÓN Y CAJALschen Urannitrat-Silbernitratmethode behandelt waren, keine Spur vom Apparato reticolare, wohl aber durch die ganzen Stücke in allen Zellen die in Abb. 28a dargestellten Bilder erhalten. Ich glaube, dieselben als Plastosome deuten zu sollen. Im oberen Teil sind die Fädchen und Körnchen dichter als im unteren, was zum Teil darauf zurückzuführen ist, daß die in verschiedenen Ebenen gelegenen Gebilde in eine einzige projiziert

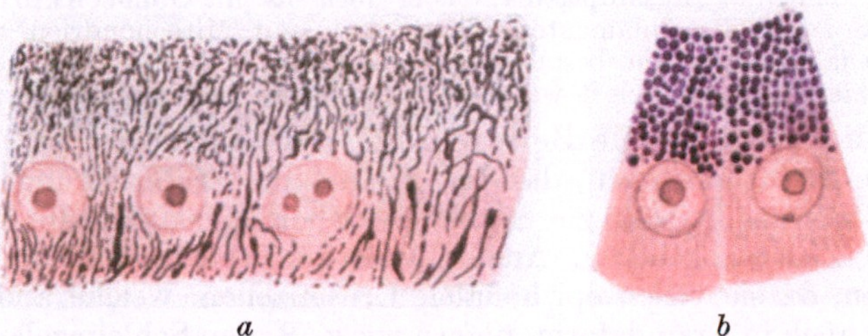

a   b

Abb. 28. Pankreas, fünf Tage altes Kätzchen. a Urannitrat-Silbernitrat nach RAMÓN Y CAJAL. Mit Neutralrot nachgefärbt. Plastosome; im Basalabschnitt Plastosome und Basallamellen. b Fix. nach KOLSTER, gefärbt nach BENDA. Keine Mitochondria. Schöne Sekretgranula violett. Basallamellen rosa. SEIBERT Apochr. 2 mm Comp.-Ok. 8. Vergr. etwa 1400fach

sind, man sieht also bei einer unveränderten Einstellung des Mikroskops weniger als gezeichnet sind. Man bemerkt, daß im größeren unteren Teil der Zelle die Fädchen im großen ganzen parallel verlaufen. Rechts sind sie etwas spärlicher, teils körnig, teils an den Enden keulenförmig oder in der Mitte spindelförmig verdickt; in den linken Zellen sind sie feiner und zahlreicher, aber auch zum Teil feingekörnt. Gabelungen kommen vor. Zum Vergleich habe ich in b zwei Zellen vom gleichen Pankreas, aber von nach KOLSTER fixiertem und nach BENDA gefärbtem Material, in dem die Färbung der Mitochondria jedoch vollständig ausgeblieben war, daneben gesetzt. Die violetten Körnchen sind augenscheinlich nur Zymogengranula. Das Uran-Silberpräparat habe ich nun nach der Vergoldung noch mit Neutralrot nachgefärbt und eine deutliche, wenn auch etwas blasse Rotfärbung des basalen Zellabschnittes erhalten, ungefähr vom gleichen Ton wie im BENDA-Präparat. Es geht daraus hervor, daß in diesem Zellabschnitt außer den Plastosomen (wenn ich die Bilder richtig deute) noch etwas anderes vorhanden sein muß, und das können nach REGAUD und MAWAS doch nur die Basallamellen sein, die ja basische Farbstoffe gern, und lieber als das Cytoplasma annehmen, das ja viel heller geblieben ist, allerdings auch deshalb, weil in ihm die zahlreichen vollständig ungefärbt gebliebenen Zymogengranula eingebettet sind. Es müßte denn sein, daß nicht alle Plastosome imprägniert worden sind. Ich habe tatsächlich Zellen gefunden, in deren basalem rötlich gefärbtem Abschnitt nur vereinzelte Plastosome geschwärzt waren. Aber da, wo die Plastosome in maximaler Zahl zur Darstellung gekommen sind, ist der Grund ebenso rot gefärbt wie in den Zellen mit der geringsten Anzahl. Vergleicht man meine Abb. 28a mit Abb. 3 und 4 (Pankreas des Kaninchens, s. unsere Abb. 30 und 31) von H. HOVEN (1910), so wird man, abgesehen von den oberen, Zymogenkörnchen enthaltenden Zellabschnitten, große Übereinstimmung finden, sowohl was die Dichtigkeit der Anordnung der Plastokonten betrifft, als auch in bezug auf die Struktur derselben besonders, wenn man sich die ganz blaß dargestellten Teile der Fäden ebenfalls schwarz vorstellt. So starke Anschwellungen wie in der rechten Zelle findet man allerdings bei HOVEN nicht. Wenn man jedoch bedenkt, daß MISLAWSKY (1911) im basalen Zellabschnitt der endokrinen Pankreaszellen des Kaninchens netzförmige Anordnung der Plastosome, bei der Maus jedoch isolierte Gebilde beobachtet hat, daß ferner HOVEN (1910) für Meerschweinchen und Ratte einen Zerfall in kürzere Stäbchen als sehr charakteristisch angibt, so wird man die Anschwellungen bei der Katze und andere geringe

Abweichungen als Eigenart dieses Tieres auffassen können. Jedenfalls zeigen die Abbildungen Hovens und anderer, wie auch die meinigen, daß die Plastosome einen nur kleinen Teil des gesamten Cytoplasmas, speziell der Basallamellen bilden, es sei denn, daß der größte Teil der Plastosome nicht zur Darstellung gelangt ist. Nimmt man jedoch Vollständigkeit an, so muß man wohl oder übel noch eine reichliche Menge einer anderen Substanz annehmen, die eben sich in meiner Abb. 28a rötlich gefärbt hat. Und diese ist es, welche in meinem mit sauren Fixierungsmitteln behandelten Drüsenmaterial, in dem ja doch die Plastosome gelöst sein sollten, als Basallamellen gut färbbar geblieben ist. Es muß also die Ansicht Duesbergs (1911), daß die Basallamellen schlecht fixierte Plastosome seien, entschieden zurückgewiesen und denjenigen zugestimmt werden, welche in den Basallamellen außer den Plastosomen noch eine andere, für die Tätigkeit der Zelle wichtige Substanz annehmen, die übrig bleibt, wenn die Plastosome ausgewaschen sind. Vielleicht stecken die letzteren gerade in den Spalten zwischen den Lamellen. Doch wäre dies erst noch festzustellen.

Einer der letzten Forscher, die über die Basallamellen Betrachtungen anstellen, ist D. H. Dolley (1925). Nach ihm ist die Basalfilamentform entweder ein Kunstprodukt der Fixation, indem, wie Bensley meint, saure Reaktion desselben Ausfällung einer homogenen Basalsubstanz hervorrufe, oder sie beruht auf präformierten, aber unsichtbaren Fibrillen („Protofibrillen" Saguchis 1919/20), die erst durch die Säure sichtbar gemacht werden. Daher könne das Ergastoplasma, das er übrigens mit Goldschmidts Chromidialsubstanz und Solgers Basalfilamenten identifiziert, mit Mitochondrien nichts zu tun haben, da diese ja, wie allgemein besonders von Bensley und Saguchi angegeben werde, durch saure Fixierungsmittel gelöst werde im Gegensatze zum Ergastoplasma.

Was nun die funktionelle Bedeutung der Basallamellen betrifft, so kann man von vornherein annehmen, daß sie in irgendeiner Beziehung zur Spezialfunktion der Drüsenzellen, also zur Sekretion stehen, da sie nur albuminösen bzw. mukoserösen[1]) Zellen angehören. Auch müssen sie Beziehungen zur Eigenart des Sekretes haben, da sie vielen epithelialen Drüsenzellen, welche anders geartete Sekrete, wenn auch in Granulaform, liefern wie z. B. den Schleimzellen (in lebensfrischem Zustand), den Belegzellen und Nebenzellen des Magenfundus u. a., fehlen. Zunächst zeigte es sich, daß bei der Tätigkeit der Zellen die Basallamellen sich quantitativ zu verändern scheinen. Die erste Beobachtung in diesem Sinne machte B. Solger (1896) an den Eiweißzellen der menschlichen Unterkieferdrüse. Er fand in einem Fall, in dem die albuminösen Zellen sich intensiver mit Hämatoxylin färbten als gewöhnlich, daß „auch die Basalfilamente weniger zahlreich und dabei kleiner und weniger distinkt erscheinen". Er erklärt sich den Befund so, „daß die Zelle ihr Sekret zum größten Teil abgegeben hatte, die Filamente wären also in die übrige Zellstruktur partiell aufgegangen und würden nach der Aufspeicherung der Sekrettropfen wieder an Masse zunehmen".

Das Zu- und Abnehmen der Basallamellenmasse bzw. ihrer Sichtbarkeit während der Zelltätigkeit wurde nach ihm von vielen Untersuchern angegeben, jedoch in dem Sinne, daß mit dem Zunehmen der Sekretkörnchen die Basallamellen an Höhe abnehmen, so daß ihre Masse am geringsten ist, ja daß sie sogar verschwinden sollen, wenn die Aufstapelung der Granula ihr Maximum erreicht hat, während mit zunehmender Entleerung des Sekrets die Basallamellen sich wieder erholen.

Garnier (1899) läßt das „Ergastoplasma" eine vermittelnde Rolle spielen, „il sert d'intermédiaire entre les matériaux d'origine plasmatique et le protoplasma cytoplasmatique de même qu'il sert à transformer pour le cytoplasma les substances, qui lui fournit le noyeau". Die Ergastoplasmafäden selbst sollen nicht in Sekretkörnchen übergehen. Mathews läßt dagegen die Fädchen selbst in Körnchen zerfallen.

Růžička (1907) glaubt nicht daran, daß das Ergastoplasma Garniers mit der Sekretbildung in direkter Beziehung stehen könne, solange es als Kernsubstanz, welche ja doch lebende Materie sei, aufgefaßt werde.

Die Verfechter der plastosomalen Abstammung der Sekretgranula nehmen nach dem allgemeinen Verbrauch der Plastosome bei der Sekretbildung doch noch einen Rest in dem basalen Zellabschnitt an, von dem aus das verbrauchte Plastosomematerial wieder ergänzt werden soll.

---

[1]) So nenne ich vorläufig die nicht rein mukösen Zellen der Unterzungen- und Lippendrüsen, die aber auch keine typischen Zymogengranula bilden, sondern ein schwach mucinhaltiges, dünnflüssiges Sekret liefern.

Ich selbst habe in Eiweißzellen der Parotis (Abb. 20 und 35) und der Unterkieferdrüse (Abb. 51) des Menschen, die, wenn auch das Sekret nicht fixiert wurde (so häufig im Inneren der fixierten Stücke!), doch als sekretvoll angesehen werden müssen, die Basallamellen wohl erhalten gesehen, in einer anderen Parotis (vom gleichen Enthaupteten, von dem auch Abb. 51 stammt) aber, die ganz besonders stark mit Sekret überladen zu sein schien, von denselben außer einem minimalen, zwischen Kern und Zellbasis gelegenen sekretfreien Zellabschnitt jedoch nichts wahrnehmen können. Hier entscheidet doch wohl der positive, nicht der negative Befund, d. h. die Basallamellen bleiben im allgemeinen, vielleicht in reduzierter Form, oder aus irgendeinem nicht erkannten Grunde nicht hervortretend, erhalten.

Ich habe allerdings weiter oben bei dem Ab- und Anschwellen des Kerns während der sekretorischen Zelltätigkeit einen möglichen Grund angegeben: Festhalten und Aufstapeln der in der reichlich eindringenden, aus den Blutcapillaren ausgetretenen Flüssigkeit enthaltenen Stoffe, wodurch die reduzierten Basallamellen (sie haben ja die früher aufgenommenen Stoffe zur Sekretbereitung wieder abgegeben) wieder ihr Volumen vergrößern. A. Kolossow hat übrigens schon früher (1902, s. das weiter oben wörtlich wiedergegebene Zitat) einen ähnlichen Gedanken ausgesprochen.

Es würden auch bei dieser Annahme die Basallamellen eine vermittelnde Rolle spielen, wenn auch in anderem Sinne als Garnier meint. Für unsere Auffassung spricht die Lagerung der Basallamellen unmittelbar an der Eintrittsstelle des Transsudats, während der Kern, wie wir gesehen haben, weitab liegen kann. In Garniers Abbildung von der Parotiszelle liegt ja auch die dunkle aus dem Kern ausgetreten sein sollende Chromatinmasse gar nicht unmittelbar an der Basis der Zelle, sie läßt vielmehr daselbst soviel Raum frei, daß die noch nicht völlig ausgedehnten Basallamellen genügnd Platz in ihm haben.

δ) „Trophospongium" und „Binnengerüst" der Eiweißzellen.

Weitere Bezeichnungen: „Endopegma" Kopsch[1]), „Binnennetz", „innerer Netzapparat", „Apparato reticolare interno" Golgi; „Lacunoma" Corti; „Phormium" Ballowitz.

E. Holmgren (1902, 1904) untersuchte unter vielen anderen Zellenarten auch diejenigen der Bauchspeicheldrüse von Salamander, Frosch, Katze und Igel, der Parotis der Katze, sowie auch der kleinen Mund- und Zungendrüsen des Menschen. Er findet zwischen Kern und Lumen, aber näher dem ersteren Netzwerke, die er Trophospongien nennt, und die in den Pankreaszellen in der Regel viel umfangreicher entwickelt sind, als in manchen anderen (s. Abb. 25—27). Bei Salamander und Frosch sind die Bildungen „als Ausläufer entweder der centroacinären Zellen oder der Korbzellen aufzufassen". Er nimmt also auch beim Pankreas Basalzellen (Korbzellen) an.

Wie diese Zellen sich bei Säugern zu den Trophospongien verhalten, konnte er nicht feststellen. Das Netz soll bald von kompakten, cytoplasmatischen Fäden gebildet werden, bald verflüssigt oder kanalisiert sein. Er will direkte Verbindungen mit zwischenzelligen, gefärbten Strängen gesehen haben. Diese Darstellung des fraglichen Netzes und besonders der Zusammenhang mit intercellulären Bildungen bzw. anderen Zellen hat keinen Anklang gefunden. Vielmehr wird allgemein dasselbe als identisch mit dem Golgischen „Apparato -reticolare interno" aufgefaßt. Zuerst hat denselben Negri (1899 und 1900) in der Bauchspeicheldrüse und der Parotis der Katze gefunden. Er liegt regelmäßig zwischen Kern und innerer Oberfläche der Zelle näher dem ersteren. Er besteht aus einem System anastomisierender Fäden, von dem seitlich Ästchen abgehen, die mit dem Kern

---

[1]) In bezug auf das Binnengerüst und seine mutmaßliche Funktion richte ich mich hauptsächlich nach den ausführlichen Darstellungen von Fr. Kopsch (1926).

in Kontakt treten können. Der Apparat nimmt mit dem Alter zu; Beziehungen nach außen bestehen nicht. Im Pankreas konnte er keine Veränderungen während den verschiedenen Phasen der Sekretion feststellen.

Fr. Kopsch (1902) fand den Apparat in den Speicheldrüsen des Kaninchens.

Fr. v. Bergen (1904) stellte fest, daß die „Phormien" in den Eiweißzellen, auch der Endkomplexe, der Katzenmandibularis völlig intracellulär liegen und keinen Zusammenhang mit Sekretcapillaren haben, die gleichzeitig imprägniert waren.

W. Rubaschkin (1906) fand im Pankreas eines Hundes regelmäßig 6 Stunden nach der Fütterung mitten in der Ansammlung der Sekretkörnchen einen kugeligen oder ellipsoidalen Knäuel von hellen Spalten, die ein Häufchen von Zymogenkörnchen umgibt, und den er mit den Befunden Negris identifiziert.

R. R. Bensley (1911/12) sah es im Meerschweinchenpankreas am gleichen Ort, doch ziehen einzelne Balken am Kern vorbei basalwärts.

Rud. Kolster (1913) findet das grobe Netz an der Grenze zwischen Kern und Sekretkörnchen sich oft weit in die letzteren hinein erstreckend auch oft dem Kern kappenförmig aufsitzend.

S. Ramón y Cajal (1915) findet es bei Kaninchen, Hund, junger Katze in Becherzellen, Mandibularis, Pankreas in gleicher Verfassung wie die vorigen. Er findet in der Unterkieferdrüse keine Veränderung während der Sekretion, wohl aber in Becherzellen und Bauchspeicheldrüse (siehe unter „Sekretion" weiter unten).

S. Saguchi (1919/20) findet, daß im Froschpankreas vom Binnennetz ausgehende Fortsätze die seitliche und innere Oberfläche erreichen und bringt es mit der Sekretbildung in Verbindung (siehe weiter unten).

D. N. Nassonow (1923 und 1924) findet im Pankreas von Axolotl, Triton und Maus unter normalen Bedingungen das Binnengerüst am oberen Kernpol als weitmaschiges Gerüst mit ziemlich dicken Balken. Es hält sich immer an der Grenze zwischen körnchenfreiem und körnchenhaltigem Zellabschnitt mit geschlossenen Schlingen gegen den Kern zu und in die Körnchengruppe dringenden Bälkchen. Es soll zur Sekretion in enger Beziehung stehen (siehe weiter unten).

Fr. Kopsch (1926) untersuchte menschliches Pankreas (22jähriger Mann, gestorben 10 Stunden nach der letzten Nahrungsaufnahme; Magen leer). Etwa $^1/_3$ der Zellhöhe ist mit Sekretgranula von verschiedener Größe und in regelloser Anordnung erfüllt (in den beiden Abbildungen

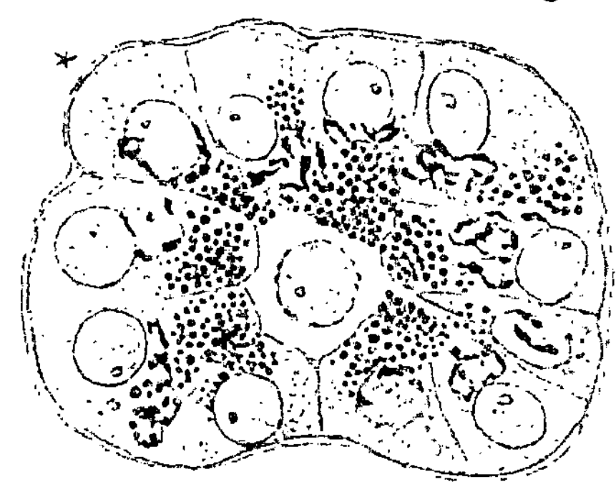

Abb. 29. Bauchspeicheldrüse des Menschen. 22jähriger Mann. Binnengerüst und Sekretgranula in den albuminösen Zellen. Eine Isthmuszelle in der Mitte. Fix. mit Chrom-Osmium-Bichromat, geschwärzt durch 1proz. Osmiumsäurelösung sechs Tage. „Bilder, wie die mit * bezeichneten Zellen, bei denen der Kern ganz oder zum größten Teil von Gerüstbalken umgeben zu sein scheint, entstehen durch Schrägschnitte oder Querschnitte der betreffenden Zellen." Vergr. 1500fach. Aus Fr. Kopsch (1926).

sehe ich auch in einzelnen Zellen Sekretkörnchen neben dem Kern weit herunter verlagert). Das Binnennetz liegt oberhalb des Kerns mit seinem größten Teil in einer mehr oder weniger körnchenfreien Gegend, doch finden sich auch manchmal Körnchen in den Maschen des Binnengerüstes, von dem einzelne Balken sich zwischen die untersten Körnchen erstrecken. Teile des Gerüstes erstrecken sich zuweilen seitlich am Kern herab. In einer Zelle einer Abbildung kommt es der Zellbasis sogar näher als der Kern selbst. Niemals sah er wie Saguchi Fortsätze des Gerüstwerks die obere oder die seitlichen Zellflächen erreichen (s. Abb. 29).

Hier wäre noch die Meinung A. Kolossows (1902) anzuführen, der den „Netzapparat" für ein Kunstprodukt erklärt. Zum Beweis führt er an, es wäre „schwierig zu verstehen, warum die Imprägnation, um nur ein Beispiel zu erwähnen, am Pankreas hauptsächlich nur in zentralen Partien des Objektstückes gelingt, während sie in den peripherischen, wo die Zymogentropfen vollkommen fixiert sind, gewöhnlich fehlt, ebenso wie sie auch in den zentralen Partien fehlt, falls die Fixierung durch Injektion der Verattischen Flüssigkeit in die Blutgefäße gleichmäßig ausgeführt wurde".

Hierzu möchte ich nur bemerken, daß Kopsch (1926, S. 262) beim Pankreas des Menschen unter „Technischem" angibt, daß nur bei einem 50 cmm großen

6 Tage lang der Osmiumwirkung ausgesetzten Stück das „Binnengerüst" genügend imprägniert war, „jedoch nur in einer schmalen peripherischen Zone. In dieser sind auch alle Sekretkörnchen erhalten, was im Innern des Stückes nicht der Fall ist". Ich denke auch, daß die zahlreichen Beobachtungen HOLMGRENS und vieler anderer in den verschiedensten Zellarten und jetzt diejenigen von KOPSCH speziell an so zahlreichen menschlichen Zellarten das „Binnengerüst" als dauernden Bestandteil der Zellenlehre gesichert haben, und daß man mit ihm auch bei den Vorgängen in den Drüsenzellen, deren hauptsächlichster ja die Sekretion ist, zu rechnen hat.

Das Binnengerüst wurde mit anderen Zellorganellen in Verbindung gebracht, so vor allem mit den Plastosomen[1]). HOVEN (1910) läßt es aus den Plastosomen hervorgehen. GOLGI (1909), MEVES (1910) und KOLSTER (1913) betrachten es als unabhängig von diesen. PERRONCITO (1911), DEINEKA (1912) und KULESCH (1914) betonen einstimmig, daß das Binnengerüst alle Mitosen überdauert und gleichmäßig auf die Tochterzellen verteilt wird, daß es also eine permanente Zellorganelle sei. E. BALLOWITZ (1900) denkt an intime Lagebeziehung zwischen den Zentralkörpern und seinem „Phormium", das er mit dem Binnengerüst identifiziert. Direkte Beziehungen sind jedoch sehr unwahrscheinlich, da z. B. in den Epithelzellen der Drüsenvorräume des menschlichen Magenfundus das Diplosoma mitten in der Sekretsammelstelle, das Binnengerüst jedoch dicht oberhalb des Kerns liegt.

ε) Die Plastosome der Eiweißzellen.
(„Mitochondria", „Chondriom".)

Nachdem wir die Verhältnisse des Kerns, des Mikrocentrums, der Basallamellen, des Binnengerüstes als besonderer Organellen der Eiweißzellen besprochen haben, bleibt noch ein großer Abschnitt des Zellkörpers übrig, in dem außer den Sekretgranula die von FLEMMING, MEWES und anderen beschriebenen Strukturen zu suchen sind, vor allem die von BENDA als Mitochondria, von MEWES als Plastosome, auch als Chondriom bezeichneten Bestandteile. Wir haben schon weiter oben gesehen, daß die Basallamellen der Sitz von Plastosomen sind und zwar sollen nach HOVEN (1910, 1912) hier stets welche zu finden sein, wenn sie im supranucleären Zellabschnitt auch vollständig verbraucht werden. Wir werden auch weiter unten auf die Rolle zu sprechen kommen, welche sie bei der Sekretbildung spielen, weshalb wir uns hier kurz fassen können. In Speicheldrüsen wurden sie von zahlreichen Forschern nachgewiesen.

Zuerst scheint ALTMANN (1890) die Plastosome der Drüsenzellen gesehen zu haben, wenigstens hält DUESBERG (1911) dessen „vegetative Fäden" für identisch mit Plastosomen. Doch sah er in der Parotis der Katze zwischen den in den Zellen und um den Kern angehäuften Sekretgranula nur eine homogene fuchsinophile Masse, in der neuere Untersucher wie H. HOVEN (1912) deutlich Plastosome dargestellt haben. Ferner wurden sie in Speicheldrüsen der Säuger gefunden von H. HELD (1899), LAGUESSE (1899 und 1905), MICHAELIS (1909), MAXIMOW (1901), BOUIN (1905), W. J. RUBASCHKIN und W. W. SSAWITSCH (1909), REGAUD und MAWAS (1909) beim Menschen, MISLAWSKY (1909), O. SCHULTZE (1911), GUIEYSSE-PELISSIER (1911), G. ARNOLD (1912), G. LEVI (1912), K. TAKAGI (1925), E. S. HORNING (1925).

Die Plastosome sind am häufigsten parallel zur Zellachse angeordnet, doch kommt auch jede beliebige andere Richtung vor; so sieht man in Abb. 4 (unsere 31) der HOVENschen Arbeit von 1910 im basalen Abschnitt der Pankreaszelle vom Kaninchen mehr parallel zur Basis verlaufende Plastokonten als parallel zur Achse gerichtete. Bald sieht man dort glatte und granulierte, dicke dunkle und dünne helle Fäden (in Abb. 2, unsere 30, Stadium der geringsten Sekretentwicklung, und Abb. 6, unsere 32, mittlere Sekretanhäufung ohne dargestellte Sekretgranula gehen Plastokonten durch die ganze Zellhöhe) bald gerade, bald geschlängelte, meist längs- aber auch anders gerichtete. Netze sieht man in keiner

---

[1]) Näheres siehe bei EKLOF (1914).

seiner 7 Abbildungen (Pankreas des Kaninchens), während Mislawsky (1911) am gleichen Organ des gleichen Tieres netzförmige Anordnung beschreibt, jedoch für die Maus Trennung der Fäden angibt.

Nach Eklof (1914) sind die Plastosome beim Menschen am allerkleinsten, beim Kaninchen und Hund jedoch viel größer.

Ganz allgemein faßt Duesberg (1911) die Bedeutung der Plastosome mit den Worten zusammen, daß „die in den Zellen erwachsener Gewebe enthaltenen Plastosomen vegetative Organellen darstellen, deren Hauptrolle in der Speicherung und Umbildung der aus dem Blut geschöpften Materialien besteht".

Während früher Meves der Meinung war, daß das Flemmingsche Mitom und das Chondriosom (Plastosome) das gleiche sei, hält er sie seit 1912 für verschieden.

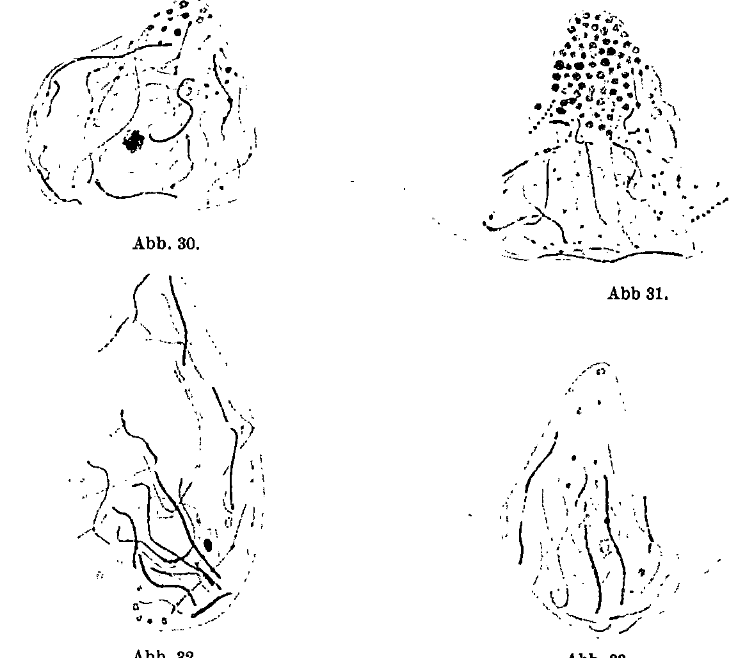

Abb. 30.

Abb 31.

Abb. 32.

Abb. 33.

Abb. 30—33. Bauchspeicheldrüse des Kaninchens, Zymogenzellen mit Plastosomen. Fix. mit Flemmingscher Flüssigkeit. Färbung nach Benda. Abb. 30. Minimale Körnchenanhäufung. Apochr., 2 mm, Komp.-Ok. 18. Abb. 31. Mittlere Körnchenanhäufung, Plastosome teils ohne, teils mit Anschwellungen („Plastes" von Prenant). Zwischen diesen hat die Färbbarkeit der Fäden abgenommen. Abb. 32. Plastokont in Längsteilung. Abb. 33. Entleerte Zelle. Leicht wellige Plastokonten im basalen Zellabschnitt, glatt, noch keine Plastes. Nach H. Hoven (1910).

Die Plastosome existieren neben und zwischen den Cytomitomfibrillen, wofür sich auch Wallgren (1911), Mislawsky (1913) und Eklöf (1914) aussprechen. Duesberg (1911) unterscheidet Plastosome und eine interplastochondriale Grundsubstanz und hält auch die letztere für belebt. Wenn auch ihre Bedeutung derjenigen der Plastosome untergeordnet sei, so müßten doch die Vorgänge, deren Sitz die Plastosome seien, sicher von ihr beeinflußt sein. Mit Berücksichtigung aller bisherigen Erfahrungen müsse man zu dem Schluß kommen, daß die cytoplasmatische Grundsubstanz, d. h. die zwischen den Plastosomen befindliche Substanz, wirklich eine Struktur besitze.

ζ) Die Sekretgranula der Eiweißzellen.

Die alten Physiologen vor allem R. Heidenhain (1880), unterscheiden bei der periodischen Tätigkeit der Drüsenzellen drei Phasen: „zu bestimmten Zeiten nimmt die Zelle aus dem allgemeinen Ernährungsmaterial des Blutes oder vielmehr der Lymphe bestimmte Substanzen auf, zu bestimmten Zeiten gibt sie die Umsetzungsprodukte nach außen ab". In bezug auf das Zellbild unterscheidet er zwei Stadien: Arbeit und Ruhe. Arbeit ist für ihn nur die Ausstoßung des Sekrets, die er allein „Sekretion" nennt.

Was er unter „Ruhe" versteht, geht aus folgenden Worten hervor (S. 78): „Im Ruhezustande bildet sich aus dem Protoplasma der Drüsenzellen organisches Absonderungsmaterial, welches in der Zelle mikroskopisch nachweisbar, zwar noch nicht die spezifischen organischen Sekretionsprodukte, wohl aber Vorstufen derselben darstellt. Die ausgeruhte Zelle ist deshalb arm an Protoplasma, reich an jenen Umsetzungsprodukten desselben." Die „Thätigkeit" dagegen drückt er in folgender Weise aus: „In der tätigen Drüse laufen zwei Reihen von Vorgängen unabhängig voneinander nebeneinander her, welche unter der Herrschaft zweier verschiedener Klassen von Nervenfasern stehen: sekretorische Fasern bedingen die Flüssigkeitsabsonderung, trophische Fasern bedingen chemische Processe in der Zelle, die teils zur Bildung löslicher Sekretbestandteile, teils zu einem Wachstum des Protoplasmas führen."

Diese Auffassung von Ruhe und Tätigkeit hat die Physiologen dazu geführt, die letztere fast ausschließlich als Arbeitsgebiet zu wählen, während die Vorgänge während der „Ruhe" hauptsächlich die Histologen beschäftigt haben, denen sich allerdings auch Physiologen wie z. B. Metzner angeschlossen haben, während umgekehrt Histologen behufs energischer Veränderungen des Zellbildes und Erzielung bestimmter Stadien sich Methoden der Physiologie wie elektrischer und chemischer Reizungen sowie Hemmungen bedienten. Es hat sich dann auch bald herausgestellt, daß gerade vom biologischen Standpunkte betrachtet, die Vorgänge während der „Ruhe" ganz besonders wichtige sind, so daß man zu einer ganz anderen Auffassung von Arbeit und Ruhe kommen mußte.

So hat A. van Gehuchten (1890) es mit Recht geradezu als bizarr bezeichnet, daß man mit der Bezeichnung „Drüsenzelle in Ruhe" eine Zelle belegt, „qui élabore dans son sein les produits à éliminer, et qui est par conséquent en pleine activité pour ce qui concerne sa fonction spéciale de sécrétion", und als „Drüsenzelle in Tätigkeit" „une cellule gorgée des produits élaborés et qui n'a plus qu' à s'en debarrasser d'une façon souvent entièrement passive". Übrigens hat schon Ranvier dies hervorgehoben. Van Gehuchten schlägt deshalb vor, die so wichtigen Vorgänge im Inneren der Zelle als „Sekretion", die Ausstoßung des Sekretionsproduktes dagegen als „Exkretion" zu bezeichnen, eine Unterscheidung, die neuerdings auch Nassonow (1923, 1924) macht und der auch wir uns anschließen möchten. Doch dürfen wir uns nicht verhehlen, daß, wie man noch sehen wird, die Vorgänge bei der Excretion nicht so einfache sind wie van Gehuchten meint, denn gerade wenn ein starker Flüssigkeitsstrom in die Drüsenzellen eindringt, wird nicht nur das Sekret einfach hinausgespült, sondern, wie schon weiter oben angedeutet, erhält damit die Zelle ihre Rohprodukte, welche sie zu weiterer Verarbeitung während der Sekretion im engeren Sinne aufstapelt, wobei die stark reduzierten Basallamellen sich ausdehnen und der Kern sich wieder aufbläht, also auch Stoffe aufnimmt.

Wir haben nach dem oben Gesagten zunächst die Vorgänge zu untersuchen, welche zur Erzeugung der Sekretvorstufe führen. Darüber gab es und gibt es noch verschiedene Meinungen, welche zum Teil noch nicht miteinander in Einklang zu bringen sind:

Die älteste von E. Klein (1879) und R. Heidenhain (1880) geäußerte Meinung über den Bau des Cytoplasmas einer Eiweißdrüsenzelle geht dahin, daß es an mit Hämatoxylin gefärbten Präparaten den Eindruck mache, „als lägen die Körnchen in einem die helle Grundsubstanz durchsetzenden feinen Fadennetz". Diese Grundsubstanz ist augenscheinlich nichts anderes als die Summe aller Lücken, in denen sich die bei der Behandlung in Lösung gegangenen Sekretgranula befanden, und das Netzwerk ist die Summe aller Intergranularsubstanz, welche eben die Wände der Waben bildet, in denen die Granula steckten. Seine Ansicht über die Entstehung der letzteren selbst ist in seiner weiter oben wörtlich wiedergegebenen Meinung über die Vorgänge während der Ruhe enthalten, daß sich nämlich „aus dem Protoplasma der Drüsenzellen organisches Absonderungsmaterial" bilde, das mikroskopisch sichtbar die Vorstufe der Sekretionsprodukte darstelle.

Das besondere Verhalten der Drüsengranula, die übrigens zuerst von Claude Bernard

(1856) im Pankreas gesehen wurden, und besonders ihre Lage und Wandern in der Zelle in frischem Zustande wurden untersucht von R. Heidenhain (1868 und 1875), Langerhans (1869), Pflüger (1871), v. Ebner (1873), vor allen Nussbaum (1877—1882) und zum Teil nach ihm von Langley (1879—1889), ferner von Kühne und Lea (1882). Mit allen diesen an sich höchst wichtigen Arbeiten war über die Genese der Sekretgranula sehr wenig oder nichts gesagt. Die ersten Untersuchungen über dieselbe verdanken wir Altmann (1886), der die Parotis mit Pilocarpin injizierter Katzen studierte nach besonderer von ihm ausgearbeiteter Methode. In Kürze gipfeln seine Ergebnisse darin, daß in einer Intergranularsubstanz feinste Körnchen auftreten. „Der Gang scheint so zu sein, daß wenn nicht immer so doch häufig sich aus den primären Granulis des intakten Protoplasmas zunächst Fädchen bilden, diese durch Zerfall kleine Körner geben, welche durch Wachstum und Assimilation sich zu Sekretkörnern umwandeln." Die Fädchen nennt er weiterhin „vegetative Fädchen". Die Granula vermehren sich allmählich erheblich und ändern schließlich ihre Färbbarkeit: anfangs fuchsinophil, werden sie schließlich graugelb und sind dann als reifes Zymogen zu betrachten. Wir werden auf die Altmannsche Ansicht als Vorläufer der Mitochondria- oder Plastosomentheorie zurückkommen.

Da wir die Besprechungen der Zellorganellen mit dem Kern begonnen haben, sollen hier zunächst diejenigen Theorien folgen, bei welchen Bestandteile des Kerns und zwar vor allem das Chromatin als Quelle der Sekretgranula betrachtet werden. Es ist zunächst

1. Die Goldschmidtsche Chromidialtheorie.

Nach derselben sollen die Basallamellen, die Mitochondria (Plastosome), die Centrophormien, das Binnengerüst alle zusammen das gleiche sein wie sein Chromidialapparat, der aus dem Kern stamme. Später identifiziert er mehr und mehr seinen Chromidialapparat mit den Plastosomen, leitet diese aber vom Kern ab. Duesberg (1911) weist diese Anschauung als vollständigen Fehlschlag zurück.

Bilek (1910) hält die Chromidien für Kunstprodukte und betrachtet sie als zerrissene Stränge der Stützfibrillen der Zelle.

D. H. Dolley (1925) hat die Theorie wieder aufgegriffen auf Grund seiner Untersuchungen am Pankreas der weißen Maus. Der Chromidialapparat sei unabhängig von der Mitochondria, aber identisch mit Garniers Ergastoplasma und Solgers Basalfilamenten. Das Cytoplasma teilt dem Kern Substanzen mit, welche dieser verarbeitet und als Chromidialapparat wieder in das Cytoplasma gelangen läßt, wo es dann weitere Veränderung erfährt, die an einem gewissen färberischen Unterschied erkennbar ist. Er versteht unter Zellruhe das funktionelle Gleichgewicht zwischen Kern und Cytoplasma. Kommt ein Reizmittel wie Sekretin mit einer solchen Zelle in Berührung, so beginnt eine Bildungstätigkeit, welche in fortschreitender übermäßiger Färbbarkeit der Zelle ihren Ausdruck findet wegen dem reichlich aus dem Kern ausgetretenen und zum Chromidialapparat gewordenen Chromatin. Im Stadium der stärksten Färbbarkeit von Kern und Chromidialapparat ist die Zelle um etwa 60 vH. größer geworden. Im nächsten Stadium beginnt der Hyperchromatismus abzunehmen, der Kern zu schrumpfen. In zweikernigen Zellen ist nur der Funktionskern eingekerbt, der andere (propagative) bleibt rund und glatt, Zymogen tritt auf. Je mehr es zunimmt, um so mehr nimmt der Chromidialapparat ab bis zum Verschwinden. Was jetzt bei weiterer Reizung eintritt, kann nur als pathologisch bezeichnet werden: Das Cytoplasma wird wie ödematös, nur noch wenige Zymogengranula sind durch dasselbe zerstreut. Die Färbbarkeit des Kernes nimmt immer mehr ab, bis er schließlich mehr Erythrosin als Toluidinblau annimmt. Bei zweikernigen Zellen nimmt der eine mehr Rot, der andere mehr Blau an. Bei vollständiger Erschöpfung der Zelle ist das Zymogen ganz geschwunden, da es wegen Aufhören der Chromatin-Chromidialbildung nicht ersetzt werden kann. Der der Sekretion dienende Kern schwindet vollständig. Das von R. Heidenhain als Ende der Zelltätigkeit angesehene hyperchromatische, zymogenfreie Stadium faßt er als Anfang derselben auf. Zellen mit fortschreitender Chromidiolyse und geringer Ansammlung von Zymogengranula im inneren Zellabschnitt galten als fast entleerte Zellen, von ihm werden sie als auf der Höhe der Tätigkeit stehend angesehen.

2. Garniers Ergastoplasmatheorie.

Wir haben schon weiter oben gesehen, daß Garnier (1899) das aus dem Kern der Eiweißzellen der Mandibularis, Parotis und des Pankreas wahrscheinlich auf osmotischem Wege austretende Chromatin von den Basallamellen aufgenommen werden läßt. Die so geladenen Basalfilamente verteilen sich längs den Maschen des Cytoplasmas; basophile Granula treten an den Knotenpunkten des Cytoplasmagerüstes auf, während die Ergastoplasmafilamente Deutlichkeit und Färbbarkeit einbüßen. Die schließlich auftretenden Zymogengranula sollen entweder aus den basophilen Körnchen oder in einer hyalinen interfilaren Masse entstehen. Ein Zerfall der Basalfilamente selbst und eine direkte Umwandlung derselben in Zymogengranula soll nicht stattfinden. Auch er faßt das Stadium der stärksten Granulaaufstapelung nicht als Ruhe auf; denn wenn der Kern seine Exkretion

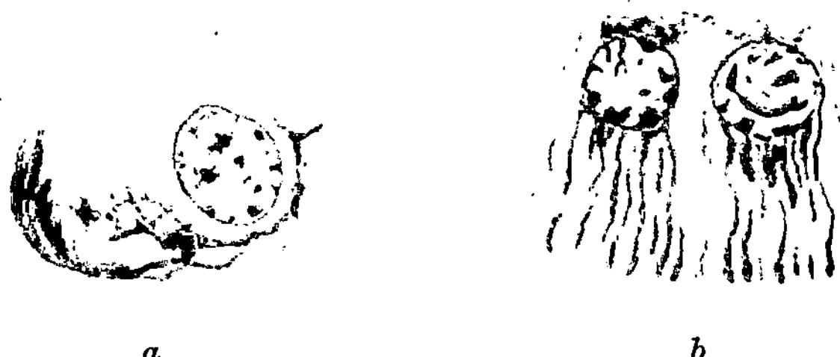

a   b

Abb. 34. *a* Parotiszelle, *b* Streifenstück der Parotis mit „Ergastoplasma" nach Garnier. Aus A. GURWITSCH (1913).

des Chromatins vollendet hat, und das Ergastoplasma seine stärkste Tätigkeit entfaltet, fängt der erstere schon wieder an sich zu vergrößern oder sich gar direkt zu teilen, als Einleitung der nächstfolgenden nukleären Sekretion, also während das Zymogen sich aufhäuft (s. Abb. 34).

3. Beziehung des „Binnengerüstes" zur Sekretion[1]).

Dieselbe wird von einigen Forschern nur gestreift; von anderen jedoch als bestimmt bestehend behauptet. Nach S. RAMÓN Y CAJAL (1915) findet in der Unterkieferspeicheldrüse in den verschiedenen Phasen der Sekretion zwar keine Veränderung des „Binnengerüstes" statt, wohl aber in der Bauchspeicheldrüse.

Dort zeigt es sich in sekretarmen Zellen dicht und kompakt, in sekretvollen dagegen weiter und erscheint wie zerfallen. Er denkt an Teilnahme an der Sekretproduktion, gibt aber die Möglichkeit mechanischer Zerstückelung zu. Pilocarpinvergiftung ruft jedoch in der Unterkieferdrüse einen Zerfall des Gerüstes und starke Verminderung seiner Masse hervor. Erstere glaubt er auf mechanische Einflüsse, letztere auf Beteiligung an der Sekretbildung zurückführen zu sollen. In der Bauchspeicheldrüse junger Tiere bleibt das Gerüst unverändert und liegt näher der Drüsenlichtung, bei älteren Tieren findet man nebeneinander Zellen mit normalem und solche mit zerstückeltem Gerüst. SAGUCHI (1922) ist der Meinung, daß das Sekret der Bauchspeicheldrüse (Frosch) aus Sekretkörnchen, die die spezifischen Fermente liefern, und einer Flüssigkeit, die vom Binnengerüst stammt und in das Hauptlumen oder die zwischenzelligen Sekretcapillaren entleert wird, besteht. Viel weiter geht NASSONOW (1923 und 1924). In durch Pilocarpin sekretleer gemachten Pankreaszellen der Maus liegt das Gebilde dicht an der Lumenseite in verkleinerter, geschrumpfter Form, wie es RAMÓN Y CAJAL angegeben hat. Die Sekretkörnchen sollen nun ausschließlich im Innern der Gerüstbalken als der „Matrix des Sekretes in der Zelle" entstehen, die ganz von ihnen durchsetzt seien, während in den Maschen nichts von ihnen zu sehen sei. Erst wenn die an Zahl vermehrten Körnchen eine bestimmte Größe erlangt haben, gelangen sie in das Cytoplasma. Eine vorhandene Veränderung der Gesamtmasse des Binnengerüstes sei nicht von Bedeutung. Die Masse sei abhängig von der Sekretion im engeren Sinne, nicht aber von der Excretion (Ausstoßung des Sekrets). Mein mitgeteilter Befund am Pankreas des Kätzchens, das mit RAMÓN Y CAJALS Urannitrat-Silbermethode behandelt war, die ja eigentlich das Binnengerüst darstellen sollte, aber im oberen Drüsenabschnitt für Plastosome zu reiche schwarze Partikelchen geliefert hatte, würde von NASSONOW vielleicht dahin interpretiert werden, daß außer dem Chondriom auch noch das Binnengerüst in unvollkommener Form als einzelne Bröckel zur Darstellung gelangt sei.

---

[1]) Unter Benutzung der KOPSCHschen Darstellung (1926).

7*

Kopsch vermag aus seinen Befunden am Menschen nur soviel herauszulesen, daß „aktive Zellen ein größeres, passive Zellen ein kleineres Binnengerüst besitzen".

4. Die Plastosome als Quelle der Sekretbildung in den albuminösen Zellen.

Über die Art und Weise, wie die Zymogengranula aus den Plastosomen hervorgehen sollen, gibt es hauptsächlich zwei Meinungen. Nach der einen, besonders vertreten durch Regaud und Mawas (1909), welche die Parotis des Esels und die Mandibularis des Menschen zu ihren Untersuchungen benutzten, binden die mitochondrialen Fäden, die im zymogenfreien Stadium sich durch die ganze Zelle erstrecken und frei von Körnern sind, die aus dem Blut stammenden Rohstoffe. An einem oder mehreren Punkten entlang jeder Fibrille häufen sich dieselben und bilden Anschwellungen wie die „Ergastidions" von Laguesse. Dieselben (von Prenant „Plastes" genannt) lösen sich dann von den Plastosomen ab und werden schließlich zu den Zymogenkörnern. Die Plastosome spielen demnach mehr eine vermittelnde Rolle, wie die Basallamellen in Garniers Ergastoplasmatheorie, und müßten nach der Abspaltung der Plastes erhalten bleiben, was nach der Anschauung der anderen Partei nur teilweise der Fall sein soll. Zu diesen gehören hauptsächlich H. Hoven (1910 und 1912), O. Schultze (1911, Parotis) und Duesberg (1911), auch Altmann kann zu ihr gerechnet werden, neuerdings (1925) kam Horning zu den gleichen Ergebnissen. Nach ihnen sind (z. B. im Pankreas nach Hoven 1910) auf der Höhe der Excretion die Plastoconten glatt ohne jegliche Anschwellung; das innere Zellgebiet, das die Zymogengranula enthielt, ist ganz frei von ihnen. Die Plastoconten werden perlschnurartig und zerfallen in „Plastes". Diese wachsen und wandeln sich in Zymogengranula um. Die auf solche Weise in ihrer Masse sehr verminderten Plastosome müssen wieder ergänzt werden. Nach Hoven (1910) gibt es dafür zwei Möglichkeiten: 1. Die im basalen Zellabschnitt liegenden Teile der Plastosome beteiligen sich nicht direkt an der Erzeugung der Sekretkörnchen, bleiben also erhalten, und wachsen schnell zu vollständigen Plastokonten aus, die dann wieder Plastes bilden. 2. Die Plastokonten teilen sich der Länge nach, um den Verlust zu decken, wofür einige Befunde sprechen sollen. Hoven glaubt jedoch, daß die erste Hypothese am meisten der Wirklichkeit entspricht.

Mislawsky (1911) konnte keine Längsspaltung im Kaninchenpankreas beobachten.

In letzter Zeit hat Takagi (1925) das Verhalten der Plastosome in der Unterkieferdrüse der Katze unter gewöhnlichen Verhältnissen, bei Hunger, bei starker Fütterung, bei künstlicher Reizung (Elektrizität, Pilocarpin) und schließlich bei Hemmung der Sekretion (Atropin) untersucht. Er findet in den albuminösen Endkomplexen bei den Hungertieren sehr verschiedene Sekretionsstadien: Die einen Zellen enthalten zahlreiche Chondriokonten und Mitochondria, die anderen spärliche Chondrikonten aber zahlreiche Mitochondrien und viele grobe Körner; bei Atropintieren sehr spärliche Chondriokonten. Bei den Fütterungstieren sind die Plastokonten beträchtlich größer als im Hungerzustand. Bei faradisch gereizten Drüsen mit zunehmender Reizstärke sind die Chondriokonten anfangs ziemlich reichlich, zerfallen bei mittlerer Reizung zu zahlreichen kurzen Stäbchen, und bei starker Reizung sind typische Chondriokonten nur vereinzelt. Bei Pilocarpinverabreichung gibt es je nach der Stärke der Dosen die gleichen Bilder, demnach bei starker Reizung nur vereinzelte Chondriokonten, aber starke Vacuolisation und massenhafte große Körner zwischen den Vacuolen. Nach 24 Stunden sind die Chondriokonten wieder außerordentlich zahlreich, dick, lang, gewunden oder perlschnurartig und in Körner zerfallend. Takagi gehört demnach zu der zweiten Gruppe von Untersuchern, welche einen Zerfall der Plastokonten in körnige Plastosome (Plastes) annehmen, die schließlich die Sekretgranula liefern.

Es mögen nun hier auch die Gegner der plastosomalen Abstammung der Zymogengranula zu Worte kommen. Nach Gius. Levi (1912) sind die Plastosome zwar ein permanentes Zellorgan, sie sollen sich aber nicht in Sekretgranula umwandeln. In gut fixierten Präparaten seien sie immer glatt mit gleichbleibendem Durchmesser, nicht in Granula zerfallend, wenigstens soll dies für den *Geotriton* und *Triton crist.* gelten.

MISLAWSKY (1911) sieht zwar auch im Kaninchenpankreas Anschwellungen der Plastoconten und Zerfall in mehrere Fragmente, aber „diese Formänderungen dürfen keinesfalls mit der sekretbildenden Tätigkeit der Zelle in Verbindung gebracht werden, denn es lassen sich solche Formänderungen beliebig hervorrufen, wenn man den Bestand der fixierenden Mischung entsprechend modifiziert".

M. W. HAUSCHILD (1916) untersucht Augenhöhlendrüsen des Kaninchens; er hält die Plastosome für Kunstprodukte, abhängig von den Chromverbindungen in den Fixationsmitteln und von der Menge der im Cytoplasma vorhandenen Fett-Eiweißverbindungen.

Über den Vorgang der Umwandlung der Plastes in Sekretgranula gibt A. DE-BEYRE (1912) Aufschluß. In frischen Stückchen der Unterkieferdrüse vom Kaninchen, die er mit einer Lösung von Janusgrün und Neutralrot behandelte, waren die Zymogengranula groß und rot gefärbt, die Mitochondrien klein und grün. Die letzteren wachsen, wobei im Inneren ein roter Kern entsteht, der auf Kosten der grünen Hülle immer größer wird, bis schließlich das reife Zymogenkörnchen vollständig rot erscheint. Hier und da beobachtet man kleine buckelförmige grüne Reste der plastosomalen Hülle.

Mir selbst gelang es nicht, an meinem menschlichen Material Plastosome zu färben, da die Vorbehandlung keine entsprechende war; ich kann also über Beziehungen der Plastosome zum Sekret in menschlichen Drüsen nichts aussagen. Doch habe ich folgendes beobachtet. Ich muß vorausschicken, daß das Material von einem 43jährigen, enthaupteten Manne stammt, der morgens früh hingerichtet wurde, und dessen Speicheldrüsen während der Nacht Zeit hatten, Sekret aufzustapeln und solches bei dem vor der Hinrichtung wohl nur spärlich eingenommenen Frühstück in sehr geringem Grade abgegeben hatten. Die Zellen waren demnach vollgepfropft mit Sekretkörnchen, so daß diese bis an den Kern und die Basallamellen bzw. Zellbasis reichten und ersteren sogar an mehreren Stellen eingedrückt hatten.

Das Material war mit Formolalkohol fixiert, und die Schnitte wurden mit Eisen-

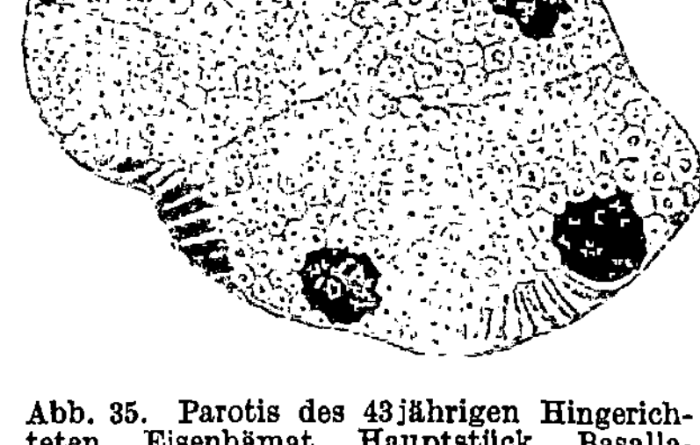

Abb. 35. Parotis des 43jährigen Hingerichteten. Eisenhämat. Hauptstück. Basallamellen. Reichliche Sekretkörner. In jedem dicht an der Oberfläche ein schwarzes feines Körnchen. Kerne etwas geschrumpft, nahe der Zellbasis.

hämatoxylin gefärbt. Ich muß hervorheben, daß in den dunkelgrau gefärbten Basallamellen der Vorbehandlung entsprechend nichts von Plastosomen in irgendeiner Form zu sehen war. Dagegen verhielten die verschieden großen Sekretkörner sich eigenartig: sie waren alle grau gefärbt und zeigten unmittelbar an ihrer Oberfläche je ein einziges minimales schwarzes Körnchen. In der ganzen Zelle war außer dem Chromatin des Kerns und den Kittfäden sonst nichts schwarz gefärbt (das Diplosoma habe ich nicht auffinden können), weshalb diese Körnchen besonders bei Anwendung einer apochromatischen Ölimmersion von 2 mm und eines Kompensationsokulars 8 (SEIBERT) überaus deutlich hervortraten. Auch wenn das Körnchen scheinbar in der Mitte des Sekretkörnchens lag, konnte man bei sorgfältigem Gebrauch der Schraube die oberflächliche Lage feststellen. Daß das Körnchen in Abb. 35 bei einigen Sekretkörnern fehlt, liegt wohl daran, daß ich, um möglichst scharfe Bilder zu erhalten, auf die obere Fläche des Schnittes das Mikroskop eingestellt hatte, so daß auch solche Sekretkörnchen zur Beobachtung gelangten und gezeichnet wurden, an welchen das schwarze Körnchen abgeschnitten war. Wie kann nun dieser Befund erklärt werden? Wir haben gesehen, daß nach REGAUD und MAWAS bei der Bildung der Sekretkörnchen in der menschlichen Unterkieferdrüse an den Plastokonten kleine Knospen (A. PRENANTS „Plastes") vorsprossen und sich dann ablösen sollen. Wir dürfen dabei, Richtigkeit dieser Meinung vorausgesetzt, wohl annehmen, daß diese Sprossen bipolar differenziert sind, und zwar ist das am freien Pol derselben sitzende Material zuerst gebildet, also das älteste, und das an der Basis befindliche das jüngste. Ferner ist doch wohl die Sprossensubstanz nicht mehr genau die gleiche wie die ursprüngliche Plastokontensubstanz, und es ist daher nicht ausgeschlossen, daß sie sich unter Umständen auch anders färben läßt. Es liegt nun nahe, die erwähnten schwarzen Körnchen als „Plastes" oder als Reste derselben aufzufassen. Daß das eigentliche Sekretkorn an einer Seite derselben sitzt, könnte so erklärt werden, daß am älteren, ursprünglich freien Pol der Sprossen der Tropfen hervorwächst, während am entgegengesetzten, ursprünglich angehefteten Pol die Aufnahme des zur Sekretbildung

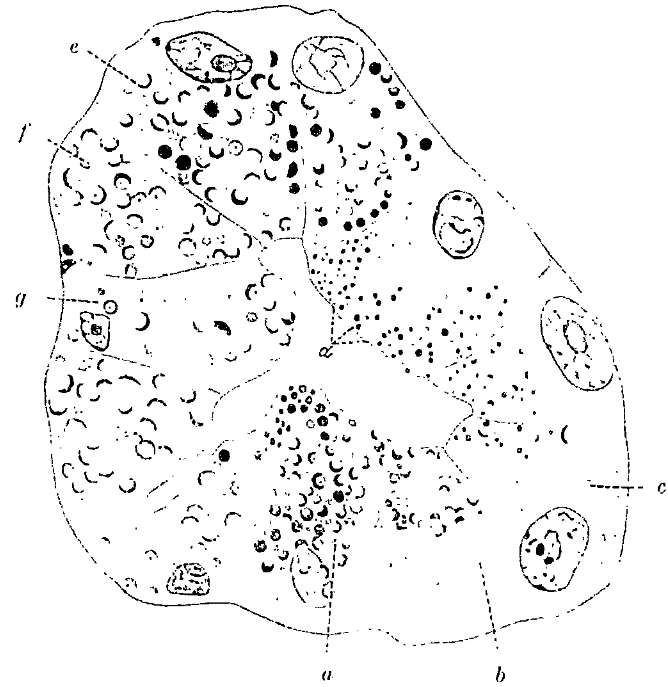

Abb. 36.   Aus der Tränendrüse vom Kalbe nach Fleischer. Pikrinsäure — Brillantschwarz — Toluidinblau — Safranin (Neutralfärbung). Vergr. 1900 fach. Bei *a* Zelle mit kleineren dunklen Halbmondkörperchen, bei *b* Zelle mit trümmerartigen Kapuzen, bei *c* Zelle fast ganz ohne granuläres Material, bei *d* Wiederanbildung der Primärgranula, bei *e*, *f*, *g* Vollgranula, von denen viele die Kapuzen deutlich zeigen. Aus M. Heidenhain (1907).

nötigen Rohmaterials aus dem Cytoplasma stattfindet. Eine solche Erklärungsweise durch einseitige Entwicklung eines Sekretgranulums ist durchaus nicht absonderlich, wissen wir doch, daß bei der Bildung der Stärkekörner z. B. im Rhizom von *Iris germanica* dieselben zwar anfangs im Inneren eines Leukoplasten entstehen, dann aber einseitig aus ihm hervorwachsen, so daß dieser dem Stärkekorn wie eine Kappe aufsitzt.

Die oben wiedergegebene Beobachtung Debeyres (1912) scheint gegen meine Deutung zu sprechen. Aber auch bei der Stärkebildung aus Chloroplasten sehen wir das erste Entstehen des Stärkekorns im Innern vor sich gehen, doch rückt dasselbe allerdings regelmäßig näher an die Oberfläche, so daß auch hier der größte Teil des Chloroplasten ihm einseitig angelagert ist, wenn auch eine dünne Lage desselben den übrigen Teil des Stärkekorns zu umhüllen pflegt, was man daran erkennen kann, daß auch die oberflächlichste, also zuletzt gebildete Stärkeschicht um das ganze Korn herumgeht.

Es scheint übrigens auch in der niederen Tierwelt Beispiele zu geben, welche an meinen Befund erinnern. So fand ich in dem Lehrbuch der Protozoenkunde von Doflein (4. Aufl.

1916) die Abbildung eines Querschnittes einer Gregarine (*Clepsidrina Munieri* Schneid.), in der zahlreiche helle Sekretgranula (Mucigen?) je mit angelagertem sehr feinem, dunkelm Körnchen gezeichnet sind, was ganz an meinen Befund (siehe Abb. 35) erinnert.

Es sind übrigens auch bei Wirbeltieren und sogar beim Menschen eigentümlich gebaute Sekrettropfen gefunden worden, welche zwar etwas anders aussehen als die von mir in der Parotis beobachteten, aber meines Erachtens damit verwandt sind. Es sind die in der Beckendrüse des *Triton* von M. Heidenhain (1890) und in den Tränendrüsen des Kalbes von Fleischer (1904) und beim Menschen von Nikolas (1892), in der Unterkieferdrüse des Kaninchens von H. Held (1899) beschriebenen „Halbmondkörperchen" (M. Heidenhain): In der Höhlung eines dunkel gefärbten Napfes („Kapuze") steckt eine helle Kugel („Träger"), welche erst wächst, quillt und dann nach Bildung von Pseudovacuolen sich auflöst, wobei die Kapuze im typischen Fall zu einem Sekundärgranulum konglutiniert. Die Reste der Halbmondkörperchen werden vor oder nach Auflösung der Sekundärgranula in das Sekret übergeleitet. Wenn wir diese Verhältnisse mit der erwähnten Stärkebildung vergleichen, so macht es den Eindruck, als ob der dunkle Napf („Kapuze") eher mit dem Chloroplasten bzw. den schwarzen Nebenkörnchen der Parotis zu vergleichen und als Träger und Produzenten der hellen, zerfließenden und die Vorstufe des Sekrets bildenden Masse aufzufassen wäre (s. Abb. 36).

Beim Erklärungsversuch der Befunde in der menschlichen Parotis habe ich mich auf den Standpunkt der plastosomalen Abstammung des Sekrets gestellt. Er verliert jedoch nicht seine Gültigkeit für die Annahme, daß, wie G. Levi (1912) meint, die Plastosome

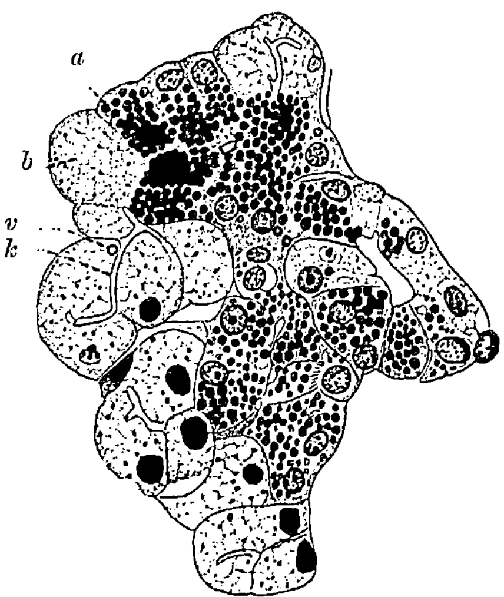

Abb. 37. Unterkieferdrüse des Kaninchens mit verschiedenen Sekretionsstadien. Nach Erik Müller aus A. Oppel (1900). Eisenhämatoxylinfärbung. *a* grobe Granula, schwarz gefärbt, *b* helle Zellen mit ungefärbten Granulis und intergranulärem Netz, das feine zum Teil an der Grenze der Sichtbarkeit liegende Körnchen (die ersten Anfänge der Sekretgranula) enthält. *k* Sekretkapillaren. *v* Sekretvakuole.

nichts mit der Sekretion zu tun haben. Dann stammen eben die geschwärzten Körnchen als Produzenten der Sekrettröpfchen aus einer anderen Quelle, welche noch zu ermitteln wäre (aus dem Kern direkt oder indirekt durch Vermittlung der Basallamellen, oder un-

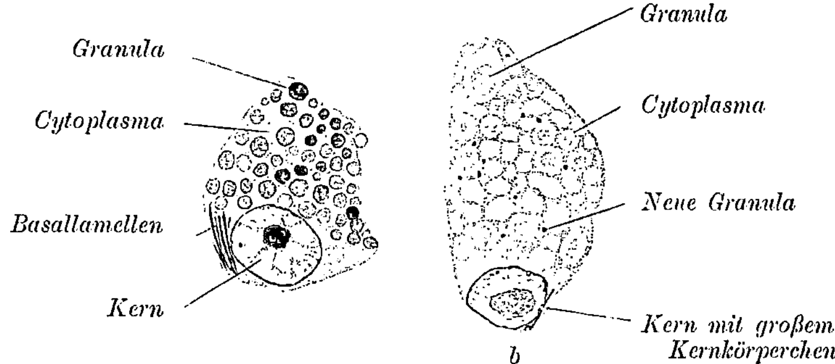

Abb. 38. Zwei albuminöse Drüsenzellen aus der Unterkieferdrüse des Meerschweinchens. Vergr. 1260 fach. In der Zelle *a* sind die Sekretgranula noch erkennbar, in *b* sind sie in den unfärbbaren Zustand übergegangen, neue färbbare Granula beginnen sich im Zytoplasma zu bilden. Aus Ph. Stöhr-v. Möllendorff, Lehrbuch d. Histol., 19. Aufl. 1922.

mittelbar aus dem nach Růžička (1906) strukturlos sein sollenden Cytoplasma ohne Vermittlung einer besonderen Zellorganelle nur durch „Metabolie" (?).

Hierfür könnte wiederum der Umstand verwertet werden, daß das Nebenkorn der Sekretkörperchen sich schwarz gefärbt hat, während die Basallamellen, wo doch immer ein Rest von Plastoconten erhalten bleiben, ja welche hauptsächlich aus solchen bestehen sollen, keine Spur von Schwarzfärbung zeigen. Aber da könnten wiederum die Verteidiger der plastosomalen Abstammung des Sekrets einwenden, daß dies nur beweise, daß die aus den Plastoconten hervorgesproßten „Plastes" entweder schon beim Vorsprossen oder doch nach dem Abschnüren eine etwas andere chemische oder nur physikalische (vielleicht dichtere) Beschaffenheit besäßen bzw. annähmen, welche sich durch bessere Fixierbarkeit und durch stärkeres Festhalten der Beize oder des Farbstoffs allein kundgäbe, wie etwa die Knorpelkapseln, welche ja auch nichts anderes als etwas verdichtete Knorpelgrundsubstanz sind. Hoven (1910) sagt nämlich (wörtlich übersetzt): „Diese plastes fahren fort, sich durch die Färbmethoden für Mitochondrien auf eine sehr intensive Art zu färben, während das mitochondriale Fadenwerk, welches sie verbindet, immer weniger färbbar wird." Wir müssen uns demnach vorläufig mit der Feststellung des Befundes begnügen.

Es ist hier noch anzuführrn, daß feinste, mit Eisenhämatoxylin schwarzfärbbare Körnchen, die im Cytoplasma auftreten, von verschiedenen Autoren als erste Antänge neuer Sekretgranula gedeutet wurden, ohne daß sie auf bestimmte Zellorganellen zurückgeführt wurden. Die Abb. 37, 38b, 82, 84 und 85 lassen diese Granula gut erkennen.

5. Die fertigen Zymogengranula der albuminösen Zellen.

Ältere und neuere Untersucher haben festgestellt, daß die Sekretgranula der frischen Eiweißzellen sich durch ihre stärkere Lichtbrechung leicht von den matteren Mucigengranula unterscheiden lassen, was sowohl für die rein albuminösen Abschnitte, als auch für die Endkomplexe gilt, wie schon v. Ebner (1873) und Solger (1896) erkannt haben. Noll (1902) gibt eine Abbildung (von Metzner, 1906—1907, in seiner Abb. 167 wiedergegeben) von der Submaxillaris eines Hundes, der 11 Tage gehungert hatte, und dessen albuminöse Zellen also nach von vielen gemachter Erfahrung, maximale Entwicklung und Anhäufung von Zymogengranula zeigen müssen. Tatsächlich sieht man in zwei etwas kleineren Zellen kleine scharf gezeichnete Granula, welche gegen die großen, matter erscheinenden Granula deutlich ab-

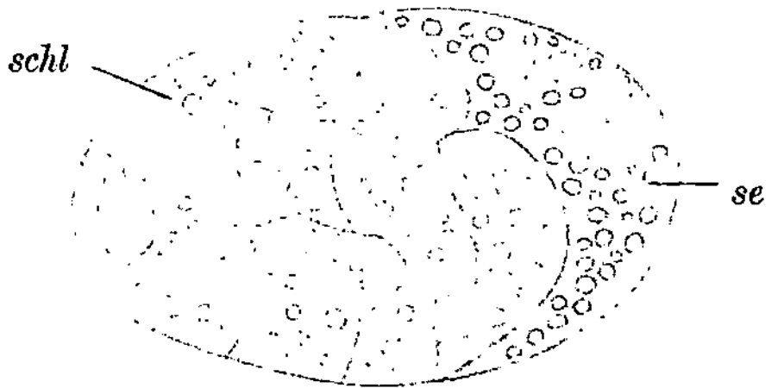

Abb. 39. Unterkieferdrüse des Menschen, Gemischtes Hauptstück. *se* albuminöser Endkomplex mit glänzenden, *schl* Schleimstück mit matten Granulis. Frisch gefroren, ohne Zusatzflüssigkeit. Aus B. Solger (1896).

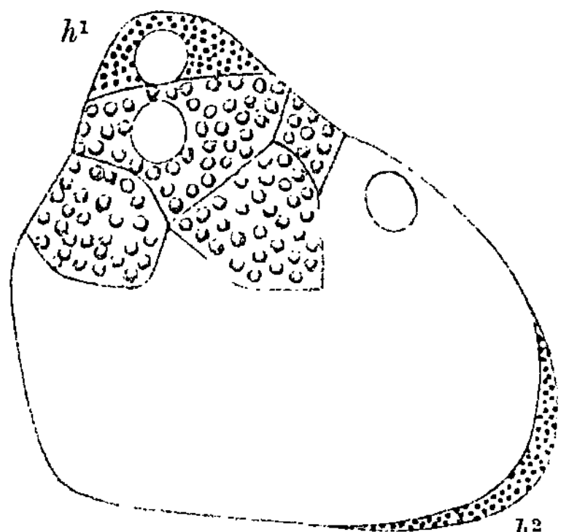

Abb. 40. Unterkieferdrüse, normal. *h¹*, *h²* albuminöse Endkomplexe mit kleinen dunklen Sekretgranula. Schleimzellen mit großen, blassen Granula. Frisch in 0,6 proz. *NaCl*-Lösung. Vergr. 800 fach. Nach Noll (1902). Aus R. Metzner (1906—1907).

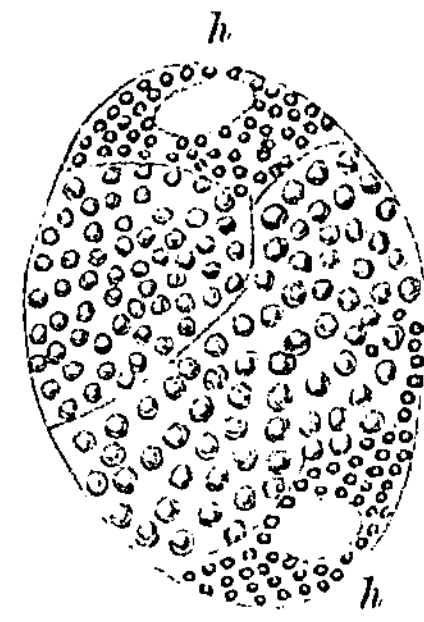

Abb. 41. Unterkieferdrüse des Hundes, 11 tägiger Hunger, *h*, *h* albuminöse Endkomplexe mit kleinen Granulis. Schleimzellen mit großen Granulis. Frisch in 0,6 proz. *NaCl*-Lösung. Vergr. 800 fach. Nach Noll (1902). Aus R. Metzner (1906—1907).

stechen. Augenscheinlich handelt es sich um Zymogengranula und nicht wie Noll meint, um Schleimgranula von Zellen, welche von den anderen in ihrer Entwicklung gehemmt sind. Noll ist eben ein Anhänger der überwundenen Phasentheorie (s. Abb. 39—41).

Die Frage, ob die Zymogengranula flüssig oder fest sind, wird von M. HEIDENHAIN (1907) nach dem Vorgang von LATSCHENBERGER, LANGLEY, GALEOTTI, E. MÜLLER, NOLL und FLEISCHER und auf Grund eigener Untersuchungen (Pankreas des *Triton*) dahin entschieden, daß sie, weil sie bei Isolation in der Zusatzflüssigkeit sich zunächst nicht verändern, fest sein müssen und erst später in lösliche Produkte verwandelt und verflüssigt werden. Aus der bei der Untersuchung nicht stattfindenden Lösung kann man jedoch nicht auf den Aggregatzustand schließen, denn eine Ölemulsion und stark geschlagener Eiweißschaum zeigen unter dem Mikroskop auch kugelrunde, unlösliche Gebilde, von flüssigem bzw. gasförmigem Zustand. Man sollte eher annehmen, daß die Sekretgranula der albuminösen Zellen anfangs mehr oder weniger zähflüssig sind, daß sie jedoch früher oder später durch allmähliche Wasseraufnahme dünnflüssig werden und zusammenfließen können. Es wurde und wird noch vielfach jedes Sekretgranulum als Vacuole bezeichnet. Eine solche ist aber erst dann vorhanden, wenn das Granulum künstlich ausgewaschen ist und der Raum, der dasselbe enthielt, in fertigen Präparaten mit Kanadabalsam ausgefüllt ist. Bei der frischen Zelle sollte man nur dann von Vacuolen sprechen, wenn das betreffende kleinste Sekretquantum leichter flüssig ist als das umgebende Cytoplasma, was man aber erst dann erkennen kann, wenn mehrere Körnchen bzw. Tröpfchen zu größeren Tropfen zusammengeflossen sind, wie man sie im Gegensatz zur Parotis am häufigsten in der Unterkieferdrüse trifft. Siehe Abb. 51 vom Menschen und Abb. 80 vom Hund.

TAKAGI (1925), der die Unterkieferdrüse der Katze untersuchte, kam zum gleichen Ergebnis. Er schloß aus dem Umstand, daß sich in den Endkomplexzellen der Schläuche Vacuolen bilden, in den Parotiszellen aber nicht, daß die beiden voneinander verschieden sein müssen, die ersteren seien trotzdem keine sekretleeren Schleimzellen.

Wann die Granula sich verflüssigen, ist in den verschiedenen Drüsen des Menschen und der Tiere verschieden, hängt auch wohl davon ab, ob die gleiche Drüse schwächer oder stärker gereizt wird, sei es auf natürlichem, sei es auf künstlichem Wege. Die Unterkieferdrüse des Menschen neigt vielmehr zur Verflüssigung in der Zelle als die übrigen. So fand ich (1898) z. B. in den albuminösen Wallgrabendrüsen der Zunge des Menschen in der die verschiedensten Stadien der Sekretion und Exkretion oft in einem Querschnitt nebeneinander stehen können (s. Abb. 172), daß die Sekretgranula in Kugelform aus der Zelle austreten, um erst im Lumen die Färbbarkeit mit Eisenhämatoxylin zu verlieren und zusammenzufließen. Dies scheint auch für das Pankreas zu gelten. Kürzlich wurde dies noch von HORNING (1925) für das Pankreas des Meerschweinchens festgestellt, indem in den feinen Kanälchen der Hauptstücke sich die gleichen Granula fanden, wie in den Zellen selbst.

Was die **Fixierbarkeit** und **Färbbarkeit** der Zymogengranula betrifft, liegt eine vollständige Besprechung der ganzen Technik und ihrer Ergebnisse nicht im Rahmen dieser Darstellung, wir müssen deshalb auf Spezialwerke verweisen[1]). Nur so viel sei gesagt, daß es überhaupt kein Mittel gibt, das für die Fixierung der Zymogengranula (eigentlich aller Bestandteile der Zelle) absolut zuverlässig ist. Stets sollte man zuerst das lebensfrische Objekt genau kennen lernen und damit das fixierte vergleichen. Aber auch ohne dies kann man sich leicht von der Unzuverlässigkeit der Fixierungsmittel besonders, was allein schon die Eindringungsfähigkeit derselben betrifft, überzeugen, wenn man von Zeit zu Zeit eines der Stücke aus der Flüssigkeit herausnimmt, schnell abspült und mit scharfem Messer glatt mitten durchschneidet und die Schnittflächen ansieht. Man wird sich wundern, wie wenig weit sie eingedrungen ist. Es kann daher kommen, daß sie gar nicht bis in das Innere gelangt ist, wenn man beginnt sie auszuwaschen. Überhaupt kann nur in der oberflächlichsten Schicht eine einigermaßen gute Fixation erwartet werden, da sie unmittelbar von den koagulierenden Stoffen getroffen wird. Hier wird auch ein großer Teil derselben gebunden und in die Tiefe dringt zunächst nur oder fast nur das Lösungsmittel, das gar nicht fixiert, sondern die zu fixierenden Bestandteile verändert oder gar löst, die dann erst durch die nachdringende stärkere Flüssigkeit in veränderter Form oder überhaupt nicht wieder ausgeschieden werden. (Vgl. ALF. FISCHER 1899 usw.) Injektion der Fixationsflüssigkeit durch die Blutgefäße ist dem einfachen Einlegen von Stücken vorzuziehen. Ungünstig ist auch bei menschlichem Material der Umstand, daß

---

[1]) Ganz besonders möchten wir M. HEIDENHAINS „Plasma und Zelle", 1. Abteilung, Jena 1907, empfehlen. Man wird dort eingehende Besprechung aller einschlägigen Verhältnisse finden.

dasselbe meist nicht frisch genug in unsere Hände gelangt, da man nicht sicher ist, daß nicht schon postmortale Veränderungen eingetreten sind. Immerhin kann man doch vieles erreichen und besonders durch Vergleichen der verschiedenen genau unter den gleichen Bedingungen befindlichen Drüsen, dann von mit verschiedenen Fixierungsmitteln behandelten Stücken desgleichen Organs wichtige Aufschlüsse erhalten.

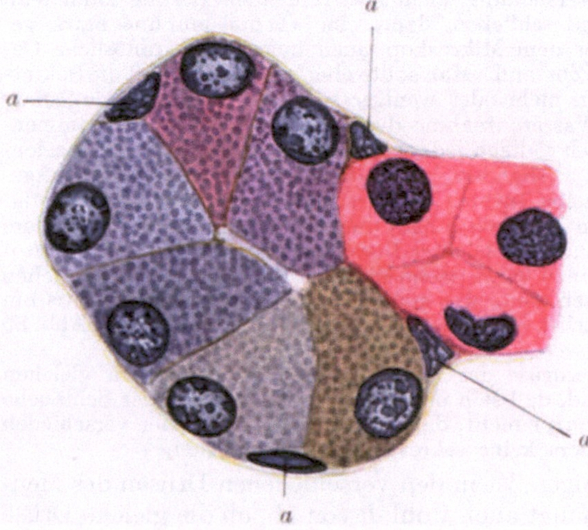

Abb. 42. Gl. mandibularis accessoria, 39jähriger Mann (gestorben an lobulärer Pneumonie). Formol. Hämalaun, Mucikarmin, Aurantia. Gemischter Schlauch. Die Zellen des Endkomplexes sehr verschieden gefärbt, teils nur mit Hämalaun, teils mit Hämalaun und Aurantia, teils mit Hämalaun und Mucikarmin in verschiedener Mischung. Alle Zellen voll Sekret, Chromatin grobkörnig. Seibert Apochr. 2 mm Comp.-Ok. 8. Vergr. 1450fach. a Myoepithelzellen als basale, niedrigste Stufe des zweistufigen Epithels.

Ein verhältnismäßig gutes Fixationsmittel für Zymogengranula ist immer noch das so einfach anzuwendende Formol, das auch ziemlich gut eindringt, während Sublimat sie nur ganz an der Oberfläche fixiert. Man vergleiche nur die Abb. 82—85 (Sublimat, Parotis von 19jährigem Hingerichteten) mit Abb. 35 (Formolalkohol, Parotis von 43jährigem Hingerichteten) sowie mit Abb. 42 (Mandibularis accessoria, fixiert in Formolwasser, 39jähriger Mann) und mit Abb. 45 (Unterkieferdrüse mit Formolalkohol injiziert, älterer Mann). In Abb. 83 (Eisenhämatoxylin) ist von den Sekretgranula keine Spur vorhanden, auch keine Anzeigen von sekundärer Ausfällung, in Abb. 35 (Eisenhämatoxylin) sind die

Granula erhalten, aber nur die oben erwähnten kleinen Nebenkörnchen geschwärzt, der viel dickere Hauptteil aber nur grau geblieben. Abb. 42 stammt von einem mit Hämalaun-Mucikarmin-Aurantia gefärbten Schnitt; der Erhaltungszustand der Granula ist ziemlich vertrauenerweckend. Aber welche Unterschiede in der Färbung! Es gibt wohl keine Zusammenstellung von Färbemitteln (die drei müssen in der angegebenen Reihenfolge nacheinander angewendet werden), mit denen man so deutliche und zum Teil so schroffe Kontraste in der Färbung der verschiedenen Drüsenabschnitte und Zellenarten erhält als wie z. B. auch in Abb. 163 (zusammengesetzte Mundbodendrüse; s. darüber unter „Glossomandibulare Drüsengruppe").

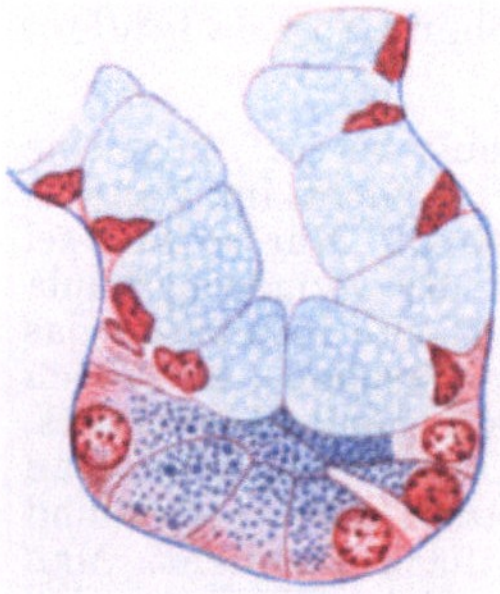

Abb. 43. Unterkieferdrüse des Menschen. Vergr. 635fach. Schleimtubulus mit albuminösem Endkomplex und amphitroper Reaktion der Sekretgranula. Aus M. Heidenhain (1921).

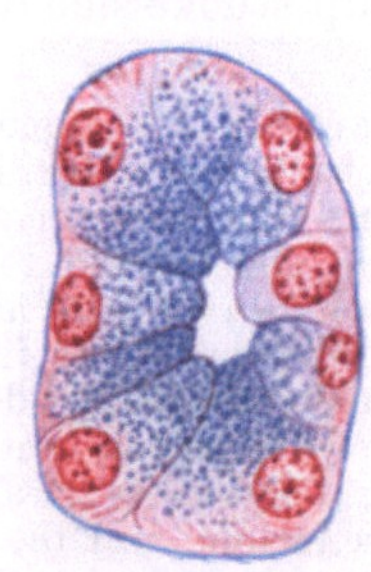

Abb. 44. Unterkieferdrüse des Menschen. Schnitt durch ein albuminöses Hauptstück mit amphitroper Reaktion der Sekretgranula. Vergr. 635fach. Aus M. Heidenhain (1921).

Die Abb. 42 zeigt zunächst, daß die Granula leicht Hämalaun annehmen, aber bald stärker, bald schwächer, woraus man wohl auf verschiedene Reifezustände schließen darf. In einer Zelle haben die Granula noch dazu Aurantia aufgenommen. In Präparaten der Unterkieferdrüse des Menschen mit schwacher Hämalaunfärbung nehmen die Granula gern saure Farbstoffe an, aber auch in den verschiedenen Zellen nicht in der gleichen Intensität. Auch mit Orcein in salzsaurem Alkohol färben sie sich kräftig, was auch für die Parotis gilt. Nun die Rotfärbung der Granula.

J. Schaffer (1908) hat gezeigt, daß bei Insectivoren die Zymogengranula der Eiweißdrüsen bei Anwendung von Mucikarmin auch dasselbe mehr oder weniger annehmen, daß sie somit „amphoter" sind, d. h. neben der Fermentvorstufe auch mehr oder weniger Mucigen enthalten müssen. M. Heidenhain (1921) hat das gleiche Ergebnis bei der Unterkieferdrüse des Menschen mit seiner Azokarmin-Phosphorwolframsäure-Anilinblaumethode zu erzielen geglaubt, er spricht von einer „amphitropen" Reaktion der Granula. Der Umstand aber, daß in Heidenhains Abbildungen (z. B. 1 auf S. 9) der Schleim hellblau, die Zymogengranula aber dunkelblau gefärbt sind, das Anilinblau also entschieden stärker angenommen haben als das Mucigen, daß dieser Farbstoff also kein Reagenz auf Mucigen sein kann, da sonst die Zymogengranula mehr Mucigen enthalten müßten als die Schleimzellen selbst, was doch ausgeschlossen ist, haben mich veranlaßt, die gleiche Drüse des Menschen unter Anwendung von Mucikarmin nach Formolfixation und Hämalaunfärbung durch M. G. Boschkowitsch (1922) von neuem untersuchen zu lassen, und zwar an Material von 27 Individuen im Alter von 8 Tagen bis 72 Jahren.

Da ergaben sich denn bedeutende individuelle Schwankungen, auch konnten beim gleichen Individuum unmittelbar nebeneinander Zellen stehen mit intensiver düsterroter (nie leuchtend rot wie beim reinen Mucin), und solche mit rein blauer Färbung der Granula, ohne eine Spur von roter Beimischung, ferner solche mit allen Übergängen von Purpur durch Violett zu Lila und Blau, ganz ohne Rücksicht auf die Größe der Granula. Es gab Individuen, bei denen die meisten Zellen, wenn nicht alle, viel Rot angenommen hatten und andere, deren Zymogengranula nur

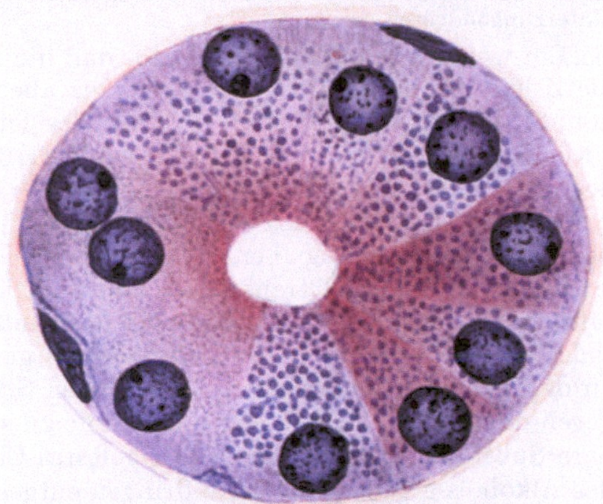

Abb. 45. Unterkieferdrüse, Mensch. Formol-Alkohol injiziert. Hämalaun-Mucik.-Aur. Sekretgranula blaulila und amphitrop in sehr verschiedenem Grade. Zwischen sezernierenden Zellen und Basalmembran Myoepithelzellenkerne. Seibert Apochr. 2 mm Comp.-Ok. 8. Vergr. etwa 1400 fach.

Hämalaun, gegebenenfalls bei Aurantiaanwendung noch etwas Gelb, aber keine Spur von Rot angenommen hatten, bei leuchtender Rotfärbung aller Schleimzellen. Auch Abb. 42, 45 und 163 zeigen solche Übergänge. Es macht nicht den Eindruck als ob alle Bilder, welche überhaupt in der gleichen Schnittgegend zu finden sind, als verschiedene Stadien des gleichen in allen Zellen sich abspielenden sekretorischen Vorgangs betrachtet, und somit in irgend einer noch zu ermittelnden Ordnung hintereinander gereiht werden dürfen. Teilweise werden ja die Bilder wohl so aufzufassen sein. Im übrigen aber muß man annehmen, daß zum Teil cellularindividuelle Unterschiede geringeren oder größeren Grades vorliegen.

Man kann ja unter anderem noch an die Möglichkeit denken, daß eine Zelle, deren Sekret eine Zeitlang Mucigen enthält, ihre Fähigkeit, solches zu bilden, allmählich verliert, oder umgekehrt. Der Phantasie ist da weiter Spielraum gelassen. Diese Betrachtungen lassen sich auch über die Oxyphilie der Granula anstellen. Eine eigentümliche Erscheinung zeigt Abb. 45[1]); dort sieht man bei den am stärksten rot gefärbten Zellen die Granula violett auf rotem Grund. Es macht nämlich bei solchen Zellen, auch bei lebensfrisch fixiertem Material oft den Eindruck, als ob das Rot besonders dann, wenn es reichlich von der Zelle aufgenommen wurde, mehr zwischen den Körnchen als in ihnen läge. Teil-

---

[1]) Wir müssen bemerken, daß in den Abb. 42, 45 und 163 die verschiedenen Farbentöne möglichst genau nach dem Präparat ausgeführt sind.

weise mag dies auf dem Durchschimmern von in anderen Ebenen gelegenen Körnchen liegen. Da aber in anderen, augenscheinlich gut fixierten Präparaten von anderen Individuen der rote Ton sicher an die Granula gebunden war, so glaube ich, daß die rotgefärbte intergranuläre Substanz ursprünglich ebenfalls in den Granula gesteckt hat, aber durch die Behandlung aus denselben ausgewaschen wurde. Dabei ist nicht zu entscheiden, ob die amphitropen Granula in der lebenden Zelle zwei miteinander gemischte, unter sich verschiedene Substanzen (Zymogen und Mucigen) oder, was wahrscheinlicher ist, eine chemisch einheitliche bilden, die aber postmortal vielleicht durch Einwirkung unserer Reagentien in zwei Bestandteile zerfiele, von denen nur die eine „Mukoidreaktion"[1]) zeigte. Es ist mir nicht bekannt geworden, ob jemand versucht hätte, die Granula in der lebenden Zelle auf amphotere, amphitrope oder Mukoidreaktion zu untersuchen. Vielleicht tritt sie erst postmortal auf? Die geschilderten Befunde erinnern an einen von E. Bock (1914) bei mukösen Zellen in der Parotis junger Schafe gemachte Beobachtung. Dort zeigt ein Netzwerk deutliche Mukoidreaktion, in geringerem Maße jedoch in dessen Maschen liegende ziemlich helle, grobe Granula. Er knüpft keine weiteren Betrachtungen an diese eigenartige Tatsache. (Siehe auch eine ähnliche Angabe von mir weiter unten bei den Unterzungendrüsen.)

Ein weiterer auffallender Befund, daß die blauen Granula gleichmäßig durch die Zelle verteilt sind, die rote Substanz aber sich näher dem Lumen befindet, könnte dann auf ein Fortschwemmen des letzteren gegen die freie Oberfläche zurückgeführt werden, wo sie, wie sich M. Heidenhain (1907, S. 352) in betreff des vitalen Transports der Granula in der Zelle ausdrückt, „an dem inneren Grenzkontur des Epithels gleich wie an einer Barriere zusammengeschwemmt" liegen bleibt, welcher Vorgang aber postmortal durch die injizierte und durch die Capillarwände unter Druck transsudierende Fixationsflüssigkeit zustande gekommen sein dürfte. Die Injektionsflüssigkeit war außer Formol alkoholhaltig. Und gerade bei Alkoholfixation bemerkt man als ganz gewöhnliche Erscheinung z. B. an den nahe den Oberflächen des fixierten Stückes liegenden Kernen, daß diese gegen die Oberfläche hell, gegen die Tiefe zu sich dunkel färben, d. h. koagulierbare Substanz (vielleicht künstlich gelöstes Chromatin) wurde bei der Diffusion des Alkohols gegen die dem Eindringen entgegengesetzte Seite geschwemmt und dort ausgefällt, aber nicht durch die Kernmembran hindurchgetrieben.

Takagi (1925) denkt an die Möglichkeit, daß in der Unterkieferdrüse der Katze die Endkomplexzellen, welche er mit Recht nicht als sekretleere Schleimzellen auffaßt, sich infolge mangelhafter Fixation der Schleimkörner im zentralen Teil der Stücke mit Schleim imbibieren und so sekundär teilweise Schleimreaktion zeigen. Dies kann in Abb. 45 nicht der Fall sein, denn dann müßte das Mucin von der Drüsenlichtung aus in die Zellen gedrungen sein. Dagegen spricht der Umstand, daß im ganzen Läppchen keine einzige typische Schleimzelle vorhanden war; von solchen könnte also kein Mucin in die Drüsenlichtung, die übrigens ganz frei davon war, und weiter in die Zellen gelangen, ferner ist nicht anzunehmen, daß das fixierte Cytoplasma der einander benachbarten Zellen das Mucin in so verschiedenem Grade aufnehmen würde, wie man aus den Unterschieden in der Rotfärbung, die an anderen Stellen des Präparates noch viel bedeutender waren, annehmen müßte.

Es könnte jemand auf die Idee kommen, in den beiden Zellen links in der Abb. 45, welche unzweifelhaft wegen ihrer äußerst feinen Granulierung im Anfang ihrer Sekretion stehen, könnten die Granula erst „Plastes" und noch nicht wirkliche Sekretvorstufe sein, füglich auch keine Mukoidreaktion zeigen. Dem muß erwidert werden, daß schon bei der beginnenden „Verschleimung" von Isthmuszellen die geringsten Spuren von Mucigen dicht unter der freien Oberfläche, auch wenn die Granula noch so klein sind, doch intensiv Mucikarmin aufnehmen.

A. Pischinger (1924) hat dies ebenfalls gezeigt (s. auch weiter unten bei den Schleimzellen). Auch er hält die Granula der Unterkieferdrüse für amphitrop,

---

[1]) Solange wir nicht mit Bestimmtheit wissen, ob alles was sich mit Mucikarmin rot färbt, nur Mucigen oder Mucin ist (der größte Teil ist es ja sicher), tut man gut, zu sagen, dieser oder jener Stoff färbt sich ähnlich wie Mucin d. h. zeigt „Mukoidreaktion" und nicht: Mucinreaktion.

„doch ist hierbei an keine Schleimreaktion zu denken". Daß, wie er angibt, auch die Zymogengranula der Parotis amphitrop sein sollen, davon konnte ich mich wenigstens beim Erwachsenen nicht überzeugen.

Über die Stellung der Endkomplexzellen der Unterzungendrüsen, die in keiner Phase ihrer Tätigkeit Zymogengranula, aber reichliche Basallamellen und wie wir gesehen haben, auch supranucleäre Lamellen besitzen, wird weiter unten bei Besprechung der sublingualen Drüsengruppe die Rede sein.

An den Zymogengranula des menschlichen Pankreas konnte ich keine Spur von amphitroper Reaktion erkennen, wohl aber an dem Ausführungsgangepithel und den Gangdrüsen (s. darüber weiter unten beim Pankreas).

6. Wasserabsonderung und Ortsveränderung der Sekretgranula in den Eiweißzellen[1]). Exkretion.

Schon R. HEIDENHAIN hat die Umsetzung des Sekretmaterials und die Wasserabsonderung der Eiweißdrüsenzellen für zwei verschiedene, voneinander unabhängige Funktionen der Drüsenzellen angesehen und die Abhängigkeit derselben von verschiedenen Absonderungsnerven festgestellt: Reizung der cerebralen (man sagt jetzt nach LANGLEY „parasympathischen"), nach ihm „sekretorischen" Fasern ergibt

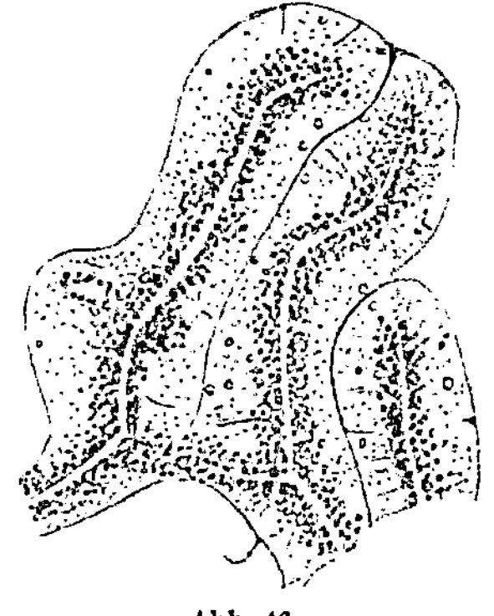

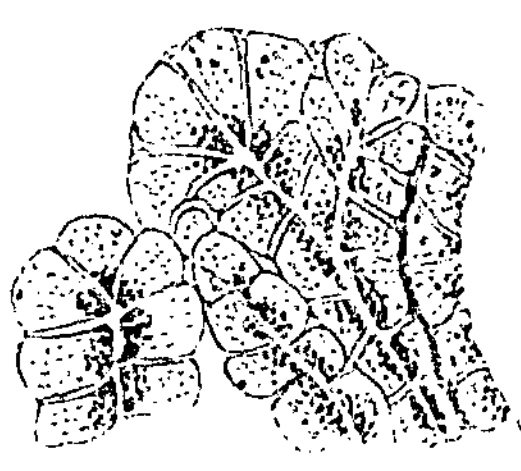

Abb. 46.   Abb. 47.

Abb. 46 und 47. Läppchen des lebenden Kaninchenpankreas mit erhaltener Blutzirkulation. Abb. 46. Ruhendes Pankreas. Oberfläche der Hauptstücke glatt, die Zellen reich an Körnchen, ihre Grenzen nur an wenigen Stellen sichtbar. Abb. 47. Absonderndes Pankreas. Oberfläche der Hauptstücke gekerbt, alle Zellgrenzen deutlich. Die Zellen ärmer an Körnchen. Nach KÜHNE und LEA (1882). Aus R. METZNER (1906—1907).

an organischen Stoffen armen, an Wasser und Salzen reichen Speichel und bei längerer Reizung (der Chorda für die Unterkieferdrüse) eine Ermüdung der Drüse für die Bildung dieser organischen Stoffe, nicht aber für die Wasser- und Salzabsonderung; Reizung der sympathischen, in der Mehrzahl (in bezug auf die Parotis des Hundes ausschließlich) „trophischen" Fasern liefert an organischen Stoffen reichen, an Wasser armen Speichel. Wenn es sich also wirklich um zwei verschiedene Vorgänge handeln sollte, so müßte man, meint M. HEIDENHAIN (1907) auch entsprechende Einrichtungen in der gleichen Zelle und nicht in verschiedenen suchen müssen, da es ja Speicheldrüsen gebe, die nur aus einer Zellenart bestehen. Die Granula könnten dann diejenige Zelleneinrichtung sein, welche dem Einfluß der „trophischen" (also sympathischen) Fasern unterliegen, während die Wasserabsonderung sich in der „Intergranularsubstanz" abspiele. M. HEIDENHAIN vermutet wie schon R. VIRCHOW (1856), daß mit Rücksicht auf den hohen Sekretionsdruck (200—270 mm Quecksilber) und darauf, daß die sekre-

---

[1]) Ich richte mich in der Darstellung dieser Vorgänge im Leben der Eiweißzellen sowie in manchen anderen Dingen nach den eingehenden Erörterungen, welche M. HEIDENHAIN in seinem großartig angelegten und tiefgründigen Werk „Plasma und Zelle" (1909 und 1911) gibt.

torischen Fasern vom motorischen N. facialis abstammen, die Wasserabsonderung
eine motorische Funktion sei, und zwar gebunden an die Längsfibrillen, welche
in den Basallamellen vorhanden sind und auch in der Intergranularsubstanz des
übrigen Zellabschnittes nicht zu fehlen scheinen. Es würde demnach der Wasser-
transport durch von der Zellbasis bis zur Lumenseite fortschreitende Kontraktionswellen zustande kommen (M. Heidenhains Theorie der kleinsten Wellen,
s. auch weiter unten bei der Funktion der Streifenzellen).

Schon Kühne und Lea haben im Jahr 1876 an lebenden Zellen des Pankreas des
Kaninchens festgestellt, „daß die Drüsenzellen während der Absonderung kleiner werden,
daß die Körnchen von der Gegend des Kerns aus nach der Innenzone rücken, kleiner
und matter werden und endlich ganz verschwinden". Langley (1879) und Ogata (1883)
haben die gleiche Beobachtung gemacht. Für diesen Transport der Sekretgranula gegen
die Lumenseite hin muß eben ein Flüssigkeitsstrom angenommen werden, und zwar in
vorgebildeten Bahnen im Zellenleibe, die parallel zur Längsachse des Zellenkörpers angeordnet sind. Wie wir weiter oben gesehen haben, hat schon R. Heidenhain (1880)
vermutet, daß die Grundsubstanz der Zellen von feinen Röhrchen durchsetzt werde, in
welchen die Körnchenreihen liegen sollen.

A. Kolossow (1902) nimmt eine durch die sekretorischen Nervenfasern hervorgerufene
und unterhaltene Bewegung des Protoplasmas an, welche sich im basalen Abschnitt, also
dem Gebiete der Basallamellen am lebhaftesten vollziehe und zur Entleerung des Sekretes
führe. Ich selbst habe (1898) einer Kontraktilität des die Sekretsammelstellen der Drüsenzellen durchsetzenden Cytoplasmas in Abhängigkeit vom Diplosoma, das mitten in schärfer
begrenzten Sekretsammelstellen zu liegen pflegt, das Wort geredet.

Nehmen wir einmal die von M. Heidehnain angenommene, von der Basis zur
Lumenseite. gerichtete Bewegung kleinster Wellen im Zelleib als erwiesen an, so
wird der Effekt ein ganz verschiedener sein, wenn von den die Hauptstücke umspinnenden Blutcapillaren aus ein minimaler (bei Kontraktion der Pericyten
durch Vasokonstriktorenwirkung) oder ein lebhafter Flüssigkeitsstrom (Erweiterung durch Wirkung der Vasodilatatoren oder Erschlaffung der Pericyten)
in die Drüsenzellen dringt: im ersteren Falle werden die neugebildeten Granula
allmählich „an dem inneren Grenzkontur des Epithels gleichwie an einer
Barriere zusammengeschwemmt", wie sich M. Heidenhain (1907, S. 352)
ausdrückt; im letzteren Fall würde durch die Fülle der einströmenden Flüssigkeit die Wellenbewegung noch unterstützt werden, d. h. es würden nicht nur die.
Granula, sondern auch noch die fortwährend nachdrängende Flüssigkeit gegen
das Lumen gedrängt, so daß das Exoplasma dieser Zellseite nicht mehr wider-
steht, die „Barriere" wird gesprengt und das Sekret tritt aus, d. h. die Exkretion
beginnt. Wann dieser Moment eintritt, hängt von der Innervation ab. Unter-
bleibt der Reiz wie bei anhaltendem Hunger, so können sich die Zellen ad maximum mit Sekret vollpfropfen und die erweichenden Körnchen können zu Tropfen
zusammenfließen, sind die Pausen zwischen den Erregungen kurz, so kann das
Sekret schon bei geringerer Ansammlung ausgestoßen werden und zwar in Form
von unzerflossenen Granulis, die dann erst im Lumen zusammenfließen.

Nun hat aber Unna (1881) eine „Kompressionstheorie" aufgestellt, wobei die
sternförmigen Basalzellen (Myoepithelzellen, Korbzellen), die die albuminösen
Hauptstücke und Endkomplexe umspinnen und direkt vom Sympathicus, indirekt
auf der Bahn des letzteren dagegen auch durch cerebrale Reize und so reflektorisch
bei jeder Reizung der cerebralen Drüsennerven innerviert werden sollen, eine
Rolle spielen. Sind diese Zellen wirklich kontraktil, wofür manches spricht, so
wäre ihre Tätigkeit wohl noch mehr geeignet das Überwiegen des Speichel-
drucks über den Blutdruck zu erklären. Daß die Zellen zur Expulsion ihres Sekrets jedoch mit eigenen Einrichtungen auskommen, zeigt auch Abb. 172. Dieselbe ist möglichst naturgetreu wiedergegeben und nicht wie W. Ellenberger
(1911, S. 24) glauben machen will, ein Schema. Man sieht nebeneinander die verschiedensten Grade der Granulabildung in dem gleichen Schlauch. Der Umstand

nun, daß zwischen sekretvollen, nicht exzernierenden Zellen (d und e) zwei stehen, die in voller Expulsion des Sekretes begriffenen sind und sich desselben schon bis zu einem gewissen Grade entledigt haben (bei f), spricht sehr dafür, daß die Zellen, abgesehen von dem äußeren Zwang, unter dem sie durch die Innervation stehen, keinerlei weiterer Hilfe für die Entleerung bedürfen, denn die durch die Gefäßwand tretende Flüssigkeit gelangt gerade so gut zu den sich entleerenden als wie zu den noch in Aufstapelung begriffenen, und die Myoepithelzellen umgreifen je eine so große Zahl sezernierender Zellen, daß ihre Kontraktion nicht die Entleerung der einzelnen Zellen, sondern das Austreiben des schon entleerten Exkrets aus dem Hauptstücklumen verursachen dürfte. Vielleicht bedarf es noch eines besonderen Nervenreizes, um die „kleinsten Wellen" in besonders lebhaften Gang zu bringen. Vielleicht besitzen die Zellen auch noch besondere Hemmungseinrichtungen, welche sie befähigen, sich äußeren Einflüssen soweit zu verschließen, daß sie ihr Sekret ungestört aufbauen können.

Es ist hier der Ort, kurz auf die Ausscheidung von injizierten Farbstoffen, speziell Indigkarmin, durch die Zymogenzellen der Speicheldrüsen einzugehen. Injektionen von Indigkarmin wurden schon von Zerner (1886) und Eckhard (1887), dann von R. Krause (1901) vorgenommen. Der letztere fand, daß in der Hundemandibularis außer durch die Streifenstücke auch durch die albuminösen Endkomplexe der Farbstoff ausgeschieden werden kann. Der aus den Capillaren in die Lymphräume gelangte Farbstoff dringt in die Zellen und imbibiert hier die vorhandenen Sekretkörner, die im Inneren heller sind und an ihrer Oberfläche „eine stärker gefärbte Membran" erkennen lassen. Die blauen Körner erfüllen zunächst dichtgedrängt die ganze Zelle, dann treten sie in das Lumen bzw. die Sekretcapillaren, wobei die Basis allmählich frei wird; schließlich sitzen noch die letzten Granula an den Sekretcapillaren wie die Beeren am Stiel, bis alle die Zellen verlassen haben. In den Sekretcapillaren sind sie anfangs noch erkennbar, fließen aber bald zusammen. Er gibt an, daß man, um die Speicheldrüsen zur Abscheidung von Indigcarmin zu bringen, mehrmals hintereinander in Pausen von 15 Minuten je 50 ccm einer gesättigten Lösung injizieren muß, da sonst die Nieren die ganze Ausscheidung besorgen. Letzteres ist auch wohl der Grund, weshalb man beim Menschen nach Indigcarmininjektion keine Blaufärbung des Speichels beobachtet hat. Um die Funktion der Nieren zu prüfen, injiziert man intramuskulär z. B. 4 ccm einer 4proz. Lösung. Nach 8 Minuten sieht man durch das Cystoskop aus der Harnleitermündung der gesunden Niere einen Strahl blauen Harns herausfließen, nach 40 Sekunden wieder usf. (Peristaltik des Ureters!), aber der Speichel zeigt keine Spur des Farbstoffes, was bei der geringen injizierten Menge begreiflich ist.

η) Die Verbindungen der albuminösen Zellen miteinander.

In den Speicheldrüsen werden die Ränder der freien Oberflächen der Zellen albuminöser Hauptstücke und Endkomplexe, der Isthmen, Streifenstücke und Ausführgänge durch Kittfäden oder Schlußleisten (K. W. Zimmermann 1894 und 1898, R. Bonnet 1896, B. Solger 1896) zusammengehalten. B. Solger ist der Meinung, daß, weil ich (1894) gezeigt hatte, daß, wenn die Zellen auseinanderweichen, die Kittfäden der Länge nach in zwei gleiche Hälften gespalten werden, nur die Randbezirke der Deckplatten imprägniert waren, die bei dichtem Aneinanderschließen das Vorhandensein einer einzigen blauen Leiste zustande bringen. Mein Befund beweist tatsächlich, daß jede der zusammenstoßenden Zellen eine Hälfte des Fadens liefert, die also zu ihr zu rechnen ist, zumal da sie fester an ihr haftet, als an der von der Nachbarzelle gelieferten Hälfte. Die Masse kann also unmöglich ganz homogen sein, sonst würde sie sich bei der Trennung nicht so gleichmäßig spalten, sondern unregelmäßig oder gar nicht, und im ganzen an einer der beiden Zellen haften. Es wäre also richtiger nur die von einer Zelle durch Differenzierung des Exoplasmarandes gebildete Hälfte eine Leiste zu nennen. Beide Leisten würden dann durch Aneinanderlagerung und nur unvollkommene aber genügend feste Verklebung einen (Schluß-)Stab oder Faden bilden. Von diesem Standpunkt aus betrachtet könnte man sich fragen, ob die Bezeichnung „Kitt" richtig ist. Vielleicht ist zwischen den beiden „Schlußleisten" noch eine wenn auch minimale Kittmasse vorhanden, welche weniger fest ist als die Leistenmasse selbst. Doch ließ sich bisher nichts davon nachweisen.

Ich hatte seiner Zeit (1898) diese Schlußstäbe dazu benutzt, die zwischenzellige (Oppel sagt „epicelluläre") Lage der Sekretcapillaren zwischen den Eiweißzellen nachzuweisen, gegen R. Krause, der einen binnenzelligen Verlauf annahm.

Kolossow (1898) nimmt auf Grund einer besonderen Methode das Bestehen von Intercellularbrücken in allen Mundspeicheldrüsen und dem Pankreas an. V. v. Ebner (1899) tritt dieser Ansicht nicht bei. Auch mir ist es nicht gelungen, solche Einrichtungen in den Speicheldrüsen zu sehen, während ich zwischen den Oberflächenepithelzellen des menschlichen Magens im Cardiagebiet solche deutlich erkennen konnte. Auch Kolossow nimmt sie dort und an vielen anderen Orten an.

b) Die Schleimzellen.
α) *Besonderheiten der Schleimzellen.*

Eine auf der Höhe ihrer Tätigkeit befindliche Schleimzelle der Mundhöhle, besonders wenn sie mit ihresgleichen in größeren Verbänden zusammensteht, und man albuminöse Drüsen zum Vergleich danebenstehen hat, kann man auf den ersten Blick unterscheiden wie z. B. im Gebiet der Wallpapillen des Zungengrundes. Liegt z. B. Fixation mit Formol und Färbung mit Hämalaun und Eosin vor, so erscheint bei den albuminösen Zellen der Kern kugelig, der Zellleib lila bis violett gekörnt, da die Zymogengranula beide Farbstoffe annehmen; hat man nur schwach mit dem ersteren Farbstoff gefärbt, stärker jedoch mit Eosin, so erscheinen die Granula kräftig rosa gefärbt. Die Kerne der Schleimzellen dagegen sind an die Basis gedrückt und stark abgeplattet, erscheinen von der Seite gesehen also in Kantenansicht wie ein Stab der gebogen und mit kurzen Zacken versehen sein kann, er hat von allen Kernen im ganzen Präparat die dunkelste Färbung angenommen. Der Zelleib ist erheblich größer als derjenige der albuminösen Zellen und ganz farblos geblieben. Auf diese Unterschiede hin wird man beide Zellenarten in vielen Fällen unterscheiden und die Schleimzellen allein auffinden können: an der Zunge, am harten und weichen Gaumen, in den Lippen und Wangen, in der glossomandibularen Drüsengruppe. Selbst Zellen mit geringerer Schleimansammlung wird man an der Farblosigkeit derselben und wenn sie einzeln zwischen nicht „verschleimten" Zellen stehen, an dem Bestreben, sich im Bereich der Schleimansammlung abzurunden und somit zu „Becherzellen" zu werden, ohne Schwierigkeit erkennen können. Nun gibt es aber auch andere Zellen, die in bezug auf Kernform und -lage sowie Verhalten des Cytoplasmas (im oben angegebenen Sinne) sich ähnlich verhalten wie die Schleimzellen z. B. die Cardial-, Pylorus- und Duodenaldrüsen u. a. und es doch nicht sind. Schwierigkeiten entstehen, wenn es sich darum handelt, im Entstehen begriffene oder ihre Sekretion einstellende (ermüdete, erschöpfte) Schleimzellen als solche zu erkennen, bzw. von anderen zu unterscheiden und es können da bedenkliche Irrtümer unterlaufen.

R. Heidenhain und sein Schüler Lawdowsky haben gemischte Drüsen so lange gereizt, bis alle Zellen ihr Sekret vollständig ausgestoßen und die Fähigkeit verloren hatten, dasselbe neu zu bilden, d. h. erschöpft waren. Da nun alle runde Kerne hatten, ihr früher durch Sekretansammlung aufgetriebenes Cytoplasma jetzt aber dichter und dunkler erschien und besonders bei den Schleimzellen einen viel kleineren Raum einnahm, so daß beide Zellenarten ganz gleich aussahen, sind sie zu der irrigen Meinung gekommen, die sekretvoll gewesenen Schleimzellen seien überhaupt nicht mehr vorhanden, und die „Randzellen" hätten sich vermehrt und dadurch den Verlust gedeckt, sie seien also „Ersatzzellen" (siehe weiter oben die „Ersatzzellentheorie" und ihre Widerlegung). Sie hatten sich dabei nicht gefragt, warum denn, da doch alle Zellen gleichwertige Tochterzellen der ursprünglichen Randzellen sein sollten, sie nicht alle zu Schleimzellen werden, sondern

nur ein Teil, und warum nur die am blinden Schlauchende befindlichen ihre relative Jugend-
form bewahren. Ich führe dies Beispiel an, um zu zeigen, daß es unter Umständen recht
schwer, ja unmöglich sein kann, Schleimzellen von anderen zu unterscheiden und daß
selbst die gewissenhaftesten Untersucher sich auf diesem Gebiet täuschen können; denn
wir wissen heute ganz genau, daß zwei ganz verschiedene Zellenarten vorliegen, da sie
histologisch nachweisbar verschiedene Sekretarten liefern, wenigstens in der Unterkieferdrüse. Schwierigkeiten entstehen wieder bei den Unterzungendrüsen (siehe dort).

Es ist begreiflich, daß man nach Mitteln gesucht hat, Schleim in den Zellen nachweisen zu können. Da hat es sich zunächst gezeigt, daß schon in lebensfrischen Drüsen
Eiweißzellen sich von Schleimzellen wohl unterscheiden lassen, und zwar dadurch, daß
die Sekretkörnchen der letzteren schwächer lichtbrechend und größer erscheinen als in
den Eiweißzellen (SOLGER 1896). Es ist dieser Unterschied nur zu verwerten, wenn die
Granula vollständig ausgebildet sind. Man hat dann erkannt, daß Mucin sich mit basischen
Anilinfarbstoffen unter Umständen intensiv färben läßt (Näheres über die Literatur siehe
bei HOYER 1890). HOYER hat sogar die Meinung ausgesprochen, daß der saure Schleim
mit den basischen Farbstoffen eine chemische Verbindung eingehe.

Unter diesen basischen Farbstoffen gibt es nun welche, die das Mucin anders färben
als alles übrige (sogenannte „Metachromasie). Untersucht man schleimzellenhaltige

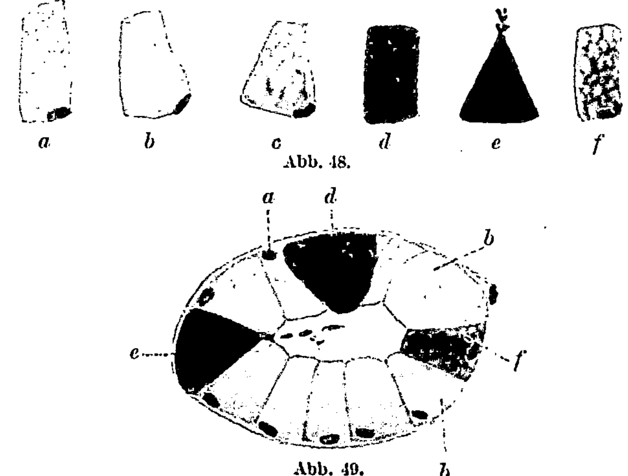

Abb. 48.

Abb. 49.

Abb. 48 und 49. Kopien der Abb. 12 und 13 von PH. STÖHR (1887), angeblich Funktionsstadien von Zellen
der Gaumenschleimdrüsen des Menschen. *a* sekretleere Zelle, *b* mucigenhaltige Zelle, *c* mucinbildende Zelle,
d mucinhaltige Zelle, *e* mucinentleerende Zelle, *f* vermittelnde Form von der mucinentleerenden zu der sekretleeren Zelle. Alle Zellen sind jedoch sekretvoll. α-Mucin dunkel, β-Mucin hell, Mischmucin mittlere Töne.

Schnitte in wässeriger Thioninlösung, so sieht man, daß die Kerne sich blau färben, daß
viele Schleimzellen und ganze Schläuche einen roten Ton annehmen; dieser Farbton
schlägt aber in Blauviolett um, wenn man die Präparate in Alkohol bringt.

Safranin, das die Kerne rot färbt, färbt Mucin goldgelb. B. RAWITZ (1894) hat gezeigt,
daß dieser Ton bei längerem Einwirken des Farbstoffs in Dunkelviolett übergeht. R. KRAUSE
(1895) findet, daß Thionin kein spezifisches Färbungsmittel für Mucin sei, indem in der
Unterkieferdrüse des Igels Schläuche, die kein Mucin bilden, sich doch metachromatisch
rot färben. Ebenso das sogenannte Gallenmucin, das zu Nucleoalbuminen gehöre.

A. OPPEL (1900) wirft nun die Frage auf, „ob, wenn irgendwo Mucin oder eine bestimmte Mucinart vorkommt, sich dieses stets mit Thionin metachromatisch färben
muß“. Wir können die Frage noch dahin erweitern, ob es nicht Mucin gibt, das sich überhaupt nicht mit Thionin oder irgendeinem anderen schleimfärbenden Mittel färben läßt.
Ich habe oben von der Untersuchung von Schleimzellen enthaltenden Schnitten in der
wässerigen Farblösung selbst gesprochen. Da sieht man nun, daß viele Schläuche bzw.
Schleimzellen gar keine Färbung zeigen, sondern nur Wasser aufnehmen und grau aussehen, auch findet man alle Übergänge von diesem Grau bis zu intensivem Rot. Diese
Unterschiede bleiben, abgesehen vom Farbenton, auch im fertigen Präparat erhalten,
nur erscheinen die vorher grauen Zellen jetzt ganz farblos. Diese ungefärbten Zellen
besitzen aber ganz die gleiche Größe und die gleichen Kernverhältnisse wie die dunkleren
und helleren roten. Die gleiche Erfahrung kann man mit allen anderen basischen Anilinfarben machen.

Nun hat auch Ph. Stöhr (1887) die gleiche Erfahrung an den Gaumendrüsen des Menschen mit Westphals Karmin-Dahlialösung gemacht. Er sah alle Übergänge von Farblosigkeit bis Schwarzblau, erklärt aber die Färbungsunterschiede in der Weise (s. die Kopien der Stöhrschen Figuren in Abb. 48 und 49), daß die farblosen Zellen teils ganz sekretleer (die schmäleren, a), teils mucinhaltig (die etwas dickeren, b), die bläulichen teils mucinbildend (c) teils mucinleer (etwas schmäler mit abgeplattetem Kern, f), die dunkler blauen mucinhaltig (d), die schwarzblauen mucinentleerend (e) sein sollen. Nun sind aber die Größenunterschiede so gering, daß sie gar nichts beweisen, denn ich finde sowohl unter mit Anilinfarben ganz dunkel gefärbten und ganz hell gebliebenen Zellen die bedeutendsten Größenunterschiede: Färbung und Größe sind bei allen von mir untersuchten Schleimzellen in menschlichen Mundspeicheldrüsen ganz unabhängig voneinander. Ich kann auch in den Kernformen der Stöhrschen Zeichnungen keinen wesentlichen Unterschied finden, auch liegen alle Kerne an die Basis gedrängt, also sind alle Stöhrschen Zellen sekretvolle Schleimzellen, es ist keine einzige sekretleere darunter. Die Abstufungen im Färbungsgrad müssen also ganz andere Gründe haben, zumal, wie wir bei der Entstehung des Sekretes sehen werden, die Anfangsstadien und Endstadien der Sekretbildung im gleichen Gebiet, wie Stöhr es zum Studium der Tätigkeit der Schleimzellen gewählt hat, der Unterseite des menschlichen Gaumens, ganz anders aussehen.

Bei den Arbeiten mit verschiedenen basischen Anilinfarben, besonders Safraninen (ich besitze 10 zum Teil aus verschiedenen Fabriken stammende Sorten) die ich, um nur Schleimfärbung zu erhalten, in ganz schwacher Lösung in 0,5proz. Essigsäure anwandte, erhielt ich mit etwa einem 35 Jahr alten Rest des letzteren Farbstoffs (Herkunft leider unbekannt) eine sonderbare Kontrastfärbung an Präparaten kleiner Unterzungendrüsen, die aus Versehen 14 Tage lang in kleinen, senkrecht stehenden Färbegläsern in der Färbeflüssigkeit stehen geblieben waren: die Schleimzellen, welche bei gewöhnlich langer Färbung am dunkelsten erschienen, waren goldgelb (also wie bei kurzer Safraninfärbung), die sonst ungefärbt gebliebenen, waren schwärzlich violett; dazwischen gab es alle Übergänge durch Braun und Braunviolett. Was aber das Wichtigste war, die Schleimmassen in den kleineren Ausführungsgängen waren bald gelb, wenn sie aus vorwiegend gelben Schläuchen stammten, bald schwarzviolett, wenn sie aus gleichgefärbten Hauptstücken kamen; in gröberen Ausführungsgängen fanden sich beide oft unvermischt nebeneinander. Denn häufig fand man vorwiegend gelbe oder nur schwarzviolette Läppchen ohne Übergangsfarben.

Nun benutzte ich auch Mucikarmin, mit dem bemerkenswerten Erfolg, daß alle Schleimzellen, auch die mit basischen Anilinfarben farblos oder schwach gefärbt gebliebenen, den gleichen leuchtend roten Ton annahmen[1]). Abb. 50 zeigt einen Schnitt durch die vordere Zungendrüse des Menschen, welche zuerst nach Hämalaun schwächer mit Mucikarmin, dann stärker mit Methylenblauessigsäurelösung gefärbt war. Man sieht in einem Schlauchgebiet blauen, in anderen roten Schleim bis weit in den Ausführungsgang hinein gesondert. Ich habe einen Drüsenabschnitt zur Darstellung gewählt, in dem nur schroffe Gegensätze zu sehen waren. Ein folgender, nur mit altem in 0,5proz. Essigsäure gelösten Saffranin 14 Tage lang gefärbter Schnitt zeigte die entsprechenden Kontraste: gelb (statt blau) und schwarzviolett (statt rot) ebenfalls unvermischt bis weit in den Ausführungsgang. Viele Schrägschnitte und Querschnitte von Ausführungsgängen

---

[1]) Nur nach Sublimatfixation und bei Anwendung sehr oft gebrauchten Farbstoffs gab es auch mit Mucikarmin starke Abstufungen in der Färbung.

zeigten oft mehrere blaue (bzw. gelbe) und rote (bzw. violette) Flecke durcheinander. Es geht aus allem hervor, daß aller Schleim ohne Rücksicht auf die Färbung ins Lumen gelangt, also als fertiges Sekret gelten muß, daß ferner frisches Mucikarmin geeignet ist, alles, was Schleim ist, nachzuweisen, selbst, wie wir weiterhin sehen werden, die ersten Spuren bei dem Beginn der Schleimbildung. Es ist besser als Muchämatein, das im Beginn der Färbung die eine Schleimart eher anpackt als die bei Anilinfarben hellbleibende; schließlich wird aller Schleim intensiv blau,

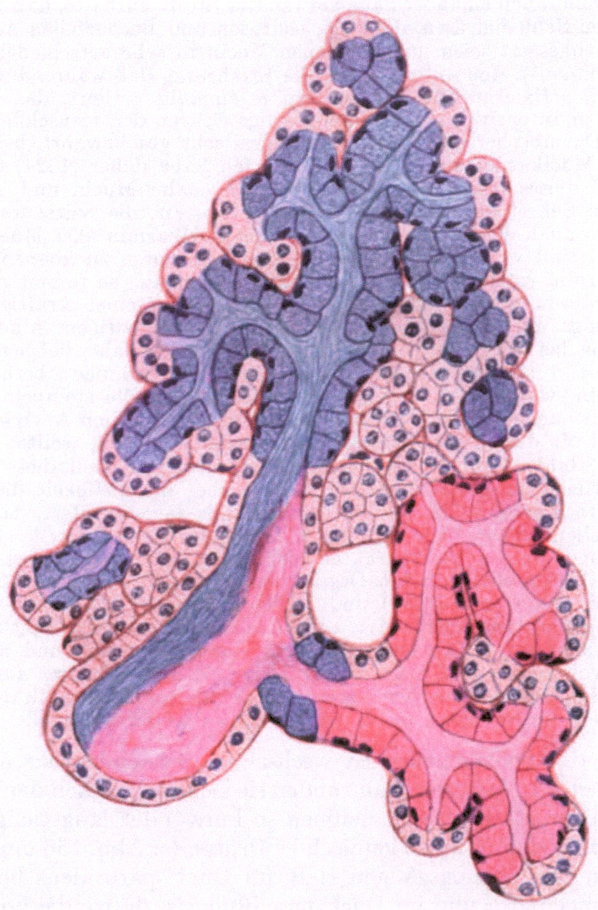

Abb. 50. Vordere Zungendrüse, Mensch. Gemischte Schläuche. Hämalaun, Mucikarmin, Methylenblau in 2 proz. Essigsäure. Zwei verschiedene Mucinarten, welche selbst im Ausführungsgang unvermischt nebeneinander liegen, also beide als reif zu betrachten sind: α — Mucin blau, β — Mucin rot.

was z. B. bei Vorfärbung mit Boraxkarmin schöne Bilder gibt. Ganz geringe Spuren von Mucin treten allerdings mit diesem Farbstoff eher noch schärfer hervor als mit Mucikarmin, wie auch A. PISCHINGER gefunden hat.

Um mich kurz ausdrücken zu können, will ich das mit basischen Anilinfarben stark färbbare Mucin α-Mucin, das damit nicht färbbare β-Mucin nennen, und dann auch von Mischmucin sprechen. Es ist die Möglichkeit nicht ausgeschlossen, daß vielleicht das β-Mucin bei längerem Verweilen in der Zelle oder gar im Ausführungsgang sich noch allmählich in α-Mucin verwandelt haben würde[1]). Wenn

---

[1]) HITSCHMANN und ADLER geben an, daß beim Menschen in der prämenstruellen Phase das Sekret der Uterindrüsen erst im Lumen Mucincharakter annehme.

aber beide Mucine und ihre Übergänge in das Lumen gelangen, so werden sie bei schneller Entleerung doch wohl auch in die Mundhöhle ergossen und in gleicher Weise gebraucht werden, so daß wir sie praktisch als verschiedene Schleimarten ansehen dürfen; vielleicht ist ihr chemischer Unterschied unbedeutend und ganz belanglos.

Schon Hoyer (1890) ist (nach Oppel 1900) der Überzeugung gewesen, daß das fertige schleimige Sekret nirgends aus reinem einheitlichem Mucin bestehe, sondern ein Gemenge verschiedener, wenn auch einander nahe verwandter Stoffe enthalte, daß auch die Sekrete der verschiedenen Schleimdrüsen, der Speicheldrüsen und Becherzellen aus verschiedenen Stoffen zusammengesetzt seien und daß ihnen Mucin in sehr verschiedenen Mengen beigemischt sein können[1]). Ich selbst machte die Erfahrung, daß während das Mundhöhlenmucin bei Sublimatfixierung die Körnerform regelmäßig verliert, das mit Mucikarmin und Muchämatein intensiv färbbare binnenzellige Sekret der menschlichen Magenoberfläche und der Darmbecherzellen seine Körnerform sehr gut bewahrt, beim Pferd nimmt das erstere mit Mucikarmin nur Rosafarbe an. Ich habe daher (1924) die Ansicht ausgesprochen, daß dieses Sekret zwei Bestandteile enthält: Mucin und Acidase, welch letztere aus dem Sekret der Belegzellen, dem Acidogen, die Salzsäure entstehen läßt.

Wenn es nun auch den Anschein hat, daß mit Mucikarmin alles Mucin nachgewiesen werden kann, so sind wir doch nicht in der Lage behaupten zu können, daß alles, was sich mit Mucikarmin rot färbt, unbedingt Mucin sein müsse, so nimmt z. B. bei Anwendung des unverdünnten Farbstoffes oft das Bindegewebe einen kräftigen Rosaton an, den man allerdings mit vorsichtig angewandtem salzsäurehaltigem Alkohol wieder ausziehen kann, ohne das Rot des Mucins zu stören. Ich möchte daher lieber nicht von Mucinreaktion, sondern von Mukoidreaktion sprechen. Wir können überhaupt nicht vorsichtig genug sein, wenn wir irgendeine Zelle zur Schleimzelle stempeln wollen nur auf Grund einer mehr oder weniger deutlichen Mukoidreaktion. Schon A. Oppel (1900) sagte: „Ich habe schon oft darauf hingewiesen, daß es unrichtig wäre, wollten wir alle Zellen, welche ‚Schleim‘ bilden, als Schleimzellen zusammenwerfen, weil diese Schleimbildung unser einziges, vielleicht sehr lückenhaftes Wissen über die Tätigkeit dieser Zellen ist“. Ebensosehr dürfte Kolossow im Rechte sein, wenn er dagegen eifert, daß wir allen denjenigen Drüsenzellen, welche nicht Schleim bilden, dadurch, daß wir sie als seröse Drüsen bezeichnen, einen gemeinsamen Charakter aufdrücken, der vielleicht betreffend die Bedeutung dieser Drüsenzellen für den Organismus gar nicht an erster Stelle steht.

Übrigens ist, wie Oppel (1900) und M. Heidenhain (1921) meinen, die Schleimbildung eine Funktion besonderer Art, „insofern sie bei vielerlei Epithelien vor allem auch bei den indifferenten Deckepithelien, teils nur gelegentlich und nur in geringem Grade, teils gewohnheitsgemäß und dann oft in größerem Umfang auftritt“.

Alles oben über die Schleimzellen Gesagte sollte nur zur Diagnostik derselben dienen; die Erscheinungen der Sekretion selbst werden weiter unten behandelt.

Die Gestalt der Schleimzellen ist wechselnd, je nachdem sie einzeln oder in Verbänden stehen. In ersterem Fall runden sie sich auf Kosten der Nachbarzellen mehr oder weniger stark ab und nehmen so kurz- oder langstielige Becherform an; erstere z. B. in den Isthmen gemischter Drüsen (s. Abb. 156 und 158), letztere in den gröberen Ausführungsgängen z. B. im Duct. parotideus beim Durchtritt durch den M. buccinator und im Duct. mandibularis, da wo die hohen Zellen des zweistufigen Epithels besonders schmal und hoch werden.

Die Schleimzellen rein muköser Schläuche wie auf der Unterseite des Gaumens und auf dem Zungengrund sowie in den gemischten Schläuchen z. B. der Unterzungendrüsen können enorme Größe erlangen, aber auch kleiner bleiben. Am kleinsten finde ich sie in der Regel in der Unterkieferdrüse. Dort enthalten sie in der Regel nur β-Mucin oder doch ein ihm nahe stehendes, wie ich bei einem 43jähr Hingerichteten in einem Schnitt, der sowohl Unterzungendrüsen wie den Processus sublingualis der Unterkieferdrüse enthielt, deutlich sehen konnte: mit Mucikarmin alle Schleimzellen gleich rot, mit basischen Anilinfarben in den Unterzungendrüsen intensivste Färbung bis Farblosigkeit, in der Mandibularis höchstens

---

[1]) Siehe auch A. Oppel: Der Magen. Jena 1896, S. 222 und 223. — Kossel: Dtsch. med. Wochenschr. 1891, S. 1297.

eine Spur der betreffenden Farbe, die bei der Fertigstellung des Präparates ganz
verschwand. Doch fand ich gelegentlich auch α- und Mischmucin.

β) Der Kern der Schleimzellen.

Derselbe ist, wie schon oben angegeben, in sekretvollen Zellen ganz an die
Basis gedrängt und stark abgeplattet, zeigt auch besonders gegen den Schleim hin
Einbuchtungen und kurze Zacken (s. Abb. 52 und 54). Liegt er am Seitenrand der
Basis in dem Winkel zwischen ihr und einer Seitenfläche, dann kann er an der
Unterseite Keilform annehmen (Abb. 52 und 54), besonders wenn dieser Zellab-
schnitt, was häufig geschieht, sich etwas unter die Nachbarzelle schiebt. In
Becherzellen (Abb. 102) nimmt er oft Napfform an, Konkavität am Schleim, Kon-
vexität unten. In schlankeren Becherzellen kann er sich nach unten zuspitzen.

ALFR. PISCHINGER (1924) beschreibt die Veränderung der Kernform vom ersten Auftreten der Mucigengranula in den Isthmuszellen bis zur völligen Schleimspeicherung. Er
ist nicht der Meinung, daß in den „absonderlich gezackten Formen" der Ausdruck einer
direkten Mitbeteiligung an der Sekretion zu sehen sei, daß vielmehr die mechanische Erklärung für diese Kernformen vollständig genügt.

Ich habe schon bei der Besprechung der albuminösen Zellen die dunklere Färbung
und unregelmäßige Schrumpfung der Kerne hauptsächlich auf Wasserverlust zurück-

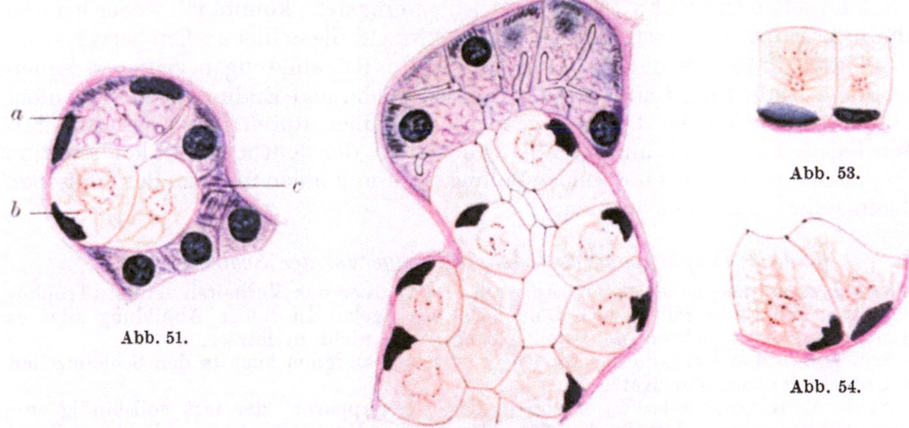

Abb. 51.

Abb. 53.

Abb. 54.

Abb. 52.

Abb. 51—54. Unterkieferdrüse, Mensch. Abb. 51 und 52. Gemischte Drüsenschläuche; zwischenzellige Sekretcapillaren, in Abb. 51 auch zwischen einer Eiweiß- (a) und Schleimzelle (b). Zwei sekretvolle Eiweißzellen (a)
mit abgeplattetem Kern, Basallamellen und Sekretvakuolen. Bei c Kantenansicht von Basallamellen, von
der Zellbasis aus. Zentrierung der Schleimzellen. Schlußleisten. In Abb. 53 und 54 je zwei zentrierte Schleimzellen. Aus K. W. ZIMMERMANN (1898).

führen zu sollen geglaubt; das gleiche gilt auch für die Schleimzellen. Daß es sich dabei
nicht um chemisch reines Wasser handelt, daß vielmehr irgendwelche nicht genauer bekannte Stoffe wohl kolloidaler Natur darin gelöst sind unterliegt wohl keinem Zweifel.
In Zellen, die ihr Sekret soweit abgegeben haben, daß der Kern genügend Raum
findet, dehnt er sich allmählich wieder aus, wird heller und nimmt kugelform an, doch
kann er, wenn der Schleimgehalt schon sehr gering ist, die Abplattung noch etwas beibehalten, ebenso wie er bei beginnender Entwicklung des Sekrets sich abplatten kann,
noch bevor die Sekretansammlung ihn erreicht hat (s. Abb. 64 u. 65). Das letztere zeigt,
daß es nicht ausschließlich der Druck der angesammelten Sekretmasse allein sein kann,
der den Kern abplattet. Vielleicht sammeln sich oberhalb des Kerns Rohstoffe an, oder
es sind Plastosome und Binnengerüst schuld an der Gestaltveränderung oder gar Vorgänge im Kern selbst. Jedenfalls läßt sich bestimmtes nicht darüber sagen.

γ) Die Zentrierung der Schleimzellen.

Dieselbe habe ich bereits 1898 beim Menschen nachgewiesen. Sie ist in den
Abb. 51—54 deutlich zu erkennen. Es handelt sich hier um kleinere Schleim-

zellen, wie sie sich gewönhlich in der Unterkieferdrüse finden. Man erkennt deutlich ein in seinem Durchmesser schwankendes kugelschalenförmiges Körnchenlager, das, wenn es an den Kern heranreicht, diesen in seiner Gestalt zu beeinflussen scheint. Den kleinsten aber gleichmäßigeren Durchmesser hat die Einrichtung in Becherzellen des Darms und im Oberflächenepithel des Magens, das jedoch nur bedingt zu den Schleimzellen gehört. Dort ist auch das Diplosoma im Centrum des Körnchenstratums am besten darzustellen. Das oder die beiden mittelsten Pünktchen der Abb. 51—54 sind wohl auch nicht anders zu deuten. In den großen Zellen der Glandula sublingualis und verwandter Drüsen sowie der reinen Schleimdrüsen habe ich die Zentrierung nicht deutlich erkennen können, was wohl auf starke Quellung, Wiederausfällung und Niederschlagung des Mucins auf das Cytoplasmagerüst zurückzuführen ist, wodurch die ganze Struktur mehr oder weniger gestört zu werden scheint.

M. Heidenhain (1907) hat in den Schleimzellen der menschlichen Kehlkopfdrüsen entsprechende Beobachtungen gemacht. Über die mutmaßliche Rolle, welche das an der ganzen Einrichtung beteiligte (Archi-)Plasma bei der Sekretion spielt, ist das Gleiche wie bei den Eiweißzellen zu sagen.

δ) *Besitzen die Schleimzellen Basallamellen?*

Solche scheinen nicht vorhanden zu sein, wenigstens konnte ich weder bei den Isthmuszellen, aus welchen ja nach M. Heidenhain die Schleimzellen hervorgehen sollen, noch in den in der Entwicklung und in Rückbildung begriffenen Zellen irgendeine Andeutung finden. Die ganze Schläuche und Endkomplexe bildenden mukoserösen Zellen der Unterzungendrüsen nehmen durch ihre reich ausgebildeten basalen und supranucleären Lamellen trotz der deutlichen Mukoidreaktion ihres spärlichen Sekrets eine Sonderstellung ein und können nicht zu den typischen Schleimzellen gerechnet werden.

ε) *Das Trophospongium oder Binnengerüst der Schleimzellen.*

Von Holmgren kenne ich nur Angaben (1904) über das Verhalten seines „Trophospongiums" in Becherzellen vom Dünndarm des Igels. In seiner Abbildung sitzt es zwischen Kern und Sekretsammelstelle, dringt aber nicht in letztere ein.

Von Bergen (1904) fand das Binnengerüst unter anderem auch in den Schleimzellen der Unterkieferdrüse der Katze.

Nach A. Kolossow (1902) entspricht der „Netzapparat" der fast vollständig entleerten Schleimzellen „dem in der Nähe des oberen Kernpoles übriggebliebenen Reste des alten, nicht entleerten Sekrets und stellt nichts anderes dar, als das intensiv gefärbte Protoplasma sowohl in der nächsten Umgebung dieses Sekretrestes als auch zwischen dessen im Fixator halb gelösten Tropfen". Die mit der Golgi-Veratti-Methode in den Schleimzellen dargestellten „Netzapparate" sind nach ihm Kunstprodukte.

S. Ramón y Cajal (1915) fand in den Becherzellen von einige Tage alten *Kaninchen*, *Meerschweinchen* und *Katzen* das Binnengerüst in allen Stufen der Sekretbildung stets oberhalb des Kerns. Seine Masse soll mit der Sekretvermehrung ebenfalls zunehmen. Bei sekretleeren Zellen aus einzelnen Bröckeln bestehend, soll es bei beginnender und fortschreitender Sekretentwicklung zum Gerüst werden mit hauptsächlich längsgerichteten Balken. Bei ganz großen Becherzellen, deren Kern dreieckig erscheint, zerfällt das hypertrophische Binnengerüst und mischt sich dem Sekret bei.

Nassonow (1923) findet in mukösen Zellen vom Axolotl und Triton das Gerüst bei jüngeren Individuen allseits geschlossen, bei älteren sich nach oben öffnend. Er läßt die primären Granula und die „winzigsten Schleimtropfen" an dem Balken des Binnengerüstes als „gebundene Granula" entstehen. Nach Erreichen einer gewissen Größe werden sie frei und sammeln sich im lumenseitigen Teil der Zelle. Von einem Zerfall des Gerüstes auf einer bestimmten Stufe sah er zwar nichts, doch sollen dem fertigen Sekret sich wahrscheinlich Teile desselben anschließen.

Nach Corti (1924) liegt in den Becherzellen des Igeldarms das Binnengerüst zwischen Kern und Sekretmasse und wird bei starker Sekretanhäufung zusammengedrückt.

Bis jetzt ist in Schleimzellen des Menschen das Binnengerüst nur von Fr. Kopsch (1926) beobachtet worden. Er findet dasselbe in den großen Becherzellen der Trachea und des Duodenums am gleichen Ort wie die vorigen, doch durch Kern und Sekretmasse bikonkav eingedrückt. Einzelne Balken ziehen seitlich von der Sekretmasse ein wenig in die Höhe. Eingehend schildert er das Verhalten des Binnengerüstes in den Schleimzellen der Trachealdrüsen und zwar in verschiedenen Phasen der Tätigkeit (s. Abb. 55—60). In den sekretvollen Zellen mit platt an die Basis gedrücktem Kern (s. Abb. 55) besteht das Binnengerüst aus feinen Balken,

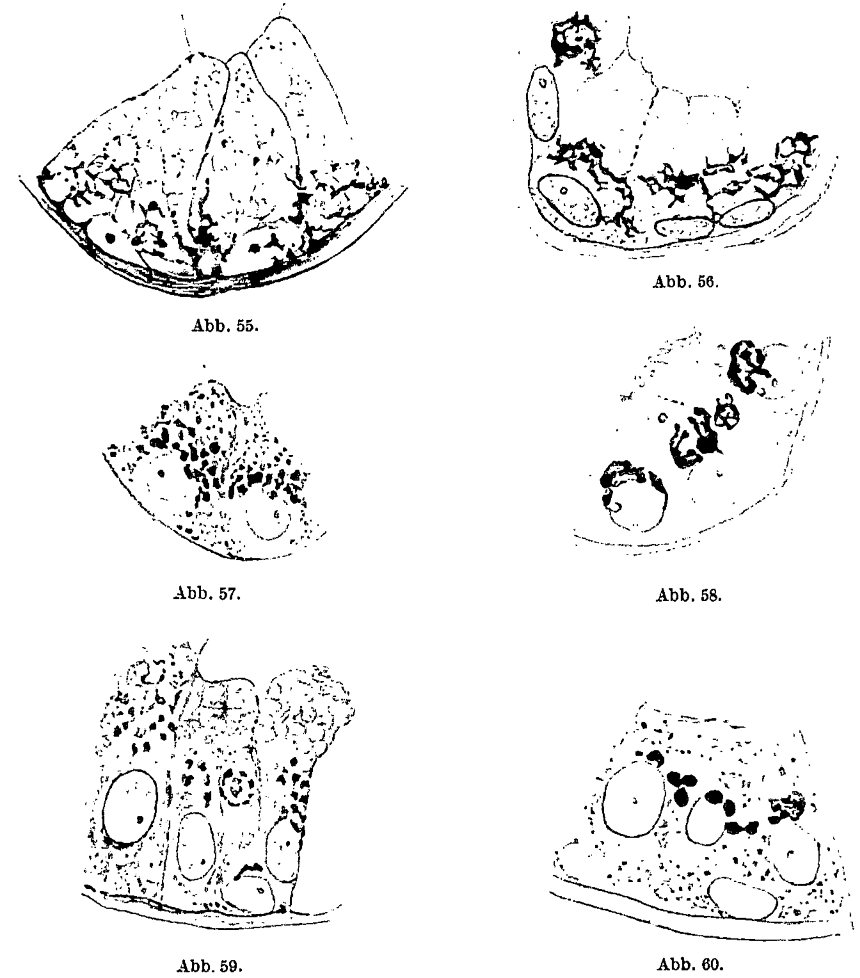

Abb. 55.

Abb. 56.

Abb. 57.

Abb. 58.

Abb. 59.

Abb. 60.

Abb. 55—60. Schleimzellen der Trachealdrüsen eines 22jährigen Menschen mit dem „Binnengerüst". Veränderungen desselben während den verschiedenen Sekretionsphasen der Zellen. Teilstücke der KOPSCHschen Abb. 10—12, 1926. Abb. 55. Geladene Zellen. Abb. 56. Halbentleerte Zellen Abb. 57. Völlig entleerte Zellen. Abb. 58. Zellen im Beginn der Schleimbildung. Abb. 59. Mittlere Stufe der Schleimfüllung. Abb. 60. Zellen aus einem kleinen Ausführungsgang. Vergr. im Orig. 1500fach.

die in intergranulären Cytoplasma verlaufen. „Es liegt in einer Querzone des basalen Zellabschnittes. Einzelne Balken reichen dicht heran an die Seitenflächen der Zelle". Letzteres soll bei keiner anderen Zellenart vorkommen. In der beigegebenen Abbildung sieht das ganze Gebilde wie eine Verstärkung des allgemeinen Cytoplasmanetzes oder -wabenwerks aus, ohne die Möglichkeit, es irgendwie abzugrenzen. Etwas prägnanter erscheint es in einem Schlauchquerschnitt mit halb entleerten Zellen (Abb. 56), deren basaler Teil sekretfrei ist. Das Binnengerüst macht einen unregelmäßig netzigen Eindruck. Seine Balken sind dicker geworden und erstrecken sich vereinzelt neben dem noch etwas abgeplatteten Kern zur Zellbasis. In ganz entleerten Zellen mit kugelrundem Kern besteht es aus dicken unregelmäßig gestalteten Stücken, die in manchen Zellen isoliert oder nur wenig miteinander verbunden sind (Abb. 57). In Zellen mit beginnender Sekretbildung stellen sie ein zusammenhängendes, gut ausgeprägtes, knäuelartiges, dem kugeligen Kern zum Teil eng anliegendes Gerüst dar, das ungefähr die Zellmitte einnimmt (Abb. 58). Die Balken sind meist dick. Bei fortgeschrittener Sekretbildung sind die Balken dünner, bestehen oft aus einzelnen Stücken und liegen wesentlich in der Längsrichtung der Zelle (Abb. 59). Zwischen ihnen befinden sich auch Schleimgranula. Aus allem geht wenigstens soviel hervor, daß in den verschiedenen Sekretionsstadien das Binnengerüst sein Aussehen wesentlich ändert, doch läßt sich nicht erkennen, ob eine direkte Teilnahme an der Sekretbildung besteht. Aus seiner Abb. 13, in welcher feinste Sekretgranula direkt unter der Lichtung des Drüsenschlauches meist in ziemlich großer Entfernung vom Binnengerüst liegen, könnte man sogar schließen, daß keine direkte Beziehung zwischen beiden bestehe. Allerdings liegen noch in einzelnen Zellen feinste Körnchen teils um den Kern herum, teils seitlich von ihm an der Zellbasis, welche ganz ähnlich aussehen wie im obersten Zellabschnitt. Bestimmtes läßt sich also nicht sagen.

ζ) Die Plastosome der Schleimzellen.

Auch in bezug auf die Schleimzellen muß Altmann (1894) als derjenige Forscher angesehen werden, der die Plastosome zuerst gesehen hat und zwar in den Zellen, welchedurch Pilokarpin ihres Sekrets entledigt worden sind, als seine zahlreich vorhandenen „vegetative Fädchen". Aus ihnen entstehen Granula, welche die Vorstufen des Schleims sind.

E. Müller (1896) sieht an Eisenhämatoxylinpräparaten künstlich entleerter Schleimzellen diese Fädchen ebenfalls und zwar hauptsächlich parallel zur Längsachse der Zelle verlaufend.

Nach Regaud und Mawas (1909) liegen in den Schleimzellen (Unterkieferdrüse von Hund, Katze und Esel) die Plastosome als Körnchen und kurze Fädchen in den „travées protoplasmiques intervacuolaires".

H. Hoven (1912) sieht lange, gekrümmte, in der Längsrichtung der Zelle verlaufende Plastosome, die sich bei der Sekretion ähnlich verhalten sollen wie in den Eiweißdrüsenzellen. Auch hier sollen also die Plastosome bis auf kleine Reste an der Zellbasis zu Plastes verbraucht werden.

Harald Eklöf (1914) wendet sich gegen Altmanns, Müllers und Hovens Auffassung und behauptet, daß, wenn auch in den albuminösen Zellen eine Entstehung der Sekretgranula in dem Sinne der genannten Autoren stattfinde, dies jedoch in Schleimzellen (Ösophagusdrüsen des Hundes) nicht so sei, d. h. der Sekretionsmodus sei hier nicht granulär. Gleichwohl sei sicher, daß die Plastosome eine große Bedeutung für die Lebensfunktion dieser Zellen und auch für die Sekretbildung haben müssen, da er nachweisen konnte, daß sie in Stadien lebhafter Sekretion (Pilokarpininjektion) bis auf kleine basale Reste schwinden, um in der Erholungsperiode wieder aufgebaut zu werden. Wie er sich die Beteiligung der Plastosome an der Sekretbildung denkt, kann er nicht bestimmen. In den Becherzellen, sollen die Plastosome spärlicher sein als in den anderen Zellen. Auch hier ist ihm deren Rolle unklar.

Eigentümlich sind die engen Lagebeziehungen zwischen Kern und Chondriom, wie sie Eklöf angibt: „Charakteristisch ist, daß der Kern bei vorsichgehender Restitution immer an der Grenze zwischen der chondriosomenhaltigen und chondriosomenfreien Zone liegt und sich eben vor den sich regenerierenden Chondriosomen befindet, als würde der Kern von den Chondriosomen vorgeschoben." Dabei soll der Kern von der Basis bis zum äußersten lumenseitigen Ende und bei der Füllung mit Sekret wieder zurück bis zur Basis wandern. In den Schleimzellen der Regio respiratoria der Nasenhöhle vom Hunde hat er ganz die gleiche Beobachtung gemacht.

η) Sekretion und Exkretion der Schleimzellen.

Ich habe schon bei der Beschreibung des Binnengerüstes und der Plastosome von der Rolle gesprochen, welche sie nach Ansicht der sich besonders mit ihnen beschäftigenden Forscher bei der Sekretbildung spielen sollen. Und ich habe die Ansicht ausgesprochen, daß die Darstellung STÖHRS von der Tätigkeit der Schleimdrüsen im weichen Gaumen des Menschen nicht annehmbar ist, d. h., daß alle von ihm abgebildeten und beschriebenen Zellbilder sekretvollen Zellen entsprechen, die verschieden gearteten Schleim hervorbringen. Wir haben auch weiter oben gesehen, daß die Schleimstücke der Unterkieferdrüse des Menschen nach der Ansicht M. HEIDENHAINS (1922) aus den Isthmen durch „Verschleimung" ihrer Zellen hervorgehen sollen. Dieser Ansicht ist auch PISCHINGER (1924) beigetre-

ten. Er betrachtet die Isthmen (seine „präterminalen Tubuli") als „identisch mit den Schleimtubuli, die als funktionelle Phase ersterer zu betrachten sind". Er zeichnet denn auch einen verzweigten Isthmus der menschlichen Unterkieferdrüse in dessen Zellen dicht unter der freien Oberfläche teils wenige, teils reichliche dicht gedrängte feinste Körnchen zu sehen sind, welche er nach ihrem Verhalten Prämucinkörnchen nennt. Schon M. HEIDENHAIN (1921) gibt Abbildungen wie z. B. seine Abb. 6, in welcher die beginnende Schleimbildung in Isthmuszellen und Zellen der „Übergangsregion" dicht am Lumen eine mehr oder weniger ausgedehnte Lilafärbung zeigen. Unsere Abb. 61 (HEIDENHAINS Abb. 11) läßt dies am unteren Ende erkennen. Auf eine genauere Beschreibung des Vorganges selbst geht er jedoch nicht ein.

Die Verschleimungstheorie M. HEIDENHAINS.

Diese hat insofern einen wunden Punkt, als sie nur auf solche Drüsen anwendbar zu sein scheint, welche Isthmen besitzen, nicht aber auf solche reine Schleimdrüsen, in welchen diese nach allgemeiner

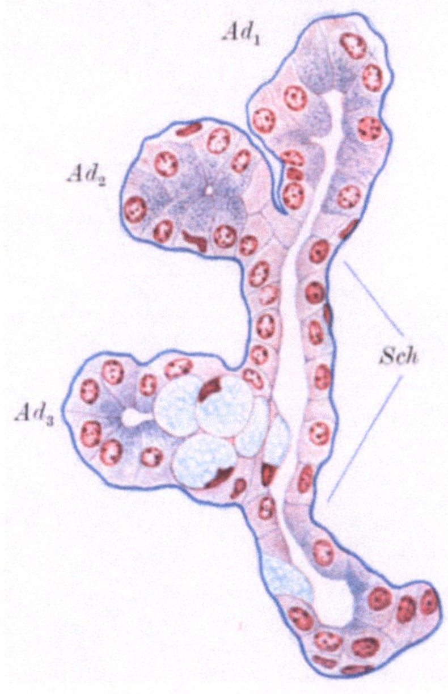

Abb. 61. Unterkieferdrüse, Mensch. Teilstück eines albuminösen Läppchens mit beginnender Verschleimung. *Ad₁* und *Ad₂* normale, albuminöse Adenomeren. *Ad₃* ein albuminöses Hauptstück, an dessen Basis die Verschleimung eingesetzt hat. Bei fortschreitender Verschleimung wird dasselbe zum Endkomplex des nunmehr gemischten Hauptstücks. *Sch* Isthmus (Schaltstück, „präterminales Kanälchen" M. HEIDENHAIN). Aus M. HEIDENHAIN (1921).

Auffassung fehlen. Er sucht sich damit zu helfen, daß er an die Möglichkeit denkt, daß bei den reinen Schleimdrüsen z. B. bei denen am Zungengrunde des Menschen die Entwicklung der Schleimzellen aus den ursprünglich indifferenten Zellen der Gänge ähnlich wie in gewissen Nasendrüsen der Katze vor sich gehe, wo der Unterschied zwischen Gängen und Scheitelknospen teilweise aufgehoben sei. Ich möchte hinzufügen: und wie es auch beim Menschen in frühen Entwicklungsstufen der gemischten Speicheldrüsen der Fall ist. Man braucht eben in den reinen Schleimzellen nur eine sehr früh einsetzende Verschleimung anzunehmen.

Nun hat es sich aber bei der Untersuchung von besonders frischem (43jähriger Hingerichteter), mit Formolalkohol fixiertem weichem Gaumen gezeigt, daß auch in den unteren, reinen Schleimdrüsen vereinzelte Gänge vorkommen, die, wenigstens was die dünnsten betrifft (s. Abb. 63), sich von den dickeren Isthmen der Unterkiefer-, Unterzungen- und Ohrspeicheldrüse nicht unterscheiden lassen. In einem axialen Längsschnitte nun eines solchen etwas dickeren Ganges (das Präparat war mit Hämalaun und Mucikarmin gefärbt) konnte ich die gleichen Vorgänge sehen, wie sie Pischinger an den Isthmen der Unterkieferdrüse beobachtete und ich bestätigen kann, d. h. die Produktion von Schleimgranula in sehr verschiedenem Grade (s. Abb. 64). In diesem Bild sieht man bei *a* Zellen mit dichtem Protoplasma ohne Anzeichen von Sekretion, also mehr indifferenten Charakters; bei *b*, *c*, *d* erkennt man entsprechend der Reihenfolge der Buchstaben immer reichlichere Bildung von Mucigengranula. Man sieht sie immer am reichlichsten an der Lumenseite. Bei *e* sind die Zellen reich mit netzig gewordenem Mucigen beladen und zwar von der Basis bis zum Lumen. Die Zellen sind zu typischen sekretvollen Schleimzellen geworden, doch können sie noch bedeutend größer werden, denn in dem Bild haben sie bei *e* eine maximale Höhe von $10,8\,\mu$, bei *f* von $16\,\mu$, an anderen Stellen des gleichen Präparates jedoch eine solche von $25\,\mu$ erreicht.

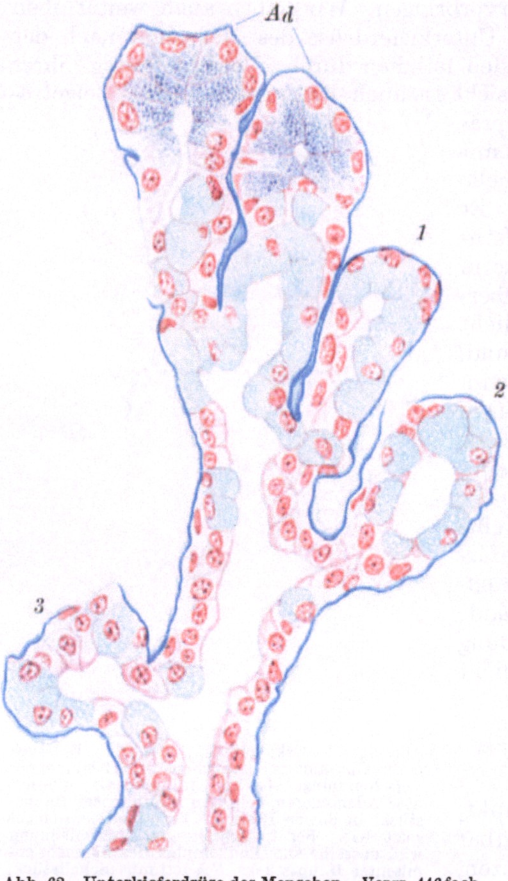

Es gibt Stellen in der gesamten Drüsenmasse, wo mehrere Schläuche zusammenliegen, die ganz das Aussehen von Isthmen besitzen, aber nicht in Schleimstücke übergehen, und etwas mehr Basalzellen besitzen. Sie können bald keine Spur von Mucigengranula enthalten, bald nur ganz wenige dicht am Lumen. Es handelt sich hier wahrscheinlich um in der Entwicklung zurückgebliebene, aus indifferentem Epithel bestehende Schläuche, welche sich vielleicht später noch allmählich in typische Schleimhauptstücke umgewandelt hätten. Für diese Möglichkeit spricht der Umstand, daß auch Rückbildung von Schleimschläuchen

Abb. 62. Unterkieferdrüse des Menschen. Vergr. 446fach. Teil eines Isthmus mit 5 Auszweigungen. Bei zweien sind die Endknospen *Ad* in den Schnitt gefallen, bei drei anderen (1—3) ist das Ende weggeschnitten. Die Verschleimung ist am stärksten ausgeprägt unterhalb der Endbeeren und schreitet von da basalwärts fort. Der größte Teil des Isthmus ist unverschleimt, bzw. enthält nur vereinzelte Schleimzellen. Basalmembran dunkelblau. Aus M. Heidenhain (1921).

stattfinden kann, welche dann in der angegebenen Weise wohl Ersatz erhalten können. Abb. 65 zeigt einen solchen Fall. Es handelt sich um die letzten Phasen der Schleimabgabe: Zellen *a* haben noch am meisten Schleimgranula, *b* schon weniger, *c* nur noch eine Spur und *d* ist vollständig schleimleer. So findet man alle Übergänge von schleimvollen Zellen bis zu gänzlich schleimleeren. Haben die immer noch schleimvollen Zellen ein gewisses Höhenminimum erlangt, so nimmt dasselbe trotz allmählicher Ausstoßung des Sekrets bis zu völliger Sekretleere zunächst nicht mehr weiter ab. Diese sekretleer gewordenen Zellen haben nun ein ganz anderes Aussehen als die Isthmuszellen, bei welchen die Verschleimung noch nicht eingesetzt hat. Dasselbe gilt für die einander im Schleimgehalt

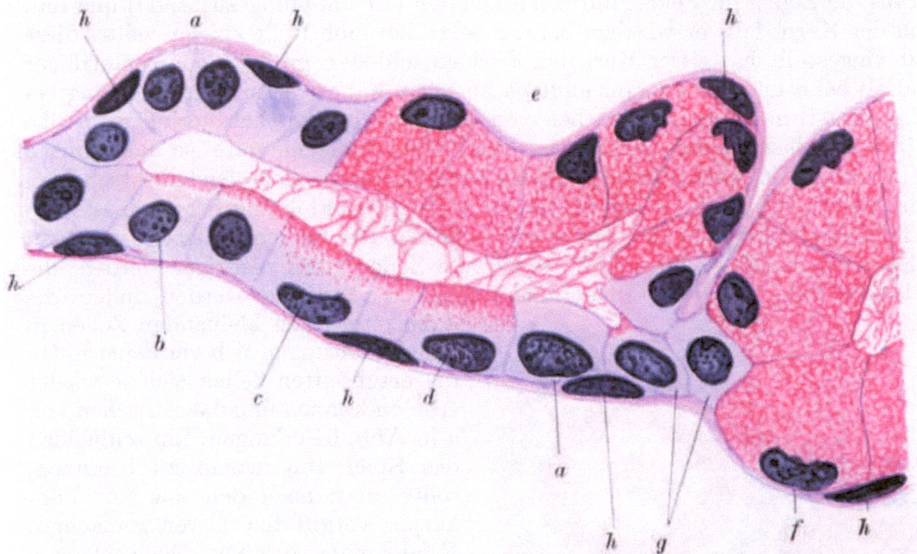

Abb. 64. Untere Gaumendrüse, 43jähriger Hingerichteter. Isthmusartiger Gang mit indifferentem, zweistufigem Epithel bei *a*, bei *b* beginnende Verschleimung, bei *c* und *d* schon fortgeschritten, bei *e* sind die ganzen Zellen mäßig verschleimt, bei *f* größere Schleimzellen. Die Abplattung der Kerne beginnt schon bei *c* und *d*, bei *g* sind die Zellen teils unverschleimt teils im Begriff zu verschleimen. *h* Kerne der Basalzellen.

entsprechenden Zellen, wie ein Vergleich der Abb. 65 mit 64 deutlich ergibt: die Zellen der Abb. 65 sind durchschnittlich größer als diejenigen der Abb. 64. Der größte und wichtigste Unterschied besteht jedoch im Aussehen des Cytoplasmas: alle sich entleerenden Zellen sind so arm an fixierbarer Substanz, daß man Mühe hat, mit den stärksten Systemen ein äußerst feines, dünnes, weitmaschi-

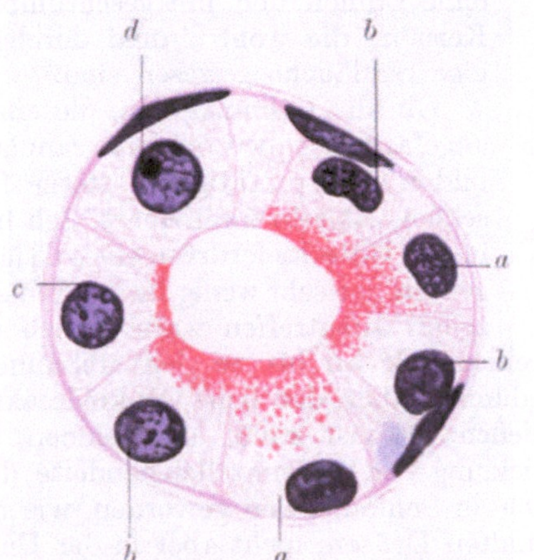

Abb. 65. Untere Gaumendrüse, 43jähriger Hingerichteter. Schleimzellen in Rückbildung. *a* Zellen zur Hälfte Schleimgranula enthaltend, *b* nur noch zu 1/3, *c* wenige Körnchen dicht am Lumen, *d* vollständig entleerte Zelle. Alle Zellen ganz hell. In *a* und *b* Kerne noch etwas abgeplattet. In *c* und *d* wieder kugelförmig. Myoepitheliale Basalzellen.

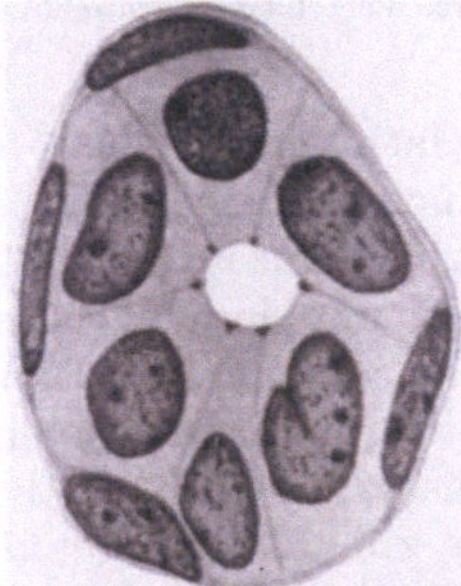

Abb. 63. Isthmus aus unterer Gaumendrüse, 43jähriger Hingerichteter. Zweistufiges Epithel. SEIBERT Apochr. 2 mm, Comp.-Ok. 8.

ges Netz- oder Wabenwerk zu erkennen. In Abb. 65 ist dasselbe eher noch zu stark wiedergegeben. Gewöhnlich sieht man überhaupt nichts, doch zeigt die Lagerung der Mucigengranula, daß sie durch etwas in der Lage gehalten und voneinander getrennt werden müssen. Jedenfalls sieht man auch an der Zellbasis keine Spur von Basallamellen oder einer anders gearteten Cytoplasmaverdichtung. Man darf wohl daraus schließen, daß nichts mehr vorhanden ist, woraus die Zellen ihr Sekret aufbauen könnten (Erschöpfungszustand?) und daß auch der Kern, falls er wirklich bei der Sekretion eine Rolle spielen sollte, diese jetzt eingestellt hat. Der Kern bei *d* ist entschieden größer und regelmäßiger rund als bei *a* und *b*. Ein ganz anderes Aussehen haben die in Verschleimung begriffenen Isthmuszellen: abgesehen von ihrer durchschnittlich geringeren Höhe ist ihr Cytoplasmagefüge viel dichter, die Färbbarkeit eine gute, so daß man an mit Mucikarmin nachgefärbten Hämalaunpräparaten stets leicht entscheiden kann, ob ein Schlauch in Verschleimung oder in Rückbildung begriffen ist.

Die Rückbildung der in einem gewissen Bezirk absolut schleimleer gewordenen Zellen kann noch weiter gehen, indem die Zellen noch niedriger werden, die Schläuche bald ziemlich weites Lumen behalten, bald eng werden, indem die dabei stets hell bleibenden Zellen in allen Richtungen sich verkleinern. Ob die erschöpften Zellen sich je wieder erholen können und das Aussehen von *a* in Abb. 64 erlangen, um schließlich das Spiel von neuem zu beginnen, sollte man nach den aus mit Pilokarpin vergifteten Tieren gemachten Erfahrungen, bejahen. Doch scheinen auch solche Zellen bzw. ganze Schläuche gelegentlich zugrunde zu gehen. Denn in den Bezirken mit Rückbildungserscheinungen kommen auch kleine helle runde Zellhäufchen vor ohne Lumen und mit geschrumpften Kernen, die wohl einmal durchgängige Schläuche gewesen sind.

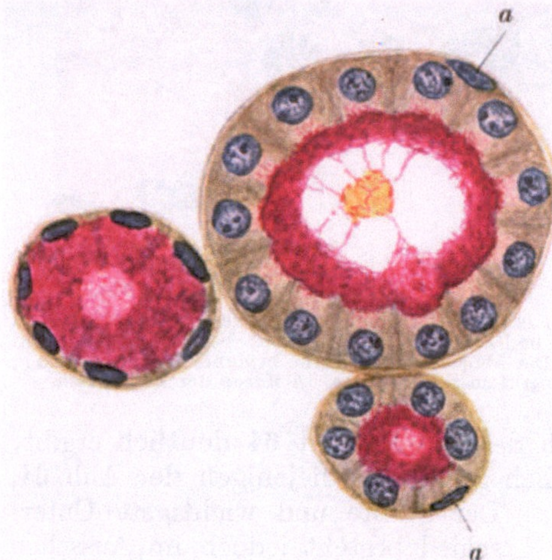

Abb. 66. Gl. subling. minor. 39 jähriger Mensch (gest. an lobulärer Pneumonie). Oben ein weiter, nicht auf Dehnung beruhender Tubuloalveolus. Wenig Schleim im Lumen mit graugelben von mukoserösen Endkomplexzellen stammende Massen in der Mitte   Scharf begrenzte Sekretsammelstellen. Bei *a* Kerne der Basalzellen. Das weite, 13 Zellen im Querschnitt enthaltende obere Hauptstück kann nicht wie die beiden unteren engeren durch Verschleimung direkt aus einem Isthmus hervorgegangen sein.

Ob alle Isthmuszellen, die einmal angefangen haben Schleimgranula zu bilden, diese Tätigkeit stetig fortsetzen, ist sehr zweifelhaft. Ich habe in der Unterkieferdrüse eines 53 jährigen, in der sehr wenig fertige Schleimzellen anzutreffen waren, reich verzweigte Isthmen gesehen, die vom Streifenstück ab bis zu den albuminösen Hauptstücken dicht am Lumen eine dünne, aber deutliche Mukoidreaktion zeigende Cytoplasmaschicht erkennen ließen. Es ist kaum anzunehmen, daß es sich hier um eine fortschreitende Entwicklung von Schleimzellen handelte; dann wären die betreffenden Läppchen so reich an Schleimzellen geworden, wie man es wohl in den Unterzungen- und verwandten Drüsen, nicht aber in der Unterkieferdrüse zu Gesicht zu bekommen pflegt. Ob auch eine Schleimzelle von der Basis bis zum Lumen maximal mit Mucigen vollgepfropft sein muß, bis sie zu exzernieren beginnt, ist sehr zweifelhaft. So findet man z. B. in den Unterzungendrüsen Zellen mit sehr verschieden weit ausgedehnten Sekretsammelstellen und doch reichlichem Schleim im Lumen (s. Abb. 66). Es liegt dies eben in der Eigenart der Schleimbildung, die eine besondere von allen anderen abweichende Zellfunktion ist.

Ich muß noch bemerken, daß sowohl die Isthmuszellen mit beginnender Schleimbildung als auch die sich rückbildenden Zellen das Sekret in Form von kleinen Körnchen (am kleinsten im Sekretionsbeginn) enthalten, die großen, schleimvollen Zellen dagegen in Form eines Netzes oder Wabenwerkes, gelegentlich mit eingestreuten Körnchen. Vielleicht handelt es sich bei den Körnchen trotz der Mukoidreaktion nicht um fertiges Mucin, sondern wie PISCHINGER meint, um eine weniger lösliche Vorstufe („Prämucin"), auch bei den in Rückbildung begriffenen Zellen. Hier liegen wohl die zuletzt gebildeten nicht weiter entwickelten Zellprodukte vor.

Ob überhaupt wirkliche Vorstufen des Mucins entstehen, ist M. HEIDENHAIN (1907) zweifelhaft, indem die betreffenden Granula wohl in den meisten Fällen das fertige Sekret selbst seien. „Man kann also etwa annehmen, daß die fertigen Schleimgranula zunächst festen Gallertklümpchen vergleichbar sind, welche aber häufig schon innerhalb der Zellen in einen halbflüssigen Zustand übergehen und alsdann zur Konfluenz neigen." Andererseits sollen in gewissen Schleimdrüsen auch wahre Präprodukte vorkommen „Granula, welche keine Schleimreaktion geben, sondern sich erst in Mucin verwandeln."

Daß in lebensfrischen Schleimzellen das Sekret kugelrunde Körnchen, die schwächer glänzen als diejenigen der Eiweißzellen, bildet, wurde schon angegeben. Diese Granula sind nun wenigstens in den Speicheldrüsen außerordentlich schwer zu fixieren, zumal es nicht ausgeschlossen ist, daß sie in Drüsen, in welchen die während des Lebens als distinkte Granula vorhanden sind, post mortem quellen und zusammenfließen, ja sogar die Zellen verlassen und sich zwischen den Schläuchen in den Spalten des interstitiellen Bindegewebes weithin ausbreiten. In den besten Fixierungsmitteln konfluieren sie und werden dann wieder auf dem intergranulären Cytoplasmawabenwerk niedergeschlagen, dieses verstärkend, wobei die Färbbarkeit in keiner Weise leidet.

R. METZNER ist es gelungen mit seiner Osmium-Kochsalz-Kalibichromatlösung die Schleimgranula in der Unterkieferdrüse der Katze gut zu fixieren und mit Eisenalaun-Toluidinblau zu färben. Dort sollen verschiedene reife Stadien der Granula nachweisbar sein: der unreife Schleim soll sich blau, der reife blaßviolett färben mit allmählichen Übergängen durch blauviolett hindurch. Seine Figur 11 zeigt auch Zellen, in denen blaue und violette Granula durcheinandergemischt sind. Nun enthält aber das mitgezeichnete Ganglumen deutlich blaue und blaßviolette Granula durcheinander, die ersteren sogar noch reichlicher. Es wird also auch der „unreife" Schleim ausgestoßen; man vergleiche damit, was ich weiter oben über α-, β- und Mischmucin gesagt habe. Daß in einer Zelle die Granula etwas verschiedene Qualität besitzen sollten, ist nicht so absonderlich, hat doch ZIEGLER (1926) in der Unterkieferdrüse des Rindes in den albuminösen Zellen mit Hämalaun-Mucikarmin-Aurantia ein Durcheinander von in den verschiedensten Tönen leuchtenden Granula erhalten, die man unmöglich auf verschiedene Ausreifungszustände der gleichen Sekretqualität zurückführen kann. Auch fand ich, um ein ganz anderes Gebiet zum Vergleich heranzuziehen, in frischen Pigmentzellen der Kopfhaut vom Hecht rotes und gelbes Pigment (Lipochrom), das erstere in der Mitte, das gelbe in der Peripherie und den Ausläufern. Es kann sich also bei METZNERS Objekt wohl um verschiedene Mucinqualitäten je im Reifezustand gehandelt haben.

Ich möchte hier noch die Frage berühren ob Schleimzellen in den Kreislauf gebrachten Farbstoff absondern.

TH. ZEBRNER (1886) injizierte Indigkarminlösung in die Blutbahn eines Hundes und fand, daß die Hauptmasse des in den Speicheldrüsen abgeschiedenen Farbstoffes von den Schleimzellen sezerniert wurde.

R. KRAUSE (1901) hat sich der gleichen Methode am gleichen Objekt bedient, aber in den sekretvollen Schleimzellen keinen Farbstoff gefunden. Nur hier und da hatte sich eine „sekretleere" Zelle mit dem Farbstoff beladen. Er bildet eine solche Zelle ab, die mir aber durchaus nicht als sekretleer erscheint. Die Zelle ist ganz hellblau gefärbt mit einem feinen weitmaschigen dunkelblauen Netzwerk und, was bemerkenswert ist, einem gleichmäßig dunkelblau gefärbten Kern, der außer zwei noch dunkleren Körnchen ganz homogen erscheint. Ich vermute, daß es sich hier um eine im Absterben begriffene Zelle handelt, da einerseits auch bei den stark gefärbten albuminösen und den Streifenzellen der Kern keine Spur von Farbstoff angenommen hat, andererseits Indigkarmin in der Färbetechnik mehrfach benutzt worden ist, allerdings meist zur Kontrastfärbung.

Was die Verbindung der Schleimzellen miteinander betrifft, so lassen sich auch Schlußleisten nachweisen, doch sind dieselben erheblich feiner als zwischen den Eiweißzellen.

Interzellularbrücken, wie sie Kolossow (1898) beschreibt, habe ich nicht auffinden können.

c) Fetttröpfchen in den Zellen der Speicheldrüsen.

Schon W. Krause (1870) berichtet, daß er in den Speichelgängen der Unterkieferdrüse junger Meerschweinchen konstant große Fetttropfen gefunden habe, wie sie bei keiner analogen Drüse sonst vorkommen sollen. Man sollte daraus schließen, daß das Fett in den Drüsenzellen gebildet und mit dem übrigen Exkret in das Lumen gelangt sei. Es wurde dann auch von mehreren Seiten gelegentlich Fett in den Drüsenzellen nachgewiesen. So z. B. von Ranvier (1887 in den Speicheldrüsen), R. Heidenhain u. a.; Laguesse hat es (1894) im Pankreas und den Speicheldrüsenzellen des Menschen und (1900) bei Frosch, Salamander, Triton, Blindschleiche, Ringelnatter und Vipper gefunden. Der Fettgehalt ist abhängig von der Tätigkeit der Zellen: während der Ruhe vermehren sich die Tröpfchen, vermindern sich aber bei der sekretorischen Tätigkeit, können dabei auch ganz verschwinden. Die ersten Fetttröpfchen sollen stets an der Basis der Zellen auftreten und vielleicht in den Basallamellen gebildet werden.

A. Kolossow (1902) hat sich eingehend mit dem Auftreten von Fett in den Zellen der Speicheldrüsen der Katze befaßt. Mit Ausnahme der zymogenhaltigen Pankreaszellen und der Hauptzellen des Magens findet er, daß in den verschiedenartigsten von ihm untersuchten Drüsen das aufgenommene Nahrungsmaterial nicht nur in das typische Sekret, sondern auch in Fett umgewandelt wird, welches bald nach seiner Ausbildung allmählich wieder verschwinde. „Wahrscheinlich wird es zur Wiederherstellung der sich zersetzenden protoplasmatischen Moleküle verbraucht, so daß zur Zeit, wo die Zelle in den Ruhezustand übergeht, nur spärliche kleine Fetttröpfchen übrigbleiben, was jedoch nicht immer der Fall ist.“ Überreste von Fett sollen gewöhnlich in den sich im relativen Ruhezustand befindenden Zellen der Streifenstücke, der Tränendrüse, in den Schleimdrüsenzellen und in den Zellen der Endkomplexe der Unterkieferdrüse vorhanden sein, „wo es während der Tätigkeit der Zellen in einer größeren Quantität entsteht als in vielen anderen Drüsenzellen“.

Bei 3—5tägigem Hunger, also bei andauerndem relativem Ruhezustand soll sich ein Teil des Fettes in der Weise bilden, daß „die Überreste des in Sekret nicht umgewandelten Eiweißnahrungsmaterials zu Fett werden, denn das letztere tritt stets unter solchen Bedingungen in viel größeren Mengen hervor, als es alsbald nach Übergang der Zellen in den Ruhezustand statt hat; dabei tritt es selbst in solchen Zellen zutage (den nichtschleimigen Hauptzellen des Magens und zymogenhaltigen Pankreaszellen) in welchen es gewöhnlich stets fehlt (in den Elementen der Langerhansschen Inseln kommt es dagegen bei ganz normalen Bedingungen nicht selten vor).“

R. Metzner (1906—1907) bildet mit Osmiumsäure-Kochsalz-Kalibichromatlösung fixierte Teile der Unterkieferdrüse eines etwa 8tägigen Kätzchens ab, das künstlich mit der Milchflasche ernährt wurde. In den Schleimzellen findet man in der Umgebung des Kerns, auch basal von ihm in der Größe variierende Fetttröpfchen. In der Nähe des Lumens zeigen sich nur ausnahmsweise vereinzelte schwarze Körnchen, im Lumen gar keine. Hier ist also die Kernnähe bevorzugt, oder vielleicht richtiger die mehr basale Lage. Die ebenfalls basale Lage des Kerns beweist noch nicht, daß auch direkte Beziehungen zum Kern bestehen müssen.

A. N. Mislawsky (1911) findet in den Pankreaszellen pilokarpinisierter Kaninchen und zwar auch im basalen Zellteil feine Fetttröpfchen, glaubt jedoch darin eine Vergiftungserscheinung sehen zu sollen.

Ich selbst habe nur Erfahrung über den Fettgehalt der mukösen und albuminösen (von Ebnerschen) Drüsen des Zungengrundes. Das Material stammt von dem 43jährigen Hingerichteten.

In den Schleimzellen ist der Fettgehalt sehr variabel, er kann fehlen, spärlich oder sehr reichlich sein (Abb. 67 d). Die Tröpfchen haben Neigung zur Gruppierung; sind es wenige, so bevorzugen sie die Lage dicht oberhalb des Kerns (Abb. 67 d, linke und mittlere Zelle); sind es viele, so können sie sich durch die ganze Zelle erstrecken (Abb. 67 d, rechte Zelle). Das den Zellen anliegende Exkret enthält eine Anzahl Fetttröpfchen, welche doch wohl nur aus den Zellen stammen können, welche etwa 5 mm unterhalb der Zungenoberfläche lagen. Ein Eindringen von der Mündung aus in diese Tiefe ist wohl gänzlich ausgeschlossen, da dies durch den Exkretstrom verhindert würde.

SATA (E. ZIEGLER 1900) hat also nicht recht, wenn er den Schleimzellen einen, wenn auch nur gelegentlichen Fettgehalt vollständig abspricht.

Fett findet sich auch verschieden reichlich in den rudimentären Abschnitten der gleichen Drüsen; so etwas spärlich in engeren isthmusartigen (Abb. 67 c) und etwas reichlicher in weiteren Abschnitten mit gedehnter Wand (b). Auch die

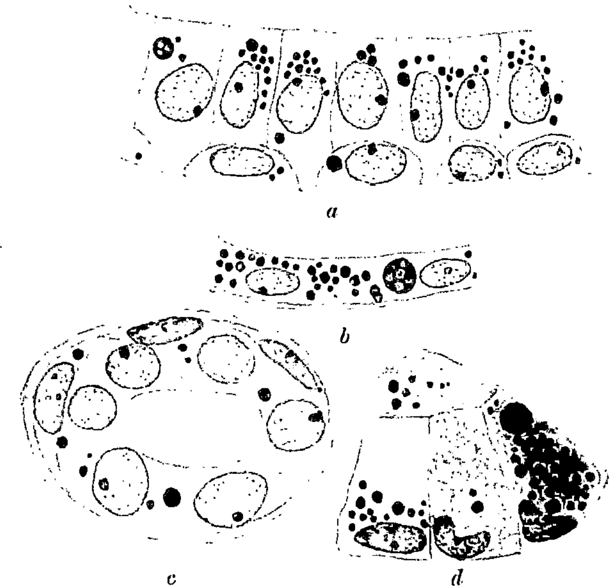

Abb. 67. Schleimdrüsen des Zungenrückens, 43jähriger Hingerichteter. Osmiumsäure. Hämalaun, Mucikarmin. *a* Ausführungsgang mit zweistufigem Epithel. Fett in beiden Zellenstufen. *b* rudimentärer Schlauch mit weitem Lumen und niedrigen Zellen, reichliches Fett, großer Tropfen vakuolisiert. *c* ebenso spärliche Fetttröpfchen in beiden Zellstufen. *d* Schleimrohr, mittlere Zelle mit spärlichen, rechte Zelle mit sehr reichlichen Fetttropfen. Letztere auch im Lumenexkret.

Ausführungsgänge (*a*) enthalten in beiden Zellstufen Fett, am meisten in der hohen Stufe, und zwar bevorzugt es die Lage zwischen Kern und Lumen, näher dem ersteren, worin eine gewisse Übereinstimmung mit den Schleimzellen besteht, wo sie auch die Kernnähe bevorzugen (Beziehung zu diesem?). In den Kernen fand sich nirgends Fett, welche Bemerkung nicht überflüssig ist, da in Fettzellen des Menschen der Kern ganz gewöhnlich ein, selten mehrere Fetttröpfchen enthält.

Auch die albuminösen Zellen der VON EBNERschen Wallgrabendrüsen enthalten regelmäßig Fetttröpfchen, jedoch ohne bestimmte Lagerung (Abb. 68).

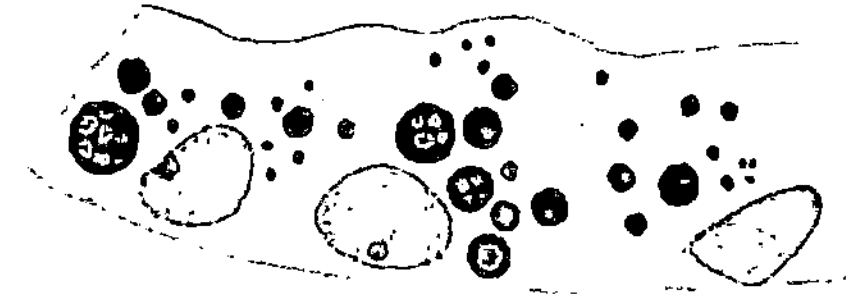

Abb. 68. Albuminöse Zellen der Wallgrabendrüsen mit verschieden großen, oft vakuolisierten Fetttropfen. Osmium.

Die Fetttröpfchen besitzen sehr verschiedene Größe. Die größeren zeigen gewöhnlich hellere Vacuolen, die größten deren sogar zahlreiche (s. Abb. 67 *b* und *d*, und besonders Abb. 68).

Auch GARNIER und BOUIN (1897, nach COLOMBINI 1902) geben an, daß sie in den VON EBNERschen Drüsen haben Fett nachweisen können.

d) Pyknocyten.

So möchte ich eigenartige Epithelzellen nennen, die in verschiedenen Speicheldrüsen häufig vorkommen und sich von allen übrigen wesentlich unterscheiden. Sie scheinen zuerst von J. Schaffer (1897) in den Eiweißdrüsen der Zunge verschiedener Individuen gesehen worden zu sein und zwar in Ausführungsgängen und Hauptstücken. Die Zelleiber färbten sich mit Hämalaun gar nicht, wohl aber auffallend stark und rein mit Eosin, Congorot usw. „Außerdem zeigte das Protoplasma dieser Zellen eine dichte, feine oder gröbere Körnung und waren die Zellen stets vergrößert, wie aufgequollen". Charakteristisch sind auch die Kernverhältnisse: „Verlust des Chromatingerüstes, Zunahme der Färbbarkeit, Abnahme der Größe, wobei die Oberfläche nicht selten eine höckerige oder eingebuchtete Beschaffenheit angenommen hatte". Der stets in die Zellmitte gerückte Kern zeigt häufig Einschnürung und direkte Teilung. In dieser Weise veränderte Ausführungsgänge erinnerten ihn beim ersten Anblick an Speichelröhren. Einzelne Zellen dieser Art erinnerten an Belegzellen. „Wo ganze Schlauchabschnitte ergriffen worden waren, hatten dieselben um das vier- bis sechsfache des

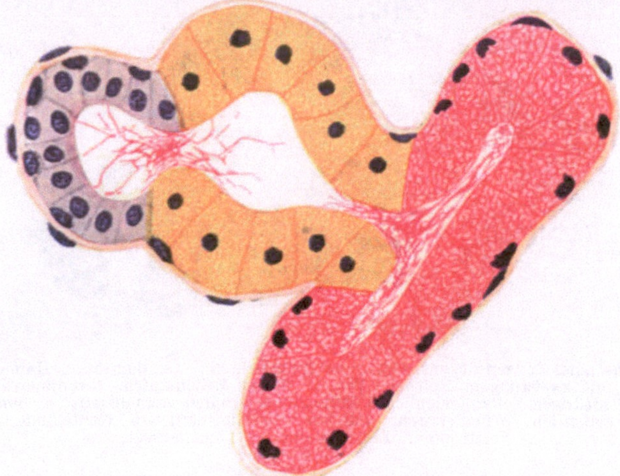

Abb. 69. Sublingualis minor, 36jähriger Mann. Oxyphile Pyknocyten (gelb) eingeschaltet zwischen ungestreiftem Ausführungsgang und Schleimstück. Formol. Hämal.-Mucik.-Aur.-Färbung. Seibert Apochr. 2 mm Comp.-Ok. 4. Kerne der Basalzellen innerhalb, Kerne fixer Bindegewebszellen außerhalb der Basalmembran.

normalen Volumens zugenommen." Diese Schilderung der fraglichen Zellen stimmt vollkommen mit meinen Erfahrungen überein. Abb. 69 stammt aus einer kleinen Unterzungendrüse eines 36jährigen Mannes und zeigt, die gleichmäßig feinkörnige Beschaffenheit des stark oxyphilen (Aurantiafärbung) Cytoplasmas und den stets pyknotischen Kern. Die Zellen sind ganz erheblich größer als die größten Zellen der Ausführungsgänge. Ich fand niemals Übergangsformen zwischen ihnen und irgendeiner anderen Epithelzellenart des ganzen Schlauchsystems. Anfangs hielt ich sie für erkrankte, hypertrophische Streifenzellen, hauptsächlich wegen ihrer Oxyphilie, doch konnte ich keine Spur einer basalen Streifung sehen. Ferner sprach der Umstand dagegen, daß sie auch in Drüsen gefunden werden, die keine Streifenzellen besitzen wie in den Eiweißdrüsen der Wallpapillen. Ich fand sie ferner in den Trachealdrüsen und den aus Läppchen mandibularen und sublingualen Charakters zusammengesetzten Mundbodendrüsen. Am häufigsten und ausgedehnte Schlauchabschnitte einnehmend zeigten sie sich in den Unterzungendrüsen. Ich habe kleine Läppchen mehr oder weniger oder ausschließlich aus ihnen bestehend gesehen. Die Zellen können Endkomplexe an Schleimschläuchen bilden oder in letztere einzeln und in Gruppen eingeschaltet sein, oder man findet umgekehrt einzelne Schleimzellen in einem größeren Komplex von Pyknocyten. Ich sah einen aus diesen Zellen bestehenden Schlauch, der eine mukoseröse Endalveole trug. Was mir besonders wichtig erscheint, ist der Umstand, daß (z. B. bei einem 29jährigen Mann) Gruppen der Pyknocyten in Isthmen eingeschaltet sein, ferner daß interlobuläre Ausführungsgänge auf größere Strecken einseitig oder allseitig aus ihnen bestehen können. Dies spricht gegen die Ansicht SCHAFFERS, daß es sich um degenerierende, dem Untergang geweihte Eiweiß- oder mukoseröse Zellen handle.

Er gibt eine Abbildung (seine Abb. 26) die ganz meiner Abb. 69 entspricht, d. h. zwischen Schleimzellen und Ausführungsgängen oder, wie er meint, schleimleeren Zellen ist eine Gruppe der fraglichen Zellen eingeschaltet. Er hält diese nun für degenerierende Schleimzellen, obschon sie ganz den gleichen Charakter zeigen wie Pyknocyten der rein albuminösen Drüsen bzw. Hauptstücke.

Es sollten demnach die so verschiedenen Eiweiß- und Schleimzellen ganz genau die gleichen Degenerationsformen zeigen, was sehr unwahrscheinlich ist, zumal ja auch noch Isthmen und Ausführungsgänge Pyknocyten enthalten können, die dann als Degenerationsformen auch der Zellen dieser Abschnitte angesehen werden müßten.

Nun beschreibt A. PISCHINGER (1924, s. Abb. 70) aus den Unterzungendrüsen des Menschen eigenartige Zellen, die, wenigstens was die Kernverhältnisse betrifft, mit unseren Zellen übereinstimmen, auch färbt sich das Cytoplasma nicht mit Hämalaun. Sie finden sich als Bestandteile von Isthmen und Ausführungsgängen besonders in schleimlosen Drüsenabschnitten. Auch ganze verzweigte Läppchen können aus ihnen bestehen. Gelegentlich sind einzelne Schleimzellen eingestreut. So finden wir denn eine große Übereinstimmung zwischen diesen und unseren Zellen, und

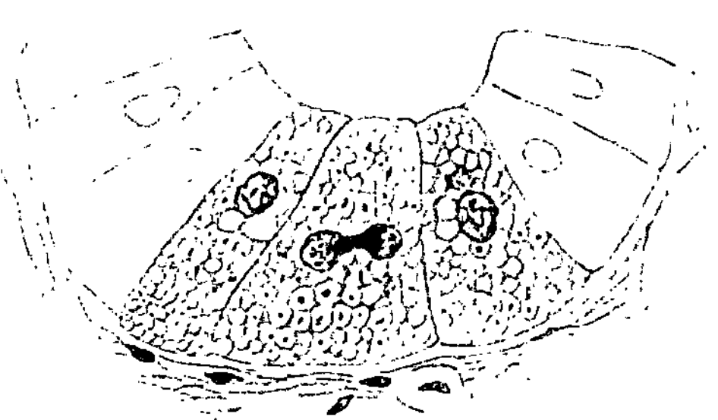

Abb. 70. Unterkieferdrüse, Mensch. Fix. mit Susa, Mallory-Färbung. Kleiner Ausführungsgang mit vakuoisierten Zellen. In der mittleren Zelle, handelförmiger Kern. ZEISS homog. Immers. 2 mm, Komp.-Ok. 8. Nach A. PISCHINGER (1924).

wir könnten sie für identisch erklären, wenn eine Angabe PISCHINGERS nicht wäre; er findet nämlich regelmäßig ein System verschieden großer Vakuolen, die unscharf begrenzte Körnchen enthalten. Ich habe, abgesehen von gelegentlich kleinen Vakuolen nie solche Bilder erhalten wie sie PISCHINGER gibt. Gleichwohl macht es mir den Eindruck, als ob es sich um die gleichen Zellen handelt, und daß die Verschiedenheit auf der Vorbehandlung oder auf individueller Verschiedenheit beruht.

PISCHINGER hält sie für „nicht differenzierte Drüsenelemente, die durch ihre Teilung und Weiterentwicklung den Ersatz für die bei der Sekretion ausgestoßenen Zellen bilden". Also eine neue Ersatzzellentheorie! Einen größeren Gegensatz zwischen der SCHAFFERschen und PISCHINGERschen Ansicht kann man sich nicht wohl denken.

Solange die Entwicklung dieser eigenartigen Zellen nicht festgestellt ist, läßt sich auch über ihre Bedeutung nichts Bestimmtes angeben. Der Umstand, daß sie nur bei einzelnen Individuen, und dann nur in sehr unregelmäßiger Weise gefunden werden, spricht für Anomalie; daß sie nicht nur in die typischen Hauptstücke, sondern auch in die Isthmen und Ausführungsgänge eingeschaltet sind, schließt Beziehungen zu den Eiweiß- und mukoserösen Zellen aus. Rückbildungen von Schleimzellen sehen ganz anders aus, und man sollte an Präparaten mit der Dreifachfärbung doch wohl Übergänge finden zwischen den roten Schleimzellen und den gelben Pyknocyten. Es bleibt also nichts anderes übrig, als anzunehmen, daß sie sich in früherer Zeit der Entwicklung aus indifferenten Zellen, wie es die Isthmuszellen mehr oder weniger auch noch später sind, in abnormer Weise herausdifferenziert haben.

Handbuch der mikroskopischen Anatomie. V/1.   9a

c) Die Basalzellen (Korbzellen, Myoepithelzellen).

Bei der einleitenden Übersicht über das Epithel der Speicheldrüsen haben wir ein Gesetz aufgestellt, demzufolge in der Regel das Geäst aller Drüsen, die sich von geschichtetem Plattenepithel aus entwickeln (mit Ausnahme der Talgdrüsen) zweistufiges (zweizeiliges oder -reihiges) Epithel besitzt, soweit nicht in den Hauptausführungsgängen besonders gegen die Mündung zu Zwei- und ausnahmsweise Mehrschichtung besteht. Nachdem wir die höheren, d. h. die sezernierenden Zellen eingehend besprochen haben, bleibt uns noch übrig, die zwischen und unter den Basen derselben liegenden niedrigeren Zellen, die Basalzellen, zu untersuchen.

Abb. 71. Isolierte „Korbzellen" aus den Gaumendrüsen des Kaninchens. Kopie nach LAVDOVSKY (1877, aus R. HEIDENHAIN, 1880).

Zuerst wurden sie von W. KRAUSE (1865) in der Parotis der Katze gesehen und von ihm und A. KÖLLIKER (1867) als der Basalmembran angehörig beschrieben und abgebildet. R. HEIDENHAIN (1868) hat sie in der Unterkieferdrüse von Hund und Katze, FRANZ BOLL in der gleichen Drüse des Kaninchens (1868) und Hundes (1869) nachgewiesen; V. v. EBNER (1873) sah sie in den Schleimdrüsen der Zunge und LAWDOVSKY (1877) in der Orbitaldrüse und der Gaumendrüse des Hundes, sowie der Unterzungendrüse des Kaninchens. BOLL und LAWDOVSKY hielten sie anfangs beim Hund für die korbartig durchbrochene Basalmembran selbst, obschon der letztere sie von den Gaumendrüsen des Kaninchens als scharf begrenzte, verzweigte Zellen abbildet (s. die Kopie seiner Zeichnungen in Abb. 71). Als aber E. PFLÜGER (1869) und W. KRAUSE u. a. nachwiesen, daß die Basalmembran lückenlos sei, erklärten BOLL (1869) und v. EBNER (1873), daß die „Korbzellen in der Membrana propria selbst

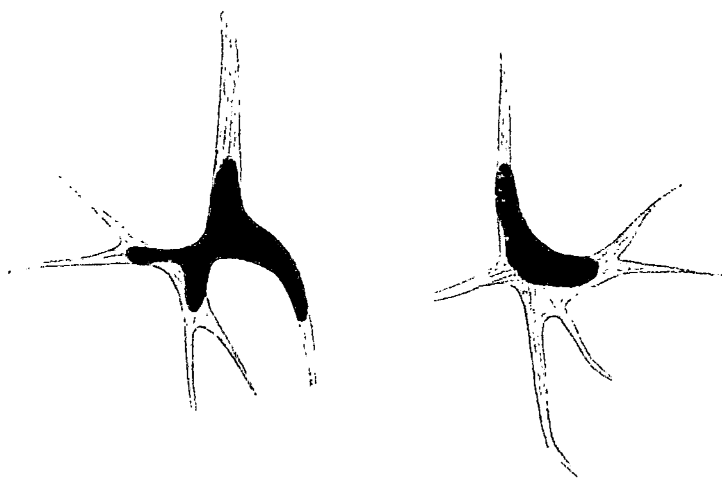

Abb. 72. Sternförmige myoepitheliale Basalzellen eines mukoserösen Schlauchs der vorderen Zungendrüsen des Menschen. Ein Kern gelappt. SEIBERT Apochr. 2mm. Comp.-Ok. 8. Eisenhämat.

als rippenartige Verdickungen eingelagert seien". v. EBNER schloß sich jedoch später (1902) W. KRAUSE (1870, er hat sie als erster in der Unterkieferdrüse der Katze und des Kaninchens isoliert und „multipolare Speichelzellen" genannt), B. AFANNASIEW (1878) und L. RANVIER (1888) an, die die fraglichen Zellen als zwischen den Drüsenzellen und der Basalmembran gelegen und von dieser ablösbar erklärten. Während die Basalzellen allen Hauptstücken der Mundspeicheldrüsen zukommen, werden sie von KOLOSSOW (1898) im Pankreas vermißt, wogegen ihre Anwesenheit von v. EBNER (1899) behauptet wird. Alle meine Bemühungen sie hier aufzufinden, schlugen fehl, was nicht zu verwundern ist, da auch in allen feineren und gröberen Ausführungsgängen und Isthmen nur einstufiges (einreihiges)

Epithel zu finden ist; wir werden allerdings sehen, daß im Hauptgang, wenigstens im Pankreaskopf, zweistufiges Epithel gefunden wird (s. beim Pankreas).

Die Form der Basalzellen der Speicheldrüsen wird allgemein als sternförmig angegeben, so für den Menschen von E. Müller (1893), der sie mit der Golgischen Chromsilbermethode imprägniert hat. Ich habe sie (1898) mit der Eisenhämatoxylinmethode in mehreren Drüsenarten des Menschen darstellen können, und zwar in der Parotis (s. Abb. 73), den verschiedenen Drüsen am Zungengrund (v.Ebnerschen Drüsen, gemischten Läppchen und rein mukösen Drüsen) und der Tränendrüse und ihre feinere Struktur studiert. In letzter Zeit habe ich sie auch in der Unterkieferdrüse, den Unterzungendrüsen, den vorderen Zungendrüsen und den Lippendrüsen (alle vom Menschen) beobachtet. Ich finde, daß ihre Form durchaus nicht überall die gleiche ist. Wirkliche Sternform, wobei die Fortsätze gleichmäßig nach allen Seiten gehen, finde ich an den rein albuminösen Hauptstükken der Parotis (s. Abb. 73) und der Unterkieferdrüse (s. Abb. 74 und 75),

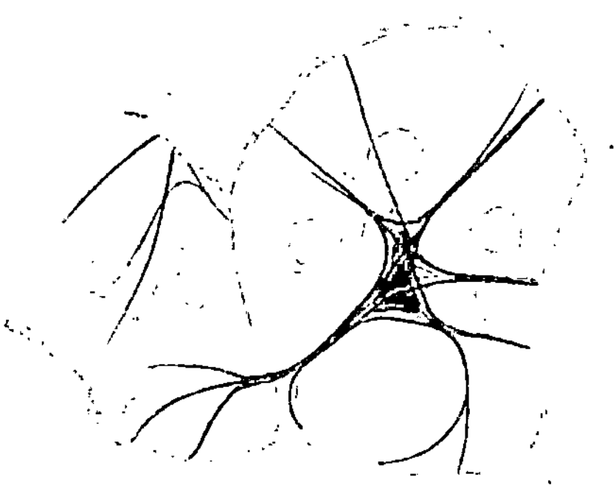

Abb. 73. Parotis, 19jähriger Hingerichteter. Sternförmige basale Myoepithelzelle (Korbzelle) mit sich teilweise überkreuzenden Fibrillen. Sublimat. Eisenhämatoxylin. Aus K. W. Zimmermann (1898).

sowie an den Endkomplexen der gemischten Schläuche der letzteren und der vorderen Zungendrüsen (s. Abb. 72), sowie der kleineren gelegentlich vorkommenden gemischten Abschnitte der Wallgrabendrüsen des Zungengrundes. Ebenfalls sternförmig, aber mehr in der Schlauchrichtung sich ausdehnend sind die Basalzellen der gewöhnlichen ungemischten Schläuche der Wallgrabendrüsen.

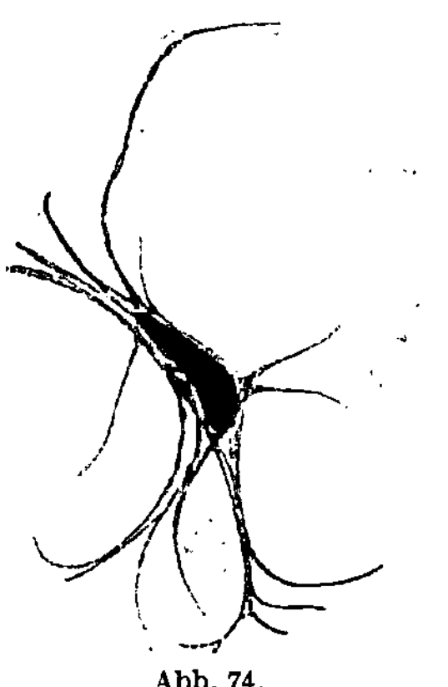

Abb. 74.

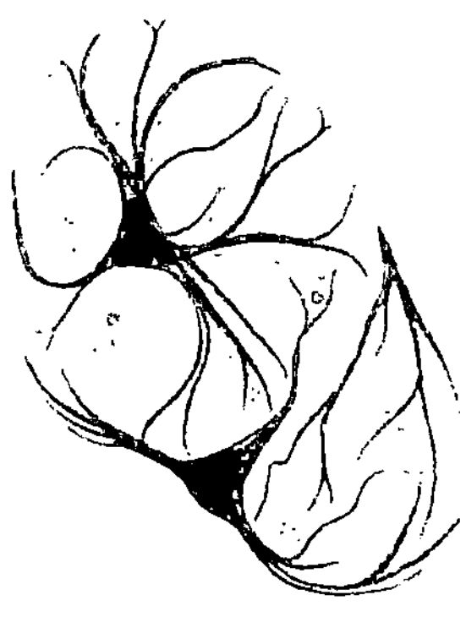

Abb. 75.

Abb. 74 und 75. Verzweigte Basalzellen (Korbzellen) mit dunkelgefärbten Fibrillen aus albuminösen Hauptstücken der Unterkieferdrüse des Menschen. Sublimat. Eisenhämatoxylin. Zeiss homogene Oelimers. 1/12. Oberhäusers Camera lucida.

Auch an den Isthmen der Unterkieferdrüse kommen neben einfachen langgestreckten Spindelzellen, die ganz an die sogenannten glatten Muskelfasern der Knäueldrüsen erinnern, drei- und mehrstrahlige, zum Teil abgeplattete und verbreiterte Formen vor (s. Abb. 76).

Ganz anders gestaltet sind die Basalzellen der Schleimschläuche, wo sie von Schaffer (1920) besonders als sternförmig bezeichnet werden; wenigstens glaube ich große, dünne, platte, parallel und längsgestreifte Gebilde mit ebenfalls stark

9*

abgeplattetem Kern, die zwischen den sezernierenden Zellen und der Basalmembran liegen, als Basalzellen ansprechen zu sollen. Sie scheinen sich mehr oder weniger zu berühren, da ich ihre Zellgrenzen nicht deutlich sah, aber die schwarzen Längsstreifen fast ohne Unterbrechung um den ganzen Drüsenschlauch

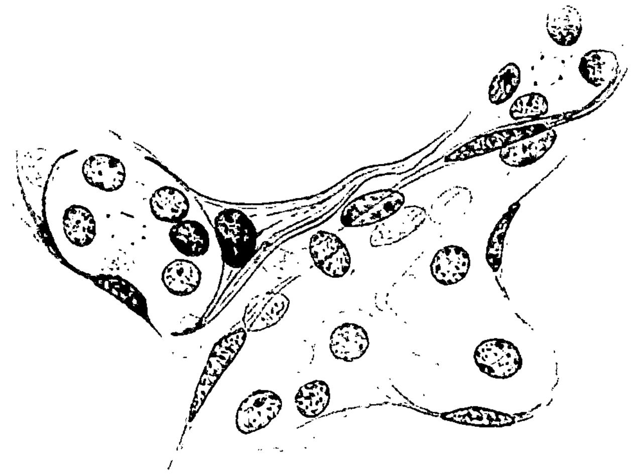

Abb. 76.   Verzweigter Isthmus mit zum Teil einfachen, zum Teil verzweigten, geschwärzte Fibrillen enthaltenden Basalzellen.   Unterkieferdrüse des Menschen.   Eisenhämatoxylin.   Zeiss homogene Oelimers.   ¹/₁₂.

herum anzutreffen waren (s. Abb. 77). Auf eine breite lange Spindelform darf wohl daraus geschlossen werden, daß zuweilen solche ziemlich gut begrenzte Felder dichter und zusammenhängender gestreift waren als die Nachbarschaft. Der Verlauf der Zellen bzw. Streifen ist stets ein mehr schräger, zuweilen der queren

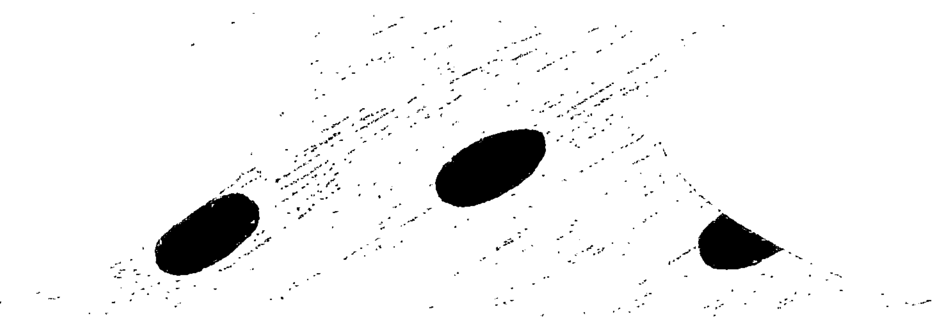

Abb. 77.   Vordere Zungendrüse, Mensch. Schleimschlauch, Flachschnitt.   Die spiralig verlaufenden Streifen gehören platten spindelförmigen, aber schlecht abgrenzbaren myoepithelialen Basalzellen an.   Nur deren Kerne sind gezeichnet.   Seibert Apochr. 2mm. Comp.-Ok. 8.

Richtung sich nähernder, aber nie ein rein querer. Die Fibrillen treten meist nicht so scharf hervor wie in den sternförmigen Zellen der albuminösen Hauptstücke, sondern mehr als platte Bänder. An Gabelungen sah ich (z. B. in einer Lippendrüse des Menschen) auch die Basalzellen sich teilen, ganz ähnlich wie es an dem Isthmus in Abb. 76 zu sehen ist. R. Krause (1911) stellte ebenfalls in der Unterkieferdrüse des Menschen von den blinden Enden der Hauptstücke bis zu den Streifenkanälchen Sternform fest.

Was die Beziehungen der Basalzellen zueinander betrifft, so stehen sich zwei Meinungen gegenüber: die Zellen sollen nach den einen, deren Hauptvertreter v. Ebner (1902) ist, und zu denen u. a. Boll, Lawdovsky (1877) und R. Krause (1911), gehören, miteinander zusammenhängen, also einen wirklichen Korb darstellen. v. Ebner bildet auch zwei „Alveolen" der Zungenschleimdrüsen des Kaninchens ab, aus denen die Schleimzellen herausgepinselt sind, und auf deren Membrana proprea man je ein aus mehreren Zellen gebildetes Netz mit verschieden weiten Maschen erkennt; da in der Abbildung keine Spur von Grenzen zwischen den zusammenhängenden Zellen zu sehen ist, mußte man das Ganze eigentlich für ein Syncytium halten, Diese Darstellung ist in die meisten Lehrbücher übergegangen.

Nach anderen sollen die Zellen jedoch nicht miteinander anastomosieren. So stellte E. Müller (1893) für den Menschen jeden Zusammenhang der langen Ausläufer in Abrede. v. Ebner (1902) bildet drei durch 5proz. Ammoniumchromat mazerierte und isolierte „Korbzellen" der Zungenschleimdrüse von der Ratte ab, die ganz den Eindruck von distinkten Zellen und nicht von Bruchstücken eines Netzwerkes machen. Auch sagt er selbst, daß er ausnahmsweise an Golgipräparaten Zellen ohne Anastomosen gefunden habe.

Auf Grund meiner eigenen Erfahrungen muß ich, wenigstens was die albuminösen Abschnitte der menschlichen Drüsen (Eisenhämatoxylin) betrifft, E. Müller ganz entschieden beipflichten. Ich bin weit davon entfernt, behaupten zu wollen, daß es bei anderen Säugern gerade so sein müsse, da ja doch die Epithelzellen allgemein in Verbänden zusammengeschlossen auftreten und z. B. die sternförmigen Zellen der Schmelzpulpa ein räumliches Netz mit weiten Intercellularlücken bilden. Aber wenn auch die Basalzellen in albuminösen Teilen der menschlichen Speicheldrüsen unter sich nicht zusammenhängen, so machen sie doch insofern keine Ausnahme, als sie ja mit den sezernierenden Epithelzellen, mit denen zusammen sie als Basalzellen ein zweistufiges Epithel bilden, in inniger Verbindung stehen. Auch in der Unterkieferdrüse

Abb. 78. Parotis, Katze. Golgi-Kopsch. Drei verzweigte Basalzellen (Korbzellen). Ein „Korb" wird nicht gebildet. Seibert, Apochromat 2 mm, Comp.-Ok. 6.

der Katze gelang es mir mit der Chromsilbermethode an zahlreichen Hauptstücken sternförmige Basalzellen darzustellen, an einigen Hauptstücken sogar mehrere, wenn nicht sämtliche, fand aber nirgends eine korbartige Verbindung (s. Abb. 78). An zwei Stellen kommt allerdings das Ende einer Zelle dem Seitenrand einer anderen recht nahe.

Über ihre Zugehörigkeit zu den Gewebsarten besteht bis heute noch keine Übereinstimmung. Viele rechnen sie zur Basalmembran und betrachten sie also als mesodermale Elemente. So besonders die ersten Untersucher, W. Krause (1865), A. Kölliker (1867), Franz Boll (1869 a und b). F. A. Hoffmann und Langerhans (1869) fanden in die Blutbahn injizierten Zinnober in den Korbzellen, nicht aber in den Drüsenzellen wieder und schließen daraus auf die bindegewebige Natur der ersteren. M. Heidenhain (1922) fand, daß schon in den embryonalen Drüsen, von frühen Zuständen angefangen, basale Zellen vorhanden sind „und daß sie hier in der Richtung auf die Peripherie des Drüsenbäumchens bis in die Scheitelknospen hinein verfolgbar sind, während sie bei Erwachsenen schon auf der Übergangsstrecke zwischen Ausführwegen und Speichelröhren allmählich verschwinden und innerhalb der Läppchen nicht mehr gefunden werden". Die basalen Zellen im Umfang der Acini des Erwachsenen faßt er als eine besondere Art auf, die er anfangs mit v. Ebner für Epithelzellen hielt, doch ist er nachträglich von dieser Annahme zurückgekommen und hält sie jetzt für Bindegewebszellen.

Schon 1898 glaube ich nachgewiesen zu haben, daß beim Menschen die Basalzellen der Hauptstücke der Speicheldrüsen keine fixen Bindegewebszellen sind. Zunächst stellte ich fest, daß sie zwischen den sezernierenden Zellen und der

Basalmembran liegen, jedenfalls nicht in der letzteren, nicht einmal sich an ihr abmodellieren; dagegen springen die Zellen nach innen vor und machen Eindrücke an den Basen der sezernierenden Zellen, was besonders für den kernhaltigen Teil der Basalzellen gilt, der im Schnitt ein Dreieck bildet, dessen breite glatte Basis der Basalmembran aufsitzt und dessen stumpfwinkelige Spitze sich in das übrige Epithel und zwar gewöhnlich zwischen zwei Zellen einzwängt. Ich habe mich vergeblich bemüht, irgendein, wenn auch noch so dünnes Zwischenmittel aufzufinden. Das Gesagte gilt für alle Drüsen, welche Basalzellen besitzen und für alle Teile des gesamten Gangwerkes derselben; von den Knäueldrüsen ist dies ja längst bekannt, auch ist dort An- und Eindrängen in und zwischen die Basen der sezernierenden Zellen besonders gut zu erkennen.

Als wichtiges Unterscheidungsmerkmal von den fixen Bindegewebszellen möchte ich das schon von Lacroix (1894), Renaut (1897) und mir (1898) festgestellte Vorhandensein der mit Eisenhämatoxylin sich blauschwarz färbenden ziemlich derben Fibrillen bezeichnen, die sowohl dem Zelleib als auch den Ausläufern zukommen. Deutlich sieht man sie aus jedem Ausläufer einzeln oder als dünne Bündel in den Zelleib übergehen, daselbst divergieren und größtenteils über dem Kern vorbeiziehend in mehrere andere Ausläufer übergehen. Da der oft ganz dunkel gefärbte Kern hauptsächlich die Kreuzungsstellen verdeckt, läßt sich nicht erkennen, ob Fibrillen im Zelleib endigen und ob Anastomosen vorhanden sind. In den ausgedehnten kernfreien Zellabschnitten konnte ich weder einfache Gabelungen noch netzartige Verbindungen entdecken. Ich habe diese Zellstruktur mit derjenigen benachbarter und entfernterer fixer Bindegewebszellen verglichen und in diesen keine Spur solcher Fibrillen finden können, vielmehr war in den mit Fuchsin S nachgefärbten Präparaten ihr Cytoplasma, soweit es überhaupt erkennbar war, nur zart graurötlich gefärbt. Meist konnte ich das Vorhandensein des Zelleibes nur an dem in der Nähe des Kerns liegenden Diplosoma erkennen.

Daß die dunkeln Fädchen nicht etwa leimgebende oder elastische Fasern sind, die den Zellen nur angelagert und bei Flächenansicht in sie hineinprojiziert sind, geht daraus hervor, daß alle leimgebenden Fasern bis auf einige ganz dicke Bündel, welche mehr oder weniger verwaschen blau gefärbt waren, im allgemeinen einen rötlichen Ton angenommen hatten, daß ferner die elastischen Fasern und Lamellen der Arterien im gleichen Präparat farblos erschienen.

Auch um basale Kittfäden, wie solche z. B. in der Niere gut ausgebildet sind, und die die Basen der Epithelzellen an die Basalmembran kitten, kann es sich nicht handeln, da ich die schwarzen Linien sich zuweilen überkreuzen sah, ohne daß eine unmittelbare Berührung stattgefunden hätte.

Die Ausbildung von Fibrillen ist nicht nur auf die sternförmigen Basalzellen der albuminösen Hauptstücke und Endkomplexe beschränkt, sie findet sich auch an den sich mehr in die Länge streckenden aber immer noch platten Basalzellen der Isthmen (Abb. 76).

Es kann aus alledem geschlossen werden, daß die fraglichen Zellen keine fixen Bindegewebszellen sind, was für alle Drüsen gilt, welche solche besitzen.

Wohl der erste, der die Bedeutung und das Wesen der Basalzellen wenigstens teilweise richtig erkannt hat, ist Th. W. Engelmann (1871, zitiert nach Metzner, 1906/07), denn er bezeichnet die Basalzellen als „eine eigentümliche zu Muskelfasern umgebildete Art von Drüsenepithelzellen (Korbzellen)“, die, was weniger wahrscheinlich ist, „eine kontinuierliche Flüssigkeitsströmung aus dem umgebenden Gewebe in die Drüsenhöhlung hinein“ bewirken soll und, womit wir mehr einverstanden sein können, „von Zeit zu Zeit für Ausstoßung des angesammelten Sekrets“ sorgt.

V. v. Ebner (1873) steht, wenigstens was die epitheliale Natur der Zellen betrifft, auf seiner Seite und vertritt diese Ansicht auch noch in seinem Lehrbuch (1902). Ferner werden sie für Epithelzellen angesehen von Renaut (1897), Kolossow (1898, er untersuchte zahlreiche Drüsen und Epithelien der Katze und fand zwischen den „Korbzellen" und den sezernierenden Zellen der Speicheldrüsen ebenso wie zwischen den sogenannten glatten Muskelfasern und den Drüsenzellen der Knäueldrüsen Intercellularbrücken). J. Schaffer (1920) betrachtet sie geradezu als basale Zellage eines zweischichtigen Epithels, was nur dann richtig ist, wenn sie eine geschlossene lückenlose Schicht bilden, und sie die sezernierenden Zellen verhindern, bis zur Basalmembran herunter zu reichen, was jedoch nicht der Fall ist, wenn die Basalzellen Sternform besitzen, wie sie für alle Basalzellen der Speicheldrüsen allgemein angenommen wird. Wir haben aber gesehen, daß in den Schleimschläuchen die Basalzellen platte Gebilde sind, die sich wahrscheinlich seitlich mehr oder weniger berühren, so daß nur hier die Auffassung des Epithels als zweischichtig gerechtfertigt ist.

Um nun nachzuweisen, daß die Basalzellen der Hauptstücke wirkliche Epithelzellen sind, müßte man ihren Zusammenhang mit den basalen Zellen der Aus-

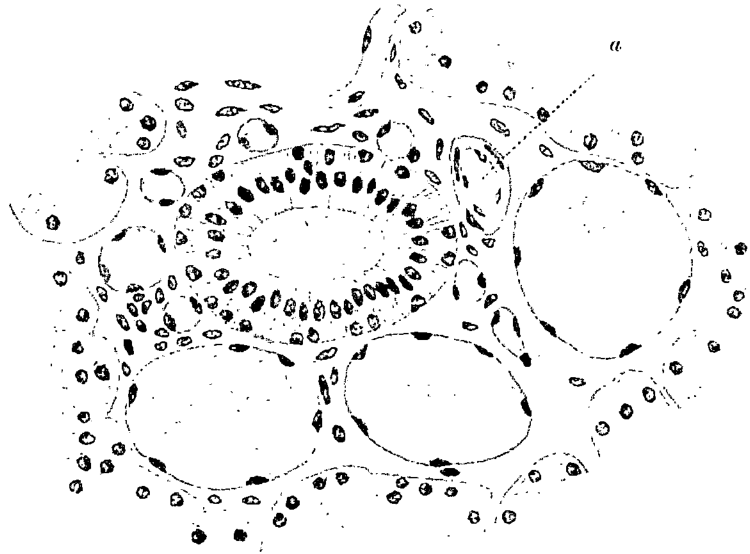

Abb. 79. Parotis, Mensch. Interlobuläres Streifenstück mit zweistufigem Epithel. Reichliche Basalzellen. Umgeben von Venen verschiedener Dicke und einer Arterie (*a* rechts vom Streifenstück) Leitz Binokularmikr. Objekt 5, Okul. 4.

führungsgänge feststellen, welche ja zweifellos Epithelzellen sind, aber von einfacher Form und ungestreift. M. Heidenhain (1921) hat dies wenigstens für die embryonalen Speicheldrüsen nachgewiesen. Nun werden aber die Basalzellen in den interlobulären Streifenkanälchen und Ausführungsgängen wohl wegen stärkerer Vermehrung der hohen, das Lumen begrenzenden Zellen spärlicher, so daß Kolossow (1898) ihre Existenz hier beim Erwachsenen vollständig leugnet, und M. Heidenhain meint, daß sie sogar in den Hauptstücken und Isthmen ganz schwinden und schließlich durch fixe Bindegewebszellen ersetzt werden. E. Klein (1879), Renaut (1897) und R. Krause (1911) treten jedoch für ihre Anwesenheit in den Streifenkanälchen ein. Auch ich habe sie weder dort noch an anderen Stellen vollständig vermißt, doch scheint ihre Anordnung und Reichlichkeit individuellen Schwankungen unterworfen zu sein. Abb. 79 zeigt ein Stück eines interlobulären Streifenkanälchens aus der menschlichen Parotis mit reichlichen Basalzellen, bzw. Kernen derselben. Doch können sie an anderen Stellen so weit auseinander liegen, daß sie an einzelnen Querschnitten fehlen.

Drüsen mit dichterer Zusammenlagerung sind natürlich besser geeignet, die epitheliale Natur der Basalzellen darzutun. Solche finden wir in der Tränendrüse des Menschen, in deren Hauptstücken ebensogut Basalzellen ausgebildet sind wie in allen übrigen von geschichtetem Plattenepithel stammenden Drüsen, und die daher mit Rücksicht auf die fraglichen Zellen wohl zum Vergleich mit den Speicheldrüsen herangezogen werden darf. Ich glaube in bezug auf diese Drüse schon im Jahr 1898 den Beweis für die epitheliale Natur der Basalzellen erbracht zu haben und setze daher den betreffenden Abschnitt wörtlich hierher, zumal A. Prenant (1911) ihn in seinem Lehrbuch in teilweise wörtlicher Übersetzung wiedergibt und als Beweisführung gelten läßt: „Zwischen den sezernierenden Epithelien und der Basalmembran liegen platte Zellen, welche, am blinden Tubulusende beginnend, erst zirkulär, dann als Sternzellen nach verschiedenen Richtungen und schließlich glatten Muskelfasern ähnlich längs verlaufen. In den Ausführungsgängen bilden sie durch Kürzerwerden und Zusammenrücken die basale Lage des Anfangs partiell geschichteten, dann durchweg zweischichtigen Epithels. Ich halte die Zellen für echte Epithelzellen, deren Bestimmung es ist (wenigstens in den eigentlichen Drüsentubuli), durch ihre Kontraktion das in dem Lumen des betreffenden Drüsenschlauches befindliche Sekret herauszutreiben, also als Detrusoren zu wirken."

Ähnlich liegen die Verhältnisse bei den Knäueldrüsen, über die ich mich damals S. 686 in gleicher Weise ausgesprochen habe.

Für kontraktil wurden die Basalzellen, abgesehen von Engelmann, auch von Unna (1881) gehalten, er vergleicht sie dabei mit den sogenannten glatten Muskelfasern der Schweißdrüsen und baut darauf seine „Kompressionstheorie" auf. Ranvier (1888) verlangt aber mit Recht erst noch den Beweis für die Kontraktilität der Basalzellen. Diesen erbringt aber Drasch (1889), wenn auch auf einem anderen aber verwandten Gebiet.

Drasch studierte nämlich die Tätigkeit der „Korbzellen" bzw. „glatten Muskelfasern", welche die Nickhautdrüsen des Frosches meridional umgreifen durch elektrische Reizung des Trigeminus und Sympathicus. Wenn diese Drüsen auch nicht zu unserm Spezialgebiet in diesem Handbuch gehören, so sind doch die Resultate, welche Drasch erzielte, auch für uns von großer Wichtigkeit, da die „glatten Muskelfasern" dieser Drüsen dieselbe Bedeutung haben wie die Basalzellen der Mundspeicheldrüsen. Bei Reizung des Trigeminus wurden die spindelförmigen Basalzellen kürzer und dicker, an der Peripherie der Drüse zeigten sich Einbuchtungen. Bei schwacher Reizung des Sympathicus wurden die „Spindeln" auch kürzer und gedrungener, aber ohne daß Buchten an der Basalmembran entstanden. Bei stärkerer Reizung dehnen sich die Spindeln wieder aus und der Querschnitt der Drüse nimmt zu. Er schließt daraus, daß der Trigeminus die Membran, bzw. die ihr anliegenden Basalzellen innerviere und die letzteren zur Kontraktion bringe, daß der Sympathicus aber die Drüsenzellen innerviere.

Es ist wohl nicht zu gewagt, wenn man, wie es Metzner (1906/07) tut, die Draschschen Folgerungen auch für alle anderen mit Basalzellen ausgestatteten Drüsen, vor allem die menschlichen Speicheldrüsen, gelten lassen möchte. Renaut (1897) bezeichnet sie geradezu als „myoepitheliale" Zellen. Auch Kolossow (1898) und L. Jaquet (1899) treten entschieden für ihre Kontraktilität ein. V. v. Ebner (1902) stellt sie jedoch direkt in Abrede.

Alles Gesagte gilt zunächst für die sternförmigen, den aus Eiweiß- und mukoserösen Zellen bestehenden Hauptstücken angehörenden Basalzellen, die weite Lücken zwischen sich lassen. Aber auch die beim Menschen an Schleimschläuchen als platte breite Spindeln auftretenden Basalzellen (s. Abb. 77) besitzen, wie schon angegeben, ausgesprochene fibrilläre Struktur, was man nicht nur an Flachschnitten, sondern auch an Querschnitten wohl erkennen kann, indem hier zwischen Basalmembran und Schleimzellen ein verhältnismäßig dicht gedrängter Kranz von feinen, bei Eisenhämatoxylin schwarzen Pünktchen (Fibrillenquerschnitte) in einer einzigen Lage zu sehen ist. Es sind hier also in der Schlauchwand unverhältnismäßig mehr kontraktile Fibrillen vorhanden als bei den albuminösen Hauptstücken und Endkomplexen, was aber gerade für die Schleimdrüsen und -schläuche von besonderem Nutzen ist: ihr viscöser Lumeninhalt ist schwerer fortzubewegen als der seröse (d. h. dünnflüssige) der albuminösen Drüsen, daher bedarf es einer reichlicheren Ausbildung des Detrusorenapparates; eine zusammenhängende Lage platter Zellen ermöglicht eine gleichmäßigere Verteilung der kontraktilen Fibrillen und verhindert, daß gewissermaßen Schlauchhernien auftreten, an deren Möglichkeit bei größeren Lücken im Basalzellenbelag und mit Rücksicht auf die Eigenart der Schleimzellen wohl gedacht werden könnte; der spiralige Verlauf der Fibrillen, der also die Mitte zwischen Quer- und Längsrichtung hält, sorgt, wenn auch nur unvollkommen, zugleich für Verkürzung und Verengerung des Schlauches. Damit dürfte der Beweis dafür erbracht sein, daß die Basalzellen der Hauptstücke und, was wir den Verhältnissen entsprechend hinzufügen dürfen, der Isthmen (Schaltstücke) aller derjenigen Drüsen, die sich von geschichtetem Plattenepithel aus entwickelt haben, insbesondere der Mundspeicheldrüsen kontraktile, epitheliale Zellen, epitheliale Muskelfasern, Myoepithelzellen, aber nicht mesodermale glatte Muskelfasern, sind[1]).

Das Pankreas besitzt an seinen Hauptstücken und Isthmen trotz dem Vorkommen von kleinen Basalzellen im Hauptausführungsgang und entgegen den Angaben von anderer Seite ebensowenig Basalzellen bzw. Myoepithelzellen wie die sämtlichen Drüsen des Darmkanals und die Leber.

B. Die Abflußwege der Speicheldrüsen.

Diese zerfallen in die innerhalb der Hauptstücke verlaufenden Lumina und das ausgedehnte Ausführungsgangsystem.

1. Die Exkretwege der Hauptstücke.

Dieselben kann man einteilen in das Hauptlumen und Nebenlumina. Das erstere entspricht in seinem Verlauf ganz der äußeren Form des Geästes und verläuft in dessen Achse, kann jedoch auch Besonderheiten wie Verengerungen und Erweiterungen zeigen, ohne daß dies an der äußeren Form zu erkennen ist, woran die verschiedene Epithelhöhe schuld zu sein pflegt. Die Nebenlumina, die, weil in der Regel eng, auch „Sekretcapillaren" genannt werden, zweigen vom Hauptlumen ab und verlaufen verzweigt oder unverzweigt gegen die Peripherie des Schlauches zu.

Was die Bedingungen betrifft, unter denen Nebenlumina auftreten, so kann man als wahrscheinlich ansehen, und es wird auch durch die Erfahrung im allgemeinen bestätigt, daß die sezernierenden Drüsenzellen zur Exkretion eine gewisse Ausdehnung ihrer freien Oberfläche nötig haben. Ist das Hauptlumen weit, somit die an dasselbe grenzende Fläche groß, so genügt dieselbe allein zur Absonderung. Ist das Hauptlumen eng, und reicht die dasselbe begrenzende Oberfläche nicht aus, so kann sich die absondernde Fläche nur dadurch vergrößern, daß Nebenlumina zwischen die Zellen dringen, und zwar um so tiefer, je kleiner die Hauptabsonderungsfläche ist, wobei auch Verzweigungen eintreten können. Die Nebengänge können weit gegen die Basalmembran vordringen, ohne sie jedoch zu erreichen. Sollten jedoch einmal zwischen den Zellen Gänge gefunden werden, die bis unmittelbar an die Basalmembran heranreichen, so würden sie kaum als Sekretwege zu betrachten, sondern zu den Lymphbahnen zu rechnen sein.

In bezug auf die Eiweißdrüsen und die Endkomplexe gemischter Drüsen, wo schon seit langer Zeit Sekretcapillaren nachgewiesen sind, hat man sich verschiedener Methoden bedient, um sie überhaupt nachzuweisen und besonders die Frage zu entscheiden, ob sie zwischenzellig oder binnenzellig verlaufen. Sie lassen sich an dünneren Schnitten von gut fixiertem frischem Material ganz gut erkennen. So bildet sie z. B. B. SOLGER (1896) von in Formol fixiertem und mit DELAFIELD-schem Hämatoxylin gefärbtem Material der menschlichen Unterkieferdrüse als

---

[1]) Daß die Myoepithelzellen, auch diejenigen der Knäueldrüsen, außer der Kontraktilität nichts mit den gewöhnlichen mesodermalen glatten Muskelfasern zu tun haben, geht daraus hervor, daß bei den letzteren die kontraktilen Fibrillen den Kern als gleichmäßiger Mantel umgeben, in den Myoepithelzellen jedoch als Bündel einseitig am Kern vorbeiziehen.

feine, im Querschnitt kreisrunde Kanälchen ab. Wohl kann man sie bei dieser Schnittrichtung gut als zwischenzellig erkennen, nicht aber an den Längsschnitten. Die verschiedenen von den einzelnen Forschern angewandten Methoden muß man gut kennen, besonders mit Rücksicht auf die bei ihrer Anwendung möglicherweise entstehenden Kunstprodukte, wenn man die betreffenden Angaben auf ihre Zuverlässigkeit prüfen will.

Die meisten haben den Zweck den Verlauf der Lumina durch Färbung ihres Inhalts kenntlich zu machen und zwar 1. durch Färbung (Imprägnierung) des natürlichen Exkrets vermittelst Chromsilber (Golgische Methode); sie liefert klare Bilder, aber es sind Irrtümer möglich über die Reichlichkeit der Verzweigung durch Unterbleiben der Imprägnation einzelner Abschnitte besonders der äußersten feinsten Ästchen, dann können Teile des Zellinnern oder Lymphe zwischen den Zellen mitimprägniert werden, die nichts mit eigentlichen Bahnen für das fertige Exkret zu tun haben, ferner ist die Lagebestimmung der feinsten Anfänge ob binnenzellig oder zwischenzellig schwierig, wenn die Niederschläge nicht durch Reduktion des Silbers fixiert und die Zellen selbst irgendwie nachgefärbt wurden. Diese Methode benntzten S. Ramón y Cajal (1889), Fusari und Panasci (1890), G. Retzius (1892), S. Laserstein (1893), E. Müller (1895), Ph. Stöhr (1896) u. a.

2. Durch Injektion der Sekretwege vom Ausführungsgang aus. Die Injektionsflüssigkeit treibt das Exkret vor sich her, welches, wenn reichlich vorhanden, die Gänge ausweitet, entweder in die Zellen dringt und dort sich irgendwie ausbreitet oder die Zellverbindungen sprengt und irgendwelche

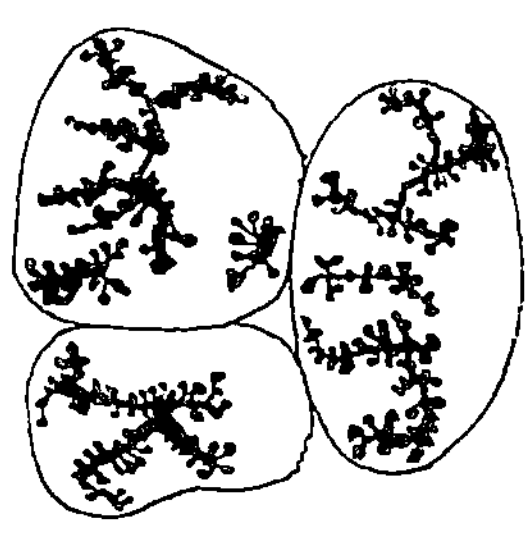

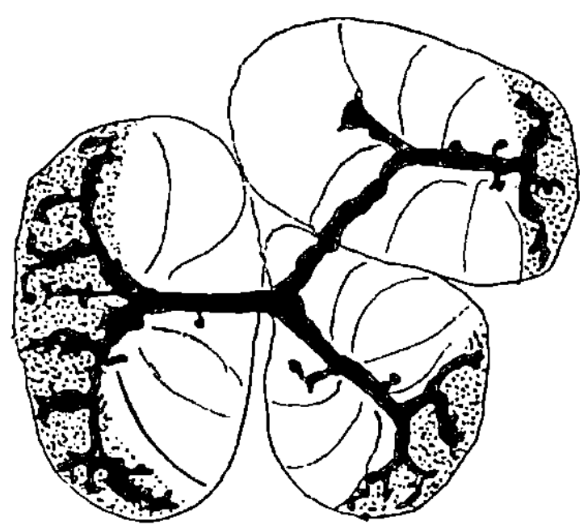

Abb. 80.Abb. 81.

Abb. 80 und 81. Unterkieferdrüse, Hund. Golgi-Präparat. Abb. 80. Drei albuminöse Endkomplexe mit zahlreichen geschwärzten Sekrettröpfchen an den zwischenzelligen Sekretcapillaren. Abb. 81. Drei gemischte Drüsenschläuche; albuminöse Endkomplexe punktiert; Sekretcapillaren schwarz. Aus G. Retzius (1892).

künstliche Wege macht, denen dann die farbige Injektionsmasse folgt, vielleicht zufällig gerade an der Grenze zwischen den natürlichen und den künstlichen Bahnen halt machend. Dieser Methode bedienten sich Giannuzzi (1865), Langerhans (1869), Salviotti (1869), Pflüger und Ewald (1870), Fr. Boll (1869), F. Grot (1876) u. a.

3. Durch Füllung der Sekretwege mit Farbstoff (Indigkarmin), der in die Blutgefäße injiziert und durch die Drüsen wieder ausgeschieden wird. In der Zelle befindliche, eben austretende und in das Drüsenlumen gelangte Farbstoffmassen sind schwer voneinander zu unterscheiden; Täuschungen über Lage der Anfänge der Sekretbahnen sind möglich. Die Methode wurde geübt von Th. Zerner (1886), C. Eckhard (1887) und R. Krause (1901).

4. Durch Färbungen, besonders mit Eisenhämatoxylin. Hierher gehören E. Müller (1893), B. Solger (1896, Delafieldsches Hämatoxylin), R. Krause (1897, Eisenhämatoxylin und Biondis Gemisch), K. W. Zimmermann (1898), M. Heidenhain (1900).

Langerhans sah die Injektionsmasse zwischen den Drüsenzellen in feinen zylindrischen, mit birnförmigen Anschwellungen endigenden Gängen bis in die Nähe der Basalmembran vordringen, was abgesehen von den Erweiterungen mit den durch andere sicherere Methoden erzielten Resultaten gut übereinstimmt. Salviotti, Pflüger und Ewald, sowie Boll wollen dagegen dicht an der Basalmembran entlangziehende Anastomosen, also im ganzen ein Netzwerk gefunden haben, doch handelt es sich hier augenscheinlich um ein Kunstprodukt.

Alle Untersucher, die mit der Golgischen Methode arbeiteten, sahen, daß in den Hauptstücken albuminöser Drüsen von feiner werdenden Hauptlumina aus mehr oder weniger verzweigte Sekretcapillaren ausgehen. In die Endkomplexe dringt vom Ende des Schleimstücklumens ein Büschel von Sekretcapillaren (s. Abb. 81), die von kleinen Knospen mehr oder weniger reich besetzt sein können (s. Abb. 80).

Die Frage, ob binnen- oder zwischenzelliger Verlauf der Sekretcapillaren, wurde jedoch weder mit der GOLGISchen Imprägnationsmethode noch durch Färbungen von allen Forschern im gleichen Sinne beantwortet. Für binnenzelligen Verlauf, u. a. in der Unterkieferdrüse des Menschen trat besonders R. KRAUSE (1897, 1901) auf Grund seiner Färbungen und der Ausscheidung von Indigkarmin in die Drüsenlumina. Zwischenzelligen und binnenzelligen Verlauf in den Mundspeicheldrüsen nahm H. KÜCHENMEISTER (1895), anfangs (1894) auch E. MÜLLER an. Für das Pankreas wurde dies von S. RAMÓN Y CAJAL und SALA (1891), DOGIEL (1893, beim Menschen), LASERSTEIN (1894) und E. MÜLLER (1895) und zwar auf Grund von GOLGI-Präparaten behauptet, doch haben nach V. v. EBNER (1899) die in die Pankreaszellen eindringenden Anhängsel der zwischenzelligen Sekretcapillaren dieselbe Bedeutung wie die intracellulären knospenartigen Anhänge der Gallencapillaren und der Sekretcapillaren in der Unterkieferdrüse, d. h. es handelt sich um Imprägnation von in den Zellen gelegenen Tröpfchen (Vakuolen) verflüssigten Sekretes zusammen mit dem Inhalt der zwischenzelligen Exkretgänge. Die Abb. 80 findet somit durch Abb. 51 ihre Erklärung.

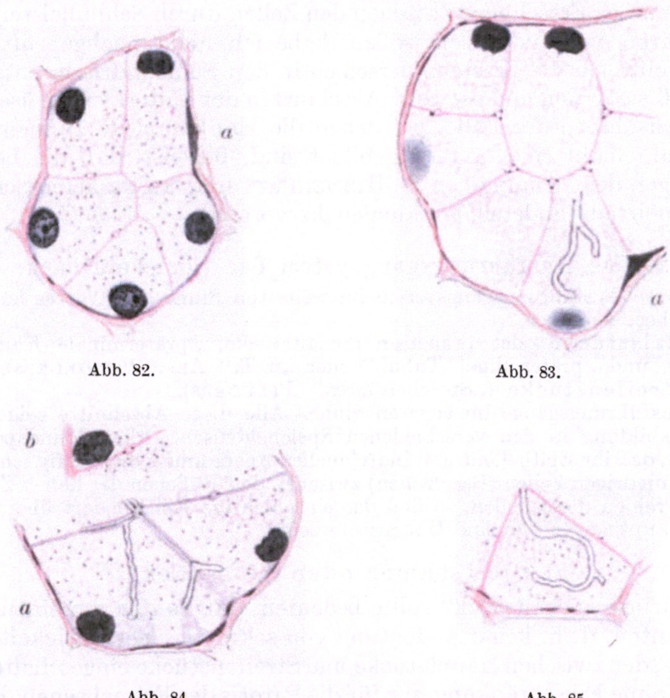

Abb. 82.   Abb. 83.

Abb. 84.   Abb. 85.

Abb. 82—85. Parotis, 19jähriger Hingerichteter, Sublimat, Eisenhämat., Säurefuchsin. Zwischenzellige Sekretcapillaren in Längs- und Querschnitt. Schlußleisten, myoepitheliale Basalzellen (a) schwarz. Abb. 84b zeigt, wie die in Abb. 84a gezeichnete, längsverlaufende Sekretcapillare im Querschnitt aussehen würde. Der Pfeil bei b zeigt die Blickrichtung an, um die Ansicht a zu erhalten. Die Granula der ad maximum gefüllten Zellen sind ausgewaschen. Die in Abb. 82, 84 und 85 sichtbaren kleinen, schwarzen Körnchen sind wohl die ersten Anlagen der neu zu bildenden Sekretkörnchen. Basallamellen bis auf geringe Spuren zwischen Kern und Basis nicht erkennbar. Kerne zum Teil geschrumpft und dunkelgefärbt. In Abb. 82 Kernkörperchen erkennbar. Aus K. W. ZIMMERMANN (1898).

Für ausschließlich zwischenzelligen Verlauf in der Parotis und Unterkieferdrüse sowie den Endkomplexen der Unterzungendrüsen des Menschen und in Speicheldrüsen verschiedener Tiere, tritt besonders ein E. MÜLLER (1895), ferner G. RETZIUS, KOLOSSOW, v. EBNER, BRAUS, OPPEL, M. HEIDENHAIN. Die Frage wurde (nach dem Urteil von A. OPPEL 1900) erst endgültig gelöst, als ich (1898) auf die Tatsache hinwies, daß das wichtigste Kennzeichen für zwischenzelligen Verlauf das Vorhandensein von Schlußleisten sei, welche ja die Ränder freier, also auch exzernierender Zelloberflächen zusammenhalten. Auf diese Weise gelang es mir in mehreren Drüsen des Menschen, besonders den Speicheldrüsen, intercellulären Verlauf der Sekretcapillaren festzustellen (s. Abb. 82—85 Parotis, 51 und 52 Unterkieferdrüse, 22 Unterzungendrüse, 178—180 Pankreas).

Ph. Stöhr (1896) hielt die Kanälchen für wahrscheinlich „vergängliche nur zeitweise existierende Bildungen". Was durch die Existenz von Schlußleisten ebenfalls widerlegt sein dürfte.

Hier sei noch erwähnt, daß nach K. Takagi (1925) in den Endkomplexen der Unterkieferdrüse der Katze bei starker faradischer Reizung die Sekretcapillaren sich so erweiterten, daß schließlich nur ein einziges weites Lumen entstand, das von den Zellen des Endkomplexes und den Schleimzellen begrenzt wurde. Es handelt sich jedoch hier um künstlich erzeugte abnorme Zustände.

Was die Existenz von Sekretcapillaren zwischen Schleimzellen betrifft, so wurde dieselbe von Stöhr (1896) auf Grund von Golgi-Präparaten behauptet. Diese Ansicht wurde jedoch schon weiter oben zusammen mit der Phasentheorie widerlegt.

Die von Metzner (1906/07) erwähnte Angabe J. Arnolds (1905) daß in den, Schleimdrüsen der Froschhaut zwischen den Zellen durch Schlußleisten markierte Sekretcapillaren vorhanden sein sollen, habe ich nicht nachgeprüft. Für den Menschen stellte ich die Existenz derselben in den Schleimdrüsen entschieden in Abrede. Daß sie in den mukoserösen Abschnitten der Unterkieferdrüsen des Menschen mit Ausnahme der Fälle, bei denen die Endkomplexe zu richtigen Endkammern aufgebläht sind, gut ausgebildet sind, beweist, daß die betreffenden Zellen entgegen der Meinung von R. Heidenhain und Stöhr keine Schleimzellen sind, was auch aus anderen Merkmalen hervorgeht.

2. Das Ausführungsgangsystem der Speicheldrüsen.

Das gesamte Ausführungsgangsystem im weitesten Sinne des Wortes kann aus drei Abschnitten bestehen.

1. Die Halsstücke oder Isthmen (Schaltstücke, „präterminale Kanälchen" M. Heidenhains, und „präterminale Tubuli" oder „p. T." Alf, Pischingers).

2. Die Streifenstücke („Speichelröhren" Pflügers).

3. Die Ausführungsgänge im engeren Sinne. Alle diese Abschnitte zeigen sehr verschiedene Ausbildung in den verschiedenen Speicheldrüsen. Allen Mundspeicheldrüsen ist gemeinsam, daß ihr Epithel, nur mit individuellen Ausnahmen, zweistufig scheinschichtig ist, wobei die niedrigen Zellen (Basalzellen) zwischen den Füßchen der hohen Zellen sitzen. Im Pankreas fehlen diese Zellen, so daß das einschichtige Epithel dort überall mit Ausnahme des Hauptganges nur eine Höhenstufe zeigt.

a) Die Isthmen oder Halsstücke.

Der Ausdruck „Schaltstück" sollte bedeuten, daß es sich um einen Abschnitt mit indifferenten, d. h. keine Andeutung von sekretorischer Tätigkeit zeigenden Zellen handle, der zwischen Hauptstücke und Streifenstücke eingeschaltet ist. Dies trifft jedoch ohne Einschränkung nur für die Parotis des Erwachsenen, bedingt für die übrigen, gemischten Mundspeicheldrüsen, in keinem Fall für das Pankreas zu, denn in den gemischten Drüsen findet man, wie wir schon gesehen haben, Anzeichen von Sekretion (die Schleimstücke sollen ja „verschleimte" Isthmen sein). Im Pankreas gibt es diese zwar nicht, aber es gibt auch keine Streifenstücke, so daß die interlobulären Ausführungsgänge ganz allmählich in die Isthmen übergehen und zwischen beiden, abgesehen von den Durchmessern, der Epithelhöhe und gewissen Sekretionserscheinungen in den Zellen etwas dickerer Gänge kein Unterschied besteht.

· Dies wurde zuerst von M. Heidenhain (1921) richtig erkannt und von Alf. Pischinger (1924) bestätigt. Doch sind die von beiden vorgeschlagenen Ausdrücke „präterminale Kanälchen" bzw. „Tubuli" zu lang, was auch A. Pischinger veranlaßt hat die Bezeichnung in „p. T." abzukürzen. Auch ist der Abschnitt streng genommen gar nicht präterminal, d. h. unmittelbar vor dem Ende gelegen, sondern zwischen ihn und das Schlauchende schieben sich in rein albuminösen Drüsen oder Drüsenabschnitten Eiweißzellen, in gemischten Abschnitten Eiweiß- und Schleimzellen oft auf lange Strecken ein. Es wäre demnach eher angezeigt, den fraglichen Abschnitt nach einer hervorstechenden Eigenschaft zu bezeichnen, und das ist seine geringe Dicke gegenüber den distalen Hauptstücken

und den proximalen Streifenstücken oder, falls solche nicht oder unvollkommen ausgebildet sind, wie in den Unterzungendrüsen, Ausführungsgängen im engeren Sinne. Das
Lumen ist zwar immer enger als im Streifenstück, kann aber weiter sein als die Sekretcapillaren der Hauptstücke, so daß nur der geringe äußere Durchmesser maßgebend ist.
Ich nenne daher den Abschnitt Halsstück oder Isthmus. Die Beschaffenheit des Epithels ist ebenfalls für die Namengebung nicht verwertbar, denn wir können nach ihr drei
Arten unterscheiden:

1. Isthmen mit einstufigem Epithel und ohne Neigung zur Verschleimung im M. HEIDENHAINschen Sinne. Sie sind die dünnsten von allen und variieren in äußerem und innerem Durchmesser sehr wenig, sie stammen von einschichtigem entodermalem Epithel ab und sind schwerer zu konservieren als die
anderen, weshalb man sie an älterem Sektionsmaterial oft nur als dünne Fäden
oder gar nicht deutlich erkennen kann. Sie sind lang und mehrfach verzweigt und
gehören trotz ihres geringen Hervortretens zu den am reichlichsten ausgebildeten
in sämtlichen Speicheldrüsen. Sie sind der Bauchspeicheldrüse eigentümlich
(s. Abb. 176).

2. Isthmen mit zweistufigem Epithel und ohne Neigung zur Verschleimung. Sie finden sich in der Ohrspeicheldrüse des Erwachsenen.

3. Isthmen mit zweistufigem Epithel aber a) mit geringer Neigung zu
Verschleimung: Unterkieferdrüse. Parotis des Neugeborenen; b) mit größerer
Neigung zu Verschleimung: Unterzungendrüsen, Lippen- und Wangendrüsen,
vordere Zungendrüsen. c) meist vollständiger Verschleimung: untere Gaumendrüsen.

Die unter 2 und 3 genannten stammen von geschichtetem Plattenepithel und
haben das Gemeinschaftliche, daß sie viel widerstandsfähiger als die unter 1 genannten und noch lange nach dem Tode gut erkennbar sind. Sie variieren sehr
in Länge und Dicke, auch scheint der gleiche Isthmus in verschiedenen Zeiten
kurz oder lang sein zu können. Denkt man sich, daß die den Isthmus allseits
umgebenden, aber nicht notwendig zu ihm gehörenden Hauptstücke sich infolge
Aufstapelung von Sekretgranula in den Zellen immer mehr ausdehnen, so nehmen
sie einen größeren Raum ein und drängen das zum Isthmus gehörige Hauptstück
weiter vom dicken Streifenstück ab, der Isthmus wird gedehnt und dünner.
Schwellen die Hauptstücke ab, so verkürzt sich der Isthmus wieder und wird
entsprechend dicker. Dafür spricht der Umstand, daß in der Regel die langen
Isthmen dünner, die kurzen dicker gefunden werden, so daß lange und kurze
Isthmen sich nicht wesentlich durch die Zellenzahl zu unterscheiden brauchen.
Allerdings kann die Dehnung eines Isthmus schon während der Entwicklung zustande kommen, ebenfalls durch Dickenzunahme der sich weiterentwickelnden
ringsherum angelagerten Hauptstücke[1]). Übrigens gibt es individuelle Schwan-

---

[1]) H. STRASSER, der seit längerer Zeit sich mit der Ergründung der physikalischen
Bedingungen beschäftigt, welche den Bau der offenen epithelialen Drüsen bestimmen
helfen, hat seine diesbezügliche Auffassung sowohl regelmäßig in seinen Vorlesungen als
auch gelegentlich mir gegenüber im Gespräch vertreten, ohne aber bis jetzt etwas darüber
zu veröffentlichen. Seine Meinung ist in Kürze folgende: „Die Schaltstücke sind, wo sie
vorkommen, als diejenigen Abschnitte des Drüsenkanalsystems zu betrachten, in denen
sich im Mittel der Druck des Sekretes im Lumen und der Druck des umgebenden Gewebes die Wage halten. Die Dünnheit und Nachgiebigkeit der Wand dieser Abschnitte
ermöglicht, daß letztere sich bei gesteigerter Sekretion der Endstücke erweitern, in Ruhe-
perioden verengern und mehr oder weniger schließen, wobei jener Gleichgewichtszustand
im Ganzen erhalten bleibt. Diese Abschnitte sind eingeschaltet zwischen die Endstücke,
in welchen der Innendruck des Sekretes über den Außendruck des Gewebes überwiegt,
und die näher der Drüsenmündung gelegene Abschnitte des Kanalsystems, in welchen
wegen des notwendigen Gefälls der Außendruck des Gewebes höher sein muß, als der
Druck der Flüssigkeit in den Lumina der Kanäle, in denen aber trotzdem, dank besonderen Einrichtungen am Kanalepithel die Lumina stets offen gehalten bleiben". Das
Wesentliche im Bau der auf die Isthmen folgenden intralobulären Kanäle ist nach STRASSER

kungen in der Länge der Isthmen. Ich besitze einen etwa 1 cm² großen Schnitt der Unterkieferdrüse, in dem zahlreiche zu rein albuminösen Hauptstücken führende Isthmen in vollständiger Ausdehnung zu finden sind. Alle sind sie recht kurz, und in der Regel unverzweigt, ganz so, wie es das im Stöhrschen Lehrbuch abgebildete Schema zeigt. Bei anderen Individuen sind sie dagegen sehr lang (bis 320 μ) und reich verzweigt (s. Abb. 146 und 148). In der Abb. 146, Mandibularis, finden sich nacheinander bis fünf Gabelungen, wobei eine gewisse Regelmäßigkeit besteht. Die letzten in die Hauptstücke übergehenden Teilstücke sind hier auch die kürzesten. Auch in der Ohrspeicheldrüse fand ich recht lange Isthmen, z. B. 210 μ, und zwischen Streifenstück und zugehörigen Hauptstücken 4 bis 5 Gabelstellen. In Abb. 176, Pankreas, sieht man ebenfalls eine reiche Verzweigung. Man erkennt hier auch die im allgemeinen viel gestrecktere und dünnere Form im Vergleich zu den Mundspeicheldrüsen. Am plumpsten findet man sie in den Unterzungendrüsen, besonders in teilweise verschleimten Gängen (s. Abb. 157). Gleichwohl sah ich gerade hier, wie Pischinger die längsten Isthmen und zwar in den rein mukoserösen Läppchen. Wenn auch die Schleimstücke verschleimte Isthmen sind, so darf man doch nicht aus ihrer Länge auf diejenige der Isthmen schließen, da ja durch erhebliche Vergrößerung der Zellen bei der Verschleimung die Schläuche eine bedeutende Verlängerung erfahren haben.

Daß dem äußeren Durchmesser der Isthmen nicht immer der innere entspricht, geht aus folgender Zusammenstellung von Maßen aus der Unterkieferdrüse des Menschen hervor:

Äußerer Durchmesser	Innerer Durchmesser	Epithelhöhe
12 μ	2,5 μ	4,75 μ
16,8 μ	1,2 μ	7,8 μ
18 μ	3,6 μ	7,2 μ
18,8 μ	8 μ	5,4 μ
19,6 μ	3 μ	8,3 μ
20 μ	1 μ	9,5 μ
26 μ	3,2 μ	11,4 μ
29,3 μ	11,7 μ	8,8 μ

Die größere Dicke kann auf größerer Zellbreite, aber auch auf größerer Zellenzahl beruhen, was aus dem Vergleich der Abb. 86 a mit b hervorgeht.

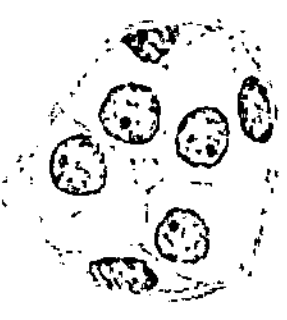
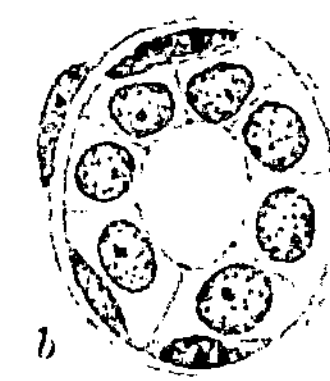

Abb. 86. Zwei Isthmen aus der Unterkieferdrüse des Menschen mit je drei Basalzellen. *a* dünnes enges, *b* dickeres weiteres Kanälchen zu rein albuminösen Hauptstücken gehörig. In *b* eine fixe Bindegewebszelle der Basalmembran angelagert.

An Gabelpunkten zeigt das Lumen oft eine gegen die Astlumina scharf begrenzte hohlkugelige Erweiterung (s. Abb. 148). So teilte sich ein 14 μ dicker und 2 μ weiter Hauptstamm in einen 20 μ dicken und 1,2 μ weiten und einen 16 μ dicken und 2,4 μ weiten Ast, wobei die Erweiterung an der Gabelstelle 7,2 μ maß. Das Beispiel lehrt, daß der Hauptisthmusstamm dünner sein kann als die Gabeläste, und daß diese sehr ungleiche äußere und innere Durchmesser aufweisen können. Die Verzweigung der Isthmen ist in der Regel eine dichotomische, wobei auch die Gabeläste lang oder kurz sein können. Letzteres kann so weit gehen, daß mehrere Hauptstücke um einen einzigen Isthmus herumstehen können. Sie können dabei so dicht gepackt sein, daß sie in ihrer Gesamtheit wie ein einziger großer „Acinus" aussehen, der im Inneren eine Gruppe kleiner indifferent aussehender Zellen birgt. Dieselben wurden als „Centroacinäre" Zellen bezeichnet, sind aber nichts anderes als Isthmuszellen, zwischen denen hindurch die zwischen den se-

die Offenhaltung der Lumina. Sie kann nach ihm auch bei einem Epithel erreicht sein, welches keine basale Streifung aufweist wie im Pankreas. Er gebraucht für solche Abschnitte allgemein den Ausdruck „Speichelröhren", die also nicht mit unseren „Streifenstücken" identisch sind. Danach hätte das Pankreas „Speichelröhren", aber keine „Streifenstücke". Ich möchte auf diese Auffassungen an dieser Stelle nicht weiter eingehen, da Strasser beabsichtigt, alle diese Verhältnisse einmal im Zusammenhang zu erörtern.

zernierenden Zellen verlaufenden Sekretcapillaren ihr Exkret in das Hauptlumen des Isthmus ergießen. In der Regel findet man eine dünne bindegewebige Scheidewand zwischen den primären Hauptstücken, sie kann jedoch stellenweise nur wenig eindringen oder ganz fehlen. Da handelt es sich entweder um eine Verschmelzung ursprünglich getrennter Hauptstücke, oder wahrscheinlicher um eine Zwillings-Drillings- usw. Bildung, also Polymerie in M. HEIDENHAINschem Sinne (s. weiter oben), also um Teilung eines ursprünglich einfachen Hauptstücks. Jedenfalls kann nicht davon die Rede sein, daß die sezernierenden Zellen durch die „centroacinären" Zellen vom Lumen abgedrängt wären, oder, daß die letzteren im Lumen eines primären Acinus steckten (s. auch „Bauchspeicheldrüse").

Solche Beziehungen zwischen albuminösen Hauptstücken und Isthmusenden wurden zuerst von P. LANGERHANS (1869) im Pankreas gesehen. BOLL (1869b) beschreibt das Vorkommen von centroacinären Zellen in anderen Speicheldrüsen, während G. ASP (1873b) dieses leugnet. LAGUESSE und JOUVENEL (1899) finden sie leicht in der Parotis des Menschen, weniger häufig in der Unterkieferdrüse desselben.

Ich kann mich den letzteren Autoren vollkommen anschließen. Abb. 87 zeigt centroacinäre Zellen aus der Unterkieferdrüse des Menschen und läßt erkennen, daß vier albuminöse Hauptstücke dicht gedrängt den Isthmus umgeben, und daß die zwischenzelligen Sekretcapillaren derselben zwischen den Isthmuszellen hindurch mit dem Hauptlumen des Isthmus in Verbindung stehen. Man erkennt, daß das als centroacinärer Zellhaufen auftretende Isthmusstück zwar äußerlich einfach, sein Lumen aber verzweigt ist; jeder Zweig (deutliche Kittleisten zwischen den ihn bildenden Isthmuszellen!) geht am Ende unmittelbar in die zwischenzelligen Sekretkapillaren des betreffenden Hauptstücks über. Die Abb. 125 und 146 zeigen ähnliche Verhältnisse, doch ist die Teilung der „Scheitelknospen" auch auf die Isthmen übergegangen.

Was die Form und den Bau der das Lumen begrenzenden Epithelzellen betrifft, so wurde schon von den wechselnden Verhältnissen der ersteren gesprochen. KOLOSSOW und v. EBNER geben an, daß die Zellen sich dachziegelförmig überschieben. Die Grenzen sind jedoch an Längsschnitten schwer, an Querschnitten leichter zu erkennen, und zeigen keine Komplikation. Die Zellen sind durch deutliche Schlußleisten, nach KOLOSSOW auch durch Intercellularbrücken, miteinander verbunden.

Jede Zelle besitzt ein Diplosoma mit Centrodesmose, das jedoch die freie Oberfläche nicht berührt; auch sah ich einige Male von jedem Zentriol einen Faden ausgehen wie der Außen- und Innenfaden einer Zentralgeißel, aber ohne Beziehung zur Oberfläche.

Von Sekretionserscheinungen („Verschleimung") wurde schon weiter oben gesprochen. FR. MERKEL (1883) dachte an die Ausscheidung von Wasser oder ein „dem reinen Wasser nahestehendes Transsudat".

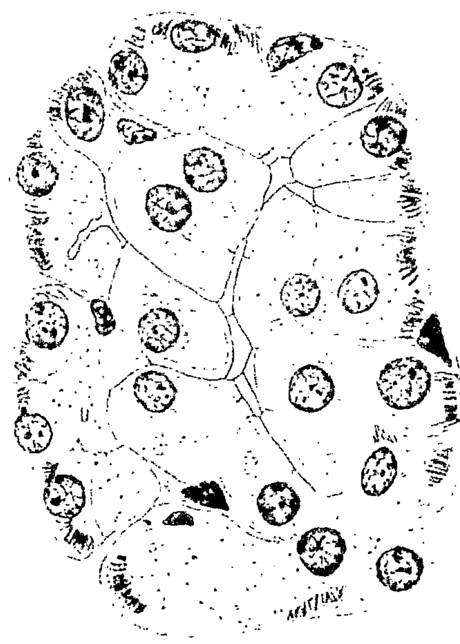

Abb. 87. Unterkieferdrüse, Mensch. Vier rein albuminöse Hauptstücke ungleicher Größe um einen Isthmus herum gruppiert, so daß das Ganze wie ein einziger „Acinus mit zentroacinären Zellen" aussieht. Vom Isthmuslumen gehen verzweigte zwischenzellige Sekretkanälchen zwischen den Isthmuszellen hindurch bis weit gegen die Basalmembran hin Schlußleisten der Kanälchen beweisen ihre zwischenzellige Lage. Basallamellen in den albuminösen Zellen deutlich. Die Kerne liegen teils zwischen ihnen, teils weit darüber, woraus die Unabhängigkeit beider Zellorganellen voneinander erhellt.

R. Krause (1901) fand dagegen bei seinen Injektionen von Indigkarmin in die Blutgefäße keine Andeutung von Ausscheidung durch die Isthmuszellen, während eine solche durch die albuminösen Hauptstücke und Endkomplexe sowie durch die Streifenstücke in erheblicher Weise zustande kam. Es scheint daraus und aus dem gleichmäßig dichten Aussehen des Cytoplasmas hervorzugehen, daß die unverschleimten Isthmuszellen außer ihrem gewöhnlichen Stoffwechsel keine besondere sekretorische Tätigkeit besitzen.

Der Bau der langgestreckten Basalzellen ist in Abb. 76 wiedergegeben. Man sieht, daß weniger Neigung zu Verzweigung besteht als wie in den albuminösen und entsprechenden Teilen gemischter Drüsen, aber mehr als an den Schleimtubuli, doch besteht mehr Verwandtschaft mit denjenigen der letzteren.

Die deutliche fibrilläre Struktur spricht für Kontraktilität, welche zur Geltung kommen wird, wenn der aus den angegebenen Gründen gedehnte Isthmus sich wieder verkürzt.

Nach Kolossow (1898) sollen diese zerstreut liegenden Basalzellen mit den darüberliegenden, ans Lumen reichenden Zellen durch Intercellularbrücken verbunden sein.

b) Die Streifenstücke.

Mit diesem Ausdruck bezeichne ich den gleichen Abschnitt, der von Pflüger (1866) „Speichelröhre" genannt wurde. Der letzgenannten Bezeichnung liegt jedoch keine irgendwie charakteristische Eigentümlichkeit der Röhrchen zugrunde, denn in sämtlichen Teilen der ganzen Drüsen fließen Bestandteile des Speichels. Tatsächlich besitzen die Zellen dieser Gänge jedoch eine solche, die von Pflüger selbst fetgestellt wurde: eine verhältnismäßig grobe Längsstreifung ihres infranucleären Zellabschnittes, welche sich an den durch Pflüger isolierten Zellen durch pinselartige Auffaserung zu Stäbchen bemerklich machte, weshalb die Zellen vielfach auch Stäbchenzellen genannt werden. Warum ich Streifenzellen und nicht Stäbchenzellen sage, wird weiter unten erörtert.

An meinen Hämalaun-Mucikarmin-Aurantia-Präparaten fallen die in verschiedenen Richtungen getroffenen weiten Kanälchen schon bei schwächerer Vergrößerung durch ihre intensiv gelbe Färbung (s. Abb. 163) vor allen anderen Bestandteilen mit Ausnahme der Erythrocyten, die leuchtend goldgelb erscheinen, auf. Auch andere saure Farbstoffe nehmen sie begierig an.

Die Streifenstücke sind nach den Untersuchungen von Fr. Merkel (1883) besonders reichlich in der Unterkieferdrüse des Menschen, sie „zeigt an vielen Stellen mehr mit Stäbchenepithel ausgestattete Gänge als Alveolen", woraus man auf große Länge und reiche Verzweigungen schließen kann. In der Parotis sind sie weniger reichlich, aber auch mehrfach gegabelt, dann folgen die Lippendrüsen und zuletzt die Unterzungendrüsen, wo die Streifenzellen meist nur kleinere Gruppen in den interlobulären Ausführungsgängen bilden, gelegentlich auch den ganzen Querschnitt einnehmen. Fehlen sie in einem Schnitt ganz, so könnten sie in anderen gefunden werden. Sie fehlen stets in allen Zungendrüsen, den Gaumendrüsen und dem Pankreas. Beim Übergang in den Isthmus spitzt sich das Streifenstück regelmäßig etwas zu und wird enger. Sehr häufig gehen zwei Isthmen ab, die miteinander einen ganz stumpfen Winkel bilden. Der Übergang ist, was den Epithelcharakter betrifft, stets ein plötzlicher, während die Höhenunterschiede allmählich ausgeglichen werden.

Das Epithel wird von vielen Forschern, z. B. von Kolossow (1898) und Flint (1902) für einstufig einschichtig gehalten, d. h. die niedrige Zellstufe, die Basalzellen, soll fehlen. Dies ist jedoch ein Irrtum, denn es genügt nicht, einige wenige Querschnitte zu untersuchen, da kann man sie allerdings gelegentlich vermissen, da sie meist nicht besonders dicht stehen. Daß sie jedoch auch reichlicher vorhanden sein können zeigt Abb. 79 (Parotis). Ferner sieht man sie in Abb. 88—90 (Unterkieferdrüse).

Die hohen Zellen (in Abb. 79 sind sie 18—22 μ hoch) zeigen an Eisenhämatoxylinpräparaten bei Aufsicht auf die innere Oberfläche ein regelmäßiges kräftiges Schlußleistennetz ohne irgendwelche Komplikation der Form. Aber schon Kolossow (1898) spricht von Längsvorsprüngen und Rinnen auf den Seitenflächen, womit die Zellen ineinandergreifen, und die nach der Basis immer komplizierter und vorspringender werden. Ich habe solche komplizierte Form beim Meerschweinchen, Rind, und Kaninchen gesehen.

Abb. 88, 89 und 90 stammen aus der Unterkieferdrüse des Menschen (Sublimat-Eisenhämatoxylin), und zeigen einige Zellen im ganzen stark gefärbt; man sieht besonders in Abb. 88 und 89, daß die unteren Teile der Zellen sich in der Präparatebene zum Teil stark verbreitern. In Abb. 90 sind anscheinend mehrere Zellen durch die ganze Höhe in einer Richtung zusammengedrückt.

Die auffallendste Erscheinung sind die Basalstreifen. An macerierten Zellen, wie sie Pflüger abbildet, gehen diese als voneinander völlig getrennte Stäb-

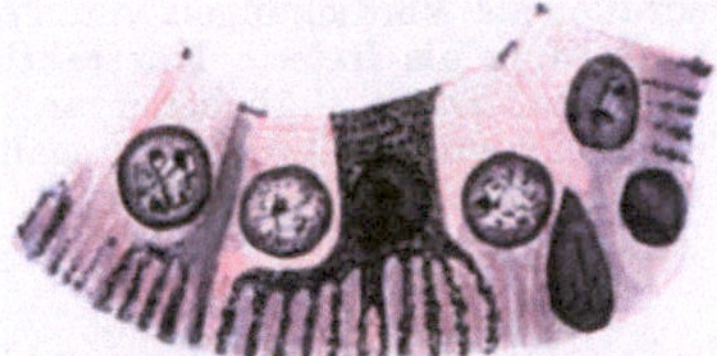
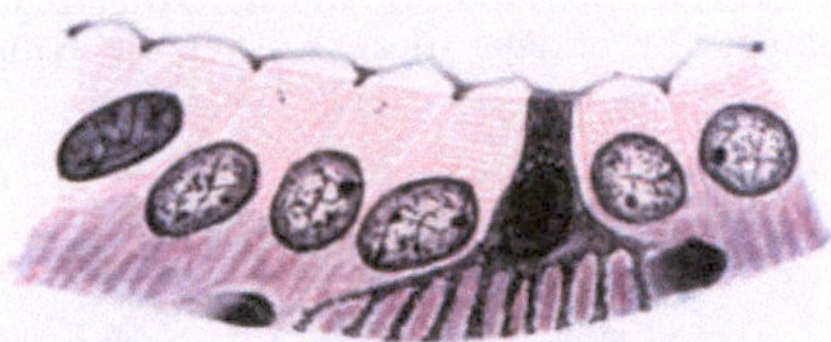

Abb. 88 und 89. Intralobuläre Streifenstücke aus der Unterkieferdrüse des Menschen. Sublimat. Eisenhämat. und Säurefuchsin. Nur einzelne Zellen sind vollständig geschwärzt. Der basale, gestreifte Zellabschnitt ist bei ihnen zum Teil stark verbreitert, aber nur in einer Ebene, so daß der Teil kammartig erscheint. In Abb. 88 eine, in Abb. 89 zwei Basalzellen. In Abb. 89 in zwei Zellen je ein Diplosoma etwas unter freier Oberfläche. Schlußleisten. Die Zwischenräume zwischen den dunkeln Streifen enthalten hellgefärbtes, weniger dichtes Cytoplasma.

chen pinselartig auseinander. Dies ist jedoch in der Regel ein Kunstprodukt. Der basale Zellabschnitt besteht nämlich abwechselnd aus derberen, sich dunkel färbenden „Blättern oder Lamellen", wie M. Heidenhain (1911) richtig sagt, „welche in den Speichelröhren unregelmäßiger gestellt" sind und einem zarteren Cytoplasma. Die Blätter können, wie die Aufsicht auf die Zellbasis an Tangentialschnitten zeigt, bald schmal, stäbchenartig, bald breit sein. Diese Unregelmäßigkeiten bedingen es, daß man an Querschnitten oder axialen Längsschnitten der Röhrchen bald Kantenansicht, bald Flächenansicht erhält, wodurch die Streifung bald deutlich, bald undeutlich hervortritt, was von verschiedenen Untersuchern bemerkt wurde. Diese

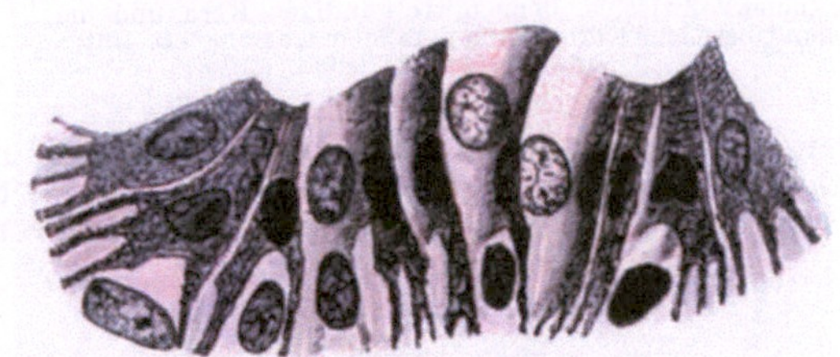

Abb. 90. Interlobuläres Streifenstück. Viele geschwärzte Zellen mit Basalstreifen oder Basalfortsätzen. Zwischen letzteren stecken Basalzellen. In der Mitte der Abbildung sind die geschwärzten Zellen zum Teil stark abgeplattet (schräge Stellung zur Präparatebene, so daß die Zellen nach der Tiefe zu unscharf werden und verschwimmen).

Streifen, Stäbchen, Blätter, sind aber keine isolierten Gebilde. Schon Klein (1882) fand, daß sie durch kurze Seitenzweige zu einem Netz verbunden sind. Kolossow (1893) spricht von feinsten Querfäden in den Zwischenräumen. R. Krause (1895) findet, daß bei Igel, Hund, Katze, Kaninchen, Meerschweinchen, Ratte und Maulwurf die Stäbchen aus Körnchen bestehen, die perlschnurartig aneinandergereiht sind. Da wo die Körnchen nicht so dicht liegen, sieht er ein Netz feinster Fädchen mit längsgedehnten Maschen und je ein Körnchen in den Knotenpunkten. Ich selbst sah in der Parotis von Meerschweinchen und Katze, in der Unterkieferdrüse von Ratte und Rind, in der Unterzungendrüse von Kaninchen und Rind (im letzteren Fall am wenigsten deutlich) schließlich auch in der Unterkieferdrüse des Menschen (Abb. 91) in den hellen Zwischenräumen zwischen den dunkeln, undeutlich feinkörnigen Basalstreifen ein äußerst zartes Netz mit ziemlich dicht gestellten, feinen Körnchen in einer einzigen genau in der Mitte gelegenen Längsreihe (Kantenansicht einer Ebene). In den anderen Abbildungen mit den dunkelblauen Zellen hat sich das interstriäre Cytoplasma fast nicht mitgefärbt und bei der Nachfärbung etwas

Säurefuchsin angenommen. Daß das feine Zwischenplasma stellenweise auch wirklich fehlen kann, geht daraus hervor, daß zwischen besonders stark gespreizten Basalstreifen rundliche Basalzellen stecken können, wie es z. B. bei der Abb. 90 der Fall war.

Die beiden Zellformen 95 und 96 sind nicht häufig. Hier sind die Streifen zum Teil verzweigt und Fadendünn, sowie deutlich gekörnt. Ein feineres Zwischenplasma dürfte hier kaum vorhanden gewesen sein.

M. HEIDENHAIN (1911) fand die Basalstreifen des Hundes aus mehr oder weniger groben Körnern bestehend, die in Längsreihen angeordnet als Verdickungen von Fäden erscheinen. Er erklärt diese Körner als Kunstprodukte, d. h. als fixierte Kontraktionsknoten. Das „Stäbchenorgan" sei eine motorische Einrichtung (näheres

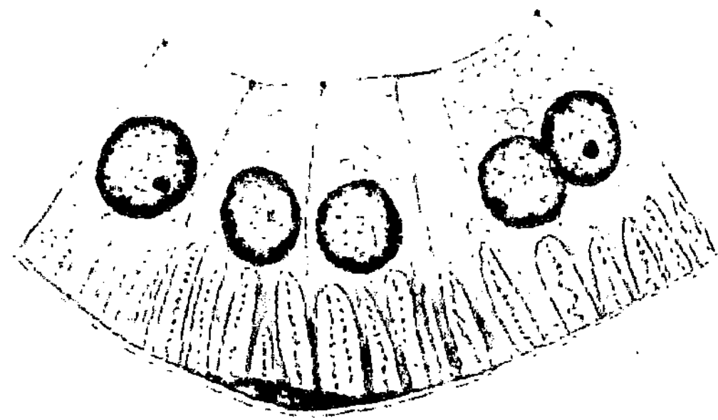

Abb. 91. Intralobuläres Streifenstück, Unterkieferdrüse eines Hingerichteten. Eisenchlorid — Hämatoxylin. Basalstreifen mit zarter Interstriärstruktur und Körnchenreihen in ihr. In der linken Zelle Streifung undeutlich. Rechts Zwillingszelle; in ihr und einer anderen dicht oberhalb des Kerns Vakuolen. Zwischen dem mittelständigen Kern und der freien Oberfläche Körnchen in parallelen Querebenen. Unten eine platte Basalzelle.

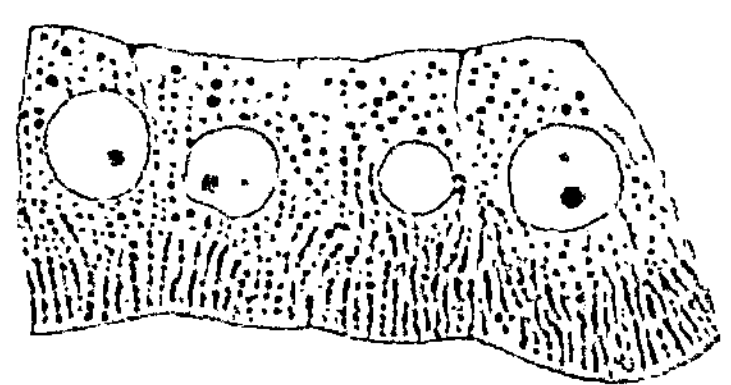

Abb. 92. Vier Epithelzellen aus einem Längsschnitt eines Streifenstücks der Ohrspeicheldrüse der Maus. Die Fäden bestehen an der einen (äußeren) Seite der Zellen aus aneinandergereihten Plasmosomen; an der anderen Seite sind sie in einzelne (größer gewordene) Körner aufgelöst. Vergr. 1000fach. O. SCHULTZES Osmium - Hämatoxylin - Methode. Aus PH. STÖHRS Lehrb. d. Histol., 18. Von O. SCHULTZE besorgte Aufl. Jena 1919.

weiter unten). In Wirklichkeit sollen die Streifen ungemein feine Fäserchen sein, gröbere Stäbchen hält er für Bündel von solchen, welche durch Bildung von Spaltlücken in der Faserrichtung der Struktur sekundär durch Schrumpfung der Masse zustande kommen.

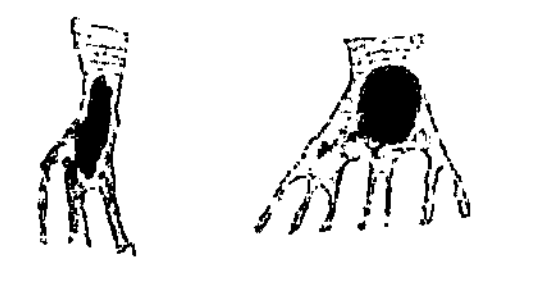  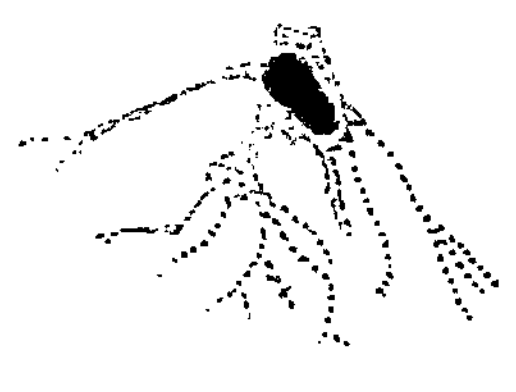 

Abb. 93.   Abb. 94.   Abb. 95.   Abb. 96.   Abb. 97.

Abb. 93 und 94.   Zellen der Streifenstücke aus der Unterkieferdrüse des Menschen, Eisenhämat. ohne Nachfärbung, das zarte, interstriäre Plasma daher nicht erkennbar. Streifen ½—⅖ der Zellen einnehmend.

Abb. 95 und 96.   Streifenzellen aus der Unterkieferdrüse des Menschen, Eisenhämat. Die basalen Streifen bis ⅘ der Zelle einnehmend und zum Teil verzweigt. Grob gekörnt. Wahrscheinlich freie Fortsätze ohne Zwischenplasma. Fortsätze in annähernd der gleichen Ebene. Im oberen Zellabschnitt parallele Querreihen von Körnchen.

Abb. 97.   Zelle aus dem Übergangsgebiet des Streifenstücks in den Ausführungsgang. Zwischen den Füßchen steckte eine Basalzelle.

Bei den von MISLAWSKY und SMIRNOW (1896) beschriebenen und abgebildeten, bei der Sekretion sich verändernden gröberen und feineren Körnerreihen in den Basalstreifen (Parotis vom Hund) denkt er an die Möglichkeit, daß es sich um Negativbilder zu der positiven Struktur der Stäbchen handle.

Die Basalstreifen sollen nach GARNIER „Ergastoplasma" sein, d. h. aus dem Kern ausgetretenes Chromatin zunächst aufnehmen und dann bei der weiteren Verarbeitung zu Sekret eine vermittelnde Rolle spielen (s. Abb. 34b). Dies ist aber der wundeste Punkt an der GARNIERschen Ergastoplasmatheorie, denn im Gegensatz zu den Basallamellen der albuminösen und mukoserösen Zellen, die ausgesprochen basophil sind, sind die ganzen Streifenzellen auffallend stark oxyphil. So stellen

auch REGAUD und MAWAS (1909) fest, daß in der Unterkieferdrüse des Menschen die Streifenzellen kein Ergastoplasma enthalten, sondern nur Plastosome.
Sie identifizieren die Streifen mit denjenigen der Nierenzellen. Auch J. DUES-
BERG (1911) ist der Meinung, daß die „PFLÜGERschen Stäbchen" von den Plastosomen gebildet werden.

Den oberen Zellabschnitt sehe ich bei den oben angegebenen von mir benutzten
Tieren und beim Menschen deutlich und ziemlich regelmäßig parallel zur Ober-
fläche gestreift, in den dunkeln Streifen feinste Körnchen. Ich habe diese Streifung
schon 1898 abgebildet (s. Abb. 101, es ist die Abb. 30 meiner damaligen Arbeit).
Man sieht sie in Abb. 91, 93 und 95 wieder. Man könnte vermuten, daß diese dem
Zellenbild zugrunde liegenden Strukturelemente einen gewissen Tonus besitzen,
der, dem ganzen Epithelbelag der Streifenkanälchen eigentümlich, dem starken
Exkretdruck entgegenwirkt und dadurch als Sicherung gegen Erweiterung des
Streifenstückes dient, im Verein mit den Basalstreifen, welche als Streben sich
gegen die Basalmembran stemmen. Es setzt dies allerdings eine gewisse Derbheit
dieser Einrichtung voraus, die erst nachzuweisen wäre (vgl. Fußnote bei S. 141).

SOLGER fand beim Menschen im supranucleären Zellabschnitt der lebenden
Zelle feine Granula, die sich nicht fixieren ließen, ferner „einzelne größere oder
mehrere kleinere hellgelbe oder braungelbe Kügelchen in Vakuolen, welche durch
Alkohol nicht ausgezogen wurden". Er bringt sie mit Sekretion in Verbindung.

Ich selbst sah beim Menschen oft in sämtlichen Zellen des ganzen Gangschnit-
tes oberhalb des Kerns einzelne oder mehrere kleine Vakuolen. Ich glaubte sie
als ausgeweitete HOLMGRENsche Kanälchen ansprechen zu sollen, zumal R. KOL-
STER (1913) das Binnengerüst (innerer Netzapparat GOLGIS) in den Streifenzellen
ausschließlich zwischen Kern und freier Oberfläche, ohne an den Kern heranz-
treten, meist verklumpt und schwer darstellbar auffinden konnte.

Schon PFLÜGER (1866, 1871) sah an Schnitten durch lebensfrische Unterkieferdrüsen
am freien Ende der Streifenzellen klare Tropfen sitzen und im Lumen abgelöste Kugeln
der gleichen Art. R. KRAUSE (1897) hält dies für ein Kunstprodukt, hervorgerufen durch
ungeeignete Fixationsmittel, bedenkt dabei aber nicht, daß das PFLÜGERsche Objekt
lebensfrisch war. Seither wurden von vielen Forschern auf Grund sehr verschiedener
Beobachtungen und Überlegungen die Steifenzellen als sezernierend erklärt, so sollen
sie z. B. nach FR. MERKEL (1883, mit Pyrogallol glaubte er Kalk in den Zellen nachweisen zu können, was von WERTHER, 1886, bestritten wurde), sämtliche Speichelsalze
absondern. Nach MISLAWSKY und SMIRNOW (1896) sollen sie sich, wenn auch nicht ausschließlich, als wasserzuleitende Apparate betätigen, während] die Hauptstücke (der Parotis) dazu dienen, feste und vielleicht sogar ausschließlich organische Substanzen zu
liefern. Von GARNIERS Ergastoplasmatheorie war schon die Rede. A. KOLOSSOW (1902)
findet außer unzweifelhaften Sekretionserscheinungen in den Zellen Fett am meisten
während der Tätigkeit, jedoch nur Überreste während des relativen Ruhezustandes. Nach
DUESBERG (1911) spricht der Befund von Plastosomen dafür, daß diese Zellen „dem
Sekretionsprodukt der Drüse im Moment seines Durchgangs durch diese Kanäle noch
etwas hinzufügen".

Von besonderem Interesse ist das Verhalten der Streifenzellen bei der Ausscheidung
des durch die Blutbahn zugeführten Indigkarmins. Wie schon TH. ZERNER (1886) und
C. ECKHARD (1887) festgestellt haben, findet auch R. KRAUSE (1901), in den Streifenstücken der Unterkieferdrüse des Hundes zahlreiche stark blau gefärbte Abschnitte. Auch
das Lumen ist mehr oder weniger vollständig mit blaugefärbtem Speichel gefüllt. Er
findet nun nie sämtliche Zellen eines Streifenstückes blau gefärbt, sondern es wechseln
blaue mit farblosen Zellen ab. Die blauen Zellen zeigen im basalen Teil bald feinere,
Längsmaschen bildende Fädchen, bald gröbere, dichtstehende parallele Bälkchen oder
Stäbchen, welche ganz an das bekannte Bild erinnern. Diese Streifen können, gegen das
Lumen zu immer dichter werdend, sich mit den im letzteren befindlichen dichten blauen
Massen vereinigen. In anderen Zellen ist nur der basale Teil grob gestreift. Der Kern
war niemals blau gefärbt. Er ist der Meinung, daß der Farbstoff den Protoplasmafäden
folgt, welche den Leib der Gangzelle durchziehen. Es ist ihm sehr unwahrscheinlich,
daß es sich dabei um wirkliche Kontraktionen des Zellprotoplasmas handelt.

Die letzte Bemerkung veranlaßt mich gleich die Ansicht M. HEIDENHAINS (1911) folgen zu lassen. Er bringt das „Stäbchenorgan" mit der Wasserabsonderung in Zusammenhang und vermutet, daß die Basalstäbchen motorische Einrichtungen seien, wodurch das Wasser in einer bestimmten Richtung in der Zelle befördert werde. Er erinnert dabei an die R. KRAUSEschen „Strombahnen". Er denkt sich den Vorgang nun in der Weise, „daß die Erregung der zuleitenden motorischen-sekretorischen Nerven eine Folge kleinster Kontraktionswellen hervorruft, welche an den Stäbchen selbst von ihrer Basis anfangend bis zu ihrem Ende ablaufen". Diese Wellen würden „die in den Molekularinterstitien der Stäbchen gelegenen Wassermassen vor sich hertreiben". Die histologische Struktur der Basalstreifen soll derjenigen der glatten Muskelzellen völlig konform sein.

Übrigens hat R. KRAUSE (1897) an Streifenstücken der Unterkieferdrüse von der Katze sorgfältige Untersuchungen vermittelst Hungers und elektrischer Reizung und nachträglicher Färbung mit BIONDIS Gemisch angestellt und auch auf diese Weise ermittelt, „daß der ganze Prozeß hinausläuft auf eine Ausstoßung von Sekretionsmaterial, welches die Form von Körnchen angenommen hat, und das man in dem Lumen des Ganges wiederfindet".

Einer der letzten Untersucher, ALF. PISCHINGER (1924), der menschliche Speicheldrüsen benutzte, stellt folgende Reihenfolge der Funktionsvorgänge auf: Die ruhenden Zellen besitzen ungranulierten Plasmaleib mit undeutlicher Streifung im basalen Teil. Grobe, unscharfe, gleichmäßig verteilte Eiweißgranulation tritt auf, die basale Streifung bildet sich zurück. Nun werden grobe, aus länglichen Körnchen bestehende Fäden immer deutlicher sichtbar. Die Körnchen sammeln sich immer zahlreicher um den an die freie Seite rückenden Kern, der, anfangs locker gebaut, immer dichter wird. Letzte Phase: die Zellen erscheinen bei Eisenhämatoxylinfärbung als schmale kompakte Streifen mit groben basalen Fäden zwischen Zellen in anderen Stadien (vgl. Abb. 88—90).

TAKAGI (1925) findet in den Streifenstücken der Unterkieferdrüse von der Katze bei schwächerer oder stärkerer künstlicher Reizung die Zellen immer in verschiedenen Funktionsstadien, besonders mit verschiedenem Körnchengehalt, doch sind in der Ruhedrüse (im R. HEIDENHAINschen Sinne) die körnerreichen Zellen häufiger als in der tätigen. Bei normaler Tätigkeit werden die Körner erst verflüssigt, dann ausgestoßen. Bei künstlicher Reizung, besonders bei faradischer werden die Körner dagegen unverändert ausgestoßen. Die basale Streifung ist in Ruhedrüsen deutlicher als in tätigen und zwar bedingt durch Plastoconten und die durch deren Zerfall entstehenden Körnchenreihen. Je stärker die Reizung, um so mehr verschwinden die Plastoconten und nehmen die Körner zu. Auch der Kern nimmt dabei an Volumen zu und das Chromatin und somit die Färbbarkeit ab. Chromatin sah er nie aus dem Kern austreten. Im Lumen der Streifenkanälchen findet er drei Sekretarten: schaumige Fäden mit Mucinreaktion, eine mit Eosin färbbare Masse, und drittens gröbere mit Eisenhämatoxylin färbbare Körper, die von den Streifenzellen stammen sollen.

Jede Streifenzelle besitzt ein deutliches Diplosoma dicht unter der freien Oberfläche; die Achse fällt mehr oder weniger mit der Zellachse zusammen (s. Abb. 101 und 89).

Die niedrigen, basalen Zellen sind unregelmäßig angeordnet, und zeigen meist größere Zwischenräume, können sich jedoch zu zweien, wenn auch weniger häufig unmittelbar berühren. In den interlobulären Abschnitten haben sie eine platte Basis, mit der sie der Basalmembran aufsitzen, und sind nach oben zu in der Regel abgerundet. Bald sind sie höher als breit, bald so hoch wie breit. Sind die Streifenzellen dunkel gefärbt und gut abgegrenzt, so sieht man die Basalzellen häufig in Spalten zwischen geteilten Fußstücken sitzen. In den intralobulären Gängen werden sie allmählich platter und ausgedehnter, doch habe ich keine Streifung, die auf Kontraktilität deuten würde, beobachtet. Andere besondere Strukturverhältnisse sind nicht zu bemerken.

c) Die Ausführungsgänge der Mundhöhlendrüsen im engeren Sinne.

Gehen wir von den Stellen aus, von denen die Drüsen angefangen haben sich zu entwickeln, so finden wir häufig die Mündung auf einem kleinen Wulst liegen, wie z. B. diejenige, welche der Unterkieferdrüse und der großen Unterzungendrüse gemeinschaftlich ist, die Caruncula sublingualis. Die Mündung ist in der Regel eng; ja man kann sie bei kleineren Drüsen z. B. den kleinen Unterzungendrüsen fast lumenlos finden, indem die vom geschichteten Plattenepithel gebildeten Wände unter Bildung eines sternförmigen Spaltes einander berühren. Dringt man durch die Mündung ein, so gelangt man regelmäßig in einen wirklichen Ausführungsgang, niemals direkt in einen sezernierenden Drüsenschlauch. Je kleiner die ganzen Drüsen sind, um so kürzer und weniger verzweigt pflegen auch die Ausführungsgänge zu sein. Der längste und am reichlichsten verzweigte ist derjenige der Ohrspeicheldrüse, dann folgt derjenige der Unterkieferdrüse, die inkonstanten

der großen Unterzungendrüse und zusammengesetzten Mundbodendrüsen und schließlich die in ihrer Länge variablen der zahlreichen kleinen Drüsen.

J. M. FLINT (1902) hat das ganze Ausführungsgangsystem der menschlichen Unterkieferdrüse durch Celloidininjektion und nachfolgender Korrosion dargestellt. Die Ergebnisse dürften im wesentlichen auch für die Parotis Geltung haben. Ich füge eine seiner Zeichnungen (Abb. 2) in Kopie bei (s. Abb. 98; die großen Buchstaben vor den Bezeichnungen entsprechen den in der Abbildung angebrachten). Er unterscheidet Hauptausführungsgang, primäre, interlobuläre C, sublobuläre D, lobuläre E, intralobuläre Äste F (Streifenstücke), Schaltstücke, Alveolarampullen. Die Verzweigungsart ist, wie auch andere angeben, im allgemeinen eine dichotomische, wenigstens bis zum Abgang der Streifenstücke. Diese können jedoch zu dreien oder vieren von derselben Stelle abgehen. Auch sehe ich in der Zeichnung häufig die Gabeläste sehr

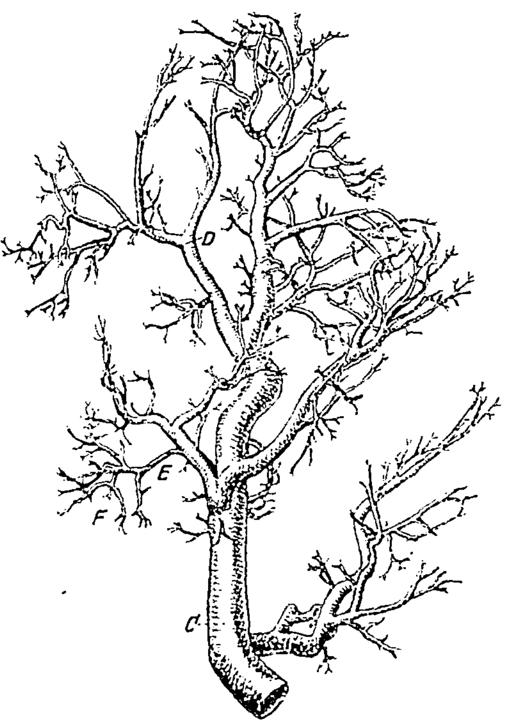

Abb. 98. Interlobularer Ausführungsgang der menschlichen Unterkieferdrüse mit allen Ästen. Celloidinkorrosion. 12fache Vergrößerung. C Interlobulargang; D Sublobulargang; F. Intralobulargang. Nach J. M. FLINT (1902).

ungleich dick, ferner gehen viele feine Seitenästchen unmittelbar von einem groben ab, so daß zum Teil eine Anordnung entstehen kann, welche M. HEIDENHAIN (1921) nach dem Vorgang der Botaniker als „sympodial" bezeichnet, worin jedoch vielleicht die dichotomische latent erhalten bleibe.

Auf ein eigentümliches Verhalten der interlobulären und sublobulären Gänge macht M. HEIDENHAIN (1920) aufmerksam, nämlich ampullenartige Erweiterungen, welche in der Unterkieferdrüse in größerer Zahl aufeinanderfolgen können (s. Abb. 99). A. PISCHINGER (1924) gibt eine plastische Rekonstruktion eines solchen Ganges. Man sieht an derselben, daß ein Teil der Erweiterungen nur einseitig liegt oder, daß auf kurze Strecke der Gang geschlängelt verläuft. Ich fand die gleichen Verhältnisse in einer Schnittserie durch die ganze sublinguale Drüsengruppe des Menschen als gewöhnliche Einrichtung, selbst in kleineren Unterzungendrüsen auf große Strecken bis in kleinere Zweige hinein (s. Abb. 161). Es handelt sich hier um wirkliche Ampullen, die durch mehr oder weniger tiefe, scharfkantige Einschnürungen voneinander getrennt sind. Zum Teil starke Schlängelungen fand ich häufig in den Hauptausführungsgängen der kleinen Unterzungendrüsen, starke Erweiterungen bei Wangendrüsen, ohne daß eine Stauungserscheinung vorlag, da die Mündung in einem solchen Fall offen war und Schleim darin steckte. Starke

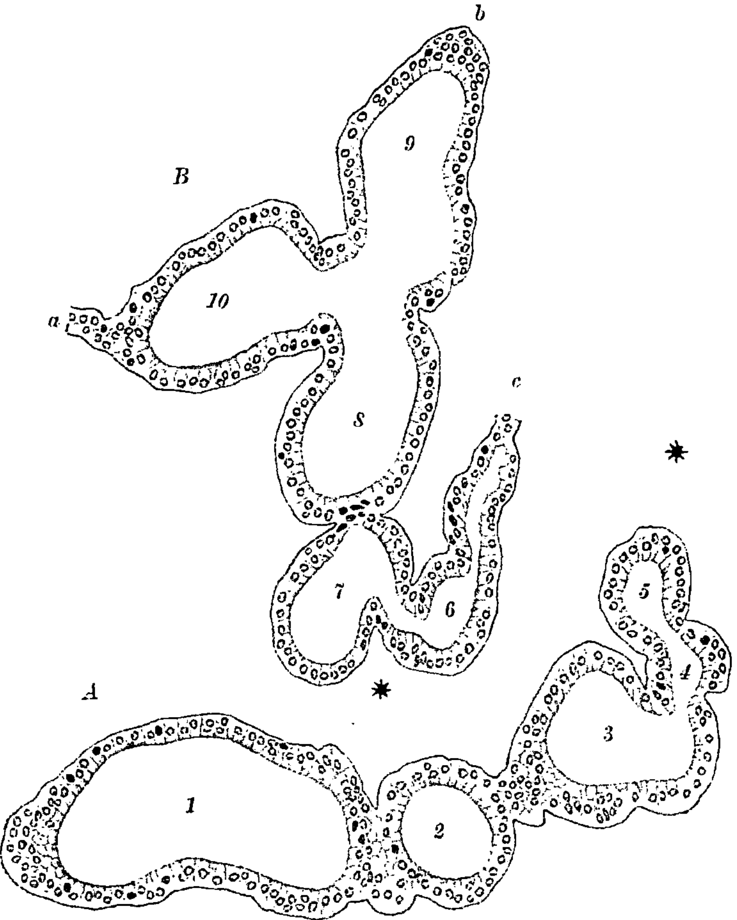

Abb. 99. Unterkieferdrüse, Mensch. Kammerung der Streifenstücke. Kammern teils tangential, teils axial durchschnitten. Bei 1—10 Kammern verschiedener Form und Größe. *A* und *B* stammen von demselben Gangsystem. *B* ist nach rechts verschoben zu denken, daß die beiden Sterne sich decken. Vergr. 635fach. Aus M. Heidenhain (1921).

Längsfaltungen der Wand zeigte hauptsächlich der Ductus mandibularis, weniger ausgeprägt der Ductus parotideus.

. Was die Lage der Gänge in den Drüsen betrifft, so geht sie aus der Entwicklung hervor, d. h. die größeren wie die kleinsten Gänge pflegen mitten in den Drüsenabschnitten zu liegen, welche aus ihnen hervorgesproßt sind, unter der Voraussetzung, daß dieses Vorsprossen ein allseits gleichmäßiges gewesen ist. So wird man an der Oberfläche der Läppchen nur die blinden Enden des dasselbe zusammensetzenden Schlauchsystems, d. h. die Hauptstücke finden, in der Regel aber nicht die zu den Hauptstücken des Läppchens direkt führenden Gänge dort entlang ziehen sehen, abgesehen vom Hilus, wo die Ausführungsgänge herauskommen.

Das Epithel der Ausführungsgänge ist bei der Mündung geschichtetes Plattenepithel. Dasselbe kann sich sehr verschieden weit in den Gang hinein er-

strecken, am weitesten beim Ductus mandibularis. Der Übergang in das zweistufige Epithel ist dann meist ein schroffer, doch wird schon in einiger Entfernung
von der Übergangsstelle die oberste Zellage schnell höher, so daß eine Strecke weit
das Epithel ein geschichtetes zylindrisches ist (s. Abb. 100), bis an der Übergangsstelle die mehrfache Lage der polyedrischen Epithelzellen plötzlich einer
einzigen niedrigeren Zellschicht, der niedrigen Stufe des zweistufigen Zylinderepithels Platz macht, welches
von nun an bis zu den äußersten Enden des ganzen Drüsenbaumes bestehen bleibt,
wenn nicht noch einmal inselweise mehrschichtiges Zylinderepithel auftritt.

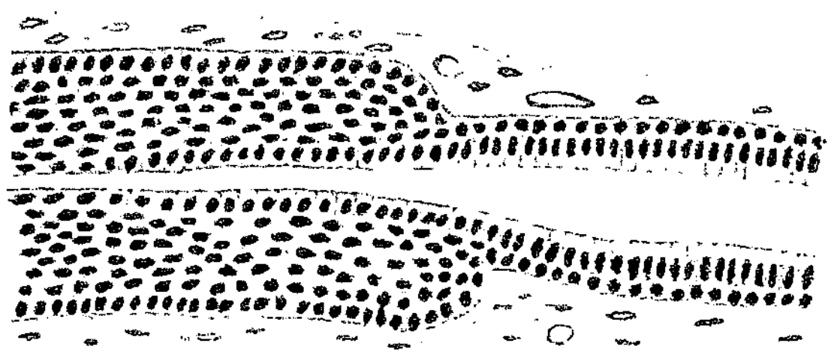

H. Steiner (1893) nennt das
Epithel zweischichtig, sagt aber,
daß die unteren niedrigen Zellen
zwischen den Fußteilen der höheren liegen, wobei diese letzteren jedoch die Unterlage nicht
erreichen sollen. Die Basalzellen,

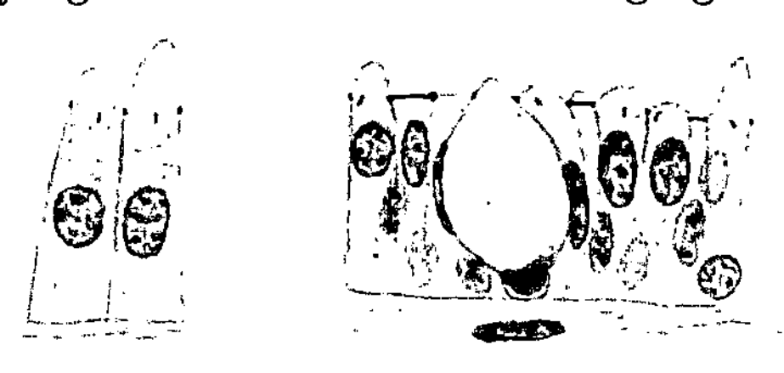

Abb. 100. Gl. subling. minor, Mensch. 900 μ langes Mündungsstück
eines Ausführungsgang mit mehrschichtigem Epithel. Übergang des
zweistufigen Zylinderepithels ins mehrschichtige, wobei die hohen
Zellen sich auf das geschichtete noch etwa 120 μ weit fortsetzen.
Das mehrschichtige Epithel springt nach außen vor, Gegensatz zu 162.

die ganz einfache sogenannte kubische Form besitzen, stehen in der Regel so dicht, daß
leicht der Eindruck entstehen kann, es handle sich um wirkliche Zweischichtung. V. v. Ebner
(1902) nennt es zweizeilig (unser „zweistufig").

Bei maceriertem Epithel, z. B. des Duct. mandibularis kann man die das Lumen
begrenzenden, sich stark nach unten verjüngenden höheren Zellen am unteren Ende
glatt abgeschnitten und häufig auch mit einer leichten Verbreiterung (Füßchen) versehen,
häufig aber auch ganz spitz auslaufen sehen. Im ersteren Fall standen die Zellen sicher
auf der Unterlage auf, im letzteren ist es unsicher, die Möglichkeit, daß die Zellen die
Basis nicht erreicht haben, ist nicht auszuschließen.

Die Höhe des Gesamtepithels wird für alle größeren Ausführungsgänge von Steiner auf
etwa 40 μ angegeben, nimmt aber dann bei der Verzweigung allmählich ab. In den kleinsten
Gängen von 30 μ Lumendurchmesser an soll nach ihm das Epithel nur noch einschichtig sein.

Die Kerne der hohen Zellen sind entsprechend der Form derselben mehr oder
weniger stark in die Länge gezogen, diejenigen der Basalzellen mehr kugelig.

Ein Diploso m a habe ich in den
hohen Zellen schon 1898 festgestellt
(s. Abb. 102). Es liegt dicht an der
freien Oberfläche, wobei es bald der
Achsenrichtung sich nähert, bald mit
derselben einen Winkel bis zu 45°
bildet. Es ist häufig stark nach dem
Rand der Oberfläche verschoben.
Obschon eines der Centriolen regelmäßig die Oberfläche unmittelbar
berührt, konnte ich doch nicht wie
in den Ausführungsgangzellen des

Abb. 101.   Abb. 102.

Abb. 101 und 102. Unterkieferdrüse, 19 jähriger Hingerichteter. Abb. 101. Streifenzellen. Abb. 102. Kleiner Ausführgang mit Becherzelle. Sekretion, Diplosome, Schlußleisten.
Sublimat, Eisenhämat. aus K. W. Zimmermann (1898).

Pankreas einen Außenfaden erkennen. Meine Erfahrung lehrt mich jedoch, daß
bei so inniger Berührung mit der Oberfläche das Gebilde in der Regel zu einer
„Zentralgeißel" gehört, so daß man auch hier das Vorhandensein einer solchen
vermuten darf. Aber Außen- und Innenfaden dieses Gebildes liegen auch bei
guter Färbung an der Grenze der Sichtbarkeit, so daß es nur unter den günstigsten Verhältnissen zur Beobachtung gelangt.

Was die Frage nach Sekretion betrifft, so habe ich mich schon 1898 für die Wahrscheinlichkeit derselben ausgesprochen und zwar auf Grund tropfenartiger Vorragungen
an der freien Oberfläche, doch sind dergleichen Befunde sehr unsicher.

R. Krause (1901) hat bei Injektion von Indigkarmin in die Blutbahn des Hundes, trotz deutlicher Abscheidung des Farbstoffs durch die Streifenzellen in den ungestreiften Ausführungsgängen niemals Farbstoff im Innern der hohen Zellen beobachtet.

Alf. Pischinger (1924) findet jedoch in mittelgroßen und großen Ausführungsgängen der Unterzungen- und Unterkieferdrüse des Menschen im Zylinderepithel häufig schmale mit Körnchen gefüllte Zellen. In seiner die Unterzungendrüse betreffenden Abbildung wechseln die gekörnten Zellen mit ungekörnten regelmäßig ab. Im Anschluß an die ersteren findet er körnchenhaltiges Exkret im Lumen (s. Abb. 103).

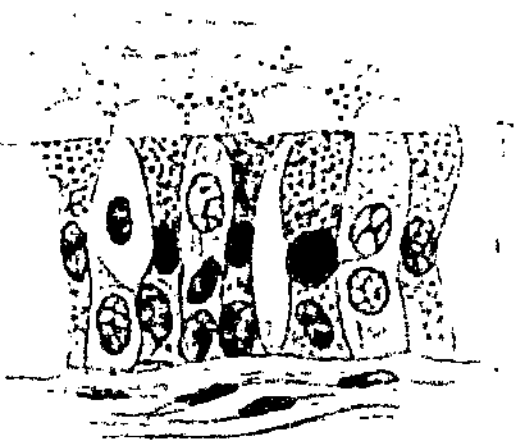

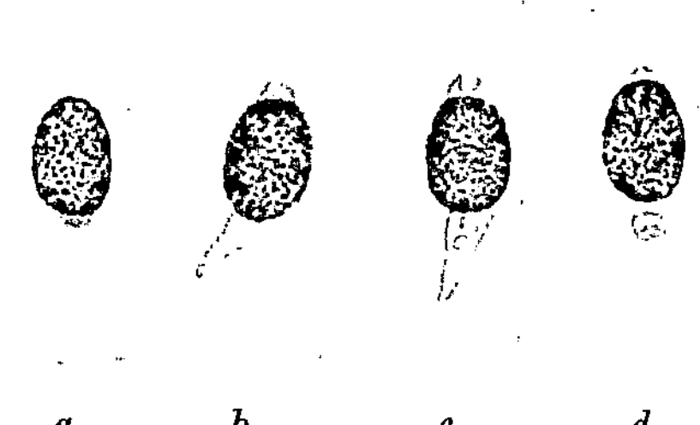

Abb. 103.   Unterzungendrüse, Mensch. Eisenhämatox.-Färbung. Zellen eines Ausführungsganges mit albuminösen Granulis. Zeiß homog. Immers. 2 mm, Komp.-Ok. 8. Nach A. Pischinger (1924).

Ich selbst habe ähnliche Beobachtungen nicht gemacht, dagegen fand ich in interlobulären Ausführungsgängen der menschlichen Parotis, in denen Basalstreifen nicht deutlich erekennbar waren, eigenartige Anhängsel an beiden Kernpolen, besonders am unteren, welche den Eindruck hervorriefen, als ob sie aus dem Kern ausgetreten wären. Den Beginn des Austritts scheint mir Abb. 104 a darzustellen, in b ist die Masse zungenartig verlängert; auch am oberen Pol beginnt eine Masse auszutreten, In c enthalten die ähnlich gestalteten Massen Vakuolen. In d hat sich die untere Masse vollständig abgelöst; dieselbe erscheint zuweilen bröckelig, als ob sie in Zerfall begriffen wäre. Die Masse ist nie so dunkel gefärbt wie das Chromatin. Solche Verhältnisse kann man oft in sämtlichen hohen Zellen des zweistufigen Epithels der interlobulären Ausführungsgänge zu Gesicht bekommen.

Die Bilder erinnern sehr an Abbildungen, welche E. Koiranska (1904) von der Salamanderleber gibt. Sie bezeichnet größere vom Kern ausgehende Stäbchen, die sich unter kegelförmiger Verbreiterung mit einem Ende dicht an den Kern anlegen als „Kernstäbchen". Sie sind mitunter zu zwei oder mehreren vorhanden. Auch im Protoplasma finden sich verschieden geformte Massen, welche mit den „Kernstäbchen" identisch sein sollen. Frl. Koiranska vermutet, daß es sich konform der Garnierschen Lehre, um vom Kern geliefertes Rohmaterial für die Sekretbildung handle.

Bei Pischinger handelt es sich um zerstreut angeordnete Zellen in der Unterkiefer- und Unterzungendrüse in meinem Fall um Erscheinungen an allen hohen Zellen

Abb. 104. Vier hohe Zellen aus interlobulärem Ausführungsgang der Parotis. Hämalaun, Orcein. Wahrscheinlich aus beiden Kernpolen ausgetretene Substanz. a beginnender Austritt unten, b zungenartig verlängert, Austritt auch oben; c ebenso aber Vakuolen in den Massen; d die untere Masse hat sich ganz abgelöst. Ähnliche Bilder zuweilen in sämtlichen hohen Zellen der interlobul. Ausführungsgänge. Ausgetretene Massen stets heller als Chromatin.

der betreffenden Gänge, so daß die beiden Befunde noch nicht miteinander in Einklang zu bringen sind. Weitere Untersuchungen mit verschiedenen Mitteln sind hier am Platz.

Das Vorhandensein von „Becherzellen" im Epithel der Ausführungsgänge wird von verschiedenen Seiten angegeben. Ich fand solche in kleineren Gängen der Unterkieferdrüsen nur ausnahmsweise (s. Abb. 102) in größeren schon häufiger, aber individuell sehr verschieden reichlich; ich habe bei einigen Individuen (von etwa 30) vergeblich danach gesucht. Am reichlichsten sah ich sie in dem den Buccinator durchbohrenden Teil des Parotisgangs. Sie nehmen aber dann an Zahl so schnell ab, daß ich sie im großen subcutanen Abschnitt meist vermißte.

In allen mit Eisenhämatoxylin gefärbten Präparaten der verschiedensten Speicheldrüsen zeigten die hohen Zellen ein gut ausgebildetes Schlußleistennetz. Kolossow (1898) spricht von Intercellularbrücken.

Die Ausführungsgänge des Pankreas werden zusammen mit dieser Drüse besprochen.

C. Regenerationserscheinungen an den Epithelzellen der Speicheldrüsen.

Bei dem Suchen nach Gründen für und wider die R. HEIDENHAINsche „Ersatztheorie" wurde begreiflicherweise auch nach mitotischer und amitotischer Kern- bzw. Zellteilung in den Endkomplexen und auch anderen Drüsenabschnitten gesucht. Ausdrücklich vermißt wurden solche Vorgänge von RANVIER, A. ELSENBERG (1881) sowie G. BIZZOZERO und G. VASSALE (1885 und 1887). Diese beiden Autoren haben in der Parotis, der Mandibularis (auch beim Menschen), den albuminösen und mukösen Zungendrüsen (auch beim Menschen) und im Pankreas von erwachsenen Säugern vergeblich danach gesucht, fanden sie jedoch zahlreich während des Wachstums. Auch TH. ZERNER (1886) und W. PODWYSSOZKI (1887) suchten vergebens.

A. v. SMIRNOW (1903), der normale Unterkieferdrüsen vom Menschen und Kaninchen untersuchte, fand sie da nur in rein albuminösen Hauptstücken und in Endkomplexen, nie in Schleimzellen; in mehreren tausenden von Präparaten fand er in den Isthmen nur drei- bis viermal Mitosen. Auch in den Streifenstücken und den größeren interlobulären Ausführungsgängen fehlten sie nicht, in den ersteren sollen sie sich durch besondere Größe

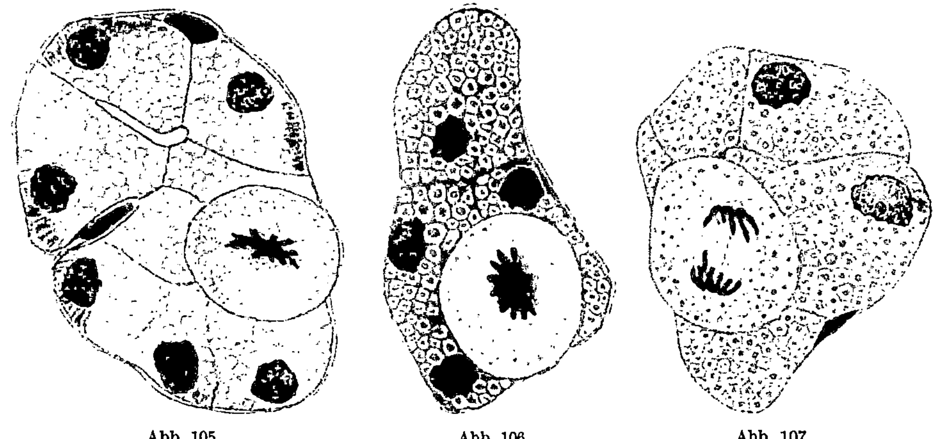

Abb. 105.	Abb. 106.	Abb. 107.

Abb. 105. Parotis, 43jähriger Hingerichteter. Albuminöse Zelle mit Monaster. Cytoplasma feinkörnig, keine Basallamellen. Übrige Zellen sekretvoll, Körnchen gelöst. Basallamellen. Kern geschrumpft.

Abb. 106. Parotis, albuminöse Zelle mit Monaster. Protoplasma grobkörnig.

Abb. 107. Parotis, albuminöse Zelle mit Dyaster. Protoplasma reich an großen Sekretkörnchen.

und Deutlichkeit auszeichnen. Außer Mitosen fand er auch hin und wieder in den gleichen Drüsenabschnitten gelappte oder gar mehrere (2—4) selbständige Kerne, welche dann dicht beieinander lagen. Er hat sich jedoch nicht überzeugen bönnen, daß es sich dabei um Amitose handle. Er sucht die Anwesenheit von Mitosen in der Drüse des Erwachsenen zugunsten der Ersatztheorie zu verwerten.

A. OPPEL(1905) der in den Ergebnissen über diese Arbeit referiert, vermißt Angaben über das Verhältnis der sich teilenden zu den ruhenden Zellen und meint erstere dürften sehr selten sein.

Ich selbst habe ebenfalls nach Mitosen in menschlichem Drüsenmaterial gesucht und zwar bei zwei Hingerichteten, einem 19- und einem 43jährigen Mann, und anderem ziemlich frischem Material.

Was zunächst die Parotis des 43jährigen betrifft, so fand ich in allen Schnitten Mitosen, in einem von 45 mm² Fläche sogar 14, worunter nur 1 Spirem und 1 Dyaster (s. Abb. 107), alle übrigen waren Monaster (s. Abb. 105 und 106); 13 fanden sich in den Hauptstücken und nur eine (Monaster) in einer Basalzelle eines interlobulären kleineren Ausführungsganges. Alle sich teilenden Zellen waren zu einer Kugel oder einem kurzen Ellipsoid abgerundet und die Nachbarzellen dementsprechend eingebuchtet, was ihrer Funktion keinen Abbruch tat, denn sie sahen genau so aus wie die weiter abgelegenen.

Die Teilungszellen konnten mehr oder weniger Sekretgehalt zeigen, so ist der in Abb. 107 wiedergegebene Dyaster ebenso stark mit Sekrettropfen beladen wie die Nachbarzellen, doch bleibt die Spindelfigur, welche wie überhaupt in allen diesen Zellen sehr undeutlich ist, oder die Gegend, wo sie zu vermuten ist, ganz frei von Tröpfchen. Abb. 106 (Monaster) erscheint viel heller als die Nachbarzellen und läßt kleinere und zerstreutere Sekrettröpfchen erkennen, woraus man wohl schließen darf, daß sie sich früher wie die vorige Zelle zur Teilung angeschickt hat, als das Sekret noch in der Bildung begriffen war. Abb. 105 (Monaster) ist etwas kleiner als die anderen Teilungszellen, erscheint dunkler und homogener, scheint also erst im Anfang der Sekretbildung gestanden zu haben. In keiner der Teilungszellen konnte ich eine Spur von Basallamellen finden; diese scheinen entweder nicht im Schnitt zu liegen, was z. B. in Abb. 106 bei allen Zellen der Fall ist, oder, sich bei Beginn der Teilung oder während derselben aufzulösen. Der Umstand, daß in der Unterkieferdrüse die Basallamellen erhalten bleiben, spricht nicht unbedingt dagegen, denn es handelt sich ja nicht um ganz gleiche Zellenarten. Gleichwohl ist die erstere Möglichkeit wahrscheinlicher (vgl. weiter unten das Verhalten der Basallamellen bei der Unterkiefer- und den Unterzungendrüsen). Es wäre übrigens noch an eine dritte Möglichkeit zu denken, daß die Färbbarkeit der Basallamellen während der Teilung eine geringere würde.

Wir schließen aus den Befunden, daß die sezernierenden Zellen, wenn sie sich zur Teilung anschicken, sich nicht ihres Sekretes zu entledigen brauchen, daß sie sich also in jedem Grade der Sekretion[1]) zur Teilung anschicken können. Doch dürfen wir vermuten, daß während der Teilungsvorgänge die eben bestehende Sekretionsphase sich nicht wesentlich verändert, und daß Exkretion nicht stattfindet.

Was die relativ vielen Mitosen in der Parotis zu bedeuten haben, ist schwer zu sagen; ein fortschreitendes Wachstum kann doch wohl kaum angenommen werden, zumal ich bei dem 19jährigen nicht eine einzige Mitose gefunden habe. Dieser auffallende Unterschied bei zwei Menschen, die sich in der gleichen Lage befunden haben, spricht auch wohl gegen psychische Einflüsse und gegen die Bedeutung der Tageszeit, da die Hinrichtung bei beiden morgens früh stattfand. Ob der Umstand, daß der 19jährige eine „Anschoppung" des linken unteren Lungenlappens, also eine beginnende Pneumonie zeigte, eine Rolle bei dem Unterschied spielt, vermag ich nicht zu entscheiden, wahrscheinlich ist es nicht. Verschiedenheit in der Konstitution, in der allgemeinen Lebensführung, wie Bevorzugung dieser oder jener Genußmittel usw., mögen auch in Betracht kommen.

In einem 45 mm² großen Schnitt der Unterkieferdrüse des 43jährigen fand ich eine einzige Mitose (Monaster, Abb. 108) in einer albuminösen Zelle. Besonders beachtenswert ist hier die vollständige Erhaltung der Basallamellen. Die Spindelachse ist so orientiert, daß bei der Teilung des Zelleibes jede Tochterzelle gleichviel Basallamellensubstanz erhalten muß. Das Cytoplasma enthielt reichliche Sekretgranula.

Abb. 108. Monaster in albuminöser Zelle der Unterkieferdrüse des 43jährigen Hingerichteten, Basallamellen.

In einem kleinen Drüsenläppchen, das den kleinen Unterzungendrüsen lose angelagert und wohl als langer Processus sublingualis der Unterkieferdrüse zu

---

[1]) Ich erinnere daran, daß ich unter Sekretion alle Vorgänge verstehe, die zur Bildung der Sekretgranula führen; die Sekretion in R. Heidenhainschem Sinne nenne ich Exkretion.

deuten war, da der allgemeine Bau sich in nichts von der eigentlichen Mandibularis unterschied, fanden sich drei Monaster in den albuminösen Hauptstücken des gleichen Schnittes. Die Zellen waren auch hier auf Kosten der Nachbarzellen abgerundet, besaßen aber keine deutlichen Sekretgranula, obschon die ruhenden Nachbarzellen sehr reich an solchen waren.

In einem Schnitt einer Sublingualis minor, der eine Fläche von 13 mm² einnahm, fand ich zunächst in den mukoserösen Endkomplexen 5 Mitosen, wovon 4 Monaster und 1 Dyaster (in einem anderen gleich großen Schnitt nur 1 Mitose), Abb. 109 zeigt den Dyaster. Die besonders gut durch den Schnitt getroffene

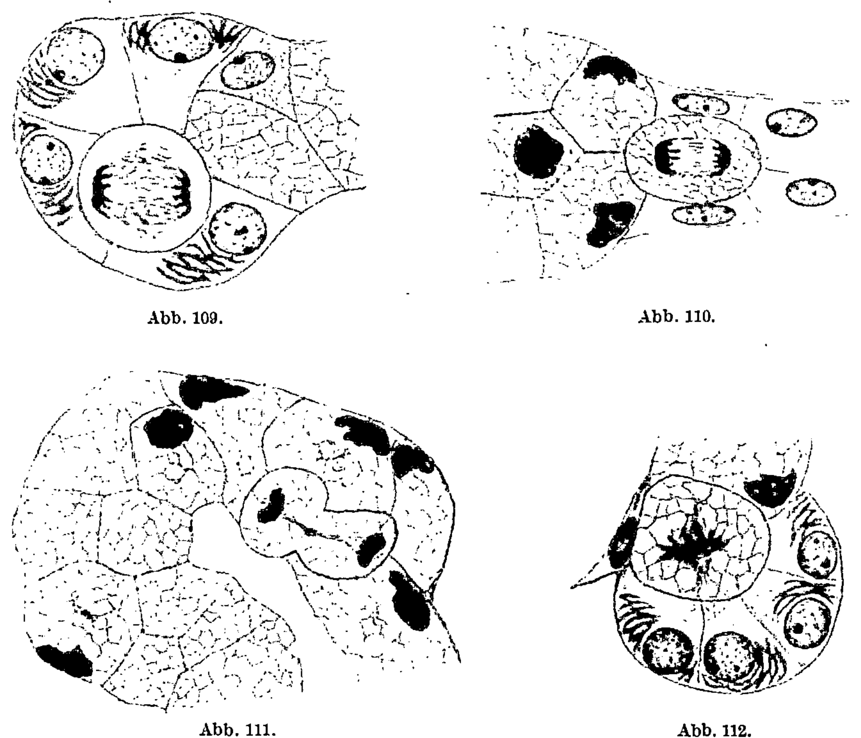

Abb. 109. Abb. 110.

Abb. 111. Abb. 112.

Abb. 109—112. Mitosen aus kleiner Unterzungendrüse des 43jährigen Hingerichteten. Abb. 109, 110 und 112 Kresylviolett. Abb. 111 Eisenhämat. Abb. 109 mukoseröse Zelle eines Endkomplexes mit Dyaster, abgerundet. Dunkelviolette Massen um die Zentralspindel herum, besonders im Äquator. Basallamellen der übrigen Zellen kräftig gefärbt. Abb. 110 kleine Schleimzelle im Isthmusende mit Dyaster. Abb. 111 Schleimzelle mit Dispirem in Durchschnürung begriffen. Abb. 112 Schleimzelle mit Monaster dicht an einem muskoserösen Endkomplex. Zellen des letzteren mit Basallamellen. Netzwerk in den Schleimzellen etwas schematisch.

Zelle hat sich zu einer Kugel abgerundet. Das Cytoplasma der Zellperipherie erscheint heller als dasjenige der benachbarten Zellen der gleichen Art. In allen sich teilenden Zellen sind die Basalfilamente geschwunden, doch finden sich um die Zentralspindel des Dyasters herum, wie es scheint zum Teil auch in ihrer oberflächlichen Schicht undeutlich begrenzte Massen, die sich ähnlich wie die Basallamellen gefärbt haben (das Präparat war mit Kresyl-Echtviolett gefärbt, was die Basallamellen besonders kräftig hervortreten läßt). Ich vermute daher, daß die Massen von ihnen stammen und nicht etwa als Sekret aufzufassen sind, da in keiner mukoserösen Zelle der ganzen Drüse ebenso gefärbtes Sekret aufzufinden war, und da ferner in allen in Speicheldrüsen irgendwelcher Art beobachteten Mitosen etwa vorhandene Sekretgranula das Cytoplasma gleichmäßig erfüllten.

Wir müssen also wohl annehmen, daß in den mukoserösen Sublingualzellen, welche sich ja von den albuminösen Zellen der Parotis, der Mandibularis und des Pankreas wesentlich unterscheiden, die Basallamellensubstanz sich bei der Zellteilung wieder anders verhält, als in der Parotis und der Mandibularis.

Auch in den Schleimzellen der gleichen Schnitte waren unverkennbare Mitosen zu beobachten, und zwar konnten sie an allen Stellen der Schleimschläuche und in den verschiedensten Formen der Schleimzellen, großen und kleinen, mit α-Mucin und mit β-Mucin versehenen auftreten. Ein Schnitt (Eisenhämatoxylin) enthielt drei Mitosen, zwei Monaster und einen Dispirem. Bei letzterem (s. Abb. 111) ist die Zentralspindel noch zu erkennen, und die Zelle schon eingeschnürt; an der Einschnürungsstelle ist die Spindel etwas dunkel und verdickt. In einem anderen Schnitt (Kresyl-Echtviolett) fanden sich fünf Mitosen, davon ein Monaster und ein Dispirem in hellen großen Zellen (β-Mucin) zwischen anderen Schleimzellen, ein Monaster in dunkelroter (α-Mucin) und ein ebensolcher in mittelroter Zelle. Die letztere lag dicht an einem mukoserösen Endkomplex (Abb. 112). Ein Dyaster fand sich in einer kleinen, ganz hellen Zelle an einem Übergang eines Isthmus in das Schleimrohr (Abb. 110). Hier war die Spindel noch relativ gut zu sehen, im Äquator etwas dunkler gefärbt. In einem dritten Präparat (basisches Fuchsin) fand sich in den mukoserösen und den mukösen Zellen je nur eine Mitose. Auch in anderen Präparaten, die ich nicht besonders auf Mitosen durchgemustert habe, fand ich gelegentlich solche.

Alle Mitosen in Schleimzellen haben das Gemeinschaftliche, daß die Spindelfigur trotz dem Fehlen jeglicher Sekretgranula (in den fertigen Präparaten), welche in den albuminösen Zellen der Parotis und der Mandibularis sowie des Pankreas die zarten Spindelfädchen zu verdecken pflegen, meist undeutlich und unregelmäßig ist, wenn auch dunklere kompaktere Massen auf ihr Vorhandensein hinweisen. Dies scheint auf das Verquellen der Mucingranula und nachträglichem Niederschlagen auf das Cytoplasmanetz bzw. -wabenwerk, wodurch die fixierten Schleimzellen ja ein ganz anderes Aussehen gewinnen als die lebensfrischen, zurückzuführen zu sein. Hierauf mag auch der Umstand beruhen, daß die Kernteilungsfiguren selbst meist etwas verklumpt sind, jedenfalls mehr als in den albuminösen und mukoserösen Zellen. Die Schleimzellen pflegen sich nicht in gleichem Grade abzurunden wie die albuminösen und mukoserösen, wenn sie die Nachbarzellen auch stark einzudrücken pflegen.

Man erkennt aus allem, daß die geschrumpften Kerne der sekretvollen Schleimzellen sich ebensogut zur Teilung anschicken können als gewöhnliche, saftreiche anderer Zellen. Auch ist hervorzuheben, daß die Art des Mucins, d. h. sowohl α- als auch β-Mucin und alle Zwischenformen keinen Einfluß auf die Teilbarkeit der Zellen ausüben. Daß ich mehr helle (also β-) als dunkle (also α-) Zellen in Teilung sah, mag darauf zurückzuführen sein, daß das intensiv gefärbte Mucin die Kernteilungsfiguren, welche ja immer mitten in der Schleimmasse liegen, bis zur Unauffindbarkeit verdecken, und ich nur solche Mitosen gezählt und berücksichtigt habe, welche deutlich erkennbar waren.

Außer in den sezernierenden Zellen der Unterzungendrüsen fand ich je eine Mitose in einer Isthmuszelle dicht am Übergang in das Schleimstück, in einem präisthmalen intralobulären Ausführungsgang ohne basale Streifung, ferner zwei in stärkeren interlobulären Ausführungsgängen, aber nur in den Basalzellen, so daß dieselben hier wenigstens als Ersatzzellen aufzufassen sind, zumal im geschichteten Plattenepithel, von dem diese Drüsen ja abstammen, auch die am tiefsten sitzenden Zellen den Ersatz liefern.

In den Basalzellen (Korbzellen) der Isthmen und Hauptstücke habe ich keine Mitosen finden können. In den Wallgrabendrüsen und den mukösen Drüsen der unteren Gaumenseite habe ich vergeblich nach Mitosen gesucht, allerdings nur wenige Präparate durchgemustert.

Im Pankreas der beiden Hingerichteten fand ich keine Mitosen, wohl aber bei einem 20jährigen, an traumatischer Pneumonie verstorbenen (Sektion 4 Stunden nach dem Tode) in einem wenige Quadratmillimeter messenden in der Wand des Duodenums steckenden Drüsenstück sieben Mitosen, worunter ein Dispirem, alles übrige Monaster. Alle Figuren waren etwas verklumpt.

Aus v. SMIRNOWS und meinen Beobachtungen geht hervor, daß in allen sezernierenden Zellarten der Speicheldrüsen, also besonders auch in den Schleimzellen Mitosen vorkommen, daß also die Tochterzellen den gleichen Charakter besitzen wie die Mutterzellen, d. h. aus Eiweißzellen und mukoserösen Zellen nur Eiweißzellen bzw. mukoseröse, aus Schleimzellen nur Schleimzellen entstehen, wieder ein schlagender Beweis gegen die Ersatzzellentheorie, welche v. SMIRNOW durch das Auffinden von Mitosen in den albuminösen Endkomplexen zu stützen vermeinte, da er ja in den Schleimzellen keine fand.

Es erscheint mir besonders bemerkenswert, daß besonders bei den albuminösen Zellen die Teilung in jedem Sekretionsstadium erfolgen kann. Es muß also in den Kernen jederzeit genügend Chromatin vorhanden sein, um die Chromosome der Kernteilungsfiguren bilden zu können. Wenn also bei den verschiedenen künstlichen Reizversuchen das Chromatin aus dem Kern verschwindet oder sich auch nur im Kernsaft löst, dann scheint es sich nicht um einen normalen Vorgang sondern um künstliche Zerstörung zu handeln, woraus wiederum die Unbrauchbarkeit jener Methoden zur Ergründung der natürlichen Sekretionsvorgänge hervorgeht. Damit soll die Teilnahme des Kerns an der Sekretbildung durchaus nicht in Abrede gestellt sein, nur sind wir noch weit davon entfernt, alle karyocytoplasmatischen Wechselbeziehungen zu kennen, und wir müssen uns nach zuverlässigeren Methoden umsehen.

GARNIER will häufig und zwar besonders nach Reizung durch Pilokarpin Amitosen gefunden haben. Doch handelt es sich auch hier um durch abnorme Reize erzielte Zustände, aus welchen für die normalen Vorgänge keine Schlüsse gezogen werden können. SMIRNOW, MAXIMOW und ich fanden keine Amitosen. Wohl sah ich zuweilen einzelne albuminöse und mukoseröse Zellen mit zwei und mehr Kernen[1]), doch keine wirkliche amitotische Zellteilung.

In bezug auf Regeneration von Speicheldrüsen mag hier noch erwähnt werden, daß ENZIO BIZZOZERO (1903) bei Hund und Meerschweinchen beobachtete, daß nach Exstirpation einer Speicheldrüse der einen Seite, diejenige der anderen Seite kompensatorisch hypertrophisch wurde. Zwei Tage nach der Exstirpation beginnen mitotische Proliferationserscheinungen, erreichen am 6. Tage ihr Maximum und verschwinden nach 10 bis 15 Tagen wieder.

Nach V. MARZOCCHI (1903a und b) sollen die Basalzellen (Korbzellen), die nach Unterbindung der Arterien zugrunde gegangenen sezernierenden Zellen vollständig regenerieren. Die dadurch neugebildeten Tubuli sollen sich mit den alten Ausführungsgängen in Verbindung setzen und alle Charaktere der normalen Drüse zeigen. Auch OTTOLENGHI will beim Kaninchen nach Unterbindung der Hauptgefäße der Gl. mandibullaris wie LUBARSCH Neubildung von Epithelzapfen von den „Korbzellen (cellules à panière)" aus gesehen haben.

(Die Arbeit von FUCKEL (1896) betreffend Regeneration der Unterkieferdrüse des Kaninchens war mir nicht zugänglich.)

D. Das Bindegewebe der Mundspeicheldrüsen.

Über dasselbe liegen außer den Angaben in älteren und neueren Lehrbüchern, noch einige besondere Untersuchungen vor, so von STEINER (1892), LIVINI (1899),

---

[1]) In einer Sublingualis maior fand ich in vielen Zellen mehrere Kerne, in einer von 48 μ Durchmesser sogar 22. Die Kerne lagen immer nahe der Zellbasis in einem Klumpen zusammen; der kernlose Zellteil war gewöhnlich noch größer als der kernhaltige. Es handelt sich hier wohl um abnorme Zustände.

Flint (1902), Smirnow (1903). Aus diesen und eigenen Untersuchungen ergibt sich folgendes:

Man kann das gesamte Bindegewebe der Speicheldrüsen in allgemeines und besonderes einteilen. Das erstere bildet eine die ganze Drüse einhüllende und Scheidewände in die Tiefe sendende, bald dichtere, bald lockere Schicht, die jedoch nur bei den größeren wie der Parotis, den Namen Kapsel verdient und die auch die Drüsen mit der Umgebung in Verbindung setzt, doch nur so lose, daß man sie meist leicht freilegen kann. Durch die Septen werden Läppchen verschiedener Ordnung abgegrenzt. Sie sind um so dünner, je kleiner und dichter gepackt die Läppchen sind; zwischen den Hauptstücken sind meist nur Spuren vorhanden, da das dort vorhandene Bindegewebe größtenteils die speziellen Grundlagen, Basalmembranen, der Hauptstücke darstellt. Am Hilus der Drüsen d. h. an der Stelle, wo die Hauptausführungsgänge herauskommen, findet sich meist etwas reichlicheres Bindegewebe, welches die ihr eigenes, zu ihrer Wand gehöriges Gewebe besitzenden Ausführungsgänge samt eintretenden Gefäßen und Nerven umhüllt, auf ihrem Vordringen in die Drüse überall hin begleitet und mit deren Mächtigkeit zugleich allmählich abnimmt. Es steht mit den von außen in die Tiefe dringenden Scheidewänden im Zusammenhang.

Dieses allgemeine lockere Bindegewebe besteht vorwiegend aus leimgebenden, nur wenigen feinen elastischen Fasern, die man zwischen den Hauptstücken gewöhnlich vergeblich sucht.

In der Regel findet man in dem reichlicheren interlobulären oder, wie Flint sagt, sublobulären Bindegewebe Fettzellen, vereinzelt oder in größerer Zahl. Das letztere gilt besonders für die Parotis, deren Läppchen zuweilen durch reichliches Fettgewebe wie auseinandergesprengt erscheinen. Das in Abb. 125 dargestellte kleine Läppchen lag auf diese Weise ganz isoliert im Fett.

Außer Fettzellen und einigen Mastzellen findet man, wie schon Klein (1879) wußte, regelmäßig zahlreiche Plasmazellen (s. Abb. 113 und 163). Nach M. Frenkel (1893) sollen sie sich mit verlängerter elektrischer Reizung in den Unterkieferdrüsen des Hundes vermehren und größer werden.

A. Maximow (1901) fand sie im interstitiellen Bindegewebe der Gl. retrolingualis des Hundes in großer Zahl. Sie scheinen ihm bei der Sekretion eine große Rolle zu spielen.

Frau Dantschakoff (1905) sah diese Zellen konstant in der Unterkieferdrüse des Kaninchens. Sie glaubt, daß sie das von den Blut- und Lymphbahnen zugeführte Nährmaterial aufspeichern und den sezernierenden Epithelzellen gelöst zukommen lassen.

Ich konnte das reichliche Vorhandensein dieser großen ellipsoidischen Zellen in allen Speicheldrüsen des Mundes für den Menschen bestätigen (s. Abb. 113). Sie liegen hauptsächlich in der Umgebung der interlobulären Ausführungsgänge bzw. Streifenstücke oft in großer Menge, zwischen den Hauptstücken jedoch nur vereinzelt. Das Cytoplasma färbt sich leicht mit basischen Farbstoffen bis auf eine heller bleibende, das Diplosoma enthaltende Sphäre in der Mitte der Zelle. Der Kern mit seinen meist regelmäßig in Radiärstellung angeordneten Chromatinbrocken (,,Radkern") wird durch die Sphäre

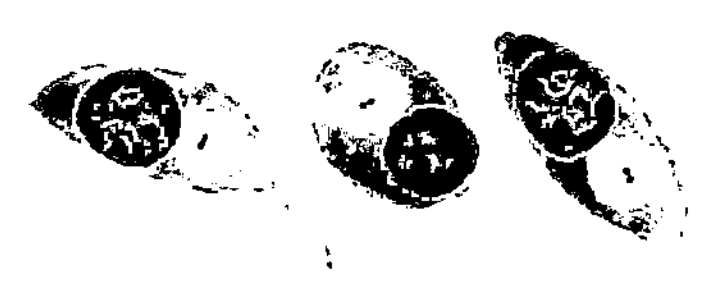

Abb. 113. Drei Plasmazellen mit großer heller Sphäre und Diplosoma darin aus der Umgebung eines intralobulären Streifenkanälchens der Parotis.

aus der Zellmitte verdrängt. Häufig sind zwei Kerne zu beobachten. Ihre genetischen Beziehungen zu den Leukocyten besonders Lymphocyten haben wir hier nicht zu erörtern. Über das Vorhandensein letzterer Zellart siehe weiter unten.

Über die fixen Bindegewebszellen, die selbstverständlich auch hier vorhanden sind, ist nichts besonderes zu sagen.

Unter besonderem Bindegewebe verstehe ich dasjenige, welches zu dem ganzen Gangsystem in enger Beziehung steht. Es läßt sich darüber im allgemeinen sagen, daß dasselbe um so mächtiger ausgebildet ist, je dicker der Gang ist, und daß weiter in die Drüsen hinein mit der Abnahme der Gangdurchmesser auch ihre bindegewebige Grundlage mehr oder weniger gleichen Schritt hält.

Die Hauptausführungsgänge können, wie z. B. bei der Parotis und der Mandibularis, im Bau der bindegewebigen Grundlage bedeutende Unterschiede zeigen. Nach STEINER soll der Duct. parotideus eine Basalmembran von 15 μ Dicke, der Duct. mandibularis keine besitzen. Doch scheinen erhebliche individuelle Schwankungen zu bestehen, da ich beim 19jährigen Hingerichteten am Parotisgang nur höchstens 1,8 μ finde, soweit sich überhaupt eine erkennen ließ, denn die elastischen Fasern treten meist bis dicht an die Epithelbasis heran. Dafür tritt aber dann bei gröberen interlobulären Ästen eine deutlichere Basalmembran hervor (Abb. 130), die sich zwischen Epithel und elastische Schicht einschiebt. Auch in der Menge der elastischen Fasern fand ich bedeutende Unterschiede: Im Parotisgang sind sie im allgemeinen sehr spärlich, die innere, wie schon HENLE (1873) angibt, zirkuläre Schicht besitzt eine Dicke von 0,7—1,68 μ, wo sie kompakt ist, an anderen Stellen bildet sie ein weitmaschiges feines Netz, erst gegen die Peripherie nehmen die hier nur längs verlaufenden Fasern an Dicke und Dichtigkeit etwas zu; im Duct. mandibularis sehr reichliche elastische Fasern, die überall mehr längs verlaufen, unter dem Epithel eine 58—90 μ dicke Schicht, in der Peripherie mehrere konzentrische Lagen oder dichte Netze bilden. Faserdicken bis zu 4 μ sind häufig, so daß eine einzige Faser bedeutend dicker ist als die ganze innere elastische Schicht des Parotisganges. Auch bei demselben Individuum, im gleichen Schnitt variiert die Zahl der elastischen Fasern bei gleich dicken interlobulären Gängen außerordentlich, sie kann sogar fast ganz fehlen. Im allgemeinen werden sie mit der Verzweigung spärlicher, am dichtesten stehen sie jedoch immer unter dem Epithel, peripher gehen sie in das allgemeine Bindegewebe über.

Die Basalmembran der Hauptstücke wird meist als homogen bezeichnet. FLINT (1902) hat sie nun in der Unterkieferdrüse des Menschen an nach SPALTEHOLZ verdautem Material studiert. Er beschreibt die Basalmembran als ein feines Netzwerk von sich durchkreuzenden kollagenen Fibrillen, welches am besten an Tangentialschnitten, dann aber nur mit Ölimersion zu erkennen ist. Die Isthmen sollen ganz die gleichen Einrichtungen besitzen.

Über das Verhalten der elastischen Fasern im Bereich der Hauptstücke berichtet F. LIVINI (1899), daß sie in der Parotis spärlich, noch spärlicher im Pankreas seien. Die Tubuli der Unterzungendrüsen und viele der Unterkieferdrüse seien von zahlreichen feinen elastischen Fasern umgeben. Er erklärt dies so: wo das Sekret dünnflüssig ist, wie in Parotis und Pankreas, sind die elastischen Fasern nicht notwendig, wo das Sekret dickflüssig und der Abfluß schwieriger ist, wie in den Unterzungendrüsen und Teilen der Unterkieferdrüse, bedarf es aus mechanischen Gründen einer stärkeren Ansammlung von elastischen Fasern. FLINT fügt dies bestätigend noch hinzu, daß die elastischen Fasern an mukösen Schläuchen ebenfalls ein sehr feines Netz bilden, welches das kollagene (die eigentliche Basalmembran) von außen umgibt.

Ich selbst kann nun nicht finden, daß dieses elastische Netz der Schleimröhrchen eine so regelmäßige Bildung ist: bald ist es so gut ausgebildet, daß man schon bei schwächerer Vergrößerung die Tubuli auf große Strecken durch eine scharfe dunkelbraune Linie (Orceinfärbung) umrissen sieht, bald findet man ganz unregelmäßige Anordnung von Gruppen elastischer Fasern, bald nur vereinzelte, bald gar keine. In einem Läppchen, dessen sich unmittelbar an einen kleinen Ausführungsgang anschließende Schleimschläuche (Unterzungendrüse) auf große Strecken längs geschnitten waren, sah ich, daß sich die gut ausgebildete, wenn auch dünne elastische Schicht des Ausführungsganges kontinuierlich auf die Schleimschläuche fortsetzte; ja an einigen Ästen mit erhaltenen Endkomplexen bis zu diesen. Es geht hieraus hervor, daß dieses Rete elasticum tatsächlich zu den Schläuchen selbst und nicht zu dem allgemeinen interstitiellen Bindegewebe gehört, daß sie aber auch ebenso variabel ist und fehlen kann, wie bei den kleineren interlobulären Ausführungsgängen, bzw. Streifenstücken. Die Schleimschläuche sind also im günstigsten Falle doppelt gesichert durch die zahlreicheren, dichtstehenden und fibrillenreichen, kontraktilen Basalzellen (Myoepithelzellen, siehe weiter oben) und durch das Rete elasticum.

E. Die Blutgefäße der Mundspeicheldrüsen.

Die gröberen Blutgefäße begleiten die entsprechenden Ausführungsgänge vom Hilus der Drüsen aus in dieselben hinein. Nach Flint (1902) wiederholen die Gefäßverhältnisse eines Organs zum Teil seine Entwicklung. Ausnahmslos jeder Ausführungsgang und seine interlobulären Äste werden von einer Arterie und ihren zugehörenden Venen begleitet, siehe die Kopien seiner Figuren in Abb. 114 bis 116, die vom Schwein stammen. In der weiteren Darstellung folgen wir am besten N. Kowalewsky (1885)[1].

Er findet in der Unterkieferdrüse und Parotis von Katze und Hund zwei Blutgefäßsysteme mit ungleichem Stromwiederstand: eines mit geringerem Widerstand, dessen Capillaren die Streifenstücke umspinnen, und ein anderes mit größerem Widerstand,

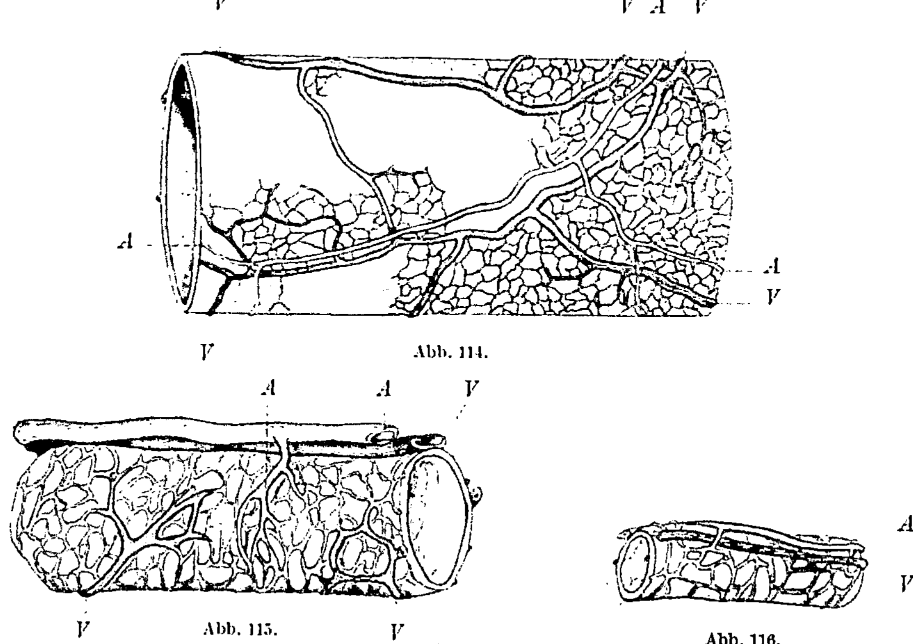

Abb. 114—116. Blutgefäße der Unterkieferdrüse eines Schweinefetus von 26 cm Länge. A Arterien, V Venen. In Abb. 115 und 116 ist nur eine der beiden Begleitvenen gezeichnet. Abb. 114 Duct. mandib. Abb. 115 Sublobulargang. Abb. 116 Intralobulargang. Man sieht in allen das reiche Capillarnetz. Nach Flint (1902).

dessen Capillaren zwischen den Hauptstücken liegen. Durch dieses doppelte System soll die mechanische Anpassung des Blutstroms an die Bedürfnisse des Organs während der Ruhe und der Tätigkeit ermöglicht werden. Die Drüsenarterien verästeln sich zusammen mit den Ausführungsgängen und Venen. Hierbei geben sie dünne Ästchen ab, welche sich zwei- bis dreimal in steil sich windende Zweigchen teilen und die feinsten derselben in meist rückläufiger Richtung zur bindegewebigen Grundlage des nächsten Ganges senden, in der sie nahe dem Epithel ein ziemlich dichtes Capillarnetz bilden. Die daraus hervorgehenden Venen münden in die den Gang begleitenden Zweige. Die weiterziehenden Arterienäste zerfallen, sobald sie zu dem betreffenden Läppchen gelangt sind, gewöhnlich auf einmal in mehrere divergierende Endstämmchen, welche in bogenförmigen Gängen einige Hauptstücke zugleich umfassen. Von der Konkavität dieser Arkaden gehen Capillaren ab, welche die einzelnen Hauptstücke umgreifen und auch diejenigen Streifenstücke mit Blut versorgen, welche keine eigenen Arterienästchen besitzen. Hier stehen denn auch die beiden Capillarsysteme, dasjenige der Ausführungsgänge (im weiteren Sinne) und dasjenige der Hauptstücke miteinander in Verbindung.

---

[1] Nach dem Oppelschen Auszug in seinem Lehrbuch, 3. Teil, 1900.

v. Ebner (1899) macht darauf aufmerksam, daß beim Kaninchen (Unterkieferdrüse) die Blutcapillarmaschen einen Durchmesser von 30—100 μ besitzen, so daß bei dieser Maschenweite nur einzelne Teile der Hauptstücke, „bei weitem nicht jede Zelle, in der unmittelbaren Nähe von Blutcapillaren gelegen sind". Fr. Merkel (1883) gibt eine Abbildung vom Rande der Parotis des Hundes, wo auffallend weite, die Hauptstücke umgebende Maschen des Capillarnetzes zu sehen sind, während zwei interlobuläre Streifenstücke von einem erheblich engeren Netz umsponnen werden; s. auch unsere Abb. 117.

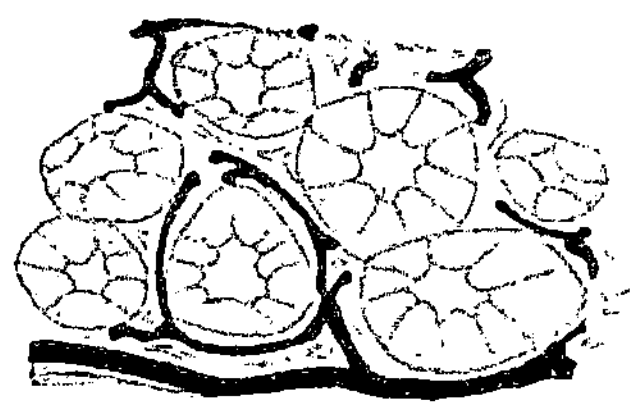

Abb. 117. Zungenschleimdrüse des Kaninchens Blutgefäße injiziert. Vergr. etwa 180 fach. Aus Ph. Stöhr-v. Möllendorffs Lehrbuch, 19. Aufl. 1922.

Dieser Umstand bringt es mit sich, daß, wie schon Giannuzzi (1865) an der Unterkieferdrüse des Hundes festgestellt hat, die aus den Capillaren tretende Flüssigkeit nicht unmittelbar zu den sezernierenden Zellen gelangen kann, sondern sich erst in Gewebsspalten ausbreiten muß, um dann erst durch die Basalmembran hindurch zu dringen. R. Krause (1901) hat dies auch bei seinen Injektionen von Indigkarmin in die Gefäße des lebenden Tieres festgestellt, indem die austretende blaue Flüssigkeit sowohl bei den Hauptstücken wie bei den Streifenstücken erst in dieselben umgebende Lymphspalten gelangte, bevor sie die Basalmembran durchfloß.

In meiner Abb. 79 (Parotis des Menschen) sieht man, daß das Streifenstück nur von einer Arterie, aber von zahlreichen Venen und Capillaren umgeben ist, die, wenn mit Blut gefüllt, einen großen Raum beanspruchen. Auch in der Unterkieferdrüse fand ich das gleiche. Oft sind es noch mehr Venen, die dann einen fast geschlossenen Kranz um den Gang bilden können.

Wie ich für verschiedene epitheliale Drüsen, Niere, Leber, Fundusdrüsen des Magens, als Organe, welche gegebenenfalls reichliche Flüssigkeitszufuhr brauchen, nachgewiesen habe (1923), fand ich auch in der Parotis der Katze, daß die Endothelzellen der Blutkapillaren anders gebaut sind als in anderen Organen: das Cytoplasma zeigt netzförmige Verdickungen, in deren Maschen nur so wenig Substanz vorhanden ist, daß dieselbe an durch Reduktion des Silbers fixierten Golgi-Kopsch-Präparaten nur hellgrau erscheint. Auf diese Weise scheint dem Durchtritt der Blutflüssigkeit weniger Widerstand entgegengesetzt zu werden, als in anderen Organen, in denen die Endothelzellen eine dicke Schicht bilden, was sich an solchen Präparaten durch gleichmäßig schwarze Färbung bemerklich macht.

Was die kontraktilen Elemente der Gefäßwände in den Speicheldrüsen betrifft, so gibt v. Ebner (1902) an, daß die Arterien durch eine gut entwickelte glatte Muskulatur ausgezeichnet seien, während dieselbe an den größeren Venen nur schwach sei und an den kleineren ganz fehle. Nun habe ich (1923) aber in Speicheldrüsen, hauptsächlich Parotis der Katze unzweifelhafte „Pericyten" an den Blutcapillaren nachweisen können, welche von den von mir in der Zunge und an anderen Orten beobachteten typischen Formen nicht abwichen. Da ich an anderen Stellen, wo die mittleren und stärkeren Venen glatte Muskelfasern besitzen (im zentralen Nervensystem und in den Knochen fehlen sie), von den Capillarpericyten bis zu den typischen glatten Muskelfasern Übergangsformen nachweisen konnte, darf man mit ziemlicher Sicherheit annehmen, daß auch in den Speicheldrüsen das ganze Blutgefäßsystem einen ununterbrochenen Belag von kontraktilen Elementen besitzt, wobei jedoch die Kontraktilität der Capillarperizyten nur eine geringe zu sein scheint.

F. Der Lymphapparat der Speicheldrüsen.

Seit Giannuzzi (1865) sind von verschiedenen Seiten (Asp 1873, Klein 1881, R. Heidenhain, Boll, R. Krause u. a.) die schon erwähnten Spalten zwischen den Blutkapillaren und den Basalmembranen der sezernierenden Drüsenab-

schnitte gesehen und als Lymphspalten gedeutet worden. Es ist nicht anzunehmen, daß die ganze diese Spalten erfüllende Flüssigkeit restlos in die Hauptstückzellen dringt und in veränderter Form als Exkret in die Drüsenlumina gelangt,
sondern daß ein Teil mit Abbaustoffen der Drüsenzellen in Lymphgefäße gelangt,
und durch diese die Drüse verläßt. Nach Klein (1882) soll dies teils an der Oberfläche der Läppchen, teils im Innern derselben, wo die Anfänge der Lymphcapillaren liegen, geschehen. Die ersten eigentlichen Lymphgefäße begleiten die interlobulären Streifenstücke, vereinigen sich mit anderen zu gröberen Gefäßen, um
schließlich am Hilus nach außen zu gelangen.

Nach W. Krause und Klein sollen die Lymphgefäße der Drüsen Klappen besitzen,
was jedoch von Renaut geleugnet wird, der zwischen den Läppchen nur sackartig erweiterte, an den Stielen der Läppchen blind endigende Lymphcapillaren annimmt.

Im interlobulären Bindegewebe der Speicheldrüsen kennt man außer den
schon weiter oben angegebenen Zellarten schon seit längerer Zeit das Vorkommen
von Lymphocyten bald mehr zerstreut, bald in kleineren Gruppen, die zusammen
mit von ihnen durchsetztem retikulärem Bindegewebe kleine Inseln von lymph-
adenoidem Bindegewebe bilden. Dies kann in der Parotis des Menschen zur Bildung richtiger Lymphknoten führen, wie sie Neisse (1898) bei allen vier von ihm
untersuchten Neugeborenen in größerer Zahl (8—14) gefunden hat. Bei Feten
von 9 cm an beobachtete er Drüsenschläuche in ihnen. Ich selbst sah bei einem
7 Monate alten Fetus (Schnitt durch den ganzen Kopf) auf beiden Kopfseiten
ganz symmstrisch gelegene, verhältnismäßig große Lymphknoten, die ganz von
Drüsenschläuchen durchsetzt waren und andere kleinere ohne dieselben. Bei
einem Neugeborenen fand ich ähnliches.

Neisse glaubt, daß durch diese engen Beziehungen zwischen den Drüsenschläuchen
und dem lymphadenoiden Gewebe wie in den Tonsillen Leucocyten als Speichelkörperchen durch den Parotisgang in die Mundhöhle gelangen können. G. Levi (1904) läßt bei
Chiropteren, Insektivoren und Prosimiern, bei denen er die gleiche Beobachtung gemacht hat, die Läppchen der Speicheldrüsen sich direkt in Lymphknötchen umbilden.
Auch bei erwachsenen Tieren sollen noch Drüsenzellen in denselben zu finden sein,
was Rawitz (1898) bei *Cercopithecus sabaeus* niemals beobachtet hat.

Auch beim erwachsenen Menschen scheinen keine Drüsenreste mehr in den
Lymphknoten zu bestehen, wenigstens konnte ich sie in auf Schnitten oft beobachteten kleineren Lymphknoten nicht mehr auffinden. Hieraus kann man
jedoch nicht ohne weiteres den Schluß ziehen, daß die Lymphknötchen aus den
Drüsenläppchen durch Metaplasie hervorgegangen sein müßten. Es ist viel wahrscheinlicher, daß die sich entwickelnden Lymphknötchen die in ihnen eingeschlossenen Drüsenschläuche zur Atrophie und völligen Schwund gebracht haben. In der
Thymus, wo das Epithel nicht verloren geht, behält es ja seinen Charakter als
geschichtetes Plattenepithel (Hassallsche Körperchen) im wesentlichen bei.

G. Die Nerven der Mundspeicheldrüsen.

Die Speicheldrüsen sind reichlich innerviert, und zwar erhalten sie außer sen-
sibeln Fasern sekretorische Fasern, welche teils parasympathische, teils sympathische sind, sowie Vasodilatatoren und Vasokonstriktoren. Histologisch findet
man multipolare Ganglienzellen, marklose und markhaltige Fasern. Die alten
Anatomen waren infolge der unzulänglichen Mittel begreiflicherweise über Verlauf und Endigung, besonders der feinsten Fasern nur unvollkommen unterrichtet.

Ganglienzellen wurden wohl zuerst von Remak (1852) am Ductus mandibularis
von Schaf und Kalb und seither von zahlreichen Forschern bei den verschiedensten Haustieren in die größere und kleinere Ausführungsgänge umspinnenden Nervenplexen eingestreut gefunden. G. Retzius (1892) bildet aus der Unterkieferdrüse des Kaninchens
(Golgi-Methode) eine multipolare reich verzweigte Ganglienzelle ab. v. Ebner (1899)
fand jedoch bei der Ratte auch einzelne Zellen mit nur einem Fortsatz.

Beim Menschen wurden sie in der Parotis, Unterkieferdrüse und Unterzungendrüse von W. Krause (1864) und zwar im interstitiellen Bindegewebe der Drüsenläppchen beschrieben. E. Klein (1882) findet in der Unterkieferdrüse nur wenige. Korolkow (1895) beschreibt sie außer in der Parotis und Unterkieferdrüse von verschiedenen Tieren auch in der Unterzungendrüse des Menschen als große Zellen vom Charakter der sympathischen umgeben von einer bindegewebigen Kapsel mit zahlreichen Kernen. Auch Huber (1896) erkennt die Zellen als multipolar.

Die Ganglienzellen sind eingeschaltet in Nervenplexen, welche die Ausführungsgänge und die Blutgefäße umspinnen, und welche hauptsächlich aus marklosen Fasern bestehen. Markhaltige Fasern sind als präganglionäre, zum Teil auch als sensible aufzufassen.

Was nun die Ausbreitung der Nervenfasern, speziell der postganglionären und besonders ihre Beziehung zu den sezernierenden Abschnitten der Speicheldrüsen betrifft, so darf man zuverlässige Angaben erst seit der Anwendung der vitalen

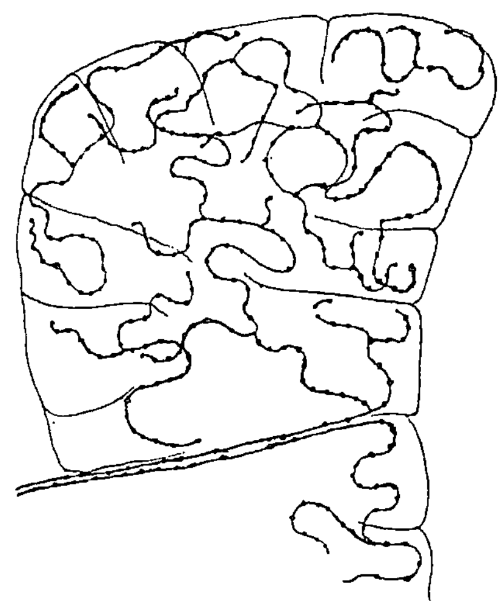

Abb. 118. Randabschnitt einer Zungendrüse des Kaninchens mit umspinnenden Nervenfäserchen. Zahlreiche Knötchen. Golgi-Methode. Nach G. Retzius (1892).

Abb. 119. Unterkieferdrüse des Kaninchens. An den Hauptstücken verästelte Nervenfasern, von denen frei endigende Fäserchen abgehen. Unten Lumenverzweigungen in 4 Hauptstücken. Golgi-Methode. Nach G. Retzius (1892).

Methylenblaumethode von P. Ehrlich und der Golgischen Chromsilberimprägnationsmethode erwarten. Alle mit diesen Methoden arbeitenden Untersucher konnten die marklosen, varikösen Nervenfasern, Korolkow (1892, 1895) auch die marklos gewordenen markhaltigen, bis zwischen die Hauptstücke der Drüsen verfolgen, wo sie sich zwischen denselben dicht an den Basalmembranen als engmaschiges Geflecht („Interalveolarnetz") Korolkows) ausbreiten, nachdem sie vorher ein dichtmaschiges „Interlobulargeflecht" (Korolkow) gebildet haben. Über das weitere Verhalten weichen die Angaben jedoch voneinander ab.

Eine kleinere Gruppe von Untersuchern läßt die Fasern nur außen an der Basalmembran endigen:

G. Retzius (b, 1892, Unterkieferdrüse von Hund und Kaninchen, Zungendrüsen von letzterem, siehe aber gleich unten); Laserstein (1894).

Alle übrigen lassen sie die Basalmembran durchdringen.

Davon gibt eine Gruppe nur eine Ausbreitung und Endigung zwischen Basalmembran und Epithel zu: Ramón y Cajal (1899, Unterkieferdrüse von Ratte und Kaninchen, auch Endigung außerhalb der Basalmembran); E. Müller (1892, Pankreas des Kaninchens); Korolkow (1893, 1895) nennt das Netz „Überzellennetz" (Parotis und Unterkieferdrüse von Maus, Ratte, Katze, Hund, Meerschweinchen sowie Unterzungendrüse des Menschen). Es soll geschlossen sein und keine frei endigenden Ästchen abgeben. v. Ebner (1899) denkt an das Vorkommen von „epilemmalen" und „hypolemmalen" Endigungen zugleich.

Eine weitere Gruppe läßt die Fasern zwischen die Drüsenzellen dringen und dort endigen: G. Retzius (1888, 1889, Zungendrüsen des Kaninchens, aber noch ungewiß); Fusari e Panasci (1891, jede Zelle wird umsponnen); Marinescu (1891, albuminöse Drüsen der Kaninchenzunge); Ramón y Cajal und Sala (1891, Pankreas des Kaninchens); Retzius (c, 1892, Parotis von Salamander, Unterzungendrüse von Eidechse); Dogiel (1893, Interzellennetz); Berkley (1895, Unterkieferdrüse der Maus).

Arnstein (1895) unterscheidet „epilemmale" Fäden, die an der äußeren Oberfläche der Basalmembran ein Geflecht bilden, aus welchem feine Fäden ausgehen, die Membran durchbohren und so zu „hypolemmalen" Fäden werden, die jedoch keinen Plexus und kein Netz bilden. Die perizellulären Fäden endigen an den von ihm isolierten und daher leichter zu übersehenden Zellen (Parotis des Kaninchens) mit zahlreichen Endkörnchen, die in Trauben-, Ranken- und Maulbeerform dicht gruppiert sein können (s. Abb. 120, 121). An den Streifenkanälchen (Unterkieferdrüse des Hundes) findet er einen sie umspinnenden Plexus

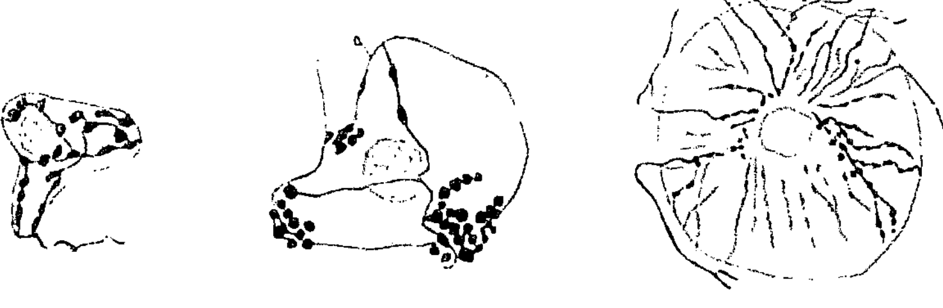

Abb. 120.   Abb. 121.   Abb. 122.

Abb. 120—122. Nervenendigungen in der Parotis des Kaninchens nach Methylenblaupräparaten, Kopien nach C. Arnstein (1895). Abb. 120 und 121. Nervenendigungen an albuminösen Zellen. Abb. 122. Zwischen den Zellen eines Streifenstückes. Abb. 120. Zeiß hom. Imm. 2,0. Comp.-Ok. 8. Abb. 121. Zeiß hom. Imm. 2,0. Comp.-Ok. 12. Abb. 122. Zeiß F.-Ok. 4.

blasser Fasern. Von ihm gelangen feine Fasern, sich wiederholt teilend und varikös geworden zwischen die Streifenzellen, wo sie geradlinig gegen das Lumen zustreben, in dessen unmittelbarer Nähe sie endigen (s. Abb. 122). Er erkennt die Priorität Pflügers an, der in den 60ger Jahren varicöse Fäserchen in das Epithel der Streifenstücke hat eintreten sehen und für Nervenfasern erklärte.

Ferner sind hier zu nennen Monti (1898, Pankreas der Knorpelfische und Betrachier); Stöhr (1898); Maschke (1900, Speicheldrüse des Kaninchens); Pensa (1901), der in Eiweiß- und Schleimdrüsen dichte Netze jede Zelle umspinnen sah.

Aus allem kann der Schluß gezogen werden, daß alle sezernierenden Zellen der Speicheldrüsen und des Pankreas direkt mit Nervenenden, die eventuell noch mit besonderen einfachen Endapparaten versehen sind, in Kontakt stehen, ein Seitenstück zur Innervation der Muskelfasern.

Wie sich dabei die Innervation der myoepithelialen Basalzellen verhält, ist nicht bekannt. Man muß eben annehmen, daß ein Teil der dargestellten Nervenfasern an ihnen endigt, und daß die Endigungsweise sich morphologisch von derjenigen an den sezernierenden Zellen nicht unterscheidet, oder daß man wenigstens bestehende Unterschiede bisher nicht erkannt hat.

Da man weiß, daß im allgemeinen parasympathische und sympathische Fasern sich an der Innervation der Speicheldrüsen beteiligen und daß die Reizung der einen oder der anderen Faserart verschiedene Exkrete liefert, so liegt die Frage nahe, wie sich die beiden Faserarten auf die verschiedenen Bestandteile der Drüsen verteilen, ob vielleicht die sezernierenden Zellen doppelt innerviert werden. Zunächst wurde festgestellt, daß die Vasodilatatoren in der Bahn der cerebralen Nervenäste zusammen mit den parasympathischen Sekretionsfasern, die Vasokonstriktoren in den sympathischen Ästen verlaufen, daß jedoch z. B. in der Chorda die Sekretionsfasern allein gelähmt werden können (z. B. durch Atropin), ohne daß die Vasodilatatoren in Mitleidenschaft gezogen werden und, daß umgekehrt die letzteren erregt werden können (durch Johimbin) ohne Beeinflussung der sekretorischen Nerven bzw. der Zelltätigkeit. Diese und andere Erfahrungen zeigen, daß die sekretorischen Nerven direkt auf die Drüsenzellen einwirken, unabhängig von den Gefäßen. Ferner ist erwiesen, daß die Reizung des einen oder des anderen der beiden sekretorischen Faserarten verschiedenen Speichel liefert. Nun hat es sich schon durch die Untersuchungen R. HEIDENHAINs gezeigt, daß dabei auch die Drüsenzellen selbst sich verschieden verhalten. So gibt HITZKER (1914) für die Unterkieferdrüse des Hundes an, daß bei den Eiweißzellen Reizung des Parasympathicus (Chorda tympani) Schwellung und Granulavermehrung, Reizung des Sympathicus, Granulaverarmung und Verringerung der Kernfärbung („sympathogene Chromatinolyse“) verursacht, daß aber bei den Schleimzellen beide Faserarten im Reizzustande Schwellung und Granulaverlust, jedoch die Chordafasern beides in stärkerem Grade bedingen. Man muß daraus schließen, daß die sezernierenden Zellen doppelt inner viert werden. Ob jedoch jeder Zelleib von der Chorda (parasympathische Fasern), jeder Kern vom Sympathicus beeinflußt wird, wie es GERHARDT (1903) nach Reizversuchen in der Unterkieferdrüse des Kaninchens für nicht ganz unwahrscheinlich hielt, ist sehr zweifelhaft.

Das Eindringen der Drüsennerven in die Zelle, welches von REICH (1864), SCHLÜTER 1865), S. MAYER (1870), PALADINO (1872), NAVALICHIN und KYTMANOFF (1886) angenommen wurde, hat sich nicht bestätigt.

Eine eigentümliche nicht genügend gewürdigte und erklärte Erscheinung, die von verschiedenen Forschern, z. B. R. METZNER (1906/07) und HITZKER (1914) beobachtet wurde, ist, daß selbst bei intensiver Reizung doch einzelne Zellen oder Hauptstücke, ja ganze Läppchen unverändert bleiben, oder daß nicht alle Drüsenläppchen gleichzeitig in Funktion treten. Ob, was weniger wahrscheinlich, einzelne Zellen und Hauptstücke gar nicht innerviert werden und eine unabhängige Tätigkeit besitzen, oder ob die Drüsenzellen gelegentlich vielleicht nach einer längeren Zeit geregelter Erregbarkeit träger oder gar nicht reagieren, oder ob in der Drüse ein besonderes selbständigeres gangliöses Sekretionszentrum, das, wie LANGLEY gezeigt hat, auch nach Abtrennung sämtlicher Drüsennerven weiter funktioniert, hierbei mitwirkt, darüber fehlt uns jeder Anhaltspunkt.

Spezieller Teil.

I. Die Drüsen des Vorhofs der Mundhöhle.

Im allgemeinen Teil haben wir bereits eine Übersicht über die in diesem Abschnitt des Handbuchs zu besprechenden Drüsen sowohl auf Grund ihrer Lage als auch ihrem Gehalt an albuminösen bzw. mukoserösen und mukösen Zellen gegeben. Ferner haben wir die einzelnen Abschnitte und die Eigenart der sie zusammensetzenden Elemente besprochen. Wir haben nunmehr auf die einzelnen Speicheldrüsen des Menschen einzugehen. Zur ersten Orientierung setzen wir vier Schemata der vier großen Speicheldrüsen einschließlich Pankreas von BRAUS hierher.' Die einzelnen Abschnitte sind durch verschiedene Farben kenntlich gemacht. Benutzen wir die topographische Reihenfolge, so stehen die Drüsen des Vorhofs der Mundhöhle, die Glandulae vestibulares oris an der Spitze. Die mächtigste derselben und aller Mundspeicheldrüsen überhaupt ist die

A. Ohrspeicheldrüse (Glandula), Parotis.
1. Ohrspeicheldrüse des Erwachsenen.

Dieselbe erstreckt sich vom Jochbogen herab bis zum Kieferwinkel und oft noch über diesen hinaus. Hinten stößt sie an den äußeren Gehörgang, den Proc. mastoideus und den vorderen Rand des M. sternocleidomastoideus. Vorn legt sie sich auf den hinteren Randabschnitt des M. masseter, oft mit dem Ausführungsgang einen Fortsatz nach vorn sendend, der jedoch meist von der Hauptdrüse getrennt in eine oder mehrere Gland. parotideae accessoriae zerfällt, die oberhalb des Hauptausführungsganges liegen und in ihn münden. Zwischen Unterkieferast und äußerem Gehörgang erstreckt sie sich weit in die Tiefe bis zum hinteren Bauch des M. digastricus dem Proc. styloideus und den von ihm entspringenden Muskeln.

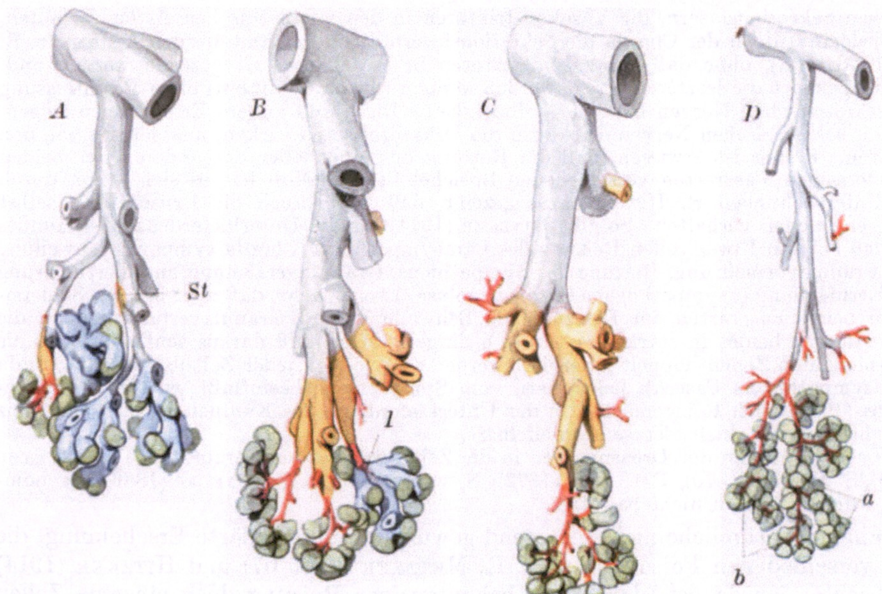

Abb. 123. Schemata der Speicheldrüsen des Menschen incl. Bauchspeicheldrüse. Ausführungsgänge *weiß*, Streifenstücke (Sekretröhren) *orange*, Isthmen (Schaltstücke) *rot*, albuminöse (seröse) bzw. mukoseröse Zellen der Hauptstücke *grün*, muköse Zellen *blau*. *A* Glandulae sublinguales, *St* Insel von Streifenzellen in einem Ausführungsgang. *B* Gl. mandibularis, *I* kurzer zu gemischten Hauptstücken gehöriger Isthmus. *C* Gl. parotis. *D* Pankreas, *a* dichtgedrängte Gruppe von Hauptstücken, das zugehörige Isthmussystem verdeckend, *b* durch Entfernung einiger Hauptstücke sind die Isthmen z. T. sichtbar geworden. Aus H. Braus, Anat. d. Menschen, Bd. 2 (1924). Bezeichnungen verändert.

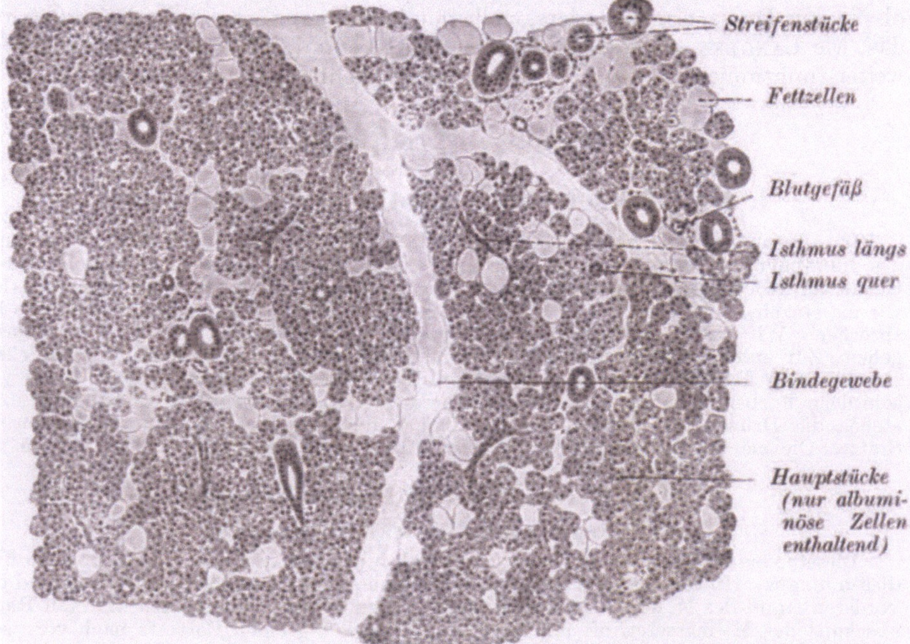

Abb. 124. Stück eines Schnittes durch die Parotis eines 23jährigen Hingerichteten. Vergr. 100fach. Es sind Teile dreier Läppchen gezeichnet, die etwas auseinander gewichen sind; die nur von spärlichem Bindegewebe ausgefüllten Spalten sind dadurch unnatürlich verbreitert. Mäßig reichliche Streifenstücke mit weitem Lumen und hohem Epithel in den Läppchen, Isthmen schmal und dunkel; nur albuminöse Zellen. Aus Ph. Stöhr-v. Möllendorff, Lehrb. d. Histol., 19. Aufl. 1922. (Gez. W. Freytag.) Bezeichnungen z. T. verändert.

Die zahlreichen makroskopisch leicht präparierbaren, an der Oberfläche rundlichen, in der Tiefe sich gegenseitig abplattenden Läppchen werden durch bindegewebige oft sehr fettreiche Septen, die von der Kapsel abgehen, voneinander getrennt. Die Läppchen werden durch dünnere Scheidewände immer weiter geteilt, bis zuletzt die zu einem Isthmus gehörenden Hauptstücke die kleinsten Läppchen bilden. Auch zwischen diese dringt noch eine Spur Bindegewebe, welches Blutcapillaren, Lymphspalten und Nervenfasern,

zuweilen auch noch einzelne oder mehrere Fettzellen enthält. Das Fettgewebe kann so reichlich sein, daß ein Endisthmus mit seinen zugehörigen Hauptstücken ganz isoliert erscheint und daher leicht überblickt werden kann, s. Abb. 125, welche von einer solchen Stelle stammt.

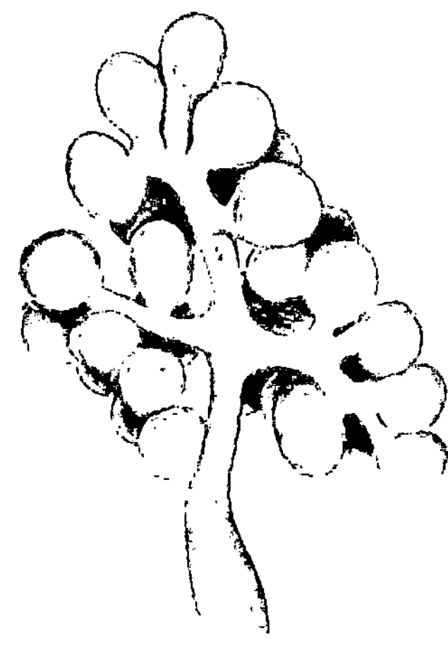

Abb. 125. Parotis, Mensch. Kleines Läppchen mit dem ganzen zu den im Schnitt gelegenen Hauptstücken gehörigen Isthmussystem. Die Gruppierung der Hauptstücke um die Isthmusanfänge erinnert an die Bauchspeicheldrüse.

Abb. 126. Wachsmodell der Parotis des Menschen. Vergr. 320fach. „Das Schaltstück verschmälert sich allmählich, gibt Seitenzweige ab, die noch engere Endzweige abgeben, welche mit den Alveolen in Verbindung stehen. Die Ähnlichkeit mit einer Weintraube fällt sehr leicht ins Auge." Nach St. Maziarski (1900).

Die Hauptstücke können gelegentlich Weinbeerform besitzen (s. Abb. 128), sind jedoch noch häufiger mehr oder weniger verzweigt (s. Abb. 127), so daß die Bezeichnung „acinös" für die ganze Drüse nicht zutrifft. Dem Modell Maziarkis (1900, s. Abb. 126) lag ein Drüsenabschnitt zugrunde, der ungefähr Verhältnisse wie meine Abb. 125 zeigte, sie gibt also nur einen Spezialfall wieder und kann daher nicht als Grundschema für die ganze Drüse gelten. Auch J. Sobotta (1911) und Stöhr-v. Möllendorff (1922) bilden verzweigte Hauptstücke ab (s. Abb. 129). Da normalerweise auch keine weiten Hohlräume sich im Innern finden, so sind die Hauptstücke auch keine „Alveoli" oder „Endkammern". Somit ist die Parotis eine im ganzen reich verzweigte Drüse mit einfachen oder verzweigten albuminösen Hauptstücken.

Nach v. Ebner (1902) kommt es beim erwachsenen Menschen vor, daß Schleimzellen führende Drüsenläppchen in den Ausführungsgang der Parotis münden. Es kann dies jedoch nur selten vorkommen, da ich in von vielen Individuen stammenden Drüsenstückchen, auch in den Gl. accessoriae keine muköse Abschnitte gefunden habe.

Die Erfahrung lehrt, daß die bei jungen Carnivoren wie Hund und besonders Katze (Metzner 1906/07) reichlich vorhandenen mukösen Tubuli sich allmählich verringern, und E. Bock (1914) fand, daß die bei jungen Schafen vorkommenden rein mukösen Schläuche beim erwachsenen Tier ganz verschwunden sind. Auch beim neugeborenen Menschen fand ich Schleimzellen. Da sich hier noch andere Abweichungen von den Verhältnissen des Erwachsenen zeigen, werde ich am Schluß dieses Kapitels näher darauf eingehen.

Das Epithel der ganzen Drüse von den Hauptstücken bis in die Nähe der Mündung ist ein zweistufiges. In den Hauptstücken wird die höchste Stufe durch die sezernierenden Zellen gebildet. Ihre Form ist im allgemeinen eine pyramiden-

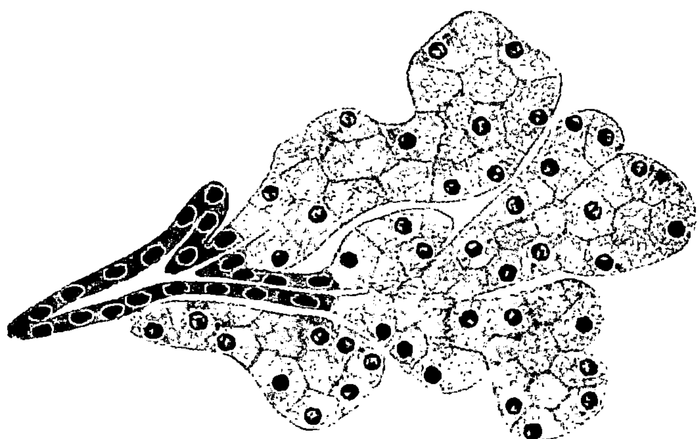

Abb. 127. Parotis, Mensch. Verzweigter Isthmus geht in langgestreckte und verzweigte Hauptstücke über. Keine „Acini", keine „Alveoli" oder „Endkammern".

förmige, mit der abgerundeten Basis an der sehr dünnen Basalmembran. An der Parotis ist der Größenunterschied zwischen sekretleeren und sekretvollen Zellen bedeutender als in allen anderen al-buminösen Speicheldrüsenabschnit-ten. Die Aufstapelung von Sekret-

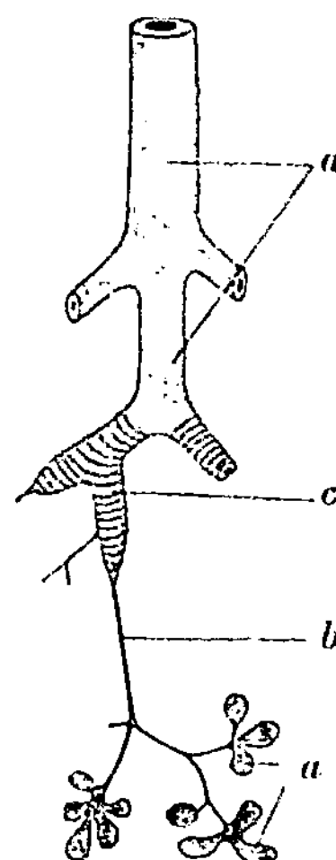

Abb. 128. Schema der menschlichen Gl. parotis. Die albuminösen Hauptstücke (a) zum Teil verzweigt (unten), ebenso die dünnen Isthmen (b); die Streifenstücke (c) sind durch quere Strichelung angedeutet; die Ausführungsgänge (d) glatt. Aus Ph. Stöhr - v. Möllendorff, Lehrb. d. Histol., 19. Aufl. 1922. Die Bezeichnungen sind verändert.

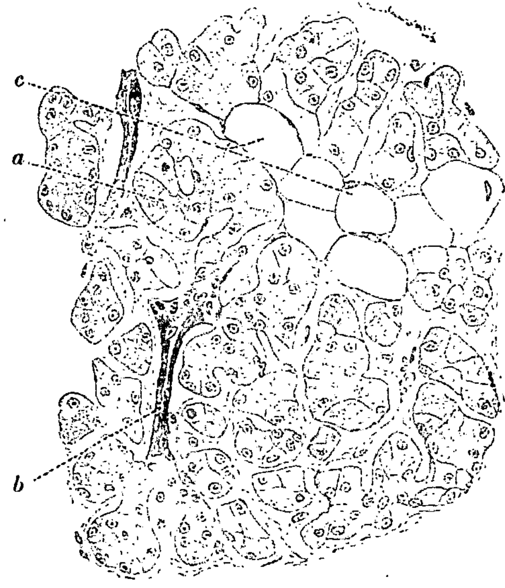

Abb. 129. Schnitt durch die Parotis eines erwachsenen Menschen. Vergr. 252fach. Die Hauptstücke (a) sind zum Teil langgestreckt und verzweigt, also keine Acini; die Lumina sind wegen ihrer geringen Weite nicht sichtbar, also keine Alveoli oder Endkammern. Zwei Isthmen (b); schmal und dunkel; Fettzellen (c). Aus Ph. Stöhr - v. Möllendorff, Lehrb. d. Histol. 19. Aufl. 1922. Die Bezeichnungen sind verändert.

granula kann so weit gehen, daß von den Basalfilamenten, welche die Parotis-zellen ebensogut besitzen wie andere albuminöse Zellen (s. Abb. 20 und 35), überhaupt nichts mehr aufzufinden ist (s. Abb. 82—85, von einem 19jährigen

Hingerichteten), was Laguesse und Jouvenel (1899) veranlaßt hat, der Parotis des Menschen die Basallamellen überhaupt abzusprechen. Es scheinen eben in der Parotis die von den Basallamellen aufgenommenen Stoffe, seien es nun Kernderivate (Garnier) oder aus dem Blut stammende Rohstoffe (Kolossow), so vollkommen zur Sekretbildung verbraucht zu werden, daß die Sekretgranula bis zur Zellbasis reichen und die einzelnen ganz dünn und weniger färbbar gewordenen Basallamellen zusammenzupressen, so daß sie nicht mehr erkennbar sind. Einen wichtigen Unterschied der Parotiszellen von den Mandibulariszellen geben noch Laguesse und Jouvenel an, daß nämlich die Granula bzw. Maschenräume, in denen sie stecken, in der ersteren größer und daher weniger zahlreich seien als in der Unterkieferdrüse. Über die Entstehung der Granula wurde weiter oben gesprochen. Amphitrope Reaktion habe ich bei der Parotis des Erwachsenen nicht bemerkt.

Die ausschließlich zwischenzelligen Sekretcapillaren werden durch die an Eisenhämatoxylinpräparaten deutlich hervortretenden Schlußleisten gut erkennbar gemacht. Ein Kanälchen habe ich sich viermal teilen sehen, und anscheinend war es nicht einmal ein primäres. Zwischen zwei zusammenstoßenden Zellen können demnach auch zwei und mehr Kanälchen hinziehen, so daß eine Zelle, die an kein Hauptlumen stößt, von mehreren umgeben sein kann (in Abb. 83 eine von fünf). Sie können bald gerade, bald gebogen verlaufen (Abb. 83 und 85).

Sternförmige Myoepithelzellen (Basalzellen des zweistufigen Epithels) mit sich kreuzenden Fibrillen, habe ich schon 1898 beschrieben und abgebildet (s. Abb. 73 und in den Abb. 82 und 83 bei *a*). Es sind beim Menschen und bei der Katze (s. Abb. 78) keine „Korbzellen" d. h. sie liegen einzeln.

Die Isthmen sind bis 275 μ lang und gut ausgebildet; sie können sich bis viermal teilen. Ihre Dicke schwankt erheblich von 10—22,5 μ. Augenscheinlich sind die längeren, dünnen durch Dehnung kürzerer, dicker hervorgegangen, was man aus der Kernlänge (in der Richtung des Ganges) ersehen kann. So fand ich in einem 13,5 μ dicken Isthmus 16,2—18 μ lange Kerne, im dicksten beobachteten nur einen entsprechenden Kerndurchmesser von 7,2—9 μ. Die Dicke des gleichen Isthmus nahm gegen die Hauptstücke zu allmählich bis auf 18 μ ab.

Die Hauptstücke können um den Endabschnitt der Isthmen gelegentlich so dicht gedrängt stehen, daß sie den Eindruck eines einzigen großen „Acinus" machen, der in seinem Innern „centroacinäre" Zellen besitzt, die schon Boll (1869), Teraszkiewicz (1875), Laguesse und Jouvenel (1899) wohl bekannt waren und von ihnen richtig gedeutet, aber von Asp (1873) direkt geleugnet wurden. Darstellung der Schlußleisten mit Eisenhämatoxylin lassen aber erkennen, daß das Lumen des Isthmus am Ende sich mehrfach teilt, so daß es sich eigentlich um eine Teilung des ganzen Isthmus handelt, die äußerlich sich nicht bemerklich macht, da seine Teiläste so kurz sind, daß sie von den Zellen des Stammes selbst gebildet werden. Die Teillumina setzen sich dann unmittelbar in die sich mehr oder weniger reich verzweigenden Sekretcapillaren der Hauptstücke fort. Von M. Heidenhains (1921) Standpunkt betrachtet, würde es sich um „Teilungsstadien der Adenomeren", gegebenenfalls um eine „blumenkohlähnliche Figur, hervorgegangen aus der vielfachen Teilung einer Scheitelknospe" handeln, wie dies hier in dem beigegebenen synthetischen Schema einer traubenförmigen Drüse (Abb. 7) dargestellt ist. Nur fehlen dort die Sekretcapillaren, welche man sich als Fortsetzung der gezeichneten Lumina denken muß, auch muß man von den ampullenartigen Erweiterungen wie in 4 des Schemas absehen, dergleichen gibt es in der Parotis nicht. Meine Abb. 125 zeigt solche „Blumenkohlköpfe", doch ist die Teilung schon etwas weiter fortgeschritten, so daß aus den „centroacinären" Zellen schon eine Gruppe kurzer Isthmusstummel geworden ist. Auch diese so häufigen Bilder in der Parotis des Menschen fehlen in der Maziarskischen Rekonstruktion. Bilder wie Abb. 127, überhaupt alle verzweigten Hauptstücke lassen sich in das Heidenhainsche Schema leicht einfügen, man braucht sich nur zu denken, daß die „Trennungszellen" den Charakter der sezernierenden Drüsenzellen annehmen, oder behalten.

Der Übergang der Isthmen in das Streifenstück ist wie gewöhnlich, was den Zellcharakter betrifft, ein plötzlicher, doch findet ein Höhenausgleich statt.

Mukoidreaktion, wie sie in den gemischten Drüsen vorkommt, habe ich in keinem Fall an den Zellen der Isthmen beobachtet.

Die Streifenstücke sind mehrmals geteilt und werden somit in den Schnitten häufig getroffen, doch steht die Parotis hierin der Unterkieferdrüse bedeutend nach. Abb. 79 zeigt deutlich die Zweistufigkeit des Epithels. Die Kerne der hohen Zellen liegen in der Mitte. Ich konnte in jeder Zelle ein Diplosoma nachweisen, das die Oberfläche nicht berührt, doch rückt es nicht über die Mitte der Entfernung des Kerns von der Oberfläche herab. Das Schlußleistennetz ist kräftiger ausgebildet als in den Hauptstücken und Isthmen.

Gelegentlich sah ich in den intralobulären Streifenstücken die hohen Zellen gegen den Isthmus zu bis auf 55° geneigt, und zwar einmal auf eine Strecke von 180 μ. Dergleichen habe ich auch in den Ausführungsgängen der gemischten Drüsen auf der oberen Seite des weichen Gaumens beobachtet. Über die Basalstreifen siehe weiter oben bei der besonderen Besprechung der Streifenzellen.

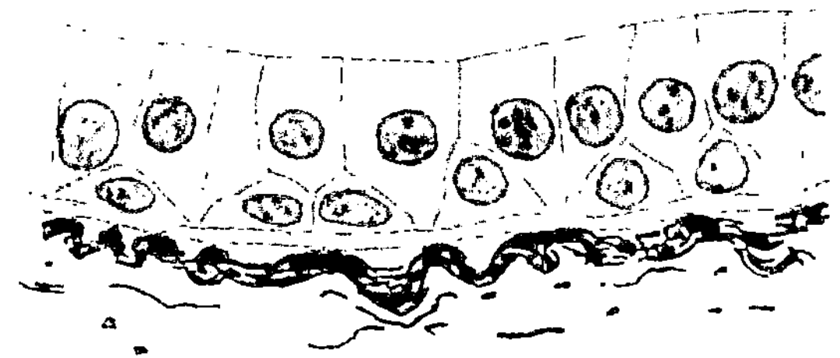

Abb. 130. Interlobulärer kräftiger Ausführungsgang aus der Parotis des Menschen. Orcein. Keine Basalstreifen. Zweistufiges, vielleicht stellenweise zweischichtiges Epithel. Basalmembran, darunter kräftige, dichte Lage elastischer Fasern. Darunter Bindegewebe mit spärlichen feineren elastischen Fasern.

An den nicht gestreiften, interlobulären Ausführungsgängen, die ebenfalls mit zweistufigem Zylinderepithel ausgestattet sind, kann man besonders in Orceinpräparaten die Existenz einer gut ausgebildeten Basalmembran erkennen, da sie zwischen Epithel und einer dichten elastischen Faserschicht ungefärbt bleibt (s. Abb. 130). Während die Basalmembran glatt verläuft, erscheint die elastische Schicht im Schnitt als geschlängeltes Band, so daß es den Eindruck macht, als ob die Basalmembran in Wirklichkeit elastischer sei als die Elastinschicht, doch muß man auch daran denken, daß die Basalmembran bei der Behandlung stärker geschrumpft sein kann als die Elastinschicht. Peripher von der letzteren findet sich lockeres Bindegewebe mit vereinzelten elastischen Fasern.

Wenn die Basalstreifen beginnen, wird die elastische Schicht lockerer und erscheint in Flachschnitten als ein engmaschiges Netz, das immer dünner und spärlicher wird, um vor dem Eintritt in die Läppchen sich in einzelne, meist mehr längsverlaufende Fasern aufzulösen.

Über Sekretionserscheinungen an den Epithelzellen der ungestreiften, interlobulären Ausführungsgängen, siehe weiter oben (Abb. 104).

Der Hauptausführungsgang, Ductus parotideus sive Stenonianus (auch Stensonianus) entsteht im vorderen Drüsengebiet aus zwei Ästen, von denen der untere öfters eine Strecke weit am vorderen Drüsenrand aufwärts zieht. Er verläuft etwa 1,5 cm unterhalb des Jochbogens auf dem Masseter nach vorn, geht an dessen vorderem Rand in die Tiefe, durchbohrt den M. buccinator und die Schleimhaut schräg nach vorn, um in der Höhe des zweiten oberen Mahlzahns auf einer flachen Papille zu münden. Seine Dicke schwankt sehr; sie kann 4 mm erreichen. Bei dem 19jährigen Hingerichteten maß sie nur 2 mm. Diese Unterschiede werden zum Teil durch die bindegewebige Grundlage, hauptsächlich aber durch verschieden reichliche Fetteinlagerungen in das adventitielle Bindegewebe bedingt.

In dem oben erwähnten Fall betrug die Höhe des zweistufigen Zylinderepithels 36—40,5 μ (Steiner: 40 μ). Die Basalmembran scheint in ihrer Ausbildung individuell sehr zu schwanken, da Steiner 15 μ angibt, und ich da, wo man überhaupt von einer solchen sprechen kann, nur 1,75 μ finde. Eine besondere elastische Schicht (zirkuläre feine Fasern mit nur sehr spärlichen Längs- oder Schrägfasern) fand sich zum Teil dicht unter dem Epithel und maß, wenn kompakt, nur 0,7—1,68 μ, d. h. sie bestand stellenweise nur aus einer einzigen Faserlage, sie konnte jedoch auch in ein spärliches Netz aufgelöst sein. Das übrige Bindegewebe war ziemlich kompakt und bestand aus verschieden gerichteten dicken leimgebenden Fasern mit spärlichen feinen längsverlaufenden elastischen Fasern, die nur gegen die Peripherie zu etwas reichlicher und dicker wurden.

Im Epithel können vereinzelte Becherzellen auftreten, doch fand ich sie besonders reichlich in dem die Schleimhaut durchbohrenden Mündungsstück. Das Epithel dieses Abschnittes war auf der vorderen Seite bis nahe an das Oberflächenepithel zweistufig, um dann schnell durch geschichtetes kubisches in geschichtetes Plattenepithel überzugehen. Auf der hinteren Wand ging das Epithel, noch während es in der Muskulatur steckte, aus dem zweistufigen Typus in zweischichtiges und in der Schleimhaut in mehrschichtiges über. Hier war jedoch von wirklichen Schichten nichts zu sehen; außer den obersten und den untersten Zellen besaßen alle übrigen kürzere oder längere Spindelform, wobei die Längsachse senkrecht auf der Epithelbasis stand. Alle einander benachbarten Zellen dieser Art waren aneinander verschoben, so daß sie in ungleicher Höhe standen. Man könnte ein solches Epithel ein „gehäuftes" nennen, statt geschichtetes. Selbst die oberflächlichsten prismatischen Zellen, sowie die zwischen ihnen reichlich eingestreuten Becherzellen waren sehr ungleich hoch und spitzten sich nach unten zu, erreichten aber die Unterlage nirgends. Bei einer Gesamthöhe des Epithels von 99 μ maßen die kürzesten Becherzellen 27 μ, die längsten waren etwa doppelt so lang.

Die Muskelfasern des M. buccinator zeigten keine besondere Anordnung um den durchtretenden Gang, dessen innere Oberfläche während des Durchtritts stark längsgefaltet war.

Dicht am hinteren Rand der Basis der Mündungspapille saß in dem besonders untersuchten Fall eine Gruppe von drei wenig verzweigten kleinen Talgdrüsen.

2. Die Ohrspeicheldrüse des Neugeborenen.

Beim Neugeborenen zeigt die Parotis ein wesentlich anderes Verhalten als beim Erwachsenen. Zwar lassen sich im allgemeinen Hauptstücke, Isthmen und Streifenstücke ziemlich gut voneinander abgrenzen, doch treten die Größenunterschiede noch nicht so schroff hervor wie beim Erwachsenen. Die Hauptstücke sind klein, rundlich oder birnenförmig und messen 22,5 μ—40 μ, meist etwa 30 μ in der Dicke, bei einer maximalen Länge von 45 μ. Häufig sind die Hauptstücke etwas verbreitert; dann sind sie am äußersten Ende in der Mitte mehr oder weniger eingekerbt: beginnende Teilung der „Scheitelknospe" in M. Heidenhainschen Sinne, die an zahlreichen Stellen bis zur völligen Trennung in zwei Hauptstückäste geführt hat. Alle Hauptstücke besitzen ein Hauptlumen, das bis 7 μ mißt, doch lassen sich Sekretcapillaren noch nicht deutlich erkennen.

Die Isthmen können mehrfach verzweigt sein. Ihre Länge schwankt zwischen 90 μ—121 μ (letztere Zahl nur einmal beobachtet), ihre Dicke zwischen 11,25 μ und 22,5 μ, meist etwa 18 μ bei einem Lumen von 2 μ. Im Querschnitt stehen meist 5 Zellen nebeneinander.

Die intralobulären Streifenstücke schwanken in der Dicke zwischen 25 μ und 45 μ bei einem Lumen von 2,25 μ—8 μ.

Das Epithel ist in allen Gangabschnitten zweistufig. Von besonderem Interesse sind die histophysiologischen Verhältnisse der Hauptstücke. Die sezernierenden Zellen sind schmal und hoch, z. B. in einem 37,5 μ dicken Hauptstück 6 μ breit an der Basis und 17,5 hoch. Dabei ist der näher der Basis gelegene Kern häufig in der Richtung des größten Zelldurchmessers verlängert. Man kann drei verschiedene Zelltypen unterscheiden: 1. am häufigsten sind Zellen, deren zwischen Kern und Lumen gelegener ungefähr die halbe Zellhöhe einnehmender Abschnitt bei Mucikarminfärbung einen intensiv roten Ton annehmen kann, wobei die Rotfärbung stets am Lumen beginnt, aber verschieden weit gegen den Kern hin sich erstreckt; oft wird dieser erreicht. Nie findet sich in dem niedrigen, zwischen Kern und Basis gelegenen Zellabschnitt ein roter Farbenton; nie erscheint der Kern an die Basis gedrängt, er ist vielmehr kugelrund oder auch in der Richtung der Zellachse verlängert. Die Zellen ähneln am meisten den mukoserösen in den Unterzungendrüsen.

2. Etwas weniger häufig finden sich Zellen mit den gleichen Maßen, die aber keine Rotfärbung, sondern dunkelblaue (Hämalaun-Mucikarmin-Färbung) Granula mehr oder weniger reichlich enthalten. Die Granula variieren in der Größe in den einzelnen Zellen sehr wenig, sind aber bald unmeßbar fein, bald dicker und können 1 μ erreichen. Abgesehen von der Größe erinnern sie am meisten an die Zellen der Unterkieferdrüse. Amphitrope Reaktion der Granula konnte ich nicht erkennen. Diese Zellen fehlen in den Hauptstücken bald ganz, bald finden sie sich zwischen den mukoserösen Zellen nur vereinzelt oder zu mehreren, bald nehmen sie fast das ganze Hauptstück in Beschlag. Da der Kern häufig dichter an der Basis liegt, erscheint der von den Körnchen eingenommene Zellabschnitt oft etwas ausgedehnter, als der rotgefärbte in den mukoserösen Zellen.

3. Am wenigsten häufig, aber bei Mucikarminfärbung vereinzelt oder zu mehreren zusammenliegend, fast in jedem Schnitt auffindbar, sind echte Schleimzellen mit platt an die Basis gepreßtem Kern. Sie liegen stets an der Grenze zwischen Hauptstück und Isthmus, also ganz wie in gemischten Schläuchen anderer Drüsen des Erwachsenen. Standen sie allein, so hatten sie die bekannte rundliche Becherform, standen mehr als zwei in einer Reihe, so waren die mittleren geradlinig begrenzt. Die verschleimten Gangstücke waren stets nur ganz kurz; mehr als 4 Zellen in einer Reihe fand ich nirgends. Doch mag es in diesem Punkt ebenso individuelle Schwankungen geben, wie z. B. bei der Unterkieferdrüse des Erwachsenen, bei der man gelegentlich in großen Schnitten nicht eine einzige Schleimzelle, in anderen Fällen zahlreiche findet.

In den Hauptstücken, in denen die Zellen erster Art vorherrschen sieht man im Lumen ganz gewöhnlich ein stark rot gefärbtes Exkret, ein Zeichen, daß das mucinhaltige Sekret auch ausgestoßen wird. Man kann es verfolgen bis in die interlobulären Ausführungsgänge. Dort liegt es mehr in der Achse als dichtes rötliches Netz, wird jedoch von den Eipithelzellen durch mehr oder weniger dicht gedrängte graue Krümel ohne jede Beimischung von Rot getrennt. Dieselben sind als Exkret der Ausführungsgangzellen aufzufassen. Diese Verhältnisse ähneln ganz den bei den Unterzangendrüsen beschriebenen und abgebildeten (s. Abb. 161), doch fehlen die rosenkranzartigen Erweiterungen.

Aus allen diesen Befunden geht hervor, daß die Parotis des neugeborenen Menschen in ihrem histophysiologischen Verhalten derjenigen des Erwachsenen ganz unähnlich ist. Sie erinnert mehr an die weiter unten beschriebenen „zusammengesetzten Mundbodendrüsen“. Man sieht also, daß die Speicheldrüsen der Mundhöhle in ihrem Verhalten anfänglich einander verhältnismäßig nahe stehen und, daß die Unterschiede sich während des Wachstums allmählich herausbilden und verschärfen.

Bei einem etwas älteren Kind bildeten die Hauptstücke 3—4 mal gegabelte Tubuli von im maximum 100 μ Länge. Alle Zweige besaßen ein 3—6 μ, selten bis 8 μ weites axiales Lumen, von dem reichliche, ziemlich kurze 1—1,2 μ weite Nebenlumina (Sekretcapillaren) abgingen. Von „Endkammern" oder Acini war nichts zu sehen.

Die Isthmen waren wenig verzweigt und nicht länger als beim Neugeborenen, die Maße wie bei letzterem. Die intralobulären Streifenstücke waren relativ erheblich reichlicher als beim Erwachsenen, ähnlich wie in der Unterkieferdrüse des letzteren.

Becherzellen waren nicht mehr aufzufinden trotz kräftiger Muscikarmin-färbung, dagegen zeigten noch die meisten Hauptstückzellen im lumenseitigen Abschnitt kräftige Mukoidreaktion. Zwischen diesen Zellen waren auch hier albuminöse Zellen eingestreut, doch nicht mehr als beim Neugeborenen. Der Fortschritt gegenüber dem letzteren bestand also hauptsächlich im stärkeren Längenwachstum und der Verästelung der Hauptstücke, ferner im Schwund der Schleimzellen; auch die basale Streifung der Streifenzellen trat etwas deut-licher hervor. Im Vergleich zum Erwachsenen waren die Dickenunterschiede der einzelnen Drüsenabschnitte geringer als bei jenem, was auf der geringeren Höhe der Eiweiß- und Streifenzellen und der größeren Höhe der Isthmuszellen beruhte; ferner treten beim Erwachsenen die axialen Hauptlumina zugunsten der feineren Nebenlumina ganz zurück, und sind bei ihm die mukoserösen Zellen vollständig durch die Eiweißzellen ersetzt, wahrscheinlich durch Um-wandlung der mukoserösen Zellen.

Der auffallende Befund, daß die Hauptstücke verzweigte Tubuli sind, ist wohl so zu erklären, daß das Längenwachstum der Scheitelknospen eine Zeitlang fortschreitet. bevor eine Einkerbung am äußersten Ende auftritt, daß ferner die am Grund der Kerben liegenden Zellen nicht zu indifferenten „Trennungszellen", sondern zu sezernierenden Zellen werden bzw. diesen Charakter beibehalten.. Es ist nicht ausgeschlossen, daß hierin indi-viduelle Schwankungen vorkommen.

Bei diesem Kind enthielten die großen Lymphdrüsen regelmäßig Drüsen-läppchen und zwar immer im Mark, nie in der Rinde. Die einzelnen Abschnitte des Drüsengeästes waren auch hier wohl entwickelt und verhielten sich bei Mucikarminfärbung ganz wie in der übrigen Drüse; von Atrophie oder De-generation war nichts zu bemerken.

B. Die Lippen- und Wangendrüsen.

(Ihre topographischen Verhältnisse werden in diesem Handbuch
von S. VON SCHUMACHER bearbeitet, s. Abb. 4, S. 10 in Bd. V/1.)

Dieselben sind nach J. NADLER (1897) hirsekorn- bis erbsengroß und liegen, wenn sie klein sind, ausschließlich in der Schleimhaut, wenn sie groß sind, mehr oder weniger tief zwischen den Muskelbündeln des M. sphincter oris bzw. buccinator; sie können sogar vereinzelt außen zwischen den Muskelbündeln zum Vorschein kommen. Die Drüsen-körper zerfallen wieder in mehrere locker gepackte Läppchen geringer Ausdehnung. Der Hauptausführgang teilt sich in der Drüse, manchmal auch schon außerhalb derselben mehrfach, um schließlich in die ebenfalls verzweigten Hauptstücke überzugehen, welche stets Tubuli, niemals Alveolen darstellen, wenn sie auch in ihrer Weite sehr wechseln können.

1. Die Lippendrüsen, Gl. labiales superiores et inferiores.

Die Hauptausführgänge sind je nach der Lage des betreffenden Drüsenkörpers kürzer oder länger. Beim Neugeborenen fand ich sie häufig geschlängelt, gelegentlich sogar invaginiert, woraus man wohl auf stärkeres Längenwachstum schließen darf. Beim Er-wachsenen sind die Hauptausführgänge meist gerade und können sich zwar schon außer-halb des Drüsenkörpers teilen, tun dies jedoch in der Regel erst innerhalb desselben. Sie sind häufig längsgefaltet und kollabiert, so daß ihr Durchmesser dann nicht festzustellen ist. Ein nicht kollabierter hatte in einem Fall eine Gesamtdicke von 288 μ, wobei auf das Lumen 140 μ, auf die Epithelschicht 20—24 μ, und auf die bindegewebige Grundlage im Mittel 52 μ kamen. Die Teiläste erreichten sogar einen inneren Durchmesser von 156 μ und wurden in der Drüse allmählich enger: 83 μ bis zu 15 μ. Der äußere Durchmesser war wegen der undeutlichen Abgrenzung des zugehörigen Bindegewebes nicht gut festzustellen.

Das Epithel des Hauptausführungsganges und seiner unmittelbaren Äste ist näher dem Schleimhautepithel zweischichtig, wird aber bald stellenweise und dann allgemein zweistufig, indem die höheren, lumenseitigen Zellen zwischen den Basalzellen hindurch mit der Unterlage Fühlung erhalten. An einem interlobulären Ausführgang (Lumen 52 μ) fand ich auch einmal nur auf einer Seite zweistufiges Epithel von 13—20 μ Höhe, im übrigen aber drei- bis vierschichtiges von 32—40 μ Höhe mit kurzen prismatischen Zellen an der Lumenseite.

Eine Basalmembran ist vom übrigen Bindegewebe nur schwer zu unterscheiden. Das letztere enthält nur mäßig elastische Fasern ohne bestimmte Anordnung.

Zwischen den Läppchen beginnt, oft nur einseitig, aber immer plötzlich, das Ausführgangepithel typischem Streifenepithel Platz zu machen, das mit demjenigen der Unterkiefer- und Ohrspeicheldrüse vollständig übereinstimmt. Auch Nadler hatte das Vorkommen dieses Epithels in allen von ihm untersuchten Fällen festgestellt. Die Streifenstücke teilen sich nur mäßig und erstrecken sich bis mitten in die Läppchen hinein, wo man jedoch nur eins bis höchstens drei antrifft.

Während die Basalzellen in den ungestreiften Ausführgängen sehr zahlreich sind, findet man sie hier nur spärlich.

Außer diesen beiden Zellenarten findet man zuweilen, jedoch nur in den interlobulären Streifenstücken, noch eine dritte, die sich durch die ganze Höhe des Epithels erstreckt. Die birnenförmigen, nach oben zugespitzten Kerne derselben liegen in der Mitte zwischen den Kernen der Basalzellen und denjenigen der Streifenzellen. Der oberhalb des Kerns befindliche Zellabschnitt ist ganz schmal. Basalstreifen sind an ihnen nicht zu beobachten. Vielleicht handelt es sich hier um versprengte Ausführgangzellen, oder sie sind mit Basalzellen verwandt.

Die Basalmembran der Streifenstücke hat eine Dicke von 0,5 μ. Ihr liegen außen unmittelbar längsverlaufende feine elastische Fasern an. Ihre Menge ist im allgemeinen gering, doch können sie an den intralobulären Gängen erheblich reichlicher sein als in den interlobulären.

Beim Neugeborenen schließen sich an die Streifenstück regelmäßig Isthmen an; ein 148 μ langer war sogar verzweigt und hatte eine Dicke von 12—16 μ. Beim Erwachsenen schließen sich zwar die Schleimstücke meist unmittelbar an die Streifenstücke an, doch trifft man auch hier häufig genug gut ausgebildete Isthmen. Den dünnsten fand ich bei dem 19jährigen Hingerichteten; er maß nur 10 μ und besaß schmale langgestreckte Kerne. Der dickste maß 20 μ bei einer Weite von 7,5 μ. Daß man aus dem äußeren Durchmesser nicht ohne weiteres auf den inneren schließen darf, geht daraus hervor, daß ein 16 μ dicker Isthmus nur 1,6—2 μ weit war. Derselbe war verzweigt. Daß diese Gänge wirklich Isthmen sind, geht aus dem Vergleich ihrer Durchmesser mit denjenigen der sich anschließenden Hauptstücke hervor: der stärkste (20 μ dicke) Isthmus setzte sich in ein 64 μ dickes und 12 μ weites Schleimstück fort. Ausnahmsweise können sich schon unmittelbar an ein interlobuläres Streifenstück verzweigte Schleimstücke anschließen, z. B. vier dicht nebeneinander.

Das Epithel der Isthmen ist auch hier zweistufig. Die Basalzellen sind ganz platt und in die Länge gestreckt. Die ans Lumen grenzenden Zellen sind nie höher als breit, in den dünnsten Gängen jedoch in der Schlauchrichtung stark verlängert.

Was die Hauptstücke betrifft, so unterscheidet Nadler 4 Arten: rein muköse, rein seröse, gemischte „und zwar sowohl die verschiedenartigsten Arten der Vergesellschaftung der beiden Zellenarten an demselben Tubulus, als auch den Übergang von der einen Zellenart zu der anderen" (hierher rechnet er auch gemischte Schläuche mit ein- oder mehrzelligen Endkomplexen am blinden Ende), und schließlich als vierte Art „Tubuli mit großem Lumen und einem niedrigen einschichtigen Epithel auf einer homogenen Membrana propria". Da er diese Gänge, welche neben einigen Schleimtubuli ganze Läppchen zusammensetzten, nur bei einem 63jährigen Mann fand, sieht er sie als pathologische, durch Sekretstauung entstandene Bildungen an. Nach NADLER entspricht das Bild der menschlichen Lippendrüsen vollkommen demjenigen der Unterkieferdrüse.

Ich finde beim Erwachsenen die gemischten Hauptstücke weitaus in der Mehrzahl, danach muköse Schläuche, an denen ich mukoseröse Endkomplexe nicht auffinden konnte, ferner die von NADLER als pathologisch angesehenen Schläuche mit weitem Lumen und niedrigem Epithel, welche in der Regel in Gruppen zusammenstanden und somit kleine Läppchen bildeten. Rein mukoseröse Hauptstücke sah ich nur vereinzelt, nie aber ganze Läppchen bildend. Runde Gruppen von ausschließlich mukoserösen Zellen können gerade so gut Querschnitte von Endkomplexen gemischter Schläuche als von rein mukoserösen Hauptstücken sein.

Die mukoserösen Zellen besitzen ganz den Charakter derjenigen der Unterzungendrüsen. Sie zeigen Basallamellen, deren Schicht 3—5 μ hoch ist. Zwischen ihnen steckt der kugelige Kern, der die Basis berührt und die Schicht etwas überragt. Ferner findet man ganz gewöhnlich in der Mitte zwischen dem Kern und dem Hauptlumen eine kleinere, 2 μ hohe Lamellengruppe, welche, soweit es zu beurteilen möglich ist, ganz die gleiche Beschaffenheit hat wie die basale Gruppe. Alle Lamellen sind parallel zur Zellachse orientiert. Wie in den entsprechenden Zellen der Unterzungendrüsen gelang es mir nicht, Sekretgranula von der gleichen Färbbarkeit wie in der Unterkieferdrüse nachzuweisen, so daß von einer Verwandtschaft mit dieser nicht gesprochen werden kann; wenn auch die Streifenstücke besser ausgebildet sind, als es in den Unterzungendrüsen der Fall zu sein pflegt, sind die Lippendrüsen doch mehr mit diesen verwandt.

Die Schleimzellen variieren nach Größe und Schleimgehalt gewaltig; bei schleimvollen Zellen war die Art des Schleims von der Größe der Zellen ganz unabhängig: große wie kleine konnten α- oder β-Mucin oder alle möglichen Mischformen enthalten. Ich fand Zellen, die reichlich Schleim enthielten, aber nur 8 μ hoch waren. In ganzen Läppchen konnte die Rotfärbung nur das ans Lumen stoßende Drittel, Viertel oder Fünftel der Zellhöhe einnehmen; darunter war die Zelle vollständig mucinfrei. In Schläuchen mit z. B. 9 μ Zellhöhe zeigten alle nebeneinander stehenden Zellen sehr verschiedenen Schleimgehalt, auch waren ganz schleimfreie darunter. Die Kerne der schleimvollen Zellen waren abgeplattet, diejenigen der schleimarmen kugelig. Keine dieser Zellen besaß Basallamellen, so daß man sie wohl auf Isthmuszellen zurückführen darf, zumal ja beim Neugeborenen die Isthmen besser ausgebildet sind als beim Erwachsenen.

Die Basalzellen der mukoserösen Endkomplexe besitzen verhältnismäßig einfache Sternform mit schmalen Ausläufern.

In den Schleimschläuchen ließen sie sich besonders bei dem 19jährigen Hingerichteten gut darstellen als lange, breite und dünne Gebilde ohne jede Verzweigung. Nur an Gabelstellen sind sie oft dreistrahlig und sehen dann ganz wie die in Abb. 76 dargestellte aus, was ebenfalls für Verwandtschaft der Schleimschläuche mit den Isthmen spricht. Die dicht stehenden Längsfibrillen liegen nur in einer Schicht nebeneinander. Da die Zellen in der Regel seitlich aneinander stoßen, sieht es an Schlauchquerschnitten oft aus, als ob zwischen Basalmembran und Schleimzellen eine ununterbrochene Fibrillenschicht läge. Gelegentlich sind jedoch einzelne Zellen durch ihre stärker gefärbten Fibrillen ziemlich gut abgrenzbar, besonders die erwähnten dreistrahligen. In letzterem Fall liegt der große platte Kern in einem dreieckigen fibrillenfreien Feld, indem die Fibrillen von einem Fortsatz auf dem nächsten Weg in den anderen ziehen. In den einfach gestalteten Zellen kann der sehr dünne Kern eine Länge von 11,5 μ bei einer Breite von 3,7 μ erreichen; mit abnehmender Länge nimmt die Breite zu.

Sekretcapillaren kommen nur zwischen den mukoserösen Zellen vor, niemals zwischen mukösen. Ist ein Endkomplex länger als breit, so setzt sich das weite Lumen des Schleimstücks, enger werdend, in denselben fort und sendet 0,7—1,2 μ weite Seitenäste ab, die sich einmal gabeln können. Je kürzer der Endkomplex ist, um so kürzer auch der Axialkanal, so daß schließlich die Sekretcapillaren ein vom Ende des Schleimstückkanals ausstrahlendes Büschel bilden.

Gelegentlich fand ich ungewöhnliche Schlauchformen: 1. keulenförmige kurze Auswüchse mit oder ohne Lumen rings um einen engeren interlobulären, ungestreiften Ausführgang angeordnet sind wohl in der Entwicklung zurückgebliebene Schlauchanlagen; die Basalmembran war hier besonders dick. — 2. Eine kleine Gruppe von Schläuchen zeigte ein Lumen von 5—12 μ Weite bei einer Epithelhöhe von 6—10 μ ohne eine Spur von Schleimfärbung; ziemlich reichliche Basalzellen. Sie erinnern an die „Bermannschen Drüsen" und machen den Eindruck von Drüsenschläuchen, die ihre Sekretion eingestellt und noch nicht wieder begonnen haben. Siehe darüber weiter unten unter „Bermannsche Drüsen". — 3. Schläuche mit größerer, z. B. 40 μ Lumenweite, nur 3—4 μ hohem Epithel und platten Kernen sind wohl Stauungsformen.

Da die Drüsenschläuche im allgemeinen recht locker angeordnet sind, findet sich reichliches lockeres Bindegewebe zwischen ihnen, in dem außer wenigen Fettzellen zahlreiche Plasmazellen vertreten sind.

2. Die Wangendrüsen, Gl. buccales.

Dieselben bilden die Fortsetzung der Lippendrüsen und können dementsprechend in obere und untere eingeteilt werden, wie es schon in einer Abbildung Henles (1873) dargestellt ist. Ganz hinten, vor dem Kieferast, gehen die beiden Züge ineinander über. Hinter den hintersten Mahlzähnen schließt sich eine Gruppe an, die auf der vorderen Seite der Strasserschen „Treppenstufe", d. h. einer von den Mm. buccinator und buccopharyngeus gebildeten, frontal gestellten Muskelplatte liegt; die Raphe pterygomandibularis findet sich in ihr. Diese Drüsengruppe (man könnte sie Gl. buccopharyngeae nennen) kann durch zerstreute Drüsen nach oben mit den unteren Gaumendrüsen, nach unten vorn mit einer medial von dem hintersten unteren Mahlzahe am unteren Ende des Arcus glosso-palatinus und vor dem M. mylopharyngeus gelegenen Gruppe, den Gl. glosso-palatinae (Gl. molares von Henle) in mehr oder weniger unterbrochener Verbindung steht. Die letzteren bilden wiederum die hinterste Gruppe der großen glossomandibularen Drüsengruppe im allgemeinen und der kleinen Unterzungendrüsen im besonderen. Die hintersten, sowohl dem oberen wie dem unteren Zug angehörigen Wangendrüsen werden auch wohl Gl. molares genannt, liegen also lateral von den hintersten Mahlzähnen, während die von Henle (1873) so bezeichneten medial von denselben liegen.

Die meisten von diesen hintersten und ein großer Teil der mittleren oberen, die Mündung des Duct. parotideus zwischen sich fassenden Wangendrüsen[1]) durchbrechen in der Regel den Wangenmuskel oder stecken doch tief in demselben drin, während die übrigen in der Regel nicht in ihn eindringen.

Die vorderen Wangendrüsen unterscheiden sich nicht wesentlich von den Lippendrüsen. Nach hinten zu nehmen die mukoserösen Endkomplexe immer mehr. ab An einer etwas hinter dem Parotisgang mündenden großen Drüse,

---

[1]) Ich richte mich hier nach einer sehr klaren Zeichnung von S. v. Schumacher (1924).

welche als Beispiel dienen mag, waren keine Endkomplexe mehr nachweisbar, der größte Teil der verzweigten Schläuche war rein mukös. Ganz vereinzelte kleine Läppchen waren rein mukoserös. In einem solchen fand ich einen mehrfach verzweigten Isthmus von 292 μ Länge und 11,3—13,5 μ Dicke. Auch in den rein mukösen Läppchen gab es ganz vereinzelte kurze Isthmen, z. B. von 18 μ Dicke. Deutliche Streifenstücke waren nicht zu erkennen. Der 8 mm lange Ausführungsgang war trotz klaffender Mündungsöffnung sehr weit. Das zweistufige Epithel war 12,5 μ hoch und zeigte schmale, hohe Zellen, so daß keine Stauung vorlag. Unter einer deutlichen, 1,3—1,7 μ dicken Basalmembran fand sich ein dünnes, dichtes, zirkuläres, elastisches Netz, dessen platte Fasern bis 2,5 μ breit waren. Peripher davon fanden sich nur zerstreute Längsfasern. Auffallend waren vereinzelte quergestreifte Muskelfasern, die in der bindegewebigen Grundlage des Ganges sich außerhalb des Buccinator bis gegen die Hauptmasse der Drüse hin verfolgen ließen. Die Schleimstücke sind außen von der eigentlichen, sehr dünnen Basalmembran von einem äußerst feinen, elastischen Netz umsponnen, ganz wie ich es unter „Bindegewebe der Speicheldrüsen" angegeben habe. Sehr reichliche Plasmazellen fanden sich besonders um die Äste der Ausführungsgänge; auch Lymphocytenansammlungen waren hier und da zu beobachten, sowie einzelne Fettzellen und kleine Gruppen von solchen.

II. Die Drüsen der Mundhöhle im engeren Sinne.

Wir können sie topographisch einteilen in 1. Drüsen am Boden der Mundhöhle, 2. Drüsen an der Zunge und 3. Drüsen am Dach der Mundhöhle.

A. Drüsen am Boden der Mundhöhle, Glandulae glossomandibulares.

Zwischen Zunge und Unterkiefer senkt sich die Schleimhaut tief hinab und bildet so die „Glossomandibularrinne" (H. STRASSER, 1920, S. 40). Dieselbe wird durch das Frenulum linguae in zwei symmetrische Hälften geteilt, welche je von demselben bis zum unteren Randteil des M. constrictor pharyngis superior, dem M. mylopharyngeus reicht. Am Grund dieser Rinne, und zwar hauptsächlich im vorderen Teil, springt ein Längswulst vor, der bei geschlossenem Mund, wenn Zunge und Unterkiefer in inniger Berührung stehen, die scharfkantige Plica sublingualis bildet. Auf der Höhe derselben finden sich nun die Mündungen aller der Drüsen, welche uns jetzt zu beschäftigen haben. Sie bilden zwar im allgemeinen eine Reihe, doch können sie bald nach der einen, bald nach der anderen Seite etwas verschoben werden; auch können sie Gruppen bilden, indem sich streckenweise keine Drüsen entwickelt haben. In der Regel liegen die Mündungen je auf einem kleinen Schleimhauthöcker. Einer derselben, dicht neben dem Frenulum gelegen, ist vor allem durch stärkere Entwicklung ausgezeichnet, die Caruncula sublingualis.

Hier mündet ein besonders starker Gang, der Ductus mandibularis[1] (WHARTONI), der zugleich Sammelgang ist für individuell an Zahl und Ausbildung sehr wechselnde und unter sich verschieden gebaute Drüsen.

Vor der Caruncula, nahe den unteren Schneidezähnen, liegt noch eine kleinere Gruppe von Mündungen, die zu den von SUZANNE (1877) beschriebenen und von MERKEL (1885—1890) Glandulae incisivae genannten Drüschen gehören. Ganz hinten liegt vor dem M. mylopharyngeus und neben dem unteren Ende des Arcus glossopalatinus noch eine kleine Gruppe von Drüsen, die man hierher rechnen kann und schon erwähnt wurden, die Gl. glossopalatinae (HENLES Gl. molares,

---

[1] Gewöhnlich „Submaxillaris" genannt, doch liegt seine Drüse am Unterkiefer (Mandibula), nicht am Oberkiefer.

Carmalts Isthmian glands). Alle zu den übrigen Mündungen gehörigen (also ohne die mit dem Duct. mandibularis unmittelbar verbundenen) sind als Gl. sublinguales minores zu bezeichnen. Die Entwicklungsgeschichte derselben lehrt, daß von jeder Mündungsstelle sich ein einziges Drüsenindividuum entwickelt hat. Die so entstandenen Drüsen haben sich mehr oder weniger zusammengedrängt, um so dichter, je größer die einzelnen geworden sind. An dieses Paket können sich noch aus dem Ductus mandibularis hervorgesproßte Drüsen dicht anlagern oder gar hineindrängen. Die ganze Gruppe ist es, welche in der makroskopischen Anatomie als Gl. sublingualis bezeichnet wird, und aus der eine wechselnde Zahl dünner Ausführungsgänge, Ductus sublinguales minores[1]) und manchmal ein stärkerer, D. sublingualis maior hervorgehen, welch letzterer einer besonderen Drüse, Gl. sublingualis maior, entspricht und gewöhnlich in den Mandibulargang mündet. Jede dieser Einzeldrüsen schickt ihr Exkret nur durch den entwicklungsgeschichtlich zu ihr gehörenden Ausführungsgang, nie durch einen fremden, so daß die Gruppe aus vielen „Glandulae monostomaticae" besteht

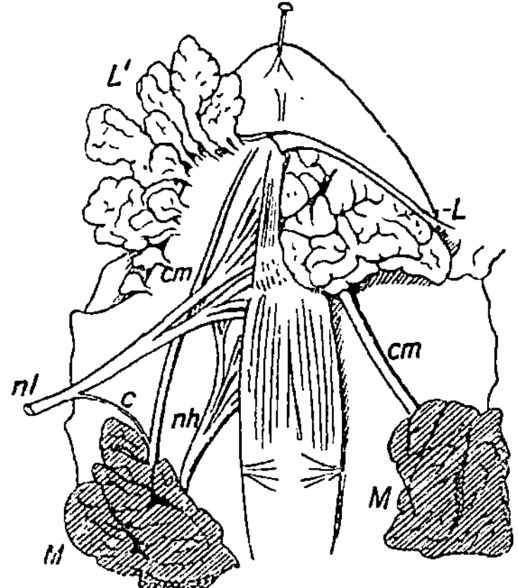
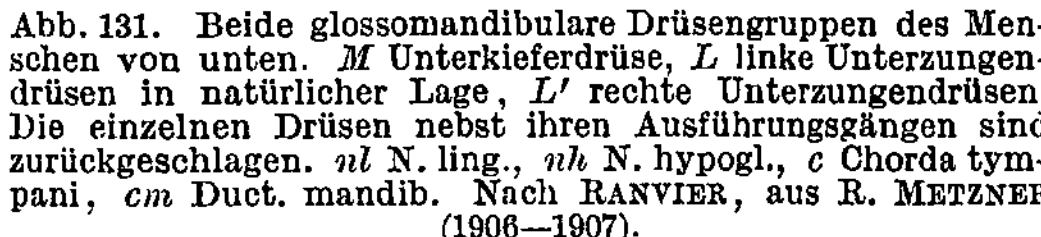
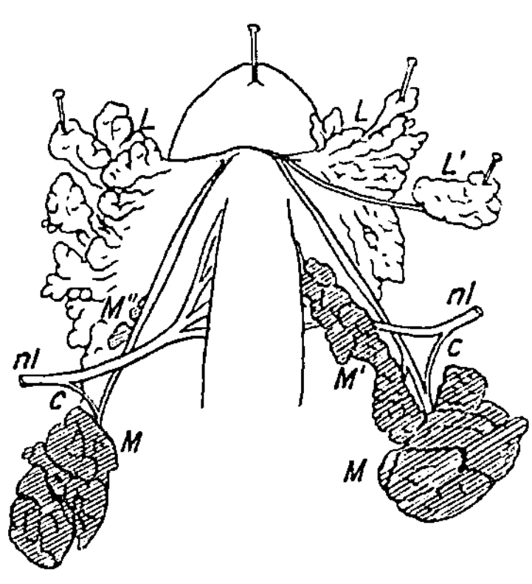

Abb. 131. Beide glossomandibulare Drüsengruppen des Menschen von unten. *M* Unterkieferdrüse, *L* linke Unterzungendrüsen in natürlicher Lage, *L'* rechte Unterzungendrüsen. Die einzelnen Drüsen nebst ihren Ausführungsgängen sind zurückgeschlagen. *nl* N. ling., *nh* N. hypogl., *c* Chorda tympani, *cm* Duct. mandib. Nach Ranvier, aus R. Metzner (1906—1907).

Abb. 132. Anomalien der glossomandibularen Drüsengruppen des Menschen von unten. *M* Unterkieferdrüse, *M'* (links) u. *M''* (rechts) accessorische Läppchen der Unterkieferdrüse, *L* Unterzungendrüse, *L'* große Unterzungendrüse, *nl* N. ling., *c* Chorda tymp. Nach Ranvier aus R. Metzner (1906—1907).

und nicht eine einzige „Gl. polystomatica" ist, wie Illing (1904) meint, auch bei den Haustieren nicht. Nur die Bauchspeicheldrüse kann eine Gl. bistomatica sein, wenn die beiden Anlagen sich so innig verbunden haben, daß auch die Ausführungsgänge sich in der Drüse vereinigt haben (Deltabildung), so daß das Sekret des mittleren und des caudalen Abschnitts bei Verstopfung der einen Mündung durch die andere fließen kann. Ebenso verhalten sich zum Teil auch die Fundusdrüsen im Magen des Menschen und besonders des Pferdes wegen der dort vorhandenen Anastomosen.

Die Zahl der Mündungen bzw. kleinen Unterzungengänge und -drüsen wird sehr verschieden angegeben: Der Entdecker Walther injizierte 4 durch Quecksilber; Huschke gibt 15 an, Tillaux (1858) 18—30; Henle, v. Ebner, Schaffer 5—8; Hyrtl 8—12; A. Prenant, J. Sobotta, L. Szymonowicz und R. Krause,

---

[1]) Von A. F. Walther (1724), nicht von A. Q. Bachmann (Rivinus) entdeckt, folglich ist die gebräuchliche Bezeichnung Duct. Rivini oder Riviniani falsch. Bachmann (1679) hat den D. sublingualis maior zuerst gesehen und nicht Bartholinus, folglich müßte man sagen: Ductus sublinguales minores [Waltheri] und Ductus sublingualis maior [Rivini].

STÖHR, v. MÖLLENDORFF 5—20. In der Schnittserie durch das ganze Drüsenpaket, das ich, weil es von allen untersuchten das am vollkommensten ausgebildete war, meiner Darstellung zugrunde lege (s. Abb. 133 und 134), konnte ich durch graphische Rekonstruktion 41 selbständig mündende Ductus sublinguales feststellen; dazu kommen noch 5 Gl. glossopalatinae. Wenn man ferner die nicht mitheraus-

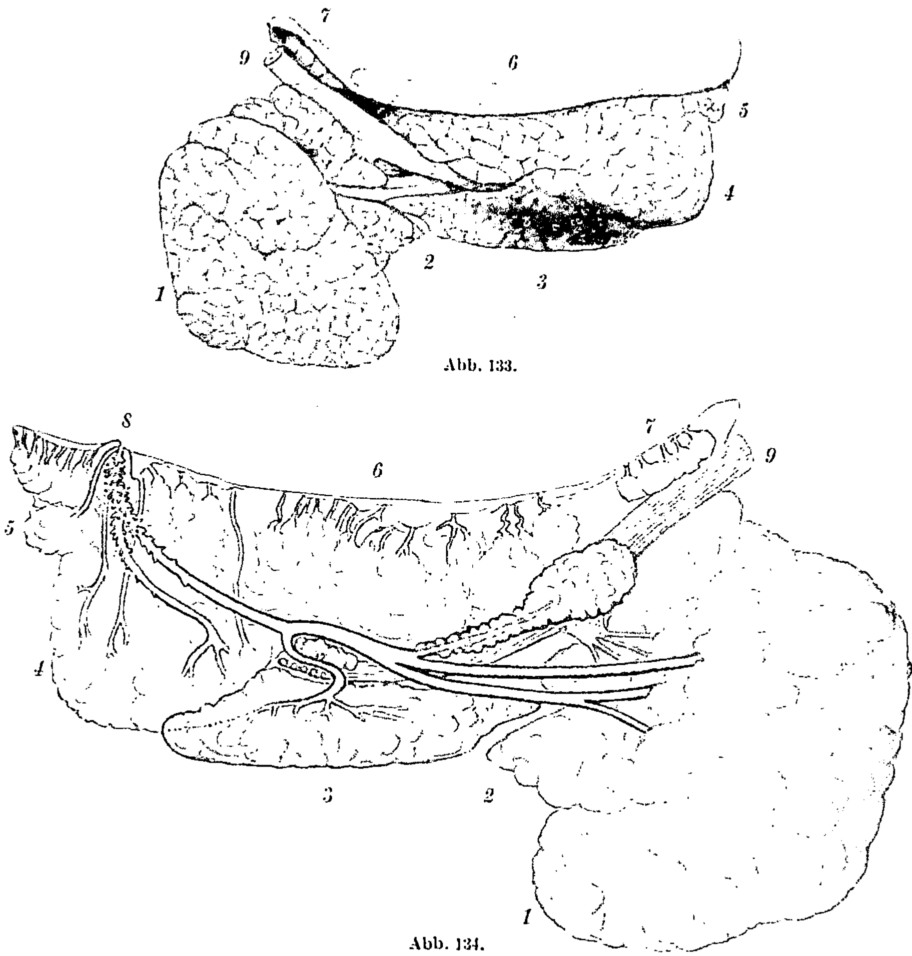

Abb. 133.

Abb. 134.

Abb. 133 und 134. Glossomandibulare Drüsengruppe mit stark ausgebildeten Unterzungendrüsen und zusammengesetzten Glossomandibulardrüsen, 133 laterale, 134 mediale Ansicht. *1* Unterkieferdrüse; *2* ihr kurzer Proc. subling.; *3* untere zusammengesetzte Mundbodendrüse; *4* Gruppe von vier größeren Unterzungendrüsen, drei selbständig auf der Schleimhaut, eine (die größte, Gl. sublingualis maior) in den Duct. mandibularis mündend. *5* Mediale Gruppe von 16 kleinen Unterzungendrüsen (darunter eine etwas größere auf der Karunkel mit dem Duct. mandibularis mündend; *6* laterale bzw. hintere Gruppe von 22 kleinen Unterzungendrüsen. 7 Gruppe von fünf Gl. glossopalatinae; *8* Caruncula sublingualis mit zusammenmündenden Duct. mand. und einer kleinen medialen Unterzungendrüse; *9* N. lingualis. In Abb 134 (halb schematische Rekonstruktionszeichnung) liegt ihm die obere kleinere zusammengesetzte Mundbodendrüse an. Dicht unter derselben das Ganglion sublinguale. Es sind weniger Drüsenmündungen gezeichnet als wirklich vorhanden waren.

geschnittenen Gl. incisivae nur mit 4 veranschlagen will, so bekäme man rund 50 Gl. sublinguales im weitesten Sinne des Wortes, was vorläufig als die Höchstzahl angesehen werden darf. Eine große Zahl dieser Gänge war so dünn, daß sie bei makroskopischer Präparation wenigstens zum Teil nicht beachtet, oder daß zwei dichtstehende als einer angesehen worden wären. 3 von ihnen waren erheblich länger als die anderen, aber dünner als der typische D. subling. maior, weshalb ich sie noch zu den minores rechnen will. Ihre Drüsenkörper lagen im ganzen Paket am weitesten unten. Man konnte im ganzen ohne die nicht in der Serie enthaltenen Gl. incisivae drei Gruppen unterscheiden: 1. eine medial vordere, aus 18 medial und vor der Karunkel gelegenen kleinsten, mittelgroßen und größeren bis zum unteren Rand des Pakets reichenden bestehend; ihre Mündungen waren besonders dicht zusammengedrängt; 2. eine laterale mit 23 weiter

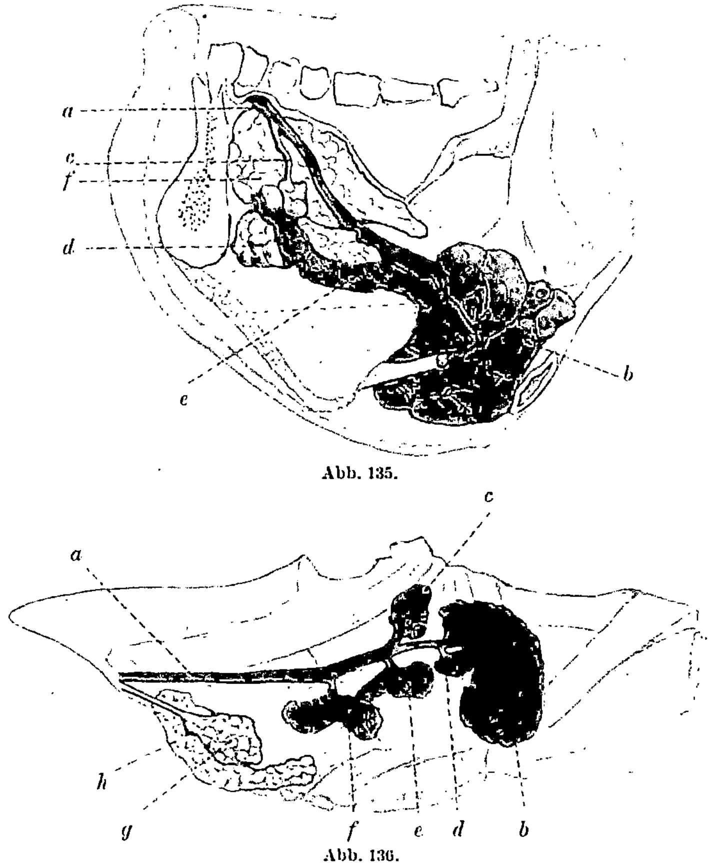

Abb. 135.

Abb. 136.

Abb. 135 und 136.   Nach Carmalt (1913).   Dunkelgrau: Unterkieferdrüse; mittelgrau: große Unterzungendrüse; hellgrau: kleine Unterzungendrüsen.   Abb. 135. Glossomandibulare Drüsengruppe, mediale Seite.   Ewachsener Mann.   *a* Duct. mandib., *b* Unterkieferdrüse, *c* Duct. subling. maior, mündet in den Duct. mand., *d* große Unterzungendrüse, wird vom langen Proc. subling. der Unterkieferdrüse, *e* gekreuzt.   Beide mit den kleinen Unterzungendrüsen in Berührung.   Abb. 136 Glossomandib. Drüsengruppe, laterale Seite.   Erwachsener Mann. *a* Duct. mandib., *b* Unterkieferdrüse, *c* eine obere. *d, e, f* drei untere Neben-Unterkieferdrüsen, *g* große Unterzungendrüse; ihr Ausführungsgang mündet dicht beim Duct. mandib., *h* stark aus der Lage gebrachte Gruppe der kleinen Unterzungendrüse.

auseinander stehenden, aber sehr unregelmäßig gruppierten Drüsen; eine von ihnen gehörte zu den 3 Drüsen mit langem Ausführungsgang; 3. die 5 Gl. glossopalatinae.

Schließen wir gleich die Beschreibung der in den Duct. mandibularis mündenden Drüsen an, so muß zunächst noch erwähnt werden, daß eine etwas stärkere medial von der Karunkel gelegene Gl. subling. minor ihre Mündung unmittelbar an der Oberfläche mit derjenigen des Duct. mandibularis vereinigte. Etwas unterhalb der Basis der Karunkel zweigte auf der medialen Seite des letzteren Ganges unter ganz spitzem Winkel der typische Duct. sublingualis maior ab, zog, eine größere Strecke fast parallel mit dem Hauptgang und medial von ihm abwärts und dann lateralwärts, um unterhalb desselben in die kompakte Drüsenmasse einzudringen. Sein Drüsenkörper war so eng mit den übrigen verbunden, daß es unmöglich war, sie voneinander zu trennen, zumal ihr Bau ganz der gleiche war.

An der Kreuzungsstelle des Hauptganges mit dem N. lingualis, und zwar etwas medial von derselben, zweigte sich auf der Unterseite des Ganges ein dem Duct. sublingualis major in nichts nachstehender, weiterer Nebengang ab, zog zwischen Hauptgang und Nerv nach hinten und lateralwärts, bog um den letzteren im spitzen Winkel abwärts und nach vorn, um in einen mächtigen, ungefähr den dritten Teil der ganzen sublingualen Drüsenmasse bildenden Drüsenkörper, Gl. glossomandibularis composita, überzugehen. Makroskopisch unterschied er sich

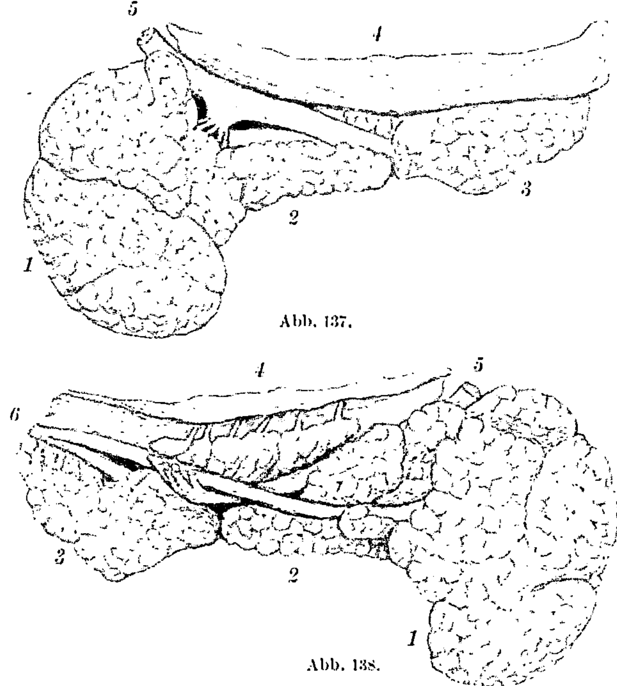

Abb. 137.

Abb. 138.

Abb. 137 und 138. Glossomandibulare Drüsengruppe mit schwach ausgebildeten Unterzungendrüsen. Abb. 137 lateral-vordere Ansicht, Abb. 138 medial-hintere Ansicht. *1* Unterkieferdrüse, *2* ihr Processus sublingualis sehr lang, *3* große Unterzungendrüse, *4* Gruppe von sechs lateralen kleineren Unterzungendrüsen, Schleimhautfalte. *5* N. lingualis mit dem Ganglion sublinguale (Abb. 137) und der Kreuzung mit dem Duct. mandibularis (Abb. 138). Bei *6* Vereinigung des Duct. subling. maior und Duct. mandibularis.

durch seine bräunliche Farbe leicht von den übrigen weißlichen Drüsenmassen. Er ist in Abb. 134 als untere zusammengesetzte Mundbodendrüse bezeichnet. Er schickte lateralwärts einen langen Fortsatz, der einen kurzen Proc. sublingualis der Unterkieferdrüse berührte.

Etwas hinter der Kreuzungsstelle teilte sich der Hauptgang in drei Zweige; der obere ging zu einem 1 cm langen, hinten oben dem N. lingualis und dem Ganglion angelagerten keulenförmigen Lappen über, der der Unterkieferdrüse nicht direkt angelagert war und mit der Gl. glossomandibularis composita im Bau übereinstimmte. Die beiden übrigen Äste zogen dicht aneinandergeschmiegt zur Unterkieferdrüse. Einige weitere Skizzen (Abb. 135, 136, 137, 138) von Carmalt und mir geben einen Begriff von den großen Schwankungen in der Zusammensetzung der großen Drüsengruppe.

Ich beginne die Beschreibung der einzelnen Drüsen mit der Unterkieferdrüse.

1. Die Unterkieferdrüse, Glandula mandibularis (submaxillaris).

Diese Drüse ist in der Regel die einzige in der ganzen glossomandibularen Drüsengruppe, welche außerhalb des Diaphragma oris liegt. Sie muß daher ihren Ausführungsgang durch den einzigen Zugang zur Mundschleimhaut durch das „hyomandibulare Muskelfenster" (H. STRASSER) senden. Häufig geht noch ein mehr oder weniger langer schmaler Fortsatz, Proc. sublingualis (s. Abb. 135 und 137) ebenfalls durch diese Lücke zur Oberseite des M. mylohyoideus und kann, gewöhnlich am Unterrand des sublingualen Drüsenpakets entlangziehend, in Ausnahmefällen fast bis zum Vorderrand des ganzen Paketes gelangen (Abb. 135). Da der im Innern verlaufende Ausführungsgang erst am Drüsenhilus in den Hauptgang mündet, kann man den Lappen nicht als Gl. mandibularis accessoria bezeichnen. Die Abb. 135 zeigt, daß der Fortsatz (e), die große Unterzungendrüse (d) und kleinen Unterzungendrüsen dicht zusammengepackt sein können, daß also,

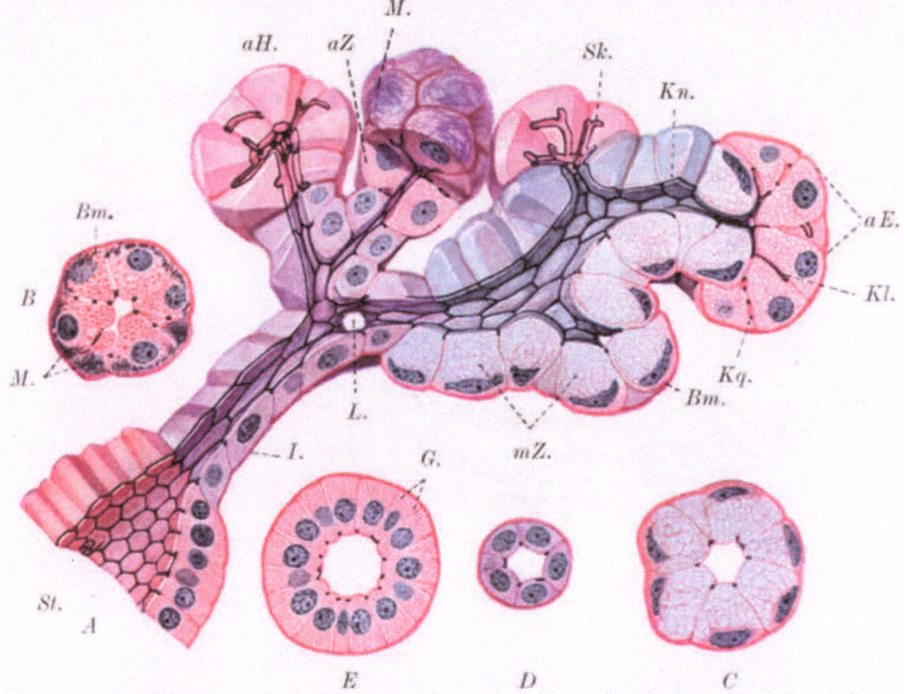

Abb. 139. Unterkieferdrüse des Menschen. Plastisches Modell der Endverästelung eines Drüsenschlauches von A. Vierling, Heidelberg. Muköse Zellen blau, albuminöse Zellen rot, Isthmus violett, Kittleisten zwischen den Zellen schwarz. *A* Flachschnitt durch das ganze Modell, einzelne Teile vor die Papierebene plastisch vorspringend, so daß die Zellen körperlich zu sehen sind. *aH.* albuminöses Hauptstück, *aZ.* albuminöse Drüsenzellen, *aE.* albuminöser Endkomplex eines gemischten Hauptstücks, *mZ.* muköse Zellen desselben. *Kl.* Kittleisten längs, *Kq.* Kittleisten quer getroffen, *Kn* Kittleistennetz von der Fläche gesehen, *M.* Myoepithelzellen (Korbzellen, schlecht wiedergegeben), *Sk* zwischenzellige Sekretkapillaren, *Bm.* Basalmembran, *I.* Isthmus (Schaltstück), *L* Lumen eines abgeschnittenen Isthmusastes. *St* Streifenstück (Speichelrohr). *B* Querschnitt durch ein rein albuminöses Hauptstück, *M.* Ausläufer der Myoepithelzellen (Korbzellen) quer und schräg getroffen, *Bm.* Basalmembran. *C* Querschnitt durch den mukösen Teil eines gemischten Hauptstücks. *D* Isthmus (Schaltstück) quer. *E* Streifenstück (Speichelrohr) quer. *G* gestreifter Basalteil der Epithelzellen. Aus H. BRAUS, Anatomie des Menschen, Bd. 2 (1924). Bezeichnungen verändert.

falls die Gl. subling. maior im Bau von den Minores verschieden ist, drei schon makroskopisch leicht unterscheidbare Drüsenmassen im gleichen Schnitt liegen können, wie dies Abb. 154 schön zeigt. Der Drüsenkörper der Gl. mandibularis kann in mehrere Lappen zerfallen, besonders wenn der Hauptausführungsgang sich weit außerhalb in mehrere Äste teilt.

In der im ganzen reich verzweigten Drüse sind sämtliche, überhaupt in Speicheldrüsen vorkommende Abschnitte, Hauptstücke, Isthmen, Streifenstücke, Ausführungsgänge im engeren Sinne in wohl ausgebildeter Form reichlich vertreten. (S. das beigefügte Schema von BRAUS).

Die Hauptstücke sind teils rein albuminös, teils gemischt, d. h. aus Schleimstücken mit endständigen albuminösen Zellen. Die ersteren haben sehr wechselnde Form, teils sind sie kurz, d. h. beeren- oder kolbenförmig, teils langgestreckt und dann oft mehr oder weniger verzweigt (Abb. 146 und 148).

Im Maziarskischen (1900) Modell ist nur die erstere Form vertreten (s. Abb. 141), während von anderen Forschern auch die andere in Wort oder Bild dargestellt wird, z. B. von A. Prenant (1911, er nennt überhaupt die albuminösen Hauptstücke „longs et tortueux, pourvus d'une lumière minime"), R. Krause (1897, er zeichnet sie verzweigt und wohl zu lang, die erste Form fehlt ganz), J. Schaffer, Stöhr-v. Möllendorff. Die gemischten Hauptstücke sind besonders lang und verzweigt.

Wie gewaltig ein Endkolben sein kann, ergibt sich aus Abb. 143 (Zellgrenzen, Kanälchen und Kittlinien sorgfältig bei hom. Imm. gezeichnet): man kann in

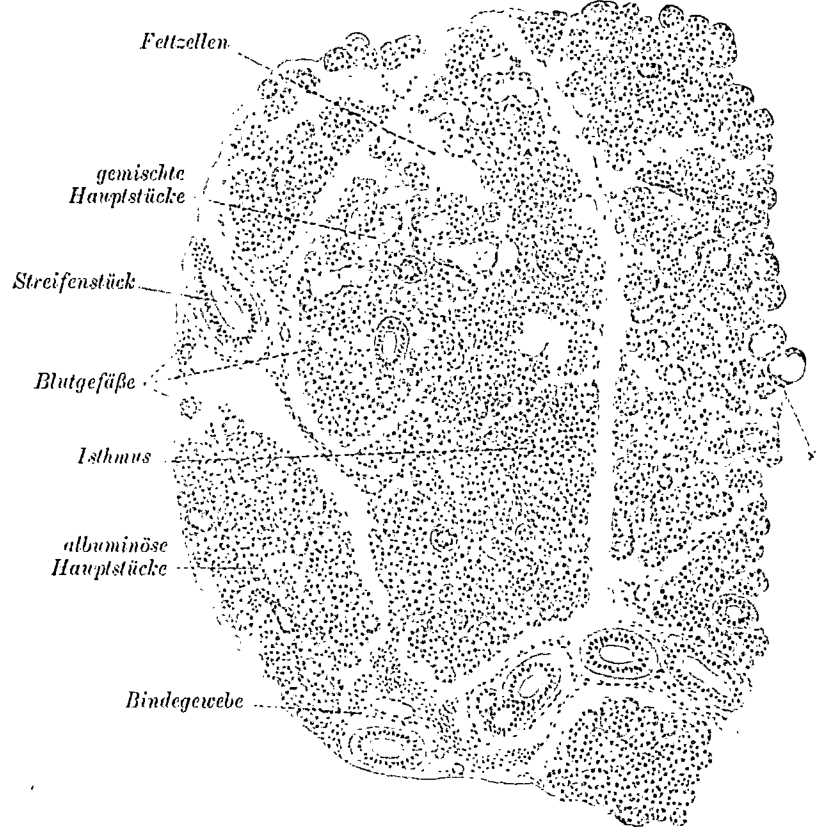

Abb. 140. Stück eines Schnittes durch die Unterkieferdrüse eines 23 jährigen Hingerichteten. 100 fach vergr. Zahlreiche Streifenstücke (an anderen Stellen sind sie noch viel reichlicher); einzelne schmale Isthmen; viele rein albuminöse und einige gemischte Hauptstücke, letztere aus Schleimzellen und Endkomplexe bildenden albuminösen Zellen (bei ✕) bestehend. Einige Fettzellen. Aus Ph. Stöhr-v. Möllendorff, Lehrb. d. Histol. 19. Aufl. 1922. (Gez. W. Freytag.) Veränderte Bezeichnungen.

dem einen Schnitt 30 Enden oder Querschnitte von Sekretcapillaren erkennen. Eine einzige Zelle kann bis zu 6 derselben bilden helfen, Verhältnisse, die an die Leber erinnern, nur daß in der Leber reichliche Netzbildung besteht, welche ich in den Hauptstücken der größeren Speicheldrüsen bisher vermißte (siehe jedoch die Gland. gustatoriae v. Ebners). In dem gezeichneten Fall und in vielen anderen ähnlichen handelte es sich um kompakte Zellmassen ohne Andeutung von Gliederung in mehrere Adenomeren durch bindegewebige Septen.

Was die albuminösen Zellen betrifft, so hat G. Boschkovitch (1922) unter meiner Leitung die Unterkieferdrüsen von 27 Individuen im Alter von 8 Tagen bis 72 Jahren untersucht, ausschließlich zur Feststellung der Frage, ob in der amphitropen Reaktion individuelle Schwankungen bestehen oder nicht. Es zeigte sich, daß bei einzelnen Individuen (z. B. einer 36jährigen Frau) nur vereinzelte Zellen schwach Mucikarmin annahmen, während die Granula aller übrigen sich nur mit Hämalaun blau färbten. Wieder bei anderen (z. B. einem 8tägigen Knaben)

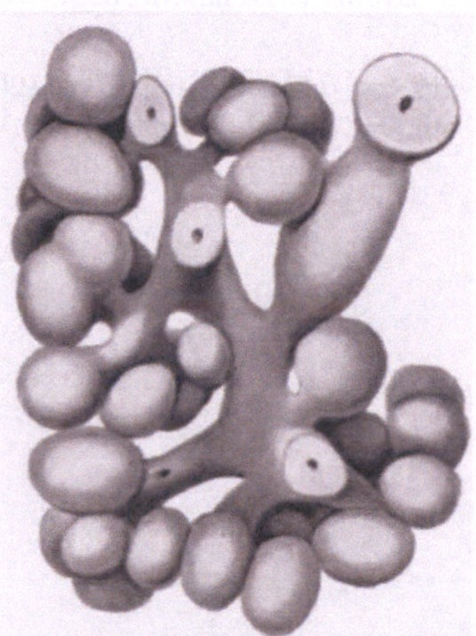

Abb. 141. Wachsmodell der Unterkieferdrüse (albuminöser Teil) des Menschen. Vergr. 300fach. „Von hinten gesehen, ein größerer Teil der Alveolen abgetragen, um die Ramifikationen der Schaltstücke leichter vorzuzeigen. Die Alveolen sitzen scharenweise auf den Endstücken der Schaltstücke." Nach St. Maziarski (1900).

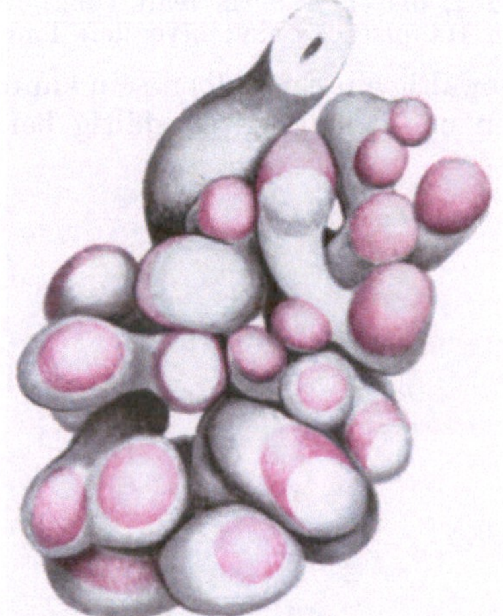

Abb. 142. Wachsmodell der Unterkieferdrüse (gemischter Teil) des Menschen. Vergr. 300fach. Vorderansicht. „Das Speichelrohr etwas angeschnittten, mit spindelförmiger Erweiterung in der Mitte, ist teilweise von dem Komplexe der gewundenen, zusammenverbundenen Schläuche verdeckt, die reichlich mit Alveolen versehen sind. Die Gianuzzischen Halbmonde evtl. ganze seröse mit Schleimschläuchen verbundene Alveolen sind mit roter Farbe bezeichnet." Nach St. Maziarski (1900).

färbten sich alle albuminösen Zellen ohne Ausnahme mit Mucikarmin intensiv düsterrot, so daß man sie bei schwacher Vergrößerung von den Schleimzellen nur durch deren leuchtendere Farbe unterscheiden konnte, wieder bei anderen

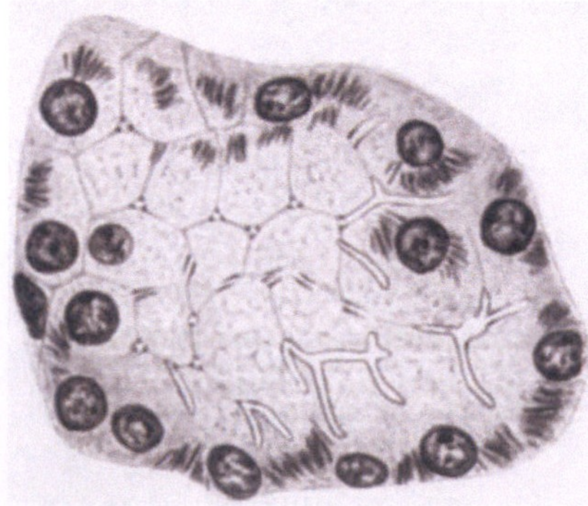

Abb. 143. Unterkieferdrüse, Mensch. Großes albuminöses Hauptstück, reich kanalisiert. Basallamellen. Kittleisten der Sekretcapillaren schwarz.

fanden sich alle Abstufungen von Blau bis zu Violettrot teils je auf verschiedene Hauptstücke oder Läppchen verteilt, teils nebeneinander in jedem Hauptstück (s. Abb. 45). Kam noch Aurantia hinzu, so wurde der Wirrwarr noch größer, und es schienen Nachbarzellen nicht nur verschiedene Funktionsgrade zu zeigen, sondern auch zellularindividuell verschiedene Sekrete zu liefern (siehe Abb. 42). Näheres wurde schon im allgemeinen Teil unter „Albuminöse Zellen" angegeben.

Das Gesagte gilt nicht nur für die ungemischten Hauptstücke, sondern auch für die Endkomplexe gemischter Schläuche. A. Pischinger (1924) gibt an, daß die Granula der Endkomplexe von Schleimfärbemitteln ganz unberührt bleiben. Es sei „also nicht zu bezweifeln, daß die Halbmonde der Submaxillaris aus rein serösen Zellen bestehen". Es ist nach dem oben Gesagten nicht zu bestreiten, daß man in gewissen Fällen dergleichen finden kann, ich habe aber auch gelegentlich das Gegenteil gesehen: Amphitrope Endkomplexe in der Nähe von rein albuminösen Hauptstücken, die keine Spur von Mukoidreaktion zeigten.

Die Sekretkörner verflüssigen sich teilweise schon in den Zellen und können dann zu mehreren zusammenfließen, wodurch „Vakuolen" (E. Müller, 1895 und ich, 1898) oder besser Tropfen (R. Krause, 1897) gebildet werden, und zwar im Anschluß an Sekretcapillaren (s. Abb. 51 bei a). In Abb. 80 handelt es sich wohl um imprägnierte erweichte Sekretgranula, die im Begriffe waren, das Exoplasma der die Sekretcapillaren bildenden Zelloberfläche zu durchdringen und sich mit dem schon ausgetretenen Exkret zu verbinden.

Die albuminösen Zellen besitzen gut ausgebildete Basallamellen (Abb. 51, 52, 87, 143), selbst wenn die ganze übrige Zelle mit Granula vollgestopft ist. (Näheres im allgemeinen Teil.)

Die zwischen Basalmembran und albuminösen Zellen gelegenen Basalzellen (Myoepithelzellen) sind sternförmig und besitzen deutliche Fibrillen. Sie sind in den Abb. 74 und 75 wiedergegeben und auch in den Abb. 42 und 45 zu finden.

Ich muß hier noch einen eigenartigen Fall erwähnen, bei dem sämtliche albuminösen Zellen des ganzen Schnittes hoch (z. B. 36 μ) und schmal (z. B. 8 μ) waren, mit ganz hellem Cytoplasma, in welchem verhältnismäßig wenige oxyphile Granula im lumenseitigen Drittel der Zelle zu finden waren; der kugelrunde große Kern lag etwas oberhalb der Basis; Basallamellen nicht deutlich zu erkennen. Die Schleimzellen sahen genau gleich aus und ließen sich erst bei Hämalaun-Mucikarmin-Aurantiafärbung unterscheiden: Granula der albuminösen Zellen gelb, der Schleimzellen rot. Es scheint sich bei beiden Zellenarten um Erschöpfungszustände zu handeln, bei denen wohl hauptsächlich Wasser abgesondert wird. Die Zellen gleichen sehr den in Abb. 65 wiedergegebenen, doch sind sie erheblich größer als diese.

Die albuminösen Endkomplexe der gemischten Hauptstücke können in einzelne Zellen oder Zellgruppen aufgelöst sein (s. Abb. 4), die durch becherförmige Schleimzellen getrennt werden. Diese vereinzelten Zellen senden dann eine Spitze gegen das Hauptlumen hin. Sie unterscheiden sich im übrigen in keiner Weise von den Zellen der albuminösen Hauptstücke.

Ich glaube diesen Befund durch einen anderen erklären zu können. Ich sah nämlich in einem Fall, in welchem die gut erhaltenen Zymogengranula durch eine besondere Orceinfärbung dunkelbraun gefärbt und die betreffenden Zellen gut zu erkennen waren, einzelne der letzteren in Isthmen so eingeschaltet, daß zwischen ihnen und den in solchen Fällen nur kleinen Endkomplexen eine oder wenige Isthmuszellen steckten, auch kleine Gruppen solcher Zellen konnten einseitig weiter ab von den Endkomplexen liegen. Würden nun die Isthmuszellen verschleimen, so würden die Endkomplexe wie zersprengt erscheinen, und die etwas weiter abgelegenen kleinen Zellgruppen würden Seitenkomplexe bilden, die man hier und da beobachten kann.

Die Lumina der albuminösen Hauptstücke bestehen, falls diese langgestreckt sind, aus einem gewöhnlich engen Hauptkanälchen mit zahlreichen Seitenästchen. In kurzen, gedrungenen Endkolben teilen sie sich schon vom Ende des Isthmus aus (Abb. 87); ebenso machen es die Sekretcapillaren der Endkomplexe gemischter Schläuche (Abb. 51, 52, 81).

Bei einem Kinde waren die meisten Hauptstücke verzweigte Tubuli mit einem 2—4 μ weiten axialen Lumen. Nebenlumina waren nicht zu sehen. Auch beim Erwachsenen kommen zuweilen weitere Lumina vor, wie es scheint, meist infolge von Stauung (z. B. 12 μ innerer Durchmesser). In solchen Fällen können auch die zwischenzelligen Sekretcapillaren beträchtlich erweitert sein.

Die Schleimstücke gehen, wie schon weiter oben angeführt, nach M. Heidenhain (1921) durch „Verschleimung" aus den Isthmen hervor, einer Auffassung, welcher sich neuerdings auch Alf. Pischinger (1924) angeschlossen hat, und welcher auch ich auf Grund zahlreicher Beobachtungen im allgemeinen beipflichten muß. Gleichwohl kann ich, wie es M. Heidenhain und Pischinger tun, die „präterminalen Tubuli" nicht einfach als identisch mit den Schleimtubuli und diese als funktionelle Phase der ersteren ansehen. Sie waren einmal Isthmen, sind es aber nicht mehr, sie sind zu sezernierenden Bestandteilen gemischter Hauptstücke geworden, und nicht nur die Endkomplexe allein bilden die letzteren. Die meisten Isthmen der Unterkieferdrüse und alle der reifen Parotis zeigen keine Spur von Mukoidreaktion, bilden also auch keine funktionelle Anfangsphase der Schleimtubuli. Ferner kann man doch nicht die sämtlichen Schleimschläuche der unteren Gaumendrüsen und des Zungengrundes als mit Isthmen identisch betrachten, wenn sie auch, wie ich weiter oben gezeigt habe, aus isthmenähnlichen Schläuchen primitiven Charakters hervorgegangen sind.

Die Verschleimung kann, wenn auch nicht häufig, bis zum Streifenstück fortschreiten, dann ist eben kein Isthmus mehr da (Abb. 145).

Pischinger (1924) macht einen Unterschied zwischen „echten Schaltstücken" (Pankreas und Parotis) und „unechten" (Unterkieferdrüse und Unterzungendrüsen), da auch

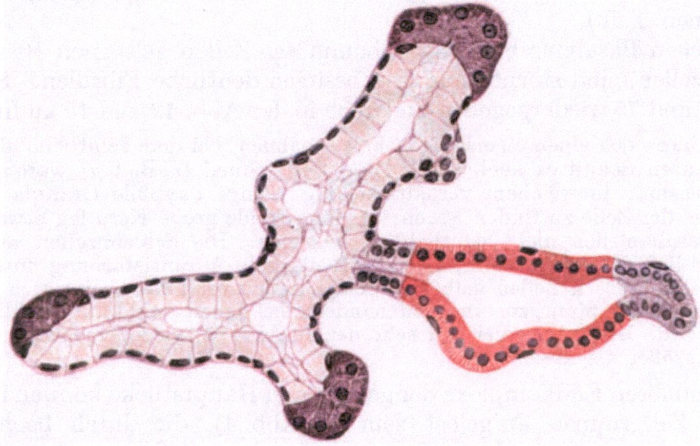

Abb. 144. Unterkieferdrüse, Mensch. Plötzlicher Übergang eines Streifenstücks in zwei unverzweigte Isthmen, und eines derselben in verzweigtes Schleimkanälchen mit albuminösen Endkomplexen. Nur ein kleines Isthmusstück ist unverschleimt geblieben.

die Parotisisthmen ein niedrigeres Epithel hätten, was, wie ich finde, aber auch umgekehrt sein kann. Alle diese Isthmen sind echte Isthmen, die teils gar keine (Pankreas, Parotis des Erwachsenen), teils mäßige (Parotis des Neugeborenen, Unterkieferdrüse), teils große Neigung (Unterzungendrüsen, Lippendrüsen, vordere Zungendrüsen) zur Verschleimung haben.

Es ist sehr unwahrscheinlich, daß sämtliche Isthmen der Unterkieferdrüse sich grundsätzlich während des Lebens einmal in Schleimzellen verwandeln oder auch nur an ihrer Lumenseite Spuren von Prämucin bilden müßten, da wir hier Drüsenmaterial von älteren Individuen hatten, in dem in einem Quadratzentimeter nicht eine einzige Schleimzelle zu finden war, auch bei den Isthmen die Mucikarminfärbung gänzlich versagte, so daß wir das Material nicht zum mikroskopischen Kurs brauchen konnten.

Die Schleimzellen sind meist erheblich kleiner als in den Unterzungendrüsen und reinen Schleimdrüsen. Sie nehmen gut Mucikarmin, aber nur wenig oder gar keine

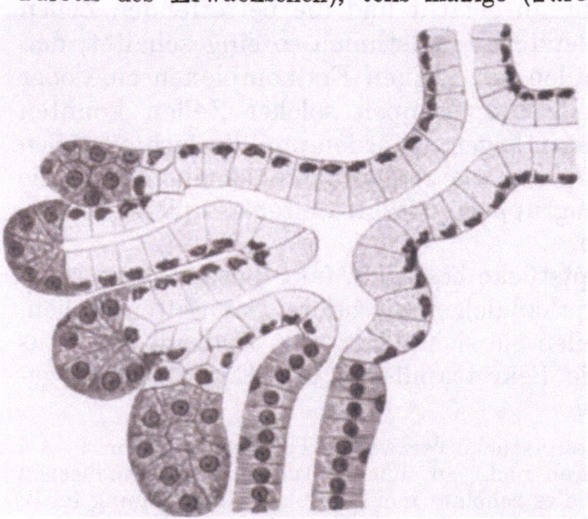

Abb. 145. Gl. mandibularis accessoria oder Proc. sublingualis, Mensch. Gemischte Schläuche, Isthmen bis zum gut ausgebildeten Streifenstück vollständig verschleimt.

basischen Anilinfarben an, bilden also hauptsächlich β-Mucin. Daß es sich hier nicht um durch die Vorbehandlung bedingte Herabsetzung oder Aufhebung der Färbbarkeit handelt, geht daraus hervor, daß in vom 43jährigen Hingerichteten stammenden Schnitten durch das sublinguale Drüsenpaket mit angelagertem Proc. sublingualis der Unterkieferdrüse mit basischen Farbstoffen das α-Mucin in den Unterzungendrüsen sich intensiv, sämtliches Mucin in der Unterkieferdrüse sich jedoch gar nicht färbte.

Die Zentrierung fand ich hier deutlicher als in den Schleimzellen anderer Drüsen (Abb. 51—54). Die Schleimschläuche besitzen auch hier keine Sekretcapillaren, wohl aber kommen diese zwischen Schleim- und Eiweißzellen vor (Abb. 51).

Rein muköse Schläuche, wie sie A. GEBERT (1902) und noch H. BRAUS (1924) annehmen, habe ich nicht beobachtet.

Das Ausführungsgangsystem der Unterkieferdrüse ist von FLINT (1902) eingehend studiert worden. Der Hauptgang teilt sich nach ihm in drei primäre,

Abb. 146. Unterkieferdrüse, Mensch. Rein albuminöses Läppchen, plötzlicher Übergang des Streifenstücks in die Isthmen. Regelmäßige und gleichmäßige, meist dichotomische Verzweigung. Nur wenige Hauptstücke besitzen Weinbeerform, und diese sind vielleicht nur Teile langgestreckter Gebilde. Keine kammerartigen Erweiterungen des Lumens sondern nur ganz feine sicher verzweigte Sekretkapillaren, also keine Alveoli.

18 interlobuläre, 96 sublobuläre und 1500 intralobuläre Äste, und zwar im allgemeinen diochotomisch.

Abb. 98 zeigt die Kopie einer seiner Zeichnungen, einen interlobulären Ast, der sich bis in die intralobulären Zweigchen (Streifenstücke) verfolgen läßt. Über extraglanduläre Teilung des Hauptganges siehe weiter oben. Abb. 114—116 zeigen die Blutversorgung der verschiedenen Abschnitte beim Schwein.

Die Isthmen der albuminösen Abschnitte treten in zwei individuellen Typen auf, ganz kurze und meist unverzweigte, wie sie STÖHR-V. MÖLLENDORFF abbilden, und lange, reich verzweigte, wie sie meine Abb. 146, 147 und 148 zeigen. Man kann bis zu 6 Gabelungen zählen. Die Teilung ist meist dichotomisch, doch können, wie in Abb. 147, rechts unten mehrere Äste von einem Punkt ausgehen. Die Abgangsstellen zeigen oft rundliche Erweiterungen.

Daß die Isthmen als „centroacinäre" Zellen auftreten können, wenn auch weniger häufig als in der Parotis und ganz besonders im Pankreas gibt LAGUESSE und JOUVENEL (1899) an. (Siehe auch Abb. 87.)

Die äußeren Durchmesser schwanken zwischen 12 μ und 26 μ, die inneren

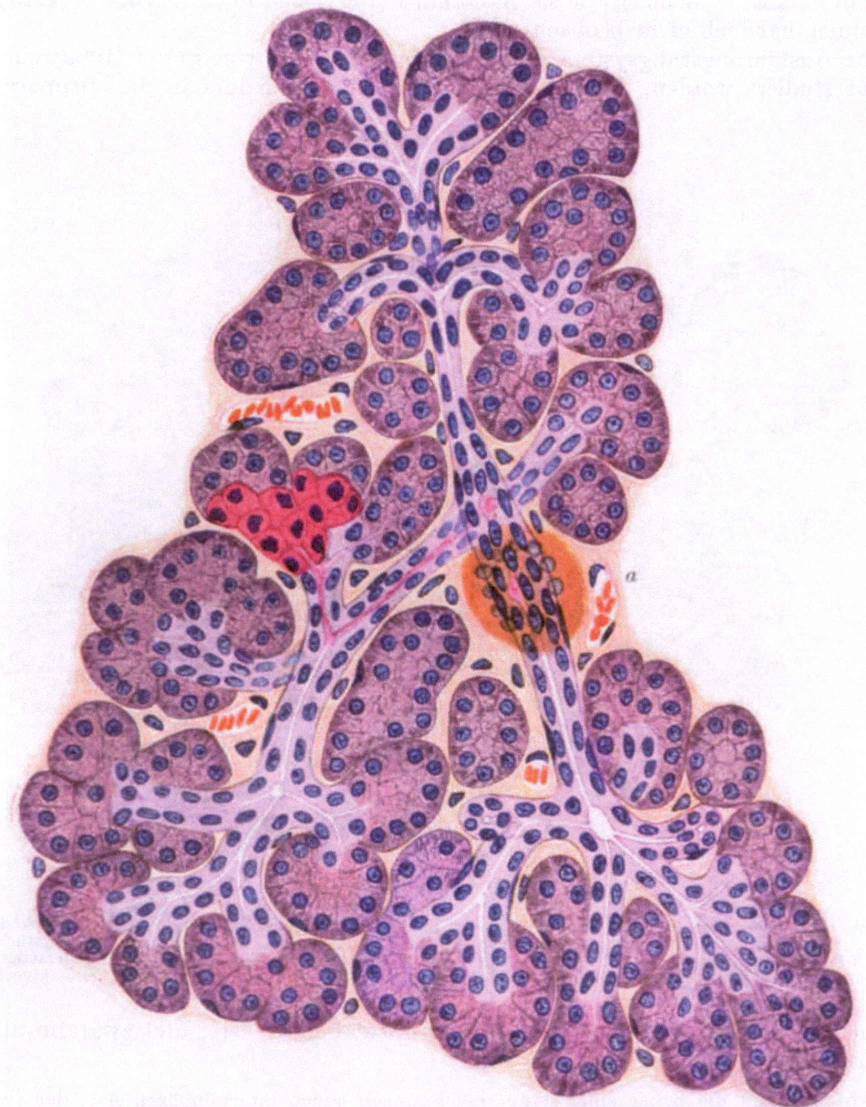

Abb. 147.   Aus einem einer Gruppe kleiner Unterzungendrüsen eng angelagerten, von der Unterkieferdrüse weit abliegenden Drüsenlappen (Gl. mandibularis accessoria oder Processus sublingualis). Bei *a* Ende des zugehörigen Streifenstücks. Bis 6fach verzweigtes Isthmensystem. Nur an einer Stelle gegabeltes Hauptstück mit kleinen Schleimzellen. Hämalaun, Muzikarmin, Aurantia.

zwischen 1 μ und 8 μ, doch nehmen diese nicht in gleicher Weise wie die äußeren zu (Genaueres siehe weiter oben im allgemeinen Teil unter „Isthmen").

Ein eigentümlicher Befund ist die Einschaltung eines Streifenstücks in die Bahn eines Isthmus (Abb. 149); ich habe ihn zweimal zufällig beobachtet. Um einen solchen Fall einwandfrei feststellen zu können, muß ein so großes entsprechendes Stück des Gangsystems im Schnitt liegen, wie es nicht häufig vorkommt. Rekonstruktionen würden wohl solche Eigentümlichkeiten häufiger zu Gesicht bringen.

Die Basalzellen der Isthmen wurden schon im allgemeinen Teil besprochen (s. Abb. 76); sie sind langgestreckt, zum Teil verzweigt und deutlich fibrillär gebaut.

Die Streifenstücke (Speichelrohre) sind sehr lang und reich verzweigt. Zuweilen gehen mehrere büschelartig von einem stärkeren interlobulären Ast ab. Man trifft sie daher in den verschiedensten Schnittrichtungen innerhalb der Läppchen, wodurch schon bei schwacher Vergrößerung ein Schnitt durch die Unterkieferdrüse auf den ersten Blick von allen anderen unterschieden werden kann. Ihr Bau entspricht ganz den im allgemeinen Teil gemachten Angaben (s. Abb. 88 bis 91, 93--96).

Die interlobulären Ausführungsgänge, einschließlich Streifenstücke, zeigen vielfach abwechselnd starke Auftreibungen und Einschnürungen (M. HEIDENHAIN 1920). (s. Abb. 99.)

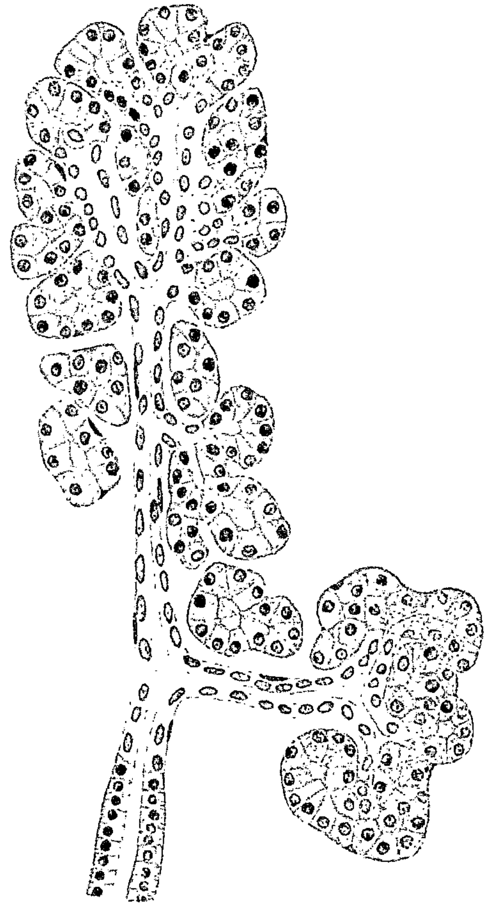

Der Hauptausführungsgang ist nach Durchschneidung des M. mylohyoideus leicht zu verfolgen, kann jedoch durch einen Processus sublingualis der Unterkieferdrüse, sowie durch das stark entwickelte und weiter herabreichende Paket der Unterzungendrüsen verdeckt werden. An der Kreuzungsstelle mit dem N. lingualis liegt dieser lateral vom Gang und geht unter ihm durch medianwärts. Von hier ab versteckt sich dieser regelmäßig hinter den Unterzungendrüsen. In Abb. 154 (Kreuzungsgegend) schiebt sich die Gl. sublingualis maior zwischen beide; in Abb. 153 (weiter gegen die Karunkel hin) steckt der Gang zwischen zwei Sublinguales minores.

Der an der inneren Oberfläche meist längsgefaltete Gang hat nach I. M. FLINT (1902) eine Länge von 4—5 cm bei einem Durchmesser von 2—3 mm. Er kann jedoch bis 6 cm lang werden, während die Dicke, in Schnitten gemessen, geringer erscheint; da man dann alles Beiwerk, wie Bindegewebsfetzen, Gefäße und Nerven nicht mitzumessen pflegt, so ergibt sich nur 1,3—1,4 mm. Die Höhe des Epithels beträgt 31,5—34 μ (HENLE 30 μ, STEINER 30—40 μ).

Das Epithel ist scheinschichtig, und zwar meist zweistufig, seltener mehrstufig, oder gar mehrschichtig; in Abb. 154 war das letztere der Fall. Die Mehrschichtung kann auf große Strecke oder nur inselweise gefunden werden.

Die Dicke der Bindegewebsschicht beträgt zwischen den Längsfalten 160 μ, in den Falten 226—450 μ. Der Bau ist lockerer als im Parotisgang, aber viel reicher an elastischen Elementen, die unter dem Epithel eine besondere

Abb. 148. Unterkieferdrüse, Mensch. Rein albuminöse Hauptstücke zum Teil plump verzweigt. Ungleichmäßige Verzweigung der zum Teil sehr langen Isthmen. Erweiterungen an den meisten Gabelstellen. Sekretkapillaren der Hauptstücke sehr eng, nur an einer Stelle etwas weiter.

peripher deutlicher begrenzte Schicht von 58—90 μ bilden. (Genaueres siehe unter „Bindegewebe der Speicheldrüsen" im allgemeinen Abschnitt.)

A. Kölliker und nach ihm viele andere sprechen von dünnen Bündeln von glatten Muskelfasern, die in der bindegewebigen Grundlage des Ganges in der Längsrichtung verlaufen sollen. Aber schon Eberth (1862) und J. Henle (1873) leugnen das Vorkommen derselben. Ich selbst habe diesen Gang bei zahlreichen Individuen verschiedenen Alters untersucht, ohne eine einzige Muskelfaser zu finden. Es könnte ja sein, daß es sich im

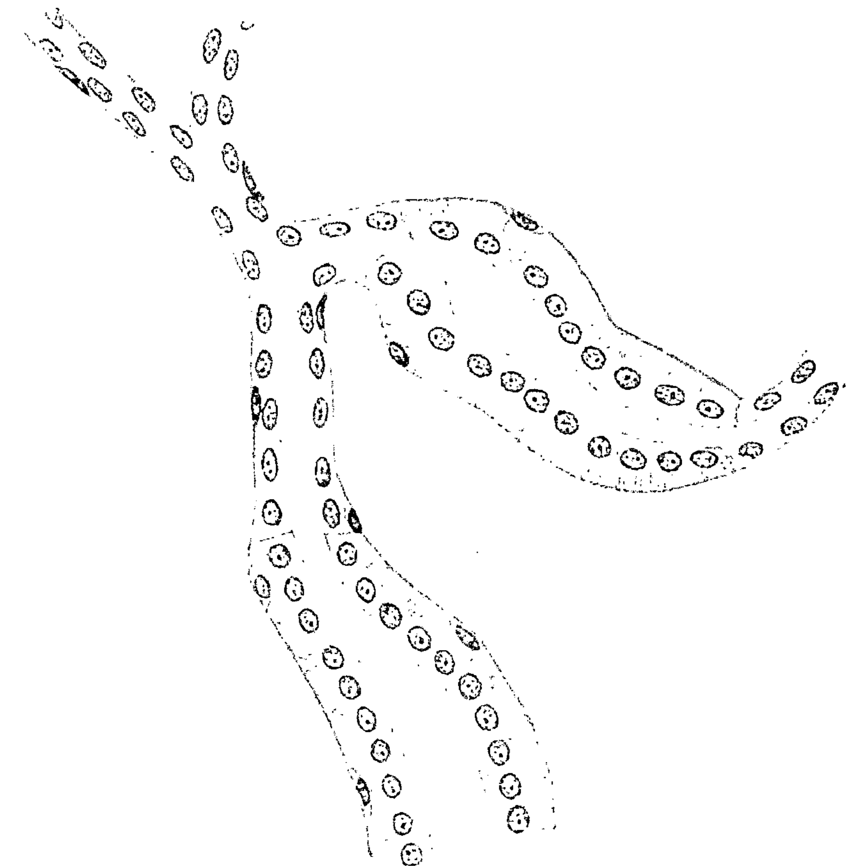

Abb. 149. Unterkieferdrüse, Mensch. Streifenstück in verzweigten Isthmus übergehend. Ein Zweig geht wieder in zum Teil ampullenartig erweitertes genau 100 μ langes Streifenstück über, das sich wieder in einen Isthmus fortsetzt.

Köllikerschen Fall um eine seltene individuelle Variante handelte, die zufällig unter meinen Fällen nicht vertreten war.

Vom Hauptgang zweigen sich in individuell sehr wechselnder Zahl Nebenäste ab. Ein Teil führt, wie schon weiter oben angegeben, zu accessorischen Drüsen sehr verschiedener Ausdehnung und Zahl. Ein anderer Teil jedoch führt nicht zu Drüsen, sondern endigt nach kurzem Verlauf blind. Von diesen letzteren soll jetzt die Rede sein.

H. Penk (1924) hat solche an mehreren Stellen der interlobulären Ausführungsgänge, und nur an solchen, beobachtet. Das scheinschichtige Epithel zeigte hohe Zellen, die teilweise sogar Flimmerhaare trugen, und Schleimzellen in Becherform, welche an manchen Stellen fast ausschließlich das Epithel bildeten.

In meiner weiter oben erwähnten Totalschnittserie der ganzen sublingualen Drüsenmasse traten nach der Kreuzung mit dem N. lingualis vereinzelte unbedeutende Ausbuchtungen auf, die gegen die Einmündungsstelle des Duct. sublingualis maior hin allmählich häufiger wurden. Von hier ab nahmen sie an Zahl schnell so zu, daß man an Flachschnitten der ganzen Einrichtung, in denen

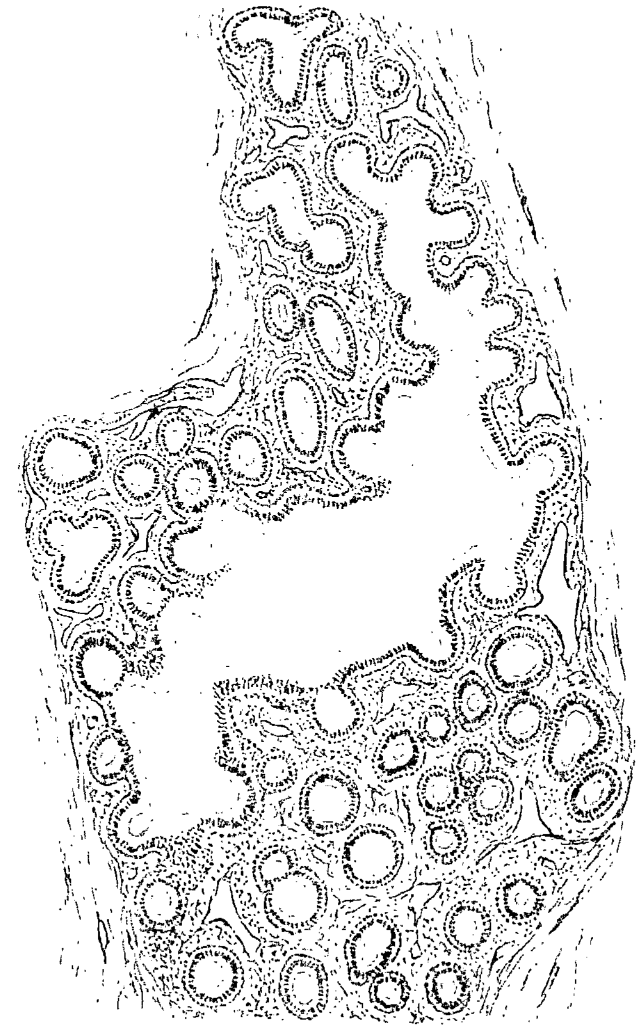

Abb. 150. Duct. mandib., Mensch, kurz vor der Mündung. Schrägschnitt. Zahlreiche kurze MERKELsche Divertikel, nicht in Drüsen übergehend; mit zweistufigem Epithel. Einige verzweigt. Die ganze Gruppe durch dichteres Bindegewebe vom umgebenden lockeren Bindegewebe gut abgegrenzt. Vergr. 125 fach.

die Divertikel mehr oder weniger quer getroffen waren, an das Flachschnittbild der Magenoberfläche mit den „Magengrübchen" oder gar der gedehnten Dickdarmschleimhaut erinnert wurde (s. Abb. 150). F. MERKEL hat in seinem Lehrbuch der topographischen Anatomie als erster diese Bildungen erwähnt. Doch scheinen seine Angaben bisher übersehen worden zu sein. Die Gänge sind bald einfach, bald teilen sie sich in 2—3 Ästchen. Sie sind so kurz, daß sie nicht aus der bindegewebigen Grundlage des hier ziemlich weiten Ganges heraustreten.

Ihre Durchmesser sind etwas verschieden, weniger die Epithelhöhe. Das Epithel ist ganz wie im Hauptgang zweistufig, vielleicht auch stellenweise zweischichtig, so daß die Gänge ganz wie kleine Ausführungsgänge aussehen, doch gehen sie nirgends in einen Drüsenkörper über. Mit Mucikarmin nimmt ein dünner lumenseitiger Zellabschnitt leichte Rötung an. Becherzellen kommen nur ganz vereinzelt vor, fehlen aber in den meisten Krypten. Im Lumen finden sich rötlichgraue krümelige Massen.

An der Karunkeloberfläche beginnend, findet man 0,17 mm unter ihr die ersten Diverikel; sie sind dicht gedrängt, wie in Abb. 150 dargestellt ist (Schrägschnitt durch den Hauptgang), bis 2,5 mm unter der Oberfläche, ziemlich reich-

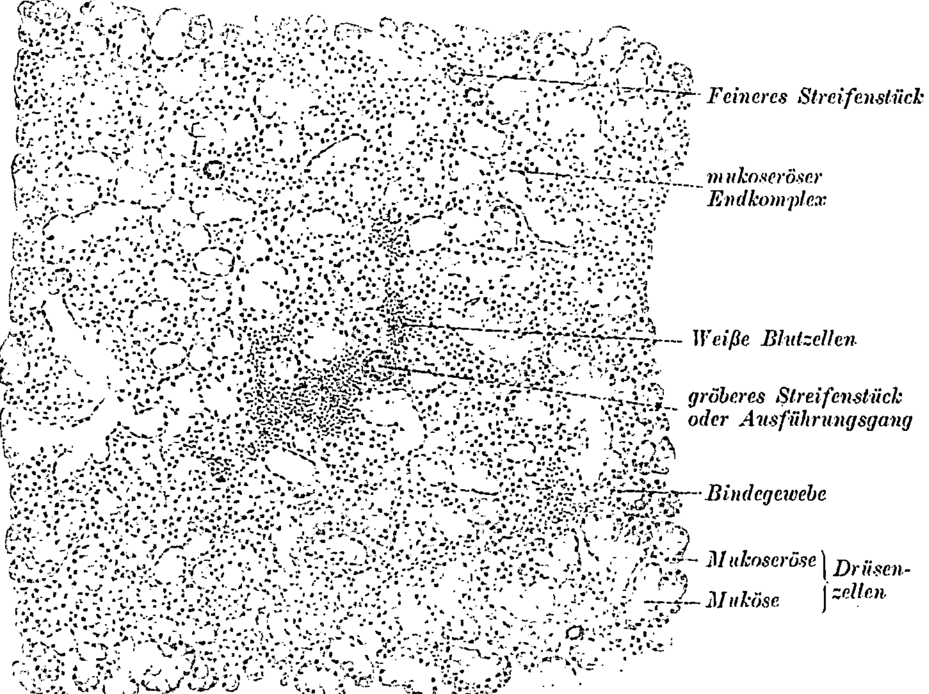

Abb. 151. Stück eines Schnittes durch die große Unterzungendrüse eines 23jährigen Hingerichteten. 100fach vergr. Sehr wenige Streifenstücke, zum Teil verzweigte, aus Schleimzellen und Endkomplexe bildenden mukoserösen Zellen bestehende Tubuli. Rein mukoseröse Hauptstücke waren in dem Gesichtsfeld nicht vorhanden. Einzelne Anhäufungen von weißen Blutkörperchen. Aus Ph. Stöhr-v. Möllendorff, Lehrb. d. Histol. 19. Aufl. 1922. (Gez. W. Freytag.) Veränderte Bezeichnungen.

lich bis etwa 4 mm, fangen aber erst bei 12 mm von der Mündung an, spärlich zu werden. Der Duct. sublingualis maior mündet in diesem Fall 3,5 mm von der Mündung des Hauptganges entfernt zwischen den Divertikeln.

2. Die Unterzungendrüsen, Gl. sublinguales.

Dieselben geben sowohl im groben Bau als auch in den Einzelheiten in den verschiedenen Fällen und beim gleichen Fall äußerst wechselnde Bilder wie keine andere Speicheldrüse.

So bestehen z. B. in Abb. 154 die mit 1 bezeichneten beiden obersten Drüschen fast nur aus reinen Schleimtubuli ohne mukoseröse Endkomplexe; kein Hauptstück setzte sich ausschließlich aus der letzteren Zellenart zusammen, während in den beiden mit 2 bezeichneten Drüsen sowohl gemischte als rein mukoseröse Abschnitte, letztere sogar kleine Läppchen bildend (die dunkelsten Flecke), vorkamen; ganz ähnlich in den beiden heller gehaltenen Drüsen bei 1 in Abb. 153. Die über die ganze Höhe der Drüsenmasse sich erstreckende

Drüse 2 in Abb. 153 stimmt ganz überein mit Drüse 3 in
Abb. 154 und ist makroskopisch auf dem Schnitt sofort
zu unterscheiden, indem in beiden die mukösen Abschnitte gegen die mukoserösen bedeutend in den Hintergrund treten. Solche schroffen Gegensätze finden sich
häufig; dabei liegen die vorwiegend mukösen Drüsen
näher der Schleimhaut und haben kürzere Ausführungsgänge, während die vorwiegend mukoserösen Drüsen
am weitesten unten liegen oder doch so weit herabreichen, weshalb sie auch längere Ausführungsgänge
haben. Meistens, wenn auch nicht immer, gehören sie
ganz oder zum Teil der typischen großen Unterzungendrüse an, von der Stöhr angibt, daß er sie bei einem
Knaben von den Minores verschieden gebaut gefunden
habe. In meiner weiter oben angeführten Totalschnittserie und in anderen Fällen war irgendein Unterschied
im Bau des Drüsenkörpers zwischen der Maior und den
Minores, so mächtig die erstere auch entwickelt war,
nicht zu finden, so daß ich sie nicht besonders zu beschreiben habe. (Drüse 4 in Abb. 154 ist der Proc. sublingualis der Unterkieferdrüse und ganz wie diese gebaut.)

Nur der typische Ductus sublingualis maior war
anders gebaut als die Ausführungsgänge der Minores, selbst wenn sie wie die 3 weiter oben erwähn-

Abb. 152. Modell einer Unterzungendrüse des Menschen. Vergr. 140 fach.
„Der Ausführungsgang geht in zwei
deutliche Drüsenschläuche über, die
dann in die Tiefe dringen; an ihren
Wänden treten zahlreiche kleinere und
größere Alveolen auf. Oben rechts der
Ausführungsgangast abgeschnitten.‘‘
Die dunkeln, im Original roten Stellen
bedeuten die mukoserösen Endkom-
plexe(„Giannuzzischen Halbmonde‘‘).
Die Figurenerklärung des Autors ist
wörtlich wiedergegeben. Nach St.
Maziarski (1901).

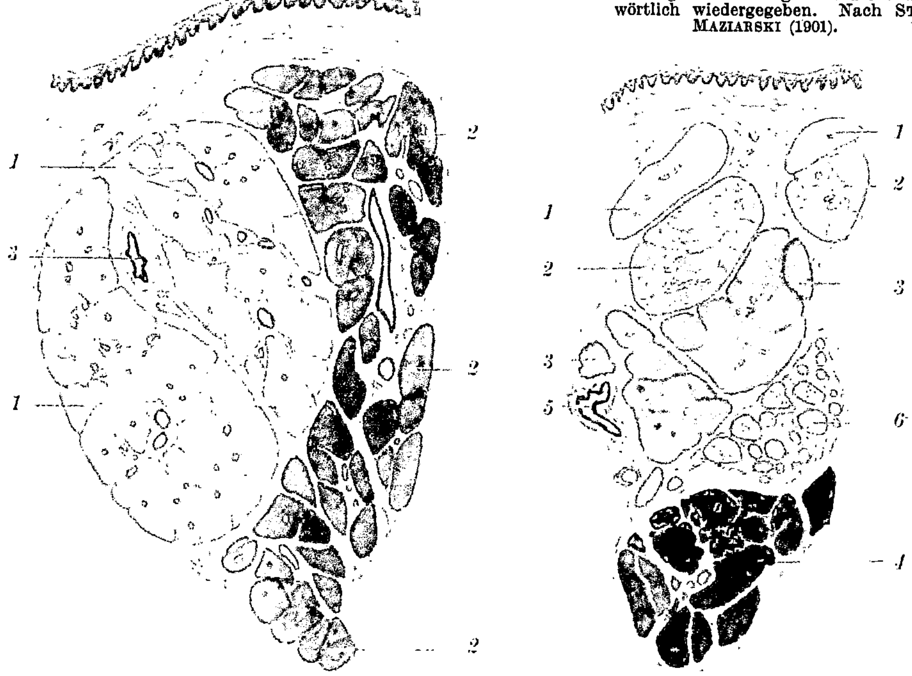

Abb. 153.　　　　　　　　　　Abb. 154.

Abb. 153. Unterzungendrüsen des Menschen. Querschnitt durch die ganze Gruppe medial vor der Kreuzung
zwischen N. ling. und Duct. mandib. Letzterer nähert sich der Oberfläche. 1. Rundliche vorwiegend muköse
Drüsenmasse. 2. Vorwiegend mukoseröse Drüsenmasse (wahrscheinlich Gl. subling. maior). 3. Duct. mandib.
zwischen zwei Teilen von 1. Er hatte in diesem Fall geschichtetes kubisches und Plattenepithel. Lupenvergrößerung.

Abb. 154. Glossomandibulare Drüsengruppe, Mensch. Querschnitt lateral vor der Kreuzung des N. ling. mit
Duct. mandib. 1. und 2. Gl. subling. minores. 1. β-Mucinzellen vorherrschend, 26—40 μ dicke Schläuche.
2. Zellen mit α-, β- und Mischmucin in Gruppen durcheinander. Bis 88 μ dicke Schläuche, viele rein mukös.
In 1 und 2 keine Streifenstücke und Isthmen. 3. Gl. subling. maior, rein mukoseröse und gemischte Hauptstücke. Nur α-Mucin. Isthmen und kurze Streifenstücke. 4. Proc. subling. der Unterkieferdrüse. 5. Duct.
mandib. mit zweistufigem Epithel. 6. N. ling., trennt teilweise 3 von 4. Lupenvergrößerung.

ten längeren Gänge weit herabreichten. Er zeigte ganz die gleichen Verhältnisse wie der Unterkiefergang, besaß auch die beschriebenen kurzen Divertikel in gleicher Zahl wie der Abschnitt desselben, in welchen er einmündete; doch wurden sie gegen den Drüsenkörper zu spärlicher. Vor dem Eintritt in diesen zeigte er eine bedeutende Erweiterung.

Die mukoserösen Zellen, durch welche sich die sämtlichen Unterzungendrüsen so wesentlich von der Unterkieferdrüse unterscheiden, wurden schon

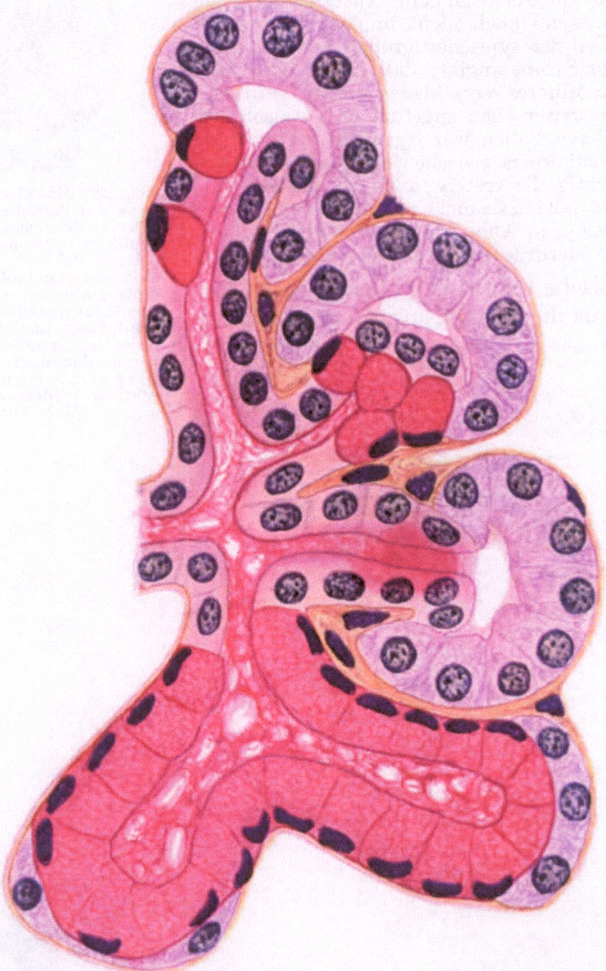

Abb. 155. Unterzungendrüse, Mensch. Drüsenbäumchen, dessen Isthmen sehr ungleich verschleimt sind. Drei Hauptstücke machen den Eindruck von invaginierten Endkammern. Hämalaun, Mucikarmin, Aurantia. Mucin rot. Die mukoserösen Endkomplexe bzw. Hauptstücke und Isthmen zeigen nur eine Spur von Mukoidreaktion.

weiter oben unter „Basallamellen" und „Lippendrüsen" erwähnt. Auch A. Pi-schinger (1924) hat sie als von den typischen albuminösen Zellen der Unter-kieferdrüse prinzipiell verschieden erklärt, besonders auf Grund der Tatsache, daß die Körnchen der mukoserösen Zellen der Unterzungendrüsen sich genau wie Schleim färben. Ich kann dies vollauf bestätigen: Liegen z. B. in den zu-sammengesetzten Mundbodendrüsen Hauptstücke und Endkomplexe von man-dibularem und sublingualem Charakter nebeneinander, so nehmen die ersteren Zellen bei noch so starker Färbung mit Mucikarmin einen düsterroten, nach dem

Violett gehenden, die Sublingualzellen einen leuchtend hellroten Ton an, außerdem sind die ersteren meist vollgepfropft mit ziemlich großen Sekretkörnchen, die letzteren dagegen zeigen, wie auch A. PISCHINGER gegenüber den Schleimzellen hervorhebt, nie eine so starke Sekretstapelung; ich finde ihr Sekret hauptsächlich in dem Abschnitt oberhalb der Supranukleärlamellen. Sie sind also weder verwandt mit den albuminösen Zellen der Unterkieferdrüse noch sind sie typische Schleimzellen. Mit Rücksicht auf die verhältnismäßig geringe Zahl von

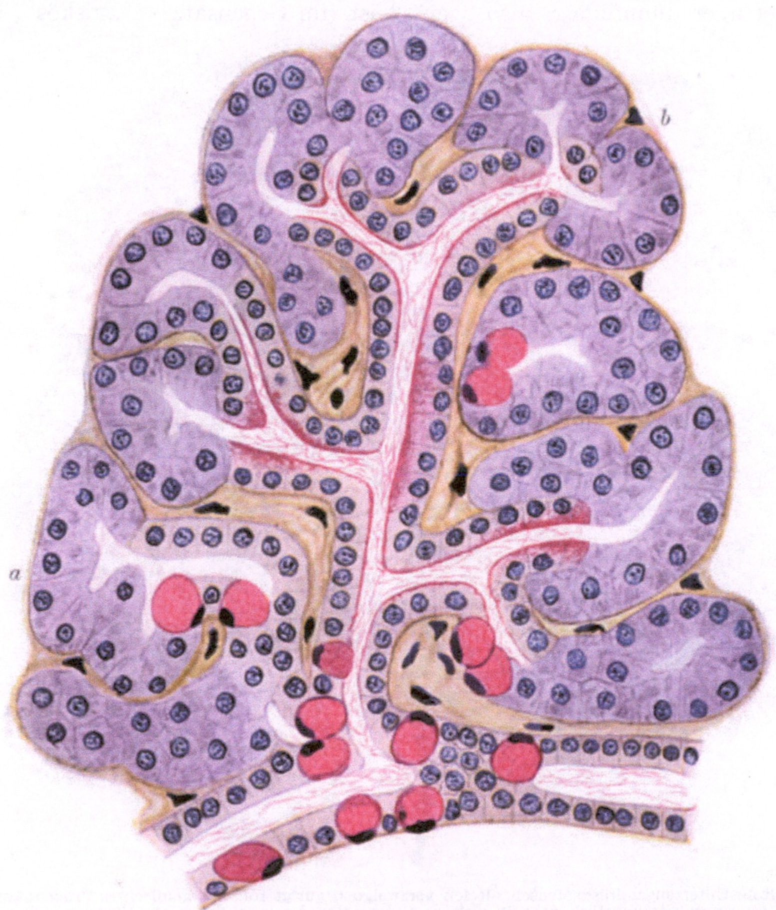

Abb. 156. Kleine Unterzungendrüse, Mensch. Gemischtes Drüsenbäumchen. In den Isthmen vereinzelte Becherzellen. Die meisten Isthmen zeigen mehr oder weniger Mukoidreaktion dicht am Lumen, ebenso das feine Exkretgerinnsel in letzterem. Die mukoserösen Hauptstückzellen zeigen hier keine Spur von Mukoidreaktion. Hämalaun-Mucikarmin-Aurantia.

Sekretgranula und auf die besonders reich ausgebildeten Basal- und Supranuklearlamellen (s. Abb. 21 und 22) drängt sich die Vermutung auf, daß der etwaige Mucingehalt des Sekrets keine wesentliche Rolle spielt, daß der Hauptbestandteil Wasser ist, das, aus den Blutcapillaren zuströmend, im M. HEIDENHAINSchen Sinne durch die in den reichlichen Lamellen stattfindenden kleinsten Kontraktionswellen lebhaft lumenwärts und in dieses hinein befördert wird. Die Zellen dürften demnach, besonders als Endkomplexe, geeignet sein, die zähen Schleimmassen aus dem Kanal der Schleimstücke hinauszuspülen, ähnlich wie die Glomeruli der Nierenkanälchen hauptsächlich Spülvorrichtungen darstellen

zur Überwindung der Reibung in den so langen engen Röhrchen. Hierfür scheint
mir auch der Umstand zu sprechen, daß in den Unterzungendrüsen die Endkomplexe der gemischten Schläuche so oft verhältnismäßig große Blasen bilden
(s. Abb. 8—13), deren äußerer Durchmesser bedeutend größer sein kann als
derjenige der zugehörigen Schleimstücke, und daß das bis 45 μ weite Lumen derselben außer gelegentlich einigen dünnen Schleimfäden nichts Koagulierbares
enthält. Da also die Zellen Körnchen mit deutlicher Mukoidreaktion enthalten,
ihr Exkret aber dünnflüssig, also ,,serös'' ist (im Gegensatz zu ,,viskös'', siehe

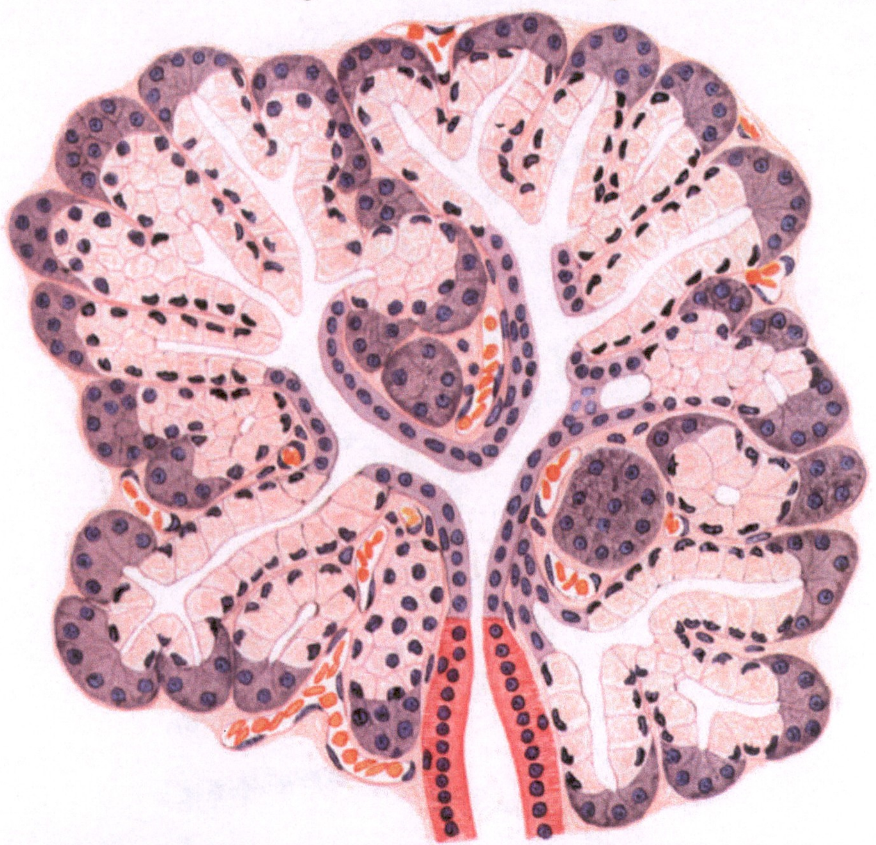

Abb. 157. Große Unterzungendrüse. Mensch. Reich verzweigtes, gut getroffenes, gemischtes Drüsenbäumchen.
Ausnahmsweise langes Streifenstück geht in weiten, verzweigten Isthmus über; am Übergang enge Stelle.
An allen Enden mukoseröse Endkomplexe ohne Lumenerweiterung, also keine Alveolen. Hämalaun-Eosin.

die Erklärung des Wortes ganz im Anfang des allgemeinen Teiles), so habe ich
die Bezeichnung ,,mukoserös'' gewählt.

   Diese hauptsächlich mit Wasser gefüllte Blasen (richtige ,,Endkammern'' oder ,,Alve-
olen'') könnte man vergleichen mit gewissen Spritzbällen, die zusammendrückende Hand
würde durch die myoepithelialen Basalzellen vertreten. Doch wäre noch zu untersuchen,
ob diese Zellen so große Kraft entfalten können, um das Lumen fast ganz zum Schwinden
zu bringen. Dafür könnte der Umstand sprechen, daß vielfach das weite Lumen fehlt
und die mukoserösen Zellen besonders schmal und hoch sind. Daß die Blasen nicht einfache Stauungserscheinungen sind, geht daraus hervor, daß auch bei großer Weite die
Zellen doch höher als breit sind.

   Diese Endblasen, welche dem ganzen gemischten Hauptstück den Charakter eines
,,Alveotubulus'' verleihen, sind im M. Heidenhainschen Sinne ebenso teilbar wie gewöhnliche Endkomplexe; die Abb. 8—13 zeigen dies zur Genüge und bedürfen keiner

weiteren Erklärung; die Bilder entsprechen ganz den Zweigen 15 und 16 des HEIDENHAIN-schen Schemas, Abb. 7. Auch Invagination wie in Zweig 17 kommt vor (Abb. 155). Außer den einfachen und geteilten Endblasen zeigen die Endkomplexe auch die gewöhnliche Form mit kompliziertem Sekretcapillarsystem, und zwar als Mono-, Di- und Polymere. Die Ausmaße können ganz gewaltige sein; so fand ich einen in der Mitte leicht eingekerbten Endkomplex von 126 μ größter Breite.

In den mukoserösen Läppchen ohne oder mit einzelnen Becherzellen und beginnender Sekretion in den Isthmen zeigen die Hauptstücke bedeutende Schwankungen in der Form, kürzere oder längere Kolben oder gar verzweigte Schläuche (Abb. 156) oder komplizierte Formen, blumenkohlähnliche Polymere wie in Abb. 14. Ein ganzes Läppchen zeigte nur solche zum Teil noch erheblich größere Gebilde. Ausnahmslos war das Lumen aller dieser mukoserösen Hauptstücke trotz Mukoidfärbung des lumenseitigen Zellabschnittes völlig leer, enthielten also keine durch Formol fällbare Exkretbestandteile. Und doch gibt es Ausnahmen:

Bei einem Individuum (39jähriger Mann, an lobärer Pneumonie verstorben, Formolfixation) bestanden ganze Läppchen aus mukoserösen Schläuchen mit einfachem Hauptlumen ohne erkennbare Nebenlumina, schwache Rotfärbung dicht am Lumen, aber graugelbliche undeutliche Krümel im ganzen Cytoplasma; der gleiche Befund in den Endkomplexen. Die graugelblichen Massen traten auch in das Lumen; so fand ich oft z. B. in gemischten Schläuchen in der Achse das gelbe Exkret der Endkomplexe umgeben von einem Schleimnetz, das, von den Schleimzellen stammend, sich um ersteres herumgelagert hatte, gegebenenfalls auch zwischen die Krümel gedrungen war (Abb. 66). Eine Lösung des einen Exkretes im anderen fand nicht statt. In diesem Fall haben die mukoserösen Zellen also doch noch einen durch Formol gefällten und durch die anderen Reagenzien nicht wieder gelösten Stoff geliefert. Handelt es sich um eine grundsätzlich individuelle Eigentümlichkeit, oder würden alle Personen unter gleichen Bedingungen, die wir nicht kennen, die gleichen Erscheinungen zeigen? Dies bleibt, wie so vieles in der Drüsentätigkeit, noch zu erforschen (s. auch Abb. 185).

Die mukösen Abschnitte der Unterzungendrüsen zeigen ein solches Gewirr verschiedenster Bilder, daß es schwer hält, Ordnung hineinzubringen. Abb. 157 (Sublingualis maior) zeigt noch einfache Verhältnisse, ein genau nach der Natur gezeichnetes, schönes Drüsenbäumchen mit gemischten Hauptstücken und könnte als Schema gelten; es ist ein Seitenstück zu Abb. 146 aus der Unterkieferdrüse, bei der die Verschleimung des größten Teils der Isthmen ein fast gleiches Bild geben würde.

Wegen der engen genetischen Beziehungen der Schleimzellen zu den Isthmen gehen wir bei der Beschreibung der verschiedenen Zellbilder am besten von diesen aus. A. PISCHINGER (1924) bezeichnet sie als die längsten unter denjenigen aller Speicheldrüsen, wobei er jedoch die Schleimstücke mit hinzu rechnet. Aber auch ohne die vollständig verschleimten Abschnitte können die ihren ursprünglichen Charakter bewahrenden Isthmen eine bedeutende Länge erreichen, z. B. 293 μ bei einer wechselnden Breite von z. B. 9 μ. Dieser gehört einem rein mukoserösen Läppchen an. Die Art und der Grad des Verschleimungsvorganges ist sehr wechselnd: leichte bis kräftigere Mukoidreaktion einzelner Abschnitte oder des ganzen Isthmus stets an der freien Oberfläche beginnend, Einstreuung einzelner oder mehrerer fertig gebildeter kleinerer oder größerer Becherzellen, meist, aber nicht immer, am Hauptstück beginnend (Abb. 158, Teil eines 270 μ langen Isthmus). In den Ästen des gleichen Bäumchens können die Verschleimungsgrade sehr verschiedene sein (Abb. 156, 155). Schreitet die Verschleimung bei ungleich langen Ästen der Isthmen von den Endkomplexen aus gleichmäßig und kontinuierlich vor, so kann es kommen, daß die Verschleimung eines kurzen Seitenastes den Hauptstamm eher erreicht, als bis die Verschleimung des langen Endastes bis zu dieser Stelle gelangt ist; so kann wie in Abb. 159 ein unverschleimtes Isthmusstück in ein Schleimstück eingeschaltet sein. Vergleicht man Abb. 159 mit 155, so wird man Fälle, bei denen sich zwischen ein rein mukoseröses Hauptstück und ein Schleimstück ein ganz unverschleimtes Isthmusstück einschiebt, ebenso Fälle, bei denen die Verschleimung des Seitenastes gerade den Hauptstamm erreicht, denselben aber im Querschnitt noch nicht vollständig ergriffen hat, so daß auf der

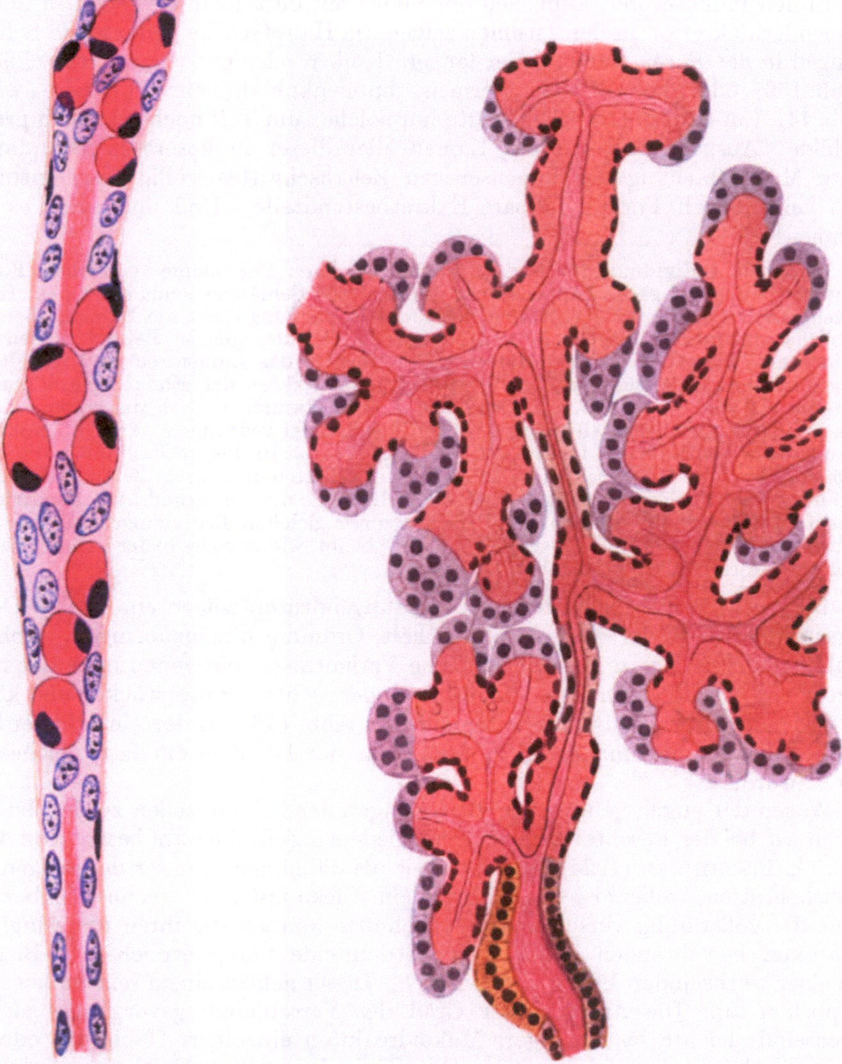

Abb. 158.   Abb. 159.

Abb. 158. Kleine Unterzungendrüse, Mensch. Teilstück eines mindestens 270 μ langen Isthmus mit abwechslungsweiser Verschleimung der Zellen. Hämalaun, Mucikarmin, Aurantia. Mucin rot.

Abb. 159. Kleine Unterzungendrüse, Mensch. Verzweigte, gemischte Schläuche. Die an den mukoserösen Endkomplexen begonnene Verschleimung hat sich an drei Stellen bis auf den Hauptgang des Isthmensystems ausgedehnt, doch sind zwei Isthmusstücke unverschleimt geblieben. Keines derselben hat mehr einen direkten Zusammenhang mit dem Ausführungsgang. In letzterem auf der linken Seite eine größere Gruppe von Streifenzellen. In unverschleimtem Zustand würde das Gangsystem wie das in Abb. 148 ausgebildete aussehen haben. Formol, Hämalaun, Mucikarmin, Aurantia.

einen Seite Schleimzellen, auf der anderen Isthmuszellen sitzen usw. leicht erklären können. Bei allen geschilderten Möglichkeiten kommt man mit der Verschleimungstheorie als Erklärung gut aus.

Betrachtet man nun aber Abb. 66, (S. 124), so kann man zwar die beiden kleineren Querschnitte wohl noch als verschieden weit fortgeschrittene Verwandlung von Isthmen in Schleimstücke auffassen, nicht aber den großen aus 13 Zellen und andere noch weitere z. B. aus 23 Zellen im Querschnitt bestehende, schlauchartig gestreckte Blasen („Tubuloalvei", s. das Schema Abb. 1*h* und 2*d* mit und ohne Endkomplexe). Stauungscysten sind es sicher nicht, denn die Zellen sind stets erheblich höher als breit. Auffallend ist, daß, wenn auch der nach dem Kern hin stets scharf begrenzte, stark mucigenhaltige Zellabschnitt sehr verschieden ausgedehnt sein kann, die Lumina in der Regel außer den erwähnten gelblichen Bröckeln nur wenige Schleimfäden zu enthalten pflegen. In der etwas helleren Stelle zwischen Kern und Sekretansammlung (sie dürfte das Binnengerüst enthalten) finden sich in der Regel feinste Mukoidkörnchen, wohl der schwache Ersatz für das geringe ausgestoßene Exkret. Der Zellentypus, wie er in Abb. 66 wiedergegeben ist, erinnert sehr an denjenigen in den Sammelröhrchen der Magendrüsen (sogenannte Magengrübchen), nicht aber an die gewöhnlichen Schleimzellen. Man könnte an Verwandtschaft mit mukoserösen Zellen denken, doch sah ich keine Basallamellen, und es gibt solche Tubuloalvei, deren Zellen sehr stark verschleimt sind, mit mukoserösen Endkomplexen (s. Schema 2*d*). Wenn es sich gleichwohl um den mukoserösen verwandte Zellen handeln sollte, so wäre damit die Blasenform nicht erklärt, denn diese scheint bei typischen, rein mukoserösen Schläuchen nicht vorzukommen. Jedenfalls muß zu irgendeiner Zeit der Entwicklung eine starke Zellvermehrung stattgefunden haben. Es macht den Eindruck, als ob es sich um einen besonderen Zelltypus handelt, dessen Sekret zwar Mukoidreaktion zeigt, aber außer dem Mucin wohl noch einen besonderen, durch unsere Mittel nicht nachweisbaren Stoff (Ferment?) enthält.

Die gewöhnlichen aus Isthmuszellen hervorgegangenen Schleimzellen können eine gewaltige Größe erreichen, so fand ich bei einem 13jährigen Mädchen ein 76,5 μ dickes Schleimstück. Doch ist auf solche Zahlen nicht viel zu geben, da postmortale Quellung des intrazellulären Schleimes eintreten kann, denn wohl nur hierauf ist der Umstand zurückzuführen, daß sich in der Umgebung der Schleimschläuche oft reichlich Schleim ausgebreitet findet. Durch diese Quellungen wird auch das Bild der Zentrierung im Zelleib sehr gestört.

Außer allen angegebenen Formen findet man dann noch verhältnismäßig große Zellen mit hellem Cytoplasma und nur wenig Mucigen nahe dem Lumen, welche, wie schon bei den Schleimzellen im allgemeinen Teil angegeben, als Zellen anzusehen sind, die im Begriffe sind, ihre Sekretion einzustellen. Sie haben also nicht das kompaktere Aussehen der typischen Isthmuszellen.

Hier muß ich noch einer besonderen Zellart gedenken, welche ich in einzelnen Fällen zwischen die mukoserösen Zellen eingeschoben gefunden habe (Abb. 21 und 22, S. 88). Sie enthalten unregelmäßige Schollen, die mit Eisenhämatoxylin schwarz, mit Aurantia bräunlichgelb gefärbt werden. Wegen ihrem seltenen Vorkommen können sie nicht als typisch angesehen werden. Es sind der Lage nach Epithelzellen. Vielleicht sind sie identisch mit den von PISCHINGER (1824) für Makrophagen gehaltenen schollenhaltigen Zellen, doch machen die von mir beobachteten durchaus nicht den Eindruck von Phagocyten.

Abb. 160. Unterzungendrüse, Mensch, Fix. mit Susa, Mallory-Färbung; Modell eines interlobulären Ausführungsganges mit deutlicher Kammerung. Vergr. 200fach. Nach A. PISCHINGER (1924).

Über Pyknocyten habe ich schon im allgemeinen Teil (S. 128) gesprochen; sie sind in den Unterzungendrüsen sehr häufig zu finden (Abb. 69), und zwar meist gruppenweise in allen Teilen des Gangsystems. Auch können sie ganze Hauptstücke und seltener kleine Läppchen bilden.

Die myoepithelialen Basalzellen verhalten sich wie in den anderen gemischten Drüsen.

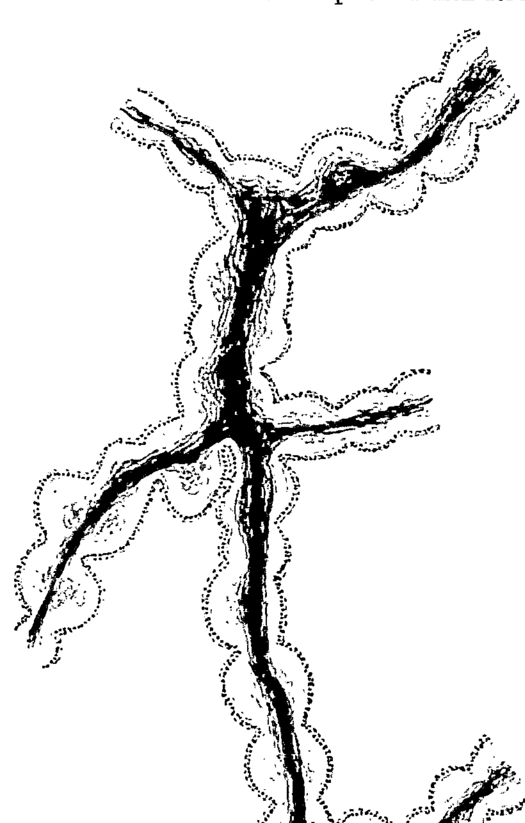

Abb. 161. Gl. subling. minor, Mensch. Rosenkranzförmige Erweiterungen an interlobulären Ausführungsgängen. Der Schleim (schwarz, im Präp. rot) nimmt die Achse der Schläuche ein (s. auch Abb. 163 beim rechten e). In den Buchten gelblichgraue Sekretmassen, von den Ausführungsgangzellen stammend. Formol. Hämal. Mucik.-Aurantia. Vergr. 125 fach.

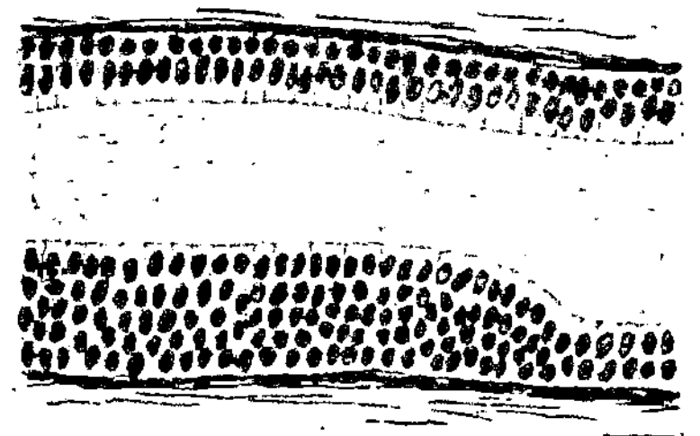

Abb. 162. Gl. subling minor, Mensch. Boraxkarmin, Resorcinfuchsin. Interlobul. Ausführungsgang, 132 μ äußerer Durchmesser des Epithelrohrs. Nebeneinander zweistufiges (22 μ Höhe) und mehrschichtiges (50 μ Höhe) Epithel. Schneller Übergang ineinander. Das mehrschichtige Epithel springt ins Lumen vor.

Streifenzellen finden sich in den interlobulären Ausführungsgängen meist gruppenweise auf einer Seite (s. Abb. 159 und 163 in der Mitte), können jedoch auch gelegentlich ein kurzes Gangstück an der Abgangsstelle der Isthmen zusammensetzen (Abb. 157). In rein mukösen Drüsen können sie ganz fehlen, oder man findet in den Ausführungsgängen oxyphile Zellen, die zwar keine deutlichen Streifen zeigen und etwas kleiner sind, aber durch ihre Färbung sich von den gewöhnlichen Ausführungsgangzellen deutlich unterscheiden. Dies beobachtet man auch bei einzelnen Individuen in gemischten und mukoserösen Läppchen bzw. ganzen Drüsen.

Die interlobulären Ausführungsgänge zeigen, wenn auch nicht immer, auf große Strecken bis in die Verzweigung hinein abwechselnde Anschwellungen und Einschnürungen oft nur einseitig, wie es M. HEIDENHAIN für die Mandibularis und PISCHINGER für die Sublingualis angegeben haben und ich ganz gewöhnlich beobachtete (s. Abb. 160 und 161). Auffallend ist, daß in solchen Fällen im Lumen sich stets zweierlei Exkret findet: dichte Schleimfäden in der Achse (in der Abbildung schwarz, im Original rot) und in den Buchten gelblichgraue Krümel. Der Lage nach stammt der Schleim aus den muciparen Hauptstücken, das krümelige Exkret aus den Ausführungsgangzellen. Doch habe ich keine Zellen mit Sekretgranula, wie sie PISCHINGER abbildet (s. Abb. 103, S. 152), im Epithel finden können, wohl aber tropfenförmige Vorragungen.

In großen Drüsenpaketen können gröbere Ausführungsgänge länger oder kürzer sein je nach der Lage des Drüsenkörpers in der ganzen Gruppe. Die Gänge der kleineren Drüsen können bald gerade, bald stark geschlängelt oder korkzieherartig gewunden verlaufen. Das Epithel ist in der Regel zweistufig scheinschichtig, doch kommt auch, wie schon J. SCHAFFER (1897) angab, mehrschichtiges, teils einseitig (s. Abb. 162, äußerer Durchmesser des Ganges 132 μ, Höhe des zweistufigen Epithels

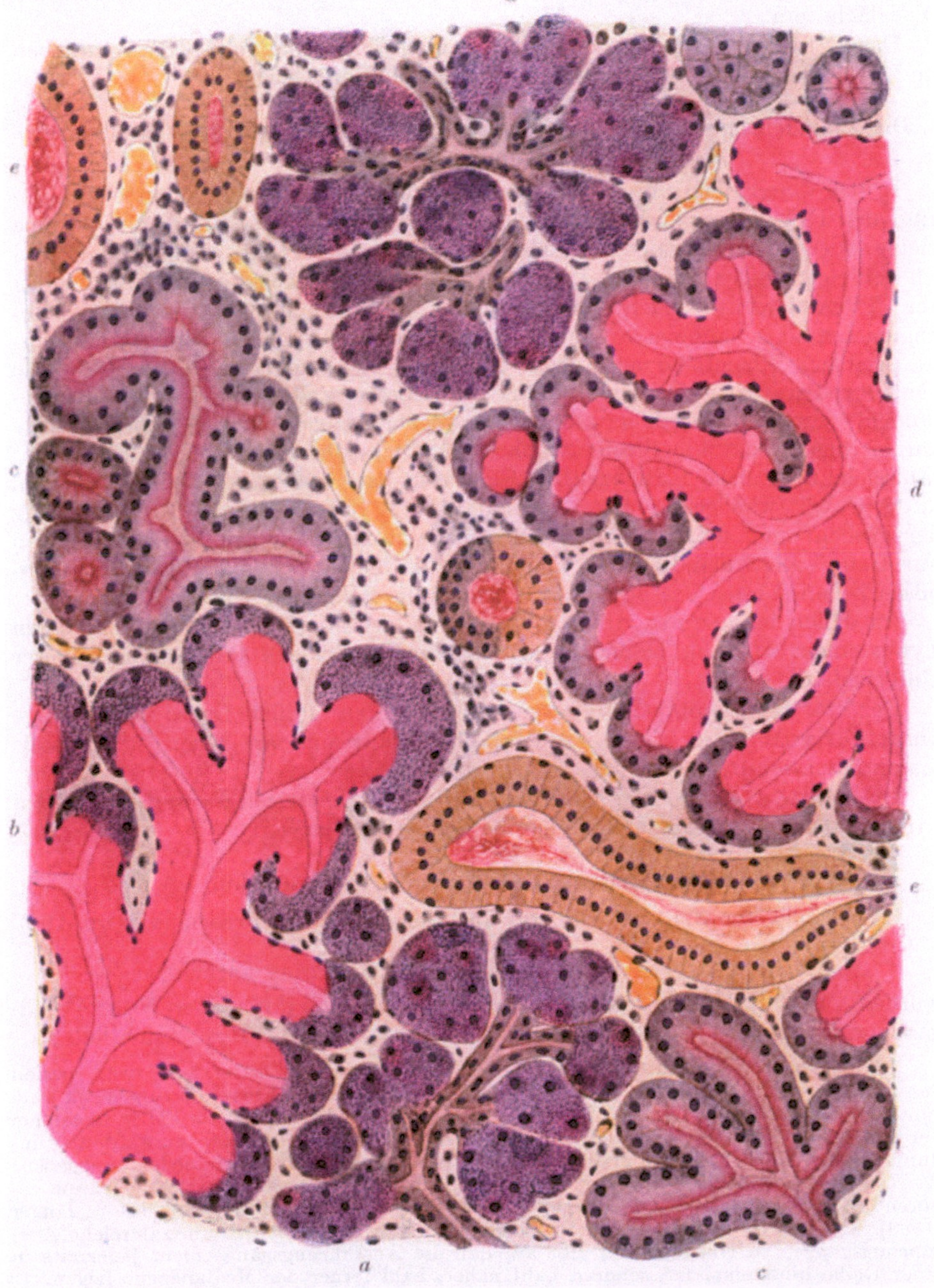

Abb. 163. Gl. glossomandibularis composita, Mensch. Gemisch von rein albuminösen (a) und gemischten (b) Schläuchen mandibularen sowie rein mukoserösen (c) und gemischten (d) Schläuchen sublingualen Charakters, Streifenstücke, (e) bräunlichgelb; mitten in der Zeichnung ein Ausführungsgang nur zur Hälfte mit Streifenzellen. Im großen, unteren Streifenstück zwei verschiedene Exkretarten, Schleim rot. Rote Blutkörperchen goldgelb. Zahlreiche Plasmazellen bräunlichlila. Formol. Hämal.-Mucik.-Aurantia. Vergr. 168fach.

22 μ, des mehrschichtigen Zylinderepithels 60 μ), teils allseitig vor. Abb. 100 (S. 151) zeigt ein 900 μ langes Mündungsstück mit geschichtetem Epithel, doch springen die den Zuwachs bildenden Zellen nach der Peripherie zu vor und nicht nach innen wie in Abb. 162. Die Mehrschichtung stellt sich jedoch meist näher der Oberfläche ein.

Das Bindegewebe wurde im allgemeinen Teil behandelt. Hervorzuheben sind die zahlreichen Plasmazellen im interlobulären Gewebe.

3. Die zusammengesetzten Mundbodendrüsen. Glandulae glossomandibulares compositae.

In der weiter oben im groben beschriebenen, im ganzen geschnittenen sublingualen Drüsengruppe (Abb. 133 und 134) war eine große, untere (3), und eine kleine, obere, dem Nerven und Ganglion angelagerte vorhanden. In beiden fand ich den eigenartigen Bau, den Pischinger als erster in accessorischen Läppchen der Unterkieferdrüse kurz beschrieben hat, d. h. ein Gemisch von Läppchen sublingualen und mandibularen Charakters, und zwar in jedem sowohl rein mukoseröse bzw. albuminöse als auch gemischte Schläuche. S. Abb. 163, alle Schleimzellen rot; sublinguale, d. h. mukoseröse Zellen am Lumen rot gerändert; mandibulare, d. h. albuminöse Zellen stark gekörnt, sehr variable amphitrope Reaktion; Streifenstücke bräunlichgelb; Erythrocyten goldgelb; zahlreiche bräunliche Plasmazellen. Eigenartig ist, daß in Abb. 134 das kleine, in der Gabel zwischen Ductus mandibularis und dem groben Ausführungsgang der großen unteren Drüse liegende und in letzteren Gang mündende Läppchen nur Hauptstücke mandibularen Charakters enthielt, doch nahmen die albuminösen Zellen stärker das Mucikarmin an als die Zellen der Unterkieferdrüse.

Am Hilus der letzteren fand ich einige wenige Hauptstücke von sublingualem Typus, nicht aber im besonders untersuchten Processus sublingualis anderer Unterkieferdrüsen.

Der kräftige Hauptausführungsgang der unteren, großen Drüse zeigte einige kurze Divertikel, wie ich sie am Mandibulargang und am Duct. sublingualis maior beschrieben habe.

Die Glandulae glossopalatinae stellen die hintersten Drüsen der großen sublingualen Gruppe dar und sind reine Schleimdrüsen.

B. Die Drüsen der Zunge Gl. linguales.

Hierher gehören die vorderen und die hinteren Zungendrüsen (s. Abb. 164).

1. Die vorderen Zungendrüsen, Gl. linguales anteriores

wurden von Ph. Fr. Blandin (1834) entdeckt und von ihm und A. Nuhn (1845) genauer beschrieben. (Ihre Lage ist aus Abb. 2 S. 38 ds. Bds. ersichtlich.)

Untersucht man die untere Seite des vorderen Zungenabschnittes, und zwar speziell das zwischen den beiden Plicae fimbriatae gelegene, durch das Frenulum linguae in zwei symmetrische Hälften geteilte Feld, so kann man in besonders günstigen Fällen in seinem der Zungenspitze näher gelegenen Abschnitt die mehr oder weniger umwallten Mündungen der fraglichen Drüsen erkennen. Die Zahl derselben wird verschieden angegeben: A. Nuhn (1845) fand 5, N. Ward 3 zu einer einzigen quergestellten Drüsengruppe gehörend, Kölliker (1850) 5—6, Henle (1873) 4—5, Deville (1879) 4—6, ebenso C. Toldt (1888). Giacommini (1884) fand beim Neger in dem angegebenen Raum zahlreiche Ausführungsgänge. A. Oppel (1900) gibt an, daß die Ausführungsgänge nicht jederseits in einer Reihe hintereinander, sondern bald näher, bald ferner der Medianebene liegen.

In dem von mir erst makroskopisch und dann an einer Flachschnittserie mikroskopisch untersuchten Fall (Abb. 165) zeigten sich auf einem 110 qmm messenden Feld 13 Mündungen. Davon lag eine mehr hinten, unmittelbar auf der Kante des nur wenig vorspringenden Frenulums. Die anderen bildeten jederseits 2 zu denjenigen der anderen Seite genau symmetrisch und parallel gelegene Reihen: eine weiter vorn, nahe dem Frenulum befindliche (rechts 2, links 3 Mündungen) und eine laterale, mehr nach hinten sich erstreckende (rechts 4, links 3). Die beiden äußersten Reihen waren 9 mm voneinander entfernt.

Nach HENLE (1873) liegt die Drüsengruppe jederseits zwischen dem M. genioglossus und den verzweigten vorderen Enden der M. styloglossus und longitudinalis inferior unter dem M. transversus linguae, von einzelnen Bündeln der letzteren durchsetzt, also nahe der unteren Zungenfläche.

DEVILLE (1879) beschreibt die ganze Masse als hufeisenförmig, wobei die rechte Gruppe 30 mm, die linke 15 mm maß. Nach MERKEL (1885—1890) hat jede Gruppe etwa Kirschenkerngröße. Zuweilen hat er sie ganz vermißt oder cystisch entartet

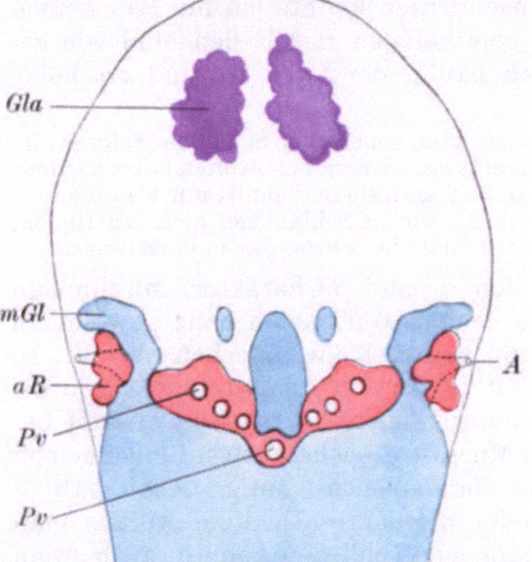

Abb. 164. Rekonstruktionsbild der Zungendrüsen des Menschen. Violett: *Gla* vordere, gemischte Zungendrüsen (BLANDIN). Rot: albuminöse, hintere Zungendrüsen (v. EBNER) *Pv* Pap. vallatae mit zugehöriger mittlerer Gruppe von Wallgrabendrüsen, *aR* zu den Pap. foliatae gehörige Randdrüsengruppe. Blau: *mGl* große hintere Schleimdrüsen (WEBER), davon eine mittlere Gruppe getrennt. *A* Ausführungsgang einer Randgruppe. Nach OPPEL aus S. SCHUMACHER (1925). Abbildungserklärung etwas abgeändert.

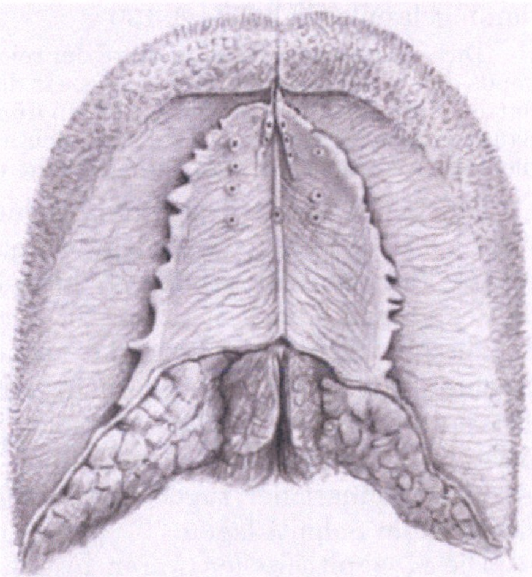

Abb. 165. Untere Zungenseite des Menschen mit 13 Mündungen der vorderen Zungendrüsen: 2 laterale Reihen (rechts 4, links 3 Mündungen), 2 mediale (rechts 2, links 3 Mündungen) dicht neben dem vorderen Ende des Frenulum linguae und 1 genau auf der Kante des Frenulum rein median gelegene Öffnung.

gefunden. Nach ZUCKERKANDL (1891) ist jede Gruppe 1,5 cm lang und 5 mm breit. V. v. EBNER (1899) findet noch größere Zahlen: 14—22 mm lang, 4—7 mm dick (hoch) und 7—9 mm breit, findet aber nur 5—6 Mündungen.

Meine Maße, 1,5 cm Länge und 5 mm Breite, stimmen mit denjenigen ZUCKERKANDLS vollständig überein. Nach vorn nähern sich die beiderseitigen Gruppen, werden dünner und gehen spitzbogenförmig ineinander über, worauf man schon aus der Anordnung der Mündungen schließen konnte. Die median hinten gelegene Mündung führte zu einer ganz kleinen (0,8 mm größter Durchmesser), oberflächlich im Septum linguae gelegenen Drüse. Die ganze Masse zeigt einen sehr lockeren Bau, indem zahlreiche kleine Läppchen durch viele dünne Muskelfaserbündelchen, kräftigere Nervenästchen (N. lingualis), Blutgefäße, Fettgewebe voneinander getrennt werden, so daß auf dem Schnitt kein einheitliches Bild entsteht.

NUHN (1845) hielt die Drüse für eine Schleimdrüse, ebenso HENLE (1873) und LUDWIG FERDINAND V. BAYERN (1884) und selbst noch STÖHR (1898), während schon PODWISOTZKY (1878) richtig ihre gemischte Natur erkannt hat. Er bildet an ein und demselben Ast ein dunkles, mit kleinen Hauptstücken und ein helles mit dickeren Tubuli ab.

Schon mit einer stärkeren Lupe erkennt man an einem mit Hämalaun und Mucikarmin gefärbten Totalschnitt, daß in dem hinteren, dickeren Abschnitt alle Drüsen viel Rot angenommen haben, daß aber nach vorn zu in den kleiner werdenden Läppchen das Rot abnimmt, bis schließlich in den Vordersten nur noch vereinzelte rote Fleckchen zu sehen sind, die hier und da sogar ganz einem bläulichen Ton Platz machen, d. h. nach vorn nehmen die mukösen Abschnitte ab, die mukoserösen zu, denn um solche, nicht um albuminöse handelt es sich. Die rein mukoserösen Hauptstücke sind mäßig verzweigte Tubuli mit axialem, bald engem, bald etwas weiterem Hauptlumen und von ihm abzweigenden zwischenzelligen Sekretcapillaren. Zwischen den sezernierenden Zellen und denjenigen der Lippen- und Unterzungendrüsen konnte ich im Bau keinen wesentlichen Unterschied finden. Die myoepithelialen Basalzellen sind wie gewöhnlich sternförmig. Ihr Kern paßt sich häufig der Form an und erscheint dann gelappt (Abb. 72, S. 130).

Die mukoserösen Endkomplexe der reich verzweigten gemischten Schläuche zeigten nirgends die starke Ausbildung, wie ich sie in den Unterzungendrüsen angetroffen habe, sondern hatten einfache Kappenform, die oft so dünn war, daß man sie im Schnitt nur als schmalen Saum erkennen konnte. Wohl vermochte ich sie an vielen Schläuchen nicht zu finden, dies mag daran liegen, daß die oft recht dicken Schläuche schräg geschnitten waren.

Die Schleimzellen zeigten hier meist den α- und β-Charakter, Mischmucin war nicht so häufig, außerdem waren die beiden Mucinarten ganz gewöhnlich je auf kleinere oder größere Schlauchgruppen derselben Läppchen verteilt, so daß es gerade diese Drüse war, in der zuerst ich in den Ausführungsgängen die beiden Mucinarten unvermischt nebeneinander fand und praktisch als reif betrachten mußte (Abb. 50, α-Mucin blau, β-Mucin rot, siehe auch im allgemeinen Teil unter „Schleimzellen"); solche Bilder fanden sich häufig. Auch gab es Ausführungsgänge, die ausschließlich α- oder β-Mucin enthielten, woraus man auf die Mucinart der zugehörigen Drüsenläppchen schließen konnte, auch wenn sie nicht im Schnitt lagen.

Die Myoepithelzellen waren in den Schleimstücken wie gewöhnlich platt und dicht gestellt mit reichlichen, spiralig zum ganzen Rohr verlaufenden Fibrillen und bandartigen Fibrillengruppen (s. Abb. 77), die nur mit Eisenhämatoxylin darstellbar waren (schon früher besprochen, S. 132).

Die rein mukoserösen Läppchen, welche gegen die gemischten in der Minderheit waren, besaßen meist nur einfach verzweigte Isthmen von mäßiger Länge. Ihre äußeren Durchmesser schwankten zwischen 13,8 und 17,5 μ, ihr innerer zwischen 3 und 5 μ. Die gemischten Schläuche mündeten direkt in die Ausführungsgänge. Zugehörige Isthmen habe ich nicht gefunden, diese waren also vollständig verschleimt.

Streifenzellen konnte ich in keinem der untersuchten Fälle auffinden.

Die ebenfalls mit zweistufigem Epithel ausgekleideten Ausführungsgänge waren oft stark erweitert, wobei die höchsten Epithelzellen sogar niedriger als breit sein konnten, also Dehnung. Ein solcher an sich untergeordneter Ausführungsgang war 300 μ weit. Auch in diesen Drüsen sind durch Einschnürungen geschiedene Erweiterungen gewöhnliche Erscheinungen. In den Furchen, die gewöhnlich scharfkantig sind, ist das Epithel besonders dünn und am wenigsten widerstandsfähig. In einem Präparat mit etwas maceriertem Epithel, in dem gequollener Schleim reichlich aus den Kanälen getreten war, konnte ich sehen, daß das Austreten gerade am tiefsten Punkt dieser Furchen stattfand, indem hier und nirgends sonst ein weiter Spalt klaffte.

Schlußleisten waren überall im ganzen Schlauchsystem zu erkennen, am schwersten darstellbar wie gewöhnlich in den Schleimstücken, am dicksten in den Ausführungsgängen.

Diplosome fand ich nur in den hohen Zellen der Ausführungsgänge dicht unter der freien Oberfläche, gewöhnlich stark seitlich verschoben.

Die Basalmembranen sind am kräftigsten an den Ausführungsgängen, im übrigen wie gewöhnlich sehr dünn.

Wie in allen gemischten und mukösen Mundspeicheldrüsen fanden sich hier und da kleine Läppchen mit verzweigten Gängen, die an Isthmen erinnerten, aber ein weiteres Lumen hatten. Da bei einigen, besonders am Ende, schwach verschleimte Zellen saßen, und auch ihr Exkret oft leichte Mukoidreaktion zeigte, so scheint es sich um in der Entwicklung zurückgebliebene, oder vielleicht auch um solche Schleimröhrchen zu handeln, welche ihre Tätigkeit eingestellt haben.

2. Die hinteren Zungendrüsen, Gl. linguales posteriores.

Sie ziehen sich am Zungengrund, im Bereich der Geschmackspapillen und der Zungentonsillen, quer über den ganzen Zungenrücken bis zum Seitenrand, und zwar der Stelle, wo der Arcus glossopalatinus in denselben übergeht. Man kann unter ihnen zwei im Bau völlig verschiedene Drüsenarten unterscheiden: albuminöse und muköse.

a) Die albuminösen Zungendrüsen, v. Ebnersche Drüsen, Gl. gustatoriae.

Dieselben scheinen zuerst von E. H. Weber (1827) gesehen worden zu sein, er nannte sie „zusammengesetzte Drüsen" und hielt sie für Schleimdrüsen. A. Kölliker (1850) unterschied die Drüsen auf der Menschenzunge nach der Farbe: die Drüsen unter den Wallpapillen sollten weiß, die anderen mehr rötlich erscheinen. Später (1852) nannte er die Drüsen der Papillae vallatae und foliatae „acinös". Auch Lovén (1868) und G. Schwalbe (1868) fanden kleine Drüsen am gleichen Ort. Den wahren Wert der Drüsen hat erst v. Ebner (1873) erkannt. Er nannte die fraglichen Drüsen „seröse" im Gegensatz zu den umgebenden mukösen. Sie sollen nur im Zusammenhang mit den Stellen stehen, welche der Sitz der Geschmacksknospen sind, an der ganzen übrigen Zunge fehlen. Das dünne, mucinfreie Sekret soll dazu geeignet sein, die schmeckenden Substanzen aus den Gräben und Furchen schnell auszuwaschen. Podwisotzky (1878) bestätigt die v. Ebnerschen Befunde, unterscheidet aber noch Drüsen mit kürzerem und solche mit längerem Ausführungsgang. Über Einzelheiten berichten dann noch E. Ch. Schacht (1896), J. Schaffer (1897) und K. W. Zimmermann (1898).

Die Drüsen zerfallen in drei Gruppen, eine mediale, in Verbindung mit den umwallten Papillen stehende und zwei seitliche symmetrisch gelegene in Verbindung mit den Papillae foliatae. Da alle gleich gebaut sind, so genügt es, wenn wir uns eingehender mit den Wallgrabendrüsen befassen. In sämtliche Gräben der Wallpapillen wie der Blätterpapillen münden diese Drüsen, selbst wenn nur eine kleine Rinne zu einer rudimentären, einseitig ausgebildeten Papille gehört. Um Lage und Zahl aller zu einer Papille gehörigen Drüsen feststellen zu können, ist es unerläßlich, Flachschnittserien einer ganzen Papillengegend und graphische Rekonstruktionen herzustellen. Es zeigt sich dann, daß die Drüsen stets am Grund des Grabens und auch noch am Wall weiter hinauf, und zwar bis 3, nach Schaffer (1897) sogar bis 4 übereinander münden können. An der Papille fand ich gelegentlich Mündungen mitten auf der freien Oberfläche. Vereinzelt findet man auch einmal eine Mündung etwas außerhalb eines Walls. Die Zahl der in einen Wallgraben mündenden Drüsen ist sehr wechselnd. Bei 5 rekonstruierten Gruppen von Wallgrabendrüsen fand ich folgende Zahlen: 4, 18, 26, 31, 38. Im ersteren Fall handelt es sich um einen kleinen Höcker, in dem aber ein kräftiges Nervenbündel aufstieg, von einem eigentlichen Wall konnte man nicht sprechen. Die beigegebenen Skizzen betreffen die Fälle mit 18 (Abb. 167, unvollständiger Graben und unregelmäßige Gruppierung), 26 (Abb. 166, kleine Papille) und 38 (Abb. 168, größte aller beobachteten Papillen, bei a ein außerhalb des Walls mündender Drüsengang). Es sind nur die Mündungsstücke der Drüsen gezeichnet; der punktierte Ring bedeutet das Grabengebiet, in dem überhaupt Mündungen liegen. In Abb. 168 zeigt sich auf

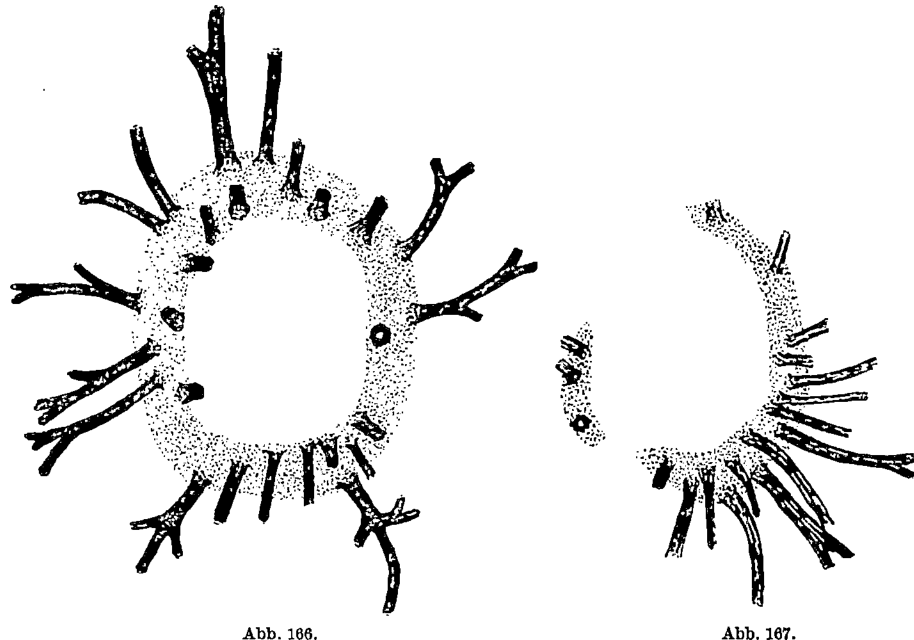

Abb. 166.   Abb. 167.

Abb. 166. Wie Abb. 168, aber kleiner und mit nur 26 Drüsenmündungen. Die Ausführungsgangstücke sind um so kürzer gehalten je steiler sie in die Tiefe gehen.

Abb. 167. Wie Abb. 168, aber rudimentäre Papille mit unvollständigem Graben. 18 zum Teil dicht gedrängte Drüsenmündungen.

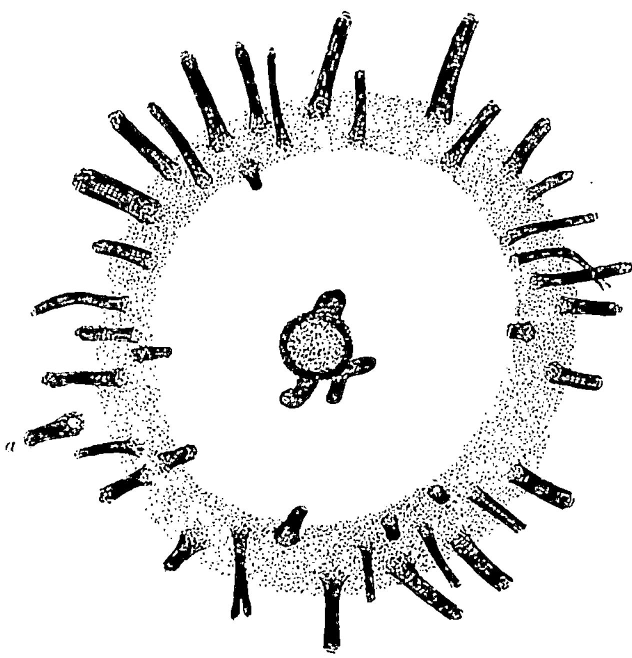

Abb. 168. Graphische Rekonstruktion der Mündungsstücke aller 38 zu einer Wallpapille gehörigen Eiweißdrüsen. Der die Mündungen enthaltende Wallabschnitt punktiert. Bei a auf der Wallhöhe mündende Drüse. Mitten auf der Papillenoberfläche geht kurzer Epithelzapfen mit vier Drüsenrudimenten in die Tiefe.

der Papillenmitte eine ganz rudimentäre Drüsengruppe, nur Gangstummel mit einer Cyste. (S. auch Abb. 8 auf S. 47 ds. Bds.)

Zuerst scheint G. Schwalbe (1868) in den Wallpapillen des Menschen nahe der Oberfläche Drüsen gesehen zu haben. Auch J. Schaffer (1897) berichtet über Epithelzapfen die von der Mitte aus in die Tiefe gehen, und über kleine albuminöse Drüsen daselbst. Ich sah in anderen Präparaten zuweilen gut ausgebildete Drüsen, die jedoch nicht unter die Papillenbasis herabreichten. Verfolgt man die Ausführungsgänge in der Serie weiter in die Tiefe, so sieht man in der Regel dieselben um so schneller zu ihrem Drüsenkörper gelangen, je tiefer sie im Graben entspringen. Die gesamte, zu einer gut ausgebildeten Papille gehörige Drüsenmasse bildet in den zur Zungenoberfläche parallel geführten Schnitten bei voller Entfaltung einen elliptischen Fleck, in dessen Mitte die zu den am tiefsten Grund des Grabens mündenden Ausführungsgängen gehörigen Drüsenkörper liegen. Die übrigen finden sich um so mehr peripher, je höher ihre Ausführungsgänge münden. Die Drüsenfelder der einzelnen Papillen pflegen voneinander so gut getrennt zu bleiben, daß man sie in der Flachschnittserie sogar makroskopisch noch gut voneinander abgrenzen kann. Allerdings schieben sich manchmal einzelne Drüsen der gleichen Art, die

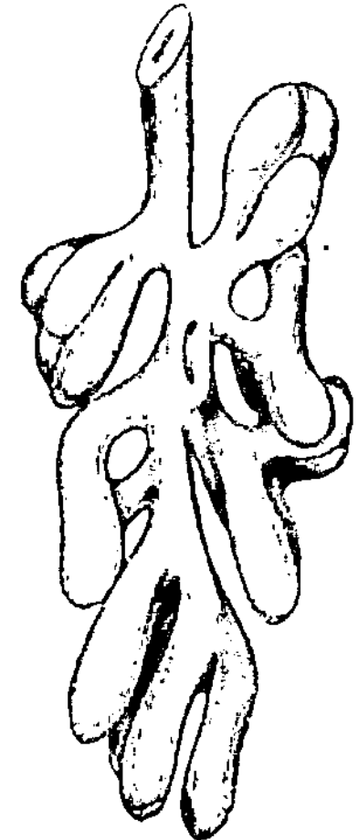

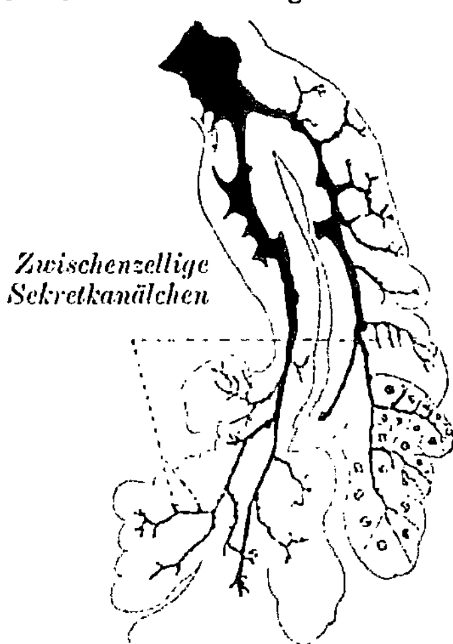

Abb. 169. Modell einer albuminösen (v. Ebnerschen) Drüse aus der Zungenschleimhaut eines 14jährigen Knaben. Vergr. 170fach. „Der Ausführungsgang verästelt sich und geht in schlauchförmige Sekretionsräume von bogenförmigem Verlaufe über, die an ihren Enden ein wenig ausgebuchtet sind." Nach St. Maziarski (1901).

Abb. 170. Aus einem Schnitt durch die Zungenwurzel der Maus. Vergr. 240fach. Albuminöse Drüse, deren Gangsystem durch die Golgische Reaktion geschwärzt ist; man erkennt deutlich den tubulösen Charakter. Der rechte untere Abschnitt ist durch Einzeichnen der Zellen schematisch ergänzt. Aus Ph. Stöhr-v. Möllendorff, Lehrb. d. Histol., 19. Aufl. 1922.

selbständig an der Zungenoberfläche münden. dazwischen, wenn solche sich nicht einfach einem runden Drüsenfeld eingliedern, was auch vorkommen kann. Der Durchmesser eines solchen Drüsenfeldes betrug bei der mit 38 Ausführungsgängen versehenen Masse bei größter Entfaltung 4,5 (4) mm, bei dem mit nur 4 Gängen ausgestatteten 3,3 (2,16) mm, wobei die Zahl in der Klammer den kleineren Durchmesser des elliptischen Feldes bedeutet. Die zu den Geschmacksknospen ziehenden Nervenbündel steigen begreiflicherweise mehr in der Mitte der ganzen Masse auf. Die Drüsen reichen 7—8 mm in die Tiefe und stecken zwischen den Muskelfasern.

Die Drüsenmasse der Papillae foliatae dehnt sich vom unteren Ende des Arcus glossopalatinus sehr verschieden weit nach vorn aus, nach v. Ebner (1899) 5—15 mm, bei einer Breite des Streifens von 3—4 mm und einer Tiefenausdehnung von 10 mm.

Was nun die Form der Drüsen betrifft, so bestehen sie aus langgestreckten, (s. Abb. 169 und 170). reich verzweigten Tubuli, die miteinander anastomosieren können (K. W. Zimmermann, 1900, s. Abb. 171).

Die Dicke der Tubuli schwankt bedeutend, zwischen 20 μ und 90 μ. Bei so dicken Massen handelt es sich eigentlich mehr um blumenkohlartige Polymere, indem sie mehr oder weniger tief eingekerbt sind und das Lumen sich mehrfach verzweigt. Man kann sie als Verzweigungen mit dicht gedrängten ganz kurzen

Ästen auffassen. Gelegentlich kann auch ein dünnerer Schlauch durch eine Bindegewebsfaser einseitig eingekerbt werden; das Epithel war an einer solchen Stelle nur 1,8 μ dick.

Das Epithel ist in allen Teilen zweistufig, wobei wie gewöhnlich die hohe Stufe von den sezernierenden Zellen, die niedere von basalständigen Myoepithel-

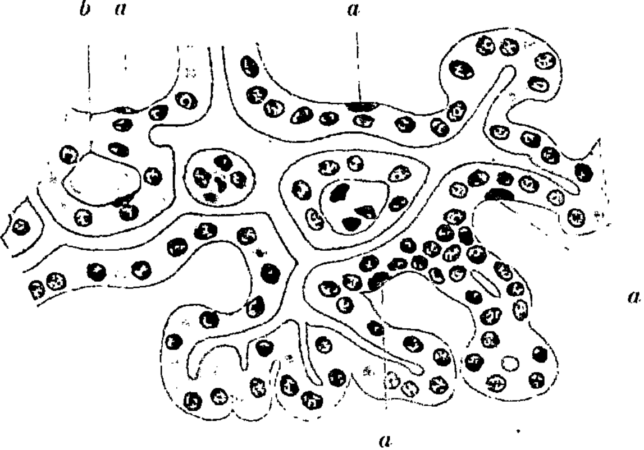

Abb. 171. Albuminöse Wallgrabendrüse, Mensch. Teilweise netzförmige Verbindung der Drüsenlumina. *a* Kerne von Basalzellen. Bei *b* innige Berührung oder beginnende Verschmelzung zweier Schlauchenden. Aus K. W. ZIMMERMANN (1900).

zellen gebildet wird. In den sezernierenden Zellen hat v. EBNER (1873) bei Tieren stark lichtbrechende verschieden große Körnchen beobachtet, die in den Zellen gleichmäßig verteilt sind. W. FLEMMING (1887) hat jedoch als erster beim Menschen in allen Zellen, wie im Pankreas nur in einem lumenseitigen Abschnitt dicht gedrängte Granula, den basalen kernhaltigen Teil jedoch frei davon gefunden. J. SCHAFFER (1897) bestätigt diese Angabe. Die Granula zeigten sich oxyphil, die Zellbasis heller. In anderen Zellen war die Basis dunkler, der lumenseitige Abschnitt heller, undeutlich gestreift und körnchenfrei oder mit einem äußerst blassen Gerüstwerk mit einzelnen groben Körnchen dicht am Lumen. Außerdem findet er eine dritte Zellform, „ganz protoplasmatisch ohne ausgesprochene Körnung", wie sie ganz ähnlich bei den Schleimdrüsen vorkomen; er sieht darin verschiedene Funktionsstadien. 1898 habe ich über bei einem 19 jährigen Hingerichteten gemachte Befunde berichtet, s. Abb. 172 (es ist Fig. 22 meiner damaligen Mitteilung). Man sieht sämtliche Funktionsstadien in dem gleichen Querschnitt. Die Reihenfolge der Buchstaben *a—f* soll den aufeinander folgenden Sekretstadien entsprechen. Die beiden Zellen bei *f* sehen ganz wie Pankreaszellen aus (die Basallamellen waren bei einem anderen Individuum deutlicher) und entsprechen dem, was FLEMMING mitgeteilt hat. Sie sind im Begriff ihr

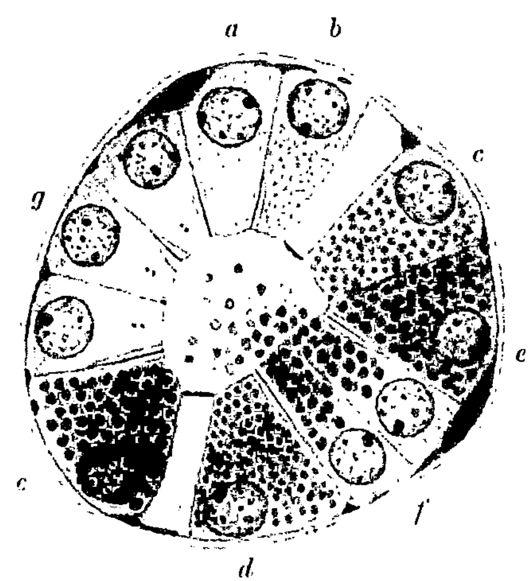

Abb. 172. Albuminöse Drüse einer Wallpapille, 19 jähriger Hingerichteter. Verschiedene Funktionsstadien. Die Buchstaben *a—f* geben die Reihenfolge der Sekretionsstadien an. Auf *g* folgt wieder *a*. Die im Stadium *f* austretenden Granula bewahren anfangs noch Form und Färbbarkeit, verlieren aber allmählich letztere und lösen sich auf. In drei Zellen Diplosoma. Basalzellen zwischen Basalmembran und sezernierenden Zellen. Sublimatfixation, Eisenhämotoxylin.

Sekret in das Lumen in Körnchenform zu entleeren und sind nur noch halb gefüllt. Daneben sehen wir aber Zellen, die durch die ganze Höhe mit Granula geladen sind. Solche Zellen habe ich übrigens auch gelegentlich im Pankreas eines 43jährigen Enthaupteten gesehen, wenn auch die Form *f* dort weitaus die vorherrschende ist. Daß FLEMMING und SCHAFFER nur halbgefüllte Zellen sahen, ich aber auch ganz gefüllte, mag auf individuelle Unterschiede zurückzuführen sein, besonders aber darauf, daß den Drüsen kürzere oder längere Zeit zur Sekretbereitung gelassen wurde. So dürfte z. B. bei einem Individuum, das fortwährend Tabak kaut, die Granulaansammlung nur klein sein, da die gereizten Zellen fortwährend Sekret ausstoßen. Übrigens hatten in meinem Fall die Drüsen während der Nacht Zeit zur reichlichen Aufstapelung.

E. CH. SCHACHT hat gezeigt, daß bei verschiedenen Tierarten mehr der eine, bei anderen mehr der andere Typus vorherrscht.

In drei Zellen der Abb. 172 sieht man bei *g* deutlich das Diplosoma in hellem Hof.

Amphitrope Reaktion habe ich, wenn auch nicht bei allen Individuen beobachtet. Sie zeigte sich nie bei allen Zellen des gleichen Tubulus gleich stark.

Die Schlußleisten sind überall gut ausgebildet. Mit ihrer Hilfe kann man erkennen, daß nur zwischenzellige Sekretcapillaren vorhanden sind. Das Auftreten der letzteren ist sehr unregelmäßig. Man findet sie oft zwischen fast allen benachbarten Zellen (s. Abb. 172), oft aber auch nirgends.

Die myoepithelialen Basalzellen sind zwar auch verzweigt, doch halten die Ausläufer mehr die Längsrichtung ein (ihre Kerne s. in den Abb. 171 und 172).

Wie wir gesehen haben, gehören die eben beschriebenen Drüsen wegen ihres allgemeinen Verhaltens zu der Gruppe der albuminösen Drüsen, wenn wir auch über ihr Sekret nichts weiter wissen, als daß es dünnflüssig ist, BRAUS nennt sie deshalb auch treffend „Spüldrüsen". Nun hat J. SCHAFFER (1897) beim Menschen fast an allen untersuchten Zungen mitten zwischen albuminösen Drüsenschläuchen einzelne größere Schleimtubuli beobachtet, welche ihr Exkret in die gleichen Ausführungsgänge entleeren wie die ersteren. An ihnen konnte er gelegentlich albuminöse Endkomplexe beobachten, er bildet sie auch deutlich ab. Auch RENAUT (1899) findet gemischte Drüsen.

Ich kann diese Angaben aus eigener Erfahrung bestätigen. Ich fand z. B. in einer Wallpapille eine ausschließlich gemischte Drüse, die an der Oberfläche mündete, ferner gelegentlich kleinere Teile, meist nur einige Schläuche dieser Art an gewöhnlichen Drüsen der Papillae vallatae und foliatae. Wenn sie auch nicht regelmäßig vorkommen, so kann man sie doch nicht als selten bezeichnen.

Hier möchte ich noch einmal das zuerst von SCHAFFER (1897) erwähnte, dann auch von mir beobachtete Vorkommen eigenartiger oxyphiler Zellen in den albuminösen Zungendrüsen anführen, welche ich unter „Pyknocyten" im allgemeinen Teil besprochen habe.

Wenn auch die albuminösen Schläuche am Ende kolbig verdickt sein können und gegen die Ausführungsgänge meist allmählich etwas dünner werden, so scheinen doch typische Isthmen nicht vorzukommen, vielmehr gehen sie in gleich dicke, durch Vereinigung weniger allmählich dicker werdende Ausführungsgänge über. In den Drüsen der Blätterpapille sah ich auch die sezernierenden Schläuche in einen einzigen mitten in der Drüse gelegenen etwas kräftigeren Ausführungsgang münden. Basalstreifen oder auch nur Oxyphilie wie in den Unterzungendrüsen sah ich an Ausführungsgangzellen nicht.

Beim Übergang der Ausführungsgänge in das geschichtete Wallgrabenepithel zeigt sich ein von SCHAFFER zuerst beobachtetes eigenartiges Verhalten der hohen Zellen des zweistufigen Gangepithels, indem dieselben ähnlich wie oft bei den Ausführungsgängen der kleinen Unterzungendrüsen (Abb. 100) die Oberfläche des geschichteten Plattenepithels einnehmen und, allmählich niedriger werdend, sich weit hinauf verfolgen lassen.

·b) Die Schleimdrüsen des Zungengrundes, Webersche Drüsen.

Dieselben wurden zuerst von E. H. Weber (1827) beobachtet und bilden eine mehr oder weniger zusammenhängende Drüsenmasse, welche sich hinter der Linea terminalis von einer Gaumentonsille zur anderen erstreckt. Sie reicht bis unmittelbar an die drei Gruppen der v. Ebnerschen Drüsen, erstreckt sich zwischen ihnen nach vorn hindurch und bildet auch eine · mediale Gruppe vor den mittelsten Wallpapillen. Gelegentlich findet man noch eine isolierte kleine Gruppe am Zungenrand etwas vor den Papillae foliatae. Sie münden teils frei an der Zungenoberfläche, teils in die Buchten der Zungenbälge und der Tonsillae palatinae, hier, wie Weber zeigte, häufig trichterförmig sich erweiternd. Sie können sich 9 mm weit in die Tiefe zwischen die Muskelbündel erstrecken. M. B. Schmidt (1896) sah Schleimdrüsen in den rudimentären Duct. thyreoglossus münden.

Sie bestehen aus langen, reich verzweigten Schläuchen, welche sich in bezug auf Basalzellen, Basalmembran und elastisches Fibrillennetz so verhalten, wie es schon mehrfach besonders unter „Basalzellen", „Schleimzellen" und „Bindegewebe" angegeben wurde (siehe auch „Gaumendrüsen"). Durch eine Eigentümlichkeit unterscheiden sich die Schleimzellen von denjenigen z. B. der vorderen Zungendrüsen. Während dort die α- und β-Mucinzellen meist je auf besondere Schläuche und ganze Schlauchgruppen verteilt sind, sind sie nebst Mischmucinzellen in den Schleimdrüsen des Zungengrundes regellos durcheinander gewürfelt, was z. B. an Orceinpräparaten dadurch schroff hervortritt, daß das α-Mucin sich schwarzviolett, das β-Mucin gar nicht färbt.

Ranvier (1884) hat in den Schleimdrüsen der Zunge sehr reduzierte Endkomplexe gefunden. Ich sah am Ende eines Schleimschlauches in der Gegend der Blätterpapillen einen unzweideutigen, wenn auch kleinen Endkomplex. Daß es sich nicht um ein Trugbild handelte, geht daraus hervor, daß das Lumen des Schleimstückes sich bis zu dem Endkomplex verfolgen ließ. Die Zellen zeigten am Lumen deutliche Mukoidreaktion, was an die Zellen sublingualen Charakters erinnert. Dann fand ich einmal eine kleine Schlauchgruppe mit unzweideutigen Endkomplexen in der Nähe der Wallpapillen. Es ist somit ein seltenes Vorkommnis.

Die Schleimschläuche gehen unmittelbar in kleinere Ausführungsgänge über. In den dünnsten Gängen sieht man die Basalzellen noch ganz platt und langgestreckt und mit dichtstehenden Längsfibrillen versehen, sie verkürzen und verschmälern sich jedoch bald und werden etwas höher, so daß die Kerne näher zusammenrücken.

Schon v. Ebner (1873) hat über Inseln von Schleimzellen im Epithel dieser Ausführungsgänge berichtet, und Schaffer (1897) hat bei einem 8jährigen Knaben das ganze Epithel eines ampullenartig erweiterten Ausführungsganges aus Schleimzellen bestehend gefunden, die auch zahlreiche intraepitheliale Buchten bildeten. Ich habe in solchen Gängen der Menschenzunge häufig einzelne und etwas zerstreute Becherzellen gefunden, die an Mucikarminpräparaten schon bei schwächerer Vergrößerung hervortraten.

Das oben bei den Eiweißdrüsen der Wallgräben erwähnte Weiterziehen der höheren Zellen der Ausführungsgänge auf die Oberfläche des geschichteten Plattenepithels hat Schaffer auch bei den Schleimdrüsen beobachtet.

Über Rückbildungserscheinungen und Drüsenrudimente siehe am Schluß der Mundschleimdrüsen.

Hier möchte ich noch erwähnen, daß ich an einer flach geschnittenen Zunge eines 7 Monate alten Fetus mitten auf dem Rücken eine kleine Drüse gefunden habe, an der von Verschleimung nichts zu beobachten war.

C. Die unteren Gaumendrüsen. Gl. palatinae inferiores.

Man kann sie topographisch in zwei zusammenhängende Gruppen teilen: in Drüsen des harten und solche des weichen Gaumens. Am harten Gaumen reichen sie in der Mittellinie bis zur Längsmitte oder auch etwas darüber hinaus. Am weichen Gaumen reichen sie bis zum freien Rand und setzen sich auch auf die Vorderseite der Uvula fort; ferner seitwärts vor dem oberen Ende des Arcus glossopalatinus vorbei nach unten, um durch zerstreute Drüsen mit den medial von den hinteren unteren Mahlzähnen gelegenen Gl. glossopalatinae (Gl. molares von Henle) und dadurch mit der langen Reihe der Sublingualdrüsen in Verbindung zu treten. Alle diese Drüsen haben den gleichen Bau und brauchen nicht einzeln besprochen zu werden.

Was die Zahl der eigentlichen Gaumendrüsen betrifft, so fand A. v. SZONTÁGH (1856) im Maximum am harten Gaumen 250, auf der Unterseite des weichen Gaumens 100 und an der Uvula 12. Am harten Gaumen treten sie vorn und seitlich vereinzelt auf, stellen sich weiter hinten mehr oder weniger deutlich in Längsreihen und nehmen an Mächtigkeit zu. Am weichen Gaumen (Abb. 173a) bilden sie jederseits einen Keil, dessen Schneide gegen die Medianebene zugekehrt ist. Es kann hier eine schmale drüsenfreie Stelle bestehen. Die dickste Stelle der ganzen Masse liegt also mehr seitlich und kann nach SCHAFFER 3—4 mm, nach v. EBNER sogar 7—9 mm betragen.

Die unteren Drüsen (173a) werden von den oberen (b) durch die quergestreifte Gaumenmuskulatur (d) getrennt. Am Zäpfchen kommen sie sich so nahe, daß

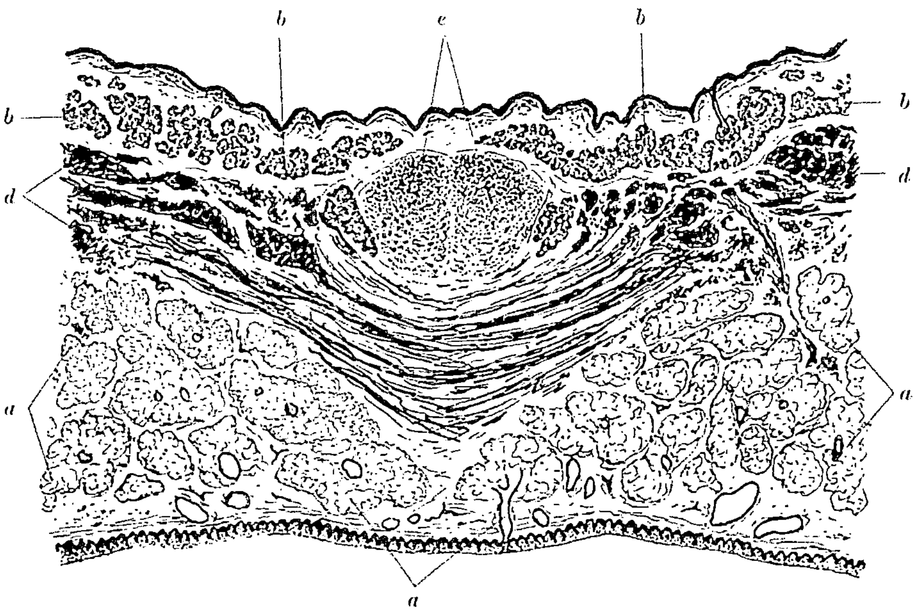

Abb. 173. Weicher Gaumen, quer geschnitten, Mensch. *a* auf der Mundhöhlenseite symmetrisch gelegene große Gruppen von Schleimdrüsen, gegen die Medianebene hin an Höhe abnehmend, *b* auf der pharyngonasalen Seite gelegene kleinere gemischte Drüsen. Unterhalb *c* die beiden Mm. azygos uvulae mit locker angeordneten Fasern, *d* quergestreifte, kompaktere Gaumenmuskulatur quer, schräg und längs geschnitten (schwarz). Vergr. 8 fach.

sie sich aneinander und ineinander drängen, wobei jedoch, wie SCHAFFER (1897) gezeigt hat, große individuelle Varianten bestehen. Da hier die oberen Drüsen zuerst aufhören, dringen die unteren bis auf die obere Seite durch. Die Spitze ist drüsenfrei.

Die unteren Gaumendrüsen bestehen aus langen, vielfach geteilten Schläuchen, an denen ich von „Alveolen" nichts bemerken kann entgegen den Angaben ST. MAZIARSKIS (1901, s. Abb. 174 und deren Erklärung). Das Epithel ist in allen Teilen ein zweistufiges. Die hohen Zellen produzieren alle Schleim; albuminöse oder mukoseröse Hauptstücke oder Endkomplexe fehlen vollständig; SCHAFFER (1897) sagt zwar sie „fehlen nahezu vollkommen". Die Schleimzellen zeigen das übliche Bild (siehe „Schleimzellen" im allgemeinen Teil dieses Abschnittes), d. h. sie enthalten α- und β- sowie Mischmucin, und zwar in sehr wechselnder Verteilung, bald in wirrem Durcheinander wie in den hinteren Zungenschleimdrüsen, bald je auf ganze Schläuche und Läppchen verteilt wie in den vorderen Zungendrüsen. Doch mögen hier auch große individuelle Schwankungen bestehen. Gerade an diesen Drüsen hat Stöhr (1887) seine Studien über die Funktion der Schleimzellen gemacht (siehe die Wiedergabe seiner diesbezüglichen Abb. in 48 und 49 S. 113). Wir sahen jedoch (siehe „Schleimzellen" des allgemeinen Teils), daß die Schleimzellen auch hier nicht in so starre Formen geprägt sind, wie es sich Stöhr vorstellte, sondern daß seine Stadien alle schleimvolle Zellen sind, und daß ihnen wahrscheinlich Unterschiede in der Art des Mucins zugrundeliegen. Wir sahen ferner, daß der Anfang, das Fortschreiten und das Abnehmen der Schleimsekretion unter günstigen Verhältnissen auch in den Gaumendrüsen (und, wie ich mich kürzlich überzeugen konnte, auch in den hinteren Zungenschleimdrüsen) wohl studiert werden kann (s. Abb. 64 und 65 S. 123); sie geht hier nicht anders vor sich als auch an anderen Orten, nur gibt es insofern Unterschiede, als in Drüsen (z. B. Unterzungendrüsen) mit reichlichen in Verschleimung begriffenen Isthmen und Sekretionsrückgang zeigenden Abschnitten die Vollarbeitsdauer eine kürzere sein dürfte, als in solchen, die sehr wenig Anfangs- und Endstadien aufweisen wie in dem ganzen Schleimdrüsenring der Rachenenge.

Hier tritt besonders auch der große Unterschied zwischen der Arbeitsart, oder besser gesagt, dem Arbeitsbild der Fermentdrüsenzellen und der Schleimzellen hervor: bei ersteren stark in die Augen fallendes Zu- und Abnehmen der Sekretbereitung und Aufstapelung in bestimmten täglichen Rhythmen, bei letzteren vielleicht Wochen und Monate lange Arbeitsdauer mit annähernd gleichbleibender Sekretmenge und dauerndem Ersatz des Abgangs, der jedoch auch je nach der Inanspruchnahme wechseln kann, doch scheint das an dem Zellbild nichts wesentlich zu ändern. Gehen wir im Vergleichen noch weiter, so finden wir in den Becherzellen des Darms während des ganzen Zelllebens einen einzigen Auf- und Abstieg; die Arbeitsdauer entspricht der Zeit, welche die Zelle braucht um vom Ort ihres Entstehens im Drüsenschlauch bis zum Gipfel einer Zotte (Dünndarm) oder zur Mitte zwischen zwei Drüsenmündungen (Dickdarm) zu gelangen.

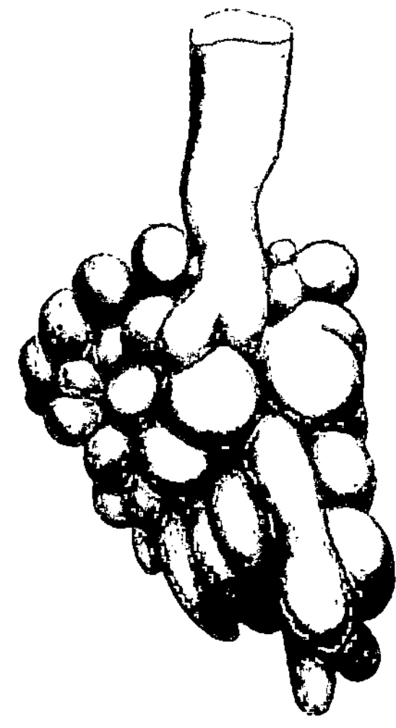

Abb. 174. Modell einer Schleimdrüse von der Unterseite des weichen Gaumens des Menschen. Vergr. 142 fach. „Der erweiterte Ausführungsgang geht in die Sekretionsschläuche über, an deren Wänden zahlreiche Alveolen sitzen. Auf der Figur sieht man den Tubulus mit dem Ausführungsgange verbunden und einen zweiten unterhalb, die übrigen Tubuli sind mit Alveolen bedeckt." Nach St. Maziarski (1901). Wortlaut unverändert.

Der Nutzen dieses Dauerbetriebs ist einleuchtend, dadurch bleibt im ersteren Fall die Oberfläche der Rachenenge, die ja ganz besonders der Reibung und Abnutzung ausgesetzt ist, dauernd schlüpfrig und, wenn auch bei einem passierenden Bissen der Schleimbelag abgewischt werden sollte, so rückt durch den Druck der Inhalt der zahlreichen weiten Ausführungsgänge sofort nach und reflektorisch werden die Myoepithelzellen der Schleimschläuche in Tätigkeit gesetzt und die Schleimzellen selbst zu lebhafterem Tempo angeregt, der Erweiterung der Blutcapillaren und Zunahme der „Permeabilität" ihrer Wand durch Erschlaffen der Pericyten nicht zu gedenken.

Die überall vorhandenen Basalzellen weichen von dem für die Schleimschläuche anderer Drüsen charakteristischen Verhalten nicht ab.

Was das Ausführungssystem betrifft, so gehen zwar meist die Schleimstücke unmittelbar in gleich weite oder gar weitere Ausführungsgänge über, doch kommen wenn auch nicht häufig, echte Isthmen vor. Der in Abb. 63 S. 123 im Querschnitt wiedergegebene hatte einen äußeren Durchmesser von 24 μ und einen inneren von 4 μ, also eine Epithelhöhe von 10 μ, Zahlen, wie sie sich auch z. B. in der Unterkieferdrüse finden. Der Epithelring bestand aus 6 Zellen. Sie gehen ganz allmählich dicker werdend ohne scharfe Grenze in die Ausführungsgänge über. Nach J. Schaffer (1897) besitzen diese „zunächst ein einschichtiges, weiterhin ein zweizeiliges Cylinderepithel". Abb. 63 und 64 zeigen jedoch, daß schon in den Isthmen als dünnsten Teilen des Ausführungsgangsystems, wie überhaupt in allen Teilen des ganzen Drüsenbaums, gut ausgebildete Basalzellen vorhanden sind.

Die Gänge können durch Stauung stark erweitert sein wie in allen überwiegend mukösen Drüsen. Sie durchziehen die Schleimhaut schräg gegen den hinteren Rand des Gaumensegels zu. Auch bei diesen Drüsen kann das geschichtete Plattenepithel sich weiter in die Ausführungsgänge erstrecken, und die Cylinderzellschicht sich auf die Oberfläche des geschichteten Plattenepithels eine Strecke weit vorschieben.

Sekretionserscheinungen wie sie A. PISCHINGER in den Ausführungsgängen der Unterzungendrüsen beschreibt, habe ich nicht gesehen. Doch fand ich in mitteldicken interlobulären Gängen vereinzelte vollständig verschleimte Zellen in Becherform, aber keine beginnende Verschleimung.

Die allgemeine starke Entwicklung der elastischen Fasern im weichen Gaumen macht sich auch bei den Drüsenschläuchen bemerklich. Ich sah in keiner anderen Drüse das elastische Netz der Schleimschläuche so gut und allgemein ausgebildet als gerade in den Gaumendrüsen. Die Fibrillen sind bald dicht gedrängt, bald lockerer angeordnet; so fand ich z. B. an einem 11,6 μ langen Stück 9 Fibrillen mit Entfernungen von 0,7—2 μ. Da in den Orceinpräparaten nicht nur die elastischen Fibrillen, sondern auch das α-Mucin stark gefärbt sind, so ließ sich die zwischen beiden gelegene kollagene Basalmembran sehr gut abgrenzen und messen; ihre Dicke beträgt 0,6—0,8 μ, während sie an albuminösen Hauptstücken, wie z. B. im Pankreas erheblich dünner ist.

Auch die Ausführungsgänge sind reichlich mit elastischen Fasern ausgestattet. So fand ich gerade an den dünnsten, isthmusartigen Gängen dicht unter dem Epithel ein einziges dichtes elastisches Netz, das den Charakter einer derben Membran mit oder ohne Lücken annehmen konnte. Bei den gröberen Gängen ist die Anordnung lockerer, und durch die ganze Dicke der bindegewebigen Grundlage gehend.

III. Die „BERMANNschen", rudimentären und atrophischen Drüsen.

Hier möchte ich Vorkommnisse einreihen, welche nicht eigentlich typische sind, aber doch gelegentlich angetroffen werden.

BERMANN (1877, 1878) hat in der Unterkieferdrüse des Menschen und Kaninchens sowie anderer Tiere einem der größeren Speichelgänge angeschlossen, eine reine tubulöse Drüse gefunden, deren Schläuche sich vielfach umeinander winden. Das ganze Organ „sui generis" sei von einer derben Bindegewebskapsel umschlossen. Das Epithel sei überall gleichartig, niedrig, schon mehr dem Plattenepithel ähnelnd. Funktionsunterschiede ließen sich nicht wahrnehmen. R. HEIDENHAIN (1880), der die Präparate BERMANNs selbst untersucht hat, erklärt die Drüse auf Grund der Präparate BEYERS (1879) und mit diesem für nichts anderes als die Unterzungendrüse. An einer anderen Stelle sagt er, daß es sich wahrscheinlich um Vasa aberrantia des Ausführungsganges, d. h. um in der Entwicklung zurückgebliebene Drüsenabschnitte handle. KAMOCKI (1884) hat ähnliche Verhältnisse auch in anderen Drüsen gefunden, erhielt auch ganz ähnliche Bilder in der Parotis und Unterkieferdrüse des Kaninchens nach Unterbindung des Ausführungsganges; es handle sich demnach um Atrophie infolge Sekretstauung, die durch Druck wuchernden Bindegewebes bedingt sei. S. MAYER (1895), J. SCHAFFER (1897) und V. v. EBNER (1899) pflichten ihm bei. SCHAFFER schildert eingehend den Vorgang, wie er ihn an den Zungendrüsen des Menschen in allen Stadien verfolgen konnte. Ich selbst habe ganz in der gleichen Weise am gleichen Objekt Drüsen zugrunde gehen sehen; „oft zeigen nur mehr Straßen vereinzelter, zersprengter Zellen in dem sklerotisierten Bindegewebe die Stelle der einstigen Drüsenschläuche an" (SCHAFFER). Auch im weichen Gaumen und anderen Speicheldrüsen fand ich ähnliches. Bei einem 7 Monate alten menschlichen Fetus sah ich eine ganze Lippendrüse in allen Ästen erweitert, wobei das Epithel erheblich dünner war als in den übrigen Drüsen; es war ein parallel zum Rand der Unterlippe durch die ganze Mundhöhle gehender dicker Übersichtsschnitt, in dem der Unterschied zwischen den gestauten und den normalen Drüsen sofort auffiel.

Es können bei solchen Vorgängen einzelne Schläuche intakt bleiben, die dann hier und da im eingewucherten, anfangs leukocytenreichen, später zellenarmen Bindegewebe stecken. Es hängt dies ganz davon ab, wo der entzündliche Prozeß seinen Sitz hatte.

Schaffer sieht auch in den von mir als „Pyknocyten" bezeichneten Zellen (siehe das im allgemeinen Teil S. 128) degenerierende Elemente.

Außer diesen Rückbildungserscheinungen findet man jedoch gelegentlich in verschiedenen Drüsen, besonders der Unterkieferdrüse und den Unterzungendrüsen, „daß an ein Streifenkanälchen sich ein reich verzweigtes Gangsystem anschloß, das ein Mittelding darstellte zwischen Isthmen und Schleimschläuchen mit seromukösen Endkomplexen, indem es sich um verhältnismäßig niedrige Epithelzellen handelte, deren Kerne kugelrund waren und deren intensiv rot gefärbter Zellabschnitt zwischen Kern und Lumen höchstens so hoch war, wie der Kerndurchmesser" (Boschkowitch, 1922). Hier kann es sich sehr wohl um muköse Schläuche handeln, die ihre Sekretion eingestellt, den isthmusartigen Charakter wieder angenommen haben und nun wieder zu sezernieren anfangen.

In den Unterzungendrüsen findet man auch häufig ganze Bäumchen ohne mukoseröse Endkomplexe. Sie sehen wie Isthmen aus, besitzen aber ein Lumen, dessen Durchmesser größer als die Zellenhöhe ist. In bezug auf Sekretion verhalten sie sich verschieden: Zeigt sich dicht am Lumen Mukoidreaktion, so haben wir es wohl meist mit werdenden Schleimschläuchen zu tun, wenn nicht mit Dauerzuständen, d. h. mit einer geringfügigen Sekretion, denn man kann im Lumen solcher Schläuche, wenn auch nicht immer, Schleim nachweisen. Es gibt jedoch auch ebensolche Schläuche ohne eine Spur von Mukoidreaktion, aber gleichwohl einem homogenen Exkret, das sich mit Aurantia stark gelb färbt, ohne daß man an den Zellen irgendwelche Einrichtungen findet, die auf Sekretion hinweisen. Hier handelt es sich doch wohl um auf einem primitiven Zustand stehen gebliebene, wenn auch fertig verzweigte, isthmusähnliche Schlauchsysteme. Es ist kaum möglich, zwischen diesen Formen und den „Bermannschen Drüsen" eine scharfe Grenze zu ziehen.

Hier wäre noch einmal an die bei den Lippendrüsen erwähnten kurzen Epithelsprossen, die an den interlobulären Ausführungsgängen sitzen, ferner an die zahlreichen Divertikel am Mündungsstück des Ductus mandibularis, sublingualis maior und des Ausführungsgangs der großen zusammengesetzten Mundbodendrüse zu erinnern, die ja vorläufig noch als Rudimente aufzufassen sind, womit nicht gesagt sein soll, daß sie nicht auch ein nicht oder schlecht fixierbares Exkret liefern, das sich dem Hauptexkret beimischt. Sollte es sich zeigen, daß sie sich bei allen Individuen am gleichen Ort in der gleichen Ausbildung finden, dann würden sie aufhören Rudimente zu sein und man hätte zu versuchen ihre Funktion festzustellen.

IV. Der Speichel, Saliva.

Derselbe ist eine fadenziehende Flüssigkeit und enthält außer den Exkreten sämtlicher Mundspeicheldrüsen auch korpuskuläre Elemente. Diese sind vor allem abgestoßene Zellen des geschichteten Plattenepithels, das die ganze Mundhöhle auskleidet, mit deutlich erkennbarem rundem Kern, sowie abgestorbene und gequollene, 8—11 μ große Leukocyten, Speichelkörperchen, die in den Tonsillae palatinae und linguales durch das Epithel gewandert sind und besonders bei katarrhalischen Zuständen der Mundhöhle stark vermehrt sind. Sie sind kugelrunde Gebilde mit deutlichem einfachem oder gelapptem Kern. Körnige Zerfallsprodukte des Cytoplasmas führen im Zelleib unaufhörliche, unregelmäßig tanzende Bewegungen aus, deren Lebhaftigkeit von der Höhe der Temperatur abhängig ist (Brownsche Molekularbewegung). Diese Bewegungen setzen ein flüssiges Medium voraus, in welchem die Körnchen suspendiert sind. Daraus läßt sich wiederum das Vorhandensein einer das ganze am Zerfließen verhindernden Membran, wohl des ursprünglichen Exoplasmas, erschließen. Die Quellung der Leukocyten im Speichel wird durch dessen Alkaleszenz bedingt und kann durch vorsichtige Neutralisation wieder beseitigt werden, so daß das ursprüngliche Volumen wieder erreicht wird. Bei Katarrh der Mundhöhle kann man viele unveränderte, weil bei der Entnahme des Speichels eben erst ausgewanderte Leukocyten vorfinden.

Ferner findet man auch im normalen Speichel teils den Plattenepithelzellen anhaftende, teils freischwimmende reichliche Spaltpilze verschiedener Form, besonders Leptothrix.

Die Speichelflüssigkeit enthält außer Wasser besonders Mucin und Ptyalin, das die Stärke in leichter resorbierbare Stoffe wie Dextrin und Maltose spaltet, sowie Rhodankalium oder -natrium, Chlornatrium und -kalium, doppeltkohlensaure und phosphorsaure Alkalien, Kalk, freie Kohlensäure.

Was die Exkrete der einzelnen Speicheldrüsen des Menschen betrifft, so ist der Parotisspeichel nicht fadenziehend und meist klar; zuweilen tritt durch Ausfallen von Calciumkarbonat Trübung ein. Er ist leicht alkalisch, doch soll er auch gelegentlich schwach sauer oder neutral reagieren. Er enthält kein Mucin, dagegen Ptyalin, Eiweiß und Rhodankalium.

Das Unterkieferdrüsenexkret ist anfangs klar und dünnflüssig, wird aber im Gegensatz zum Parotisspeichel später dickflüssiger. Er ist immer alkalisch und enthält stets Mucin und Ptyalin, aber weniger Rhodankalium als der Parotisspeichel.

Das Unterzungendrüsenexkret ist stark fadenziehend und zähflüssig. Es reagiert stärker alkalisch als das vorige und enthält viel Mucin, etwas Rhodankalium, aber kein amylolytisches Enzym, was bei der Eigenart der mukoserösen Zellen begreiflich ist.

V. Die Bauchspeicheldrüse, Pankreas.

Diese größte aller Speicheldrüsen im allgemeinen erstreckt sich von der Konkavität der Duodenalschleife bis zum unteren Milzende. Erstere wird durch den „Kopf" des Organs bis auf eine Lücke für die A. und V. mesenterica superior vollständig ausgefüllt, und die Verbindung ist eine so enge, daß oft kleinere Läppchen in die Wand des Duodenums verlagert erscheinen. Solche „Nebenpankreas" sind seit J. KLOB (1859) von zahlreichen Autoren beschrieben worden. Man fand sie vom Magen ab bis zum Ileum als selbständig in den Darm mündende Drüschen, soweit sie nicht in der Umgebung der Mündungen der beiden Hauptgänge mit diesen im Zusammenhang stehen.

Das Hauptorgan setzt sich aus zwei ursprünglich sich gesondert entwickelnden Abschnitten zusammen, welche aber so innig miteinander verwachsen sind, daß sogar in weitaus den meisten Fällen die Ausführungsgänge im Pankreaskopf miteinander in Verbindung treten. Durch diesen Zusammenhang kann das Exkret des Körpers und der Cauda durch den einen oder den anderen Gang in das Duodeum fließen. Dadurch wird das Organ zu einer wirklichen Glandula bistomatica.

Oberflächlich betrachtet zeigt das Organ eine grobe Läppchenbildung. Die Läppchen sind verhältnismäßig lose miteinander verbunden. Von der bindegewebigen Hülle derselben dringen sehr feine Septen in die Tiefe, welche sich jedoch nur schwer von den ebenfalls sehr dünnen Basalmembranen der Hauptstücke unterscheiden lassen. Diese sind, wenn nicht geschrumpft, dicht aneinandergedrängt, so daß das Innere eines Läppchens einen recht kompakten und gleichmäßigen Eindruck macht, zumal das zwar sehr reichlich ausgebildete Ausführungsgangsystem bei weitem nicht so in die Augen fällt wie in den Mundspeicheldrüsen.

Das Pankreasparenchym setzt sich außer den Ausführungsgängen aus zwei ganz verschieden sezernierenden Abschnitten zusammen, einem exokrinen, der sein Exkret durch die Ausführungsgänge in den Darm entleert, und einem endokrinen, dessen Exkret in den Kreislauf gelangt und der aus durchs ganze Pankreas zusammenhanglos zerstreuten Inseln besteht. Der Bau der letzteren wird in einem anderen Abschnitt dieses Handbuchs zusammen mit anderen endokrinen Organen besprochen (s. Bd. VI).

Das exokrine Drüsengeäst besteht aus rein albuminösen Hauptstücken und dem Ausführungsgangsystem, an welchem man wiederum Isthmen und Ausführungsgänge im engeren Sinne unterscheidet. Diese gehen jedoch unmerklich ineinander über, da nicht wie z. B. in der Parotis noch Streifenstücke eingeschaltet sind. Dazu kommt dann noch der von WIRSÜNG (1943) zuerst gesehene, der Länge nach durch das ganze Pankreas verlaufende Hauptausführungsgang,

Ductus pancreaticus maior, in den von allen Seiten die sekundären Ausführungsgänge einmünden. In dieser Beziehung steht das Pankreas unter allen Speicheldrüsen einzig da, indem bei den anderen der Hauptausführungsgang sich oft schon vor dem Eintritt in den Drüsenkörper in unter sich gleichwertige Äste teilt.

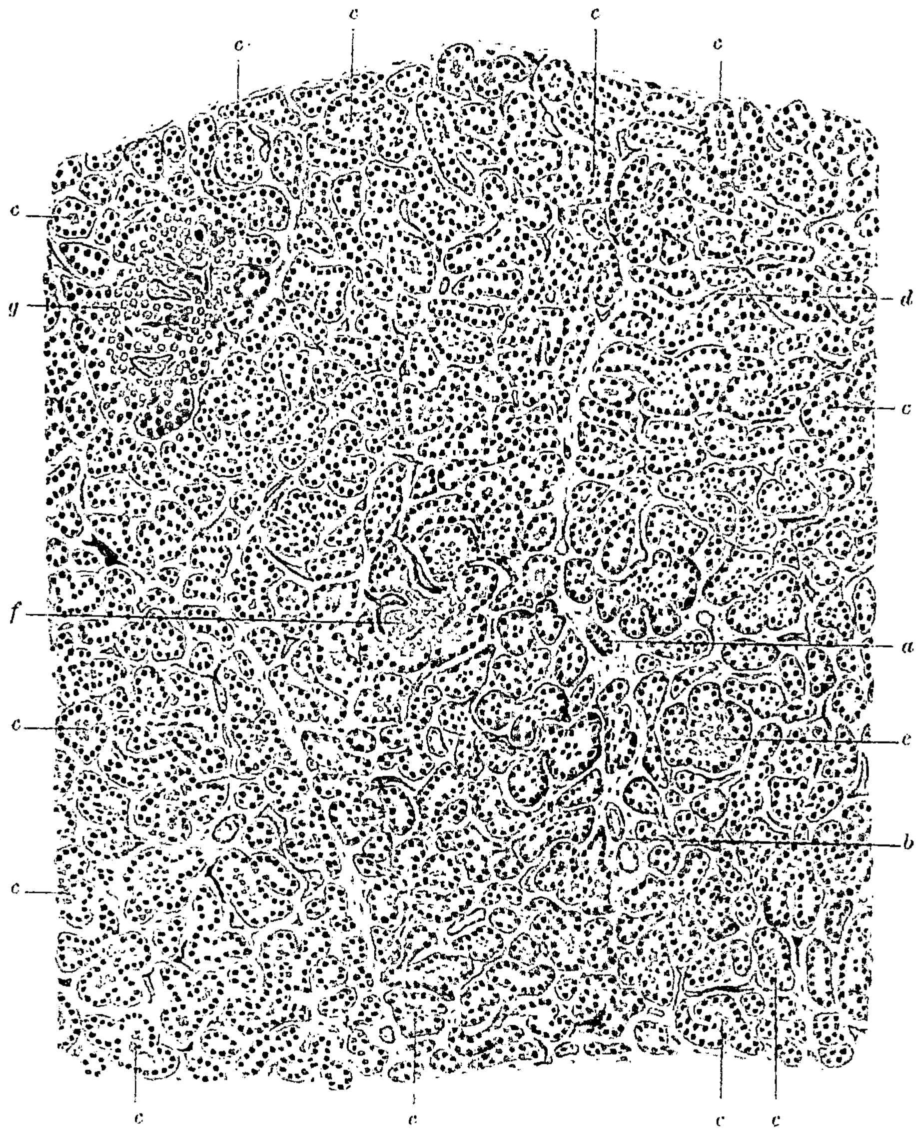

Abb. 175. Bauchspeicheldrüse des erwachsenen Menschen, Übersichtsbild. Zahlreiche Hauptstücke und besonders verschieden gestaltete Endkolben, d. h. Hauptstückgruppen, welche je einen Isthmusanfang (sog. centroacinäre Zellen) umgeben und oft schwer voneinander abgrenzbar sind. *a* interlobulärer Ausführungsgang; *b* kleinere interlobuläre Blutgefäße; *cc* Isthmusanfang („centroacinäre Zellen") im Inneren eines Endkolbens (Hauptstückgruppe); *d* freies Isthmusstück; *e* Wucherung eines Isthmusanfangs im Inneren einer Hauptstückgruppe als erster Anfang einer Inselbildung; *f* und *g* das Gleiche, doch weiter fortgeschritten, augenscheinlich sind mehrere Inselkeime miteinander verschmolzen, wobei Blutgefäße eingeschlossen wurden. Obgleich das Gesamtgefüge des Schnitts etwas gelockert ist, macht das Ganze doch einen recht kompakten Eindruck, zumal das gesamte Ausführungsgangsystem weit weniger hervortritt als bei irgendeiner der Mundspeicheldrüse.

Die Form und Gruppierung der zum gleichen Isthmus gehörigen Hauptstücke ist, wie Abb. 175 und 176 zeigen, eine sehr mannigfaltige, weshalb die Drüse als tubu-

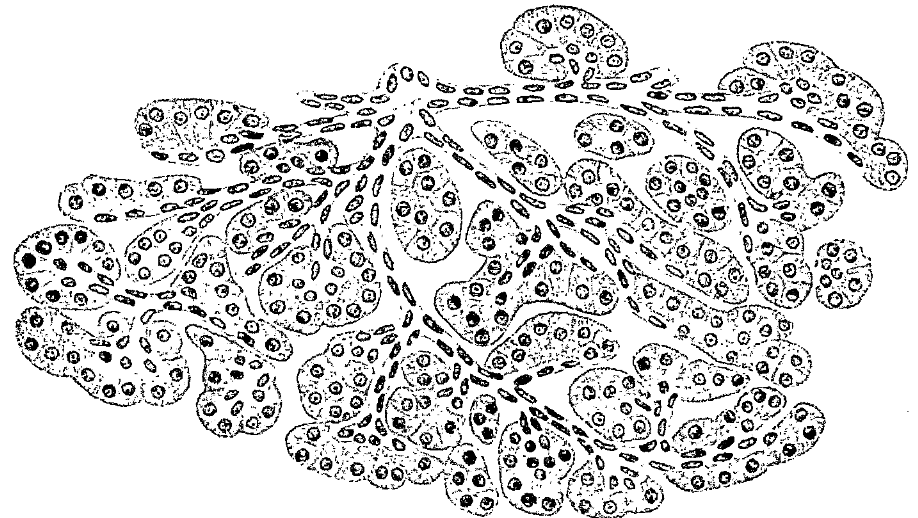

Abb. 176. Bauchspeicheldrüse, Mensch. Reich verzweigte lange Isthmen. Sehr verschieden gestaltete, zum Teil einseitig angelagerte Hauptstücke, die unvollständig getrennte Polymeren bilden können. Die zu letzteren gehörigen Isthmusanfänge werden fälschlich „centroacinäre Zellen" genannt.

lös acinös, tubuloacinös, alveolär oder tubuloalveolär bezeichnet wurde. Jedenfalls kann von einer „sehr sichtbaren Ähnlichkeit mit der Weintraube", wie sie das Modell von St. Maziarski zeigt (s. Abb. 177 und deren Erklärung), wenigstens beim Menschen nicht die Rede sein. Das Modell ist nur geeignet, die über das Wesen der Endkolben herrschenden falschen Vorstellungen zu bestärken. Vielfach wurden und werden nämlich ganze um ein Isthmusendstück dicht zusammengedrängte Hauptstückgruppen für ein einziges Hauptstück oder „Acinus" angesehen, was um so leichter geschehen konnte, als in solchen Gruppen die einzelnen Hauptstücke oft nur mangelhaft voneinander getrennt sind, wie z. B. in Abb. 178 (aus meiner Arbeit 1898). Da solche Bilder als eine einzige „Endkammer" oder „Acinus" aufgefaßt wurden, mußte man folgerichtig die Zellgruppe im Innern als im Lumen der Kammer gelegen ansehen. Wäre dies richtig, dann müßte zwischen den sezernierenden Zellen und der centroacinären Zellgruppe bzw. dem Isthmus ein Spalt sein, durch den das Exkret heraus und in die intralobulären Lymphspalten, aber nicht in das Ausführungsganglumen gelangen. An Eisenhämatoxylinpräparaten kann man jedoch sehr schön die wirklichen Drüsenlumina z w i s c h e n den sezernierenden Zellen erkennen und zwischen den Isthmuszellen hindurch zu dessen axialem Lumen ziehen sehen (s. Abb. 178 bis 180; Abb. 87 [Unterkieferdrüse] könnte als Schema für alle entsprechenden Vorkommnisse gelten).

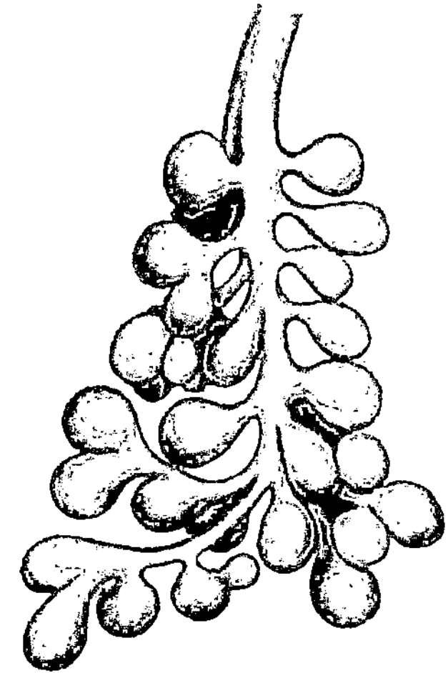

Abb. 177. Modell des Pankreas des Menschen. Vergr. 200fach. „Der Ausführungsgang in der Mitte verlaufend gibt kurze Schaltstücke auf Seiten ab, die mit den Drüsenalveolen sich verbinden, endlich er selbst verästelt sich in mehrere lange und enge Schaltstücke, die in Alveolen übergehen. Die Ähnlichkeit mit der Weintraube sehr sichtbar." Nach St. Maziarski (1901). (Der Wortlaut ist der gleiche wie in der Originalarbeit.)

Abb. 179 zeigt eine Gruppe von 5 eigentlichen deutlich getrennten Hauptstücken um einen Isthmus herum gruppiert; das Ganze könnte man einen polymeren Endkolben im Sinne M. Heidenhains nennen. Abb. 180 und mehrere Stellen in Abb. 176 zeigen nur an einer Seite eines Isthmus eine Hauptstückgruppe. Obgleich in Abb. 180 nur ein einziges bindegewebiges Septum vorhanden ist, muß man doch so viel Hauptstücke annehmen als zwischen den sezernierenden Zellen hervorkommende verzweigte und unverzweigte Sekretcapillaren zwischen den Isthmuszellen hindurch in dessen Hauptlumen einmünden. Solche polymere Endkolben können sehr lang werden z. B. 145 μ, während ein einzelnes, alleinstehendes Hauptstück nur 20 μ breit sein kann. Daß Drüsenzellen gelegentlich ihr Exkret direkt in das Isthmuslumen ergießen können, zeigt Abb. 182, dort schieben sich

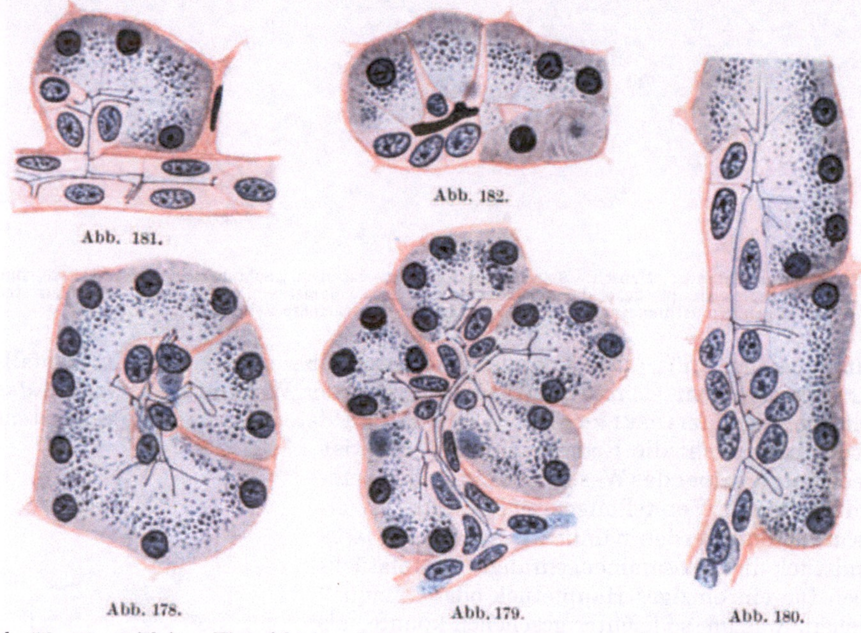

Abb. 181.   Abb. 182.   Abb. 178.   Abb. 179.   Abb. 180.

Abb. 178—182. 19jähriger Hingerichteter. Sublimat, Eisenhämatox., Säurefuchsin, Isthmen bzw. centroacinäre Zellen hell. Die sezernierenden Zellen mit undeutlich gestreifter Basis. Schlußleisten schwarz. Vom Lumen der Isthmen bzw. centroacinären Zellgruppen dringen Sekretcapillaren zwischen die sezernierenden Zellen. Abb. 178. Pseudoacinus, d. h. ein Polymer mit unvollständiger Trennung in einzelne Adenomere, vielleicht auch durch teilweise Verwachsung primärer Hauptstücke entstanden, wodurch der eingeschlossene Isthmus zu den centroacinären Zellen wurde. Abb. 179. Isthmus dicht besetzt mit gut abgrenzbaren Hauptstücken. Abb. 180. Isthmus, nur an einer Seite mit zwei länglichen Hauptstücken besetzt. Abb. 181. Kurzer Seitenast eines Isthmus an der Abgangsstelle eingeschnürt. Abb. 182 Zwei Hauptstückzellen dringen zwischen Isthmuszellen bis zu dessen Lumen. Letzteres geschwärzt.

zwei solcher Zellen unmittelbar an das schwarz markierte Isthmuslumen heran, wobei Isthmus- (centroacinäre) Zellen keilförmig zusammengedrückt werden; zwei derselben (ihr Kern schimmert teilweise nur durch) reichen dabei zwischen sezernierenden Zellen hindurch bis zur Basalmembran, was jedoch nicht häufig ist. Laguesse (1894) hat beim Menschen ähnliches beobachtet, indem er die betreffenden Zellen teilweise sogar als sternförmig mit fadenförmigen und membranösen Fortsätzen schildert, die sich zwischen die sezernierenden Zellen erstrecken. Solche Befunde sind wohl so zu erklären, daß Differenzierung von Zymogenzellen hier nicht kontinuierlich stattgefunden hat, sondern daß die primitiven Epithelzellen abwechselnd zu Zymogen- und zu Isthmuszellen wurden, wie ja auch in den Unterzungendrüsen die Umwandlung der Isthmuszellen in Schleimzellen diskontinuierlich stattfinden kann.

Die Form der einzelnen Drüsenzellen zeigt ebenfalls große Abwechslung, indem sie bald als regelmäßige Pyramiden von z. B. 15 μ Basisbreite, bald als in der Richtung der Kolbenachse bis auf 3 μ verschmälert, quer zur Achse aber um so breiter erscheinen können.

LANGERHANS (1869) unterschied in den Pankreaszellen 3 Zonen: eine centrale Körnchenzone; die Zone des Kerns und eine periphere, meist vollkommen homogene Zone. R. HEIDENHAIN (1875) nahm dagegen nur eine innere dunkelkörnige und eine äußere homogene an. Der Kern liegt an der Grenze, bald mehr in der einen, bald mehr in der anderen, eine Einteilung, welche auch noch heute Geltung hat.

Der kugelrunde Kern kann unabhängig vom Grad der Sekretanhäufung bald ganz an der Basis zwischen den hier sehr feinen und dichtstehenden Basallamellen, bald weiter davon entfernt liegen (s. Abb. 15 und 16 S. 82), wie dies auch R. KRAUSE (1911) angegeben hat. Irgendwelche Unterschiede in Bau und Färbbarkeit des Kerns in Zellen mit verschiedener Sekretanhäufung vermochte ich beim Menschen nicht zu finden. Doch haben schon KÜHNE und LEA (1876 und 1882) und seitdem verschiedene andere Untersucher bei Tieren ein Größerwerden des Kerns in der tätigen, d. h. exzernierenden Zelle gesehen. Ich habe 1898 beim Menschen solche Unterschiede beschrieben: bei einem 19jährigen, bei dem die Sekretgranula $^2/_3$ bis $^3/_4$ oder ausnahmsweise die ganze Höhe des innen vom Kern gelegenen Zellabschnittes in ziemlich lockerer Anordnung in Anspruch nahmen, war der Kern durchschnittlich kleiner, 4,2 bis 4,9 μ, ausnahmsweise bis 5,6 μ, bei einem anderen Individuum, bei dem die etwas größeren Granula sich dichter gepackt im inneren Drittel befanden, waren die Kerne deutlich größer. Ich habe damals mit Rücksicht auf die ganz gleiche Behandlung des Materials den Größenunterschied mit der Funktion in Verbindung gebracht, doch auch an die Möglichkeit einer individuellen Verschiedenheit gedacht. Habe jedoch neuerdings bei einem Individuum mit verhältnismäßig kleinen Zellen (die meisten waren nur 10 μ hoch) Kerne von 5,6—6,2 μ, meist 6 μ Durchmesser gefunden. Die Zellen enthielten demnach nur noch wenig Sekret, waren also in voller Tätigkeit im R. HEIDENHAINschen Sinne.

O. PISCHINGER (1895) hat unter anderem auch beim Menschen Riesenkerne gesehen, die doppelt so dick waren als die anderen. Die größten, die ich fand, maßen 8 und 9 μ, waren aber selten. Zuweilen, wenn auch nicht häufig, kommen in der gleichen Zelle zwei Kerne vor, die aber gleich groß und gleich gebaut sind.

Das wandständige Kernkörperchen ist, unabhängig vom Kerndurchmesser, recht groß, ziemlich konstant 2 μ. Wenn zwei vorhanden sind, sind sie entsprechend kleiner, z. B. 1,3 μ und 1,4 μ.

Irgendwelche Erscheinungen, die als intra vitam erfolgter Austritt des Nucleolus oder einer anderen Kernsubstanz gedeutet werden müßten, waren nicht zu sehen. An die Möglichkeit dieses Austritts hat noch J. HETT (1924) bei der weißen Maus gedacht. Aber gerade die großen Kernkörperchen der Pankreaszellen werden leicht durch das Messer herausgedrückt, und zwar immer in der gleichen Richtung, wie auch HETT festgestellt hat. Daß bei dem Kleiner- und Dunklerwerden des Kerns während der Neubildung der Sekretgranula wenn auch färberisch nicht nachweisbarer „Kernsaft" austritt, darf als feststehend angesehen werden, ob jedoch diese Substanz, wie JAROTZKY (1899) auf Grund seiner Fütterungsversuche mit Stärke annimmt, der biologisch wichtigste Kernbestandteil ist (nämlich für die Bildung des amylolytischen Fermentes), ist doch noch recht zweifelhaft.

Die basale Streifung hat zuerst PFLÜGER (1869) gesehen und ist auf fein fibrilläre Struktur von Basallamellen zurückzuführen, die stets die ganze Breite der Zellbasis, soweit diese nicht vom Kern in Anspruch genommen wird, einnehmen (s. Abb. 15, 16, 24—28, 178—182). Sie stehen viel dichter als in den Mundspeicheldrüsen. Blickt man von der Zellbasis aus auf ihre Kanten (Abb. 182), so sieht man, daß sie gruppenweise gleich, im übrigen aber sehr unregelmäßig angeordnet sind.

Es wäre hier noch kurz ein Gebilde zu erwähnen, welches als „Nebenkern" oder „Paranucleus" bezeichnet wird und von NUSSBAUM (1881, 1882) und GAULE (1881) im

Pankreas von Amphibien entdeckt wurde und auch im Pankreas der Säuger vorhanden sein soll. Die Struktur ist eine fibrilläre, Garnier (1899) will ihn sogar beim Menschen in der Parotis, Submaxillaris, und den albuminösen Drüsen der Geschmackspapillen gesehen haben. Er soll mehrfach vorkommen und aus spiralig oder lockig durcheinander gewundenen Fäden bestehen, auch wohl, wenn einfach, kappenartig dem Kern angelagert sein. Er soll nach verschiedenen Untersuchern aus dem Kern, nach einigen vom Nucleolus abstammen und hauptsächlich während der Drüsentätigkeit in die Erscheinung treten. K. Müller (1890) läßt das Gebilde aus basalen Fäden hervorgehen; auch K. C. Schneider (1902) erklärt sie als zusammengedrängte Basalfilamente (er nennt diese „Sekretfibrillen"), welche sich von der Basis lösen und ihre Enden an den neben dem Kern gelegenen „Sekretherd" anlegen. Ich habe im Pankreas und anderen Drüsen des Menschen vergeblich nach ähnlichen Bildungen gesucht.

Die Sekretkörnchen sind verschieden groß und können bis $0,9\,\mu$ Dicke erreichen. Sie sind ausgesprochen oxyphil, und färben sich mit Hämalaun nicht wie die Granula der albuminösen Zellen der Mundspeicheldrüsen. In meinen Heidenhain-Mallory-Präparaten[1]) färbten sich in der gleichen Zelle die kleinsten Granula blau bis lila, die großen leuchtend rot, das in den Sekretcapillaren befindliche homogene Exkret jedoch grünlichblau.

Es ist auffällig, daß in allen meinen Pankreaspräparaten vom 19jährigen Hingerichteten (Sublimatfixation) meist nur in einer mittleren Zone, nicht aber im innersten Drittel bis Viertel mit Eisenhämatoxylin schwarz gefärbte Sekretgranula zu finden waren, während saure Anilinfarbstoffe auch hier deutliche Granula zum Vorschein brachten. Es erinnert dies an eine Angabe von Kühne und Lea (1876), daß, wenn in Pankreaszellen die Sekretgranula in die Innenzone rücken, sie kleiner und matter werden, also mindestens ihr physikalisches Verhalten ändern. Auch Mathews (1900) hat etwas Ähnliches beobachtet, die in der Nähe des Lumens kleiner gewordenen Granula sollen sich leichter in Wasser und schwachen Säuren lösen als die übrigen. Bei dem 43jährigen Hingerichteten war bei Eisenhämatoxylinfärbung kein Unterschied zu bemerken.

Neuerdings fand ich beim 19jährigen Hingerichteten in aus einer anderen Gegend des Pankreas stammenden Schnitten Hauptstücke, in deren Zellen bei Eisenchlorid-Hämatoxylinfärbung nur das innere Drittel mit dichtgepackten, gleichmäßig schwarz gefärbten Zymogengranula erfüllt war. Auch hier waren die Kerne etwas größer und heller als in den Zellen, in denen die Granula bis nahe an die Basis herunter reichten (vgl. Abb. 15 mit 178 bis 182).

Wenn die Sekretgranula eben die Zellen verlassen haben, zeigen sie noch ihre kugelige Form, fließen jedoch sehr schnell zusammen, worauf, wie oben angegeben, das homogen fixierte Exkret eine ganz andere Färbbarkeit annimmt.

Nach Lépine (1905) sollen die exokrinen Zellen auch an der endokrinen Sekretion teilnehmen. Horning (1925) berichtet sogar, er habe nicht nur Sekretgranula in den Sekretcapillaren, sondern auch in den mit den Hauptstücken in Kontakt stehenden Blutcapillaren gefunden, wohin sie aus den exokrinen Drüsenzellen gelangt sein sollen.

Die verschiedenen Theorien über die Bildung des Sekrets, aus Ergastoplasma, Chromatin, Plastosomen wurde schon im allgemeinen Teil erörtert, ebenso sind dort die Angaben über das Binnengerüst nachzulesen.

Nach E. Müller sollen in den Hauptstücken des Pankreas auch „Korbzellen", also unsere myoepithelialen Basalzellen, vorkommen, wovon ich mich nicht überzeugen konnte. Ganz platte Kerne steckten zwischen den Basalmembranen benachbarter Hauptstücke, gehörten demnach zu fixen Bindegewebszellen des nur spurenhaft vorhandenen interstitiellen Bindegewebes.

Die Frage, ob solche vorhanden seien oder nicht, ist nicht so leicht zu entscheiden, besonders an gut fixiertem frischem Material, bei dem die Hauptstücke bzw. Endkolben so dicht gepackt und die Basalmembranen sehr dünn sind. Man kann da an gewöhnlichen und an Eisenhämatoxylinpräparaten die Lagebeziehung der häufigen platten oder in Rinnen zwischen benachbarten Hauptstücken liegenden dreikantigen Kerne zur Basalmembran nicht wohl erkennen. Anfangs glaubte ich einzelne Kerne zwischen den exokrinen Zellen und der Basalmembran liegen zu sehen, konnte jedoch in keinem Falle eine Andeutung von Fortsätzen mit Fibrillen, die z. B. in der Ohrspeicheldrüse bei Eisenhämatoxylinfärbung scharf und schwarz gefärbt hervortreten, erkennen. Erneute sorgfältig ausgeführte Untersuchungen an nac hvan Gieson und Mallory-Heidenhain gefärbtem Material, bei dem das Gesamtgefüge etwas gelockert war, bestärkten mich im Zweifel an der Existenz von Myoepithelzellen („Korbzellen") im Pankreas des Menschen. Besonders an Azan-Präpa-

---

[1]) Aus Versehen war statt Anilinblau Methylenblau genommen worden.

raten (M. HEIDENHAIN) sah ich bei Anwendung von SEIBERTS apochromatischer Ölimmersion von 2 mm mit Kompensationsokular 8 beim Arbeiten mit der Schraube auf der der lilafarbigen Basis der exokrinen Zellen zugekehrten Seite der rot gefärbten Kerne sich ein minimal dünnes blaues Häutchen ablösen, so daß an der Lage der platten Kerne bzw. der ganzen Zellen zwischen benachbarten Basalmembranen und nicht zwischen diesen und den Zymogenzellen kein Zweifel bestehen konnte. Sollten gelegentlich doch einmal wirklich einzelne Zellen als Basalzellen der Hauptstücke erkannt werden, woran man ja bei der Existenz von solchen in den groben Ausführungsgängen und dem Vorkommen von geschichtetem Epithel in kleineren Gängen wohl denken könnte, so kann es sich nur um ganz vereinzelte Befunde, eventuell gar um eine individuelle Variante handeln, nicht aber um ein typisches regelmäßiges Vorkommnis, wie bei den Mundhöhlendrüsen.

Von Sekretcapillaren wurde schon gesprochen, sie liegen ausschließlich zwischenzellig, oder, wie A. Oppel meint, „epizellulär“, was aber ganz dasselbe ist, beides soll bedeuten, daß die Gänge nicht in den Zellen liegen, wie DOGIEL und andere auf Grund von Chromsilberimprägnation vom menschlichen Pankreas behauptet haben, sondern daß sie von freien Oberflächen der sezernierenden Zellen begrenzt werden.

Sie sind die eigentlichen Lumina der Hauptstücke, wie aus den Abb. 178—181 deutlich hervorgeht, und mit Hilfe der durch Eisenhämatoxylin schwarz färbbaren Schlußleisten aufs deutlichste darstellbar. Es ist daher unbegreiflich, daß heute noch jemand, wie es P. HICKEL und J. NORDMANN (1926) tun, das Vorhandensein von solchen Sekretkanälchen im Pankreas des Menschen ausdrücklich in Abrede stellen kann.

Was die *Isthmen* betrifft, so sind dieselben in bezug auf Länge und Reichlichkeit der Verzweigung besser ausgebildet als in irgendeiner anderen Drüse (Abb.176) Sie sind jedoch viel weniger auffällig als in den Mundspeicheldrüsen. Das Verhalten ihrer ersten Anfänge zu den einfachen Hauptstücken und zu den dicht gedrängten Gruppen von solchen (Endkolben) ist, wie schon weiter oben angegeben, zum Teil ganz mißverstanden worden. Zum besseren Verständnis des Folgenden füge ich in Abb. 183 *a—f* bzw. *a* 1—*f* 1 eine Anzahl Schemata bei, von denen *a—f* Längsschnitte, *a* 1—*f* 1 Querschnitte der entsprechenden ersteren darstellen. Die Beziehungen der Isthmen zu einfachen, nicht gruppierten Hauptstücken können verschieden sein: entweder bilden sie gewissermaßen den Stiel birnenförmiger oder schlauchförmiger Hauptstücke (siehe Abb. 183*a*, 15 und 181), oder die sezernierenden Zellen haben sich an einer Seite des betreffenden Isthmus aus dessen Zellen herausdifferenziert, während die gegenüberliegende Wand aus Isthmuszellen besteht. Die ersteren Zellen ergießen in solchen Fällen ihr Sekret unmittelbar in ein Hauptlumen, das zu gleicher Zeit Isthmuslumen ist; solche Fälle sind sehr häufig (siehe Abb. 176 an mehreren Stellen und Schema 183 *b* und *b* 1). Schema *c* (*c* 1) zeigt auf der linken Seite scheinbar eine Zweischichtung des Epithels, doch zeigt *d* (*d* 1), daß es sich in Wirklichkeit um mehrere, mehr oder weniger miteinander verwachsene Hauptstücke handelt, die je ein enges zwischenzelliges Lumen (Sekretcapillare) besitzen, das sich in ein Nebenlumen des Isthmus fortsetzt, welches wiederum ins axiale Lumen desselben übergeht. Das Schema entspricht ganz der Abb. 180 und 16. Schema *e* (*e* 1) unterscheidet sich von *d* (*d* 1) nur dadurch, daß die einzelnen Hauptstücke den Isthmusanfang allseits umgeben, so daß Bilder entstehen, die an Maiskolben erinnern, wenn auch die Hauptstücke bei weitem nicht so zahlreich sind als die Maiskörner. *f* (*f* 1) soll zeigen, wie *e* (*e* 1) aufzufassen ist. Die Schemata *e* (*e* 1) und *f* (*f* 1) entsprechen den Abb. 178 und 179. Schema *e* (*e* 1) hat bei oberflächlicher Betrachtung eine gewisse Ähnlichkeit mit *a* (*a* 1), doch handelt es sich um grundverschiedene Dinge: bei *a* (*a* 1) liegt ein einzelnes Hauptstück, bei *e* (*e* 1) bzw. *f* (*f* 1) dagegen eine Gruppe von solchen vor; jedes derselben hat sein eigenes Lumen in dem niemals eine Zelle irgendwelcher Art steckt, folglich gibt es in Wirklichkeit gar keine „centro-

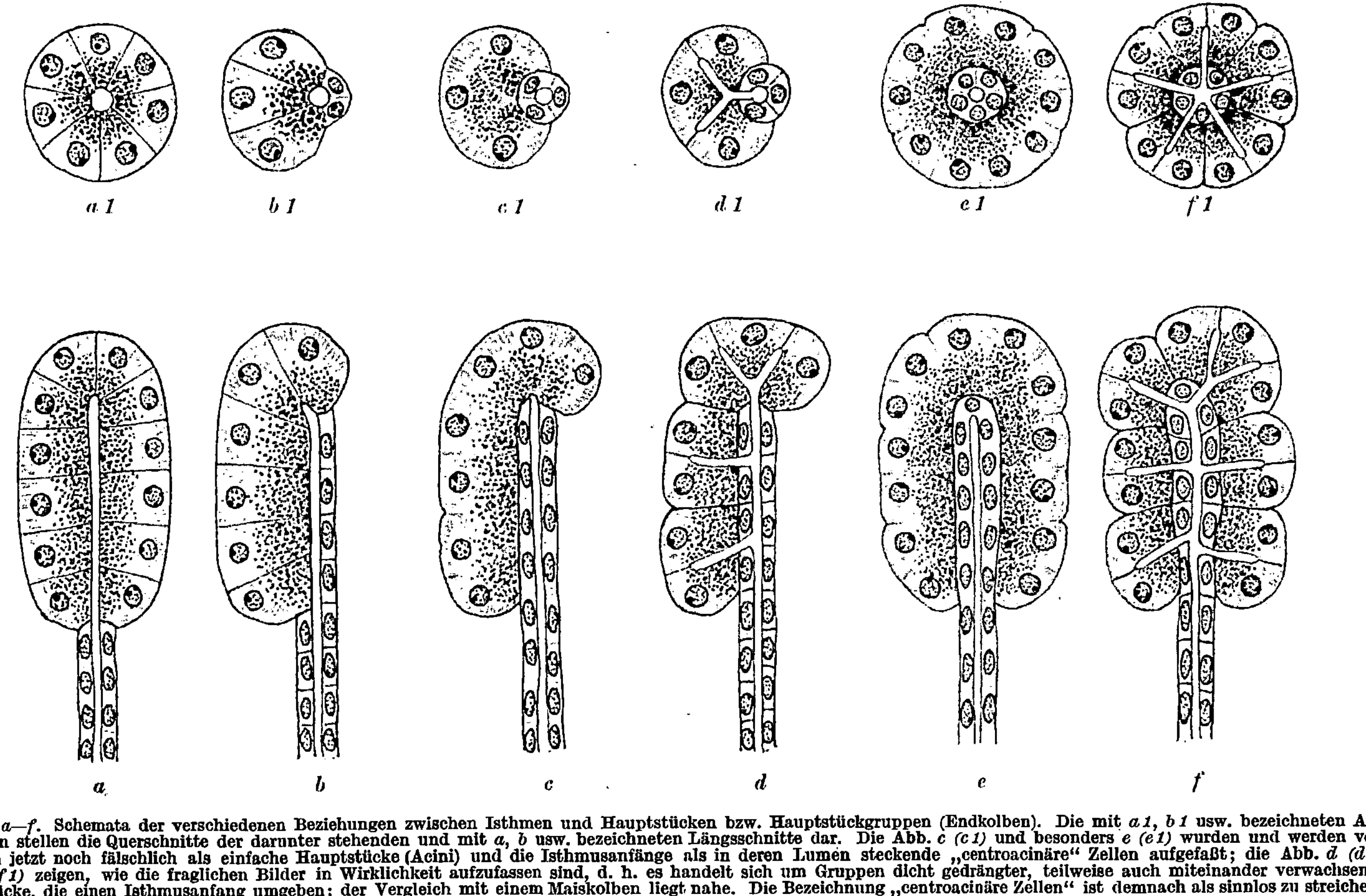

Abb. 183 *a—f*. Schemata der verschiedenen Beziehungen zwischen Isthmen und Hauptstücken bzw. Hauptstückgruppen (Endkolben). Die mit *a1*, *b1* usw. bezeichneten Abbildungen stellen die Querschnitte der darunter stehenden und mit *a*, *b* usw. bezeichneten Längsschnitte dar. Die Abb. *c (c1)* und besonders *e (e1)* wurden und werden von manchen jetzt noch fälschlich als einfache Hauptstücke (Acini) und die Isthmusanfänge als in deren Lumen steckende „centroacinäre" Zellen aufgefaßt; die Abb. *d (d1)* bzw. *f (f1)* zeigen, wie die fraglichen Bilder in Wirklichkeit aufzufassen sind, d. h. es handelt sich um Gruppen dicht gedrängter, teilweise auch miteinander verwachsener Hauptstücke, die einen Isthmusanfang umgeben; der Vergleich mit einem Maiskolben liegt nahe. Die Bezeichnung „centroacinäre Zellen" ist demnach als sinnlos zu streichen.

acinäre" Zellen und der Ausdruck wäre am besten aus der histologischen Nomenklatur zu streichen.

Unsere über das Wesen der fraglichen Zellen geäußerte Auffassung wird bestätigt durch Untersuchungen von NEUBERT (1926), der die M. HEIDENHAINsche Adenomerentheorie auf das Pankreas anwendet. Er untersuchte Schnittserien von menschlichen Embryonen des dritten bis fünften Monats und konnte an den einzelnen Drüsenzweigchen end- und seitenständige „Scheitelknospen" an den Isthmen erkennen. Diese Scheitelknospen sind „Adenomeren" im Sinne M. HEIDENHAINS. Ihre Teilung beginnt mit Verbreiterung und Bildung zweier divergierender Wachstumspole, die durch eine seichte Furche getrennt werden. Durch Zellwucherung in den beiden seitlichen Abschnitten werden die unter der Furche gelegenen Zellen gepreßt, nehmen indifferentes Aussehen an und werden, nach dem Inneren der Adenomeren wandernd, zu „Trennungszellen", welche leistenartig in das verbreiterte Lumen vorragen und den Charakter von Isthmuszellen annehmen. Durch ihre Vermehrung wird der ursprünglich einfache Isthmus gegabelt; an jedem Gabelast sitzt ein Tochteradenomer. Der ursprünglich dichotomische Charakter geht später durch unregelmäßiges Wachstum der Stengelglieder und durch Hinzukommen von aus dem Gang in eigenartiger Weise hervorsprossenden „Adventivknospen" verloren, welche sich wiederum teilen können. Durch unvollständig verlaufende Teilungen, Einleitung neuer Teilungen, bevor die begonnenen durchgeführt sind, entstehen „Mehrlingsbildungen". Da in vielen Fällen die Trennungsfurchen unvollständig und nur einseitig auftreten, bilden sich auch die indifferenten Trennungszellen nur stellenweise und bilden dann Rudimente von Isthmen, welche um so reichlicher sind, je zahlreicher die unvollständigen Teilungen der Adenomeren sind. So entstehen sehr umfangreiche polymere Bildungen, Dimeren, Trimeren bis zu außerordentlich ausgedehnten Komplexen, bei welchen das sezernierende Epithel

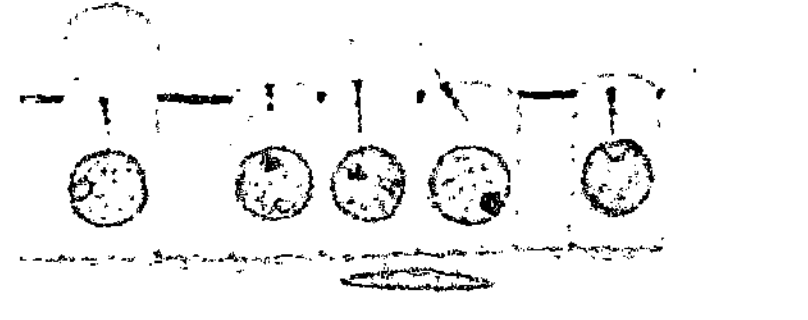 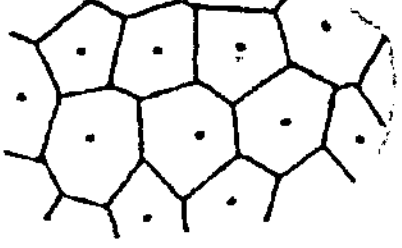

Abb. 184.   Abb. 185.

Abb. 184 und 185. Kleiner Ausführungsgang des Pankreas. 19 jähriger Hingerichteter. Sublimat, Eisenhämatox. Schlußleisten. Diplosoma, das obere Zentriol eingeschnürt. Zwei Zellen zeigen deutliche Centralgeißel mit Außen- und Innenfaden. Anzeichen von Exkretion. Abb. 109. Flächenansicht des Epithels. Aus K. W. ZIMMERMANN (1898).

über große Strecken hin in sich zusammenhängt. NEUBERT spricht zwar nicht von nachträglicher Verschmelzung ursprünglich freier Adenomeren, doch glaube ich solche annehmen zu sollen, ähnlich wie es M. HEIDENHAIN in seinem synthetischen Schema (siehe unsere Abb. 7) bei 11 angibt: „Polymer mit ganzer Verwachsung". Unsere Abb. 175 und 176 zeigen zahlreiche komplizierte Polymeren, die der NEUBERTschen Darstellung wohl entsprechen dürften.

Abb. 176 zeigt, daß die Isthmen büschelartig von einem dünnen Ausführungsgang abgehen können. Die Grenze zwischen beiden Abschnitten des gesamten Ausführungsgangssystems ist hier noch gut zu erkennen; in anderen Fällen gehen sie ohne Grenze ganz allmählich ineinander über. Die Durchmesser der Isthmen sind ziemlich variabel. Am dicksten pflegen sie bei ihrem Anfang in den Endkolben zu sein, bis 22 μ; nach dem Austritt können sie bis auf 6 μ (Lumen 1 μ) herabsinken, wohl weil sie innerhalb der Endkolben festgehalten und gegen Dehnung mehr gesichert sind, jedoch auch, weil nach NEUBERT die Bildung von rudimentären Isthmusästen stattgefunden hat, die je mit einem der unvollständig getrennten oder miteinander verschmolzenen Hauptstücke in Verbindung stehen. Auch an den Isthmen konnte ich keine Basalzellen finden. Gegen die Ausführungsgänge werden die Zellen in der Schlauchrichtung kürzer und in diesen nehmen sie bald sogenannte kubische Form an; zugleich nimmt im Gangquerschnitt die Zellenzahl (ich fand in Isthmen ganz gewöhnlich nur 4) zu.

Die Epithelzellen der interlobulären Ausführungsgänge werden allmählich doppelt so hoch als breit. Schon 1898 habe ich in diesen Zellen eine Centralgeißel nachgewiesen, wobei das obere mit der freien Zelloberfläche in Kontakt stehende Körperchen des Diplosomas Neigung zur Teilung zeigt (s. Abb. 184). Das Gebilde kann etwas herunterrücken und den Kontakt mit der freien Oberfläche verlieren, worauf auch der Außenfaden verloren geht. Abb. 185 zeigt das Schlußleistennetz mit dem mitten in jeder Masche steckenden Diplosoma.

Eine weitere Eigentümlichkeit der Epithelzellen der Ausführungsgänge ist das Auftreten einer schließlich die lumenseitige Hälfte des Zelleibs einnehmenden Ansammlung feiner Körnchen mit ausgesprochener Mukoidreaktion (Mucikarminfärbung). Ich sah das erste Erscheinen in einem Gangquerschnitt von 48 μ äußerem Durchmesser und einer Epithelhöhe von 10 μ als leichte Rotfärbung dicht am Lumen, aber nur auf einer Seite des Ganges. In etwas stärkeren Gängen besitzen sämtliche Zellen diese Körnelung. Sie ist zu finden bis in den Hauptgang und hier bis in die Nähe der Mündung. Im Hauptgang und den gröbsten Nebenästen ist nicht alles Epithel gleich: In flachen Buchten ist das Epithel bis 24 μ hoch mit starker Ansammlung von Mukoidkörnchen in der lumenseitigen Hälfte; auf flachen Vorragungen ist das Epithel nur 4—12 μ hoch, ohne eine Spur von Mukoidreaktion. Es gibt auch schmale, tiefe Einsenkungen mit etwas höherem Epithel ohne Rotfärbung. In einem primären Seitenast schwankte die Epithelhöhe zwischen 12 μ auf den am meisten vorragenden Stellen, und 40 μ in flachen Buchten. Die höchsten Zellen waren nur 4—5 μ breit, der Kern doppelt so lang als breit. In einem sekundären Seitenast: Epithelhöhe 6—14 μ. Bis 32 μ weite Seitenäste derselben haben alle 12—20 μ hohes, mit Mukoidkörnchen vollständig erfülltes Epithel. Im Hauptgang und dessen primären Nebenästen findet man hier und da einfach gestaltete Basalzellen.

Bei einem 53jährigen Mann fand sich an vielen Stellen in mittleren Ausführungsgängen oft auf große Strecken meist inselweise mehrschichtiges Epithel (etwa 4 Zellen übereinander), das teils dem Blasenepithel mit breiteren oberflächlicheren Zellen glich, teils höhere, schmale mukoide Zellen an der Oberfläche besaß. Auch Seitenäste konnten so beschaffen sein. Zuweilen lag solchem Epithel gewöhnliches mukoides Cylinderepithel gegenüber. Ähnliche Verhältnisse haben P. Hickel und J. Nordmann (1926) bei einem 37jährigen Mann und gelegentlich bei älteren Individuen beobachtet. Sie führen das geschichtete Epithel auf Metaplasie des einschichtigen Cylinderepithels zurück.

Schon E. H. Weber hat beim Menschen in der Wand des Ductus pancreaticus und seiner stärkeren Nebenäste kleine Drüschen von 130—180 μ Durchmesser gefunden. Sie sind dann von verschiedenen Autoren bald als mit dem übrigen Pankreas übereinstimmend, bald als Schleimdrüsen angesehen worden. C. Toldt (1888) findet, daß die hellen Sekretionszellen sich von den typischen Pankreaszellen wesentlich unterscheiden. Auch Helly (1898) hält sie bestimmt für Schleimdrüsen, ferner sollen nach ihm beim Menschen im Pankreas selbst ganz gleichgebaute Schleimdrüsenläppchen stecken, die mit dem Hauptausführungsgang in Verbindung stehen. Latulle (1898) findet reichliche glatte Muskelfasern in der Umgebung der Drüsen.

Ich habe diese drüsigen Bildungen in der bindegewebigen Grundlage des Hauptganges und seiner gröbsten Nebenäste als ganz gewöhnliche Vorkommnisse angetroffen; doch sind sie ziemlich locker angeordnet. Am äußersten Ende der Schläuche ist das Epithel 7,2—16 μ, gelegentlich bis 20 μ hoch, doch sind die Zellen nicht wesentlich breiter als der nur leicht abgeplattete Kern. Da gerade in den kleinsten Zellen der Kern kugelrund ist und das Protoplasma fast kein Rot angenommen hat, dürfte es sich wenigstens zum Teil um sekretleere Zellen handeln. Das Lumen ist sehr variabel, 3,5—16 μ und enthält bald oxyphile Krümel, bald ein mukoides Netzwerk, bald beides. Gegen die Mündung zu werden die Gänge weiter (bis 72 μ) und das Epithel höher, wobei es sich nicht vom Gangepithel unterscheiden läßt, da es die gleichen Mukoidzellen besitzt.

Ein plötzlicher Epithelwechsel findet nirgends in den Drüsenschläuchen statt
ihr Epithel und das Oberflächenepithel scheinen identisch zu sein, so daß die
Drüsen wie im Dickdarm im wesentlichen eine Oberflächenvergrößerung bedeuten. Dies gilt besonders auch für weite Schläuche oder Divertikel, die nicht
in engere Drüsenschläuche übergehen, sondern in der bindegewebigen Grundlage
endigen. Die oben angeführte Angabe HELLYs habe ich einmal bestätigt gefunden. Es scheint sich um die gleichen Drüsen zu handeln wie die in der bindegewebigen Grundlage der Gänge steckenden, nur haben sie sich weiter zwischen
die übrige Drüsenmasse hineinentwickelt.

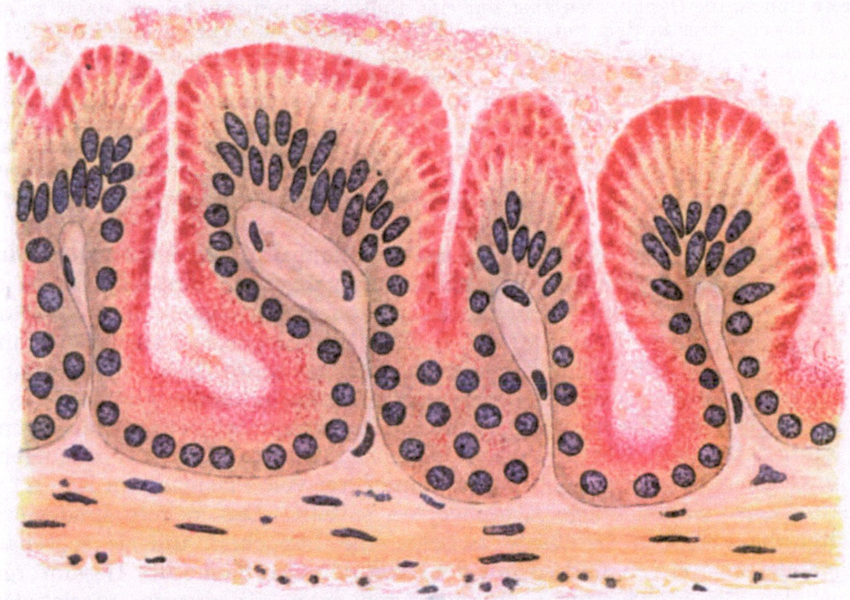

Abb. 186. Kleine, einfache, alveoläre Drüsen dicht gedrängt an einem 121 μ weiten Gang aus einem 3 mm
breiten Schleimhauthöcker des Duodenums (kleine Duodenalpapille?) sitzend (wahrscheinlich der Duct. pank-
reat. access.). Die Drüsen sind wie die Dickdarmkrypten wohl nur Oberflächenvergrößerungen. Ziemlich gut
begrenzte Sekretsammelstellen im Oberflächenepithel, das ganz demjenigen des Hauptprankreasganges und
seiner Äste gleicht. Mukoidreaktion der Sekretgranula. Im Ganglumen mukoide Exkretfädchen und graugelbe
Bröckel durchmischt, also zwei ganz verschiedene Substanzen. Peripher von den Drüsen glatte Muskelf. verschiedener Richtung (gelb). Formol, Hämalaun, Mucikarmin, Aurantia. SEIBERT, Obj. V, Okul. 2.

In einem etwa 3 mm breiten Schleimhäuthöcker des Duodenums, der weder Dünn-
darmdrüsen noch Duodenaldrüsen enthielt, und wahrscheinlich die kleine, zweite Duodenalpapille war, steckten zahlreiche weite und engere Gänge mit ganz dem gleichen
hohen Mukoidepithel wie im Hauptgang. Vermutlich handelt es sich um Anhängsel des
Duct. pancreaticus minor. Die Sekretsammelstelle der Epithelzellen war bald klein und
nahm dann nur einen kurzen lumenseitigen Abschnitt derselben in Anspruch, bald reichte
sie weiter hinab bis schließlich zum Kern, war aber immer gegen den basalen körnchenfreien Zellabschnitt scharf begrenzt, wenn auch im letzteren zerstreute Körnchen zu
finden waren. Einer der weitesten Gänge (121 μ) mit 48 μ hohem Mukoidepithel war in
seinem ganzen Umfang dicht mit meist ziemlich gleich kurzen (60 μ), unverzweigten
Drüsen besetzt (s. Abb. 186). Ihre Mündungen waren 34—50 μ voneinander entfernt.
Der Hals 30—33 μ dickt und durchschnittlich 4,5 μ weit, während der 45—60 μ dicke
Drüsenkörper 13,5—18 μ weit war. Die ebenfalls Mukoidreaktion zeigenden Zellen besaßen einen kugelrunden basalständigen Kern. Es handelt sich hier also um ganz einfach
gebaute Drüsen, die die Bezeichnung „alveolär" wirklich verdienen.

Im Lumen aller eben beschriebenen Drüsen und Gänge findet sich wie im Hauptgang regelmäßig ein mukoides Netzwerk mit oxyphilen rundlichen Schollen in den Maschen.
Es frägt sich nun, was das Oberflächenepithel und die Gangdrüsen (so möchte ich die
fraglichen Drüsen in Kürze nennen) für eine Bedeutung haben. Es handelt sich, wenigstens
in dem von mir besonders untersuchten Fall sicher nicht um Zellen, die mit den Schleim-

zellen der Mundhöhle identisch sind, denn die Kerne sind nirgends platt an die Basis gequetscht, die Sekretkörnchen sind leicht fixierbar und bilden in keinem der verschiedenen untersuchten anderen Fällen das in den Mundschleimzellen bekannte mukoide Netzwerk. Ich könnte die Zellen am besten mit denjenigen der Magenoberfläche vergleichen, in denen die mukoiden Granula ebenfalls leicht fixierbar sind, und die ein reichliches Exkret liefern, das meiner Ansicht nach ein Ferment enthält, das als „Acidase" aus dem von den Belegzellen gelieferten „Acidogen" Salzsäure entstehen läßt. Vielleicht liefern die Gangdrüsen und das Oberflächenepithel der Gänge selbst eines der verschiedenen im Pankreasexkret vorhandenen Fermente oder seine Vorstufe, jedenfalls nicht das gleiche wie die gewöhnlichen exokrinen Pankreaszellen. Die „Enterokinase", die aus dem Pankreasexkret erst die wirksamen Fermente entstehen läßt, wird vom Dünndarm geliefert, die kann es also auch nicht sein. Daß in den Lumina sich zwei verschiedene Exkrete finden, die Gangdrüsen aber nur eine Epithelart besitzen, scheint dafür zu sprechen, daß wenigstens in dem untersuchten Fall die Zellen ein Exkretgemisch oder Mischexkret liefern. Wir haben bei der Beschreibung der Unterzungendrüsen in einem besonderen Fall ähnliches kennen gelernt. Aus allem geht hervor, daß die Bauchspeicheldrüse sich aus drei verschiedenwertigen Bestandteilen zusammensetzt: 1. Die endokrinen Inseln; 2. die exokrinen Endkolben und einfachen Hauptstücke, die die Hauptmasse bilden; 3. das Gangepithel nebst Gangdrüsen, die das zum Teil mukoide Sekret liefern. Damit wissen wir eigentlich über das Exkret der Hauptdrüsenmasse noch weniger, als wir früher zu wissen glaubten, da ja ein ebenfalls unbekannter Teil des Gesamtexkrets spezifisches Gangexkret ist.

Das Bindegewebe des Pankreas ist teils kompakt, teils locker angeordnet. Ersteres bildet die Grundlage der Ausführungsgänge und läßt sich bis zu den kleinsten in die Isthmen übergehenden Ästchen verfolgen. Am Hauptausführungsgang ist diese Masse 90—135 μ dick; die Gangdrüsen stecken in ihnen. Um diese kompakte Schicht folgt eine höchstens ebenso dicke, meist dünnere lockere Lage, welche gegen die kleineren Seitenäste schneller abnimmt als die erstere. Ferner sind die in ihrer größeren Menge gesondert verlaufenden Bündel von Blutgefäßen und Nerven von reichlichem lockeren Bindegewebe umgeben, das im Gegensatz zu den Mundspeicheldrüsen frei von Plasmazellen ist und nur ausnahmsweise einmal einige Lymphocyten enthält. Das lockere Bindegewebe begleitet die kleinsten Gefäßäste zwischen die Läppchen, um sie septenartig voneinander zu trennen und so mit dem von der Oberfläche des Gesamtorgans kommenden Bindegewebszügen zusammenzuhängen. In diesem interlobulären Bindegewebe stecken auch die autonomen Ganglien und VATERschen Körperchen unabhängig von den Gefäßen. In die Läppchen bzw. zwischen die Endkolben und einzelnen Hauptstücke zieht mit den Blutcapillaren und feinsten Nervenästchen nur spärliches Bindegewebe; die zwischen den Hauptstücken hier und da sichtbaren Kerne gehören den fixen Zellen desselben an. Abgesehen von den eigentlichen Basalmembranen dringen auch öfters einzelne leimgebende Fasern und Bündel in die polymeren Endkolben hinein und können dort in unmittelbarer Nachbarschaft der „centroacinären" Zellen gefunden werden, was sehr zu verwundern wäre, wenn, wie noch in neueren Darstellungen behauptet wird, diese Teile der Isthmen „im Lumen der Acini" stecken würden. Sie verlaufen eben zwischen den die Isthmenenden dicht gedrängt umgebenden und so polymere Endkolben bildenden Hauptstücken. Somit können, ja müssen fixe Bindegewebszellen (von ihnen ist die Bildung der leimgebenden Fasern ja ausgegangen) oder nur ihre Ausläufer ebenfalls bis zu den in den Endkolben beginnenden Isthmusanfängen dringen.

Dies hat RENAUT (1899) richtig erkannt, wird aber dafür von A. OPPEL (1900) als „unter den neueren Autoren am weitesten von der richtigen Auffassung entfernt" bezeichnet; nur sind diese Zellen nicht, wie RENAUT meint, größtenteils Basalzellen der Hauptstücke.

Die kollagenen Basalmembranen bilden die unmittelbare Unterlage der Hauptstücke und Isthmen, sind äußerst dünn und machen einen kompakten

Eindruck, doch dürfte der Bau auch hier ein netziger sein, wie es FLINT für die Unterkieferdrüse nachgewiesen hat. Auch die Gangdrüsen besitzen eine sehr dünne Basalmembran, die sich von dem an sich schon kompakten Bindegewebe, in welche sie eingebettet sind, doch noch scharf abhebt.

Elastische Fasern sind sehr reichlich in der kompakten Grundlage der Ausführungsgänge, diese gleichmäßig durchsetzend und meist längs verlaufend. Auch in mittleren Gängen sah ich sie unter dem Epithel etwas dichter gedrängt. Abgesehen von den zu den Gefäßwänden selbst gehörigen Fasern sind sie im lockeren Gewebe sehr mäßig vertreten. In die Läppchen dringen sie äußerst spärlich ein und werden hier meist ganz vermißt.

Glatte Muskelfasern finden sich in der Wand des Hauptganges, und zwar, soweit meine Erfahrung reicht, hauptsächlich im Mündungsabschnitt im Anschluß an die Darmmuskulatur, aber nur peripher von der kompakten Grundlage. Sie wird gewöhnlich als zirkulär bezeichnet. Ich fand ebenfalls solche, doch sehr unregelmäßig auftretend. Dazu kommen noch (bei einem 53jährigen Manne) ganz vereinzelte kräftige Längsbündel peripher von ihnen. In dem oben erwähnten Schleimhauthöcker steckten die beschriebenen weiten und engeren Gangdrüsen in einem reichlichen Muskelnetz, das mit der Muscularis mucosae unmittelbar zusammenhing.

Außerdem fand ich bei dem gleichen und einem anderen Individuum vereinzelte, zum Teil kräftige Muskelbündel in dem die gröberen und mittleren Blutgefäße begleitenden lockeren Bindegewebe; sie gehören jedoch nicht etwa den Blutgefäßen an, da sie weit abliegen können. Es ist noch festzustellen, ob es sich um ein allgemeines oder ein individuelles Vorkommnis handelt.

Die Blutgefäße des Pankreas gehen nicht so wie in den Mundspeicheldrüsen ausschließlich mit den Ausführungsgängen, wenn auch hier und da ein gröberer Ausführungsgang von einer kleinen Arterie und wenigen Venen begleitet wird. Dies ist auch mit der Grund, daß die kleineren Ausführungsgänge bei weitem nicht so hervortreten wie in den Mundspeicheldrüsen, wo die interlobulären Gänge von einem Kranz von Gefäßen umgeben sind. Die Blutcapillaren bilden auch im Pankreas weite Maschen um die einzelnen und zu Endkolben gruppierten Hauptstücke. KÜHNE und LEA (1876) fanden, daß beim Kaninchen sogar kleine Randläppchen gar nicht von Blutcapillaren berührt werden.

Besonders charakteristisch sind die Glomeruli bildenden sehr weiten Capillaren der LANGERHANSschen Inseln, die von KÜHNE und LEA beim Kaninchen beschrieben wurden, und die man an menschlichen Pankreaspräparaten ohne Injektion gut erkennen kann.

Die Lymphgefäße beginnen nach GIANNUZZI (1865) mit feinen Gewebsspalten, welche die Basalmembranen unmittelbar umgeben und welche die aus den Blutcapillaren stammende, die Rohstoffe für die Sekretbereitung enthaltende Flüssigkeit zu den Basen der Epithelzellen leiten. Die oben erwähnte Tatsache, daß nicht alle Hauptstücke und Drüsenendkolben in unmittelbarer Berührung mit Blutcapillaren stehen, setzen solche Einrichtungen voraus, wie schon KÜHNE und LEA (1876 und 1882) festgestellt haben. Diese Spalträume gehen nach G. HOGGAN und F. E. HOGGAN (1881) erst an der Oberfläche der Läppchen in wirkliche Lymphcapillaren über, die wiederum in zahlreiche, die Blutgefäße begleitende Stämmchen einmünden. Mit diesen ziehen sie interlobulär in verschiedenen Richtungen zur Oberfläche des Organs.

Die Nerven des Pankreas stammen vom N. vagus und sympathicus. Der erstere führt außer sensiblen auch parasympathische Fasern, deren Reizung eine lebhafte Sekretion hervorruft, doch sollen auch sekretionshemmende Fasern in ihm verlaufen. Splanchnicusfasern wirken ebenfalls auf die Sekretion ein, wenn auch in geringerem Maße. Nach SCAFFIDI (1907) soll beim Hund Reizung des

Vagus erst Abnahme der Sekretgranula, später Zunahme der letzteren, Reizung des Sympathicus zuerst Zunahme, dann Abnahme der Granula bewirken. Die Nervenäste dringen hauptsächlich mit den Blutgefäßen ein. Die Nervenanordnung im Innern des Organs ist besonders durch die vermittels der Chromsilberimprägnations-Methode ausgeführten Untersuchungen von Ramón y Cajal und Sala (1891), sowie von E. Müller (1892) und Dogiel (1893) aufgedeckt worden. Die meisten Fasern sind marklos. Sie durchziehen in Netze bildenden reichlichen Bündeln das ganze Organ in allen Richtungen. Ein Teil bildet wie in anderen Organen ein gefäßumspinnendes Geflecht. Von ihm gehen vasomotorische Fasern zu den Gefäßen, um dort mit knopfförmiger Anschwellung zu endigen. Andere Fasern dringen zwischen die Hauptstücke, um, als Geflecht diese mit feinen Fädchen umspinnend, ihre Endzweige mit den sezernierenden Epithelzellen in unmittelbare Berührung zu bringen. Sie sollen jedoch nach E. Müller (gegen Ramón y Cajal) nicht zwischen die Zellen dringen.

Die von Ramón y Cajal beschriebenen „visceralen, sympathischen Ganglienkörperchen" ohne Neurit, hielt E. Müller anfangs auch für Ganglienzellen, erklärt sie aber später (1893) als eher zur Gruppe der Stützsubstanzen gehörige Zellen und vergleicht sie mit den „Korbzellen" der Mundspeicheldrüsen.

Außerdem gehen Nervenfasern zu den Ausführungsgängen, was wohl verständlich ist, da wir jetzt wissen, daß von den kleineren bis zu den größten Gängen das Epithel sezerniert und deshalb ebenso wie die Hauptstückzellen Sekretionsfasern erhalten dürfte, zusammen mit den Gangdrüsen.

Das Vorkommen von Ganglienzellen im Pankreas, welches schon seit längerer Zeit von zahlreichen Autoren, auch von E. Müller wenigstens anfangs, behauptet wurde, bedarf nach R. Greving (1924) noch der Bestätigung. Er lehnt die Theorie von Brugsch, Dresd und Lewy ab, nach der die fraglichen Ganglienzellen parasympathischer Natur seien und die postganglionären Fasern des Pankreas von ihnen ausgingen, während die postganglionären sympathischen Fasern des Pankreas vom Ganglion coeliacum herkämen. Leo Hess und Eugen Pollak (1926) fanden bei 6 Hunden nach Totalexstirpation des Pankreas in beiden Vagusganglien, besonders dem G. jugulare starke Veränderungen, wonach man annehmen darf, daß in den Vagusganglien eine Umschaltung derjenigen Fasern stattfindet, welche zum Pankreas innervatorisch in Beziehung stehen. (Nach einem Referat von Ph. Stöhr jr. in den Ber. ü. d. wissensch. Biol.) Glaser (1926) gibt an, daß außer bei der weißen Maus auch beim Menschen in jeder Langerhansschen Insel Ganglienzellen nachzuweisen seien, welche wohl zu den vegetativen zu rechnen seien. Er glaubt, daß die von Heiberg und anderen in den Inseln des Menschen beschriebenen Riesenkerne zu Ganglienzellen gehören.

In einem etwa 1 cm² großen Schnitt eines kindlichen Pankreas fand ich regellos zerstreut 10 Ganglien. Von den beiden größten war das eine 208 μ lang und 96 μ breit, das andere 172 μ lang und 144 μ breit (Testut fand Durchmesser von 100—300 μ). Sie lagen im interlobulären Bindegewebe ohne unmittelbare Beziehungen zu den Inseln. Die Zellen sind multipolar. Beim Erwachsenen fand ich vereinzelte multipolare Ganglienzellen im Bindegewebe, das die gröberen Gefäße begleitete, aber nicht in der Umgebung der Ausführungsgänge. Im Bereich der Inseln vermochte ich beim erwachsenen Menschen auch nicht eine einzige Ganglienzelle zu finden.

Sensible Nervenendigungen in Gestalt von Vater-Pacinischen Körperchen wurden seit W. Krause (1870) von vielen Untersuchern hauptsächlich bei der Katze beschrieben. Ich sah deren 8 im oben erwähnten Pankreasschnitt eines Kindes. Sie lagen im interlobulären Bindegewebe, von den exokrinen Drüsenendkolben in engem Anschluß allseits umgeben. Das längste, genau längsgeschnittene, war 676 μ lang und 312 μ breit. Ein endkolbenartiges maß 364 μ bzw. 137 μ.

VI. Diagnostik der vier wichtigsten Speicheldrüsen.

Um diese, nämlich Parotis, Unterkieferdrüse, Gruppe der Unterzungendrüsen und Pankreas, selbst bei mittelmäßigem Erhaltungszustand, in dem sich das durch Sektion gewonnene menschliche Material meist befinden dürfte, voneinander unterscheiden zu können, bedient man sich am besten bei schwächerer Vergrößerung (z..B. LEITZ Obj. 3, Ok. III) gewonnener Übersichtsbilder. Man kommt dann mit folgenden einfachen Merkmalen aus (ausgedehnte, mitten durch die Organe gehende, mit Hämalaun und Eosin gefärbte Schnitte vorausgesetzt): 1. Die Hauptstücke bestehen aus hellen, mit platt an die Basis gepreßten Kernen versehenen Zellen, d. h. Schleimzellen, und aus dunkel gefärbten, runde Kerne enthaltenden, nicht gut voneinander unterscheidbaren albuminösen bzw. mukoserösen Zellen oder nur aus letzteren: gemischte Drüsen.

a) Die Schleimstücke sind sehr reichlich, die innerhalb der Drüsenläppchen steckenden mit verhältnismäßig weitem Lumen versehenen Ausführungsgänge (im ausgedehnten Sinne des Wortes) sind spärlich: Unterzungendrüsen.

b) Die Schleimstücke stehen den albuminösen Hauptstücken an Zahl erheblich nach, die intralobulären, weiten Ausführungsgänge sind sehr zahlreich, 30—40, und auffällig, ihr Epithel ist hoch: Unterkieferdrüse.

2. Die Hauptstücke sind rein albuminös.

a) Das Gesamtbild ist sehr gleichmäßig, das Ausführungsgangsystem tritt optisch ganz in den Hintergrund, meist sind nur sehr vereinzelte, ganz unscheinbare interlobuläre Gänge sichtbar: Pankreas (die Inseln sind zur Diagnostik nicht erforderlich).

b) Die intralobulären weiten Ausführungsgänge haben hohes Epithel und sind reichlich vorhanden, wenn auch kaum halb so reichlich als in der Unterkieferdrüse (zu beachten für den Fall, daß der Unterkieferdrüsenschnitt keine Schleimzellen enthalten sollte): Parotis.

Die Isthmen sind zur Diagnostik nicht zu verwerten, da keine der vier größeren Speicheldrüsen sie grundsätzlich entbehrt. Der Unterschied zwischen Pankreas und Parotis ist nicht vom Vorhandensein gestreifter Ausführungsgangzellen abhängig zu machen, da bei nicht ganz frischem Material und bei schwacher Vergrößerung die Streifung oft nicht zu erkennen ist. Man schließe also: reichliche weite, mit hohem Epithel versehene Gänge in den Läppchen der rein albuminösen Drüse, folglich Parotis, folglich sind die Gänge Streifenstücke.

Literatur.

ACKERKNECHT, E.: Zur Topographie des präfrenularen Mundbodens vom Pferd; zugleich Feststellungen über das regelrechte Vorkommen paracarunculären Tonsillengewebes (Tonsilla sublingualis) und einer Gl. paracaruncularis beim Pferd. Arch. f. Anat. u. Physiol., anat. Abt. 1912. — ALBRECHT, EUGEN: Ein Fall von Pankreasbildung in einem MECKELschen Divertikel. Sitzungsber. d. Ges. f. Morphol. u. Physiol., München Bd. 17. 1901; H. 1. 1902. — ARIMA, H.: Über die paradoxe Speichelsekretion bei chronischer Atropinvergiftung. Arch. f. exp. Pathol. u. Pharmakol. Bd. 83. 1918. — ARLOING et RENAUT: Sur l'état des cellules glandulaires de la sous-maxillaire après l'excitation prolongée de la corde du tympan. Cpt. rend. hebdom. des séances de l'acad. des sciences Bd. 88. 1879. — ARNOLD, GEORGE: The role of chondriosome in the cells of the Guinea-Pig's pancreas. Arch. f. Zellforsch. Bd. 8, H. 2. 1912. — ARNOZAN et VAILLARD: Contribution à l'étude du pancréas du lapin. Lésions provoquées par la ligature du canal de WIRSUNG. Arch. de physiol. Année 16. 1884. — ASP, G.: a) Om nervernas ändningsätt i spottkörtlana. (Über die Endigungsweise der Nerven in den Speicheldrüsen.) Nordiskt med. arkiv Bd. 5, Nr. 5. 1873. — b) Bidrag till spottkörtlarnes mikroskopiska anatomi. (Beiträge zur mikroskopischen Anatomie der Speicheldrüsen.) Akad. Abhandl., Helsingfors 1873. — ASSMANN, E.: Zur Kenntnis des Pankreas. Virchows Arch. f. pathol. Anat. u. Physiol. Bd. 111. 1888. — BABKIN, B. P.: Die äußere Sekretion der Verdauungsdrüsen. Berlin: Julius Springer 1914. — BABKIN, B. P., RUBASCHKIN, W. J., and SSAWITSCH, W. W.: Über die morphologischen Veränderungen der Pankreaszellen unter der Einwirkung verschiedener Reize. Arch. f. mikroskop. Anat. u. Entwicklungsgesch. Bd. 74, H. 1. 1909. — BALDWIN, WESLEY M.: a) An adult human pancreas showing an embryological condition. Anat. record Bd. 4, Nr. 1. 1910. — b) A specimen of annular pancreas. Ebenda Nr. 8. 1910. — c) The ductus pancreaticus accessorius in man. Americ. journ. of anat. Bd. 6, Nr. 3. 1908. — d) The pancreatic ducts in man, together with a study of the microscopical structure of the minor duodenal papilla. Anat. record Bd. 5. 1911. — VAN BALEN BLANKEN, G. C.: Bijdrage tot de kennis der anatomie van pancreas en lymphaatstelsel der Primaten. Amsterdam 1913. — BALLOWITZ, E.: Eine Bemerkung zu dem von GOLGI und seinen Schülern beschriebenen

„apparato reticolare interno" der Ganglien- und Drüsenzellen. Anat. Anz. Bd. 18. 1900. — v. BARDELEBEN, C.: Gl. submaxillaris oder submandibularis oder mandibularis? Ebenda Bd. 31. 1907. — BÄRNER, M.: Über die Backendrüsen der Haussäugetiere. Arch. f. wiss. u. prakt. Tierheilkunde Bd. 19, H. 3. 1893. — BARTELS, PAUL: a) Über die Lymphgefäße des Pankreas. 1. Über lymphatische Verbindungen zwischen Duodenum und Pankreas beim Hunde. Arch. f. Anat. u. Physiol., anat. Abt. H. 4—6. 1904. — b) Über die Lymphgefäße des Pankreas. 2. Das feinere Verhalten der lymphatischen Verbindungen zwischen Pankreas und Duodenum. Ebenda H. 4/5. 1906. — c) Über die Lymphgefäße des Pankreas. 3. Die regionären Drüsen des Pankreas beim Menschen. Ebenda 1907. — BARTHOLINUS, CASP.: De ductu salivali hactenus non descripto. Observatio anatomica, in: Philos. transact. Bd. 14, Nr. 164. 1684. — Ders.: De ductu salivali hactenus non descripto. Philos. transact. 1684. — BATELLI, ANDREAS: Glandule salivari dei trampolieri (communicazione preventiva). Atti rendic. della accad. med.-chir. di Perugia Bd. 2, fasc. 2. Perugia 1890. — BAUMANN, ALEXANDER und SCHMOTZER, BARTH.: Beiträge zur vergleichenden Anatomie des VATERschen Divertikels und der Mündung der Gallen- und Pankreasgänge. Österr. Wochenschr. f. Tierheilk. Jg. 37, Nr. 47 und Nr. 48. — BAUMGARTNER, E. A.: The Development of the Serous Gland (v. EBNERS) of the Vallate Papillae in Man. Americ. journ. of anat. Bd. 22. 1917. — BECK, A.: Zur Innervation der Speicheldrüsen. Zentralbl. f. Physiol. Bd. 12. 1898. — BÉCOURT: Recherches sur le pancréas. Strasbourg 1839. — BEHRENS, W., KOSSEL, A. und SCHIEFFERDECKER, P.: Die Gewebe des menschlichen Körpers und ihre mikroskopische Untersuchung. 1. Bd.: Das Mikroskop und die Methoden der mikroskopischen Untersuchung. 1889. 2. Bd.: Gewebelehre mit besonderer Berücksichtigung des menschlichen Körpers. I. Abt. 1891. — BENDA, C.: Weitere Beobachtungen über die Mitochondria und ihr Verhältnis zu Sekretgranulationen nebst kritischen Bemerkungen. Verhandl. d. physiol. Ges. zu Berlin Jg. 1899 bis 1900. — BENDA, C. und GUENTHER, PAULA: Histologischer Handatlas. Leipzig-Wien: Franz Deuticke, 1895. — BENSLEY, R. R.: Studies on the Pankreas of the guinea-pig. Americ. journ. of anat. Bd. 12. 1911. — BERDAL, H.: Nouveaux éléments d'histologie normale. 4. éd. entièrem. revue et augmentée. Paris 1894. — v. BERGEN, F.: Zur Kenntnis gewisser Strukturbilder (Netzapparate, Saftkanälchen, Trophospongien) im Protoplasma verschiedener Zellarten. Arch. f. mikroskop. Anat. Bd. 64. 1904. — BERKLEY, HENRY J.: The intrinsic nerves of the submaxillary gland of *Mus musculus*. Johns Hopkins hosp. report Bd. 4, Nr. 4/5. 1895. — BERMANN, ISIDOR: a) Über tubulöse Drüsen in den Speicheldrüsen. Vorläufige Mitteilung. Zentralbl. f. med. Wiss. Nr. 50. 1877. — b) Über tubulöse Drüsen in den Speicheldrüsen. Inaug.-Diss. Würzburg 1878. — c) Weitere Mitteilungen über tubulöse Drüsen in den Speicheldrüsen. Sitzungsber. d. phys.-med. Ges. zu Würzburg, 15. Juni 1878. — d) Über die Zusammensetzung der Glandula submaxillaris aus verschiedenen Drüsenformen und deren funktionelle Strukturveränderungen. Würzburg 1878. — BERNARD, CLAUDE: a) Recherches d'anatomie et de physiologie comparées sur les glandes salivaires chez l'homme et les animaux vertébrés. Cpt. rend. hebdom. des séances de l'acad. des sciences Bd. 34. 1852. — b) Mémoire sur le pancréas et sur le rôle du suc pancréatique dans les phénomènes digestives. Supplément aux Cpt. rend. hebdom. des séances de l'acad. des sciences publiés conformément à une décision de l'académie en date du 13 juillet 1835 par les secrétaires perpétuels. Tome premier. Paris 1856. — BEYER, GOTTHARD: Die Glandula sublingualis, ihr histologischer Bau und ihre funktionellen Veränderungen. Inaug.-Diss. Breslau 1879. — BIEDERMANN, W.: Zur Histologie und Physiologie der Schleimsekretion. Sitzungsber. d. Akad. Wien, Mathem.-naturw. Kl. III, Bd. 94. 1886. — BIZZOZERO, G. und VASSALE, G.: a) Über den Verbrauch der Drüsenzellen der Säugetiere in erwachsenen Tieren. Med. Zentralbl. 1885. — b) Über die Erzeugung und die physiologische Regeneration der Drüsenzellen bei den Säugetieren. Virchows Arch. f. pathol. Anat. u. Physiol. Bd. 110. 1887. — BLANDIN, PH. FR.: Traité d'anatomie topographique. 2. éd. Paris 1834. — BOCKENDAHL, A.: Über Kernteilungen der Glandula submaxillaris des Hundes und deren Zusammenhang mit der Sekretion. Mitt. f. d. Ver. schlesw.-holstein. Ärzte in Kiel Jg. 3, H. 9. 1883. — BÖHM, A. A. und v. DAVIDOFF, M.: a) Lehrbuch der Histologie des Menschen einschließlich der mikroskopischen Technik. Wiesbaden 1895. — b) Lehrbuch der Histologie des Menschen einschließlich der mikroskopischen Technik. 2. Aufl. Wiesbaden: J. F. Bergmann 1898. — BOEHM, G.: Beiträge zur vergleichenden Histologie des Pankreas. Inaug.-Diss. Berlin 1904. — BOERHAVE, HERM. et RUYSCHIUS, FRED.: Opusculum anatomicum de fabrica glandularum in corpore humano. Lugduni Batavorum 1722 und Amstelodami 1733. — BOLL, FRANZ: a) Die Bindesubstanz der Drüsen. Arch. f. mikroskop. Anat. Bd. 5. 1869. — b) Beiträge zur mikroskopischen Anatomie der acinösen Drüsen. Inaug.-Diss. Berlin 1869. — BONNET, R.: a) Die „Schlußleisten" der Epithelien. 31. Ber. d. oberhess. Ges. f. Nat.-Heilk. 1896. — b) Lehrbuch der Entwicklungsgeschichte 1908. — BOUIN, P.: Ergastoplasme et mitochondria dans les cellules glandulaires séreuses. Cpt. rend. des séances de la soc. de biol. Bd. 58. 1905. — Bowen, R. H.: On a possible relation between the Golgi apparatus and recretory products. Americ. journ. of anat. Bd. 33. 1924. — Brachet, A.: a) Recherches sur le développement du pancréas et du foie (Sélaciens, Reptiles, Mammifères). Journ. de l'anat. et de la physiol. Année 32. 1896. — b) Die Entwicklung und Histogenese der Leber und des Pankreas. Zeitschr. f. d. ges. Anat., Abt. 3: Ergebn. d. Anat. u. Entwicklungsgesch. Bd. 6. 1896. Wiesbaden 1897. — Brass, A.: Atlas der Gewebelehre des Menschen. Bd. 1. Göttingen 1896. — Braus, H.: a) Sekretkanälchen und Deckleisten. Anat. Anz. Bd. 22. 1903. — b) Anatomie des Menschen usw. Bd. 2: Eingeweide. Berlin 1924. — Broman, Ivar: a) Über die Phylogenese der Bauchspeicheldrüse. Verhandl. d. anat. Ges. Greifswald. Anat. Anz. Bd. 44, Erg.-H. 1913. — b) Über Chievitz' Organ („Ramus mandibularis duct. parotidei oder Orbitalinklusion") und dessen Bedeutung, nebst Bemerkungen über die Phylogenese der Gl. parotis. Zeitschr. f. d. ges. Anat., Abt. 3: Ergebn. d. Anat. u. Entwicklungsgesch. Bd. 22. 1914 (1916). — v. Brunn, Albert: a) Verdauungsorgane. a) Leber und deren Entwicklung; b) Pankreas. Ebenda Bd. 4. 1895. — b) Über die neueren die Entwicklung des Pankreas betreffenden Arbeiten. Arch. d. Ver. d. Freunde d. Naturgesch. Mecklenburgs Jg. 49, Abt. 2. Güstrow 1896. — Bufalini, G.: Sulla destinazione fisiologica del corpo semilunare di Giannuzzi. Giorn. internaz. delle scienze med. Napoli 1879. — Cagnetto, Giovanni: Note istologiche su di un pancreas accessorio nell' uomo. Atti d. R. istit. Veneto di scienze, lett. ed arti, anno accad. 1908/1909. — Cajal s. Ramón y Cajal. — Calabresi, Enrico: Sul comportamento del condrioma nel pancreas e nelle ghiandole salivari del riccio (Erinaceus europaeus) durante il letargo invernale e l'attività estiva. Arch. ital. di anat. e di embriol. Bd. 17. 1918/19. — Carlier, E. W.: On the pancreas of the hedgehog during Hibernation. Journ. of anat. a. physiol. Bd. 30, N. S. Bd. 10. 1896. — Carmalt, Churchill: a) A contribution to the anatomy of the human adult salivary glands. In: Contributions to the anatomy and development of the salivary glands in the mammalia, conducted under the George Crocker special research fund at Columbia university. Bd. 4. New York: Columbia university press 1913. — b) The anatomy of the salivary glands in the carnivora. Ebenda 1913. — c) The anatomy of the salivary glands in some members of other mammalian orders (Marsupials, Insectivores, Rodents, and Ungulates). Ebenda 1913. — Carrara, Art.: Über Regeneration in den Speicheldrüsen. Frankfurt. Zeitschr. f. Pathol. Bd. 3. 1909. — Carvallo, J. et Pachon, V.: De l'activité digestive du pancréas des animaux à jeun normaux et dératés. Cpt. rend. des séances de la soc. de biol. Bd. 45. 1893. — de Castro, Fernando: Contribution à la connaissance de l'innervation du pancréas. Y a-t-il des conducteurs spécifiques pour les îlots de Langerhans pour les acini glandulaires et pour les vaisseaux? Trav. du laborat. de recherches biol. de l'univ. de Madrid Bd. 21. 1923. — Ceelen, W.: Über das Vorkommen von Vater-Pacinischen Körperchen am menschlichen Pankreas usw. Virchows Arch. f. pathol. Anat. u. Physiol. Bd. 208. 1912. — Charpy: Variétés et anomalies des canaux pancréatiques. Journ. de l'anat. et de la physiol. Bd. 34, Nr. 6. 1898. — Chaves, P. Roberts: a) Sur l'évolution du chondriome de la cellule pancréatique depuis la naissance jusqu'à l'âge adulte, chez le Lapin. Bull. de la soc. Portug. des sciences nat. Bd. 8. 1918. — b) Le paranucléus de la cellule pancréatique. A propos d'un travail de Saguchi. Cpt. rend. des séances de la soc. de biol. Bd. 83. 1920. — Chievitz, J. H.: Beiträge zur Entwicklungsgeschichte der Speicheldrüsen. Arch. f. Anat. u. Physiol., anat. Abt. 1885. — Choronshitzky, B. J.: a) Die Entstehung der Milz, Leber, Gallenblase und Bauchspeicheldrüse bei verschiedenen Abteilungen der Wirbeltiere. Aus dem hist. Laborat. des Prof. Ognew. Diss. Moskau 1898. — b) Die Entstehung der Milz, Leber, Gallenblase, Bauchspeicheldrüse und des Pfortadersystems bei den verschiedenen Abteilungen der Wirbeltiere. Anat. Hefte, Abt. 1, H. 42/43. 1900. — Cords, Elisabeth: Ein Fall von ringförmigem Pankreas nebst Bemerkungen über die Genese dieser Anomalie. Anat. Anz. Bd. 39, Nr. 2/3. 1911. — Corner, G. W.: Development of the pancreatic ductsystem in the pig. Proc. of the Americ. assoc. of anat., 13. sess. In: Anat. record Bd. 8, pf. 105. — Corti, Alfred: Studi die morfologia cellulare. Lacunoma-Apparato interno del Golgi (Trofospongio)-Condrioma-Idiosoma. Ricerche die Morfologia. Vol. IV,, Rom 1924. — Cutore, Gaetano: a) Della distribuzione delle ghiandole nella lingua. Boll. d. l'accad. Gioenia di scienze nat., atania Fasc. 49. 1921. — b) La distribuzione e la struttura delle ghiandole della lingua nell' uomo. Monit. zool. ital. Anno 33. 1922. — Dantschakoff, Mme.: Les cellules plasmatiques dans la glande sous-maxillaire du Lapin. Cpt. rend. d'assoc. anat., 7. réun. 1905. — Debeyre, A.: a) Bourgeons pancréatiques multiples sur le conduit hépatique primitif. Cpt. rend. des séances de la soc. biol. Bd. 52, Nr. 26. 1900. — b) Les bourgeons pancréatiques accessoires tardifs. Thèse de Lille 1904. — c) Pancréas accessoire, chez Cercocebus cynomolgus. Bibliogr. anat. Bd. 14, H. 3. 1905. — d) Les premières ébauches du pancréas chez l'embryon humain. Ebenda Bd. 18, H. 5. 1909. — e) Bourgeons pancréatiques chez les embryons humains. Cpt. rend. d'assoc. anat., 11. réun. Nancy 1909. —

f) Les ébauches du pancréas chez l'embryon humain de la cinquième semaine. Bibliogr. anat. Bd. 19, H. 5. 1910. — g) Sur la diversité de forme des chondriosomes dans les glandes salivaires. Ebenda Bd. 22. 1912. — Dogiel, A. S.: Zur Frage über die Ausführgänge des Pankreas des Menschen. Arch. f. Anat. u. Physiol., anat. Abt. Jg. 1893. — Dolley, David, H.: The general morphology of pankreatic cell funktion in terms of the nucleo-cytoplasmic relation. Americ. journ. of anat. Bd. 35, Nr. 2, 1925. — Donders: Physiologie des Menschen, deutsch von Theile. 2. Aufl. Leipzig 1859. — Drasch, O.: Beobachtungen an lebenden Drüsen mit und ohne Reizung der Nerven derselben. Arch. f. Anat. u. Physiol., physiol. Abt. 1889. — Dbesbach, M.: An instance of pancreatic bladder in the cat. Anat. record Bd. 5, Nr. 8. 1911. — Duesberg, J.: a) Plastosomen, „Apparato reticolare interno" und Chromidialapparat. Ergebnisse der Anatomie und Entwicklungsgesch. Bd. 20. 1911, 2. Hälfte. Wiesbaden 1912. — b) Trophospongien und Golgischer Binnenapparat. Verhandl. d. anat. Ges., 28. Vers. Innsbruck 1914. — Duparc, J.: De quelques anomalies de structure de la paroi stomacale; pancréas accessoires aberrantes, glandes de Brunner aberrantes. Thèse de Dr. Paris 1900. — Duval, M.: Précis d'histologie. Paris 1897. — Eberth, C. I.: Zeitschr. f. wiss. Zool. Bd. 12. 1862. — Eberth, C. J. und Müller, Kurt: Untersuchungen über das Pankreas. Zeitschr. f. wiss. Zool. Suppl.-Bd. 53. 1892. — v. Ebner, V.: a) Über die Anfänge der Speichelgänge in den Alveolen der Speicheldrüsen. Arch. f. mikroskop. Anat. Bd. 8. 1872. — b) Über die traubenförmigen Drüsen der Zungenwurzel. Sitzungsber. d. naturwiss.-med. Ver. in Innsbruck Jg. 3. 1873. — c) Die acinösen Drüsen der Zunge und ihre Beziehungen zu den Geschmacksorganen. Graz 1873. — d) Köllikers Handb. d. Gewebelehre d. Menschen. 6. Aufl. Bd. 3, 1. Hälfte. Leipzig 1902. — Eckhard, C.: a) Über die Unterschiede des Trigeminus- und Sympathicusspeichels der Unterkieferdrüse des Hundes. Eckhards Beitr. Bd. 2. 1860. — b) Über den Eintritt in das Blut injizierten indigschwefelsauren Natrons in den Speichel. Beitr. z. Physiol. Leipzig 1887. — Eddy, Nathan B.: A case of arrested development of pancreas and intestine. Anat. record Bd. 6. 1912. — Eklöf, Harald: Chondriosomenstudien an den Epithel- und Drüsenzellen des Magen-Darmkanals und den Ösophagusdrüsenzellen bei Säugetieren. Anat. Hefte Bd. 51. 1914. — Ellenberger, W.: a) Der Pilocarpinspeichel des Pferdes. Arch. f. wiss. u. prakt. Tierheilk. Bd. 8. 1882. — b) Handbuch der vergleichenden Histologie und Physiologie der Haussäugetiere, bearb. v. Bonnet, Csokor, Eichbaum usw. Bd. 1: Histologie. Berlin: Parey 1884. — c) Die Funktionen und Histologie der Speicheldrüsen der Haustiere. Arch. f. wiss. u. prakt. Tierheilk. Bd. 7 u. 11. 1885. — d) Handbuch der vergleichenden Histologie und Physiologie der Haussäugetiere. Bd. 2: Physiologie. Berlin 1890. — e) Handbuch der vergleichenden mikroskopischen Anatomie der Haustiere. Bd. 3. Berlin 1911. — Ellenberger-Hofmeister: a) Die histologische Einrichtung der Speicheldrüsen der Pferde. Arch. f. wiss. u. prakt. Tierheilk. Bd. 7. 1880. — b) Die histologische Einrichtung der Speicheldrüsen der Pferde. Bericht üb. d. Veterinärwesen im K. Sachsen f. d. Jahr 1881. Dresden 1882. — c) Die Funktion der Speicheldrüsen der Haussäugetiere. Arch. f. wiss. u. prakt. Tierheilk. Bd. 11. 1884. — d) Die Funktionen der Speicheldrüsen der Haussäugetiere. Ebenda Bd. 11. 1885. — e) Über die Verdauungssäfte und die Verdauung des Pferdes. Die Eigenschaften und Wirkung des Pankreassaftes und der mikroskopische Bau der Pankreasdrüse des Pferdes. Ebenda Bd. 11. 1885. — Ellenberger und Kunze: Bau der Drüsen der Mundhöhle der Haussäugetiere. Sächs. Veterinärber. f. 1884. — Ellenberger, W. und Scheunert, A.: Handbuch der vergleichenden Physiologie der Haustiere 1920. — Ellenberger, W. und Trautmann, A.: Grundriß der vergleichenden Histologie der Haussäugetiere. Berlin 1921. — Elsenberg, A.: Die anatomischen Veränderungen der Speicheldrüsen des Hundes und des Menschen bei der Wutkrankheit. Denkschr. d. ärztl. Ges. in Warschau 1881. — Ewald, Anton: Beiträge zur Histologie und Physiologie der Speicheldrüsen des Hundes. Inaug.-Diss. Berlin 1870. — Falcone: Contribution à l'histogénèse et à la structure des glandes salivaires. Monitore zool. ital., Anno 9. 1898. — Felix, Walther: Zur Leber- und Pankreasentwicklung. Arch. f. Anat. u. Physiol., anat. Abt. H. 5. 1892. — Fischer, Alfred: Fixierung, Färbung und Bau des Protoplasmas. Kritische Untersuchungen über Technik und Theorie in der neueren Zellforschung. Jena 1899. — Fleischer, Bruno: Beiträge zur Histologie der Tränendrüse und zur Lehre von den Sekretgranula. Anat. Hefte, 1. Abt., Bd. 26. 1904. — Flemming, W.: a) In: Verhandl. d. physiol. Ver. zu Kiel 1887. — b) Über Bau und Einteilung der Drüsen. Arch. f. Anat. u. Physiol., anat. Abt. 1888. — Flint, Jos. Marsh.: a) The Angiology, angiogenesis, and organogenesis of the submaxillary gland. Americ. journ. of anat. Bd. 2. 1903. — b) Das Bindegewebe der Speicheldrüsen und des Pankreas und seine Entwicklung in der Glandula submaxillaris. Arch. f. Anat. u. Physiol., anat. Abt. 1903. — Frenkel, Moise: Sur des Modifications du tissu conjonctif des glandes et en particulier de la glande s.-maxillaire. Anat. Anz. Jg. 8, Nr. 16. 1893. — Frey, H.: Handbuch der Histologie und Histochemie des Menschen. 5. Aufl. Leipzig 1876. — Fuckel, Friedrich: Über die Regeneration der Glandula submaxillaris und infraorbitalis beim Kaninchen. Inaug.-Diss. Freiburg i. B. 1896. — Fusari R. und Panasci, G.: a) Sulla terminazione dei nervi nella mucosa e nelle ghiandole sierose della lingua dei mammiferi. Monitore zool. ital. Bd. 1, Nr. 4, auch Atti d. R. accad. delle scienze di Torino Bd. 25. 1889/90 (auch Arch. ital. de biol. Bd. 14. 1891). — h) Demonstration des terminaisons des nerfs dans les glandes séreuses de la langue des mammifères. Verhandl. d. 10. internat. med. Kongr. Berlin 1890. Bd. 2, Abt. 1, Anat. Berlin 1891. — Gage, S. H.: The ampulla of Vater and the pancreatic ducts in the domestic Cat. Americ. quart. journ. Bd. 1. 1879. — Galeotti, Gino: Über die Granulationen in den Zellen. Internat. Monatsschr. f. Anat. u. Physiol. Bd. 12. 1895. — Garbini: Note istiologiche sopra alcune parti dell' apparecchio digerente nella Cavia e nel Gatto. Mem. dell' accad. di agricolt. arti e commercio di Verona Bd. 63, Ser. 3, H. 1. Verona 1886. — Garnier, Charles: a) Les filaments basaux des cellules glandulaires. Note préliminaire. Bibliogr. anat. Bd. 5. 1897. — b) Contribution à l'étude de la structure et du fonctionnement des cellules glandulaires séreuses. Du rôle de l'ergastoplasme, dans la sécrétion. Thèse de doctorat en méd. Nancy 1899. — c) De quelques détails cytologiques concernant les éléments séreux des glandes salivaires du rat. Bibliogr. anat. Bd. 7, H. 5. 1899. — d) Contribution à l'étude de la structure et du fonctionnement des cellules glandulaires séreuses. Du rôle de l'ergastoplasme dans la sécrétion. Journ. de l'anat. et de la physiol., Année 36, Nr. 1. 1900. — Garnier, Ch. et Bouin, P.: Sur la présence des granulations graisseuses dans les cellules glandulaires séreuses et la lacrymale. Cpt. rend. hebdom. des séances et mém. de la soc. de biol. 1897. — Gaudy et Griffon: Pancréas surnuméraire. Bull. et mém. de la soc. anat. de Paris, Année 76, sér. 6, Bd. 3, Nr. 7. 1901. — Gaule, J.: Kernteilungen im Pankreas des Hundes. Arch. f. Anat. u. Physiol., anat. Abt. 1880. — Gaupp: Anatomische Untersuchungen über die Nervenversorgung der Mund- und Nasenhöhlendrüsen der Wirbeltiere. Gegenbaurs morphol. Jahrb. Bd. 14. 1888. — Gegenbaur, C.: Ein Fall von Nebenpankreas in der Magenwand. Arch. f. Anat. 1863. — Genersich, A.: a) Seltene Anomalie des Pankreas (ringförmige Umschließung des Duodenums mit Verengerung desselben und konsekutiver Magenerweiterung). Verhandl. d. 10. internat. med. Kongr. Berlin Bd. 2, Abt. 3. 1890. — b) Angeborene Formabweichungen der Bauchspeicheldrüse. Orvosi Hetilap Bd. 20. 1888. — Gerhardt, Ulr.: Über histologische Veränderungen in den Speicheldrüsen nach Durchschneidung der sekretorischen Nerven. Pflügers Arch. f. d. ges. Physiol. Bd. 97. 1903. — Gianelli, L.: a) Ricerche macroscopiche e microscopiche sul pancreas. Atti d. R. accad. dei fisiocrit. in Siena. Ser. 4, Bd. 10. 1899. — b) Nuovo contributo allo studio dello sviluppo del pancreas nei mammiferi. Anno 19, Nr. 2. 1908. — c) Contributo allo studio dello sviluppo del pancreas nei mammiferi. Atti d. accad. d. scienze med. e nat. in Ferrara, Anno 81, H. 1/2. 1908. — d) Nuovo contributo allo studio dello sviluppo del pancreas nei mammiferi. Nota prev. Ebenda Anno 85. 1911. — e) Quelques considérations sur le mémoire de Prof. Pensa: Le développement du pancréas et des voies biliaires extrahépatiques chez le bos taurus. Arch. ital. di anat. e di embriol. Bd. 13. 1914; Arch. ital. de biol. Bd. 64. 1915. — Giannuzzi, G.: a) Von den Folgen des beschleunigten Blutstroms für die Absonderung des Speichels. A. d. Ber. d. kgl. sächs. Ges. d. Wiss., Mathem.-phys. Kl. Bd. 17. 1865. — b) Recherches sur la structure intime du pancréas. Cpt. rend. hebdom. des séances de l'acad. des sciences Bd. 68. 1869. — Gibbes, Heneage: On some points in the minute structure of the pancreas. Quart. journ. of microscop. science Bd. 24. 1884. — Glaser, M.: Über die Veränderungen im Pankreas der weißen Maus nach Tyroxininjektionen. Wilhelm Roux' Arch. f. Entwicklungsmech. d. Organismen Bd. 107, H. 1. 1926. — Glinski, L. K.: Zur Kenntnis des Nebenpankreas und verwandter Zustände. Virchows Arch. f. pathol. Anat. u. Physiol. Bd. 164, H. 1. 1901. — Goeppert: Entwicklung des Mundes und der Mundhöhle mit Drüsen und Zunge. Hertwigs Handb. d. Entwicklungsgesch. Bd. 2, Lief. 1. 1902. — Goldschmidt, R.: Der Chromidialapparat lebhaft funktionierender Gewebszellen. (Histologische Untersuchungen an Nematoden. 2.) Zool. Jahrb., Abt. f. Morphol. Bd. 21. 1904. — Gottlieb, R.: Beiträge zur Physiologie und Pharmakologie der Pankreassekretion. Arch. f. exp. Pathol. u. Pharmakol. Bd. 33. 1894. — Gottschalk, A.: Über die Sekretion der Parotis des Pferdes. Inaug.-Diss. Zürich 1910. — Goutiers de la Roche, A.: Modifications histologiques du pancréas chez le cobaye après exclusion partielle. Bibliogr. anat. Bd. 11, H. 4. 1902. — Grand-Moursel et Tribondeau: Différentiation des îlots de Langerhans dans le Pancréas par la thionine phénique. Cpt. rend. des séances de la soc. de biol. Bd. 53, Nr. 7. 1901. — Greving, R.: Innervation der Bauchspeicheldrüse. In: Müller, L. R.: Die Lebensnerven. 2. Aufl. Berlin 1924. — Grot, F.: Über den Bau der Speicheldrüsen. Protokolle der Sektionssitzungen d. 2. Vers. russ. Naturforsch. u. Ärzte in Warschau 1876. — Guieysse-Pellissier, A.: Grains osmophiles et grains fuchsinophiles dans les cellules séreuses de la glande sousmaxillaire de la souris. Cpt. rend. des séances de la soc. de biol. Bd. 70. 1911. — Gurwitsch, Alex.: Vorlesungen über allgemeine Histologie. Jena 1913. — Gutmann: Beiträge zur Histologie des Pankreas. Virchows Arch. f. pathol. Anat. und Physiol. Bd. 177. Supplementheft 1914. — HAMBURGER, OVE: Zur Entwicklung der Bauchspeicheldrüse des Menschen. Anat. Anz. Bd. 7, Nr. 21/22. 1892. — HAMECHER, H.: a) Vergleichende Untersuchungen über die kleinen Mundhöhlendrüsen unserer Haussäugetiere. Inaug.-Diss. Leipzig 1905. — b) Ein Beitrag zur Frage des Vorkommens einiger Mundhöhlendrüsen (der Gl. parafrenularis, paranuclearis, subl. und der Gl. marginales linguae) und eigenartiger Epithelnester im Epithel der Ausführungsgänge von Mundhöhlendrüsen. Anat. Anz. Bd. 28. 1906. — HAMMAR, J. AUG.: a) Einiges über Duplizität der ventralen Pankreasanlage. Anat. Anz. Bd. 13, Nr. 8/9. 1897. — b) Notiz über die Entwicklung der Zunge und der Mundspeicheldrüsen beim Menschen. Ebenda Bd. 19. 1901. — v. HANSEMANN, D.: Über die Struktur und das Wesen der Gefäßinseln des Pankreas. Verhandl. d. dtsch. pathol. Ges., 4. Tag. Hamburg 1902. — HÁRI, P.: Modifizierte HOYERsche Schleimfärbung mittels Thionin. Arch. f. mikroskop. Anat. Bd. 58. 1901. — HARRIS, VINCENT: Pacinian corpuscles in the pancreas and mesenteric glands of the cat. Quart. journ. of microscop. science Bd. 21. 1881. — HARRIS, V. D. and GOW, W. J.: Note upon one or two points in the comparative histology of the pankreas. Journ. of physiol. Bd. 15. 1894. — HARSIG: Vergleichende Untersuchungen über die Lippen- und Backendrüsen der Haussäugetiere und des Affen. Inaug.-Diss. Zürich. Dresden: Franke 1907. — HASSE, C.: Die Ausführwege der menschlichen Bauchspeicheldrüse. Anat. Anz. Bd. 32. 1908. — HAUSCHILD, M. W.: Zellstruktur und Sekretion in den Orbitaldrüsen der Nager. Ein Beitrag zur Lehre von den geformten Protoplasmagebilden. Anat. Hefte Bd. 50. 1916. — HEBOLD, OTTO: Ein Beitrag zur Lehre von der Sekretion und Regeneration der Schleimzellen. Inaug.-Diss. Bonn 1879. — HECKER, PAUL et BICART, P.: Sur deux cas de pancréas surnuméraire. Bull. et mém. de la soc. anat., Paris, Année 94. 1924. — HEIDENHAIN, ANTON: Über die acinösen Drüsen der Schleimhäute, insbesondere der Nasenschleimhaut. Inaug.-Diss. Breslau 1870. — HEIDENHAIN, M.: a) Beiträge zur Topographie und Histologie der Kloake und ihrer drüsigen Adnexa bei den einheimischen Tritonen. Arch. f. mikroskop. Anat. Bd. 35. 1890. — b) Plasma und Zelle. 1. Lief. Jena 1907. 2. Lief. 1911. — c) Über die MALLORYsche Bindegewebsfärbung mit Carmin und Azocarmin als Vorfarben. Zeitschr. f. wiss. Mikroskopie Bd. 32. 1915. — d) Neue Grundlegungen zur Morphologie der Speicheldrüsen. Anat. Anz. Bd. 52. 1920. — e) Über die teilungsfähigen Drüseneinheiten oder Adenomeren sowie über die Grundbegriffe der morphologischen Systemlehre, zugleich Beitrag V zur synthetischen Morphologie. Berlin 1921. — HEIDENHAIN, R.: a) Über einige Verhältnisse des Baues und der Tätigkeit der Speicheldrüsen. Med. Zentralbl. Nr. 9. 1866. — b) Beiträge zur Lehre von der Speichelabsonderung. Studien des physiol. Inst. zu Breslau. H. 4. Leipzig 1868. — c) Beiträge zur Kenntnis des Pankreas. Pflügers Arch. f. d. ges. Physiol. Bd. 10. 1875. — d) Über sekretorische und trophische Drüsennerven. Ebenda Bd. 17. 1878. — e) Physiologie der Absonderungsvorgänge. Handb. d. Physiol. v. L. HERRMANN Bd. 5. 1880. — HEIDERICH, FRIED.: Über das Vorkommen von Flimmerepithel an menschlichen Papillae vallatae. Anat. Anz. Bd. 28, Nr. 11 u. 12. 1906. — HELD, HANS: Beobachtungen am tierischen Protoplasma. I. Drüsengranula und Drüsenprotoplasma. Arch. f. Anat. u. Physiol., anat. Abt. 1899. — HELLY, K. K.: a) Beitrag zur Anatomie des Pankreas und seiner Ausführgänge. Arch. f. mikroskop. Anat. Bd. 52, H. 4. 1898. — b) Der akzessorische Ausführungsgang des Pankreas. Zentralbl. f. Physiol. H. 23. 1899. — c) Die Schließmuskulatur an den Mündungen des Gallen- und der Pankreasgänge. Arch. f. mikroskop. Anat. Bd. 54. 1899. — d) Zur Entwicklungsgeschichte der Pankreasanlagen und Duodenalpapillen des Menschen. Ebenda Bd. 56, H. 1. 1900. — e) Zur Pankreasentwicklung der Säugetiere. Ebenda 1901. — f) Bemerkungen zum Aufsatz VÖLKERS: Beiträge zur Entwicklung des Pankreas bei den Amnioten. Ebenda Bd. 60, H. 1. 1902. — g) Zur Frage der primären Lagebeziehungen beider Pankreasanlagen des Menschen. Ebenda Bd. 63. 1904. — HENLE, J.: a) Über den Bau der Drüsen. Vers. d. Naturforsch. u. Ärzte in Freiburg i. B. 1838. Ber. in: Isis 1839. — b) Handbuch der Anatomie des Menschen. Eingeweidelehre. Bd. 2. 2. Aufl. Braunschweig 1873. — HERBST, G.: Die Unterbindung des WIRSUNGschen Ganges an Kaninchen, mit Rücksicht auf die BERNARDsche Ansicht über den Zweck des pankreatischen Saftes. Zeitschr. f. rat. Med. N. F. Bd. 3. 1853. — HERMANN, F.: Über regressive Metamorphosen des Zellkernes. Anat. Anz. Jg. 3, S. 58. 1888. — HERMANN, L.: Handbuch der Physiologie 1879—1883. — VAN HERWERDEN, M. A.: Über die Beziehungen der LANGERHANSschen Inseln zum übrigen Pankreasgewebe. Anat. Anz. Bd. 42, Nr. 17/18. 1912. — HERXHEIMER: Über die Pankreascirrhose (bei Diabetes). Virchows Arch. f. pathol. Anat. u. Physiol. 183, Bd. 3. 1906. — HERZEN, A.: a) Rate et pancréas. Cpt. rend. des séances de la soc. de biol. Bd. 45, Ser. 9, Bd. 5. 1893. — b) Le jeune, le pancréas et la rate. Arch. de physiol. norm. et pathol. Année 26 (Ser. 5, Bd. 6), Nr. 1. 1894. — HESS, LEO und POLLAK, ERG.: Zur Kenntnis der Innervation des Pankreas. Zeitschr. f. d. ges. exp. Med. Bd. 48. 1926. — HESS, OTTO: Die Ausführungsgänge des Hundepankreas. Vorl. Mitt. Pflügers Arch. f. d. ges. Physiol. Bd. 118, H. 8/10. 1908. — HETT, J.: Histologische Beobachtungen am

Pankreas der Maus. Jahrb. f. Morphol. u. mikroskop. Anat., 2. Abt.; Zeitschr. f. mikr.-anat. Forschung Bd. 1, H. 2. 1924. — HEUER, G. J.: The pancreatic ducts in the cat. Bull. of Johns Hopkins hosp. Bd. 17, Nr. 181. 1906. — HICKEL, PAUL et JEAN NORDMANN: Le rôle du système excréteur du pancréas dans la genèse des îlots de LANGERHANS. Travail de l'inst d'anat. pathol. de Strasbourg. Ann. d'anat. pathol. norm. med.-chir. Bd. 3. No. 6. 1926. — HIS: Über die Entstehung der Speicheldrüsen und die ersten Zahnanlagen. In: Menschliche Embryonen. Teil 3: Zur Geschichte der Organe. Leipzig 1885. — HITZKER, HANS: Über den Einfluß der Nervenleitungen auf das mikroskopische Bild der Glandula submaxillaris des Hundes. Pflügers Arch. f. d. ges. Physiol. Bd. 159. 1914. Auch als Inaug.-Diss. Bonn 1914. — HÖCKE, M.: Beiträge zur vergleichenden Histologie des Pankreas der wichtigsten Haussäugetiere mit besonderer Berücksichtigung des ausführenden Apparates und der Pankreasinseln. Diss. Zürich 1908. — HOGGAN, GEORGE and HOGGAN, FRANCES ELISABETH: On the lymphatics of the pancreas. Journ. of anat. and physiol. Bd. 15. 1881. — HOLMGREN, EMIL: a) Einige Worte über das „Trophospongium“ verschiedener Zellarten. Anat. Anz. Bd. 20. 1902. — b) Neue Beiträge zur Morphologie der Zelle. Zeitschr. f. d. ges. Anat., Abt. 3: Ergebn. d. Anat. u. Entwicklungsgesch. Bd. 11. 1902. — c) Weiteres über die Trophospongien verschiedener Drüsenzellen. Anat. Anz. Bd. 23. 1903. — HORNING, E. S.: Histological observations on pancreatic sécretion. (Depart. of zool. univ. of Melbourne.) Austral. journ. of exp. biol. a. med. science Bd. 2, Nr. 3. 1925. — HOUSTEN: The pancreas and pancreatic calculi. Kansas city med. record Bd. 9. 1892. — HOVEN, HENRI: a) Contribution à l'étude du fonctionnement des cellules glandulaires. Du rôle du chondriome dans la sécrétion. (Note préliminaire.) Anat. Anz. Bd. 37, Nr. 13/14. 1910. — b) Contribution à l'étude du fonctionnement des cellules glandulaires. Du rôle du chondriome dans la sécrétion. Arch. f. Zellforsch. Bd. 8, H. 4. 1912. — HOYER: Über den Nachweis des Mucins in Geweben mittelst der Färbemethode. Arch. f. mikroskop. Anat. Bd. 36. 1890. — HUBER, G. C.: The ending of the chorda tympani in the sublingual and submaxillary glands. Science. N. S. Bd. 3, Nr. 56. 1896. — HUNKEMOELLER, F. B.: De glandularum in homine obvenientum structura penitiori. Inaug.-Diss. Berol. 1856. — HUNTINGTON, GEORGE S.: The anatomy of the salivary glands in the lower primates. In: Contributions to the anatomy and development of the salivary glands in the mammalia. Conducted under the GEORGE CROCKER special research fund at Columbia university. Bd. 4. New York: Columbia university press 1913. — b) The genetic interpretation of the primate alveolingual salivary area. Ebenda 1913. — HYRTL, JOS.: Ein Pancreas accessorium und Pancreas divisum. Sitzungsber. d. Akad. Wien, Mathem.-naturw. Kl. Bd. 52, Abt. 1. 1865. — ILLING, G.: Vergleichende makroskopische und mikroskopische Untersuchungen über die submaxillaren Drüsen der Haussäugetiere. Anat. Hefte Bd. 26. 1906. Auch als Inaug.-Diss. Zürich. Wiesbaden: Bergmann 1904. — b) Ein Beitrag zur vergleichenden Anatomie und Histologie der Speicheldrüsen: Die mandibularen (submaxillaren) Speicheldrüsen des Affen. Anat. Hefte H. 102. 1907. — IWAKIN, A. A.: Der Bau der Basalmembran (Membranae basilares). Zeitschr. f. d. ges. Anat., Abt. 1: Zeitschr. f. Anat. u. Entwicklungsgesch. Bd. 75, H. 3/4, S. 444. 1925. — JANKELOWITZ, ADOLF: Zur Entwicklung der Bauchspeicheldrüse. Inaug.-Diss. Berlin 1895. — JANOSIK, J.: a) Le pancréas et la rate. Bibliogr. anat. Bd. 3. 1896. — b) Sur les rapports du conduit cholédoque et les conduits pancréatiques chez l'homme. Arch. de biol. Bd. 24, H. 4. 1909. — JAROCKIJ, A.: Zavisimost' stroenija klestok podzeludocnoj zelezy ot ich funkcionozo vanija i pitanija. (Abhängigkeit des Baues der Zellen der Pankreasdrüse von ihrer Funktion und Ernährung.) Trav. de la soc. imp. nat. St. Pétersbourg Nr. 29, livr. 1, C. R. Nr. 4. 1898. — JAROTZKY, A. J.: a) Veränderungen der Größe und Struktur der Pankreaszellen bei einseitiger Ernährung und beim Hungern. Inaug.-Diss. Petersburg 1898. — b) Über die Veränderungen in der Größe und im Bau der Pankreaszellen bei einigen Arten der Inanition. Virchows Arch. f. pathol. Anat. u. Physiol. Bd. 156, H. 3. 1899. — JENDRASSIK, ERNST: Die Innervierung der visceralen Organe. Ungar. med. Presse Jg. 1, Nr. 13. 1896. — JORDAN, D. S. and EVERMANN, D. W.: The Fishes of North and Middle America. Bull. of the U. S. A. nat. mus. Nr. 47. 1896. — JOUBIN, PAUL JULES: Contribution à l'étude du développement des canaux pancréatiques. Thèse méd. Lille 1895. — b) Contribution à l'étude du pancréas chez le lapin. Bibliogr. anat. Bd. 3. 1895, Nr. 5. Paris 1896. — KAMOCKI, V.: Über die Entstehung der BERMANNschen tubulösen Drüsen. Internat. Monatsschr. f. Anat. u. Histol. Bd. 1. 1884. — KANAMARI, T.: The accessory pancreas. Tokyos med. journ. Nr. 1031 and 1032. 1898. — KANTOROWICZ, L.: Zur Histologie des Pankreas. Gießen 1899. — KASHIWAMURA: Ein Fall von Nebenpankreas. Tohoku-Igahkai-Zassi Nr. 31. 1904. — KATSURADA, F.: Über Nebenpankreas. Tokyo med. journ. Nr. 1049. 1898. — KEIBEL, F.: a) Einige Mitteilungen über die Entwicklung von *Echidna* (Pankreas, Kloake, Canalis neurentericus). Cpt. rend. de l'assoc. d'anat. Montpellier 1902. — b) Zur Entwicklung der Leber, des Pankreas und der Milz bei *Echidna aculeata* var. *typica*. Zool. Forschungsr. von R. SEMON

Bd. 3, Teil 12. Jena 1904. — KIDD, P.: Note on the lymphatics of mucous glands. Quart. journ. of microsc. science Bd. 16. 1876. — KLASEN, H. I.: Beiträge zur Anatomie des Pankreas der Ziege. Diss. Bern 1916. — KLEIN, E.: a) Ein Beitrag zur Kenntnis der Struktur des Zellkerns und der Lebenserscheinungen der Drüsenzellen. Zentralbl. f. d. med. Wiss. Nr. 17. 1879. — b) Observations on the structure of cells and nuclei. Quart. journ. of microsc. science. New Ser. Bd. 19. 1879. — c) On the lymphatic system and the minute structure of the salivary glands and pancreas. Ebenda Bd. 22. 1882. — d) Grundzüge der Histologie. Deutsch von A. KOLLMANN nach d. 4. engl. Aufl. Leipzig 1886. — KLEIN, E. and NOBLE, SMITH: Atlas of histology. London: Smith, Edler & Co. 1880. — KLOB, J.: Pankreasanomalien. Zeitschr. d. Ges. Wien. Ärzte Bd. 15 (N. F. Bd. 2). 1859. — KOCH, K.: Über die Bedeutung der LANGERHANSschen Inseln im menschlichen Pankreas. Virchows Arch. f. pathol. Anat. u. Physiol. Bd. 211, H. 3. 1912. — KOIRANSKY, EUGENIE: Über eigentümliche Formationen in den Leberzellen der Amphibien. Anat. Anz. Bd. 25. 1904, auch separat als Diss. Bern 1904 erschienen. — KÖLLIKER, A.: a) Mikroskopische Anatomie oder Gewebelehre des Menschen. Bd. 2: Spezielle Gewebelehre. 1. Hälfte. Leipzig 1850. 2. Hälfte, 1. Abt. Von den Verdauungs- und Respirationsorganen. Leipzig 1852. 2. Abt. Leipzig 1854. — b) Handbuch der Gewebelehre des Menschen. 4. Aufl. 1863. — c) Handbuch der Gewebelehre des Menschen. 5. Aufl. 1867. — d) Handbuch der Gewebelehre des Menschen. 6. Aufl. Bd. 1. Leipzig: Engelmann 1889. — KOLOSSOW, A.: a) Eine Untersuchungsmethode des Epithelgewebes, besonders der Drüsenepithelien und die erhaltenen Resultate. Arch. f. mikroskop. Anat. Bd. 52. 1898. — b) Zur Anatomie und Physiologie der Drüsenepithelzellen. Anat. Anz. Bd. 21. 1902. — KOLSTER, R.: Über die durch GOLGIS Arsenik und CAJALS Urannitrat-Silbermethode darstellbaren Strukturen. Verhandl. d. anat. Ges. Greifswald 1913. — KOPSCH, FR.: a) RAUBER-KOPSCH Lehrbuch und Atlas der Anatomie des Menschen. Abt. 4: Eingeweide. 12. Aufl. Leipzig 1922. — b) Das Binnengerüst in den Zellen einiger Organe des Menschen. Zeitschr. f. mikr.-anat. Forschung. Bd.5. Festschr. f. RUD. FICK. 1926. — KOROLKOW, P.: a) Die Nervenendigungen in den Speicheldrüsen. A. d. histol. Laborat. von A. S. DOGIEL in Tomsk. Vorl. Mitt. Anat. Anz. Bd. 7, Nr. 18. 1892. — b) Endigung der Nerven in den Speicheldrüsen. Ref. scienc. nat. de St. Pétersbourg Ann. 3, Nr. 3/4. 1892. — c) Über die Endigung der Nerven in den Speicheldrüsen. Nachr. d. k. Univ. in Tomsk. Bd. 8. 1895. — d) Über die Nervenendigungen in den Speicheldrüsen und in der Leber. Trav. de la soc. nat. St. Petersburg 1899. — KOWALEWSKY, N.: Über das Blutgefäßsystem der Speicheldrüsen. Arch. f. Anat. u. Physiol., anat. Abt. 1885. — KRAUSE, C. F. TH.: Handbuch der menschlichen Anatomie. 3. Aufl. von W. KRAUSE 1879. Nachträge zur allgemeinen und mikroskopischen Anatomie. Hannover: Hahn 1881. — KRAUSE, RUDOLF: a) Zur Histologie der Speicheldrüsen. Die Speicheldrüsen des Igels. Arch. f. mikroskop. Anat. Bd. 45, H. 1. 1895. — b) Beiträge zur Histologie der Speicheldrüsen. Die Bedeutung der GIANNUZZIschen Halbmonde. Ebenda Bd. 49, H. 4. 1897. — c) Beiträge zur Histologie der Speicheldrüsen. Über die Ausscheidung des indigschwefelsauren Natrons durch die Gl. submaxillaris. Ebenda Bd. 59. 1902. — d) Die Methoden zur Darstellung der Stoffwechselorganellen der tierischen Zellen im fixierten Präparat. In: ABDERHALDENS Handb. d. biol. Arbeitsmethoden. Berlin u. Wien 1923. — KRAUSE, W.: a) Mikroskopische Untersuchungen an der Leiche eines Enthaupteten. Zeitschr. f. rat. Med. N. F. Bd. 6. 1855. — b) Über die Drüsennerven. 1. Die Ganglien in den Drüsen. Ebenda. R. Bd. 3. 1865. — c) Über die Drüsennerven. 2. Die Nervenendigung in den Drüsen. Ebenda 1865. — d) Über die Endigungen der Drüsennerven. Arch. f. Anat. H. 1. 1870. — e) Allgemeine und mikroskopische Anatomie. Handb. d. menschl. Anat. Bd. 1. Hannover 1876. — f) Die Anatomie des Kaninchens. 1868. 2. Aufl. Leipzig 1884. — KÜCHENMEISTER, HELLMUTH: Über die Bedeutung der GIANNUZZIschen Halbmonde. Arch. f. mikroskop. Anat. Bd. 46, H. 4. 1895. — KÜHNE, W. und LEA, A. SH.: a) Über die Absonderung des Pankreas. Verhandl. d. naturhist.-med. Vereins zu Heidelberg Bd. 1. 1876. — b) Beobachtungen über die Absonderung des Pankreas. Unters. d. phys. Inst. d. Univ. Heidelberg 1882. — KÜSTER, H.: Zur Entwicklungsgeschichte der LANGERHANSschen Inseln im Pankreas beim menschlichen Embryo. Arch. f. mikroskop. Anat. Bd. 64. H. 1 1904. — KULTSCHIZKY, N.: a) Zur Histologie der Speicheldrüsen. Protok. d. 7. Vers. russ. Naturforsch. u. Ärzte in Odessa 1883. — b) Zur Lehre vom feineren Bau der Speicheldrüsen. Zeitschr. f. wiss. Zool. Bd. 41. 1885. — KUNZE: Beitrag zum histologischen Bau der größeren Speicheldrüsen bei den Haussäugetieren. Dtsch. Zeitschr. f. Tiermed. Bd. 10. 1884. — KUNZE und MÜHLBACH: Zur vergleichenden mikroskopischen Anatomie der Organe der Maulhöhle, des Schlundkopfes und des Schlundes der Haussäugetiere, bearb. von KUNZE. Ebenda Bd. 11. 1885. — v. KUPFFER, C.: a) Das Verhältnis von Drüsennerven zu Drüsenzellen. Arch. f. mikroskop. Anat. Bd. 9. 1873. — b) Über die Entwicklung von Milz und Pankreas. Münchner med. Abh. 7. Reihe, H. 4. Arb. a. d. anat. Inst., herausg. von KUPFFER und N. RÜDINGER. München: J. F. Lehmann 1892. — c) Über die Entwicklung von Milz und Pan-

kreas. Münch. med. Wochenschr. Jg. 39. 1892. — KYRLE, J.: Über die Regenerations-
vorgänge im tierischen Pankreas. Eine experimentell-pathologische Studie. Arch. f. mikroskop. Anat. u. Entwicklungsgesch. Bd. 72, H. 1. 1908. — LACROIX, B.: De l'existence de
celluses en paniers, dans l'acinus et les conduits excréteurs de la glande mammaire. Cpt. rend.
hebdom. des séances de l'acad. des sciences Bd. 119, Nr. 18. 1894. — LAGUESSE, E.: a) Cana-
licules intercellulaires radiés (capillaires de sécrétion) dans le pancréas de mouton. Ann. de
la soc. de méd. de Gand. 1899. — b) Sur les variations de la graisse dans les cellules sécré-
tantes séreuses (pancréas). Ebenda Nr. 26. 1900. — c) Structure d'une greffe pancréatique
chez le chien. Cpt. rend. des séances de la soc. de biol. Bd. 54, Nr. 24. 1902. — d) Le pancréas. Prem. part. Rev. gén. d'histol. Bd. 1. 1904/05. — e) Lobule et tissu conjonctif dans
le pancréas de l'home. Cpt. rend. des séances de la soc. de biol. Bd. 58, Nr. 12. 1905. — f) Le
pancréas. Rev. gén. d'histol. Bd. 1, H. 4. 1903; Bd. 2, H. 5. 1906. — g) Acini à périphérie
granuleuse dans le pancréas humain. Cpt. rend. de l'assoc. des anat. Marseille 1908. — h) Sur
les rapports des îlots endocrines avec l'arbre excréteur dans le pancréas de l'homme adulte.
Cpt. rend. des séances de la soc. de biol. Bd. 65, Nr. 26. 1908. — i) Examen de deux pancréas
de lapin trois à quatre ans après la résection du canal. Ebenda Bd. 70, Nr. 20. 1911. —
k) Note sur l'histogénie du pancréas, la cellule centroacineuse. Ebenda. Année 45, sér. 9.
Bd. 5. 1893. — l) Sur l'hi stogénie du pancréas, la cellule pancréatique. Ebenda. Année 45,
sér. 9. Bd. 5. 1893. — m) Structure et développement du pancréas d'après les travaux récents. Journ. anat. et physiol. Année 30. Nr. 5. 1894. — n) Structure et développement du
pancréas d'après les travaux récents. Ebenda. Année 30. Nr. 6. 1894. — o) Sur quelques
détails de structure du pancréas humain. Cpt. rend. des séances de la soc. de biol. Anée 46,
sér 10. Bd. 1, Nr. 26. 1894. — p) Les glandes et leur définition histologique. La semaine
méd. Année 15. Nr. 25. 1895. — q) Sur l'existence de nouveaux bourgeons pancréatiques
accessoires tardifs. Cpt. rend. des séances de la soc. de biol. Année 47, sér. 10. Bd. 2.
1895. — r) Premiers stades de développement histogénique dans le pancréas du mouton,
îlots primaires. Ebenda. Sér. 10. Bd. 2, Nr. 29. 1895. — s) Recherches sur l'histogénie
du pancréas chez le mouton. Journ. de l'anat. et de physiol. Année 31. 1895. — t) Recherches sur l'histogénie du pancréas chez le mouton. Ebenda. Année 32. 1896. — u) Sur les prin-
cipaux stades du développement histogénique du pancréas. Verhandl. d. anat. Ges.,
11. Vers., Gent. Ergänzungsh. z. Anat. Anz. Bd. 13. 1897. — LAGUESSE und JOUVENEL, E.:
Description histologique des glandes salivaires chez un süpplicité. Bibliogr. anat. Bd. 7.
1899. — LANDOIS, L.: Lehrbuch der Physiologie des Menschen. 5. Aufl. 1877. 8. Aufl.
Wien u. Leipzig 1893. 9. Aufl. 1896. — LANGE, EMIL: Untersuchungen über Zungenrand-
drüsen und Unterzunge bei Mensch und Ungulaten. Inaug.-Diss. Gießen. Berlin 1900. —
LANGERHANS, P.: Beiträge zur mikroskopischen Anatomie der Bauchspeicheldrüse. Inaug.-Diss. Berlin 1869. — LANGLEY, J. N.: a) Some remarks on the formation of ferment
in the submaxillary gland of the Rabbit. Journ. of physiol. Bd. 1. 1878. — b) Bemerkungen über den Nachweis von Enzymen in der Unterkieferdrüse des Kaninchens. Unters.
a. d. physiol. Inst. zu Heidelberg Bd. 1. 1878. — c) On the structure of serous glands in
rest and activity. Proc. of the roy. soc. of London Bd. 29, Nr. 198. 1879. — d) On the
changes in serous glands during secretion. Journ. of physiol. Bd. 2. 1879/80. — e) On
the structure of secretory cells and on the changes which take place in them during secretion. Reprint. from the Cambridge philos. soc. Bd. 5. 1883. Internat. Monatsschr. f. Anat.
u. Histol. Bd. 1. 1884. — f) On the physiology of the salivary secretion. Part III. The
paralytic secretion of saliva. Journ. of physiol. Bd. 6. 1885/86. — g) On the structure of
mucous salivary glands. Proc. of the roy. soc. of London Bd. 40. 1886. — h) On the
histology of the mucous salivary glands and on the behaviour of their mucous constituents.
Journ. of physiol. Bd. 10. 1889. — i) On the Perseveration of Mucous Granules in Secretory
Cells. Proc. of the physiol. soc. of Cambridge. March 9. 1889. Nr. 2. — k) Practical Histology. London 1901. — LASERSTEIN, SIGFRIED: Über die Anfänge der Absonderungswege
in den Speicheldrüsen und im Pankreas. A. d. physiol. Inst. zu Rostock. (Auch Inaug.-
Diss. Rostock 1893.) Pflügers Arch. f. d. ges. Physiol. Bd. 55. 1894. — LATSCHENBERGER, J.:
Über den Bau des Pankreas. Beiträge zur Kenntnis des mikroskopischen Baues der
Bauchspeicheldrüse. Sitzungsber. d. Akad. Wien, Mathem.-naturw. Kl. III, Bd. 65.
1872. — LAUNOY, L.: a) Contribution à l'étude des phénomènes nucléaires de la sécrétion
(cellules à venin — cellules à enzyme). Ann. des sciences nat. (8), Bd. 18. 1903. — b) Sur
quelques phénomènes nucléaires de la sécrétion. Cpt. rend. hebdom. des séances de l'acad.
des sciences Bd. 136. 1903. — c) La cellule pancréatique dans l'intoxication par la pilo-
carpine. Cpt. rend. des séances de la soc. de biol. Bd. 56, Nr. 6. 1904. — LAWDOWSKY, M.:
a) Zur feineren Anatomie und Physiologie der Speicheldrüsen, insbesondere der Orbitaldrüse. Arch. f. mikroskop. Anat. Bd. 13. 1877. — b) Aus Anlaß der neuen Untersuchungen
über den Bau der Speicheldrüsen und über die morphologischen Erscheinungen derselben
bei der Absonderung. Militärärztl. Journ. 1880. Petersburg 1881. — LAWDOWSKY, M. und
OWSJANNIKOW, PH.: Lehrbuch der mikroskopischen Anatomie der Menschen und der

Tiere, unter Mitwirkung von Professoren, Dozenten und Ärzten herausgegeben. 1888. — LAZARUS, A.: Über sekretorische Funktion der Stäbchenepithelien in den Speicheldrüsen. Pflügers Arch. f. d. ges. Physiol. Bd. 42. 1888. — LECCO, THOMAS M.: a) Zur Morphologie des Pancreas annulare. Sitzungsber. d. Akad. Wien, Mathem.-naturw. Kl. 1910. — b) Zum CORDSschen Falle von Pancreas annulare. Anat. Anz. Bd. 39, Nr. 19/20. 1911. — LÉPINE: Sur la participation des acini à la sécrétion interne du pancréas. Journ. de physiol. et de pathol. gén. 1905. — LETULLE, M.: Pancréas surnuméraire. Cpt. rend. des séances de la soc. de biol. Bd. 52, Nr. 10. 1900. — LETULLE, M. et NATTAN-LARRIER: Région vatérienne du duodénum et ampoule de VATER. Bull. de la soc. anat. de Paris. Année 73, sér. 5. Bd. 12. 1898. — LEVI, GIUSEPPE: Contributo all' istologia comparata del pancreas. Anat. Anz. Bd. 25, Nr. 12/13. 1904. — b) Sulla particolare struttura del pancreas di un lemur. Sperimentale. Anno 58. H. 1. 1904. — c) I condriosomi nelle cellule secernenti. Anat. Anz. Bd. 42. 1912. — LEWASCHEW, S.: a) Über die Bildung des Trypsin im Pankreas und über die Bedeutung der BERNARDschen Körnchen in seinen Zellen. Pflügers Arch. f. d. ges. Physiol. Bd. 37. 1885. — b) Über eine eigentümliche Veränderung der Pankreaszellen warmblütiger Tiere bei starker Absonderungstätigkeit der Drüse. Arch. f. mikroskop. Anat. Bd. 26. 1886. — LEWIS, FREDERIC T.: The bilobed form of the ventral pancreas in mammals. Americ. journ. of anat. Bd. 12, Nr. 3. 1911. — LEYDIG, F.: Lehrbuch der Histologie des Menschen und der Tiere. Frankfurt a. M. 1857. — LIADZE, W.: Die Backen- und Lippendrüsen des Hundes und der Katze. Diss. Basel 1910. — LIST, J. H.: Über Strukturen von Drüsenzellen. Biol. Zentralbl. Bd. 6. 1886/87. — LOEWENTHAL, N.: a) Zur Kenntnis der Glandula submaxillaris einiger Säugetiere. Anat. Anz. Bd. 9, Nr. 7. 1894. — b) Zur Kenntnis der Glandula infraorbitalis einiger Säugetiere. Ebenda Bd. 10, Nr. 3/4. 1894. — c) Historisch-kritische Notiz über die Glandula submaxillaris. Ebenda Bd. 10, Nr. 11. 1895. — d) Über die Stellung der sog. Gl. retrolingualis nach entwicklungsgeschichtlichen Befunden. Ebenda Bd. 42. 1912. — LOMBROSO, U.: a) Observations histologiques sur la structure du pancréas du chien, après ligature et résection des conduits pancréatiques. Cpt. rend. des séances de la soc. de biol. Bd. 56, Nr. 2. 1904. — b) Sulla struttura istologica del pancreas dopo la legatura e recisione dei dotti. Giorn. accad. med. Torino. Anno 57. 1904. — c) Sur la structure histologique du pancréas après ligature et section des conduits pancréatiques. Journ. de physiol. et de pathol. gén. Nr. 1. 1905. — LOMINSKI, F. J.: Zur Frage der intracellulären Kanäle und über einige Struktureigentümlichkeiten der Pankreaszellen. Univ. Jewjàst. Kijew Jg. 44, Nr. 7. 1904. — LUDWIG FERDINAND VON BAYERN: Zur Anatomie der Zunge. Eine vergleichend-anatomische Studie. München: Literarisch-artist. Anstalt 1884. — LUNZE, G.: Neue kritische Untersuchungen über die Sekretion der Parotis des Pferdes. Diss. Dresden 1915. — LUTZ, HILDEGARD: Physiologische und morphologische Deutung der im Protoplasma der Drüsenzellen außerhalb des Kernes vorkommenden Strukturen. Arch. f. Zellforsch. Bd. 16. 1921. — MANUILOW, N. S.: Einige Bemerkungen über den Bau des Pankreas beim Elefanten. Anat. Anz. Bd. 40, Nr. 1. 1911. — MARÉE, M. K.: Pancréas aberrant. Bull. méd. de la soc. anat. de Paris. Année 81, Nr. 7. 1906. — MARINESCU, G.: Über die Innervation der Drüsen der Zungenbasis. Arch. f. Anat. u. Physiol., physiol. Abt. 1891. — MARTINOTTI, GIOVANNI: Über Hyperplasie und Regeneration der drüsigen Elemente in Beziehung auf ihre Funktionsfähigkeit. Zentralbl. f. allg. Pathol. u. pathol. Anat. Bd. 1, Nr. 20. 1890. — MASCHKE, L.: Über die Nervenendigungen in den Speicheldrüsen der Vertebraten und Evertebraten. Inaug.-Diss. Bern. Berlin 1900. — MATHEWS, A.: The changes in structure of the pancreas cells. A consideration of some aspects of cell metabolism. Journ. of morphol. Bd. 15, Suppl. 1900. — MAXIMOW, A.: Beiträge zur Histologie und Physiologie der Speicheldrüsen. Arch. f. mikroskop. Anat. Bd. 58. 1900. — MAYER, A. C.: Blase für den Saft des Pankreas. Arch. f. Anat. u. Physiol. Bd. 1. 1815. — MAYER, P.: Über Schleimfärbung. Mitt. d. zool. Stat. zu Neapel Bd. 12. 1896. — MAYER, S.: a) Einige Bemerkungen über Nerven der Speicheldrüsen. Arch. f. mikroskop. Anat. Bd. 6. 1870. — b) Adenologische Mitteilungen. Anat. Anz. Bd. 10. 1894. — MAZIARSKI, S.: a) Über den Bau der Speicheldrüsen. Extrait du bull. de l'acad. des sciences de Cracovie. Juli 1900. — b) Über den Bau der Drüsen. Anat. Hefte Bd. 18. 1901. — MECKEL, J. F.: Bildungsgeschichte des Darmkanals der Säugetiere und namentlich des Menschen. Dtsch. Arch. f. Physiol. Bd. 3, H. 1. 1817. — MELISSINOS, C. und NICOLAIDES, R.: Untersuchungen über einige intra- und extranucleäre Gebilde im Pankreas der Säugetiere und ihre Beziehung zu der Sekretion. Arch. f. Anat. u. Physiol., physiol. Abt. 1890. — MERKEL, F.: a) Die Speichelröhren. Rektoratsprogramm. Leipzig 1883. — b) Handbuch der topographischen Anatomie. Bd. 1. Braunschweig 1885—1890. — METZNER, R.: a) Die histologischen Veränderungen der Drüsen bei der Tätigkeit. In: W. NAGELS Handb. d. Physiol. d. Menschen. Bd. 2, 2. Hälfte. Braunschweig 1907. — b) Beiträge zur Morphologie und Physiologie einiger Entwicklungsstadien der Speicheldrüsen carnivorer Haustiere, vornehmlich der Katze. Verhandl. d. naturforsch. Ges., Bd. 20. Basel 1909. — c) Beobachtungen über Bau und Funktion fötaler Speicheldrüsen, besonders der Katze. Verhandl. d. dtsch. Naturforsch. u. Ärzte, 80. Vers., 2. Teil, 2. Hälfte. 1909. — MICHAELIS, L.: Die vitale Färbung, eine Darstellungsmethode der Zellgranula. Arch. f. mikroskop. Anat. Bd. 55. 1900. — MILLER, W. S.: a) Three cases of a pancreatic bladder, occurring in the domestic cat. Americ. journ of anat. Bd. 3. 1904. — b) A pancreatic bladder in the domestic cat. Anat. Anz. Bd. 27, Nr. 4/5. 1906. — c) Pancreatic bladders. Anat. record Bd. 4, Nr. 1. 1910. — MISLAWSKY, A. N.: a) Beiträge zur Morphologie der Drüsenzellen. Über das Chondriom der Pankreaszelle einiger Nager. Vorl. Mitt. Anat. Anz. Bd. 39, Nr. 19/20. 1911. — b) Über das Chondriom der Pankreaszellen. Arch. f. mikroskop. Anat. Bd. 81. 1913. — MISLAWSKY, N. A. und SMIRNOW, A. E.: a) Zur Lehre von der Speichel-absonderung. Arch. f. Anat. u. Physiol., physiol. Abt. 1893. Suppl. — b) Zur Lehre von der Speichelsekretion. Arb. d. naturforsch. Ges. d. Univ. zu Kasan Bd. 29, Lief. 3. 1895. — c) Weitere Untersuchungen über die Speichelsekretion. Arch. f. Anat. u. Physiol. 1896. — MORAL, H.: a) Zur Kenntnis von der Speicheldrüsenentwicklung der Maus. 1. Teil: Gl. submaxillaris. Anat. Hefte Bd. 53, H. 2/3, S. 351. H. 160/161. 1915/16. — b) Zur Kenntnis der Speicheldrüsenentwicklung von der Maus. 2. Teil: Gl. parotis. Ebenda Bd. 57. 1919. — c) Über die ersten Entwicklungsstadien der Gl. submaxillaris. Ebenda Bd. 47, H. 142, S. 277. 1913. — d) Über die ersten Entwicklungsstadien der Glandula parotis. Ebenda Bd. 47, H. 142, S. 383. 1913. — MORAT: Sur l'innervation du pancréas. Gaz. des hôp. de Toulouse. Année 8. 1894. — MORELLE, JEAN: Les constituants cyto-plasmatiques dans le pancréas et leur rôle dans la sécrétion. Bull. de l'acad. roy. de Belgique Sér. 5. Bd. 9. 1923. — MOURET, J.: a) Tissu lymphoide du pancréas et cellule centro-acineuse. Cpt. rend. des séances de la soc. de biol. Année 46, sér. 10. Bd. 1, Nr. 30. 1894. — b) Des modifications subies par la cellule pancréatique pendant la sécrétion. Ebenda. Année 46, sér. 10. Bd. 1. 1894. — Forts. in Année 47, sér. 10. Bd. 1. 1895. — c) Contribution à l'étude des cellules glandulaires (pancréas). Journ. de l'anat. et de la physiol. Année 31. 1895. — MOYSE: Etude historique et critique sur le pancréas. Paris 1852. — MÜLLER, E.: a) Zur Kenntnis der Ausbreitung und Endigungsweise der Magen-Darm- und Pankreasnerven. Arch. f. mikroskop. Anat. Bd. 40. 1892. — b) Zur Anatomie der Speicheldrüsen. Nordisk med. arkiv Nr. 19. 1893. Ny Föld Bd. 3. 1893. — c) Om inter- och intracelluläre Körtelgangar. Akad. afhandling. Stockholm: Samson och Wallin 1894. — d) Über Secretcapillaren. Arch. f. mikroskop. Anat. Bd. 45, H. 3. 1895. — e) Drüsenstudien. 1. Die serösen Speicheldrüsen. Arch. f. Anat. u. Physiol., anat. Abt. H. 5/6. 1896. — f) Drüsenstudien. 2. Zeitschr. f. wiss. Zool. Bd. 64, H. 4. 1898. — MÜLLER, JOHANNES: De glandularum secernentium structura penitiori earumque prima formatione in homine atque animalibus. Commentat. anatomica. Cum. tabb. aer. incisis 17. 1830. — NADLER, J.: Zur Histologie der menschlichen Lippendrüsen. Arch. f. mikroskop. Anat. Bd. 50. 1897. — NAKAMURA: Untersuchungen über das Pankreas bei Föten, Neugeborenen, Kindern und im Pubertätsalter. Virchows Arch. Bd. 253. 1924. — NASSONOW, DIMITRY: a) Das Golgische Binnennetz und seine Beziehungen zu der Sekretion. Untersuchungen über einige Amphibiendrüsen. Arch. f. mikroskop. Anat. Bd. 97. 1923. — b) Dasselbe (Fortsetzung). Morphologische und experimentelle Untersuchungen an einigen Säugetier-drüsen. Ebenda Bd. 100. 1924. — NAUWERCK, C.: Ein Nebenpancreas. Zieglers Beitr. z. pathol. Anat. u. allg. Pathol. Bd. 12. 1893. — NAVALICHIN, J. G. et KYTMANOFF, P. J.: Terminaisons des nerfs salivaires. Arch. slav. biol. Bd. 1. 1886. — NAZZARI, ALESSIO: Pancreas aberrato in un diverticolo di MECKEL. Boll. d. R. accad. med. di Roma. Anno 35. 1909. — NEGRI, A.: a) Di una fina particolarità di struttura delle cellule di alcune ghiandole dei Mammiferi. Boll. d. soc. med.-chir. di Pavia 1899. — b) Über die feinere Struktur der Zellen mancher Drüsen bei den Säugetieren. Verhandl. d. anat. Ges., Pavia 1900. — c) Di una fina particolarità di struttura delle cellule di alcune ghiandole. Boll. d. soc. med.-chir., Pavia 1906. — NEISSE, R.: Über den Einschluß von Parotisläppchen in Lymphknoten. Anat. Hefte Abt. 1, H. 32, Bd. 10, H. 2. 1898. — NEUBERT: Beiträge zum mikroskopischen Aufbau und zur Entwicklung des menschlichen Pankreas. (35. Vers. der anat. Ges. Freiburg i. Br. 1926). Anat. Anz. Bd. 61. Erg.-H. 1926. — NEUMANN, E.: Nebenpankreas und Darmdivertikel. Arch. d. Heilk. Jg. 11. Leipzig 1870. — NICOLA e RICA-BARBERIS: Interno alle glandulae buccales et molares. Giorn. accad. med. di Torino. Anno 63. 1900. — NICOLAIDES, R.: a) Über die mikroskopischen Erscheinungen der Pankreaszellen bei der Sekretion. Zen-tralbl. f. Physiol. Nr. 25. 1889. — b) Über den Fettgehalt der Drüsen im Hungerzustande. Arch. f. Anat. u. Physiol., physiol. Abt. 1899. — NICOLAS, A.: a) Contribution à l'étude des cellules glandulaires. — Le protoplasma des éléments des glandes albumineuses (lacrymale et perotide). Arch. de physiol. norm. et pathol. 1892. — b) Contribution à l'étude des cellules glandulaires. (Note additionnelle au mémoire paru dans le numéro d'avril des Archives.) Ebenda. Année 24, sér. 5. Bd. 4. 1892. — NOÉ, JOSEPH: Evolution comparative du pan-créas chez un carnivore et un herbivore. Cpt. rend. des séances de la soc. de biol. Bd. 55, Nr. 23. 1900. — NOLL, A.: a) Das Verhalten der Drüsengranula bei der Sekretion der

Schleimzellen und die Bedeutung der GIANNUZZIschen Halbmonde. Arch. f. Anat. u. Physiol., physiol. Abt., Suppl. 1902. — b) Die Sekretion der Drüsenzellen. Ergebn. d. Physiol. Jg. 4. 1905. — NUHN, A.: Über eine bis jetzt noch nicht näher beschriebene Drüse im Innern der Zungenspitze. Mannheim 1845. — NUSSBAUM, M.: a) Über die Bildung der Fermente in spezifischen Drüsenzellen. Verhandl. d. naturhist. Ver. d. preuß. Rheinlande u. Westfalens. Jg. 33. Bonn 1876. — b) Über den Bau und die Tätigkeit der Drüsen. 1. Mitt. Die Fermentbildung in den Drüsen. Arch. f. mikroskop. Anat. Bd. 13. 1877. — c) Über den Bau und die Tätigkeit der Drüsen. 2. Mitt. Die Fermentbildung in den Drüsen. Ebenda Bd. 15. 1878. — d) Über den Bau und die Tätigkeit der Drüsen. 3. Mitt. Die Fermentbildung in den Drüsen. Ebenda Bd. 16. 1879. — e) Einige Beobachtungen den Nebenkern der Zellen anlangend. Verhandl. d. naturhist. Ver. d. preuß. Rheinlande u. Westfalens Jg. 33. 1881. — f) Über den Bau und die Tätigkeit der Drüsen. 4. Mitt. Arch. f. mikroskop. Anat. Bd. 21. Bonn 1882. — OEHL, E.: La saliva umana studiata colla siringa zioni dei condotti ghiandolari etc. Pavia 1864. — OGATA, KAWAKITA und OKA: Über die Bedeutung der centroacinären Zellen, Erscheinen und Verschwinden der Langerhans'schen Inseln. Verhandl. d. japanischen pathol. Gesellsch., 10. Tagung, Tokio 1920. — OGATA, MASANORI: Die Veränderungen der Pankreaszellen bei der Sekretion. Arch. f. Anat. u. Physiol., physiol. Abt. 1883. — OMAYA: Über Pankreas und LANGERHANSsche Zellhaufen. Okayama-Igakkai-Zassi Nr. 188. 1906. — OPIE: Anatomy of the Pankreas. Bull. of Johns Hopkins hosp. Bd. 14, Nr. 150. 1903. — OPPEL, A.: a) Verdauungsapparat. Zeitschr. f. d. ges. Anat., Abt. 3: Ergebn. d. Anat. u. Entwicklungsgesch. Bd. 7. 1897. Wiesbaden 1898. — b) Zur Topographie der Zungendrüsen des Menschen und einiger Säugetiere. Jena 1899. — c) Verdauungsapparat. Zeitschr. f. d. ges. Anat., Abt. 3: Ergebn. d. Anat. u. Entwicklungsgesch. Bd. 8. 1898. Wiesbaden 1899. — d) Lehrbuch der vergleichenden mikroskopischen Anatomie. Bd. 3: Mundhöhle, Bauchspeicheldrüse und Leber. Jena 1900. — e) Verdauungsapparat. Zeitschr. f. d. ges. Anat., Abt. 3: Ergebn. d. Anat. u. Entwicklungsgesch. Bd. 9. 1902. (Intertubuläre Zellhaufen.) — f) Dasselbe. Ebenda Bd. 11. 1902; Bd. 15. 1905. — ORTH, J.: Kursus der normalen Histologie. 5. Aufl. Berlin 1888. — PALADINO, G.: Della terminazione dei nervi nelle cellule glandolari e dell' esistenza di ganglii non ancora descritti nella glandola e nel plesso sottomascellare dell' uomo e di alcuni animali. Boll. dell' assoz. dei natur. e med. di Napoli. Anno 3. Nr. 3. 1872. — PANETH, J.: Bemerkungen zu dem Aufsatze des Herrn SCHIEFFERDECKER: „Zur Kenntnis des Baues der Schleimdrüsen". Arch. f. mikroskop. Anat. Bd. 34. 1884. — PAPOVA, A. V.: Distribution du système artériel dans le pancréas des enfants nés avant terme. Arch. de la soc. biol., St. Pétersbourg Bd. 15, Nr. 2. 1910. — PARDI, F.: a) Il ductus sublingualis maior s. Bartholini e la glandula sublingualis monostomatica s. Bartholini dell' uomo. Arch. ital. di anat. e di embriol. Bd. 5, H. 2. 1906. — b) Di una rara varietà della glandula sublingualis nella specie umana. Monit. zool. ital. Anno 16, Nr. 7/8 (Rendic. 5. assemblea unione zool. ital.). 1905. — PAULSEN, E.: a) Über Färbung von Schleimdrüsen und Becherzellen. Zeitschr. f. wiss. Mikroskopie Bd. 2. 1885. — b) Bemerkungen über Sekretion und Bau der Schleimdrüsen. Arch. f. mikroskop. Anat. Bd. 28. 1886. — PAWLOW, J. P.: Die Arbeit der Verdauungsdrüsen. Vorles. a. d. Russ. von A. WALTHER. Wiesbaden 1898. — PAWLOW, S.: Folgen der Unterbindung des Pankreasganges bei Kaninchen. Pflügers Arch. f. d. ges. Physiol. Bd. 16. 1877/78. — PEISER, A.: Über die Form der Drüsen des menschlichen Verdauungsapparates. Arch. f. mikroskop. Anat. Bd. 61. 1902. — PENSA, A.: a) Osservazioni sulla distribuzione dei vasi sanguigni e dei nervi nel pancreas. Boll. d. soc. med.-chir. di Pavia 1904. — b) Desgl. Nota riassunt. Ebenda Nr. 3. 1904. — c) Desgl. Internat. Monatsschr. f. Anat. u. Physiol. Bd. 22, S. 90—125. 1905. — d) Osservazioni di morfologia e biologia cellulare. (La cellula pancreatica esverina.) Nota prevent. Parma: Unione tip. parmense 1919. — PETERS, I.: Untersuchungen über die Kopfspeicheldrüsen bei Pferd, Rind und Schwein. Diss. Gießen 1904. — PETIT, AUG. et KROHN, ALFR.: Sur l'évolution des cellules des glandes salivaires. Cpt. rend. des séances de la soc. de biol. Bd. 57, Nr. 36. 1904. — PFLÜGER, E.: a) Über die Endigungen der Sekretionsnerven in den Speicheldrüsen. Med. Zentralbl. Bd. 4. 1866. — b) Über die Epithelien der Gland. submaxillaris. Ebenda Bd. 4. 1866. — c) Über eine neue Endigungsart der Sekretionsnerven der Speicheldrüsen. Zentralbl. f. med. Wiss. Bd. 4. 1866. — d) Die Endigungen der Absonderungsnerven in den Speicheldrüsen. Berlin 1866. — e) Die Endigungen der Absonderungsnerven in den Speicheldrüsen und die Entwicklung der Epithelien. Arch. f. mikroskop. Anat. Bd. 5. 1869. — f) Die Endigung der Absonderungsnerven in dem Pankreas. Ebenda Bd. 5. 1869. — g) Die Speicheldrüsen. STRICKERs Handb. d. Lehre von der Geweben 1871. — PIAZZA, V. C.: a) Sulla fina struttura del connettivo pancreatico. Anat. Anz. Bd. 36, Nr. 8/10. 1910. — b) Di alcune recenti ricerche sulla ghiandola endocrina del pancreas. Riv. crit. Ann. di clin. med. Anno 4. 1913. — PIRERA, A.: Sui rapporti tra tiroide e pancreas: studio sperimentale (Mammiferi). Giorn. internaz. sc. med. Anno 27.

1906. — Pischinger, Alfred: Beiträge zur Kenntnis der Speicheldrüsen, besonders der Glandula sublingualis und submaxillaris des Menschen. Zeitschr. f. mikroskop. anat. Forsch. Bd. 1, H. 3. 1924. — Pischinger, Oskar: Beiträge zur Kenntnis des Pankreas. Inaug.-Diss. München 1895. — Pitzorno, Marco: Morfologia delle arterie del pancreas. Arch. ital. di anat. e di embriol. Bd. 18. 1919/20. — Platner, G.: a) Über die Entstehung des Nebenkerns und seine Beziehung zur Kernteilung. Arch. f. mikroskop. Anat. Bd. 26. 1886. — b) Beiträge zur Kenntnis der Zelle und ihre Teilung. IV. Die Entstehung und Bedeutung der Nebenkerne im Pankreas, ein Beitrag zur Lehre von der Sekretion. Ebenda Bd. 33. 1889. — Plenk, Hans: Über blinde Anhänge an den interlobulären Ausführungsgängen einer menschlichen Glandula submaxillaris. Anat. Anz. Bd. 57. 1924. — Podwisotzky, Valerian: Anatomische Untersuchungen über die Zungendrüsen des Menschen und der Säugetiere. Diss. Dorpat 1878. — Podwissozki, W.: a) Neue Fakta zum feineren Bau der Bauchspeicheldrüse mit einer historischen Übersicht der Lehre von deren anaanatomischer Struktur. A. d. hist. Laborat. d. St. Wladimirsuniv. Kiew 1882. — b) Beiträge zur Kenntnis des feineren Baues der Bauchspeicheldrüse. Arch. f. mikroskop. Anat. Bd. 21. 1882. — c) Les lois de la régénération des cellules glandulaires à l'état normal et pathologique. Bull. de la soc. anat. de Paris. Année 62. 1887. — d) Die Gesetze der Regeneration der Drüsenepithelien unter physiologischen und pathologischen Bedingungen. Fortschr. d. Med. Nr. 14. 1887. — e) Experimentelle Untersuchungen über die Regeneration der Drüsengewebe. 2. Teil: Die Regeneration des Nierenepithels, der Meibomschen Drüsen und Speicheldrüsen. Beitr. z. pathol. Anat. u. Physiol. Bd. 2, H. 1. 1887/88. — Prenant, A.: a) Mitochondries et l'ergastoplasma. Journ. de l'anat. et de physiol. Bd. 46. 1910. — b) Sur le protoplasma supérieur (archoplasme, kinoplasme, ergastoplasme). Etude critique. Ebenda Bd. 34. 1898; Bd. 35. 1899. — Puky Ákos: Über den Bau der Schleimdrüsen in der Mundhöhle. Sitzungsber. d. Akad. Wien, Mathem.-naturw. Kl. Bd. 60, Abt. 2. 1869. — Quains Elements of anatomy, ed. by A. Schäfer and J. Symington. 10. Aufl. London 1896. — Ramalho, A. S. Magalhaes: Note sur le pancréas intrahépatique et sur les cellules hépatiques de l' Orthagoriscus mola. Bull. de la soc. portug. des sciences nat. Bd. 8. 1918. — Ramón y Cajal, S.: Algunas variaciones fisiológicas y patológicas del aparato ceticular de Golgi. Trab. Lab. Inv. biol. Bd. 12. 1915. — Ramón y Cajal, S. y Sala, Claudio: Terminacion de los nervios y tubos glandulares del pancreas de los vertebrados. Barcelona 1891. — Ranvier, L.: a) Note sur la structure de glandes acineuses. Annotations au Traité d'histologie et d'histochémie de Frey. Paris 1870. — b) Etude anatomique des glandes connues sous les noms de sousmaxillaire et sublinguale, chez les mammifères. Arch. de physiol. Année 18. 1886. — c) Le mécanisme de la sécrétion. Leçons faites au Collège de France en 1886—87. Journ. de microgr. Bd. 11, Nr. 1—16. 1887. — d) Le mécanisme de la sécrétion. Ebenda Bd. 12, Nr. 1—13. 1888. — e) Traité technique d'histologie. 2. éd. Paris 1889. — Rauber, A.: Lehrbuch der Anatomie des Menschen. 5. Aufl. Bd. 1, Abt. 2. Leipzig 1897. — Rauber-Kopsch: Lehrbuch der Anatomie. 9. Aufl. Bd. 4. Leipzig 1911. — Rawitz, B.: Über Lymphknotenbildung in Speicheldrüsen. Anat. Anz. Bd. 14, Nr. 17/18. 1898. — Regaud, Cl.: Ergastoplasme et mitochondries dans les cellules de la glande sousmaxillaire de l'homme. Cpt. rend. des séances de la soc. de biol. Bd. 66. 1909. — Regaud, Cl. et Mavas, J.: a) Sur la structure du protoplasma (ergastoplasma, mitochondries, grains de ségrégation) dans les cellules séro-zymogènes des acini et dans les cellules des canaux excréteurs de quelques glandes salivaires des mammifères. Résumé. Cpt. rend. de l'assoc. de l'anat. 11. Réun. 1909. — b) Sur les mitochondries des glandes salivaires chez les Mammifères. Cpt. rend. des séances de la soc. de biol. Bd. 66. 1909. — c) Ergastoplasme et mitochondries dans les cellules de la glande sous-maxillaire de l'homme. Ebenda Bd. 66. 1909. — Reich, Bernardus: Disquisitiones microscopiae de finibus nervorum in glandulis salivalibus. Inaug.-Diss. Breslau 1864. — Reichel, Paul: Beiträge zur Morphologie der Mundhöhlendrüsen der Wirbeltiere. Gegenbaurs morphol. Jahrb. Bd. 8. 1882. — Reinert: Über die Ganglienzellen der Prostata. Zeitschr. f. rat. Med. Bd. 34. 1869. — Reitmann, Karl: Zwei Fälle von akzessorischem Pankraes. Anat. Anz. Bd. 23, Nr. 6. 1903. — Renaut, J.: Sur les organes lymphoglandulaires et le pancréas des vertébrés. Cpt. rend. hebdom. des séances de l'acad. des sciences Bd. 89. 1879. — b) Traité d'histologie pratique. Bd. 2, H. 1. Paris 1897. Bd. 2, H. 2. Paris 1899. — Rennie, John: On the relation of the islets of Langerhans to the alveoli of the pancreas. Internat. Monatsschr. f. Anat. u. Physiol. Bd. 26, H. 4/6. 1909. — Retzius, G.: a) Über Drüsennerven. Biol. fören. förhandl. Stockholm Bd. 1. 1888/89. — b) Über die Anfänge der Drüsengänge und die Nervenendigungen in den Speicheldrüsen des Mundes. Biol. Unters. N. F. Bd. 3, H. 3. Stockholm 1892. — c) Zur Kenntnis der Drüsennerven. Ebenda N. F. Bd. 4. 1892. — Revell, Daniel G.: The pancreatic ducts in the dog. Americ. journ. of anat. Bd. 1, Nr. 4. 1902. — Ribbert: Über die Bedeutung der sternförmigen Bindegewebszellen in den drüsigen Organen. Sitzungsber. d. niederrhein. Ges. f. Nat. u. Heilk. Nr. 39. 1879. — Rivinus (Bachmann) Aug. Quirin: De dyspepsia. Leipzig 1678. Diss.

med. Leipzig 1710. — Robinson, Byron: Landmarks in the biliary and pancreatic ducts. Physiol., anat. a. pathol. med. record Bd. 72, Nr. 8. 1907. — Roscher, P.: Ein Beitrag zur vergleichenden Histologie der Gl. parotis und des Duct. parotideus bei den Haussäugetieren. Zeitschr. f. Tiermed. Bd. 12. Diss. Dresden 1908. — Rosemann, R.: L. Landois' Lehrbuch der Physiologie des Menschen usw. 15. Aufl. Bd. 1. 1919. — Růžička, Vladislav: a) Morfologický metabolismus hmoty jaderni (Der morphologische Metabolismus der Kernsubstanz). Vestnik české akad. (Anz. d. böhm. Akad. d. Wiss.) Bd. 16. 1907. — b) Struktur und Plasma. Zeitschr. f. d. ges. Anat., Abt. 3: Ergebn. d. Anat. u. Entwicklungsgesch. Bd. 16, S. 452—638. 1906. — Saguchi, S.: Studies on the glandular cells of the frog's pancreas. Americ. Jorn. of anat. Bd. 26. 2919/20. — Salter-Hyde: Art. „Pancreas". Cyclopaedia of anat. a. physiol. (Todd) Bd. 5 (Suppl.). 1859. — Sappey, Ph. C.: a) Traité d'anatomie descriptive. Paris 1874. 4. éd. Bd. 4: Splanchnologie, Embryologie. Paris 1889. — b) Traité d'anatomie générale. P. 2. Paris 1894. — Sata, A.: Über das Vorkommen von Fett in der Haut und einigen Drüsen, den sog. Eiweißdrüsen. Beitr. z. pathol. Anat. Bd. 7. 1900. — Savagnone, Ettore: Contributo alla conoscenza fisico-patologica della cellula pancreatica. Rif. med. Anno 20. Nr. 50. 1904. — Salviotti, G.: Untersuchungen über den feineren Bau des Pankreas. N. Würzburger Zeit. Nr. 159. 1869. Ber. üb. d. Sitz. d. physik.-med. Ges. Würzburg 1869. Arch. f. mikroskop. Anat. Bd. 5, H. 4. 1869. Verhandl. d. Würzb. physik.-med. Ges. 1869. 1872. — Scaffidi, V.: Über die cytologischen Veränderungen im Pankreas nach Resektion und Reizung des Vagus und Sympathicus. Arch. f. Anat. u. Physiol., phys. Abt. Bd. 7. 1907. — Schacht, Eddy Ch.: Zur Kenntnis des Baues der sezernierenden Zellen in den v. Ebnerschen Drüsen. Inaug.-Diss. Kiel 1896. — Schaffer, Joseph: a) Beiträge zur Histologie menschlicher Organe. IV. Zunge. V. Mundhöhle-Schlundkopf. VI. Ösophagus. VII. Kardia. Sitzungsber. d. Akad. Wien, Mathem.-naturw. Kl. Bd. 106, Abt. 3. 1898. — b) Zur Histologie der Unterkieferspeicheldrüsen bei Insektivoren. Zeitschr. f. wiss. Zool. Bd. 89, H. 1. 1908. — c) Lehrbuch der Histologie und Histogenese nebst Bemerkungen über Histotechnik und das Mikroskop. 2. Aufl. Leipzig: W. Engelmann 1922. — Schenk, S.: Die Bauchspeicheldrüse des Embryo. Anat.-physiol. Untersuchungen. Wien 1872. — Schieffer, Eugène: Du pancréas dans la série animale. Thèse de Montpellier 1894. — Schiefferdecker, P.: a) Zur Kenntnis des Baues der Schleimdrüsen. Nachr. v. d. Kgl. Ges. d. Wiss., Göttingen Nr. 2. 1884. — b) Zur Kenntnis des Baues der Schleimdrüsen. Arch. f. mikroskop. Anat. Bd. 23. 1884. — Schirmer, Alfred Max: Beitrag zur Geschichte und Anatomie des Pankreas. Med. Inaug.-Diss. Basel 1893. — Schlüter, H.: Disquisitiones microscopicae et physiologicae de glandulis salivalibus. Diss. inaug. Vratislav 1865. — Schmidt, Curt: Über Kernveränderung in den Sekretionszellen. Inaug.-Diss. Breslau 1882. — Schmidt, Martin, B.: Über die Flimmercysten der Zungenwurzel und die drüsigen Anhänge des Diatus thyreoglossus. Festschrift f. Benno Schmidt, Jena 1896. — Schneider, Karl Camillo: Lehrbuch der vergleichenden Histologie der Tiere. Jena 1902. — Schrauth, Otto: Beiträge zur Entwicklung des Netzbeutels, der Milz und des Pankreas beim Wiederkäuer und beim Schwein. Diss. med. Gießen 1909. — v. Schulte, H. W.: a) The development of the human salivary glands. In: Contributions to the anatomy and development of the salivary glands in the mammalia. Conducted under the George Crocker special research fund at Columbia university Bd. 4. New York: Columbia university press 1913. — b) The development of the salivary Glands in the Cat. Ebenda 1913. — c) The mammalian alveolingual salivary Area, with special reference to the Development of the greater sublingual gland of the pig, together with a review of the literature. Ebenda 1913. — Schultz, P. und Zuelzer, G.: Zur Frage der Totalexstirpation des Pankreas beim Hunde. Zentralbl. f. Physiol. Bd. 19, Nr. 1. 1905. — Scnultze, O.: Über die Genese der Granula in den Drüsenzellen. Anat. Anz. Bd. 38. 1911. — Schultze-Baldenius, C.: Untersuchungen über die Verbreitung des diastatischen Ferments in den Speicheldrüsen. Inaug.-Diss. Breslau 1877. — Schulze, F. E.: Epithel und Drüsenzellen. Arch. f. mikroskop. Anat. Bd. 3, H. 2. 1867. — Scott, W. J. M.: Experimental Mitochondrial Changes in the Pancreas in Phosphorus Poisoning. Americ. journ. of anat. Bd. 20. 1916. — Seidenmann, M.: Beitrag zur Mikrophysiologie der Schleimdrüsen. Internat. Monatsschr. f. Anat. u. Physiol. Bd. 10. 1893. — Sereni, Samuel: a) Ricerche sul „Nebenkern" delle cellule pancreatiche. Boll. d. soc. Lancisiana ospedali, Roma. Anno 20. H. 2. 1906. — b) Sulla presenza e distribuzione del grasso nei diversi elementi del pancreas. Policlinico Bd. 12, Nr. 145. 1906. — Siebold, J. B.: Diss. inaug. med. sistens Historiam systematis salivalis etc. Jena 1797. — Sihler, Chr.: Two disputed points in the histology of the submaxillary gland. Cleveland med. gaz., March 16. Ohio 1886. — v. Smirnow, A. E.: Zur Frage über den mikroskopischen Bau der Submaxillaris beim erwachsenen Menschen. Anat. Anz. Bd. 23, Nr. 1. 1903. — Sokoloff, Basilius: a) Über die Bauchspeicheldrüse in verschiedenen Phasen ihrer Tätigkeit. Diss. St. Petersburg 1883. — b) Das Pankreas in den verschiedenen Phasen seiner Tätigkeit. Arch. f. Veterinärmed. 1883. — Solger,

BERNH.: a) Zur Kenntnis der sezernierenden Zellen der Glandula submaxillaris des Menschen. Anat. Anz. Bd. 9, Nr. 13/14. 1894. — b) Über den feineren Bau der Glandula submaxillaris des Menschen mit besonderer Berücksichtigung der Drüsengranula. Festschr. z. 70. Geburtstag von CARL GEGENBAUR. Bd. 2. 1896. — c) Das Prozymogen (BENSLEY) der menschlichen Glandula submaxillaris. 69. Verhandl. d. Ges. dtsch. Naturf. u. Ärzte. Braunschweig 1897. Teil 2, H. 2. 1898. — SPINA, A.: Über Resorption und Sekretion. Leipzig: Engelmann 1882. — SSOBOLEW, L. W.: a) Zur normalen und pathologischen Morphologie der inneren Sekretion der Bauchspeicheldrüse. Virchows Arch. f. pathol. Anat. u. Physiol. Bd. 168, H. 1. 1902. — b) Zur Innervation der Bauchspeicheldrüse des Menschen. Anat. Anz. Bd. 41, Nr. 15 u. 16. 1912. — STANGL, EMIL: Zur Histologie des Pankreas. Wien. klin. Wochenschr. Jg. 14, Nr. 41. 1901. — STATKEWITSCH, P.: Über Veränderungen des Muskel- und Drüsengewebes sowie der Herzganglien beim Hungern. Arch. f. exp. Pathol. u. Pharmakol. Bd. 33. 1894. — STEINER, HERMANN: Über das Epithel der Ausführgänge der größeren Drüsen des Menschen. Arch. f. mikroskop. Anat. Bd. 40, H. 4. 1892. — STÖHR, PH.: a) Über Schleimdrüsen. Sitzungsber. d. phys.-med. Ges. zu Würzburg Nr. 6/7. 1884. — b) Über Schleimdrüsen. Festschr. f. A. v. KÖLLIKER zur Feier seines 70. Geburtstages. 1887. — c) Über Schleimdrüsen. Anat. Anz. Jg. 2, Nr. 12. 1887. — d) Lehrbuch der Histologie und der mikroskopischen Anatomie des Menschen mit Einschluß der mikroskopischen Technik. 6. Aufl. Jena: G. Fischer 1894. — e) Desgl. 7. verb. Aufl. Ebenda 1896. — f) Über Randzellen und Sekretkapillaren. Arch. f. mikroskop. Anat. Bd. 47, H. 3. 1896. — g) Lehrbuch der Histologie und der mikroskopischen Technik. 8. Aufl. Jena: G. Fischer 1898. — h) Über die menschliche Unterzungendrüse. Sitzungsber. d. phys.-med. Ges. zu Würzburg 1905. Nr. 4. 1905. — STÖHR, PH.-V. MÖLLENDORFF, W.: Lehrbuch der Histologie und der mikroskopischen Anatomie des Menschen mit Einschluß der mikroskopischen Technik. 19. Aufl. Jena 1922. — STOPPATO, UGO: Studio sulla distribuzione intraghiandolare dei canalicoli della parotide e della sottomascellare. Nota prev. Boll. d. sc. med. Bologna. Anno 88. 1917. — STOSS: Zur Entwicklungsgeschichte des Pankreas. Vorl. Mitt. a. d. anat. Inst. d. tierärztl. Hochsch. zu München. Anat. Anz. Jg. 6, Nr. 23/24. 1891. — STRANDBERG, ARNE: Beitrag zur Kenntnis des CHIEVITZschen Organs. Anat. Anz. Bd. 51. 1918. — STRICKER, S. und SPINA, A.: Untersuchungen über die mechanischen Leistungen der acinösen Drüsen. Sitzungsber. d. Wien. Akad., Mathem.-naturw. Kl. III, Bd. 80. Wien. Anz. 1879. — SUZANNE, G.: Recherches anatomiques sur le plancher de la bouche avec études anatomique et pathogénique sur la grenouillette, commune ou sublinguale. Arch. de physiol. Année 19 (Ser. III, Bd. 10), Nr. 6, S. 141—198 u. Nr. 7, S. 374—489. 1887. — SYMINGTON, J.: Note on a rare abnormality of the pancreas. Journ. of anat. a. physiol. Bd. 19. 1885. — SZYMONOWICZ, L. und KRAUSE, RUD.: Lehrbuch der Histologie und der mikroskopischen Anatomie mit besonderer Berücksichtigung des menschlichen Körpers einschließlich der mikroskopischen Technik. 5. Aufl. Leipzig 1924. — TAKAGI, K.: a) Zur Kenntnis der Pankreassekretion. Festschr. f. A. SATA 1920. — b) Untersuchungen über die Unterkieferdrüse der Katze mit besonderer Berücksichtigung des Chondrioms. Jahrb. f. Morphol. u. mikroskop. Anat., Abt. 2: Zeitschr. f. mikroskop.-anat. Forsch. Bd. 2, H. 2. 1925. — TARKOFF: Über die Venen des Pankreas. Russkij Wratsch Nr. 20. 1903. — TARSIA in CURIA, LUDOVICO: Le fibre elastiche del pancreas normale dell' uomo e di alcuni mammiferi. Tommasi. Anno 4, Nr. 6. 1909. — TERASZKIEWICZ, D.: Zur Histologie der schleimserösen Speicheldrüsen und des Pankreas. Arb. a. d. Laborat. d. med. Fakult. Warschau H. 2. 1875. — TESTUT: Traité d'anatomie humaine. 5. Aufl. Bd. 4. 1905. — THIROLOIX: Bulbe, pancréas et foie. Bull. de la soc. anat. de Paris. Année 68, sér. 5. Bd. 7, Nr. 9. 1893. — THOREL, CH.: Histologisches über Nebenpankreas. Virchows Arch. f. pathol. Anat. u. Physiol. Bd. 173, H. 2. 1903. — THYNG, FR. W.: Models of the pancreas in embryos of the pig, rabbit, cat and man. Americ. journ. of anat. Bd. 7, Nr. 4. 1908. — TIBERTI, N.: a) Sur les fines altérations du pancréas consécutives à la ligature du conduit de WIRSUNG. Arch. ital. de biol. Bd. 38. 1902. — b) Mikroskopische Untersuchungen über die Sekretion des Pankreas bei entmilzten Tieren. Zieglers Beitr. z. pathol. Anat. u. allg. Pathol. Bd. 36, H. 2. 1904. — TIEDEMANN, FR.: Über die Verschiedenheiten des Ausführungsganges der Bauchspeicheldrüsen bei dem Menschen und den Säugetieren. Dtsch. Arch. f. d. Physiol. Bd. 4, H. 3. 1818. — TIGERSTEDT, ROB.: Lehrbuch der Physiologie des Menschen. Bd. 1. 9. Aufl. Leipzig 1919. — TILLAUX, P.: Note sur la structure de la glande sublinguale. Gaz. méd. de Paris Nr. 37. 1858. — TOBIEN, A. J.: De glandularum ductibus efferentibus ratione imprimis habita telae muscularis. Inaug.-Diss. Dorpat 1853. — TOLDT, C.: a) Über das Wesen der acinösen Drüsen nebst Bemerkungen über die BRUNNERschen Drüsen des Menschen. Mitt. d. ärztl. Ver. zu Wien Bd. 1. 1872. — b) Lehrbuch der Gewebelehre mit vorzugsweiser Berücksichtigung des menschlichen Körpers. 3. Aufl. Stuttgart: Enke 1888. — TRIBONDEAU: A propos de la communication de M. LAGUESSE. Cpt. rend. des séances de la soc. de biol. Bd. 52, Nr. 28. 1900. — TROLARD, P.: Note sur la direction de la rate et

du pancréas chez le foetus et chez l'enfant. Ebenda Ser. 9, Bd. 4, Nr. 10. 1892. — TSCHAS-
SOWNIKOW, S.: a) O stroenii i funkzionalnycl ismenenijach kletoh podsheln. dotschnoi
shelesy. Warschawa 1900. — b) Über die histologischen Veränderungen der Bauchspeicheldrüse nach Unterbindung des Ausführungsganges. Zur Frage über den Bau und die Be-
deutung der LANGERHANSschen Inseln. Arch. f. mikroskop. Anat. Bd. 67. 1907. — c) On the
Structure and Meaning of Efferent Ducts in Large Salivary Glands. Arch. russes d'anat.,
d'histol. et d'embryol. Bd. 1. 1916. — TSAUSSOW, M.: Bemerkungen über die Lagerung der
Bauchspeicheldrüse (Pankreas). Anat. Anz. Bd. 11, Nr. 11. 1895. — ULESKO, CLAUDIA:
Über den Bau der Bauchspeicheldrüse in den Zuständen der Ruhe und Tätigkeit. Vorl.
Mitt. Wratsch. Nr. 21. 1883. — UNNA, P. G.: Zur Theorie der Drüsensekretion, insbesondere des Speichels. Eine physiologische Hypothese. Zentralbl. f. d. med. Wiss. Nr. 14.
1881. — VAN GEHUCHTEN, A.: Le mécanisme de la sécrétion. Anat. Anz. Jg. 6, Nr. 1. 1891.
Nach einem schon 1890 auf dem 10. internat. Kongr. f. Med. in Berlin gehaltenen Vortrag. — VER EECKE, A.: Modifications de la cellule pancréatique pendant l'activité sécrétoire. Arch. de biol. Bd. 13, H. 1. 1895. — VERNEUIL, A.: Mémoire sur quelques points de
l'anatomie du pancréas. Gaz. méd. de Paris. Année 21, sér. 3. Bd. 6. 1851. — VIALLANES,
H.: Observations sur les glandes salivaires chez l'Echidné. Ann. des sciences nat., sér. 6.
Bd. 10, Zoologie, Art. 2. 1880. — VÖLKER: a) Beiträge zur Entwicklung des Pankreas bei
den Amnioten. Arch. f. mikroskop. Anat. Bd. 59, H. 1. 1901. — b) Über die Verlagerung
des dorsalen Pankreas beim Menschen. Ebenda Bd. 62, H. 4. 1903. — WAGNER, E.: Ak-
zessorisches Pankreas in der Magenwand. Arch. d. Heilk. Jg. 3. 1862. — WALTHER, AUG.
FRID.: De lingua humana novis inventis octo sublingualibus salivae rivis, nane ex suis
fontibus glandulis sublingualibus edactis irrigua exercitatio. Leipzig 1724, in HALLERI
disput. anat. I. S. 30. — WATRIN, J.: Modifications du pancréas et de l'intestin grêle
chez le rat inanitié. Soc. de biol. de Nancy, séance du 22 juillet 1924. — WEBER, A.:
a) L'anneau hépato-pancréatique, origine des ébauches du foie et du pancréas. Cpt. rend.
des séances de la soc. de biol. Bd. 83. 1920. — b) L'origine des glandes annexes de l'intestin
moyen chez les vertébrés. Thèse de doct. méd. Nancy 1903 und Arch. d'anat. microscop.
Bd. 5, H. 4. 1903. — WEBER, E. H.: Beobachtungen über die Struktur einiger konglome-
rierten und einfachen Drüsen und ihre erste Entwicklung. Arch. f. Anat. u. Physiol. 1827. —
WEISHAUPT, E.: Ein rudimentärer Seitengang des Duct. parotideus (Ram. mandib. duct.
parot.). Beitrag zur vergl. Entwicklungsgeschichte der Mundspeicheldrüsen. Ebenda,
anat. Abt. 1911. — WEN CHAO MA: The Changes in the Pancreatic Cell of the Guinea-Pic
during Inanition and Refeeding. Anat. record Bd. 27. 1924. — WERTHEIMER und LEPAGE:
Sur l'innervation sécrétoire du pancréas. Cpt. rend. hebdom. des séances de l'acad. des
sciences Bd. 129. 1899. — WERTHER, M.: Einige Beobachtungen über die Absonderung
der Salze im Speichel. Pflügers Arch. f. d. ges. Physiol. Bd. 38. 1886. — WILDT, AUG.:
Ein Beitrag zur mikroskopischen Anatomie der Speicheldrüsen. A. d. anat. Inst. zu Bonn.
Inaug.-Diss. Bonn 1894. — WLASSOW: Zur Entwicklung des Pankreas beim Schwein.
Morphol. Arb. Bd. 4, H. 1. 1895. — WIART: Recherches sur la forme et les rapports du
pancréas. Journ. de l'anat. et de la physiol. 1899. — ZELLER, ALB.: Die Abscheidung des
indig-schwefelsauren Natrons in den Drüsen. Virchows Arch. f. pathol. Anat. u. Physiol.
Bd. 73. 1878. — ZENKER, F. A.: Nebenpankreas in der Darmwand. Ebenda Bd. 21. 1861. —
ZERNER, TH.: Ein Beitrag zur Theorie der Drüsensekretion. Wien. med. Jahresber. 1886. —
ZIEGLER, HERM.: Beiträge zum Bau der Unterkieferdrüse der Hauswiederkäuer. Habilita-
tionsschr. in d. veterinärmed. Fak. Bern 1925. — ZIMMERMANN, K. W.: a) Rekonstruktion eines menschlichen Embryos von 7 mm. Verhandl. d. anat. Ges., 3. Vers., Berlin.
Anat. Anz., Suppl. zu Bd. 4. 1889. — b) Beiträge zur Kenntnis einiger Drüsen und Epithelien. Arch. f. mikroskop. Anat. Bd. 52, H. 3. 1898. — c) Über Anastomosen zwischen
den Tubuli der serösen Zungendrüsen des Menschen. Anat. Anz. Bd. 18. 1900. — d) Der
feinere Bau der Blutcapillaren. Zeitschr. f. Anat. u. Entwickl. Bd. 68. H. 2/3. 1923. — ZUM-
STEIN, J. J.: Über die Unterkieferdrüse einiger Säuger. I. Anat. Teil. Habilitationschr.
Marburg 1891.

D. Der lymphatische Rachenring.

(Der WALDEYERsche Schlundring. Die Tonsillen.
Der lymphoepitheliale Schlundring.)[1]

Von

T. HELLMAN
Lund (Schweden).

Mit 21 Abbildungen.

I. Allgemeines.

Im Schlunde des Menschen gibt es eine bedeutende Menge lymphatischen Gewebes (Abb. 1 und 2). Die sich hier vereinenden Respirations- und Digestionstractus sind nahezu vollständig von diesem Gewebe umgeben. Es war zuerst WALDEYER, der auf diesen großen „lymphatischen Rachenring" aufmerksam gemacht hat und sein Name ist daher späterhin mit demselben in Verbindung gesetzt worden.

Dieser lymphatische Rachenring ist jedoch, wie bekannt, nicht ununterbrochen, sondern ist in verschiedene Partien aufgeteilt. Die wesentlichen von diesen sind die Gaumentonsillen (Tonsillae palatinae), die Zungentonsille (Tonsilla lingualis) und die Rachentonsille (Tonsilla pharyngea). Die Gaumentonsillen sind zwischen die Arcus glossopalitini und die Arcus pharyngopalatini eingelagert, die Zungentonsille nimmt das Gebiet des Zungengrundes ein und die Rachentonsille füllt das Dach sowie einen Teil der Hinterwand der Pars nasalis des Schlundkopfes aus. Diese verschiedenen Tonsillen sollen später näher behandelt werden.

Neben diesen Hauptpartien des lymphatischen Rachenrings gibt es auch zahlreiche Einlagerungen von lymphatischem Gewebe in der Schleimhaut des Rachens. Sie füllen den Raum zwischen den genannten Tonsillen teilweise aus und tragen also zu der Bildung des Ringes bei. Sie liegen teils in der Schleimhaut überall mehr oder minder dicht zerstreut, oft um die Ausführungsgänge der Schleimdrüsen gruppiert, teils sammeln sie sich hier und dort in größeren Gruppen, welchen man den Namen „Tonsillen" gegeben hat. Teilweise kommen diese nur unter pathologischen Verhältnissen deutlich zum Vorschein.

Von diesen kleineren Ansammlungen lymphatischen Gewebes soll zuerst die Tubentonsille (Tonsilla tubaria, GERLACH) genannt werden. Sie ist an der Mündung der Tuba Eustachii im Schlunde eingelagert und ist normaliter wohl ausgebildet (GERLACH 1875, TEUTLEBEN 1876/77). DISSE (1896) gibt jedoch an, daß es hier nur selten zur Bildung von Lymphknötchen kommt. „Da die Oberfläche der Schleimhaut aber vielfach kleine grubenförmige Vertiefungen bildet,

---

[1] Abgeschlossen am 1. April 1926.
Handbuch der mikroskopischen Anatomie. V/1.

so hat es, wenn ihre Wände von Rundzellen infiltriert sind, den Anschein, als sei die Tubenschleimhaut von Balgdrüsen durchsetzt."

Konstanecki (1887) will in dieser Tubentonsille nur eine seitliche Verlängerung der Pharynxtonsille sehen.

Zum lymphatischen Rachenring will man auch die Larynxtonsille (Tonsilla laryngea) rechnen. Sie besteht aus einigen Lymphknötchenansammlungen in der Morgagnischen Tasche, die normaliter deutlich hervortreten (Dobrowolski 1893, Citelli 1906 und Piffl 1913). Es ist jedoch wohl nur selten, daß diese lymphatischen Ansammlungen beim Menschen so reichlich werden,

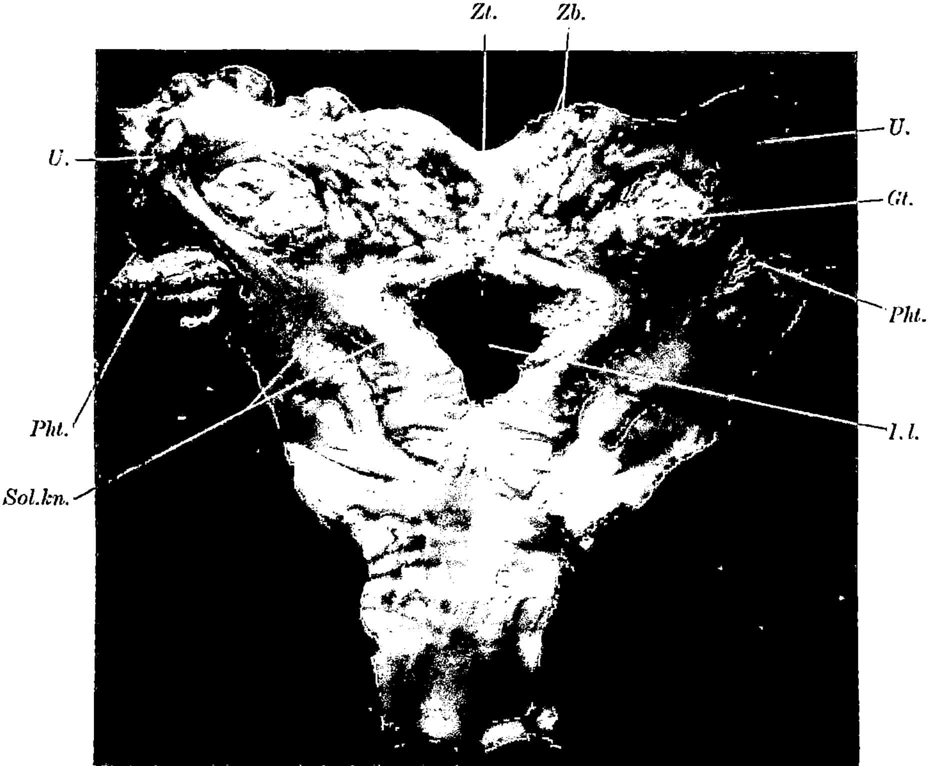

Abb. 1. Der Pharynx und der Anfang des Oesophagus, nach der Methode von Hellman behandelt. Knabe, 10 Jahre, Tod durch Unglücksfall. *Gt.* Gaumentonsill; *I.l.* Introitus laryngis; *Pht.* Pharynxtonsill; *Sol.kn.* Solitärknötchen; *U.* Uvula; *Zb.* Zungenbälge; *Zt.* Zungentonsill.

daß man den Namen „Tonsille" für dieselben in Anspruch nehmen kann. Bei gewissen Tieren (z. B. bei der Katze) finden sich jedoch oft an dieser Stelle große tonsilläre Bildungen vor.

Dobrowolski (1893) fand unter 60 Fällen achtmal eine Tonsilla laryngea. Dieselbe enthielt 4—15 Balgdrüsen, den Zungenbalgen analog gebaut, und könnte Bohnengröße erreichen.

Die sog. „Seitenstränge" (Cordes 1902, Levinstein 1909) sind lymphatische Einlagerungen, die hinter dem Arcus pharyngopalatinus in der von der Tuba Eustachii nach abwärts ziehenden Plica salpingo-pharyngea vorkommen. Sie erstrecken sich nach aufwärts bis nahe an die Tubarmündung. Diese „Seitenstränge" treten normaliter nur wenig hervor, können aber bei pathologischen Prozessen stark zunehmen.

Nach Levinstein entsteht unter pathologischen Verhältnissen an dieser Stelle durch Vermehrung der schon vorhandenen lymphatischen Elemente, insbesondere aber durch Neubildung von Balgkrypten „eine neue, kleine, länglich gestaltete Tonsille". Das Auftreten dieser Tonsille ist das Hauptsymptom bei der „Pharyngitis lateralis".

Die lymphatischen Einlagerungen in der hinteren Rachenwand, die wohl hauptsächlich als eine Fortsetzung der Pharynxtonsille anzusehen sind (s. Abb. 2), können sich ebenfalls bei pathologischen Prozessen weiter ausbilden, so daß vereinzelte Prominenzen (Granula) entstehen, „die in ihrer histologischen Struktur zum Teil vollkommen, zum andern nahezu vollkommen das Bild typischer Tonsillen en miniature darstellen" (Levinstein 1909).

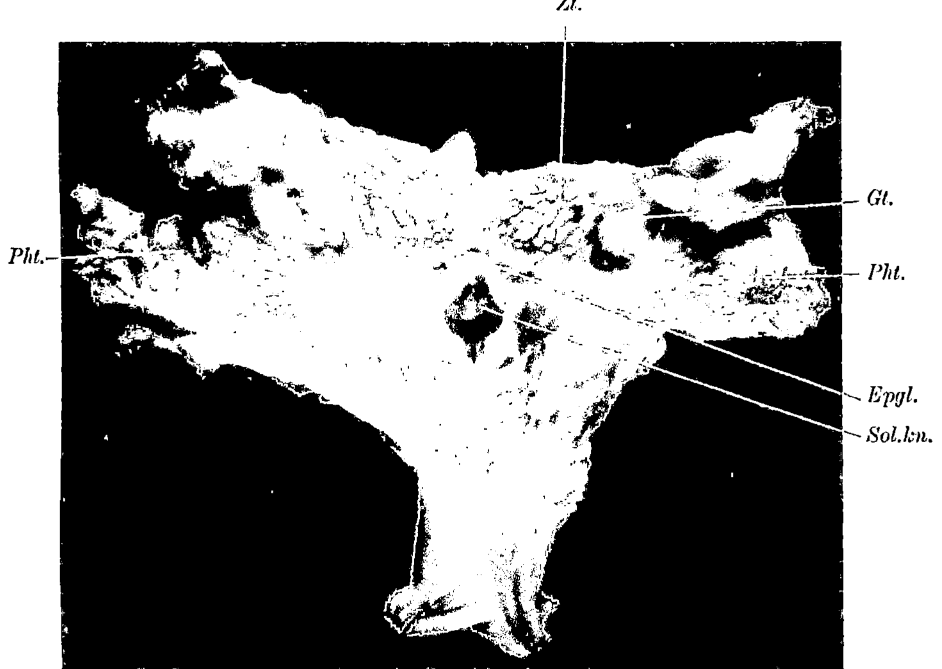

Abb. 2. Der Pharynx und der Anfang des Oesophagus, nach der Methode von Hellman, behandelt. Knabe, 6 Jahre, Tod durch Unglücksfall. Epgl. Epiglottis; Gt. Gaumentonsill; Pht. Pharynxtonsill; Sol.kn. Solitärknötchen; Zt. Zungentonsill.

Diese Veränderungen sind beim Krankheitsbild der „Pharyngitis granulosa" ausgebildet. Auch beiderseits in der Gegend des hinteren Zungenrandes, in den vorderen Gaumenbögen und der Plica triangularis, kann unter pathologischen Verhältnissen nach Levinstein (1912) eine Tonsille, Tonsilla linguae lateralis, auftreten.

Erst durch die Untersuchungen Köllikers (1852) wurde der lymphatische Charakter des Tonsillengewebes aufgedeckt und die Tonsillen wurden unter die lymphatischen Organe aufgenommen. Brücke (1854) bestätigt die Untersuchungen Köllikers und hebt die Analogie in dem Aufbau der verschiedenen lymphatischen Organe hervor. Wenn man sich einen Lymphknoten gespalten und auf eine Ebene auseinandergezogen denkt, so entspricht die Anordnung einer Peyerschen Plaque und wenn man denselben ganz umklappt, so daß er einen Sack bildet, so hat man die Anordnung einer Balgkrypte.

Es dauerte jedoch noch einige Zeit, bevor man allgemein anerkennen wollte, daß das Gewebe in dem lymphatischen Rachenring ein lymphatisches Gewebe sei. Untersuchungen von Gauster (1857), Billroth (1858) und Eckhard (1859) stützen indessen die Auffassung von Kölliker und Brücke. Sachs (1859) gibt in einer Arbeit aus dem Laboratorium Reicherts noch an, daß es sich hier um acinöse Drüsen handle, und Sappey hebt im Jahre 1855 dasselbe hervor. Erst im Jahre 1873 gab er zu, daß die Auffassung

Köllikers zu Recht bestand. Die Existenz der Zungentonsille unter normalen Verhältnissen leugnet Boettcher (1860). Schon 1861 sagt jedoch Henle, der früher mit Kölliker einigermaßen im Widerspruch gestanden hatte, daß man die Tonsillen zu den „konglobierten Drüsen" rechnen müsse. Zu diesen rechnet er also die Lymphknoten, die
Tonsillen, die solitären und aggregierten Follikel des Magens und des Darmes, die Malpighischen Körperchen der Milz, oder vielleicht, wie er sagt, die ganze Milz, die Thymus
und die Trachomdrüsen in der Conjunctiva.

II. Morphologie.

1. Die Gaumentonsillen.

(Tonsillae palatinae. Die Gaumenmandeln. Die Mandeln.)

Der **Bau der Gaumentonsille** des Menschen ist dadurch charakterisiert, daß
viele, kryptenförmige Einsenkungen des Mundepithels, welche mit Wänden von

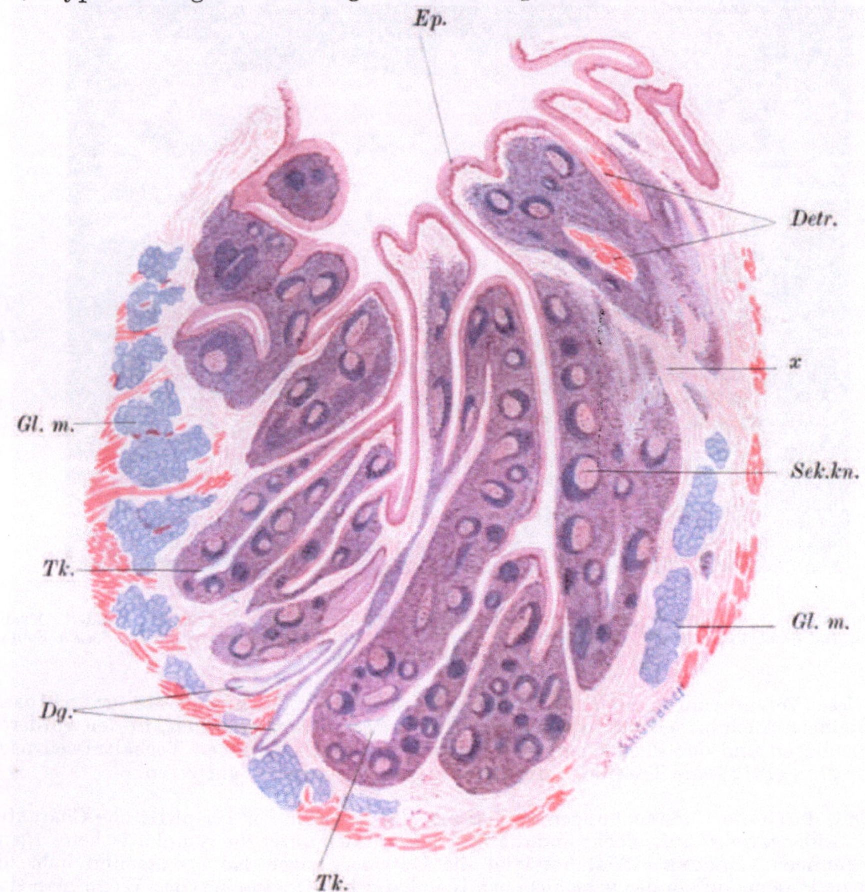

Abb. 3.   Querschnitt durch die Gaumentonsille eines jungen Mannes (Formol, Hämatox., Eosin) Vergr. 6 fach.
Die Tonsille befindet sich teilweise noch in voller Ausbildung, an manchen Stellen, z. B. x, Rückbildung.
Nach Schumacher.   *Dg* Drüsenausführungsgang; *Detr.* Detritus; *Ep.* Epithel; *Gl. m.* Glandulae mucosae;
Sek.kn. Sekundärknötchen; *Tk.* Tonsillarkrypte.   Der Drüsenausführungsgang scheint hier zwischen zwei
Lobuli seinen Weg zu nehmen.   Die Bezeichnungen des Originals sind teilweise geändert.

lymphatischem Gewebe ausgerüstet sind, dicht aneinander stehen. Jede Einsenkung mit der zugehörigen Wand bildet eine Einheit, einen Lobulus, eine
Balghöhle, und ist durch bindegewebige Septen abgegrenzt (Abb. 3). Diese

Einheiten fügen sich alle zur Bildung der Tonsille zusammen, die ihrerseits durch eine Kapsel bzw. durch das Epithel von der Umgebung abgegrenzt ist.

Die Gaumentonsillen liegen zu beiden Seiten des Rachens in einer Vertiefung, dem Sinus tonsillaris, zwischen den beiden Arcus palatini (Arcus glossopalatinus und Arcus pharyngopalatinus) eingelagert. Sie stellen die größten lymphatischen Einlagerungen des Schlundes dar, und haben eine ellipsoide, etwas abgeplattene Form. Sie nehmen die ganze submuköse Schicht der Schleimhaut ein. Von den beiden abgeplatteten Seiten erstreckt sich die eine, die innere, mediale, frei mehr oder minder weit in den Rachen hinein; die andere, äußere laterale Seite liegt der Innenfläche des oberen Schlundschnürers dicht an. Die Pole sind beinahe kephal- und kaudalwärts gerichtet und wie die übrigen Randpartien in der Submukosa eingelagert. Die Größe dieser Tonsillen ist die einer Haselnuß oder einer Mandel (daher der Name) oder etwas darüber; dies ist in verschiedenen Altern und bei verschiedenen Reizzuständen verschieden.

Nach HODENPYL (1891) steht die Längsachse der Gaumentonsille nur bei offenem Munde beinahe vertikal. Wenn der Mund geschlossen ist, bekommt die Längsachse dagegen eine mehr horizontale Richtung.

Schon HENLE (1866) hat darauf aufmerksam gemacht, daß man aus der Wölbung der in die Mundhöhle hineinragenden Fläche nicht auf die Mächtigkeit der Gaumentonsille schließen kann. Diese Wölbung steht nämlich in keinem bestimmten Verhältnisse zur Wölbung der äußeren, der Muskelhaut des Schlundes zugewandten Fläche. Es hat sich auch bestätigt, daß eine in den Rachen weit hineinragende und dem Aussehen nach große Tonsille, oft nicht größer ist als eine Tonsille, die tief eingelagert und daher vom Rachen her kaum sichtbar ist.

Die freie Fläche der Gaumentonsille ist von mehrschichtigem Plattenepithel bedeckt. An derselben findet man kleinere oder größere schlitzförmige Öffnungen, die Mündungen der später zu behandelnden Tonsillarkrypten (Fossulae tonsillares). Ihre Anzahl wird gewöhnlich zwischen 10 und 20 angegeben (nach WETZEL 1925 12—15). Wo die Tonsillarkrypten groß und zusammenfließend sind, sind auch diese Öffnungen groß; in solchen Fällen spricht man von zerklüfteten Tonsillen.

Die übrigen, in die Submucosa eingelagerten Flächen der Gaumentonsille sind von einer dünnen, sekundären, bindegewebigen Kapsel umgeben, die teilweise mit den Fascien der anliegenden Muskulatur verschmolzen ist. Von dieser Kapsel entspringen die bindegewebigen Septen, die also von außen her in die Gaumentonsille eindringen.

Die embryonale Anlage der Gaumentonsille in Form von zwei Lappen, einem vorderen-oberen und einem hinteren-unteren (s. später) kann man auch bei der voll ausgebildeten Tonsille erkennen, da sie regelmäßig eine bilobäre Beschaffenheit zeigt.

Oberhalb des oberen Pols der Gaumentonsille senkt sich mehr oder weniger tief eine Grube ein, die Supratonsillargrube, HIS (Fossa supratonsillaris, Recessus palatinus, KILLIAN), die einen Rest des embryonalen Sinus tonsillaris darstellt. Nach oben wird diese Grube von einer Schleimhautfalte, der Supratonsillarfalte (Plica supratonsillaris), abgegrenzt, die ein Rest des oberen Teils der embryonalen Plica triangularis ist. Diese Grube ist konstant, kann zuweilen 1—1 $^{1}/_{2}$ cm tief werden (KILLIAN 1898) und ist nicht selten der Ausgangspunkt für pathologische Prozesse (supratonsilläre Phlegmonen, GRÜNWALD 1913).

In mehreren Fällen findet man auch längs des vorderen Randes der Tonsille eine Rinne, die Prätonsillarrinne (Fossa praetonsillaris), die medial von einer Schleimhautfalte, der Plica praetonsillaris, die sich vom Arcus palato-

glossus abhebt, abgegrenzt ist. Sie ist ein Rest des vorderen Teils der embryonalen Plica triangularis. Diese Rinne ist nicht konstant; wenn sie fehlt, liegt die
Tonsille mit dem Arcus palatoglossus in der gleichen Flucht.

Endlich kann man auch am Hinterrande der Tonsille eine Rinne finden, die
von der Supratonsillargrube ausgeht, die Retrotonsillarrinne (Fossa retrotonsillaris). Diese Rinne wird durch eine Falte, die Retrotonsillarfalte (Plica retrotonsillaris) bedingt, die den hinteren, oberen Tonsillarrand
überlagert. Diese Falte ist eine sekundäre Bildung und hat keine Beziehung zu
dem embryonalen Sinus tonsillaris (HAMMAR 1902).

Wenn alle diese Gruben, Rinnen und Falten ausgebildet sind, wird die Tonsille durch eine mehr oder weniger ringförmige Falte gleichsam eingerahmt und
manchmal teilweise oder beinahe ganz verdeckt.

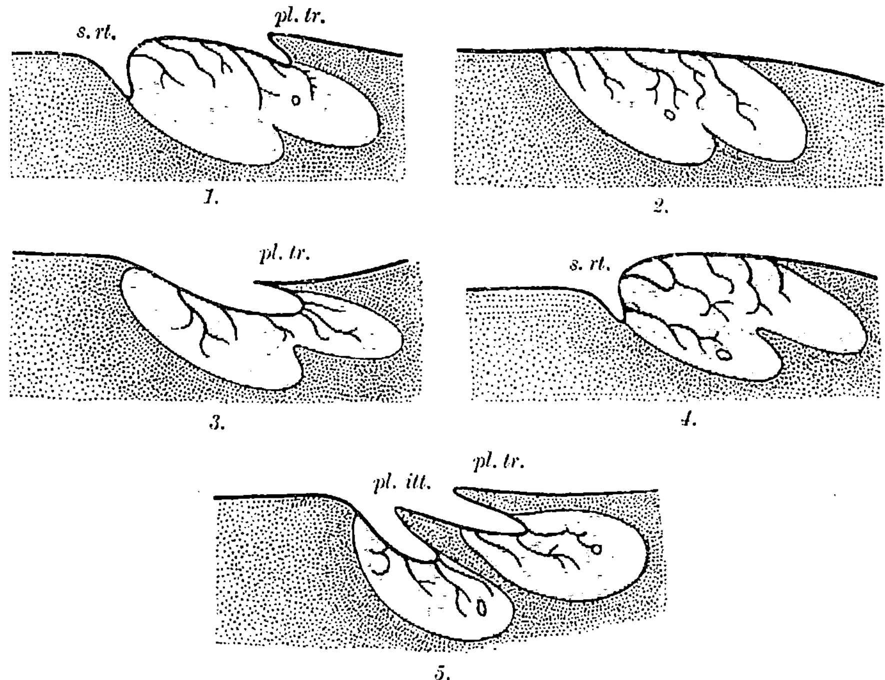

Abb. 4. Schemata der Tonsillenform beim Menschen. HAMMARS Schema nach WETZEL. *1.—4.* Verschiedene
definitive Formenvarianten. *5.* Die mehr ursprünglichen Verhältnisse. *pl. itt.* Plicia intratonsillaris; *pl. tr.*
Plica triangularis; *s. rt.* Sulcus retrotonsillaris.

In diese Falten kann sich nach BARNES (1923) lymphatisches Gewebe ein-
lagern, wodurch sie mehr oder minder ein Bestandteil der Tonsille werden können.

Nach HAMMAR (1902) bedingen diese inkonstanten Falten beim erwachsenen Menschen
vier verschiedene, wenngleich durch Zwischenformen ineinander übergehende Tonsillen-
typen (Abb. 4):

1. Wo eine Plica triangularis bestehen geblieben, eine Plica retrotonsillaris aber nicht
vorhanden ist;

2. wo die beiden genannten Falten gleichzeitig vorkommen, so daß die Tonsille in
eine mehr oder weniger ringförmige Falte eingerahmt ist;

3. wo die Plica triangularis sich ausgeglichen hat, die Plica retrotonsillaris aber vorhanden ist;

4. endlich, wo beide Falten fehlen und die mediale Tonsillenfläche mit der Umgebung
in derselben Flucht liegt.

Die Tonsillarkrypten (Fossulae tonsillares, die Balghöhlen, die Lacunen)
sind blind endigende Einsenkungen des Epithels der Mundhöhle in die Gaumentonsille. Ihre Mündungen an der medialen freien Fläche der Tonsille stellen die
oben erwähnten, schlitzförmigen Öffnungen dar.

Das Epithel, welches die freie Fläche der Tonsillen bekleidet, hat, wie auch
sonst in der Mundhöhle, den typischen Bau eines mehrschichtigen Plattenepithels
und ist in allen seinen Schichten wohl ausgebildet. Auch das Stratum cylindricum
tritt hier deutlich hervor und ruht auf einem mit dicht liegenden, kleinen Papillen
versehenen Stratum papillare auf, welches außerdem noch eine feine Schicht
wellenförmiger, mit dem Epithel parallel verlaufender Bindegewebszüge aufweist.
Unmittelbar darunter breitet sich das lymphatische Gewebe aus.

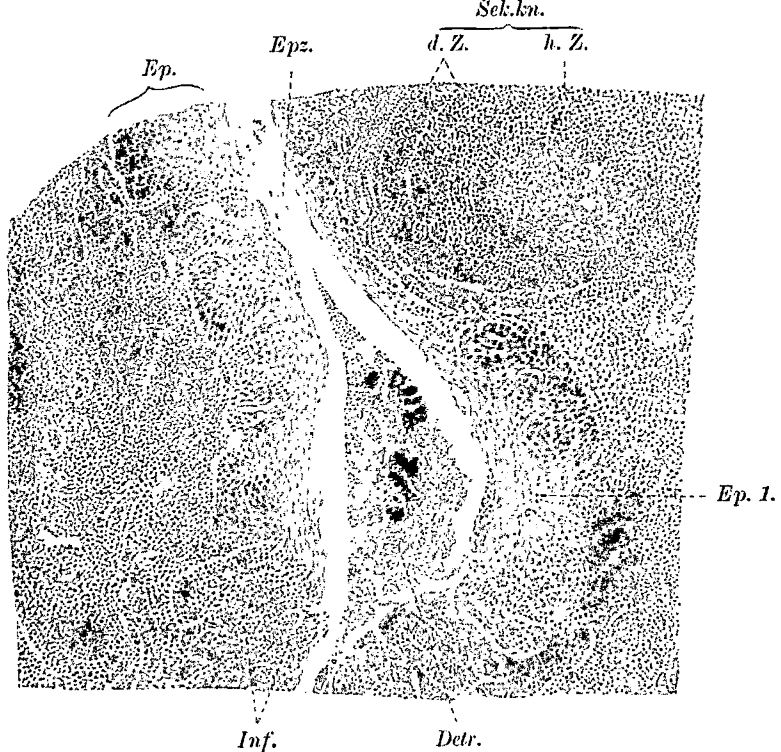

Abb. 5. Die Tonsillarkrypte einer Gaumentonsille. Mensch. Nach BRAUS. Vergr. 75fach. *Detr*. Detritus;
Ep. Epithel; *Epz*. Abgestoßene Epithelzellen; *Ep. 1*. Nicht zelleninfiltriertes Epithel in der Wand der Ton-
sillarkrypte; *Inf*. Zelleninfiltration desselben Epithels; *Sek.kn*. Sekundärknötchen (*d. Z*. dunkle periphere
Zone; *h. Z*. helles Zentrum). Die Bezeichnungen des Originals sind geändert.

Die Tonsillarkrypten sind tief und durchbohren im allgemeinen beinahe die
ganze Tonsille bis zu der die andere Seite umgebenden Kapsel. Sie erreichen jedoch dieselben niemals. Sie sind übrigens hinsichtlich ihrer Gestalt und ihres Ver-
laufs verschieden. Entweder handelt es sich um einfache zylindrische oder flaschen-
förmige Einsenkungen oder ihr Fundus ist geteilt oder sie sind baumförmig verästelt.

Die Tonsillarkrypten gehen nach LEVINSTEIN (1909) in drei Richtungen von der frei
zutage liegenden Oberfläche ab. Von dem oberen Teil biegen sie in den oberen Pol ab, von
dem mittleren Teil verlaufen sie ziemlich wagrecht in die Tiefe und von dem unteren Teil
biegen sie nach dem unteren Pol der Tonsille ab.

Das mehrschichtige Plattenepithel senkt sich durch die schlitzförmigen Öffnungen in die Tonsillarkrypten ein (Abb. 6). In dem der Ober-

fläche zunächst liegenden Teil behält dasselbe im allgemeinen sein gewöhnliches Aussehen bei und einfache feine Bindegewebszüge sind hier noch zwischen dem Epithel und dem lymphatischen Gewebe vorhanden.

Tiefer in den Krypten ändert sich jedoch das Bild bedeutend. Man findet hier eine Einlagerung von Zellen in das Epithel, wodurch es so aufgelockert werden kann, daß es teilweise schwer zu erkennen ist. Die Auflockerung ist indessen nicht überall von gleicher Stärke (Abb. 5). Einerseits kann man Stellen finden, wo

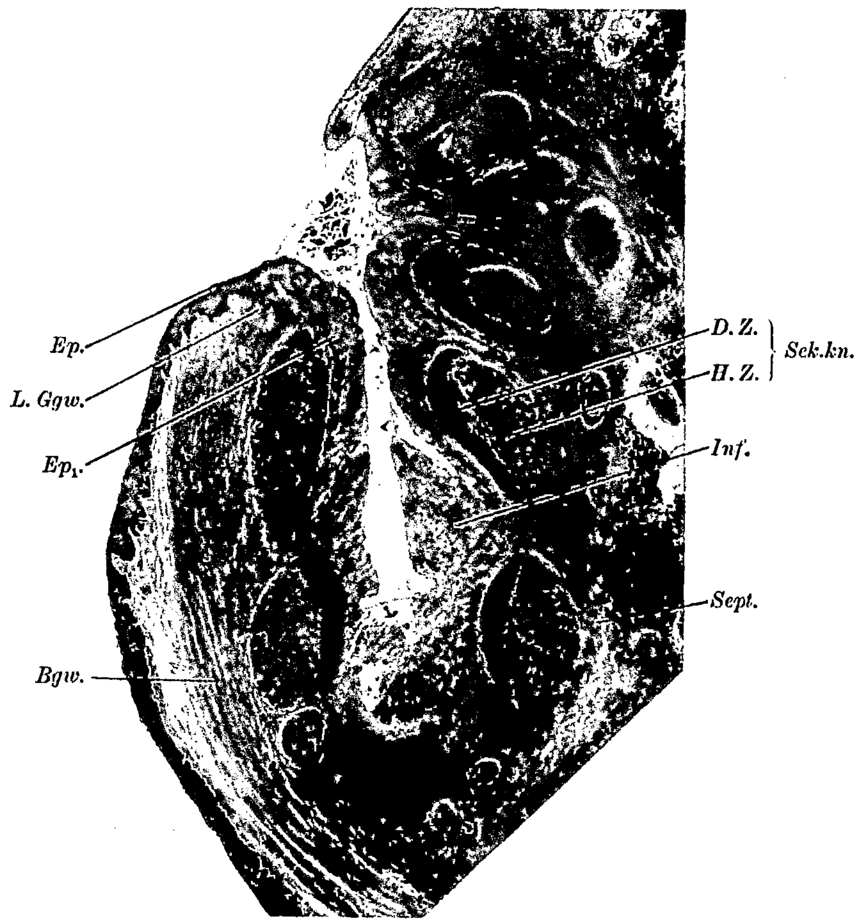

Abb. 6. Tonsillarkrypte einer menschlichen Tonsille. Formalin, Haematox, Eosin. Photo. Vergr. 21 fach. *Bgw.* Bindegewebe (Kapsel); *Ep.* Oberflächliches Epithel; *Ep₁.* Übergang in Kryptenepithel; *Inf.* Zelleninfiltration des Epithels; *L. Ggw.* Lymphatisches Grundgewebe; *Sek.kn.* Sekundärknötchen (*D. Z.* dunkle, periphere Zone; *H. Z.* helles Zentrum); *Sept.* Bindegewebiges Septum, zwischen den Lobuli eindringend.

das Epithel noch abgrenzbar ist und wo vielleicht auch noch einige Bindegewebszüge unter demselben erkennbar sind, obwohl es von mehr oder weniger zahlreichen Zellen durchsetzt ist. Anderseits gibt es Stellen, wo nur einige, oberflächlich gelegene Zellenreihen des Epithels übrig geblieben sind, während der übrige Teil ganz und gar von eingelagerten Zellen verdeckt ist. Die Zellen können gehäuft auftreten oder mehr diffus das Epithel durchsetzen. Die verdrängten Epithelzellen mit ihren ovalen, schwach färbbaren Kernen treten ganz zurück und sind oft mehr oder weniger deformiert. Man kann bisweilen den Eindruck erhalten, daß es sich hier ebenso wie in dem lymphatischen Gewebe, um ein Retikulum handelt, welches lymphoide Zellen einschließt. Es scheint, als wäre das lymphatische Gewebe über die Epithelgrenze hinaus vorgedrungen. Zwischen diesen beiden geschilderten Stadien von der Durchsetzung des Epithels mit Zellen kann man alle Übergänge finden.

In Ausnahmefällen kann man in den Tonsillarkrypten auch flimmernde Epithelzellen beobachten (ALAGNA 1908, RENN 1912 u. a.). Vor dem Eindringen der Lymphocyten in das Epithel findet MOLLIER (1914) eine Umwandlung des letzteren in ein epitheliales Reticulum.

Die eingelagerten Zellen sind ohne Zweifel vorwiegend Lymphocyten, aber man findet auch immer zwischen ihnen nicht wenige polymorph- oder gelapptkernige Zellen. STÖHR (1884), der als erster diese Einlagerungen in den Tonsillen beschrieb, sah in diesen Bildern einen Beweis dafür, daß hier eine Durchwanderung der Zellen durch das Epithel vor sich geht, die unter normalen Verhältnissen nie fehlt. Die Zellen stammen hauptsächlich von dem lymphatischen Gewebe, sind also Lymphocyten, zum Teil leiten sie jedoch von den Gefäßen ihren Ursprung her, sind also Leukocyten (STÖHR, POLJAK 1891, WILSON 1906, RENN 1912, JOLLY 1913 u. a.).

Das relative Verhältnis zwischen der Durchwanderung von Lymphocyten und Leukocyten wird von verschiedenen Verfassern verschieden angegeben. So geben z. B. BRIEGER-GÖRKE (1901) und KLATSCHO (1913) an, daß es nur Lymphocyten sind, die permanent auswandern. Die Leukocyten treten erst auf einen besonderen Reiz, toxischer oder chemischer Natur, aus dem subepithelialen Capillarnetz aus, um das Epithel zu durchdringen. Nach RENN (1912) dagegen findet man immer zahlreiche Leukocyten in Durchwanderung durch das Epithel begriffen. „Wenn", sagt er, „das Normale die Lymphocytendiapedese ist, und schon geringe Leukocytendiapedese Entzündung bedeutet, dann gibt es kaum eine normale Tonsille bei Alt und Jung, Groß oder Klein, sondern höchstens Gleichgewichtszustände; wir haben in der Leukocytendiapedese am Kreuzungspunkt auf der Gleichgewichtslinie den Ausdruck eines Vorgangs, der durch Anpassung aus einem ursprünglich pathologischen zum physiologischen geworden ist."

Was das Durchwanderungsvermögen der Lymphocyten betrifft, so hat man ein solches bis vor kurzem geleugnet. Man hat daher angenommen, daß die Lymphocyten passiv mit einem Lymphstrom durch das Epithel geführt werden (GULLAND 1891, BLOCH 1899, BRIEGER-GÖRKE 1901, LINDT 1908, SPULER 1911, HENKE 1914 u. a.). Zur Zeit haben wir jedoch das Recht annehmen zu dürfen, daß die kleinen Lymphocyten sowohl beweglich als auch emigrationsfähig sind, so daß eine Durchwanderung sicher aktiv vor sich gehen kann.

Eine andere Sache ist es jedoch, ob diese Durchwanderung in so großer Masse vor sich geht, wie man auf Grund der mikroskopischen Bilder vermuten könnte. Besonders wenn man mit JOLLY (1911, 1913), BRAUS (1924) u. a. den Standpunkt einnimmt, daß hier das Epithel und die Lymphocyten nicht nur nebeneinander, sondern miteinander tätig sind, eine Symbiose bilden, so muß man annehmen, daß es sich in hohem Grade um ein Verweilen der Lymhocyten in dem Epithel handelt.

So muß man auch, wenn man wie HELLMAN (1919, 1921), HEIBERG (1922, 1924), LATTA (1921) u. a. die Sekundärknötchen nicht als Bildungsplätze der Lymphocyten auffaßt, von einer reichlichen Auswanderung der Lymphocyten, wie diese z. B. in der STÖHRschen Zeichnung (Abb. 7) hervortritt, Abstand nehmen. Wohl sieht man nicht selten Bilder, die mit der Zeichnung STÖHRS im großen und ganzen erinnern (vgl. MOLLIER 1914); die Außenwand der Sekundärknötchen hat sich in das Epithel vorgedrängt und auch eine Durchwanderung der oberflächlich liegenden Zellen geht wohl vonstatten, aber gewöhnlich ist auch gegen das aufgelockerte Epithel eine scharfe Grenze der Sekundärknötchen vorhanden (Abb. 6).

So nimmt Goslar (1913) an, daß es sich diesbezüglich bei Feten nicht um eine wirkliche Durchwanderung, sondern nur um Wachstumsvorgänge an der Grenze von lymphatischem Gewebe und Epithel, um ein Einsprossen des ersteren in das Epithel handelt. In derselben Weise kann man die Auffassung von Barnes (1923) deuten, wenn er von einer Einlagerung von Lymphocyten in das Epithel spricht, die nicht von einem Wanderungsvermögen der Lymphocyten abhängt, obwohl sie ein solches besitzen, sondern von dem Drucke der Zellmasse.

Als „Organes lympho-épitheliaux" faßt Jolly (1923) die Thymus und die Bursa Fabricii (bei Vögeln) zusammen. Er betont gleichzeitig, daß diese Organe eine nahe Verwandtschaft mit dem lymphatischen Gewebe in der Schleimhaut des Darmkanals und auch mit den Tonsillen besitzen.

Man hat nach Jolly in allen diesen Organen Bildungen zu sehen, in welchen die Beziehungen zwischen Epithel und lymphatischem Gewebe in aufsteigender Reihe immer komplizierter werden, was nicht nur morphologisches Interesse haben kann. Ihr regelmäßiges Vorkommen, sowie die graduelle Vervollkommnung der gegenseitigen Beziehungen legen wenigstens den Gedanken nahe, daß auch das lymphatische Gewebe an der Funktion der epithelialen Zellen eng beteiligt ist.

Eine solche Auffassung ist von mehreren Seiten gebilligt worden, und man hat die Tonsillen als lymphoepitheliale Mischorgane aufgefaßt. Der lymphatische Rachenring wird als lymphoepithelialer Schlundring (z. B. Mollier 1914, Braus 1924) bezeichnet. Es muß jedoch hervorgehoben werden, daß dieses Eindringen in und diese Durchwanderung von Zellen durch das Kryptenepithel nicht nur lokal verschieden ist, sondern auch in verschiedenen Lebensaltern, wie auch sicher bei verschiedenen Gelegenheiten in demselben Alter, wechseln kann.

Bei Neugeborenen findet man nur einzelne Zellen in dem Epithel. Sie werden jedoch bald reichlicher und schon bei $1^{1}/_{2}$jährigen Kindern sind sie in großer Menge in das Epithel eingelagert. Dieses Verhalten bleibt während der Kinderzeit bestehen; erst nach der Pubertät

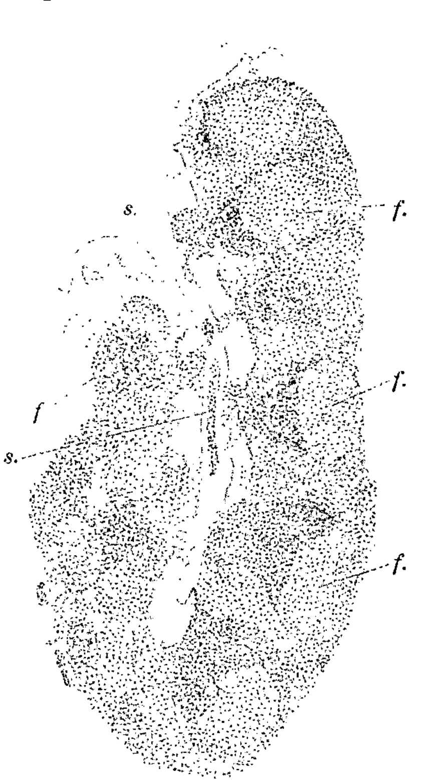

Abb. 7. Querschnitt durch die Tonsille eines erwachsenen Kaninchens. Vergr. 40fach. Hartnacks Embryograph. Nach Stöhr. Das Bild soll nach Stöhr zeigen, wie eine „Durchwanderung von Leucocyten von den Follikelkuppen aus" stattfindet. Bei *f.* „Follikeln (unsere Sekundärknötchen)", bei *s.* „Haufen schon durchgewanderter Leucocyten in der Tonsillenspalte liegend".

wird das Kryptenepithel wieder mehr intakt. Bei älteren Individuen ist die Grenze zwischen Epithel und lymphatischem Gewebe in der Regel scharf und nur einzelne Eindringlinge sind in dem Epithel zu sehen (Barnes 1923). Diese Zelleneinlagerung und Zellendurchwanderung des Epithels an dieser Stelle geht in erster Hand also nach allem zu urteilen Hand in Hand mit dem Heranwachsen und der Involution der Tonsille. Bei der höchsten Ausbildung derselben ist sie am größten.

Weiter ist dieser Vorgang der Zelleneinlagerung oder der Zellendurchwanderung keineswegs an die Anwesenheit von lymphatischem Gewebe unter dem Epithel gebunden. Man kann ja einen solchen Vorgang, wenn auch in geringerem Maße, vielfach auch an jenen Stellen unter einer mehrreihigen Deckschicht sehen, an denen keinerlei Anhäufungen von lymphatischem Gewebe vorhanden sind

(SCHLEMMER 1923). Diese enge Beziehung zwischen den Lymphocyten und den Epithelzellen in den Tonsillen muß also gegenwärtig, wie es auch JOLLY tut, als hypothetisch angesehen werden.

Von verschiedenen Seiten wird behauptet, daß die polymorph- und gelapptkernigen Zellen im Epithel wie auch in den Tonsillarkrypten und im Speichel umgewandelte Lymphocyten sind (WEIDENREICH 1908, HAMMERSCHLAG 1915, 1920, GÖTT 1923, BRAUS 1923). Sie solllten in neutrophile Leukocyten (WEIDENREICH) oder in Zellen, die diesen sehr gleichen, umgewandelt werden und so die Speichelkörperchen bilden. Gegen eine solche Deutung treten u. a. LAQUER (1912, 1913, 1918) und JOLLY (1923) auf. LAQUER hat gezeigt, daß die Speichelkörperchen die Oxydasereaktion geben, und ordnet sie daher unter die myeloiden Zellen ein. „Sie sind", sagt er, „echte neutrophile Leukocyten oder Trümmer von solchen. Echte Lymphocyten treten nur in ganz geringer Menge durch und werden nicht zu Speichelkörperchen". Es kommt ja in der Mundhöhle überall eine reiche Durchwanderung von Zellen durch das Epithel vor, so daß die Speichelkörperchenbildung nicht nur auf die Zellen, welche das Epithel der Tonsillen durchdringen, hingewiesen ist. Nach LAQUER wandern besonders in der Gegend des Rachendaches zahlreiche neutrophile Leukocyten aus.

Eine nähere Erforschung der Bedeutung der Speichelkörperchen fehlt bisher. Entweder hat man ihnen jede Bedeutung abgeschrieben, sie als absterbende Elemente ohne besondere Funktion aufgefaßt oder man hat angenommen, daß sie an der Verdauung teilnehmen können oder daß bei ihrem Zerfall bactericide Fermente frei werden.

In den Tonsillarkrypten findet man als Inhalt gewöhnlich abgestoßene Epithelzellen, die nicht selten hyalinisiert oder verhornt sind (Epithelperlen), Lymphocyten, Leukocyten und Mikroorganismen. Nach RENN (1912) findet man hier auch nicht selten Erythrocyten, eosinophile Zellen, Plasma- und Mastzellen. Teilweise sind die Zellen in Nekrobiose oder in Zerfall begriffen. Daneben können Speisereste vorkommen. Besonders wenn die Krypten eine komplizierte Form haben, kann der Inhalt Pfropfbildungen verursachen. Wenn diese Pröpfe sehr fest sitzen, können sie sich durch Aufnahme von Kalksalzen aus der Mundflüssigkeit in Tonsillarsteine (Amygdalolithen) umwandeln, welche oft teilweise aus weichen stinkenden Massen bestehen.

Daß Mikroorganismen in großer Menge in den Tonsillarkrypten vorkommen und auch dort nicht selten vegetieren können, ist von vielen Seiten behauptet worden (RENN 1912, KLATSCHO 1913, DIGBY 1919, 1923, SCHLEMMER 1922, SCHUMACHER 1925 u. a.). DIGBY glaubt, daß sie hier von den das Epithel durchwandernden Zellen aufgenommen und dann in das lymphatische Gewebe transportiert werden (Phagotaxis). FEIN (1921) schreibt den Mikroorganismen in den Krypten nur wenig Bedeutung zu. Er sieht z. B. in den Pfröpfen der Tonsille ganz banale Befunde von harmloser Natur, die in den Tonsillen beinahe jedes zweiten Menschen vorkommen und in großen Tonsillen ebenso wie in kleinen gefunden werden können. Pathogene Keime kommen in denselben fast nie vor.

Nach GÖTT (1923), SCHLEMMER (1923) u. a. werden die Tonsillarkrypten durch den Schlingakt normaliter entleert. Nach LEXER (1897) und GROBER (1905) entsteht durch die physiologische Abwicklung des Schlingaktes eine Saugwirkung, wodurch u. a. auch die Bakterien in die Krypten hineinkommen.

Das **lymphatische Gewebe**, welches die Tonsillarkrypten auskleidet, ist diffus angeordnet. Gebilde, die mit den Solitärfollikeln des Darmes vergleichbar wären, treten hier nicht hervor. Die embryonale Entwicklung der Tonsille zeigt auch (Abb. 17), daß es sich hier nicht von Anfang an um eine Verschmelzung von Solitärfollikeln, wie in einer PEYERschen Plaque handelt, sondern um eine diffuse Einlagerung von lymphatischem Gewebe (SWAIN 1886, STÖHR 1891, HAMMAR 1902, JURISCH 1912 (für die Zungentonsille), FOERSTER 1923). Ebenso wenig,

wie man bei der Ausbildung der großen Rindenknötchen in den Lymphknoten
von einer Verschmelzung von primären Lymphknötchen, Solitärfollikeln, sprechen
kann (es handelt sich ja hier um eine sekundäre Aufteilung der kompakten Lymph-
knotenanlage durch die intermediären, ausgewachsenen Lymphsinus), ebenso
wenig haben wir es hier mit einer solchen Verschmelzung zu tun. In dem lymphatischen Gewebe der Tonsille gibt es also keine Gebilde, die mit den Solitärfollikeln (Follikeln, Lymphknötchen) vergleichbar wären; was wir hier finden,
sind Sekundärknötchen (Näheres hierüber siehe dieses Handbuch, Bd. 6, Organe
des Lymphsystems. Vgl. auch v. EBNER 1899).

„Die allgemeine Auffassung ist, daß die Balgdrüsen aus einer Gruppe von miteinander
verschmolzenen Lymphknötchen (Follikeln) bestehen, die um eine grubige, mit Mundhöhlenepithel ausgekleidete Vertiefung (Balghöhle) gruppiert sind und also die ganze
Tonsille als ein großer Komplex von Lymphknötchen aufzufassen ist. Durch dichte
Aneinanderlagerung von derartigen Einzelknötchen kommt diese Verschmelzung zustande,
und diese ist gewöhnlich eine so innige, daß eine Abgrenzung derselben unmöglich erscheint;
die Zahl der an der Bildung beteiligten Einzelknötchen kann nunmehr aus der Anzahl
der vorhandenen ‚Keimzentren‘ erschlossen werden" (v. SCHUMACHER 1925).

Das lymphatische Gewebe breitet sich um die Krypten herum als eine etwa
1—2 mm breite Platte aus. In dieselbe sind die Sekundärknötchen eingelagert.
Der Bau dieses Gewebes ist der für jedes lymphatische Gewebe charakteristische.
Es besteht aus einem Retikulum, welches von dicht gelagerten lymphoiden Zellen
erfüllt ist. Dieses Gewebe nebst der Frage der Struktur der Sekundärknötchen
wird in diesem Handbuch, Bd. 6, Organe des Lymphsystems, näher behandelt
und ich verweise diesbezüglich auf dieses Kapitel. Hier will ich nur auf einige
Einzelheiten eingehen.

In dem lymphatischen Gewebe findet man allerorts zwischen den lymphoiden
Zellen auch Leukocyten. Sie kommen jedoch gewöhnlich nur in sehr begrenzter
Anzahl vor. In dem lymphatischen Gewebe der Tonsillen sind sie indessen unbe-
dingt in größerer Menge vorhanden als sonst. Sie sind besonders in der Nähe des
Epithels und der Gefäße wie auch in die Sekundärknötchen eingelagert. (HY-
NITZSCH 1899, CHIARI 1899, RENN 1912, KLATSCHO 1913 u. a.). Es sind dies Zellen,
die nach mehreren Forschern, wie erwähnt, später durch das Epithel ihren Weg
nehmen (s. S. 253).

Neben den Leukocyten kommen in den Tonsillen auch Plasmazellen in
größerer Anzahl vor als sonst in dem lymphatischen Gewebe (nach GOSLAR 1913
nur im extrauterinen Leben). Sie sind besonders in der Nähe der Sekundärknötchen, perivasculär, in die bindegewebigen Septen oder in die diesen angrenzenden Partien des lymphatischen Gewebes, aber auch subepithelial eingelagert
(RENN 1912, WILSON 1913, KLATSCHO 1913, JOLLY 1923 u. a.). Auch Mastzellen
sind gefunden.

Es liegt nahe anzunehmen, wie dies auch von seiten z. B. LINDTS (1907),
GOSSLARS (1913) und JOLLYS (1923) geschieht, daß dieses zahlreiche Vorkommen
von Zellen, die ja gewöhnlich einen Reizzustand kennzeichnen, von der allerlei
„Reizen" der Außenwelt ausgesetzten Lage des lymphatischen Gewebes der Tonsillen abzuleiten ist. Besonders wenn man darauf Rücksicht nimmt, daß die Tonsillen einerseits nach mehreren Angaben so gut wie immer Bakterien, nicht selten
auch pathogene, in sich beherbergen, daß andererseits auch bei „gesunden"
Menschen regelmäßig in denselben leichte „chronische Entzündungsprozesse"
sich abspielen (s. später), so kann man nicht davon abkommen, daß das Auftreten
dieser Zellen mit Reizzuständen zusammenhänge (vgl. DIETRICH 1923).

In dem lymphatischen Gewebe liegen die Sekundärknötchen gewöhnlich
nur in einer Reihe, mit ihrem größten Durchmesser mehr oder minder senkrecht
auf das Epithel eingelagert. Sie können jedoch oft teilweise auch in zwei Reihen

liegen, was deutlich aus der Abb. 6 und 19 hervorgeht und was ich durch Rekonstruktionen konstatiert habe. Die äußerste Lage weist dabei immer kleinere Sekundärknötchen auf.

BRAUS (1924) betont scharf, daß die Sekundärknötchen sowohl in den Tonsillen als auch in den Lymphknoten immer nur in einer Reihe gelagert sind. Dies stimmt jedoch mit dem wirklichen Verhalten nicht überein.

Die dunkle Außenzone der Sekundärknötchen umgibt in den Tonsillen nur selten das helle Zentrum in regelmäßiger Dicke. Beinahe immer ist nämlich diese Schicht dicht gedrängter Lymphocyten nur an den einen oder an die beiden Pole verschoben und sitzt mützenförmig über denselben. Ist diese Mütze einseitig vorhanden, so liegt sie in der inneren Lage immer an dem Pole, der gegen die

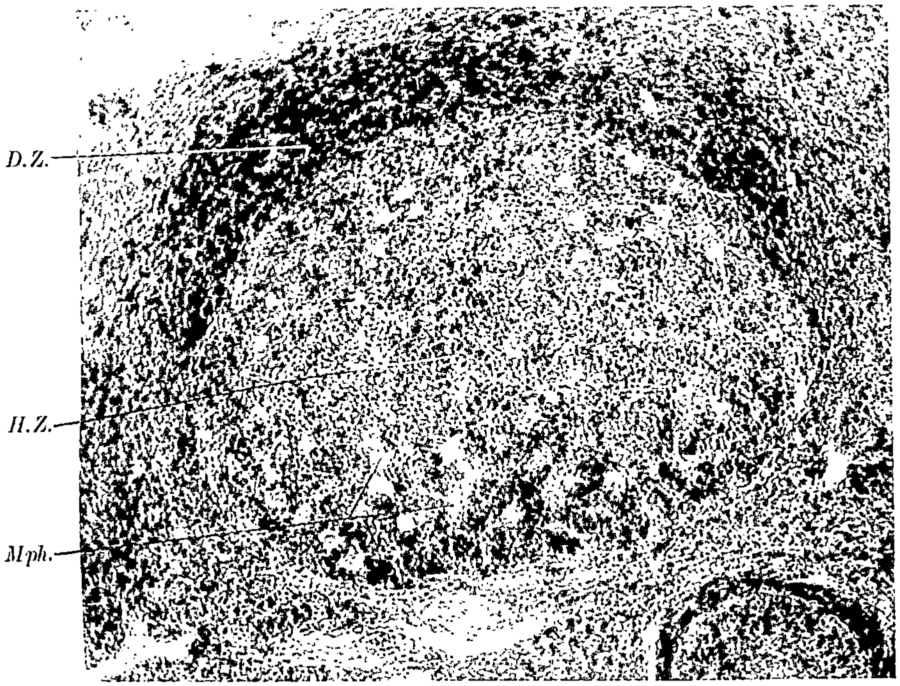

Abb. 8. Sekundärknötchen der Tonsille nach HEIBERG. *D. Z.* dunkle, periphere Zone; *H. Z.* helles Zentrum; *Mph.* Macrophagen.

Tonsillarkrypte gerichtet ist; findet sie sich an den beiden Polen, so ist die innere am besten ausgebildet. Sind zwei Schichten von Sekundärknötchen vorhanden, so sieht man jedoch nicht selten, daß die eine oder die am besten ausgebildete Mütze gegen die Septen oder die Kapsel gerichtet ist (Abb. 6 und 19).

Die Ursache dieser Verschiebungen der dunklen Außenzone kennen wir nicht. Als Ansammmlungen neugebildeter Lymphocyten, die im Begriff stehen durch das Epithel auszuwandern (STÖHR), können wir sie nicht ansehen. Die Grenze gegen das Epithel ist gewöhnlich scharf (Abb. 6). Man findet solche Verschiebungen auch nicht nur in den Sekundärknötchen der Tonsillen, wenn sie auch hier am deutlichsten sind. Es kann als Regel gelten, daß überall in dem lymphatischen Gewebe der Lymphocytenring dort am besten ausgebildet ist, wo derselbe an den Außenrand des lymphatischen Gewebes stößt.

Es scheint, als wären die Makrophagen in der zentralen, helleren Partie der Sekundärknötchen in den Tonsillen reichlicher und deutlicher hervortretend als in dem lymphatischen Gewebe andererorts. Man findet sie, wie besonders

Heiberg (1922) hervorhebt, oft als große, helle Zellen, die regelmäßig mit großen Mengen Zerfallsprodukten ausgefüllt sind und in einer sehr regelmäßigen Anordnung liegen. Sie sind im allgemeinen durch Cytoplasmabrücken miteinander verbunden und stellen ohne Zweifel, wenigstens überwiegend, die in dieser Weise veränderten Reticulumzellen dar (Abb. 8).

Es ist dieses Aussehen der Sekundärknötchen der Tonsillen, welches Heiberg dazu geführt hat, in den Sekundärknötchen Herde zu sehen, wo die Lymphocyten zerfallen. Dieses Aussehen ist indessen besonders für die Sekundärknötchen der Tonsillen charakteristisch, wenn man es auch nicht selten in den Darmlymphknötchen und bisweilen auch in den Lymphknoten antrifft. In der Milz dagegen kommt es nur in Ausnahmefällen vor. Bei mehreren Hunderten daraufhin untersuchten Milzen habe ich es nur in einem pathologischen Falle (Venenthrombose) gesehen.

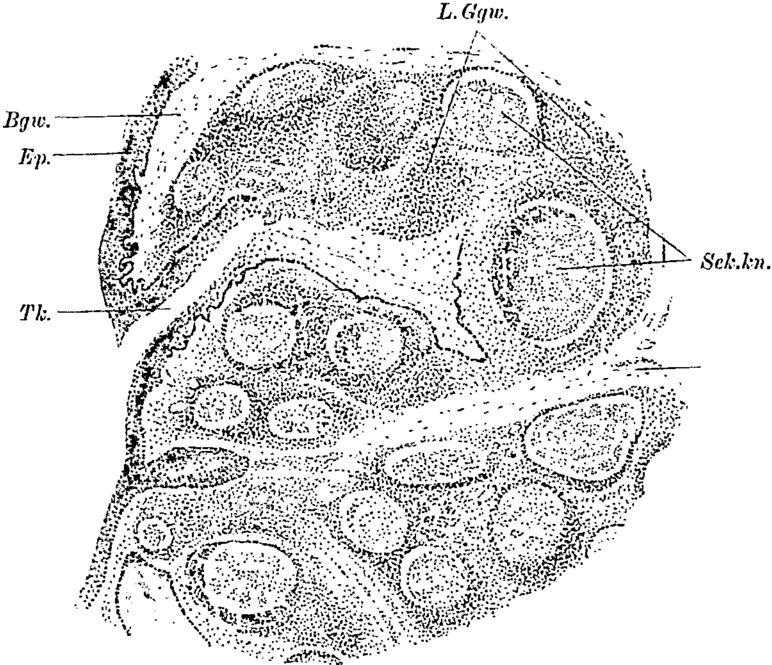

Abb. 9. Schnitt durch eine hypertrophische Tonsille nach Levinstein. *Bgw.* Bindegewebe; *Ep.* Epithel; *L. Ggw.* lymphatisches Grundgewebe; *Sek.kn.* Sekundärknötchen; *Tk.* Tonsillarkrypte.

Bei der Hypertrophie der Tonsillen, die in den ersten zwei Jahrzehnten am häufigsten vorkommt (Bloch 1899), sind die Sekundärknötchen nach übereinstimmenden Angaben (Eckhardt 1859, Swain 1886, Hynitzsch 1899, Brieger-Görke 1902, Levinstein 1909, Mitschell 1917 u. a.) bedeutend vergrößert, nach Messungen von Levinstein bis auf das Doppelte (Abb. 9). Wie auch aus dieser Abbildung hervorgeht, ist bei dieser außerordentlichen Entwicklung der Sekundärknötchen der äußere Lymphocytenring im hohen Grade verschmälert (Levinstein, Hellman 1919, Heiberg 1924).

Die Blutbahnen bilden in dem lymphatischen Gewebe ein ausgebreitetes und reichliches Kapillarnetz. In die Sekundärknötchen dringen von demselben aus schlingenförmige Zweige in mehr oder minder radiärer Anordnung hinein.

Die Kapsel und die bindegewebigen Septen. Die Kapsel umgibt die Gaumentonsille überall dort, wo sie nicht vom Epithel abgegrenzt ist. Sie stammt von dem Bindegewebe der tieferen Schichten der Schleimhaut. Die ganze

Gaumentonsille ist also in die Tunica propria der Schleimhaut eingebettet. Die Kapsel besteht aus einer relativ dünnen, aber deutlichen Membran von fibrillärem Bindegewebe, das reichlich elastische Netze enthält.

Von einigen Autoren (Labbé und Levi-Sirugue 1900, Güttich 1915 u. a.) wird das Vorhandensein einer Kapsel der Gaumentonsille bestritten. Sie soll nur von einer verdichteten Bindegewebsschicht umgeben sein. Besonders bei der Rückbildung der Tonsille wird die sogenannte Kapsel undeutlich oder sogar unkenntlich.

Es liegt auf der Hand, daß man doch hier von einer Kapsel sekundärer Natur sprechen darf. Sie ist bei der Entwicklung der Tonsille durch Zusammenpressung des Bindegewebes zustande gekommen.

Die Kapsel ist in gewisser Ausdehnung mit den Fascien der sie umgebenden Muskeln vereinigt. Quergestreifte Muskelfasern oder Muskelbündel treten auch in derselben auf. Sie stammen von den Muskeln der Umgebung, besonders vom M. constrictor pharyngis superior (M. buccopharyngeus), aber auch vom M. stylopharyngeus und M. glossopalatinus ab. Der erstgenannte dieser Muskeln kann die Tonsille gegen die Schlundenge zu vordrängen, der M. stylopharyngeus kann sie nach auswärts bewegen (Braus 1924). Wo die Muskelfasern mit ihr in Verbindung treten, also unten und hinten, ist die Tonsille mit der Nachbarschaft fester verbunden, sonst hängt sie mit derselben nur durch lockeres Bindegewebe zusammen. Bei den Tonsillektomien wird die Kapsel im allgemeinen mitentfernt.

Die bindegewebigen Septen, welche die Tonsillen durchziehen, nehmen von der Kapsel ihren Ursprung. Sie teilen die Tonsille in mehrere Partien auf, die man Lobuli (Hammar 1902) nennen kann. Im allgemeinen werden die Einzelpartien jedoch als Balghöhlen bezeichnet, und z. B. mit den Zungenbälgen verglichen. Es besteht die Tonsille demnach aus 10—20 Lobuli oder Balghöhlen, die voneinander durch diese bindegewebigen Septen getrennt werden.

Die bindegewebigen Septen sind in ihren Anfangsteilen wie die Kapsel gebaut. Die quergestreiften Muskelfasern dringen jedoch, von seltenen Ausnahmen (Töpfer 1902) abgesehen, nicht in dieselben hinein. Bei ihrem weiteren Eindringen zwischen die Lobuli werden sie bald lockerer, fasern sich auf und gehen in das Reticulum des lymphatischen Gewebes über. Stellenweise können sie durch eingelagerte lymphoide Zellen so aufgelockert sein, daß sie nur schwer abgrenzbar oder ganz unsichtbar werden. Dies ist auch die wahrscheinliche Ursache, warum die Septen nicht allen Zweigen der Tonsillarkrypten in sichtbarer Weise folgen, sondern im allgemeinen nur die Hauptstämme der Tonsillarkrypten mit ihrer lymphatischen Auskleidung abgrenzen.

In der Kapsel wie in den Septen können manchmal Knorpel- und Knocheninseln beobachtet werden. Sie können in der Einzahl oder in größerer Menge vorhanden sein. Bald bestehen sie nur aus Knorpel, der immer hyalin ist, bald nur aus Knochen, bald findet man beide Bestandteile nebeneinander. Gewöhnlich sind sie von Perichondrium bzw. Periost umgeben.

Alagna (1914) wie früher Töpfer (1902), Genter (1904) u. a. sehen in dem Auftreten dieser Knorpel- und Knocheninseln eine Metaplasie des Bindegewebes. Andere leiten diese Einschlüsse von embryonalem Knorpel ab. So betrachtet sie z. B. Théodore (1912) als Reste des zweiten Kiemenbogens, nach Grünwald (1913) handelt es sich um Derivate der primitiven Thyreohyoidverbindung, seltener des horizontalen Hyoidteils selbst, erst in dritter Linie um Reste des Stylohyoidteils (Lig. stylohyoid.). Lubarsch (1904) nimmt für manche Fälle eine Metaplasie, für andere dagegen Bestehenbleiben von embryonalem Knorpel an.

Die Kapsel und die Septen enthalten reichlich Blut- und Lymphgefäße.

Nach Cairney (1924) kommt auch der Hauptstamm der A. carotis interna, wenn er geschlängelt verläuft, nahe an die dorsale und laterale Seite des Pharynx zu liegen und wird dann nur durch den M. constrictor pharyngis von der Gaumentonsille getrennt. Dieses Gefäß kann dann bei der Tonsillenektomie verletzt werden. Diese Lage desselben ist angeboren und findet sich in etwa 25 v. H.

Außerhalb der Kapsel, besonders zu beiden Seiten der Tonsille, und vor allem an der Seite, die gegen den Arcus glossopalatinus gerichtet ist, liegen reichliche muköse Drüsen. Ihre Ausführungsgänge münden nicht in den Tonsillarkrypten, sondern an der Oberfläche.

BICKEL (1884) bezeichnet es für den Begriff einer Tonsille als Conditio sine qua non, daß ein Schleimdrüsenausführungsgang in den Fundus der Fossulae einmündet. Nach SCHMIDT (1863) und TOLDT (1888) kommen auch solche Mündungen in den Krypten der Gaumentonsillen vor. LEVINSTEIN (1909), RENN (1912) und PIFFL (1913) bezeichnen dies als Ausnahmefälle. ELLENBERGER und ILLING (1911) glauben, daß diese Angaben auf Täuschungen beruhen. SCHLEMMER (1923) hat, um diese Frage zu entscheiden, in mehreren Fällen die Gaumentonsillen in Serienschnitten durchmustert, ohne auch nur ein einziges Mal einen in das Kryptenlumen mündenden Schleimdrüsenausführungsgang gefunden zu haben.

2. Die Zungentonsille.
(Die Zungenmandel. Tonsilla lingualis.)

Die Zungentonsille ist eine zusammenfassende Bezeichnung für die Einlagerungen von lymphatischem Gewebe am Zungengrunde. Diese Einlagerungen bestehen aus einer großen Anzahl sog. Zungenbälge (STÖHR), Folliculi lingu-

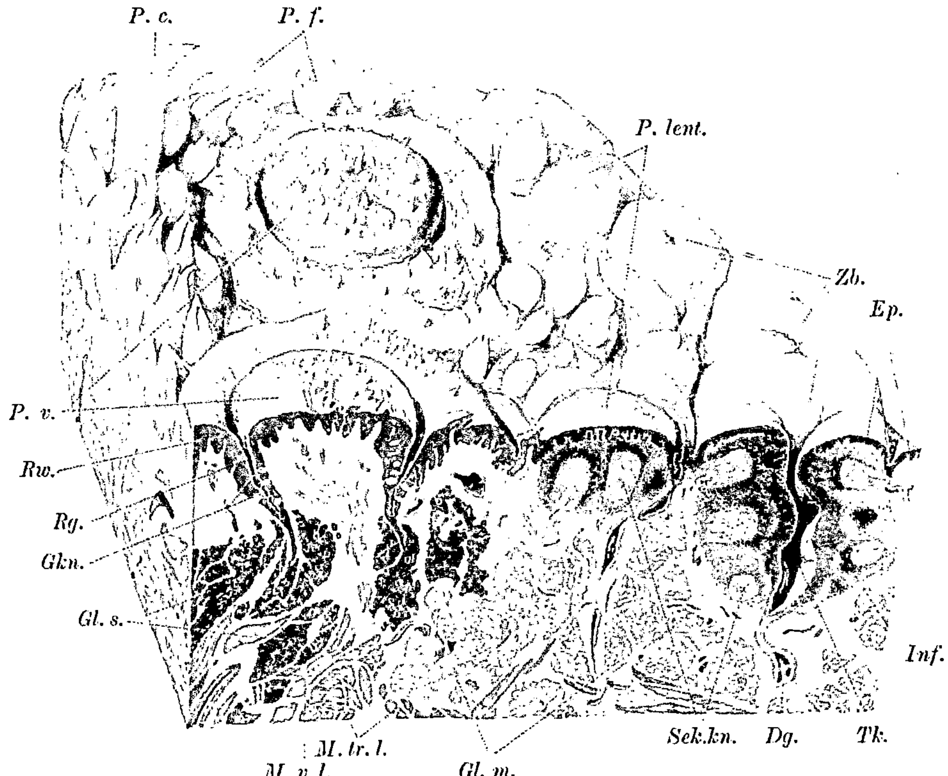

Abb. 10. Oberfläche der Zunge an der Grenze zwischen Zungenrücken und Zungengrund. Nach BRAUS. Kombination aus der Betrachtung mit dem binokularen Mikroskop und von Schnittbildern 16. Die vordere Schnittfläche entspricht der Längsrichtung der Zunge, links vom Beschauer läge die Zungenspitze, rechts der Zungengrund. *Dg.* Drüsenausführungsgang; *Ep.* Epithel; *Gkn.* Geschmacksknospen; *Gl. m.* Glandulae mucosae; *Gl. s.* Glandulae serosae; *Inf.* Zelleninfiltration des Epithels; *M. tr. l.* Musculus transversus linguae; *M. v. l.* Musculus verticalis linguae; *P. c.* Papilla conica; *P. f.* Papillae filiformes; *P. lent.* Papillae lenticulares; *P. v.* Papillae vallatae; *Rg.* Ringgraben; *Rw.* Ringwall; *Sek.kn.* Sekundärknötchen; *Tk.* Tonsillarkrypte; *Zb.* Zungenbalg.

ales oder Noduli lymphatici (LEVINSTEIN), Balgdrüsen (KÖLLIKER), die über den basalen Teil der Zunge zerstreut sind. In der Regel bedingt jeder Zungenbalg eine Vorwölbung der Schleimhautoberfläche, die in der Mitte eine kraterförmige Einziehung, die Mündung einer Fossulae, zeigt. Durch diese dicht aneinandergelagerten Bälge erhält der Zungengrund ein höckeriges Aussehen

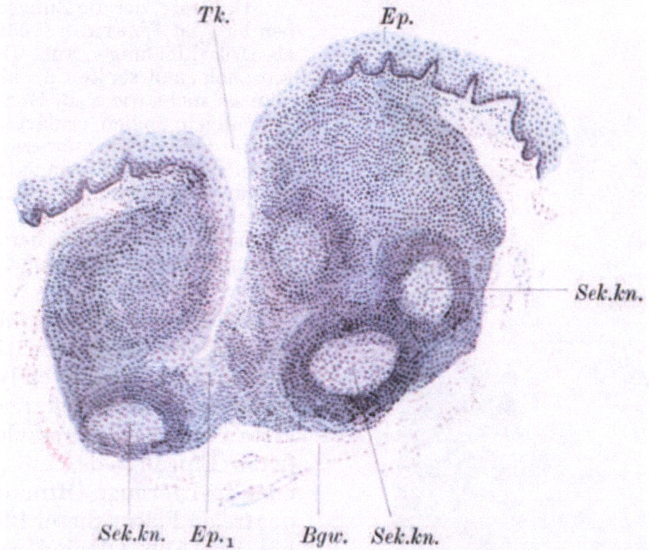

Abb. 11. Menschlicher Zungenbalg nach SCHUMACHER. Picrinsublimat, Haematox., Eosin. Vergr. 400fach. *Bgw.* Bindegewebe; *Ep.* oberflächiges Epithel; *Ep.*₁ aufgelockertes Epithel im Fundus der Tonsillarkrypte; *Sek.kn.* Sekundärknötchen; *Tk.* Tonsillarkrypte.

(Abb. 1 und 2). Diese Zungenbälge können so nahe aneinander liegen, daß sie mehr oder weniger zusammenschmeltzen. Es entstehen so Vorwölbungen der Schleimhautoberfläche, die mit zwei oder sogar mehreren Zungenbälgen ausgerüstet sind. In letzterem Falle werden sie leistenförmig (vgl. Abb. 2 und Abb. 12). Die Anzahl der Zungenbälge beträgt nach OSTMANN (1883) bei Erwachsenen im

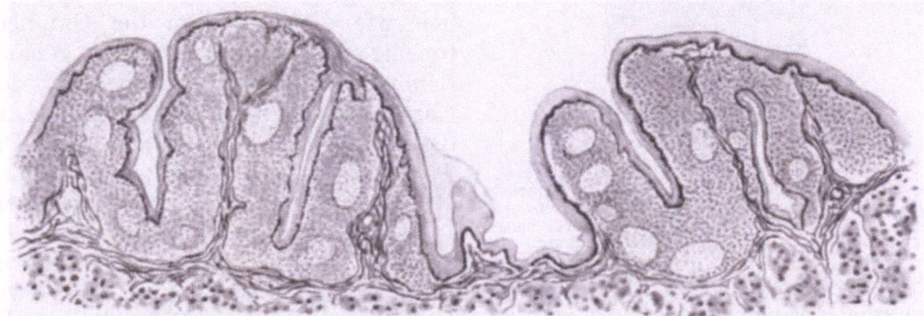

Abb. 12. Vertikalschnitt der Tonsilla lingualis. Kind, 12 Jahre, mit mehr als gewöhnlich ausgebildeten Zungenbälgen. Nach BARNES. Die Vorwölbungen sind hier mit mindestens zwei Zungenbälgen ausgerüstet.

Mittel 66 (min. 34, max. 102), bei Kindern fand er ihre Anzahl zwischen 28 und 74 schwankend; ihre Größe, an der Oberfläche gemessen, schwankt zwischen 1 und 5 mm. Sie nehmen den ganzen Umfang der Zungenbasis ein, erstrecken sich nach vorn bis an den Sulcus terminalis, nach rückwärts bis zur Epiglottis, seitlich reichen sie bis dicht an die Gaumentonsillen heran. JURISCH (1912) hat besonders darauf aufmerksam gemacht, daß sie gewöhnlich im Anschluß an die Faltenbildungen der Zungenbasis reihenförmig geordnet sind. Die Reihen stoßen an der Epiglottis zusammen, nach vorn zu weichen sie fächerförmig auseinander, so daß die zentrale, vordere Partie des Zungengrundes, unmittelbar hinter dem Foramen coecum, gewöhnlich von den Zungenbälgen frei ist (Abb. 1 und 2).

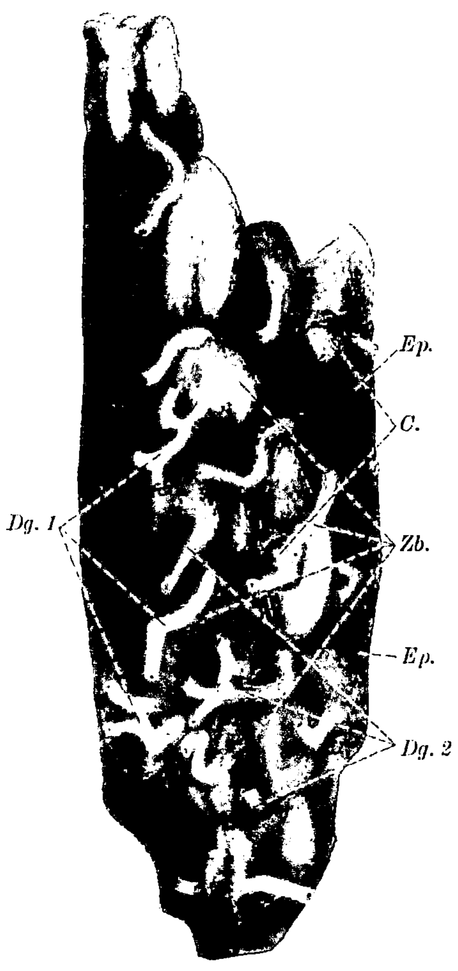

Abb. 13. Rekonstruktion nach Born in 33facher Vergrößerung einiger Zungenbälge eines erwachsenen Mannes um die Ausmündungsstellen der Drüsenausführungsgänge zu zeigen, von vorn und unten gesehen. Abb. ¹/₃. *C.* Cystöse Erweiterungen der Drüsenausführungsgänge gerade unter dem Oberflächenepithel; *Dg. 1* Drüsenausführungsgänge, die in die Tonsillarkrypten münden (nicht schattiert); *Dg. 2* Drüsenausführungsgänge, die zwischen den Zungenbälgen münden (schattiert); *Ep.* Zungenepithel; *Zb.* Zungenbälge.

Der erste, der die Zungenbälge beschrieben hat, ist Warthon (1656). Er faßte sie als Drüsenbildungen auf. Diese Auffassung war auch zu dieser Zeit die allgemeine, wenn man sie nicht wie z. B. Ruysch (1725) nur als Zungenpapillen erklärte. In der ersten Hälfte des 19. Jahrhunderts wurden sie im allgemeinen Bewußtsein ständig als Drüsen oder als Receptacula des Sekrets der tieferen Drüsen angesehen. Es war, wie früher hervorgehoben, Kölliker, der die Zusammensetzung dieser Gebilde aus lymphatischem Gewebe erkannte.

Die Zungenbälge sind also Einsenkungen von mehrschichtigem Plattenepithel, die ringsum von lymphatischem Gewebe ausgekleidet sind. Die Tonsillarkrypten, Fossulae tonsillaris, deren Eingang als eine punkt-, kreis- oder spaltförmige Öffnung in der Mitte der freien Fläche dieser Bildungen sichtbar ist (Abb. 1), sind gewöhnlich einfach (Abb. 11), können jedoch nicht selten in ihrem Fundus zweigeteilt sein. Sie sind seichter als die Tonsillarkrypten der Gaumentonsille, und können nicht selten eine geräumige Höhle bilden. Äußerlich wird das lymphatische Gewebe von einer dünnen, bindegewebigen Kapsel eingeschlossen (Abb. 11). Die Zungenbälge sind also hauptsächlich wie die Einheiten der Gaumentonsille (die Lobuli, Balghöhlen) gebaut, stimmen jedoch vielleicht mehr mit den Gaumentonsillen gewisser Tiere (z. B. des Kaninchens, Abb. 19) überein. Die Tonsillarkrypten können wie in den Gaumentonsillen mit verschiedenem Inhalt erfüllt sein.

Das mehrschichtige Plattenepithel in den Krypten ist etwas niedriger als das Epithel an der Oberfläche und gewöhnlich papillenlos (Schumacher 1925). Die Einlagerung und Durchwanderung von Zellen in dasselbe ist gewöhnlich nicht so stark wie in den tiefen Krypten der Gaumentonsille. Das lymphatische Gewebe verhält sich ebenso wie in der Gaumentonsille. Die Sekundärknötchen haben hier die gleiche Lagerung und den gleichen Bau wie dort (Abb. 11).

In der dünnen Kapsel, die eine sekundäre ist und zahlreiche elastische

Netze enthält, verlaufen die Blut- und Lymphgefäße. Das lymphatische Gewebe wird von einem reichlichen Blutcapillarnetz durchsetzt, das seine Zweige radiär in die Sekundärknötchen einsenkt.

Unmittelbar unter den Zungenbälgen, nur durch eine Bindegewebsschicht von denselben getrennt, liegen die Zungenmuskeln. Hier und in den äußersten Schichten der Muskulatur liegen zahlreiche Schleimdrüsen. Die Ausführungsgänge dieser Drüsen münden gewöhnlich in etwa gleicher Anzahl in die Krypten wie zwischen den Zungenbälgen (Abb. 13 und 14).

Nach v. EBNER (1899) münden die Ausführungsgänge der Drüsen in die Hohlräume der Balgdrüsen. Daß dies immer der Fall sei, wird auch von vielen anderen Seiten hervorgehoben, wie z. B. von SCHAFFER (1920) und SCHLEMMER (1922). Andere Forscher geben an, daß hier ebensowenig wie in der Gaumentonsille die Ausführungsgänge in die Krypten münden. „Es kommt tatsächlich vor, daß benachbarte Schleimdrüsen der Zunge anstatt zwischen die Bälge in die Krypte münden. Aber diese zufällige Zutat ändert nichts daran, daß die Bälge zum Lymphsystem gehören und an sich mit Drüsen nichts zu tun haben", sagt BRAUS (1924). Ich habe mich durch Rekonstruktionen überzeugt, daß diesbezüglich das Verhalten das oben angegebene ist.

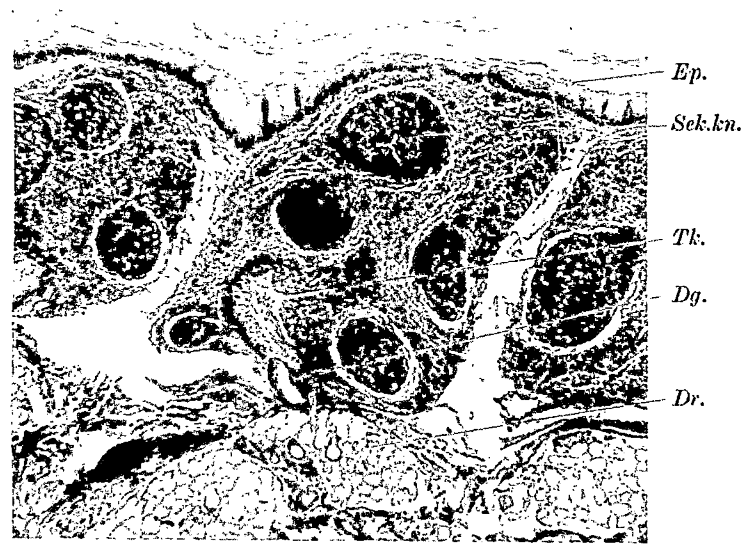

Abb. 14. Mündung eines Drüsenausführungsganges. Vertikaler Schnitt aus derselben Serie, von welcher die Rekonstruktion (Abb. 12) ausgeführt ist. Form. Haematox. Photo. Vergr. 33 fach. *Dg.* Drüsenausführungsgang in eine Tonsillarkrypte mündend; *Dr.* Drüsen; *Ep.* Epithel; *Sek.kn.* Sekundärknötchen; *Tk.* Tonsillarkrypte.

Zwischen den Zungenbälgen kann man, worauf schon HENLE (1866) aufmerksam gemacht hat, linsengroße Knötchen sehen, die keine zentrale Epitheleinsenkung aufweisen, und sich daher makroskopisch nicht scharf von abortiven Papillae filiformes unterscheiden lassen (BRAUS 1924). Sie sind also mit lymphatischem Gewebe plaqueartig ausgefüllt, das Sekundärknötchen enthält (s. Abb. 10).

BRAUS nennt diese Knötchen Papillae lenticulares (nicht mit den sogenannten Papillae lenticulares am Rande und an der Spitze der Zunge zu verwechseln) und gibt an, „daß sie zu den Papillenstöcken gehören, weil in der linsenförmigen Kuppe viele kleine Papillen liegen, wie in der Papilla vallata". Die „Durchwanderung" von Lymphocyten ist auf der Kuppe des Organs am intensivsten; die kleinen bindegewebigen Papillen pflegen besonders dicht mit Lymphocyten gefüllt zu sein, welche von hier aus in das Epithel eindringen. Der Ausführungsgang benachbarter Drüsen kann auf kurze Strecken einen Ringgraben vortäuschen (BRAUS).

Die Hypertrophie der Zungentonsille fällt nach Michael (1899) in ein späteres Alter als in dem übrigen lymphatischen Gewebe des Schlundringes. Er gibt ein Alter von 20—40 Jahren an. Die Hypertrophie ist auch durch eine Vergrößerung der Sekundärknötchen gekennzeichnet (Ostmann 1883).

3. Die Rachentonsille.

(Die Pharynxtonsille. Die Rachenmandel. Luschkas Tonsille.)

Die Rachentonsille unterscheidet sich von den übrigen Tonsillen des Schlundrings dadurch, daß es sich hier hauptsächlich um eine große lymphatische Gewebsplatte handelt, welche in der mit Leisten und Furchen versehenen Schleimhaut eingelagert ist (Abb. 2 und 1).

Als eigentlicher Entdecker der Rachentonsille wird von Zuckerkandl (1882) C. Schneider (1655) angegeben. Im 18. Jahrhundert wird sie von mehreren Anatomen (Winslow, Santorini, v. Haller u. a.) beschrieben. Kölliker erkannte ihre lymphatische Natur. Luschka (1868) beschreibt sie eingehend.

Die Rachentonsille nimmt das Dach sowie einen Teil der Hinterwand der Pars nasalis des Schlundkopfes (des Epipharynx) ein. Die seitliche Grenze bilden zwei sagittale Furchen, welche die Seitenwand des Schlundkopfes vom Dache trennen. Die Leisten verlaufen im großen und ganzen sagittal und sind gewöhnlich durch wohl ausgebildete Furchen getrennt (Abb. 16). Sie können die ganze Tonsille ununterbrochen durchziehen, was jedoch nur selten der Fall ist. Gewöhnlich verzweigen sich die Leisten und stehen hier und dort durch Zwischenzweige miteinander in Verbindung. Sie haben indessen nur selten eine streng sagittale Richtung, häufiger konvergieren sie sowohl nach hinten, als auch nach vorn, wodurch sie also im Verhältnis zur Medianlinie bogenförmig verlaufen. (Mégévand 1887, Schwabach 1888, Killian 1888, Wex 1899, Wetzel 1925.) Besonders regelmäßig ist jedoch die Convergens nach vorn gegen die Choanen zu (Jolly 1923). (Dies geht aus der übrigens sehr instruktiven Abbildung Luschkas

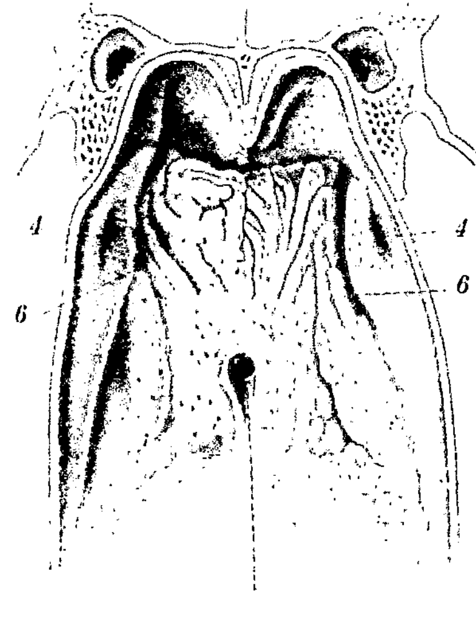

Abb. 15. Frontalansicht der Pars nasalis des menschlichen Schlundkopfes in natürlicher Größe nach v. Luschka. *1, 1* Processus pterygoideus. *2* Durchschnitt der Pflugschar. *3, 3* Hinteres Ende des Daches der Nasenhöhle. *4, 4* Ostium pharyngeum der Ohrtrompete. *5* Mündung der Bursa pharyngea. *6, 6* Recessus pharygeus. *7* In Blätter zerfallene adenoide Substanz der Pars nasalis des Schlundkopfes.

(Abb. 15) nicht hervor.) Sie können auch Ausläufer zu den Rosenmüllerschen Gruben senden, welche dann mehr quergestellt erscheinen. Die mediane Furche ist in der Regel tiefer als die übrigen (Abb. 16), und tritt daher meistens sehr deutlich hervor. Häufig ist jedoch diese Furche verschlossen und bildet dann einen „Recessus pharyngeus medius". Balghöhlen gibt es in der Rachentonsille nicht (Killian 1888).

Das Epithel der Rachentonsille ist ein mehrreihiges, flimmerndes Zylinderepithel, das zahlreiche Becherzellen enthält. Streckenweise kann man jedoch, besonders bei Erwachsenen, bisweilen Streifen oder Inseln von mehrschichtigem Plattenepithel in das flimmernde Epithel eingestreut finden. Die Einlagerung und Durchwanderung von Zellen ist in dem Epithel reichlich, besonders an den Leisten.

Die Streifen oder Inseln von mehrschichtigem Plattenepithel können sowohl als eine normale Erscheinung als auch als eine pathologische Veränderung angesehen werden (S. 274). SPULER (1911) nimmt eine Umbildung des mehrreihigen Zylinderepithels in geschichtetes Plattenepithel an als die Folge einer vermehrten, massenhaften Durchwanderung von Lymphocyten.

Unter diesem Epithel breitet sich das lymphatische Gewebe aus (Abb. 16). Es kleidet als eine überall im großen und ganzen gleich dicke, etwa 2 mm breite Schicht sowohl die Leisten als auch die Furchen aus. Die untere Grenze des lymphatischen Gewebes verläuft also im ganzen parallel mit der Oberfläche des Epithels. Das lymphatische Gewebe besteht, wie überall in den Tonsillen so auch hier aus einer homogenen, nicht in Follikel aufgeteilten Schicht und enthält mehr oder weniger zahlreiche Sekundärknötchen. Auch sonst stimmt der Aufbau des lymphatischen Gewebes in der Rachentonsille mit dem in den anderen Tonsillen (s. Gaumentonsille) überein. Nach außen zu wird das lymphatische Gewebe der Rachentonsille von einer dünnen, aus zusammengedrängtem Bindegewebe bestehenden (sekundären) Kapsel abgegrenzt. Diese enthält, wie überhaupt die ganze Submucosa an dieser Stelle, reichliche elastische Netze. Von dieser

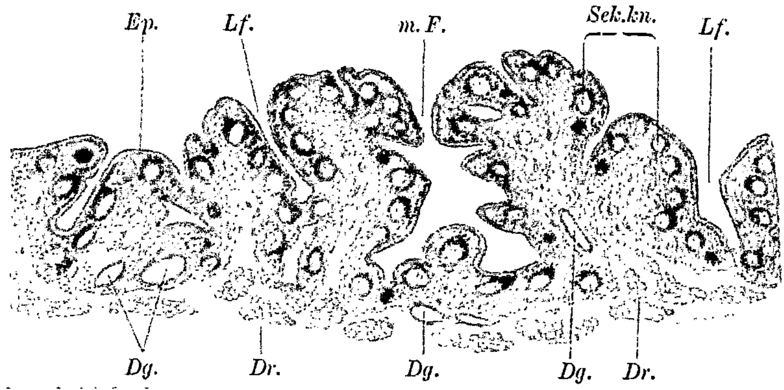

Abb. 16. Querschnitt durch die Rachentonsille eines 9jährigen Mädchens. Formol, Hämatox., Eosin). Vergr. 6fach. Nach SCHUMACHER. *Dg.* Drüsenausführungsgänge; *Dr.* Drüsen; *Ep.* Epithel; *Lf.* Längsfurchen im Querschnitt; *m. F.* mediane Längsfurche; *Sek.kn.* Sekundärknötchen.

Kapsel aus ziehen reich vascularisierte bindegewebige Septen in das Zentrum der Leisten hinein (Abb. 16).

Außerhalb der Kapsel liegen zahlreiche Drüsen, welche nach SCHAFFER (1920) gemischter Natur sind. Sie kommen besonders dort vor, wo die bindegewebigen Septen der Leisten von der Unterlage abzweigen, und erstrecken sich teilweise in dieselben hinein (Abb. 16). Ihre Ausführungsgänge ziehen meist in schräger Richtung oder in Windungen durch das lymphatische Gewebe hinduch, seltener verlaufen sie mehr gerade gestreckt. Sie münden an der Oberfläche besonders in den Furchen der Schleimhaut aus. Jede Lacune (Spalte) der Tonsille dient der Ausmündung wenigstens einer Drüse (SUCHANNEC 1888). Unter der Schleimhaut liegt hier keine Muskulatur.

Bezüglich der lymphatischen Einlagerungen in der nächsten Umgebung der Rachentonsille (Abb. 2) will ich SCHUMACHER (1925) zitieren. „Die Einzelknötchen", sagt er, „sind im allgemeinen scharf abgegrenzte, mehr oder weniger abgerundete Lymphocytenansammlungen. Sie zeigen gewöhnlich ein Keimzentrum und wölben die Schleimhautoberfläche etwas vor. Entsteht eine stärkere Vorwölbung durch ein derartiges Knötchen, so wird dies auch als ‚Granulum' bezeichnet. Kleinere ‚Granula' sind demnach nicht als pathologische Bildungen aufzufassen, da ja Einzellymphknötchen in jedem Pharynx vorhanden sind. Ähnlich wie an den Zungenbälgen sieht man auch hier in der Mitte der Vorwölbung eine Einsenkung, die mit geschichtetem Epithel ausgekleidet ist, hier aber nicht als Krypte bezeichnet werden darf, da sie nicht blind endigt, sondern sich kontinuierlich in einen Drüsenausführungsgang fortsetzt". (Dasselbe Verhalten liegt jedoch oft auch in den Zungenbälgen vor [Verf.].). „Während die Durchsetzung des Epithels mit Lymphocyten an der freien Oberfläche stets eine nur mäßige ist, und daher das Knötchen gegen das Oberflächenepithel scharf abgegrenzt erscheint, treten im Bereiche des mit geschichtetem Epithel ausgekleideten Mündungstückes des Ausführungsganges dieselben lebhaften Durchwanderungserscheinungen auf, wie in den Krypten der Zungenbälge ..."

„Nachdem alle Lymphknötchen der Schlundkopfwand dasselbe Verhalten zeigen, so scheint der Schluß berechtigt, daß hier jegliche größere Ansammlung von Lymphocyten ursächlich an das Vorhandensein des Drüsenausführungsganges geknüpft ist und Schaffer spricht die Vermutung aus, daß diese Erscheinung auf Chemotaxis zurückzuführen sein dürfte . . . . Wenn auch alle Lymphknötchen die geschilderte Lagebeziehung zu den Ausführungsgängen zeigen, so sehen wir aber umgekehrt nicht alle Ausführungsgänge von einem Lymphknötchen umgeben. Namentlich entbehren die Ausführungsgänge der Drüsen in der Rosenmüllerschen Grube der lymphoiden Umgebung (Schaffer) und ebenso die Ausführungsgänge der sehr zahlreichen Drüsen, die sich am Rachendach zwischen dem Hinterrande der Nasenscheidewand und Rachenmandel finden."

Luschka (1868) hat „einen länglichen, höchstens $1\frac{1}{2}$ cm langen und im Maximum 6 mm breiten, beutelförmigen Anhang des Schlundgewölbes" beschrieben, auf welchen früher Mayer (1842) aufmerksam gemacht und den er „Bursa pharyngea" genannt hat. Der Eingang zu dieser Bursa ist rundlich (Abb. 15) und liegt an der hinteren Grenze der Rachentonsille. Der Sack steigt gerade nach oben hin gerichtet auf, „um sich mit seinem verjüngten, bisweilen spitzzulaufenden Ende in die äußere, fibröse Umhüllung des Hinterhauptbeines förmlich einzubohren".

Diese Bursa pharyngea gehört nicht der Rachentonsille an, und darf nicht mit dem Recessus pharyngeus medius, welcher aus der medianen Spalte durch Verwachsungen der sie einschließenden Falten entstehen kann und frei in der Submucosa liegt (siehe oben), verwechselt werden. Zu einer solchen Verwechslung haben sich Gagnhofner (1878), Tornwald (1885, 1887) und Schwabach (1887, 1888) schuldig gemacht (Disse 1896). Die Bursa ist relativ selten, wird nach Jolly (1923) besonders bei Kindern, nicht bei den Erwachsenen gefunden. Der Recessus ist dagegen häufig ausgebildet. Zu der Entstehung der Hypophyse hat sie keine Beziehung (Disse).

Verwachsungen, Rezess- und Cystenbildungen sind in der Rachentonsille mehrmals, besonders bei ihrer Involution beschrieben worden (Killian 1888, Görke 1904, Lindt 1907 u. a.). Lindt (1907) gibt an, daß kleinere und größere Cysten sowohl bei jüngeren als auch bei älteren Individuen vorhanden sind. Sie sind zum Teil aus den abgeschnürten Lacunen, zum Teil aus dilatierten Drüsenausführungsgängen entstanden, und sind mit zylindrischem oder kubischem, selten mit reinem Plattenepithel ausgekleidet. Große, makroskopisch sichtbare Cysten finden sich indessen nur bei älteren Individuen vor, deren Tonsillen schon zahlreiche Spuren überstandener Entzündungen und teilweise Involution zeigen.

Die Rachentonsille besitzt eine große Neigung zur Hypertrophie und bildet dann Balken, Wülste oder knollige Tumoren aus, die den Nasenrachenraum verengern oder ausfüllen (die adenoiden Vegetationen, Meyer 1873—74). Diese Vegetationen kommen meistens im Alter von 7—15 Jahren vor (Fränkel 1884, Bride und Turner 1897). Sie werden im allgemeinen als ein Produkt chronischer Entzündung aufgefaßt (Gottstein und Kayser 1899), werden auch als ein Ausdruck erhöhter, physiologischer Funktion des lymphatischen Gewebes bei stärkeren Reizen durch Bakterien und Giftstoffe angesehen (Brieger-Görke 1902 u. a.). Sie können auch bei akuten Infektionen vorkommen.

4. Die Lymphbahnen.

Die Tonsillen liegen dicht unter das Epithel eingelagert und haben keine zuführenden Lymphbahnen (Amersbach 1914, Digby 1919, Schlemmer 1921, 1923, Barnes 1923 u. a.).

Die allgemeine, besonders von FRÄNKEL (1895) betonte Beobachtung, daß in den Tonsillen bei infektiösen Prozessen in der Mundhöhle, wie auch in der Nasenhöhle (hier oft auch nach operativen Eingriffen), leicht entzündliche Prozesse auftreten, hatte zu der Annahme geführt, daß die Lymphgefäße dieser Regionen in die Tonsillen führten, daß also die Tonsillen als in den Lymphstrom eingeschaltete, periphere Lymphknoten zu betrachten wären. Es ist auch v. LÉNÁRT (1909) und HENKE (1914) gelungen, nach Injektion körniger Farbstoffe in die Nasenschleimhaut bzw. in die Mundhöhle, dieselben in den Gaumentonsillen wiederzufinden. DESCOMPS und JOSSET-MOURÉ (1909) wollen auch die Vasa afferentia der Gaumentonsille nachgewiesen haben und sehen in den Tonsillen die erste Lymphknotenetappe der benachbarten subepithelialen Lymphgefäßnetze. Gegen eine solche Auffassung trat AMERSBACH (1914) und zuletzt SCHLEMMER (1921, 1923) auf, und es muß jetzt als sichergestellt angesehen werden, was übrigens auch mit der allgemeinen Auffassung übereinstimmt, daß keine zuführenden Lymphgefäße in die Tonsillen hineinführen.

Die Lymphgefäße, welche die Tonsillen verlassen, haben also ihren Anfang im Anschluß an dieselben. Es ist auch sichergestellt, daß sowohl subepithelial, wie auch in der Kapsel und in den Septen, wo solche vorhanden sind, ein reichliches und wohl ausgebildetes Lymphkapillarnetz vorhanden ist. Ob es auch in dem lymphatischen Gewebe der Tonsillen selbst Lymphkapillaren gibt, muß wohl bis auf weiteres dahingestellt bleiben. Diese Frage hängt ohne Zweifel innig damit zusammen, ob es überhaupt in dem lymphatischen Gewebe, in den Rindenknoten, in den Darmlymphknötchen usw. ausgebildete Lymphkapillaren gibt.

Was die Tonsillen betrifft, so gibt schon BILLROTH (1858) an, daß in dem lymphatischen Gewebe derselben Lymphkapillaren vorhanden seien. Sie sollen kein Epithel und keine Klappen besitzen, und FREY (1862) soll nach SCHLEMMER (1921) dieselben injiziert haben. RETTERER (1886) findet überall in dem Tonsillargewebe geschlossene Lymphbahnen, was später z. B. von HODENPYL (1891) und LABBÉ und LÉVI-SIRUGUE (1900) bestätigt wurde. BAUM (1911) und SPULER (1911) nehmen ebenfalls Lymphbahnen an, aber offene. SCHLEMMER (1921) hat an herausgenommenen Gaumentonsillen subepitheliale Injektionen vorgenommen und dabei „ein lymphocytenführendes Netzwerk" zwischen den Blutkapillaren gefüllt, das er unbedingt für Lymphbahnen hält. In den Sekundärknötchen waren jedoch niemals injizierte Lymphkapillaren zu sehen. Sie umgeben diese Gebilde als ein Maschenwerk, eine Beobachtung, die auch FREY (1862) und HARFF (1875) gemacht haben. Kryptenwärts sollten sie blind endigen. Es muß jedoch hervorgehoben werden, daß die Möglichkeit einer Injektion nicht unbedingt für die Präexistenz von Lymphkapillaren spricht.

Wir müssen daran festhalten, daß die Einlagerungen von lymphatischem Gewebe in die Schleimhaut der Mundhöhle und des Rachens einen Teil des lymphatischen Gewebes des Körpers darstellen. Diese Einlagerungen haben denselben Aufbau wie das lymphatische Gewebe andererorts; es handelt sich um lymphoide Zellen, welche in ein Reticulum eingeschlossen sind und auch hier im Anschluß an die Lymphgefäße, wenn auch an ihren Anfangsteilen liegen. Man muß daher a priori annehmen, daß diese Organe in der engsten Beziehung zu dem Lymphgefäßsystem stehen, wie die Lymphknötchen und die Lymphknoten überhaupt. Es ist im großen und ganzen gleichgültig, ob das lymphatische Gewebe die eine oder die andere Form der Einlagerung angenommen hat, ob es sich in der Form des hoch organisierten Lymphknotens oder in der Form von mehr diffusen Einlagerungen unter einem Epithel präsentiert. Das lymphatische Gewebe ist immer dasselbe, und es muß im großen und ganzen dieselbe Funktion zu erfüllen haben.

Das Verhältnis des lymphatischen Gewebes zu den Lymphgefäßen ist auch überall das gleiche. Die Lymphbahnen dringen, soweit die Verhältnisse jetzt sichergestellt sind, nirgends in das lymphatische Gewebe ein, sondern sie umgeben dasselbe nur innig in Form eines dichten Flechtwerkes. In den Lymphknoten werden z. B. die Rindenknoten, die oft großen lymphatischen Ansammlungen in der Rinde, vom Marginalsinus bzw. Intermediärsinus umsponnen; zu diesem Sinus verlaufende Lymphgefäßzweige aus dem Innern dieser Rindenknoten gibt es wohl nicht. Die Solitärknötchen des Darmes verhalten sich ebenso.

Auch sie werden nur von den Lymphbahnen umsponnen. Und auch hier bei den Tonsillen finden wir ein besonders gut ausgebildetes, reichliches Lymphgefäß-netz in der Kapsel und in den Septen, das die lymphatischen Einlagerungen umspinnt (Klein 1881, Bartels 1909, Jurisch 1912, Aagaard 1913, Most 1917). Es sind also überzeugendere Untersuchungen erforderlich, ehe wir die in-tratonsillären Lymphgefäße anerkennen können. Gibt es solche in den Tonsillen, so können wir auch mit Sicherheit erwarten, daß Lymphbahnen innerhalb der solitären Lymphknötchen und der Rindenknoten nachgewiesen werden können.

Wir können uns nicht den Ausführungen Schlemmers (1921) und Skramliks (1925) anschließen, daß die Tonsillen mit dem Lymphknotensystem nicht das geringste zu tun haben. Diese Verfasser stützen sich darauf, daß die Tonsillen nicht in den Verlauf von Lymphgefäßen eingeschaltet sind, daß die Rindensinus der Lymphknoten bei den Tonsillen fehlen, und daß die Tonsillen Krypten enthalten, die in den Lymphknoten nicht vorkommen.

Die Lymphgefäße nehmen also als geschlossene Schläuche unter dem Epithel der Mund-, Zungen-, und Rachenschleimhaut ihren Ursprung und umspinnen, in die Kapsel und in die Septen eingelagert, die lymphatischen Ansammlungen.

Bei der Gaumentonsille gehen 3—5 (selten zahlreichere, Most 1908) Vasa efferentia von ihrer lateralen Seite aus, wobei sie die Kapsel durchbohren, um durch das peritonsilläre Bindegewebe, die Fascia buccopharyngea und den M. constrictor pharyngis sup. hauptsächlich zu einem am hinteren Bauche des M. digastricus auf der V. jugularis interna gelegenen konstanten Lymphknoten (Lgl. cervicalis profunda [superior medialis]) zu verlaufen (Most 1908, Bartels 1909 u. a.). Es können jedoch auch einzelne Stämme zu den sub-maxillaren Lymphdrüsen sowie auch zu den retropharyngeal liegenden Lymph-knoten ziehen (Descomps und Josset-Mouré 1909).

Nach Goldmann (zit. Schultz 1925) erkrankt bei Infektionen der Gaumentonsillen zuerst der paratonsilläre Knoten in der Regio retromandibularis, etwa in der Höhe der Tonsille selbst, dann der Knoten zwischen Schildknorpel und Zungenbein, und erst dann der auf der Vena jugularis interna gelegene Knoten. Zuletzt werden die tiefen cervicalen Drüsen entlang der V. jugularis interna betroffen.

Die Lymphgefäße, welche die Balghöhlen der Zungentonsille umspinnen, gehen in ihrem weiteren Verlauf in der Gegend der Gaumentonsillen, wo sie mit den Lymphgefäßen derselben durch die Pharynxwand treten, um denselben Weg zur Lgl. cervicalis profunda zu nehmen (Bartels 1909, Aagaard 1913).

Das Lymphgefäßnetz des Zungengrundes kommuniziert mit dem Lymphgefäßnetz der Gaumenbögen und dem der Gaumentonsillen, sowie mit dem der Schleimhaut des Gau-mens und des Pharynx (Aagaard 1913). In der Schleimhaut rings um die Tonsillen sind die Lymphgefäße immer sehr groß und das Netz ist dicht (Jurisch 1912).

Das dichte Lymphgefäßnetz der Rachentonsille geht unmittelbar in das der benachbarten Schleimhautpartien über. Von der Rachentonsille aus sammeln sich die abführenden Gefäße in zahlreichen kleinen Stämmchen, die an der hin-teren Pharynxwand entlang laufen und in der Umgebung der Bursa pharyngea zusammenfließen. Sie bilden einen förmlichen retropharyngealen Lymphgefäß-kranz an der Hinterfläche der Aponeurosis pharyngea. 1—2 kleine Lymphknoten liegen hier eingeschaltet (Mouchet 1911). Die Lymphbahnen gehen dann zu den retropharyngealen Lymphknoten. Sie münden hier nach Most (1900) auf jeder Seite in einen größeren, konstanten Lymphknoten, der etwa in Atlashöhe nahe dem Winkel zwischen der hinteren und der seitlichen Schlundkopfwand medial von der Carotis interna, meist unweit von ihrem Eintritt in den Canalis caro-ticus des Schädels liegt. Diese Knoten sind den Lgl. cervicales profundae zuzurechnen, und sie nehmen auch Lymphgefäße von der Nasenhöhle und ihren Nebenhöhlen auf.

Die Möglichkeit des Fortschreitens einer Infektion durch die Lymphwege von den Tonsillen via die Halslymphknoten bis in die Lunge ist früher von vielen Seiten angenommen worden (z. B. Grober 1905). Devrient (1908), Most (1909) und Jessipoff (1923) haben indessen gezeigt, daß eine solche Infektion auf dem direkten Lymphwege anatomisch unmöglich ist, wie auch eine solche in umgekehrter Richtung. Eine lymphogene Infektion vom Thorax aus kann höchstens die supraclavicularen Lymphknoten erreichen.

III. Embryologie.

Die Gaumentonsille des Menschen entsteht nach Hammar (1902) aus einer primären Tonsillenbucht (dem Sinus tonsillaris [His]), welcher den Rest der 2. inneren Schlundtasche, nämlich ihre dorsale Verlängerung, in sich aufnimmt. Vom Mundboden aus buchtet sich anfangs des dritten Embryonalmonats ein Höcker, der Tonsillarhöcker (Tuberculum tonsillare), in diesen Sinus hinein vor. Er wird bald abgeplattet und in eine Falte, Plica triangularis (His), (Plica semilunaris, Plica prae- et supratonsillaris), umgewandelt.

In der Mitte des dritten Embryonalmonats wird die Tonsillenbucht durch eine hineinwachsende Falte, die Intratonsillarfalte (Abb. 17 und 4: 5), in zwei Abschnitte, die Tonsillarrecesse, aufgeteilt, von welchen der eine oben und vorn, der andere unten und hinten liegt. Vom Boden und der Außenwand jedes Recessus wachsen dann im vierten (Kollmann 1900) oder fünften (Jolly 1923) Embryonalmonat anfangs solide, später hohlwerdende Epithelsprossen in das umgebende Bindegewebe hinein. Hammar (1902) hat jedoch in die Tiefe dringende, schwache Epithelverdickungen schon bei einem Fetus von 70 mm Länge gesehen.

Nach Stöhr (1891) und Kollmann (1900) wachsen zuerst hohle, später (Ende des 4. Monats) auch solide Sprossen in die Tiefe der bindegewebigen Schleimhaut. Die Bildung dieser soliden Sprossen dauert nicht nur in der ganzen Embryonalzeit fort, sondern findet auch noch während des 1. Lebensjahres statt; im Verlauf dieser Zeit werden die Sprossen allmählich hohl, und zwar in der Weise, daß die am blinden Ende der Sprossen befindlichen axialen Epithelzellen verhornen; anfangs liegen diese verhornten Massen zu Kugeln zusammengeballt im Grunde der Sprossen, später werden sie, wenn der obere Teil der Sprossen vom Hauptlumen aus hohl geworden ist, ausgestoßen.

Rings um diese Epithelwucherungen bildet sich allmählich das lymphatische Gewebe aus, wodurch ein vorderer-oberer und ein hinterer-unterer Lappen, Tonsillenlobus entsteht (Abb. 17). Nach Jolly (1923) geht immer die Ausbildung der Epithelsprossen eine gewisse Zeit vor der Ausbildung des lymphatischen Gewebes vonstatten.

In den späteren Fetalmonaten verfällt die Intratonsillarfalte einer mehr oder weniger vollständigen Rückbildung und kann ganz verschwinden, ohne andere Spuren zu hinterlassen als einen bilobären Charakter des Organs, der das ganze Leben hindurch bestehen bleibt (Hammar 1902) (Abb. 4). Auch die Plica triangularis wird während des Fetallebens und nach der Geburt immer niedriger, und kann bis auf eine kleine Supratonsillarfalte, Plica supratonsillaris (Killian), die einen konstanten Rest der Tonsillarbucht, der Supratonsillargrube (Fossa supratonsillaris), des Recessus palatinus [Killian] überbrückt, verschwinden. Nicht selten bleibt sie jedoch, wenn auch in mehr oder weniger reduziertem Zustande, das ganze Leben hindurch bestehen, in welchem Falle auch die Tonsillarbucht als eine Praetonsillarfurche (Fossa praetonsillaris) von einer Praetonsillarfalte (Plica praetonsillaris) überbrückt persistiert. An dem Hinterrande der Tonsille kann sich dann und wann von der Supratonsillargrube ausgehend eine Rinne, die Retrotonsillarrinne (Fossa retrotonsillaris) entwickeln. Diese wird durch eine Falte, die Retrotonsillarfalte (Plica retrotonsillaris) bedingt. Sie ist eine gänzlich sekundäre Bildung ohne jede Beziehung zur Tonsillarbucht (Hammar).

Endlich wird die Tonsille durch einschneidende Bindegewebssepten, welche die einzelnen Epithelsprossen mit ihren lymphatischen Scheiden voneinander trennen, in Lobuli (Hammar), in Balghöhlen aufgeteilt.

Killian (1898) gibt an, daß die Tonsillenanlage gewöhnlich durch zwei nach vorn oben aufsteigende Furchen in drei „Mandelwülste" geteilt wird. Nach Grünwald (1913) wird die Gaumentonsille in Form von zwei Gruben angelegt, welche durch eine nahezu horizontale Falte, Plica transversa, getrennt werden. Die obere Grube ist die Anlage der bisher immer allein als Tonsillarkörper angesprochenen Bildung, die untere ist „mit hoher Wahrscheinlichkeit" als die Anlage einer „Untermandel" zu bezeichnen. Die Spaltung der oberen Tonsillarkörper kommt nicht, wie Hammar, „der nur diese Körper kennt", hervorhebt, regelmäßig vor, sondern ist nur in 28 vH. der Fälle zu sehen. Sie verschwindet übrigens im Laufe der Entwicklung. Bei Erwachsenen findet man niemals

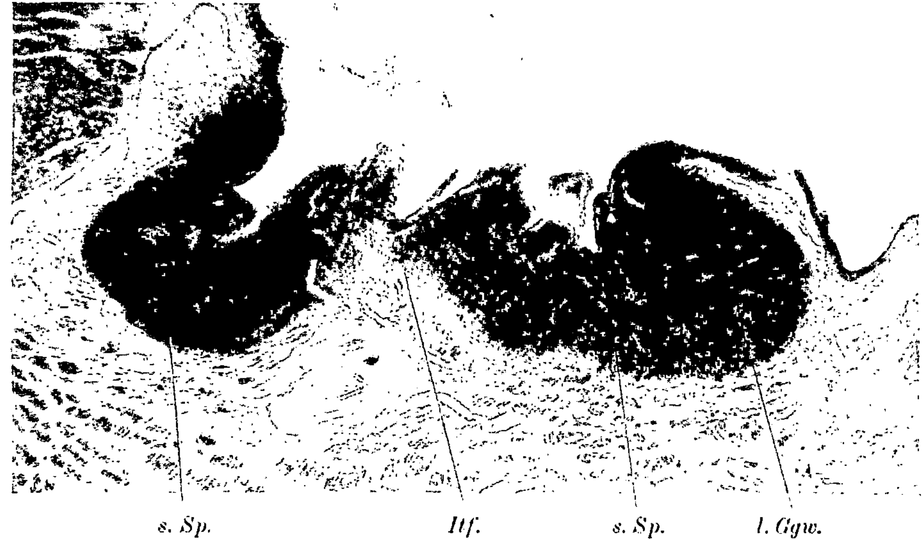

Abb. 17. Anlage der Gaumentonsille. Menschlicher Embryo, 28 cm. (Form., Haem., v. Gieson). Photo. Vergr. 20 fach. *Itf.* Intratonsillarfalte; *l. Ggw.* lymphatisches Grundgewebe; *s. Sp.* solide Sprossen des Epithels.

eine Duplizität der oberen Mandel. Das Vorhandensein einer unteren Mandel entzieht sich beim Erwachsenen oft der Beobachtung, weil die Plica transversa durch Verstreichen oder lymphoides Infiltrat verschwindet. Grünwald will auch bei einigen Säugetieren eine „untere Mandel" gefunden haben.

Nach Hammar (1902) kann man bei der Entwicklung der Gaumentonsille bei den Säugetieren zwei verschiedene Formen der Tonsillenbildung trennen (s. auch S. 277), eine primäre, wobei der Tonsillarhöcker bestehen bleibt und an der Tonsillenbildung teilnimmt, und eine sekundäre, wobei dieser Höcker, wie oben für den Menschen beschrieben worden ist, zwar angelegt wird, aber an der Tonsillenbildung keinen Anteil nimmt, sondern in eine Plica triangularis umgewandelt wird.

Wenn diese Plica beim Menschen wohl ausgebildet ist, wird sie später oft von lymphatischem Gewebe ausgefüllt, wobei sie in die Bildung der Tonsille eingezogen wird (Barnes 1923). Killian (1898) spricht auch von einem Hohlraume, dem Tortualschen Mandelsinus, welcher durch Einlagerung von lymphatischem Gewebe in die Wände des „Recessus palatinus" hervortritt. Diesen Mandelsinus fand er 34mal unter 105 Fällen.

An den Stellen, wo das lymphatische Gewebe ausgebildet werden soll, findet zuerst eine starke, diffuse Vermehrung der fixen Bindegewebszellen statt, und erst nach einiger Zeit treten in diesem diffusen, zellenreichen Gewebe auch lymphoide Zellen auf. Durch eine vermehrte Einlagerung dieser Zellen und durch Übergang der fixen Zellen in ein Reticulum bildet sich so das lymphatische Gewebe aus.

Die Lymphocyten treten hier also relativ spät im Fetalleben in größerer Menge auf und stammen wahrscheinlich hauptsächlich nicht aus den Gefäßen, sondern sind Derivate der fixen Zellen (HAMMAR 1902, JOLLY 1923).

Nach GULLAND (1891) und STÖHR (1891) dagegen wandern die Lymphocyten aus den Blutgefäßen in das junge fibrilläre Bindegewebe ein und wandeln das Gewebe in lymphatisches um. Die Masse dieses Gewebes wird auch später durch Zuwanderung aus den Blutgefäßen, sowie durch Teilung der ausgetretenen Zellen vermehrt. JURISCH (1912), der sich im allgemeinen der Auffassung HAMMARS anschließt, findet jedoch, daß am Schluß des 4.—5. Monats eine Reihe von Veränderungen in der Entwicklung des lymphatischen Gewebes fast gleichzeitig eintritt, nämlich: eine Auswanderung von Lymphocyten aus den Gefäßen, eine Zunahme der freien Zellen im Bindegewebe, eine Verhornung der zentralen Teile der großen Epithelzapfen, eine Durchwanderung von Zellen durch das Epithel und ein Auftreten gewisser, mit weißen Blutkörperchen vollgepfropfter Gefäße. Im 5. und 6. Monat wird die Auswanderung der weißen Blutkörperchen aus den Gefäßen stark. Nach den gewöhnlichen Angaben, und wie zuletzt von FOERSTER (1923) hervorgehoben wurde, fangen die Zellen schon in der Fetalzeit an durch das Epithel in die Tonsillarkrypten auszuwandern. Nach GOSLAR (1913) findet man jedoch vor der Geburt niemals Zellen in den Tonsillarkrypten.

In der menschlichen Tonsille können von den Spitzen der Epithelsprossen Ab - schnürungen, die die Form kleiner Cysten bekommen, entstehen (Abb. 4). Sie fallen später meistens der Atrophie anheim, können jedoch bisweilen als durch Zellendetritus ausgedehnte Cysten bestehen bleiben (HAMMAR 1902, JURISCH 1912). FOERSTER (1923) hat solche Cystenbildungen sowohl bei Kindern und auch bei Erwachsenen gefunden. Im ersteren Falle will er in ihnen eine atypische Entwicklungserscheinung sehen, im letzteren erscheint ihm ihre Bildung auf dem Boden entzündlicher Rückbildung nicht ausgeschlossen.

RETTERER sucht in mehreren Arbeiten nachzuweisen, daß die Sekundärknötchen aus solchen Abschnürungen hervorgehen. Diese seine Annahme steht im Einklang mit seiner Ansicht über die Ausbildung der Tonsillen, wie des lymphatischen Gewebes des Darmtractus überhaupt. Er will sowohl dem Reticulum als auch den Lymphocyten an diesen Stellen einen epithelialen Ursprung zuschreiben. Gegen diese Auffassung wurden jedoch zahlreiche Einsprüche erhoben (STÖHR 1890, GULLAND 1891, KOLLMANN 1900, HAMMAR 1902 u. a.), und dieselbe kann heute nicht mehr als zutreffend angesehen werden. Es würde zu weit führen, hier auf diese Streitfrage einzugehen; dieselbe ist eingehend von JURISCH (1912) dargestellt und wie es scheint definitiv abgeschlossen worden.

Die **Zungentonsille** scheint erst spät angelegt zu werden. Die Schleimdrüsen an der Zungenbasis treten schon im 3.—4. Monat auf und entwickeln sich rasch. Erst im 5. Monat findet man Anhäufungen von Mesenchymzellen, welche die erste Anlage der Zungenbälge darstellen. In der Regel liegt ein Ausführungsgang in der Nähe der Anlage, oft umgibt dieselbe den Gang, jedoch können die Anlagen auch abseits im Bindegewebe liegen (JURISCH 1912). Die Anlagen vergrößern sich allmählich, sind jedoch noch bei Neugeborenen sowohl an Zahl als auch an Größe sehr variabel; sie können rundlich, wohl abgegrenzt, aber auch mehr flächenhaft verbreitet sein. Die Krypten scheinen sich erst zu dieser Zeit auszubilden.

Die **Rachentonsille** scheint im 4. Monat angelegt zu werden. Zu dieser Zeit beginnen die Furchen der Schleimhaut des Rachendaches hervorzutreten, und die mesenchymalen Zellenanhäufungen kommen zum Vorschein. Die zellige Infiltration der Schleimhaut nimmt immer mehr zu und nach und nach ist die ganze Propria von ihnen in diffuser Weise durchsetzt. Bei Neugeborenen ist meistens das lymphatische Gewebe hier wohl ausgebildet, die Falten und die Furchen treten in der Regel scharf hervor. Dieselben sind in ihrer Ausbildung von der Masse und der Verteilung des lymphatischen Gewebes abhängig. Im Laufe der ersten Lebensjahre verdickt sich diese Schicht bedeutend (Disse 1896).

Nach Bickel (1884) sind die Falten der Rachendachschleimhaut im Fetalleben sehr stark und umfangreich. Im Verlauf des 1. Lebensjahres geht die Faltung zurück, nur Pharynx- und Tubentonsille bewahren sie und erhalten sich als lymphatische Organe.

Hinter der Anlage der Rachentonsille findet sich in etwa 50 vH. ein medianes Grübchen, das die Anlage der Bursa pharyngea (s. S. 266) darstellt. Dieses Grübchen ist bei manchen Embryonen schon vorhanden, bevor die Falten auftreten.

Die Sekundärknötchen kommen hier, wie überall in dem lymphatischen Gewebe des Körpers, erst einige Zeit nach der Geburt zum Vorschein. Zuletzt wurde dies für die Gaumentonsillen von Foerster (1923) und Pol (1923) konstatiert.

IV. Altersanatomie.

Die Frage über die quantitative Ausbildung des lymphatischen Gewebes in dem lymphatischen Rachenring beim Menschen in verschiedenen postfetalen Altersstufen ist in der Literatur vielfach debattiert worden. Die Ursache dieses lebhaften Meinungsaustausches ist die große Rolle, welche dieser Rachenring in der Pathologie des Kindesalters spielt. Man muß jedoch die Angaben über die zeitliche Ausbildung des lymphatischen Gewebes im Schlunde des Menschen mit großer Vorsicht aufnehmen, denn es ist nicht sicher, daß sie über normale Zustände berichten; eher dürfte das Umgekehrte zutreffen. Unzweifelhaft gibt es kein lymphatisches Gewebe in unserem Körper, das äußeren Faktoren stärker ausgesetzt ist als dieses. Äußere Insulte, Infektionen und Intoxikationen müssen daher auf die temporäre Ausbildung dieses Gewebes einen großen Einfluß ausüben. Es muß schon aus diesem Grunde äußerst schwierig sein zu entscheiden, was in der Ausbildung dieses Gewebes vom Alter abhängt und also als normal zu betrachten ist, und was durch pathologische Faktoren hervorgerufen wurde. Die Hypertrophien im Kindesalter können wir, wenigstens in der Hauptsache, nur als „pathologische Zustände" betrachten, wie dies auch im allgemeinen geschieht. Die Ausheilungsvorgänge, welche sich nach diesen Hypertrophien einstellen, dürfen daher nicht als eine physiologische Altersinvolution angesehen werden.

Auch eine andere Sache muß hier hervorgehoben werden. Wo man bei diesbezüglichen Untersuchungen Leichenmaterial angewandt hat, wurde keine Rücksicht darauf genommen, daß das Material von an verschiedenen Krankheiten gestorbenen Individuen herstammte. Man hat im allgemeinen nur darauf geachtet, daß keine Krankheit im Schlunde vorhanden war. Es ist jedoch sicher, daß die quantative Ausbildung des lymphatischen Gewebes von dem allgemeinen Ernährungszustande des Körpers abhängig ist; es ist sichergestellt, daß es durch Hunger vermindert wird. Es läßt sich nicht leugnen, daß bei den meisten zum Tode führenden Krankheiten eine beschränkte Nahrungszufuhr vorhanden ist; man muß in der Regel wenigstens mit einem relativen Hungerzustand rechnen, was die Menge des lymphatischen Gewebes sicher beeinflussen kann. Dies hat schon Schmidt (1863) kräftig hervorgehoben, ohne daß man später darauf Rücksicht genommen hat. Die „normale" Menge dieses Gewebes findet man daher sicherlich nur selten bei einem solchen Material.

Große Schwierigkeiten stehen also der Bestimmung der normalen Altersveränderungen des lymphatischen Rachenrings beim Menschen entgegen. Den Zeitpunkt seiner höchstens „normalen" Entwicklung und den Beginn der „normalen" Altersinvolution kennen wir daher sicher nur wenig.

Die Gaumentonsillen sind nach Fox (1886), Spicer (1888), Hett und Butterfield (1910) u. a. bei Kindern am größten und die Altersinvolution setzt schon in diesem Alter ein. Die letztgenannten Autoren glauben zeigen zu können, daß die tieferen Partien der

Tonsille schon im Alter von 4—5 Jahren einer Atrophie anheimfallen, während die oberflächlich liegenden Partien noch an Umfang zunehmen. Im Alter von 14 Jahren setzt eine allgemeine Atrophie ein. Zwischen 20 und 30 Jahren ist häufig die von lymphatischem Gewebe durchsetzte Plica triangularis die am meisten vorspringende Mandelportion. Nach HETT (1913) stellt sich die Altersinvolution vom 5. Lebensjahr ab ein, vorausgesetzt, daß das Individuum gesund ist. Die Gaumentonsillen funktionieren bei Erwachsenen nicht mehr. HODENPYL (1891) konstatiert, daß die Gaumentonsillen im frühen Mannesalter absolut, im Kindesalter dagegen relativ am größten sind. Im vorgerückten Alter gehen sie größtenteils in fibröses Gewebe über. Nach KNIASCHETSKY (1899) ist die Gaumentonsille bei 1 Jahr alten Kindern $3^1/_2$mal so groß als bei der Geburt, im Alter von 5 Jahren $3^1/_2$mal so groß als im Alter von 1 Jahre und im Alter von 20 Jahren $3^1/_2$mal so groß als im Alter von 5 Jahren. Die Involution setzt also nach diesem Verfasser später ein, was auch KAYSER (1899) hervorhebt. Nach BRIEGER-GÖRKE (1901) ist die Hypertrophie im Kindesalter als eine physiologische Erscheinung zu betrachten, die nachfolgende Involution ist nur gering.

Die Zungentonsille wird relativ spät ausgebildet (s. S. 271); nach Angaben von SWAIN (1886) und KAYSER (1899) tritt sie erst im Pubertätsalter deutlich hervor. WILSON (1906) gibt an, daß diese Tonsille im Alter von 12 Jahren ihre definitive Größe erhält. Die Altersinvolution soll in der Zungentonsille ebenfalls später als sonst auftreten.

Die Rachentonsille ist nach allen Forschern in jungen Jahren am besten ausgebildet. So finden z. B. v. TEUTLEBEN (1876), GAGNHOFNER (1878), FRÄNKEL (1884) und TORNWALD (1887) diese Tonsille bei Kindern am größten. KAYSER (1899) gibt hierfür ein Alter von 5—11, SYMINGTON (1910) ein Alter von 6—7 Jahren an. Nach KILLIAN (1888) beginnt die Involution der Rachentonsille im zweiten Dezennium, kann aber auch in seltenen Fällen bis zum dritten oder gar vierten auf sich warten lassen. DISSE (1896), GÖRKE (1904), SEREBRJAKOFF (1906), WILSON (1906), SYMINGTON (1910) und JOLLY (1923) verlegen den Anfang der Involution etwa ins Pubertätsalter. MÉGÉVAND (1887) findet bei Erwachsenen als Rest der Rachentonsille nur einige Schleimhautleisten mit spärlichen Einlagerungen von lymphatischem Gewebe. Diese Einlagerungen sind bei älteren Individuen nicht zu finden, und man kann bei ihnen auch die Schleimhautleisten nur mit Schwierigkeit auffinden. Nach WETZEL (1925) verflachen sich auch die Buchten der Rachentonsille bei Erwachsenen, nur eine tiefe mediane Spalte (Recessus pharyngeus medius) bleibt in der Regel bestehen.

Bei Tieren liegen die Verhältnisse einfacher, wie dies auch ILLING (1911) hervorhebt. Die Tonsillen werden bei ihnen weniger und seltener von pathologischen Insulten berührt. Die postembryonale Entwicklung und die Involution dieser Organe gehen auch einigermaßen anders vor sich als beim Menschen.

So findet HETT (1913), daß die Gaumentonsillen der Säugetiere während des ganzen Lebens „funktionsfähig" bleiben und sieht nur bei gewissen alten Tieren Zeichen der Atrophie. Das Verhalten beim *Kaninchen* ist näher untersucht worden. HELLMAN (1914) fand durch Wägungen, daß die größte Ausbildung der Gaumentonsille dieses Tieres ins Alter von 10 Monaten, also 5—6 Monate nach der Pubertät, fiel, und daß die Altersinvolution auch zu diesem Zeitpunkt einsetzt. Bei einem Alter von im Mittel $3^1/_2$ Jahren ist die Involution erst so weit fortgeschritten, daß immer noch 60—70 vH. der im Alter von 10 Monaten vorhandenen Gewichtsmenge übrig ist. Noch bei einem 6 Jahre alten Kaninchen ist das mikroskopische Bild der Tonsille kaum merkbar verändert.

Die mikroskopischen Altersveränderungen der Tonsillen beziehen sich in erster Linie auf die Sekundärknötchen. Diese Bildungen treten hier, wie überall in dem lymphatischen Gewebe, erst einige Zeit nach der Geburt auf. Der nähere Zeitpunkt ihres ersten Auftretens in den Tonsillen ist noch nicht sicher festgestellt. Die diesbezüglichen Angaben wechseln.

Nach KNIASCHETZKY (1899) findet man sie in dem 6. Monat nach der Geburt. Nach BARNES (1910) treten sie im 4.—6. Monate auf. POL (1923) findet sie nicht vor dem 3. Monate, hat sie aber an dieser Stelle nicht einmal am Ende des 1. Lebensjahres immer beobachtet.

Der Zeitpunkt ihrer größten Ausbildung ist ebensowenig bekannt. Im allgemeinen scheint es jedoch, als ob derselbe mit der höchsten Ausbildung der Tonsillen zusammenfallen würde.

Die Sekundärknötchen sind nach GÖRKE (1904) ein Ausdruck für die Funktion des lymphatischen Gewebes, und ihre Entwicklung soll mit der Entwicklung des lymphatischen

Gewebes im Rachen überhaupt parallel gehen. Zu ungefähr derselben Auffassung bekennt sich Lindt (1907). Auch Levinstein (1909) findet einen deutlichen Parallelismus zwischen der Entwicklung der Sekundärknötchen und des lymphatischen Gewebes im Rachen. Renn (1912) kann diesen von Görke und Levinstein behaupteten Parallelismus nicht so regelmäßig finden. Er glaubt zeigen zu können, daß die Ausbildung der Sekundärknötchen hauptsächlich mit dem zufälligen Grade einer lokalen Entzündung in Zusammenhang steht. Das Alter der Individuen hat dabei weniger zu bedeuten.

Es gibt mehrere Umstände, die dafür sprechen, daß die Sekundärknötchenausbildung in den Tonsillen hauptsächlich mit dem zufälligen Grade eines pathologischen Reizes im Zusammenhang steht. Andererseits ist der Grad von Reaktion, die sich in einer Sekundärknötchenentwicklung kundgibt, in verschiedenen Altern sicher sehr verschieden. Auf diese Weise wird also die Ausbildung dieser Knötchen auch von dem Alter des Individuums abhängig. Man findet daher auch, was schon von Ebner (1899) hervorhebt, im Kindesalter ganz regelmäßig zahlreiche und große Sekundärknötchen, bei älteren Individuen sind sie spärlicher und kleiner, und können später oft ganz fehlen.

Beim *Kaninchen* gehen nach Hellman (1919) die Sekundärknötchenausbildung und die Ausbildung der Gaumentonsille Hand in Hand. In der menschlichen Milz (Hellman 1926) erreicht die Sekundärknötchenausbildung ihren Höhepunkt bedeutend früher als das lymphatische Gewebe. Doch können die Knötchen auch in relativ hohem Alter wohl ausgebildet sein, wie sie auch besonders nach dem 20. Jahre ganz fehlen können. Sie müssen daher als mehr zufällige Gebilde angesehen werden.

Es ist eine Tatsache, daß die Tonsillarhyperplasien, welche man wohl im allgemeinen und mit Recht als pathologische Erscheinungen auffaßt (Wex 1899, Schoenemann 1909, Renn 1912 u. a.), größtenteils durch eine reichliche Entwicklung von Sekundärknötchen bedingt sind (Ostmann 1883, Paulsen 1885, Swain 1886, Brieger-Görke 1901, Hynitsch 1899, Wex 1899, Levinstein 1909, Renn 1912 u. a.). Einen Zusammenhang mit entzündlichen Prozessen kann man daher schwerlich bestreiten. Hellman (1919, 1921, 1926) sieht in den Sekundärknötchen Reaktionszentren gegen exogene und endogene Reizstoffe. Es können auch Abszesse in denselben auftreten, (Grossmann und Waldapel 1925 bei Angina lacunaris), was früher von Harff (1875), Ostmann (1883) und Trautmann (1886) hervorgehoben worden ist. Die Ursache davon, daß die Sekundärknötchenausbildung vom Alter abhängig ist, muß in Resistenzverschiedenheiten der verschiedenen Altersstufen gesucht werden (siehe Näheres Bd. VI: Die Lymphorgane).

Neben diesen Veränderungen im Auftreten der Sekundärknötchen in hohem Alter, tritt zu dieser Zeit auch ein allmählicher Schwund des lymphatischen Gewebes sowie eine Zunahme des Bindegewebes auf dessen Kosten auf. Die Bindegewebsvermehrung kann entweder in Form von unregelmäßig verteilten sklerotischen Prozessen längs der Septen auftreten, oder sich in einer mehr homogenen und symmetrischen Weise von der Basis nach der Schleimhaut der freien Oberfläche zu ausbreiten (Goodale 1902). Das Bindegewebe geht schließlich häufig in einen Zustand der Schrumpfung über, wodurch das Bild der atrophischen Tonsille vollendet wird (Levinstein 1909). Es kann auch Fettgewebe auftreten besonders in der Rachentonsille (Görke 1904). Recessusund Cystenbildungen kommen häufig vor (Killian 1888, Hynitzsch 1899, Görke 1904, Lindt 1907).

Da solche Altersveränderungen bei Tieren viel seltener vorkommen, ist es wahrscheinlich, daß bei der Ausbildung derselben pathologische Alterationen beim Menschen eine große Rolle spielen (Hopman 1895).

Der Übergang des flimmernden Epithels der Rachentonsille in mehrschichtiges Plattenepithel bei älteren Individuen wird von Serebrjakoff (1906) als Alterserscheinung angesehen; nach Görke (1904) und Lindt (1907) beruht dieser Vorgang jedoch auf der Einwirkung mechanischer, chemischer oder bakterieller Insulte. Über die Auffassung Spulers s. S. 265.

V. Vergleichende Anatomie.

Das lymphatische Gewebe im Schlunde ist bei allen Vertebraten vorhanden, tritt aber erst bei den Amphibien in Form von etwas besser abgegrenzten Organen auf (KINGSBUREY 1912). So findet man z. B. beim *Frosch* und bei der *Kröte* teils kleine Epitheleinstülpungen in die Mundhöhle, teils zwei größere Fossae palatinae von triangulärer Form, die von lymphatischem Gewebe umgeben sind (Abb. 18). Die ersteren sind der Zungentonsille, die letzteren den Gaumentonsillen der Säugetiere homolog (JOLLY 1923). Beim *Salamander* sind die Epitheleinstülpungen durch papilläre Excrescenzen, die mit lymphatischem Gewebe ausgefüllt sind, ersetzt (JOLLY). Bei Reptilien scheint das lymphatische

Gewebe im Schlunde etwas schwächer ausgebildet zu sein, als bei Amphibien (JOLLY). PAPIN (1910) gibt jedoch an, daß die *Krokodile* sowohl eine Rachentonsille als auch Tubartonsillen besitzen.

Bei allen diesen Tieren sind keine Sekundärknötchen in dem lymphatischen Gewebe vorhanden. Eine Einlagerung und Durchwanderung von Zellen durch das Epithel kommt dagegen überall in reichlicher Menge vor.

Bei den *Vögeln* findet man sowohl im Pharynx als auch an den Tubenmündungen große lymphatische Einlagerungen. Diese liegen im allgemeinen im Anschluß an die Ausführungsgänge der Schleimdrüsen, kommen jedoch auch selbständig vor. Das sie bekleidende Epithel

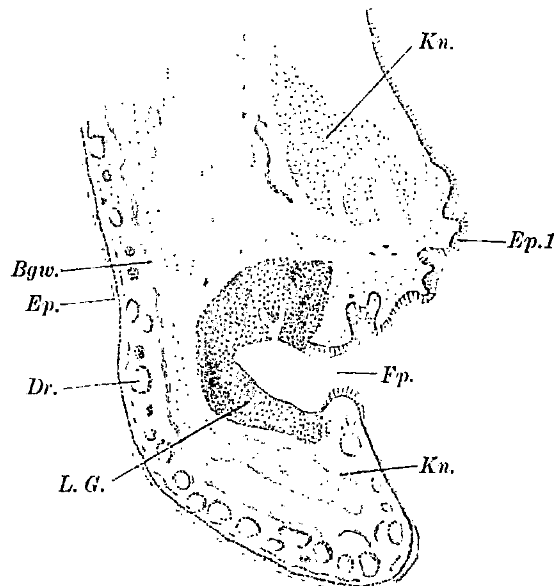

Abb. 18. Die Fossa palatina mit umgebendem lymphatischen Gewebe beim Frosch. *Bgw.* Bindegewebe; *Dr.* Drüsen; *Ep-* Hautepithel;; *Ep.1* Mundepithel; *Fp.* Fossa palatina; *Kn.* Knochengewebe; *L. G* Lymphatisches Gewebe.

ist im Pharynx flimmerndes Zylinderepithel, an den Tubenmündungen mehrschichtiges Plattenepithel (KILLIAN 1888, JOLLY 1923). Nach RAPP (1843) sind die Tonsillen der *Raubvögel* besonders gut ausgebildet. Die Vögel besitzen auch in der Regel eine große oesophageale Tonsille (JOLLY 1923).

Bei den Vögeln treten die Sekundärknötchen zum erstenmal in der Tierreihe auf.

Unter den Säugetieren scheint der Mensch hier am besten mit lymphatischem Gewebe ausgerüstet zu sein. Innerhalb der verschiedenen Tierordnungen ist in der Regel entweder der ganze Schlundring ausgebildet, wenn auch nicht in demselben Grade wie beim Menschen, oder einer oder der andere seiner Bestandteile fehlt gänzlich. Die Gaumentonsillen sind am regelmäßigsten vorhanden, doch können auch sie fehlen, wie bei den meisten *Nagern* (v. RAPP 1839, ASVERUS 1861, SCHMIDT 1863). Ihre Abwesenheit bei der *Maus* und bei der *Ratte* wurde mehrmals bestätigt (KILLIAN 1888, HAMMAR 1902). HETT hat sie nach DIGBY 1919) auch bei dem *Biber*, beim *Stachelschwein* und bei der *Fledermaus* vermißt.

Die Rachentonsille scheint danach am häufigsten ausgebildet zu sein, fehlt jedoch z. B. beim *Hasen* und beim *Kaninchen*. Beim *Rinde*, *Schaf* und *Schwein* tritt sie dagegen stark hervor. Die Zungentonsille ist dagegen sehr unbeständig (Killian 1888).

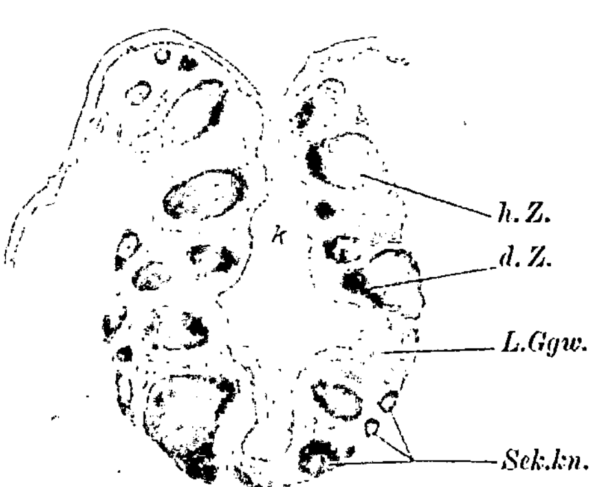
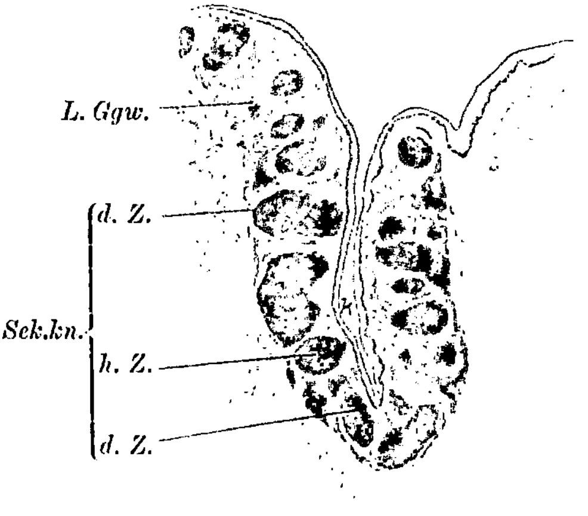

Abb. 19. Durchschnitt durch die Gaumentonsillen erwachsener Kaninchen. Tellyesniczky. Haematox. Eosin. Zeichnung. Vergr. 15fach. *L. Ggw.* lymphatisches Grundgewebe; *Sek.kn.* Sekundärknötchen (*d. Z.* dunkle periphere Zone; *h. Z.* helles Zentrum). *k.* Tonsillarkrypte. Beachte! Die kleinen, peripher liegenden Sekundärknötchen mit ihrer dunklen Zone hauptsächlich peripher ausgebildet.

Z. B. beim *Kaninchen*, *Hasen*, *Schafe*, bei der *Katze* und beim *Hunde* findet man sie nicht (Aymé 1896).

Die Form und der gröbere Aufbau der Tonsillen ist bei verschiedenen Tierarten auch sehr verschieden. Ältere Forscher (v. Rapp 1839, Asverus 1861) haben die Gaumentonsillen nach ihrem anatomischen Baue klassifiziert, der letztere z. B. spricht von einfachen und zusammengesetzten Tonsillen; desgleichen Ellenberger und Illing (1911). Sie trennen zwei Hauptarten, die Plattenmandel (Abb. 20) und die Balgmandel (Abb. 21). Die ersteren

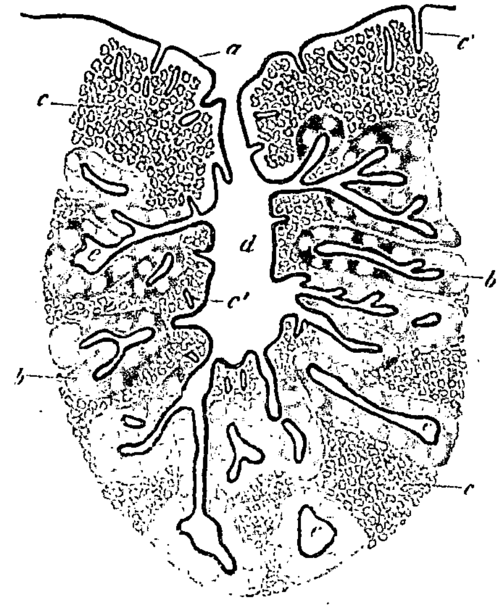

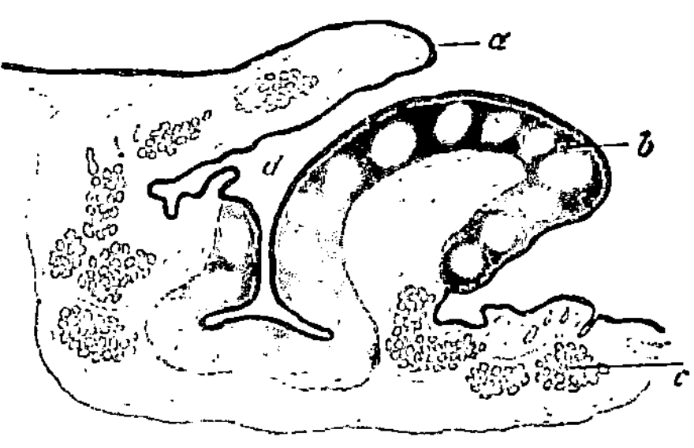

Abb. 20. Querschnitt durch eine Tonsilla palatina des Hundes nach Ellenberger u. Illing. *a* Epithel; *b* Tonsillargewebe; *c* Drüsen; *d* Fovea tonsillaris.

Abb. 21. Querschnitt durch eine Tonsilla palatina des Rindes nach Ellenberger u. Illing. *a* Epithel; *b* Tonsillargewebe; *c* Schleimdrüsen; *c'* Drüsenausführungsgänge; *d* Fossa tonsillaris; *e* Fossulae tonsillares.

weisen keine Balgbildungen auf, sondern nur Wulst- oder Faltenbildungen, spaltartige Einsenkungen u. dgl. Die Balgmandel dagegen ist durch die Bildung einer Balggrube charakterisiert. Diese Hauptarten teilen sie wieder in verschiedene

Untergruppen ein (s. ELLENBERGER: Handbuch der vergl. mikroskopischen Anatomie der Haustiere 1911).

HAMMAR (1902) legt die Entwicklungsgeschichte zugrunde (s. S. 270) und unterscheidet demgemäß eine pri märe und eine sekundäre Form der Tonsillen.

Die pri märe Form, bei welcher sowohl die Tonsillarbucht als auch der Tonsillenhöcker an der Ausbildung der Tonsille teilnimmt, findet man z. B. beim *Kaninchen, Eichhörnchen, Igel,* bei der *Katze* und beim *Hund.*

Die Tonsillenbucht selbst kann gleichseitig eine mehr oder weniger eingreifende Umgestaltung erfahren: bei der *Katze* wird sie teilweise in ein nach vorn gerichtetes Blindsäckchen, bzw. in einen soliden Epithelstrang umgewandelt (HAMMAR). Solche „sackförmige" Tonsillen findet man auch beim *Löwen, Luchs* und *Panther.* Sie sind mit ihrem blinden Ende nach vorn und mit ihrer Mündung nach dem Pharynx gerichtet (MAJEWSKI 1911). Beim *Hunde* bildet die Tonsillarbucht eine den Tonsillenhöcker umschließende „Tonsillenkammer".

Die sekundäre Form, bei welcher der Tonsillenhöcker nicht an der Tonsillenbildung teilnimmt, findet man z. B. bei *Schwein, Rind, Schaf* und *Mensch.*

Die Lage der Gaumentonsillen ist ebenfalls verschieden. So liegen sie bei *Fleischfressern* und *Wiederkäuern* wie beim Menschen seitlich am weichen Gaumen zwischen Arcus glosso- und pharyngopalatinus, bei den *Einhufern* seitlich neben dem Ende des Zungengrundes und der Regio epiglottica, beim *Schwein* und *Kaninchen* mitten im Gaumensegel nahe dessen Medianlinie an der oralen Fläche (ILLING 1903).

In allen Tonsillen der Säugetiere sind Sekundärknötchen vorhanden. Auch sonst stimmen sie in ihrem mikroskopischen Bau mit den Tonsillen des Menschen überein.

ALAGNA (1908) beschreibt große, vielkernige, granulierte Zellen in den bindegewebigen Septen eines Hundes, die er auf eine Vereinigung fixer Bindegewebszellen zurückführt.

VI. Physiologie.

Über die Bedeutung des lymphatischen Gewebes im Schlunde wurden in älterer Zeit viele Theorien aufgestellt. So sah man z. B. in denselben nur eine indifferente Ausfüllungsmasse (KÖLLIKER) oder die Tonsillen sollten ein Sekret bilden, das den Bissen schlüpfig machte (BOSWORTHS 1889). Man behauptete auch, daß sie ein saccharifizierendes Ferment bildeten (ROSSBACH 1887) oder daß sie die Speichelflüssigkeit oder die mit Nasensekret gemischten Tränen resorbierten (FOX 1886, SPICER 1888). Diese Theorien haben jetzt nur historisches Interesse. Sie sind eingehend z. B. von GÖRKE (1907) und LEVINSTEIN (1910) zusammengestellt worden.

Gegenwärtig ist man bezüglich der Funktion der Tonsillen nur in einem Punkte einig. Sie bilden, wie das übrige lymphatische Gewebe, Lymphocyten aus. Weiterer streckt sich aber die Einigkeit nicht, sondern die Auffassungen stehen jetzt so scharf einander gegenüber, wie niemals früher. Es handelt sich hauptsächlich um die Frage, wie man das Verhalten der Tonsillen gegenüber Bakterien und schädlichen Noxen deuten soll. Diese Auffassungen können in zwei diametral entgegengesetzte Ansichten zusammengefaßt werden.

Nach der einen Ansicht ist das lymphatische Gewebe im Schlunde ein gegen eindringende Bakterien und Giftstoffe wenig resistentes Gewebe. Die Bakterien finden in den Tonsillen sogar einen sehr günstigen Boden für ihr Dasein, sie können dort lange Zeit ohne Schädigung am Leben bleiben, ja, sie können sogar dort auch die Möglichkeit für ihre weitere Entwicklung finden. Die Tonsillen stellen daher in dieser Hinsicht einen Locus minoris resistentiae dar. Auf Grund ihrer gegen die Außenwelt vorgeschobenen Lage können die Bakterien in dieselben leicht eindringen. Durch ihre Ansiedlung und ihr eventuelles Wachstum in dem lymphatischen Gewebe stellen sie ständige Bedrohung des Organismus dar. Zu jeder beliebigen Zeit können sie sich im Körper verbreiten oder durch ihre Toxinen Störungen hervorrufen. Auf diese Weise entstehen Polyarthriten,

Endocarditen, Nephriten, Appendiciten usw. Eine große Anzahl von Infektionen und Intoxikationen finden durch die Tonsillen ihren Eingang, ja, man kann fast zu der Ansicht kommen, als gäbe es kaum noch eine auf infektiöser Basis beruhende allgemeine oder Organkrankheit, welche nicht in den Tonsillen ihre primäre Infektionsstelle haben könne.

Die Konsequenz dieser Auffassung ist es auch, daß man durch operative Eingriffe, Abkratzen, bzw. Tonsillotomien und Tonsillektomien dieses schädliche Gewebe entfernen will. Im allgemeinen werden wohl diese Operationen gegenwärtig nur bei pathologischen Veränderungen ausgeführt, aber von vielen Seiten erheben sich auch Stimmen dafür, daß die Indikationen erweitert werden sollen; das lymphatische Gewebe des Schlundes ist ein so schädliches Gewebe, daß man sich die Gelegenheit nicht entgehen lassen sollte, dasselbe so weit wie möglich auszurotten.

Zu dieser Auffassung haben sich mehr oder weniger unter anderen folgende Forscher bekannt: Lexer (1897), Pluder (1898), Hendelsohn (1898), Kayser (1899), Grober (1905), Noetzel (1909), Henke und Reiter (1912), Piffl (1913) u. a.

Nach der anderen Ansicht ist das lymphatische Gewebe im Schlunde, wie dieses Gewebe überhaupt, ein Schutzgewebe des Körpers gegen eindringende Bakterien und Giftstoffe. Diese werden in den Tonsillen aufgenommen und dadurch ihr Weitertransport in den Körper gehindert. Sie werden auch allmählich abgetötet und unschädlich gemacht. Die Tonsillen werden als gegen der Außenwelt zu vorgeschobenen Lymphknoten, wenn auch nicht von demselben Bau, angesehen und in ihrer Funktion mit denselben verglichen. In ihrer am meisten zugespitzten Form, könnte man sagen, geht diese Auffassung darauf hinaus, daß die Tonsillen ebenso wie die Lymphknoten die Aufgabe haben, die Bakterien und Giftstoffe in kleinen Dosen aufzunehmen, um dadurch die Widerstandsfähigkeit des Organismus gegen dieselben allmählich zu erhöhen.

Als Schutzorgane in der einen oder der anderen Weise werden die Tonsillen von folgenden Forschern angesehen: Romane (1892), Menzer (1902), Klemm (1906), Devrient (1908) Most (1909), Wilson (1906, 1913), Digby (1919) u. a. wie auch von allen Anhängern der Brieger-Görkeschen „Abwehrtheorie". In dieselbe Richtung weisen die Untersuchungen von Manfredi und seinen Schülern (Manfredi 1899), Halban (1897), Bezançon und Labbé (1898), Ribbert (1907) und Cornet (1912); die letzteren Arbeiten beziehen sich jedoch hauptsächlich oder gänzlich auf die Lymphknoten.

Die Auffassung, die der sogenannten „Abwehrtheorie" von Brieger-Görke zugrunde liegt, weicht von der oben gegebenen Darstellung etwas ab. Nach dieser Theorie fließt auf Grund der Differenz in den Drucken, welche einerseits in den zuführenden Lymphgefäßen, andererseits an der freien Oberfläche der Tonsillen herrschen, ein stetiger Lymphstrom durch das Tonsillarepithel. Von demselben werden die in den Tonsillen in reichlicher Menge neugebildeten Lymphocyten mitgerissen. Die Oberfläche des Epithels wird in dieser Weise beständig von der Lymphe und den Lymphocyten überrieselt. Dadurch wird teils ein Eindringen von den Bakterien und anderen Körperchen in die Tonsillen verhindert, teils wird durch den Ausfluß eine baktericide Wirkung ausgeübt. Je größer der Reiz ist, den die auf der Oberfläche des Epithels vorhandenen Bakterien und Giftstoffe ausüben, desto lebhafter wird die Funktion der Tonsillen, d. h. die Lymphocytenneubildung wird immer mehr gesteigert, die Durchströmung reichlicher. Eine Hypertrophie der Tonsillen stellt sich als ein physiologischer, kompensatorischer Prozeß ein. Die größte Ausbildung der Tonsillen fällt auch in die Kinderzeit ein, wo eine solche Schutzwirkung für den Organismus am notwendigsten ist. Später stellt sich eine gewisse Immunität ein; die Funktion der Tonsillen wird weniger in Anspruch genommen, die Altersinvolution beginnt.

Diese Abwehrtheorie, die im Jahre 1901 aufgestellt wurde, ist in der Literatur lebhaft diskutiert worden. Eine Strömung durch das Epithel wurde schon früher von vielen Seiten angenommen (Stöhr 1884, Killian 1888, Gulland 1891/1892, Bloch 1899 u. a.) und jetzt weiter behauptet (Lindt 1908, Lachmann 1908, Mollier 1914, Henke 1914, Mink 1920, Fein 1921, Görke 1922, Fleischmann 1922 u. a.). Spuler (1911) versuchte auch den morphologischen Beweis für eine solche Strömung zu liefern und beschreibt mikroskopische Hemmungserscheinungen bei einer Behinderung dieser zentrifugalen Strömung. Andererseits wird eine solche Strömung von anderen Forschern geleugnet (Schoenemann 1909, Amersbach 1914, Schlemmer 1922 u. a.). Schlemmer glaubt durch Injektionsversuche gezeigt zu haben, daß keine Bedingungen für eine zentrifugale Strömung vorliegen.

Was besonders gegen diese Abwehrtheorie spricht, ist die Tatsache, daß die Tonsillen nahezu immer Bakterien beherbergen; diese kommen also in das lymphatische Gewebe hinein (RUFFER 1890, BAUERMEISTER 1901, HENKE und RETTEN 1912, DIGBY 1919, HOWARTH und GLOYNE 1923 u. a.). Ferner spricht dagegen, daß die hypertrophierten Tonsillen immer mehr oder weniger Anzeigen von „entzündlichen Prozessen" aufweisen (WEX 1899, RENN 1912, HOWARTH und GLOYNE 1923 u. a.). Zuletzt hat HOLSTI (1924) die Tonsillen „gesunder Individuen" untersucht und findet auch hier, daß sie regelmäßig der Sitz „leichter chronischer Entzündungsprozesse" sind. Sie weisen jedoch nur selten Zeichen ernster Schädigungen auf.

Es ist unzweifelhaft, daß man eine Deutung der Funktion der Tonsillen geben kann, durch welche alle Meinungsverschiedenheiten in zufriedenstellender Weise erklärt werden können. Hierbei muß man davon ausgehen, daß das lymphatische Gewebe, welches ja im großen und ganzen überall denselben Bau hat und überall (das lymphatische Gewebe in der Milz ausgenommen) bei Lymphbahnen eingeschaltet ist, auch überall dieselbe Funktion zu erfüllen hat (SCHOENEMANN 1909/1910, HELLMAN 1922, BARNES 1923 u. a.).

Die Funktion muß ja an die Zellelemente des Gewebes gebunden sein, und diese sind ja überall in dem lymphatischen Gewebe die gleichen. Sowohl entwicklungsgeschichtlich als auch morphologisch ist das lymphatische Gewebe überall ein einheitliches Gewebe. Die speziellen Ausdifferenzierungen dieses Gewebes, die Sekundärknötchen, finden sich auch überall; in den Tonsillen sind sie nach allen zu urteilen reichlicher und größer als anderswo. Man muß jedoch annehmen, daß unter Umständen gewisse Modifikationen in der Funktion entstehen, die teils von lokalen Verhältnissen, teils von dem mehr oder weniger ausgeprägten Organbau des lymphatischen Gewebes abhängig sind.

Es scheint weniger glücklich zu sein, wie SCHLEMMER (1922, 1923) es tut, das lymphatische Gewebe des Schlundrings von dem übrigen lymphatischen Gewebe zu trennen und nur als einen Bestandteil der Schleimhaut zu betrachten. Er sagt, daß „der WALDEYERsche Schlundring ebenso wie die kleinen und kleinsten Lymphknötchen, die in individuell so wechselnder Menge in der Mucosa des Rachens vorhanden sind, integrierende, bloß graduell, aber nicht wesensverschiedene Bestandteile einer Schleimhaut sind, die in ihrer Gesamtheit als ein einheitliches, anatomisch-histologisch und physiologisch zusammengehöriges Organ zu betrachten ist. Sie haben mit dem Lymphdrüsensystem nicht das geringste zu tun." Eine Schutzwirkung der Tonsillen will er jedoch nicht in Abrede stellen, sagt aber, daß die Tonsillen diese Schutzwirkung, sie mag bactericid oder nur schützend sein, nicht allein besorgen, sondern daran als ein Teil der gesamten Mundrachenschleimhaut beteiligt sind.

Die zwei Hauptfunktionen, die man dem lymphatischen Gewebe im allgemeinen zuschreibt, sind also erstens die Neubildung der Lymphocyten für das allgemeine Bedürfnis des Organismus, zweitens die Aufnahme und die eventuelle Unschädlichmachung der in den Körper eindringenden Fremdkörper verschiedener Art, darunter Bakterien und schädlichen Noxen.

Daß das lymphatische Gewebe in den Tonsillen des Schlundes auch an der Neubildung von Lymphocyten teilnimmt, wird, wie früher gesagt, von keiner Seite bestritten. Ob die hier neugebildeten Lymphocyten dem Organismus im ganzen zugute kommen, oder ob sie gleich durch das Epithel auswandern und so vielleicht nur eine lokale Aufgabe zu erfüllen haben, weiß man nicht. Wie früher hervorgehoben, ist jedoch diese Auswanderung sicherlich als einigermaßen begrenzt anzusehen. Wo in den Tonsillen diese Neubildung der Lymphocyten stattfindet, ist heute noch strittig. Nach der alten früher allgemein anerkannten Theorie FLEMMINGS sollen die Sekundärknötchen die Hauptbildungsstätten dieser Zellen sein (FLEMMING 1885, DREWS 1885 und PAULSEN 1885). HELLMAN (1919, 1921) und jetzt viele andere schreiben dagegen den Sekundärknötchen eine ganz andere Aufgabe zu. Die Neubildung der Lymphocyten geht nach ihnen überall in dem Gewebe außerhalb der Sekundärknötchen vor sich; die Sekundärknötchen sind dagegen als Reaktionszentren gegen eindringende Noxen aufzufassen (s. Bd. 6, Kap. Lymphorgane).

Die lokale Modifikation der Funktion in dieser Hinsicht ist also die, daß die neu gebildeten Lymphocyten hier nicht wie an anderen Stellen beinahe ausschließlich ein allgemeines Bedürfnis befriedigen, sondern teilweise gleich durch das Epithel auswandern (vgl. S. 253ff.). Ob sie an der Oberfläche des Epithels eine Aufgabe im Sinne Brieger-Görkes zu erfüllen haben, oder ob sie an der Bildung der Speichel- körperchen teilnehmen oder hier nur ohne weiteres zerfallen, was jedoch kaum wahrscheinlich ist, dies ist noch nicht aufgeklärt.

Es sind vor allem die klinischen Beobachtungen, die dazu geführt haben, daß man am lymphatischen Gewebe im Schlunde eine Schutzfunktion gegen die Bakterien und Noxen nicht zuerkennen, und in demselben diesbezüglich eher einen Locus minoris resistentiae sehen will. Bezüglich der Lymphknoten ist es jedoch durch zahlreiche experimentelle Untersuchungen und Beobachtungen ohne Zweifel sichergestellt, daß sie die Fähigkeit haben u. a. Bakterien aufzunehmen, ihre Weiterverbreitung zu verhindern und auch ihre Vernichtung zu bewirken. Einen solchen Schluß kann man, wie mir scheint, auch aus dem Streit zwischen Noetzel-Halban-Ribbert (1896-1909) herauslesen.

Nun sagt man: Die Lymphknoten haben aber, was die Tonsillen entbehren, die zuführenden Lymphgefäße und die wohl ausgebildeten, mit einem Zellennetz ausgerüsteten Sinus; die Tonsillen können also nicht mit dem Lymphknoten verglichen werden (Schlemmer 1921, Skramlik 1925). Die Abwesenheit dieser Bildungen dürfte gewiß die Funktion der Tonsillen im Verhältnis zur Funktion der Lymphknoten etwas modifizieren, aber im großen und ganzen nicht ändern. Wenn auch zuführende Lymphgefäße dem lymphatischen Gewebe des Schlundes fehlen, so liegen doch diese Tonsillen in einem Plexus von Lymphkapillaren eingebettet (s. S. 267ff.) Dieser Plexus durchsetzt übrigens subepithelial die ganze Schlundwand, und beginnt gegen das Epithel zu, wie überall in der Haut und in den Schleimhäuten, mit geschlossenen Bahnen. Diese Lymphbahnen umgeben also im großen und ganzen die Tonsillen in derselben Weise wie der Marginalsinus und die Intermediärsinus die Rindenknoten der Lymphknoten oder wie der Lymphplexus die Solitärknötchen des Darmes.

Es kann daher sehr gut verteidigt werden, wenn man die Tonsillen als peripher gelagerte Lymphknoten betrachtet, wie es viele Forscher tun (Brücke 1851, Frey 1861, Schmidt 1863, Henle 1883, Fränkel 1895, Schoenemann 1909, Lennárt 1909, Henke 1914, Fein 1921, Caldera 1922, Blos 1925 u. a.). Besser sind sie als eben zu Tonsillen „differenzierte Lymphknoten" (Lindt 1908) oder noch besser als „zu Tonsillen differenziertes lymphatisches Gewebe" aufzufassen.

Wenn also die Bakterien nicht durch bestimmte zuführende Lymphbahnen zu dem Lymphplexus zugeführt werden, der das lymphatische Gewebe der Tonsillen umspinnt, so muß man doch annehmen, daß die Bakterien, die in diesem Plexus eingedrungen sind, ebenso wohl von diesem Plexus in das lymphatische Gewebe der Tonsillen hineinkommen können, wie z. B. von den umgebenden Sinus in den Rindenknoten der Lymphknoten her (vgl. Lexer 1897).

Man muß auch annehmen, daß die Bakterien direkt durch das Kryptenepithel eindringen können. Es ist eine Tatsache, daß die Bakterien täglich durch unsere Haut und unsere Schleimhäute eindringen, wenn auch nicht durch die unverletzten Häute, so doch durch die sog. „physiologischen Wunden". Das Epithel in den Tonsillarkrypten ist immer mehr oder weniger defekt und Bakterien sind in den Krypten reichlich vorhanden. Wenigstens in den Gaumentonsillen werden sie nicht durch Drüsensekret weggespült. Die Bedingungen für das Eindringen von Bakterien sind immer vorhanden.

Ein solches Eindringen nehmen z. B. Stöhr (1884), Kayser (1899), Friedmann (1900), Kleimiger (1905), Görke (1907), Wilson (1913), Mitchell (1917) an. Es wurden auch zahlreiche experimentelle Untersuchungen vorgenommen, um das Verhalten der Tonsillen Fremdkörpern gegenüber klarzulegen (Hodenpyl· 1891, Goodale 1897, Hendelsohn 1898, Brieger-Görke 1902, Moll 1902, Henke 1914, Schlemmer 1921). Die Resultate widersprechen einander. Alle Untersucher haben hauptsächlich mit toten Substanzen gearbeitet, und die Untersuchungen sagen daher wenig darüber aus, wie sich Lebewesen, besonders die pathogenen Bakterien, diesbezüglich verhalten. Die Untersuchungen von Lexer (1897), der mit solchen Bakterien gearbeitet hat, sprechen für ein Eindringen derselben von den Lymphbahnen in das lymphatische Gewebe. Dmochowski (1891) und Escomel (1903) haben alle Phasen des Eindringens der Bakterien von der Oberfläche des Epithels bis ins Innere des lymphatischen Gewebes beobachtet. Daß Anthrax durch das Kryptenepithel eindringen kann, hat Wood (1914) gezeigt.

Wir finden auch, wie bereits früher (S. 279) hervorgehoben wurde, daß pathogene und andere Bakterien alltäglich in den Tonsillen, ebenso wie in den Lymphknoten, vorhanden sind. Es liegt keine Ursache vor in erster Hand anzunehmen, daß dies immer der Fall gewesen ist, daß die Bakterien durch den Blutweg zugeführt wurden, wie man nach Fein (1921), Nühsmann (1922) und Denker-Nühsmann (1925) annehmen möchte. Sie müssen entweder von den umspinnenden Lymphgefäßen aus oder durch das Kryptenepithel eingedrungen sein. Es gibt auch nach mehreren Forschern (s. S. 279) in den Tonsillen immer Zeichen der „Entzündung", was ja auch für das Vorhandensein von Noxen in denselben spricht.

Wenn also in unseren Tonsillen stets Bakterien und Noxen vorhanden sind, so müssen wir doch sagen, daß sie uns nur wenig belästigen, auch wenn wir den nicht selten vorkommenden Anginen Rechnung tragen. Schon dies spricht dafür, daß das lymphatische Gewebe der Tonsillen eine nicht zu verachtende Fähigkeit besitzt, dem schädlichen Einflusse derselben entgegenzuwirken. Es liegt nahe anzunehmen, daß es sich hier, wie auch sonst überall in dem lymphatischen Gewebe (vgl. die Lymphknoten), um eine physiologische Funktion des lymphatischen Gewebes solchen Noxen gegenüber handelt. Auch in dieser Hinsicht würde also das lymphatische Gewebe der Tonsillen dieselbe Aufgabe wie das lymphatische Gewebe an anderen Orten besitzen; die Funktion dieses Gewebes ist überall eine einheitliche.

In den Tonsillen „findet ein fortwährender Kampf zwischen Körperelementen und Bakterien statt, aus dem die ersteren nicht immer siegreich hervorgehen dürften" (Buschke 1894). Die Tonsillen können „bedeutsame Schutzkräfte für den Organismus mobil machen. Dies darf nicht wundernehmen, denn die Tonsillen sind doch als lymphatisches Gewebe aufgebaut, das den Lymphdrüsen analog als eine Schutzvorrichtung des Organismus zu betrachten ist, und gerade selbst imstande und dazu berufen ist, eine kampffähige Verteidigungslinie immer wieder zu bilden" (Most 1909). Den morphologischen Ausdruck dieses physiologischen Kampfes glaubt Hellman (1919, 1921) in den Sekundärknötchen zu finden.

Von dieser Auffassung ist kein weiter Schritt zu der Hypothese, daß die Tonsillen, wie das lymphatische Gewebe überhaupt, die Aufgabe haben, Bakterien und Giftstoffe in kleinen Dosen aufzunehmen und dadurch die Widerstandsfähigkeit des Organismus gegen dieselben allmählich zu erhöhen. Das lymphatische Gewebe soll in hohem Grade bei der Bildung von Antikörpern beteiligt sein (Pfeiffer und Marx 1898, Wassermann und Citron 1905, Wassermann 1908 u. a.). Ribbert sagt dazu: „Ich möchte hervorheben, daß gerade die zurückhaltende Tätigkeit einen guten Anhalt für diese Auffassung gibt. Die Endothelien beladen sich mit den Stoffen, gegen die eine Immunisierung stattfindet, und lassen sie so auf die Lymphocyten wirken, in denen die Bildung immunisierender Stoffe vermutlich stattfinden wird." Ascanazy (1919) faßt diese Lehre so zusammen: „Endlich spielt der Blutbildungsapparat eine Rolle in der Erzeugung der Antikörper, wie sich daraus folgern ließ, daß solche Stoffe hier schon zu einer Zeit reichlicher vorhanden sind, wo sie im Blutstrom selbst erst in geringen Mengen existieren." Welche Stellung man auch zu dieser Hypothese einnimmt, so ist es doch sicher, daß sie einer erneuten und gründlichen Prüfung wert ist, wobei auf die Sekundärknötchen besonders zu achten wäre.

Die lokale Modifikation des lymphatischen Gewebes der Tonsillen in dieser Hinsicht muß mit seiner stark gegen die Außenwelt vorgeschobenen Lage zusammenhängen. Nach allem zu urteilen besteht sie darin, daß das lymphatische Gewebe an dieser Stelle durch ein reichliches Eindringen von Bakterien und Noxen zu einem lebhafteren Funktionieren als anderswo angeregt wird.

Schließlich muß versucht werden, die klinischen Beobachtungen, welche darauf hindeuten, daß die Tonsillen ein Locus minoris resistentiae gegen Bakterien sind, mit dieser Auffassung zu vereinigen. Gehen wir davon aus, daß sich in den Tonsillen täglich ein physiologischer Kampf gegen die Bakterien und Noxen abspielt, so können wir ohne Zweifel sagen, daß die Tonsillen diese Arbeit sehr gut vollbringen; in der Regel tragen sie den Sieg davon. Bei den meisten Individuen treten die Anginen nur selten auf. Jedes Organ hat jedoch Grenzen seines Leistungsvermögens. Infolge der einen oder der anderen Ursache kann die Arbeit ihnen übermächtig werden, ihre physiologische Anpassungsbreite kann überschritten werden, und ein pathologischer Zustand, eine Entzündung, entsteht. Es ist leicht erklärlich, daß solche Entzündungen hin und wieder entstehen müssen, auch wenn man eine starke Resistenz der Tonsillen den Bakterien gegenüber voraussetzt.

Nicht selten sieht man jedoch, daß gewisse Individuen eine Angina nach der anderen bekommen. Auch dies braucht nicht darauf hinzuweisen, daß die Tonsillen normaliter keine Schutzfunktion besitzen. Jedes Gewebe, das einen pathologischen Prozeß durchgemacht hat, wird dadurch im allgemeinen mehr oder weniger geschädigt. Auch die Tonsillen werden durch einen solchen Prozeß geschädigt, und je ausgebreiteter und intensiver derselbe gewesen ist, desto größer wird der Schaden sein. Es ist klar, daß ein so geschädigtes Gewebe seine Funktion nicht in derselben Weise wie früher erfüllen kann. Dies gilt ja für jedes Organ des Körpers. Eine geschädigte Tonsille ist daher auch gewiß weniger widerstandsfähig als früher. Eine neue Infektion kommt leichter zustande. Nach mehrmaligen Infektionen können die Tonsillen so verändert werden, daß ihre Widerstandskraft gegen die Bakterien völlig gebrochen wird. Es tritt schließlich ein Zustand ein, wo die Tonsillen einer Infektion nach der anderen mit ihren Folgezuständen ausgesetzt werden, die Organe also mehr zum Schaden als zum Nutzen gereichen. Es ist dann besser, daß die Tonsillen ausgeschält werden, als daß sie eine stetige Bedrohung des Organismus darstellen. Eine Entfernung der Tonsillen kann sich in solchen Fällen als sehr nützlich für die Patienten erweisen (Hellman 1922).

Es ist selbstverständlich, daß sich nach Entfernung der Tonsillen keine Ausfallsymptome bemerkbar zu machen brauchen. Es ist jedoch eine allgemeine biologische Erfahrung, daß man von den meisten Organen des Körpers große Partien wegnehmen kann, ohne Ausfallserscheinungen zu bemerken. Die Tonsillen sind jedoch nur ein kleiner, wenn auch wichtiger Teil des lymphatischen Gewebes.

Die Auffassung, daß erst die geschädigten Tonsillen eine Gefahr für den Organismus darstellen, ist z. B. von Romane (1892), Kleimiger (1905) und Görke (1913) vertreten worden. Görke sieht die größte Gefahr bei „verspäteter Involution". „Es spielen sich", sagt er, „hier namentlich Veränderungen innerhalb der Mandeln ab, die ihre Schutzwirkung ins Gegenteil umkehren, d. h. die Mandel zu einer Quelle fortwährender Belästigung und Beunruhigung für den Träger machen. Daß bei solcherweise veränderten Mandeln von einer normalen physiologischen Tätigkeit nicht die Rede sein kann, versteht sich von selbst. Solche Mandeln bilden freilich in ungezählten Fällen den Ausgangspunkt schwerer Allgemeinerkrankungen; die Frage nach der normalen Funktion der Tonsillen wird jedoch durch derartige pathologische Erfahrungen nicht im geringsten berührt." Auch die Darstellungen von Dietrich (1923) über chronische Tonsillitis stimmen gut mit dieser Auffassung überein.

Die klinischen Beobachtungen lassen sich also auch mit der Annahme einer Schutzfunktion der Tonsillen gegen Bakterien und Noxen erklären. Eine solche Funktion ist ohne Zweifel für das lymphatische Gewebe, wo es auch eingelagert ist, gemeinsam.

Von einigen Forschern sind die Tonsillen unter die inkretorischen Organe eingeordnet worden (ALLEN 1891, MASINI 1898, SCHEIER 1903, FLEISCHMANN 1921, 1922 u. a.). Es liegt jedoch gegenwärtig wenig Grund für eine solche Annahme vor (AMERSBACH-KOENIGSFELD 1922, CALDERA 1922, MEYER 1922). Nach FLEISCHMANN (1922) werden in den Tonsillen reduzierende Substanzen gebildet, die an den Speichel abgegeben werden. Nach RICHTER (1922) kommen diese Substanzen aus dem Blute und können die Bakterien chemisch beeinflussen. Sie sollen aus Ameisensäure bestehen (MEYER 1922). Nach anderen werden diese Substanzen im Speichel gebildet und dann durch den Schlingakt in die Tonsillarkrypten hineingepreßt. Man hat auch geglaubt, daß die Tonsillen die Atmungsluft erwärmen oder durch Wasserabgabe durchfeuchten (MINK 1916) oder daß sie etwas mit der Blutgerinnung zu tun haben (KELEMEN und v. GARKA).

Literatur.

AAGAARD, O. C.: Über die Lymphgefäße der Zunge, des quergestreiften Muskelgewebes und der Speicheldrüsen des Menschen. Anat. Hefte Bd. 47, S. 498—648. 1913. — ALAGNA, G.: a) Über einige eigenartige Zellen in der Gaumentonsille eines Hundes und über ihre wahrscheinliche Bedeutung. Virchows Arch. f. pathol. Anat. u. Physiol. Bd. 194, S. 46—51. 1908. — b) Contributio allo studio del reticolo adenoideo e dei vasi della Tonsilla palatina. Anat. Anz. Bd. 32, S. 178. 1908. — c) Osservazioni sulla struttura della Tonsilla palatina. Ebenda Bd. 33, S. 206. 1908. — d) Contributo allo studio delle inclusioni catilaginee nella Tonsilla palatina umana. Ebenda Bd. 47, S. 331—336. 1914. — ALLEN, H.: The tonsils in health and disease. Vortrag in der Americ. laryng. ass. Washington 1891. — AMERSBACH, K.: Zur Frage der physiologischen Bedeutung der Tonsillen. Arch. f. Laryngol. Bd. 29, S. 59—72. 1914. — AMERSBACH, K. und KOENIGSFELD, H.: Zur Frage der inneren Sekretion der Tonsillen. Zeitschr. f. Hals-, Nasen- u. Ohrenheilk. Bd. 1, S. 511—516. 1922. — ANTON, W.: Studien über das Verhalten des lymphatischen Gewebes in der Tuba Eustachii und in der Paukenhöhle beim Fetus, beim Neugeborenen und beim Kinde. Zeitschr. f. Heilk. Bd. 22, S. 173. 1901. — ASCANAZY: Äußere Krankheitsursachen. In: ASCHOFF, Lehrbuch der Pathologie. S. 60—309. Jena 1919. — ASVERUS, H.: Über die verschiedenen Tonsillenformen und das Vorkommen der Tonsillen im Tierreiche. Nov. act. Leop. Carol. acad. Bd. 29, S. 1—40. 1861. — AYMÉ, M. E.: Contribution à l'étude de l'hypertrophie de l'amygdale linguale. Thèse. S. 1—47. Paris 1896. — BARNES, H. A.: a) Die Tonsillen beim Säugling, Kind und Erwachsenen. Vortrag, ref. in: Zentralbl. f. Laryngol. 1910. S. 361. — b) The Tonsils. London 1923. — BARTELS, P.: Das Lymphgefäßsystem. Jena 1909. — BAUERMEISTER, C.: Über das ständige Vorkommen pathogener Mikroorganismen insbesondere der Rotlaufbazillen in den Tonsillen des Schweines. Diss. Bern 1901. — BAUM, H.: Die Lymphgefäße der Mandeln des Rindes, zugleich ein Beitrag zur Beurteilung der Mandeln als Eingangspforten für Infektionserreger. Zeitschr. f. Infektionskrankh., parasitäre Krankh. u. Hyg. d. Haustiere, Bd. 9, S. 157—160. 1911. — BESANÇON, F. et LABBÉ, M.: Étude sur le mode de réaction et la rôle des ganglions lymphatiques dans les infections expérimentales. Arch. de méd. exp. Bd. 10, S. 318—389. 1898. — BICKEL, G.: Über die Ausdehnung und den Zusammenhang des lymphatischen Gewebes in der Rachengegend. Virchows Arch. f. pathol. Anat. u. Physiol. Bd. 97, S. 340 bis 359. 1884. — BILLROTH, TH.: Beiträge zur pathologischen Histologie. Berlin 1858. — BLOCH, E.: Die Krankheiten der Gaumenmandeln. In: HEYMANN, Handbuch der Laryngologie. Wien 1899. — BLOS, R.: Der lymphatische Rachenring und die Konstitution. Zeitschr. f. Kinderheilk. Bd. 39, S. 147—165. 1925. — BOETTCHER, A.: Einiges zur Verständigung in betreff der Balgdrüsen an der Zungenwurzel. Virchows Arch. f. pathol. Anat. u. Physiol. Bd. 18, S. 190. 1860. — BOSWORTH: A treatise on diseases of the nose. New York 1889. — BRAUS, H.: Anatomie des Menschen. Bd. 2. Berlin 1924. — BRIDE, Mc.: Adenoid tissue of the base of the tongue. Med. a. surg. soc. in Edinburgh. 1887. — BRIDE and TURNER: Naso-pharyngeal adenoids. Edinburgh med. journ. Bd. 1, S. 355, 471, 598. 1897. — BRIEGER, O.-GÖRKE, M.: Beiträge zur Pathologie der Rachenmandel. 1. BRIEGER: Zur Genese der Rachenmandelhyperplasie. 2. GÖRKE: Über Rezidive der Rachenmandelhyperplasie. Arch. f. Laryngol. Bd. 12, S. 254—288. 1901. — BRÜCKE, FL.: a) Über den Bau und die physiologische Bedeutung der PEYERschen Drüsen. Denkschr. d. Wiener Akad. Bd. 2. 1851. — b) Über die Chylusgefäße und die Resorption des Chylus.

Ebenda Bd. 5. 1854. — Buschke: Die Tonsillen als Eingangspforte für eitererregende Mikroorganismen. Dtsch. Zeitschr. f. Chirurg. Bd. 38, S. 441—461. 1894. — Caldera, Ciro: a) Die Physiologie der Gaumenmandel. Internat. Zeitschr. f. Ohrenheilk. Bd. 10, S. 417. 1912. — b) Über die vermutete Funktion der inneren Sekretion der Gaumenmandeln. Zeitschr. f. Hals-, Nasen- u. Ohrenheilk. Bd. 2, S. 286—289. 1922. — Cairney, J.: Tortuosity of the cervical segment of the internal Carotid Artery. Journ. of anat. Bd. 59, S. 87—96. 1924. — Chauveau, C.: Le pharynx. Anatomie et physiologie. Paris 1901. — Citelli, S.: Sulla considetta tonsilla laringea nell' uomo in condizioni normali e pathologiche. Anat. Anz. Bd. 29, S. 511. 1906. — Cordes, H.: Histologische Untersuchungen über die Pharyngitis lateralis, zugleich ein Beitrag zur Pathologie der Balgdrüsen. Arch. f. Laryngol. Bd. 12, S. 203—226. 1902. — Cornet: Die Skrophulose. Wien 1912. — Davis, D. J.: Plasmacells in tonsils. Transact. of the Chicago pathol. soc. Bd. 8, S. 243. 1912. — Denker-Nühsmann: Rachensepsis. Ergebn. d. ges. Med. Bd. 5, S. 600—623. 1924. — Descomps et Josset-Mouré: Note sur les lymphatiques amygdaliens. Bull. et mém. de la soc. anat. de Paris Bd. 84, S. 120—125. 1909. — Devrient, M.: Die Tonsillen des Rindes und ihre Beziehung zur Entstehung der Tuberkulose. Dtsch. tierärztl. Wochenschr. Bd. 16. 1908. — Dietrich, A.: a) Die pathologisch-anatomische Diagnose der chronischen Entzündung am Beispiel der chronischen Tonsillitis. Verhandl. d. dtsch. pathol. Ges. Jena 1923. S. 131—136. — b) Das pathologisch-anatomische Bild der chronischen Tonsillitis. Zeitschr. f. Hals-, Nasen- und Ohrenheilk. Bd. 4, S. 429—446. 1923. — Digby, K. H.: a) Immunity in health. The function of the tonsils and other subepithelial lymphatic glands in the bodily economy. London 1919. — b) Additional notes on the immunising function of the subepithelial lymphatic glands. Lancet. Bd. 205, S. 1077—78. 1923. — Disse, J.: Anatomie des Rachens. In: Heymann, Handbuch der Laryngologie. Wien 1896. — Dmochowski, Z.: Über sekundäre Erkrankungen der Mandeln und der Balgdrüsen an der Zungenwurzel bei Schwindsüchtigen. Zieglers Beitr. z. pathol. Anat. u. z. allg. Pathol. Bd. 10, S. 481. 1891. — Dobrowolski, Z.: a) Die Lymphfollikel der Schleimhaut des Rachens, des Magens, des Kehlkopfs, der Luftröhre und der Vagina. Internat. Zentralbl. f. Laryngol. Bd. 10, S. 339. 1893. — b) Lymphknötchen (Folliculi lymphatici) in der Schleimhaut der Speiseröhre des Magens, des Kehlkopfes, der Luftröhre und der Scheide. Zieglers Beitr. z. pathol. Anat. u. z. allg. Pathol. Bd. 16, S. 43 bis 101. 1894. — Drews, R.: Zellvermehrung in der Tonsilla palatina beim Erwachsenen. Arch. f. mikroskop. Anat. Bd. 24, S. 338. 1885. — v. Ebner: Köllikers Handb. d. Gewebelehre Bd. 3, 1. Leipzig 1899. — Eckhard: Zur Anatomie der Zungenbalgdrüsen und Tonsillen. Virchows Arch. f. pathol. Anat. u. Physiol. Bd. 17, S. 171. 1859. — Ellenberger, W. und Illing, G.: Die Mandeln (Tonsillen) der Mundhöhle und das Vorkommen des cytoblastischen Gewebes daselbst. Handb. d. Anat. d. Haustiere Bd. 3, S. 81—89. 1911. — Escomel: Les amygdales palatines et la lutte chez les tuberculeaux. Rev. de méd. Bd. 23, S. 459—471. 1903. — Fein, J.: a) Die chronische Entzündung des lymphatischen Rachenkomplexes. Monatsschr. f. Ohrenheilk. u. Laryngo-Rhinol. 1920. — b) Der lymphatische Rachenkomplex und seine akute Entzündung. Ebenda 1920. — c) Die Anginose. Kritische Betrachtungen zur Lehre vom lymphatischen Rachenring. Berlin-Wien 1921. — d) Bemerkungen zum Tonsillarproblem. Wien. klin. Wochenschr. Bd. 35, S. 740—43. 1922. — e) Die Tonsillen als Einbruchpforte für Infektionen und die Indikation für die radikalen Tonsillenoperationen. Med. Klinik Bd. 19, S. 306 bis 311. 1923. — Fleischmann, O.: a) Zur Frage der physiologischen Bedeutung der Tonsillen. Arch. f. Laryngol. Bd. 34. 1921. — b) Zur Tonsillenfrage. Zeitschr. f. Hals-, Nasen- u. Ohrenheilk. Bd. 1, S. 498—510. 1922. — c) Nochmals zur Tonsillenfrage. Ebenda Bd. 2, S. 420—441. 1922. — Flemming, W.: Studien über Regeneration der Gewebe. Arch. f. mikroskop. Anat. Bd. 24, S. 50. 1885. — Foerster, A.: Die Entwicklung der Gaumenmandel im ersten Lebensjahr. Virchows Arch. f. pathol. Anat. u. Physiol. Bd. 241, S. 418—427. 1923. — Fox, H.: The Functions of the tonsils. Journ. of anat. a. physiol. Bd. 20, S. 559—564. 1886. — Frank: Hypertrophische Rachenmandeln bei Greisen. Arch. f. Laryngol. Bd. 18, S. 285. 1906. — Frey, H.: Untersuchungen über die Lymphdrüsen des Menschen und der Säugetiere. Leipzig 1861. — Friedmann, Fr.: Über die Bedeutung der Gaumentonsillen von jungen Kindern als Eingangspforte für die tuberkulöse Infektion. Zieglers Beiträge z. pathol. Anat. u. z. allg. Pathol. Bd. 28, S. 66—135. 1900. — Fränkel, B.: a) Über adenoide Vegetationen. Dtsch. med. Wochenschr. H. 41. 1884. — b) The infect. nature of lacunar tonsil. Brit. med. journ. 1895. — Gagnhofner, Fr.: Über die Tonsillen und Bursa pharyngea. Sitzungsber. d. Akad. Wien, Mathem.-naturw. Kl. Bd. 78. 1878. — Gauster: Untersuchungen über die Balgdrüsen der Zungenwurzel. Wien 1857. — Gerlach, J.: Zur Morphologie der Tuba Eustachii. Sitzungsber. d. phys.-med. Soc. Erlangen 1875. — Genter, J. A.: Über den Befund von Knorpelgewebe in den Mandeln. Wratschebnaja Gaseta Bd. 11, S. 789. 1904. — Glover, J.: Funktion der Mandeln. Soc. de laryngol., d'otol. et de rhinol. Bd. 8. Paris 1909. — Good, R. H.: Frühimmunisierung, die wesentliche Funktion der Tonsille. Laryngoscope 1909. — GOODALE, J. L.: a) Über die Absorption von Fremdkörpern durch die Gaumentonsillen des Menschen mit Bezug auf die Entstehung infektiöser Prozesse. Arch. f. Laryngol. Bd. 7. 1897. — b) The endothelial phagocytes of tonsillar ring. Journ. of med. research. N. S. Bd. 2, S. 399. 1902. — c) Retrograde Veränderungen der Gaumentonsillen. Arch. f. Laryngol. Bd. 12, S. 399—405. 1902. — v. GORDON, L.: Über das Tonsillarproblem und die Folgezustände der Tonsillenentzündungen. Zentralbl. f. Hals-, Nasen- u. Ohrenheilk. Bd. 7. 1925. — GOSLAR, A.: Das Verhalten der lymphocytären Zellen in den Gaumenmandeln vor und nach der Geburt. Diss. Freiburg 1913. Auch in Zieglers Beitr. z. pathol. Anat. u. z. allg. Pathol. Bd. 56, S. 405. 1913. — GOTTSTEIN, J. und KAYSER, R.: Die Krankheiten der Rachentonsille. In: HEYMANN, Handb. d. Laryngol. u. Rhinol. Wien 1899. — GROBER, J.: Die Tonsillen als Eintrittspforten für Krankheitserreger, besonders für den Tuberkel- bacillus. Klin. Jahrb. Bd. 14, S. 547—634. 1905. — GROSSMANN, B. und WALDAPEL, R.: a) Pathologisch-anatomische Untersuchungsergebnisse bei der klinischen Angina lacunaris. Zeitschr. f. Hals-, Nasen- u. Ohrenheilk. Bd. 12, S. 323—326. 1925. — b) Neue Unter- suchungsergebnisse bei der Angina lacunaris. Monatsschr. f. Ohrenheilk. u. Laryngo- Rhinol. Bd. 59, S. 337—342. 1925. — GRÜNWALD, L.: a) Die Knorpel- und Knocheninseln in und an den Gaumenmandeln. Zeitschr. f. Ohren-, Nasen- u. Kehlkopfheilk. Bd. 90, S. 212—213. 1913. — b) Die zwei Gaumenmandeln des Menschen. Anat. Anz. Bd. 44, S. 607—608. 1913. — c) Die typischen Varianten der Gaumenmandeln und der Mandel- gegend. Arch. f. Laryngol. Bd. 28, S. 179—230. 1913. — d) Erwiderung zu den Bemer- kungen von J. A. HAMMAR. Ebenda Bd. 28, S. 493—494. 1914. — GULLAND, G. L.: a) The Development of adenoid tissue with especial referens to the Tonsil and Thymus. Laborat. rep. of the roy. coll. of phys. Bd. 3. Edinburgh 1891. — b) On the function of the tonsils. Edinburgh med. journ. Bd. 37, S. 435. 1891. — c) On the function of the tonsils. Rep. f. the laborat. of the coll. of phys. Bd. 4. Edinburgh 1892. — GÜTTICH, A.: Über die sog. Kapsel der Gaumenmandel. Zeitschr. f. Laryngol. Bd. 7. 1915. — GÖRKE, M.: a) Beiträge zur Pathologie der Rachenmandel. 2. Über Rezidive der Rachenmandelhyperplasie. Arch. f. Laryngol. Bd. 12, S. 278. 1901. — b) Beiträge zur Pathologie der Rachenmandel. 4. Die Involution der Rachenmandel. Ebenda Bd. 16, S. 144. 1904. — c) Beiträge zur Pathologie der Rachenmandel. 5. Kritisches zur Physiologie der Tonsillen. Ebenda Bd. 19, S. 244 bis 276. 1907. — d) Zur Tonsillectomiefrage. Berlin. klin. Wochenschr. 1913. S. 1158—1161. — e) Tonsillen und Allgemeinerkrankungen. Klin. Wochenschr. Bd. 1, S. 1749—1752. 1922. — GÖTT, T.: Die Speichelkörperchen. Internat. Monatsschr. f. Anat. u. Physiol. Bd. 23, S. 378—396. 1923. — HALBAN, J.: Resorption der Bakterien bei lokaler Infektion. Arch. f. klin. Chirurg. Bd. 55. 1897. — HAMMAR, J. A.: a) Studien über die Entwicklung des Vorderdarms und einiger angrenzenden Organe. 2. Abt.: Das Schicksal der zweiten Schlundspalte. Zur vergleichenden Embryologie und Morphologie der Tonsille. Arch. f. mikroskop. Anat. Bd. 61, S. 404—458. 1902. — b) Bemerkung zu dem Aufsatz von L. GRÜNWALD: Die typischen Varianten der Gaumenmandeln und der Mandelgegend. Arch. f. Laryngol. Bd. 28, S. 492. 1914. — HAMMERSCHLAG, R.: a) Die Speichelkörperchen. Frankfurt. Zeitschr. f. Pathol. Bd. 18, S. 161. 1915. — b) Die Speichelkörperchen. Ebenda Bd. 23, S. 272—296. 1920. — c) Die Speichelkörperchen. Ebenda Bd. 23. 1924. — HARFF, G.: Über die anatomische und pathologische Struktur des Tonsillengewebes. Diss. Bonn 1875. — HARRISON, A.: The tonsil in health and disease. Americ. journ. of the med. sciences Bd. 103, S. 237. 1892. — HEIBERG, K. A.: Das Aussehen und die Funktion der Keimzentren des adenoiden Gewebes. Virchows Arch. f. pathol. Anat. u. Physiol. Bd. 240, S. 301—307. 1922. — b) The present position of some adenoid tissue problems with special reference to the tonsils. Acta oto-laryngol. Bd. 7, S. 1—12. 1924. — HELLMAN, T.: a) Den lymfoida vävnadens normala mängd hos kanin i olika postfetala åldrar. Uppsala läkareförenings förhandl. Bd. 19, Suppl., S. 1—408. 1914. (Mit deutscher Zusammen- fassung S. 363—378.) — b) Gomtonsillernas tillväxt och involution hos kanin jämte några synpunkter rörande den lymfoida vävnadens funktion. 2 dra nord. otol.-laryngol. kongr. förhandl. 1914. Stockholm 1915. S. 220—235. — c) Studier över den lymfoida vävnaden. 2. Sekundärfolliklarna i kanintonsiller. Uppsala läkareförenings förhandl. Bd. 24, S. 217 bis 282. 1919. — d) Studier öyer den lymfoida vävnaden. 3. Sekundärfolliklarnas bety- delse. Ebenda Bd. 24, S. 283—316. 1919. — e) Studien über das lymphoide Gewebe. Die Bedeutung der Sekundärfollikel. Zieglers Beitr. z. pathol. Anat. u. z. allg. Pathol. Bd. 68, S. 333—363. 1921. — f) Vår nuvarande kännedom om den lymfoida vävnaden, dess funktion och dess roll inom konstitutionsläran. Svenska läkaretidningen 1922. — g) Die Alters- anatomie der menschlichen Milz. Zeitschr. f. Konstitutionslehre Bd. 12, S. 270—415. 1926. — HENDELSOHN: Über das Verhalten des Mandelgewebes gegen pulverförmige Sub- stanzen. Arch. f. Laryngol. Bd. 8. 1898. — HENKE, FR.: Neue experimentelle Feststellungen über die physiologische Bedeutung der Tonsillen. Ebenda Bd. 28, S. 231. 1914. — HENKE, FR. und REITEN, H.: Zur Bedeutung der hämatolytischen und anhämolytischen Streptokokken für die Pathologie der Tonsillen. Berlin. klin. Wochenschr. Bd. 49, S. 1927—1931. 1912. — Henle, J.: Handbuch der systematischen Anatomie des Menschen. Braunschweig 1855—1871. — Hett, S.: The anatomy and comparative anatomy of the palatine tonsil and its role in the economy of man. Brit. med. journ. S. 743. 1913. — Hett, S. and Butterfield, G.: The anatomy of the palatine tonsils. Journ. of anat. and physiol. Bd. 44, S. 35—55. 1910. — Hirsch: Über den heutigen Stand der Mandelfrage. Klin. Wochenschr. Bd. 2, S. 2134—2139. 1923. — Hodenpyl, E.: The anatomy and physiology of the faucial tonsils with reference to the absorb. of infect. material. Internat. journ. of med. science. Bd. 101, S. 257—274. 1891. — Holsti, Ö.: Bidrag till kännedomen om tonsillerna vid de reumatiska ledgångsaffektionerna. En pat.-anat. studie. Finska läkaresällskapets handlinger Bd. 66, S. 365—384. 1924. — Hopmann: Die adenoiden Tumoren als Teilerscheinung der Hyperplasie des lymphatischen Rachenrings. Bresgens Samml. klin. Vortr. Halle 1895. — Howarth, W. G. and Gloyne, S. R.: Unhealthy tonsils associated with cervical adenitis. Lancet Bd. 204, S. 1202—06. 1923. — Hynitzsch, J.: Anatomische Untersuchungen über die Hypetrophie der Pharynxtonsille. Zeitschr. f. Ohrenheilk. Bd. 34, S. 184—206. 1899. Auch Diss. Straßburg 1899. — Illing, G.: a) Über die Mandeln und das Gaumensegel des Schweines. Arch. f. wiss. u. prakt. Tierheilk. Bd. 29. S. 411 —426. 1903. — b) Die Rachenhöhle, die Höhrtrompete und der Luftsack des Pferdes. In: Ellenberger, Handb. d. vergl. mikroskop. Anat. Bd. 3, S. 114—132. 1911. — Jessipoff, K. D.: Die anatomischen Verbindungen der Lymphbahnen des Hals- und Brustgebietes, in denen die Tuberkelinfektion zirkulieren kann, und die Untersuchungsmethodik. (Russisch.) Tuberkules Bd. 3, S. 42—45. 1923. — Jolly, J.: a) Sur les modifications histologiques de la bourse de Fabricius à la suite du jeûne. Cpt. rend. des séances de la soc. de biol. Bd. 70. 1911. — b) Histogénèse des follicules de la bourse de Fabricius. Ibid. Bd. 70. 1911. — c) Sur l'involution de la bourse de Fabricius. Ibid. 1911. — d) Sur les organes lympho-épithéliaux. Ibid. Bd. 74, S. 540—543. 1913, — e) Traité technique d'Hématologie. Morphologie, Histogénèse, Histophysiologie, Histopathologie. Paris 1923. — Jurisch, A.: Über die Morphologie der Zungenwurzel und die Entwicklung des adenoiden Gewebes der Tonsillen und der Zungenbälge beim Menschen und bei einigen Tieren. Anat. Hefte Bd. 47, S. 40—247. 1912. — Kassel, C.: Aus der Geschichte des Tonsillarproblems. Zeitschr. f. Hals-, Nasen- u. Ohrenkrankh. Bd. 5, S. 112—120. 1923. — Kayser, R.: Die Krankheiten des lymphatischen Rachenringes. In: Heymann, Handb. d. Laryngol. u. Rhinol. Wien 1899. — Kelemen und v. Garka, zit. Schultz 1925. — Kernot, E.: Note anatomo-istologiche sulla tonsilla. Napoli 1904. — Kessel, O. G.: Bemerkungen zur physiologischen Funktion der Mandeln. Med. Korresp.-Blatt f. Württ. Ärzte Bd. 93, S. 109—110. 1923. — Killian, J.: a) Über die Bursa und Tonsilla pharyngea. Gegenbaurs morphol. Jahrb. Bd. 14. 618—711. 1888. — b) Mandelbucht und Gaumenmandel. Verhandl. d. 4. Vers. süddtsch. Laryngol. 1897. — c) Entwicklungsgeschichte, anatomische und klinische Untersuchungen über Mandelbucht und Gaumenmandel. Arch. f. Laryngol. Bd. 7. 1898. — Kingsbury, B. F.: Amphibian tonsils. Anat. Anz. Bd. 42, S. 593—612. 1912. — Klatscho, M.-N.: Über das Verhältnis der weißen Blutkörperchen in der Tonsille und ihre Diapedese. Diss. Königsberg 1913. — Kleiminger, Fr.: Über die Bedeutung der Tonsillen für das Zustandekommen der sogenannten kryptogenetischen Erkrankungen. Rostocker Diss. Teterow 1905. — Klein, E.: a) Anatomy of the lymphatic system. London 1875. — b) On the lymphatic system of the skin and mucous membranes. Quart. journ. of microscop. science Bd. 21, S. 379—406. 1881. — Klemm, P.: a) Über die Aetiologie der Appendicitis. Mitt. a. d. Grenzgeb. d. Med. u. Chirurg. Bd. 16. 1906. — b) Über die Erkrankung des lymphatischen Gewebes und ihr Verhältnis zur Appendicitis. Dtsch. Zeitschr. f. Chirurg. Bd. 81, S. 427. 1906. — Kniaschetzky: Über die Tonsillen der Kinder. Diss. St. Petersburg 1899. — Kollmann, J.: Die Entwicklung der Lymphknötchen in dem Blinddarm und in dem Processus vermiformis. Die Entwicklung der Tonsillen und die Entwicklung der Milz. Arch. f. Anat. u. Physiol., anat. Abt. 1900. S. 155—186. — v. Konstanecki: Die pharyngeale Tubenmündung und ihr Verhältnis zum Nasenrachenraum. Arch. f. mikroskop. Anat. Bd. 29. 1887. — Kölliker, A.: Mikroskopische Anatomie oder Gewebelehre des Menschen. Leipzig 1852. — Labbé et Lévi-Sirugue: Struktur und Physiologie der Tonsille. Presse méd. Bd. 8, S. 69—73. 1900. — Lachmann, J.: Untersuchungen über latente Tuberkulose der Rachenmandel mit Berücksichtigung der bisherigen Befunde und der Physiologie der Tonsillen. Diss. Leipzig 1908. — Laquer, Fr.: a) Über die Natur und Herkunft der Speichelkörperchen und ihre Beziehungen zu den Zellen des Blutes. Frankfurt. Zeitschr. f. Pathol. Bd. 11, S. 79. 1912. — b) Weitere Untersuchungen über die Herkunft der Speichelkörperchen. Ebenda Bd. 12. 1913. — c) Die Herkunft der Speichelkörperchen. Erwiderung auf die Arbeit des Herrn Hammerschlag. Ebenda Bd. 18. 1918. — Latta, J. S.: a) The histogenesis of dense lymphatic tissue of the intestine (*Lepus*): a contribution to the knowledge of the development of lymphatic tissue and blood-cell formation. Americ. journ. of anat.

Bd. 29, S. 159—203. 1921. — b) The interpretation of the so-called germinal centers in the lymphatic tissue of the spleen. Anat. record Bd. 24, S. 233—243. 1922. — v. LENÁRT, Z.: Experimentelle Studie über den Zusammenhang des Lymphgefäßsystems der Nasenhöhle und der Tonsillen. Arch. f. Laryngol. Bd. 21, S. 462. 1909. — LEVINSTEIN, O.: a) Über „Fossulae tonsillares", „Noduli lymphatici" und „Tonsillen". Ebenda Bd. 22, S. 209—242. 1909. — b) Histologie der Seitenstränge und Granula bei der Pharyngitis lateralis und granulosa. Ebenda Bd. 21, S. 249—281. 1909. — c) Auf welchen histologischen Vorgängen beruht die Hyperplasie, sowie die Atrophie der menschlichen Gaumenmandeln? Ebenda Bd. 22, S. 104—125. 1909. — d) Kritisches zur Frage der Funktion der Mandeln. Ebenda Bd. 23, S. 75—117. 1910. — e) Erwiderung auf die Bemerkungen des Herrn Prof. Dr. A. SCHOENEMANN zu meinem Aufsatze „Kritisches zur Frage der Funktion der Mandeln." Ebenda Bd. 23, S. 466—467. 1910. — f) Über eine neue „pathologische Tonsille" des menschlichen Schlundes, die „Tonsilla lingua lateralis" und ihre Erkrankungen an Angina. Ebenda Bd. 26, S. 687—694. 1912. — LEXER: Die Schleimhaut des Rachens als Eingangspforte pyogener Infektionen. Arch. f. klin. Chirurg. Bd. 54, S. 736—755. 1897. — LINDT: a) Klinisches und Histologisches über die Rachenmandelhyperplasie. Korresp.-Blatt f. Schweizer Ärzte 1907. — b) Beiträge zur Histologie und Pathogenese der Rachenmandelhyperplasie. Zeitschr. f. Ohrenheilk. Bd. 55, S. 56—77. 1908. — LUBARSCH: Über Knochenbildung in Lymphknoten und Gaumenmandeln. Virchows Arch. f. pathol. Anat. u. Physiol. Bd. 177. 1904. — v. LUSCHKA, H.: Das adenoide Gewebe der Pars nasalis des menschlichen Schlundkopfes. Arch. f. mikroskop. Anat. Bd. 4, S. 1—9. 1868. — MANFREDI: Über die Bedeutung des Lymphgangliensystems für die moderne Lehre von der Infektion und der Immunität. Versuche und Schlußfolgerungen. Virchows Arch. f. pathol. Anat. u. Physiol. Bd. 155, S. 335. 1899. — MAJEWSKI, W.: Über die Tonsillen der Feliden. Bull. de l'acad. des sciences de Cracovie S. 179—186. 1911. — MARTUSCELLI e BOZZI CORSO: Sull' importanza delle tonsille palatine per lo sviluppo delle infezione microbiche. Arch. ital. di otol., rinol. e laringol. Bd. 34, S. 178—187. 1923. — MASINI: The internal secret of tonsils. New York med. journ. a. med. record 1898. — MAYER: a) Neue Untersuchungen aus dem Gebiete der Anatomie und Physiologie. Bonn 1842. — b) Anatomie der Tonsillen. Freiburg 1853. — MÉGEVAND, L. J. A.: Contribution à l'étude anato-morphologique des maladies de la voûte de pharynx. Thèse. Genève 1887. — MENZER: Über Angina, Gelenkrheumatismus usw. Berlin. klin. Wochenschr. 1902. — MEYER: Über adenoide Vegetationen in der Nasenrachenhöhle. Arch. f. Ohrenheilk. Bd. 1, 2. 1873—74. — MEYER, M.: a) Die reduzierenden Substanzen der Tonsillen und Lymphdrüsen. Zeitschr. f. Hals-, Nasen- u. Ohrenheilk. Bd. 1, S. 521—527. 1922. — b) Kurze Entgegnung auf die vorstehenden Arbeiten zur Tonsillenfrage. Ebenda Bd. 1, S. 528—529. 1922. — MICHAEL, J.: Die Krankheiten der Zungentonsille usw. In: HEYMANN, Handb. d. Laryngol. 1899. — MINK: a) Die Pathologie und Therapie der Tonsillen usw. Arch. f. Laryngol. Bd. 30. 1916. — b) Physiologie der oberen Luftwege. Leipzig 1920. — MITCHELL, PH.: Primary tuberculosis of the faucial tonsils in children. Journ. of pathol. a. bacteriol. Bd. 21, S. 248. 1917. — MOLBERG, C.: Über säurefeste Stäbchen in hypertrophischen Gaumentonsillen und adenoiden Vegetationen des Nasenrachenraumes. Diss. Bonn 1912. — MOLL: Die oberen Luftwege und ihre Infektion. Leipzig 1902. — MOLLIER: Die lymphoepithelialen Organe. Sitzungsber. d. Ges. f. Morphol. u. Physiol., München Bd. 29, S. 14 bis 37. 1914. — MOST, A.: a) Zur Topographie und Ätiologie des retropharyngealen Drüsenabszesses. Arch. f. Chirurg. Bd. 61, S. 615—628. 1900. — b) Über den Lymphapparat von Nase und Rachen. Arch. f. Anat. u. Physiol. 1901. — c) Die Topographie des Lymphgefäßapparates des Kopfes und des Halses in ihrer Bedeutung für die Chirurgie. Berlin 1906. — d) Die Topographie des Lymphgefäßapparates des menschlichen Körpers und ihre Beziehungen zu den Infektionswegen der Tuberkulose. Bibliogr. med., Abt. C Bd. 61, 1908. — e) Über die Verhütung und Bekämpfung der Halsdrüsentuberkulose mit besonderer Berücksichtigung ihrer Chirurgie. Zeitschr. f. Chirurg. Bd. 97, S. 294—353. 1909. — f) Chirurgie der Lymphgefäße und der Lymphdrüsen. In: KÜTTNER, Neue deutsche Chirurgie. Stuttgart 1917. — MOUCHET, A.: Lymphatiques de l'amygdale pharyngienne. Cpt. rend. des séances de la soc. de biol. Bd. 70, S. 331—333. 1911. — NEIL, J. H.: Some points of the anatomy and surgery of the tonsils. Brit. med. journ. 1908. S. 892. — NOETZEL, W.: Weitere Untersuchungen über das Verhalten der durch Bakterienresorption infizierten Lymphdrüsen. Bruns' Beitr. z. klin. Chirurg. Bd. 65, S. 372. 1909. — NORTH, J.: The physiology and pathology of the tonsils. Journ. of the Americ. med. soc. Bd. 19, S. 451. 1892. — NÜHSMANN: Einiges zum Tonsillenproblem. Münch. med. Wochenschr. Bd. 69, S. 1132. 1922. — OSTMANN, P.: Neue Beiträge zu den Untersuchungen über die Balgdrüsen der Zungenwurzel. Diss. Berlin 1883. Auch in Virchows Arch. f. pathol. Anat. u. Physiol. Bd. 92. 1883. — PAPIN, L.: Note sur la structure de l'amygdale pharyngienne des Crocodiliens (*Crocodilus crocodilus* L. et *Crocodilus palustris* LESS.). Cpt. rend. hebdom. des séances de l'acad. des sciences Bd. 149, S. 62—63. 1910. — PAULSEN, E.: Studien über Regeneration der Gewebe. 5. Zellvermehrung und ihre Begleiterscheinungen in hyperplastischen Lymphdrüsen und Tonsillen. Arch. f. mikroskop. Anat. Bd. 24, S. 345. 1885. — PFEIFFER und MARX: Die Bildungsstätte der Choleraschutzstoffe. Zeitschr. f. Hyg. u. Infektionskrankh. Bd. 27, S. 272. 1898. — PIFFL, O.: a) Über chronische Entzündung der Gaumenmandel und ihre Behandlung. Prag. med. Wochenschr. Bd. 37. 1912. — b) Der WALDEYERsche Rachenring und der Organismus. Med. Klinik Bd. 9, S. 286—290. 1913. — PLUDER, E.: Über die Bedeutung der Mandeln im Organismus. Monatsschr. f. Ohrenheilk. Bd. 32. 1898. — POL, R.: Zur Funktionsfrage der lymphadenoiden Organe, insbesondere der Tonsillen. Verhandl. d. dtsch. pathol. Ges. S. 286—289. Jena 1923. — POLJAK, S. G.: Zur Frage über die normale und entzündliche Emigration der Leucocyten durch das Epithel der Tonsillen. Diss. St. Petersburg 1891. — v. RAPP, ED.: a) Über die Tonsillen. Müllers Arch. f. Anat. u. Physiol. S. 189—199. 1839. — b) Über die Tonsillen der Vögel. Ebenda 1843. — RENN, P.: a) Zur klinischen Bedeutung der Tonsillitis follicularis seu fossularis mit Bezug auf die Gaumenmandelfunktion unter besonderer Berücksichtigung der Kindesalter. Allg. Wien. med. Zeitschr. 1912. — b) Zur Funktionsfrage der Gaumenmandel. Cytodiagnostische und histopathologische Untersuchungen. Zieglers Beitr. z. pathol. Anat. u. z. allg. Pathol. Bd. 53, S. 1—37. 1912. — RETTERER, E.: a) Disposition et connexions du réseau lymphatique dans les amygdales. Cpt. rend. des séances de la soc. de biol. Bd. 8, S. 27—28. 1886. — b) Du tissu angiothélial des amygdales et des plaques de PEYER. Mém. de la soc. de biol. S. 1—11. 1892. — c) Amygdales et follicules clos de tube digestif (dévéloppement et structure). Journ. de l'anat. et de physiol. Bd. 45, S. 225—275. 1909. — RIBBERT, H.: Über die Bedeutung der Lymphdrüsen. Med. Klinik Bd. 3, S. 1543. 1907. — RICHTER, E.: a) Die biologische Einstellung der reduzierenden Substanzen. Zeitschr. f. Hals-, Nasen- u. Ohrenheilk. Bd. 1, S. 493—497. 1922. — b) Zur Physiologie der Tonsillen. Ebenda Bd. 1, S. 517—520. 1922. — ROBERTSON, CH. M.: Anatomy and Physiology of the tonsil. Journ. of the Americ. med. assoc. Bd. 59, S. 684—689. 1909. — ROMANE, A.: Étude physiologique et bactériologique de l'amygdale. Thèse. Paris 1892. — Ross, S. J.: The role played by the tonsils in organismal diseases. Med. press. a. circ. 1906. — ROSSBACH: Physiologische Bedeutung der Tonsillen. Zentralbl. f. klin. Med. 1887. — RUFFER, A.: On the phagocytes of the alimentary canal. Quart. journ. of microscop. science Bd. 30. 1890. — SACHS: Zur Anatomie der Zungenbalgdrüsen und Mandeln. Müllers Arch. f. Anat. u. Physiol. 1859. — SAPPEY: a) Rechèrches sur la structure des amygdales et des glandes situées sur la base de la langue. Cpt. rend. hebdom. des séances de l'acad. des sciences Bd. 41. 1855. — b) Traité d'anatomie descriptive. Bd. 4. Paris 1873. — SCHAFFER, J.: Vorlesungen über Histologie und Histogenese. Leipzig 1920. — SCHEIER, M.: Zur Physiologie der Rachen- und Gaumenmandel. Berlin. laryngol. Ges. 1903. — SCHLEMMER, FR.: a) Anatomische, experimentelle und klinische Studien zum Tonsillarproblem unter Feststellung sowohl der Beziehungen der abführenden Lymphbahnen aus der Nase und dem Pharynx zur Tonsille, als auch der Lymphwege in der Tonsille selbst. Monatsschr. f Ohrenheilk. Bd. 55, S. 1567—1617. 1921. — b) Weitere Beweise zum „Tonsillarproblem". Wien. klin. Wochenschr. Bd. 35, S. 736—740. 1922. — c) Anatomische und physiologische Vorbemerkungen zu der Frage der chronischen Tonsillitis und ihre Behandlung. Zeitschr. f. Hals-, Nasen- u. Ohrenheilk. Bd. 4, S. 405—429. 1923. — SCHMIDT, F. TH.: Das follikuläre Drüsengewebe der Schleimhaut der Mundhöhle und des Schlundes bei dem Menschen und den Säugetieren. Zeitschr. f. wiss. Zool. Bd. 8, S. 221—302. 1863. — SCHOENEMANN, A.: a) Zur klinischen Pathologie der adenoiden Rachenmandelhyperplasie. Zeitschr. f. Ohrenheilk. Bd. 52, S. 185. 1906. — b) Zur Physiologie und Pathologie der Tonsillen. Arch. f. Laryngol. Bd. 22, S. 251—259. 1909. — c) Bemerkungen zum LEVINSTEINschen Aufsatz: Kritisches zur Frage der Funktion der Mandeln. Ebenda Bd. 23, S. 463—465. 1910. — SCHUMACHER, S.: Histologie der Luftwege und der Mundhöhle. Handb. d. Hals-, Nasen- u. Ohrenheilk. Bd. 1, S. 277—424. 1925. — SCHWABACH: a) Bursa pharyngea. Arch. f. mikroskop. Anat. Bd. 29, S. 61—74. 1887. — b) Zur Entwicklung der Rachentonsille. Ebenda Bd. 32, S. 187—213. 1888. — SCHULTZ, W.: Die akuten Erkrankungen der Gaumenmandeln und ihrer unmittelbaren Umgebung. Berlin 1925. — SEIFERT, O.: Die Pathologie der Zungentonsille. Arch. f. Laryngol. Bd. 1, S. 48. 1893. — SEREBRJAKOFF: Über die Involution der normalen und hyperplastischen Rachenmandel. Ebenda Bd. 18, S. 502. 1906. — v. SKRAMLIK, E.: Physiologie der Mundhöhle und des Rachens. Handb. d. Hals-, Nasen- u. Ohrenheilk. Bd. 1, S. 484—554. 1925. — SPICER, Sc.: The tonsils (faucial, lingual, pharyngeal and discrete); their functions and relations to affections of the throat and nose. Lancet Bd. 2, S. 805. 1888. — SPULER, A.: Zur Histologie der Tonsillen. Anat. Anz. Bd. 39, S. 506—510. 1911. — STÖHR, PH.: a) Zur Physiologie der Tonsillen. Biol. Zentralbl. Bd. 2, S. 368. 1882. — b) Über Mandeln und Balgdrüsen. Virchows Arch. f. pathol. Anat. u. Physiol. Bd. 97, S. 211—236. 1884. — c) Über Tonsillen bei Pyopneumothorax. Sitzungsber. d. Würzb. phys.-med. Ges. 1884. — d) Über die Mandeln und deren Entwicklung. Korresp.-Blatt f. Schweiz. Ärzte Bd. 20. 1890. — e) Die Mandeln. Progrès méd.

1890. — f) Die Entwicklung des adenoiden Gewebes, der Zungenbälge und der Mandeln des Menschen. Festschr. f. Naegeli u. Kölliker. Zürich 1891. — Suchanneck: Beiträge zur normalen und pathologischen Anatomie des Rachengewölbes. Zieglers Beitr. z. pathol. Anat. u. z. allg. Pathol. Bd. 3, S. 31—97. 1888. — Swain, H. L.: Die Balgdrüsen am Zungengrunde und deren Hypertrophie. Dtsch. Arch. f. klin. Med. Bd. 39, S. 504. 1886. — Symington, J.: The pharyngeal tonsil. Brit. med. journ. 1910. S. 1147—1148. — Teichmann: Das Saugadersystem von anatomischem Standpunkte. S. 1—124. Leipzig 1861. — v. Teutleben: Die Tubentonsille des Menschen. Zeitschr. f. d. ges. Anat., Abt. 1: Zeitschr. f. Anat. u. Entwicklungsgesch. Bd. 2, S. 298. 1876—77. — Théodore, E.: Über Knorpel und Knochen in den Gaumenmandeln. Arch. f. Ohrenheilk. Bd. 90, S. 34 bis 44. 1912. — Toldt: Lehrbuch der Gewebelehre. Stuttgart 1888. — Tornwald: a) Über die Bedeutung der Bursa pharyngea für die Erkennung und Behandlung gewisser Nasenrachenraum-Krankheiten. Wiesbaden 1885. — b) Zur Frage der Bursa pharyngea. Dtsch. med. Wochenschr. Bd. 23, S. 501—1042. 1887. — Trautmann, F.: Anatomische, pathologische und klinische Studien über Hyperplasie der Rachentonsille. Berlin 1886. — Tunnicliff, R. M.: The presence of streptococci on normal tonsils. Transact. of the Chicago pathol. soc. Bd. 6, S. 175. 1904. — Töpfer, H.: Über Muskeln und Knorpel in den Tonsillen. Diss. Leipzig 1902. — Ullman, J.: The tonsils as portals of infection. New York state journ. of med. Bd. 1, S. 127. 1901. — Wassermann: Weitere Mitteilungen über „Seitenkettenimmunität". Berlin. klin. Wochenschr. Bd. 35, S. 209. 1898. — Wassermann und Citron, J.: Die lokale Immunität der Gewebe und ihre praktische Wichtigkeit. Dtsch. med. Wochenschr. S. 573—575. 1905. — Weidemann, H.: Die Tonsillen als Eingangspforte für infektiöse Krankheiten. Diss. München 1895. — Weidenreich, Fr.: Über Speichelkörperchen. Ein Übergang von Lymphocyten in neutrophile Leukocyten. Fol. haematol. Bd. 5, S. 1—7. 1908. — Wetzel, G.: Anatomie und Entwicklungsgeschichte der Mundhöhle und des Rachens. Handb. d. Hals-, Nasen- u. Ohrenheilk. Bd. 1, S. 178 bis 225. 1925. — Wex, Fr.: Beiträge zur normalen und pathologischen Histologie der Rachentonsille. Zeitschr. f. Ohrenheilk. Bd. 34, S. 207—240. 1899. (Auch Diss. Rostock 1899.) — Wilson, J. G.: a) Some anatomic and physiological considerations of the faucial tonsil. Journ. of the Americ. med. assoc. Bd. 46, S. 1591. 1906. — b) The significance of plasmacells in tonsil. Ibid. Bd. 61. 1913. — Wood, G.: Tonsillar infection. Americ. journ. of med. the sciences Bd. 147, S. 380. 1914. — Zuckerkandl, E.: Normale und pathologische Anatomie der Nasenhöhle und ihrer pneumatischen Anhänge. Wien 1882.

E. Der Schlundkopf[1].

Von

S. SCHUMACHER
Innsbruck.

Mit 4 Abbildungen.

I. Allgemeines. Einteilung. Abgrenzung.

Als Schlundkopf (Rachen) oder Pharynx bezeichnet man den ungetrennt bleibenden Teil der Kopfdarmhöhle, in welchem Luft- und Nahrungswege bei den Säugetieren wieder gemeinsam werden. Als Bindeglied zwischen Mundhöhle und Ösophagus einerseits und zwischen Nasenhöhle und Kehlkopf andererseits zeigt der Pharynx in seinem feineren Bau Merkmale, die zum Teil für den Anfangsteil des Verdauungsrohres (geschichtetes Pflasterepithel, Schleimdrüsen), zum Teil für den Respirationstrakt (mehrreihiges Flimmerepithel, gemischte Drüsen) kennzeichnend sind; mit anderen Worten, die Überkreuzung des Luftweges mit dem Nahrungskanal im Schlundkopfe kommt auch in dessen Bau zum Ausdruck. Wie in den meisten Übergangsgebieten individuelle Schwankungen im Wandungsbau vorkommen, so ist dies auch im Pharynx der Fall. Es werden sich daher, wenigstens beim Erwachsenen, keine scharfen, allgemein gültigen Grenzen ziehen lassen zwischen jenem Anteil des Schlundkopfes, der dem Bau nach dem Atmungsrohre, und jenem, der dem Verdauungsrohre zuzurechnen ist; ja es ist eine strenge Sonderung dieser beiden Anteile schon deshalb unmöglich, weil nicht alle für eines dieser beiden Systeme charakteristischen Merkmale die gleich große Ausbreitung besitzen. So muß z. B. das Verbreitungsgebiet des mehrreihigen zylindrischen Flimmerepithels sich nicht vollkommen mit dem der gemischten Drüsen decken und ebensowenig muß das Verbreitungsgebiet des geschichteten Pflasterepithels mit dem der reinen Schleimdrüsen genau zusammenfallen.

Wenn auch die in der makroskopischen Anatomie getroffene Einteilung des Schlundkopfes in eine Pars nasalis oder Epipharynx, oralis oder Mesopharynx und laryngea oder Hypopharynx für den feineren Bau seiner Wandung von mehr nebensächlicher Bedeutung ist, da die Grenzen dieser drei Abschnitte nicht auch die Grenzen für verschieden gebaute Abschnitte des Pharynx darstellen, so soll doch diese rein topographische Einteilung in Ermangelung einer besseren beibehalten werden. Naturgemäß wird der oberste Teil des Pharynx, namentlich das Rachendach, ähnliche Eigenschaften zeigen wie die Regio respiratoria der Nasenhöhle, während die übrigen Teile sich in ihrem Bau mehr dem der Mundhöhle bzw. des Oesophagus nähern. Mit Rücksicht auf den mikroskopischen Wandungsbau des Pharynx wäre es vielleicht zweckmäßiger von einer Regio respiratoria und einer Regio digestoria zu sprechen.

---

[1] Abgeschlossen am 22. März 1926.

Beim Menschen bildet der Schlundkopf einen in sagittaler Richtung abgeplatteten, trichterförmigen Sack. In der Ruhestellung liegen Vorder- und Hinterwand des Hypopharynx aneinander. Dabei erscheint die Schleimhaut in Falten gelegt. In der Mehrzahl der Fälle finden sich an der Hinterwand der Pars laryngea 4—5 bogenförmige konzentrische Falten, deren Konvexität nach oben gerichtet ist und deren Enden in Längsfalten des Oesophagus ausstrahlen. Der tiefste und zugleich innerste Bogen umgreift ein etwas eingesenktes, ziemlich glattes, in der Höhe der Ringknorpelplatte gelegenes Feld. Neben diesen Hauptfalten kommen einige kleinere Nebenfalten vor. An der Vorderwand des Hypopharynx treten ähnliche, wenn auch weniger deutlich ausgeprägte Falten um einen zentralen glatten Bezirk auf. Die Ausbildung der Falten wird dort ermöglicht, wo eine gut ausgebildete Submucosa vorhanden ist, während letztere in den glatten Bezirken fehlt (VASTARINI-CRESI 1922).

Manchmal, aber immerhin recht selten, findet sich beim Erwachsenen hinter der Tonsilla pharyngea eine unpaare, mediane, röhrenförmige Ausstülpung der Pharynxschleimhaut von höchstens $1^1/_2$ cm Tiefe, die unter der Bezeichnung Bursa pharyngea (A. J. F. C. MAYER 1842) bekannt ist. Die Bursa bleibt noch nach der mit dem Abschluß der Wachstumsperiode eintretenden Rückbildung der Rachenmandel bestehen. Die auch beim Embryo keineswegs konstante Bursa entwickelt sich von einer verdickten Epithelstelle der dorsalen Schlundkopfwand aus, steht in Verbindung mit der Chorda dorsalis ((FRORIEP u. a.) und bildet im 4.—5. Fetalmonat eine schlauchförmige Ausstülpung der Schleimhaut, die bis in die Fibrocartilago der Schädelbasis eindringt (KILLIAN 1888). Die Verbindung des Pharynxepithels mit der Chorda dürfte es bedingen, daß beim weiteren Wachstum des Pharynx die Bursa zu einem engen Kanal ausgezogen wird (FRORIEP, R. MEYER 1910, LINCK 1911). Die feste Verbindung mit dem Periost und dem Knochen der Schädelbasis ist auch beim Erwachsenen ein wichtiges Merkmal der Bursa pharyngea. Sie bedingt an ihrer Befestigungsstelle vor dem Tuberculum pharyngeum ein Grübchen im Knochen (TOURNEUX 1912). Die Bursa pharyngea ist nach KILLIAN, TOURNEUX u. a. sowohl vom Hypophysengang als auch vom Recessus pharyngeus medius, d. i. der tiefsten und beim Erwachsenen am längsten bestehenbleibenden Bucht der Rachenmandel auseinanderzuhalten [vgl. diesbezüglich HELLMANN: Tonsilla pharyngea (dieser Bd. S. 264) und ROMEIS: Hypophyse (Bd. VI dieses Handbuches)].

Auch bei manchen *Säugetieren* kommen sackförmige Ausbuchtungen des Pharynx vor, die als Bursae pharyngeae (Rachentaschen) bezeichnet werden; so beim *afrikanischen Elefanten* (*Loxodon africanus*), beim *Schwein*, beim *Murmeltier* (*Arctomys marmota*), bei den *Bären*, bei manchen *Fledermäusen* und in rudimentärer Ausbildung beim *Reh*. Die Pharynxtasche des *Schweines* erscheint als sackartige Ausbuchtung der Dorsalwand des Schlundkopfes am Übergang in den Oesophagus. Sie ist nach ILLING (1911) im wesentlichen eine Schleimhautausbuchtung und ebenso gebaut wie die übrige Kehlrachenschleimhaut. Unter den *Fledermäusen* ist bei der Gattung *Epomorphus* eine paarige, große, seitliche Aussackung des Pharynx, die sich unter der Haut ausbreitet und nur dem Männchen zukommt, und außerdem eine kleine, unpaare, dorsale Ausstülpung nachgewiesen. Auch bei den *Bären* sind die Pharynxtaschen paarig. Nach GROSSER (1900) kommt den *Rhinolophiden* ein verhältnismäßig sehr großer Luftsack zu, der mit ganz plattem, drüsenlosen Epithel ausgekleidet ist. Die Verbindung dieser Bursa pharyngea mit dem Pharynx wird durch einen engen, die Rachenmandel durchsetzenden Kanal hergestellt. Die Ausbildung des Luftsackes dürfte mit dem Flugvermögen in Beziehung stehen (Gewichtsverminderung für den Kopf). Bei den *Vespertilioniden* fehlt ein derartiger Luftsack; nur bei *Vesperugo noctula* findet sich nach GROSSER ein enger mit Flimmerepithel ausgekleideter Gang, der die Rachenmandel durchsetzend bis an den Knochen reicht.

Es erscheint fraglich, inwieweit diese Bursae pharyngeae der Säuger der des Menschen entsprechen. Von vornherein sind natürlich paarige, seitliche Schlundkopftaschen von einem derartigen Vergleiche auszuschließen. Hingegen dürfte die Bursa des *Murmeltieres* nach KILLIAN, der mächtig entwickelte Luftsack der *Rhinolophiden* und die rudimentäre Bursa von *Vesperugo noctula* nach GROSSER der menschlichen embryonalen Bursa pharyngea homolog sein. TOURNEUX hat auch beim Pferdeembryo eine typische, der des Menschen entsprechende Bursa pharyngea nachgewiesen.

Bezüglich der Abgrenzung des Schlundkopfes gegenüber dem Oesophagus vgl. S. 302. Eine Abgrenzung des Pharynx gegenüber der Mund- und Nasenhöhle von entwickungsgeschichtlichen oder vergleichend-anatomischen Gesichtspunkten aus zu geben, stößt auf die größten Schwierigkeiten. Vom entwicklungsgeschichtlichen Standpunkte aus läge es nahe, als Grenze zwischen Mundhöhle und Schlundkopf die Rachenmembran, die Membrana buccopharyngea, anzunehmen (Dursy und neuerdings Fleischmann und seine Schüler). Nach dieser Annahme würde die vor der Rachenmembran gelegene Mundbucht zur Nasen- und Mundhöhle und der hinter ihr gelegene Raum zum Schlundkopf werden. Die epitheliale Auskleidung der Mund- und Nasenhöhle wäre dann ektodermaler, die des Schlundkopfes entodermaler Abkunft; die Mundhöhle der ektodermale, der Schlundkopf der entodermale Kopfdarm. Infolge des frühzeitigen Verschwindens der Rachenmembran und des völligen Verstreichens ihrer Anheftungsstellen bleibt bis zur Abschnürung der Hypophysentasche nur deren Ausmündung als einzige Grenzmarke übrig; unmittelbar hinter ihr setzt die Rachenmembran an. Daher ist es auch unmöglich, auf späteren Entwicklungsstufen genau anzugeben, wo ursprünglich die Rachenmembran gelegen war. Peter (1924) kommt zu dem Ergebnis, „daß die Ebene der Rachenmembran unmöglich als Grenze der Mundnasenhöhle benutzt werden kann. Denn erstens ist ihre Lage durchaus noch nicht festgestellt; dann aber schneidet sie sicher Teile von der Mundhöhle ab, die ihr unleugbar angehören und fügt ihr andererseits Teile zu, die unteilbar dem Rachen zuzuweisen sind. Drittens endlich ist im Bau der Mundorgane gar kein Unterschied zwischen Abkömmlingen des Ektoderms und des Entoderms zu erkennen, ist also gar keine Grenze zu erwarten und aufzusuchen".

Im allgemeinen fällt wohl der Pharynx in jenes Gebiet des embryonalen Vorderdarmes, das wegen des Auftretens der Schlundtaschen (Kiementaschen) als Kiemendarm bezeichnet wird; doch greift das Gebiet des Kiemendarmes auf Gebilde der Mundhöhle, besonders ausgiebig auf den Mundhöhlenboden über.

Vergleichend anatomisch ergeben sich insofern Schwierigkeiten für die Abgrenzung des Pharynx gegenüber der Mund- und Nasenhöhle, als es bei niederen Wirbeltieren nicht zur Ausbildung eines (sekundären) Gaumens, d. i. einer dem Säugergaumen entsprechenden Scheidewand zwischen Mund- und Nasenhöhle kommt. Erst von den *Krokodiliern* an beginnt diese Scheidewand sich auszubilden und erst von hier ab könnte man an eine Abgrenzung des Schlundkopfes von der Mund- und Nasenhöhle denken. Allerdings ist auch bei den *Vögeln* die Scheidewand noch keine vollständige und eine Abgrenzung des Pharynx erscheint kaum möglich. Daher ist es auch zweckmäßiger, bei den Nichtsäugern von einer gemeinsamen Mund-Schlundkopfhöhle oder einem Mund-Rachenraum zu sprechen. Es läßt sich auch vergleichend-anatomisch somit nur so viel sagen, daß der Schlundkopf der höheren Wirbeltiere annähernd jenem Abschnitte des Darmrohres niederer Wirbeltiere entspricht, in dessen Bereich die Kiemenspalten auftreten (= Kiemendarm).

In der Veterinäranatomie wird der Pharynx in einen oberen, lufthaltigen Abschnitt, den Nasenrachen (Atmungsrachen) und in einen unteren Abschnitt, den Kehlrachen (Schlingrachen) eingeteilt. Als Grenze zwischen beiden Abteilungen wird das beim Schlingakt erhobene Gaumensegel angenommen, das in dieser Stellung mit seinem freien Ende die dorsale Schlundkopfwand berührt. Der Boden des Nasenrachens wird somit von der pharyngealen Fläche des erhobenen Gaumensegels, die Decke des Kehlrachens von der oralen Fläche desselben gebildet (Illing 1911).

II. Bau der Wandung.

Als wandbildender Bestandteil des Schlundkopfes kommt zunächst die Schleimhaut in Betracht mit einem Stratum epitheliale und einer Lamina propria, während eine Muscularis mucosae fehlt; an Stelle dieser tritt eine elastische Faserschicht, die dort, wo eine Tela submucosa vorhanden ist, eine scharfe Abgrenzung der letzteren von der Lamina propria gestattet. Der Schleimhaut, bzw. Submucosa, liegt außen die ausschließlich aus quergestreifter Muskulatur bestehende Tunica muscularis auf. An dieser lassen sich zwei Schichten unterscheiden, eine innere (Abb. 2) mit mehr längsverlaufenden Fasern (M. stylopharyngeus, M. palatopharyngeus und M. salpingopharyngeus = Mm. levatores pharyngis) und eine äußere mit quer oder schräg verlaufenden Fasern (Mm. constrictores pharyngis). Die Muskelhaut wird außen von einer dünnen Bindegewebslage, Tunica adventitia, umhüllt, welche die Verbindung des Pharynx mit den Nachbarorganen herstellt. Indem der obere Schlundkopfschnürer nicht bis ganz an die Schädelbasis heranreicht, entbehrt der oberste Teil des Schlundkopfes der muskulösen Wand, so daß hier die Grundlage der

Wandung von einer Bindegewebsmembran, der Fascia pharyngobasilaris, gebildet wird, welche nichts anderes als die Fortsetzung der bindegewebigen Bestandteile des Pharynx ist, also aus der Lamina propria und der Submucosa hervorgeht, mit der die Tunica adventitia verschmilzt. Die Fascia pharyngobasilaris erhält als besondere Verstärkungsstreifen das vom Tuberculum pharyngeum entspringende Lig. pharyngis medium, die von der Umrandung des Canalis caroticus entspringenden Ligg. pharyngis lateralia und die vom Tubenknorpel ausgehenden Ligg. salpingopharyngea. Auch dort, wo makroskopisch keine Muskelschicht mehr nachzuweisen ist, fand SCHAFFER (1897) noch vereinzelte, quergestreifte Muskelfasern namentlich in der Submucosa, aber auch im Schleimhautbindegewebe.

Während die älteren Autoren den örtlichen Verschiedenheiten im Bau des Pharynx wenig Beachtung schenkten, haben die eingehenden Untersuchungen SCHAFFERS (1897) ergeben, daß es nicht angängig ist, eine für den ganzen Pharynx gültige schematische Darstellung zu geben, da außer den Verschiedenheiten des Epithels die Anordnung des elastischen Gewebes und der Drüsen in den einzelnen Regionen so auffallende Unterschiede zeigt, daß es notwendig erscheint, auf diese näher einzugehen. Die erschöpfende Darstellung SCHAFFERS soll die Grundlage für die folgenden Ausführungen bilden.

Das Epithel ist zum größten Teil ein typisches geschichtetes Pflasterepithel ohne Verhornung der oberflächlichen Schichten, so wie es sich in der Mundhöhle und im Oesophagus findet. Von diesem Epithel wird die ganze Pars laryngea und oralis und noch ein Teil der Pars nasalis ausgekleidet. In das Epithel ragen im allgemeinen schwach entwickelte, kegelförmige Papillen der Lamina propria hinein, die in der Gegend der ROSENMÜLLERschen Gruben, streckenweise auch ganz fehlen. Erst gegen den Fornix hin tritt an Stelle des geschichteten Pflasterepithels unter gleichzeitigem Schwund der Papillen das den Respirationstrakt kennzeichnende mehrreihige flimmernde Zylinderepithel mit zahlreichen Becherzellen. An der Seitenwand setzt sich im nasalen Teil das Flimmerepithel der Nasenhöhle gewöhnlich über die Tubenmündung fort. Die Vermittlung zwischen beiden Epithelarten bildet auch hier wie an anderen Übergangsstellen ein geschichtetes Epithel, dessen oberflächlichste Zellen eine zylindrische Form zeigen, das somit als geschichtetes Zylinderepithel bezeichnet werden kann. Während die Gräben und Buchten der Rachenmandel mit Flimmerepithel bekleidet sind, tritt beim Erwachsenen an dessen Stelle auf den Kuppen der dazwischen liegenden Falten geschichtetes Pflasterepithel, und zwar namentlich in dem nach der hinteren Schlundkopfwand zu gelegenen Abschnitte (NAUWERCK 1887, SCHAFFER, SEREBRJAKOFF 1906). Im Bereiche der Buchten kommt es gelegentlich zur Bildung von Epitheleinsenkungen, die nur von Schleimzellen gebildet sind und die an endoepitheliale Drüsen erinnern, ähnlich wie in der R. respiratoria der Nasenhöhle (SCHAFFER). Derartige Becherzellgruppen fand ich beim Kinde auch auf der Höhe der Kuppen. Beim Neugeborenen sehe ich im Bereiche des ganzen Fornix noch ausschließlich Flimmerepithel; demnach breitet sich auch hier, ähnlich wie an anderen Übergangsstellen (Uvula, Epiglottis, Nasenhöhle) infolge der mechanischen Reize das geschichtete Pflasterepithel auf Kosten des Flimmerepithels postfetal weiter aus.

Der Epithelumbau während der Entwicklung geht nach den Untersuchungen von PATZELT (1923) in derselben Weise vor sich wie an der Epiglottis und am Oesophagus (siehe S. 304).

Gelegentlich finden sich bei Feten und Neugeborenen Geschmacksknospen im Pharynxepithel, und zwar an verschiedenen Stellen (PONZO 1907). Am häufigsten scheinen sie in der Schleimhaut, welche die Außenseite des Kehlkopfes überkleidet, vorzukommen. Auch Patzelt fand bei zwei älteren Feten an der Vorderwand des Speiseröhreneinganges Geschmacksknospen, die an das an gleicher Stelle von Schaffer beschriebene Vorkommen von zwei symmetrischen Geschmacksknospengruppen bei *Spitzmäusen* erinnern. Neuerdings hat Grossmann systematisch die Vorderwand der Pars laryngea pharyngis des Menschen auf das Vorkommen von Geschmacksknospen untersucht und in allen Fällen, nicht nur an der Spitze und Innenfläche der Aryknorpel, sondern auch tiefer abwärts, einige Male bis in die Höhe des unteren Randes des Ringknorpels, einzeln oder in Gruppen gelagerte Geschmacksknospen gefunden (Abb. 1). Am zahlreichsten kommen sie beim Neugeborenen und in den ersten Lebensmonaten vor; mit zunehmendem Alter werden sie immer spärlicher und finden sich dann nur mehr an geschützten Stellen in den Schleimhautfalten. Ich selbst konnte beim Neugeborenen ziemlich zahlreiche Knospen im mittleren Teile der hinteren Pharynxwand nachweisen.

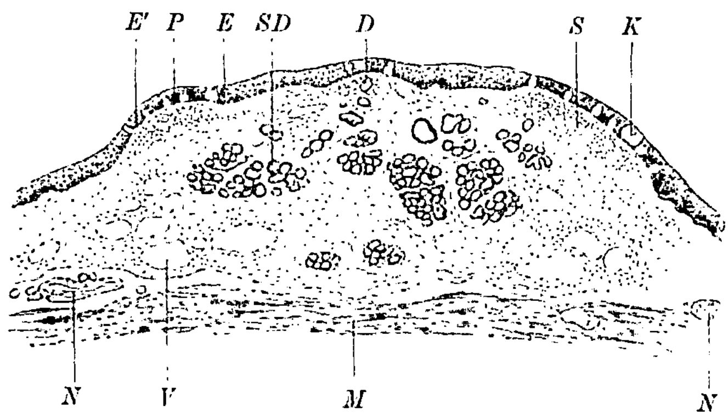

Abb. 1. Querschnitt durch die ventrale Wand des Hypopharynx vom Neugeborenen mit Geschmacksplakoden *P*. Vergr. 30fach. *E* dickes geschichtetes Pflasterepithel. *E'* niedriges Epithel der Plakode. *K* Gruppe verschmolzener Geschmacksknospen. *S* verdichteter Sockel der Plakode. *SD* Schleimdrüsen. *D* Ausführungsgang. *V* Venenplexus (venöses Wundernetz). *M* M. interarytaenoideus transversus. *N* Nervenäste. (Nach Grossmann.)

Der Pharynx ist gegenüber der Nasen- und Mundhöhle ausgezeichnet durch die mächtige Entwicklung des elastischen Gewebes. Auf das auffallend reichliche Vorkommen von elastischem Gewebe in der Schlundkopfwand haben schon die älteren Autoren (Gerlach, Kölliker, Krause) hingewiesen. Nach Schaffer besteht auch hier, ähnlich wie am weichen Gaumen, eine bestimmte Lagebeziehung zwischen Drüsen und elastischem Gewebe, die so wesentlich ist, daß eine Verschiedenheit der Lage sich deckt mit einem Unterschiede im feineren Bau der Drüsen. Die Hauptmasse des elastischen Gewebes ist zu einer mächtigen, zusammenhängenden Lage aus dicken, vorwiegend längs und parallel verlaufenden Netzen geordnet, die Schaffer als elastische Grenzschicht bezeichnet, da sie die Schleimhaut gegen die Submucosa abgrenzt, oder dort, wo letztere fehlt, die Grenze zwischen Schleimhaut und Muskulatur bildet (Abb. 2). Diese Limitans elastica muß als eine besondere Schicht der Rachenwand, ähnlich wie die entsprechende Lage elastischer Längsfasern in der Trachea, aufgefaßt werden. Besonders gegen die Schleimhaut hin erscheint sie scharf abgegrenzt, während sie dort, wo sie der Muskelhaut unmittelbar anliegt, stärkere Züge elastischer Fasern in das intermuskuläre Bindegewebe hineinsendet und dadurch sich auf das innigste mit dem Perimysium verbindet; ja es kommt unmittelbar unter der Grenzschicht zu einer förmlichen Umspinnung einzelner Muskelfasern mit elastischen Fäserchen, so daß in manchen Bündeln jede Muskelfaser eine elastische Hülle besitzt.

Im laryngealen Teil erreicht diese Grenzschicht ihre stärkste Ausbildung; sie zeigt hier vor dem Übergange des Pharynx in den Oesophagus eine Dicke von 500 μ. Hier sind zwischen die longitudinalen auch zirkuläre Fasern. eingeschaltet, welche lagenweise mit ersteren abwechseln. Nach oben hin wird die Grenzschicht dünner; im oralen Abschnitt beträgt ihre Dicke 50—100 μ. Im laryngealen wie im oralen Teile liegt die Grenzschiht zum größten Teil unmittelbar der Muskulatur auf, so daß hier eine Submucosa fehlt. Vor dem Übergang in den Oesophagus hebt sich die Grenzschicht von der Tunica muscularis ab und scheidet hier die eigentliche Schleimhaut von einer Submucosa, nimmt aber gegen den Oesophagus hin rasch an Mächtigkeit ab und verliert sich mit dem Beginn der Längsfalten im Oesophagus nahezu ganz. Im medianen Gebiet des nasalen Teiles, namentlich gegen den Fornix zu, senkt sich die Grenzschicht mehr in die Tiefe, so daß hier die eigentliche Schleimhaut dicker erscheint, während sie in den seitlichen Abschnitten — in der Gegend der ROSENMÜLLER-schen Grube — ihre mehr oberflächliche Lage beibehält und scharf die Schleim-

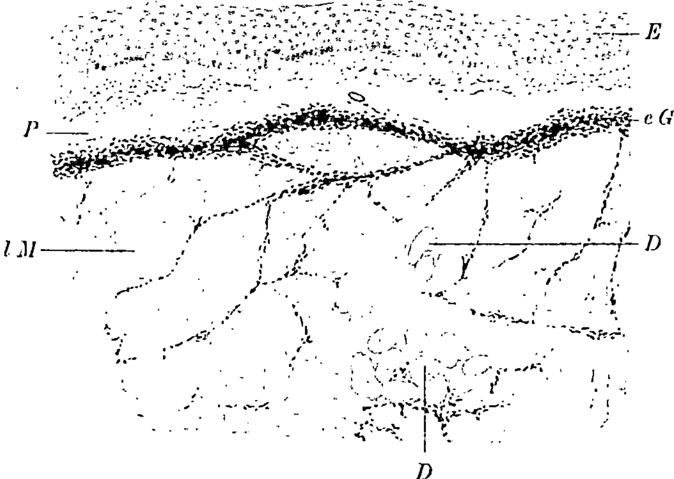

Abb. 2.   Querschnitt durch die hintere Schlundkopfwand (Pars oralis) vom Erwachsenen. Pikrinsublimat; Resorcin-Fuchsin. Hämatoxylin. Vergr. 50fach. *E* Epithel. *P* Lamina propria der Schleimhaut. *e G* elastische Grenzschicht. *l M* Längsmuskelschicht. *D* muköse Drüsen, die tief in die Muskulatur eingegraben erscheinen.

haut von einer mächtigen Submucosa trennt. Daraus ergibt sich, daß eine deutlich ausgeprägte Submucosa nur am Übergange des Schlundkopfes in die Speiseröhre und in den seitlichen Teilen der Pars nasalis vorhanden ist, während in den anderen Teilen nur dort, wo submuköse Drüsen gelegen sind, von einer Andeutung einer solchen die Rede sein kann. Überall, wo die Grenzschicht unmittelbar der Muskulatur aufliegt, fehlt naturgemäß auch eine Submucosa, ebenso auch im Bereiche des Fornix, wo die Grenzschicht sich direkt an die Schädelbasis anheftet.

Die Schleimhaut selbst besitzt nur spärliches, aus zarten Fasern bestehendes elastisches Gewebe, das im untersten Abschnitt der Pars laryngea ein Geflecht bildet, dessen Fasern beim Übergang in den Oesophagus in die Muscularis mucosae desselben einstrahlen. Außerdem werden die Drüsenausführungsgänge bis zu ihrer Mündung von einem zierlich gegitterten elastischen Netz umgeben, das wie eine elastische Basalmembran aussieht.

Eine Basalmembran als oberste Lage der Lamina propria fehlt in jenen Teilen, die mit Pflasterepithel ausgekleidet sind, vollkommen, ist aber dort, wo Flimmerepithel vorkommt, vorhanden, jedoch schwächer entwickelt als in der R. respiratoria der Nasenhöhle (v. Ebner).

Bei den *Haussäugetieren* erscheint die Wand des Schlundkopfes in den Hauptzügen ebenso gebaut wie beim Menschen, nur besteht hier bezüglich des Baues der Schleimhaut eine schärfere Abgrenzung zwischen Nasenrachen und Kehlrachen als zwischen der Regio respiratoria und digestoria des Menschen. Der ganze Nasenrachen ist mit mehrreihigem flimmernden Zylinderepithel ausgekleidet, dem mehr oder weniger zahlreiche Becherzellen eingelagert sind. Die Schleimhaut ist röter, weicher und dicker als im Kehlrachen und an der Oberfläche fast regelmäßig mit nadelstichfeinen Öffnungen versehen. Letzteren entsprechen teils blinde Epitheleinsenkungen (Foveolae pharyngeae), die auch in Form von Becherzellgruppen (endoepitheliale Drüsen) erscheinen können, teils münden in diese Grübchen die Drüsenausführungsgänge. Die Lamina propria grenzt sich durch eine Basalmembran vom Epithel ab und besteht aus einer Art retikulärem Bindegewebe mit zahlreichen weißen Blutkörperchen, hat also mehr lymphoiden Charakter. Papillen fehlen. Der Kehlrachen ist mit geschichtetem Pflasterepithel ausgekleidet; eine Basalmembran fehlt. Papillen sind vorhanden und nehmen gegen den Oesophagus hin an Höhe und Zahl zu. Die Lamina propria besteht aus sehr derbem, festgefügten fibrillären Bindegewebe. Beim *Hunde* liegt unter dem Epithel (der dorsalen und lateralen Wand) sogar eine Art sehniger Platte, eine Membrana subepithelialis tendinea (Abb. 3). Ähnlich wie beim Menschen erscheint auch bei den Haussäugetieren das elastische Gewebe hauptsächlich als mächtig entwickelte elastische Grenzschicht, Limitans elastica, ausgebildet, die dieselben Eigenschaften zeigt wie beim Menschen (Illing 1911).

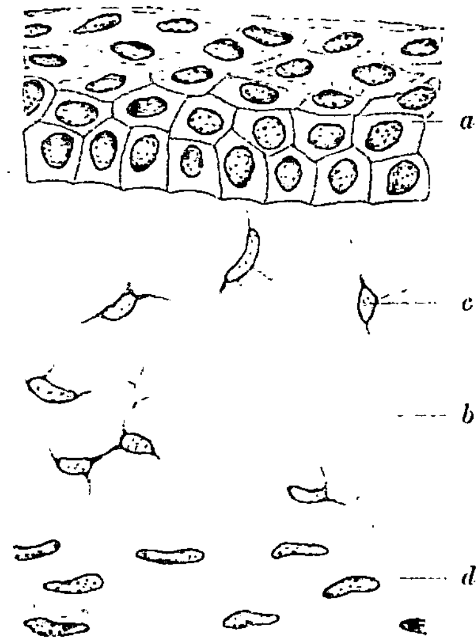

Abb. 3. Aus einem Querschnitt durch die dorsale Wand des Kehlrachens vom Hunde. Carnoys-Gemisch; Kresylviolett. *a* Geschichtetes Pflasterepithel. *b* quergetroffene Sehnenbündel der Membrana subepithelialis tendinea *c* Sehnenzellen. *d* lockeres Bindegewebe der Lamina propria. (Nach Illing.)

III. Drüsen und lymphoides Gewebe.

Wie zu erwarten ist, finden sich im Schlundkopf zweierlei Drüsen. In größerer Menge reine Schleimdrüsen, wie sie für den hinteren Abschnitt der Mundhöhle und den Oesophagus charakteristisch sind und in geringerer Anzahl gemischte Drüsen des Respirationstraktes. Erstere liegen in der Regel unterhalb der elastischen Grenzschicht, also submukös bzw. die Grenzschicht bildet hier so wie an der oralen Fläche des weichen Gaumens ein supraglanduläres Lager (Abb. 2). Die gemischten Drüsen dagegen liegen oberhalb der Grenzschicht bzw. die Grenzschicht bildet hier ein infraglanduläres Lager wie an der nasalen Fläche des weichen Gaumens.

Die gemischten Drüsen finden sich naturgemäß in jenem Teil der Schlundkopfwand, der auch im übrigen die Eigenschaften der R. respiratoria der Nasenhöhle zeigt, also mit Flimmerepithel bekleidet ist und einer Submucosa entbehrt; demnach vor allem im Bereiche des Fornix, wo sie unterhalb der Rachenmandel ein zusammenhängendes Lager bilden, das durchaus in der Lamina propria der Schleimhaut liegt. Das abweichende Verhalten der Fornixdrüsen in Aussehen und Lagerung gegenüber den anderen Pharynxdrüsen hat schon Robin erkannt und beschrieben. Die Ausführungsgänge dieser Drüsen münden in der Tiefe der Einsenkungen der Rachenmandel. Die Endstücke der Drüsen unterscheiden sich in ihrem Aufbau nicht wesentlich von denen der Nasenhöhle. Den gemischten Drüsen können sich stellenweise auch einige reine Schleimdrüsen beimengen.

Die reinen Schleimdrüsen (Abb. 2 u. 4) finden sich hauptsächlich in dem mit geschichtetem Pflasterepithel ausgekleideten Anteilen und gleichen im Verhalten der Endstücke den Schleimdrüsen der Mundhöhle. Im Bereiche der hinteren Schlundkopfwand gehen diese Schleimdrüsen unter Vermittlung von Mischformen in die gemischten Fornixdrüsen über. Die mächtigste Entwicklung erfahren die Schleimdrüsen in der Gegend der ROSENMÜLLERschen Gruben (LUSCHKA). In dieser Gegend sieht man nach SCHAFFER die Schleimhautoberfläche bei Lupenbetrachtung in ziemlich regelmäßigen Abständen von 1 mm von punktförmigen Einziehungen unterbrochen, von denen seichte Furchen ausstrahlen, so daß man lebhaft an das Bild einer abgenähten Matratze erinnert

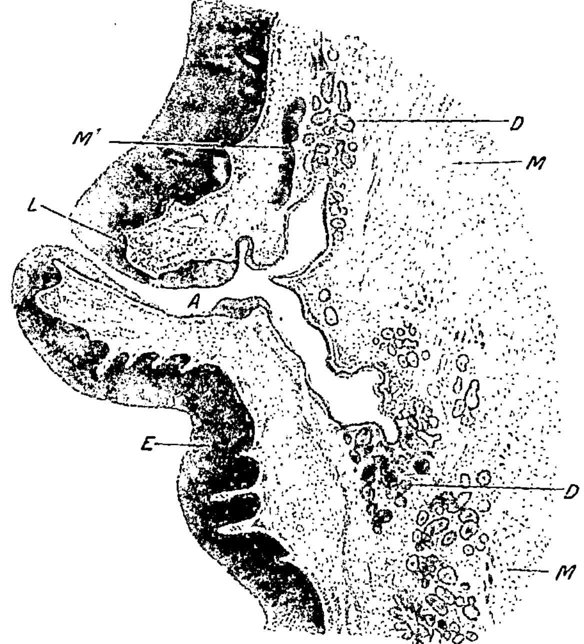

Abb. 4. Schlundkopfwand eines 11jährigen Mädchens im Längsschnitt. Vergr. 27fach. *A* Ausmündung einer Schleimdrüse *D* auf der Höhe einer Schleimhautfalte. *E* Pflasterepithel. *L* Lymphocytenansammlung um die Drüsenmündung. *M* Muskelhaut. *M'* durch den Drüsenkörper abgedrängte Fasern derselben. (Nach SCHAFFER.)

wird; es sind die Mündungen der Drüsen, welche dieses Aussehen bedingen. Die Drüsenkörper bilden hier ein mächtiges zusammenhängendes Lager in der Submucosa, die hier zahlreiche Fettzellen enthält. Neben den stark gewundenen und dichtgedrängten, mit sezernierenden Schleimzellen ausgekleideten Endstücken, kommen auch Schlauchabschnitte mit sehr weiter Lichtung und ganz niederem Epithel vor. Es handelt sich dabei um in Rückbildung begriffene Drüsenabschnitte. Eine mächtige Entfaltung erfahren die Schleimdrüsen nach DISSE (1899) und LEVINSTEIN (1910) auch in der Plica salpingo-pharyngea („Seitenstrang“); auch hier bilden sie eine zusammenhängende Schicht. Die Dicke und Länge dieser Falte hängt vor allem von der Anzahl der eingelagerten Drüsen ab.

Die sezernierenden Endstücke münden durch kürzere, von niedrigem Zylinderepithel ausgekleidete Röhren in die auffallend weiten Ausführungsgänge mit

hohem zylindrischen Epithel, das eine basale Strichelung zeigt, so daß sie
einigermaßen an Speichelröhren erinnern. Weiterhin geht dieses Epithel in
das zweireihige Zylinderepithel der langen, oft erweiterten Ausführungsgänge
über, welche die elastische Grenzschicht durchbrechen und mit enger Öffnung
an der Oberfläche ausmünden. Dabei reicht das Pflasterepithel oft weit in die
Tiefe und das Zylinderepithel setzt sich als oberflächlichste Schicht auf dieses
fort (Abb. 4).

Im nasalen Teil der hinteren Schlundkopfwand, wo eine Submucosa fehlt,
erscheinen die Drüsenkörper und zum Teil die Ausführungsgänge oft tief in
die Muskulatur eingesenkt. Im oralen Teil werden die Schleimdrüsen spärlicher und liegen hier unmittelbar unterhalb der elastischen Grenzschicht
meist in flachen Nischen der Muskulatur. Im laryngealen Teil und namentlich
in dessen Vorderwand werden die Drüsen wieder etwas reichlicher; hier bilden
sie an der Hinterfläche des Kehlkopfes, den Übergang in den Oesophagus bezeichnend, ein größeres zusammenhängendes Lager, das bereits von STRAHL (1889)
gesehen worden ist und das SCHAFFER konstant gefunden hat. Diese Drüsen
besitzen bereits die abgeplattete Form der Oesophagusdrüsen.

Das lymphoide Gewebe tritt außer als schwache diffuse Infiltration sowohl
in Form von Einzellymphknötchen als auch von Mandeln in Erscheinung.
Es nimmt im allgemeinen an Ausdehnung und Entwicklung vom laryngealen Teil
gegen den Fornix hin, wo es als Rachenmandel seine größte Entfaltung erreicht, stetig zu. Von der Rachenmandel nach abwärts zeigt die hintere Schlundkopfwand nur mehr spärliche, große Einzellymphknötchen, die selten über den
Anfang des oralen Teiles herabreichen und in der tieferen oralen und der laryngealen Partie endlich neben einer schwachen diffusen Infiltration nur mehr
kleinere Lymphzellenansammlungen ohne Keimzentren um die Ausführungsgänge der Drüsen (SCHAFFER).

Die Einzelknötchen sind im allgemeinen scharf abgegrenzte, mehr oder
weniger abgerundete Lymphocytenansammlungen. Sie zeigen gewöhnlich ein
Keimzentrum und wölben die Schleimhautoberfläche etwas vor. Entsteht eine
stärkere Vorwölbung durch ein derartiges Knötchen, so wird dies auch als
„Granulum" bezeichnet. Kleinere „Granula" sind demnach sicher nicht als
pathologische Bildungen aufzufassen, da ja Einzellymphknötchen in jedem
Pharynx vorhanden sind. Ähnlich wie an den Zungenbälgen sieht man auch hier
in der Mitte der Vorwölbung eine Einsenkung, die mit geschichtetem Epithel
ausgekleidet ist, hier aber nicht als Krypte bezeichnet werden darf, da sie nicht
blind endigt, sondern sich kontinuierlich in einen Drüsenausführungsgang
fortsetzt. Während die Durchsetzung des Epithels mit Lymphocyten an der
freien Oberfläche stets eine nur mäßige ist und daher das Knötchen gegen das
Oberflächenepithel scharf abgegrenzt erscheint, treten im Bereiche des mit
geschichtetem Epithel ausgekleideten Mündungsstückes des Ausführungsganges
dieselben lebhaften Durchwanderungserscheinungen auf wie in den Krypten
der Zungenbälge. Es ist somit das Lymphknötchen nichts Selbständiges,
sondern dasselbe ist um einen Ausführungsgang herum entstanden,
den es wie ein Sphinkter allseitig umgibt. Namentlich im unteren Abschnitt des
Pharynx kommen kleinere Lymphzellenansammlungen vor, die nur einseitig einem
Ausführungsgang anliegen (Abb. 4), ein Verhalten, das auch die Lymphknötchen im Oesophagus (vgl. S. 321) zeigen. Von den kleinen, mehr diffusen Lymphocytenansammlungen um die Ausführungsgänge bis zu wohlausgebildeten Knötchen mit Keimzentren sind alle Übergänge nachzuweisen.

Nachdem alle Lymphknötchen der Schlundkopfwand dasselbe Verhalten
zeigen, so scheint der Schluß berechtigt, daß hier jegliche größere Ansamm-

lung von Lymphocyten ursächlich an das Vorhandensein des Drüsenausführungsganges geknüpft ist, und SCHAFFER spricht die Vermutung
aus, daß diese Erscheinung auf Chemotaxis zurückzuführen sein dürfte. Auf die
innige Lagebeziehung zwischen Drüsenausführungsgängen und Lymphknötchen
haben außer SCHAFFER, KÖLLIKER, FLESCH (1888), STÖHR (1891) und LEVIN-
STEIN (1910) hingewiesen. Wenn auch alle Lymphknötchen die geschilderte
Lagebeziehung zu den Ausführungsgängen zeigen, so sehen wir aber umgekehrt
nicht alle Ausführungsgänge von einem Lymphknötchen umgeben; namentlich
entbehren die Ausführungsgänge der Drüsen in der ROSENMÜLLERschen Grube
der lymphoiden Umgebung (SCHAFFER) und ebenso die Ausführungsgänge der
sehr zahlreichen Drüsen, die sich am Rachendach zwischen dem Hinterrande der
Nasenscheidewand und Rachenmandel finden. Im Sinus piriformis kommt nach
DOBROWOLSKI das lymphoide Gewebe entweder in Form von umschriebenen
Infiltrationen vor, ohne daß es zur Bildung von eigentlichen Lymphknötchen
kommt (beiläufig in der Hälfte der Fälle), oder es kommt zur Bildung von
Lymphknötchen um die Ausführungsgänge der Drüsen, wobei sich aber auch
Knötchengruppen finden sollen, in die sich ähnlich wie in den Zungenbälgen eine
blind endigende Krypte einsenkt und schließlich kann es durch Zusammenfließen derartiger Bälge zur Bildung einer Tonsilla sinus piriformis kommen
(unter 60 untersuchten Fällen 8mal).

Bezüglich der Rachen- und Tubenmandel siehe HELLMANN: Die Tonsillen
(dieser Bd. S. 264).

Bei den *Haussäugetieren* sind die Drüsen des Nasenrachens (mit Ausnahme des
Schafes und der *Ziege*, wo die mukösen Endstücke vorherrschen) gemischte Drüsen
mit Überwiegen der serösen Elemente und haben ihre Lage stets über der elastischen
Grenzschicht; letztere bildet hier somit ein infraglanduläres Lager. Die Drüsen
des Kehlrachens sind dagegen rein mukös oder vorwiegend mukös und liegen in
der Regel unter der elastischen Grenzschicht, manchmal dringen sie auch tief in
die Muskulatur ein; die Grenzschicht bildet hier ein supraglanduläres Lager. In
der Übergangszone zwischen Nasen- und Kehlrachen findet eine Vermischung beider
Drüsenarten sowie eine Vermischung ihrer Lage über bzw. unter der elastischen Grenzschicht
statt (ILLING 1911). Somit sehen wir auch hier ganz ähnliche gesetzmäßige Beziehungen
der verschiedenen Drüsenarten einerseits zur Örtlichkeit des Pharynx, andererseits zur
Limitans elastica wie beim Menschen.

Abgesehen von den Mandeln kommt lymphoides Gewebe auch bei den Haussäugetieren in Form von Einzelknötchen vor, die wie beim Menschen stets an die
Ausführungsgänge der Drüsen gebunden sind. Diese Lymphknötchen finden
sich sehr zahlreich im Kehlrachen der *Einhufer, Wiederkäuer* und des *Schweines*, seltener
in dem der *Fleischfresser* (ILLING).

IV. Blut- und Lymphgefäße.

Blutgefäße. Die Schleimhaut des Pharynx ist reich an Blutgefäßen, die sich
im allgemeinen wie in der Mundhöhlenschleimhaut verhalten. Die Pars nasalis
bezieht ihre arteriellen Äste aus der A. pharyngo- und sphenopalatina, die Pars
oralis und laryngea aus der A. palatina ascendens und pharyngea ascendens.
Die letzten Äste dieser Arterien verlaufen schräg gegen die Oberfläche der Submucosa, verzweigen sich dendritisch und zerfallen schließlich in Präkapillaren,
welche sich unmittelbar unter dem Epithel ausbreiten. Von hier aus treten
Kapillaren in die reihenweise stehenden Papillen, um in diesen einfache Schlingen
zu bilden. Diese Kapillarschlingen sind kaum in irgendeiner Gegend, in der sich
Papillen finden, so gleichförmig wie hier. Die absteigenden Schenkel der Schlingen
vereinigen sich zu venösen Stämmchen, welche rasch ein ziemlich starkes Kaliber
erlangen. Sie schicken sich gegenseitig zahlreiche Anastomosen zu und verlaufen
vorzüglich in der Längsrichtung des Schlundkopfes, so daß in der Schleimhaut

ein Venennetz mit gestreckten Maschen entsteht, von dem aus stärkere Stämme in die Submucosa bzw. Muskelhaut eintreten. Die Ausführungsgänge der Schleimdrüsen sind an ihren Mündungen mit kreisförmig gestellten Papillenschlingen umgeben (Toldt 1871). Außer in der Rachenmandel finde ich auch noch in dem schmalen Schleimhautbezirk des Rachendaches zwischen Mandel und Nasenscheidewand auffallend weite und reichliche, ganz dünnwandige Venen in der Lamina propria.

Bemerkenswert sind ferner die mächtig entwickelten submukösen Venen im Bereiche der Pars laryngea, welche die von Elze (1918) eingehend (makroskopisch) beschriebenen Wundernetze bilden. Von letzteren ist ein ventrales und ein dorsales Netz zu unterscheiden. Das ventrale Netz liegt auf den Mm. interarytaenoidei und über dem kranialen Abschnitt der Ringknorpelplatte (Abb. 1). Das dorsale Netz liegt etwas weiter caudal in der dorsalen Wand über dem M. constrictor inferior. Beide Wundernetze sind ausgezeichnet durch die Erweiterung und Schlängelung der sie bildenden Venen und hängen durch ihre in den Oesophagus hineinreichenden Ausläufer untereinander zusammen; doch sind diese Verbindungen so fein, daß die Injektion des einen Wundernetzes vom anderen aus nicht gelingt. Im gefüllten Zustande bedingen die Wundernetze polsterartige Erhebungen der Schleimhaut (vgl. S. 303).

Die **Lymphgefäße** des Schlundkopfes bilden in der Schleimhaut, vor allem in der Gegend des lymphoiden Schlundringes und weiterhin in der Schleimhautbedeckung der dorsalen Seite des Ringknorpels, ein außerordentlich dichtes Netzwerk. Nach der Speiseröhre hin nehmen Dichtigkeit und Weite der Lymphkapillaren rasch ab. Die Verbindung zwischen Lymphkapillaren des Pharynx und Oesophagus ist keine ausgiebige. Vielleicht erklärt sich daraus die Tatsache, daß pathologische Prozesse des Schlundkopfes beim Eintritt in die Speiseröhre oft mit scharfer Linie haltmachen. An allen übrigen Stellen stehen die Lymphgefäße des Pharynx mit denen der Nachbargebiete in ausgiebigem Zusammenhang, so mit den Lymphgefäßen der Nasen- und Mundhöhle und des Kehlkopfes. Auch die Mittellinie bildet keine Grenze für den Lymphstrom. Im Pharynx gelingt es sogar, von der einen Seite aus die regionären Lymphdrüsen der gegenüberliegenden Seite zu injizieren. Die abführenden Lymphstämme verlassen den Pharynx an drei Stellen: vorn und unten im Sinus piriformis, hinten an der hinteren Rachenwand, seitlich in der Gegend der Gaumenmandeln. Die regionären Lymphdrüsen des Pharynx sind hauptsächlich die Lgl. retropharyngeae und die Lgl. cervicales profundae (Most 1901).

F. Die Speiseröhre[1].

Von

S. SCHUMACHER

Innsbruck.

Mit 19 Abbildungen.

I. Allgemeiner Bauplan. Abgrenzung.

Die Speiseröhre, der Oesophagus (Schlund) zeigt die typischen Wandschichten des Darmrohres (Abb. 1). Zum Unterschiede von der Auskleidung
der Mundhöhle und des Schlundkopfes tritt hier die dem ganzen weiteren Darmrohre zukommende Muscularis mucosae auf, so daß also alle drei Schichten
der Schleimhaut, nämlich: Lamina epithelialis, Lamina propria und Muscularis
mucosae ausgebildet sind. Durch das Vorhandensein einer Muskelschicht der
Schleimhaut ist im Oesophagus allenthalben eine ganz scharfe Abgrenzung
zwischen Schleimhaut und Tela submucosa ermöglicht. Die Dicke der
eigentlichen Schleimhaut beträgt nach meinen Messungen beim Erwachsenen
500—800 μ, beim Neugeborenen 300—400 μ. Auf die Tela submucosa folgt
nach außen die Tunica muscularis, die im unteren Teile der Speiseröhre
sowie im ganzen übrigen Darmrohre aus glatten Muskelfasern besteht und in
ein inneres Stratum circulare und ein äußeres Stratum longitudinale
zerfällt. Den Abschluß nach außen bildet eine Tunica adventitia, lockeres
Bindegewebe, das die Speiseröhre mit den benachbarten Teilen in Verbindung
setzt.

Die Lichtung des Oesophagus erscheint an Querschnitten sternförmig, d. h.
es bildet die Schleimhaut Längsfalten (etwa 7—10 beim Menschen), die gegen
die Lichtung vorspringen, stellenweise zusammenfließen und sekundäre, kleinere
Falten tragen. Die Falten ragen so weit in die Lichtung vor, daß sie sich gegenseitig nahezu berühren können und dann die Lichtung nur als schmaler, stern-
förmiger Spalt erscheint. An der Bildung der Falten beteiligt sich nicht nur
die Schleimhaut, sondern es dringt in dieselben auch die Submucosa ein; nur die
Tunica muscularis zieht glatt darüber weg (Abb. 1).

Während des Schluckaktes, namentlich beim Verschlucken größerer Bissen,
muß die Lichtung der Speiseröhre beträchtlich erweitert werden, und dabei
werden die Längsfalten mehr oder weniger ausgeglichen. Die Lichtung kann
dann nahezu glattwandig erscheinen. Es handelt sich somit um verstreichbare
Falten, die aber schon während der Entwicklung des Oesophagus gesetzmäßig
angelegt erscheinen und deshalb wohl nicht als einfache Kontraktionsfalten bezeichnet werden dürfen. Beim Fetus treten in der Speiseröhre 4 primäre Hauptfalten auf, so daß der Querschnitt der Lichtung maltheserkreuzförmig erscheint;
erst später kommen sekundäre Falten hinzu (PERNKOPF 1924).

---

[1] Abgeschlossen am 23. März 1926.

Auch bei den meisten *Säugetieren* erscheint die Schleimhaut in Längsfalten gelegt, zu denen sich bei der *Katze* von der Mitte der Speiseröhre ab auch Querwülste gesellen, die auf der Höhe der Längsfalten am stärksten sind und durch Verdickungen der Lamina propria bedingt werden (ELLENBERGER 1911).

Die Grenze zwischen Oesophagus und Pharynx ist beim Menschen keine ganz scharfe. Gehärtete Präparate zeigen hier oft eine eigentümliche Zeichnung, welche durch die Umlagerung der unregelmäßigen, teils querverlaufenden Faltung der Pharynxschleimhaut in die Längsfaltung der Speise-

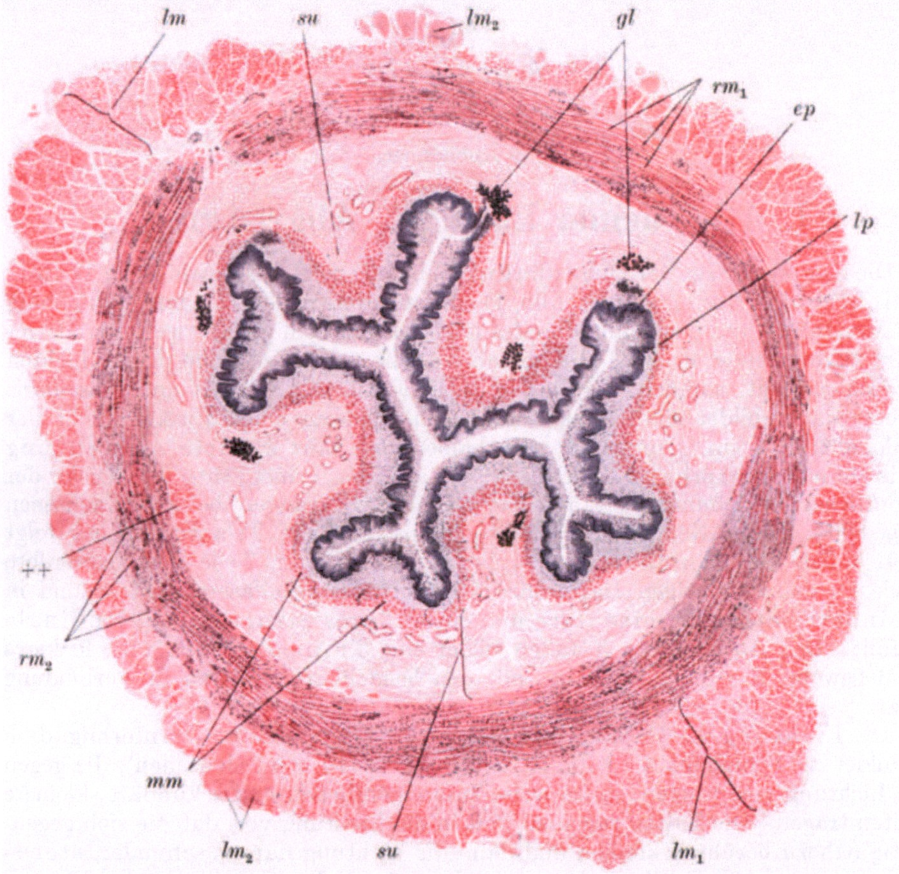

Abb. 1. Querschnitt der Speiseröhre vom Erwachsenen in der Höhe des mittleren Drittels. MÜLLERS Fl.; Hämatox. + Eosin. Vergr. 10 fach. *ep* Epithel; *gl* Schleimdrüse; *lp* Lamina propria; *mm* Muscularis mucosae; *su* Submucosa; *rm* Ringmuskulatur (*rm₁* quergestreifte, *rm₂* glatte Fasern derselben); bei ++ innere Längsmuskelbündel; *lm* Längsmuskulatur (*lm₁* quergestreifte, *lm₂* glatte Fasern derselben). (Nach SOBOTTA.)

röhrenschleimhaut zustandekommt (STRAHL 1889). SCHAFFER (1897) findet hier, wenigstens in den dorsalen und seitlichen Abschnitten, meistens eine faltenfreie Zone eingeschoben. An der ventralen, die hintere Kehlkopffläche überziehenden Wand des Pharynx stoßen im Bereiche der Ringknorpelplatte die Längsfalten des Oesophagus oft senkrecht auf die Querfalten des Pharynx, so daß der Anfang der Speiseröhre hierher und nicht, wie dies gewöhnlich geschieht, an den unteren Rand der Ringknorpelplatte zu verlegen ist (LAUTESCHLÄGER 1887, SCHAFFER).

Die Kliniker verlegen meist den Beginn des Oesophagus auf die rosettenartig verengte Stelle in der Höhe des unteren Randes des Ringknorpels (= „Oesophagusmund"), die den Abschluß des quergestellten Raumes des Hypopharynx bildet und durch Kontraktion des M. cricopharyngeus bedingt wird (ELZE und BECK u. a.). In der Dorsalwand des Übergangsgebietes zwischen Pharynx und Oesophagus findet sich beim Lebenden ein polsterartiger Wulst, die „Lippe des Oesophagusmundes" (KILLIAN). Das Polster hat mit dem M. cricopharyngeus nichts zu tun, sondern wird bedingt durch ein submukös gelegenes, wundernetzartiges Venengeflecht (ELZE und BECK 1918).

Bei den *Haussäugetieren* verlegen HAANE (1905) und ELLENBERGER die Grenze zwischen Pharynx und Oesophagus in eine Querebene, die durch die Spitzen der zurückgebogenen Cartilagines arytaenoideae und eine dorsale Querfalte (*Einhufer* und *Schwein*) oder Querwulst (*Wiederkäuer* und *Fleischfresser*), Limen (Torus, Plica) pharyngo-oesophageum = Grenzwulst, Grenzfalte, gelegt wird. Der Grenzwulst bildet bei manchen Arten ein Grenz- oder Übergangsfeld, eine Area pharyngooesophagea dorsalis. Auch ventral kann sich ein Übergangsfeld durch besondere Art der Fältchenbildung oder Körnelung u. dgl. markieren. Die Grenzfelder unterscheiden sich deutlich von der mit relativ hohen Längsfalten versehenen Speiseröhrenschleimhaut. Am deutlichsten ist das ventrale Grenzfeld bei den *Wiederkäuern*, besonders bei *Schaf* und *Ziege*. Der Speiseröhreneingang der *Carnivoren* bietet insofern ganz besondere Verhältnisse, als sich hier eine Strecke magenseitig vom Grenzwulst ein Ringwulst (*Hund*) oder eine Ringfalte (*Katze*) befindet, die ein großes Grenzfeld, das man Oesophagusvorhof nennen kann, von dem eigentlichen Oesophagus scharf abtrennt. Der Ringwulst wird beim *Hunde* durch eine mächtige Anhäufung von Drüsen verursacht. Die Ringfalte der *Katze* ist drüsenfrei, muskulös (HAANE, ELLENBERGER).

II. Epithel.

Die Innenbekleidung des Oesophagus geschieht durch ein hohes, aus zahlreichen Schichten bestehendes, typisches geschichtetes Pflasterepithel, das dem der Mundhöhle und des unteren Anteiles des Schlundkopfes gleicht. Die Dicke desselben beträgt beim Erwachsenen nach GOETSCH (1910) 260—440 μ, nach meinen Messungen 220—300 μ, beim Neugeborenen nach GOETSCH 113 μ, nach meinen Messungen 60—100 μ. Selbstverständlich wird die Epitheldicke außer durch das Alter wesentlich durch den verschiedenen Dehnungszustand der Schleimhaut beeinflußt. Die Zahl der Zellschichten beträgt beim Erwachsenen etwa 24, beim Neugeborenen 9—10 (SCHRIDDE 1907).

Spuren von Verhornung zeigen sich insofern, als beim Erwachsenen in den oberflächlichen, stark abgeplatteten Zellen spärliche Keratohyalinkörner vorkommen (SCLAVUNOS 1893, SCHAFFER) und sich mitunter die oberflächlichsten Zellagen durch größere Helligkeit und stärkere Färbbarkeit mit Eosin auszeichnen (GOETSCH). Zu einer vollständigen Verhornung, zur Ausbildung eines eigentlichen Stratum corneum, kommt es aber beim Menschen niemals, und auch die oberflächlichsten Zellen zeigen stets noch wohlerhaltene und gut färbbare Kerne.

Die hohen, in das Epithel hineinragenden Papillen bedingen keine entsprechenden Vorwölbungen der Epitheloberfläche; diese zieht glatt über die Papillen hinweg.

Gegen das Epithel des Pharynx grenzt sich, beim Menschen wenigstens, das Oesophagusepithel in keiner Weise ab. Es bildet die unmittelbare und unveränderte Fortsetzung desselben. Hingegen ist die Grenze gegen das Magenepithel eine scharfe, indem das geschichtete Pflasterepithel sehr rasch abfällt und unvermittelt in das einfache Zylinderepithel des Magens übergeht. Diese scharfe Grenzlinie erscheint schon makroskopisch betrachtet zackig. Die groben Zacken, mit denen die beiden Schleimhäute ineinandergreifen und die je einer Schleimhautfalte des Oesophagus zu entsprechen scheinen, sind nach SCHAFFER (1897) längs ihrer Ränder mit zahlreichen sekundären, feineren Zacken besetzt, so daß die Grenze eine ungenaue, unregelmäßige wird. Dabei setzt sich das in vivo wie in gehärtetem Zustande hellere Oesophagusepithel so scharf von der Kardiaoberfläche ab, daß man beim ersten Anblick den Eindruck gewinnt, als würde der letzteren ein Epithelüberzug überhaupt fehlen. Inseln von Pflasterepithel im Zylinderepithel des Magens konnte Schaffer beim Menschen nicht nachweisen, wohl aber Inseln von Magenepithel in Form von größeren rundlichen oder unregelmäßigen Bezirken, die ganz von Pflasterepithel umgeben sind, so daß letzteres durch die Magenepithelinseln gitterartig durchbrochen erscheint.

Die charakteristische Schleimhautgrenze zwischen Oesophagus und Magen in Form einer gezackten Linie tritt nach Pernkopf (1924) bei etwa 250 mm langen Embryonen nach Differenzierung des Magen- und Oesophagusepithels in Erscheinung.

Vielfach ist die Entwicklung des Oesophagusepithels beim Menschen Gegenstand der Untersuchung geworden, da die Veränderungen, die hier am Epithel auftreten, weit über das örtliche Interesse hinausgehend geeignet erscheinen, Licht auf die namentlich in der pathologischen Anatomie eine große Rolle spielende Metaplasiefrage zu werfen. Die Entwicklung des Oesophagusepithels hat zuerst Schaffer (1904) eingehend beschrieben. Schridde (1907)

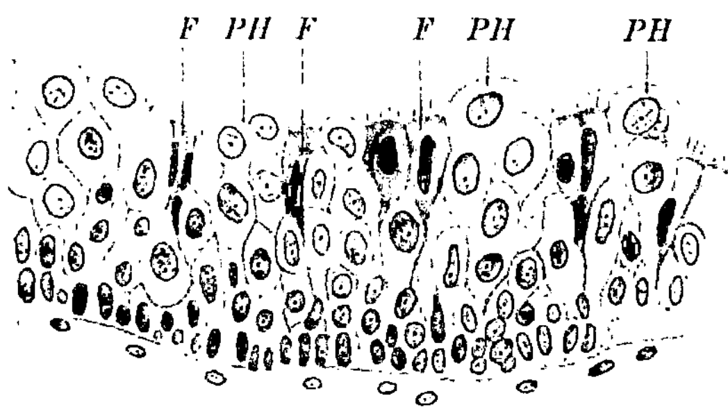

Abb. 2. Umbau des Oesophagusepithels vom 13—14wöchigen Embryo. Müllers Fl. Vergr. 470fach. *F* zur Ausstoßung bestimmte Flimmerzellen. *PH* Plattenepithelhügel. (Nach Schaffer.)

kommt im wesentlichen zu ähnlichen Ergebnissen, weicht aber in Einzelheiten nicht unbeträchtlich von den Schafferschen ab. Patzelt (1923) konnte die Ergebnisse Schaffers bestätigen und in einzelnen Punkten ergänzen.

Zuerst findet man als Auskleidung des Oesophagus das ursprüngliche Entoderm, ein einfaches, niedriges Zylinderepithel, dessen letzte Reste Schridde noch bei einem Embryo von 44 mm Länge feststellen konnte. Dann tritt ein zweischichtiges Zylinderepithel auf, dessen oberflächliche Zellen nach Patzelt im Gegensatze zu Schridde nicht abgestoßen werden, sondern in der 9. Woche sich in Flimmerzellen (deren Vorkommen im menschlichen embryonalen Oesophagus zuerst von Neumann nachgewiesen wurde) umzuwandeln beginnen. Zwischen den Flimmerzellen treten in der 11. Woche helle, blasige Zellen auf, die an der Oberfläche etwas vorragen, reich an Glykogen sind und deshalb von Patzelt als Glykogenzellen bezeichnet werden. Diese übertreffen die Flimmerzellen, die sich inzwischen mehrreihig angeordnet haben, bald an Menge. Schridde nimmt an, daß auch diese blasigen Zellen abgestoßen werden, was nach Patzelt nicht zutrifft; die Glykogenzellen bleiben vielmehr erhalten und verwandeln sich unter Verdichtung und Abplattung größtenteils in bleibende Zellen des geschichteten Pflasterepithels („Faserzellen" Schriddes), zum kleineren Teil in Flimmerzellen. Auf keiner Entwicklungsstufe besitzt der Oesophagus einen lückenlosen Belag von Flimmerzellen, stets werden diese durch Gruppen von flimmerlosen

Zellen unterbrochen. Die einzeln oder in Gruppen gelegenen Flimmerzellen (Abb. 2) werden durch die blasigen Zellen von der Basis abgedrängt und zeigen degenerative Veränderungen; ihr Protoplasma wird stärker mit Eosin oder Eisen-Hämatoxylin färbbar (Abb. 3), ebenso färben sich ihre Kerne dunkler, werden kleiner und seitlich zusammengedrückt. Dann werden die Flimmerzellen ganz emporgehoben, ausgestoßen und der Defekt durch die nachrückenden blasigen Pflasterepithelzellen gedeckt. In der Lichtung des Oesophagus kann man zu dieser Zeit sowohl einzelne ausgestoßene Flimmerzellen sehen oder auch kleine Gruppen von solchen, die sich zu „Flimmerkugeln" umgelagert haben, ähnlich wie ich sie in Explantaten vom Flimmerepithel des Frosches nachweisen konnte (SCHUMACHER 1901). Manchmal werden Gruppen von Flimmerzellen ganz umschlossen; sie degenerieren und führen dann wahrscheinlich zur Bildung von Cysten innerhalb des Pflasterepithels. Vereinzelte Flimmerepithelinseln im geschichteten Pflasterepithel kann man beim Neugeborenen (Abb. 3) und noch später finden; schließlich werden aber alle Flimmerzellen ausgestoßen. Während SCHRIDDE im Verlaufe des ganzen Vorganges einen

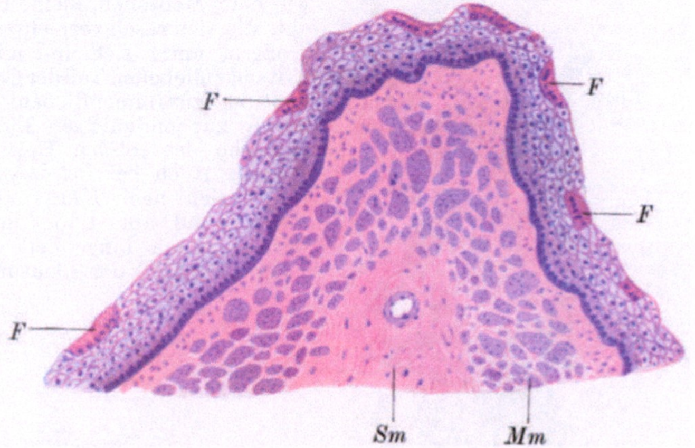

Abb. 3. Querschnitt durch eine Falte des Oesophagus vom Neugeborenen. MÜLLERS *Fl.*-Formol; Hämatox· + Eosin. Vergr. 100 fach. *F* Flimmerepithelinseln im geschichteten Pflasterepithel; *Mm* Muscularis mucosae; *Sm* Submucosa.

dreimaligen Epithelwechsel annimmt, findet nach SCHAFFER und PATZELT somit nur ein einmaliger statt.

Da es während der Epithelentwicklung im Oesophagus nie zu einer Umwandlung aus differenzierten Zellen in anders differenzierte kommt, darf auch nicht von einer Epithelmetaplasie im alten Sinne des Wortes gesprochen werden. PATZELT (1921) schlägt für diesen und ähnliche Entwicklungsvorgänge die Bezeichnung „Gewebsumbau" vor. Es erscheint somit natürlich auch die ältere Annahme widerlegt, daß ursprünglich der ganze Oesophagus mit Flimmerepithel ausgekleidet war und daß letzteres durch das von der Mundhöhle aus vorwachsende Pflasterepithel verdrängt wird.

In frühen Entwicklungsstadien treten im menschlichen Oesophagus vorübergehend Nebenhöhlen innerhalb des Epithels auf, deren Entstehung und Verschwinden von KREUTER (1905), FORSSNER (1907), PENSA (1910), JOHNSON (1910), PERNKOPF (1924) u. a. systematisch verfolgt wurde. Sie erscheinen bei menschlichen Embryonen gegen Ende des 1. oder zu Beginn des 2. Monates als rundliche Blasen (Abb. 4, 5), und zwar zunächst im kranialen Abschnitt; breiten sich dann immer weiter magenwärts aus, vergrößern sich, so

daß ihr Durchmesser den der Hauptlichtung übertreffen kann, werden mehr
schlauchförmig, brechen schließlich in die Lichtung des Oesophagus durch und
tragen so zur Erweiterung und endgültigen Formgestaltung der Lichtung bei.
Die Vakuolen verschwinden vollständig in der ersten Hälfte des 3. Embryonal-
monates. An Durchschnitten durch den Oesophagus zur Zeit der Epithelvakuo-
lisierung erscheint die Hauptlichtung gegenüber den Vakuolen dadurch gekennzeichnet, daß sie von einer Zone dichtgedrängter Kerne umgeben ist (Johnson,
Pernkopf; Abb. 5). Pensa scheint es nicht unwahrscheinlich, daß Oesophagus-
divertikel ihren Ausgangspunkt von derartigen, erhalten gebliebenen embryonalen Nebenhöhlen nehmen können.

Diese Nebenhöhlen im Epithel des Oesophagus finden sich nach Johnson auch bei
Schweine-, *Ratten-* und *Kaninchenembryonen*, nach Forssner außerdem bei *Jgelembryonen*;
bei *Rinderembryonen* fand Pensa nichts hiervon.

Bei *Vögeln*, *Reptilien*, *Amphibien* und *Fischen* verschwindet nach Pensa, Forssner
und Livini (1910) während einer gewissen Entwicklungsperiode in einem Abschnitt der
Speiseröhre die Lichtung, so daß das
Epithel einen soliden Strang darstellt. Hier treten nun, ganz ähnlich
wie beim Menschen, kleine Hohlräume
auf, die sich rasch vermehren und vergrößern, unter sich und mit dem erhalten gebliebenen Teil der Oesophagus-
lichtung zusammenfließen und hier-
durch zur endgültigen Lichtung im
Bereiche des soliden Epithelstranges
führen. Auch bei *Petromyzon planeri*
findet sich nach Keibel (1925) am
Beginn und am Ende des Vorderdarmes durch lange Zeit ein epithelialer Verschluß der Lichtung.

A   B

Abb. 4. Der Länge nach aufgeschnittene Modelle des vakuolisierten Epithelrohres des Oesophagus. Vergr. 120fach. *A* von
einem 19 mm langen, *B* von einem 22,8 mm langen menschlichen Embryo. (Nach F. P. Johnson).

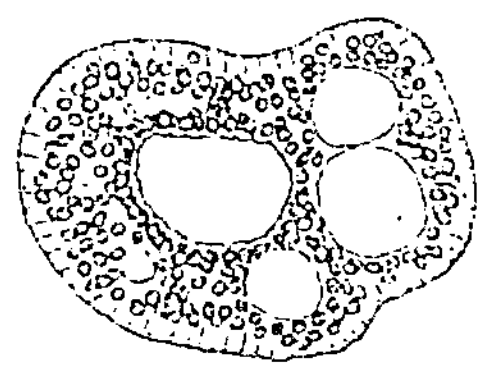

Abb. 5. Querschnitt durch das vakuolisierte
Epithelrohr des Oesophagus eines 19 mm
langen menschlichen Embryo. Vergr. 160fach.
(Nach F. P. Johnson.)

Bei *Vipera aspis* bleibt als Rest des soliden Epithelstranges eine zunächst ganz dünne,
später sich wieder verdickende, epitheliale Scheidewand zwischen Pharynx und Oesophagus bis gegen den Zeitpunkt der Geburt bestehen (Tourneux und Faure 1913).

In der Reihe der Wirbeltiere treten drei Hauptformen des Epithels im Oesophagus auf. 1. Mehrreihiges Flimmerepithel mit Becherzellen bei der
Mehrzahl der *Amphibien* und *Reptilien*. 2. Ein dickes, geschichtetes Pflasterepithel ohne Becherzellen bei *Säugern*, *Vögeln* und einigen *Reptilien*.
3. Ein geschichtetes Pflasterepithel (oder diesem wenigstens nahestehendes
Epithel), das aus einer geringen Zahl von Schichten besteht und durch Einlagerung von mehr oder weniger zahlreichen Becherzellen gekennzeichnet ist,
bei der Mehrzahl der *Fische*. Als die ursprüngliche Epithelform der Speiseröhre der Wirbeltiere ist wohl das flimmernde Zylinderepithel anzunehmen,
wie es sich bei *Amphibien* und *Reptilien* erhalten hat (Giannelli und Giacomini
1896, Oppel 1897, Béguin 1904), während es sich bei den übrigen Klassen in

Anpassung an die mechanische Beanspruchung hochgradig verändert hat (OPPEL). Für diese Auffassung spricht auch das ontogenetische Auftreten von Flimmerepithel beim Menschen.

Das geschichtete Pflasterepithel des Oesophagus, das allen *Säugetieren* ohne Ausnahme zukommt, gleicht dem des Menschen, nur wechselt seine Dicke beträchtlich und ebenso der Grad der Verhornung.

Beim *Schwein, Pferd* (ELLENBERGER) und bei der *Katze* (RUBELI 1889) nimmt das Epithel magenwärts an Dicke zu und zwar beim *Schwein* ziemlich beträchtlich, beim *Pferde* nur geringfügig. Bei beiden letzteren erreicht die Epitheldicke 1 mm und darüber; im übrigen ist die Epitheldicke beim *Pferde* sehr wechselnd, 90—800 μ. Beim *Rind* und der *Ziege* beträgt sie etwa 500, beim *Hunde* etwa 200, bei der *Katze* 60—100 μ (ELLENBERGER), bei *Vespertilio fuscus* nur 30—45 μ (GOETSCH 1910).

Nach GOETSCH zeigt die Ausbildung des Oesophagusepithels gesetzmäßige Beziehungen zur Beschaffenheit der Nahrung. Tiere, die grobe vegetabilische Nahrung aufnehmen, besitzen ein dickes Epithel mit starker Verhornung (*Nagetiere, Wiederkäuer, Pferd*), bei Tieren, die weiche, saftige Nahrung aufnehmen, zeigt das dünne Epithel nur Spuren von Verhornung (*Fleischfresser, Fledermäuse, Insektenfresser*).

Ein mächtiges, kernloses Stratum corneum, das 1/3 der ganzen Epitheldicke erreichen kann, und ein gut ausgebildetes Stratum granulosum zeigen manche Nagetiere (*Cavia, Mus, Erethizon, Geomys*); bei anderen sind noch Kernreste im Stratum corneum vorhanden, und ein Stratum granulosum fehlt. Beim *Pferde* und den *Wiederkäuern* finden sich gleichfalls Kernreste im Stratum corneum (GOETSCH). Ein Stratum lucidum sieht ELLENBERGER meist bei *Ziege* und *Schwein* ausgebildet, ebenso ein Stratum granulosum, letzteres auch beim *Pferde* (HELM 1907). Bei der *Katze* trägt die Epitheloberfläche kleine Hornzähnchen; auch beim *Schaf* und der *Ziege* kommen lumenseitige Epithelvorsprünge vor (ELLENBERGER).

Mehrfach ist der Verhornungsvorgang im Oesophagusepithel namentlich beim *Meerschweinchen* Gegenstand der Untersuchung geworden (JORIS 1905, ARCANGELI 1908, KOLLMANN und PAPIN 1914). Nach JORIS gleicht die Hornschicht des Oesophagusepithels in jeder Hinsicht der der Epidermis. Sie zeigt fibrilläre Struktur. Die Fibrillen differenzieren sich auf Kosten einer amorphen Substanz, welche von den Zellen ausgeschieden und an ihrer Oberfläche abgelagert wird. KOLLMANN und PAPIN bringen den mikrochemischen Nachweis, daß es sich um eine echte Verhornung handelt, daß in den verhornten Schichten Keratin enthalten ist. Sie fassen das Keratin als ein normales Produkt der Oesophagusepithelzellen auf, das allerdings bei den verschiedenen Arten in sehr verschiedener Menge gebildet wird und glauben die Vermutung ARCANGELIS bestätigen zu können, daß das Keratohyalin ein Zerfallsprodukt der Zellkerne darstellt. Die Keratohyalinkörner wären nichts anderes als bei der Kerndegeneration ausgewanderte Nucleolen. Gehen die Kerne zugrunde und wandern die Nucleolen aus, so bildet sich ein Stratum granulosum; das Stratum corneum erscheint dann kernlos (*Cavia, Mus*). Degenerieren die Kerne nicht vollständig und kommt es zu keiner Auswanderung der Nucleolen, so fehlt auch ein Stratum granulosum und das Stratum corneum enthält noch pyknotische Kerne (*Bos, Lemur*). Das Keratohyalin spielt bei der Verhornung keine Rolle, was schon daraus hervorgeht, daß es zur Verhornung kommen kann, ohne daß Keratohyalin auftritt. Weiterhin konnten KOLLMANN und PAPIN in den tiefen Zellschichten des Epithels bei einigen Tieren ein Chondriom nachweisen, an dessen Bildung die HERXHEIMERschen Fasern Anteil haben sollen.

Über die Entwicklung des Oesophagusepithels bei *Säugetieren* liegen Untersuchungen von FLINT (1907) für das *Schwein* vor. Es kommt hier im Gegensatze zum Menschen niemals zur Ausbildung eines Flimmerepithels. Das zunächst einschichtige Epithel wandelt sich in ein zweischichtiges, dann mehrschichtiges um, das weiterhin durch Abflachung der oberflächlichen Zellagen zum geschichteten Pflasterepithel wird.

Auch die *Vögel* zeigen ohne Ausnahme ein geschichtetes Pflasterepithel im Oesophagus. Bei manchen Vögeln sind die oberflächlichen Zellagen nur wenig (*Larus*) oder auch gar nicht (*Muscicapa, Saxicola, Psittaci*) abgeflacht (BARTHELS 1895). Die Dicke des Epithels ist sehr verschieden; bei *Psittacus sulphureus* 52 μ, *Ardea cinerea* 65 μ, *Picus viridis* 570 μ und bei der die Jungen fütternden *Taube* im Bereiche des Kropfes bis zu 3200 μ (BARTHELS). Bei *Ente* und *Taube* zeigt nach ZIETZSCHMANN (1911) das Epithel deutliche Verhornungserscheinungen.

Der vielen Vögeln zukommende **Kropf** ist als örtliche Erweiterung des Oesophagus im allgemeinen mit demselben Epithel ausgekleidet wie der übrige Oesophagus und zeigt auch sonst nur geringfügige Abweichungen in seinem Bau gegenüber den anderen Teilen der Speiseröhre (z. B. Drüsenarmut). Unter der Bezeichnung „Kropfmilch" ist der im Kropf der *Tauben* — und zwar nicht nur beim Weibchen, sondern auch beim Männchen — zur Zeit der Fütterung der Jungen auftretende quarkartige, stechend riechende Inhalt bekannt. Die Kropfmilch bildet die erste, durch keine andere Substanz ersetzbare (Arcangeli 1904) Nahrung der Jungtauben und besteht im wesentlichen aus abgestoßenen, verfetteten Epithelzellen des Kropfes (Hasse u. a.). Der Vorgang bei der Taube soll in der Naturgeschichte der Vögel nicht seinesgleichen finden (Teichmann 1889). Zur Zeit der Absonderung der Kropfmilch erscheinen die Wandungen der Kropfseitenteile verdickt und durch die Anwesenheit zahlreicher und weiter Blutgefäße lebhaft gerötet. Die Dickenzunahme betrifft alle Schichten der Schleimhaut, besonders aber das Epithel; dabei enthalten namentlich die oberflächlichen Zellschichten zahlreiche Fetttröpfchen und sind in Abstoßung begriffen. Arcangeli hat die Kropfmilchabsonderung weiter verfolgt und gefunden, daß in der Nähe der Blutgefäße die Verfettung des Epithels eine stärkere ist und daß auch Unterschiede in der Beschaffenheit der Kropfmilch des Taubers und der Taube bestehen, indem bei letzterer colostrumähnliche Körperchen vorkommen, die in der Kropfmilch des Männchens fehlen. Die Kropfmilch läßt sich weder nach der Art ihrer Absonderung, noch nach ihrer Zusammensetzung mit der Milch der Säugetiere vergleichen; es fehlt ihr Kasein und Milchzucker (Teichmann). Die Absonderung der Kropfmilch beginnt vor dem Ausschlüpfen der Jungen und läßt sich noch 20 Tage nach demselben beobachten (Charbonnel-Salle und Phisalix 1886).

Ontogenetisch scheint bei den Vögeln ebensowenig wie bei den Säugetieren — mit Ausnahme des Menschen — vorübergehend Flimmerepithel im Oesophagus aufzutreten. Wenigstens gilt dies für das *Huhn.* Hier erfolgt der Epithelumbau in der Weise, daß das einschichtige Enteroderm sich in ein mehrreihiges Zylinderepithel umwandelt. Dieses wird so hoch, daß es eine Strecke weit zur vollkommenen Verödung der Lichtung kommt. Nachdem durch Vakuolisierung des soliden Epithelstranges die endgültige Lichtung hergestellt worden ist, wird Hand in Hand mit der zunehmenden Erweiterung der Lichtung das Epithel niedriger, erscheint zunächst einfach zylindrisch, dann zweischichtig kubisch. Schließlich wird es unter Abplattung der oberflächlichen Zellagen und unter Vermehrung der Schichten zum typischen geschichteten Pflasterepithel. Dabei erscheint das Epithel im allgemeinen auf den Falten niedriger als in den Buchten (Schumacher 1926).

Die Speiseröhre der *Reptilien* trägt mit wenig Ausnahmen ein zweireihiges, flimmerndes Zylinderepithel mit Becherzellen. Das Verhältnis zwischen Flimmer und Schleimzellen ist wechselnd. Bei den *Ophidiern* nehmen die Flimmerzellen magenwärts immer mehr an Zahl ab, so daß im kaudalen Abschnitt der Speiseröhre das Epithel nur mehr aus Becherzellen besteht (Giannelli und Giacomini 1896). Ähnliche Epithelverhältnisse liegen beim *Alligator* vor (Béguin 1904). *Testudo graeca* zeigt nach Béguin in der Regel im oralen Abschnitt des Oesophagus geschichtetes Pflasterepithel, im mittleren Abschnitt geschichtetes Zylinderepithel, dessen oberflächlichste Zellage von Becherzellen gebildet wird, während im kaudalen Abschnitt unterhalb der geschlossenen Reihe von Becherzellen nur mehr eine Reihe von Ersatzzellen liegt. Eine Sonderstellung nehmen die *Seeschildkröten* (*Cheloniidae*) insofern ein, als hier kein Flimmerepithel vorhanden ist, sondern ein verhorntes geschichtetes Pflasterepithel mit dicht gestellten, mächtigen, stachelförmigen Hornpapillen, die gegen die Lichtung und magenwärts gerichtet sind; eine Einrichtung, die an eine Fischreuse erinnert und der jedenfalls eine mechanische Bedeutung beim Verschlucken der Nahrung zukommt.

Der Oesophagus der *Amphibien* ist nahezu ausnahmslos mit einem zwei- oder mehrreihigen flimmernden Zylinderepithel mit Becherzellen ausgekleidet; nur bei *Proteus anguineus* handelt es sich um ein zweireihiges, nichtflimmerndes Zylinderepithel mit Becherzellen (Leydig, Oppel).

Bei den *Fischen* mengen sich magenwärts im allgemeinen dem geschichteten Pflasterepithel immer mehr Becherzellen bei. In der Anordnung des Epithels kommen aber ziemlich weitgehende Artverschiedenheiten vor. Nach R. Krause (1923) ist das Epithel der Speiseröhre von *Esox lucius* ausgesprochen geschichtet und enthält fast ausschließlich Schleimzellen. Nur die tiefste Schicht besteht aus schleimfreien, teils zylindrischen, teils kubischen Zellen. Darüber liegen mehrere Schichten Schleimzellen, und gegen die Lichtung wird das Epithel durch eine diskontinuierliche Lage platter schleimfreier Zellen abgeschlossen.

III. Drüsen.

In der menschlichen Speiseröhre sind zwei Drüsenarten streng auseinanderzuhalten, die sich in jeder Beziehung voneinander unterscheiden und auch nicht durch Übergänge miteinander verbunden sind: 1. die submukös gelegenen

Schleimdrüsen oder Glandulae oesophageae schlechtweg genannt (Abb. 1 u. 7), 2. die kardialen Oesophagusdrüsen (Magenschleimhautinseln) (Abb. 14). Die ersteren finden sich konstant beim Menschen und bei der Mehrzahl der Säugetiere und können sich über die ganze Speiseröhre verbreiten. Die letzteren gleichen den Kardiadrüsen des Magens, liegen stets in der Schleimhaut selbst, sind in ihrem Vorkommen an bestimmte Abschnitte des Oesophagus gebunden, fehlen jedenfalls der Mehrzahl der Säugetiere und kommen auch beim Menschen nicht konstant vor.

1. Glandulae oesophageae.

Die Angaben der älteren Autoren über Zahl und Verteilung dieser Drüsen lauten sehr verschieden, was darin seinen Grund hat, daß diesbezüglich große

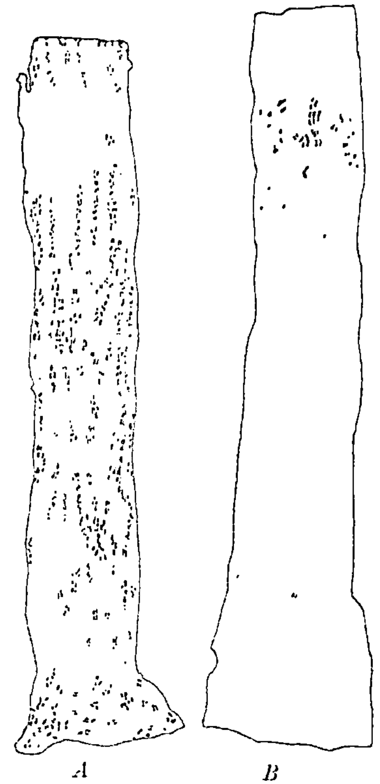

Abb 6. An der dorsalen Seite aufgeschnittene und ausgebreitete Speiseröhren des Erwachsenen. Die Zahl und Lage der Schleimdrüsen ist genau eingezeichnet. (Nach GOETSCH.)

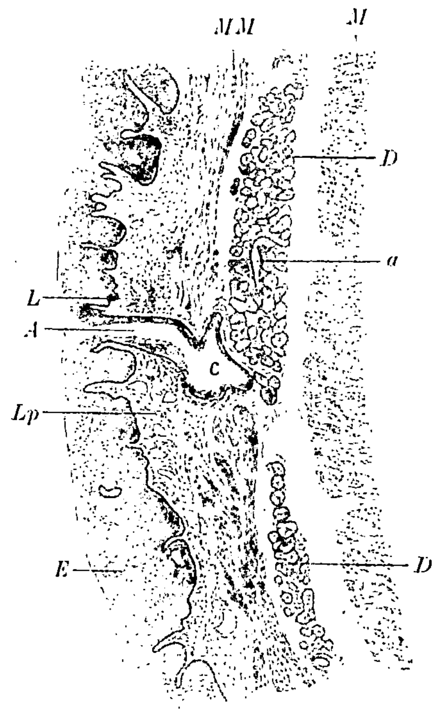

Abb. 7. Längsschnitt aus dem unteren Drittel der Speiseröhre eines Hingerichteten. Vergr. 27fach. E Epithel; Lp Lamina propria; A Ausführungsgang einer Schleimdrüse D; a feiner Ausführungsgang in die absondernden Drüsenschläuche übergehend; C ampullenförmige Erweiterung des Hauptausführungsganges; L Lymphocytenansammlung um den Ausführungsgang; MM Muscularis mucosae; M Ringmuskelschicht der Tunica muscularis. (Nach SCHAFFER.)

individuelle Schwankungen vorkommen (DOBROWOLSKI 1894, SCHAFFER 1897, GOETSCH 1910). GOETSCH und DOBROWOLSKI haben an der gefärbten und aufgehellten Schleimhaut der ganzen Speiseröhre augenfällig gezeigt, wie groß diese Schwankungen sind. So fand GOETSCH in einem Falle 741 Drüsenläppchen ziemlich gleichmäßig über den ganzen Oesophagus verteilt mit Ausnahme einer ganz kurzen drüsenarmen Zone nahe dem oberen und unteren Ende (Abb. 6 A); in einem anderen Oesophagus nur 62, von denen 58 auf ein Segment von 4 cm zusammengedrängt sind (Abb. 6 B); in einem dritten Fall 140 Läppchen. Häufig erscheinen die Drüsen in Längsreihen, bis zu 8 an der Zahl, angeordnet, die sich nach Goetsch (im Gegensatz zu Dobrowolski) über den ganzen Umfang der Speiseröhre ausbreiten (Abb. 6A).

Was die Form der Schleimdrüsen anlangt, bilden sie wohl abgegrenzte, dem freien Auge als weißliche Körner erscheinende Drüsenkörper von meist länglicher Gestalt, deren Längsachse mit der des Oesophagus zusammenfällt (Abb. 7). Ihre Größe ist ziemlich beträchtlichen Schwankungen unterworfen. Die Drüsenkörper liegen in der Submucosa; nur die am weitesten gegen die Cardia vorgerückten kommen in die Muscularis mucosae, ja zum Teil sogar über dieselbe in die Lamina propria der Schleimhaut zu liegen (Schaffer). Daß sie manchmal von den Bündeln der Muscularis mucosae umgeben werden, hat schon Lauteschläger (1887) erwähnt.

Sie bestehen aus vielfach gewundenen, dicht aneinander gedrängten, verzweigten, kürzeren oder längeren schlauchförmigen Gängen, die mit Endstücken besetzt sind, welche von hellem Schleimepithel ausgekleidet werden. Schaffer erwähnt als ein besonderes Kennzeichen dieser Drüsen die auffallend reichliche Entwicklung des sezernierenden Gangsystems gegenüber dem oft nur kurz gegabelten, in den seltensten Fällen mehrfach verästelten Ausführungsgang. Die Schleimdrüsen des Oesophagus sind demnach als tubuloalveoläre verzweigte Einzeldrüsen zu bezeichnen.

Die sezernierenden Gänge werden von einer kernhaltigen Basalmembran umschlossen, der innen die Schleimzellen aufsitzen. Letztere zeigen nach dem jeweiligen Funktionszustand, ähnlich wie in den Schleimdrüsen der Zunge, ein verschiedenes Aussehen. Seröse Randzellenkomplexe kommen beim Menschen nicht vor. Es sind somit die Glandulae oesophageae des Menschen sicher reine Schleimdrüsen (Schaffer, Goetsch). Wenn von manchen Autoren die menschlichen Oesophagusdrüsen als gemischte Drüsen hingestellt wurden, so hat das wahrscheinlich darin seinen Grund, daß man häufiger als bei den Schleimdrüsen der Zunge ganze Drüsenabschnitte aus Schläuchen mit protoplasmatischen niedrigen Zellen und weiter Lichtung zusammengesetzt findet, welche, wie die verschiedenen Zwischenstufen beweisen, als erschöpfte Schleimschläuche aufzufassen sind (Schaffer, Goetsch).

Nach Schaffer tritt das Ausführungssystem in den Glandulae oesophageae gegenüber den reich entwickelten absondernden Schläuchen zurück. Zunächst schließen sich an die Schleimschläuche kurze, enge, mit einfachem, nicht sezernierenden Zylinderepithel ausgekleidete Gänge an, die rasch in ein zysternen oder ampullenförmig erweitertes Gangstück übergehen (Abb. 7). Nach dem Durchtritt durch die Muscularis mucosae verengt sich der Ausführungsgang und mündet stets mit enger Lichtung zwischen den Schleimhautpapillen. Nach Goetsch kommen die ampullenförmigen Erweiterungen nicht nur im Hauptausführungsgang, sondern auch in Nebengängen gelegentlich vor. Im allgemeinen sind die Hauptausführungsgänge schräg nach abwärts gerichtet und können nach Goetsch eine Länge bis zu 4,6 mm erreichen.

Die epitheliale Auskleidung der Hauptausführungsgänge kann sich nach Schaffer verschieden verhalten. In der Regel reicht das geschichtete Pflasterepithel des Oesophagus weit in den Ausführungsgang hinein, bis unter die Muscularis mucosae, und geht die Zylinderzellenlage des Ausführungsganges auf dieses Pflasterepithel als innerste Lage über, so daß der Gang von einem geschichteten Zylinderepithel ausgekleidet erscheint. Bei starker Erweiterung des Ganges infolge von Schleimstauung kann die Zylinderzellage abgeplattet werden, so daß das ganze Epithel das Aussehen von geschichtetem Pflasterepithel annimmt. Die Zylinderzellen können gelegentlich auch Flimmerhaare tragen,

wodurch nach SCHAFFER das wiederholt beschriebene Vorkommen von Flimmercysten in der Speiseröhre erklärlich erscheint. Endlich kann das Epithel der
Zysternen eine teilweise oder gänzliche Umwandlung in Schleimzellen erfahren,
und man findet dann mitunter Schleimzellgruppen, die sich nach Art von endo-
epithelialen Drüsen zusammenlagern.

Die auffallende Enge des Ausführungsganges in seinem Mündungsteile macht
SCHAFFER dafür verantwortlich, daß schon frühzeitig (im 1. Lebensjahre) die
oben erwähnte Erweiterung im tiefer gelegenen Abschnitte des Ausführungsganges
auftritt. Mit zunehmendem Alter kann diese Erweiterung beträchtlichen Umfang
annehmen, womit auch stets eine starke Schlängelung des Ganges Hand in Hand
geht, und gar nicht so selten kommt es zum vollständigen Verschluß der Drüsenmündung und in der Folge zu Cystenbildung. Die Drüsenkörper fallen dann
schließlich unter Abflachung ihres Epithels und lebhafter Leukocyteneinwande-
rung der vollständigen Rückbildung anheim (SCHAFFER).

Mir scheint es nicht unwahrscheinlich, daß Cysten der Oesophagusdrüsen als
angeborene Hemmungsbildungen auftreten können. Die Entwicklung
dieser Drüsen beginnt verhältnismäßig spät — nach SCHAFFER beim 7monatlichen
Fetus — und findet mit der Geburt noch nicht ihren Abschluß (NAKAMURA 1914).
Die ersten Drüsenanlagen erscheinen als solide Epithelknospen. Die Bildung der
Drüsenlichtung erfolgt, wie dies sicher auch bei manchen anderen Drüsenarten
der Fall ist, innerhalb der Drüsenanlage selbst, also unabhängig von der Speiseröhrenlichtung, so daß es erst sekundär zum Durchbruch der Drüsenlichtung in
die Lichtung des Oesophagus kommt. Bleibt dieser Durchbruch einmal aus, und
beginnen die Drüsenzellen zu sezernieren, so wird eine angeborene Retentionscyste
entstehen (SCHUMACHER 1925 u. 26). Auch NAKAMURA gibt die Möglichkeit zu,
daß eine fetale Epithelokklusion oder mangelhafte Lichtung im Hauptausführungsgang als Folge einer Entwicklungshemmung im fetalen oder auch postfetalen Leben zur Bildung von Cysten führen kann.

Die Glandulae oesophageae der *Säugetiere* stimmen mit denen des Menschen in
bezug auf ihre submuköse Lage überein, unterscheiden sich aber auffallenderweise von
letzteren dadurch, daß es sich ausnahmslos um gemischte Drüsen zu handeln
scheint. Bei der Mehrzahl der Arten um gemischte Drüsen von vorwiegend schleimigem
Charakter. Bei *Procyon* und *Didelphys* sind die serösen Zellen aber so zahlreich, daß sie oft
eigene Alveolen bilden, die den mukösen Schläuchen aufsitzen (GOETSCH).

Bezüglich der Menge der Glandulae oesophageae teilt GOETSCH die Säugetiere in drei
Gruppen ein.

1. Mit zahlreichen Drüsen: *Didelphys, Procyon, Canis, Meles, Nasua,* wo Drüsen
in der ganzen Ausdehnung des Oesophagus vorkommen (in diese Gruppe würde nach
HELLY [1899] auch *Dasypus villosus* einzureihen sein), und *Sus,* wo Drüsen in großer
Menge sich in der vorderen Hälfte und in kleinerer Zahl in der hinteren Hälfte der Speiseröhre finden.

2. Mit spärlichen Drüsen: *Erinaceus, Scalops, Lutreola,* wo sich Drüsen im Anfangsteil des Oesophagus, und *Mephitis,* wo sie sich im Endteile finden.

3. Ohne Drüsen unterhalb der Höhe des Ringknorpels: Alle *Nagetiere* (beim *Kaninchen* scheinen gelegentlich Drüsen vorkommen zu können (ELLENBERGER u. a.), *Bos,
Ovis, Equus, Felis, Vespertilio,* nach OPPEL außerdem *Trichosurus, Aepyprymnus, Phascolarctus.* Nach HAANE (1905) enthält beim *Pferde,* den *Wiederkäuern* und der *Katze* der
Oesophagusvorraum Drüsen, während der eigentliche Oesophagus drüsenfrei ist.

Beim *Hunde* enden die Glandulae oesophageae nicht unmittelbar am Ende der Speiseröhre; sie reichen vielmehr noch eine kleine Strecke in die Magenschleimhaut hinein und
liegen dort unterhalb der Magendrüsen. Ihre Ausführungsgänge verlaufen zur Oesophagusschleimhaut und münden im Oesophagus, ausnahmsweise aber auch in Magengrübchen
(FRÖHLICH 1907).

Während die Mehrzahl der älteren Autoren die Oesophagusdrüsen der Säugetiere als
reine Schleimdrüsen bezeichnete, erwähnt HELM (1907) und ELLENBERGER, daß die Oesophagusdrüsen vom *Hund, Schwein* und *Kaninchen* keine rein mukösen Drüsen sind, sondern
Drüsen mit serösen Randzellkomplexen, in denen auch Sekretkapillaren nachweisbar sind.

Zuweilen findet man nach Ellenberger auch hier und da eine rein seröse Drüse. Besonders eingehend hat sich Goetsch mit dem Bau der Endstücke der Oesophagusdrüsen befaßt und konnte, bei allen untersuchten Arten (mit Ausnahme des Menschen), wo er überhaupt Drüsen fand, muköse Endstücke mit serösen Randzellkomplexen, die durch zwischenzellige Sekretkapillaren ausgezeichnet sind, nachweisen. Die Abbildungen von Goetsch sind so beweisend, daß wohl nicht daran gezweifelt werden kann, daß es sich tatsächlich um gemischte Drüsen handelt und nicht etwa um reine Schleimdrüsen, in denen neben sezernierenden, erschöpfte protoplasmatische Schleimzellen liegen, wodurch ja ähnliche Bilder wie an gemischten Endstücken entstehen können.

Eklöf (1914) wies an Schleimzellen der Oesophagusdrüsen des *Hundes* Chondriosomen nach und schreibt ihnen eine wesentliche Bedeutung für die Bildung des Sekretes zu, da sie bei lebhafter Sekretion (nach Pilocarpininjektion) nahezu vollständig verschwinden.

Die Speiseröhrendrüsen der *Vögel* sind stets reine Schleimdrüsen und liegen zum Unterschiede von den Glandulae oesophageae der Säuger ausnahmslos in der Lamina propria der Schleimhaut.

In ihrem Verbreitungsgebiet, in der Zahl und namentlich in ihrer Form und Größe zeigen sie, wie aus den Untersuchungen von Barthels (1895) und Schreiner (1900), die

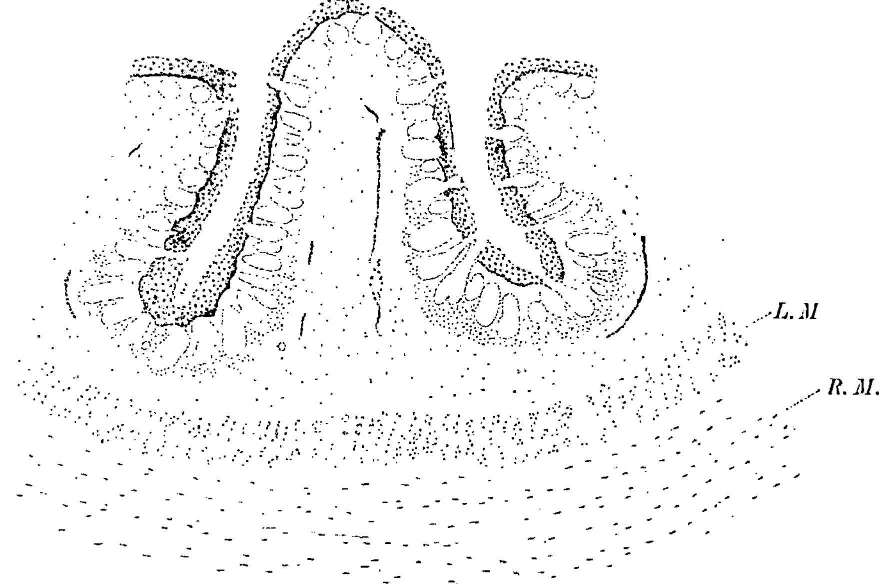

Abb. 8. Aus einem Querschnitt durch die untere Hälfte des Oesophagus von Totanus calidris (Wasserläufer) Vergr. 60fach. (Nach Schreiner.) *L. M.* Längsmuskulatur, *R. M.* Ringmuskulatur.

zahlreiche Arten umfassen, hervorgeht, weitgehende Unterschiede auch bei nahe verwandten Arten.

Im allgemeinen läßt sich sagen, daß zum Unterschiede von den Säugern ihre Menge und auch ihre Größe magenwärts zunimmt, so daß die zahlreichsten und zugleich größten Drüsen vor dem Magen gefunden werden (Oppel, Schreiner). Allerdings gibt es zahlreiche Arten, bei denen schon im Anfangsteil der Speiseröhre die Drüsen so dicht eine neben der anderen stehen, daß eine Mengenzunahme magenwärts kaum mehr möglich ist. Aus der Tatsache, daß die Drüsen im unteren Abschnitte des Oesophagus zuerst ihre volle Entwicklung erreichen und daß sie bei einigen Vögeln (*Psittacidae, Tauben*) nur auf diese Gegend beschränkt sind, schließt Schreiner, daß auch bei den Vorfahren der Vögel die Drüsen im kaudalen Oesophagusabschnitt zuerst aufgetreten sein müssen.

Bei manchen Vögeln (*Hirundo*) liegen die Oesophagusdrüsen fast ganz innerhalb des hohen, geschichteten Pflasterepithels und ragen nur mit ihren blinden Enden wenig in das Schleimhautbindegewebe vor.

Meist handelt es sich bei den Oesophagusdrüsen der Vögel um einfache Einzeldrüsen (Abb. 8, 9), die allerdings durch sekundäre Ausbuchtungen ihrer Wandung zu verzweigten Drüsen werden können. Die Form der Endstücke kann kugelig, birn- oder flaschenförmig (Abb. 8) oder auch nahezu schlauchförmig (Abb. 9) sein, so daß also die Drüsen teils als alveolär (bei der Mehrzahl der Arten), teils als tubulös zu bezeichnen sind. Namentlich die alveolären Formen können sekundäre Ausbuchtungen tragen wie z. B. beim *Huhn*, bei der *Taube* und bei der *Ente* (Abb. 10).

Ausnahmslos sind die Drüsenendstücke von einer einfachen Lage oft auffallend hoher Zylinderzellen, die intensive Schleimreaktion geben und alle übrigen Eigenschaften von Schleimdrüsenzellen zeigen, ausgekleidet (Abb. 11). Seröse Drüsenzellen kommen sicher nicht vor, so daß also alle Drüsen reine Schleimdrüsen sind. Es finden sich wohl bei manchen Arten an der Basis des Drüsenepithels plattgedrückte Zellen, die SCHREINER als Basalzellen bezeichnet und die, wenigstens ihrer Lage nach, den Korbzellen bei Säugetieren

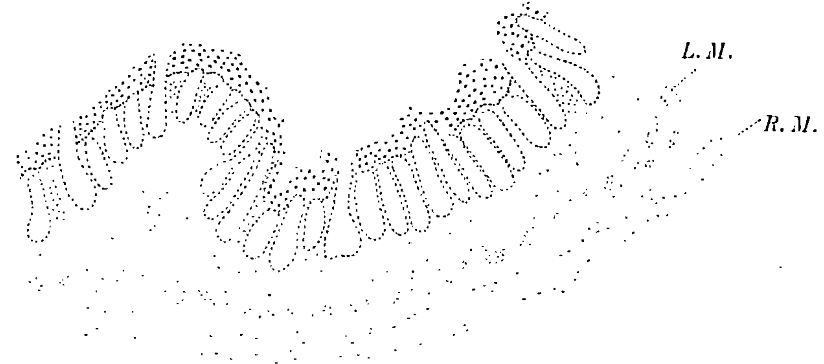

Abb. 9. Aus einem Querschnitt durch die obere Hälfte des Oesophagus von Charadrius apricarius (Regenpfeifer). Vergr. 60 fach. (Nach SCHREINER.) *L. M.* Längsmuskulatur, *R. M.* Ringmuskulatur.

entsprechen. Es handelt sich bei diesen Basalzellen nach SCHREINER um Zellen, die ebenso wie die sezernierenden Zellen von der epithelialen Drüsenknospe abstammen. Wohl mit Recht wendet sich SCHREINER gegen die Auffassung BARTHELS, daß die Basalzellen als sezernierende Zellen, als seröse Randzellenkomplexe aufzufassen sind. ARCANGELI (1913) hat Basalzellen oder „Randzellen" bei der eben ausgeschlüpften, nicht aber bei der erwachsenen *Taube* gefunden und glaubt, daß es sich um Reservezellen handelt, die bei der weiterhin eintretenden Verzweigung der Drüse sich in Schleimzellen umwandeln.

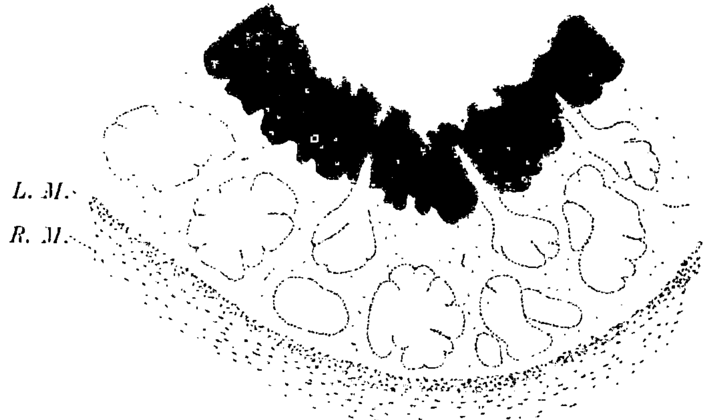

Abb. 10. Aus einem Querschnitt durch die obere Hälfte des Oesophagus von Anas penelope (Pfeifente). Vergr. 47 fach. (Nach SCHREINER.) *L. M.* Längsmuskulatur, *R. M.* Ringmuskulatur.

Ebenso wie in bezug auf die Drüsenendstücke bestehen auch bezüglich der Ausführungsgänge wesentliche Artunterschiede. Bald erscheint der Ausführungsgang scharf abgesetzt, bald geht das Drüsenendstück ganz allmählich in den Ausführungsgang über; bald ist er lang, bald kurz; bald eng, bald ziemlich weit. Gewöhnlich besitzt der Ausführungsgang bis an seine Mündung seine eigene epitheliale Wand. Die platten Epithelzellen gehen, indem sie höher und höher werden, ohne scharfe Grenze in das Epithel der Drüsenendstücke über (Abb. 11). Vielfach zeigen noch die Zellen des Ausführungsganges Anzeichen von mäßiger Schleimabsonderung.

Die Entwicklung der Oesophagusdrüsen der Vögel habe ich (Schumacher 1925, 26) beim *Hühnchen* verfolgt. Die ersten Anlagen erscheinen wie bei den Säugetieren verhältnismäßig spät (am 16. Bebrütungstage) in Form von soliden Epithelzapfen, die vom Oesophagusepithel in die Lamina propria einwuchern. In diesen soliden Anlagen kommt es zu einer ganz ähnlichen Vakuolisierung, wie sie auf einer viel früheren

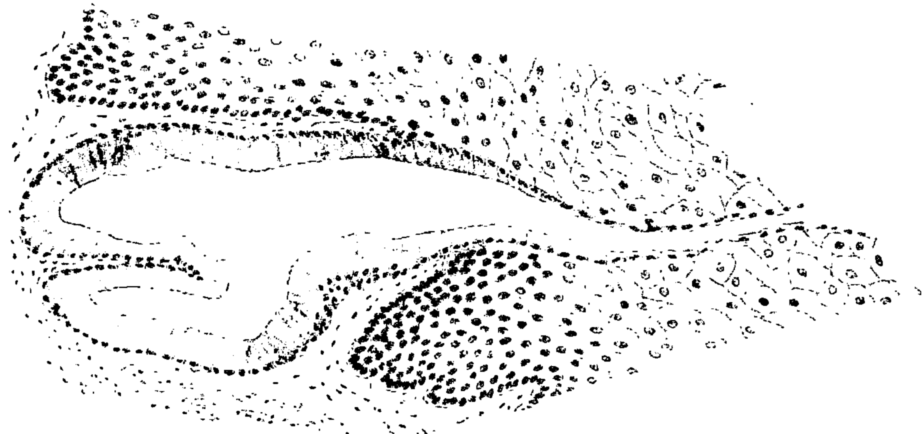

Abb. 11. Oesophagusdrüse vom zwei Tage alten Hühnchen. Formol; Hämatox. + Eosin. Vergr. 200 fach. Der Drüsenkörper ist mit einem einfachen, sehr hohen Zylinderepithel, das intensive Schleimreaktion gibt, ausgekleidet und geht ohne scharfe Grenze in den Ausführungsgang über. (Nach Schumacher.)

Entwicklungsstufe in der soliden epithelialen Anlage des Oesophagus auftritt. Es erscheinen zwischen den Zellen mit seröser Flüssigkeit gefüllte Blasen (Abb. 12), die sich vergrößern und durch gegenseitigen Zusammenfluß zur Bildung der gemeinsamen Lichtung der Drüse und des Ausführungsganges führen. Dabei können sich die späteren Mündungsstellen in Form von großen Blasen stark gegen die Speiseröhrenlichtung vorwölben (Abb. 13), und erst dann erfolgt durch Einreißen der Blasendecke der Durchbruch in den Oesophagus. Es erfolgt also die Bildung der Drüsenlichtung nicht vom Lumen des Oesophagus aus, sondern sie entsteht selbständig innerhalb der kompakten Drüsenanlage und vereinigt sich erst sekundär mit der Lichtung des Oesophagus. Erst nachdem der Durchbruch der Drüsenlichtung erfolgt ist (zur Zeit des Ausschlüpfens), beginnt die Schleimsekretion. Bilder die auf denselben Entwicklungsgang der Drüsen hinweisen, hat auch Schreiner im Oesophagus von *Larus* und *Sterna* gesehen.

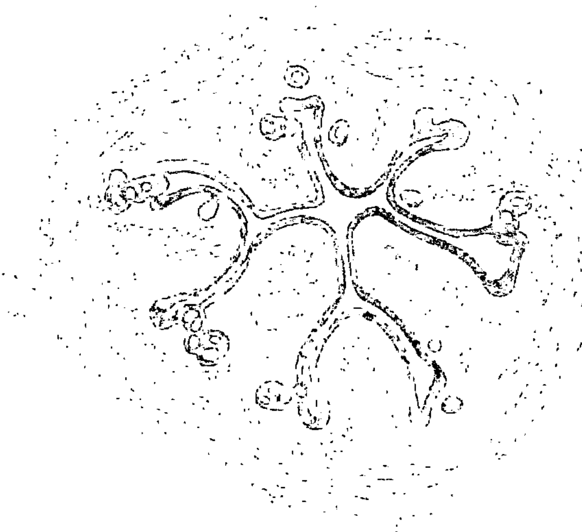

Abb. 12. Querschnitt durch den Oesophagus eines 18 tägigen Hühner-Embryos. Formol-Alkohol; Hämatox. + Eosin. Vergr. 50 fach. Die hauptsächlich in den Buchten liegenden Drüsenanlagen sind mit Vakuolen versehen, durch deren Zusammenfluß die Drüsenlichtung entsteht. (Nach Schumacher.)

Bei der Mehrzahl der Sicher nachgewiesen sind jedoch Drüsen bei *Uromastix acanthinurus* (Béguin 1904) und bei *Testudo graeca*. Bei

Reptilien scheinen Oesophagusdrüsen zu fehlen. Jedoch Drüsen bei *Uromastix acanthinurus* (Béguin 1904) beiden Arten finden sich die Drüsen im vorderen und mittleren Teile des Oesophagus, nehmen magenwärts an Zahl ab, um schließlich vollständig zu verschwinden. In beiden

Fällen handelt es sich um verzweigte, tubulo-alveoläre, rein muköse Drüsen (BÉGUIN). Die Angaben verschiedener Autoren vom Vorkommen von Drüsen im hintersten Abschnitt des Oesophagus bei einigen anderen *Reptilien* sind nach BÉGUIN darauf zurückzuführen, daß eine scharfe Grenze zwischen Oesophagus und Magen nicht besteht, sondern in einer schmalen Übergangszone die Schleimhaut der Speiseröhre allmählich die Eigenschaften der Magenschleimhaut annimmt. In dieser Übergangszone können Drüsen auftreten, die BÉGUIN aber schon den Magendrüsen zurechnet. Außerdem sind einfache Schleimhautbuchten oder Furchenquerschnitte mit Drüsen verwechselt worden (BÉGUIN, GRESCHIK 1917).

Von den *Amphibien* kommen einem Teil Drüsen im Oesophagus zu (*Proteus, Menobranchus, Rana, Bufo*) während sie anderen fehlen (*Siredon, Dyemyctylus, Salamandra, Cystignathus, Bombinator, Pipa*).

Bei *Triton* und *Hyla* unterscheiden sich die nur im kaudalen Oesophagusabschnitt vorkommenden Drüsen nicht von den Kardiadrüsen (GIANNELLI und LUNGHETTI 1900). Nach BENSLEY (1900) sind die sogenannten Oesophagusdrüsen von *Proteus* und *Necturus* in ihrer Entwicklung aufgehaltene Magendrüsen. Schwieriger ist die Frage zu entscheiden, ob die Oesophagusdrüsen des *Frosches* gleichfalls als etwas modifizierte Magendrüsen aufzufassen sind. Die Drüsen bilden entweder einfache Säcke oder sind verzweigt (tubulo-)alveolär. Die sezernierenden Zellen enthalten meist Körnchen. Jedenfalls handelt es sich nicht um Schleimdrüsen.

Den *Fischen* fehlen Oesophagusdrüsen.

Bezüglich der Phylogenie der Oesophagusdrüsen sind verschiedene Auffassungen vertreten. OPPEL (1897) hält die Frage, ob die Drüsen der Speiseröhre aller Wirbeltiere als einheitlich entstanden aufzufassen sind, und ob diese Drüsen bei höheren aus denen bei niederen Vertebraten hervorgegangen sind, für eine offene. „*Proteus* und *Menobranchus* einerseits und *Frosch* andererseits zeigen so große Unterschiede, was den Bau der Drüsen anlangt, daß dieser Umstand gegen die Bejahung dieser Frage selbst innerhalb einer so kleinen Gruppe, wie die *Amphibien* sind, spricht. Jedenfalls dürfte die Möglichkeit, Drüsen zu bilden, dem Oesophagus der Vertebraten von den *Amphibien* an aufwärts gemeinschaftlich zukommen." Weiterhin spricht nach OPPEL gegen die Annahme einer einheitlichen Abstammung der Oesophagusdrüsen, „daß wir bei niederen Vertebraten (*Amphibien, Reptilien* und *Vögel*) die Oesophagealdrüsen nur im unteren Teile des Oesophagus prädominieren sehen. Bei Säugern dagegen ist das Gegenteil der Fall; hier finden sich für die Regel Oesophagealdrüsen nur im oberen Teile des Oesophagus und stehen da offenbar in innigster Beziehung zu den Drüsen des Pharynx. Es dürfte daher viel näher liegen, für die Oesophagealdrüsen der Säugetiere eine eigene neue Entstehung anzunehmen, und zwar eine Entstehung ausgehend vom oberen Ende des Schlundes. Es bietet sich bei dieser Auffassung auch die Möglichkeit, zu verstehen, warum die Oesophagealdrüsen bei den verschiedenen Tiergruppen so große Differenzen sowohl im Bau wie in der Lage (z. B. zur Muscularis mucosae) zeigen".

SCHREINER glaubt, daß die Oesophagusdrüsen bei den *Reptilien* als Neuerwerbungen aufzufassen sind. Von diesen lassen sich aber die Drüsen im Oesophagus der Vögel ableiten.

Nach BÉGUIN war, in Übereinstimmung mit anderen Autoren, der Oesophagus bei den Wirbeltieren ursprünglich mit Flimmerepithel ausgekleidet. Den Flimmerzellen mengten sich dann bald Becherzellen bei, deren Sekret das Weitergleiten der

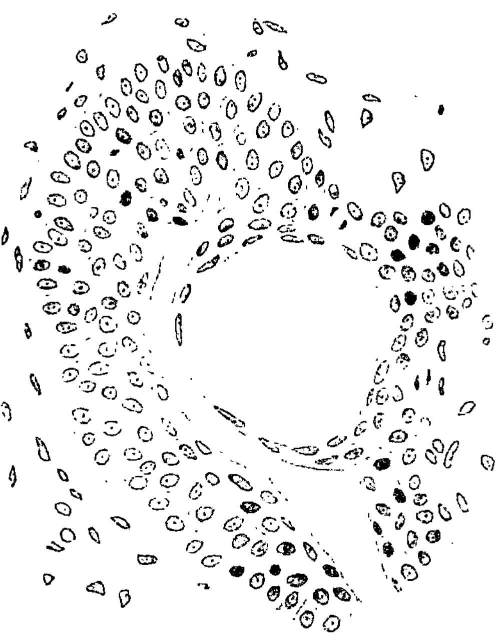

Abb. 13. Querschnitt durch eine Bucht des Oesophagus eines 18tägigen Hühner-Embryos. Formol-Alkohol; Hämatox. + Eosin. Vergr. 400 fach. Die große Vakuole liegt im Mündungsteil des späteren Ausführungsganges. Sie wird durch eine nur ganz dünne Epitheldecke von der Lichtung des Oesophagus abgegrenzt. (Nach SCHUMACHER.)

Nahrung erleichterte (Mehrzahl der *Saurier*). Der von den ursprünglich nicht sehr zahlreich vorhandenen Becherzellen abgesonderte Schleim genügte weiterhin nicht mehr, diese Aufgabe voll zu erfüllen, und so kam es bei den einen Reptilien zu einer Vermehrung der Becherzellen (*Ophidier, Alligator*), bei anderen zu einer Vermehrung der schleimabsondernden Zellen in Form von Schleimdrüsen (*Uromastix*). Weiterhin trat an die Stelle des Flimmerepithels das gegen mechanische Reize widerstandsfähigere geschichtete Pflasterepithel (vorderer Abschnitt des Oesophagus von *Testudo graeca, Vögel*). Da dem geschichteten Pflasterepithel Schleimzellen fehlen, so mußten gleichzeitig mit ihm Schleimdrüsen in um so größerer Menge auftreten (*Testudo, Vögel, Säugetiere*). Bei den Säugetieren können die Drüsen des Oesophagus funktionell durch Schleimdrüsen der Mundhöhle ersetzt werden. Der von Oppel gegen die Abstammung der Oesophagusdrüsen der Säugetiere von denen niederer Wirbeltierklassen erhobene Einwand, daß bei letzteren die Drüsen sich auf den hinteren Oesophagusabschnitt beschränken, bei Säugern hingegen im vorderen überwiegen, ist nach Béguin nicht stichhaltig, da die Drüsen bei *Uromastix* und *Testudo* vorwiegend im oralen Abschnitt der Speiseröhre auftreten, was auch bei manchen *Vögeln* der Fall ist.

Greschik (1917) kommt im Anschluß an den Befund von Flimmerzellen neben Schleimzellen in den Oesophagusdrüsen der *Rotbugamazone* (*Androglossa aestiva* Lath.) gleichfalls auf die Phylogenie der Oesophagusdrüsen zu sprechen. Das Flimmerepithel in den Drüsen der *Amazone* weist nach Greschik darauf hin, „daß einst auch bei den Vögeln, wie heute bei vielen Reptilien, Amphibien und Fischen ein Flimmerepithel den Oesophagus bekleidete. Nehmen wir eine solche Bekleidung als die ursprüngliche im Wirbeltieroesophagus an, so können wir schon daraus folgern, daß auch die Oesophagealdrüsen einen gemeinsamen Ursprung haben, und einmal entstanden, entweder sich weiter differenzierten, oder aber verschwanden und durch Anpassung an andere Nahrungsmittel vielleicht sekundär wieder erschienen, wenn auch in ganz anderer Form und Bau". Daß Flimmerepithel gerade in den Oesophagusdrüsen der *Papageien* erhalten blieb, dürfte nach Greschik durch das Alter dieser Vogelgruppe erklärlich sein; vielleicht hat dabei auch ein funktioneller Grund mitgespielt, nämlich die Erleichterung der Weiterbeförderung des Sekretes aus den besonders großen Drüsen der Papageien durch den Flimmerstrom.

2. Kardiale Oesophagusdrüsen. Magenschleimhautinseln.

Die zweite Drüsenart der menschlichen Speiseröhre, die wegen ihrer Ähnlichkeit mit den Drüsen der Kardiagegend des Magens als kardiale Oesophagusdrüsen (Schaffer) bezeichnet wurden, teilt Schaffer (1897) ihrem Vorkommen nach in obere und untere kardiale Oesophagusdrüsen ein. Sie liegen ausnahmslos in der Lamina propria, also über der Muscularis mucosae, weshalb sie von Hewlett (1901) auch als oberflächliche Oesophagusdrüsen bezeichnet wurden.

Die **oberen kardialen Oesophagusdrüsen** oder **Magenschleimhautinseln** (Schridde) hat schon Rüdinger (1879) gesehen und als „eine subepitheliale tubulo-acinöse Drüse im Os oesophagi" näher und zum Teil zutreffend beschrieben. Diese Drüsen gerieten dann in Vergessenheit bis Schaffer (1897) sie neu entdeckte und sowohl in bezug auf Häufigkeit des Vorkommens, Lage und feineren Bau ausführlich beschrieb. Eine Reihe von Nachuntersuchern, von denen sich besonders Schridde (1904—1906) in mehreren Arbeiten eingehend mit diesen Drüsen beschäftigte, konnte die Befunde Schaffers bestätigen und ergänzen.

Nach Schaffer (1897, 1904) finden sich die oberen kardialen Oesophagusdrüsen beim Menschen in etwa 70 vH. der Fälle. Sie liegen im oberen Teil der Speiseröhre, und zwar in den Seitenbuchten derselben, zwischen dem unteren Rande des Ringknorpels und dem 5. Trachealknorpel, nur ausnahmsweise tiefer, in sehr wechselnder Ausdehnung und Entwicklung. In der überwiegenden Mehrzahl der Fälle werden sie auf beiden Seiten beobachtet, nicht selten die der einen Seite in einer anderen Querschnittsebene als die der anderen. In manchen Fällen sind sie nur auf einer Seite nachzuweisen.

Die Drüsen unterscheiden sich nicht nur durch ihre Lage in der Schleimhaut von den stets submukös gelegenen Schleimdrüsen des Oesophagus, sondern sind auch in ihrem Bau grundsätzlich von diesen verschieden, indem sie vollständig den Magendrüsen an der Kardia gleichen. Ihre sezernierenden Abschnitte bilden verästelte und stark gewundene Schläuche, welche von hellen, kubischen bis zylindrischen, gekörnten Zellen ausgekleidet werden. Das Drüsenepithel ist im allgemeinen nicht schleimhältig, doch können nach HEWLETT bisweilen vereinzelte Zellen Mucinreaktion geben.

Die Drüsen münden entweder mittels ihrer von einreihigem, hohem, schleimhaltigem Zylinderepithel ausgekleideten Ausführungsgänge, welche häufig ampullenartige Erweiterungen zeigen, auf der Spitze der Schleimhautpapillen (zum Unterschiede von den Schleimdrüsen, die stets zwischen den Papillen ausmünden) im Bereiche des Pflasterepithels und sind in diesen Fällen bei der makroskopischen Betrachtung von der Fläche her nicht wahrnehmbar = 1. Art nach SCHRIDDE (Abb. 14); oder es erscheint das Pflasterepithel auf kleinere oder größere Strecken von einfachem, hohem Zylinderepithel vom Aussehen des Magengrubenepithels unterbrochen, in welchen Fällen sich dem freien Auge der Eindruck von Erosionen darbieten kann = 2. Art von SCHRIDDE. Schließlich können wirkliche heterotopische Magenschleimhautinseln bis zu 2,5 cm Länge und 0,9 cm Breite zur Beobachtung kommen, deren Längsdurchmesser stets mit dem der Speiseröhre zusammenfällt. In diesen Fällen stärkster Entwicklung kann das Zylinderepithel magengrubenartige Vertiefungen auskleiden, in welche ein Teil der Drüsen einmündet, und zwar mit Haupt- und Belegzellen ausgestattete Drüsen vom Typus der Fundusdrüsen. Gegen den Rand des geschichteten Pflasterepithels folgen verzweigte Schläuche vom Typus der Kardiadrüsen, und solche münden auch noch durch das Pflasterepithel. Letztere zeigen nur ganz vereinzelte Belegzellen oder entbehren derselben ganz = 3. Art nach SCHRIDDE. In dieser höchstentwickelten Form der Magenschleimhautinseln findet man demnach von innen nach außen alle drei Typen vertreten (SCHAFFER, SCHRIDDE).

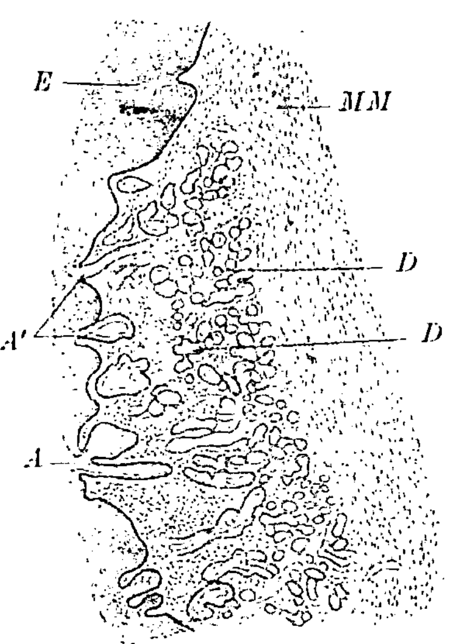

Abb. 14. Längsdurchschnitt durch das obere Ende der Speiseröhre eines 11 jährigen Mädchens. MÜLLERS Fl. Vergr. 27 fach. D obere kardiale Drüsen in der Lamina propria gelegen; A und A' Mündung der Drüsen auf der Spitze der Papillen; E Pflasterepithel; MM Muscularis mucosae. (Nach SCHAFFER).

Im Bereiche der Magenschleimhautinseln erscheint nach SCHAFFER die Muscularis mucosae verdickt, und TRALLERO (1913) bemerkt, daß die Magenschleimhautinseln nicht nur in bezug auf das Verhalten des Epithels und der Drüsen mit der Magenschleimhaut übereinstimmen, sondern daß auch die Muscularis mucosae in bezug auf Dicke, Faserverlauf und reichlichem Gehalt an elastischen Bündeln der des Magens entspricht. Auch die Submucosa ist an diesen Stellen viel lockerer gefügt als im übrigen Oesophagus.

Über die Entwicklung der Magenschleimhautinseln liegt eine ganze Reihe von Untersuchungen vor (SCHAFFER 1904, RÜCKERT 1904, SCHRIDDE 1904, 1905, LEWIS 1911, BÖRNER-PATZELT 1922, PATZELT 1923 u. a.). Eine zusammenhängende Darstellung der Entwicklung der Magenschleimhautinseln von ihrem ersten Auftreten bis zur Geburt hat Frau BÖRNER-PATZELT gegeben. Die Ergebnisse konnten von Patzelt bestätigt und ergänzt werden. Hiernach treten die Anlagen der Magenschleimhautinseln sehr früh in Erscheinung, viel früher als die der eigentlichen Glandulae oesophageae und können schon vor der Geburt eine hohe Ausbildung erreichen. Schon in der 8. Embryonalwoche (Patzelt) beginnen sich Gruppen von Schleimzellen zu bilden, die im ganzen oberen Oesophagus, zunächst ohne Bevorzugung der Seitenbuchten, stellenweise auftreten. Im allgemeinen verschwinden die Schleimzellen während der weiteren Entwicklung bis zur Geburt wieder vollständig; nur in den Schleimzellgruppen der Seitenbuchten des oberen Oesophagus bilden sich in verschiedener Menge Magenoberflächenepithelzellen aus. Diese Magenschleimhautinseln wurden regelmäßig in der 12.—15. Woche aber in wechselnder Ausdehnung gefunden. Manche bleiben zunächst in diesem primitiven Zustand, bilden keine Grübchen aus und kommen allmählich zur Rückbildung. Bei der Mehrzahl der Embryonen aber entstehen bereits vor der 15. Woche an diesen Stellen Magengrübchen, unter denen sich die Muscularis mucosae verdickt. In diesen Fällen bilden sich in folgender Weise dauernde Magenschleimhautinseln der drei von Schridde beschriebenen Typen aus. In kleinen Anlagen werden die zwischen den Grübchen liegenden Zylinderzellen allmählich durch geschichtetes Pflasterepithel ganz verdrängt. Nach der Geburt entwickeln sich von den erhalten gebliebenen Magengrübchen aus Kardialdrüsen. Auf diese Weise entstehen Magenschleimhautinseln vom 1. Typus. In anderen Fällen, wenn die Anlagen größer sind, betrifft die Rückbildung nur einen Teil der oberflächlichen Zylinderzellen und es bildet sich der 2. Typus aus, indem sich nach der Geburt kardiale Drüsen entwickeln, die wenigstens teilweise innerhalb der Inseln von erhaltengebliebenen Magenoberflächenepithel münden. Manchmal treten aber in solchen Inseln bereits frühzeitig Drüsenanlagen auf, in denen schon vor der Schwangerschaftsmitte Belegzellen erscheinen und das Oberflächenepithel wie das des Magens Glykogen enthält = 3. Typus.

Auffallend ist die Tatsache, daß Magenschleimhautinseln bzw. obere kardiale Oesophagusdrüsen trotz wiederholt darauf gerichteter Untersuchungen bei *Säugetieren* nicht gefunden wurden, mit Ausnahme von *Macacus rhesus,* wo Schaffer (1904) bei einem jungen Tier Drüsen gesehen und auch abgebildet hat, die den kardialen Typus aufweisen. Schridde suchte aber auch bei *Macacus* ebenso vergeblich nach Magenschleimhautinseln wie bei einer Reihe anderer Säugetiere (*Hund, Katze, Meerschweinchen* usw.). Auch Ellenberger erwähnt ausdrücklich, bei keinem Haustier obere kardiale Oesophagusdrüsen gefunden zu haben.

Bezüglich der Deutung der Magenschleimhautinseln sind die verschiedensten Hypothesen aufgestellt worden (pathologische Bildungen, durch dazwischenwachsendes Pflasterepithel abgesprengte Teile der Magenschleimhaut, Kiemenspaltenderivate). Am meisten Berechtigung scheint die Annahme Schaffers zu haben, daß es sich um ein ancestrales Organ handelt, eine Ansicht, der sich später auch Schridde und Börner-Patzelt angeschlossen haben. Wenn auch diese Bildungen bei Säugetieren sicher nicht in weiterer Verbreitung vorkommen, so spricht nach Börner-Patzelt doch das regelmäßige frühzeitige Auftreten beim Embryo und die viel größere Häufigkeit ihres Vorkommens beim Fetus als beim Erwachsenen für diese Auffassung.

Für den Praktiker verdienen die Magenschleimhautinseln nach Schaffer (1898) von verschiedenen Gesichtspunkten aus Beachtung. Zunächst können solche Inseln bei Betrachtung mit freiem Auge leicht für Erosionen gehalten werden. Ist das Vorkommen des Zylinderepithels ein ausgedehnteres, so bilden solche Stellen einen Ort geringeren Widerstandes (Prädisposition zur Entstehung von Pulsionsdivertikeln). Die Drüsen zeigen oft cystische Erweiterungen, welche, wenn sie nicht von Pflasterepithel überzogen werden, leicht zu Geschwürs-

bildungen führen können. Auch NAKAMURA (1914) hat Cystenbildungen an Magenschleimhautinseln in mehreren Fällen nachgewiesen. Weiterhin wäre das Vorkommen eines Zylinderzellenkrebses an dieser Stelle nicht ausgeschlossen, und
schließlich könnten die Drüsen, wenn in ihnen Belegzellen vorhanden sind, zu
einem peptischen Geschwür Veranlassung geben.

Die **unteren kardialen Oesophagusdrüsen.** Die älteren Angaben über die
Ausbreitung der Kardiadrüsen lauten verschieden. Eine Anzahl von Autoren
läßt die Kardiadrüsen hauptsächlich oder auch ausschließlich am unteren Ende
des Oesophagus gelegen sein, während z. B. TOLDT sie ganz in den Bereich des
Magens verweist. Als fest-
stehend betrachtet SCHAFFER,
daß schlauchförmige, zu-
sammengesetzte, in der
Schleimhaut gelegene
Drüsen noch im Bereiche
des geschichteten Pfla-
sterepithels des unteren
Speiseröhrenendes aus-
münden, die sich dann
unverändert eine ver-
schieden lange Strecke
als eigentliche Kardia-
drüsen in die Magen-
schleimhaut fortsetzen.
Diese noch im Bereiche des
Pflasterepithels ausmünden-
den Kardiadrüsen bezeichnet
SCHAFFER als untere kardiale
Oesophagusdrüsen, die den
oberen kardialen Oesophagusdrüsen gleichen. In den Vor-
räumen und Schläuchen dieser
Drüsen fand SCHAFFER manchmal auch typische Becher-
zellen (Abb. 15).

Die Ausbildung der Oeso-
phagus-Kardiagrenze ist
großen individuellen Schwankungen unterworfen und dementsprechend schwankt auch

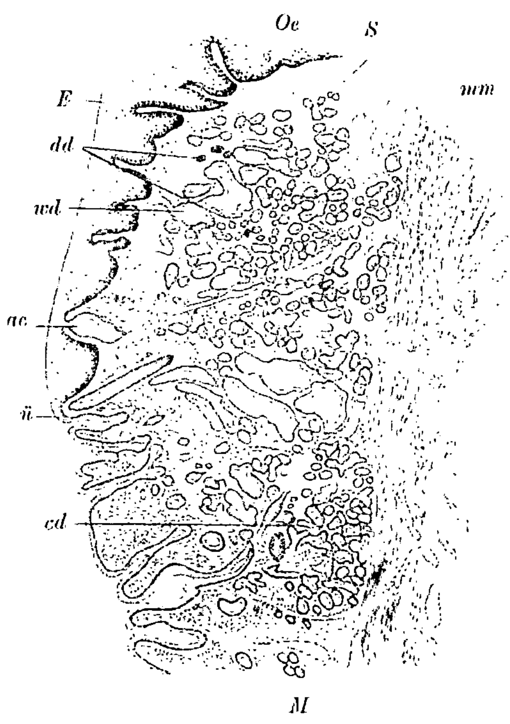

Abb. 15. Längsschnitt durch die Speiseröhre-Magengrenze des
Menschen. Vergr. 120 fach. *E* Pflasterepithel des Oesophagus;
M Magen; *Oe* Oesophagus; *S* Lamina propria; *ac* im Bereiche
des Oesophagus ausmündende Kardiadrüse; *cd* Kardiadrüsen;
dd Drüsenschläuche mit Belegzellen; *mm* Muscularis mucosae;
ü Übergang des Pflasterepithels in das zylindrische Magenepithel;
wd erweiterte Drüsengänge. (Nach SCHAFFER.)

das Verbreitungsgebiet der unteren kardialen Oesophagusdrüsen. Oft finden
sich nur spärliche Kardiadrüsen, die noch im Bereiche des geschichteten Pflasterepithels ausmünden; manchmal schieben sie sich 6 mm weit in den Oesophagus
vor. Die Schleimdrüsen des Oesophagus können bis unmittelbar an die kardialen Drüsen heranreichen, so daß beide Drüsenarten im Schnitt nebenein-
anderliegen, und auch die Unterschiede zwischen beiden augenfällig in Erscheinung treten. Die unteren kardialen Oesophagusdrüsen dürften zur Cystenbildung
und weiterhin zur Bildung von peptischen Geschwüren Veranlassung geben
können (SCHAFFER).

Es ist wohl anzunehmen, daß sich die unteren kardialen Oesophagusdrüsen
zu einer Zeit entwickeln, wo das untere Ende des Oesophagus noch nicht mit geschichtetem Pflasterepithel bekleidet ist und daß sich erst später, wenn die

Drüsen schon entwickelt sind, das Pflasterepithel auch über das Mündungsgebiet dieser Drüsen ausbreitet. Daß das kaudale Ende des Oesophagus verhältnismäßig lang mit Zylinderepithel bekleidet ist, geht aus den Untersuchungen Pernkopfs (1924) hervor, der bei 50—250 mm langen menschlichen Embryonen die Pars abdominalis oesophagi mit einem einfachen, hohen Zylinderepithel ausgekleidet fand, während das Epithel des übrigen Oesophagus zu dieser Zeit geschichtet ist.

Beim *Affen* (*Macacus rhesus*) fand Schaffer keine Kardiadrüsen, die noch im Bereiche des Oesophagusepithels ausmünden. Helm (1907) und Ellenberger (1911) erwähnen, daß von den Haussäugetieren nur beim *Hunde* ausnahmsweise untere kardiale Oesophagusdrüsen vorkommen.

IV. Lamina propria. Lymphoides Gewebe.

Die **Lamina propria mucosae** bildet eine verhältnismäßig dünne Lage von fibrillärem Bindegewebe zwischen dem Epithel und der Muscularis mucosae. Ihre Dicke beträgt zwischen den Papillen gemessen etwa 70—120 μ. Das Bindegewebe erscheint, namentlich in dem an das Epithel angrenzenden Abschnitt, zellreich, und zwar finden sich hier neben den fixen Bindegewebszellen stets in wechselnder Menge Lymphocyten.

Die Lamina propria sendet in das Epithel zahlreiche hohe konische bis fingerförmige Papillen, die das Epithel bis zu $^2/_3$ seiner Höhe durchsetzen können, aber im allgemeinen keine Vorragungen an der Epitheloberfläche bedingen. Im distalen Abschnitt der Speiseröhre können allerdings die Papillen auch die Epitheloberfläche vorbuchten (Chiarugi 1924). Stellenweise stehen die Papillen sehr dicht, so daß sie sich mit ihren Basen nahezu berühren, stellenweise, namentlich in den Buchten zwischen den Längsfalten, sind sie weniger zahlreich und ziemlich unregelmäßig verteilt. Wie Strahl (1889) gezeigt hat, sitzen die Papillen auf nicht sehr regelmäßig verlaufenden Längsleisten der Lamina propria, was natürlich an Querschnitten nicht zum Ausdruck kommt, da sich der Querschnitt einer kleinen Leiste nicht von dem einer Papille unterscheiden läßt. Dadurch, daß diese Papillenleisten annähernd in der Längsrichtung der Speiseröhre verlaufen, erscheinen natürlich auch die Papillen mehr oder weniger ausgesprochen zu Längsreihen angeordnet (Abb. 16). Außer auf den Leisten kommen unregelmäßig verteilte Papillen auch zwischen diesen vor (Chiarugi 1924). Nach Dobrowolski (1894) kommen die Papillen reichlicher im oberen als im unteren Teil des Oesophagus vor und sind zahlreicher an der ventralen als an der dorsalen Wand. Zum großen Teil zeigen sie keine bestimmte Anordnung, stellenweise bilden sie Längsreihen oder Linien ähnlich wie auf dem Handteller.

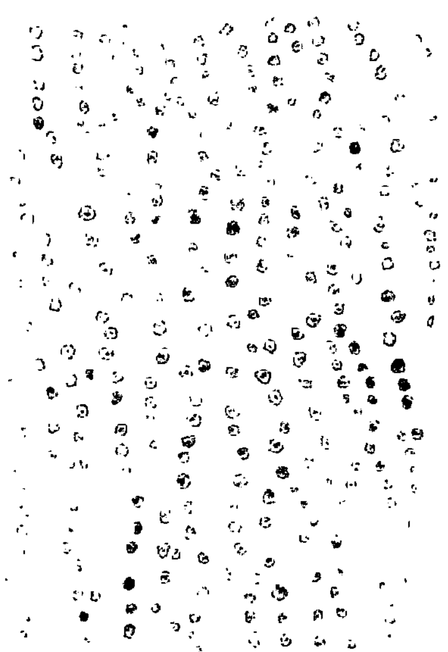

Abb. 16. Anordnung der Papillen im Oesophagus zu Längsreihen. Die isolierte Schleimhaut aus dem oberen Teil des Oesophagus wurde mit Hämatoxylin gefärbt und aufgehellt. Vergr. 20fach.

Bezüglich der Ausbildung der Leisten und Papillen im Oesophagus unterscheidet Strahl drei Gruppen von *Säugetieren*. Bei den kleinsten (*Maus, Fledermaus*) fehlen Leisten und Papillen. Bei mittelgroßen (*Meerschweinchen, Hund, Katze*) sind Längsleisten vorhanden, deren Ausbildung magenwärts zunimmt. Bei den größten (*Pferd, Rind*) kommen ebenso wie beim Menschen Längsleisten der Lamina propria vor, denen die Papillen aufsitzen. Stellenweise sendet auch das Epithel kleine Zapfen in die Tiefe. Nach ELLENBERGER sind die Papillen beim *Pferde* niedrig, beim *Rinde* sehr hoch und schmal, bei *Schwein* und *Hund* sehr unregelmäßig; bei der *Katze* fehlen sie mit Ausnahme des magenseitigen Endes der Speiseröhre, wo sie sich aber sehr unregelmäßig verhalten. GOETSCH (1910) kommt nach seinen Untersuchungen von zahlreichen Arten bezüglich der Papillen und Leisten zu ähnlichen Ergebnissen wie STRAHL. Beim *Stinktier* (*Mephitis*) soll nach GOETSCH gerade das Gegenteil von Papillen vorhanden sein, indem hier das Epithel Fortsätze in das darunterliegende Bindegewebe entsendet.

Es hängt wohl auch im Oesophagus, sowie an anderen mit geschichtetem Plattenepithel bekleideten Organen, die Ausbildung der Papillen wesentlich von der Dicke des Epithels ab. Da die stets mit zahlreichen Kapillaren versehenen Papillen hauptsächlich als Vorrichtungen anzusehen sind, die Ernährung des Epithels zu erleichtern, so sehen wir auch eine gesetzmäßige Beziehung zwischen der Dicke des Epithels und der Höhe der Papillen (vgl. hierzu SCHUMACHER 1917). Bei einem nur aus wenigen Schichten bestehenden Pflasterepithel fehlen im allgemeinen die Papillen vollständig; ebenso wie sie beim Zylinderepithel ausnahmslos fehlen. Sie sind hier überflüssig. Das Epithel kann von den unter ihm liegenden Blutgefäßen aus genügend ernährt werden. Mit zunehmender Epitheldicke treten Papillen auf, die um so zahlreicher und länger werden, je dicker das Epithel wird. Dementsprechend zeigt auch der Oesophagus des Neugeborenen, wo das Epithel aus verhältnismäßig wenigen Schichten besteht, nur andeutungsweise Papillen (Abb. 1 u. 3). Sie gelangen erst Hand in Hand mit der Zunahme der Epitheldicke zur vollen Ausbildung. Natürlich können Papillen funktionell durch gefäßhaltige Leisten ersetzt werden.

So sehen wir auch im Oesophagus der *Vögel* bald Papillen (Leisten) entwickelt, bald vollständig fehlend (Abb. 8, 10), so daß dann eine glatte Grenzlinie zwischen Epithel und Bindegewebe besteht. Vergleicht man die von SCHREINER (1900) gegebenen Abbildungen des Oesophagus verschiedener Vogelarten miteinander, so läßt sich erkennen, daß auch hier Papillen dann vorhanden sind, wenn das Epithel dick ist, während sie bei dünnem Epithel vollkommen fehlen können.

Natürlich läßt sich auch hier aus der Betrachtung von Querschnitten allein nicht entscheiden, ob die in das Epithel hineinragenden Fortsätze des Bindegewebes wirklich Papillen sind oder quergetroffene Leisten. Auf die Verschiedenheit der Vorragungen der Lamina propria bei verschiedenen Vögeln hat schon LEYDIG aufmerksam gemacht: „Bei der *Taube* ist die Mucosa ganz eben oder entwickelt nur winzige Höckerchen, in welche sich eine kurze Gefäßschlinge ausbuchtet; beim *Haushuhn* erblickt man längere Papillen, die indessen bei genauerer Untersuchung als dünne, mit Gefäßen versehene Faltenzüge erkannt werden. Die *Gans* hat lange, schmale, aber nicht etwa dicht stehende Papillen.“ ZIETZSCHMANN (1911) spricht ganz allgemein bei den *Vögeln* vom Vorkommen eines hohen, mit meist einfachen, schlanken Erhebungen versehenen Papillarkörpers, erwähnt aber nichts von Leisten der Lamina propria beim *Huhn*. An Tangentialschnitten durch den Oesophagus vom *Huhn* konnte ich mich vom Zutreffen der LEYDIGschen Beschreibung überzeugen. Die an Querschnitten durch die Speiseröhre wie Papillen erscheinenden Vorragungen der Lamina propria sind nichts anderes, als die Querschnitte von ganz schmalen, hohen Leisten, die vorwiegend in der Längsrichtung des Oesophagus verlaufen und durch schräge und quere Züge untereinander zu einem ziemlich unregelmäßigen Leistennetz verbunden sind. Nur ausnahmsweise sieht man hier und da eine kleine, sekundäre Erhebung der Leiste in Form einer Papille noch weiter in das Epithel vorragen. Die Mehrzahl der Leisten entbehrt aber der Papillen vollständig.

Im Schleimhautbindegewebe kommen bei *Varanus arenarius* und *Lacerta* zahlreiche Pigmentzellen vor (GIANNELLI und GIACOMINI 1896, R. KRAUSE 1921—1923). Ebenso finden sich bei *Salamandra atra* in der Lamina propria und auch zwischen den Muskelbündeln der Tunica muscularis gut entwickelte, verzweigte pigmentierte Bindegewebszellen (OPPEL).

Das **lymphoide Gewebe** ist hauptsächlich an die Nachbarschaft der Schleimdrüsen gebunden. Es kommt vor allem in Form von kleinen Lymphknötchen vor (Abb. 7), die ziemlich regelmäßig den Ausführungsgängen der Schleimdrüsen angelagert erscheinen (FLESCH 1888, DOBROWOLSKI 1894, SCHAFFER 1897, GOETSCH 1910). Dieselben sind nach DOBROWOLSKI beim Menschen niemals zahlreich, selten mehr als 12 und können sogar ganz fehlen. Meist haben sie eine länglich bikonvexe Gestalt und sind mit ihrer Längsachse parallel zu der des Oesophagus gestellt. Außer den in der Lamina propria gelegenen Lymphknötchen in der Umgebung der Hauptausführungsgänge hat Schaffer in der Submucosa am Hilus der Schleimdrüsen um die kleineren Ausführungsgänge derselben häufig eine mehr diffuse lymphoide Infiltration gefunden. Eine reichlichere Durchsetzung des Epithels durch Lymphocyten hat Schaffer im Gegensatz zu Dobrowolski fast regelmäßig vermißt.

In den Lymphknötchen um die Ausführungsgänge können nach Goetsch die Plasmazellen gegenüber den Lymphocyten überwiegen und auch dann, wenn es zu keiner Lymphocytenansammlung um den Ausführungsgang kommt, findet man dort, ebenso wie in der Umgebung der Drüsenschläuche Plasmazellen.

Im Oesophagus von *Hund* und *Katze* hat Dobrowolski niemals Lymphknötchen gefunden. Hingegen ist die Speiseröhrenschleimhaut des *Schweines* sehr reich an lymphoidem Gewebe (Rubeli 1889, Ellenberger). Auch hier tritt es mit Vorliebe an den Ausführungsgängen der Drüsen auf, und zwar entweder in mehr diffuser Form oder auch in Form von mehreren miteinander verschmelzenden Knötchen mit deutlichen Keimzentren. Im ersten Speiseröhrenviertel des *Schweines* findet man kaum eine Drüse ohne lymphoides Gewebe. Weiter magenwärts nimmt gewöhnlich die Menge dieses Gewebes ab. Außer den Lymphknötchen um die Drüsenausführungsgänge kommt beim *Schwein* namentlich im Anfangsteile der Speiseröhre lymphoides Gewebe noch in Form von Bälgen, ähnlich den Zungenbälgen, vor, die Ellenberger als Folliculi tonsillares oesophagi bezeichnet. Diese Bälge bilden linsengroße Erhabenheiten mit einer Balggrube in der Mitte, die mit mehrschichtigem Zylinder- oder Plattenepithel ausgekleidet ist. Im Umkreis der Grube liegen miteinander verschmolzene Lymphknötchen mit Keimzentren. Manchmal liegen mehrere Bälge dicht aneinander, so daß förmliche Oesophagustonsillen entstehen. In der nächsten Umgebung der Bälge findet man stets Drüsen, die sich manchmal auch in den Balg hinein erstrecken.

Im Oesophagus der *Vögel* finden sich Lymphocytenansammlungen gleichfalls vorwiegend in der Umgebung der Drüsen und deren Ausführungsgänge, und zwar je nach den verschiedenen Arten bald als mehr diffuse Infiltrationen, bald in Form von Lymphknötchen, die den Drüsen dicht anliegen. An diesen Stellen kann es zu so lebhafter Durchwanderung durch das Drüsenepithel kommen, daß die Grenzen vollständig verwischt werden (Rubeli 1889, Schreiner 1900), oder ganze Drüsenteile schwinden (Zietzschmann 1911, Arcangeli 1913). Beim *Huhn* sieht man nach Zietzschmann dieses Verhalten vor allem im Anfangsteile der Speiseröhre an der dorsalen Seite, wo die Schleimhaut zahlreiche makroskopisch sichtbare, knötchenartige Erhebungen zeigt; sie erinnern fast an das Bild einer wenig dichten Peyerschen Platte. Im übrigen gilt die allgemeine Regel, daß die Lymphknötchen in der Schleimhaut magenwärts zahlreicher werden.

Zu besonders mächtiger Entfaltung kommt das lymphoide Gewebe am Oesophagusende der *Enten*, so daß Glinski (1903) mit Recht hier von einer Tonsilla oesophagea spricht. Auch beim *Huhn* kommt eine Tonsilla oesophagea, wenn auch weniger stark entwickelt, vor. Noch schwächer ist das lymphoide Gewebe in dieser Gegend bei der *Taube* ausgebildet (Schreiner, Zietzschmann). Die Ähnlichkeit mit einer Zungen- oder Gaumenmandel ist nach Schreiner noch größer, als aus der Beschreibung und den Abbildungen Glinskis hervorgeht. In das lymphoide Gewebe dringen Balghöhlen ein, deren Epithel wie an anderen Tonsillen so reichlich von Lymphocyten durchwandert wird, daß die Grenzen verwischt erscheinen. In den Krypten findet man neben durchgewanderten Lymphocyten zugrundegehende Epithelzellen auch in Form von Hornkugeln (Schreiner). Magenwärts werden die Schleimdrüsen des Oesophagus im Bereiche der Tonsille mehr und mehr, allmählich bis zur Unkenntlichkeit mit Lymphocyten durchsetzt. Nur vereinzelt zeigen hier Drüsenteile noch deutliche Schleimzellen. Am oralen Rande der lymphoiden Masse kommen Drüsen vor, die nur zur Hälfte als echte Drüsen, zur Hälfte als Bälge zu bezeichnen sind (Abb. 17), indem ihre rachenwärts gekehrte Seite mit normalem Drüsenepithel ausgekleidete Buchten trägt, die Tonsillenseite hingegen mit geschichtetem Pflasterepithel bekleidet ist, das von Lymphocyten reichlich durchsetzt ohne scharfe Grenze in das lymphoide Gewebe übergeht (Schreiner, Zietzschmann). Bei *Anas boschas* hat Schreiner derartige Drüsen in der ganzen Speiseröhre gefunden.

Schaffer (1897) fand auch beim *Affen* (*Macacus rhesus*) an der Übergangsstelle des Oesophagus in den Magen reichliches lymphoides Gewebe, das allerdings nicht zu so mächtiger Entfaltung kommt wie bei den *Enten*. Neben einer diffusen Infiltration der Schleimhaut kommen hier einzelne und auch verschmolzene Knötchen mit mehreren Keimzentren vor. Anklänge an diese Verhältnisse finden sich nach Schaffer auch beim Menschen, wo die Schleimhaut der Kardiagegend ebenfalls reichlich mit Lymphzellen infiltriert erscheint, es aber auch zur Bildung von Einzelknötchen kommen kann.

Von den *Reptilien* hat PRENANT (1896) bei *Anguis fragilis* Lymphknötchen in der Schleimhaut des Pharynx und Oesophagus beschrieben. Die Lymphzellen dringen in großer Menge in das Epithel ein und können dasselbe zum vollständigen Schwinden bringen. Bei *Varanus* fanden GIANNELLI und GIACOMINI (1896) zwischen Epithel und Muscularis mucosae wohl abgegrenzte Lymphknötchen, ebenso bei *Vipera aspis* in der ganzen Länge des Oesophagus; bei *Zamenis* brechen sie sogar in die Muscularis mucosae ein. Auch bei *Emys europaea* und *Clemnis caspica* wurden Lymphknötchen in der Oesophagusschleimhaut beschrieben.

Unter den *Amphibien* finden sich nach GIANNELLI und LUNGHETTI (1900) bei *Rana* und *Bufo* in der Lamina propria zahlreiche Lymphknötchen. Diese zeigen bei *Bufo* eine zentrale Höhle, die von einer Fortsetzung des Oberflächenepithels ausgekleidet wird.

Bei den *Selachiern* kommt das lymphoide Gewebe im Oesophagus in Form des von CUVIER zuerst beobachteten „lymphoiden Organes" („LEYDIGsches Organ") zu mächtiger Entfaltung. Es erstreckt sich bei fast allen Arten über den ganzen Oesophagus und greift auch noch auf den Magen über (LEYDIG 1852, EDINGER 1876, PILLIET 1890, PETERSEN 1908, DRZEWINA 1904—1910, KULTSCHITZKY 1911 u. a.). PETERSEN sieht im

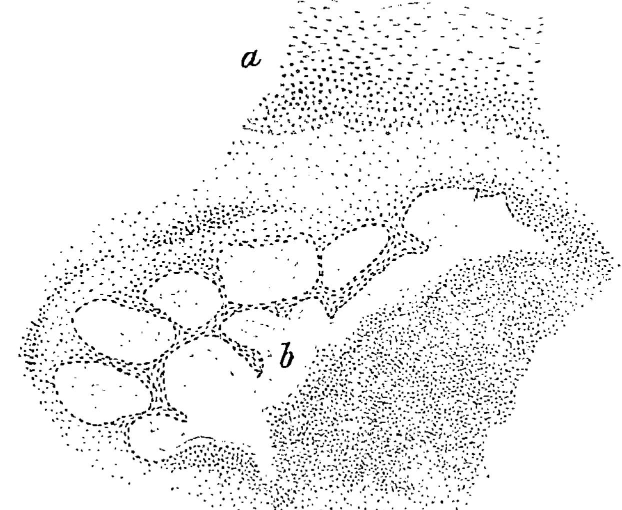

Abb. 17. Drüse aus dem Speiseröhrenende der Ente. *a* geschichtetes Pflasterepithel des Oesophagus; *b* Drüse, die magenseitig zum Balg umgewandelt ist. (Nach ZIETZSCHMANN.)

lymphoiden Organ einen abgegliederten Teil der längs der Wirbelsäule an der Ansatzstelle des Mesenteriums befindlichen lymphoiden Gewebsmassen. Es nimmt bei den *Selachiern* die Stelle der Lymphdrüsen der höheren Wirbeltiere ein. Zwischen Epithel und Lymphorgan fand OPPEL einzelne längsverlaufende Züge glatter Muskelfasern eingesprengt, die wohl einer Muscularis mucosae entsprechen dürften, so daß das Lymphorgan die Submucosa einnimmt. Bei den *Rochen* stellt das LEYDIGsche Organ nach KULTSCHITZKY zwei voneinander vollständig getrennte Massen dar, die symmetrisch an der rechten und linken Seite der Speiseröhre submukös gelegen sind. In der Umgebung des Organes finden sich weite Lymphräume, die auch in das Innere derselben eindringen (PILLIET). KULTSCHITZKY glaubt, daß diese dünnwandigen Gefäße den Blutgefäßen zuzurechnen sind. Stellenweise werden sie von spiraligen Bündeln glatter Muskulatur umschlossen, die bei ihrer Kontraktion die Gefäße zu vollständigem Verschlusse bringen können. Von den weißen Blutkörperchen des Organes unterscheidet KULTSCHITZKY: 1. große, grobkörnige Zellen, 2. große, feinkörnige Zellen, 3. Lymphocyten, 4. große polymorphkernige Zellen. Die Mutterzellen aller weißen Blutzellen entstehen an Ort und Stelle durch Umwandlung von Mesodermzellen. Die weißen Blutkörperchen gelangen direkt in die Blutbahn (DRZEWINA 1910). Nach MAXIMOW (1923) ist die Bezeichnung „lymphoid" für dieses Organ nicht zutreffend, da es weder nach seiner Struktur noch nach seiner Funktion dem lymphoiden Gewebe der Säugetiere entspricht; besser wäre für dieses Gewebe die Bezeichnung „lymphomyeloid".

V. Muscularis mucosae.

Die Schleimhaut der Speiseröhre ist gegenüber den kranial sich anschließenden Abschnitten des Verdauungsrohres durch das Vorhandensein einer Muscularis mucosae ausgezeichnet, die auch allen kaudal folgenden Abschnitten zukommt.

Die Muscularis mucosae tritt am Beginn des Oesophagus gewissermaßen an die Stelle der elastischen Grenzschicht des Schlundkopfes, ohne aber deren unmittelbare Fortsetzung zu bilden. Die elastische Grenzschicht des Pharynx nimmt gegen den Oesophagus hin rasch an Mächtigkeit ab und verliert sich mit dem Beginn der Längsfalten im Oesophagus nahezu ganz. Die Muskelschicht der Schleimhaut beginnt am Anfange der Speiseröhre (in der Höhe des Ringknorpels), indem an der Innenseite der elastischen Grenzschicht erst einzelne Bündel glatter Muskelfasern sich einschieben, die, während zugleich die elastische Grenzschicht verschwindet, rasch an Zahl zunehmen (Schaffer 1897).

Die Faserbündel der M. mucosae verlaufen ausschließlich longitudinal und bestehen ausnahmslos aus glatten Muskelzellen. Während im oberen Teil des Oesophagus die einzelnen Muskelbündel noch durch reichliches Bindegewebe voneinander getrennt sind, werden sie gegen den unteren Teil des Oesophagus dicker und rücken näher aneinander, so daß sie hier eine mehr geschlossene Lage bilden, die eine Dicke von 200—400 μ beim Erwachsenen erreicht.

Bei den *Säugetieren* ist zwar eine M. mucosae stets vorhanden und besteht wie beim Menschen im allgemeinen aus längsverlaufenden, glatten Muskelfasern, verhält sich im einzelnen aber recht verschieden.

Bei den *Chiropteren* schließt sich die M. mucosae als sehr dünne Lage glatter Muskelfasern unmittelbar der Basis des geschichteten Pflasterepithels an (Strahl 1889). *Vespertilio fuscus* hingegen besitzt sowie der *Igel* nach Goetsch (1910) eine stark entwickelte M. mucosae. Beim *Eichhörnchen* besteht die M. mucosae aus einer dicken Schicht längsverlaufender Muskelbündel und scheint auch bei allen übrigen *Nagetieren* gut entwickelt zu sein (Goetsch). Bei *Manatus americanus* ist sie aus ringförmig und längs verlaufenden Fasern gewebt (Waldeyer 1892). Bei *Pferd, Rind, Schaf, Ziege* und *Katze* ist die M. mucosae im Speiseröhrenanfange nur in einzelnen Längsbündeln vorhanden und bildet beim *Rinde* vom Ende des ersten Viertels, bei *Pferd, Schaf, Ziege* und *Katze* vom Ende der Anfangshälfte an — beim *Schafe* oft erheblich früher — eine mehr oder weniger geschlossene Membran. Bei *Schwein, Hund* und *Kaninchen* fehlt sie im Speiseröhrenanfang; erst zu Beginn des zweiten Drittels (*Schwein*) bzw. Viertels (*Hund*) treten einzelne Faserbündel auf, die erst nahe der Cardia eine geschlossene Schicht bilden, die beim *Hunde* aber auch hier noch unvollständig sein kann (Ellenberger).

Die Dicke der M. mucosae schwankt nach Tierart und Individuum. Nahe dem Magen beträgt sie im Mittel bei *Pferd, Rind* und *Schwein* fast 1 mm oder sogar mehr; bei *Schaf, Ziege* und *Katze* 0,3—0,4, beim *Hunde* 0,5—0,6 und beim *Kaninchen* 0,04 mm. Ihre Bündel sind mindestens 15—20, bei *Schwein* und *Hund* 50 und beim *Rinde* nahezu 100 μ stark (Ellenberger).

Bei *Phascolarctus cinereus* fehlt die M. mucosae im Anfangsteile des Oesophagus; sie bildet sich erst weiter kaudalwärts aus und besteht bis zum Magen so wie die Tunica muscularis aus quergestreiften Fasern. An einigen Stellen (namentlich am Beginn der M. mucosae) durchbrechen Bündel der äußeren Längsschicht der Tunica muscularis die Ringschicht derselben und gelangen in die M. mucosae, um in dieser weiter zu verlaufen. *Ornithorhynchus* besitzt eine dünne, längsverlaufende M. mucosae aus glatten Muskelfasern (Oppel).

Bei den *Vögeln* kommt nur den *Hühnervögeln* eine auf den ersten Blick als solche zu erkennende M. mucosae zu (Abb. 12).

Beim *Huhn* beginnt schon im Bereiche des Cavum pharyngis die Längslage glatter Muskulatur, die weiterhin sich als M. mucosae des Oesophagus fortsetzt (Heidrich 1905). Dieser Längsmuskelschicht folgt bei den *Hühnervögeln* nach außen eine deutlich ausgebildete Submucosa, und daran schließt sich die eigentliche Tunica muscularis, bestehend aus einer inneren Ring- und äußeren Längsfaserlage. Wir sehen also bei den Hühnern die Schichtung in genau derselben Weise ausgebildet wie bei den Säugetieren und es unterliegt wohl keinem Zweifel, daß die innere Längsmuskelschicht einer M. mucosae entspricht. Auch den *Struthionidae* kommt eine innere Längsmuskelschicht zu, die durch eine Bindegewebslage von der zirkulären Muskelschicht getrennt wird (BARTHELS 1895).

Schwieriger wird die Deutung der Muskelschichten bei den anderen Vogelarten. Hier schließen sich nämlich an die Lamina propria der Schleimhaut nach außen zwei Muskellagen an, die durch keine nennenswerte Menge von Bindegewebe voneinander getrennt werden: eine innere Längs- und eine äußere Ringmuskelschicht. Wollte man beide Schichten glatter Muskulatur der eigentlichen Tunica muscularis zurechnen, so stünde man vor der schwer zu erklärenden Tatsache, daß sich hier die Schichtung der Tunica muscularis gerade umgekehrt gegenüber den Säugetieren verhält. Namentlich mit Rücksicht auf die Verhältnisse bei den *Hühnervögeln* scheint mir die von OPPEL u. a. gemachte Annahme berechtigt, daß die innere, längsverlaufende Muskelschicht bei allen *Vögeln* einer M. mucosae entspricht, und daß eine Submucosa und ebenso die äußere Längslage der Tunica muscularis nicht zur Ausbildung gelangt ist. Nach dieser Deutung würden die Muskelschichten im Oesophagus der *Vögel* grundsätzlich dieselbe Anordnung zeigen wie bei den anderen Wirbeltieren.

Nach SCHREINER (1907) stellt die innere Längsmuskelschicht aller *Vögel* eine der im untersten Teile des Oesophagus gewisser *Reptilien* vorhandenen M. mucosae homologe Schicht dar, und er bestreitet nicht, daß diese Längsschicht bei den *Vögeln*, die drei Muskelschichten besitzen, mehrere Eigenschaften einer M. mucosae bewahrt hat, so daß die Benennung mit diesem Namen sich verteidigen läßt. Was aber die Längsschicht derjenigen *Vögel* betrifft, die im Oesophagus nur zwei Muskelschichten besitzen, so muß diese ihrer Natur und Lage nach der äußeren Muskulatur zugerechnet werden.

ZIETZSCHMANN (1911) schließt sich in der Deutung der Muskelschichten des Oesophagus der *Vögel* OPPEL an, und zwar aus dem Grunde, weil die in Frage stehende „M. mucosae" nicht nur im Oesophagus des *Huhnes* die für die Säugetiere kennzeichnenden Eigenschaften besitzt, sondern solche auch an anderen Stellen des Verdauungsschlauches, und zwar im Darm bei verschiedenen Vogelarten aufweist. Da aber diese Schicht wenig Beziehungen zur Schleimhaut hat, so soll, wie es auch SCHREINER getan hat, von der Schleimhaut einerseits und der Muskulatur — sei sie drei- oder zweischichtig — andererseits gesprochen werden.

Während bei den *Hühnern* die M. mucosae im Bereiche der gegen die Lichtung vorspringenden Falten — wie bei den Säugetieren — mit vorgebuchtet erscheint, so daß gerade an diesen Stellen eine deutlich ausgebildete Submucosa zutage tritt, erscheint nach ZIETZSCHMANN bei anderen Vogelarten an diesen Stellen die innere Längsmuskelschicht leistenartig verdickt.

Bei den *Reptilien* ist eine M. mucosae gewöhnlich nur im kaudalen Abschnitt des Oesophagus ausgebildet und besteht stets aus glatten Muskelfasern, die meist in der Längsrichtung des Oesophagus verlaufen. Bei den *Schildkröten* scheint eine M. mucosae überhaupt zu fehlen.

Bei *Lacerta muralis* finden sich an Stelle einer M. mucosae nur im kaudalen Abschnitt des Oesophagus vereinzelte längsverlaufende Muskelfasern. Bei den *Schlangen* fehlt die M. mucosae im kranialen Abschnitt gleichfalls, im kaudalen besteht sie in der Regel aus einer inneren Ring- und einer äußeren Längsmuskellage (GIANNELLI und GIACOMINI 1896). Während sich bei *Seps chalcides* nach GIANNELLI (1900) eine M. mucosae im ganzen Oesophagus findet, die mit Ausnahme des kranialen Abschnittes desselben aus einer inneren Ring- und einer äußeren Längsschicht besteht, fehlt nach B. SCHLESINGER (1924) beim erwachsenen *Gecko* (*Platydactylus annularis*) die M. mucosae im Oesophagus. Sie wird wohl als mesenchymale Verdichtungszone angelegt, und zwar als erste der mesodermalen Oesophaguswand, verschwindet aber während der weiteren Entwicklung im Bereiche des Oesophagus vollständig.

Die *Amphibien* zeigen im allgemeinen eine M. mucosae von wechselnder Ausbildung nur im magenseitigen Abschnitt der Speiseröhre (GIANNELLI und LUNGHETTI 1900).

Bei *Proteus* konnte OPPEL eine M. mucosae in Form einzelner, unregelmäßig eingestreuter Längsmuskelfasern nachweisen. Ähnlich verhält sich die M. mucosae bei *Necturus* (KINGSBURY 1894, OPPEL). Bei *Triton* fehlt eine selbständige M. mucosae; doch finden sich glatte Muskelzellen in Bindegewebsbalken, welche von der Tunica muscularis gegen das Epithel ziehen (KLEIN 1871). Beim *Frosch* ziehen von der im magenseitigen Abschnitt des Oesophagus ausgebildeten, aus längsverlaufenden Fasern bestehenden M. mucosae, ebenso wie von der Ringschicht der Tunica muscularis im rachenseitigen Abschnitt, einzelne Bündelchen zwischen die Drüsen (KLEIN).

Von den *Fischen* lassen nur manche Arten eine M. mucosae, gewöhnlich in Form spärlicher, längsverlaufender glatter Fasern erkennen.

VI. Submucosa. Elastisches Gewebe.

Die Dicke der **Submucosa** beträgt beim Erwachsenen etwa 300—700 μ, je nachdem, ob sie im Bereiche der Buchten oder der vorspringenden Falten gemessen wird. Gegenüber der Lamina propria zeichnet sich die Submucosa (wie im ganzen Darmrohr) durch die viel gröberen Fibrillenbündel und durch ihre Zellarmut aus. Schon die Fibrocyten sind in ihr in viel geringerer Menge vorhanden und andere Zellen wie Lymphocyten usw. kommen hier, im Gegensatz zur Lamina propria, kaum vor. Die Fibrillenbündel verlaufen vorwiegend longitudinal und treten manchmal zur Bildung von förmlichen Lamellen zusammen. Die ganze Submucosa zeigt im allgemeinen ein ziemlich dichtes Gefüge, die Gewebsspalten sind nur schwach ausgebildet. Im Gegensatz zur Lamina propria enthält die Submucosa Fettzellen, allerdings nur in spärlicher Menge, die häufig ganz vereinzelt liegen, mitunter kleine Gruppen von nur wenigen Zellen bilden und nur selten zu größeren Läppchen zusammentreten. Außer den Schleimdrüsen liegen in der Submucosa die größeren Gefäße.

Das **elastische Gewebe** des Oesophagus soll hier im Zusammenhange besprochen werden. In der Lamina propria sind die elastischen Fasern außerordentlich spärlich. Nur hin und wieder sieht man ganz vereinzelte, zarteste elastische Fasern, die keine bestimmte Verlaufsrichtung einhalten. Reichlicher werden die elastischen Fasern im Bereiche des zwischen die Muskelbündel der Muscularis mucosae eindringenden Bindegewebes. Hier liegen sie oft ziemlich dicht beisammen und verlaufen vorzugsweise entsprechend der Anordnung der Muskelfasern in der Längsrichtung des Oesophagus. Neben feinsten Fasern kommen hier auch etwas gröbere vor.

In der Submucosa ist das elastische Gewebe viel stärker entwickelt als in der Lamina propria. Es finden sich hier nicht nur zahlreichere, sondern namentlich auch viel dickere, oft auffallend dicke elastische Fasern, die im allgemeinen den Bindegewebsbündeln dicht angeschlossen deren Verlaufsrichtung folgen, somit hauptsächlich in der Längsrichtung verlaufen. In der Umgebung der Drüsen findet sich (beim Menschen) keine reichlichere Ansammlung des elastischen Gewebes.

Zu mächtigster Entfaltung kommt das elastische Gewebe zwischen den beiden Muskellagen der Tunica muscularis. Hier überwiegt entschieden das elastische Gewebe gegenüber dem Bindegewebe, so daß bei spezifischer Färbung des ersteren eine förmliche elastische Grenzschicht die zirkuläre von der longitudinalen Muskelschicht trennt. Diese Grenzschicht besteht hauptsächlich aus sehr groben elastischen Fasern, die entsprechend der Verlaufsrichtung der Muskelfasern innen mehr zirkulär, außen mehr longitudinal ziehen. Die elastischen Fasern umspinnen auch die zwischen beiden Muskelschichten liegenden Ganglien des Plexus myentericus, ohne in diese einzudringen. Von der elastischen Grenzschicht zweigen Faserzüge in das intramuskuläre Bindegewebe der Ring- und Längsschicht ein, dieses in seinem ganzen Verlaufe durchziehend. Dadurch wird die elastische Grenzschicht einerseits mit dem submukösen, andererseits mit dem adventitiellen elastischen Fasernetz in Verbindung gesetzt.

Auch Dobbertin (1896) hat die mächtige Entwicklung des elastischen Gewebes im Bereiche der Tunica muscularis beschrieben. Im ganzen Darmrohr, und besonders deutlich ausgeprägt im Oesophagus, besteht folgende grundsätzliche Anordnung des elastischen Gewebes: Gegen beide Seiten, sowohl gegen die Submucosa wie gegen die Serosa, und häufig auch zwischen Ring- und Längsmuskelschicht ist die Muscularis durch stattliche Stränge oft sehr dicker elastischer Fasern abgegrenzt. Die einzelnen Muskelbündel sind wiederum von Ausläufern dieser erwähnten Grenzstränge umkreist und vielfach durchzogen, so daß ein dichtes Netzwerk entsteht, in dessen Lücken die Querschnitte der Muskelbündel gewissermaßen eingebettet erscheinen.

In der Adventitia sind die elastischen Fasern sehr ungleich verteilt. Stellenweise nur ganz spärlich, erscheinen sie an anderen Stellen dicht gehäuft. Alle elastischen Fasern der Adventitia sind verhältnismäßig grob. Man findet hier die gröbsten elastischen Fasern des ganzen Oesophagus. Die Verlaufsrichtung ist keine gesetzmäßige, doch herrscht im allgemeinen die Längsrichtung vor. Im übrigen scheinen ziemlich große individuelle Schwankungen in der Ausbildung des elastischen Gewebes im Oesophagus vorzukommen.

Bezüglich der Ausbildung des elastischen Gewebes bei den *Haussäugetieren* erwähnt ELLENBERGER folgendes: „Es bildet ein ziemlich dichtes Netz in der Serosa bzw. Fibrosa. Von hier ziehen elastische, aus netzartigen Bildungen bestehende Stränge durch die Muskulatur, senden feine Ästchen in deren Bündel und vereinigen sich zwischen ihren beiden Schichten wieder zu dichteren Geflechten. Subglandulär bilden sie in der Submucosa bei den Tieren, die Oesophagusdrüsen besitzen, ein mächtiges Geflecht, eine Lamina elastica subglandularis, von der aus das elastische Netz in das Stratum glandulare und die Muscularis mucosae und von hier aus in die Papillen reicht. Die Drüsenläppchen werden von den elastischen Netzen vollständig umschlossen. Die dünnsten elastischen Fasern hat die *Ziege*, dann folgt das *Schaf*; die übrigen Tiere haben stärkere Fasern. Die Hauptfasern sind longitudinal, die Nebenfasern schräg und quer gerichtet."

Nach HELLFORS (1913) ist der Oesophagus des *Pferdes* am reichsten und der der *Ziege* am ärmsten an elastischem Gewebe. HELLFORS erwähnt weiterhin, daß (bei den *Haussäugetieren*) in den verdickten Wandstellen, sowie am Anfang und am Ende der Speiseröhre das elastische Gewebe in größerer Menge vorhanden ist als in den anderen Teilen und daß in den Muskelschichten die Verlaufsrichtung der elastischen Fasern der der Muskelfasern entspricht, wie ich es auch im menschlichen Oesophagus gefunden habe.

Bei den *Vögeln* ist nach SCHREINER (1900) und ZIETZSCHMANN (1911) die gesamte Wandung des Oesophagus in ihren bindegewebigen Teilen ziemlich innig mit elastischen Fasern durchsetzt. Die Lamina propria ist stets sehr reich an gröberen Fasern, die zartere in die subepitheliale Zone und den Papillarkörper entsenden. Dort bilden sie ungemein dichte Geflechte, desgleichen in den Drüsenkapseln. Nach der Tiefe hin gehen Fasern ab, die zartere Geflechte um die Muskelbündel der einzelnen Schichten und spärliche Netze in den bindegewebigen Zwischenlagen bilden. In der Adventitia hängen sie besonders bei der *Ente* mit einem äußerst dichten elastischen Apparat zusammen, der sich eng an die äußere Muskulatur hält. Die äußere Zone der Adventitia ist arm an elastischen Fasern und diese sind sehr fein.

Bei einigen *Fischen* hat POGNOWSKA (1912) die Anordnung des elastischen Gewebes im Oesophagus beschrieben.

VII. Tunica muscularis.

Die 0,5—2,2 mm dicke Muskelhaut der Speiseröhre zeigt die für den ganzen Darmkanal kennzeichnende Anordnung, indem sie im allgemeinen in eine innere Ring- und eine äußere Längslage zerfällt. Beim Menschen bestehen im obersten Viertel des Oesophagus beide Muskellagen aus quergestreiften Fasern. Erst etwa vom zweiten Viertel angefangen mengen sich den quergestreiften Fasern immer reichlicher glatte Muskelfasern bei und verdrängen schließlich die quergestreiften Fasern vollständig, so daß beide Schichten im unteren Drittel (nahezu) ausschließlich aus glatten Muskelfasern gebildet werden. Einzelne glatte Muskelbündel treten zwischen den quergestreiften indessen schon im Anfangsteile der Speiseröhre (KLEIN 1868), ja sogar schon im Bereiche des Pharynx (SCHAFFER 1897), und zwar stets zuerst in der inneren Schicht auf. Genaue Angaben über das Mengenverhältnis der glatten und quergestreiften Fasern in den einzelnen Abschnitten des Oesophagus haben WELCKER und Schweigger-Seidel (1861) gemacht. Die Ringfaserschicht nimmt magenwärts stets an Dicke zu, während die Längsfaserschicht nach unten immer mehr abnimmt (Klein).

Nach Gillette (1872) und Coakley (1892) sollen in der Gegend des Zwerchfellschlitzes, namentlich im Stratum circulare, reichliche quergestreifte Fasern vorkommen, die sich jedoch gegen die Cardia hin bald verlieren. Goetsch (1910) u. a. fanden von diesen quergestreiften Fasern am unteren Ende der Speiseröhre nichts. Schaffer (1897) sah beim *Makak* in der Nähe der Übergangsstelle des Oesophagus in den Magen noch vereinzelte quergestreifte Fasern in die Längsmuskelschicht eingestreut und außerdem beim *Makak* und einem 5monatigen menschlichen Fetus nach außen von der eigentlichen Muskelhaut an der Speiseröhren-Magengrenze ein in den Peritonealüberzug eingelagertes, ringförmig nach Art eines Sphincter cardiae verlaufendes Bündel quergestreifter Fasern. Muskulöse Verbindungen zwischen Zwerchfell und Oesophagus kommen zwar nicht regelmäßig, aber immerhin nicht selten vor (Dalla Favera 1906). Sicher ist das Verhältnis zwischen quergestreifter und glatter Muskulatur im Oesophagus individuell wechselnd und daraus erklären sich auch die verschiedenen Angaben über das weitere oder weniger weite Hinabreichen der quergestreiften Muskulatur.

Den Faserverlauf in den beiden Muskelschichten hat insbesondere Laimer (1883) eingehend verfolgt. Die innere Muskelschicht darf nach Laimer streng genommen nicht als Stratum circulare bezeichnet werden, da die wenigsten Faserzüge derselben ringförmig verlaufen, sondern in Form von Ellipsen zum Teil auch von Schraubengängen angeordnet sind (Abb. 18). Laimer schreibt dieser Anordnung eine Bedeutung für die möglichst rasche Weiterbeförderung der Bissen zu. Eine die Speiseröhre ellipsen- oder schraubenförmig umgreifende Faser wird bei ihrer Kontraktion nicht nur den

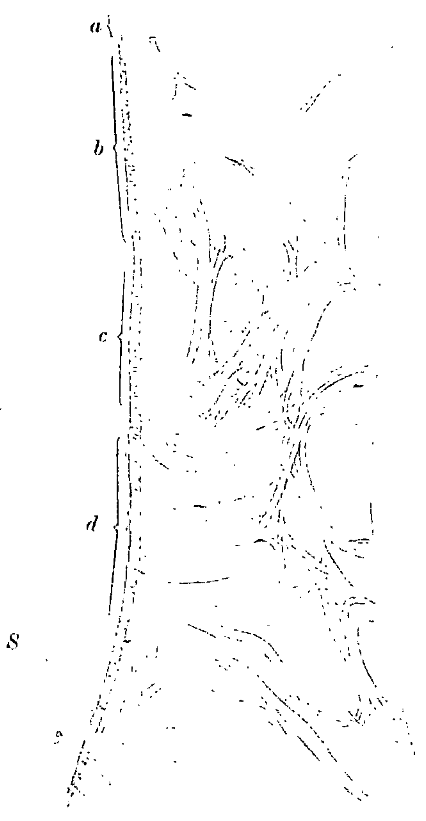

Abb. 18. Unterster Abschnitt eines äußerst muskelstarken menschlichen Oesophagus. Die innere (zirkuläre) Muskelschicht von der Innenseite her freigelegt. In der Breite auf ¼, in der Länge auf ½ reduziert. Der „zirkulären" Muskelschicht liegt nach innen ein Strickwerk von im wesentlichen längsverlaufenden Muskelbündeln auf. Bei *a* sind die Faserzüge elliptisch, bei *b* schraubenförmig, bei *c* in Umordnung begriffen und bei *d* wieder schraubenförmig aber im entgegengesetzten Sinne zu *b*. *S* Schleimhaut, von der einzelne Muskelbündel in die Tunica muscularis übergehen. (Nach Laimer.)

Schlauch verengern, sondern zugleich auch verkürzen und ihn gleichsam über den Bissen emporziehen. Der inneren Muskelschicht unmittelbar nach innen aufliegend kommt gelegentlich im unteren Teil des Oesophagus ein ganzes Strickwerk von trabekelartig vorspringenden Muskelbündelchen vor, welche mehr der Längsachse der Speiseröhre folgen. Sie langen gleichsam wie Klammern von einer Fasergruppe zu einer entfernteren, anastomosieren teilweise miteinander und überkreuzen sich vielfach (Abb. 18). Dementsprechend findet man auch an

Querschnitten durch den Oesophagus manchmal der Kreisfaserschicht nach innen aufliegend einzelne quergetroffene Muskelbündelchen (Abb. 1).

Die quergestreiften Fasern der äußeren (longitudinalen) Muskelschicht entspringen vor allem aus einem fibrös-elastischen Streifen an der Hinterfläche des Ringknorpels, auch von den Seitenteilen des letzteren nehmen quergestreifte Fasern ihren Ursprung. Zudem reicht in der Regel der M. cricopharyngeus mit seinen unteren Faserbündeln mehr weniger weit an der dorsalen Oesophaguswand herab und kann mit einem Teil derselben in die Längsmuskellage der Speiseröhre übergehen. Die vom Sehnenstreifen am Ringknorpel entspringenden Muskelfasern häufen sich hauptsächlich an den Seitenwänden des Oesophagus an und bilden zwei die Seitenwände des Anfangsstückes der Speiseröhre einnehmende Längswülste, von welchen nur dorsalwärts bogenförmig verlaufende, zum Teil mit denen der anderen Seite sich kreuzende Fasern abgehen, während in der Regel der mediane Abschnitt der ventralen Wand von ihnen unbeteilt bleibt (LAIMER, ABEL 1913). Auch dorsal findet sich am Beginn des Oesophagus ein mit der Spitze nach abwärts gerichtetes dreieckiges Feld, in dem nur ganz spärliche, mehr unregelmäßig verteilte Längsfasern vorkommen, so daß hier die Ringfaserschicht zutage tritt (LAIMER, BIRMINGHAM 1898, ABEL 1913).

Als M. pharyngo-oesophageus beschreibt BIRMINGHAM ein Muskelbündelchen, das jederseits der Mittellinie aus dem Gewebe, in das der M. pharyngopalatinus ausstrahlt, seinen Ursprung nimmt und sich mit dem der anderen Seite überkreuzend in die Ringfaserschicht des Oesophagus einstrahlt.

Glatte Faserzüge, die in die Längsmuskelschicht einstrahlen, können von fast allen Nachbargebilden der Speiseröhre ihren Ursprung nehmen; so von der Dorsalwand der Trachea, vom linken Bronchus, von der Pleura = M. broncho- und pleuro-oesophageus (HYRTL), von der Aorta und der A. subclavia sinistra (TREITZ).

Nach LAIMER besteht die Aufgabe der Längsmuskelschicht nicht nur darin, die Speiseröhre zu verkürzen und die innere Muskelfaserlage unterstützend über den Bissen nach oben zu ziehen, sondern sie scheint auch dazu bestimmt zu sein, einerseits den Oesophagus zu festigen, andererseits für die innere Muskelschicht eine Stütze zu bilden und ein Auseinanderweichen ihrer Fasern zu verhindern.

Zwischen den beiden Muskellagen findet man regelmäßig Nervengeflechte mit eingesprengten Gruppen von Ganglienzellen, welche dem Plexus myentericus des Darmes entsprechen.

Ursprünglich bestand bei den Wirbeltieren die Muskulatur des Oesophagus durchweg aus glatten Muskelzellen. Dies hat sich bei den *Amphibien, Reptilien* und *Vögeln* bis heute erhalten. Zu hochgradigen Veränderungen kam es dagegen bei der Mehrzahl der *Fische* und *Säugetiere*. Quergestreifte Muskulatur kam hier zu starker Entwicklung und veranlaßte das teilweise oder selbst vollständige Zurücktreten der glatten Muskulatur. Was die Anordnung der Muskulatur in Schichten anlangt, so muß das Vorhandensein einer stärkeren, inneren Ring- und einer schwächeren äußeren Längsschicht als typisch und ursprünglich gelten. Auch scheinbare Abweichungen (z. B. bei den *Vögeln*) lassen sich bei genauer Untersuchung auf das ursprüngliche Verhalten zurückführen (OPPEL).

Bei den *Säugetieren* läßt die Tunica muscularis erhebliche regionäre, individuelle und Artverschiedenheiten, und zwar selbst bezüglich der Zahl ihrer Schichten und der Verlaufsrichtung der Fasern erkennen. Meist sind zwei, zuweilen auch vier Muskelschichten vorhanden, nämlich zwei Haupt- und eine bis zwei Nebenschichten. Die *Fleischfresser* und das *Kaninchen* haben stets, die *Einhufer* und *Wiederkäuer* meist drei, das *Schwein* aber meist vier Schichten. Die äußere und innere Nebenschicht sind dünne Längsfaserschichten, die aber meist keine lückenlose Membran bilden. Die innere

Nebenschicht kommt bei den *Einhufern* und *Wiederkäuern* nur ausnahmsweise und dann nur in der Nähe des Magens vor; beim *Schwein* ist diese stets vorhanden; nur die äußere Nebenschicht kann bei diesem Tiere ausnahmsweise einmal fehlen (Ellenberger).

Die Säugetiere besaßen ursprünglich glatte Oesophagusmuskulatur; dieselbe hat sich jedoch nur beim *Schnabeltier* (*Ornithorhynchus*) bis heute erhalten. Bei allen anderen kam es zu einem Übergreifen der quergestreiften Muskulatur vom Pharynx her auf den Oesophagus, was dazu führte, daß bei den heute lebenden Säugern die quergestreifte Muskulatur über einen kleineren oder größeren Teil der Speiseröhre, bei zahlreichen sogar über den ganzen Schlund bis zur Cardia reicht und selbst noch auf den Magen übergreift (Oppel). Eine Zusammenstellung der Angaben über das Hinabreichen der quergestreiften Muskulatur am Oesophagus findet sich bei Oppel. Ich greife nur einige Beispiele heraus. Quergestreifte Muskelfasern finden sich nur im oberen Teil beim *Delphin, Aepyprimnus, Phalangista*; bis unterhalb der Mitte beim *Pferd* und der *Katze*; bis in die Nähe der Cardia beim *Schwein, Kaninchen, Hund* und bei der Mehrzahl der übrigen Säugetiere bis zur Cardia. Zum Teil lauten die Angaben über das Hinabreichen der quergestreiften Muskulatur bei derselben Tierart verschieden, was auf das Vorkommen individueller Verschiedenheiten hindeutet.

Übereinstimmend wird angegeben, daß bei den Säugetieren (wie auch beim Menschen) die glatten Muskelfasern stets zuerst in der inneren Muskelschicht auftreten und der Wechsel zwischen quergestreifter und glatter Muskulatur in der inneren Schicht viel rascher erfolgt als in der äußeren, so daß sich die quergestreiften Fasern in der äußeren Schicht stets weiter magenwärts fortsetzen als in der inneren.

Der Übergang der quergestreiften in die glatte Muskulatur erfolgt in der Weise, daß in ersterer einige glatte Fasern auftreten, die rasch an Zahl zunehmen und zu Bündeln zusammentreten. Bald überwiegen sie gegenüber den quergestreiften. Auch dort, wo bei äußerlicher Betrachtung die Muskelschichten nur mehr aus glatter Muskulatur zu bestehen scheinen, kann man bei mikroskopischer Untersuchung gelegentlich noch vereinzelte quergestreifte Fasern nachweisen, so z. B. in der äußeren Muskelschicht des *Pferdes* bis in die Muskulatur des Magens (Ellenberger). Nach Roscher (1909) reicht die quergestreifte Muskulatur bei *Cricetus frumentarius* bis zur Cardia, wo ziemlich unvermittelt die glatte Muskulatur beginnt.

Bei den *Säugetieren* ist mit Ausnahme des Endstückes der Speiseröhre die Verlaufsrichtung weder in der inneren Muskelschicht eine rein zirkuläre, noch in der äußeren eine rein longitudinale. Im allgemeinen herrscht eine schraubenförmige Anordnung der Faserzüge vor (Laimer, Ellenberger u. a.). Daß auch bezüglich der Verlaufsrichtung der Muskelfasern individuelle Abweichungen vorkommen, geht aus den Untersuchungen von Tringhieri (1909) für den *Hund* hervor.

Bei allen *Haussäugetieren* treten am Anfange der Speiseröhre die beiden Hauptmuskellagen als Schichten mit zirkulärem oder elliptischem Faserverlauf auf, so daß sie als Sphincter oesophagi den Speiseröhreneingang mund- und magenwärts abschließen, aber auch mächtig treibend auf den Bissen beim Schlingen wirken können. Die elliptischen oder Kreisturen gehen bei den verschiedenen Tierarten in verschiedener Höhe in Schrauben- oder Spiralturen über, wobei die Faserbündel beider Schichten einander entgegengesetzt laufen, sich dorsal und ventral in der Medianebene kreuzen (Abb. 19) und zwar derart, daß beide Schenkel abwechselnd zur Hälfte zur oberflächlichen und zur Hälfte zur tieferen Schicht werden. Weiter magenwärts verschwindet der spiralige Verlauf der Faserbündel, indem die oberflächliche Schicht zu einer longitudinalen, die tiefe zu einer zirkulären Faserschicht wird. Der fragliche Übergang erfolgt in verschiedener Art und verschieden weit vom Magen (Ellenberger).

Abb. 19. Kreuzung der Spiralfaserbündel im mittleren Teile des Oesophagus vom *Schafe.* (Nach Ellenberger.)

Nach den embryologischen Untersuchungen von Mc Gill (1910) (beim *Schwein* und bei *Acanthias*) entsteht nicht nur die glatte, sondern auch die quergestreifte Muskulatur der Speiseröhre in situ aus den Mesenchymzellen. Es erfolgt also nicht, wie vielleicht zu erwarten wäre, ein späteres Einwachsen von Skeletmuskelfasern in die Anlage des Oesophagus. Die erste Anlage der Tunica muscularis läßt sich nach Flint (1907) bei *Schweine*-Embryonen von 13 mm Länge, die der Muscularis mucosae erst bei 11 cm langen Embryonen nachweisen.

Die Tunica muscularis der *Vögel* besteht bei allen Arten ausschließlich aus glatten Muskelfasern. Bezüglich der Deutung der Schichten siehe S. 325.

Bei den *Reptilien* und *Amphibien* besteht die Tunica muscularis des Oesophagus gleichfalls, und wie es scheint ausnahmslos, aus glatten Fasern.

Die *Reptilien* zeigen im allgemeinen im ganzen Oesophagus eine gut ausgebildete Ringfaserschicht, während die Längsfaserschicht eine Reduktion erfahren hat. Im mundwärts gelegenen Abschnitt der Speiseröhre fehlt die Längsfaserschicht vollkommen, erst weiter magenwärts treten zunächst nur einzelne Längsfasern auf, die sich allmählich zu einer geschlossenen Schicht verdichten (GIANNELLI und GIACOMINI 1896). Bei *Platydactilus* und bei *Seps* erscheint während der Entwicklung die Anlage der Ringmuskulatur früher als die der Längsmuskulatur. Auch letztere wird bei *Platydactilus* im ganzen Oesophagus angelegt, obwohl beim erwachsenen *Gecko* eine Längsmuskellage nur an der Speiseröhren-Magengrenze ausgebildet, im übrigen Oesophagus nur durch sehr spärliche glatte Muskelfasern in der Subserosa angedeutet erscheint (SCHLESINGER 1924).

Auch bei den *Amphibien* ist die Ringmuskelschicht bedeutend stärker entwickelt als die Längsschicht. Letztere tritt häufig zunächst in Form von einzelnen Bündeln auf, die sich weiter magenwärts verstärkend zur Bildung einer geschlossenen Schicht zusammentreten.

Bei den *Fischen* scheinen nach den vorliegenden Angaben recht weitgehende Artverschiedenheiten bezüglich der Anordnung der Speiseröhrenmuskulatur vorzukommen, die im wesentlichen darauf zurückzuführen sind, daß sich zwischen die glatte Muskulatur quergestreifte eingeschoben hat, wodurch die erstere mehr oder weniger stark verdrängt wurde.

So fand OPPEL bei *Selachiern* (*Raja asterias, Torpedo marmorata*) eine sehr dünne äußere Längsschicht glatter und darunter eine mäßig entwickelte Ringschicht quergestreifter Fasern. Nach innen von letzterer ließ sich, namentlich in den unteren Teilen des Oesophagus eine deutlich zirkulär verlaufende Schicht glatter Muskelzellen nachweisen. ALTZINGER (1917) kommt auf Grund seiner Untersuchungen an einigen Knochenfischen (*Tinca, Cyprinus, Squalius, Cobitis*) zu dem Ergebnis, daß die quergestreifte Darmmuskulatur stets die direkte Fortsetzung der Muskulatur des Kopfdarmes bildet, daß die glatte Muskulatur im Oesophagus beginnt und die quergestreifte von der glatten Muskulatur eingescheidet wird, gewissermaßen in letztere hineingewachsen ist. Auch auf die Wand des Luftganges setzt sich die glatte, sowie die quergestreifte Muskulatur des Oesophagus in ähnlicher Schichtung eine Strecke weit fort.

VIII. Tunica adventitia.

Die Oberfläche der Speiseröhre wird von einer lockeren, bindegewebigen Faserhaut überzogen, welche die Verbindung mit den Nachbarorganen vermittelt. Der kurze Bauchteil des Oesophagus erhält naturgemäß einen serösen Überzug. Die verschieden dicken Faserbündel der Tunica adventitia verlaufen nach verschiedenen Richtungen; im allgemeinen herrscht aber die Längsrichtung vor. Von der Adventitia ziehen Scheidewände durch die äußere Längsmuskelschicht und verbinden sich mit der schwachen Bindegewebslage, welche die beiden Muskelschichten voneinander trennt, wodurch die Längsmuskelschicht in einzelne Bündel zerlegt wird. In das lockere Bindegewebe der Adventitia erscheint, außer elastischen Fasern, stellenweise Fettgewebe eingelagert.

Als Membrana perioesophagealis wird von S. MAYER (1892) die Wand des den Oesophagus und die Kardia umscheidenden Lymphsackes beim *Frosch* bezeichnet. Diese Membran eignet sich nach RANVIER, MAYER u. a. wegen ihrer außerordentlichen Dünnheit und ihres Gehaltes an Blutgefäßen und Nerven vorzüglich für histologische Untersuchungen.

IX. Blut- und Lymphgefäße.

Die Speiseröhre ist mäßig reich an Blut- und Lymphgefäßen. Die **Blutgefäße** entstammen den Artt. oesophageae und kleinen Zweigchen der Art. thyreoidea inferior und den Artt. bronchiales. Die gröberen Gefäße verlaufen in der Längsrichtung des Oesophagus, senden sich von Zeit zu Zeit quere Anastomosen zu und liegen in der Submucosa. Feinere Ästchen gelangen von hier aus in schiefer

Richtung in die Schleimhaut. Dort halten sie im allgemeinen ebenfalls einen längsgerichteten Verlauf ein und sind stark geschlängelt. Durch zahlreiche, quere Anastomosen entwickelt sich jedoch ein förmliches Netz mit langgestreckten Maschen, aus dem sich die in die Papillen dringenden kapillaren Schlingen erheben. Im oberen Teil der Speiseröhre handelt es sich, ähnlich wie im Pharynx, um einfache Capillarschlingen. Im mittleren Teil bilden die Capillaren flache, gegen die Innenfläche konvexe Bogen, von denen aus sich 2—5 schlingenartige Ausbuchtungen in die Papillen hinein erheben. Im unteren Abschnitt der Speiseröhre kehrt wieder die reine Schlingenform der Capillaren zurück; die Schlingen werden aber steiler, ihre Höhe nimmt weiter nach abwärts immer mehr zu, so daß dieselben nahe der Kardia eine bedeutende Größe erreichen. An der Berührungsstelle mit der Magenschleimhaut hören sie in gezackter Linie plötzlich auf. Die in den oberflächlichen Schleimhautlagen sich sammelnden Venenstämmchen verlaufen allenthalben entlang den entsprechenden Arterien (TOLDT 1871).

Die abführenden **Lymphgefäße** des Oesophagus entspringen nach SAKATA (1903) beim Menschen wie bei den Säugetieren aus zwei Lymphnetzen, einem mukösen und einem muskulären. Diese beiden Netze sollen nicht miteinander kommunizieren, da es nicht gelingt, von der Schleimhaut aus das muskuläre Netz zu injizieren. Zwischen dem mukösen und dem muskulären Netz liegen aber (beim *Hunde*) beiden gemeinsame abführende Lymphgefäße. Die Lymphgefäße der Schleimhaut gehen ohne scharfe Grenze in die des Pharynx und Magens über. Die Angaben von SAPPEY, daß in jeder Schleimhautpapille ein Lymphgefäßnetz liege, konnte SAKATA nicht bestätigen. Die abführenden Lymphgefäße der Schleimhaut durchbrechen entweder direkt die Muskelhaut, oder sie verlaufen eine mehr weniger lange Strecke in der Submucosa, um dann erst durch die Muskelhaut hindurchzutreten. Auf der äußeren Oberfläche der Tunica muscularis verlaufen zahlreiche abführende Gefäße, welche teils aus dieser, teils aus der Schleimhaut entspringen und noch eine Strecke weit der Speiseröhre entlang laufen. Die regionären Lymphdrüsen sind, kurz zusammengefaßt, für das obere Drittel des Oesophagus Lgl. cervicales profundae und paratracheales, für das mittlere Drittel Lgl. bronchiales und mediastinales posteriores, für das untere Drittel auch die Lgl. gastricae superiores, speziell die Lgl. cardiacae (SAKATA, BARTELS 1909).

Literatur (Schlundkopf und Speiseröhre).

ABEL, WILLIAMINA: The arrangement of the longitudinal and circular musculature at the upper end of the oesophagus. Journ. of anat. a. physiol. Bd. 47, S. 381—390. 1913. — ALTZINGER, JOSEF: Über die quergestreifte Darmmuskulatur der Fische. Anat. Anz. Bd. 50, S. 425—441. 1917. — ARCANGELI, ALCESTE: a) Ricerche istologiche sopra il gozzo del colombo all' epoca del cosidetto „allatamento". Monit. zool. ital. Anno 15. S. 218—232. 1904. — b) Einige histologische Beobachtungen über das Deckepithel des Oesophagus beim Meerschweinchen. Monatsh. f. prakt. Dermatol. Bd. 47, S. 297—316. 1908. — c) Osservazioni sopra le glandule mucipare ed i noduli linfatici dell' esofago del colombo. Atti d. soc. ital. d. scienze nat. Bd. 52, S. 159—180. 1913. — BARTELS, PAUL: Das Lymphgefäßsystem. In: BARDELEBENS Handb. d. Anat. d. Menschen. Jena 1909. — BARTHELS, PHILIPP: Beitrag zur Histologie des Oesophagus der Vögel. Zeitschr. f. wiss. Zool. Bd. 59, S. 655—689. 1895. — BÉGUIN, FÉLIX: La muqueuse oesophagienne et ses glandes chez les Reptiles. Anat. Anz. Bd. 24, S. 337—356. 1904. — BENSLEY, R. R.: The oesophageal glands of *Urodela*. Biol. bull. of the marine biol. laborat. Bd. 2, S. 87—104. 1900. — BIRMINGHAM, A.: A study of the arrangement of the muscular fibres at the upper end of the oesophagus. Transact. of the roy. acad. of med., Ireland Bd. 16, S. 422—433. 1898. — Dasselbe in: Journ. of anat. a. physiol. Bd. 33, S. 10—21. 1898. — BOERNER-PATZELT, DORA: Die Entwicklung der Magenschleimhautinseln im oberen Anteil des Oesophagus von ihrem ersten Auftreten beim Fetus bis zur Geburt. Anat. Anz. Bd. 55, S. 162—187. 1922. — CHARBONNEL-SALLE et PHISALIX: Secrétion lactée du jabot des pigeons en incubation. Cpt. rend. des séances de la soc. de biol. Bd. 103. 1886. — CHIARUGI, G.: Su alcune particolarità di struttura della mucosa dell' esophago nell' uomo. Monit. zool. ital. Anno 35. S. 133—140. 1924. — COAKLEY, C. S.: The arrangement of the muscular fibres of the oesophagus. Research. Loomis laborat. Bd. 2, S. 113. 1892. — COFFEY, DENIS J.: a) Distribution of the glands in the human oesophagus. Dublin quart. journ. of med. Bd. 108, S. 387—388. 1899. — b) The structure of the mucous membrane of the oesophagus. Brit. med. journ. Nr. 2073, S. 840. 1900. — DISSE, J.: Antomie des Rachens. In: HEYMANNS Handb. d. Laryngol. Bd. 2. 1899. — DOBBERTIN, RICHARD: Über die Verbreitung und Anordnung des elastischen Gewebes in den Schichten des gesamten Darmkanals. Rostock 1896. — Dobrowolski, Z.: Lymphknötchen (Folliculi lymphatici) in der Schleimhaut der Speiseröhre, des Magens, des Kehlkopfes, der Luftröhre und der Scheide. Zieglers Beitr. z. pathol. Anat. u. allg. Pathol. Bd. 16, S. 43—101. 1894. — DRZEWINA, ANNA: a) Sur l'organe lymphoide de l'oesophage des Sélaciens. Cpt. rend. des séances de la soc. de biol. Bd. 56, S. 637—639. 1904. — b) Épithélium et glandes de l'oesophage de la Torpille. Ebenda Bd. 66, S. 570—571. 1909. — c) Sur l'organe lymphoide et la muqueuse de l'oesophage de la torpille (Torpedo marmorata RISSO). Arch. de l'anat. microscop. Bd. 12, S. 1—18. 1910. — EDINGER, LUDWIG: Über die Schleimhaut des Fischdarmes, nebst Bemerkungen zur Phylogenese der Drüsen des Darmrohres. Arch. f. mikroskop. Anat. Bd. 13, S. 651—692. 1876. — EKLÖF, HARALD: Chondriosomenstudien an den Epithel- und Drüsenzellen des Magen-Darmkanals und den Oesophagusdrüsenzellen bei Säugetieren. Anat. Hefte Bd. 51, S. 1—228. 1914. — ELLENBERGER, W.: Der Verdauungsapparat. In: ELLENBERGERS Handb. d. vergl. mikroskop. Anat. d. Haustiere Bd. 3. Berlin 1911. — ELZE,. C.: Die venösen Wundernetze der Pars laryngea pharyngis. Anat. Anz. Bd. 81, S. 205—207. 1918. — ELZE, C. und BECK, K.: Die venösen Wundernetze des Hypopharynx. Zeitschr. f. Ohrenheilk. Bd. 77, S. 185—194. 1918. — FAVERA, G. B. DALLA: Le connessioni dell' esofago col diaframma nell' uomo. Monit. zool. ital. Anno 17. S. 285—286. 1906. — FLESCH, MAX: Über die Beziehungen zwischen Lymphfollikeln und sezernierenden Drüsen im Oesophagus. Anat. Anz. Bd. 3, S. 283—286. 1888. — FLINT, JOSEPH MARSHALL: The organogenesis of the Oesophagus. Ebenda Bd. 30, S. 443—451. 1907. — FORSSNER, HJALMAR: Die angeborenen Darm- u. Oesophagusatresien. Anat. Hefte Bd. 34, S. 1.—163. 1907. — FRÖHLICH, ALBERT: Untersuchungen über die Übergangszonen und einige Eigentümlichkeiten des feineren Baues der Magenschleimhaut der Haussäugetiere. Vet.-med. Diss. Leipzig 1907. 136 S. — GIANNELLI, L.: Struttura ed istogenesi dell' intestino digestivo nella Seps chalcides. Atti d. R. accad. dei fisiocrit. in Siena Ser. 4, Bd. 12, S. 11.—38. 1900. — GIANNELLI, L. e GIACOMINI, E.: Ricerche istologiche sul tubo digerente dei Rettili (esofago, stomaco, intestino medio e terminale, fegato, pancreas). Ebenda 1896. — GIANNELLI, L. e LUNGHETTI, B.: Ricerche istologiche sull' intestino digestivo degli Anfibi. 1. Nota: Esofago. Ebenda Ser. 4, Bd. 12, S. 568—573. 1900. — GILLETTE: Description et structure de la tunique musculaire de l'oesophage chez l'homme et chez les animaux. Journ. de l'anat. et de physiol. Bd. 8, S. 617—644. 1872. — GLINSKI, M. L. K.: Les glandes à pepsine dans la partie supérieure de l'oesophage. Bull. internat. de l'acad. des sciences de Cracovie, Cl. math.-nat. Nr. 9, S. 740—758. 1903. — GLINSKY, A.: Über die Tonsilla oesophagea. Zeitschr. f. wiss. Zool. Bd. 58, S. 529—531. 1894. — GOETSCH, EMIL: The structure of the Mammalian oesophagus. Americ. journ. of anat. Bd. 10, S. 1—40. 1910. — GRESCHIK, EUGEN: a) Über d. Darmkanal von Ablepharus pannonicus FITZ. u. Anguis fragilis L. Anat. Anz. Bd. 50, S. 70—80. 1917. — b) Der Verdauungskanal der Rotbugamazone (Androglossa aestiva LATH.). Ein Beitrag zur Phylogenie der Oesophagealdrüsen der Vögel. Aquila Bd. 24, S. 131—174. 1917. — GROSSER, O.: Zur Anatomie der Nasenhöhle und des Rachens der einheimischen Chiropteren. Gegenbaurs morphol. Jahrb. Bd. 29, S. 1—77. 1900. — GROSSMANN, BENNO: Über das Vorkommen von Geschmacksknospen an der Vorderwand der Pars laryngea pharyngis beim Menschen. Monatsschr. f. Ohrenheilk. Jg. 55 (Festschr. HAJEK), S. 1—12. 1921. — HAANE, GUNNAR: Über die Drüsen des Oesophagus und des Übergangsgebietes zwischen Pharynx und Oesophagus. Arch. f. wiss. u. prakt. Tierheilk. Bd. 31, S. 466—483. 1905. — HASSE: Über den Oesophagus der Taube und das Verhältnis der Sekretion des Kropfes zur Milchsekretion Zeitschr. f. rat. Med. Bd. 23. 1865. — HEALEY, F. H.: Note on the occurrence of ciliated epithelium in the oesophagus of a seventh month human fetus. Journ. of anat. Bd. 54, S. 181—183. 1920. — HEIDRICH, KURT: Anatomisch-physiologische Untersuchungen über den Schlundkopf des Vogels, mit Berücksichtigung der Mundhöhlenschleimhaut und ihren Drüsen bei Gallus domesticus. Vet.-med. Diss. Gießen. 82 S. 1905. — HELLFORS, J. A.: Die Verteilung und Anordnung des elastischen Gewebes in den einzelnen Wandschichten des Oesophagus einiger Haustiere. Vet.-med. Diss. Dresden. 58 S. 1913. — HELLY, K. K.: Histologie der Verdauungswege von Dasypus villosus. Zeitschr. f. wiss. Zool. Bd. 65, S. 392—403. 1899. — HELM, RICHARD: Vergleichend-anatomische und histologische Untersuchungen über den Oesophagus der Haussäugetiere. Vet.-med. Diss. Zürich. 79 S. 1907. — HEWLETT, ALBION WALTER: The superficial glands of the oesophagus. Journ. of exp.

med. Bd. 5, S. 319—331. 1901. — HILDEBRAND, H.: Über das Vorkommen von Magendrüsen im Oesophagus. Münch. med. Wochenschr. Jg. 45, S. 1057—1058. 1898. — ILLING, GEORG: Die Rachenhöhle, die Hörtrompete und der Luftsack des Pferdes. In: ELLENBERGERS Handb. d. vergl. mikroskop. Anat. d. Haustiere. Bd. 3. Berlin 1911. — JAHRMAERKER, ERICH: Über die Entwicklung des Speiseröhrenepithels beim Menschen. Diss. Marburg 44 S. 1906. — JOHNSON, FRANKLIN P.: The development of the mucous membrane of the oesophagus, stomach and small intestine in the human embryo. Americ. journ. of anat. Bd. 10, S. 521—561. 1910. — JORIS, HERMANN: Revêtement corné de l'épithélium oesophagien. Bibliogr. anat. Bd. 14, S. 262—266. 1905. — KEIBEL, FRANZ: a) Bemerkung zu dem Aufsatz von H. SCHRIDDE: „Über Magenschleimhautinseln usw. im obersten Oesophagusabschnitt". Virchows Arch. f. pathol. Anat. u. Physiol. Bd. 177, S. 368—369. 1904. — b) Eröffnungsrede. Verhandl. d. anat. Ges. Wien 1925. S. 1—21. — KILLIAN, GUSTAV: Über die Bursa und Tonsilla pharyngea. Gegenbaurs morphol. Jahrb. Bd. 14, S. 618—711. 1888. — KINGSBURY, BENJAMIN F.: The histological structure of the enteron of *Necturus maculatus*. Proc. of the Americ. microscop. soc. S. 19—64. 1894. — KLEIN, E.: a) Über die Verteilung der Muskeln des Oesophagus beim Menschen und Hunde. Sitzungsber. d. Akad. Wien, Mathem.-naturw. Kl. Bd. 57. 1868. — b) Oesophagus. In: STRICKERS Handb. d. Lehre von den Geweben. Bd. 1. Leipzig 1871. — KOLLMANN, MAX et PAPIN, LOUIS: a) Note sur l'origine de la kératohyaline dans le revêtement corné de l'oesophage du *Cobaye*. Bibliogr. anat. Bd. 24, S. 101—104. 1914. — b) Etude sur la kératinisation. L'épithelium corné de l'oesophage de quelques mammifères. Arch. de l'anat. microscop. Bd. 16, S. 193—260. 1914. — c) Sur le chondriome du corps de MALPIGHI de l'oesophage; signification de filaments de HERXHEIMER. Cpt. rend. hebdom. des séances de l'acad. des sciences Bd. 158, S. 57—59. 1914. — KRAUSE, R.: Mikroskopische Anatomie in Einzeldarstellungen. I—IV. Berlin u. Leipzig 1921—1923. — KREUTER: Die angeborenen Verschließungen des Darmkanals im Lichte der Entwicklungsgeschichte. Dtsch. Zeitschr. f. Chirurg. Bd. 79, S. 1—89. 1905. — KULTSCHITZKY, N.: Biologische Notizen. 2. Über das adenoide Organ in der Speiseröhre der Selachier. Arch. f. mikroskop. Anat. Bd. 78, S. 234—244. 1911. — LAIMER, EDUARD: Beitrag zur Anatomie des Oesophagus. Wien. med. Jahrb. S. 333—388. Jg. 1883. — LANG, F. G.: Herde von Zylinderepithel in der Schleimhaut des oberen Abschnittes vom Oesophagus. (Polnisch.) Gaz. lek. Warschau. S. 459—462. Jg. 1913. — LAUTESCHLÄGER: Beiträge zur Kenntnis der Halseingeweide des Menschen. Diss. Würzburg 1887. — LEVINSTEIN, OSWALD: Über die Verteilung der Drüsen und des adenoiden Gewebes im Bereiche des menschlichen Schlundes. Arch. f. Laryngol. u. Rhinol. Bd. 24, S. 41—58. 1910. — LEWIS, FREDERIC T.: Die Entwicklung des Oesophagus. In: Handb. d. Entwicklungsgesch. von KEIBEL u. MALL Bd. 2. Leipzig 1911. — LEYDIG: Beiträge zur mikroskopischen Anatomie und Entwicklungsgeschichte der Rochen und Haie. 127 S. 1852. — LINCK, A.: Beitrag zur Kenntnis der menschlichen Chorda dorsalis im Hals- und Kopfskelett. Anat. Hefte Bd. 42, S. 605—736. 1911. — LIVINI, F.: a) Della secondaria, temporanea occlusione di un tratto della cavità del canale intestinale durante lo sviluppo embrionale. 1. Nota preliminare: Anfibî anuri. Anat. Anz. Bd. 35, S. 587—590. 1910. — b) Dasselbe. 2. Nota preliminare: Uccelli. Atti d. soc. ital. nat. mus. civ., Milano Bd. 49, S. 22—32. 1910. — c) Dati embriologici da servire per la interpretazione di anomalie del canale alimentare e dell' apparecchio polmonare. Atti d. soc. med.-biol. Milanese Bd. 5, 5 S. 1910. — MAYER, S.: Die Membrana perioesophagealis. Anat. Anz. Bd. 7, S. 217—221. 1892. — MAXIMOW, ALEXANDER: Untersuchungen über Blut und Bindegewebe. X. Über die Blutbildung bei den Selachiern im erwachsenen und embryonalen Zustande. Arch. f. mikroskop. Anat. Bd. 97, S. 623—713. 1923. — MC GILL, CAROLINE: The early histogenesis of striated muscle in the oesophagus of the pig and dogfish. Anat. record Bd. 4, S. 23—47. 1910. — MOST, A.: Über den Lymphgefäßapparat von Nase und Rachen. Arch. f. Anat. (u. Physiol.) Jg. 1901, S. 75—94. — NAKAMURA, NOBU: Über die Cysten des Oesophagus und ihre Bedeutung. Zeitschr. f. angew. Anat. u. Konstitutionslehre Bd. 1, S. 462—516. 1914. — NAUWERCK: Studien über die Pharynxmucosa. Diss. Halle 1887. — NEUMANN, S.: a) Flimmerepithel im Oesophagus menschlicher Embryonen. Arch. f. mikroskop. Anat. Bd. 12, S. 570—574. 1875. — b) Zur Frage der Epithelmetaplasie im embryonalen Oesophagus. Ebenda Bd. 73, S. 744—749. 1909. — OPPEL, ALBERT: a) Schlund und Darm. In: Lehrbuch d. vergl. mikroskop. Anat. Bd. 2. Jena 1897. (Enthält die gesamte ältere Literatur.) — b) Verdauungsapparat. Zeitschr. f. d. ges. Anat., Abt. 3: Ergebn. d. Anat. u. Entwicklungsgesch. Bd. 7. 1897. — PATZELT, VIKTOR: a) Die Ergebnisse einer Untersuchung über die Histologie und Histogenese der menschlichen Epiglottis unter besonderer Berücksichtigung der Metaplasiefrage. Anat. Anz. Bd. 54, S. 161—184. 1921. — b) Über die menschliche Epiglottis und die Entwicklung des Epithels in den Nachbarorganen. Zeitschr. f. d. ges. Anat., Abt. 1: Zeitschr. f. Anat. u. Entwicklungsgesch. Bd. 70, S. 1—178. 1923. — PENSA, ANTONIO: Osservazioni sullo sviluppo dell' esophago nell' uomo e in altri vertebrati. Anat. Anz. Bd. 36, S. 299—314. 1910. — PERNKOPF, EDUARD: Die weitere Entwicklung des Magen-Darmtraktes vom Zeitpunkte der Ausbildung der ersten Dünndarmschlingen angefangen. Zeitschr. f. d. ges. Anat., Abt. 1: Zeitschr. f. Anat. u. Entwicklungsgesch. Bd. 73, S. 1—144. 1924. — PETER, KARL: Die Entwicklung des Säugetiergaumens. Zeitschr. f. d. ges. Anat., Abt. 3: Ergebn. d. Anat. u. Entwicklungsgesch. Bd. 25, S. 448—564. 1924. — PETERSEN, HANS: Beiträge zur Kenntnis des Baues und der Entwicklung des Selachierdarmes. Teil I: Oesophagus. Jenaische Zeitschr. f. Naturwiss. Bd. 44, S. 619—652. 1908. — PILLIET, A.: Note sur la distribution du tissu adénoide dans la tube digestif des poissons cartilagineux. Cpt. rend. des séances de la soc. de biol. 1890. S. 593—595. — POGNOWSKA, J.: Materialien zur Histologie des Darmtraktus der Knochenfische mit besonderer Berücksichtigung der elastischen Elemente. Bull. internat. de l'acad. des sciences de Cracovie 1912. S. 1137—1157. — PONZO, MARIO: Sulla presenza di organi del gusto nella parte laringea della faringe, nel tratto cervicale del esophago e nel palato duro del feto umano. Anat. Anz. Bd. 31, S. 570—575. 1907. — PRENANT, A.: Sur la présence d'amas leucocytaires dans l'épithélium pharyngien et oesophagien d'*Anguis fragilis*. Bibliogr. anat. Nr. 1, S. 21—26. 1896. — ROSCHER, PAUL: Über den Vorderdarm von *Cricetus frumentarius*. Ein Beitrag zur vergleichenden Anatomie und Histologie. Vet.-med. Diss. Dresden 1909. 105 S. — RUBELI, O.: Über den Oesophagus des Menschen und verschiedener Haustiere. Diss. Bern 1889. 64 S. — RUCKERT, A.: Über die sogenannten oberen Kardiadrüsen des Oesophagus. Virchows Arch. f. pathol. Anat. u. Physiol. Bd. 175, S. 16—32. 1904 u. Bd. 177, S. 577—580. 1904. — RÜDINGER, N.: Beiträge zur Morphologie des Gaumensegels und des Verdauungsapparates. Stuttgart 1879. 49 S. — SAKATA, K.: Über die Lymphgefäße des Oesophagus und über seine regionären Lymphdrüsen mit Berücksichtigung der Verbreitung des Carcinoms. Mitt. a. d. Grenzgeb. d. Med. u. Chirurg. Bd. 11, S. 634—656. 1903. — SCHAFFER, JOSEF: a) Über die Drüsen der menschlichen Speiseröhre. (Vorl. Mitt.) Sitzungsber. d. Akad. Wien, Mathem.-naturw. Kl. Bd. 104, Abt. 3, S. 175—182. 1897. — b) Beiträge zur Histologie menschlicher Organe. Ebenda Bd. 106, Abt. 3, S. 1—103. 1897. — c) Epithel und Drüsen der Speiseröhre. Wien. klin. Wochenschr. Jg. 11, S. 533—536. 1898. — d) Die oberen kardialen Oesophagusdrüsen und ihre Entstehung. Virchows Arch. f. pathol. Anat. u. Physiol. Bd. 177, S. 181—205. 1904. — e) Kleinere histologische Mitteilungen. Anat. Anz., Ergängzungsh. zu Bd. 46, S. 95—105. 1914. — SCHLESINGER, BENNO: Die Histogenese des mesodermalen Oesophagus und Magens beim Gecko (*Platydactilus annularis*). Zeitschr. f. d. ges. Anat., Abt. 1: Zeitschr. f. Anat. u. Entwicklungsgesch. Bd. 73, S. 606—620. 1924. — SCHREINER, K. E.: Beiträge zur Histologie und Embryologie des Vorderdarmes der Vögel. I. Vergleichende Morphologie des feineren Baues. Zeitschr. f. wiss. Zool. Bd. 68, S. 481—580. 1900. — SCHRIDDE, HERMANN: a) Über Magenschleimhautinseln vom Bau der Kardialdrüsenzone und Fundusdrüsenregion und den unteren ösophagealen Kardialdrüsen gleichende Drüsen im obersten Oesophagusabschnitt. Virchows Arch. f. pathol. Anat. u. Physiol. Bd. 175, S. 1—16. 1904. — b) Weiteres zur Histologie der Magenschleimhautinseln im obersten Oesophagusabschnitte. Ebenda Bd. 179, S. 562—566. 1905. — c) Zur Physiologie der Magenschleimhautinseln im obersten Oesophagusabschnitte. Ebenda Bd. 186, S. 418—422. 1906. — d) Die Entstehungsgeschichte des menschlichen Speiseröhrenepithels und ihre Bedeutung für die Metaplasielehre. Wiesbaden 1907. 101 S. — e) Über die Epithelproliferationen in der embryonalen menschlichen Speiseröhre. Virchows Arch. f. pathol. Anat. u. Physiol. Bd. 191, S. 178—192. 1908. — f) Die ortsfremden Epithelgewebe des Menschen. Jena 1909. 63 S. — SCHUMACHER, S.: a) Zur Biologie des Flimmerepithels. Sitzungsber. d. Akad. Wien, Mathem.-naturw. Kl. Bd. 110, Abt. 3, S. 1—30. 1901. — b) Histologische Untersuchungen der äußeren Haut eines neugeborenen *Hippopotamus amphibius* L. Denkschr. d. Wiener Akad. Bd. 94, S. 1—52. 1917. — c) Histologie der Luftwege und der Mundhöhle. D. Histologie des Schlundkopfes. In: DENKER-KAHLERsches Handb. d. Hals-, Nasen- u. Ohrenheilk. 1925. S. 364—376. — d) Über die Entwicklung der Oesophagusdrüsen beim Huhn. Verhandl. d. anat. Ges. 1925. S. 58—63. — e) Die Entwicklung der Glandulae oesophageae des Huhnes. Nebst Bemerkungen über die Bildung der Drüsenlichtung und über den Epithelumbau im Oesophagus des Huhnes. Zeitschr. f. mikroskop.-anat. Forsch. Bd. 5, S. 1—22. 1926. — SCHWALBE, K.: Über die SCHAFFERschen Magenschleimhautinseln der Speiseröhre. Virchows Arch. f. pathol. Anat. u. Physiol. Bd. 179, S. 60—76. 1905. — SCLAVUNOS, GEORGIOS: Über Oesophagitis dissecans superficialis, mit einem Beitrag zur Kenntnis des Epithels des Oesophagus des Menschen. Ebenda Bd. 133, S. 250—258. 1893. — SEMICHOW, LOUIS: Sur les papilles cornées oesophagiennes des tortues de mer et en particulier de *Thalassochelys caretta* L. Bull. de la soc. zool. de France Bd. 35, S. 191 bis 196. 1910. — SEREBRJAKOFF, C.: Über die Involution der normalen und hyperblastischen Rachenmandel. Arch. f. Laryngol. u. Rhinol. Bd. 18, S. 502—516. 1906. — STÖHR, PH.: Über die peripherischen Lymphknoten. Zeitschr. f. d. ges. Anat., Abt. 3: Ergebn. d. Anat. u. Entwicklungsgesch. Bd. 1, S. 183—191. 1891. — STRAHL, H.: Beiträge zur Kenntnis des Oesophagus und der Haut. Arch. f. Anat. (u. Physiol.) 1889. S. 177—195. — TEICHMANN, MAX: Der Kropf der Taube. Arch. f. mikroskop. Anat. Bd. 34, S. 235—246. 1889. — TOLDT, C.: a) Blutgefäße des Darmkanals. In: STRICKERS Handb. d. Gewebelehre. Leipzig 1871.

— b) Lehrbuch der Gewebelehre. 3. Aufl. Stuttgart 1888. — TOURNEUX, J. P.: Bourse pharyngienne et récessus médian du pharynx chez l'homme et chez le cheval, fosettes pharyngienne et naviculaire chez l'homme. Journ. de l'anat. et de physiol. Année 48. S. 516 bis 544. 1912. — TOURNEUX, F. et FAURE, CH.: Evolution de la cloison pharyngo-oesophagienne chez l'embryon de *Vipera aspis*. Ebenda.. Année 49. S. 215—224. 1913. — TRALLERO, MARCELO: Über das Verhalten der Muscularis mucosae der Magenschleimhautinseln im Oesophagus. Diss. Berlin. 1913. — TRINCHIERI, GIUSEPPE: Ricerche intorno alla distribuzione dell' elemento muscolare nell esofago del cane. Biologica. Bd. 2. 12 S. 1909. — VASTARINI CRESI, G.: Contributo alla migliore conoscenza della morfologia della ipo-faringe nell'uomo. Ricerche anat. ed istol.. Napoli 1922. 23. S. — WALDEYER, W.: Über den feineren Bau des Magens und Darmkanals von *Manatus americanus*. Sitzungsber. d. preuß. Akad. d. Wiss. 1892. S. 79—85. — WEBER, A.: Recherches sur le développement de l'oesophage chez quelques Reptiles algériens. Cpt. rend. des séances de la soc. de biol. Bd. 85, S. 417—418. 1921. — WELCKER, H. und SCHWEIGGER-SEIDEL: Verbreitungsgrenzen der quergestreiften und glatten Muskulatur im menschlichen Schlunde. Virchows Arch. f. pathol. Anat. u. Physiol. Bd. 21, S. 455—456. 1861. — WHITEHEAD, R.: A note on the development of the oesophageal epithelium. Americ. journ. of anat. Bd. 4, S. 6—7. 1905 — ZIETZSCHMANN, OTTO: Der Verdauungsapparat der Vögel. In: ELLENBERGERS Handb d. vergl. mikroskop. Anat. d. Haustiere. Bd. 3. Berlin 1911.

G. Peritoneum einschließlich Netz[1].

Von

E. Seifert
Würzburg.

Mit 21 Abbildungen.

I. Peritoneum parietale et viscerale.

Die Peritonealendothelien oder Deckzellen liegen der elastischen Grundmembran auf und bilden am normalen Peritoneum parietale und viscerale eine zusammenhängende, einheitliche Schicht, die Serosa.

Unterschiede betreffen vor allem die Subserosa. Durch eine dichtgewebte, aber sehr schmale Bindegewebslage ist die viscerale Serosa mit der Oberfläche von Leber, Milz, Uterus, Ovarium verbunden; hier fehlt eine Subserosa. Etwas lockerer und verschieblicher ist dieses Bindegewebe am Bauchfellüberzug des Magen-Darmkanals, der Gallenblase, der Harnblase. Doch kann von einer eigentlichen Subserosa erst am Mesenterialansatz des Darmrohres gesprochen werden; denn zweifellos gehört zum Begriff der Subserosa die Möglichkeit der Fettgewebseinlagerung.

Es ist wohl nicht notwendig, daß sich die Serosa über allen Organen gleich gut verschieben läßt. An einzelnen muß allerdings eine Nachgiebigkeit oder aber ein gewisses Ausdehnungsvermögen in der Fläche erwartet werden. Dies gilt z. B. bei jenen Hohlorganen, an denen beträchtliche Volumenänderungen in unter Umständen sehr kurzer Zeit vor sich gehen. Es ist unbekannt, wie sich die Schicht der Deckzellen unter solchen Umständen verhält. Eigene Untersuchungen über die Darmserosa (im Hinblick auf die Dehnung des Darmes bei Ileus) sind noch nicht abgeschlossen.

Zum Studium der visceralen Deckzellenlage ist das Schnittpräparat weniger geeignet als das Flächenbildverfahren. Das Ablösen der Serosalamelle vom frischen Darm gelingt aber schwer. Das Aufspannen und die Herstellung des Flächenpräparats geschieht wie beim großen Netz (s. u.).

Bis auf wenige Ausnahmen ist die **parietale Serosa** des gesunden Menschen durch eine deutliche subseröse Schicht wechselnder Breite mit der Bauchwand verbunden. Ihr Gehalt an lockerem Bindegewebe, meist spärlichen Einzelzellen (Fibrocyten, Wanderzellen), elastischen Fasern, Fettgewebe weist konstitutionelle und auch starke regionäre Verschiedenheiten auf.

Der Übergang der Subserosa in das oft massige retroperitoneale Fettgewebe geschieht ohne Grenze. An der vorderen Bauchwand pflegt im Bereich der Linea alba die Subserosa sehr locker und fetthaltig zu sein.

Schon beim Fetus, noch mehr beim erwachsenen Menschen zeigt an der ganzen vorderen Bauchwand das subseröse Bindegewebe eine Anordnung zu

---

[1]) Abgeschlossen am 1. März 1926.

kräftigen, sich ebenmäßig durchflechtenden ·fibrillären Zügen, die stellenweise sogar sehnigen Charakter annehmen können.

Auch bei makroskopisch fettlosen Bauchdecken fehlen einzelne oder zu regellosen Häufchen angeordnete Fettzellen nicht; ihre Lage in der unmittelbaren Nachbarschaft der Gefäße oder Gefäßverzweigungen ist typisch. Bei starkem Fettansatz treten entsprechend dickere Fettknoten auf; ob sie spezifische Potenz wie im Netz (s. u.) haben, ist unsicher und unwahrscheinlich.

Die Gefäßversorgung des parietalen Bauchfells ist reichlich, die Verteilung der Capillaren und präcapillaren Gefäße von großer Regelmäßigkeit; man kann hier (im Gegensatz z. B. zum Netz) von leiterförmiger Anordnung sprechen. Diese Beobachtungen ermöglicht nur das Flächenpräparat des Bauchfells (s. o.).

Der Gehalt des parietalen Peritoneums an elastischen Netzen wechselt individuell und vermutlich auch regionär; systematische Untersuchungen fehlen. Der Subserosa im Bereich des kleinen Beckens werden zahlreiche glatte Muskelfasern zugeschrieben (siehe auch unter Bruchsack).

Der Zellinhalt des subserösen Bindegewebes ist verschieden, im allgemeinen aber als gering zu bezeichnen. Ich fand beim Menschen außer ganz vereinzelten Leuko- und Lymphocyten, Fibrocyten und in der Hauptsache ruhende Wanderzellen.

Die Nervenversorgung der vorderen Bauchwand ist von Ramström (1905 bis 1908) und von Dogiel (1902) bearbeitet; die des dorsalen Parietalperitoneums meines Wissens nicht systematisch untersucht.

Die Ausdehnungsfähigkeit des parietalen Bauchfells ist groß, was klinisch schon lange bekannt ist (z. B. Meisel 1903). Die Annahme von Vorratsfalten (Broman 1914) läßt sich weder hier noch durch Befunde am Visceralperitoneum stützen. Näheres über die Elastizität der parietalen Serosa siehe unter: Bruchsack. Das gleiche gilt für die Darstellung der Lymphwurzeln des Parietalperitoneum.

Die Verhältnisse bei den üblichen Versuchstieren unterscheiden sich nicht wesentlich von denen des Menschen. Während das parietale Bauchfell der vorderen Bauchwand sich bei *Nagern* leicht genug abziehen läßt, um es der Flächenpräparation zu unterwerfen, ist dies z. B. bei *Hund* und *Katze* mit Schwierigkeiten verbunden. Dies dürfte im Bau der Subserosa, deren vergleichende Histologie unbekannt ist, seinen Grund haben.

Der Serosaüberzug des menschlichen **Zwerchfells** erfordert eine gesonderte Besprechung. Im Bereich der muskulären Anteile dürfte er sich von dem z. B. der vorderen Bauchwand nicht wesentlich unterscheiden; die lockere Beschaffenheit der Subserosa ist dem Kliniker bekannt. Das Bauchfell des Centrum tendineum nimmt jedoch eine Sonderstellung ein.

Einmal geht ihm jegliche als Subserosa zu bezeichnende Schicht ab; die dünne, sehnige Platte der Zwerchfellmitte bildet nämlich mit der Serosa des Bauchraumes eine einheitliche Membran.

Weiterhin ist das sonst so ebenmäßige Pflaster platter Serosaelemente hier stellenweise von zahlreicheren Zellen gebildet, was vornehmlich über den seichten Mulden zwischen den Sehnenbündeln der Fall ist. Diese gehäuften Zellen sind gleichwohl einschichtig, aber entschieden kleiner als die sonstigen Peritonealendothelien. Eine gleichlautende Angabe findet sich bei Schaffer (1920). Doch liegen die Befunde beim menschlichen Zwerchfell durchaus nicht klar. Systematische Untersuchungen auch beim Erwachsenen — meine eigenen beziehen sich lediglich auf Feten und Neugeborene — sind notwendig.

Es kann kein Zweifel sein, daß sich hier, am Centrum tendineum, einer der wichtigsten oder der wichtigste Ort für die ·Aufsaugung kolloidaler und corpusculärer Elemente aus der Bauchfellhöhle (in den Lymphkreislauf) befindet. Die

Stomata des Frosches (v. RECKLINGHAUSEN 1863, ARNOLD 1875, RANVIER 1888, SCHAFFER 1920) sind — entgegen den sonstigen älteren Arbeiten über die peritoneale Resorption — beim Warmblüter nicht nachzuweisen. Vielmehr scheinen die anatomischen Verhältnisse, ähnlich denen beim Menschen zu sein. Doch trifft man hier wie dort auf anfechtbare Befunde in der Literatur.

Genauer ist nur das Zwerchfell des *Kaninchens* (RANVIER 1873, WALTER 1912, NOTKIN 1925) und des *Hundes* (MAC CALLUM 1903) untersucht; im übrigen s. a. TRAUTMANN (1911). Meine eigenen Präparate vom *Hund* und *Kaninchen* bestätigen das oben Gesagte. Beim erstgenannten Tier sah ich die Deckzellen in den Furchen zwischen den Sehnenbündeln oft radiär gestellt. Außerdem sind hier der Zwerchfellserosa zuweilen Zellen und Zellenhaufen aufgelagert, die nach Form und pflastersteinartiger Anordnung als Wanderzellen (stammend aus dem Cavum peritonei) anzusprechen sind; diese Anlagerungen scheinen die Nähe der im übrigen sehr spärlichen Gefäße des Centrum tendineum zu lieben. Da die Subserosa fehlt, habe ich im Bereich der Zwerchfellmitte — wenigstens beim Tier — niemals eine Spur von Fett nachweisen können.

Beim Menschen gibt es, wie gesagt, keine Stomata; auf welche Weise der Übergang der flüssigen und feinkörperlichen Elemente von der Peritonealhöhle in das Lymphgefäßsystem vor sich geht, ist daher nicht klar; auch die Methode von MAGNUS (1923, STÜBEL 1923) scheint hier zu versagen.

Die eigentlichen Lymphgefäße des Zwerchfellzentrums bilden zunächst ein feines „leiterförmiges" Netz von Lymphcapillaren, die vermutlich innerhalb des Sehnengewebes verlaufen. Am Versuchstier, dem intraperitoneal Tusche einverleibt ist, läßt sich das schön im Flächenpräparat zeigen; mit dem genannten H_2O_2-Verfahren von MAGNUS, der sich selbst dieser Kontrolle bediente, ergibt sich Übereinstimmung. Der weitere Verlauf der Lymphgefäße im ganzen Zwerchfell ist mittels der Injektionsmethode gründlich von KÜTTNER (1903) untersucht. Die Befunde bedürfen, da von klinischer Seite mehrfach Zweifel laut geworden sind, der Nachprüfung.

Als Bestandteil des parietalen Bauchfells gilt der **Bruchsack**; genauer ist bis jetzt nur der männliche Leistenbruch untersucht. In Flächenbildern von dünnen angeborenen und erworbenen Leistenbrüchen findet man erwartungsgemäß die übliche einheitliche Deckzellenlage; auf ihr zuweilen Auflagerungen von freien Wanderzellen aus der Bauchfellhöhle, einzeln oder in kleinen Haufen. Das Bindegewebe der Subserosa ist straff und häufig durch dickere fibrilläre Bündel, die sich nach allen Richtungen hin durcheinander flechten, verstärkt. Niemals fehlt hier das elastische Element. Hieraus mag sich die hohe Elastizität des Bruchsackes, die beim menschlichen Leistenbruch ihre Grenze erst bei 1 Atmosphäre finden soll (MORO 1909) erklären.

Sowohl die fibrillären Züge wie das elastische Netz sind bei den erworbenen Leistenbrüchen wesentlich stärker ausgebildet als in den dünneren Hüllen angeborener Hernien. Der laterale Leistenbruchsack enthält nach LEDDERHOSE (1919) regelmäßig glatte Muskulatur, welche dem medialen abgeht.

Die Capillar- und Gefäßversorgung ist ausgiebig; in Flächenpräparaten ist ihre leiterförmige Anordnung meist deutlich erkennbar. Der Zellinhalt der Subserosa wechselt; in manchen Fällen fand ich ihn reichlich, und zwar vorwiegend aus frei im Gewebe liegenden Wanderzellen bestehend. In ebenfalls individuell verschiedenem Grade sind die Zellenscheiden der Gefäße (Adventitialzellen) entwickelt. Einzelne Fettzellen fehlen an den größeren und präcapillaren Gefäßen fast nie; doch sind auch breitere Fettinseln und Fettstraßen nicht ungewöhnlich. Bezüglich der peritonealen Lymphgefäßwurzeln im Bruchsack sei auf die Untersuchungen von MAGNUS (1923) verwiesen.

Die makroskopisch sichtbaren weißen Verdickungen der Bruchsackinnenfläche werden fälschlich als Narbenbildungen bezeichnet. Nach LEDDERHOSE (1919) handelt es sich um jugendliches Bindegewebe ohne elastische Bestandteile. Dieses Keimgewebe wird vornehmlich am distalen Abschnitt bzw. an der Spitze des Bruchsackes gefunden und gilt als Ausdruck eines Wucherungs- und Umbildungsvorganges; von ihm nimmt die aktive Vergrößerung des Bruchsackes ihren Ausgang (Ledderhose 1919). Die bekannten Falten und Stränge z. B. an der Innenfläche des Bruchsackhalses sind Reste dieser Proliferationsvorgänge.

Ob die drüsenartigen Einlagerungen mit kubischer bis zylindrischer Form der Endothelien auf Reste des Wolffschen Ganges (Ledderhose 1919) zu beziehen sind, bleibe dahingestellt. Näher liegt es, in ihnen Deckzellenwucherungen zu sehen, wie sie in ähnlicher Weise am großen Netz — hier als Vorstufe zu kleinen Endothelcysten der Serosa — beschrieben worden sind (Seifert 1924).

II. Omentum majus.

Das tierische Netz ist seit mehr als einem halben Jahrhundert ein gerne und erfolgreiches benütztes Objekt für gewisse Zellforschungen gewesen und ist es jetzt noch. Gleichwohl wird das Omentum majus als histologisches Problem bis heute unterschätzt. Dies gilt zum mindesten für das menschliche Organ und ist um so mehr zu bedauern, als man geradezu von einem Primat des Omentum majus für eine größere Reihe anderer membranöser Bildungen des Bauchfellraumes sprechen kann; freilich stehen die letzteren dem Omentum quantitativ im spezifischen Bau wie in biologischer Funktion weit nach.

Nach dem eingangs Gesagten ist es nicht verwunderlich, daß sich auch in den neuzeitlichen Hand- und Lehrbüchern durchaus unvollständige und irrtümliche Angaben über das menschliche Netz finden. Beispielsweise schreibt ihm Broman (1914) einen Reichtum an Lymphgefäßen zu und knüpft hieran verständliche, aber unbegründete Schlußfolgerungen. Diese treffen sich im wesentlichen mit der von der Mehrzahl der Autoren freudig übernommenen Begriffsbestimmung von Weidenreich (1907), nach welcher das Netz als ein in die Fläche entfalteter lymphoider Apparat zu charakterisieren sei. Auch Braus (1924) beschreibt wie viele andere die Zellhaufen (Milchflecken) des Netzes als Lymphknötchen; er läßt in ihnen Fett „auftauchen" und führt die Zellen ihres „Reticulum" auf das Netzbindegewebe zurück, ohne daß über ihre Herkunft im einzelnen etwas Sicheres bekannt sei.

Man muß zugeben, daß eine einheitliche Darstellung der Histologie des menschlichen Omentum majus sich nicht geben läßt; denn es befindet sich während des ganzen Lebens in einer steten Wandlung, die einmal durch das Alter des Netzträgers, dann aber und vor allem durch die spezifische Funktion des Organs bedingt ist. Dabei bleibe noch immer außer Betracht, daß die makroskopisch wahrnehmbaren Folgen überstandener krankhafter Vorgänge am und um das Netz die Beurteilung der normalen Histologie häufig erschweren. Daraus ergibt sich, daß die im folgenden zu beschreibenden Zustandsbilder nur bedingt eine allgemeine Gültigkeit haben und daß die Variationsbreite der normalen Histologie auf einer gewissen subjektiven Schätzung beruht.

In der Einteilung des vielseitigen Stoffes, der eine Fülle von Problemen bietet, halte ich mich vorwiegend an meine „Studien am Omentum majus des Menschen" (1923), in denen auch zahlreiche Einzelheiten, die hier aus Raummangel übergangen werden müssen, zur Sprache gekommen sind.

Es muß schon hier bemerkt werden, daß die Bursa omentalis normalerweise und dann auch bis ins Greisenalter in der relativen Ausdehnung erhalten bleibt, die sie anerkanntermaßen in den frühen Entwicklungsstadien des fötalen und postnatalen Lebens aufweist. Schmale Verwachsungsbrücken und -stränge mögen wohl das Gegenteil vortäuschen. Nicht gegen den Begriff des „Normalen" spricht meines Erachtens, daß sie ätiologisch als „Verwachsungen" bezeichnet werden könnten; insofern, als sie auf die gleichen krankhaften Veränderungen entzündlicher usw. Herkunft zurückzuführen sind wie die breiten, flächenhaften Obliterationen der Bursa omentalis, wie sie die Lehrbücher (POIRIER 1895, HERTWIG 1905, ROSE 1907, BROMAN 1914) irrtümlich als die Norm für die post-embryonale Lebensperiode bzw. für den erwachsenen Menschen hinstellen.

Die Netzlamelle des Embryo, eine ununterbrochene, gleichmäßig dünne Platte, stellt den Typus des unausgereiften Mesenchyms dar (SPULER 1892, HUECK 1920, MARCHAND 1924). Das Flächenbild (Abb. 1) eines solchen Häut-chens läßt vier Arten von Zellen erkennen: 1) Peritonealdeckzellen (heller, fast runder Kern mit deutlichen Kernkörperchen, blasses, kaum sichtbares Cyto-plasma); 2. in geringer Anzahl Fibrocyten (schmaler, kleiner, dunkelgefärbter Kern); 3. Gefäß- und Capillarendothelien; 4. Wanderzellen mit ovalem oder nierenförmigem, oft (in der Gefäßadventitia) auch lang gestrecktem, gut färb-barem Kern, den das Cytoplasma in zwei (funktionell bedingten) verschie-denen Beschaffenheiten umgeben kann: einmal in verästelter oder zu langen Spindeln ausgezogener Form bei den frei in der homogenen Grundsubstanz liegenden Zellen; oder in weniger charakteristischer, läng-lich ovaler Form bei den die Zell-scheide der Gefäße bildenden peri-adventitiellen Zellen.

Die in der Abb. 1 dargestellten eosinophil gekörnten Leiber von Wan-derzellen sind nicht typisch, sondern nur Zustandsbilder im eben genannten Sinn; über den Zusammenhang von Cytoplasmafärbung und Funktion der Wanderzellen wird noch zu sprechen sein (S. 347).

Betrachtet man den allgemeinen Netzbau nach ontogenetischen

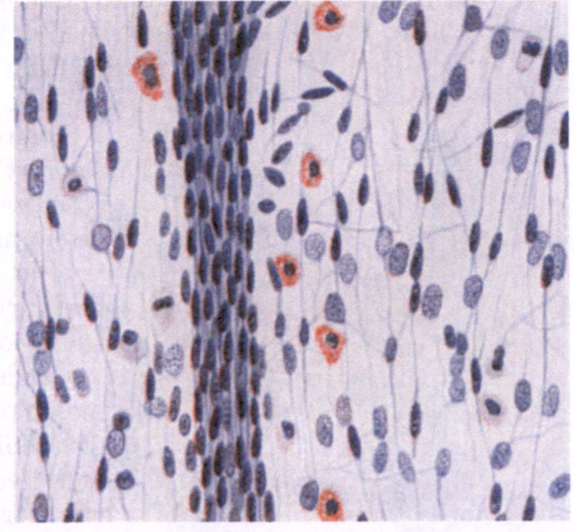

Abb. 1. Netz eines Fetus von neun Monaten. (Durch den Zweifarbendruck haben die Kerne der Deck- und einiger Wanderzellen eine stärkere Rot-Beimischung als im Original erhalten.) — Flächenpräparat. Hämatoxylin-Eosin. Vergr. 300fach.

Gesichtspunkten, so ergibt sich folgendes: Bis zum Ende des Fetallebens hat sich die mesenchymatische Grundsubstanz zu einem fibrillären Binde-gewebsnetz differenziert, dessen Fasern zu welligen Bündeln angeordnet sich (oft und gern in senkrechter Richtung) gegenseitig durchflechten. Diese Differen-zierung nimmt im Verlauf der weiteren Entwicklung ständig zu, so daß — wie ich 1923 zeigen konnte — innerhalb gewisser Grenzen die bindegewebige Struktur der Netzmembran in einem ziemlich festen Abhängigkeits-verhältnis zum Lebensalter steht.

Über das erste Auftreten der elastischen Elemente am Omentum ist nichts bekannt. Beim Erwachsenen ist das Elasticagewebe jedenfalls deutlich dar-stellbar; es kann auch die zartesten, dünnsten Maschen des Netzes mit Fasern versorgen. Wie es sich aber im hohen Alter und bei konstitutionellen Abwei-chungen damit verhält, müßte noch untersucht werden.

In den letzten Monaten vor der Geburt, manchmal aber erst nachher, beginnt die bekannte Lückenbildung, welche im Laufe der Jahre ein mehr oder weniger zierliches Maschenwerk der dünneren Netzteile herbei-führt. Wie diese zunächst nur vereinzelt und in kleinstem Maßstab einsetzende Durchlöcherung der Netzlamelle vor sich geht, ist unsicher (RANVIER 1874, TOLDT 1879, 1889, RENAUT 1907). Desgleichen lassen sich über die Ursachen der Lückenvergrößerung und damit der Netzmaschenbildung nur Vermutungen aufstellen.

Sicher ist, daß auch die fortschreitende Umbildung der ununterbrochenen Netzlamelle des Fetus bis zu der netzartigen Struktur des Erwachsenen dem Altern des Gesamtorganismus — wenigstens in großen Zügen — parallel geht. Die Ausnahmen von der Regel — daß bindegewebige Durchsetzung und Maschenbildung Schritt hält mit dem Lebensalter des Netzträgers — sind allem Anschein nach ein Ausdruck überstandener krankhafter Vorgänge im Peritonealraum, mitunter vielleicht auch als Konstitutionsmerkmal anzusehen.

Das Blutgefäßsystem der fetalen Netzlamelle entwickelt sich zunächst auf die übliche Weise (durch Sprossung). Die von Ranvier (1874) aufgestellte Lehre von den vasoformativen Zellen hat verschiedentlich Zustimmung (François 1893), im allgemeinen aber Ablehnung gefunden (Spuler 1892, Fuchs 1903, Pardi 1905). Man muß indessen mit Marchand (1913) zugeben, daß Täu-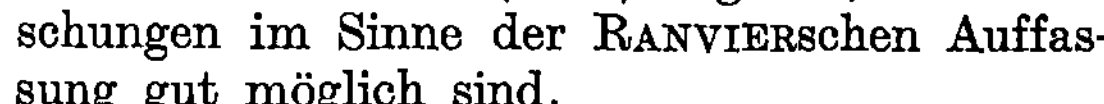schungen im Sinne der Ranvierschen Auffassung gut möglich sind.

Das regelmäßige, nicht allzu reichliche Gefäßgerüst in der Netzplatte der frühen Embryonalzeit macht bald einer charakteristischen Verteilung Platz, die in der Abb. 2 angedeutet ist. Die Netzlamelle wird nicht nur von (ziemlich langen, Finkam 1873) Capillaren durchzogen, sondern es bilden sich — vorwiegend nach dem Magistraltypus — mehr oder weniger abgeschlossene und auf Capillaren beschränkte Gefäßgebiete heraus, die der Vascularisation des Netzes von nun an bis ins hohe Alter einen charakteristischen Stempel aufdrücken.

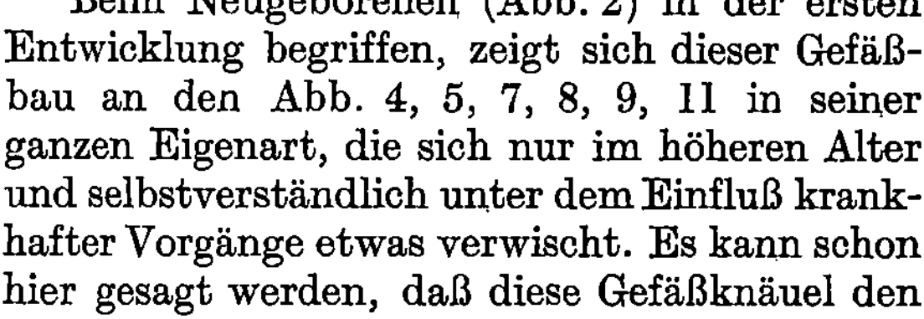Beim Neugeborenen (Abb. 2) in der ersten Entwicklung begriffen, zeigt sich dieser Gefäßbau an den Abb. 4, 5, 7, 8, 9, 11 in seiner ganzen Eigenart, die sich nur im höheren Alter und selbstverständlich unter dem Einfluß krankhafter Vorgänge etwas verwischt. Es kann schon hier gesagt werden, daß diese Gefäßknäuel den

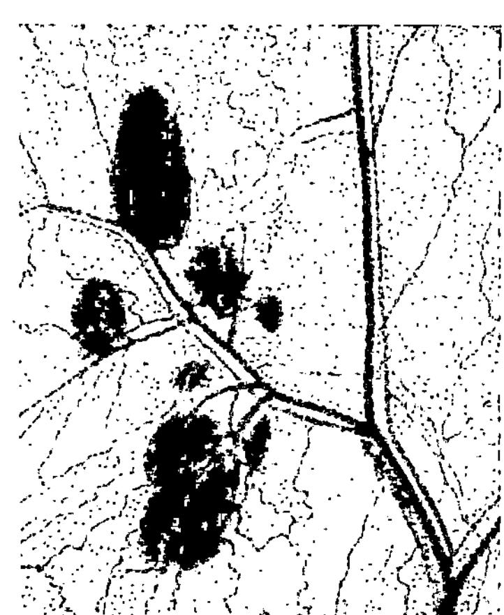

Abb. 2. Netz eines Neugeborenen. Primäre Milchflecken; Gefäßverteilung; kleinste Lücken; zartes Bindegewebe. — Flächenpräparat. Hämatoxylin-Eosin. Vergr. 25 fach.

fruchtbaren Boden darstellen für gewebliche Bildungen, die für das Omentum majus in erster Linie, aber auch für andere peritoneale Membranen (s. u.) bezeichnend sind.

Nicht immer lassen sich die zwei früher (1923) von mir hervorgehobenen Haupttypen scharf trennen; sie kommen gemeinschaftlich in dem gleichen Netz vor und werden durch die Abb. 4 und 6 veranschaulicht.

Außer diesen Capillarknäueln seitwärts und abseits der größeren magistralen Gefäßpaare findet man aber auch Schlingennetze dicht entlang den letzteren, so daß ein mehr oder weniger langgestrecktes Capillarnetz die Gefäße begleiten kann. Im Alter scheint dieser Befund häufiger zu werden. Diese (im weiteren Sinn) adventitiellen Netze sind funktionell (s. u.) entschieden weniger leistungsfähig.

Die Frage der Netzlymphgefäße ist noch nicht endgültig geklärt. In wechselnd beweiskräftiger Weise wird von den meisten Autoren dem Omentum majus ein besonderer Reichtum an Lymphbahnen zugesprochen (Broman 1914); zum Teil stützen sich diese Aussagen auf anatomische Befunde am Tier (Ranvier 1897, Norris 1908, Goldmann 1910), zum Teil auf experimentelle Erfahrungen mit der peritonealen Resorption, zum Teil schließlich auf pathologische Verhältnisse beim Menschen (Chiari 1908, Schmorl 1910, Suzuki 1910). Beim

menschlichen Embryo und Neugeborenen hat MARCHAND (1913, 1924) Lymphgefäße beschrieben: schlauchförmige, mit Lymphocyten usw. angefüllte, klappen-
lose Gebilde, deren konisch gestaltetes Ende peripher gerichtet liegt. Sehr bald
aber, oft schon innerhalb der Fetalperiode, soll die Rückbildung dieser Lymphgefäße einsetzen.

Ich selbst habe an menschlichem Netzmaterial (einschließlich des Fetus)
niemals Lymphgefäße im Bereiche der freien Netzschürze finden können. Nur an
der Ansatzstelle des Netzes, entlang der großen Magenkurvatur, laufen Lymphgefäße, die ebenso wie die zwischengeschalteten Lymphdrüsen dem Quellgebiet
des Magens angehören.

Über die Nerven des menschlichen Netzes ist nichts bekannt. Ich selbst
habe — ohne mich eingehender mit dem Gegenstand befassen zu können —
lediglich Gefäßnerven gesehen (1923).

Der **Organcharakter des Omentum majus** erfordert eine gesonderte Darstellung, da hier die Berührungspunkte mit biologischen Problemen in den
Vordergrund rücken.

Um die Mitte des intrauterinen Lebens treten im Netz, und zwar fast ausschließlich oder vorwiegend innerhalb der oben beschriebenen büschelförmigen
Gefäßbezirke, mehr oder weniger
scharf abgesetzte Zellhaufen auf, die
beiderseits vom Serosaendothel bedeckt, also in der Membrana propria
gelegen sind. Mit den von v. RECK-
LINGHAUSEN (1863) als „Trübungen"
und von RANVIER (1874) als „Tâches
laiteuses" am tierischen Netz bezeichneten Gebilden sind sie wesens-
gleich. Diese embryonalen Milchflecken des fetalen menschlichen
Netzes habe ich (1923) primäre
genannt.

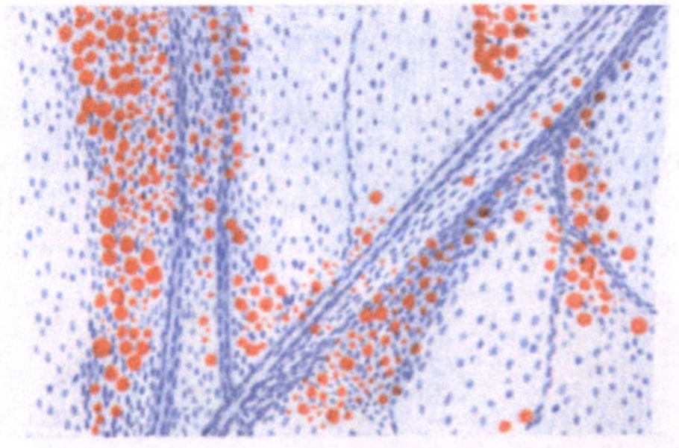

Abb. 3. Netz eines sechs Monate alten Kindes (Masern-
diphtherie). Entstehung der Fettzellen aus adventitiellen Zellen. — Flächenpräparat. Hämatoxylin-Sudan.
Vergr. 100 fach.

Die beschriebenen Zellhaufen sind
aber keineswegs, wie die Mehrzahl
der Autoren (z. B. WEIDENREICH 1907, BROMAN 1914, BRAUS 1924) anzunehmen
pflegt, Lymphknötchen. Ihr Bau ist von jenen unterschieden vor allem durch
das Fehlen von Keimzentren. Ihr Zellmaterial besteht aus histiogenen Wanderzellen in Ruheform; gelegentlich sind (s. u.) Lymphocyten beigemischt.

In den letzten Monaten des intrauterinen Lebens — ein genauer Termin wird
nicht eingehalten — setzt eine Differenzierung dieser Wanderzellen ein, deren
Fortgang durch die Abb. 3, 4, 5 veranschaulicht wird: sudangefärbte Vakuolen
treten auf und leiten die Neubildung der primären Milchflecken zu typischen
Fettknoten ein.

Die das adventitielle Gewebe der größeren Gefäße bevölkernden Wanderzellen
beteiligen sich (Abb. 4, 5) nur in geringem Umfang an dieser Fettgewebsent-
stehung, noch weniger und nur ausnahmsweise die frei in der Membrana propria
gelegenen Einzelzellen.

Die in vorstehendem nur kurz (aus Raummangel) angedeutete Entwicklung
der embryonalen primären Milchflecken zu Fettgewebe ist schon von TOLDT
(1879) in gewissen Einzelheiten gesehen, in der Folgezeit von anderen Autoren
am tierischen Netz bestätigt worden (SPULER 1892, FRANÇOIS 1893, MANN 1912,
HERZOG 1916, MARCHAND 1920). Es kann kein Zweifel sein, daß wir hier an
einem besonders ergiebigen und bequemen Untersuchungsobjekt die Ent-

stehung des braunen Fettgewebes (Hammer 1895, Hübschmann 1923, Wassermann 1925) beim Menschen beobachten können. Der Vergleich mit anderen Fettorganen liegt nahe: Epikard, Thymus, Knochenmark; hierauf komme ich noch einmal zurück. Daß die Umbildung der omentalen Primitiv-

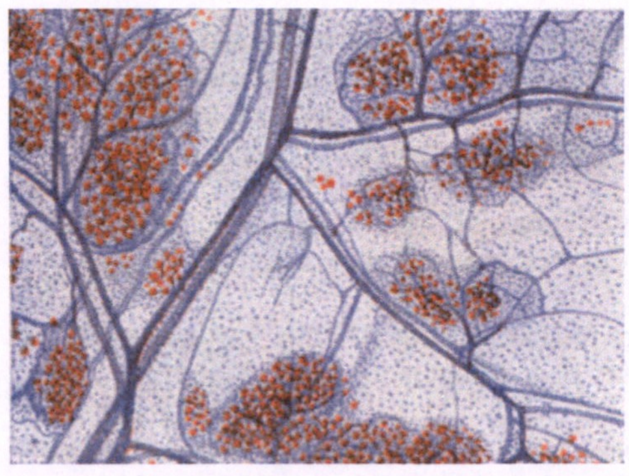

Abb. 4. Netz eines zehn Monate alten Kindes (Diphtherie). Umwandlung der primären Milchflecken zu Fettknoten im Gang. — Flächenpräparat. Hämatoxylin-Sudan. Vergr. 35 fach.

organe in Beziehung steht zur Umstellung des gesamten Fettstoffwechsels durch den Übergang vom intra- zum extrauterinen Leben, ist als möglich zu erwähnen (Shaw 1902, Hellmuth 1925)[1].

Im Alter von 4—6—10 Jahren pflegt der Vorgang der Fettknotenbildung im großen Netz zur Hauptsache beendet zu sein. Und doch bleibt der nun erreichte Zustand (Abb. 5) durchaus nicht dauernd bestehen. Die fertigen Fettknoten sind vielmehr in der Folgezeit veränderlich, d. h. an Zahl und Gestalt abhängig von zwei völlig getrennten Faktoren.

Einmal sind sie, wie zu erwarten, das Abbild des gesamten Fettansatzes im Organismus; ihre Form wird weiterhin vom Lebensalter weitgehend beeinflußt (z. B. bindegewebige Einkapselung, Stielung usw.). Der andere, zweite Faktor aber ist bedeutsamer und verweist weit eindrucksvoller als das Werden und

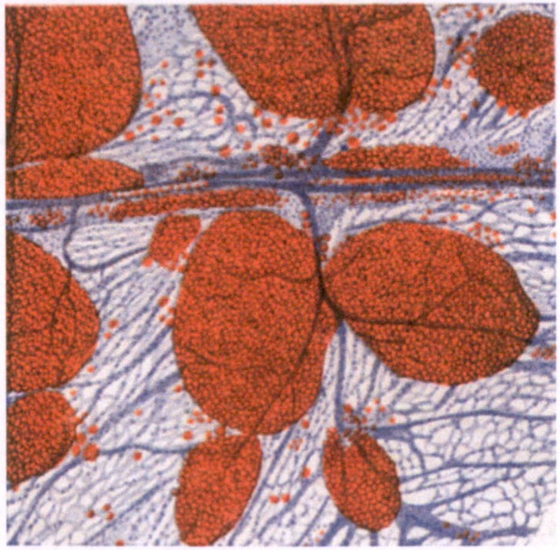

Abb. 5. Netz eines 19jährigen Knaben (Contusio cerebri). Fettknoten mittleren Alters; adventitielle Fettzellen; deutliche Lücken und Maschen des Netzgewebes. — Flächenpräparat. Hämatoxylin-Sudan. Vergr. 20 fach.

Entstehen der Fettknoten auf die Organnatur und die biologische Funktion dieser Gebilde.

Ich habe ausführlich zeigen können (1923), daß — als Antwort auf einen spezifischen Reiz — zu allen Zeiten des postfetalen Lebens die Mehrzahl der regelrechten Fettknoten im großen Netz des Menschen ganz oder teilweise ersetzt werden können durch Ansammlungen von Adventitial-, d. h. histiogenen Wanderzellen. Dabei hat sich einwandfrei feststellen lassen, daß es dieselben Elemente sind, die jetzt wieder von den Fett- zu Wanderzellen werden. Ich glaube schließlich gezeigt zu haben, daß ein solcher — jetzt sekundär genannter — Milchflecken

sich wiederum zum Fettorgan wandeln kann und daß morphologisch dieser Zustands- und Funktionswechsel zwischen Fettknoten und sekundärem Milchflecken beliebig oft wiederholt werden könnte.

------

[1] Nach Abschluß der Arbeit erschien die Abhandlung von Wassermann über „Die Fettorgane des Menschen" (Zeitschr. f. Zellforsch. u. mikroskop. Anat. 1926. Bd. 3. S. 235), die eine Kritik meiner früheren (1923) Darstellung enthält.

Das Zellmaterial des sekundären Milchfleckens wird durchweg von Wanderzellen gebildet, deren Form und färberisches Verhalten zu mancherlei Studien
Gelegenheit gibt und gewisse Schlüsse
auf den jeweiligen Funktionswert der
Zellen gestattet (SEIFERT 1923).

Grundsätzlich sind den Milchflecken-
elementen auch die Adventitialzellen
der Gefäße gleichzustellen, wenn sie
auch dem Grade nach weit weniger
an den charakteristischen Umbildungs-
vorgängen teilnehmen. Für die Beurteilung des ganzen morphologischen und
biologischen Problems kommen sie daher so gut wie nicht in Betracht. In
noch höherem Maße gilt das für die
einzelnen Wanderzellen, die sich — meist
in verästelter oder spindeliger, also loko-
mobiler Form ihres basophilen Cytoplasmas — frei im Netzbindegewebe
finden.

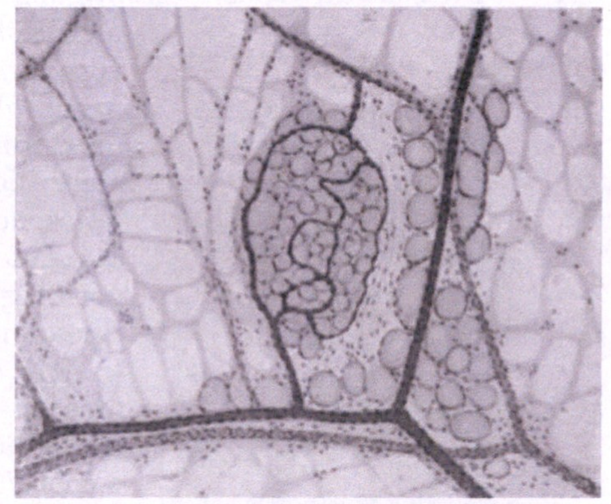

Abb. 6. Netz eines 19jährigen Mädchens (Pericolitis
membranacea). Scheinbare Wundernetzbildung eines
kleinen Fettknotens. — Flächenpräparat. Hämatoxylin-
Eosin. Vergr. 50fach.

Die Abb. 7, 8, 9 geben über die beschriebenen Bildungs- bzw. Rückbildungs-
formen der sekundären Milchflecken hinreichend Aufschluß. Doch ist es, was
ohne weiteres einleuchtet, nicht möglich, etwa allein aus der Abb. 7 zu ent-
nehmen, ob der Umwandlungsprozeß sich in der Richtung zum Milchflecken
oder zurück zum Fettknoten bewegt. Die Abb. 9
andererseits zeigt den sekundären Milchflecken
in der anschaulichsten Gestalt eines Organulums;
zugleich aber mit den Abb. 8 und 11 die Unmög-
lichkeit, dieses Gebilde als Lymphknötchen zu
bezeichnen.

Gewiß findet man in den (primären und sekundären) Milchflecken gelegentlich kleine Lymphocyten, manchmal sogar in mageren Anhäufungen; aber ein Keimzentrum wird man
niemals auch nur angedeutet sehen. Die Wanderzellen der Milchflecken, gleichwertig den
Elementen des gesamten retikuloendothelialen
Apparats, sind — abgesehen von ihrer Wand-
lungsfähigkeit zur Ruheform und abgesehen von
ihrer spezifischen Funktion (Lokomotion, Phagocytose; s. u.) — sicher imstande, der ihnen
innewohnenden polyplastischen Tendenz nach-
zugehen. Man darf die Lymphocyten innerhalb
der Milchflecken ebenso wie die Plasmazellen
am gleichen Ort wohl als Abkömmlinge der
Wanderzellen betrachten. Im Einklang mit den

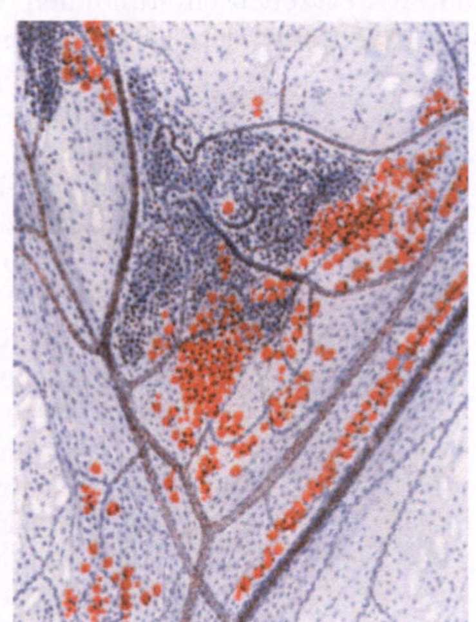

Abb. 7. Netz einer 36jährigen Frau (Ga-
stroptose) Umwandlungsstadium zwischen
Fettknoten und sekundärem Milchflecken.
— Flächenpräparat. Hämatoxylin-Sudan.
Vergr. 35fach.

sonstigen Erfahrungen der Embryologen und Pathologen (SAXER 1896, DIETERICH
1925, PETRI 1925) sind die extramedullären Blutbildungsherde, die MARCHAND
(1913, 1924) im Netz des menschlichen Fetus, MELISSENOS (1899) und PARDI
(1905) im tierischen Netz beobachtet haben, auf Rechnung der vielseitigen
Potenz eben der Adventitial- und Wanderzellen zu setzen.

Nun muß aber die Frage aufgeworfen werden, aus welchem Anlaß die Fettzelle des omentalen Fettknotens sich zur Wanderzelle des sekundären Milchfleckens umbilden kann oder umbilden muß. Bei der Beantwortung dieser Frage wird sich die volle Berechtigung eines Vergleichs von Netzorgangewebe und Röhrenknochen herausstellen. Doch mag von vornherein betont sein, daß beide Gewebe weder gleichzeitig noch qualitativ gleichsinnig noch auf den nämlichen Reiz reagieren. Vielmehr liegt der Vergleichspunkt allein in der Tatsache, daß beide spezifisches Organgewebe auf Anfordern, d. h. auf spezifischen Reiz hervorbringen, daß beide im Ruhestadium das Bild eines unspezifischen Fettgewebes darbieten.

Die spezifische Reizung des Omentum majus greift in das Gebiet der Pathologie über. Die „Aufgabe" des Netzes ist nicht Wärmeschutz, nicht mechanisches Füllsel innerhalb des Peritonealraumes, nicht Polizeimann der Bauchhöhle; seine funktionelle Bedeutung liegt — wie zahlreiche Tierversuche mit intraperitonealer Einverleibung von totem und lebendem Fremdkörpermaterial (Marchand 1913) erwiesen, wie eindeutige Befunde am menschlichen Netz (Seifert 1923) bestätigt

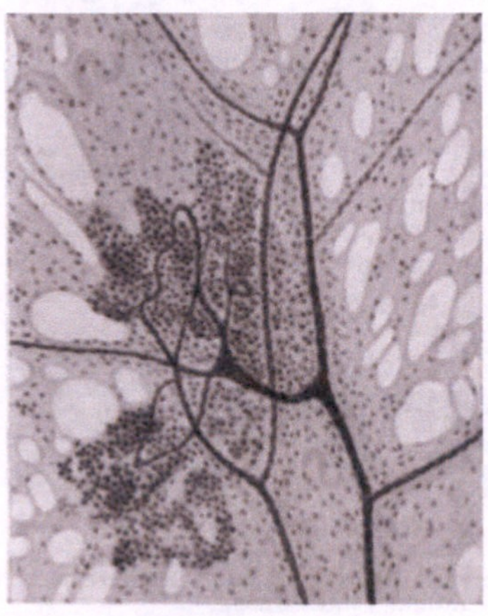

Abb. 8. Netz einer 36jährigen Frau (wie Abb. 7). Ruhender sekundärer Milchflecken. — Flächenpräparat. Hämatoxylin-Eosin. Vergr. 50fach.

haben — in der Richtung, daß die vorhandenen oder ad hoc aus umgewandelten Fettzellen entstandenen Wanderzellen (vornehmlich des Omentum majus) ihre Fähigkeit der selbständigen Lokomotion und der Phagocytose betätigen.

Das geschieht nicht nur im Netz selbst (Abb.18), sondern auch im gesamten Bauchfellraum (Auswanderung der Wanderzellen aus dem Netz unter Durchschreitung der Serosa, Ansiedelung an der Oberfläche des anlockenden, weil infizierten Organs, meist unter Vermittlung des entzündlichen Peritonealexsudats).

Der Typus des spezifischen Reizes, von dem hier die Rede war, ist beim Menschen also in erster Linie die Infektion des Peritoneums mit pathogenen Keimen. Inwieweit die Netzfunktion beim Menschen auch durch Einwirkung etwa chemischer Natur, durch Fernwirkung örtlicher Infektion usw. indiziert werden kann, ist nicht untersucht; auch andere Möglichkeiten etwa hormonaler Art mögen hier unerörtert bleiben.

Als der Ausdruck eines derartigen Reiz- und Reaktionsvorganges — sei es als erste Anfänge, sei es (wohl häufiger) als Überreste — müssen jedenfalls beim Gesunden alle jene vollendeten (sekundäre Milchflecken) oder teilweisen Umwandlungsbilder der Fettknoten betrachtet werden. Freilich sind wir über die Zeitdauer dieser Vorgänge — wenigstens was die Rückbildung zur Ruheform betrifft — und über die Ver

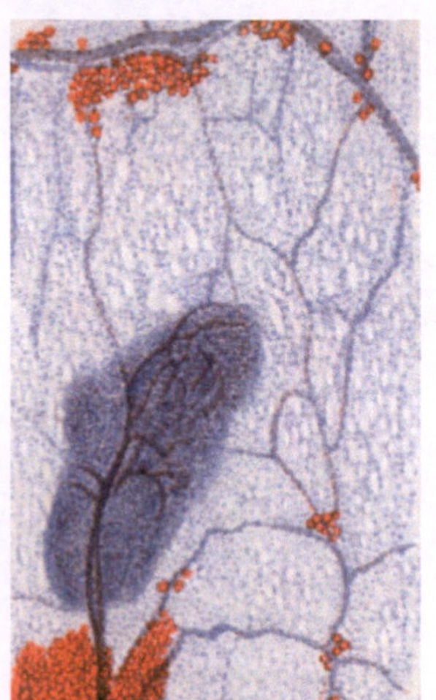

Abb. 9. Netz einer 46jährigen Frau (Nabelbruch). Sekundärer Milchflecken neben Fettknoten und adventitiellen Fettzellen. — Flächenpräparat. Hämatoxylin-Sudan. Vergr. 20fach.

weildauer der Umwandlungszustände beim Menschen noch nicht unterrichtet.

In unmittelbarem Zusammenhang mit dieser Frage muß die Abb. 10 betrachtet werden; sie gibt einen Befund wieder, den man in derselben oder in ähnlicher Weise bei vielen gesunden Netzen des mittleren und höheren Lebensalters erheben kann. Nach der Gestalt und färberischen Eigenart, nach der Form der Vergesellschaftung handelt es sich um Wanderzellen, die — höchstwahrscheinlich zu vorübergehendem Aufenthalt — sich in kleinen oder größeren Haufen an der Oberfläche des Netzes festgesetzt haben. Sie wählen als Ansiedlungsort nicht nur die Netzbalken (wie in Abb. 10), sondern auch gern die Oberfläche von Fettknoten. Immer sitzen sie, wenigstens zunächst, auf der Serosaoberfläche; ältere Haufen können, wie es den Anschein hat, von Deckzellen allmählich überzogen werden.

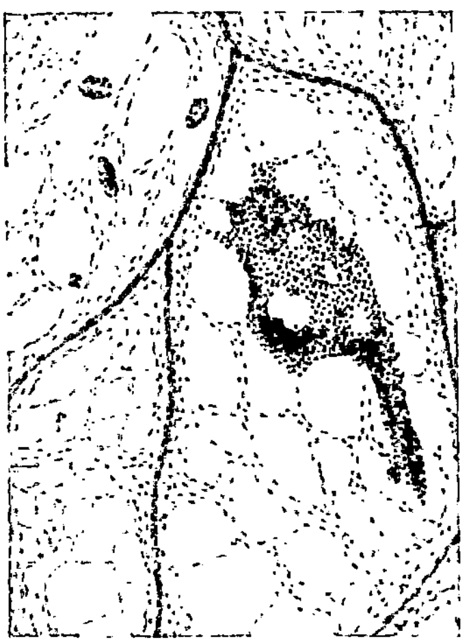

Abb. 10. Netz eines 44jährigen Mannes (Pyluscarcinom). Anlagerung von Wanderzellen an der Netzoberfläche. — Flächenpräparat. Hämatoxylin-Eosin. Vergr. 50fach.

Auch hier wieder muß eine Annahme, die allerdings nur durch die Analogie des Tierversuches und andere indirekte Schlußfolgerungen gestützt ist, gemacht werden, daß nämlich diese angelagerten Wanderzellen nichts anderes sind als übrig gebliebene oder überschüssig gebildete Elemente, die bereit zur spezifischen Funktion und frei in der Peritonealhöhle gewesen sein mögen, sich aber zu vorläufiger Ruhestellung der Serosa des Netzes (und anderer Oberflächen des Bauchfellraumes) angelagert haben.

Was dann weiter aus ihnen, die durchaus lebensfähig sind, wird, läßt sich schwer sagen. Es wäre z. B. nicht ausgeschlossen, daß sie sich wieder in das Innere des Netzgewebes begeben und etwa am Bau von sekundären Milchflecken bzw. Fettknoten sich beteiligten.

Man muß also — um zusammenzufassen — für das Verständnis der normalen Netzhistologie daran festhalten, daß das Omentum majus ein komplexes Organsystem beherbergt, das im Laufe des Lebens und unter der Einwirkung funktioneller Reize die morphologisch verschiedenen Zustandsformen der primären und sekundären Milchflecken sowie der Fettknoten annimmt. Die eigentlichen Organelemente sind die Wanderzellen, die auch auf der Wanderschaft an Lebens- und wahrscheinlich Entwicklungsfähigkeit nichts eingebüßt haben.

Über die Serosaendothelien ist an dieser Stelle nicht mehr viel zu sagen; über ihre Stellung im histologischen System siehe Schaffer im II. Band dieses

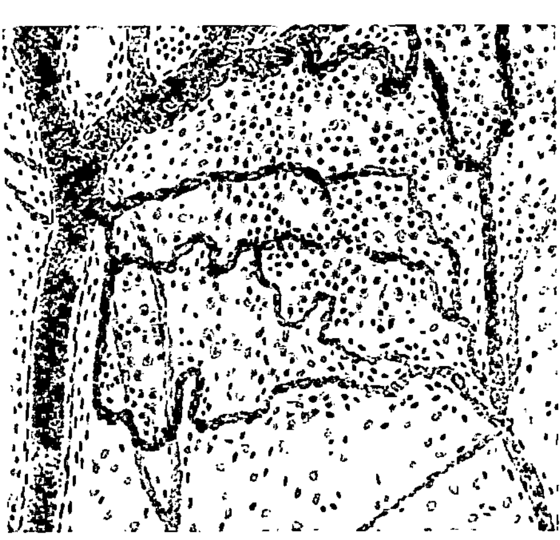

Abb. 11. Netz einer 58jährigen Frau (Probelaparotomie). Capillarschlingennetz mit Wanderzellen verschiedener Cytoplasmafärbung. — Flächenpräparat. Hämatoxylin-Eosin. Vergr. 120fach.

Handbuches. Die praktische Medizin, vor allem die Chirurgie, kann sich nur damit einverstanden erklären, wenn neuerdings die Epithelnatur der Peritonealdeckzellen abgelehnt und ihre Einordnung in die Gruppe der bindegewebigen Elemente allgemein üblich wird.

Einen Härchensaum der Serosazellen (Kolossow 1893, v. Brunn 1901) habe ich beim Menschen unter mehr als 300 untersuchten Fällen niemals gesehen.

Über den Befund von mehrkernigen Deckzellen und über die auf ihrem Boden unter Umständen sich entwickelnden Bildungen am menschlichen Omentum majus habe ich 1923 und 1924 berichtet.

Fibrocyten finden sich wie im tierischen (Ranvier 1874, Kijono 1914) so auch im menschlichen Netz (Marchand 1913), zum mindesten während des Kindesalters (Seifert 1923). Später sollen sie nur in der Nähe der Gefäße im Bereich dickerer Netzabschnitte vorkommen (Wereschinski 1925).

Der Lymphocyten innerhalb der Milchflecken wurde schon oben Erwähnung getan. Weiteres zur Lymphocytenfrage im Netz bei Kijono (1914) und bei Marchand (1913, 1920).

Plasmazellen habe ich (1923) verschiedentlich in menschlichen Netzen gesehen; im tierischen scheinen sie einen häufigen oder regelmäßigen Befund zu bilden (u. a. Schaffer 1910). Eosinophile Leukocyten kommen unter normalen Umständen beim Menschen kaum vor. Wie es sich mit den Mastzellen des menschlichen Omentum verhält, ist nicht untersucht.

Das Transsudat der normalen Peritonealhöhle enthält Wanderzellen, Deckendothelien und spärliche Leukocyten; die beiden letzteren meist in absterbendem Zustand. So gut aber die Verhältnisse beim Tier unter gesunden und krankhaften Bedingungen untersucht sind (Schott 1909, Szesi 1912, Marchand 1913), über den Menschen liegen größere Erfahrungen nicht vor (Vogt 1923).

Der vergleichenden Histologie des Omentum majus steht noch ein weites Tätigkeitsfeld offen, denn umfassende Untersuchungen stehen aus.

Es bedarf keines Hinweises, daß die tierischen Wanderzellen, Deckendothelien usw. im wesentlichen die gleichen Unterscheidungsmerkmale aufweisen wie die des Menschen. Zur Unterstützung der hier einschlägigen Studien bedient man sich mit Vorteil der vitalen Farbspeicherung (v. Möllendorff 1920), an der sich in stärkstem Maße die histiogenen Wanderzellen beteiligen. Es kann danach kein Zweifel sein, daß die Letztgenannten morphologisch und funktionell dem retikulo-endothelialen System (Aschoff 1924) angehören; dies bestätigen u. a. Goldmann (1912), Schulemann (1912), Kijono (1914), Seifert (1920). Das Speicherungsverfahren, zu dem ich selbst das Isaminblau (Hersteller: B. Casella, Frankfurt a. M.) bevorzuge, bewährt sich bei der Beurteilung experimentellpathologischer Vorgänge im Peritonealraum.

Ebensowenig wie beim Menschen gelang es mir, bei Tieren im Bereich der freien Netzschürze Lymphgefäße zur Darstellung zu bringen. Bei den *Nagern* hängen die langgestreckten Milchflecken nicht (oder nur scheinbar) zusammen; der eingangs erwähnte Schluß Bromans (1914) wird infolgedessen hinfällig.

Das Fettgewebe des Netzes weist bei den einzelnen Tierarten — wie das nach Hammar (1895) schon zu erwarten war — gewisse Verschiedenheiten auf. Es wird aber aus Raummangel nicht möglich sein, näher hierauf einzugehen.

Meine eigenen, im Laufe der Jahre an den gebräuchlichen Laboratoriumstieren gewonnenen Befunde des normalen Netzes sind unveröffentlicht. In den Grundzügen darf ich sie daher kurz wiedergeben:

Hund: Netz des Embryo und Neugeborenen im wesentlichen dem des Menschen gleicher Altersstufe entsprechend (übersichtliche Gefäßanordnung, Lückenbildung, primäre Milchflecken und deren Umwandlung in Fettknoten). Später sehr zartes Maschenwerk mit zum Teil großen Lücken. Elastische Fasern wie beim Menschen. Im Alter reichliches Bindegewebe. Dann treten auch die wohlgebildeten Fettknoten zurück und das Fett liegt hauptsächlich in wechselnd breiten, oft aber ganz dünnen Streifen an den Gefäßen; beim Menschen konnte man Ähnliches sehen. Starke Abmagerung bedingt seröse Atrophie des Fettgewebes. Die sekundären Milchflecken der gesunden Bauchhöhle sind klein und nicht wie beim Menschen immer an schöne Capillarschlingennetze gebunden. Die Anlagerungen der Wanderzellen aus dem freien Peritonealraum an die Netzoberfläche geschehen anscheinend gerne in der Nähe von Fettgebilden.

Katze: Das erwachsene Tier zeichnet sich durch ein außerordentlich zartes Maschenwerk seines Netzes aus; auch die bindegewebigen Stützgerüste der dickeren, gefäßhaltigen Balken pflegen mager zu sein. Das Fett findet sich vorwiegend in Straßenform entlang der großen Gefäße. Dementsprechend liegen die sekundären Milchflecken, oft gut und übersichtlich vaskularisiert, in nächster Nachbarschaft der Gefäße. Anlagerungen von freien Wanderzellen an die Netzoberfläche kommen vor. VATER-PACCINIsche Körperchen sind wechselnd reich verstreut. Da ich sie auch an gefäßlosen Netzmaschen sah, können sie nicht nur Organe der Blutverteilung (v. SCHUMACHER 1911), sondern mögen auch im Sinne von SCHADE (1923) als Osmometer zu deuten sein.

Hammel: Die ziemlich dicke, an bindegewebigen Geflechten reiche Membran ist ganz lückenfrei und von einem gleichmäßigen, sehr dichten Netz elastischer Fasern durchzogen. Dicke Fettstraßen säumen die größeren Gefäße ein, während um die kleineren, fettfreien nur spärliche Wanderzellenscheiden liegen. Am Rande der Fettstraßen sitzen girlandenartige, dünne Anhänge und Zotten, die zum Teil blattförmig, zum Teil reffbändselartig von der Netzplatte abgehen und flottieren. Sie besitzen eine spärliche Capillarversorgung, kein Fett oder sonstigen Zellinhalt, der auf irgendeine funktionelle Bedeutung dieser eigenartigen Gebilde schließen ließe. Milchflecken sah ich beim gesunden, erwachsenen Tier nicht.

Kaninchen: Zarte Membran mit vielen kleinen, fast gleich großen Lücken. Die Milchflecken, welche nach RANVIER (1888) dem neugeborenen Tier fehlen sollen, sind gut ausgebildet, zum Teil gefäßlos; sie sind ziemlich schmal, gehen dafür in die Breite. Die Gefäßverteilung ist übersichtlich und — wie bei den meisten Nagern — mit zierlichen Gefäßknäueln oder häufiger mit Capillargirlanden entlang den Hauptgefäßen ausgezeichnet; echte Wundernetze kommen aber nicht vor (SCHULEMANN 1912). Die Adventitialzellen sind spärlich, ebenso die Fettzellen in den schmalen Fettstraßen. In vielen der dünnen Milchflecken sind Plasmazellen und eosinophile Leukocyten (diese auch frei im Gewebe) erkennbar.

Meerschweinchen: Zarte Membran mit zahlreichen kleinen Lücken und spärlichem Bindegewebe. Milchflecken sind auch hier ausgebreitet und dünn; manche liegen in völlig gefäßlosen Netzbezirken. Fettzellen sehr spärlich, fehlen oft. Die schmalen Adventitialscheiden der Gefäße verdichten sich stellenweise spindelförmig und bilden dadurch Milchflecken, die aber nur selten eigene Gefäßversorgung haben. Anlagerungen von Wanderzellen an die Netzoberfläche sind Ausnahmen und geschehen dann mit Vorliebe an Milchflecken oder an die kleinen Fettknoten. Eosinophile Zellen frei im Netzgewebe und in Gefäßnähe. Mehrkernige Deckzellen sind ein häufiger Befund (auch: HERZOG 1916).

Ratte: Die dünne, bindegewebsarme, an elastischen Fasern reiche Membran ist von zahlreichen, fast gleich großen Lücken durchsetzt, so daß ein zartes, meist gefäßloses Maschenwerk auf größeren Strecken entsteht. An den Hauptgefäßen Fettstraßen, an den übrigen ganz schmale Adventitialzellenscheiden. Ein Teil der Milchflecken (die von RENAUT 1907 in anderem Sinne, wie ich es tue, als sekundäre bezeichnet wurden) ist völlig gefäßlos; doch bin ich nicht sicher, ob diese Flecken stets vom Endothelbelag der Serosa überzogen sind. Umwandlungsbilder von Fettknoten in Milchflecken (oder umgekehrt). Anlagerungen von Wanderzellen an die Netzoberfläche geschehen meist in Form kleiner runder oder spindelförmiger Haufen.

Maus: Kleine Lücken, ziemlich gleichmäßig verteilt im zarten Gewebe. Die Milchflecken, in der Größe stark schwankend, sind selten vaskularisiert. Frei im Gewebe finden sich nur spärliche Wanderzellen.

In den zahlreichen tierexperimentellen und großenteils der Exsudatzellenfrage gewidmeten Arbeiten ist eine Menge, zum Teil widerspruchsvolles Einzelmaterial niedergelegt, das an dieser Stelle zu verwerten unmöglich ist. Außer den im vorstehenden schon bei anderer Gelegenheit genannten Literaturstellen sei auf folgende verwiesen: JOLLY (1900), SCHWARZ (1905), DUBREUIL (1909), DOWNEY und WEIDENREICH (1912), MARCHAND (1924), PETERSEN (1924). Gute Übersicht bietet auch das bekannte Referat von MARCHAND (1913).

Bezüglich der Untersuchungstechnik des menschlichen und tierischen Netzes, das sich in ausgezeichneter Weise zur Flächenpräparation eignet, kann ich — auch wegen der Literatur — auf meine eigenen Mitteilungen (1920, 1923) verweisen.

III. Omentum minus, Mesenterium, Mesangien und Ligamente.

Nicht nur makro-, sondern auch mikroskopisch müssen die beiden Teile des **Omentum minus**, nämlich die Pars flaccida und die Pars condensa, voneinander unterschieden werden. Letztere ist histologisch im Lig. hepatoduodenale usw.

zu fassen und soll deshalb im Zusammenhang mit den gleichartigen Ligamenten der Bauchhöhle besprochen werden.

Die Pars flaccida omenti minoris bleibt — bei Gesunden — als solche bis ins hohe Alter erhalten. Sie stellt eine sehr zarte, einschichtige Membran dar, die beiderseits von Serosa überzogen und deren Maschenwerk den dünnen Abschnitten der großen Netzlamellen gleichzustellen ist.

Die übliche Lückenbildung setzt aber später ein als dort; gleichwohl scheint mir nach meinen Bildern der von Toldt (1879) festgesetzte Termin des 6. bis 7. Lebensjahres zu spät zu sein.

Das kleine Netz hat die Eigenart des Organcharakters mit dem großen gemein. Aus den vor und nach der Geburt vorhandenen primären Milchflecken entwickeln sich — ebenfalls später als am großen Netz — durch typische Differenzierung die Fettknoten; diese, oft in Gestalt breiter Fettstraßen entlang den größeren Gefäßen, sind gleichfalls gut und in bekannter Weise vaskularisiert. Daß sie sich zu sekundären Milchflecken umbilden können, läßt sich an fast jedem gesunden Omentum minus erkennen (Abb. 12).

Das kleine Netz „altert" in bezug auf das Bindegewebe offenbar leichter als das große, wenigstens streckenweise. So sieht man hier häufiger als dort dünne lücken- und maschenlose Gewebsplatten. Doch sind diese funktionell keineswegs unfruchtbar, sondern auch sie können — vielleicht in geringerem Ausmaß — Capillarschlingennetze mit dem zugehörigen, oft freilich spärlichen Fett- und Wanderzelleninhalt beherbergen. Ob die mehr membranartigen (lückenarmen, bindegewebsreichen) kleinen Netze in die Variationsbreite der „gesunden" fallen, kann ich nicht sagen.

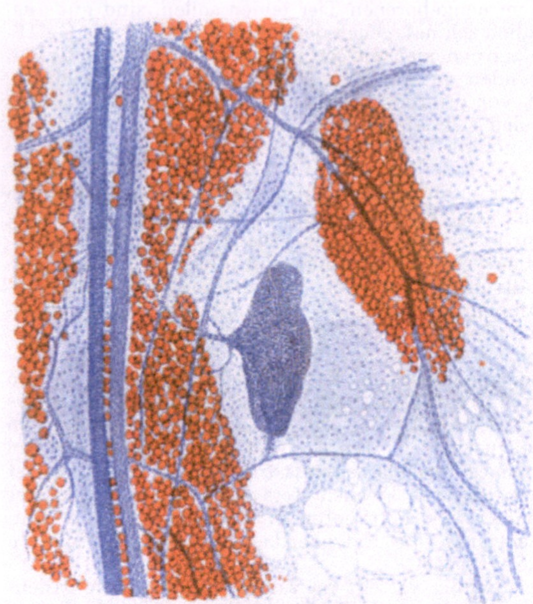

Abb. 12. Omentum minus einer 33 jährigen Frau (Gastroptose). Lücken im zarten Gewebe; periadventitielles Fett; sekundärer Milchflecken. — Flächenpräparat. Hämatoxylin-Sudan. Vergr. 31,5 fach.

Von Lymphgefäßen habe ich im Omentum minus nichts gesehen bis auf ein Präparat, das der Nähe der kleinen Magenkurvatur entstammen dürfte. Es gelten also auch in dieser Beziehung die Angaben über das Omentum majus.

Über die Histologie des tierischen Omentum minus ist in der Literatur nichts zu finden; es scheint der mikroskopischen Untersuchung nicht für wert befunden worden zu sein, obwohl bei Mensch und Tier sich auch das kleine Netz sehr gut zur Flächenbildpräparation eignet. Ich verfüge über Präparate von Hunden und von Katzen.

Hund: Bei jungen Tieren bietet sich derselbe Befund wie am großen Netz. Bei älteren scheint — ähnlich dem Menschen — das Balkenwerk weniger ausgebildet zu sein; funktionell (wenn auch nur qualitativ) bleibt das Omentum minus dem majus im wesentlichen gleichwertig.

Katze: Auch hier fallen die kleineren Lücken und der gröbere Bindegewebsgehalt gegenüber dem großen Netz auf. Sonst aber bieten sich keine grundlegenden Unterschiede.

Das **Mesenterium** des Menschen eignet sich nur im fetalen und im frühen Kindesalter zur Flächenpräparation. Beim Erwachsenen stellt es, wie das Schnittbild zeigt, eine von lockerem Bindegewebe gebildete Membrana propria (TOLDT 1879, 1889) dar, welche Gefäße, Fettläppchen, Nerven, Lymphgefäße und Lymphknoten beherbergt. Auf beiden Seiten ist diese Gewebsmasse von der Serosa abgegrenzt. Das Mesenterium darf ebensowenig wie das Netz mit dem beliebten, aber irreführenden Begriff einer Bauchfellduplikatur belegt werden. Der normalen Gekröseplatte fehlen die Lücken unter allen Umständen.

Die Gefäßversorgung — übersichtlich nur im Flächenpräparat jugendlicher Individuen erkennbar — zeichnet sich durch eine schöne Regelmäßigkeit der Verteilung und Capillaranordnung aus. Die Lymphgefäße, den größeren Blutgefäßen meist dicht benachbart, sind mit Klappen versehen.

Ob das Fettgewebe, das im Embryonalstadium fehlt, als braunes (HÜBSCH-MANN 1923, WASSERMANN 1925) angelegt wird, scheint nach den kurzen Angaben TOLDTs (1879, 1889) der Fall zu sein, müßte aber noch eingehender geprüft werden. Im Embryonalstadium konnte ich selbst weder primäre Milchflecken noch Fettgewebe im Mesenterium feststellen. Da sich aber das Fett später zur Hauptsache in Form von Fettstraßen an den Gefäßen vorfindet, so wäre es möglich, daß die in der Regel kräftig ausgebildeten Wanderzellenstraßen der Gefäßscheiden den Boden zur Fettdifferenzierung abgeben. Man darf weiterhin annehmen, daß sich hier auch — im Gegensatz zum Netz — die sehr zahlreich im Bindegewebe der Membrana propria verstreuten und meist spindelförmig gestalteten freien Wanderzellen an der Fettbildung beteiligen.

Es ist durchaus ungewiß, ob das Fettgewebe des menschlichen Mesenterium zu einer spezifischen Funktion fähig, d. h. zur Umwandlung von Fettknoten in Milchfleckenorgane imstande ist. Eigene Erfahrung steht mir nicht zur Verfügung; auch in der Literatur konnte ich keinen Anhaltspunkt finden.

Der Gehalt des menschlichen Mesenterium an Plasma- und Mastzellen ist unbekannt. Von den gleichartigen Membranen beim Tier, besonders bei den Nagern, heißt es in den Lehrbüchern, daß sie reich an diesen Zellelementen seien.

Bezüglich meiner eigenen Beobachtungen an tierischen Gekrösen beschränke ich mich auf folgende kurze Angaben:

Hund: Beim Neugeborenen läßt sich die Bildung von Fettgewebe aus primären Milchflecken erkennen. Zu allen Zeiten ist die Mesenterialplatte lückenfrei, ihre Membrana propria mit einer gleichmäßigen, capillarenreichen Vascularisation ausgestattet; doch finden sich abgegrenzte Capillarschlingennetze nur entlang der größeren Gefäße. Sie beherbergen ein lockeres, nicht immer knotiges Fettgewebe, meist in Straßenform. Kleine Fettzelleninseln liegen auch an den Präcapillar- und Capillarverzweigungen. Im lockeren Bindegewebe zahlreich verstreut die freien meist spindel-, seltener astförmigen Wanderzellen; an den Gefäßen bilden sie beim ausgewachsenen Tier nur schmale Adventitialscheiden. Die Lymphbahnen verlaufen zusammen mit den größeren Blutgefäßen.

Dicker und bindegewebsreicher als das Dünndarmmesenterium ist das des Dickdarms. Hier fand ich ebenfalls ein Überwiegen der Fettstraßen über die umschriebene Knotenform des Fettgewebes. Bemerkenswert ist hier das Vorkommen von Capillarschlingennetzen, sekundären Milchflecken und Umwandlungsstadien von Fettknoten zu Milchflecken.

Der Befund am gut ausgebildeten Mesangium der Tube gleicht beim *Hund* dem des Mesorectum.

Katze: Die dicke Membran — stets lückenfrei — zeigt ein übersichtliches Geflecht von kräftigen Bindegewebsbündeln. Die Wanderzellenadventitia der Blutgefäße ist spärlich; Fettstraßen begleiten die letzteren wie die Lymphgefäße je nach dem Ernährungszustand des Tieres.

Das Mesorectum, im wesentlichen dem Dünndarmmesenterium gleichend, zeichnete sich in den mir vorliegenden Präparaten durch großen und regelmäßig angeordneten Capillarreichtum aus.

Kaninchen: Weite Strecken der lückenfreien Membran sind zwischen den größeren Blutgefäßsträngen gefäßlos; Capillaren sind in stärkerem Maße nur in der Nähe der großen

Gefäße verteilt. In diesen Bezirken findet sich dann auch eine unter Umständen reichliche Fettstraßenbildung.

Ratte: Auffallenderweise enthält das dünne Mesenterium kleine runde Lücken. Im zarten Bindegewebe der Membrana propria sind die freien polymorphen Wanderzellen in einer dem Netz ungefähr entsprechenden Menge verteilt. Das Fett findet sich ausnahmslos in Form von Straßen; doch sind diese funktionsfähig, da Umwandlungsbilder zu sekundären Milchflecken (bei entzündlicher Reizung allerdings) auftreten.

Ein gleiches Bild ergibt übrigens das Mesovarium.

Maus: Auch hier enthält das lückenfreie Dünndarmmesenterium Milchflecken; und zwar liegen sie meistens in den gefäßlosen Bezirken der Membrana propria. Die periadventitiellen Straßen von ruhenden Wanderzellen entlang den Gefäßen sind schwach entwickelt.

Die **Appendices epiploicae** sind netzartige Anhänge am Dickdarm, besonders seinen freien Teilen. Ihre Größe ist individuell und konstitutionell verschieden;

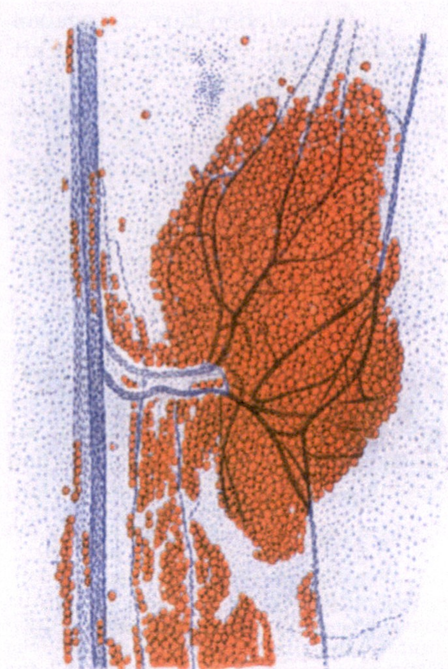

Abb. 13. Appendix epiploica eines 41jährigen Mannes (Magencarcinom). Idealer Fettknoten. — Flächenpräparat. Hämatoxylin-Sudan. Vergr. 27fach.

beim Kinde und Neugeborenen sind sie nach meinen Beobachtungen häufig noch unterentwickelt oder nur andeutungsweise vorhanden. Ihre Histologie ist wenig erforscht.

An den Appendices epiploicae des erwachsenen Menschen konnte ich (1922) zeigen, daß sie qualitativ dem Netz gleichzusetzen sind. Doch dürfte quantitativ ihre funktionelle Leistung nur verschwindende Bedeutung für die Gesamtheit des Peritonealraumes haben.

Die Dickdarmanhänge des Fetus und Neugeborenen habe ich nicht untersucht. Doch halte ich es — in Anbetracht der nahen Beziehungen zur Netzhistologie beim Erwachsenen — für wahrscheinlich, daß die von Mann (1912) beschriebenen „lymphoiden Zellengruppen" der fetalen Appendix epiploica nichts anderes sind als primäre Milchflecken. Beim Erwachsenen findet man jedenfalls gut ausgebildetes und vor allem typisch vascularisiertes knotiges Fettgewebe (Abb. 13), das — genau wie im Omentum — unter bestimmten Bedingungen (spezifische Reizung) zu sekundären Milchflecken umgewandelt werden kann. Derartige Übergangsbilder betreffen sowohl die einzelnen Zellen (Befund von Wanderzellen mit sudangefärbten Vakuolen) als auch die ganzen Knotengebilde. So ist es auch gut verständlich, daß Anlagerungen von freien Wanderzellen (in Form kleinerer und größerer Haufen) an der Serosaoberfläche ein häufiger Befund der Appendices epiploicae sind.

Lücken fehlen der Platte, wie ein Flächenpräparat von dünnen Partien einer Appendix epiploica dartut. Das Bindegewebsgerüst an solchen Stellen erscheint zart, so daß das Bild sich in nichts von den membranartigen (d. h. lückenfreien) Bezirken, z. B. eines Omentum minus, unterscheidet.

Über die tierischen Appendices epiploicae fehlen mir eigene Erfahrungen. Angaben finden sich bei Klingenstein (1924).

Die Histologie einer größeren **Gruppe peritonealer Membranen** läßt sich zusammenfassend darstellen, da sich nur unbedeutende Unterschiede im Aufbau der einzelnen Bildungen ergeben.

Im wesentlichen handelt es sich um Membranen, die mehr oder weniger bindegewebsreich eine Art mechanische Aufgabe zu erfüllen scheinen, stets angeboren sind und — wenn sie beim Erwachsenen noch in ausgeprägtem Zustand vorhanden sind (Konjetzny 1913, Makai 1924) — vielleicht ein Konstitutionsmerkmal darstellen. In diesem Sinne ist zu verstehen, daß einmal der Grad ihrer Ausbildung großen Schwankungen unterworfen ist, daß andererseits einige dieser Gebilde gern gemeinschaftlich in ein und derselben Bauchfellhöhle gefunden werden. Der Raum verbietet es, auf diese Verhältnisse hier näher einzugehen, die in den meisten Lehrbüchern zu kurz kommen, in der klinischen Literatur aber fast durchweg als „entzündliche Verwachsungen" bezeichnet und als solche zu weitgehenden Schlußfolgerungen verwertet werden. Vor einem derartigen Irrtum würde die Kenntnis der Histologie dieser Membranen schützen.

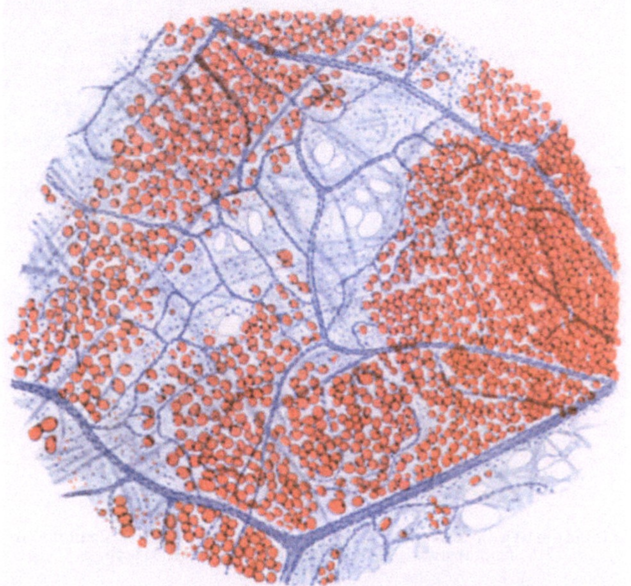

Abb. 14. Lig. cysticocolicum eines 42jährigen Mannes (Probelaparotomie). Lücken im zarten Gewebe; Andeutung von spezifischem Fettorgan. — Flächenpräparat. Hämatoxylin-Sudan. Vergr. 36fach.

Einzelne von ihnen besitzen beiderseits eine Serosa (z. B. wenn sie als Mesangium dienen); andere bilden Übergänge zum Parietalperitoneum und weisen daher nur auf der dem Peritonealraum zugekehrten Fläche einen Deckzellenbelag auf, während sie mit den darunter liegenden Organen durch lockeres subseröses Bindegewebe verbunden sind.

Zu ersterer Gruppe ist die Pars condensa omenti minoris zu zählen, und unter Umständen das Lig. cystico-duodenale bzw. -epiploicum bzw. -colicum. Die zweite Gruppe wird zum Teil von den letztgenannten, außerdem von der sogenannten Pericolitis membranacea gebildet.

Allen gemeinsam ist, wie gesagt, die ein- bzw. beidseitige Serosaschicht und eine mehr oder minder fest gefügte Membrana propria (Subserosa). Deren Bindegewebsgerüst kann durch glatte Muskulatur (z. B. im Lig. cysticocolicum: Dehn 1923) verstärkt sein; der Gehalt an elastischen Fasern ist wohl wechselnd, im allgemeinen aber als gering zu bezeichnen. Die mikroskopische Gefäßverteilung erscheint gleich- und regelmäßig; ihre Verwandtschaft mit dem spezifischen Netzgewebe erweist sie durch die bekannten Capillarschlingennetze. Noch deutlicher wird diese nahe anatomische Beziehung dadurch, daß diese Gefäßbezirke den Boden für regelrechte Fettknoten abgeben, ja daß diese sich auch zu sekundären Milchflecken umzuwandeln vermögen.

Nach alledem kann kein Zweifel sein — auch die Abb. 14 und 15 müssen in diesem Sinne verwertet werden —, daß der spezifische Bau des Omentum majus auch in diesen, funktionell gewiß tiefstehenden peritonealen Membranen wiederkehrt.

Zur Vervollständigung sei angeführt, daß ich in einzelnen Fällen am Lig. cysticocolicum Lücken (ähnlich dem benachbarten Omentum minus) feststellen konnte (Abb. 14), daß weiterhin oberflächliche Anlagerungen von Wanderzellen aus dem Peritonealraum bei den in Rede stehenden Membranen vorkommen.

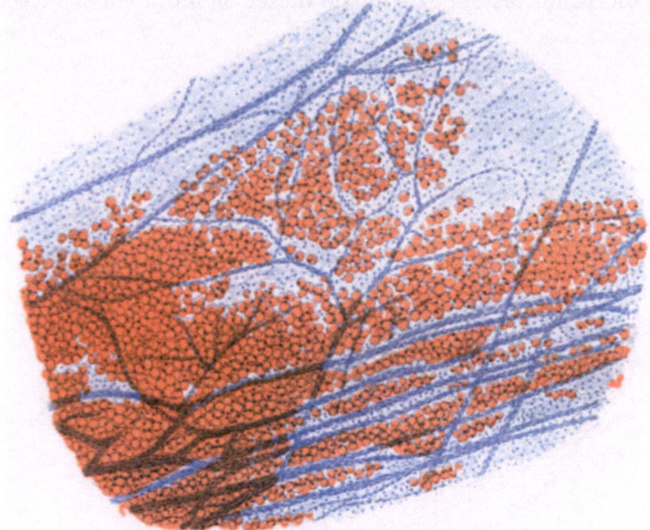

Abb. 15. Pericolitis membranacea eines 29jährigen Mädchens. Zarte Membran mit Fettgewebe. — Flächenpräparat. Hämatoxylin-Sudan. Vergr. 36fach.

Die oben beschriebenen histologischen Befunde erscheinen mir deshalb wichtig, weil die kongenitale oder die entzündliche Herkunft der Membranen an der Gallenblase, am Duodenum, am Coecum zuweilen zweifelhaft sein kann, wenigstens grob anatomisch; daher kann nur die histologische Untersuchung den Ausschlag geben. Dieser Grundsatz scheint noch nicht die allgemeine Anerkennung, zumal der Kliniker, gefunden zu haben; es haben sich erst wenige überhaupt mit dem feineren Bau der vermeintlich entzündlichen Membranen befaßt (Seifert 1922, 1926, Makai 1924, Büdinger 1925).

Allerdings gestaltet sich die Untersuchungstechnik nicht ganz einfach. Das Flächenbild ist dem Schnittpräparat des eingebetteten Stückes auch hier überlegen. Es ist mir stets gelungen, genügend dünne und ausgedehnte Lamellen zu gewinnen (Technik: Seifert 1922), die sorgfältig aufgespannt und wie üblich verarbeitet eine hinreichende Zahl einwandfreier Einzelpräparate ergeben.

Anschließend wäre noch über einige Organligamente zu sprechen, die wie das Lig. coronarium oder das Lig. falciforme hepatis, vielleicht auch das Lig. phrenicocolicum der Flächenbilduntersuchung zugänglich sind.

Im Fetalstadium zeigt ihre Mesenchymplatte große Ähnlichkeit mit dem

Netz oder eher dem Mesenterium. Die übersichtlich und regelmäßig angeordneten Gefäße (jedoch ohne die bekannten Capillarschlingennetze) sind von einer spärlichen periadventitiellen Scheide umsäumt, welche keinerlei Fett enthält. Dieses beginnt sich erst gegen Ende der Periode zu zeigen, und zwar ohne vorausgegangene primäre Milchfleckenbildung.

Später wird die Platte dicker, ihre kräftigen Bindegewebszüge formen sich zu einem sehr dichten Geflecht. Kleinere Fettinseln finden sich an den meisten Gefäßen, mit Vorliebe an den Verzweigungen. Doch habe ich niemals Andeutungen spezifischer Funktion an diesem Fettgewebe wahrnehmen können.

Die klappenhaltigen Lymphgefäße durchziehen die Membran (der Leberligamente) einsam, d. h. ohne nachbarliche Beziehung zu den Blutgefäßstämmen.

Den menschlichen Gebilden stehen die gleichartigen des Tieres sehr nahe. Das Lig. falciforme hepatis z. B. von der *Katze* und dem *Kaninchen* ist auf weite Strecken gefäßlos; innerhalb der ebenfalls recht dichten Bindegewebsplatte konnte ich bei diesen Tieren kein Fett nachweisen.

IV. Pathologie.

Die Besprechung der Pathologie muß sich auf kurze Hinweise beschränken.

Für das Studium der akut entzündlichen Reizung sind die tierischen Netze und Gekröse seit langem ein beliebtes Objekt (MARCHAND 1913). Da unter krankhaften Ver

Abb. 16. Netz eines 24jährigen Mannes (Perforationsperitonitis). Leukocytenüberschwemmung und leichte Fibrinausschwitzung bei beginnender akuter Entzündung. Flächenpräparat. Hämatoxylin-Eosin. Vergr. 80fach.

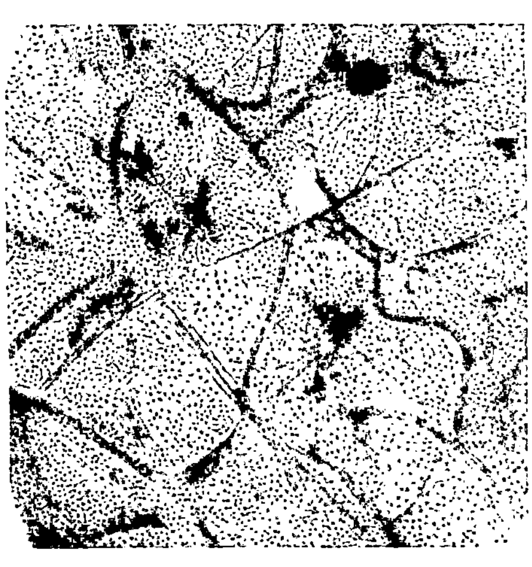

Abb. 17. Netz einer 60jährigen Frau (Durchwanderungsperitonitis bei Nabelbrucheinklemmung). Leukocyten- und Wanderzelleninfiltration; starke Fibrinbildung bei akuter Entzündung. — Flächenpräparat. Hämatoxylin-Eosin. Vergr. 35fach.

hältnissen die Zugehörigkeit der Zellen oft schwer zu entscheiden ist, empfiehlt sich die vitale Färbung. Der Verlauf der Bauchfellentzündung beim immunisierten Tier ist von KOCH (1911) beschrieben.

Beim Menschen gestaltet sich die akute Reaktion auf chemische, physikalische, bakterielle und toxische Reize nicht wesentlich verschieden vom Tierversuch. Der Leukocytenemigration aus den Gefäßen und der Fibrinausschwitzung (Abb. 16) folgt nach 24—48 Stunden die Abwehrtätigkeit der Wanderzellen (Abb. 17), die dem spezifischen Gewebe im Bauchraum entstammen. Im Einklang mit den Ergebnissen des Tierexperiments gehen die Wanderzellen aus den sekundären Milchflecken, und diese durch unmittelbare celluläre Umbildung aus den Fettzellen der Fettknoten hervor (Seifert 1923).

Daß dieses Zellmaterial in erster Linie vom großen Netz geliefert werden muß, liegt auf der Hand; aber grundsätzlich beteiligen sich auch die anderen, mit den bekannten spezifischen Mikroorganen ausgestatteten Peritonealmembranen. Die neu entstandenen wie die schon vorhandenen funktionsbereiten Zellen wirken einmal im Gewebe selbst (Abb. 18) als Abwehrmittel des Organismus; vor allem aber gewinnen sie ihr aktives Lokomotionsvermögen, d. h. sie wandern aus und sammeln sich im Bauchhöhlentranssudat wie an den Oberflächen gefährdeter Serosaabschnitte.

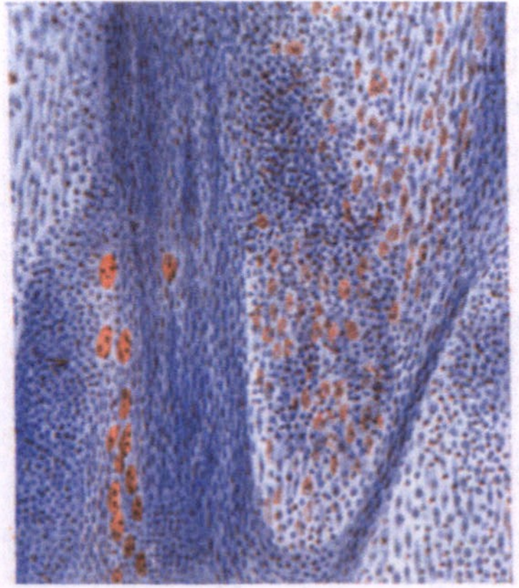

Abb. 18. Netz einer 60jährigen Frau (wie Abb. 17). Wanderung der Fettzellen (innerhalb des Netzgewebes) in fischzugähnlicher Anordnung unter Verlust ihres Fettgehaltes; Leukocyteninfiltration. — Flächenpräparat. Hämatoxylin-Sudan. Vergr. 80fach.

Das Abklingen der Reaktion, deren Ziel und Erfolg die Bekämpfung der örtlichen Infektion ist, vollzieht sich wahrscheinlich langsam; daraus dürfte der Befund von sekundären Milchflecken und von Wanderzellenhaufen an Peritonealoberflächen in den Bauchhöhlen Gesunder zwanglos zu erklären sein.

Gerade die Forschungen am menschlichen Netz sind geeignet, die spezifische Organnatur des Netzes zu beleuchten. Damit soll, was im Abschnitt „Netz" (S. 343) dargelegt wurde, gesagt sein, daß diese kundären Milchflecken als Träger der biologischen Funktion, die Fettknoten als Ruheform mit latenter Funktionsbereitschaft anzusehen sind.

Über die Pankreasfettgewebsnekrose liegen Beobachtungen von Calzavara (1913), Rostock (1926) und von Seifert (1923) vor.

Die chronische Entzündung, als deren Typus hier die Tuberkulose dienen kann, ist gleichfalls am Tier studiert (Goldmann 1912, Kijono 1914, Ricker 1916, Seifert 1920). Hier wie beim Menschen (Marchand 1913, Orth 1917, Seifert 1923) zeigt sich übereinstimmend, daß die Wanderzellen das zur Epitheloid- und zur Riesenzellenbildung benutzte Element sind. Genau wie bei der akuten Entzündung beobachtet man am menschlichen Netz die Umwandlung der Fettknoten zu sekundären Milchflekken, die Wanderung ihrer Elemente und ihre Tätigkeit beim Aufbau der Tuberkel (Abb. 19).

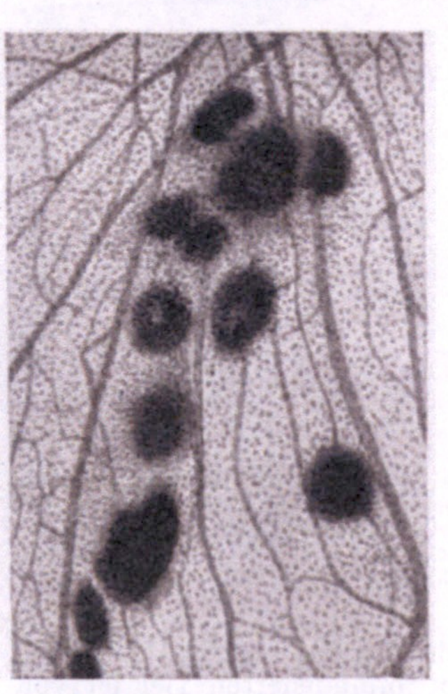

Abb. 19. Netz einer 43jährigen Frau (Peritonealtuberkulose). Kleine Netztuberkel. — Flächenpräparat. Hämatoxylin-Eosin. Vergr. 35fach.

Ob die Riesenzellen sich auch aus den Deckendothelien (Herzog 1916, Krompecher 1917) entwickeln können, steht nicht fest. Die Pathologie des Bauchhöhlenexsudats ist im ganzen noch problematisch; hierauf kann aber nicht eingegangen werden (Borst 1897, Helly 1905, Marchand 1913).

Regressive Störungen des Netzes, besonders des Fettgewebes, kommen isoliert und in größerem Rahmen vor (Orth 1917, Seifert 1923, Braus 1924, Fährmann 1925). Schwieriger ist die Hypertrophie (Maier 1923, Brossok 1925) zu beurteilen. Im übrigen muß bezüglich der älteren Literatur auf die Zusammenstellung von Prutz und Monnier (1913) verwiesen werden.

Dies gilt vor allem für die Pathologie des primären Geschwulst-
wachstums (einschließlich der Cystenbildungen) am großen Netz. Hier findet
sich vieles Unklare im Schrifttum, weil die allgemeine Kenntnis der omentalen
Gewebselemente zu wünschen übrig läßt.

Sicher ist, daß (gutartige) Psammome und kleine Endothelcysten —
beide von den Serosadeckzellen ausgehend — beim Menschen nicht allzu selten
sind (SEIFERT 1924).

Praktisch wichtig ist die Metastasenbildung am Omentum majus.
Die Entscheidung bezüglich einer Carcinomimplantation (Abb. 20) ist nicht ganz
leicht; jedenfalls mit größerer Sicherheit am Flächen- als am Schnittpräparat
zu treffen (KONJETZNY 1921, SEIFERT 1923).

Über Corpus mobile mit omentalem Ursprung siehe TONEWA (1922) und
SEIFERT (1923).

Das Omentum minus beteiligt sich, wie gesagt, an den diffusen Reaktionen
des Bauchfells qualitativ ganz gleich wie das Omentum majus. Für sich allein
kann sowohl seine Pars condensa wie auch
die Pars flaccida bei entzündlichen Vorgängen in der Nachbarschaft (Ulcus ven-
triculi) die dem Kliniker wohlbekannten
Veränderungen erleiden. Mikroskopische Befunde dieser Bildungen fehlen.

Die abnorme Lückenbildung im Darmgekröse ist verschiedentlich der Anlaß zu
klinischen Beobachtungen (FEDERSCHMIDT
1920, SOHN 1920) und anfechtbaren Schlußfolgerungen gewesen. Die sekundären Erkrankungen des Mesenteriums durch Gefäß-
veränderung, Lymphgefäßerkrankungen usw.
gehören nicht hierher; doch die als Meso-
sigmoiditis bekannte, aber oft mißdeutete
Veränderung muß hier erwähnt werden
(KEHL und ERB 1924).

Die Appendices epiploicae können
an den allgemeinen Prozessen des Peritoneums und den spezifischen Reaktionen des
Omentum teilnehmen. Sie können auch isoliert erkranken (Torsion, Nekrose); wie weit

Abb. 20. Netz einer 35jährigen Frau (Me-
lanosarkom der Leber, diffuse Peritoneal-
metastasen). Kleinste und größere Netz-
metastasen. — Flächenpräparat. Hämatoxylin-Eosin. Vergr. 60fach.

sie bei der Entstehung der GRASERschen Dickdarmdivertikel und -diverticulitis
(FEIST 1925) beteiligt sind, ist noch unklar.

Besonderer Erwähnung bedürfen endlich die peritonealen Verwachsungen entzündlichen Ursprungs. Ihre Entstehung wurde zwar vielfach studiert, doch ihre allgemeine Histologie ist lange vernachlässigt worden, obwohl
sie — vor allem im Hinblick auf die Abgrenzung gegen die angeborenen Membran-
bildungen — auch eine praktische Bedeutung hat.

Es scheint allerdings eine weitgehende Übereinstimmung zwischen den Gebilden
bei Mensch und Tier zu herrschen. Einzelbefunde sind mehrfach beschrieben:
Gefäßbildung (VIRCHOW 1850, YAMAGIWA 1893), Muskelfasern (SCHÖNBAUER und
SCHNITZLER 1924, WERESCHINSKI 1924), elastische Fasern (UYENO 1909). Die erste
zusammenfassende Darstellung, welche auch die Verwachsungsbildungen beim
Menschen in größerem Maße berücksichtigt, stammt von WERESCHINSKI (1925).

Ich selbst fand (1926) als charakteristisch die ungeordnete Gefäßverteilung,
den histologisch derberen, bindegewebsreichen Bau der Membranen. Fettbildung

scheint praktisch zu fehlen, ebenso selbstverständlich die Möglichkeit, sich spezifisch und aktiv wie viele angeborenen Peritonealmembranen an der Infektionsabwehr zu beteiligen. Schließlich scheint, sofern die Verwachsung lange

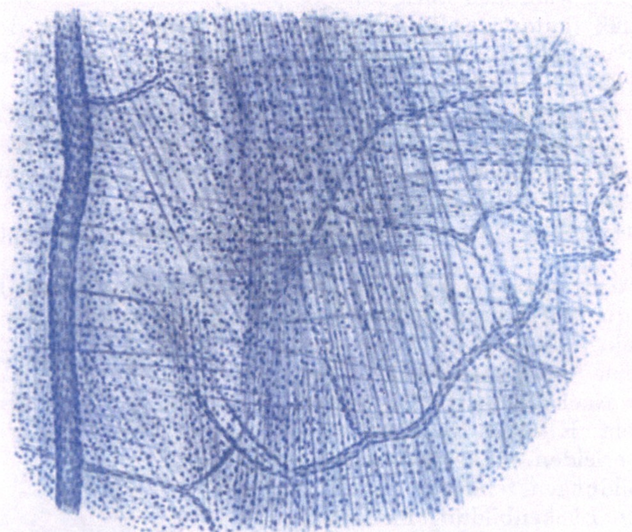

Abb. 21. Verwachsungsmembran zwischen Leberrand und vorderer Bauchwand bei einer 43jährigen Frau (Cholecystitis chronica). Straffes Bindegewebe; ungeordnete Gefäße; kein Fett; elastische Fasern nicht dargestellt. — Flächenpräparat. Hämatoxylin-Eosin. Verg. 72fach.

genug besteht, ihr Reichtum an elastischen Elementen ein wertvoller Hinweis auf ihre Narbennatur zu sein, d. h. also gegen den kongenitalen Ursprung eines fraglichen Gebildes zu sprechen.

Literatur.

ARNOLD: Über die Beziehung der Blut- und Lymphgefäße zu den Saftkanälen. Virchows Arch. f. pathol. Anat. u. Physiol. Bd. 62, S. 157. 1875. — ASCHOFF: Das retikuloendotheliale System. Ergebn. d. inn. Med. u. Kinderheilk. Bd. 26, S. 1. 1924. — BORST: Das Verhalten der Endothelien bei der akuten und chronischen Entzündung. Habil.-Schr. Würzburg 1897. — BRAUS: Anatomie des Menschen. II. Berlin 1924. S. 568. — BROMAN: a) Anatomie des Bauchfells. Jena 1914. — b) Anatomie des Bauchfells. In: v. BARDELEBENS Handb., 3. Abt., 2. Teil, Bd. 6, S. 63. Jena 1914. — BROSSOK: Abnorme Verfettung des großen Netzes und ihre Folgen. Zentralbl. f. Chirurg. 1926. S. 86. — v. BRUNN: Über die Entzündung seröser Häute mit besonderer Berücksichtigung der Serosadeckzellen. Zieglers Beitr. z. pathol. Anat. u. allg. Pathol. Bd. 30, S. 417. 1901. — BÜDINGER: Stauungsgallenblase, mechanische Cholecystitis, Umkippen der Gallenblase, Lig. cysticocolicum. Arch. f. klin. Chirurg. Bd. 135, S. 117. 1925. — CALZAVARA: Cefalopancreatite cronica e steatonecrosi. Arch. ital. di chirurg. Bd. 5, S. 265. 1922. — CHIARI: Über eine in Spontanheilung begriffene totale Abreißung des linken Leberlappens. Berlin. klin. Wochenschr. 1908. S. 1629. — DIETERICH: Studien über extramedulläre Blutbildung bei chirurgischen Erkrankungen. Arch. f. klin. Chirurg. Bd. 134, S. 166. 1925. — DOGIEL: Die Nervenendigungen im Bauchfell, in den Sehnen, den Muskelspindeln, im Centrum tendineum des Diaphragmas beim Menschen und bei Säugetieren. Arch. f. mikroskop. Anat. Bd. 59, S. 1. 1902. — DUBREUIL: Origine, destinée et appareil mitochondrial des Plasmazellen du grand épiploon chez le lapin. Cpt. rend. des séances de la soc. de biol. Bd. 67, S. 80 u. 157. 1909. — FAEHRMANN: Zur Ileusfrage bei Hungernden. Zentralbl. f. Chirurg. 1925. S. 1595. — FEDERSCHMIDT: Die präformierten Lücken im mesenterialen Gewebe, ihre Genese und die in ihrem Gefolge auftretenden krankhaften Veränderungen. Dtsch. Zeitschr. f. Chirurg. Bd. 158, S. 205. S. 1920. — FEIST: Chirurgische Komplikationen bei der Diverticulosis des S Romanum. Bruns' Beitr. z. klin. Chirurg. Bd. 135, S. 338. 1925. — FINKAM: Über die Nervenendigungen im großen Netz. Diss. Göttingen 1873. — FRANÇOIS: Recherches sur le développement des vaisseaux et du dang dans le grand épiploon du lapin. Arch. de biol. Bd. 13, S. 521. 1893. — Fuchs: Über die sog. „intracelluläre" Entstehung der roten Blutkörperchen junger und erwachsener Säuger. Anat. Hefte Bd. 22, S. 97. 1903. — Goldmann: a) Die innere und äußere Sekretion des gesunden und kranken Organismus im Lichte der vitalen Färbung. Dtsch. pathol. Ges., Erlangen 1910. S. 138. — b) Die innere und äußere Sekretion des gesunden und kranken Organismus im Lichte der vitalen Färbung. Bruns' Beitr. z. klin. Chirurg. Bd. 78, S. 1. 1912. — Hammar: Zur Kenntnis des Fettgewebes. Arch. f. mikroskop. Anat. Bd. 45, S. 512. 1895. — Hellmuth: Untersuchungen über Lipoide im mütterlichen und kindlichen Blut. Klin. Wochenschr. 1925. S. 1523. — Helly: Zur Morphologie der Exsudatzellen und zur Spezifität der weißen Blutkörperchen. Zieglers Beitr. z. pathol. Anat. u. allg. Pathol. Bd. 37, S. 171. 1905. — Herzog: Experimentelle Untersuchungen über die Einheilung von Fremdkörpern. Ebenda Bd. 61, S. 325. 1916. — Hübschmann: Über Atrophie des Fettgewebes und über „drüsiges" Fettgewebe. Dtsch. pathol. Ges., Göttingen 1923. S. 236. — Jolly: Sur les „Plasmazellen" du grand épiploon. Cpt. rend. des séances de la soc. de biol. Bd. 52, S. 1104. 1900. — Kehl u. Erb: Beitrag zur Frage der Entstehung der Peritonitis chronica mesenterialis (Virchow) und ihre Beziehung zum Volvulus der Flexura sigmoidea. Virchows Arch. f. pathol. Anat. u. Physiol. Bd. 246, S. 286. 1924. — Kijono: Die vitale Carminspeicherung. Jena 1914. — Klingenstein: Some phases of the pathology of the appendices epiploicae with report of four cases and a review of the literature. Surg., gynecol. a. obstetr. Bd. 38, S. 376. 1924. — Koch: Über die Bedeutung und Tätigkeit des großen Netzes bei der peritonealen Infektion. Zeitschr. f. Hyg. u. Infektionskrankh. Bd. 69, S. 417. 1911. — Kolossow: Über die Struktur des Pleuroperitoneal- und Gefäßepithels (Endothels). Arch. f. mikroskop. Anat. Bd. 42, S. 318. 1893. — Konjetzny: a) Über anomale ligamentäre Verbindungen der Gallenblase und ihre klinische und pathologische Bedeutung. Med. Klinik 1913. S. 1586. — b) Anschütz-Konjetzny, Die Geschwülste des Magens. I. S. 221. Stuttgart 1921. — Krompecher: Über die Beteiligung des Endothels und des Blutes bei der Bildung tuberkulöser und sonstiger intravasculärer Riesenzellen. Zeitschr. f. Tuberkulose Bd. 27, S. 162. 1917. — Küttner: Die perforierenden Lymphgefäße des Zwerchfells und ihre pathologische Bedeutung. Bruns' Beitr. z. klin. Chirurg. Bd. 40, S. 136. 1903. — Ledderhose: Beiträge zur Lehre vom äußeren Leistenbruch. Dtsch. Zeitschr. f. Chirurg. Bd. 148, S. 145. 1919. — Mac Callum: On the relation of the lymphatics to the peritoneal cavity in the diaphragm and the mechanism of absorption of granular materials from the peritoneum. Anat. Anz. Bd. 23, S. 157. 1903. — Magnus: Über die Resorptionswege aus serösen und synovialen Höhlen. Dtsch. Zeitschr. f. Chirurg. Bd. 182, S. 325. 1923. — Maier: Über abnorme Verfettung des großen Netzes und ihre Folgen; zugleich ein Beitrag zur Frage der Ulcusgenese. Arch. f. klin. Chirurg. Bd. 122, S. 810. 1923. — Makai: Zur Frage der peripylorischen Membranen („Adhäsionen"). Zentralbl. f. Chirurg. 1924. S. 2570; 1925. S. 686. — Mann: Untersuchungen über die Entstehung, die anatomische Beschaffenheit und die physiologische Bedeutung des Netzes und der netzartigen Anhänge. Diss. München 1912. — Marchand: a) Über die Herkunft der Lymphocyten und ihre Schicksale bei der Entzündung. Dtsch. pathol. Ges. Marburg 1913. S. 5. — b) Über die Veränderungen des Fettgewebes nach der Transplantation in einen Gehirndefekt, mit Berücksichtigung der Regeneration desselben und der kleinzelligen Infiltration des Bindegewebes. Zieglers Beitr. z. pathol. Anat. u. allg. Pathol. Bd. 66, S. 1. 1920. — c) Ältere und neuere Beobachtungen zur Histologie des Omentum. Haematologica Bd. 5, S. 304. 1924. — d) Über die Lymphgefäße und die perivasculären Blutbildungszellen des fetalen Netzes. Arch. f. mikroskop. Anat. Bd. 102, S. 311. 1924. — Meisel: Über Entstehung und Verbreitungsart der Bauchfellentzündungen. Bruns' Beitr. z. klin. Chirurg. Bd. 40, S. 529 u. 723. 1903. — Melissenos: Über Erythroblasten des großen Netzes. Anat. Anz. Bd. 15, S. 430. 1899. — v. Möllendorff: Vitalfärbung. Ergebn. d. Physiol. 1920. — Moro: a) Experimentelle Untersuchungen über die Elastizität des Bauchfells in bezug auf die Entstehung der erworbenen Hernien. Bruns' Beitr. z. klin. Chirurg. Bd. 63, S. 208. 1909. — b) Histologische und funktionelle Veränderungen des Peritoneums an Bruchsäcken. Ebenda Bd. 63, S. 225. 1909. — Norris: The omentum; its anatomy, histology and physiology, in health and disease. Zentralbl. f. Chirurg. 1908. S. 1299. — Notkin: Die Aufsaugung in den serösen Höhlen (Die Bedeutung der Lymphgefäße). Virchows Arch. f. pathol. Anat. u. allg. Pathol. Bd. 255, S. 471. 1925. — Orth: Pathologisch-anatomische Diagnostik. Berlin 1917. S. 374. — Pardi: Intorno alle cosidette cellule vaso-formative e alla origine intracellulare degli eritrociti. Internat. Monatsschr. f. Anat. u. Physiol. Bd. 22, S. 233. 1905. — Petersen: Histologie und mikroskopische Anatomie. Bd. 3. München 1924. — Petri: Über Blutzellenherde im Fettgewebe des Erwachsenen. Virchows Arch. f. pathol. Anat. u. Physiol. Bd. 258, S. 37. 1925. — Prutz u. Monnier: Die chirurgischen Krankheiten und die Verletzungen des Darmgekröses und der Netze. Stuttgart 1913. — Ramström: a) Untersuchungen und Studien über die Innervation des Peritoneum der vorderen Bauchwand. Anat. Hefte Bd. 89, S. 351. 1905. — b) Die Peritonealnerven der vorderen und lateralen Bauchwand und des Diaphragma. Mitt. a. d. Grenzgeb. d. Med. u. Chirurg. Bd. 15, S. 642. 1906. — c) Anatomische und experimentelle Untersuchungen über die lamellösen Endkörperchen im Peritoneum parietale des Menschen. Anat. Hefte Bd. 109, S. 311. 1908. — RANVIER: a) Du développement et de l'accroissement des vaisseaux sanguins. Arch. de physiol. Bd. 17, S. 429. 1874. — b) Technisches Lehrbuch der Histologie. Leipzig 1885. — c) Morphologie et développement des vaisseaux lymphatiques chez les mammifères. Arch. de l'anat. microscop. Bd. 1, S. 69 u. 134. 1897. — v. RECKLINGHAUSEN: Zur Fettresorption. Virchows Arch. f. pathol. Anat. u. Physiol. Bd. 26, S. 172. 1863. — RENAUT: Les cellules connectives rhagiocrines. Arch. de l'anat. microscop. Bd. 9, S. 495. 1907. — RICKER und GÖRDELER: Gefäßnerven, Tuberkel und Tuberkulinwirkung nach mikroskopischen Untersuchungen des Bauchfells beim lebenden Kaninchen und in Flächenpräparaten. Zeitschr. f. d. ges. exp. Med. Bd. 4, S. 1. 1916. — ROSTOCK: Die Verbreitungswege der Pankreasfettgewebsnekrose. Bruns' Beitr. z. klin. Chirurg. Bd. 138, S. 171. 1926. — SAXER: Über die Entwicklung und den Bau der normalen Lymphdrüsen und die Entstehung der roten und weißen Blutkörperchen. Anat. Hefte Bd. 6, S. 349. 1896. — SCHADE: Die physikalische Chemie in der inneren Medizin. Dresden-Leipzig 1923. — SCHAFFER: a) Die Plasmazellen. Jena 1910. — b) Vorlesungen über Histologie und Histogenese. Leipzig 1920. — SCHMORL: Aussprache zu GOLDMANN. Dtsch. pathol. Ges. Erlangen 1910. S. 138. — SCHÖNBAUER und SCHNITZLER: Zur Histologie und Klinik der intraperitonealen postoperativen Adhäsionen. Arch. f. klin. Chirurg. Bd. 129, S. 758. 1924. — SCHOTT: Morphologische und experimentelle Untersuchungen über Bedeutung und Herkunft der serösen Höhlen und der sog. Macrophagen. Arch. f. mikroskop. Anat. Bd. 74, S. 143. 1909. — SCHULEMANN: Beiträge zur Vitalfärbung. Ebenda Bd. 79, S. 223. 1912. — v. SCHUMACHER: Beiträge zur Kenntnis des Baues und der Funktion der Lamellenkörperchen. Ebenda Bd. 77, S. 157. 1911. — SCHWARZ: Studien über im großen Netz des Kaninchens vorkommende Zellformen. Virchows Arch. f. pathol. Anat. u. Physiol. Bd. 179, S. 209. 1905. — SHAW: A contribution to the study of the morphology of adipose tissue. Journ. of anat. a. physiol. Bd. 36, S. 1. 1901. — SEIFERT: a) Zur Funktion des großen Netzes. Bruns' Beitr. z. klin. Chirurg. Bd. 119, S. 249. 1920. — b) Über Appendices epiploicae. Münch. med. Wochenschr. 1922. S. 911. — c) Zur Anatomie der Pericolitis membranacea. Arch. f. klin. Chirurg. Bd. 121, S. 754. 1922. — d) Studien am Omentum majus des Menschen. Ebenda Bd. 123, S. 608. 1923. — e) Über Schichtungskugeln und Endothelcysten an der menschlichen Bauchfellserosa. Frankfurt. Zeitschr. f. Pathol. Bd. 30, S. 2. 1924. — f) Über Verwachsungen an der Gallenblase. Sitzungsber. d. phys.-med. Ges., Würzburg 1926. Bd. 51. S. 23. — SOHN: Zur Kasuistik des Darmverschlusses infolge innerer Einklemmung in einer Mesenteriallücke und über den Volvulus des Sanduhrmagens. Dtsch. Zeitschr. f. Chirurg. Bd. 167, S. 124. 1921. — SPULER: Über die „intracelluläre" Entstehung roter Blutkörperchen. Arch. f. mikroskop. Anat. Bd. 40, S. 532. 1892. — STÜBEL: Die Methode der Darstellung von Lymphwurzeln durch Gasfüllung nach Magnus und ihre Kontrolle durch den mikroskopischen Schnitt. Virchows Arch. f. pathol. Anat. u. Physiol. Bd. 244, S. 287. 1923. — SUZUKI: Über die Resorption im Omentum majus des Menschen. Ebenda Bd. 202, S. 238. 1910. — SZESI: Experimentelle Studien über Serosa-Exsudatzellen. Fol. haematol. Bd. 13, S. 1. 1912. — TONEWA: Über Corpora libera in der Bauchfellhöhle. Diss. Würzburg 1922. — TOLDT: a) Bau und Wachstumsveränderungen der Gekröse des menschlichen Darmkanals. Denkschr. d. Akad. Wien, Mathem.-naturw. Kl. II, Bd 41, . S. 1. 1879. — b) Die Darmgekröse und Netze im gesetzmäßigen und gesetzwidrigen Zustand. Ebenda I, Bd. 56, S. 1. 1889. — TRAUTMANN: Zwerchfell und seröse Häute. — ELLENBERGER: Handbuch der vergleichenden mikroskopischen Anatomie der Haustiere. Bd. 3, S. 495. Berlin 1911. — UYENO: Über das Schicksal der peritonealen Adhäsionen und ihre Beeinflussung durch mechanische Maßnahmen im Tierexperiment. Bruns' Beitr. z. klin. Chirurg. Bd. 65, S. 277. 1909. — VOGT: Untersuchungen zur Biologie der Peritonealflüssigkeit des Menschen. Med. Klinik 1923. S. 943. — WALTER: Über die Stomata der serösen Höhlen. Anat. Hefte Bd. 46, S. 275. 1912. — WASSERMANN: Neue Beobachtungen über die embryonale Entwicklung des Fettgewebes beim Menschen. Sitzungsber. d. Ges. f. Morphol. u. Physiol. München Bd. 36, S. 4. 1925. — WEIDENREICH: a) Über die zelligen Elemente der Lymphe und der serösen Höhlen. Anat. Anz. Bd. 30 (Ergänzungsh.), S. 51. 1907. — WEIDENREICH und DOWNEY: Über die Bildung der Lymphocyten in Lymphdrüsen und Milz. Arch. f. mikroskop. Anat. Bd. 80, S. 306. 1912. — WERESCHINSKI: a) Experimentelle Beiträge über die Beteiligung der Muskelfasern an der entzündlichen Neubildung intraperitonealer Adhäsionen. Dtsch. Zeitschr. f. Chirurg. Bd. 187, S. 73. 1924. — b) Beiträge zur Morphologie und Histogenese der intraperitonealen Verwachsungen. Leipzig 1925. — YAMAGIWA: Über die entzündliche Gefäßneubildung, speziell diejenige innerhalb von Pseudomembranen. Virchows Arch. f. pathol. Anat. u. Physiol. Bd. 132, S. 446. 1893.

Sachverzeichnis.